基礎物理定数

量	記号	値[a]
統一原子質量単位	u	$1.660\,538\,921(73) \times 10^{-27}$ kg $931.494\,061(21)$ MeV/c^2
アボガドロ数	N_A	$6.022\,141\,29(27) \times 10^{23}$ particles/mol
ボーア磁子	$\mu_B = \dfrac{e\hbar}{2m_e}$	$9.274\,009\,68(20) \times 10^{-24}$ J/T
ボーア半径	$a_0 = \dfrac{\hbar^2}{m_e e^2 k_e}$	$5.291\,772\,109\,2(17) \times 10^{-11}$ m
ボルツマン定数	$k_B = \dfrac{R}{N_A}$	$1.380\,648\,8(13) \times 10^{-23}$ J/K
コンプトン波長	$\lambda_C = \dfrac{h}{m_e c}$	$2.426\,310\,238\,9(16) \times 10^{-12}$ m
クーロン定数	$k_0 = \dfrac{1}{4\pi\varepsilon_0}$	$8.987\,551\,788 \cdots \times 10^{9}$ N·m^2/C^2（定義）
電子の質量	m_e	$9.109\,382\,91(40) \times 10^{-31}$ kg $5.485\,799\,094\,6(22) \times 10^{-4}$ u $0.510\,998\,928(11)$ MeV/c^2
陽子の質量	m_p	$1.672\,621\,777(74) \times 10^{-27}$ kg $1.007\,276\,466\,812(90)$ u $938.272\,046(21)$ MeV/c^2
中性子の質量	m_n	$1.674\,927\,351(74) \times 10^{-27}$ kg $1.008\,664\,916\,00(43)$ u $939.565\,379(21)$ MeV/c^2
重水素の質量	m_d	$3.343\,583\,48(15) \times 10^{-27}$ kg $2.013\,553\,212\,712(77)$ u
電子ボルト	eV	$1.602\,176\,565(35) \times 10^{-19}$ J
素電荷	e	$1.602\,176\,565(35) \times 10^{-19}$ C
気体定数	R	$8.314\,462\,1(75)$ J/mol·K
万有引力（重力）定数	G	$6.673\,84(80) \times 10^{-11}$ N·m^2/kg^2
核磁子	$\mu_n = \dfrac{e\hbar}{2m_p}$	$5.050\,783\,53(11) \times 10^{-27}$ J/T
真空の透磁率	μ_0	$4\pi \times 10^{-7}$ T·m/A（定義）
真空の誘電率	$\varepsilon_0 = \dfrac{1}{\mu_0 c^2}$	$8.854\,187\,817 \cdots \times 10^{-12}$ C^2/N·m^2（定義）
プランク定数	h $\hbar = \dfrac{h}{2\pi}$	$6.626\,069\,57(29) \times 10^{-34}$ J·s $1.054\,571\,726(47) \times 10^{-34}$ J·s
リュードベリ定数	R_H	$1.097\,373\,156\,853\,9(55) \times 10^{7}$ m^{-1}
真空中の光速	c	$2.997\,924\,58 \times 10^{8}$ m/s（定義）

注：これらの定数は，各種の測定結果の最小二乗法による値に基づいて，2010 年に CODATA（国際科学会議の科学技術データ委員会）によって推奨された値である．完全なリストは，P. J. Mohr, B. N. Taylor and D. B. Newell, "CODATA Recommended Values of the Fundamental Physical Constants: 2010." *J. Phys. Chem. Ref. Data*, **41**(4), 043109, 1-84 (2012) を参照のこと．

a　カッコ内の数値は，最後の 2 桁の不確かさを表す．

サーウェイ 基礎物理学

Ⅳ. 力学・電磁気学演習

R. A. Serway・J. W. Jewett, Jr. 著

鹿児島誠一・和田純夫 訳

東京化学同人

Principles of Physics
A Calculus-Based Text
Fifth Edition

Raymond A. Serway
Emeritus, James Madison University

John W. Jewett, Jr.
Emeritus, California State Polytechnic University, Pomona

本書で用いる記号・略号・物理定数

力学と熱力学

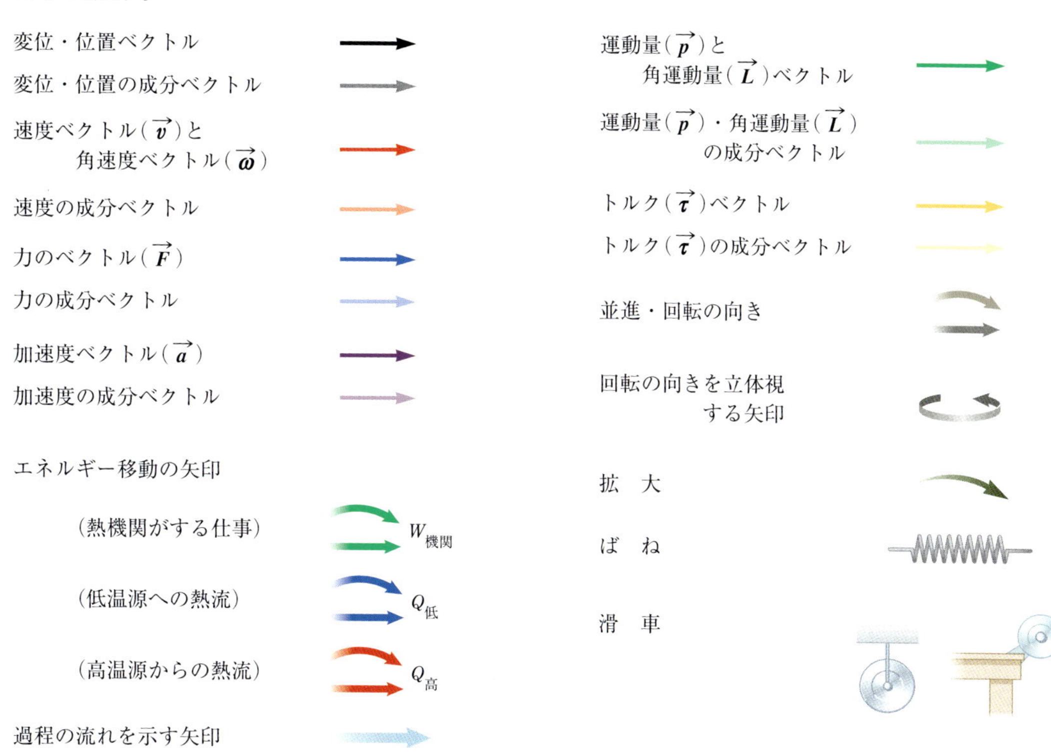

電磁気

電　場

電場ベクトル

電場の成分ベクトル

磁　場

磁場ベクトル

磁場の成分ベクトル

正電荷

負電荷

抵　抗　　以前の記号　現在の記号

電池とその他の直流電源

スイッチ

コンデンサー(キャパシター)

コイル(インダクター)　以前の記号　現在の記号

電圧計

電流計

交流電源

電　球

接地記号

電　流

執筆のために家族とともに過ごせなかった時間も多かったが，家族が愛をもって理解してくれたことに感謝し，それぞれの妻エリザベスとリサ，および子供と孫たちすべてに本書を捧げる．

著者紹介

Raymond A. Serway は，Illinois Institute of Technology で博士号を取得し，現在は James Madison University の名誉教授である．彼は 2011 年，母校 Utica College から名誉博士号を授与され，1990 年には，17 年間教鞭をとった James Madison University からマディソン・スカラー賞を受けた．Serway 博士は Clarkson University で教職につき，1967 年から 1980 年まで研究と教育に従事した．彼は 1977 年，Clarkson University で最優秀教育賞を受け，1985 年，Utica College から同窓会功労賞を受賞した．スイス，チューリッヒの IBM 研究所では客員研究者として，1987 年のノーベル賞受賞者である K.Alex Müller と一緒に仕事をした．Serway 博士は，アルゴン国立研究所の客員研究者でもあり，彼の指導者かつ友人であった故 Sam Marshall 博士と共同研究を行った．Serway 博士は "College Physics"（第 9 版），"Physics for Scientists and Engineers"（第 8 版），"Essentials of College Physics; Modern Physics"（第 3 版），および Holt McDougal 出版の高校物理の教科書 "Physics" の共著者である．Serway 博士は凝縮系物理の分野で 40 編以上の論文を発表しており，専門家の研究集会で 60 回以上の発表をしている．Serway 博士は妻エリザベスと，旅行，ゴルフ，釣り，ガーデニング，聖歌隊での合唱を楽しみ，また，4 人の子供，9 人の孫，それに最近誕生したひ孫と充実した時間を過ごすことを楽しんでいる．

John W. Jewett, Jr. は，Drexel University で物理の学士号を取得，Ohio State University で凝縮系物理の光学的および磁気的な性質を専門に学んで博士号を取得した．Jewett 博士はニュージャージー州の Richard Stockton College で研究職につき，1974 年から 1984 年まで教鞭をとった．彼は現在，パモナの California State Polytechnic University の物理の名誉教授である．Jewett 博士は教師としての経歴を通じて，効果的な物理教育の推進に努めてきた．さらに，国立科学財団の補助金を 4 回受けたことに加えて，南部カリフォルニア地区現代物理研究所（SCAMPI）および科学 IMPACT（現代教育法・創造的教育研究所）の設立と運営に携わった．Jewett 博士が受けた表彰には，1980 年の Richard Stockton College でのストックトン功労賞，California State Polytechnic University の 1991－1992 年度傑出教授としての選出，全米物理学教師協会（AAPT）の 1998 年度の大学院物理教育最優秀賞がある．2010 年には，物理教育への貢献を認められて，Drexel University から同窓会特別功労賞を受けている．彼は，AAPT の研究集会を含め，国内外で 100 回以上の講演を行っている．Jewett 博士は，物理と日常の経験との間の多くの関係を説明した "The World of Physics: Mysteries, Magic" の著者である．本書 "Principles of Physics" の共著者としての仕事に加え，"Physics for Scientists and Engineers"（第 8 版）や，高校の総合科学のための 4 巻セットの指導書である "Global Issues" の共著者でもある．Jewett 博士は，物理学者のバンドでキーボードを演奏し，旅行，水中写真，外国語の習得や物理の講義での演示実験で使える疑似医療器具の骨董品収集も楽しんでいる．そして，もちろん彼は妻のリサ，子供そして孫たちとの時間を大切にしている．

著者序

本書“サーウェイ 基礎物理学”(原著名: Principles of Physics)は，理工系および医系の学生のための，微積分を使った1年間用の基礎物理コースの教科書である．この第5版では，モデル化アプローチを利用した系統的な解法の戦略など，多くの新しい教育上の工夫をした．第4版の利用者や評者からのコメントに基づいて構成，説明の明確さ，表現の正確さを向上させるのに大いなる努力をした．

微積分を用いる基礎物理学の授業にはさまざまな問題点があることはよく知られている．この教科書の最初の企画は，このことを考えてなされた．授業の内容(そして本の分量)は増え続ける一方で，大学における物理教育の時間は減りこそすれ，増えはしなかった．さらに，従来の1年の授業では20世紀以降の物理にはほとんど触れていない．

この教科書の作成に当たって動機付けとなったのは，物理教育に関する研究(PER)を通じて，物理の教育と学習の改革に対する関心が広がったことであった．この方向の活動の一つが，米国物理学教員協会と米国物理学会が後援した大学基礎物理プロジェクト(IUPP)である．このプロジェクトの主たる目標と指針は，

- 「少なくすることで，より多く」というテーマに基づき授業の内容を削減する．
- 現代物理を授業に自然に組入れる(邦訳では割愛)．
- 実際の物理現象を織り込んだストーリーの中で，授業を構成する．
- すべての学生を公平に扱う．

数年前，これらの指針を満たしうる教科書の必要性を認識し，われわれはさまざまなIUPPが提唱する教育モデルとIUPPの委員会の多くの報告書を調べた．そして著者の一人R. A. Serwayは，米国空軍アカデミーが最初に開発した「基礎物理への質点のアプローチ」と題する，具体的モデルの検討と計画に積極的にかかわった．アカデミーでの滞在中，質点モデルの主要著者であるJames HeadやRolf Engerおよびその他のアカデミーのメンバーとの協力を進めた．この有益な共同作業が本書の出版計画の出発点となった．

この本のもう一人の著者J. W. Jewettは，「コンテクストにおける物理」とよばれるIUPPモデルに携わった．このモデルは，John Rigden(米国物理学協会)，David Griffiths(Oregon State University)およびLawrence Coleman(University of Arkansas, Little Rock)が開発したもので，純粋な物理学体系への過度の傾斜を改め，物理学の歴史的・社会的背景の中で学ばせようとするものである．この仕事は全米科学財団(NSF)の補助金を得ることになり，最終的には本書で使用され，この序文でも後で詳述する，コンテクスト(訳本では「物理の背景」とした)による新しいアプローチをもたらした．

IUPPのアプローチを組合わせたこの本は，以下の特徴をもっている．

- 物理コミュニティの現在の要求を満たすと思われる，漸進的なアプローチである(革新的というのではなく)．
- 古典物理のいくつかのトピックス(交流回路，光学機械など)は削除した．
- 自然界の基本的な力，特殊相対論，エネルギーの量子化，水素原子のボーア模型など現代物理のいくつかのトピックスを，できるだけ早く導入した．
- 物理の統一性，および物理法則の普遍性を示すことを意図した試みがなされた．
- 学生の学習を動機づける手段として，本書では物理法則の応用を，興味深い生物医学，社会問題，自然現象および技術の発展に結び付けた．

物理教育研究の結果を取入れるために，このほかにも多くの努力をした．それにより，本書にはいくつかの特徴が生まれた．たとえば，「質問」，「基本問題」，「気をつけよう」，「この場合は？」などという項目，「エネルギー棒グラフ」，「問題を解くためのモデル化」というアプローチ，第7章で導入されるエネルギーの地球規模での扱いなどである．

この基礎物理の教科書はおもに，学生に物理の基本的な概念と原理を明確かつ論理的に提示し，また，現実世界への幅広く興味深い適用を通じて，それらの概念や原理の理解を深めるという二つの目的をもっている．これらの目的を果たすため，筋道の通った物理的議論および問題の解法を重視した．同時に，技術，化学，医学などの他の分野での物理の役割を示す現実的な例を通じて，学生に意欲をもたせることも試みた．

St. Petersburg, Florida　Raymond A. Serway
Anaheim, California　John W. Jewett, Jr.

本書について

この“サーウェイ基礎物理学”シリーズ(全4巻)は，すでに3巻(Ⅰ．力学，Ⅱ．電磁気学，Ⅲ．熱力学)が出版されている．原著(Principles of Physics)は1冊の分厚い本であり，日本での使われ方を考えて分野別に分冊したのだが，それぞれの分量の関係で，各章末に付けられている演習問題は，力学と電磁気学に関しては一部(Questionsとなっている部分)しか掲載できなかった．残り(Problemsとなっている部分)をまとめてシリーズ第Ⅳ巻としたのが本書である．(熱力学のProblemsは第Ⅲ巻の巻末に付けられている．)

問題は，本文(すでに出版されている巻)の各章各節に対応した部分と，その他の追加問題に分けられている．したがって，第Ⅰ巻あるいは第Ⅱ巻を座右に置いて取り組むのが望ましいが，本書を独立に利用する読者の便宜も考えて，本文の各章の「まとめ」を，本書各章の冒頭に再掲した．本文で説明されている内容は，そこを見れば大筋はわかる．また，そこに付けられている式番号は，本文の初出箇所で付けられた番号であり，「まとめ」では順番通りになっていない．本書でこれらの式を参照する場合はこの番号を使っている．「分析モデル」といった著者独特の用語の意味も，「まとめ」を見ればわかるだろう．

式の書き方も，本文にならっているが，$\hat{i}$，$\hat{j}$，$\hat{k}$ はそれぞれ，x 方向，y 方向，z 方向を向く単位ベクトルである．また，たとえば1mという長さを a という文字で表す場合，通常は $a = 1\,\mathrm{m}$ だが，a は単なる1という，単位のない数値を表す場合もある．その場合はそのことを明記してある．

訳の担当は本文と同じで，鹿児島が力学の6～11章および電磁気学の1～3章，和田が他の部分である．また，原著にはProblemsの解答は付いていないので，訳者がそれぞれ担当する部分の解答を作成した．そのため，章によって解答にややスタイルの違いが見られるが，ご容赦いただきたい．

問題には，数値計算をさせるものが多い．状況によっては例外もあるが，数値は有効数字3桁で扱うのが著者の基本方針であり，解答でもそれにならった．最後の桁の数値が，読者自身の計算と違う場合が出てくるかもしれない．それは途中の段階での四捨五入の有無によるものと思われるので気にしないでいただきたい．また，数値の計算は，単位付きで行う場合とそうでない場合がある．単位なしで計算したときは，最後の結果の単位が何であるか，括弧付きで示した〔例：1.00(m)〕．解答は2人でチェックしあったが，不備な点もあるだろう．ご指摘いただければ幸いである．

2015年1月

鹿 児 島 誠 一
和　田　純　夫

演習について

問題　この第5版では，章末問題の数を増し多様にした（日本語版では**演習**として原本より取捨選択し，本編から独立させた）．学生や教師の便宜を考えて，問題の約3分の2は，物理の背景を含む特定の節に対応させている．「追加問題」というグループの問題は，特定の節には対応していない．BIO アイコンは，生命科学と医学への応用を扱った問題に付けられている．やさしい問題の番号は**黒字**，中間的レベルの問題は**青**，難度の高い問題は**赤**で記されている．

新しいタイプの問題　第5版では4つの新しいタイプの問題を導入した．

QIC 定量的/概念的問題　学生に定量的にも概念的にも考えることを求める問題．一例を示そう．

問題のタイプがアイコン QIC で示されている。

28. QIC 川が一定の速さ 0.500 m/s で流れている．ある人が上流に向けて 1.00 km 泳ぎ，その後，出発点まで泳いで戻ってきた．(a) この人が静水では 1.20 m/s の速さで泳げるとすると，この川の往復にはどれだけの時間がかかったか．(b) 川の水が流れていないとすると，どれだけの時間がかかるか．(c) 水が流れていると，往復に余計な時間がかかる理由を直観的に説明せよ．

(a)，(b)は定量的な計算を求めている．

(c)は，状況についての概念的な説明を求めている．

S 文字変数問題　文字変数のみを使って解くことを求める問題．調査に回答していただいた人の多くが，文字変数問題の数を増やすように希望した．教師が学生に求めるのは，物理の問題を解くときの考え方を身につけることであり，文字変数問題はその要請によく応えるからである．

問題のタイプがアイコン S で示されている．

37. S 図 I・7・10 のように，摩擦のない滑り台を子どもが静止状態から滑り降りる．滑り台の下部は地面から h の高さにある．子どもは滑り台の下部から水平に飛び出し，図のように d だけ離れた位置に落ちた．エネルギーを考察することにより，最初の高さ H を h と d を用いて表せ．

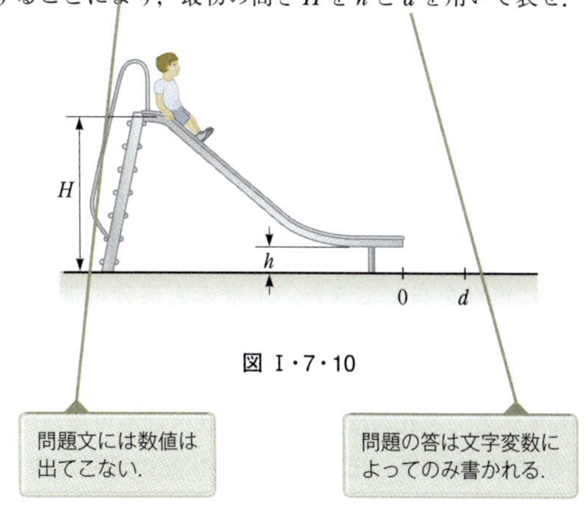

図 I・7・10

GP 誘導問題　学生に，問題をいくつかの段階に分ける方法を示す．物理の問題は通常，与えられた文脈で一つの物理量を尋ねる．しかし，その量を得るために，いくつかの概念を使って何回かの計算が必要になることがしばしばある．多くの学生がこの複雑さに慣れておらず，どこから始めたらよいかもわからない．誘導問題では標準的な問題をいくつかの細かな段階に分け，正解にたどり着くのに必要なすべての概念と戦略を学生が把握できるようにする．標準的な問題とは異なり，しばしば問題文の中にアドバイスが組込まれている．誘導問題は，学生が教師に直接接触するときの疑問の出し方の参考になるかもしれない．これらの問題（各章ごとに1問ある）は，学生が複雑な問題を，一連の単純な問題に分解するための訓練の場となる．これは問題解法のために必須な能力である．誘導問題の一例を下に示す．

問題のタイプがアイコン GP で示されている．

問題の目標が明示される．

適切な分析モデルを指定することで分析が始まる．

24. GP モーターボートが一直線上の距離 $\Delta x = 200$ m を，$v_\mathrm{i} = 20.0$ m/s から $v_\mathrm{f} = 30.0$ m/s まで等加速度で加速した．かかった時間を求めたい．(a) この状況を表すのに最も適切な分析モデルは何か．(b) その分析モデルの中で，ボートの加速度を求めるのに最も適切な式は何か．(c) 選んだ式を解いて，加速度を v_i，v_f および Δx で表せ．

問題を解くための各段階のヒントが提示される．

(d) 数値を代入して加速度を計算せよ．(e) かかった時間を求めよ．

目標に関連した計算をすることが求められる．

不可能問題　物理教育の研究は，学生の問題解法能力に焦点を当ててきた．本章の大部分の問題は，データを提供し計算結果を尋ねるという形になっているが，平均として各章に2問は不可能問題としてつくられている．それらは，なぜ次の状況は不可能なのかを問う文で始まる．そして，その状況の説明が続く．最初の文以外の質問は問われない．学生は，自分で何が問題であるかを判断し，何を計算すべきか決定しなければならない．その計算結果に基づき，なぜその状況が不可能なのかを説明しなければならない．この説明には，個人的な経験，常識，インターネットや印刷物の調査，測定，数学的能力，行動規範の知識，そして科学的思考などが必要となるかもしれない．

最初の文はこれが不可能問題であることを示す．

状況が説明される．

41. **次の状況がありえないのはなぜか．** 質量 1.30 kg のトースターが水平な台の上に乗っている．トースターと台の間の静止摩擦係数は 0.350 である．コードを引っ張ってトースターを引き寄せようとする．しかし，過去に何度も同じことをしたので，コードはかなり傷んでおり，4.00 N 以上の力で引っ張るとコードは切れてしまう．しかし，斜め上方向にそっと引っ張ることで，コードを切らずに引っ張ることができた．

質問は示されない．学生はこの状況が不可能であることを説明するために，何を計算すべきか自分で判断しなければならない．

これらの問題は，学生の批判的思考能力を育成するために利用できる．それらは楽しみとして，学生が個人やグループで解決する，物理の「ミステリー」という側面ももつ．

演習の構成

上記に述べた新しいタイプの問題のほかにも，以下のようなタイプの問題がある．

- **生命科学に関係した問題**　冒頭で述べたように，第5版では生命科学に関係した多くの問題を付け加え(アイコン BIO で示されている)，専攻分野が生命科学である学生にとっても物理の原理が重要であることを強調した．
- **復習問題**　多くの章に，その章で学んだ概念と，以前の章で学んだ概念を組み合わせなければならない復習問題が含まれている．これらの問題(復習と標示される)には，本文に書かれた諸原理が関連しており，物理とは，ばらばらなアイデアのセットではないことを反映させた．たとえば地球温暖化などの現実世界の課題に直面した場合でも，本書のあちこちに書かれたアイデアを集めてくることが必要になる．
- **“フェルミ” 問題**　大部分の章には，数値の桁(オーダー)を尋ねる問題が含まれている．(このような問題をしばしば提起した物理学者フェルミにちなむ名称である…訳者)．
- **設計問題**　いくつかの章は，実際の装置が要求通り機能するように，装置の設計パラメーターを求める問題が含まれている．
- **微積分を使う問題**　多くの章には微分を使う問題が一つ以上，また積分を使う問題が一つ，含まれている．

目　　次

演習I．力　学

演習II．電磁気学

付　録

基礎物理学 I～IV 主要目次

I 力学

II 電磁気学

III 熱力学

IV 力学・電磁気学演習

演　習

I. 力　学

1 序論とベクトル

まとめ

力学の量は3つの基本量，つまり**長さ**，**質量**，**時間**によって表現することができる．これらはSI単位系ではそれぞれ，**メートル**(m)，**キログラム**(kg)および**秒**(s)という単位をもつ．式のチェックやその導出の助けとして，**次元解析**という方法を使うと便利なことが多い．

物質の**密度**は，単位体積当たりの質量として定義される．

$$\rho \equiv \frac{m}{V} \tag{1·1}$$

ベクトルは，大きさと向きの両方をもつ量であり，ベクトルの加法法則に従う．**スカラー**は代数的に足せる量である．

2つのベクトル$\vec{A}$と$\vec{B}$は，三角形を使って足せる．この方法では，答の$\vec{R} = \vec{A} + \vec{B}$は，$\vec{A}$の始点から$\vec{B}$の先端までのベクトルである．

ベクトル$\vec{A}$のx成分A_xは，x軸への射影に等しい．$A_x = A\cos\theta$，ただし，θはAがx軸となす角度である．同様にAのy成分A_yはy軸への射影であり，$A_y = A\sin\theta$である．

ベクトル$\vec{A}$がx成分A_xとy成分A_yをもっている場合，そのベクトルは単位ベクトルを使って$\vec{A} = (A_x\hat{i} + A_y\hat{j})$と書ける．この記法では，$\hat{i}$は$x$軸の正の方向を向く単位ベクトルであり，$\hat{j}$は$y$軸の正の方向を向く単位ベクトルである．$\hat{i}$と$\hat{j}$は単位ベクトルなので$|\hat{i}| = |\hat{j}| = 1$である．三次元ではベクトルは$\vec{A} = (A_x\hat{i} + A_y\hat{j} + A_z\hat{k})$というように表される．$\hat{k}$は$z$軸の正の方向を向く単位ベクトルである．

複数のベクトルの和は，すべてのベクトルをx, y, z成分に分解し，それぞれを加えればよい．

$$\vec{R} = \vec{A} + \vec{B} = (A_x + B_x)\hat{i} + (A_y + B_y)\hat{j} + (A_z + B_z)\hat{k} \tag{1·18}$$

問題を解く能力，そして物理的理解は，問題を**モデル化**し，表現を**置き換える**ことによって向上する．解法に役立つモデルには，**幾何モデル**，**単純化モデル**，そして**分析モデル**がある．科学者は，われわれが日常，直接経験する大きさよりも大きな，あるいは小さな系を理解するために，構造モデルを使う．有用な表現には，**イメージによる表現**，**図による表現**，**略図による表現**，**グラフによる表現**，**表による表現**，および**数学的表現**がある．

1·1 長さ，質量，時間の基準

1. 均質な岩から2つの球を切りだした．一方の半径は4.50 cmであった．他方の質量はその5倍であった．その半径を求めよ．

2. QC 後ろ見返しにあるデータを使って，地球の平均密度を計算せよ．

3. ある自動車会社は，最初に製造した車の，質量9.35 kgの鉄製模型を展示しているが，創業100周年を記念して，同じ大きさの金製の模型を作ろうと計画している．どれだけの金が必要か．(それぞれの質量密度は金19.3×10^3 kg/m^3，鉄7.86×10^3 kg/m^3)

1·2 次元解析

4. 次の式は次元的に正しいか．(a) $v_f = v_i + ax$　(b) $y = (2\,\mathrm{m})\cos(kx)$　ただし，$k = 2\,\mathrm{m}^{-1}$

5. 図 I·1·1は円錐台である．その体積，曲面部の面積，2つの円周の和を示すのは，それぞれどれか．次元を考えて答えよ．

(a) $\pi(r_1 + r_2)[h^2 + (r_2 - r_1)^2]^{1/2}$，(b) $2\pi(r_1 + r_2)$，
(c) $\pi h(r_1{}^2 + r_1 r_2 + r_2{}^2)/3$

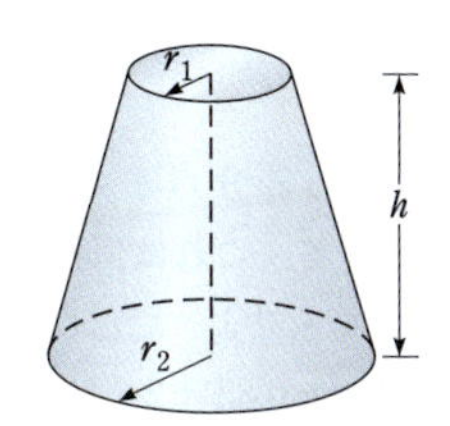

図 I·1·1

6. 等加速度で動いている質点の位置は，時間と加速度の関数である．kを無次元量として，この位置を$x = ka^m t^n$

と書いたとする．次元解析によって $m=1$，$n=2$ であることを確かめよ．次元解析によって k の値が定まるか．

1・3 単位の変換

7. ペンキ 1 ガロン（$=3.78\ \mathrm{L}=3.78\times10^{-3}\ \mathrm{m}^3$）で $25.0\ \mathrm{m}^2$ の範囲を塗った．そのときの，乾いて収縮する前のペンキの厚さを求めよ．

8. BIO 髪の毛は 1 日に 0.8 mm 伸びるとする．1 s には何 nm 伸びるか．原子間の距離を 0.1 nm とすると，それは原子のつながり何個分に相当するか．

9. 太陽の質量は 1.99×10^{30} kg であり，その大部分の成分である水素原子の質量は 1.67×10^{-27} kg である．太陽にはどれだけの水素原子があるか．

10. S アルミニウムの質量密度を ρ_{Al}，鉄の密度を ρ_{Fe} と記す．半径 r_{Fe} の鉄球と質量が等しいアルミニウムの球の半径 r_{Al} を求めよ．

11. 30.0 ガロン入りのタンクにガソリンを満たすのに 7.00 分かかる（1 ガロン $=3.78\ \mathrm{L}=3.78\times10^{-3}\ \mathrm{m}^3$）．(a) 1 秒当りでは何ガロンか．(b) それは 1 秒あたり何 m^3 か．(c) $1.00\ \mathrm{m}^3$ 入れるには何時間かかるか．

12. 水素原子の直径は 0.106 nm ほどである．また水素原子の原子核の直径は 2.40 fm ほどである（nm と fm は見返し参照）．水素原子が 100 m の野球場だとすれば，原子核の大きさはどれだけか．

1・4 概数の計算

13. 一つの部屋に，卓球のボールをつぶさずにいくつぐらい詰められるか．その概数を推定せよ．

14. バスタブに水をいっぱい満たしたときの水の全質量を推定せよ．

15. ニューヨーク市にピアノの調律師は何人くらいいるか．（このようなタイプの問題を，それを好んだ物理学者エンリコ・フェルミにちなんでフェルミ問題という．）

16. ある自動車はタイヤを変えずに 10 万 km 走行した．この間，タイヤは何回程度回転したか．

1・5 有効数字

17. 春分点から春分点までを 1 太陽年といい，365.242 199 日に相当する．これは何秒にあたるか．

18. 以下の計算をせよ．ただし数字はすべて測定値である．(a) $756+37.2+0.83+2$ (b) 0.0032×356.3 (c) $5.620\times\pi$

19. 以下の数字の有効数字の数はいくつか．(a) 78.9 ± 0.2 (b) 3.788×10^9 (c) 2.46×10^{-6} (d) 0.0053

注：以下の 2 問については，付録 B・8 に書かれている誤差の伝播が参考になる．

20. 均質の球の半径の測定値が (6.50 ± 0.20) cm であり，その質量の測定値が (1.85 ± 0.02) kg であった．この球の密度およびその誤差を $\mathrm{kg/m^3}$ の単位で求めよ．

21. 広さが (10.0 ± 0.1) m × (17.0 ± 0.1) m のプールがある．このプールの周囲に，幅 (1.00 ± 0.1) m，厚さ (9.0 ± 0.1) cm の通路をコンクリートで作りたい．必要なコンクリートの量（体積）を求めよ．その誤差は．

1・6 座標系

22. xy 平面内に，デカルト座標で $(2.00, -4.00)$ および $(-3.00, 3.00)$ と表される 2 点がある．(a) 2 点間の距離 (b) 各点の極座標を求めよ．

23. 極座標が $r=5.50$ m，$\theta=240°$ である点のデカルト座標を求めよ．

24. S 点 (x, y) の極座標表示が (r, θ) であるとき，次の点の極座標表示を求めよ．(a) $(-x, y)$ (b) $(-2x, -2y)$ (c) $(3x, -3y)$

25. ハエが壁にとまった．壁の左下をデカルト座標の原点とする．ハエの位置が $(2.00, 1.00)$ m である場合，(a) 原点からの距離は．(b) 原点から見たときの角度は（水平方向を 0° とする）．

1・7 ベクトルとスカラー

1・8 ベクトルの諸性質

26. 図 I・1・2 の変位ベクトル $\vec{A}$ と $\vec{B}$ の大きさはどちらも 3.00 cm である．$\vec{A}$ の方向は $\theta=30°$ である．次のベクトルを物差しと分度器を使って描き，長さと方向を測れ．

(a) $\vec{A}+\vec{B}$ (b) $\vec{A}-\vec{B}$ (c) $\vec{B}-\vec{A}$ (d) $\vec{A}-2\vec{B}$

（方向は，x 軸から反時計回りに測った角度で表せ．）

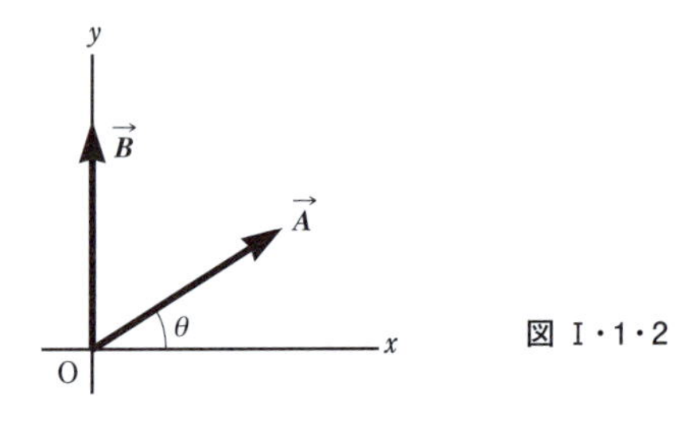

図 I・1・2

27. ヘリコプターが基地から飛び立ち，東から北に 20.0° の方向，距離 280 km の所にある湖 A まで飛んで補給品を落下させ，次に湖 A から見て北から西に 30.0° の方向，距離 190 km の所にある湖 B に飛んだ．基地から見た湖 B の方向と距離を求めよ．

1・9 ベクトルの成分と単位ベクトル

28. ベクトル $\vec{A} = 2.00\hat{i} + 6.00\hat{j}$ と $\vec{B} = 3.00\hat{i} - 2.00\hat{j}$ がある．(a) ベクトルの和 $\vec{C} = \vec{A} + \vec{B}$ とベクトルの差 $\vec{D} = \vec{A} - \vec{B}$ を描け．(b) $\vec{C}$ と $\vec{D}$ を単位ベクトルを使って計算せよ．(c) $\vec{C}$ と $\vec{D}$ を極座標で表せ．

29. QIC (a) $\vec{A} = 6.00\hat{i} - 8.00\hat{j}$, $\vec{B} = -8.00\hat{i} + 3.0\hat{j}$, $\vec{C} = 26.0\hat{i} + 19.0\hat{j}$ とする．$a\vec{A} + b\vec{B} + \vec{C} = 0$ となるような a と b を定めよ．(b) 一つの式から2つの変数が決まるのはおかしくないか．

30. スーパーマンが図 I・1・3 のように建物の上から 100 m 飛んだ．変位の水平成分と垂直成分を求めよ．

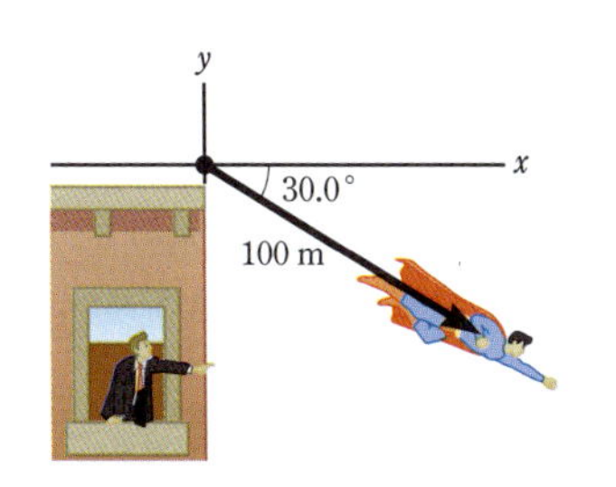

図 I・1・3

31. x 成分が -25.0, y 成分が 40.0 であるベクトルの，大きさと方向を求めよ．

32. ベクトル $\vec{B}$ の x, y, z 成分はそれぞれ 4.00, 6.00, 3.00 である．(a) $\vec{B}$ の大きさは．(b) ベクトル $\vec{B}$ と各座標軸がなす角度を求めよ．

33. ベクトル $\vec{A}$ の x, y, z 成分はそれぞれ，8.00, 12.00, -4.00 である．(a) $\vec{A}$ を単位ベクトルを使って表せ．(b) $\vec{A}$ の4分の1倍であるベクトル $\vec{B}$ の，単位ベクトルによる表現を記せ．(c) $\vec{A}$ と逆方向を向く，長さが3倍のベクトル $\vec{C}$ の，単位ベクトルによる表現を記せ．

34. クロッケー(英国発祥の球技．日本のゲートボールの原型とされる．)のボールを3回，転がした．それぞれの変位ベクトルは図 I・1・4 の通りであった．ただし，
$|\vec{A}| = 20.2$, $|\vec{B}| = 40.0$, $|\vec{C}| = 30.0$ である．
(a) 結果の変位ベクトル $\vec{R}$ の単位ベクトルによる表現を記せ．(b) その大きさと方向を求めよ．

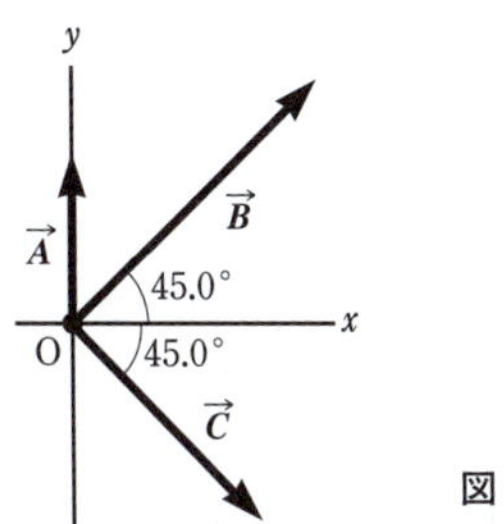

図 I・1・4

35. モップで床を拭いている．モップを2回，動かしたとする．そのうち最初は，x 軸と 120° をなす方向に 150 cm 動かした．また，2回動かした後では，モップは最初の位置から x 軸と 35.0° の方向に 140 cm 離れていた．2回目の動きを表すベクトルを求めよ．

36. ベクトル $\vec{A}$ の x 成分と y 成分は -8.70 cm, 15.0 cm である．またベクトル $\vec{B}$ の成分はそれぞれ 13.2 cm, -6.60 cm である．$\vec{A} - \vec{B} + 3\vec{C} = 0$ であるとき，$\vec{C}$ の成分を求めよ．

37. $\vec{A} = 3\hat{i} - 2\hat{j}$, $\vec{B} = -\hat{i} - 4\hat{j}$ だとする．次の量を計算せよ．(a) $\vec{A} + \vec{B}$, (b) $\vec{A} - \vec{B}$, (c) $|\vec{A} + \vec{B}|$, (d) $|\vec{A} - \vec{B}|$, (e) $\vec{A} + \vec{B}$ と $\vec{A} - \vec{B}$ の方向．

38. 図 I・1・2 に描かれているベクトル $\vec{A}$ と $\vec{B}$ を，成分を使って加えよ．$\vec{A} + \vec{B}$ を，単位ベクトルを使った表示で表せ．

39. 3つの変位ベクトル $\vec{A} = 3\hat{i} - 3\hat{j}$, $\vec{B} = \hat{i} - 4\hat{j}$, $\vec{C} = 2\hat{i} + 5\hat{j}$ を考える．次のベクトルの大きさと方向を求めよ．(a) $\vec{D} = \vec{A} + \vec{B} + \vec{C}$, (b) $\vec{E} = -\vec{A} - \vec{B} + \vec{C}$

40. 散歩で図 I・1・5 に描かれているような道を歩く．到達点の，出発点から見た変位を求めよ．

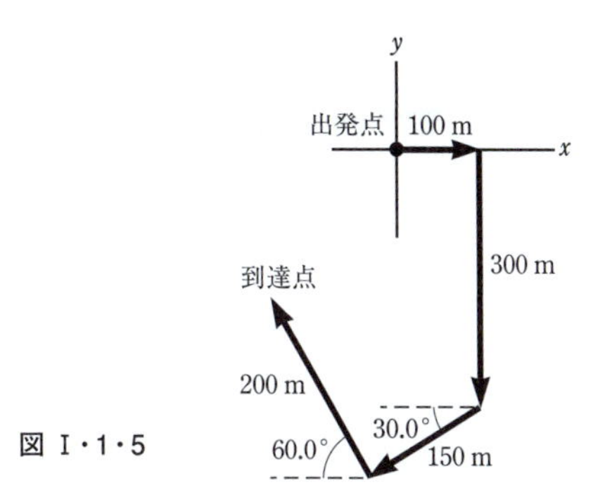

図 I・1・5

41. 次のベクトルを単位ベクトル表示で表せ．ただし，ベクトルの大きさは 17.0 cm であるとする．(a) x 軸方向から反時計回りに 27.0° の方向を向くベクトル $\vec{E}$. (b) y 軸方向から反時計回りに 27.0° の方向を向くベクトル $\vec{F}$. (c) y 軸の負の方向から時計回りに 27.0° の方向を向くベクトル $\vec{G}$.

1・10 モデル化，表現の置き換え，解法の戦略

42. よく区画整理された街の道路で，バスが連続的に次のような4つの動きをした．

(i) $-6.30b\hat{i}$, (ii) $(4.00b\cos 40°)\hat{i} - (4.00b\sin 40°)\hat{j}$

(iii) $(3.00b\cos 50°)\hat{i} - (3.00b\sin 50°)\hat{j}$, (iv) $-5.00b\hat{j}$

ただし，b は区画の一辺の長さであり，$\hat{i}$ と $\hat{j}$ はそれぞれ東向きと北向きの単位ベクトルである．また，角度は斜め方向の道路の，東方向から測った道路の方向を表す．(a) この動きを図に描け．(b) 移動距離を求めよ．(c) 変位全体の大きさと方向を求めよ．

43. 向こう岸の木の真向かいから $d = 100$ m 歩いたら，木は角度 $\theta = 35.0°$ の方向に見えた(図 I・1・6)．川の幅はいくらか．

I 力学

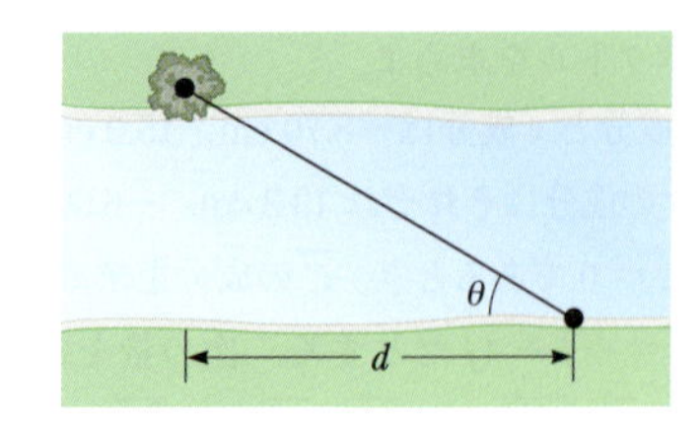

図 I・1・6

追加問題

44. 太陽と，それに最も近い恒星との間の距離は約 4×10^{16} m である．これを，銀河内の典型的な星間距離だとしよう．また，天の川銀河(図 I・1・7)は，大きさがほぼ直径 $\sim 10^{21}$ m，厚さ $\sim 10^{19}$ m のディスクであるとする．天の川銀河内の星の数を推定せよ．

図 I・1・7

45. 有効数字が3つであることがわかっている場合，6.379 m ならば 6.38 m，6.374 m ならば 6.37 m とする．しかし，6.375 m ならば 6.37 m としても 6.38 m としてもよい．どちらにしても 6.375m との差は同じである．しかし，桁数を考える場合，(差ではなく)比率が問題になる．たとえば 500 m ならば 100 m ではなく 1000 m とする．なぜなら 100 m では5倍違うが，1000 m ならば2倍しか違わない．437 m ならば 1000 m であり，305 m ならば 100 m である．では 100 m でも 1000 m でもかまわない長さはどれだけか．

46. ベクトル $\vec{A}$ と $\vec{B}$ の大きさはどちらも 5.00 である．また $\vec{A}+\vec{B}$ は $6.00\hat{j}$ である．$\vec{A}$ と $\vec{B}$ のなす角度を求めよ．

47. 角度が小さいときは $\tan\theta \approx \sin\theta$ であり，しかも角度をラジアンで表したときは，

$$\tan\theta \approx \theta$$

となる．したがって角度を度で表したときは，

$$\tan\theta \approx \pi/180^\circ \times \theta$$

となる．(a) $\theta = 10^\circ$ のときのこの式の誤差は何パーセントか．(b) 誤差が10パーセント未満であるための条件は何か．

48. ベクトル $\vec{A}$ と $\vec{B}$ はその大きさが正確に等しく，$\vec{A}+\vec{B}$ の大きさは $\vec{A}-\vec{B}$ の大きさよりも100倍大きい．$\vec{A}$ と $\vec{B}$ のなす角度はどれだけか．

49. 1年は $\pi \times 10^7$ 秒であるとしたとき，誤差の割合はどれだけか(誤差の割合とは，誤差の，真の値に対する比率)．ただし，1年はうるう年も含めた平均値として 365.25 日とせよ．

50. 航空管制官のレーダーの画面に2機の飛行機が写っている．1機は，高度 800 m，水平方向の距離は 19.2 km，西から南に 25.0° の方向にある．もう1機は，高度 1100 m，水平方向の距離は 17.6 km，西から南に 20.0° の方向になる．この2機の飛行機の距離を求めよ．(西方向を x 軸，南方向を y 軸，垂直方向を z 軸とせよ．)

51. BIO 水 1 cm^3 の質量は 1.00×10^{-3} kg である．(a) 水 1 m^3 の質量は．(b) 生物の98パーセントは水である．すべてが水の質量密度と同じであると仮定して，直径 1 μm の細胞，人間の腎臓，ハエの質量を求めよ．腎臓は半径 4.00 cm の球とし，ハエは長さ 4.00 mm，直径 2.00 mm の円柱とせよ．

52. 図 I・1・8 は，2人の人が頑固なロバを引っ張っているところをヘリコプターから見た図である．右側の人が引っ張る力 $\vec{F}_1$ は，大きさ 120 N，方向 $\theta_1 = 60.0^\circ$ であった．左側の人が引っ張る力 $\vec{F}_2$ は，大きさ 80.0 N，方向 $\theta_2 = 75.0^\circ$ であった．(a) 2人の力の合力 $\vec{F}$ を求めよ．(b) 合力をゼロにするには，3人目の人はロバにどのような力を及ぼすべきか．

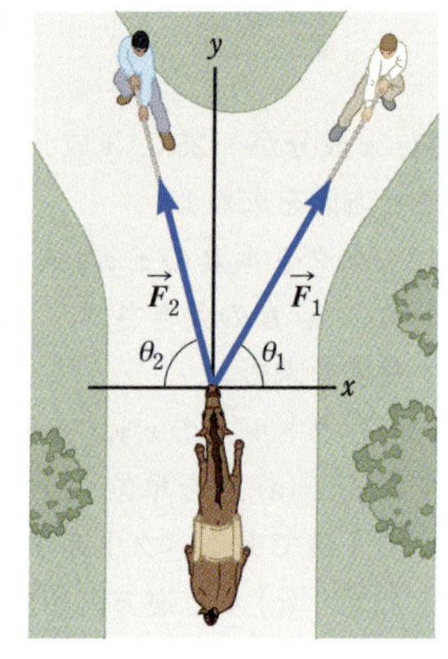

図 I・1・8

53. GP ある女性が山の高さを測ろうとしている．ふもとのある地点からは山頂は 12.0° の方向に見えた．山に向かって平地を 1.00 km 歩いたところ，角度は 14.0° になった．(a) この問題の図を描け．女性の目の高さは無視してよい．〔ヒント：三角形を2つ使う．〕(b) 山の高さ y，女性の最初の位置から山までの距離 x を図に書き入れよ．(c) この2つの変数を関係づける三角関数の式を2つ書け．(d) 高さ y を求めよ．

54. Q|C 海賊が島に宝物を埋めた．この島には5本，木が立っており，その位置は(30.0 m, −20.0 m)，(60.0 m, 80.0 m)，(−10.0 m, −10.0 m)，(40.0 m, −30.0 m)，(−70.0 m, 60.0 m)である．海賊の日誌によれば，Aの木から出発してBの方向に進むが，Bまでの距離の半分だけ進む．そこからCに向けて進むが，そことCとの距離の3分の1だけ進む．次にDに向けて進むが，そことDとの距離の4分の1だけ進む．最後にEに向けて進むが，そことEとの距離の5分の1だけ進む．そして止まってそこを掘

れば宝があると書かれている．ただし，どの木がA〜Eのどれなのかはわからない．(a) 図 I・1・9 に描かれているように，5本の木にAからEまでの記号を当てはめたとすると，どこを掘ることになるか．(b) どの木がどれかわからないとしても，宝の正しい位置はわかる．その理由を説明せよ．

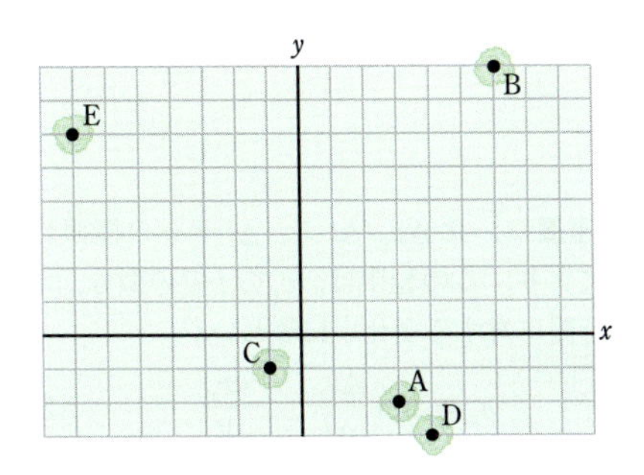

図 I・1・9

55. 平らな牧場に君と牛が2頭いる．牛Aは君の真北，15.0 m の位置にいる．牛Bは君から 25.0 m のところにいる．君から見て牛Aの方向と牛Bの方向は 20.0° ずれており，牛Bが右側にいる(図 I・1・10)．(a) 牛Aと牛Bとの間の距離は．(b) 牛Aから見て，牛Bと君は何度ずれているか．(c) 牛Bから見て，牛Aと君は何度ずれているか．

〔ヒント：空を飛んでいるひばりにとってどのように見えるかを考える．君と牛2匹が作る三角形を描いてみよう．〕

図 I・1・10

56. **S** 図 I・1・11 の直方体の各辺の長さは，それぞれ a, b, c である．(a) ベクトル $\vec{\boldsymbol{R}}_1$ のベクトル的表現を求めよ．(b) このベクトルの大きさは．(c) $\vec{\boldsymbol{R}}_1$, $\vec{\boldsymbol{R}}_2$, $c\hat{\boldsymbol{k}}$ の3つのベクトルは直角三角形をつくる．ベクトル $\vec{\boldsymbol{R}}_2$ のベクトル的表現を求めよ．

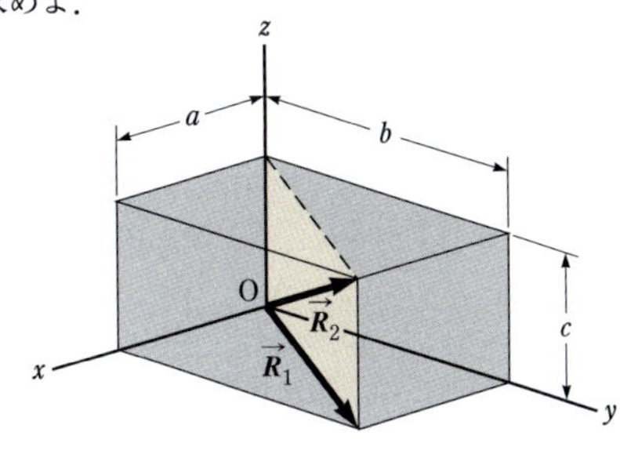

図 I・1・11

I 力学

2 一次元の運動

まとめ

質点の**平均の速さ**は，ある時間に質点が動いた距離 d と，その時間 Δt の比に等しい．

$$v_{平均} \equiv \frac{d}{\Delta t} \tag{2·1}$$

ある時間に一次元上を動いた質点の**平均速度**は，変位 Δx と時間 Δt の比に等しい．

$$v_{x,平均} \equiv \frac{\Delta x}{\Delta t} \tag{2·2}$$

質点の**瞬間速度**は，比 $\Delta x/\Delta t$ の，Δt がゼロに近づいた極限として定義される．

$$v_x \equiv \lim_{\Delta t \to 0} \frac{\Delta x}{\Delta t} = \frac{dx}{dt} \tag{2·3}$$

質点の**瞬間の速さ**は，瞬間速度ベクトルの大きさとして定義される．

ある時間に一次元上を動く質点の**平均加速度**は，速度の変化 Δv_x と時間 Δt の比として定義される．

$$a_{x,平均} \equiv \frac{\Delta v_x}{\Delta t} \tag{2·7}$$

瞬間加速度は，比 $\Delta v_x/\Delta t$ の，$\Delta t \to 0$ の極限に等しい．定義により，この極限は，v_x の t での微分，すなわち速度の時間に対する変化率に等しい．

$$a_x \equiv \lim_{\Delta t \to 0} \frac{\Delta v_x}{\Delta t} = \frac{dv_x}{dt} \tag{2·8}$$

$x-t$ 曲線の接線の傾きは，その質点の瞬間速度を与える．

$v-t$ 曲線の接線の傾きは，その質点の瞬間加速度を与える．

自由落下する物体は，地球の中心を向く加速度をもつ．空気抵抗が無視でき，運動の高度差が地球の半径に比べて小さいときは，自由落下の加速度の大きさ g は，運動全体で一定であると仮定できる．g は $9.80\,\mathrm{m/s^2}$ に等しい．上向きが正になるように y 軸を定義すると，加速度は $-g$ になり，自由落下物体に対する運動学的関係式は，$x \to y$，$a_y \to -g$ と置き換えれば，すでに与えられている式と同じである．

解法のための分析モデル

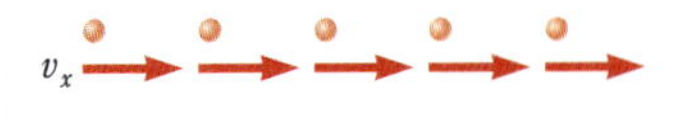

等速度で動く質点　もし質点が直線上を一定の速さ v_x で動くとしたら，その速度は，

$$v_x = \frac{\Delta x}{\Delta t} \tag{2·4}$$

で与えられ，その位置は，

$$x_f = x_i + v_x t \tag{2·5}$$

で与えられる．

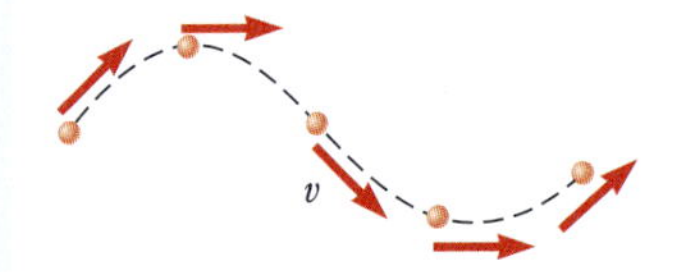

一定の速さで動く質点　質点が曲線または直線上を一定の速さで，距離 d だけ動くとしたら，その速さは，

$$v = \frac{d}{\Delta t} \tag{2·6}$$

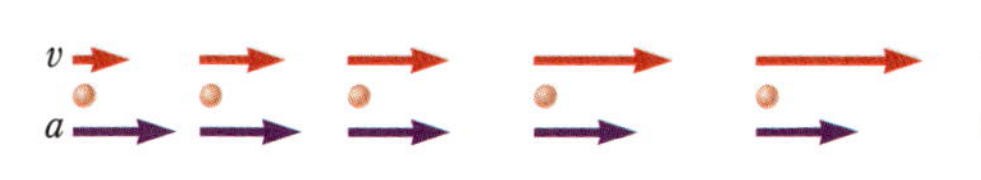

一定の加速度で動く質点　質点が直線上を一定の加速度 a_x で動くとしたら，その動きは，以下の運動学的関係式によって表される．

$$v_{xf} = v_{xi} + a_x t \qquad (2\cdot10)$$

$$v_{x,\text{平均}} = \frac{v_{xi} + v_{xf}}{2} \qquad (2\cdot11)$$

$$x_f = x_i + \frac{1}{2}(v_{xi} + v_{xf})t \qquad (2\cdot12)$$

$$x_f = x_i + v_{xi}t + \frac{1}{2}a_x t^2 \qquad (2\cdot13)$$

$$v_{xf}^2 = v_{xi}^2 + 2a_x(x_f - x_i) \qquad (2\cdot14)$$

2・1 平均速度

1. ある質点の位置対時間のグラフが図 I・2・1 に描かれている．次の時間間隔における平均速度を求めよ．

(a) 0〜2 s
(b) 0〜4 s
(c) 2 s〜4 s
(d) 4 s〜7 s
(e) 0〜8 s

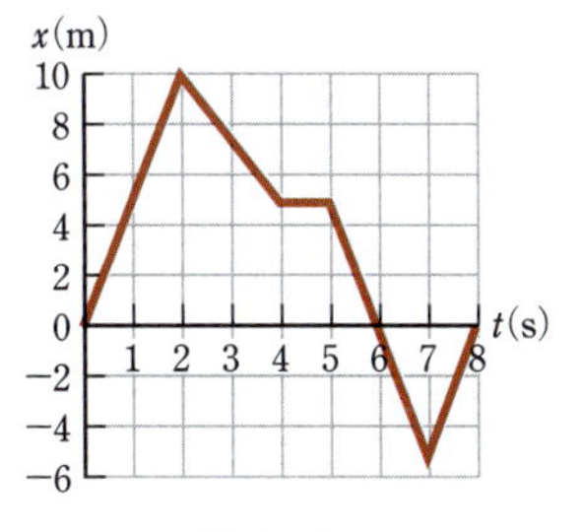

図 I・2・1

2. 質点が $x = 10t^2$ という式に従って動いている．ただし，x はメートル，t は秒で表されている．(a) 2.00 s から 3.00 s までの時間間隔での平均速度を求めよ．(b) 2.00 s から 2.10 s までの時間間隔での平均速度を求めよ．

3. おもちゃのレーシングカーの，各時刻での位置を観測して，下の表をつくった．次の時間における平均速度を求めよ．(a) 最初の 1 秒間　(b) 最後の 3 秒間　(c) 観測時間全体．

t(s)	0	1.0	2.0	3.0	4.0	5.0
x(m)	0	2.3	9.2	20.7	36.8	57.5

4. ある人が，最初は Ⓐ 点から Ⓑ 点まで一定の速さ 5.00 m/s で歩き，次に一定の速さ 3.00 m/s で戻った．(a) 全体の平均の速さを求めよ．(b) 全体の平均の速度を求めよ．

2・2 瞬間速度

5. x 軸に沿って動いている質点の位置対時間のグラフが図 I・2・2 に描かれている．(a) $t = 1.50$ s から $t = 4.00$ s までの時間間隔での平均速度を求めよ．(b) $t = 2.00$ s での瞬間速度を，図に描かれた接線の傾きを調べることによって求めよ．(c) どの時刻で瞬間速度が 0 になるか．

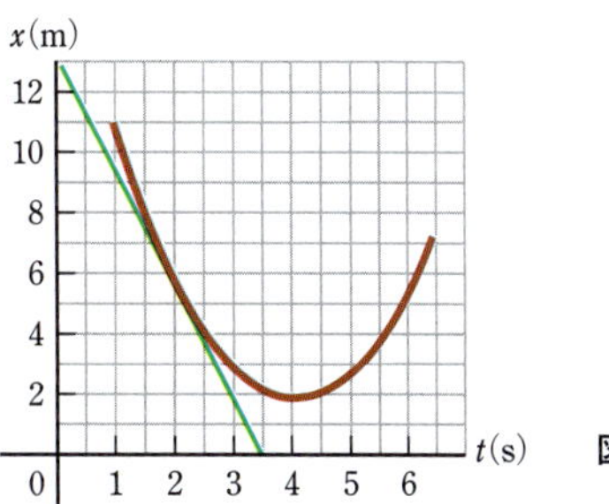

図 I・2・2

6. 質点が x 軸に沿って，$x = 3t^2$ という式に従って動いている．x はメートル，t は秒で表されている．(a) $t = 3.00$ s での位置を求めよ．(b) $t = 3.00\ \text{s} + \Delta t$ での位置を求めよ．(c) Δt が 0 に近づくときの $\Delta x/\Delta t$ の極限値を計算し，$t = 3.00$ s での速度を求めよ．

7. 図 I・2・1 に描かれている質点の速度を，次の各時刻において求めよ．(a) $t = 1.0$ s　(b) $t = 3.0$ s　(c) $t = 4.5$ s　(d) $t = 7.5$ s

2・3 分析モデル：等速度で動く質点

8. ウサギとカメが 1.00 km の直線コースで競走した．カメは 0.200 m/s の速さでゴールに向かって這った．ウサギは 8.00 m/s の速さでゴールに向かって 0.800 km 走ったが，のろいカメをからかうために止まった．その横をカメは通り過ぎた．ウサギは少したってから再びゴールに向かって 8.00 m/s の速さで走り始めた．そしてウサギとカメはまったく同時にゴールに着いた．動いているときはどちらも等速で動いたとする．(a) ウサギが再び走り始めたときに，カメはゴールまでどれだけの距離にいたか．(b) ウサギは途中，どれだけの時間，止まっていたか．

2・4 加速度

9. 物体が x 軸に沿って，$x = 3.00t^2 - 2.00t + 3.00$ という式に従って動いている．ただし，x はメートル，t は秒単位で表されている．(a) $t = 2.00$ s と $t = 3.00$ s の間での平均の速さを求めよ．(b) $t = 2.00$ s と $t = 3.00$ s での瞬間速度を求めよ．(c) $t = 2.00$ s と $t = 3.00$ s の間での平均加速度を求めよ．(d) $t = 2.00$ s と $t = 3.00$ s での瞬間加速度を求めよ．(e) 物体が静止していた時刻を求めよ．

10. 式 $x = 2.00 + 3.00t - 1.00t^2$ に従って質点が動いている．ただし，x の単位は m，t の単位は秒である．
$t = 3.00$ s における次の量を求めよ．(a) 質点の位置　(b) 速度　(c) 加速度

11. バイクがまっすぐな道路を走っている．図 I・2・3 はその動きの 速度 対 時間 のグラフである．グラフ用紙を用意し，その中央にこのグラフを写せ．(a) 次に，そのグラフの上に位置対時間のグラフを描け．$t = 0$ では $x = 0$ だとする．時間軸の目盛は中央のグラフにそろえること．(b) 中央のグラフの下に，加速度 対 時間 のグラフを描け．時間軸の目盛は中央のグラフにそろえ，また，グラフの線が曲がっているすべての点の座標を記せ．(c) $t = 6.00$ s での加速度は．(d) $t = 6.00$ s での位置を求めよ．(e) $t = 9.00$ s での位置を求めよ．

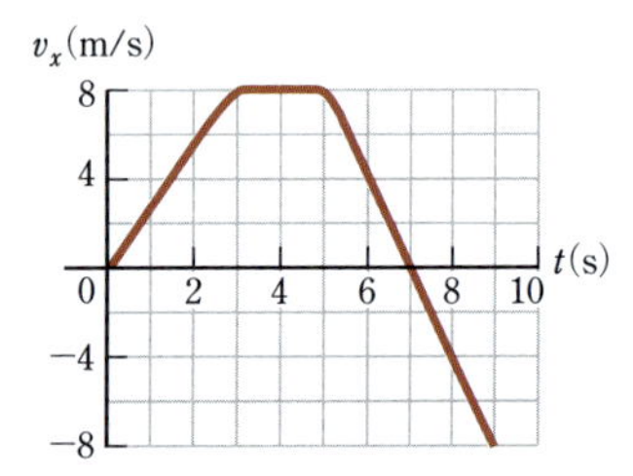

図 I・2・3

12. 質点が静止状態から出発して，図 I・2・4 に描かれているように加速した．(a) $t = 10.0$ s と $t = 20.0$ s での速さを求めよ．(b) 最初の 20.0 s の間の移動距離を求めよ．

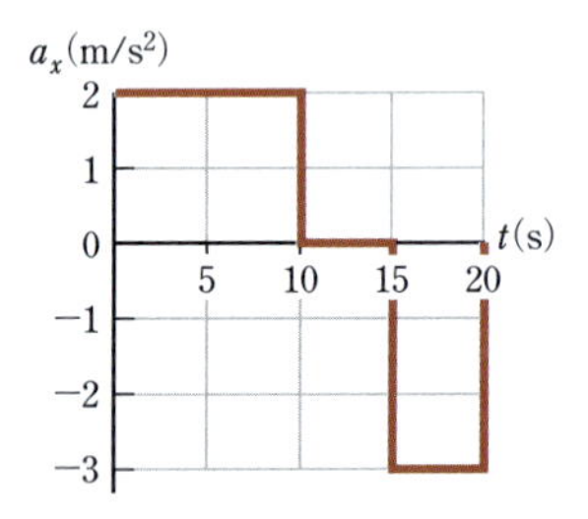

図 I・2・4

13. 速さ 25.0 m/s のボールを壁にぶつけたら，22.0 m/s の速さで跳ね返った．ボールと壁の接触時間が 3.50 ms だとしたとき，その間の平均加速度を求めよ．

14. 図 I・2・5 は停止状態から発進して直線状の道路を走ったオートバイの v–t 図である．次の量を求めよ．(a) $t = 0$ から $t = 6.00$ s までの時間の平均加速度　(b) 加速度が最大になる時刻とそのときの加速度の値(見積もりでよい)，(c) 加速度がゼロになる時刻　(d) 加速度がマイナスで，その絶対値が最大になる時刻とそのときの加速度の値(見積りでよい)．

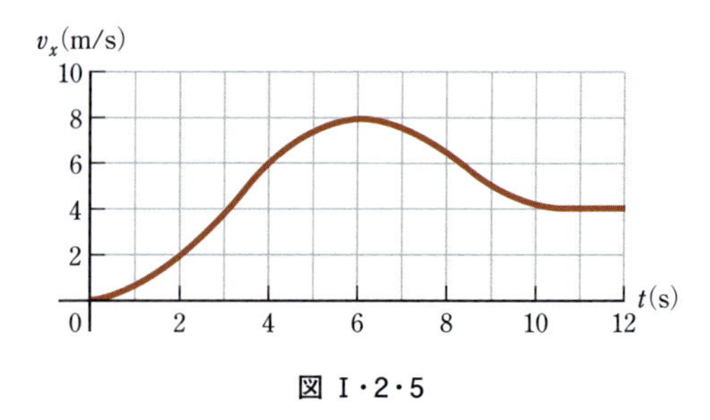

図 I・2・5

2・5　運　動　図

15. Q|C 次の条件を満たす運動図を描け．(a) 一定の速さで右に動いている物体．(b) 右に動いており，一定の割合で加速している物体．(c) 右に動いているが，一定の割合で減速している物体．(d) 左に動いており，一定の割合で加速している物体．(e) 左に動いているが，一定の割合で減速している物体．

2・6　分析モデル：等加速度で動く質点

16. $+x$ の方向に等加速度運動をしている物体がある．$x = 3.00$ cm のとき $v = 12.0$ cm/s であった．2.00 s 後に $x = -5.00$ cm だとすれば，加速度はどれだけか．

17. トラックが 8.50 s 間，等加速度で減速して 40.0 m 走り，2.80 m/s まで減速した．(a) 最初の速さを求めよ．(b) 加速度を求めよ．

18. Q|C 速さ 100 m/s のジェット機が飛行場に着陸する．加速度の大きさは 5.00 m/s^2 である．(a) 着地してから静止するまでの時間を求めよ．(b) 滑走路の長さが 0.800 km のとき，無事に着陸できるか．

19. 陰極線管内を電子が一定の加速度で，2.00×10^4 m/s から 6.00×10^6 m/s に加速した．その間，電子は 1.50 cm 走った．(a) 時間はどれだけかかったか．(b) 加速度の大きさは．

20. 30.0 m/s で動いているモーターボートが，-3.50 m/s^2 の加速度で減速しながら 100 m 先のブイに近づく．(a) ブイに達するまでにどれだけかかるか．(b) ブイに達したときの速さを求めよ．

21. ドライバーが前方に木が倒れているのを見つけ急ブレーキをかけた．車は -5.50 m/s^2 の加速度で 4.20 s 間 減速した．ブレーキをかけ始めたときの木までの距離を 62.4 m だとすると，車が木に衝突したときの速さはどれだけか．〔ヒント：等加速度運動で初期速度と位置の関係を示す式 $x_f - x_i = v_i t + \frac{1}{2}at^2$ はよく知られているが，最終速度と位置の関係はどのように表されるだろうか.〕

22. 直線状の道路で，トラックが静止状態から 2.00 m/s^2 の加速度で発進し，20.0 m/s の速さに達した．その後，20.0 s だけ等速で走り続け，それからブレーキをかけて等

加速度で減速し 5.00 s で停止した．(a) トラックは全体でどれだけの時間 走ったか．(b) 発進してから停止するまでのトラックの平均の速さを求めよ．

23. x 軸に沿って質点が動く．その位置は $x = 2 + 3t - 4t^2$ で与えられる．ただし，x はメートル，t は秒で表される．(a) 動きの方向が変わる位置を求めよ．(b) $t = 0$ での位置に戻ったときの速度を求めよ．

24. **GP** モーターボートが一直線上の距離 $\Delta x = 200$ m を，$v_i = 20.0$ m/s から $v_f = 30.0$ m/s まで等加速度で加速した．かかった時間を求めたい．(a) この状況を表すのに最も適切な分析モデルは何か．(b) その分析モデルの中で，ボートの加速度を求めるのに最も適切な式は何か．(c) 選んだ式を解いて，加速度を v_i，v_f および Δx で表せ．(d) 数値を代入して加速度を計算せよ．(e) かかった時間を求めよ．

2・7 自由落下する物体

注：この節の問題ではすべて，空気抵抗の効果は無視する．

25. **次の状況がありえないのはなぜか．** エミリーが1ドル紙幣の端をつまんで垂直に垂らす(図Ｉ・2・6)．紙幣はデビッドの人差し指と親指の間を通っているが，指とは接触していない．エミリーが突然，予告なしに手を離す．デビッドは指を上下には動かさないで紙幣をつかむ．デビッドの反射神経は並みの人間のレベルである(彼の反応時間を 0.20 s とせよ)．

図Ｉ・2・6

26. バットで打たれたボールがまっすぐ上に飛び，3.00 s 後に最高点に達した．(a) ボールの初期速度を求めよ．(b) 最高点の高さを求めよ．

27. 樹上の枝に座っている男が駆けてくる馬を見て，タイミングよく，それに飛び乗りたいと思った．馬の速さは 10.0 m/s であり，枝と馬の鞍の高さの差は 3.00 m である．(a) 枝を離れてから馬の鞍に落ちるまでの時間はどれだけか．(b) 男が枝から落下し始めるときの，馬の鞍と枝との水平距離を求めよ．

28. 矢を 100 m/s で射るとする．(a) 真上に射たとすると，矢はどれだけ上がるか(空気抵抗は無視する)．(b) 矢が戻ってくるまでの時間を求めよ．

29. **S** 建物の2階の窓から顔を出している人に向けて，地面から真上に鍵の束を投げた．投げた位置から，鍵の束をつかまえた位置までの高さは h，飛んでいた時間は t であった．(a) 投げた瞬間の速さ，および (b) つかまえたときの速さを求めよ．

30. 高さ 30.0 m のところから真下に，速さ 8.00 m/s でボールを投げた．地面にぶつかるまでの時間を求めよ．

追加問題

31. ある物体が $t = 0$ では $x = 0$ にあり，x 軸に沿って，図Ｉ・2・7 の v−t 図に描かれているように進んだ．次の量を求めよ．(a) 0 から 4.0 s までの間のこの物体の加速度 (b) 4.0 s から 9.0 s までの間の加速度．(c) 13.0 s から 18.0 s までの間の加速度．(d) この物体の速さが最も小さい時刻．(e) $x = 0$ から最も遠くなる時刻．(f) $t = 18.0$ s での位置．(g) $t = 0$ から $t = 18.0$ s までの間の全移動距離．

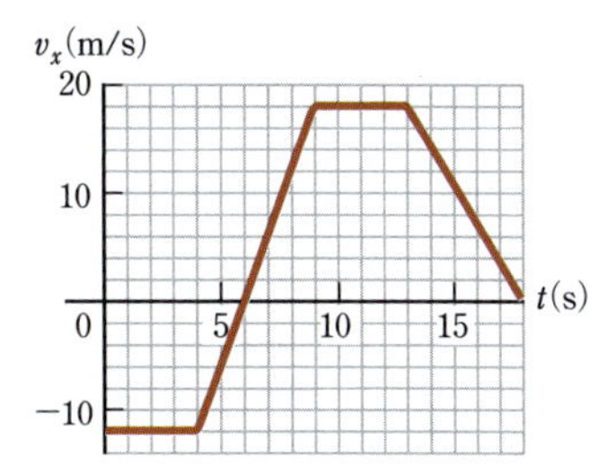

図Ｉ・2・7

32. **BIO** 米国空軍のジョン・P・スタップ大佐は，ジェット機のパイロットが緊急脱出に耐えられるかという研究に参加した．1954年3月19日，彼の乗ったロケット推進のそりは 1020 km/h の速さで動き，そして 1.40 s で急停止した(図Ｉ・2・8)．(a) 加速度の大きさを求めよ．(b) 急停止する間に動いた距離を求めよ．

図Ｉ・2・8

33. **BIO** ある女性が建物の17階から，45 m 下の金属製の送風装置に落ちた．装置は 50 cm へこんだ．彼女はほとんどけがをしなかった．次の量を計算せよ．(a) 彼女が装置にぶつかったときの速さ．(b) 装置にぶつかってから彼女が止まるまでの加速度(一定だとする).(c) その間の時間.

34. QIC 長さ l の物体(スライダー)が,少し傾斜した,摩擦のない台(エアトラック)の上を,加速しながら滑っている(図I・2・9).スライダーは「コ」形の装置(フォトゲート)の2つの腕の間を通り抜ける.通り抜けている間,腕の間を通っている赤外線ビームが遮断されるので,通り抜けるのに要する時間 Δt が測定できる.比 $l/\Delta t$ が,スライダーが赤外線を遮断している間の平均速度を表す.装置の加速度は一定であるとして,次の質問に答えよ.(a) $l/\Delta t$ は,スライダーの中間点がフォトゲートを通過するときの瞬間速度に等しい.この主張は正しいか.(b) $l/\Delta t$ は,スライダーがフォトゲートを通過する時間間隔の中間での瞬間速度に等しい.この主張は正しいか.

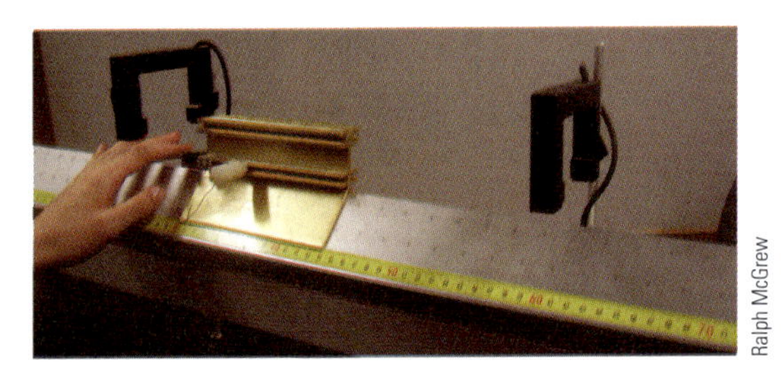

Ralph McGrew

図 I・2・9　茶色に見える物体(スライダー)が台を滑り落ちている.台の上に「コ」形のフォトゲートがぶら下げられており,ゲートの腕の間をスライダーが通過する.写真にはゲートが2つ写っているが,この問題はどちらか一方を通過したときの話である.

35. 世界最大のぬいぐるみの動物は,ノルウェーの子どもたちが作った長さ 420 m の蛇である.その蛇が図I・2・10のように公園に置かれたとする.途中で角度 105° で曲げられ,長いほうは 240 m であった.オラフとインゲは一つのレースを考えた.インゲは蛇の最後部から最先端まで直接,まっすぐに走る.オラフも同じ場所から同じ瞬間に走り始めるが,蛇に沿って走る.インゲが速さ 12.0 km/h で走るとしたら,オラフが同時にゴールに到達するにはどれだけの速さで走らなければならないか.

図 I・2・10

36. リズが駅のプラットフォームに着いたとき,すでに電車は動き出していた.最初の車両は 1.50 s で目の前を通り過ぎた.次の車両は 1.10 s で通り過ぎた.車両の長さは 8.60 m である.電車は等加速度運動しているとして加速度を求めよ.

37. 1.00 km しか離れていない駅の間を通勤電車が走る.最初は $a_1 = 0.100\ \mathrm{m/s^2}$ の加速度で加速し,その後ただちに,$a_2 = -0.500\ \mathrm{m/s^2}$ の加速度で減速するとする.加速中の時間 t_1 と,かかった全時間 t を求めよ.

38. 試験用ロケットが地上から垂直に飛び出す.初期速度は 80.0 m/s である.飛び出したロケットはエンジンを噴射し,高度 1000 m になるまで加速度 $4.00\ \mathrm{m/s^2}$ で飛ぶ.その時点でエンジンは停止し,加速度 $-9.80\ \mathrm{m/s^2}$ の自由落下に移る.(a) ロケットが飛び出してから地表に落下するまでの時間を求めよ.(b) 最高高度は.(c) 地表に落下したときの速度は.(エンジンが停止する前と後の運動を別個に考えなければならない.)

39. 直線状の道路をドライバーが一定の速さ 15.0 m/s で運転している.停止している白バイの横を通ったとき,その白バイは加速度 $2.00\ \mathrm{m/s^2}$ で発進し,自動車を追いかけた.次の量を求めよ.(a) 自動車に追いつくまでの時間.(b) 自動車に追いついたときの速さ.(c) それまでに白バイが走った距離.

40. 100 m 走のレースで,最高速度に達するまでローラは 2.00 s,ヘレンは 3.00 s かかった.その後はどちらもその速度で走り続け,世界記録 10.4 s で同時にゴールに着いた.(a) 各走者の加速度を求めよ.(b) 各走者の最高速度を求めよ.(c) 6.00 s での両走者の差は.(d) 両者の差が最も大きかったのはいつか.そのときの差はどれだけか.

41. QIC ある惑星に着陸した宇宙飛行士が石を投げ上げた.一定の時間間隔で撮影するカメラを使って,各時刻での石の高さを測定した.その結果が下の表である.(a) 2つの連続する測定の間での平均速度を求めよ.(b) 各時間間隔の中間の時刻に対する関数として平均速度のグラフを描け.(c) この石は等加速度運動としていると言えるか.言えるとしたらその加速度はどれだけか.

時間 /s	高さ /m
0.00	5.00
0.25	5.75
0.50	6.40
0.75	6.94
1.00	7.38
1.25	7.72
1.50	7.96
1.75	8.10
2.00	8.13
2.25	8.07
2.50	7.90

時間 /s	高さ /m
2.75	7.62
3.00	7.25
3.25	6.77
3.50	6.20
3.75	5.52
4.00	4.73
4.25	3.85
4.50	2.86
4.75	1.77
5.00	0.58

42. 物理好きの登山家が高さ 50.0 m の崖に登った．崖の先は突き出していて，下には水がたまっていた．彼は石を2つ，1秒間ずらして真下に投げた．最初の石の初速は 2.00 m/s だった．2つの石は下の水面に同時に落下した．(a) 最初の石が落下するまでにどれだけの時間がかかったか．(b) 2つ目の石の初速はどれだけか．(c) 石が落下したときの速さはそれぞれどれだけか．

43. QC 硬いゴムボールを胸の高さからそっと落とした．下のアスファルトにぶつかって，ほぼ同じ高さまで跳ね返った．跳ね返るとき，ボールの下の部分は一時的にへこんだ．1 cm ほどへこんだとして，跳ね返っているときの加速度を見積もれ．計算をするための仮定を明記すること．

44. 井戸に石を落とした．初速はゼロとする．(a) 2.40 s 後に水音を聞いた．室温での音の速さは 336 m/s である．井戸の深さはどれだけか．(b) 音が伝わる時間を無視すると，それによる誤差はどれだけか．

45. **次の状況がありえないのはなぜか．** 貨物列車が一定の速さ 16.0 m/s で走っている．その後ろで，同じレールの上を旅客列車が一定の速さ 40.0 m/s で走っている．旅客列車の先頭が貨物列車の最後部の 58.5 m 後ろにあるとき，運転手が危険に気付きブレーキをかけた．その結果，旅客列車は加速度 $-3.00\ \mathrm{m/s^2}$ で減速し，衝突は免れた．

46. 2つの物体AとBが長さ L の棒でつながっている．物体はそれぞれ水平方向，垂直方向に動く（図 I・2・11）．$\alpha = 60.0°$ のときAの速さが v_A だったとすると，そのときのBの速さ v_B を求めよ．

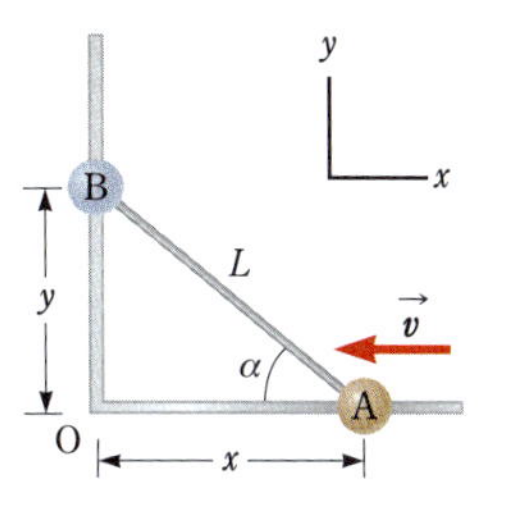

図 I・2・11

47. ある自動車メーカーによると，そのデラックス・スポーツカーは静止状態から速さ 42.0 m/s まで 8.00 s で加速できる．(a) 平均加速度を求めよ．(b) 加速度は一定だとすると，この時間に車はどれだけの距離を走るか．(c) この加速度が続いたとすると，発車してから 10.00 s 後の速さはどれだけになるか．

48. 信号が青になり，自動車も，すぐ横に止まっていた自転車もすぐに発進した．自動車は速さ 50.0 km/h にまで等加速度 9.00 km/h/s で加速し，自転車も速さ 20.0 km/h にまで等加速度 13.0 km/h/s で加速した．どちらもその後は等速で走り続けた．(a) 自転車が自動車よりも先行している時間を求めよ．(b) 自転車が自動車よりも最も先行しているときの間隔を求めよ．

3 二次元の運動

まとめ

質点が一定の加速度$\vec{a}$で動き，$t=0$での速度が$\vec{v}_i$，位置が$\vec{r}_i$であるとき，時刻tでは，

$$\vec{v}_f = \vec{v}_i + \vec{a}t \quad (3\cdot8)$$

$$\vec{r}_f = \vec{r}_i + \vec{v}_i t + \frac{1}{2}\vec{a}t^2 \quad (3\cdot9)$$

xy平面内の二次元の運動でも加速度が一定ならば，これらのベクトルの式は，x方向の運動とy方向の運動という2つの成分の式とみなせる．

放物体の運動は加速度が一定の二次元の運動の特別な場合であり，$a_x=0$，$a_y=-g$である．この場合，(3·8)式と(3·9)式の水平成分は，等速度で動く質点の式になる．

$$v_{xf} = v_{xi} = \text{一定} \quad (3\cdot10)$$

$$x_f = x_i + v_{xi}t \quad (3\cdot12)$$

また，(3·8)式と(3·9)式の垂直成分は，等加速度で動く質点の式になる．

$$v_{yf} = v_{yi} - gt \quad (3\cdot11)$$

$$y_f = y_i + v_{yi}t - \frac{1}{2}gt^2 \quad (3\cdot13)$$

ただし，$v_{xi}=v_i\cos\theta_i$，$v_{yi}=v_i\sin\theta_i$であり，v_iは放物体の最初の速さ，θ_iは$\vec{v}_i$がx軸の正方向となす角度である．

質点が，$\vec{v}$の大きさも方向も変えながら曲線上を動く場合，加速度ベクトルは2つの成分によって表される．すなわち，(1) $\vec{v}$の方向の変化から生じる半径成分$a_{半径}$，および，(2) $\vec{v}$の大きさの変化から生じる接線成分$a_{接線}$である．半径成分は**向心加速度**とよばれ，その方向は常に，円の中心方向を向く．

もし，観測者Bが観測者Aに対して速度$\vec{v}_{BA}$で動いているならば，それぞれの観測者が測定する，点Pに位置する質点の速度は，

$$\vec{u}_{PA} = \vec{u}_{PB} + \vec{v}_{BA} \quad (3\cdot22)$$

という関係を満たす．(3·22)式は速度に対する**ガリレイ変換**とよばれ，同じ質点に対して異なる観測者は異なる速度を観測することを意味する．

解法のための分析モデル

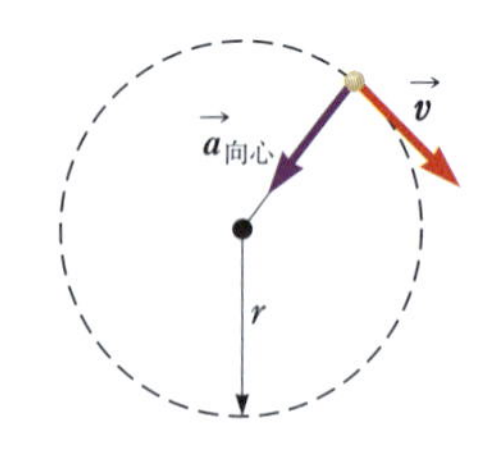

等速円運動する質点　質点が一定の速さvで，半径rの円周上を動いている場合，向心加速度の大きさは，

$$a_{向心} = \frac{v^2}{r} \quad (3\cdot17)$$

であり，その質点の運動の**周期**は，

$$T = \frac{2\pi r}{v} \quad (3\cdot18)$$

である．

3・1　位置ベクトル，速度ベクトル，加速度ベクトル

1. 自動車が3.00分間，南に速さ20.0 m/sで走った．次に西向きに2.00分間，25.0 m/sで走り，最後に1.00分間，北西に30.0 m/sで走った．この6.00分の間の，(a) 変位ベクトル　(b) 平均の速さ　(c) 平均速度　を求めよ．東方向を$+x$方向とせよ．

2. 質点の位置ベクトルが，時間tの関数として$\vec{r}(t)=$

$x(t)\hat{i} + y(t)\hat{j}$ と与えられている．ただし，$x(t) = at + b$, $y(t) = ct^2 + d$，$a = 1.00$ m/s，$b = 1.00$ m，$c = 0.125$ m/s^2，$d = 1.00$ m である．(a) 2.00 s $< t < 4.00$ s における平均速度を求めよ．(b) $t = 2.00$ s での速度と速さを求めよ．

3・2 等加速度での二次元の運動

3. ある質点が最初は原点にあり，加速度は $\vec{a} = 3.00\hat{j}$ m/s^2，初期速度は $\vec{v}_i = 5.00\hat{i}$ m/s であった．この質点に関して次の量を計算せよ．(a) 一般の時刻 t での位置ベクトル (b) 一般の時刻 t での速度 (c) $t = 2.00$ s での位置座標 (d) $t = 2.00$ s での速さ．

4. BIO 通常の光学顕微鏡では，ウイルスなどの極微な物を見ることはできない．しかし，電子顕微鏡では，光のビームではなく電子のビームを使うため，このようなものも見ることができる．電子顕微鏡は，ウイルス，細胞膜，細胞内の構造，細菌の表面，視覚受容体，葉緑体，筋肉の収縮などの研究にとってきわめて有益であった．電子顕微鏡の"レンズ"は，電子ビームを制御する電場と磁場から成る．電子ビームの操作の例として，x 軸に沿って原点から離れるように動いている電子を考える．初期速度は $\vec{v}_i = v_i\hat{i}$ とする．$x = 0$ から $x = d$ まで動くとき，電子の加速度は $\vec{a} = a_x\hat{i} + a_y\hat{j}$ であり，a_x と a_y は定数であるとする．$v_i = 1.80 \times 10^7$ m/s，$a_x = 8.00 \times 10^{14}$ m/s^2，$a_y = 1.60 \times 10^{15}$ m/s^2 であるとき，$x = d = 0.010$ m での次の量を求めよ．(a) 電子の位置 (b) 電子の速度 (c) 電子の速さ (d) 電子の移動方向(速度と x 軸がなす角度)．

5. 水平面上を泳いでいる魚のある時刻での速度が $\vec{v}_i = (4.00\hat{i} + 1.00\hat{j})$ m/s であった．そのときの魚の位置は，ある岩から見て $\vec{r}_i = (10.0\hat{i} - 4.00\hat{j})$m であった．その魚が等加速度で 20.0 s だけ泳いだ後の速度は $\vec{v} = (20.0\hat{i} - 5.00\hat{j})$m/s であった．(a) 魚の加速度の各成分を求めよ．(b) 単位ベクトル $\hat{i}$ と加速度ベクトルのなす角を求めよ．(c) 魚がこの等加速度運動を続けたとき，$t = 25.0$ s での位置および動きの方向を求めよ．

3・3 放物運動

6. BIO ピューマ(別名クーガー，マウンテンライオン)は最も跳躍力に優れた動物であり，水平から 45.0° 方向に飛び上がり，高さ 3.5 m にまで達する．飛び上がった瞬間の速さを求めよ．

7. BIO テッポウウオ(archerfish，archer は弓の射手)という魚はインドからフィリピンまでの地域の入江に棲んでいる．名前が示すように，水滴の弾丸(矢)を虫に吹き付け水面に落とし，それを飲み込む．1.2 m から 1.5 m の距離を精度よく水滴を飛ばすが，3.5 m 先の獲物に命中させることもある．口の内側の上部にある溝，そして巻いた舌で管を作り，えらを閉じた瞬間に口内の水を高速で飛ばす．テッポウウオが水平から 30.0° の方向，2.00 m 先にある標的を狙って射るとしよう．水滴が標的に当たるまでに鉛直方向に 3.00 cm 以上は落下しないとすれば，最初の速さはどれだけでなければならないか．

8. 発射速度が 1000 m/s の大砲を使って雪崩を起こしたい．標的は，大砲から水平方向に 2000 m 先，垂直方向に 800 m 上にある．砲弾を打ち出すべき方向を求めよ．

9. ある惑星に着陸した宇宙飛行士は，速さ 3.00 m/s でジャンプすると，最大 15.0 m，先に進めることがわかった．ここでの重力加速度を求めよ．

10. 酒場のカウンターで，空になったビールのジョッキを滑らした．ジョッキはカウンターを滑って端から飛び出し，1.22 m 下の床に落ちた．その位置は，跳び出した位置から水平方向に 1.40 m 先だった．(a) カウンターから跳び出したときのジョッキの速さを求めよ．(b) 床にぶつかったときのジョッキの速度の方向を求めよ．

11. アメリカンフットボールで，キッカーがゴール正面 36.0 m の位置からゴールに向けてキックする．ゴールのバー(横棒)の高さは 3.05 m である．蹴ったときの速さが 20.0 m/s，角度が 53.0° であるとき，(a) ボールはバーの上を通過するか，下を通過するか．(b) また，バーを通過したときボールは上下どちら方向に運動しているか．

12. 放物運動する物体の最高点での速さが，最高点の半分の高さのときの速さの半分だった．投げ上げたときの角度を求めよ．

13. S 燃えているビルから距離 d の所に立っている消防士が，角度 θ の方向に向けたホースで水をかけている(図 I・3・1)．水の初速が v_i であるとき，水がビルに当たるときの高さ h を求めよ．

図 I・3・1

14. サッカー選手が，高さ 40.0 m の崖の端から水平方向に石を蹴った．石は崖の下の池に落ち，水しぶきを上げた．その音を選手が聞いたのは，蹴ってから 3.00 s 後だった．石の初速 v_i を求めよ．音の伝わる速さは 343 m/s とせよ．

15. バスケットボールのスター選手はダンクシュートするのに水平方向には2.80 m ほどジャンプする(図 I・3・2a). 彼の動きを，質点とみなした身体の質量中心の動きとして考えよう(このような考え方については第 8 章も参照). ジャンプする直前には彼の質量中心は，床から 1.02 m の位置にある．そして 1.85 m まで上がり，床に落下した時点での高さは 0.900 m になる．次の量を求めよ．(a) 跳んでいる時間．(b) 跳び出した時点での速度の水平方向の成分．(c) 同じく垂直方向の成分．(d) 跳び出す角度．(e) 鹿(写真の鹿はオジロジカ)が跳んでいる時間を求めて比較せよ．ただし，鹿の質量中心の高さは 1.20 m から 2.50 m，そして 0.700 m に変化したとする．

図 I・3・2

16. GP 崖の上に立っている学生が，$v_i = 18.0$ m/s の速さで，崖の先に向けて水平方向に石を投げる．図 I・3・3 に描かれているように，下の水面から石までの高さは $h = 50.0$ m である．(a) 図に描かれている座標系での，石の初期位置の座標を記せ．(b) 石の初期速度の各成分を記せ．(c) 石の垂直方向の運動はどのような分析モデルで表されるか．(d) 水平方向の運動はどうか．(e) 石の速度の x 成分と y 成分を，時間 t の関数として記号の式で表せ．(f) 石の位置を，時間 t の関数として記号の式で表せ．(g) 石が投げられてから水面に達するまでの時間を求めよ．(h) 石が水面に達したときの速さと衝突の角度を求めよ．

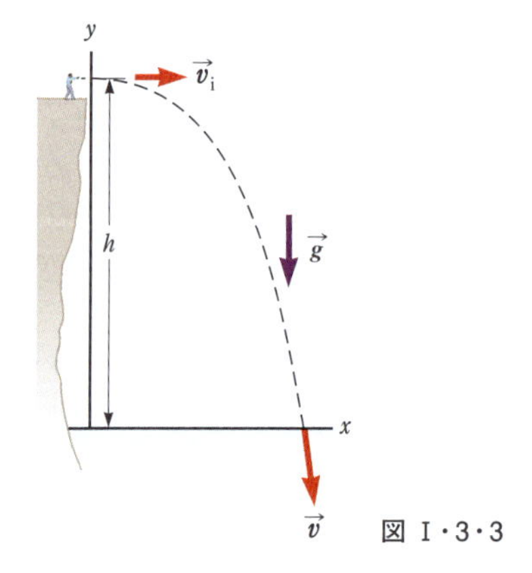

図 I・3・3

17. 人体の動きを，その質量中心の質点としての動きとしてモデル化する(詳しくは第 8 章参照)．跳躍する陸上選手の動きの各成分が，

$$x_f = 0 + (11.2\ \text{m/s})(\cos 18.5°)t$$
$$0.360\ \text{m} = 0.840\ \text{m} + (11.2\ \text{m/s})(\sin 18.5°)t - \frac{1}{2}(9.80\ \text{m/s}^2)t^2$$

という式で表されるとする．ただし，t は着地した時刻である．次の量を求めよ．(a) 跳び出した時点での選手の位置．(b) 跳び出した時点での選手の速度ベクトル．(c) 跳躍した距離．

18. 学校の屋上は，下の通りからは高さ 6.00 m の所にある(図 I・3・4)．建物の壁の高さは $h = 7.00$ m であり，屋上の周囲に高さ 1.00 m の囲みを作っている．下に落ちたボールを，通行人が，壁から $d = 24.0$ m 離れた位置から角度 $\theta = 53.0°$ で蹴って戻した．ボールが壁の上を通過するまでに 2.20 s かかった．(a) 蹴ったときのボールの速さを求めよ．(b) ボールは壁のどれだけ上を通過したか．(c) ボールは屋根のどの位置に着いたか．壁からの距離を求めよ．

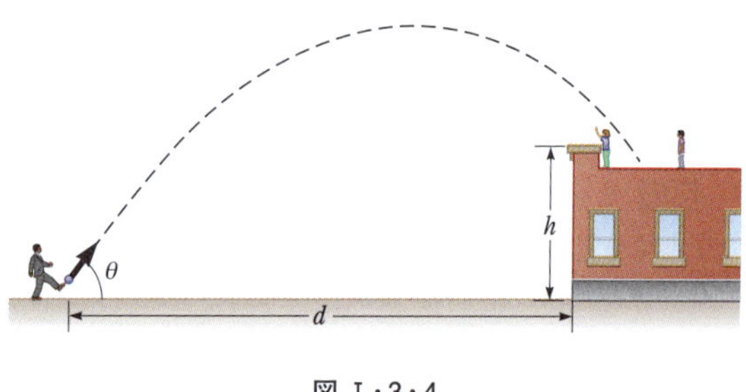

図 I・3・4

3・4 分析モデル: 等速で円運動する質点

19. 円盤投げの選手が，1.00 kg の円盤を半径 1.06 m の円周に沿って回している．円盤の最高速度は 20.0 m/s である．円盤の軌道の半径方向の最高加速度を求めよ．

20. 本書の見返しに記されている情報を使って，地球の自転によって生じる，赤道上での向心加速度の大きさを計算せよ．またその方向はどちらか．

21. スペースシャトルが打ち上げロケットから分離されるとき，中の宇宙飛行士は $3g$ ほどの加速度を感じる（$g = 9.80\ \mathrm{m/s^2}$）．地上での訓練において，宇宙飛行士は円周上を動く席にしばりつけられて回される．この円の半径が 9.45 m であるとき，宇宙飛行士が $3.00\,g$ の向心加速度を感じるためには，席の回転率（単位時間当たりの回転数）はどれだけでなければならないか．

22. 溶けた金属の鋳造は，工業における重要な工程である．パイプ，ベアリング，その他多くの部品の製造には遠心鋳造が使われる．さまざまな複雑な技術が開発されているが，基本的なアイデアは図 I・3・5 に描かれているとおりである．円筒状の入れ物が，水平軸のまわりに，一定の回転率で高速で回転する．その内部に溶けた金属を注ぐ．入れ物が高速で回転すると，金属はその壁に押し付けられ，やがて温度が下がると凝固して完成品になる．泡は回転軸方向に押し出され，金属内に空洞はできない．ベアリングなど複合的な鋳造をする必要がある場合もある．その場合，外側の面は強固な鋼で作られ，内側は特殊な低摩擦の金属で内張りされる．場合によっては，非常に強固な金属を，耐食性の強い金属の被覆によって覆うこともある．遠心鋳造は，各層の間に強い結合をもたらす．

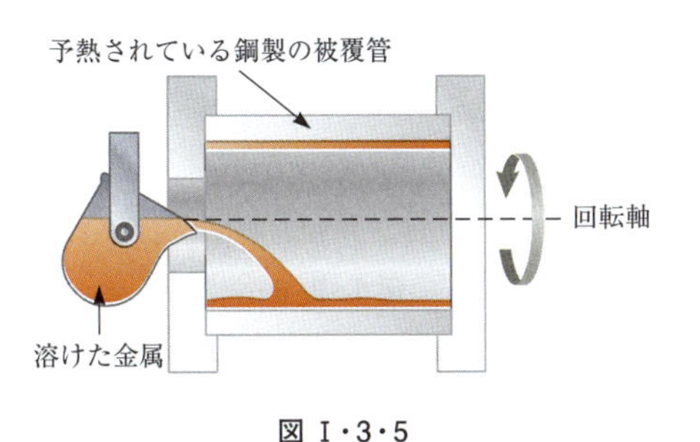

図 I・3・5

内径（半径）が 2.10 cm，外径が 2.20 cm である銅製のスリーブ（軸ざや）を鋳造するとしよう．泡を除去し構造的な完全性を得るためには，向心加速度は $100\,g$ 以上でなければならない．必要最小限の回転率を求めよ．解答は 1 分当たりの回転数で表せ．

23. 地球を回る宇宙飛行士が人工衛星とドッキングしようとしている．人工衛星は地表から 600 km の高度の円軌道上を回っている．そこでは自由落下の加速度 g は $8.21\ \mathrm{m/s^2}$ である．地球の半径は 6400 km であるとして，人工衛星の速さ，そして地球を 1 周するのにかかる時間を求めよ．

図 I・3・6

3・5 接線方向と半径方向の加速度

24. 列車が急カーブを曲がっている．線路は水平で勾配はない．曲がっている 15.0 秒間にその速さは 90.0 km/h から 50.0 km/h に減速した．カーブは半径 150 m の円弧だとみなせる．列車の速さが 50.0 km/h になったときの接線方向と半径方向の加速度を求めよ．列車はまだ同じ割合で減速しているとする．

25. 図 I・3・7 は，半径 2.50 m の円周上を動いている質点の，ある時刻での加速度を示している．その時刻における，(a) 半径方向の加速度 (b) 質点の速さ および (c) 接線方向の加速度 を求めよ．

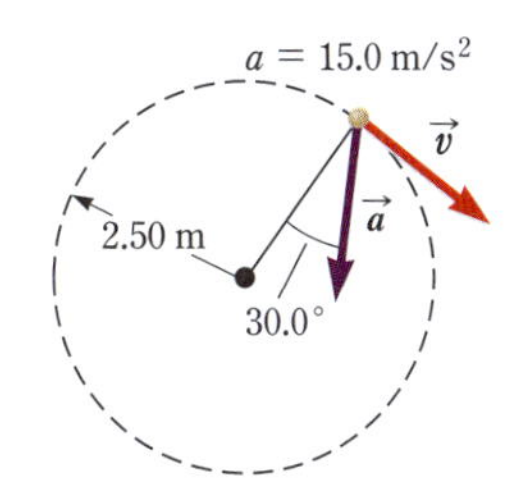

図 I・3・7

26. 長さ 1.50 m のロープでぶらさげられたボールが左右に揺れている．ボールが最下点を通って角度 36.9° まで振れたときの加速度は $(-22.5\hat{i} + 20.2\hat{j})\ \mathrm{m/s^2}$ であった．その瞬間の，(a) 向心加速度を求めよ．(b) ボールの速さを求めよ．(c) 加速度をロープ方向（向心方向）と鉛直方向に分けたときの，鉛直方向の大きさを求めよ．

3・6 相対速度と相対加速度

27. 左側の車線を走っている自動車は，右側の車線を走っている自動車よりも 100 m 先を走っている．またそれぞれの速さは 40 km/h と 60 km/h である．右側の自動車が追いつくまでどれだけの時間がかかるか．

28. QC 川が一定の速さ 0.500 m/s で流れている．ある人が上流に向けて 1.00 km 泳ぎ，その後，出発点まで泳いで戻ってきた．(a) この人が静水では 1.20 m/s の速さで泳げるとすると，この川の往復にはどれだけの時間がかかったか．(b) 川の水が流れていないとすると，どれだけの時間がかかるか．(c) 水が流れていると，往復に余計な時間がかかる理由を直観的に説明せよ．

29. QC S 上問と同じ状況を，具体的な数値は使わずに，川の流れの速さを $v_{川}$，静水での泳者の泳ぐ速さを $v_{人}$ ($> v_{川}$)，片道の距離を d として解け．いかなる場合でも川の水が流れているときのほうが所要時間が長くなることを証明せよ．

30. 自動車が速さ 50.0 km/h で東に走っている．雨粒が一定の速さで，地面に垂直に落ちている．自動車の窓ガラスについた雨粒の跡は，垂直方向と 60.0°の角度になっている．(a) 自動車に対する雨粒の速さ (b) 地面に対する雨粒の速さを求めよ．

31. 沿岸警備隊が北から東に 15.0°の方向，距離 20.0 km の位置に，怪しげな船を発見した．この船は北から東に 40.0°の方向に，26.0 km/h の速さで航行している．沿岸警備隊は高速艇でこの船に追いつこうとする．高速艇の速さは 50.0 km/h である．どの方向に進めばよいだろうか．

32. 一定の速さ 10.0 m/s で，まっすぐ走っているトラックの荷台に乗っている学生が，自分から見て真後ろ，水平方向から見て 60.0°の方向にボールを投げた．その横の地面に立って見ていた先生には，ボールはまっすぐ上に投げられたように見えた．そのボールはどれだけの高さまで上がったか．(先生から見ればボールはまっすぐ上がって落ちてくるだけだが，トラックは前に進んでいるので，学生から見ればボールは後ろに飛んでいるように見える．)

33. S クリスとサラは，速さ v で流れている幅の広い川の土手の同じ位置から泳ぎ始めた．どちらも，水に対して速さ c で泳いだ($c > v$)．クリスは下流に距離 L だけ泳いでから上流に L だけ泳いだ．サラは，(地球を基準として) 土手に対して直角方向に泳いだ．彼女も L だけ泳いだ後，逆方向に L だけ泳いだ．(a) クリスがかかった時間を求めよ．(b) サラがかかった時間を求めよ．(c) どちらが先に元の位置に戻るか．

追加問題

34. ある軽トラックは，半径 150 m の円形で路面が水平なカーブを，最高 32.0 m/s の速さで回ることができる．半径が 75.0 m のときは，最高どれだけの速さで回ることができるか．

35. 造園家が市の公園に人工の滝を作ることを考えている．速さ $v = 1.70$ m/s で流れている水が，高さ $h = 2.35$ m の壁の上から下のプールに落ちる(図 I・3・8)．(a) 流れ落ちる水の下に，人が通るのに十分なスペースはあるか．(b) 市議会に，大きさ 12 分の 1 の，この滝の模型を提出したい．水の流れはどうすべきか．

図 I・3・8

36. **次の状況がありえないのはなぜか**．普通の身長をもつ成人が $+x$ 方向にまっすぐ早足で歩いている．右腕は身体の横にピタッと付けたままにしており，手にはボールを持っている．ボールの床からの高さを h とする．床に $x = 0$ とマークされている位置を通った瞬間にボールから手を離す．落とす瞬間には，どちらの方向にもボールに力を加えない．ボールは床の $x = 7.00\,h$ の位置に落下した．

37. 月面にいる宇宙飛行士が，大砲で実験装置を水平方向に打ち出した．月面上での重力加速度は地表上の 6 分の 1 であると仮定する．(a) この実験装置が月を 1 周して元に戻ってくるためには最初の速さはどれだけでなければならないか．(b) 元に戻ってくるまでにどれだけの時間がかかるか．(月の半径は 1740 km とする．) (c) この時間は，地球で同じことを考えた場合とどちらが長いか．

38. 角度 ϕ の傾斜面の上方に向けて，物体を発射する．発射時の速さを v_i，その(水平方向に対する)角度を θ_i とする($\theta_i > \phi$)(図 I・3・9)．

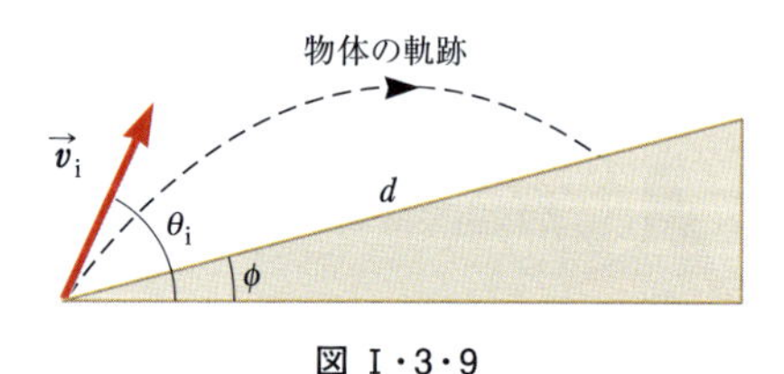

図 I・3・9

(a) 物体の飛行距離 d は，

$$d = \frac{2v_i^2 \cos\theta_i \sin(\theta_i - \phi)}{g\cos^2\phi}$$

であることを示せ．

(b) v_i を一定のまま d を最大にするには θ_i をどうしたらよいか．そのときの d の値も求めよ．

39. スイカを積んだトラックが，橋が流されてなくなっているのを発見して急停車した．その結果，いくつかのスイカがトラックから飛び出した(図 I・3・10)．そのうちの一つは前方水平方向に，初期速さ $v_i = 10.0$ m/s でトラックから離れた．土手表面の水平断面は $y^2 = 16x$ という式で表されるとする．座標の原点は図を参照．x と y はメートルを単位とした数値である．スイカが土手に落下した地点の x と y の値を求めよ．

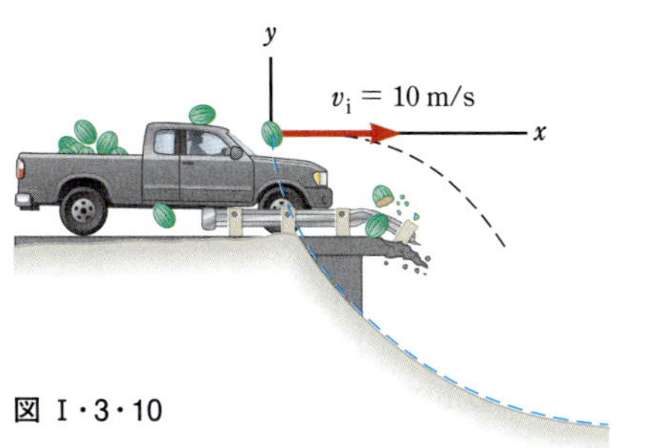

図 I・3・10

40. ひもの先にボールを付けて，床から 1.20 m 上の，半径 0.300 m の水平な円軌道上をぐるぐる回す．ひもが切れて，ボールは切れた位置の真下から水平方向に 2.00 m 離れた位置に落下した．切れる前の円運動の速さを求めよ．

41. 外野手が，ホームベースでランナーをタッチアウトにしようとして捕手に向けてボールを投げる．ボールは捕手に達する前に一度，地面でバウンドする．ボールが地面で跳ね返る角度は外野手が投げたときの角度と同じであるが，ボールの速さは半分になったとする（図 I・3・11）．(a) 45°の方向に投げたとき（緑の破線）に飛ぶ距離 D と同じ距離をワンバウンドで投げるには（青の破線），角度 θ をどうしなければならないか．ボールの初速は同じであるとし，空気の抵抗は無視する．(b) かかる時間の比率を求めよ．

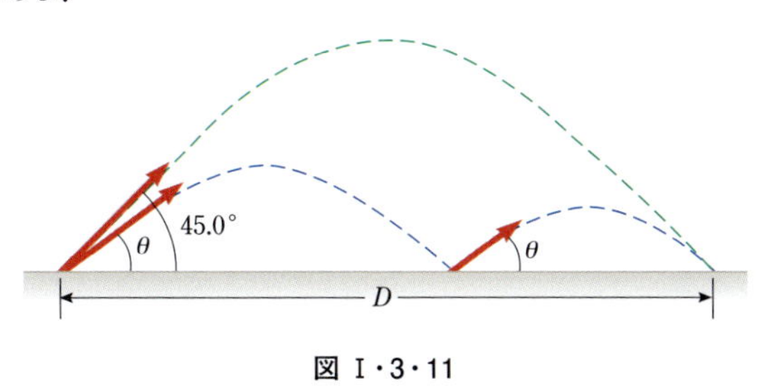

図 I・3・11

42. Q|C スキージャンパーが初速 $v = 10.0$ m/s，水平方向からの角度 $\theta = 15.0°$ でジャンプ台を飛び出した（図 I・3・12）．着地する斜面の傾斜は $\phi = 50.0°$ であり，その角度で左に延長すると飛び出す場所を通るものとする．(a) 空気抵抗は無視できるとして，飛び出してから落下するまでの飛距離を求めよ．(b) 落下する瞬間の速度の各成分を求めよ．

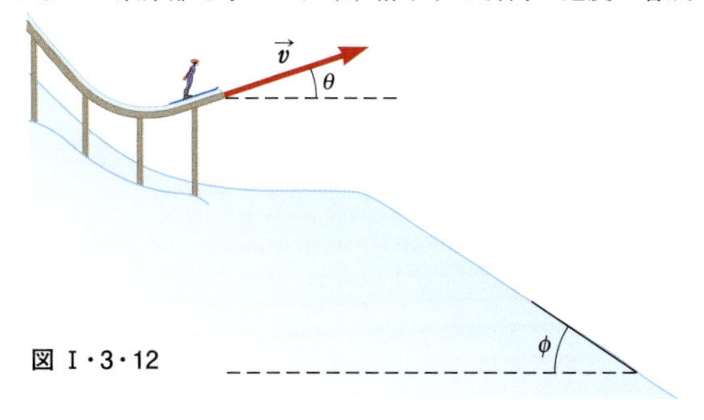

図 I・3・12

43. 爆撃機が，地面に対して速さ 275 m/s，高度 3.00 km で水平に飛んでいる．地面は平らである．この爆撃機が爆弾を一つ落とした．(a) 地面に落ちるまで，爆弾は水平方向にどれだけ動くか．空気抵抗は無視する．(b) 爆撃機は対空砲火の中を同じ速さ，高度で飛び続けた．爆弾が着地したとき爆撃機はどこにいるか．(c) 爆弾は照準器に見えていた目標に当たった．照準器は垂直方向から見てどれだけの角度に向けられていたか．

44. S 半径 R の半球状の岩の頂上に立っている人が，図 I・3・13 のように水平方向にボールを蹴った．(a) ボールが岩の上に落ちないためには，初期速度は最低限どれだけなければならないか．（球の端まで届くかではなく，蹴った直後のボールの落下と球面の下降のどちらが速いかということが判定基準となる．）(b) この初期速度のとき，ボールが落下する位置はどこか．

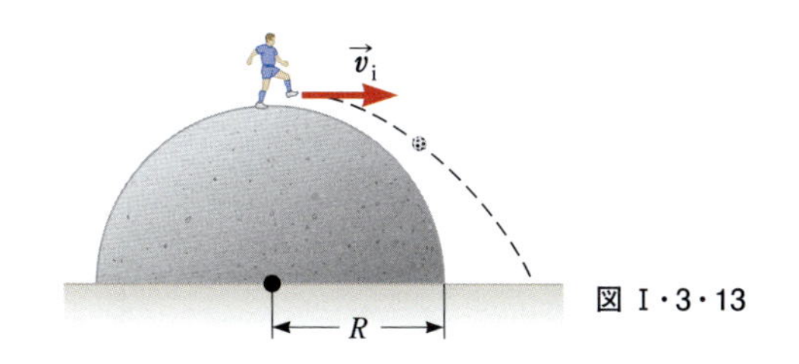

図 I・3・13

45. 年をとったコヨーテは，ミチバシリ（鳥の名，道走りの意，英名 roadrunner）を捕まえられるほど速くは走れない．そこでインターネットのオークションで，一定の加速度 15.0 m/s^2 を出せるジェットエンジン付きのローラースケートを購入した（図 I・3・14）．(a) コヨーテが崖の縁から 70.0 m の位置に立っていると，ミチバシリが目の前を崖の方向に走り抜けた．コヨーテはその瞬間に追いかけ始めたが，ミチバシリは等速で走り続けて逃げ切った．ミチバシリの速さはどれ以上であったか．(b) ミチバシリは崖の縁で方向転換し，コヨーテはそのまままっすぐ崖から飛び出した．ローラースケートはさらに加速し続け，崖から飛び出した後の加速度は $(15.0\hat{i} - 9.80\hat{j})$ m/s^2 であった．コヨーテが崖の下 100 m にある砂漠に着地したときの位置を求めよ．

図 I・3・14

I 力学

46. Q|C 腕をおもいきりぐるぐる回したとき，手の加速度はどの程度か．重力加速度 g の何倍程度か．

47. 川の水が一様に一定の速さ 2.50 m/s で流れている．両岸は平行で 80.0 m 離れている．対岸の真向かいの位置までものを届けたいが，1.50 m/s の速さでしか泳げない．(a) 最短時間で対岸にたどりつくにはどの方向に泳いだらよいか．(b) そのとき，どれだけ下流に流されるか．(c) 下流方向に流される距離を最小限にするにはどの方向に泳いだらよいか．(d) そのときはどれだけ下流に流されるか．

48. 漁師が小さな舟で川の上流に向かった．舟は一定の速さで進んだ．川の流れも一定であった．上流に 2.00 km 進んだとき，アイスボックスが落ちた．漁師はそのことに，それから 15.0 min たってから気づいた．彼はすぐに方向転換し，水に対して同じ速さ v で下流に進み，ちょうど出発点まで戻ったとき流れているアイスボックスに追いついた．川の流れ $v_{川}$ を，次の2つの方法で求めよ．(a) 最初は地球を基準として考える．地球に対して舟は，上流へは速さ $v - v_{川}$ で進み，下流へは速さ $v + v_{川}$ で進むことを使う．(b) 川を基準にして考えると，はるかに簡単かつエレガントに答が得られる．この方法は，多くの複雑な例に応用できる．たとえばロケットや衛星の動き，あるいは素粒子の重い標的による散乱などがある．

49. 敵艦が，島の山の西側にいる（図 I・3・15）．山の高さは 1800 m であり，山から敵艦までの距離は 2500 m である．また，敵艦は初速 250 m/s で砲弾を発射できる．島の東岸は山頂から 300 m の所にある．安全な範囲を，東岸から距離で答えよ．

I 力 学

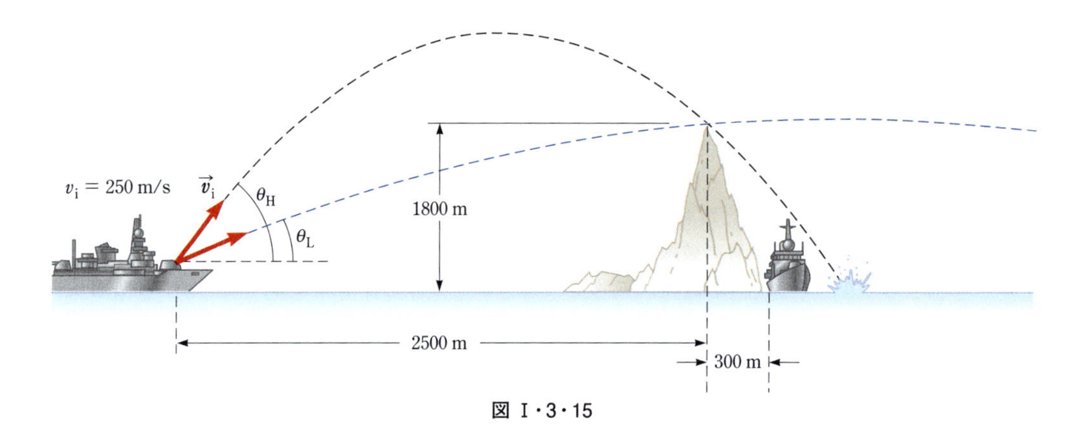

図 I・3・15

4 運動の法則

まとめ

ニュートンの第一法則は，物体が他の物体と相互作用していない場合，その物体の加速度がゼロであるような基準を定めることが可能であると述べる．したがって，そのような基準からある物体を観察し，その物体には力が働いていなければ，静止している物体は静止し続け，直線上を等速度で動いている物体はその運動を続ける．

ニュートンの第一法則は，この法則が成立する基準(の座標系)である**慣性系**というものを定める．

ニュートンの第二法則は，物体の加速度はそれに働く合力に比例し，その物体の質量に反比例すると述べる．

ニュートンの第三法則は，物体1が物体2に及ぼす力は，物体2が物体1に及ぼす力と大きさが等しく向きが反対であると述べる．したがって，一つだけの力というものは自然界には存在しえない．

物体の**重さ**(重量)は，その質量(スカラー量)に，自由落下の加速度の大きさを掛けたものであり，それを表す式は，

$$F_{重力} = mg \tag{4·5}$$

解法のための分析モデル

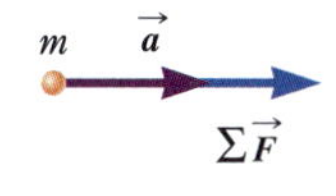

ゼロでない合力を受けている質点　質量 m の質点がゼロでない合力を受けている場合，ニュートンの第二法則によって，その加速度は合力に関係する．

$$\sum \vec{F} = m\vec{a} \tag{4·2}$$

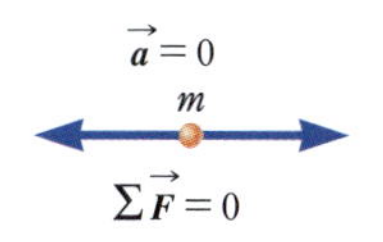

つり合いの状態にある質点　質点の速度が一定の場合(速度がゼロの場合を含む)，物体の加速度 $\vec{a}$ はゼロで，質点に働く力はつり合っており，ニュートンの第二法則は次の式になる．

$$\sum \vec{F} = 0 \tag{4·8}$$

4・3　質　量

1. 質量 m_1 の物体がある力を受けたとき，3.00 m/s^2 の加速度が生じた．質量 m_2 の別の物体が同じ力を受けたときは，1.00 m/s^2 の加速度が生じた．(a) 比率 m_1/m_2 はいくらか．(b) この2つの物体を合体した物体がこの力を受けると，どれだけの加速度が生じるか．

2. (a) 質量 850 kg の自動車が一定の速さ 1.44 m/s で右方向に走っている．自動車に働いている合力はいくらか．(b) 左方向に動いていたらどうか．

4・4　ニュートンの第二法則

3. おもちゃのロケットエンジンが，4.00 kg の大きな円盤に付けられている．円盤は水平面(xy 平面とする)上で，摩擦なしで滑るようになっている．ある瞬間，その速度は $3.00\hat{i}$ m/s であり，その8秒後は速度が $(8.00\hat{i} + 10.00\hat{j})$ m/s であった．ロケットエンジンは水平方向に一定の力を及ぼしていると仮定して，(a) 力の各成分，および (b) その大きさを求めよ．

4. 2つの力 $\vec{F}_1 = (-6.00\hat{i} - 4.00\hat{j})$N と $\vec{F}_2 = (-3.00\hat{i} + 7.00\hat{j})$

＊　節番号は，本編に対応している．

N が質量 2.00 kg の質点に働いている．質点は最初は位置 (−2.00 m, +4.00 m) に停止していた．(a) $t = 10.0$ s での質点の速度の各成分を求めよ．(b) $t = 10.0$ s において質点はどの方向に動いているか．(c) 最初の 10.0 s における質点の変位を求めよ．(d) $t = 10.0$ s における質点の位置を求めよ．

5. 物体に 3 つの一定の力が働いている．それぞれ，$\vec{F}_1 = (-2.00\hat{i} + 2.00\hat{j})$N, $\vec{F}_2 = (5.00\hat{i} - 3.00\hat{j})$N, $\vec{F}_3 = (-45.0\hat{i})$ N である．物体の加速度は 3.75 m/s^2 であった．次の量を求めよ．(a) 加速度の方向．(b) この物体の質量．(c) 物体が最初は静止していたとした場合の 10.0 s 後の速さ．(d) 10.0 s 後の速度の各成分．

6. 質量 5.00 kg の物体に 2 つの力 $\vec{F}_1$ と $\vec{F}_2$ が働いている．その大きさは $F_1 = 20.0$ N, $F_2 = 15.0$ N とする．図 I・4・1 (a) と (b) のような配置の場合に，加速度の大きさと方向を求めよ．

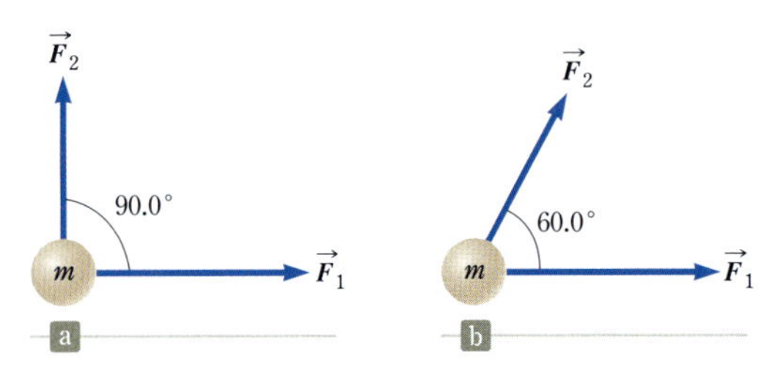

図 I・4・1

7. 質量 3.00 kg の物体が平面上を動いており，その座標は $x = 5t^2 - 1$ と $y = 3t^3 + 2$ で表される．ただし x と y はメートルで，t は秒で表されているとする．$t = 2.00$ s でこの物体に働いている合力を求めよ．

4・5　重力と重さ

8. 質量 9.11×10^{-31} kg の電子が直線上を動く．初速は 3.00×10^5 m/s であり，5.00 cm 動いた後に 7.00×10^5 m/s にまで加速した．加速度は一定であるとして，(a) この電子に働いた力の大きさを求めよ．(b) この力は電子に働く重力と比べてどうか．

9. 地球上での重さが 900 N である人は，木星表面ではどうなるか．木星表面の重力加速度は 25.9 m/s^2 である．

10. 質量と重さ (重量) が違うことが発見されたのは，1671 年にジャン・リシェ (フランスの 17 世紀の天文学者) がパリからカイエンヌ (仏領ギアナ) に振り子時計をもっていった後のことだった．彼は，パリからカイエンヌに移動すると時計はゆっくりと進むようになり，パリに戻すと元に戻ることを発見した．パリでは $g = 9.8095$ m/s^2 であり，カイエンヌでは $g = 9.7808$ m/s^2 であるとき，パリで体重 90.0 kg である人はカイエンヌでは体重はどれだけ減るか．(g と振り子時計との関係は第 11 章で扱う．)

11. ある質量 2.80 kg の物体は，重力と，もう一つ別の一定の力を受けている．この物体は静止状態から出発し，1.20 s の間に $(4.20\hat{i} - 3.30\hat{j})$m の変位をした．ただし，$\hat{i}$ は水平方向，$\hat{j}$ は垂直方向である．この別の力を求めよ．

4・6　ニュートンの第三法則

12. 空気中の窒素分子の平均の速さは 6.70×10^2 m/s であり，その質量は 4.68×10^{-26} kg である．(a) 壁に正面からぶつかって同じ速さで跳ね返るのに 3.00×10^{-13} s だけかかるとすると，その間の平均加速度はどれだけか．(b) この分子がこの間に壁に及ぼす力の大きさは．

13. 椅子の上に立って前に飛び出す．(a) 床に落ちるまで，この人によって地球に生じる加速度はどれだけか．おおまかに推定せよ．(b) その加速度のために地球はどれだけ動くか．おおまかに推定せよ．

4・7　ニュートンの第二法則を使った分析モデル

14. 長方形の積み木が摩擦のない，角度 $\theta = 15.0°$ の斜面を滑る．積み木は斜面の最上部では静止しており，斜面の全長は 2.00 m である．(a) 積み木にはどの方向にどのような力が働いているか．(b) 積み木の加速度は．(c) 斜面の最下部に着いたときの速さは．

15. BIO 怪我をした脚を引っ張るために，図 I・4・2 のような装置が病院でしばしば使われる．(a) 脚をぶら下げているロープの張力を求めよ．ただし，ロープの質量は考えなくてよい．(b) 脚を右側に引っ張る力 (牽引力) を求めよ．

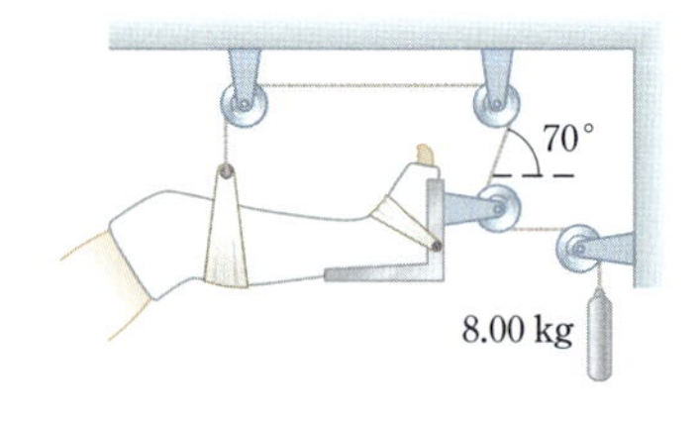

図 I・4・2

16. 図 I・4・3 は浅い湖を舟で渡る人を描いている．彼は大きさ 240 N の力でポールを真っすぐ押す．ポールは，舟の前後方向に沿った鉛直面内にあるとする．ある瞬間，ポールは鉛直方向に対して 35.0° 傾いており，水は舟を，水平方向に 47.5 N の力で後方に引っ張っているとする．舟は前方に 0.857 m/s の速さで進んでおり，荷物と彼を含む舟の全質量は 370 kg である．(a) 水は舟を上方向にも押している (浮力)．その大きさを求めよ．(b) 短時間では力は一定であるとして，前記の瞬間から 0.450 s 後の舟の速さを求めよ．

図 I・4・3

17. 図 I・4・4 に描かれているシステムはすべてつり合いの状態にある．ばねばかりの目盛がニュートンで表されているとすると，それぞれの目盛の値はどうなっているか．滑車と ばね の質量は無視し，滑車にも斜面にも摩擦はないとせよ．

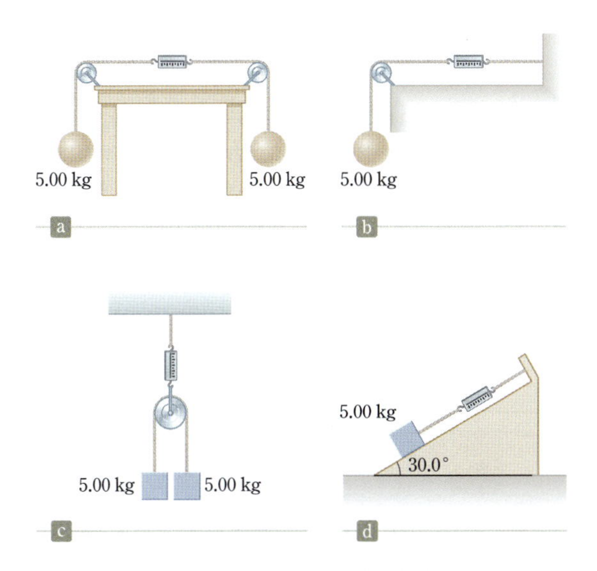

図 I・4・4

18. S 重さ $F_{重力}$ のセメントが入った袋が，図 I・4・5 のように 3 本のワイヤーを使って吊るされている．2 本のワイヤーは水平方向に対してそれぞれ角度 θ_1 と θ_2 をなしている．左側のワイヤーの張力が次の式で表されることを示せ．

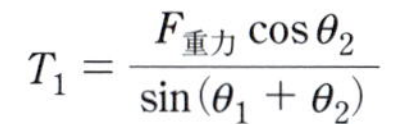

$$T_1 = \frac{F_{重力}\cos\theta_2}{\sin(\theta_1 + \theta_2)}$$

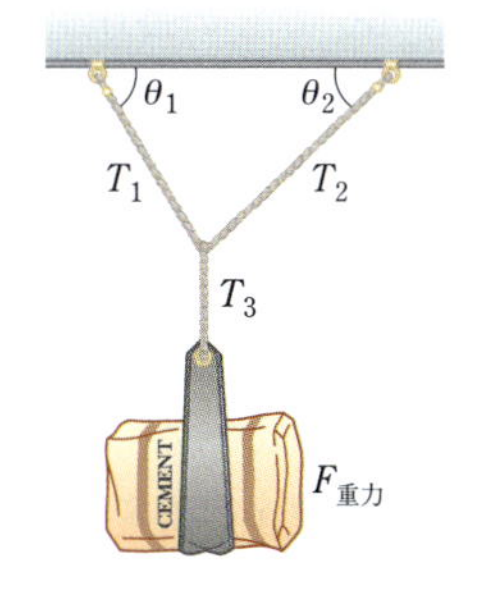

図 I・4・5

19. 質量 72.0 kg の人が，エレベーターの床に置かれた はかり の上に立っている．エレベーターは最初は静止していたが，等加速度で上昇し始め，0.800 s で最大の速さ 1.20 m/s に達した．その後一定の速さで上昇し続けた後，等加速度で 1.50 s の間減速して停止した．次の時点でのはかりが指す目盛はいくつか．ただし，はかりの目盛は，はかりが受ける力をニュートン単位で表すものとする．(a) エレベーターが上昇し始める前．(b) 最初の 0.800 s の間．(c) エレベーターが等速で上昇している間．(d) その後，減速している間．

20. 図 I・4・6 は，一定の速度で動いているエレベーターの天井からぶらさがっている おもりを描いている．各図の 3 本のロープの張力を求めよ．

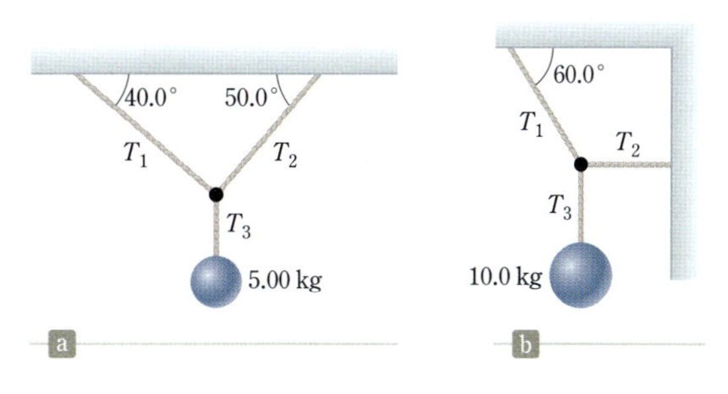

図 I・4・6

21. 自動車の内部に簡単な加速度計を作ろう．天井から長さ L の ひも をぶら下げ，先端に質量 m の物体を付ける．自動車が加速すると，ひも は鉛直方向から角度 θ だけ傾く．(a) ひも の質量は物体の質量に比べて無視できると仮定し，自動車の加速度と θ の関係を求めよ．この関係は，L と m には依存しないことを確かめよ．(b) $\theta = 23.0°$ のとき自動車の加速度はどれだけか．

22. 摩擦のない水平面上に置かれた質量 $m_1 = 5.00$ kg の物体に ひも が付けられており，ひも には滑車を通して質量 $m_2 = 9.00$ kg の物体がぶらさがっている(図 I・4・7)．(a) 各物体に働く力をすべてあげよ．(b) 両物体の加速度の大きさを求めよ(ひも でつながって動いているので，加速度の大きさは

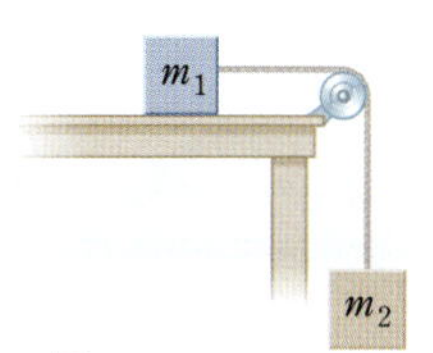

図 I・4・7

同じ). (c) ひもの張力の大きさを求めよ.

23. 質量 1.00 kg の物体が，北から東に 60.0°の方向に 10.0 m/s^2 の加速度で動いている．図 I・4・8 は，この物体を上から見た図である．力はどちらも水平方向を向いている．力 $\vec{F}_2$ は北向きであり，その大きさは 5.00 N である．力 $\vec{F}_1$ の大きさと向きを求めよ(図に描かれている $\vec{F}_1$ の方向は正しいだろうか).

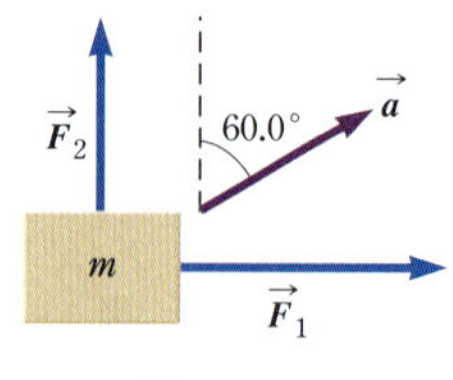

図 I・4・8

24. 2つの物体が，摩擦のない滑車を通して軽いひもでつながれている(図 I・4・9)．斜面にも摩擦はなく，$m_1 = 2.00$ kg，$m_2 = 6.00$ kg，$\theta = 55.0°$であるとする．(a) 各物体に働く力を述べよ．(b) 両物体の加速度の大きさを求めよ．(c) ひもの張力を求めよ．(d) 手を離してから 2.00 s 後の両物体の速さを求めよ．

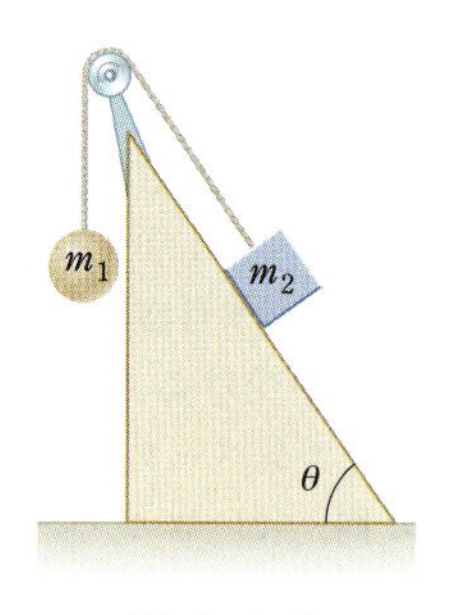

図 I・4・9

25. 摩擦のない，傾き $\theta = 20.0°$の斜面上に置かれた積み木に，上向きの速さ 5.00 m/s を与えた(図 I・4・10)．積み木は止まるまでにどれだけの距離を動くか．

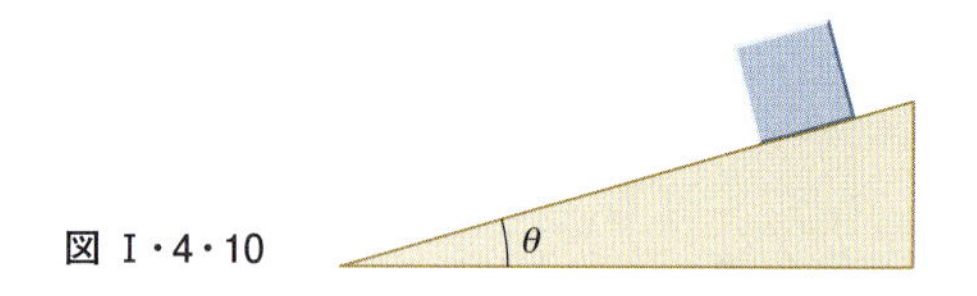

図 I・4・10

26. 車が泥道で動かなくなった．レッカー車が図 I・4・11 のような配置で車を引っ張る．ロープの張力は 2500 N であり，上端の結節部にあるヒンジピン(蝶番)を左下に引っ張る．ピンは2本の棒 A と B による力によってつり合いの状態に保たれる．棒はどちらも“筋かい”とみなせる．つまり，その重さはそれが及ぼす力と比べて無視でき，その端に付いているピンを通してのみ力を及ぼす．棒が及ぼす力は棒の方向を向く．その力を次のようにして求めよう．まず，最上部の蝶番に及ぼす力がどちら向きか(引っ張る方向か押す方向か)を推定する．そしてつり合いの条件式を書き，棒 A と B による力を求める．力の答が正だったら，推定は正しかったことになり，負だったら力は逆方向だったことになる．棒がピンを引っ張っている場合には棒も引っ張られており，棒がピンを押している場合には，棒は押されていることになる．実際はどちらなのか答えよ．

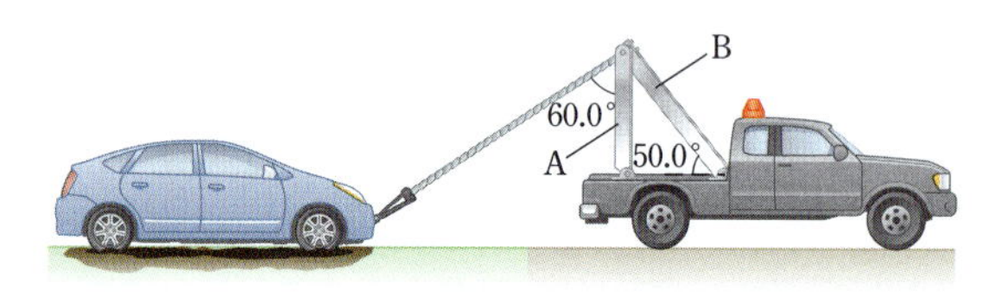

図 I・4・11

27. **S** ひもでつながった，どちらも質量 m をもつ2つの積み木がエレベーターの天井からぶら下がっている(図 I・4・12)．(a) エレベーターの加速度を上向きに $\vec{a}$ としたとき，上と下のひもの張力 T_1 と T_2 を求めよ．ひもの質量は無視してよい．(b) 加速度が十分に大きくなったとき，さきに切れるのはどちらのひもか．(c) エレベーターをぶら下げていたロープが切れたとき，張力はどうなるか．

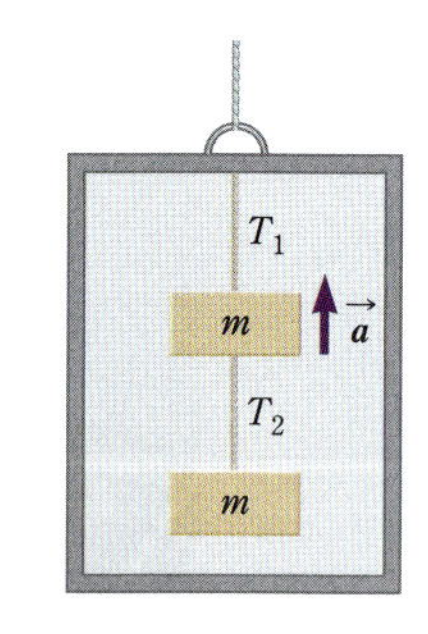

図 I・4・12

28. 図 I・4・13 で，人と台の重さの合計は 950 N である．滑車には摩擦がないとした場合，人が自分を持ち上げるにはどれだけの力が必要か．(持ち上げるのは不可能であるという場合にはその理由を述べよ.)

図 I・4・13

29. **S** 図 I・4・14 に描かれている系で，質量 m_2 の物体に水平方向に力 $\vec{F}_x$ が働いている．台の表面には摩擦は働かない．力 $\vec{F}_x$ の関数として物体の加速度を考える．(a) 質量 m_1 の物体が上方向に加速されるには，F_x の値はどうであればよいか．(b) F_x の値が何であるとき，ひもの張力がゼロになるか．

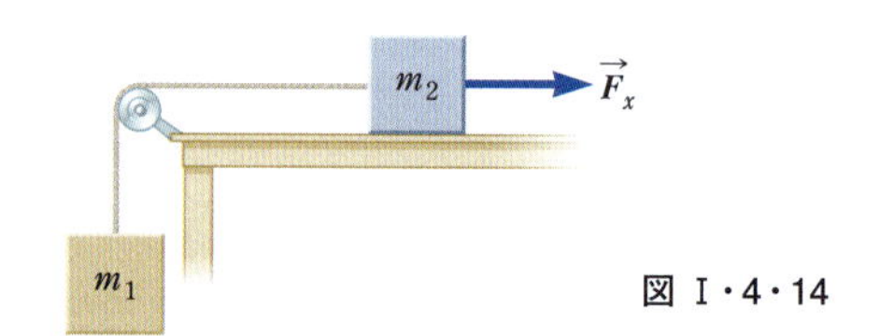

図 I・4・14

30. 摩擦のない，長さ 10.0 m，角度 35.0°の斜面がある．そりが下から初速 5.00 m/s で登り，減速して一瞬停止した後，また下り始めた．その停止した瞬間に斜面の最上部から別のそりが滑り落ち始め，同時に最下部に到達した．(a) 最初のそりは停止するまでにどれだけ登ったか．(b) 上から落ちてくるそりの初速はどれだけであったか．

31. アトウッドの機械の図 I・4・15 で，$m_1 = 2.00$ kg,

$m_2 = 7.00$ kg であるとする．滑車とひもの質量は無視でき，滑車は摩擦なしで回転できるとする．軽いほうの物体が下向きに初速 $v_i = 2.40$ m/s で押された．(a) m_1 はどれだけ下がるか．(b) 1.80 s 後の m_1 の速度を求めよ．（図の矢印の方向をプラス方向とせよ．）

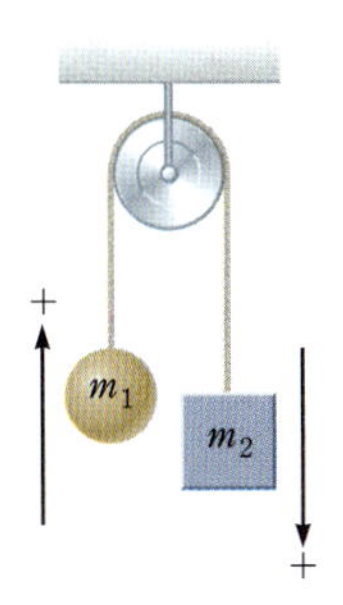

図 I・4・15

32. **S** 質量 m_1 の物体が，固定された軽い滑車 P_1 を通して，ひもでぶらさげられている（図 I・4・16）．ひもは別の軽い滑車 P_2 に結び付けられている．別のひもが滑車 P_2 を通して，壁と，質量 m_2 の物体をつなげている．台は水平であり，摩擦はないとする．(a) a_1 と a_2 を，それぞれ物体 m_1 と m_2 の加速度とする．2つの加速度の間の関係を求めよ．(b) それぞれのひもの張力と加速度 a_1，a_2 を，m_1, m_2，g によって表せ．

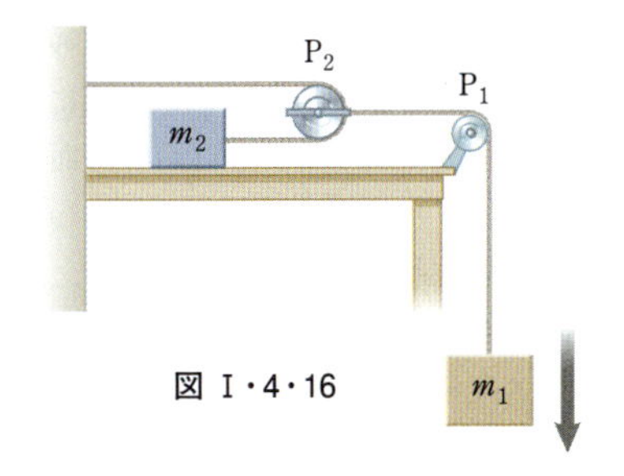

図 I・4・16

追加問題

33. **S** 質量 M の物体が，外力 $\vec{F}$ と滑車によって支えられている（図 I・4・17）．滑車には質量はなく摩擦もないとする．ロープの各部分の張力 T_1～T_4 と $\vec{F}$ の大きさを求めよ．

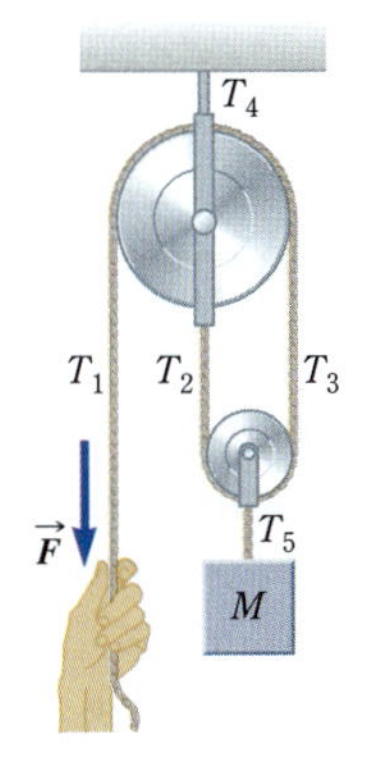

図 I・4・17

34. 泥道にはまった車を引っ張り出したい．車のバンパーにロープ1を付け，ロープ1の他方の端を木に縛り付ける．ロープ1はできるだけしっかりと張られている状態にする．そして，ロープ1の木とバンパーの中央にロープ2を結び付け，そのロープ2を真横に，つまり木と車を結ぶ線に対して直角方向に，力 $\vec{F}$ で強く引っ張る．ロープ1は中央で横に引っ張られ，ロープ1とロープ2の角度は，90°から少しずれて97.0°となった．そのとき，ロープ1の張力 T はどれだけになったか．

35. ニックは木になったリンゴを，木に登らずに取ろうとしている．木には図 I・4・18 のような装置がぶらさがっている．彼がロープを引っ張ったところ，ばねばかりの目盛は 250 N になった．ニックの重さは 320 N，椅子の重さは 160 N である．彼の足は地面に付いていない．(a) ニックに働いている力は何か．椅子に働いている力は何か．(b) ニックの加速度を求めよ．(c) ニックが椅子に及ぼしている力を求めよ．

図 I・4・18

36. **QIC** 前問の状況で，ロープ，ばねばかりおよび滑車の質量は無視できるとする．ニックの足は地面には付いていない．(a) ニックはロープを引っ張るのを止め，瞬間的に静止した状態になったとき，横の地面に立っている，体重 440 N の別の子どもにロープの端を渡した．ロープは切れなかった．その後の運動を説明せよ．(b) ニックはロープを渡すのではなく，木の幹から付き出ている頑丈なフックにひもの端を結び付けた．ロープは切れた．その理由を説明せよ．

37. 質量 3.50 kg と 8.00 kg の2つの積み木が，摩擦のない滑車を通して，質量のないひもでつながっている（図 I・4・19）．斜面にも摩擦はないとする．積み木の加速度とひもの張力を求めよ．

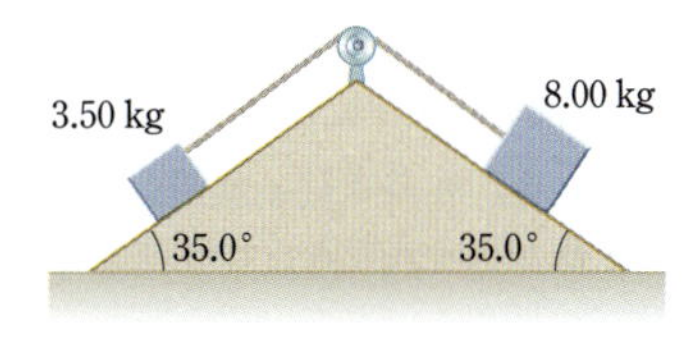

図 I・4・19

38. 1.00 kg の木片が水平なエアトラック上に置かれ，角度 θ 方向にひもで引っ張られている．ひもは滑車を通り，先端には質量 0.500 kg のおもりがぶらさがっている（図 I・4・20）．(a) 木片の速さ v_x とおもりの速さ v_y の間の関係は，$v_x = uv_y$ とすると，$u = z(z^2 - h_0{}^2)^{-1/2}$ であることを示せ．(b) 木片が静止状態から放されるとする．どの段階で，2 つの物体の加速度が $a_x = ua_y$ という関係になるか．(c) $h_0 = 80.0$ cm であり最初は $\theta = 30.0°$ であるとき，木片が放された瞬間の張力を求めよ．

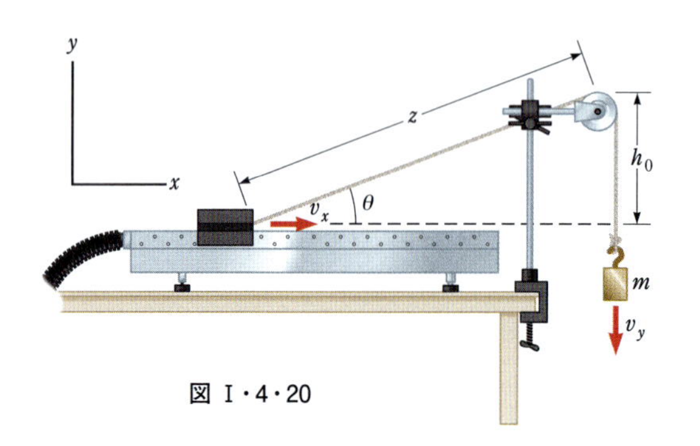

図 I・4・20

39. QC 図 I・4・21 のように，3 つの積み木が摩擦のない水平面上に並んでいる．$m_1 = 2.00$ kg，$m_2 = 3.00$ kg，$m_3 = 4.00$ kg であり，水平方向に力 $F = 18.0$ N が与えられたとする．(a) 全体の加速度を求めよ．(b) 各積み木の間に働いている力を求めよ．(c) 君は工事現場で働いている．垂直に立った仕切り板に仲間がボードを釘で打ち付けている．君は仕切り板が倒れないように，仕切り板の反対側に背をもたれかけている．同僚が釘を打つたびに君の背中は衝撃を感じるのでつらい．そこで，現場監督は仕切り板と君の間に大きな木のブロックを入れて，君はそのブロックに背をもたれかけるようにした．この工夫により，君の痛みは和らぐことを，上記の積み木の問題を参考にして説明せよ．

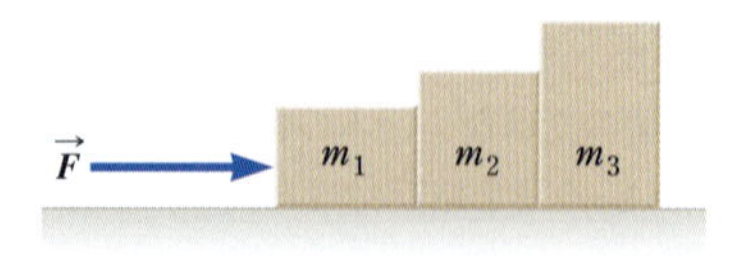

図 I・4・21

40. S 長さ L のひもに質量 m の金属製の蝶を 4 つ吊るしてモービルを作る．蝶を付ける場所は，図 I・4・22 のように等間隔 l にする．ひもの角度は図に記されているとおりであり，中心部分は水平になっている．(a) 各部分の張力および θ_2 を，θ_1，m および g を使って表せ．(b) ひもの両端の長さ D が次の式で表されることを示せ．

$$D = \frac{L}{5}\{2\cos\theta + 2\cos[\tan^{-1}(\tfrac{1}{2}\tan\theta_1)] + 1\}$$

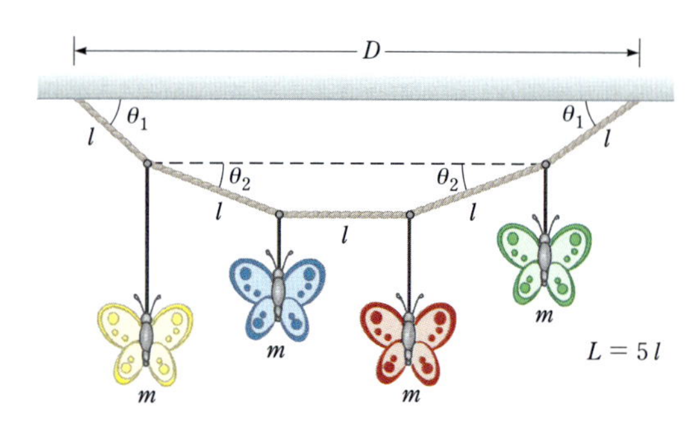

図 I・4・22

41. S 図 I・4・23 の褐色の小さなブロックが，大きなブロックに対して一定の位置にとどまるための，水平方向の力 $\vec{F}$ の大きさを求めよ．すべての表面および滑車には摩擦はないとせよ．ひもの張力が m_2 を加速することに注意せよ．その加速度と F による M の加速度が等しくなければならない．

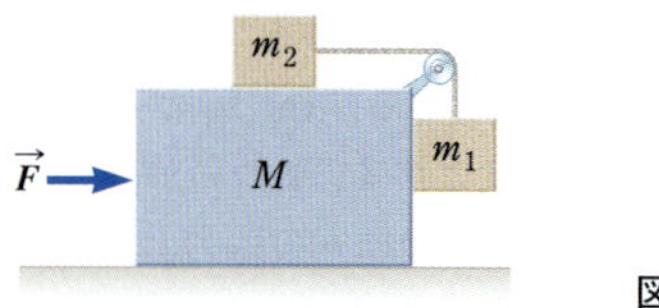

図 I・4・23

42. 質量 $m = 2.00$ kg のブロックが，テーブルからの高さ $h = 0.500$ m の位置から放される．台の斜面には摩擦はなく角度は $\theta = 30.0°$ である（図 I・4・24）．斜面の台は高さ $H = 2.00$ m のテーブルに固定されている．(a) ブロックが斜面を滑り落ちるときの加速度を求めよ．(b) ブロックが斜面を離れるときの速さを求めよ．(c) ブロックが落ちる位置 R を求めよ．(d) ブロックが滑り始めてから床に落下するまでの時間を求めよ．(e) 台の質量は M であるとする．台がデーブル表面から受ける力を求めよ．（台はテーブルから水平方向と垂直方向の力を受ける．）

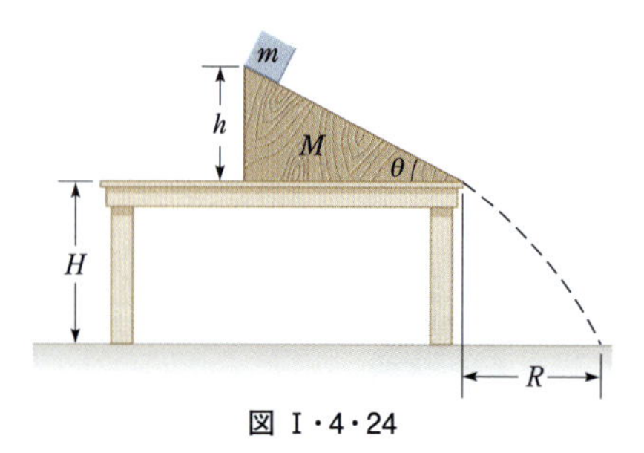

図 I・4・24

43. BIO 机の上からジャンプして，コンクリートの床に脚を曲げないで着地すると，脚の骨が折れる危険性がある．高さ 1.00 m から落下し（初速 0），高さよりもずっと短い距離 d で減速し停止するとする．折れる可能性があるのは，骨の断面積が最も小さな箇所である．それは足首のすぐ上であり，断面積は 1.60 cm^2 程度である．骨は，圧

力が 1.60×10^8 N/m^2 を超えると折れる可能性がある．両脚で着地したとすると，足首が身体の他の部分に安全に及ぼせる力の限度 F は，

$$F = 2 \times (1.60 \times 10^8\ \mathrm{N/m^2}) \times (1.60 \times 10^{-4}\ \mathrm{m^2})$$
$$= 5.12 \times 10^4\ \mathrm{N}$$

である．あなたの体重を 60.0 kg とすると，停止距離 d はどれ以上でなければならないか．〔注：試さないこと．落下するときは膝を曲げるように．〕

44. 次の状況がありえないのはなぜか． クレーンがケーブルに吊るされたフェラーリを持ち上げている．フェラーリの下にはさらに BMW Z8 がケーブルでぶらさがっている．ケーブルは均質であり，どこにも欠陥はないとする．持ち上げる加速度を増やしたところ，ケーブルの張力が限界を超えて，ケーブルはフェラーリのすぐ下で切れた．

45. 自動車が坂の下方向に加速している（図 I・4・25）．静止状態から 6.00 s で 30.0 m/s になった．車内には，おもちゃが ひも で天井からぶら下がっている．図ではそのおもちゃはボールとして描かれており，その質量は 0.100 kg である．自動車の加速のため，ひも は天井に対して垂直になっている．角度 θ とひもの張力を求めよ．

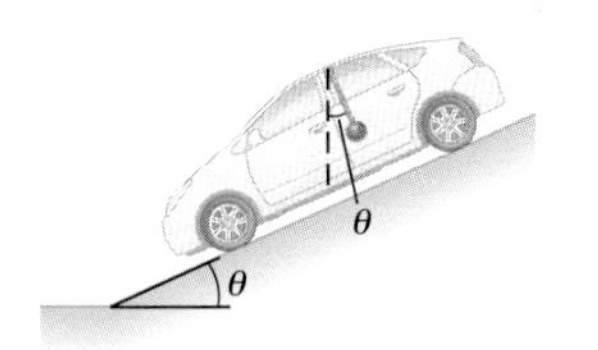

図 I・4・25

46. 若い女性が，改造自動車レースのために安い中古の自動車を購入した．8.40 m/s^2 の加速度が出せたが，彼女はエンジンを改造して自動車にかけられる力を 24.0 % 増やした．また，不要なものを取り除いて全重量を 24.0 % 減らした．(a) どちらの改造が，加速度を余分に増やせたか．(b) 両方の改造をすると，どれだけの加速度が得られるようになったか．

5 ニュートンの法則のさらなる応用

まとめ

摩擦力は複雑だが，われわれは，摩擦の影響を含む運動の分析を可能にする，単純化モデルを構築した．2つの面の間に働く**最大静止摩擦力**$f_{静,max}$は，面の間の垂直抗力に比例する．この最大静止摩擦力は，面が滑り始める直前に実現する．一般に，$f_{静} \leq \mu_{静} n$であり，$\mu_{静}$は**静止摩擦係数**，nは垂直抗力の大きさを表す．物体が面上を滑るときの**動摩擦力**$\vec{f}_{動}$は，面に対する物体の速度の反対方向を向き，その大きさは，垂直抗力の大きさに比例する．大きさは$f_{動} = \mu_{動} n$で表され，$\mu_{動}$は**動摩擦係数**である．通常，$\mu_{動} < \mu_{静}$である．

液体または気体中を動いている物体は，速度に依存する**抵抗力**を受ける．抵抗力は，媒質に対する物体の速度の反対方向を向き，一般に速さが増えると増加する．この力は物体の形，および媒質の性質に依存する．落下物体では最終的に抵抗力が重さとつり合い($a = 0$)，物体の速さは**終端速度**になる．

自然界に存在する基本的な力は次の4つによって表される．すなわち，重力，電磁気力，強い力，そして弱い力である．

解法のための分析モデル

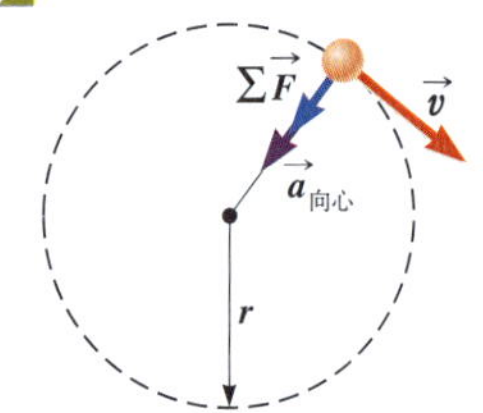

等速円運動する質点(拡張)　力についての新しい知識を使って，第3章で最初に導入された，等速円運動する質点のモデルを拡張することができる．等速円運動をしている質点に対するニュートンの第二法則によれば，質点に向心加速度(3・17)式をもたらす合力は，下記の式に基づき加速度と関係する．

$$\sum F = ma_{向心} = m\frac{v^2}{r} \qquad (5\cdot3)$$

5・1 摩擦力

1. 消しゴムを使って，ゴムとさまざまな表面との間の摩擦係数を測定する．まず，消しゴムを斜面に置き，斜面の角度を増やしていくと，36.0°になったときに滑り始めた．また，30.0°のときには加速されずに一定の速さで滑った．これらのデータから，静止摩擦係数$\mu_{静}$と動摩擦係数$\mu_{動}$を求めよ．

2. QC 1960年以前，人々は，自動車のタイヤの道路に対する静止摩擦係数は$\mu_{静} = 1$を超えられないと信じていた．1962年頃，3つの会社が独立に，$\mu_{静}$が1.6程度であるレース用タイヤを開発した．タイヤはそれ以降も改良され続けた．ピストン エンジンの車が，静止状態から出発して400 m進むための最短時間は4.43 sである．(a) 図I・5・1のように車の後部車輪が前部車輪を持ち上げているとする．この最短記録を達成するのに必要な後部車輪の$\mu_{静}$の最小値はどれだけか．(b) ドライバーが，他の条件は変えずに自分のエンジンの馬力をさらに上げたとする．400 m進むための最短時間はどのように変化するか．

Jamie Squire/Allsport/Getty Images

図 I・5・1

3. 25.0 kgのブロックが水平な台の上に静止している．このブロックを動かし始めるには，水平方向に75.0 N以上の力をかける必要がある．また，動き出したブロックを一定の速さで動かし続けるには，水平方向に 60.0 N の力をかけなければならない．ブロックと台との間の静止摩擦係数と動摩擦係数を求めよ．

4. 水平な高速道路を速さ 80 km/h で自動車が走っている．(a) 雨の日のタイヤと路面との間の静止摩擦係数は 0.100 だとする．この自動車が停止するための最短距離を求めよ．(b) 路面が乾いて $\mu_{静} = 0.600$ となったらどうなるか．

5. BIO 図 I・5・2 で，正面から見ると，両側の軽い杖はどちらも，鉛直方向に対して 22.0° 傾いている．この人の体重の半分は杖で支えられている．杖が地面に与える力は杖の方向であるとする．杖が横に滑らないためには，地面と杖の間の摩擦係数はいくら以上でなければならないか．

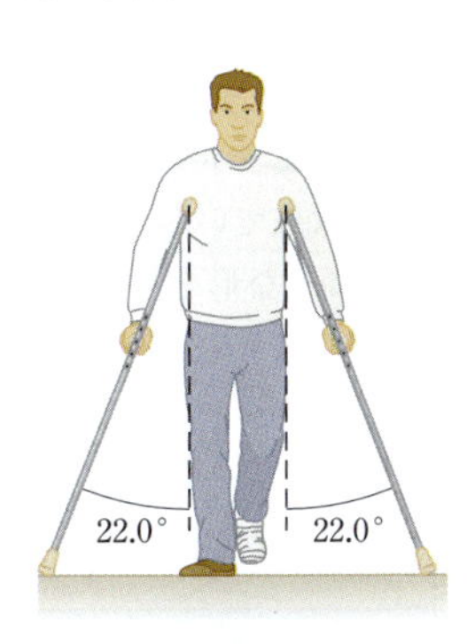

図 I・5・2

6. 質量 $m_2 = 9.00$ kg の物体が，伸縮しない軽いひもにぶらさがっている．ひもは摩擦のない滑車を通って，平らなテーブルに置かれた，質量 $m_1 = 5.00$ kg のブロックにつながっている（図 I・5・3）．ブロックは滑っている．動摩擦係数を 0.200 としたとき，ひもの張力を求めよ．

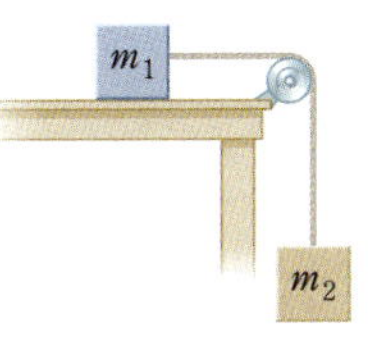

図 I・5・3

7. 鉄パイプのような重い荷物を積んでいる大きなトラックを考える．トラックが急停止すると，荷物が前に滑って運転台を壊す危険がある．たとえば，10 000 kg の積荷が，12.0 m/s で走る 20 000 kg のトラックの平らな荷台に置かれているとする．積荷は固定されておらず，荷台との間の静止摩擦係数は 0.500 であるとする．(a) 積荷が荷台で滑らないように停止するには，最短，どれだけの距離が必要か．(b) この問題を解くのに不必要なデータがあるか．

8. 質量 3.00 kg のブロックが，角度 30.0° の斜面の最上部から，1.50 s で 2.00 m 滑った．次の量を求めよ．(a) ブロックの加速度の大きさ．(b) ブロックと斜面との間の動摩擦係数．(c) ブロックに働いている摩擦力の大きさ．(d) 2.00 m 滑った時点でのブロックの速さ．

9. 空港で女性が 20.0 kg のスーツケースを，ストラップで角度 θ 方向に引っ張っている（図 I・5・4）．スーツケースは一定の速さで動いている．彼女がストラップを引っ張る力は 35.0 N であり，摩擦力は 20.0 N である．(a) スーツケースに働いている力をすべてあげよ．(b) θ を求めよ．(c) 床がスーツケースに及ぼす垂直抗力を求めよ．

図 I・5・4

10. Q|C 質量 3.00 kg のブロックが，水平に対して角度 $\theta = 50.0°$ の方向を向く力 $\vec{P}$ によって，壁に押し付けられている（図 I・5・5）．ブロックと壁の間の静止摩擦係数は 0.250 である．(a) ブロックが上下に動かないためには，$\vec{P}$ の大きさはどの範囲にあればよいか．(b) $\vec{P}$ の大きさがそれ以上だったら何が起こるか．それ以下だったら何が起こるか．(c) 角度が $\theta = 13.0°$ であるとき，同じ考察をせよ．

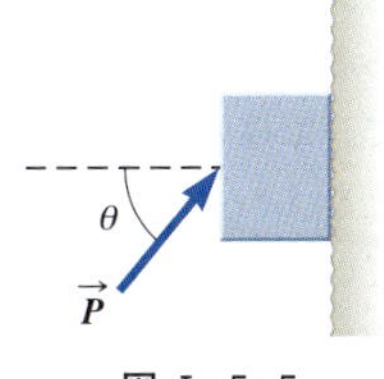

図 I・5・5

11. 質量が無視できるロープで結ばれた 2 つのブロックが水平方向の力によって引っ張られる（図 I・5・6）．

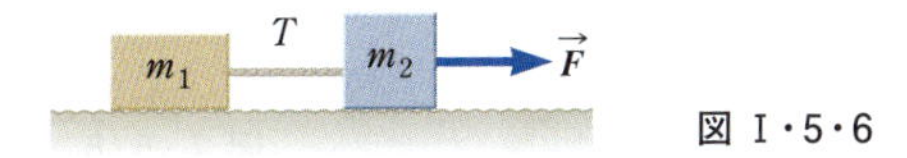

図 I・5・6

$F = 68.0$ N，$m_1 = 12.0$ kg，$m_2 = 18.0$ kg とし，各ブロックと台の表面との間の動摩擦係数は 0.100 だとする．(a) 各ブロックに働いている力をあげよ．(b) 系全体の加速度を求めよ．(c) ロープの張力を求めよ．

12. Q|C 3 つの物体が図 I・5・7 のようにつながれている．質量 m_2 のブロックとテーブルとの間の動摩擦係数は 0.350 である．物体の質量は $m_1 = 4.00$ kg，$m_2 = 1.00$ kg，$m_3 = 2.00$ kg であり，滑車には摩擦はないとする．(a) 各物体に働く力を記せ．(b) 各物体の加速度を答えよ．(c) 2 本のひもの張力を求めよ．**この場合は？** (d) テーブルの表面が滑らかだとすると，張力は増えるか減るか，変わらないか．理由も説明せよ．

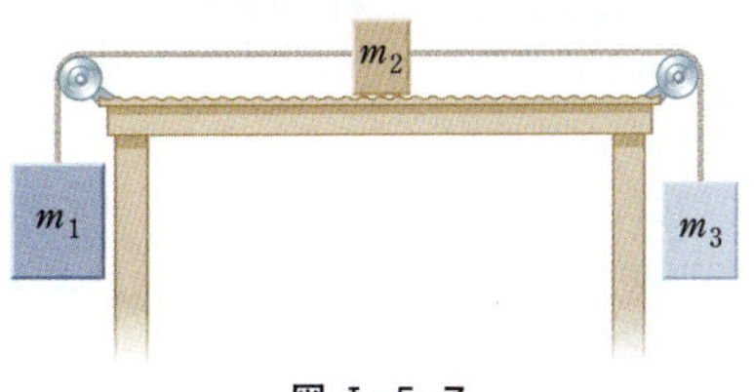

図 I・5・7

13．次の状況がありえないのはなぜか． 質量 3.80 kg の物理の教科書を，水平な車の座席の上に置いておいた．教科書と座席との間の静止摩擦係数は 0.650，動摩擦係数は 0.550 である．速さ 72.0 km/h で運転していたが，等加速度で減速して 30.0 m で停止した．そのとき教科書は座席から落ちなかった．

5・2　等速円運動する質点モデルの拡張

14． ボーアの水素原子モデルでは，電子は陽子のまわりを円運動している．電子の速さは約 2.20×10^6 m/s である．次の量を求めよ．(a) 半径 0.530×10^{-10} m の円軌道上を回転しているときの向心加速度．(b) 電子が受けている力(電子の質量は見返し参照)．

15． 25.0 kg 以上の物体をぶらさげると切れる，軽いひもがある．質量 $m = 3.00$ kg の物体がこのひもの端に付けられて，摩擦のない水平な台の上を，半径 $r = 0.800$ m の円周上をまわっている(図 I・5・8)．ひもの他の端は固定されている．ひもが切れないためには，物体の速さはどの範囲内になければならないか．

図 I・5・8

16．次の状況がありえないのはなぜか． 質量 $m = 4.00$ kg の物体が，鉛直に立った棒に，長さ $l = 2.00$ m の 2 本のひもでつながっている(図 I・5・9)．ひもは $d = 3.00$ m 離れた 2 点で棒に結び付けられている．物体は水平面上を，一定の速さ $v = 3.00$ m/s で円運動しており，ひもはピンと張っている．棒は物体と一緒に回転するので，ひもが棒に巻き付くことはない．**この場合は？** 他の天体上ではこの状況は可能か．

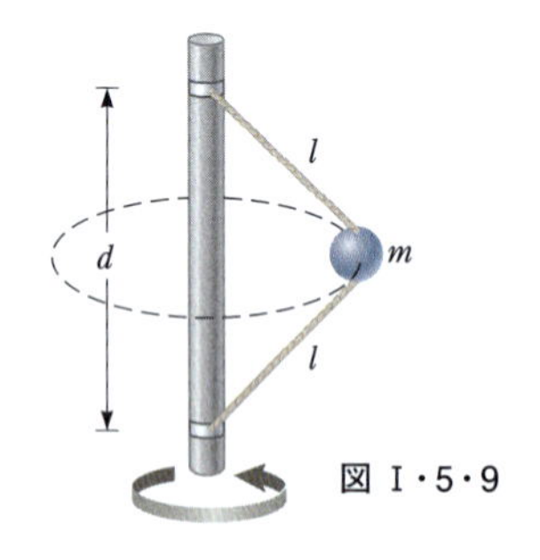

図 I・5・9

17． 卵入りの木箱を荷台の中央に置いたピックアップトラックが，カーブを曲がっている．このカーブは半径 35.0 m の円の円弧とみなせる．木箱とトラックの間の静止摩擦係数が 0.600 である場合，木箱が滑らないように曲がるためのトラックの速さの上限を求めよ．

18． アポロ宇宙船から月面に降り立った 2 人の宇宙飛行士が月面上で活動している間，3 人目の宇宙飛行士は月のまわりを回る宇宙船に残っていた．軌道は月面から 100 km 上，そこでは重力加速度は $g = 1.52$ m/s^2，月の半径は 1.70×10^6 m として，彼が月を 1 周するのにかかった時間を計算せよ．

19． 図 I・5・10 のような大型の円錐振り子を考える．質量は $m = 80.0$ kg，ワイヤーの長さは $L = 10.0$ m，角度は $\theta = 5.00°$ である．ワイヤーの張力とおもりの向心加速度を求めよ．

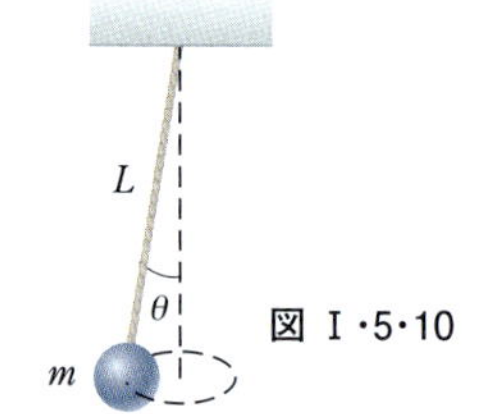

図 I・5・10

5・3　等速ではない円運動

20． QIC イリノイ州のシックス・フラッグス・グレート・アメリカという娯楽施設にあるジェットコースターは，優れた設計技術と基礎物理を取り入れている．鉛直なループは円ではなく，涙のしずくのような形をしている(図 I・5・11)．車両は最上部でループの内側を走るが，レールからはずれないだけの速さで動いている．最大のループは高さ 40.0 m である．ループの最上部での速さを 13.0 m/s とし，そのときの向心加速度を $2g$ とする．

図 I・5・11

(a) 最上部での円弧の半径を求めよ．(b) 車両と乗客の総質量を M として，最上部でレールが車両に及ぼす力の大きさを求めよ．(c) ジェットコースターのループが半径 20.0 m の円だとする．車両の最上部での速さがやはり 13.0 m/s だとすると，最上部での向心加速度はどうなるか．(d) (c) の場合の最上部での垂直抗力を求め，涙のしずく形の利点について考えよ．

21． 仕事場で，高速で走る自動車の騒音に悩まされた，ノーベル賞受賞者であるアーサー・ホリー・コンプトンは，スピード防止用の隆起(ハンプ)を作った(ホリーのハンプという)．1800 kg の車が，半径 20.4 m の円弧状の隆起を通るとする(図 I・5・12)．(a) 自動車の速さが 30.0 km/h であるとき，最上部で路面が自動車に及ぼす力はどれだけか．(b) 自動車が道路から飛び上がらずに走行できる最高速度はどれだけか．

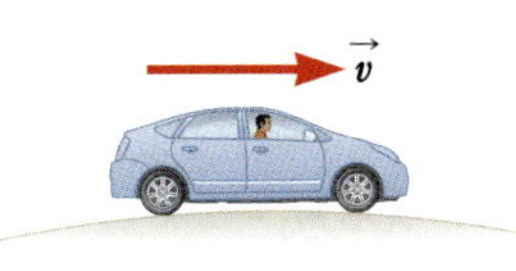

図 I・5・12

22. 勇敢な冒険家($m=85.0$ kg)が，上からたれているつるにぶら下がって川を渡ろうとした．つるの長さは 10.0 m であり，最下点での速さは 8.00 m/s であるとする．彼はつるが 1000 N の力で切れることを知らなかった．彼は川を渡れるか．

23. QC 水を入れたバケツを手にもって，垂直面上をぐるぐる回す．バケツは半径 1.00 m の円周に沿って動く．水がこぼれないとすれば，最高点でのバケツの速さはどうなっていなければならないか．

24. $m=40.0$ kg の子どもが，長さ $L=3.00$ m の 2 本のチェーンにぶらさがっているブランコに座ってゆれている．各チェーンの張力は，ブランコが最下部にあるとき $T=350$ N である．(a) 最下部での子どもの速さを求めよ．(b) 最下部でブランコが子どもに及ぼす力 F を求めよ．(どちらもブランコの質量は無視せよ．)

5・4　速度に依存する抵抗力があるときの運動

25. 質量 3.00 g の小さな球状のビーズが，液体の表面から落とされた．終端速度(終速度)$v_{終端}$は 2.00 cm/s であった．(a) 抵抗力が速さに比例し，bv と表されるとして，係数 b の値を求めよ．(b) 落とされた時間を $t=0$ としたとき，ビーズの速さが $0.632\,v_{終端}$になったときの時刻 t を求めよ．(c) ビーズの速さが終端速度になったときの抵抗力の大きさを求めよ．

〔ヒント：次の結果は使ってよい．抵抗力が bv であるときの運動方程式は，下向きを正として，

$$m\frac{\mathrm{d}v}{\mathrm{d}t}=mg-bv$$

であり，その解は，C を任意定数として，

$$v(t)=v_{終端}-C\,\mathrm{e}^{-t/\tau}$$

ただし，$\tau=m/b$，$v_{終端}=mg/b(=g\tau)$　である．〕

26. (a) 空気中を落下する木製の球の終端速度を推定せよ．ただし，この球の密度を 0.830 g/cm^3，半径を 8.00 cm，抵抗係数を 0.500 とせよ．(b) 空気抵抗がないとすると，この物体はどれだけ落下すればこの速さになるか．

〔ヒント：抵抗係数を D，密度を ρ，空気に当たる断面積を A，速さを v としたときの空気抵抗 R は，

$$R=\frac{1}{2}D\rho Av^2$$

と表される．ただし，ρ は空気の密度であり 1.20 kg/m^3 としてよい(後ろ見返し参照)．〕

27. 発泡スチロールの小片を，地面から 2.00 m の高さから落とす．終端速度に達するまでの加速度は $a=g-Bv$ と表される．0.500 m 落下したあたりでこの小片の速度はほぼ終端速度になり，その後，残りの 1.500 m を 5.00 s かかって落下した．(a) B の値を求めよ．(b) $t=0$ での加速度の値はどれだけか．(c) 速さが 0.150 m/s のときの加速度を求めよ．

28. S スピードスケート選手が受ける抵抗力は速さ v の 2 乗に比例し，$f=-kmv^2$ という式で表されるとする(k はある定数)．選手が速さ v_{i} でゴールを通過し，そのまま惰性で滑ったとする．ゴールを過ぎた後の選手の速さが $v(t)=v_{\mathrm{i}}/(1+v_{\mathrm{i}}kt)$ という式で表されることを示せ．

29. 速さ 10.0 m/s で走っていたモーターボートがエンジンを切ってそのまま惰性で進んだ．その後のモーターボートの速さは $v(t)=v_{\mathrm{i}}\,\mathrm{e}^{-ct}$ という式で表される．v_{i} は $t=0$ での速さであり，c は，ある定数である．$t=20.0$ s では速さは 5.00 m/s であった．(a) c の値を求めよ．(b) $t=40.0$ s での速さを求めよ．(c) $v(t)$ を t で微分することにより，ボートの加速度(つまり抵抗力)は常に速さに比例することを示せ．

30. 質量 9.00 kg の物体が液体の表面から内部に静かに落とされ，問題 25 の物体と同様，速さに比例する抵抗力を受けながら落下した．そして 5.54 s だけ経過したときに，その速さは終端速度の半分に達した．(a) 終端速度を求めよ．(b) 時間がどれだけ経過すれば，その速さは終端速度の 4 分の 3 になるか．(c) 最初の 5.54 s に，物体はどれだけ動いたか．

5・5　自然界の基本的な力

31. 隕石が地球の表面から，地球の半径の 3 倍の高さにあるとき，重力による自由落下の加速度はどれだけか．

32. 雷雲の上部に +40.0 C の電荷が，下部に −40.0 C の電荷がたまっており，その間の距離は 2.00 km であった．上部の電荷に働く電気力を求めよ．

33. それぞれの質量が 2.00 kg の 2 つの物体を，30.0 cm だけ離しておく．一方の物体が他方の物体におよぼす重力の大きさを評価せよ．

追加問題

34. 家庭用の乾燥機では，一様に乾燥するように，湿った衣類が入った槽を，水平な軸のまわりに等速で回転させる(図 I・5・13)．回転率は，水平方向から角度 $\theta=68.0°$ まで上がったときに衣類が槽の壁から落ちるように決められる．槽の半径が $r=0.330$ m であるとき，回転率はどうしたらよいか．

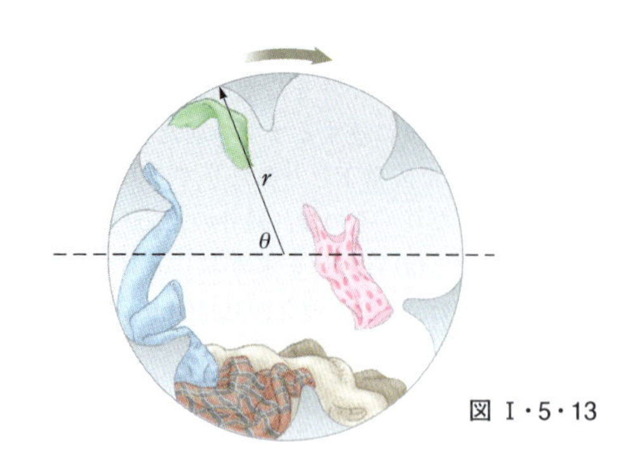

図 I・5・13

35. **S** 重さ $F_{重力}$ の木箱が，水平面上で力 $\vec{P}$ によって押されている（図 I・5・14）．$\vec{P}$ の方向は水平方向に対して角度 θ であるとする．

(a) 木箱を動かすのに必要な力 $\vec{P}$ の最低限の大きさは，

$$P = \frac{\mu_{静} F_{重力} \sec\theta}{1 - \mu_{静} \tan\theta}$$

であることを示せ．

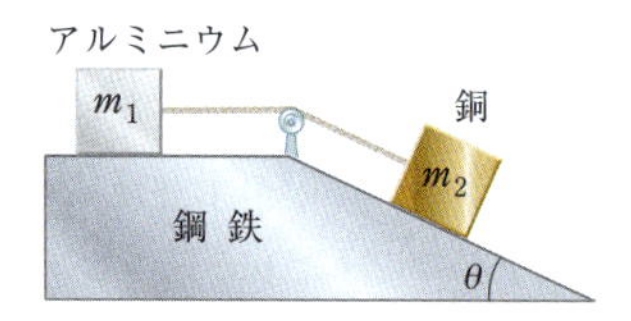

図 I・5・14

(b) P の値にかかわらず木箱が動かないための，θ に対する条件を $\mu_{静}$ を使って表せ．

36. 3つの物体が図 1・5・15 のようにつながれている．まず，斜面には摩擦はなく全体はつり合っているとする．m，g および θ を使って，(a) M，および (b) 張力 T_1 と T_2 を表せ．次に，M の値を，(a) の答の2倍にする．(c) 各物体の加速度 (d) 張力 T_1 と T_2 を求めよ．さらに，物体 m および $2m$ と斜面との間の静止摩擦係数を $\mu_{静}$ とし，全体がつり合っているとする．そのときありうる，(e) M の最大値 (f) M の最小値 を求めよ．(g) 最大値の場合と最小値の場合とで，T_2 の差を計算せよ．

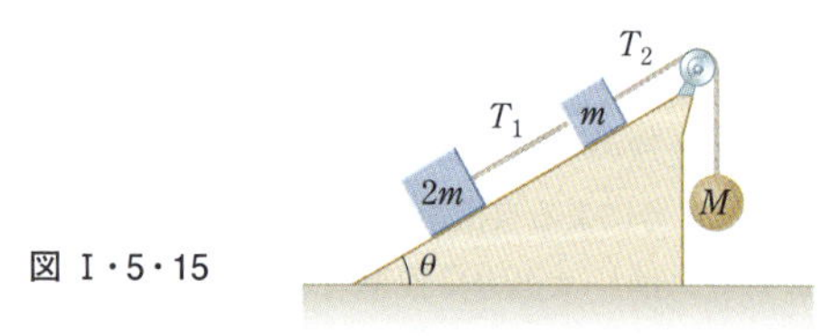

図 I・5・15

37. **S** 路面が傾いたカーブを自動車が走っている．傾きの角度を θ，カーブの半径を R，静止摩擦係数を $\mu_{静}$ とする．(a) 車が上下どちらにも横ずれしないで走れる速さの範囲を求めよ．(b) θ がある値のとき，(a) の範囲が速さ 0 を含むための $\mu_{静}$ の最小値を求めよ（図 I・5・16）．

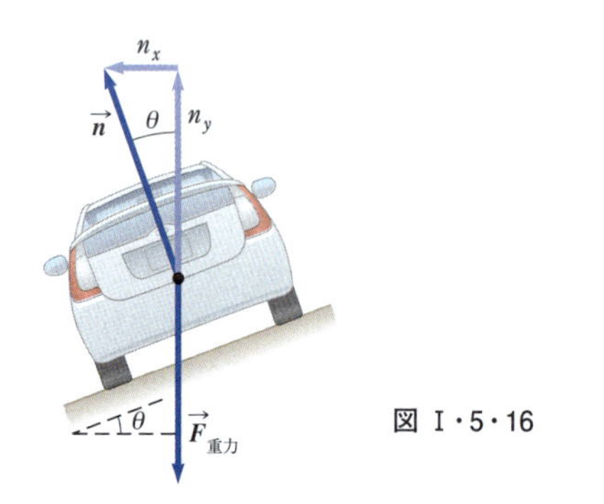

図 I・5・16

38. 図 I・4・19（4章）の系が加速度 $1.50\ \mathrm{m/s^2}$ で動いていた．どちらの斜面の動摩擦係数も同じであるとして，(a) その動摩擦係数と，(b) ひもの張力を求めよ．

39. 図 I・5・17 のように，質量 $m_1 = 2.00\ \mathrm{kg}$ のアルミニウムのブロックと，質量 $m_2 = 6.00\ \mathrm{kg}$ の銅のブロックが，摩擦のない滑車を通して軽いひもでつながっている．台は鋼鉄であり，斜面の傾きは $\theta = 30.0°$ である．(a) 最初は手で押さえて全体を静止させていた．手を離すとブロックは動き始めるか．ただし，アルミニウムと鋼鉄の間の静止摩擦係数は 0.610，銅と鋼鉄の間の静止摩擦係数は 0.530 とせよ．動き出す場合，(b) 加速度と張力を求めよ．動き出さない場合は，(c) ブロックに働いている摩擦力の大きさの合計を求めよ．

アルミニウム
銅
鋼 鉄
θ

図 I・5・17

40. 図 I・5・18 は遊園地の回転ブランコである．上部には半径 D の回転する円盤があり，そこから質量 m の座席が，長さ d の，質量が無視できるチェーンでぶらさがっている．円盤が一定の速さで回転すると，座席は外側に押し出されて，チェーンは鉛直方向から θ だけ傾いた．$D = 4.00\ \mathrm{m}$，$d = 2.50\ \mathrm{m}$，$m = 10.0\ \mathrm{kg}$，$\theta = 28.0°$ として次の問に答えよ．(a) 各座席の動く速さを求めよ．(b) 座席に質量 40.0 kg の子どもが座っているときのチェーンの張力を求めよ．

図 I・5・18

41. **次の状況がありえないのはなぜか．** 質量 1.30 kg のトースターが水平な台の上に乗っている．トースターと台の間の静止摩擦係数は 0.350 である．コードを引っ張ってトースターを引き寄せようとする．しかし，過去に何度も同じことをしたので，コードはかなり傷んでおり，4.00 N

以上の力で引っ張るとコードは切れてしまう．しかし，斜め上方向にそっと引っ張ることで，コードを切らずに引っ張ることができた．

42. 質量 5.00 kg のブロックが，質量 10.0 kg のブロックの上に置かれている(図 I・5・19)．10 kg のブロックには水平方向に $F = 45.0$ N の力が与えられ，5 kg のブロックは壁につながって固定されている．すべての接触面の動摩擦係数は 0.200 だとする．(a) 各ブロックに働く力をすべてあげよ．(b) ひもの張力，および 10 kg のブロックの加速度を求めよ．

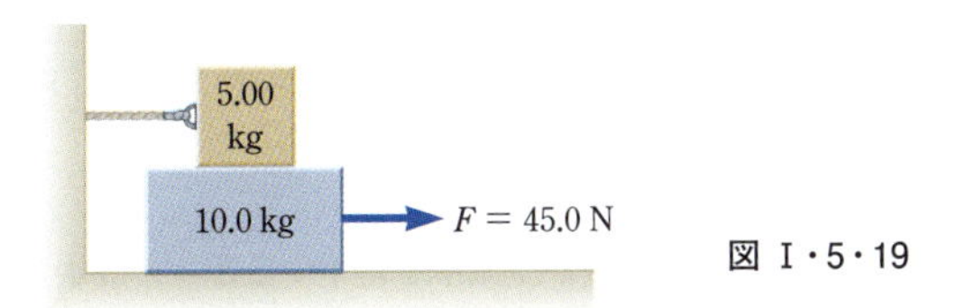

図 I・5・19

43. 学生が加速度計をつくり，路面に傾斜のないカーブを曲がる自動車内で，車の速さを測定した．この加速度計は，分度器に鉛のおもりを付けたもので，車の天井に取り付けられている．おもりは垂直方向から 15.0° 傾き，車の速さは 23.0 m/s であった．(a) カーブを曲がっている車の向心加速度を求めよ．(b) カーブの半径を求めよ．(c) 同じカーブを曲がるとき，おもりの角度が 9.00° ならば，車の速さはどれだけか．

44. GP S 質量 m_1 と m_2 のブロックが接触した状態でテーブルの上に置かれている(図 I・5・20)．m_1 とテーブルとの間の動摩擦係数を μ_1，m_2 とテーブルとの間の動摩擦係数を μ_2 とする．水平方向の力 F を，質量 m_1 のブロックに与える．ブロック間の接触力(垂直抗力) P を知りたい．

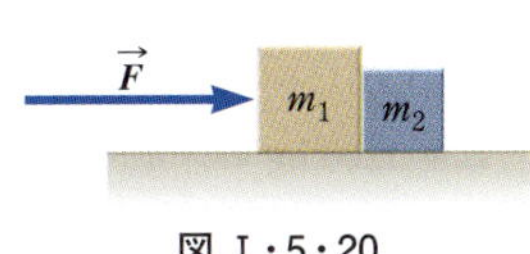

図 I・5・20

(a) 2 つのブロック全体に対する運動方程式(水平方向)を考え，加速度を求めよ．(b) ブロック m_1 に対する運動方程式を考え，(a) の結果も使って P を求めよ．(c) ブロック m_2 に対する運動方程式から P を求め，それが (b) の結果と一致していることを確かめよ．

45. **次の状況がありえないのはなぜか．** 遊園地で，いたずらな子どもが母親に叱られて，回転する乗り物のテントの天井の上に逃げた．テントは水平方向に対して $\theta = 20.0°$ 傾いており，子どもの座った位置は中心から $d = 5.32$ m 離れていた(図 I・5・21)．操作員は子どもが上にいることに気づかずに乗り物を回した．子どもは速さ 3.75 m/s で回転したが，ふくれっ面でそのまま座っていた．子どもとテントの間の静止摩擦係数は 0.700 である．

図 I・5・21

46. 質量 $m = 2.00$ kg のブロックが，質量 $M = 8.00$ kg のブロックの端に静止している．2 つのブロックの間の動摩擦係数は 0.300 であり，8.00 kg のブロックが置かれている台には摩擦はない．2.00 kg のブロックには，図 I・5・22 a のように水平方向に一定の力 $F = 10.0$ N が働き，動き出す．このブロックが動ける長さを $L = 3.00$ m としたとき，(a) 図 I・5・22 b の状態になるまで，どれだけの時間がかかるか．(どちらのブロックも動き出すことに注意．) (b) この過程で，8.00 kg のブロックはどれだけ動くか．

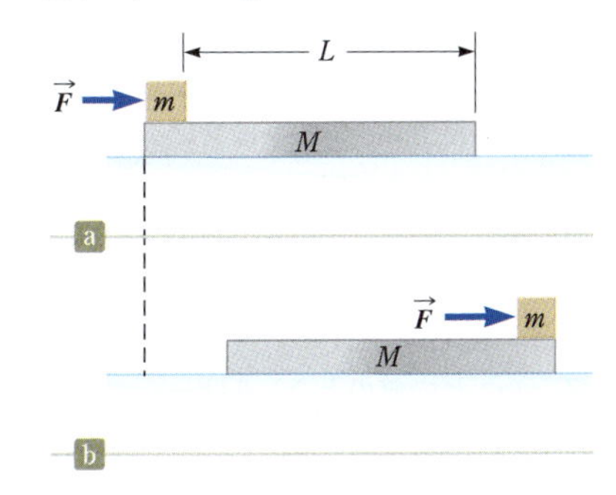

図 I・5・22

47. QC S 質量 m_1 の(ホッケーの)パックがひもに付けられて，摩擦のない水平な半径 R の円周上を回転する．ひもの他端はテーブルの中心にある小さな穴を通じて，質量 m_2 の物体に付けられている(図 I・5・23)．ぶら下がっている物体はつり合いの状態にあり，テーブルの上の物体は円運動をしている．

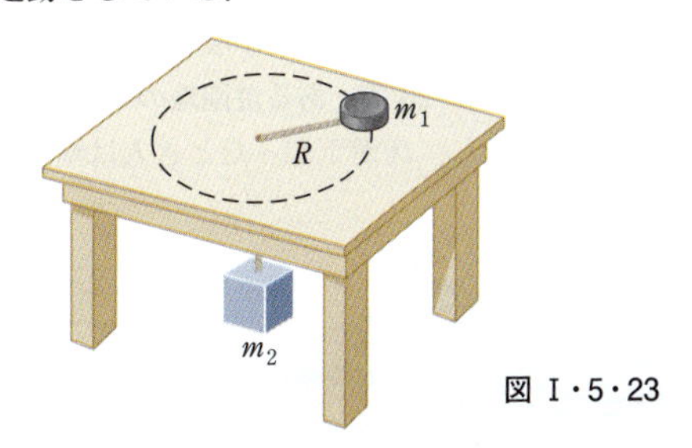

図 I・5・23

(a) ひもの張力，パックに働く中心方向の力，およびパックの速さを表す式を求めよ．また，(b) ぶらさがっている物体にさらに小さな物体を付けて m_2 の値を増やすとパックの動きにどのような変化が起こるか，定性的に説明せよ．(c) 逆に m_2 の値を減らすとパックの動きにどのような変化が起こるか，定性的に説明せよ．

48. 質量 0.750 kg の模型飛行機が，長さ 60.0 m のワイヤーの端につながれて，水平な円周上を速さ 35.0 m/s で飛んでいる(図 I・5・24a)．飛行機に働いている力が図 I・

5・24 b に描かれている．ワイヤーによる張力，重力，そして鉛直上方向から内側に $\theta = 20.0°$ の方向を向く揚力である．ワイヤーは水平方向から下に $\theta = 20.0°$ の方向に延びているとして，その張力を計算せよ．

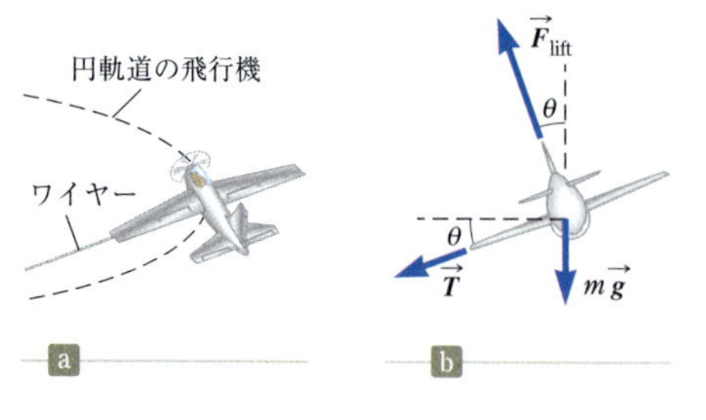

図 I・5・24

49. QIC 一つのビーズが，硬いワイヤーを曲げて作った半径 15.0 cm の円状のループを，摩擦なしで滑れるようになっている(図 I・5・25)．ループは常に鉛直に立っており，鉛直方向の直径を軸として一定の速さで回転している．その周期は 0.450 s であった．ビーズの位置は，下方向から測った角度 θ で表すことができる．(a) どの値のとき，θ は一定でありうるか．解は複数ある．

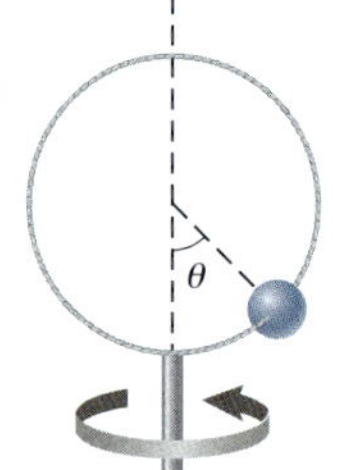

図 I・5・25

(b) ループの回転周期が 0.850 s だったらどうなるか．(c) 回転していなければ $\theta = 0$ が安定な位置である．回転を少しずつ速くしたとき(つまり周期を無限大から少しずつ小さくしたとき)はどうなるか，推定で答えよ．不安定な位置とは，そこから少し動かすと，ずれがどんどん大きくなってしまう位置である．安定な位置とは逆に，そこから少し動かしてもビーズは元に戻ろうとする位置である(ビーズの位置は振動する)．(この問題は Arnold Arons の示唆に基づく．)

50. QIC S 図 I・5・26 は，ある遊園地の乗り物である．円筒形の部屋が回転し，床が下がったとき人は壁に押し付けられたまま，足が床から浮き上がる．人と壁の間の静止摩擦係数を $\mu_{静}$，円筒の半径を R とする．(a) 人が壁から落ちないためには，部屋の回転周期は $T = (4\pi^2 R\mu_{静}/g)^{1/2}$ 以下でなければならないことを示せ．(b) 部屋の回転周期がこの値よりも少し小さくなったら，この人はどのように動くか．(c) 部屋の回転周期がこの値よりも少し大きくなったら，この人はどのように動くか．

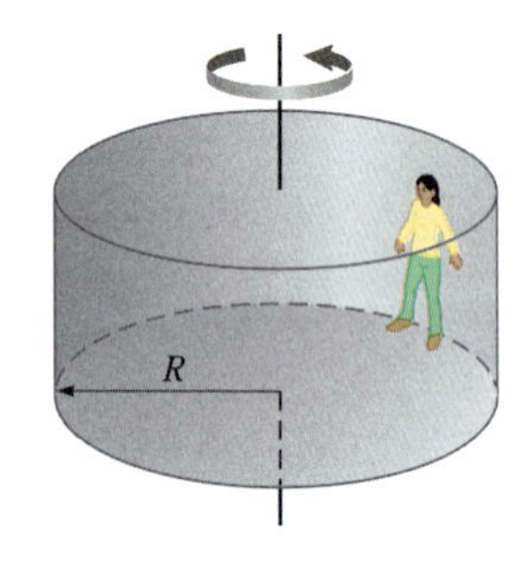

図 I・5・26

51. 半径 r (メートル単位で表す)の球が，速さ v (単位 m/s で表す)で流れている空気の中に置かれているときに受ける力は，ニュートン単位で，

$$F = arv + br^2v^2$$

と表される($v > 0$)．ただし，a と b は定数であり，SI 単位系では，

$$a = 3.10 \times 10^{-4} \qquad b = 0.870$$

である．半径 r の水滴が空気中を落下するときの終端速度を，r の値が次のケースに対して求めよ．(a) 10.0 μm，(b) 100 μm，(c) 1.00 mm．(a) と (c) については，F の右辺のうちどちらか一項のみがきくと考えて計算できる．

52. 地球は自転している．(a) 赤道上でのそれによる加速度を求めよ．(b) 赤道上と北極とで比較して，諸君の体重はどちらがどれだけ少ないか．ただし，体重とは，秤に乗ったときに目盛が示す大きさだとする(つまり秤が君に及ぼす垂直抗力に等しい)．割合で答えよ．ただし，地球を半径 $R = 6370$ km の球だと考えてよい．

53. S 直線上を動いている物体に一定の力が働いている場合，速度は $v(t) = v_i + at$ という形で変化する．では，速度が位置の関数として，$v = v_0 - kx$ と表される場合，この物体にはどのような力が働いているか．ただし v_0 と $k (> 0)$ は何らかの定数である．

54. 質量 1200 kg のスポーツカーを考える．空気抵抗係数は $D = 0.250$，正面から見た断面積は $A = 2.20$ m^2 とする．速さが 100 km/h であるときの加速度を求めよ．ただし，ギアはニュートラルで車は惰性で走っており，ほかの抵抗力は働いていないとする．問題 26 の公式を使うこと．

55. 質量が 1300 kg，正面から見た断面積が 2.60 m^2，抵抗係数 D が 0.340 である車を考える．速さが 10.0 m/s のときに瞬間的加速度 3.00 m/s^2 を出せる．水平方向の力はタイヤに働く静止摩擦力と空気抵抗(密度 $\rho = 1.20$ kg/m^3)だけだとする．(a) 道路が車に及ぼす力を求めよ．(b) 車を改造し抵抗係数を 0.200 にした．ほかには何も変わっていないとすると，加速度はどうなるか．(c) 道路が及ぼす力は一定だとすると，$D = 0.340$ のときにこの車が出せる最高速度を求めよ．(d) $D = 0.200$ のときはどうなるか．

6 系のエネルギー

まとめ

系(system)とは，多くの場合，1個の質点，質点の集合，あるいは空間の一部であり，大きさと形はさまざまである．**系境界**(system boundary)は系と**外界**(environment)とを区切っている．

外界からの一定の力$\vec{F}$が系にする**仕事**(work) Wは，力の作用点の変位の大きさΔrと，変位$\Delta\vec{r}$の向きへの力の成分$F\cos\theta$との積で与えられる．

$$W \equiv F\Delta r\cos\theta \qquad (6\cdot1)$$

2つのベクトル$\vec{A}$と$\vec{B}$との**内積**(scalar product)(スカラー積，ドット積)は次の式で定義される．

$$\vec{A}\cdot\vec{B} \equiv AB\cos\theta \qquad (6\cdot2)$$

この結果はスカラー量であり，θは2つのベクトルが成す角である．内積は，交換則と分配則に従う．

質点がx_iからx_fまで動く間に力が変化すると，この力が質点にする仕事は次式で与えられる．

$$W = \int_{x_i}^{x_f} F_x\,dx \qquad (6\cdot7)$$

ここで，F_xは力のx成分である．

速さvで動く質量mの質点の**運動エネルギー**(kinetic energy)は，

$$K \equiv \frac{1}{2}mv^2 \qquad (6\cdot16)$$

仕事-運動エネルギーの定理(work-kinetic energy theorem)によれば，外力が系に仕事をし，系には速さの変化だけが起こるならば，その仕事はつぎのようになる．

$$W_{外部} = K_f - K_i = \Delta K \qquad (6\cdot17)$$

$$= \frac{1}{2}mv_f^2 - \frac{1}{2}mv_i^2 \qquad (6\cdot15)$$

もし，地表面から高さyに質量mの質点があれば，質点-地球系の**重力ポテンシャルエネルギー**(gravitational potential energy)は，

$$U_{重力} \equiv mgy \qquad (6\cdot19)$$

力の定数(ばね定数)kのばねの**弾性ポテンシャルエネルギー**(elastic potential energy)は，

$$U_{ばね} \equiv \frac{1}{2}kx^2 \qquad (6\cdot22)$$

系の全力学的エネルギー(total mechanical energy of a system)は，運動エネルギーとポテンシャルエネルギーの和である．

$$E_{力学} \equiv K + U \qquad (6\cdot24)$$

系の中の1つの質点に力が働き，質点が2点間を動いて力が質点に仕事をするとき，その仕事が，2点間で質点がたどる経路に依存しないならば，その力は**保存力**(conservative force)である．さらに，質点が閉じた経路をたどって始点に戻るとき，力が質点にした仕事がゼロであるならば，その力は保存力である．これらの条件に合わない力は，**非保存力**(nonconservative force)である．

ポテンシャルエネルギー関数(potential energy function) Uは保存力に対してだけ定義される．系の構成要素間に保存力$\vec{F}$が働き，一つの構成要素がx軸に沿ってx_iからx_fまで動くとき，系のポテンシャルエネルギーの変化は，その力がした仕事に負号をつけたものに等しい．

$$U_f - U_i = -\int_{x_i}^{x_f} F_x\,dx \qquad (6\cdot26)$$

系は，その1つの構成要素に働く合力がゼロであるとき，その系の状態は3種類のつり合いの配置をとりうる．**安定平衡状態**(stable equilibrium)は，$U(x)$が極小であることに対応する．**不安定平衡状態**(unstable equilibrium)は，$U(x)$が極大であることに対応する．**中立平衡状態**(neutral equilibrium)は，系の構成要素の一つがある範囲で動いてもUが不変である場合に生じる．

6・2 一定の力がする仕事

1. 1990年にベルギーの ワルター・アルフォイユ(重量挙げ選手. 歯で列車を引っ張ったことで有名)は, 281.5 kg の物体を歯だけでくわえて 17.1 cm 持ち上げた. (a) 物体を持ち上げる速さが一定として, アルフォイユが物体にした仕事を求めよ. (b) 物体を持ち上げたとき, アルフォイユの歯に加わった合力を求めよ.

2. 質量 3.35×10^{-5} kg の雨滴が, 重力のもとで空気の抵抗を受けながら一定の速さで鉛直に落ちた. 雨滴を質点とみなす. 雨滴が 100 m 落ちる間に, (a) 重力が雨滴にした仕事と, (b) 空気の抵抗が雨滴にした仕事を求めよ.

3. 外力によって, 質量 $m = 2.50$ kg の物体が摩擦のない水平なテーブル上を $d = 2.20$ m だけ押された. ただし, 外力の大きさは $F = 16.0$ N で一定であり, その向きは図 I・6・1のように水平面と $\theta = 25.0°$ の角をなす. 次の (a) ～(d) の力が物体にした仕事を求めよ. (a) 外力 (b) テーブルが物体に及ぼす垂直抗力 (c) 重力 (d) 物体に働く合力.

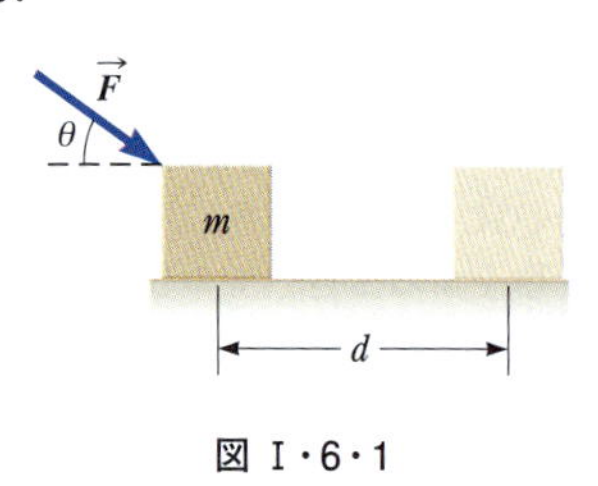

図 I・6・1

4. 大木の枝に長さ 12.0 m のロープを吊るし, その下端に体重 80.0 kg のスパイダーマンがぶら下がっている. スパイダーマンは体を何度も屈曲させることによってロープを動かし, ロープが大きく揺れてついに鉛直から 60.0° の角まで振れたときに, スパイダーマンは近くの岩棚に達することができた. このとき重力がスパイダーマンにした仕事を求めよ.

5. QIC スーパーマケットで, 客がショッピングカートを下向き 25° の向きに 35 N の力で押している. この力はさまざまな摩擦力とちょうどつり合っているので, カートは一定の速さで動いている. (a) 50.0 m の通路を進む間に, 客がカートにする仕事を求めよ. (b) カートに働くすべての力がカートにする仕事を, 理由を付して求めよ. (c) 客は次の通路に進んだが, 今度はカートを水平向きに押し, カートは前と同じ速さで 50.0 m 進んだ. もし, 動摩擦係数が変化しないなら, 客がカートに加える力は増すか, 減るか, 不変か? (d) そのとき, 客がカートにする仕事はどうか?

6・3 二つのベクトルの内積

6. ある単位で測るとき, ベクトル $\vec{A}$ の大きさは 5.00, ベクトル $\vec{B}$ の大きさは 9.00 である. 2つのベクトルは 50.0° の角を成す. $\vec{A}\cdot\vec{B}$ を求めよ.

7. S 任意の2つのベクトル $\vec{A}$, $\vec{B}$ について, $\vec{A}\cdot\vec{B} = A_xB_x + A_yB_y + A_zB_z$ であることを示せ. 〔ヒント: $\vec{A}$ と $\vec{B}$ を単位ベクトルを用いて表し, (6・4)式と(6・5)式を用いよ.〕

8. 力 $\vec{F} = (6\hat{i} - 2\hat{j})$ N が質点に加わっているとき, 質点は $\Delta\vec{r} = (3\hat{i} + \hat{j})$ m の変位をした. (a) この力が質点にした仕事を求めよ. (b) $\vec{F}$ と $\Delta\vec{r}$ が成す角を求めよ. (数値は 3 桁の精度で)

9. 図 I・6・2 の 2 つのベクトルの内積を求めよ. (数値は 3 桁の精度で)

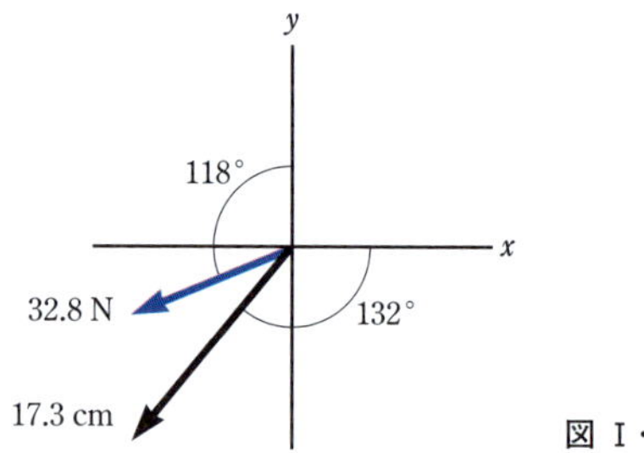

図 I・6・2

10. $\vec{A} = 3\hat{i} + \hat{j} - \hat{k}$, $\vec{B} = -\hat{i} + 2\hat{j} + 5\hat{k}$, $\vec{C} = 2\hat{j} - 3\hat{k}$ であるとき, $\vec{C}\cdot(\vec{A} - \vec{B})$ を求めよ.

11. 内積の定義を用いて, 次の2つのベクトルが成す角を求めよ. (a) $\vec{A} = 3\hat{i} - 2\hat{j}$ と $\vec{B} = 4\hat{i} - 4\hat{j}$ (b) $\vec{A} = -2\hat{i} + 4\hat{j}$ と $\vec{B} = 3\hat{i} - 4\hat{j} + 2\hat{k}$ (c) $\vec{A} = \hat{i} - 2\hat{j} + 2\hat{k}$ と $\vec{B} = 3\hat{j} + 4\hat{k}$ (数値は 3 桁の精度で)

6・4 変化する力がする仕事

12. 質点に働く力が図 I・6・3 のように変化するとき, この力が, 次のように動く質点にする仕事を求めよ. (a) $x = 0$ から $x = 8.00$ m まで, (b) $x = 8.00$ m から $x = 10.0$ m まで, (c) $x = 0$ から $x = 10.0$ m まで.

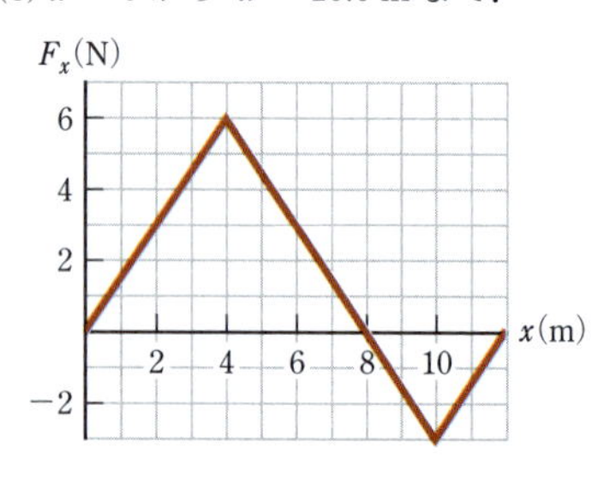

図 I・6・3

13. 質点に働く外力が図 I・6・4 に示すように, 質点の位置とともに変化した. 次の場合について, 外力が質点にした仕事を求めよ. (a) $x = 0$ から $x = 5.00$ m まで (b) $x = 5.00$ m から $x = 10.0$ m まで (c) $x = 10.00$ m から $x = 15.0$ m まで (d) $x = 0$ から $x = 15.0$ m までの全区間について, 外力が質点にした仕事を求めよ.

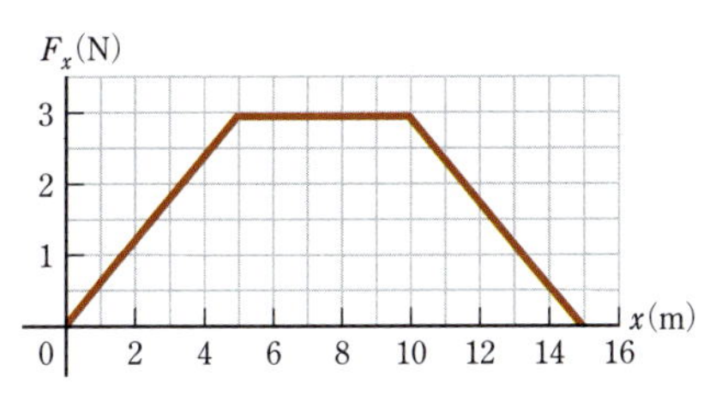

図 I・6・4　問題 13 と 25 で使う．

14. 弓の射手が弦を引く．力をゼロから 230 N まで一様に増して，弦を 0.400 m 引いた．(a) この弓をばねとみなしたときの，ばね定数を求めよ．(b) 弓を引くことによって，射手が弦にした仕事を求めよ．

15. **S** 図 I・6・5のように，質量 m の小物体に軽い糸をつけ，糸を引くことによって半円筒の頂点まで小物体を引き上げる．このとき摩擦はないものとする．(a) 小物体が一定の速さで動くとき，糸を引く力は $F = mg\cos\theta$ であることを示せ．〔ヒント：小物体が一定の速さで動くなら，半円筒の周の接線方向の加速度成分はいつでもゼロである．〕 (b) 仕事 $W = \int \vec{F}\cdot \mathrm{d}\vec{r}$ を積分することによって，小物体を最下点から頂点まで引き上げるのに要する仕事を求めよ．

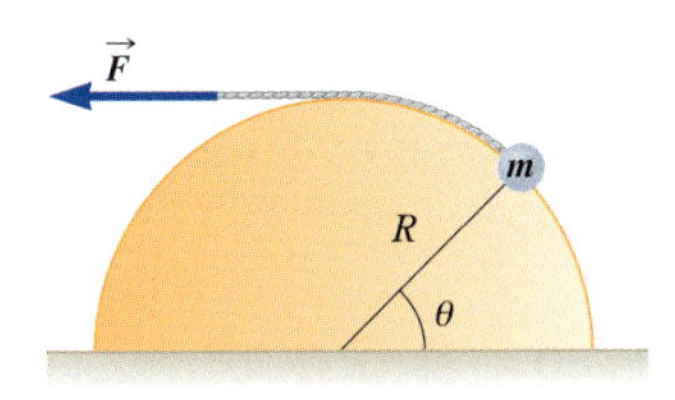

図 I・6・5

16. **S** ばね定数 k_1 の軽いばねを固定した支点から吊るす．このばねの下端に，ばね定数 k_2 の第二の軽いばねを吊るす．次に，質量 m の物体を第二のばねの下端に静かに取り付ける．(a) 2 つのばね全体の伸びを求めよ．(b) 2 つの ばねを合わせて一つの系と見るとき，この系の実効的ばね定数を求めよ．

17. ある制御システムの加速度計はレールと物体および ばね で作られている．水平な目盛付きのレールの上に質量 4.70 g の物体を置き，物体とレールの端とが軽いばねでつながれている．レールにはグリースが塗られているので，静止摩擦が無視でき．また，グリースの粘性が高いので，ばね の振動はすぐに減衰するものとする．この加速度計が，レールの長さ方向に一定の加速度 0.800 g で動くと，物体はそのつり合いの位置から 0.500 cm ずれた位置に静止した．ばね定数を求めよ．

18. **S** ばね定数を SI 単位系の基本単位で表せ．

19. 食堂のトレー自動取り出し機では，平らな台をその四隅に取り付けた 4 本の同等の ばね で吊り下げ，その台にトレーを積み重ねて置く．トレーの縦横の寸法は 45.3 cm × 35.6 cm，厚さは 0.45 cm，質量は 580 g である．(a) 積み重ねた上端のトレーが，トレーの枚数によらず，いつでも床から同じ高さにあるようにすることが可能であることを示せ．(b) このトレー自動取り出し機を，(a)で言うように便利に機能させるために，それぞれの ばね の ばね定数を求めよ．(c) ばね定数を求めるために不要なデータがあっただろうか？

20. ある物体が原点から $x = 5.00$ m まで動く間に，物体には力 $\vec{F} = (4x\hat{i} + 3y\hat{j})$ が働いた．ただし，$\vec{F}$ の単位はニュートン，x と y の単位はメートルである．この物体になされた仕事 $W = \int \vec{F}\cdot \mathrm{d}\vec{r}$ を求めよ．

21. ばね定数 3.85 N/m の軽い ばね を，その自然長から 8.00 cm 押し縮め，ばね の左端には 0.250 kg の物体を，右端には 0.500 kg の物体を取り付け，これらを水平面上に静かに置く．ばね は 2 つの物体が離れる向きに，それぞれの物体に力を及ぼす．2 つの物体が静止した状態で物体を静かに放すとき，それぞれの物体の動き始めの加速度を求めよ．ただし，2 つの物体と水平面との動摩擦係数が次のそれぞれの場合を考えよ．(a) 0，(b) 0.100，(c) 0.462．

22. 質量 6000 kg の貨車が，摩擦を無視できるレールの上を動いている．貨車は，図 I・6・6 のような，2 個のコイルばね を組合わせた装置によって静止する．2 個の ばね はフックの法則に従うものとし，その ばね定数は $k_1 = 1600$ N/m および $k_2 = 3400$ N/m である．グラフに示すように，最初の ばね が 30.0 cm 以上縮むと，次の ばね が最初の ばね と合わさって，ばね が貨車に及ぼす力が増す．貨車は，ばね に最初に接触した位置から 50.0 cm 進んだ位置で静止した．貨車の初期の速さを求めよ．

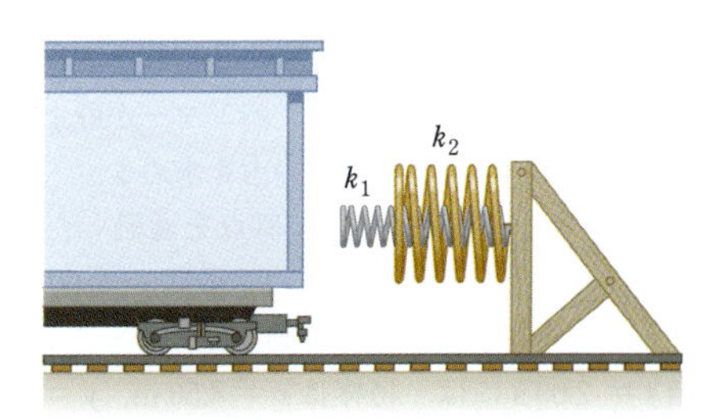

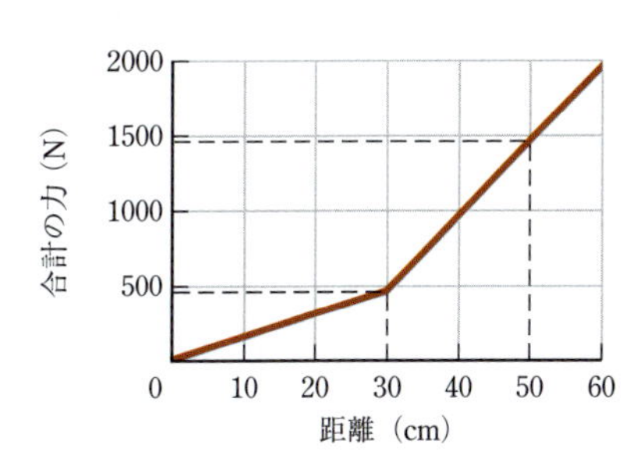

図 I・6・6

23. 自然の長さが 35.0 cm でフックの法則に従う軽い ばね がある．その一端をドアの枠に取り付け，下端に 7.50

kg の物体を吊るすと，ばね の長さは 41.5 cm になった．(a) この ばね の ばね定数を求めよ．(b) 物体と ばね を取り外す．ばね の両端を 2 人の人がそれぞれ 190 N の力で互いに逆向きに引く．このときの ばね の長さを求めよ．

6・5 運動エネルギーと仕事–運動エネルギーの定理

24. Q|C 作業員が質量 35.0 kg の荷物に大きさ F の力を水平向きに加え，木製の床の上で一定の速さで荷物を動かしている．12.0 m 動かす間に作業員がした仕事は 350 J であった．(a) F の大きさを求めよ，(b) 作業員が F 以上の力を加えるとき，荷物はどのような運動をするか，説明せよ．(c) 加える力が F より小さいと，どうなるか．

25. 質量 4.00 kg の質点が，図 I・6・4 のように位置とともに変化する力を受ける．質点は $x = 0$ に静止した状態から動き始める．次の位置における質点の速さを求めよ．(a) $x = 5.00$ m (b) $x = 10.0$ m (c) $x = 15.0$ m

26. ある電子顕微鏡には，2 枚の平行な金属板を 2.80 cm 離して置いた電子銃がある．電子ビームのおのおのの電子は，静止状態から電気力を受けて加速され，2 枚の金属板の間の距離 2.80 cm を進む間に，光速の 9.60% の速さに達する．(a) 電子がこの電子銃から出ていくときの運動エネルギーを求めよ．電子はこのエネルギーで蛍光板に到達し，蛍光板が光って試料の拡大像が表示される．電子が 2 枚の金属板の間を通過するとき，次の量を求めよ．(b) 電子に働く一定の力の大きさ，(c) 電子の加速度，(d) 電子が 2 枚の金属板の間を通過する時間．

27. 杭打機のハンマー(質量 2100 kg)が 5.00 m 落下して I 形鋼材に衝突し，鋼材は地面に 12.0 cm 打ち込まれた．エネルギーを考察することによって，ハンマーが静止するまでに鋼材がハンマーに加えた平均の力を求めよ．

28. 5.75 kg の物体が時刻 $t = 0$ に原点を通過した。その時の速度の x 成分は 5.00 m/s，y 成分は -3.00 m/s であった．(a) このときの物体の運動エネルギーを求めよ．(b) 時刻 $t = 2.00$ s には，物体は $x = 8.50$ m，$y = 5.00$ m の位置にあった．この間に物体に一定の力が働いたとして，その力を求めよ．(c) 時刻 $t = 2.00$ s における物体の速さを求めよ．

29. GP Q|C 仕事–運動エネルギーの定理は，外界が物体の運動に与える影響を表現するという点で，ニュートンの法則と並ぶ，第二の運動の法則と考えることができる．この問題では，(a), (b), (c) を (d), (e) と切り離して解くことにより，これら二つの法則を比較することができる．銃の弾丸(質量 15.0 g)が長さ 72.0 cm の銃身の中で静止状態から 780 m/s の速さに加速される．(a) 弾丸が銃身から出るときの運動エネルギーを求めよ．(b) 仕事–運動エネルギーの定理を用いて，弾丸になされた全仕事を求めよ．(c) その結果を用いて，弾丸が銃身の中にあったときに弾丸に加えられた平均の力を求めよ．(d) 弾丸を一定の力を受ける質点とみなす．質点が 72.0 cm の距離を進む間に，静止状態から速さ 780 m/s に達するまでの一定の加速度の大きさを求めよ．(e) 弾丸を合力を受ける質点とみなして，質点が加速されているときの合力を求めよ．(f) (c) と (e) の結果を比較して，得られる結論を述べよ．

6・6 系のポテンシャルエネルギー

30. 質量 0.20 kg の石を，井戸の縁から 1.3 m 上の位置から静かに井戸の中に落とす．井戸の縁から水面までの深さは 5.0 m である．石が井戸の縁の高さにあるときを基準にして，(a) 石を放す前，(b) 井戸の水面に着いたときの，石–地球系の重力ポテンシャルエネルギーを求めよ．また，(c) 石を放してから石が水面に着くまでの重力ポテンシャルエネルギーの変化を求めよ．

31. 質量 1000 kg のジェットコースターの車両が，軌道の最高位置の A 点にある．車両は 40.0° の傾斜に沿って 100 m 走り，下の位置の B 点に達する．(a) ジェットコースター–地球系の重力ポテンシャルエネルギーの基準点として B 点を選び，A 点と B 点における系のポテンシャルエネルギーを求めよ．(b) A 点を基準点として選んだときの，A 点と B 点における系のポテンシャルエネルギーを求めよ．

6・7 保存力と非保存力

32. Q|C xy 面上を動く質点に $\vec{F} = (2y\hat{i} + x^2\hat{j})$ の力が働く．ただし，$\vec{F}$ の単位はニュートンで，x と y の単位はメートルである．質点は図 I・6・7 のように，原点から最終位置 $x = 5.00$ m，$y = 5.00$ m まで動く．質点が次の経路に沿って動くとき，質点になされる仕事を求めよ．(a) 紫色で示した経路，(b) 赤色で示した経路，(c) 青色で示した経路，(d) この力は保存力か？ (e) (d) の答の理由を説明せよ．

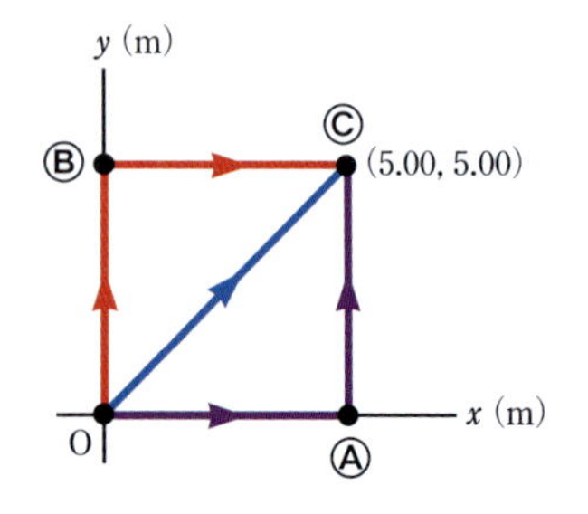

図 I・6・7 問題 32～34 で使う．

33. (a) 一定の力が物体に働くとする．この力は時間や物体の位置と速度にはよらない．力がする仕事の一般的定義，

$$W = \Delta\int_{\mathrm{i}}^{\mathrm{f}} \vec{F}\cdot \mathrm{d}\vec{r}$$

を用いて力が保存力であることを示せ．(b) 特別な場合として，図 I・6・7 の O から Ⓒ まで質点が動くとき，質点に力 $\vec{F} = (3\hat{i} + 4\hat{j})$ N が働くとする．質点が図の 3 つの経路それぞれを通って動くときに，力 $\vec{F}$ が質点にする仕事を求め，これら 3 つの経路に沿ってなされる仕事が一致することを示せ．

34. QIC 物体を図 I・6・7 の xy 面上を動かすとき，物体には一定の大きさの摩擦力 3.00 N が働くものとする．この摩擦力はいつでも，物体の動きの逆の向きに働く．物体を次のように動かすとき，そのために必要な仕事を求めよ．(a) O から Ⓐ に至る紫色で示す経路をたどり，同じ経路を逆に O まで戻る．(b) O から Ⓒ に至る紫色で示す経路をたどり，青色で示す経路をたどって O に戻る．(c) O から Ⓒ に至る青色で示す経路をたどり，同じ経路をたどって O まで戻る．(d) (a) から (c) までの答はどれもゼロではないはずである．このことは何を意味するか？

6・8 保存力とポテンシャルエネルギーの関係

35. S 距離 r だけ離れた 2 質点の系のポテンシャルエネルギーが $U(r) = A/r$ で与えられるとする．ただし，A は定数である．それぞれの質点が互いに及ぼし合う，2 質点を結ぶ方向の力 $\vec{F}_r$ を求めよ．

36. 二次元力が働く系のポテンシャルエネルギー関数が $U = 3x^3y - 7x$ であるとする．点 (x, y) において質点に働く力を求めよ．

37. **次の状況がありえないのはなぜか．** 図書館員が 1 冊の本を床から高い書架まで，20.0 J の仕事をすることによって持ち上げた．図書館員が後ろを向いたときに，その本は書架から床に落ちた．地球は，本が落ちるときに 20.0 J の仕事をした．なされた仕事は 20.0 J + 20.0 J = 40.0 J だから，本は 40.0 J の運動エネルギーで床に衝突する．

6・9 重力と電気力のポテンシャルエネルギー

38. 質量 1000 kg の物体を地表から地球の半径の 2 倍の高度まで動かすのに必要なエネルギーを求めよ．

39. 地球を回るある人工衛星は，その質量が 100 kg で高度は 2.00×10^6 m である．(a) 人工衛星-地球系のポテンシャルエネルギーを求めよ．(b) 地球が人工衛星に及ぼす重力を求めよ．(c) 人工衛星が地球に及ぼす力を求めよ．

40. 同じ質量 5.00 g をもつ 3 個の質点が，一辺 30.0 cm の正三角形の頂点に置かれている．(a) この系の内部の重力相互作用のポテンシャルエネルギーを求めよ．(b) 3 個の質点を同時に放すと，それらが衝突する位置を求めよ．

41. 地表で物体を真上に 10.0 km/s の速さで投射すると，その物体はどの高度まで上昇するか．ただし，空気の抵抗は無視する．

6・10 エネルギーグラフと系の平衡

42. 図 I・6・8 に示すポテンシャルエネルギー曲線において，(a) 図に示した 5 つの点での力 F_x は正，負，ゼロのうち，どれか．(b) 安定平衡，不安定平衡，中立平衡の点を示せ．(c) $x = 0$ から，$x = 9.5$ m までの $F_x - x$ の曲線の概形を描け．

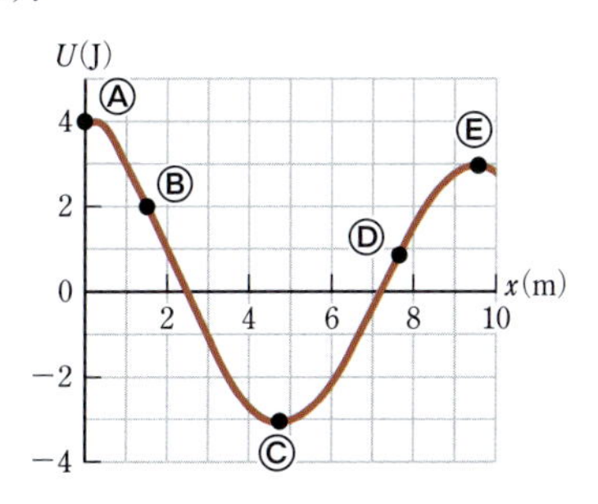

図 I・6・8

43. 理論的には，水平面上で直円錐を 3 通りの姿勢でつり合いの状態に置くことができる．これら 3 つのつり合いの状態を描き，それぞれが安定平衡，不安定平衡，中立平衡のどれであるかを示せ．

追加問題

44. S 物体がそのつり合いの位置から x だけ変位すると，復元力が働いて物体をつり合いの位置に戻そうとする．この復元力の大きさは x の複雑な関数であってよい．そのような場合には，一般に力の関数を $F(x) = -(k_1x + k_2x^2 + k_3x^3 \cdots)$ と，べき級数に展開することができる．ここで初項が表すものは，まさしくフックの法則であり，ばねのわずかな変位で生じる力を表している．つり合いの位置からの微小な変位について，一般的には高次の項を無視できるが，場合によっては，第 2 項を取り入れるのがよい．復元力を $F = -(k_1x + k_2x^2)$ とすると，物体に $-F$ の力を加えて $x = 0$ から $x = x_{\max}$ まで物体を変位させるとき，加えた力が物体にする仕事を求めよ．

45. 野球の外野手が，0.150 kg のボールを速さ 40.0 m/s，仰角 30.0° で投げた．ボールの軌道の最高点におけるボールの運動エネルギーを求めよ．

46. 図 I・6・9 のように，水平から $\theta = 20.0°$ 傾いた面の下端に，ばね定数 $k = 500$ N/m の軽い ばね を斜面に沿って取り付ける．斜面上で ばね から $d = 0.300$ m 離れた位置に，質量 $m = 2.50$ kg の物体を置く．物体をこの位置から ばね に向かって速さ $v = 0.750$ m/s で滑らせる．物体

I 力学

が最初に静止したときの，ばね の縮みの大きさを求めよ．

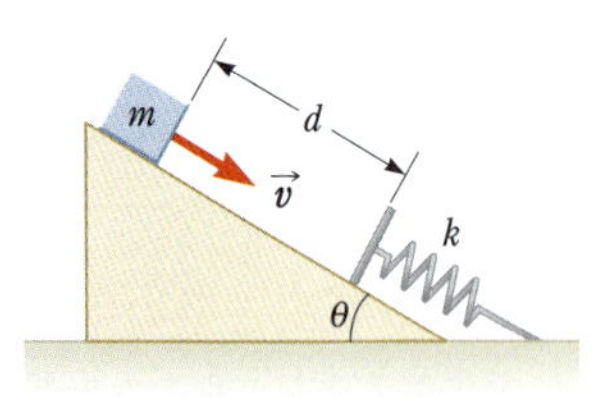

図 I・6・9

47. Q|C (a) 質点が $x=0$ にあるときのポテンシャルエネルギーを $U=5$ とする．質点に働く力が $8\mathrm{e}^{-2x}\hat{i}$ で与えられるとき，質点の位置の関数としてポテンシャルエネルギーを求めよ．(b) この力は保存力か非保存力か，理由を付して答えよ．

48. 質点系のポテンシャルエネルギーが $U(x)=-x^3+2x^2+3x$ で与えられるとする．ただし，x は系の中のある質点の位置を表す．(a) この質点に働く力 F_x を x の関数として表せ．(b) 力が 0 になる x を求めよ．(c) $U(x)-x$，および F_x-x のグラフを描き，安定平衡と不安定平衡の位置を示せ．

49. Q|C 自然長 15.5 cm のフックの法則に従う軽い ばね があり，その ばね定数は $k=4.30$ N/m である．水平に置いたばね の一端を鉛直軸に取り付け，他端は水平面上に置いた質量 m の小物体に取り付ける．小物体は摩擦のない水平面上で鉛直軸のまわりに周期 1.30 s で円運動をする．(a) ばね の伸び x と質量 m の関係式を求めよ．次の場合の x を求めよ．(b) $m=0.0700$ kg (c) $m=0.140$ kg (d) $m=0.180$ kg (e) $m=0.190$ kg (f) x と m の関係の大略を述べよ．

50. 自動車に使われる ばね では，荷重が増すとばね定数が増す．こうなるのは，コイルばね の下部ではコイルの直径が大きく，上部に向かって徐々にコイルが細くなるように作られているからである．その結果，通常の道路では大きい直径の下部のコイルによって乗り心地が柔らかくなり，段差で弾んで下部のコイルばね がいっぱいに圧縮されると，上部の固い ばね の部分が衝撃を吸収するので，車体が激しく地面に衝突することはない．このような ばね ならば，ばね が及ぼす力を経験的には $F=ax^b$ と表すことができる．ただし，x は ばね の縮みを表す．この，上部に向かって徐々にコイルが細くなっている ばね に，1000 N の負荷をかけると ばね は 12.9 cm 縮み，5000 N の負荷をかけると 31.5 cm 縮んだ．(a) F の経験式の定数 a と b を求め，(b) このばねを 25.0 cm 縮めるのに必要な仕事を求めよ．

51. Q|C 図 I・6・10 に示すように，質量 $m=5.00$ kg の物体に xy 面内で 2 つの一定の力が働く．力 $\vec{F}_1$ は，大きさ 25.0 N で x 軸と 35.0° の角度をなし，力 $\vec{F}_2$ は大きさ 42.0 N で x 軸と 150° の角をなす．時刻 $t=0$ に物体は原点にあり，その速度は $(4.00\hat{i}+2.50\hat{j})$ m/s である．(a) 2 つの力を単位ベクトルを用いて表せ．（以後，この表示を用いよ）．(b) 物体に働く合力を求めよ．(c) 物体の加速度を求めよ．次に，$t=3.00$ s のときを考え，(d) 物体の速度，(e) 物体の位置，(f) 物体の運動エネルギー，(g) $\frac{1}{2}mv_{\mathrm{i}}^2+\sum\vec{F}\cdot\Delta\vec{r}$ から物体の運動エネルギーを求めよ．(h) (f) と (g) の答を比較して何が言えるか？

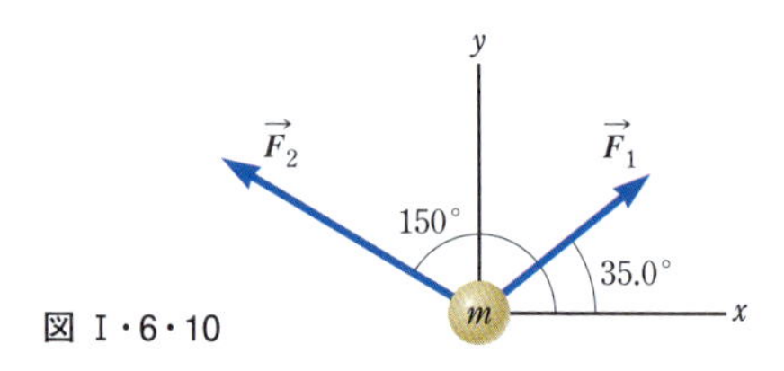

図 I・6・10

52. 水平なテーブル上で，質量 $m=1.18$ kg の質点の両側に 2 本の同等な ばね をつなぎ，それぞれの ばね の他端はテーブル上に固定する．2 本の ばね のばね定数はどちらも同じで k，両方の ばね が自然長の状態にあるとき，質点は $x=0$ の位置にあるとする．(a) 図 I・6・11 に示すように，ばね の最初の配置に直交する方向に質点を移動させる．ばね が質点に及ぼす力が，

$$\vec{F}=-2kx\left(1-\frac{L}{\sqrt{x^2+L^2}}\right)\hat{i}$$

と表されることを示せ．(b) 系のポテンシャルエネルギーが，

$$U(x)=kx^2+2kL\left(L-\sqrt{x^2+L^2}\right)$$

と表されることを示せ．(c) $U(x)-x$ のグラフを描き，すべての平衡位置を示せ．(d) 質点を 0.500 m だけ右に引いて放す．質点が $x=0$ を通過するときの速さを求めよ．

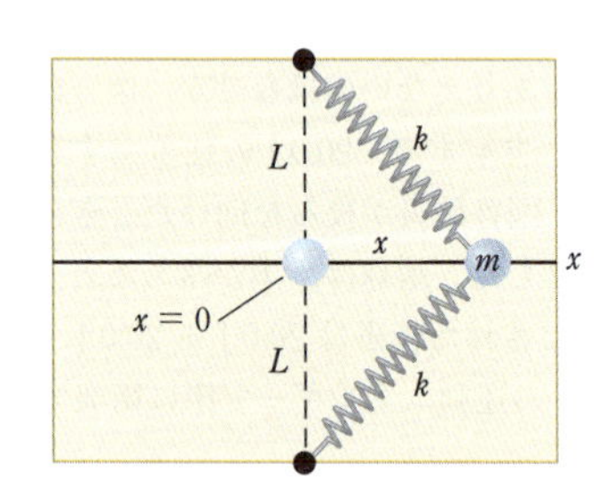

図 I・6・11 真上から見た図．

53. Q|C さまざまな負荷を ばね に加えると，ばね は表に示すようにそれぞれ異なる長さだけ伸びた．ただし，F は負荷が ばね に及ぼす力の大きさ，L は ばね の伸びである．(a) 加えた力-ばね の伸びのグラフを描け．(b) 最小二乗法によって，ばらつきのあるデータ点に最適の直線を引け．(c) (b) に答える際に，すべてのデータ点を使いただろうか，あるいはいくつかのデータ点を無視するべきだろうか？ 説明せよ．(d) 最適直線の勾配から，ばね定数 k を求めよ．(e) ばね を 105 mm 伸ばすとき，ばね が及ぼす力を求めよ．

F(N)	2.0	4.0	6.0	8.0	10	12
L(mm)	15	32	49	64	79	98

F(N)	14	16	18	20	22
L(mm)	112	126	149	175	190

54. Q|C 仕事率は7･6節によればエネルギー移動の時間的割合であるが，その単位はワット(W)であり，J/sと等価である．したがって，キロワット時(kWh)はエネルギーの単位である．熱帯において，晴天時に地表の1平方メートル当たりに降り注ぐ太陽光の仕事率は1000 W程度である．カナダ中部のマニトバでは，冬の昼間に太陽光を集光して得られる仕事率は100 W/m^{2}程度である．人の活動の多くは，単位面積当たり10^2 W/m^{2}以下の仕事率である．(a) たとえば，13.0 m × 9.50 mの床をもつ4人家族の住戸に，30日間に送電で供給される600 kWhの電気エネルギーに対して，その一家は66ドルを支払うものとする．この家族が使うエネルギーの単位面積当たりの仕事率を求めよ．(b) 幅2.10 mで長さ4.90 mの自動車が，燃焼熱が44.0 MJ/kgの燃料を用い，10 km/Lの燃費で60 km/hの速さで走るとする．1 Lのガソリンの質量は0.670 kgである．この自動車の単位面積当たりの仕事率を求めよ．(c) ふつうの自動車を走らせるうえで，太陽光エネルギーを直接使うことが現実的でない理由を述べよ．(d) もっと現実的な太陽光エネルギーの利用法を述べよ．

7 エネルギーの保存

まとめ

非孤立系(nonisolated system)は，エネルギーが境界を越えて移動するような系である．**孤立系**(isolated system)は，エネルギーが系の境界を越えることがない系である．

非孤立系では，系に蓄えている全エネルギーの変化量が，系の境界を越えて移動する全エネルギー量に等しい．これは**エネルギーの保存**(conservation of energy)を意味する．孤立系では全エネルギーは一定である．

もし，系が孤立系で，系内の物体に対して非保存力が働かないなら，系の全力学的エネルギーは一定である．

$$K_{\rm f} + U_{\rm f} = K_{\rm i} + U_{\rm i} \qquad (7\cdot10)$$

もし，系内の物体の間で摩擦のような非保存力が働くなら，力学的エネルギーは保存されない．そのような場合は，全力学的エネルギーの初めと終わりの差は，非保存力によって内部エネルギーに移されたエネルギー量に等しい．

もし，摩擦力が孤立系の内部で働くなら，系の力学的エネルギーは減少し，使うべき方程式は次のようになる．

$$\Delta E_{力学} = \Delta K + \Delta U = -f_{動} d \qquad (7\cdot16)$$

摩擦力が非孤立系の内部で働くと，使うべき方程式は次のようになる．

$$\Delta E_{力学} = -f_{動} d + \sum W_{他の力} \qquad (7\cdot17{\rm b})$$

瞬間的仕事率(instantaneous power) P は，次のように，単位時間あたりのエネルギー移動量で定義される．

$$P \equiv \frac{{\rm d}E}{{\rm d}t} \qquad (7\cdot18)$$

解法のための分析モデル

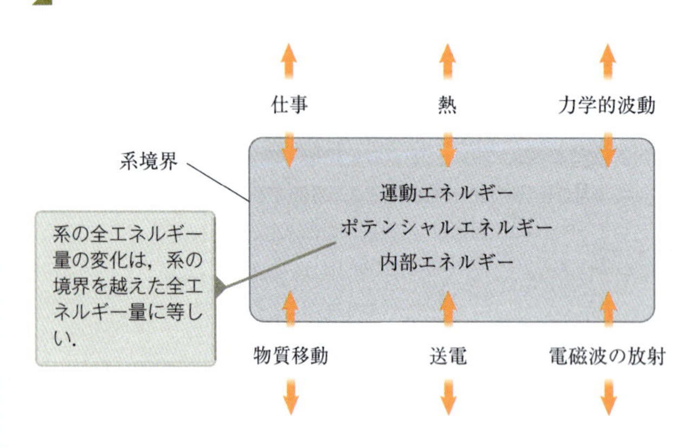

エネルギーの意味での非孤立系　非孤立系の振舞いを最も一般的に表現するものは，**エネルギー保存の方程式**である．

$$\Delta E_{系} = \sum T \qquad (7\cdot1)$$

エネルギーの貯蔵と移動を種類に分けて書けば，

$$\Delta K + \Delta U + \Delta E_{内部} = W + Q + T_{\rm MW} + T_{\rm MT} + T_{\rm ET} + T_{\rm ER} \qquad (7\cdot2)^*$$

それぞれの問題においては，問題の状況設定に応じ，不要な項を削除して少数の項だけを残す．

*　(7·2)式の各記号の意味は問題1を参照．

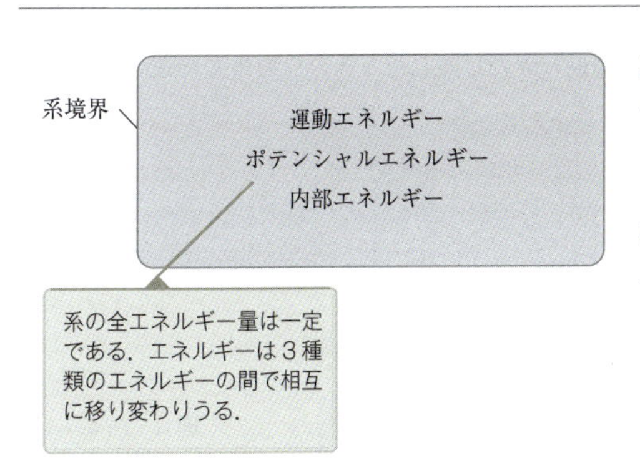

エネルギーの意味での孤立系　孤立系の全エネルギーは保存される．したがって，

$$\Delta E_{系} = 0 \qquad (7\cdot9)$$

孤立系の内部で非保存力が働かないなら，系の力学的エネルギーは保存される．したがって，

$$\Delta E_{力学} = 0 \qquad (7\cdot8)$$

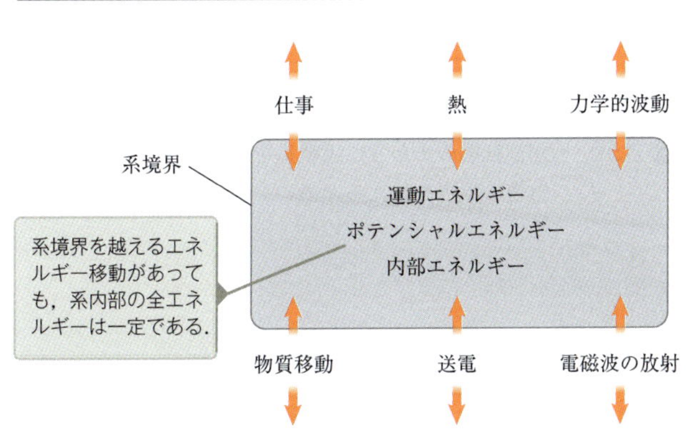

エネルギーの意味での定常状態の非孤立系　系の境界を越えてエネルギーの出入りがあり，それらがつり合っているなら，系のエネルギー変化はゼロである．

$$0 = \sum T$$

7・1　分析モデル：非孤立系のエネルギー

1. **S** ある系に関するエネルギー保存の式は次のように書ける．$\Delta K + \Delta U + \Delta E_{内部} = W + Q + T_{MW} + T_{MT} + T_{ET} + T_{ER}$．ただし，$\Delta K$は系の運動エネルギーの変化，$\Delta U$は系のポテンシャルエネルギーの変化，$\Delta E_{内部}$は系の内部エネルギーの変化，$W$は系に外部からなされる仕事，$Q$は系に熱として入るエネルギー，$T_{MW}$は系に力学的波動として入るエネルギー，$T_{MT}$は系に物質移動で入るエネルギー，$T_{ET}$は系に送電によって入るエネルギー，$T_{ER}$は系に電磁波によって入るエネルギーである．さて，質量mのボールが地面からの高さhの位置から落ちる場合を考えよう．(a) ボール–地球系に関するエネルギー保存の式を示し，それを用いてボールが地面に衝突する直前のボールの速さvを求めよ．(b) ボールだけの系に関するエネルギー保存の式を示し，それを用いてボールが地面に衝突する直前のボールの速さを求めよ．

7・2　分析モデル：孤立系のエネルギー

2. 小さな物体が図 I・7・1のようなループ軌道を摩擦なしに滑る．最初に物体を高さ$h = 3.50R$から静かに放す．

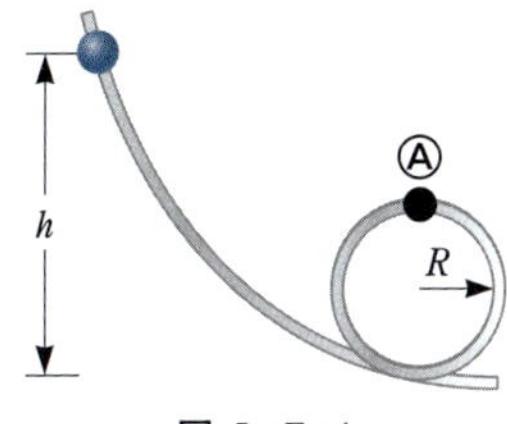

図 I・7・1

(a) A点における物体の速さを求めよ．(b) 物体の質量が5.00 gであるとき，A点で物体に働く垂直抗力を求めよ．

3. 2001年9月7日の午前11時ちょうどに，100万人以上の英国の児童たちが地震のシミュレーションを試みるために，1分間にわたって一斉に跳躍を行った．(a) 児童の身体に蓄えられたエネルギーは，ある部分は地面と身体の内部エネルギーに変わり，残りの部分は人工地震波として大地に拡散した．次の条件を仮定して，1回の跳躍ごとに児童の身体に蓄えられたエネルギーを求めよ．児童の人数は1 050 000人で平均体重は36.0 kg，12回の跳躍を続けて行い，その都度，体の質量中心は25.0 cm上がる．(b) 大地に拡散したエネルギーの大部分は急速に減衰する高周波の微小振動なので，遠方には伝わらない．全エネルギーの 0.01 % が長波長の人工地震波として拡散すると仮定する．リヒタースケールによる地震のマグニチュードは，

$$M = \frac{\log E - 4.8}{1.5}$$

で与えられる．ただし，E は地震波のエネルギーをジュールで表したものである．上の仮定に基づいて，このデモンストレーションで生じた地震のマグニチュードを求めよ．

4. 質量 0.250 kg の物体を，ばね定数 5000 N/m の鉛直に立てたばねの上に置き，物体を下向きに押して ばね を 0.100 m だけ縮める．静かに物体を放すと，物体は上向きに動いて，やがて ばね から離れる．物体を放した位置から，物体の最高の到達位置までの距離を求めよ．

5. 質量 $m = 5.00$ kg の物体が，図 I・7・2 のように，Ⓐ 点で放されて摩擦のない滑り台を滑る．次の量を求めよ．(a) Ⓑ 点と Ⓒ 点における物体の速さ，(b) 物体が Ⓐ 点から Ⓒ 点まで動くときに，重力が物体にした全仕事．

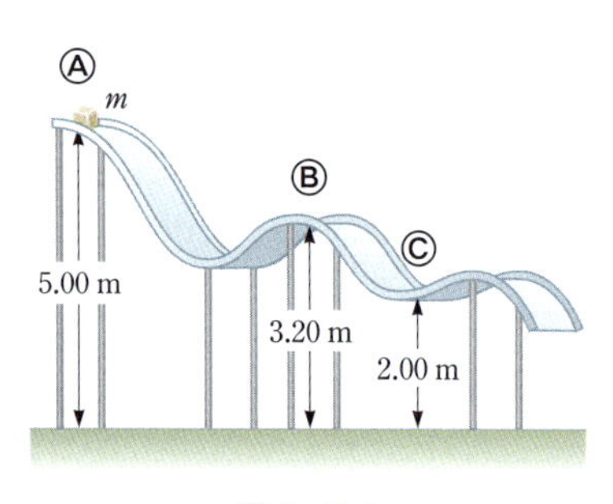

図 I・7・2

6. S 図 I・7・3 のように，2 つの物体を軽い糸で結び，軽くて摩擦のない滑車にかける．質量 m_1 の物体を，テーブルから高さ h の位置で静かに放す．孤立系のモデルを用いて，(a) m_1 がテーブルに衝突する瞬間の，質量 m_2 の物体の速さを求めよ．(b) 質量 m_2 の物体が上がる最高の高さを求めよ．

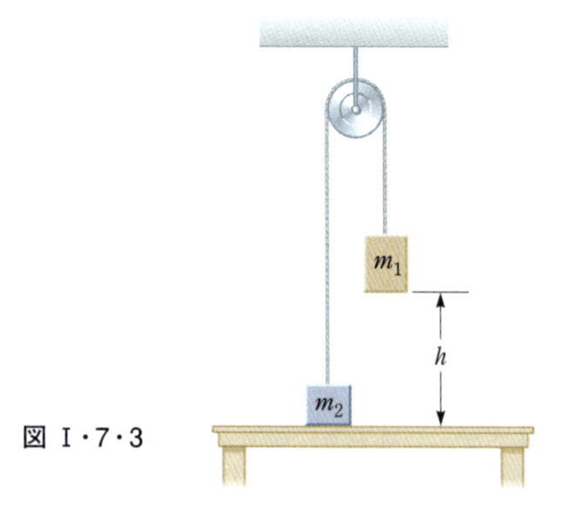

図 I・7・3

7. S 図 I・7・4 に示す系は，軽くて伸びないひも，軽くて摩擦のない滑車，および同じ質量の 2 個の物体から構成される．物体 B は滑車の一つにつながれていることに注意．最初に系は静止していて，2 個の物体は地面から同じ高さにある．次に 2 個の物体を放す．2 個の物体が鉛直方向に h だけ離れたときの，物体 A の速さを求めよ．

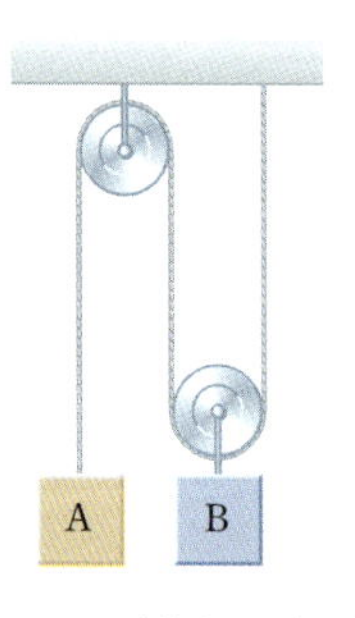

図 I・7・4

8. 長さ 77.0 cm の軽くて硬い棒がある．その一端を水平な摩擦のない回転軸に取り付ける．他端には小さくて質量の大きいボールを取り付け，全体を静かに鉛直に垂らす．ボールを打って水平方向の速度を与え，棒に付いたボールが回転軸のまわりに円軌道を描くようにする．ボールが円軌道の頂点を越えるために，最小限必要な初期の速さを求めよ．

7・4　動摩擦を含む場合

9. 質量 10.0 kg の荷物を，水平と 20.0° の角をなす粗い斜面に沿って初期の速さ 1.50 m/s で引き上げる．引く力は 100 N で斜面に平行である．動摩擦係数は 0.400 で，荷物は斜面に沿って 5.00 m 引き上げる．(a) 重力が荷物にする仕事を求めよ．(b) 摩擦によって生じる，荷物–斜面系の内部エネルギーの増加を求めよ．(c) 引き上げるための 100 N の力が荷物にする仕事を求めよ．(d) 荷物の運動エネルギーの変化を求めよ．(e) 5.00 m 引き上げたときの荷物の速さを求めよ．

10. 凍結した池に置いた質量 m のそりを蹴り，そりに初期の速さ 2.00 m/s を与えた．そりと氷との動摩擦係数は 0.100 である．エネルギーを考察して，そりが止まるまでに滑る距離を求めよ．

11. 図 I・7・5 のように，質量 $m = 2.00$ kg の物体をばね定数 $k = 500$ N/m のばねに取り付ける．物体をつり合いの位置から右に $x_i = 5.00$ cm の位置まで引いてから静かに放す．次の場合に，物体がつり合いの位置を通過するときの速さを求めよ．(a) 水平面に摩擦がないとき，および (b) 物体と水平面との動摩擦係数が $\mu_{動} = 0.350$ であるとき．

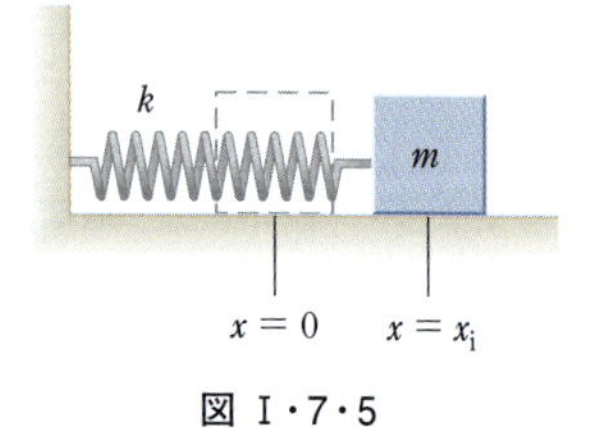

図 I・7・5

12. 粗い水平な床に静かに置いた質量 40.0 kg の箱に，130 N の力を水平向きに加えて箱を 5.00 m 動かす．箱と床との動摩擦係数は 0.300 である．次の量を求めよ．(a) 加えた力がする仕事，(b) 摩擦によって箱–床系に生じた内部エ

ネルギーの増加，(c) 箱に働く垂直抗力がした仕事．(d) 重力がした仕事，(e) 箱の運動エネルギーの変化，(f) 箱の最終の速さ．

13. 半径 0.500 m の滑らかな円環を，床に寝かせて固定する．質量 0.400 kg の質点が，円環の内側に沿って円運動をする．質点の初期の速さは 8.00 m/s である．質点が円環の内側に沿って 1 回転すると，床との摩擦により質点の速さは 6.00 m/s に落ちた．(a) 質点-円環-床系に関して，1 回転の間の摩擦によって力学的エネルギーから内部エネルギーに変化したエネルギー量を求めよ．(b) 質点が静止するまでの回転数を求めよ．ただし，摩擦力は一定とする．

7・5 非保存力による力学的エネルギーの変化

14. Q|C 時刻 t_i において質点の運動エネルギーは 30.0 J，この系のポテンシャルエネルギーは 10.0 J であった．これより後の時刻 t_f においては，質点の運動エネルギーが 18.0 J であった．(a) 保存力だけが質点に働くとして，時刻 t_f における系のポテンシャルエネルギーと全エネルギーを求めよ．(b) 時刻 t_f における系のポテンシャルエネルギーが 5.00 J であるなら，質点には何らかの非保存力が働いたか？ (c) (b)の答を説明せよ．

15. 車いすの少年(全質量 47.0 kg)が，高低差 2.60 m，全長 12.4 m の坂の上で，速さ 1.40 m/s で動いていた．坂の下では，速さは 6.20 m/s になった．空気の抵抗力と車輪の回転に対する抵抗力は，一定の摩擦力 41.0 N でモデル化できるものとする．坂を下るときに少年が車輪を回すためにした仕事を求めよ．

16. 図 I・7・6 のように，質量 5.00 kg の物体を，水平から $\theta = 30.0°$ 傾いた斜面の上方に向けて，初期の速さ $v_i = 8.00$ m/s で動かした．物体は斜面に沿って $d = 3.00$ m だけ動いて静止した．この運動について次の量を求めよ．(a) 物体の運動エネルギーの変化，(b) 物体-地球系のポテンシャルエネルギーの変化，および (c) 物体に働いた摩擦力 (一定とする)，(d) 動摩擦係数．

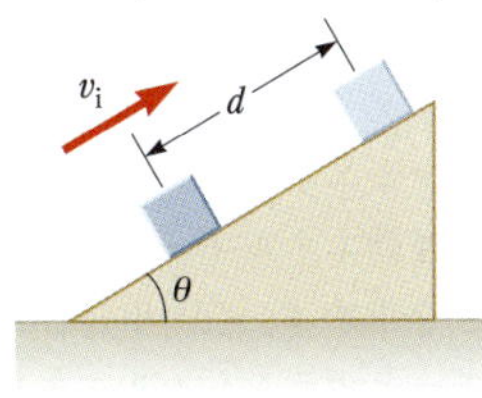

図 I・7・6

17. 図 I・7・7 に示すように，箱とボールが滑車を介して糸でつながれている．質量 $m_1 = 3.00$ kg の箱とテーブル面との動摩擦係数は $\mu_{動} = 0.400$ である．この系が静止した状態で静かに手を放す．質量 $m_2 = 5.00$ kg のボールが $h = 1.50$ m だけ落下したときの速さを求めよ．

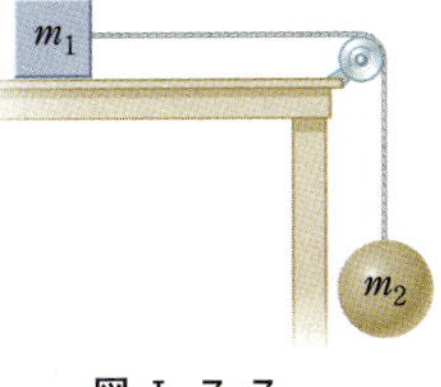

図 I・7・7

18. Q|C 体重 80.0 kg のスカイダイバーが高度 1000 m から飛び降り，高度 200 m でパラシュートを開いた．(a) スカイダイバーに働く全抵抗力は，パラシュートを開かないと 50.0 N で一定，パラシュートを開くと 3600 N であると仮定し，スカイダイバーが着地したときの速さを求めよ．(b) スカイダイバーは怪我をするだろうか？ 説明せよ．(c) スカイダイバーが着地したときの速さが 5.00 m/s であるために，パラシュートを開くべき高度を求めよ．(d) 全抵抗力が一定だとする仮定は，現実的だろうか？ 説明せよ．

19. ばね を用いて，質量 5.30 g の柔らかいゴムボールを発射するおもちゃの大砲がある．ばね の ばね定数は 8.00 N/m であり，最初に ばね を 5.00 cm 縮める．この大砲を撃つと，ボールは大砲の水平な砲身の中を 15.0 cm 進み，砲身はボールに 0.0320 N の摩擦力を及ぼす．(a) ボールが砲身を離れるときのボールの速さを求めよ．(b) ボールの速さが最大になるのはどの位置か．(c) その最大の速さを求めよ．

20. ばね定数 320 N/m で質量を無視できる ばね を鉛直に立てる．その上方 1.20 m の位置には，質量 1.50 kg の物体がある．物体を放すと ばね の上に落ちる．(a) 物体が ばね を圧縮する長さを求めよ．(b) **この場合は？** 空気による一定の抵抗力 0.700 N が物体に働くとして，(a)と同じ量を求めよ．(c) **この場合は？** 重力の加速度 $g_{月} = 1.63$ m/s^2 の月面で同じ実験を行うときの，物体が ばね を圧縮する長さを求めよ．ただし，空気による抵抗力は無視できる．

21. GP Q|C S 図 I・7・8 のように，質量 m の子どもがプールに面した滑り台を，高さ h の上端から摩擦なしに滑り下り，高さ $h/5$ の位置でプールに飛び出す．この子どもが到達する最高の高さを知りたい．(a) 子ども-地球系は孤立系か非孤立系か？ (b) この系の内部に非保存力はあるか？ (c) 子どもが水面に達したときの重力ポテンシャルエネルギーをゼロとする．子どもが滑り台の上端にいるときの系の全エネルギーを表せ．(d) 子どもが滑り台から飛び出すときの，系の全エネルギーを表せ．(e) 子どもが滑り台から飛び出し，最高点に達したときの系の全エネルギーを表せ．(f) (c)と(d)から，子どもが滑り台から飛び出すときの，初期の速さ v_i を，g と h で表せ．(g) (d)，(e)，(f)から，飛び出した後に達する最高点の高さ y_{max} を，h と飛び出し角度 θ で表せ．(h) 滑り台に摩擦があっても，今までの答は変わらないか？ 説明せよ．

図 I・7・8

I 力学

7・6 仕 事 率

22. QC ある模型電車のモーターは，電車を静止状態から 21.0 ms で 0.620 m/s の速さに加速する．電車の全質量は 875 g である．(a) 加速の間に，レールから電車への送電の仕事率の最小値を求めよ．(b) それが最小値である理由を述べよ．

23. 上空 1.75 km の高さの雨雲に，3.20×10^7 kg の水蒸気が含まれていた．同量の水を，地表からこの雲の位置まで 2.70 kW のポンプで押し上げるとき，それに要する時間を求めよ．

24. あるポンプ場では，毎日，1 890 000 リットルの汚水を鉛直方向に 5.49 m だけ汲み上げる．汚水の密度は 1050 kg/m^3 であり，ポンプには大気圧で入って大気圧で出ていき，直径の等しい配管を通る．(a) このポンプ場がする力学的仕事の仕事率を求めよ．(b) ポンプのモーターは平均仕事率 5.90 kW で連続的に動いている．その効率を求めよ．

25. 自動車が一定の速さで道路を走行するとき，エンジンの出力の大部分は空気と道路の摩擦力によって失われるエネルギーを補てんするために使われる．エンジンの出力が 175 hp(馬力)で自動車が 29 m/s の速さで走っているときの摩擦力を求めよ．ただし，1 hp = 746 W である．

26. ある電動スクーターの電池は 120 Wh のエネルギーを供給できる．エネルギー消費の 60.0 % が摩擦力とその他の損失で失われるとすると，このスクーターで丘陵地をどの高度まで登れるか．ただし，車体と乗り手を合わせた重量は 890 N である．

27. 高効率の 28.0 W の照明ランプの明るさは，100 W の白熱電球と同程度である．そのような高効率ランプの寿命は 10 000 h であり，その価格は 450 円であるが，白熱電球の寿命は 750 h で価格は 1 つあたり 40 円である．高効率ランプの寿命時間 10 000 h だけ使用するとき，同じ時間だけ白熱電球を取り換えながら使用する場合に比べて，どの程度安価で済むか．ただし，電気料金は 1 kWh あたり 20 円とする．

28. S 旧式の自動車は，時間 Δt で速さ 0 から v まで達する．新式の強力なスポーツカーは，同じ時間で速さ 0 から $2v$ まで達する．エンジンの出力はすべて自動車の運動エネルギーに変わるものとして，新旧 2 台の自動車の仕事率を比較せよ．

29. 重量 3.50 kN のピアノを，3 人の作業員がビルの屋上の滑車装置を用い，一定の速さで 25 m の高さまで持ち上げる．作業員はそれぞれ 165 W の仕事率で作業をすることができ，滑車装置の効率は 75 % である．(力学的エネルギーの 25 % は滑車の摩擦によって他の形のエネルギーに変わってしまう.)滑車の質量を無視し，このピアノを道路から 25 m の高さまで持ち上げるに要する時間を求めよ．

30. BIO エネルギーの節約のためには，自転車や徒歩は自動車よりもはるかに効率的な移動手段である．たとえば，自転車で 15 km/h で走行するとき，乗っている人が安静時よりも余分に必要とするエネルギー消費は 400 kcal/h である．ただし，1 kcal = 4186 J である．4 km/h で歩くのに必要な余分のエネルギー消費は 220 kcal/h である．これらの値を，自動車で移動するときのエネルギー消費と比較しよう．ガソリンから得られるエネルギーは 3.43×10^7 J/L である．(a) 歩行と，(b) 自転車走行のエネルギー消費を，ガソリンの燃費に換算してみよ．

31. 質量 650 kg のエレベーターが静止状態から上昇する．等加速度で 3.00 s 間上昇した後，エレベーターは一定の速さ 1.75 m/s で上昇を続ける．(a) この 3 秒間における，エレベーターのモーターの平均仕事率を求めよ．(b) この仕事率を，一定の速さに達した後の仕事率と比較せよ．

32. 鉱石を積んだ運搬車の質量は 950 kg で，レール上を走行するときの摩擦は無視できる．この鉱石運搬車が静止状態から，地表のウィンチ(ワイヤー巻き上げ機)により傾斜 30.0° の坑道を引き上げられる．最初の 12.0 s 間は一様な加速度で引かれ，速さが 2.20 m/s に達すると一定の速さで引き上げ続けられる．(a) 鉱石運搬車が一定の速さで引き上げられているとき，ウィンチのモーターがする仕事率を求めよ．(b) モーターに必要な最大の仕事率を求めよ．(c) 鉱石運搬車が坑道を 1250 m 進んだとき，それまでにモーターの仕事がもたらした全エネルギーを求めよ．

追 加 問 題

33. 図 I・7・9 に示すように，半径 $R = 30.0$ cm で摩擦のない内面をもつ半球形のボウルがある．その内面の Ⓐ 点で，質量 $m = 200$ g の小物体を静かに放す．(a) 小物体が Ⓐ 点にあるときの物体–地球系のポテンシャルエネルギーを求めよ．ただし，小物体が Ⓑ 点にあるときをポテンシャルエネルギーの基準とする．(b) Ⓑ 点における小物体の運動エネルギーを求めよ．(c) Ⓑ 点における小物体の速さを求めよ．(d) 小物体が Ⓒ 点にあるときの運動エネルギーとポテンシャルエネルギーを求めよ．

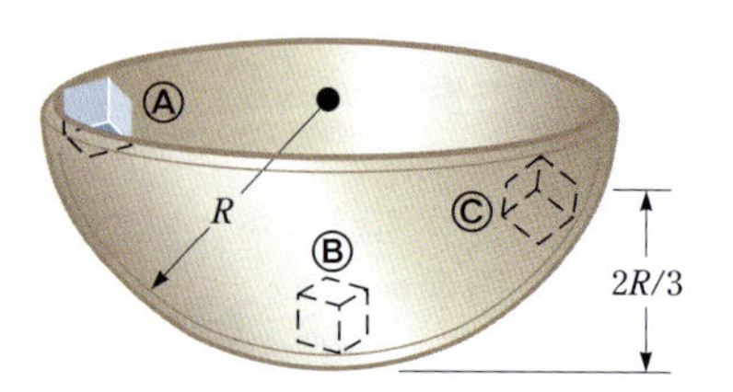

図 I・7・9

34. QC **この場合は？** 前問で，もしボウルの内面が粗い場合はどうなるだろうか？ ただし，Ⓑ 点における物体の速さが 1.50 m/s だとする．(a) Ⓑ 点における運動エネルギーを求めよ．(b) 小物体がⒶ点からⒷ点まで動く際に，力学的エネルギーが内部エネルギーに変わった．その大きさを求めよ．(c) これらの結果から，ボウルの内面の摩擦係数を簡単な方法で求められるだろうか？ (d) (c) の答を説明せよ．

35. **次の状況がありえないのはなぜか．** 独特の技をもつソフトボールのピッチャーがいる．彼女はボールを持った腕を真上に上げて止め，そこからボールが後ろ側に半円軌道を描くように，素早く腕を回転させる．腕が半円軌道の最下点に来たときにボールを放す．ボールを持った腕を回転させているときは，質量 0.180 kg のボールに 12.0 N の力を軌道に沿って加えている．ボールが軌道の最下点で手から離れたとき，その速さは 25.0 m/s であった．

36. 大胆な人が，地表から 65.0 m の高度にある気球からバンジージャンプを試みようとしている．彼はゴムのように弾性のあるロープを安全ベルトに取り付け，ジャンプして地表から 10.0 m の位置で停止したい．彼の身体を質点とみなし，ロープの質量は無視し，またロープはフックの法則に従うとする．最初にテストとして，5.00 m のロープに彼が静かにぶら下がると，ロープは 1.50 m 伸びた．彼は，ある長さのロープを用い，上空で静止している気球から静かに飛び降りる．(a) 使用すべきロープの長さを求めよ．(b) 彼が受ける最大の加速度を求めよ．

37. **S** 図 I・7・10 のように，摩擦のない滑り台を子どもが静止状態から滑り降りる．滑り台の下部は地面から h の高さにある．子どもは滑り台の下部から水平に飛び出し，図のように d だけ離れた位置に落ちた．エネルギーを考察することにより，最初の高さ H を h と d を用いて表せ．

図 I・7・10

38. 質量 4.00 kg の質点が，x 軸に沿って時間 t とともに $x = t + 2.0t^3$ のように動く．ただし，x はメートルで，t は秒で表す．次の量を求めよ．(a) 時刻 t における質点の運動エネルギー，(b) 時刻 t における質点の加速度と質点に働く力．(c) 時刻 t に質点に与えられる仕事率，(d) $t = 0$ から $t = 2.00$ までに質点になされる仕事．

39. **S** ジョナサンが自転車に乗って高さ h の丘にさしかかった．丘のふもとでの速さは v_i であり，丘の頂上に着いたときには，速さは v_f であった．ジョナサンと自転車を合わせた質量は m である．自転車の機械部分の摩擦と，タイヤと道路の摩擦は無視する．(a) 丘を登り始めたときから頂上に着くまでの間に，ジョナサンと自転車の系に外界からなされた仕事を求めよ．(b) この間の，ジョナサンの身体の内部エネルギーの変化を求めよ．(c) ジョナサンが，ジョナサン－自転車－地球系の内部で自転車のペダルにした仕事を求めよ．

40. **QC** ばね定数 $k = 850$ N/m のばねが水平な台に置かれ，その一端は壁に固定されている．図 I・7・11 のように，ばねの他端には質量 $m = 1.00$ kg の物体が付けられている．物体をつり合いの位置から $x_i = 6.00$ cm の位置まで引っ張って静かに放した．(a) 物体がつり合いの位置から 6.00 cm の位置にあるときと，つり合いの位置を通過するときの，ばねに蓄えられている弾性ポテンシャルエネルギーを求めよ．(b) 物体がつり合いの位置を通過するときの速さを求めよ．(c) 物体が位置 $x_i/2 = 3.00$ cm を通過するときの速さを求めよ．(d) (c) の答はなぜ (b) の答の半分ではないのか．

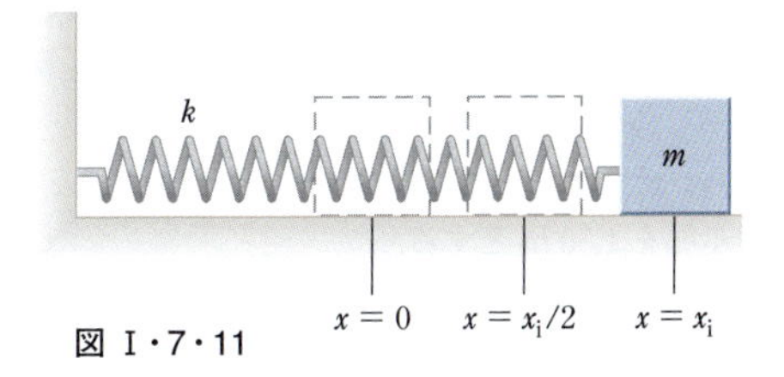

図 I・7・11

41. **次の状況がありえないのはなぜか．** 新型のジェットコースターは非常に安全で，乗客はシートベルトや安全バーなどの安全具を必要としないほどだと言われている．コースターの軌道には鉛直に立ち上がった円環部分がある．コースターはその内周を走るので，短時間の間，乗客は逆さまになる．円環部分の内周の半径は 12.0 m で，コースターはその最下部に 22.0 m/s の速さで進入する．なお，考察に当たっては，コースターの走行の際の摩擦は無視し，コースターを質点とみなしてよい．

42. **S** 図 I・7・12a のように，長さ L の一様な板が滑らかで摩擦のない水平面上を滑っている．やがて板は滑らかな面と粗い面との境界を越えて粗い水平面に入った．板と粗い水平面との動摩擦係数を $\mu_{動}$ とする．(a) 板の前端が境界から距離 x の位置に進んだときの板の加速度を求めよ．(b) 図 I・7・12b のように，板の後端が境界に達したときに板が静止した．板の初期の速さ v を求めよ．

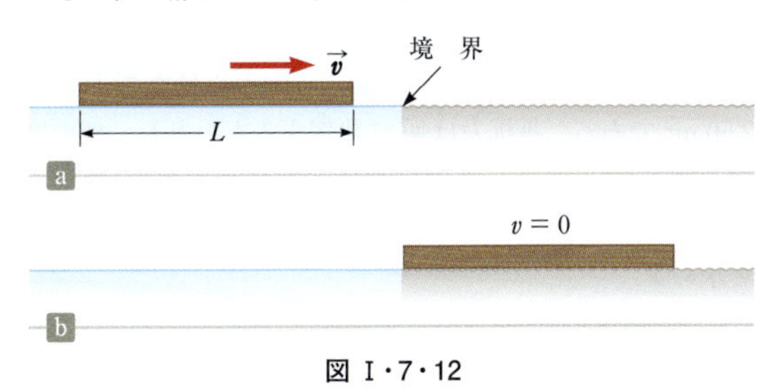

図 I・7・12

43. QC S 自動車が走るときの空気の抵抗力を次のように考えてみよう．図 I・7・13 のように，自動車を断面積 A の円柱とみなし，これが動くとその前面にある空気が押される．最初に静止していた空気は，一定の速さ v で動き始める．時間 Δt の間には，質量 Δm の新たな空気の塊が距離 $v\Delta t$ だけ動き，運動エネルギー $\frac{1}{2}(\Delta m)v^2$ が与えられる．このように考えて，空気抵抗による自動車のエネルギー損失の率が $\frac{1}{2}\rho Av^3$ であること，および自動車に働く抵抗力が $\frac{1}{2}\rho Av^2$ であることを示せ．ただし，ρ は空気の密度である．また，空気の抵抗力を表す経験式は $\frac{1}{2}D\rho Av^2$（D はある定数．I 巻(5・7)式参照）であるが，ここで得た結果とこの経験式を比較してみよ．

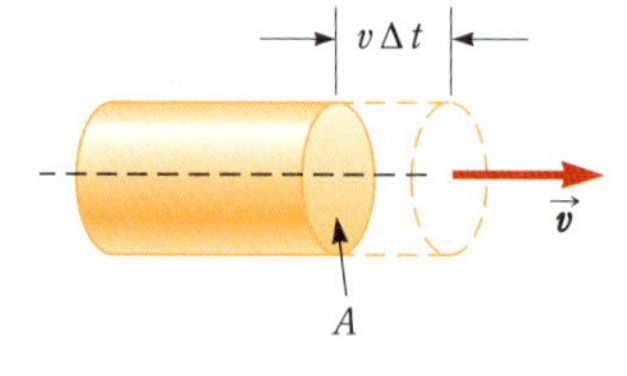

図 I・7・13

44. BIO 人が走るとき，体内の化学エネルギーを力学的エネルギーに変換する．その大きさは，身体の質量 1 kg，ランニングの 1 歩あたり約 0.600 J である．もし質量 60.0 kg の人が，レース中に 70.0 W の割合でエネルギーを変換するなら，その人の速さはどれほどか？ ただし，ランニングの歩幅を 1.50 m とする．

45. BIO 人が階段を上るときの，仕事率の大きさの概数を見積もってみよ．答えるにあたって，用いた値の根拠（見つけたデータ，実測か推測による値，など）を述べよ．また，その概数はピーク値か，または持続可能な値か？

46. QC 問題 41 のジェットコースターを考える．コースターと直線部分の軌道との摩擦により，コースターが円軌道に入るときの初期の速さが，22.0 m/s ではなく 15.0 m/s となった．この場合，問題 41 の場合に比べて危険性は増すか，減るか？

47. いたずらで，カボチャを穀物サイロの上端にうまく載せた．サイロの上部は半球を伏せた形のドームになっており，ぬれていると表面の摩擦を無視できる．ドームの半球の中心とカボチャを結ぶ線分は鉛直である．雨の夜中にサイロの近くに立っていると，そよ風が吹いてカボチャが静止状態からドームの表面を滑り落ち始めた．ドームの半球の中心とカボチャを結ぶ線分が鉛直方向とある角 θ をなしたとき，カボチャはドームの表面から離れた．その角 θ を求めよ．

48. 質量 1500 kg の自動車がある．車体の形に依存する抵抗係数（問 43 参照）は $D = 0.330$，正面から見た断面積は $2.50\ \mathrm{m^2}$ である．抵抗力は v^2 に比例するものとし，他の摩擦を無視するとき，この自動車が傾斜角 3.20° の坂道を 100 km/h の一定の速さで登り続けるために必要な仕事率を求めよ．

49. 図 I・7・14a のように，質量 1.00 kg の物体が動摩擦係数 0.250 の面を右向きに滑る．物体が ばね定数 50.0 N/m の軽い ばね に接触する瞬間の速さは $v_i = 3.00$ m/s である（図 I・7・14b）．ばね が長さ d だけ縮んだ位置で，物体は静止した（図 I・7・14c）．次いで，物体は ばね によって左向きに押され，ばね が自然長に戻る位置を越えて左に動き続ける（図 I・7・14d）．最後に，物体は ばね の自然長の位置から左に距離 D の位置で静止した（図 I・7・14e）．次の量を求めよ．(a) ばね の最大の縮み d，(b) 物体が ばね の自然長の位置で左向きに動いているときの速さ（図 I・7・14d），(c) 物体が静止したときの，ばね の自然長の位置から左への距離 D．

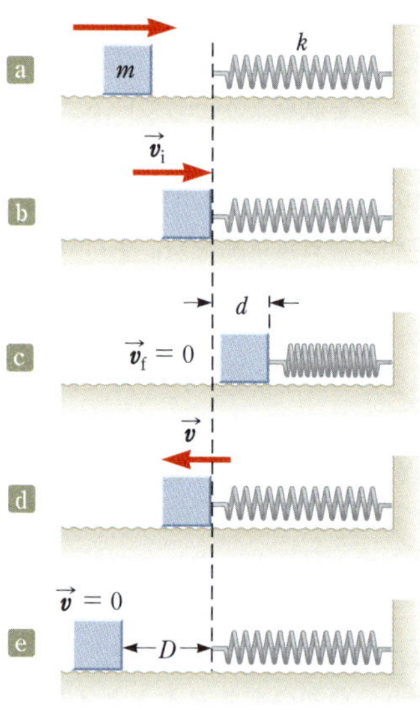

図 I・7・14

50. 子どもの遊具のポゴスティック*（図 I・7・15）では，ばね定数 2.50×10^4 N/m の ばね がエネルギーを蓄えることができる．Ⓐ では（$x_Ⓐ = -0.100$ m）ばね の縮みは最大で，子どもは瞬間的に静止している．Ⓑ では（$x_Ⓑ = 0$）ばね は自然の長さになり，子どもは上向きに動いている．Ⓒ では，子どもは再び瞬間的に最高点で静止している．子どもとポゴスティックを合わせた質量は 25.0 kg である．バランスをとるために子どもは前傾姿勢を取らねばならないが，前傾の角は小さいので，ポゴスティックの主軸は鉛直だとしよう．さらに，子どもはひざを曲げることはないとする．(a) $x = 0$ の位置を，重力

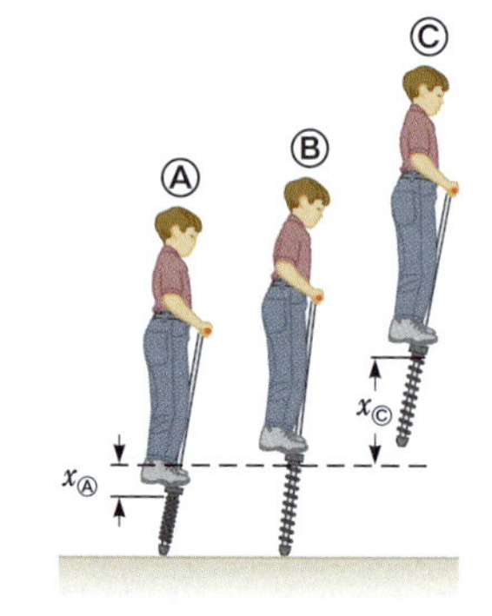

図 I・7・15

＊ 日本ではホッピング，スカイホッピーなどの商品名で販売されたことがある．

とばねの弾性エネルギーのゼロ点として，子ども－遊具－地球系の全力学的エネルギーを求めよ．(b) $x_{Ⓒ}$ を求めよ．(c) $x = 0$ のときの子どもの速さを求めよ．(d) 運動エネルギーが最大になるときの x を求めよ．(e) 子どもの上向きの最大の速さを求めよ．

51. S 質量 M の物体をテーブルに置く．その上にばね定数 k の軽いばねを鉛直に立て，ばねの下端を物体に固定する．ばねの上端には質量 m の物体を取り付け，ばねが鉛直になるように全体を静止させる．上側の物体に下向きの力 $3mg$ を加えると，ばねの自然長からの縮みは $4mg/k$ となる．この状態で上側の物体を静かに放せば，ばねが伸びて下側の物体もテーブルから離れることがある．これが起こるための M の最大値を，m を用いて表せ．

52. 質量 10.0 kg の物体を，図 I・7・16 の Ⓐ 点で静かに放す．Ⓑ 点と Ⓒ 点の間の長さ 6.00 m の区間を除いて，物体が滑る進路には摩擦がない．物体は最初の斜面を滑り降り，ばね定数 2250 N/m のばねを 0.300 m 押し縮め，一瞬静止する．Ⓑ 点と Ⓒ 点の間の摩擦のある進路と物体との間の動摩擦係数を求めよ．

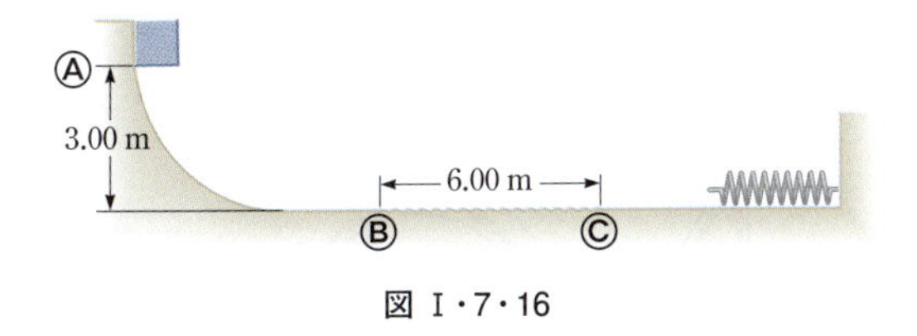

図 I・7・16

53. QC 質量 1.50×10^4 kg のジェット飛行機が，初期の速さ 60.0 m/s で水平飛行をしている．空気による抵抗力は 4.0×10^4 N である．ニュートンの第三法則により，エンジンが噴射ガスをエンジンの後部から噴出させると，噴射ガスはエンジンに飛行機の進行方向の向きの力を加える．この力を推力といい，今の場合の推力は 7.50×10^4 N である．(a) ある時間のうちに噴射ガスが飛行機にする仕事は，飛行機の運動エネルギーの変化に等しいか？ 説明せよ．(b) 飛行機が，初期状態から 5.0×10^2 m だけ飛行したときの飛行機の速さを求めよ．

54. S 一端を固定したひもの他端にボールを付け，鉛直面内でボールに円運動をさせる．ボール－地球系の全エネルギーが保存するとし，ボールが最低位置にあるときのひもの張力は，ボールが最高位置にあるときより，ボールに働く重力の 6 倍だけ大きいことを示せ．

55. 1887 年にコネチカット州ブリッジポートの C.J. Belknap は，図 I・7・17 に示すようなウォータースライダー(滑り台)を作った．人が小さなそりに乗り，最上点(Ⓐ 点)で初期の速さ 2.50 m/s で滑り始める．人とそりを合わせた質量は 80.0 kg である．滑り台の高さは 9.76 m，長さは 54.3 m であり，長さ方向に沿って 725 個の小さな車を取り付けてあるので，摩擦は無視できるように作られている．滑り台の最下点(Ⓒ 点)では滑り台が水平になっており，そこを通過すると，そりは小石の水切りのように跳躍と滑りを繰返しながら，水面を 50 m 前方まで到達する．ついに静止すると，人はそりを引きながら岸まで泳ぐ．(a) Ⓒ 点における人とそりの速さを求めよ．(b) 水の摩擦力を質点に働く減衰力とみなし，水がそりに及ぼす摩擦力を求めよ．(c) Ⓑ 点で滑り台がそりに及ぼす力を求めよ．(d) Ⓒ 点で滑り台は曲げられて最後は水平になっている．曲げの半径を 20.0 m とする．Ⓒ 点で滑り台がそりに及ぼす力を求めよ．

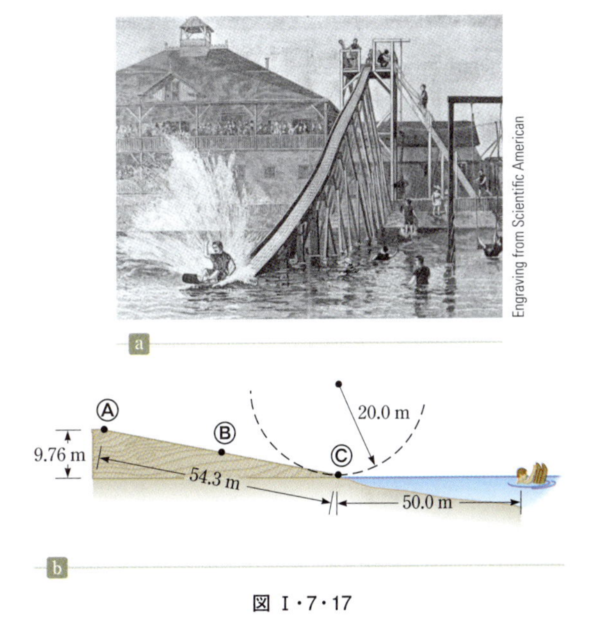

図 I・7・17

56. QC 質量 0.500 kg の物体を，水平に置いたばね定数 450 N/m の軽いばねに押し付け，ばねを x だけ押し縮めた(図 I・7・18)．物体を放すと物体は摩擦のない水平面上を進み，鉛直に立てた円軌道の最下点の Ⓐ 点に達して，そこから半径 $R = 1.00$ m の円軌道を上った．Ⓐ 点における物体の速さは $v_{Ⓐ} = 12.0$ m/s であり，物体が軌道を上るときは平均として 7.00 N の摩擦力を受ける．(a) x を求めよ．(b) 物体が円軌道の最高点まで上るとすれば，そこにおける速さはいくらか．(c) 物体は実際に円軌道の最高点まで上るだろうか，あるいは，そこに達する前に落下するだろうか？

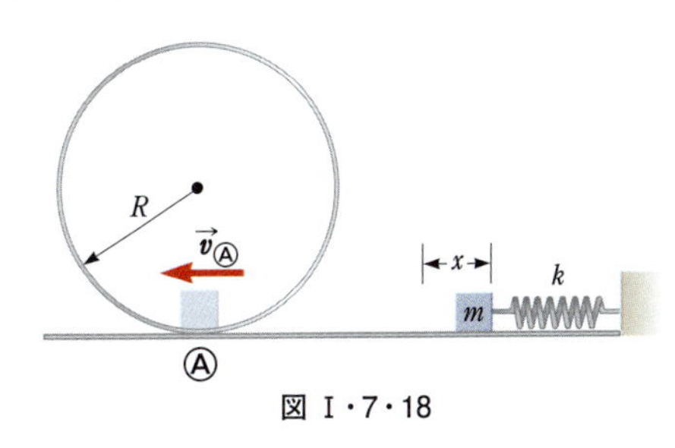

図 I・7・18

I 力学

57. **S** 長さ L の軽い糸に小球を付けた振り子が，鉛直面内で振れる．振り子の支点から下に d の位置に留め釘があり，振り子が振れると糸はそれに当たる(図 I・7・19)．(a) 小球を留め釘の高さより低い位置で放すと，糸が留め釘に当たってから，小球は元の高さにまで達することを示せ．(b) 振り子を水平($\theta = 90°$)にしてから小球を静かに放し，糸が留め釘に当たったのちに，小球が留め釘のまわりに完全な円軌道を描けるようにする．そのための d の最小値は $3L/5$ であることを示せ．

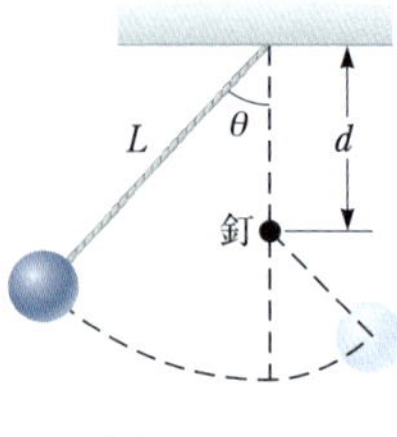

図 I・7・19

58. 質量 50.0 kg のジェーンは，ターザンを危機から救うために，人食いワニがいる川(幅 D)を越える必要がある．彼女は長さ L の木のつるにぶら下がり，鉛直から角度 θ の初期位置から，向かい風による一定の力 $\vec{F}$ を受けながら川を越える(図 I・7・20)．$D = 50.0$ m，$F = 110$ N，$L = 40.0$ m，$\theta = 50.0°$ とする．(a) ジェーンが川をちょうど越えられるための，最小の初期の速さを求めよ．(b) 救助が成功すれば，ターザンとジェーンは同じ木のつるにぶら下がって川を越えて戻らなければならない．そのための，彼らの最小の初期の速さを求めよ．ただし，ターザンの質量を 80.0 kg とする．

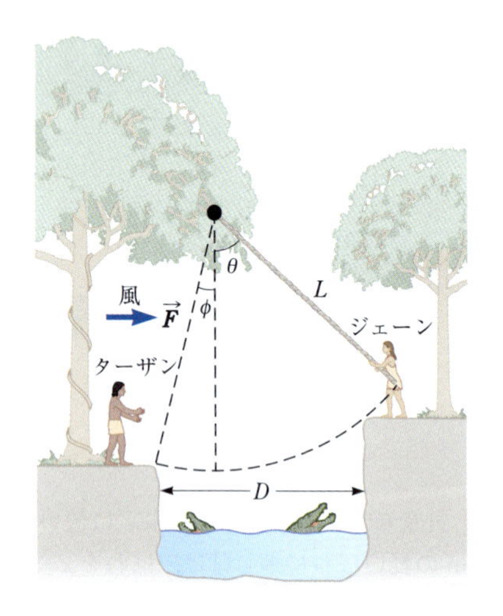

図 I・7・20

59. **S** 図 I・7・21 のように，ジェットコースターのカートを高さ h で静止状態から放し，自由に走らせる．ただし，摩擦は無視できるとする．軌道には鉛直面内で半径 R の円を描くループがある．(a) まず，カートがかろうじてループを周回するとする．このとき，ループの頂点では乗り手は逆さまになり体重を感じない．こうなるために必要な，最初の高さ h を R を用いて表せ．(b) 次に，最初の高さが (a) で求めた高さ以上であるとする．ループの最下点においてカートに働く垂直抗力は，ループの頂点において働く垂直抗力より，カートの重さの 6 倍だけ大きいことを示せ．なお，カートに乗った人に対しても，同様の垂直抗力が働くので，このように大きい垂直抗力は快適ではなく，危険でもある．したがって，実際のジェットコースターのループは円軌道ではなく，下部で曲率半径の大きい緩やかなループになるように作られている．

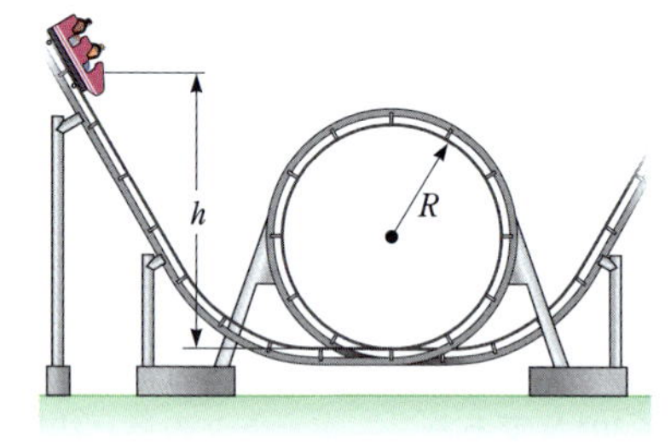

図 I・7・21

60. ある自動車のエンジンは，2.24×10^4 W(30.0 hp)の出力で一定の速度 27.0 m/s(約 100 km/h)で走行する．この速度において，この自動車に働く抵抗力を求めよ．

8 運動量と衝突

まとめ

質量 m，速度 $\vec{v}$ の物体の運動量は，

$$\vec{p} \equiv m\vec{v} \qquad (8\cdot2)$$

合力 $\sum\vec{F}$ によって質点に与えられる**力積**(impulse)は，力の時間積分に等しい．

$$\vec{I} = \int_{t_i}^{t_f} \sum\vec{F}\,\mathrm{d}t \qquad (8\cdot10)$$

2つの物体が衝突するとき，衝突前の孤立系の全運動量は，衝突の性質によらず，いつでも衝突後の全運動量に等しい．**非弾性衝突**(inelastic collision)は運動エネルギーが保存されない衝突である．**完全非弾性衝突**(perfectly inelastic collision)は，衝突する物体が衝突後に一体となる衝突である．**弾性衝突**(elastic collision)は，運動量と運動エネルギーの両方が保存される衝突である．

二次元，三次元の衝突では，運動量の各方向成分がそれぞれ独立に保存される．

質点系の質量中心の位置ベクトルは次のように定義される．

$$\vec{r}_{中心} = \frac{\sum_i m_i\vec{r}_i}{M} \qquad (8\cdot32)$$

ここで，M は系の全質量，$\vec{r}_i$ は i 番目の質点の位置ベクトルである．

質点系の質量中心の速度は，

$$\vec{v}_{中心} = \frac{1}{M}\sum_i m_i\vec{v}_i \qquad (8\cdot36)$$

質点系の全運動量は，全質量と質量中心の速度の積に等しい．つまり，$\vec{p}_{全} = M\vec{v}_{中心}$ である．

質点系に適用したニュートンの第二法則は，

$$\sum\vec{F}_{外部} = M\vec{a}_{中心} = \frac{\mathrm{d}\vec{p}_{全}}{\mathrm{d}t} \qquad (8\cdot40)$$

ここで，$\vec{a}_{中心}$ は質量中心の加速度であり，和はすべての外力について行う．したがって，質量中心は，系に働く外力のもとで，質量 M の仮想的な質点であるかのように運動する．

解法のための分析モデル

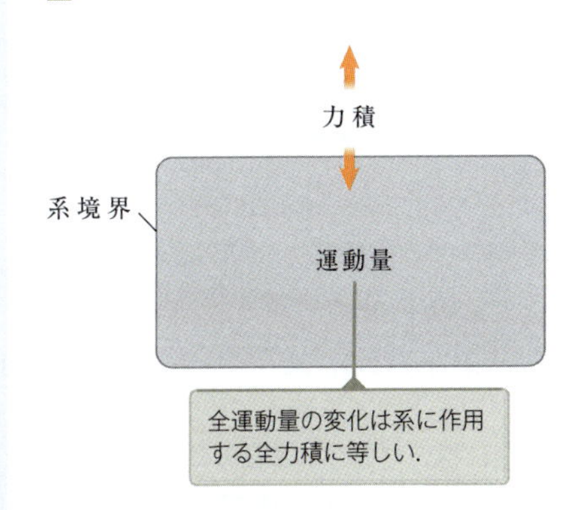

非孤立系の運動量　もし系が，系に働く外力という意味で外界と相互作用をするなら，系の振舞いは **力積–運動量の定理** で記述される．

$$\Delta\vec{p}_{全} = \vec{I} \qquad (8\cdot11)$$

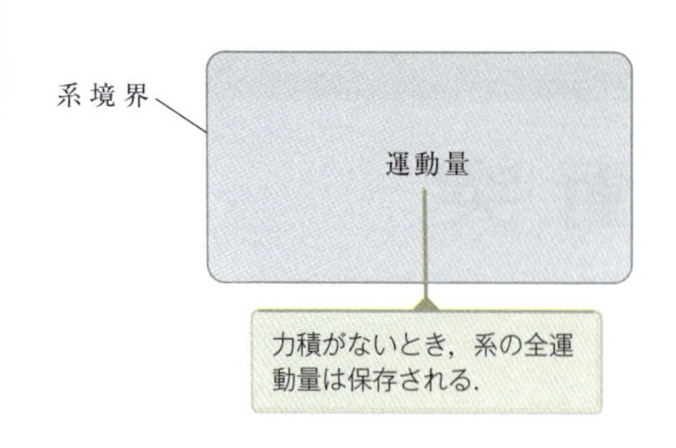

孤立系の運動量 **運動量保存則**によれば，(外力のない)孤立系の全運動量は，系の構成要素間に働く力の性質によらず，いつでも保存される．

$$\vec{p}_{全} = M\vec{v}_{中心} = 一定 \quad \left(\sum \vec{F}_{外部} = 0 のとき\right) \tag{8·42}$$

2 質点系では，この原理は次のように表現できる．

$$\vec{p}_{1i} + \vec{p}_{2i} = \vec{p}_{1f} + \vec{p}_{2f} \tag{8·6}$$

系は運動量の点では孤立していても，非弾性衝突の場合のように，力学的エネルギーは保存されないことがある．

8・1 運 動 量

8・2 分析モデル：孤立系の運動量

1. **BIO** 循環器学と運動生理学の研究では，人の心臓が 1 回の拍動で送り出す血液の量を知ることが重要になる．この情報は，心弾動計を用いて得ることができる．この装置は次のように作動する．被験者は水平な台に横たわるが，その台は厚さが薄い空気層の上に浮かんでいるので，台の動きに対する摩擦は無視できる．最初，系の運動量はゼロである．心臓が脈打つと，質量 m の血液が速さ v で大動脈に送り出され，その反動で血液以外の被験者の身体と台は逆向きに速さ V で動き出す．血流の速さは，たとえば超音波のドップラーシフトを測定して，別途測定することができる．典型例として，血流の速さが 50.0 cm/s だとしよう．被験者と台を合わせた質量は 54.0 kg だとする．1 回の拍動の 0.160 s の後に，台は 6.00×10^{-5} m だけ動いた．1 回の拍動で心臓から送り出された血液の質量を求めよ．ただし，その質量は人の全質量に比べて無視できるくらい小さいとする．

2. 質量 3 kg の質点が，速度 $(3.00\hat{i} - 4.00\hat{j})$ m/s で動く．(a) この質点の運動量の x 成分と y 成分を求めよ．(b) この質点の運動量の大きさと向きを求めよ．

3. 人が全力で垂直跳びをするとき，それによる地球の反跳の速さのオーダーを見積もれ．ただし，地球を完全な剛体とみなす．また，用いた物理量が，何らかのデータであるか，測定または推定した値であるかを明示せよ．

4. **S** 質量 m の少女が質量 M の厚板の上に立っている．最初は少女と厚板は凍った湖の氷の上で静止しており，氷の面は摩擦のない平面である．少女が厚板の上を，右向きに一定の速度 $v_{少女-板}$ で歩き始める．(添え字の "少女−板" は，厚板に対する少女の速度を示す．) (a) 氷の面に対する厚板の速度 $v_{板-氷}$ を求めよ．(b) 氷の面に対する少女の速度 $v_{少女-氷}$ を求めよ．

5. **QC** 質量 m と $3m$ の 2 個の物体を摩擦のない水平面に置く．重い方の物体には軽いばねが取り付けられている．図 I・8・1 のように，2 個の物体を押し付けてばねを圧縮し，ひもで固定する．ひもを焼切ると，質量 m の物体が ばね から離れた後に，質量 $3m$ の物体は右向きに速さ 2.00 m/s で動いた．

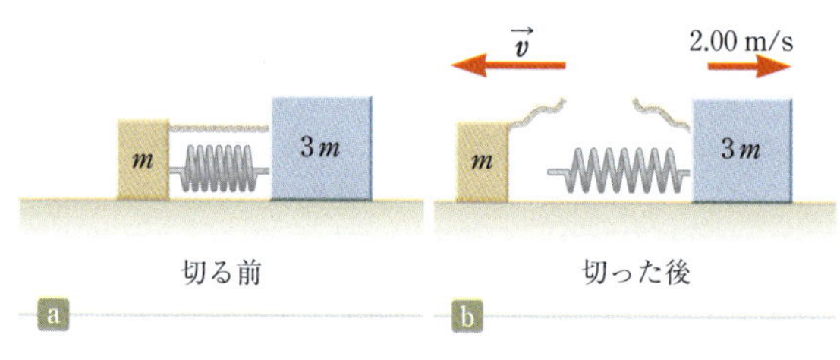

図 I・8・1

(a) 質量 m の物体の速さを求めよ．(b) $m = 0.350$ kg として，この系の初期の弾性ポテンシャルエネルギーを求めよ．(c) 初期のエネルギーは ばね と ひも のどちらに存在していたのか？ (d) その理由を述べよ．(e) 系の運動量は ひも を焼切って 2 物体が離れていく過程で保存されるか？ (f) 焼切る前には系に大きい力が働いていたことを考えて，(e)の結果を説明せよ．(g) 焼切る前には系には運動がなく，焼切った後には運動が生じることを考えて，(e)の結果を説明せよ．

8・3 分析モデル：非孤立系の運動量

6. **QC** ある人が言うには，乗っている自動車が正面衝突しても自分がシートベルトを締めていれば，質量 12.0 kg の子どもを安全に抱いていられるとのことであった．2 台の同じ型の自動車が時速 80 km/h で正面衝突するとし，一方の自動車にその人が乗っている場合を考えよう．その人が乗っている自動車が衝突して 0.10 s のうちに停止するものとする．(a) 子どもを抱えているために必要な力を求めよ．(b) (a)の答によれば，その人が言うことは正しいか？(c) この問題を考察した結果，シートベルトやチャイルドシートのような適切な安全装置の取り付けを求める法律について，何が言えるか？

7. 図 I・8・2 に示すように，質量 3.00 kg の鋼鉄のボールが，壁面と $\theta = 60.0°$ をなす向きから速さ 10.0 m/s で壁に衝突する．衝突後には同じ角度と同じ速さで壁から跳ね返る．このボールが壁に 0.200 s の間だけ接触するとして，壁がボールに及ぼす平均の力を求めよ．

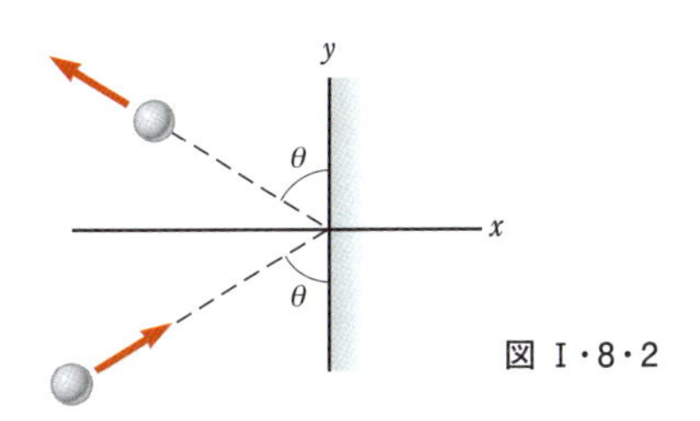

図 I・8・2

8. テニスプレーヤーが，水平に 50.0 m/s の速さで飛んできた質量 0.0600 kg のボールを打ち返し，ボールは水平に 40.0 m/s の速さで飛んでいった．(a) ラケットがボールに与えた力積を求めよ．(b) ラケットがボールにした仕事を求めよ．

9. 野球のバットがボールに与える力と時間の関係は，図 I・8・3 のようになると考えられる．このグラフから，次の量を求めよ．(a) ボールに与えられる力積，(b) ボールに与えられる平均の力．

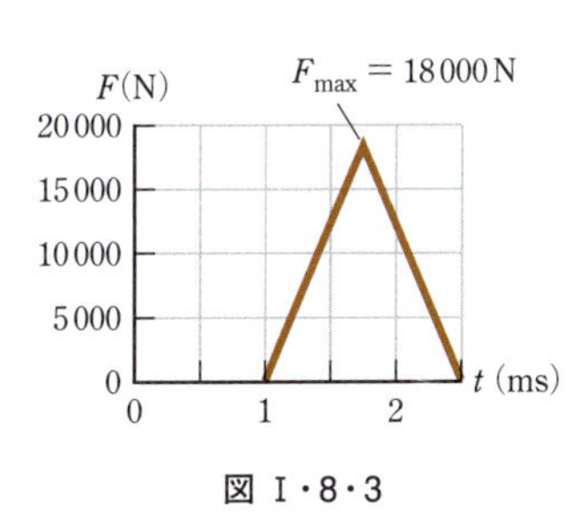

図 I・8・3

10. QC S エアトラックの上を自由に滑ることができる質量 m の滑走体がある．この滑走体をエアトラックの端にある発射機に押し付ける．発射機はばね定数 k の軽いばねで，そのばねが x だけ押し縮められたとする．滑走体を静かに放す．(a) 滑走体の速さは $v = x(k/m)^{1/2}$ であることを示せ．(b) 滑走体に与えられた力積の大きさは $I = x(km)^{1/2}$ であることを示せ．(c) 滑走体の質量を変えると，滑走体になされる仕事が変わるか？

11. 図 I・8・4 のように，ホースを使って庭に水をまく．水を水平向きに吹き出しているとき，水の運動によってホースのノズルには水流と逆向きの力が働く．この力につり合ってノズルを保持するために必要な水平方向の力を求めよ．ただし，水流の速さは一定で 25.0 m/s，流量は 0.600 kg/s である．

図 I・8・4

12. ソフトボールでピッチャーがスローボールを投げ，質量 0.200 kg のボールがホームベース上を 15.0 m/s の速さで水平から下向きに 45.0° の角度で通過した．バッターがこれを正面，つまりセンター方向に向けて打ち返し，ボールは 40.0 m/s の速さで水平から上向きに 30° の角度で飛び出した．(a) ボールに与えた力積を求めよ．(b) ボールに加えた力が最初の 4.00 ms の間は時間に比例して増大し，その後 20.0 ms の間は一定に保たれ，最後の 4.00 ms の間は時間に比例してゼロになるとするとき，ボールに加えた最大の力を求めよ．

8・4　一次元での衝突

13. 1 両の質量が 2.50×10^4 kg の鉄道車両がある．これを 3 両連結した列車が 2.00 m/s の速さで動いている．その後方から，1 両だけの車両が 4.00 ms/ の速さで動いていき，前方の 3 両連結の列車に衝突して連結された．(a) 連結後の 4 両の列車の速さを求めよ．(b) 衝突で失われた力学的エネルギーを求めよ．

14. 4 両連結の鉄道車両が，南に向かって線路をゆっくり動いている．1 両の質量はそれぞれ 2.50×10^4 kg である．2 両目に乗っている屈強で愚かな俳優が，1 両目だけを切り離して前方に向けて強く押した．その結果，1 両目の車両の南への速さが 4.00 m/s となり，残りの 3 両は南向きに 2.00 m/s の速さで進んだ．(a) 4 両連結の車両の初期の速さを求めよ．(b) この俳優がした仕事を求めよ．(c) このプロセスと，問題 13 で取り上げた状況との関係を説明せよ．

15. 水平面上で静止している質量 100 g の木片に，質量 12.0 g の粘土の塊を水平に投げつけたところ，粘土が木片にくっついた．その後，粘土の付いた木片は 7.50 m 滑って止まった．木片と水平面との動摩擦係数を 0.650 として，衝突直前の粘土の塊の速さを求めよ．

16. 図 I・8・5 に示すような摩擦のない面を，2 個の物体が自由に滑る．質量 $m_1 = 5.00$ kg の物体を，図のように水平面からの高さ $h = 5.00$ m の位置で静かに放す．その物体の前端には強力な磁石の N 極が突き出ている．質量 $m_2 = 10.0$ kg の物体は初期状態では静止しており，その物

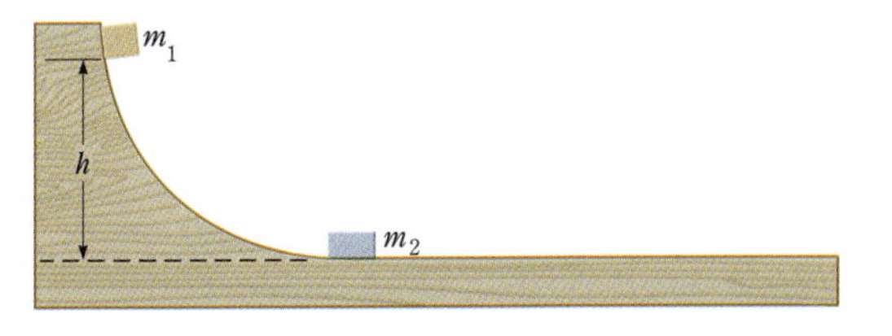

図 I・8・5

体の後端には同様の磁石のN極が突き出ている．2つの物体の磁石のN極どうしの間には斥力が働き，また，2物体は直接接触することはないものとする．磁極の斥力は，力学的エネルギーの損失がない弾性衝突をもたらす．質量 m_1 の物体が到達する高さの最大値を求めよ．

17. S 図I・8・6に示すように，質量 m で速さ v の弾丸が質量 M の振り子を貫通した．貫通後の弾丸の速さは $v/2$ であった．振り子は長さが l で，質量を無視できる硬い棒で下げられている．弾丸の貫通によって，振り子がちょうど真上まで上がって1回転が可能になるための最小の v を求めよ．

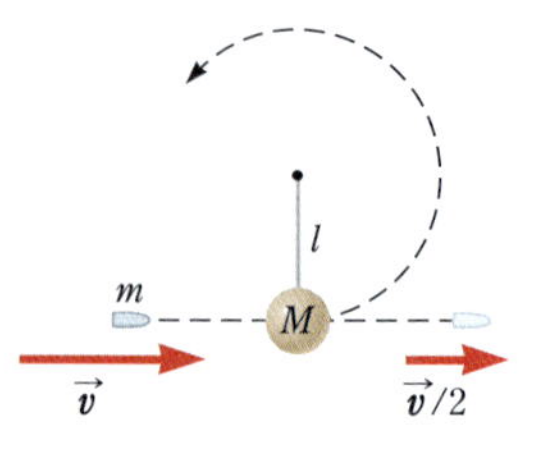

図 I・8・6

18. 原子炉から出てきた1個の中性子が，静止している炭素の原子核に正面から弾性衝突をする．(a) 中性子の運動エネルギーのうち，炭素の原子核に移るエネルギーの割合を求めよ．(b) 中性子の最初の運動エネルギーが 1.60×10^{-13} J であったとする．衝突後の中性子と炭素の原子核それぞれの運動エネルギーを求めよ．（炭素の原子核の質量は，中性子の質量の12.0倍である．）

19. QC S 図I・8・7のように，質量 m のテニスボールを質量 M のバスケットボールの上に置く．バスケットボールの下面が床から h の高さに，また，2つのボールの質量中心が鉛直線上にあるようにして，これらを静かに落とす．床との衝突は弾性衝突だとすれば，バスケットボールの速度は衝突直後にそのまま反転されるが，テニスボールはバスケットボールとわずかに離れているので，なお落ち続ける．次いで，テニスボールがバスケットボールに弾性衝突する．(a) テニスボールが跳ね返る高さを求めよ．(b) その答えは h より大きいはずであるが，その理由をどのように説明できるか．それはエネルギー保存則に反することにはならないか？

図 I・8・7

20. QC (a)図I・8・8に示すように，摩擦のない水平な台の上で，質量 $m_1 = 4.00$ kg，$m_2 = 10.0$ kg，$m_3 = 3.00$ kg の3つの物体が運動する．3つの物体の速さは，それぞれ $v_1 = 5.00$ m/s で右向き，$v_2 = 3.00$ m/s で右向き，$v_3 = 4.00$ m/s で左向きである．ただし，3つの物体の側面には瞬間接着剤を塗ってあるので，物体どうしが接触した瞬間に物体は一体となる．3つの物体が一体となったときの速度を求めよ．(b) **この場合は？** 3つの物体の衝突の順序は(a)の答に影響するか？

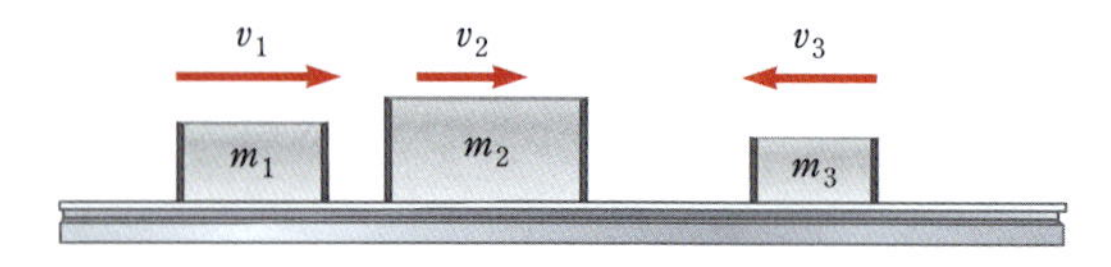

図 I・8・8

21. 質量1.00 kgの木片を固定し，これに銃で質量7.00 gの弾丸を撃ち込むと，弾丸は木片に8.00 cm食い込んで止まった．この木片を摩擦のない水平面に置き，同様に銃で質量7.00 gの弾丸を撃ち込んだ．このとき，弾丸が木片に食い込む深さを求めよ．

8・5 二次元での衝突

22. 速度 $5.00\hat{i}$ m/s で動いている質量3.00 kgの物体が，速度 $-3.00\hat{j}$ m/s で動いている質量2.00 kgの物体に衝突し，2物体はくっついた．一体となった2物体の速度を求めよ．

23. S 摩擦のない平面上を滑り，互いに弾性衝突をする2つの円盤（質量は等しい）を考える．黄色の円盤は最初は静止しており，速度 v_i で動いてきたオレンジ色の円盤がそれに衝突した．衝突後に2つの円盤は互いに直交する方向に進んだが，オレンジ色の円盤の進む方向は，衝突前の運動方向から θ の角度の方向であった．衝突後のそれぞれの円盤の速度を求めよ．

24. 速さ5.00 m/sで動くビリヤードのボールが，同じ質量の止まっているボールに衝突した．衝突後に，動いていたボールは，最初の進行方向から30.0°の方向に4.33 m/sの速さで進んだ．衝突は弾性衝突だとし，（摩擦と回転は無視して）止まっていたボールの衝突後の速度を求めよ．

25. QC ラグビーで，質量90.0 kgのプレーヤーが東向きに5.00 m/sの速さで走っていた．このプレーヤーに，質量95.0 kgの対戦相手のプレーヤーが，北向きに3.00 m/sの速さで走ってタックルした．(a) タックルが成功すると，それは完全非弾性衝突である．理由を説明せよ．(b) タックルの直後の二人のプレーヤーの速度を求めよ．

26. 質量 17.0×10^{-27} kg の不安定原子核が，静止状態で3個の粒子に分裂した．1番目の粒子の質量は 5.00×10^{-27} kg で，y 方向に 6.00×10^6 m/s の速さで進んだ．2番目の粒子は質量が 8.40×10^{-27} kg で，x 方向に 4.00×10^6 m/s の速さで進んだ．次の量を求めよ．(a) 3番目の粒子の速度，(b) この過程で増加した全運動エネルギー．

27. S 速度 $v_i\hat{i}$ の陽子が，静止していた他の陽子と弾性衝突をした．衝突後の2個の陽子の速さは等しいとする．(a) 衝突後の2個の陽子それぞれの速さを v_i で表し，(b) 衝突後の2個の陽子の速度ベクトルの向きを求めよ．

28. 質量0.300 kgの第1の物体が摩擦のない水平面の上に静止している．同じ面の上で，質量0.200 kgの第2の物体が速さ2.00 m/sで x 軸に沿って動いている．2つの物体は衝突し，その後，第2の物体は速さ1.00 m/sで x 軸の正の方向から測った角度 $\theta = 53.0°$ の方向に進んだ．(a) 衝突後の第1の物体の速度を求めよ．(b) 衝突で失われた運動エネルギーの割合を求めよ．

8・6 質量中心

29. 図Ⅰ・8・9のような一様な金属板がある．この金属板の質量中心の x 座標と y 座標を求めよ．

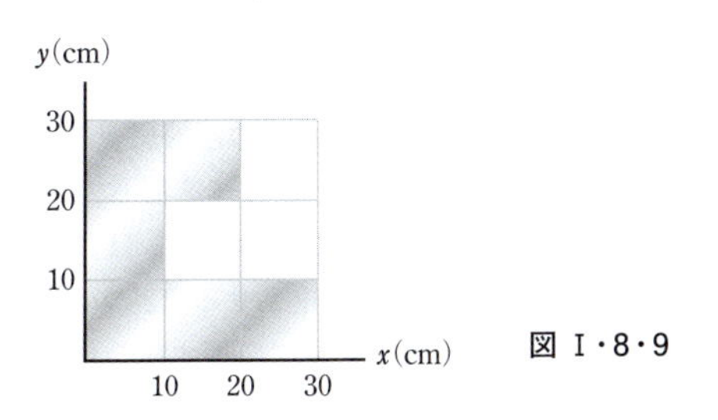

図Ⅰ・8・9

30. 図Ⅰ・8・10のように，水の分子は酸素原子1個とそれに結合した2個の水素原子から成る．2本の結合の腕のなす角は106°である．結合長を0.100 nmとすると，水分子の質量中心はどこにあるか？

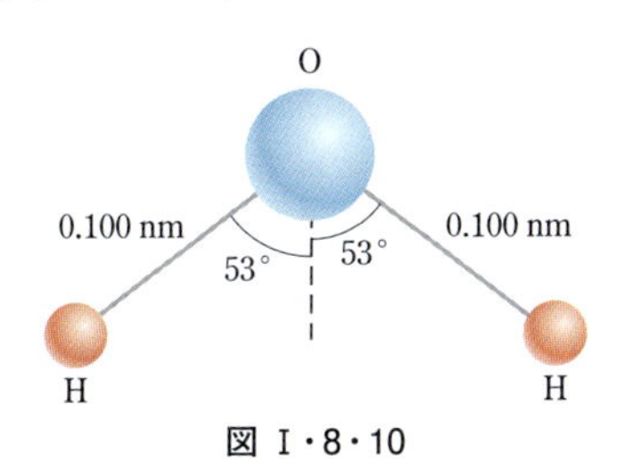

図Ⅰ・8・10

8・7 質点系の運動

31. 質量2.00 kgの質点が速度 $(2.00\hat{i} - 3.00\hat{j})$ m/s をもち，質量3.00 kgの質点が速度 $(1.00\hat{i} + 6.00\hat{j})$ m/s をもつ．次の量を求めよ．(a) 系の質量中心の速度，(b) 系の全運動量．

32. 速度1.50 m/sで飛んでいる質量0.200 kgのボールが，速度 −0.400 m/sで動く質量0.300 kgのボールに正面から弾性衝突をした．(a) 衝突後の2個のボールの速度を求めよ．(b) 衝突前後の質量中心の速度を求めよ．

33. xy 面内にある2個の質点の系を考える．質量 $m_1 =$ 2.00 kgの質点が $\vec{r_1} = (1.00\hat{i} + 2.00\hat{j})$ m にあり，速度 $(3.00\hat{i} + 0.500\hat{j})$ m/s をもつ．質量 $m_2 = 3.00$ kgの質点は $\vec{r_2} = (-4.00\hat{i} - 3.00\hat{j})$ m にあり，速度 $(3.00\hat{i} - 2.00\hat{j})$ m/s をもつ．(a) これらの質点の位置をグラフ上に示し，それぞれの位置ベクトルと速度ベクトルを示せ．(b) この質点系の質量中心をグラフ上に示せ．(c) 質量中心の速度ベクトルを求めてグラフ上に示せ．(d) この系の全運動量を求めよ．

追加問題

34. **S** エアートラックという実験装置では，水平の台の多数の小さな穴から空気を噴射して，上に置いた滑走体にほとんど摩擦のない一次元運動をさせることができる．図Ⅰ・8・11のように，質量 m_1 の滑走体1と，質量 m_2 の滑走体2を，エアートラックの上で動かすとしよう．滑走体2の後面には，ばね定数 k の軽いばねを取り付ける．滑走体1は右向きに速さ v_1 で動き，滑走体2は右向きに速さ v_2 で動く．ただし，$v_2 < v_1$ である．滑走体1が滑走体2のばねに衝突するとばねは最大で x_{max} だけ縮められ，その後，2個の滑走体は再び離れて動く．v_1, v_2, m_1, m_2 を用いて次の量を表せ．(a) ばねが最も縮んだときの速さ v，(b) 最大の縮み x_{max}，(c) 滑走体1がばねから離れたときの，2つの滑走体それぞれの速度．

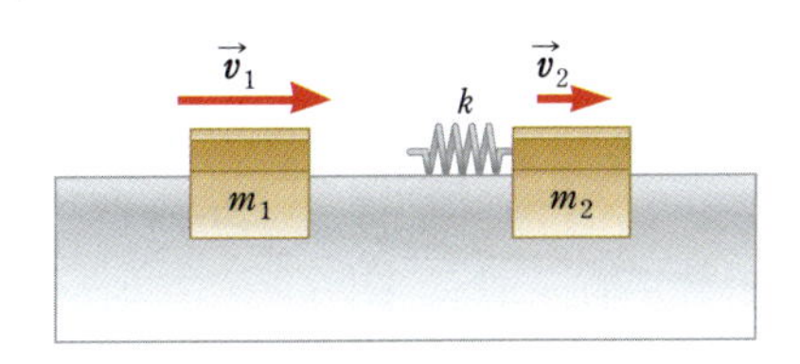

図Ⅰ・8・11

35. 図Ⅰ・8・12のように，速さ4.00 m/sで走っている質量60.0 kgの人が，質量120 kgの静止しているカートに飛び乗った．飛び乗った人はカートの上で滑り，最終的にはカートに対して静止する．人とカートとの動摩擦係数を0.400とする．カートと地面との摩擦は無視する．次の量を求めよ．(a) 人とカートとの地面に対する最終的な速度．(b) 人がカートの上を滑っているときの摩擦力．(c) その摩擦力の持続時間．(d) 人の運動量の変化およびカートの運動量の変化．(e) 人がカートの上で滑っている間の，地面に対する人の変位．(f) 人がカートの上で滑っている間の，地面に対するカートの変位．(g) 人の運動エネルギーの変化．(h) カートの運動エネルギーの変化．(i) (g)の答と(h)の答が同じでない理由を述べよ．(この衝突は弾性か非弾性か？ 失われた力学的エネルギーの行方は？)

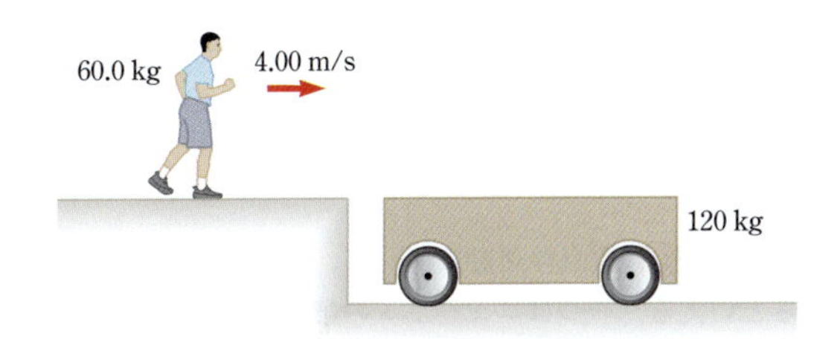

図Ⅰ・8・12

36. **次の状況がありえないのはなぜか．** 装備を身に着けた宇宙飛行士の質量は150 kgであった．宇宙船は宇宙空間を一定の速度で動いており，宇宙飛行士は宇宙船の外部を移動していた．ところが，宇宙飛行士が間違って宇宙船を押してしまったため，命綱を身につけていなかった彼は，宇宙船に対して一定の速さ 20.0 m/s で宇宙船から遠ざかり始めた．宇宙船に戻るために，彼は宇宙服からさまざまな装備品を取り外して宇宙船とは反対の方向に投げた．このとき，宇宙服が動きにくかったため，装備品を投げる速さは宇宙飛行士から見てせいぜい 5.00 m/s であった．十分な質量の装備品を投げたところ，彼は宇宙船に向かって動き始めることができ，ついに宇宙船を捕えて内部に戻ることができた．

37. S 図 I・8・13 のように，高さ h で摩擦のないテーブル面の端に質量 M の物体を置き，これに質量 m の弾丸を撃ち込んだ．弾丸は物体の中に止まり，物体はテーブルの端からの距離 d の位置に落ちた．弾丸の最初の速さを求めよ．

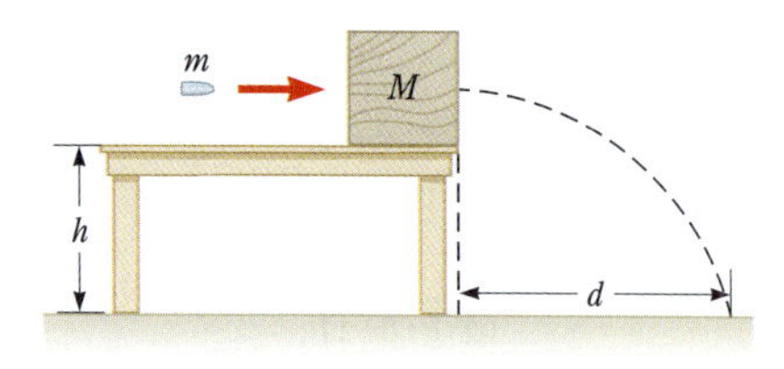

図 I・8・13

38. 図 I・8・14 のように，摩擦のない水平な面の上に，質量 $m_2 = 3.00$ kg で摩擦のない曲がった斜面をもつ台が静止している．台の上端に，質量 $m_1 = 0.500$ kg の小物体を静かに置く．図 I・8・14b のように，台の斜面を滑り落ちた小物体は，右向きの速度 4.00 m/s で水平面上を滑った．(a) 小物体が水平面に達した後の台の速度を求めよ．(b) 台の高さ h を求めよ．

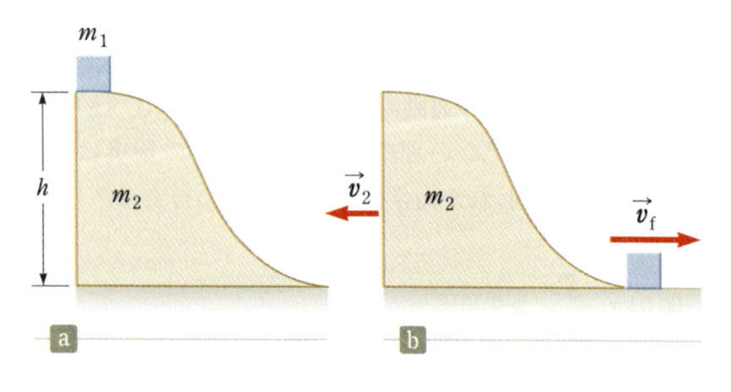

図 I・8・14

39. GP QC 質点の運動について，3 つの等価な理論があるといえる．一つはニュートンの第二法則であり，質点に加わる合力が質点を加速するという．二つ目は仕事-運動エネルギーの定理であり，質点に加わる全仕事が質点の運動エネルギーの変化をもたらすという．三つ目は力積-運動量の定理であり，質点に加わる力積が質点の運動量の変化をもたらすという．次の場合について，これら 3 つの理論から導かれる結果を比較しよう．質量 3.00 kg の物体が，速度 $7.00\hat{j}$ m/s をもっている．この物体に一定の合力 $12.0\hat{i}$ N が 5.00 s の時間だけ働く．(a) 力積-運動量の定理を用いて，物体の最終速度を求めよ．(b) $\vec{a} = (\vec{v}_f - \vec{v}_i)/\Delta t$ から，物体の加速度を求めよ．(c) $\vec{a} = \sum \vec{F}/m$ から，物体の加速度を求めよ．(d) $\Delta\vec{r} = \vec{v}_i t + \frac{1}{2}\vec{a}t^2$ から，物体の変位ベクトルを求めよ．(e) $W = \vec{F}\cdot\Delta\vec{r}$ から，物体になされた仕事を求めよ．(f) $\frac{1}{2}mv_f^2 = \frac{1}{2}m\vec{v}_f\cdot\vec{v}_f$ から物体の最終的な運動エネルギーを求めよ．(g) $\frac{1}{2}mv_i^2 + W$ から物体の最終的な運動エネルギーを求めよ．(h) (b), (c) の答と (f), (g) の答を比較せよ．

40. ばね定数 3.85 N/m の軽いばねの左端に質量 0.250 kg の物体を，右端に質量 0.500 kg の物体を置き，両側から物体を押して ばね を 8.00 cm だけ縮める．ばねを挟んだ 2 つの物体を水平な面の上に静止させる．2 つの物体を同時に放すと，ばね はそれらを両側に押す．物体と面との動摩擦係が次のようである場合について，それぞれの物体がもつ最大の速さを求めよ．(a) 0 (b) 0.100 (c) 0.462．ただし，どの場合も静止摩擦係数は動摩擦係数より大きいとする．

41. S 質量 m と $3m$ の 2 個の質点が，x 軸上を同じ速さ v_i で互いに近づくように動く．質量 m の質点の動きは x 軸の負の方向，質量 $3m$ の質点は正の方向である．2 個の質点は弾性衝突して，質量 m の質点は x 軸と直交する y 軸の負の方向に動いた．(a) それぞれの質点の最終の速さを v_i で表せ．(b) 質量 $3m$ の質点が進む方向の角度 θ を求めよ．

42. QC 図 I・8・15 のように，貯槽にためた砂が，その底部の穴からベルトコンベヤーに 5.00 kg/s の時間率で落ちる．ベルトコンベヤーはローラーで摩擦なく支えられ，モーターが及ぼす一定の外力 $\vec{F}_{外}$ によって，水平に一定の速さ $v = 0.750$ m/s で動いている．次の量を求めよ．(a) 砂の運動量の水平方向への時間的変化率．(b) コンベヤーのベルトが砂に及ぼす摩擦力．(c) モーターが及ぼす外力 $\vec{F}_{外}$．(d) その外力 $\vec{F}_{外}$ が 1 s にする仕事．(e) 落下する砂の水平方向の運動が変化することによって，砂が毎秒獲得する運動エネルギー．(f) (d) と (e) の答が異なる理由を述べよ．

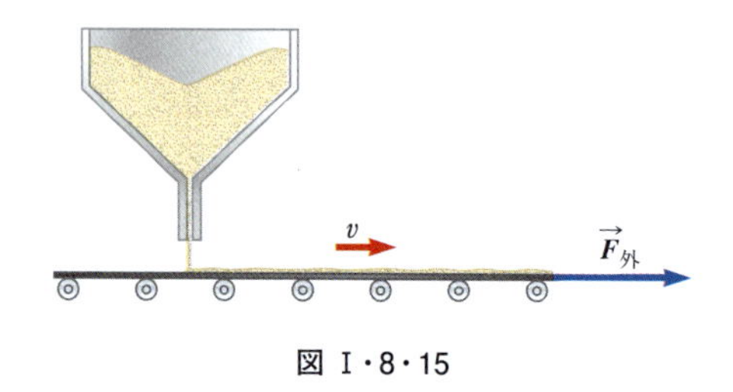

図 I・8・15

43. S 図 I・8・16a のように，長さ L，質量 M の鎖をその下端がテーブル面に触れた状態でぶら下げ，この鎖を静かに放す．図Ⅰ・8・16bのように鎖が距離xだけ落ちた状態のときに，テーブルが鎖に及ぼす力を求めよ．ただし，鎖のそれぞれの輪は，テーブルに達した瞬間に静止するものとする．

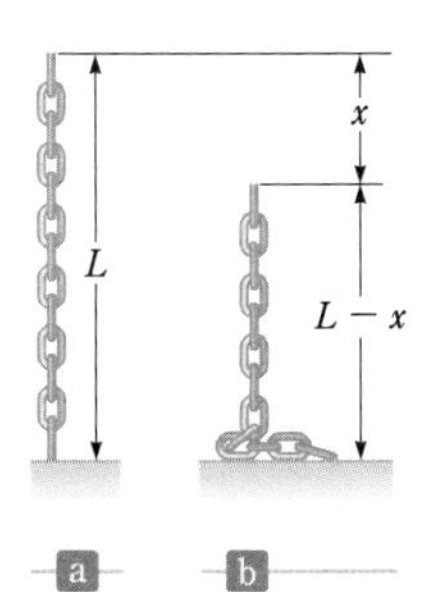

図Ⅰ・8・16

44. 軌道を周回する宇宙船は，乗員とそこで行う実験に関して“ゼロg”ではなく“微小重力”の環境とみなされる．宇宙飛行士は船内の機器と他の宇宙飛行士の動き，および宇宙船からの排出物に起因する微小なふらつきを感じるからである．3500 kg の宇宙船が，流体系統からの漏れのせいで，2.50 μg 重 $= 2.45 \times 10^{-5}$ m/s^2 の加速が生じるとしよう．流体は 70.0 m/s の速さで真空の宇宙空間へ漏れ出すことがわかっている．もし漏れが止められなければ，1.00 h の間に漏れ出す流体の量を求めよ．

45. 全質量 $M_i = 360$ kg のロケットがあり，そのうちの $m = 330$ kg は燃料と酸化剤である．宇宙空間において，このロケットは位置 $x = 0$ に静止した状態で時刻 $t = 0$ にエンジンを始動し，$k = 2.50$ kg/s の割合で燃焼ガスを $v_{噴射} = 1500$ m/s の速さで噴射する．燃料の持続時間は，$T = m/k = 330\ \mathrm{kg}/(2.5\ \mathrm{kg/s}) = 132$ s である．

(a) 噴射中のロケットの速さVは，時間tを用いて次のように表されることを示せ．

$$V(t) = -v_{噴射} \ln\left(1 - \frac{kt}{M_i}\right)$$

(b) 噴射中，つまり $t = 0$ から $t = 132$ s の間について，この $V(t)$ をグラフに描け．

(c) 噴射中のロケットの加速度aは次式で与えられることを示せ．

$$a(t) = \frac{kv_{噴射}}{M_i - kt}$$

(d) 噴射中の加速度と時間の関係を表すグラフを描け．

(e) 噴射中のロケットの位置は次式で与えられることを示せ．

$$x(t) = v_{噴射}\left(\frac{M_i}{k} - t\right)\ln\left(1 - \frac{kt}{M_i}\right) + v_{噴射}t$$

(f) 噴射中のロケットの位置と時間の関係を表すグラフを描け．

Ⅰ 力学

回 転 運 動

まとめ

円運動をする質点，またはある軸のまわりに回転する剛体の**瞬間角速度**(instantaneous angular speed)は，

$$\omega \equiv \frac{\mathrm{d}\theta}{\mathrm{d}t} \qquad (9\cdot3)$$

ここで，ω の単位は rad/s または s^{-1} である．

円運動をする質点，または固定軸のまわりの剛体の**瞬間角加速度**(instantaneous angular acceleration)は，

$$\alpha \equiv \frac{\mathrm{d}\omega}{\mathrm{d}t} \qquad (9\cdot5)$$

であり，その単位は $\mathrm{rad/s^2}$ または s^{-2} である．

剛体が固定軸のまわりに回転するとき，物体のすべての点は同じ角速度と角加速度をもつ．しかし，剛体の異なる部分は，一般に，それぞれ異なる並進の速さと異なる並進加速度をもつ．

質点が固定軸のまわりに回転するとき，向きを表す角度，角速度および角加速度は，円軌道に沿って測った位置，接線速度および接線加速度と次の関係式で結ばれる．

$$s = r\theta \qquad (9\cdot1\mathrm{a})$$
$$v = r\omega \qquad (9\cdot10)$$
$$a_{接線} = r\alpha \qquad (9\cdot11)$$

質点系の**慣性モーメント**(moment of inertia)は，

$$I = \sum_i m_i r_i^2 \qquad (9\cdot15)$$

もし，剛体が固定軸のまわりに角速度 ω で回転すると，その**回転運動の運動エネルギー**(rotational kinetic energy)は次のように書ける．

$$K_{回転} = \frac{1}{2}I\omega^2 \qquad (9\cdot16)$$

ここで，I はその固定軸のまわりの慣性モーメントである．

密度 ρ の連続物体の慣性モーメントは，

$$I = \int \rho r^2 \,\mathrm{d}V \qquad (9\cdot18)$$

慣性座標系の原点のまわりに，力 $\vec{F}$ が生み出す**トルク**(torque) $\vec{\tau}$ は，

$$\vec{\tau} \equiv \vec{r} \times \vec{F} \qquad (9\cdot20)$$

ここで，$\vec{r}$ は力の作用点の位置ベクトルである．

2つのベクトル $\vec{A}$ と $\vec{B}$ に関して，その**外積**または**ベクトル積**(vector product) $\vec{A}\times\vec{B}$ をベクトル $\vec{C}$ と書くと，その大きさは，

$$C \equiv AB\sin\theta \qquad (9\cdot22)$$

ここで，θ は $\vec{A}$ と $\vec{B}$ が成す角である．$\vec{C}$ の方向は $\vec{A}$ と $\vec{B}$ がつくる面に垂直で，向きは右手の規則で決まる．

運動量 $\vec{p} = m\vec{v}$ の質点の**角運動量**(angular momentum) $\vec{L}$ は，

$$\vec{L} \equiv \vec{r} \times \vec{p} \qquad (9\cdot35)$$

ここで，$\vec{r}$ は原点に関する質点の位置ベクトルである．もし，$\vec{r}$ と $\vec{p}$ が成す角が ϕ ならば，$\vec{L}$ の大きさは，

$$L = mvr\sin\phi \qquad (9\cdot36)$$

円筒のような剛体が，粗い面上を滑ることなく転がるときの**全運動エネルギー**(total kinetic energy)は，回転運動の運動エネルギー $\frac{1}{2}I_{中心}\omega^2$ と，並進運動エネルギー $\frac{1}{2}Mv_{中心}{}^2$ の和である．

$$K = \frac{1}{2}I_{中心}\omega^2 + \frac{1}{2}Mv_{中心}{}^2 \qquad (9\cdot48)$$

この式で，$v_{中心}$ は質量中心の速さであり，純粋の転がり運動ならば $v_{中心} = R\omega$ である．

解法のための分析モデル

等角加速度で動く剛体　もし，剛体が固定軸のまわりに等角加速度で回転していると，並進の等加速度運動をする質点の場合に似た運動方程式を適用することができる．

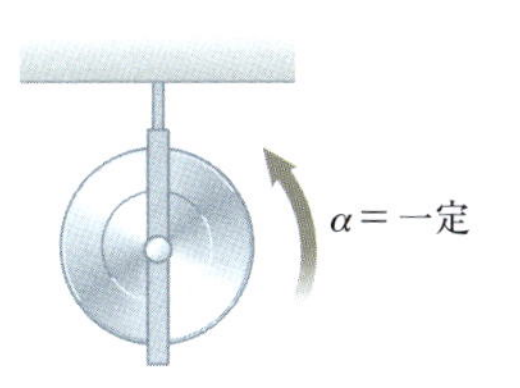

$$\omega_f = \omega_i + \alpha t \qquad (9\cdot6)$$

$$\theta_f = \theta_i + \omega_i t + \tfrac{1}{2}\alpha t^2 \qquad (9\cdot7)$$

$$\omega_f^2 = \omega_i^2 + 2\alpha(\theta_f - \theta_i) \qquad (9\cdot8)$$

$$\theta_f = \theta_i + \tfrac{1}{2}(\omega_i + \omega_f)t \qquad (9\cdot9)$$

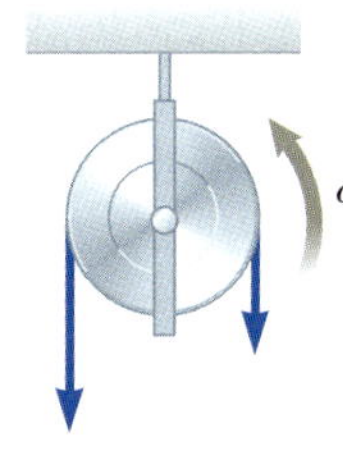

ゼロでない総トルクを受ける剛体　固定軸のまわりに自由に回転できる剛体が外部からの総トルクを受けると，剛体は角加速度 α の運動をし，

$$\sum \tau_{外部} = I\alpha \qquad (9\cdot30)$$

この式は，合力を受ける質点におけるニュートンの第二法則の回転運動版である．

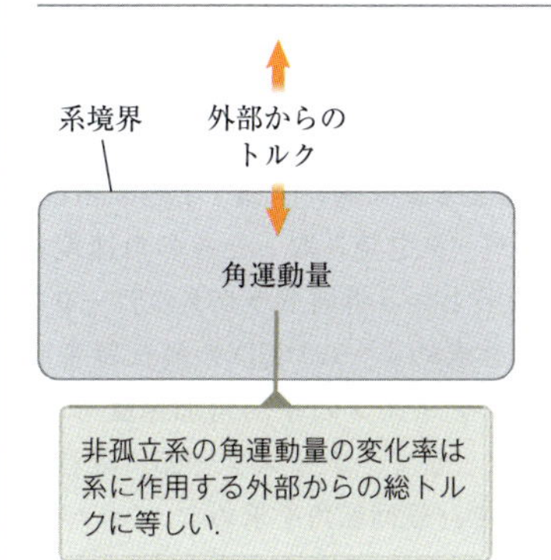

角運動量における非孤立系　系が，外部トルクが作用するという意味で外界と相互作用をするとき，系に働く外部からの総トルクはその角運動量の時間変化率に等しい．

$$\sum \vec{\boldsymbol{\tau}}_{外部} = \frac{\mathrm{d}\vec{\boldsymbol{L}}_{全}}{\mathrm{d}t} \qquad (9\cdot40)$$

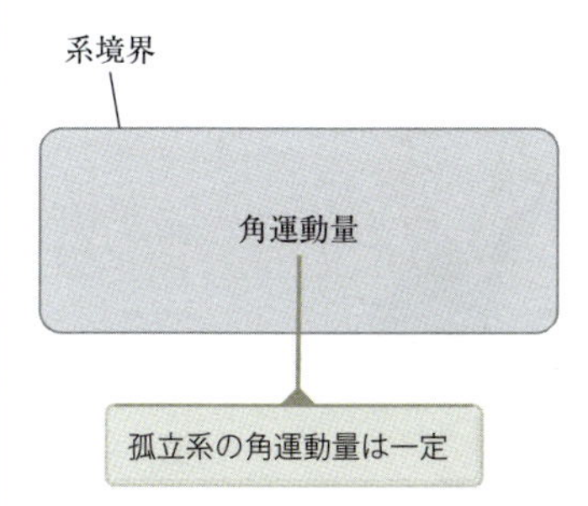

角運動量における孤立系　系が外界からトルクを受けないなら，系の全角運動量は保存する．

$$\vec{\boldsymbol{L}}_i = \vec{\boldsymbol{L}}_f \qquad (9\cdot43)$$

この角運動量保存則を，慣性モーメントが変化する系に適用すると次式が得られる．

$$I_i\,\omega_i = I_f\,\omega_f = 一定 \qquad (9\cdot44)$$

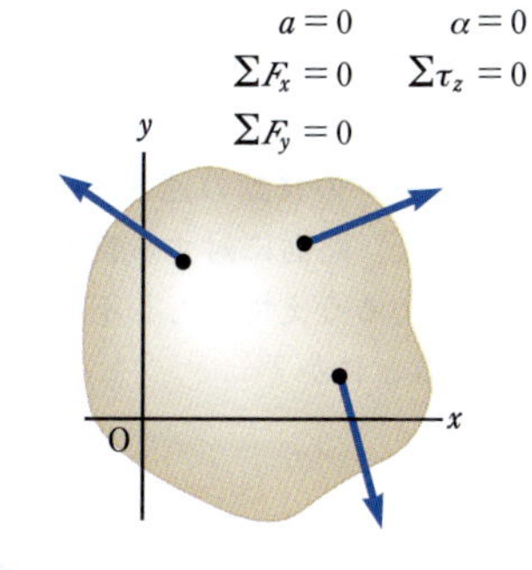

つり合いの状態にある剛体　つり合っている剛体は並進加速度，角加速度のどちらももたない．外部からの合力はゼロであり，外部からの総トルクは，どんな軸のまわりにもゼロである．

$$\sum \vec{\boldsymbol{F}}_{外部} = 0 \qquad (9\cdot27)$$

$$\sum \vec{\boldsymbol{\tau}}_{外部} = 0 \qquad (9\cdot28)$$

第一の条件は，並進に関するつり合い条件で，第二の条件は回転に関するつり合い条件である．

9・1 角度，角速度，角加速度

1. あるドアの開き角度は $\theta = 5.00 + 10.0t + 2.00t^2$ で表現できる．ただし，θ はラジアンで，t は秒で表すとする．次の場合について，このドアの開き角度，角速度，角加速度を求めよ．(a) $t = 0$　(b) $t = 3.00$ s

2. 回転軸に取り付けた棒が，静止状態から角加速度 $\alpha = (10 + 6t)$ で回転する．ただし，α の単位は rad/s^2，t の単位は s である．最初の 4.00 s の間に棒が回転した角度をラジアンで求めよ．

3. 陶芸に使うろくろが静止状態から一様に回転速度を増し，30.0 s の間に 1 回転/s という角速度に達した．(a) 平均の角加速度を rad/s^2 単位で求めよ．(b) この時間の間の角加速度を 2 倍にすると，最終の角速度が 2 倍になるか？

9・2 分析モデル：等角加速度で運動する剛体

4. 歯の治療に使うドリルが，静止状態から回転を始める．等角加速度で 3.20 s の間に 2.51×10^4 回転/min の回転速度に達した．(a) ドリルの角加速度を求めよ．(b) この間のドリルの回転角を求めよ．

5. 洗濯機の脱水槽が回転を始めた．静止状態からスタートして角速度を増していき，8.00 s 後には 5.00 回転/s で回転した．ちょうどそのとき，人が脱水槽のふたを開けたので安全スイッチが作動した．脱水槽はスムーズに減速し 12.0 s で静止した．この間の脱水槽の回転数を求めよ．

6. **次の状況がありえないのはなぜか．** 固定軸のまわりに回転する円板が静止状態から回転を始め，10.0 s の間に 50.0 rad だけ回転した．この間の円板の角加速度は一定であり，最後の角速度は 8.00 rad/s であった．

7. ある工場の工作機械が 1.00×10^2 回転/min の速さで回転している．この状態で機械のモーターのスイッチを切った．機械の回転は，一定で負の角加速度 2.00 rad/s^2 で停止に向かうとする．(a) 回転が停止するのに要する時間を求めよ．(b) その間に回転した角度を求めよ．

8. 医療機器の遠心分離機が 3600 回転/min の角速度で回転している．スイッチを切ると，50.0 回転して停止する．静止するまでの角加速度を求めよ．ただし，スイッチを切ってからの角加速度は一定だとする．

9・3 回転運動の量と並進運動の量の関係

9. 水平な回転軸をもつ直径 2.00 m の回転輪が鉛直に立っている．この回転輪が中心軸のまわりに一定の角加速度 4.00 rad/s^2 で回転する．$t = 0$ に静止状態から回転を始めた．そのとき，回転輪の上の一点 P の半径ベクトルは水平方向から上に 57.3° の方向を向いていた．$t = 2.00$ s における次の量を求めよ．(a) 回転輪の角速度　(b) P 点の接線速度　(c) P 点の加速度ベクトルの大きさ　(d) 最初の水平方向から測った P 点の角度．

10. 半径 8.00 cm の円板が，中心軸のまわりに 1200 回転/min の一定の速さで回転する．次の量を求めよ．(a) 角速度 (rad/s の単位で)，(b) 円板の中心から 3.00 cm の点における接線速度，(c) 円周上の一点における半径方向の加速度，(d) 円周上の一点が 2.00 s の間に動く距離．

11. **S** 自動車が静止状態から円周状の走路を一定の接線加速度 a で走る．ただし，走路は水平であり，内側に傾斜してはいない．自動車が 1/4 周まで進んだところで横滑りした． 自動車と走路の間の静止摩擦係数を求めよ．

12. デジタルオーディオの CD には，内周から外周に向けてらせん状のトラックにデータが記録されており，トラックに沿ってデータの 1 ビットが占める長さは 0.6 μm である．CD プレーヤーは CD を反時計回りに回転し，ディスクの裏側にある読み取りレンズの部分を，トラックが 1.30 m/s という一定の速さで通過する．つまり，レンズが内周のデータを読み取っているときの回転の角速度は，外周を読み取るときより速い．(a) 半径 2.30 cm という内周トラックのデータを読み取るときの角速度を求めよ．(b) 半径 5.80 cm という外周トラックのデータを読み取るときの角速度を求めよ．(c) CD の最長録音時間は 74 min 33 s である．ディスクの平均角加速度を求めよ．(d) 角加速度は一定として，ディスク一杯に録音された音楽を再生するときの，総回転角を求めよ．(e) データを記録するらせん状トラックの全長を求めよ．

13. **QC** 図 I・9・1 は自転車の推進機構を示す．後輪の直径は 67.3 cm，ペダルクランクの長さは 17.5 cm である．

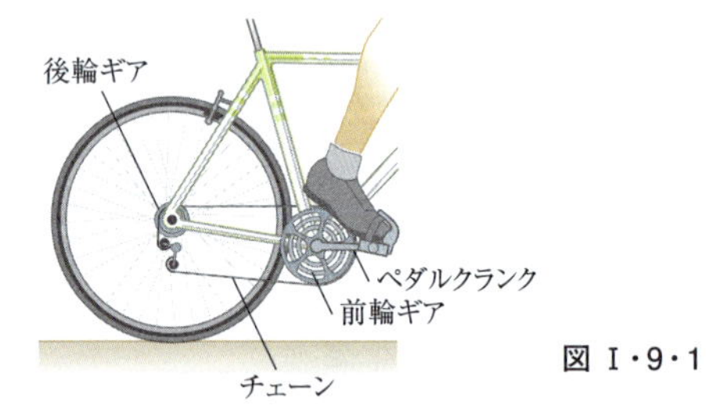

図 I・9・1

乗り手は 76.0 回転/min の一定のペースでペダルを踏んでいる．チェーンが，直径 15.2 cm の クランク スプロケット(チェーンリングともいう)と直径 7.00 cm の後輪スプロケット(ギア)をつないでいる．次の量を求めよ．(a) 自転車のフレームに対するチェーンの移動の速さ，(b) 自転車の車輪の回転の角速度，(c) 路面に対する自転車の速さ．(d) これらの問いに答えるうえで，もし不要な数値データがあったなら，それはどれか？

9・4 回転運動の運動エネルギー

14. ロンドンの英国国会議事堂の時計台には，ビッグベンという愛称で親しまれている大時計がある(図Ⅰ・9・2). 短針の長さは2.70 m, 質量は60.0 kgで, 長針の長さは4.50 m, 質量は100 kgである. 2つの針の全回転運動エネルギーを求めよ. (針は一様な細長い棒で, その一端が回転軸に固定されているとみなす. 短針と長針は一定の速さで回転し, それぞれ12時間および60分で1回転するものとする.)

図Ⅰ・9・2

15. QC 図Ⅰ・9・3のように, y軸方向に伸びた, 質量を無視できる硬い棒に3つの質点が付いている. この系はx軸のまわりに角速度2.00 rad/sで回転する. 次の量を求めよ. (a) x軸のまわりの慣性モーメント, (b) $\frac{1}{2}I\omega^2$から求めた回転運動の運動エネルギー, (c) それぞれの質点の接線速度, (d) $\sum \frac{1}{2} m_i v_i^2$から求めた全運動エネルギー, (e) (b)と(d)の運動エネルギーを比較せよ.

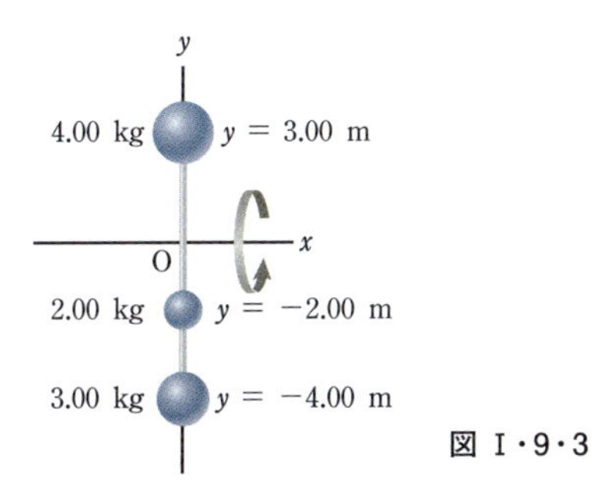

図Ⅰ・9・3

16. QC 中世の戦場で使われた投石器は, 岩を城に投げつける道具であり, 現在でもスポーツとして, 大きな野菜やスペアリブ(豚の骨つきあばら肉)を投げることに使われる. 簡単な投石器は図Ⅰ・9・4のようなものである. これを次のモデルで考察しよう. 質量を無視できる長さ3.00 mの硬い棒の端のかごに質量$m_1 = 0.120$ kgの物体を入れ, 他端には質量$m_2 = 60.0$ kgの物体を固定する. 質量m_2の物体から14.0 cmの位置に水平な摩擦のない軸を通し, この軸のまわりに2個の物体を載せた棒が回転できる. 操作する人は, 棒を水平にして静かに放す. (a) 質量の小さい物体の最大の速さを求めよ. (b) 質量の小さい物体の速さが増すとき, 加速度は一定か? (c) その接線加速度は一定か? (d) 投石器の運動の角加速度は一定か? (e) その運動量は一定か? (f) その力学的エネルギーは一定か?

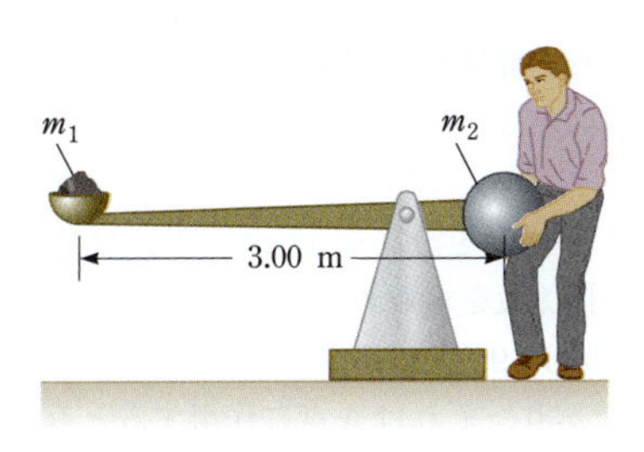

図Ⅰ・9・4

17. ガソリンエンジンが動作するときは, シリンダーの中の燃料と空気の混合気体が爆発するたびに, クランクシャフトに付いたはずみ車が回転し, 次のサイクルの混合気体を圧縮するためのエネルギーを供給する. ある芝生トラクターのエンジンの場合, はずみ車の直径は18.0 cm以下, 厚さは8.00 cm以下でなければならない. はずみ車は回転の角速度が800回転/minから600回転/minに落ちるまでの間に, 60.0 Jのエネルギーを放出する必要がある. 妥当な限り軽く, 鋼鉄(密度7.85×10^3 kg/m^3)製のはずみ車を設計したい. はずみ車の形状と質量を示せ.

18. QC 図Ⅰ・9・5のような, 質量$m_1 = 20.0$ kg, $m_2 = 12.5$ kg, $R = 0.200$ m, 滑車の質量$M = 5.00$ kgの系の運動を考える. 物体m_2が床に静止している状態で, 物体m_1を床から4.00 mの高さで静かに放す. 滑車の回転軸の摩擦は無視する. ひもは十分軽くて伸縮せず, 滑車に沿って滑ることはないとする. (a) m_1が床に衝突するまでの時間を求めよ. (b) 滑車に質量がない場合は, (a)の答はどうなるか.

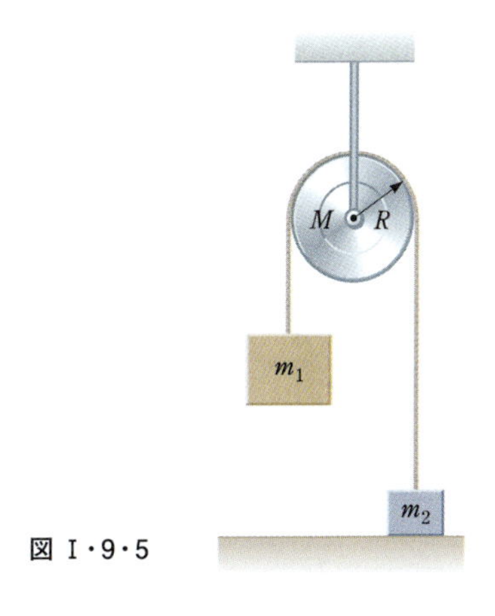

図Ⅰ・9・5

9・5 トルクとベクトルの外積

19. 図Ⅰ・9・6の円板のO点を通る軸のまわりの総トルクを求めよ. ただし, $a = 10.0$ cm, $b = 25.0$ cmである.

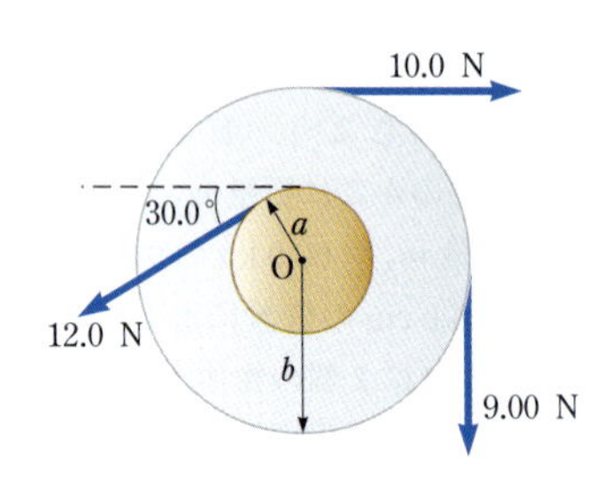

図 I・9・6

20. 2つのベクトル $\vec{A} = -3\hat{i} + 7\hat{j} - 4\hat{k}$, $\vec{B} = 6\hat{i} - 10\hat{j} + 9\hat{k}$ が与えられたとき，次の値を求めよ．
(a) $\cos^{-1}(\vec{A}\cdot\vec{B}/AB)$，(b) $\sin^{-1}(|\vec{A}\times\vec{B}|/AB)$．

21. z 軸に一致する固定軸をもつ物体上の点 $\vec{r} = (4.00\hat{i} + 5.00\hat{j})$ に，力 $\vec{F} = (2.00\hat{i} + 3.00\hat{j})$ が加えられる．(a) z 軸のまわりの総トルク，および (b) トルクベクトル $\vec{\tau}$ の向きを求めよ．

9・6　分析モデル：剛体のつり合い

22. GP 長さ $L = 6.00$ m，質量 $M = 90.0$ kg の一様な梁が，2つの支点の上で静止している．左端を支える支点は梁に垂直抗力 n_1 を及ぼし，右側の支点は，左端から $l = 4.00$ m の位置で梁に垂直抗力 n_2 を及ぼす．図 I・9・7 のように，質量 $m = 55.0$ kg の女性が梁の左端から右向きに歩き始める．女性がどこまで進めば梁が傾き始めるかを知りたい．(a) 傾き始める前の梁の状態を表す分析モデルは何か？ 58, 59 ページの中から選べ．(b) 梁に関する力の図を描け．ただし，梁に働く重力と垂直抗力を指し示し，梁の左端の支点を原点として，女性の位置を x で表せ．(c) 右側の支点のまわりのトルクを計算することにより，垂直抗力 n_1 が最大になるときの女性の位置を求めよ．(d) 梁が傾き始めるときの n_1 を求めよ．(e) 梁が傾き始めるときの n_2 を求めよ．(f) 右側の支点のまわりのトルクを計算することにより，梁が傾き始めるときの女性の位置 x を求めよ．(g) 左側の支点のまわりのトルクを計算することによって，(e)の答を確かめよ．

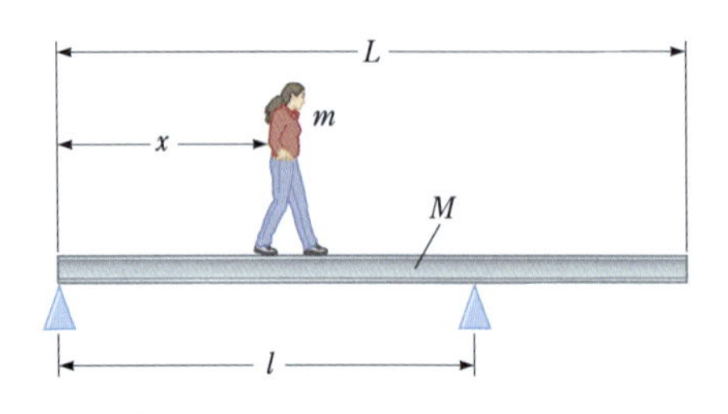

図 I・9・7

23. BIO 運動生理学の研究では，人の質量中心を知ることが重要になることがある．それには，図 I・9・8 のようにして求めればよい．2台の秤の上に軽い板を置き，その上に人が横たわる．秤の読みは $F_1 = 380$ N，$F_2 = 320$ N であった．この人の質量中心は，足先から測っていくらの位置にあるか？

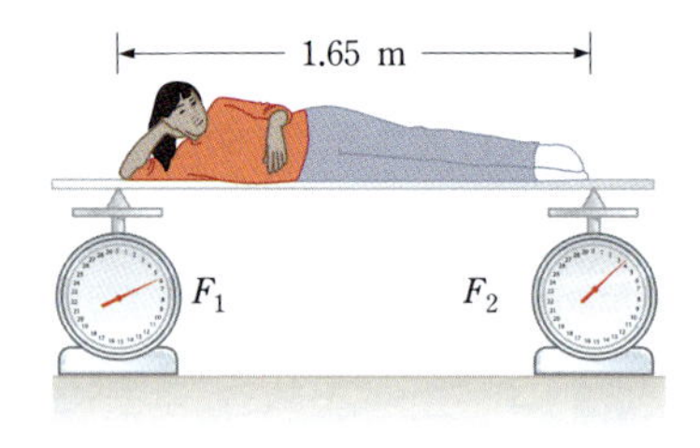

図 I・9・8

24. 次の状況がありえないのはなぜか． 図 I・9・9 のように，質量 $M = 3.00$ kg で長さ $l = 1.00$ m の一様な梁に，質量 $m_1 = 5.00$ kg，$m_2 = 15.0$ kg の物体が乗っている．

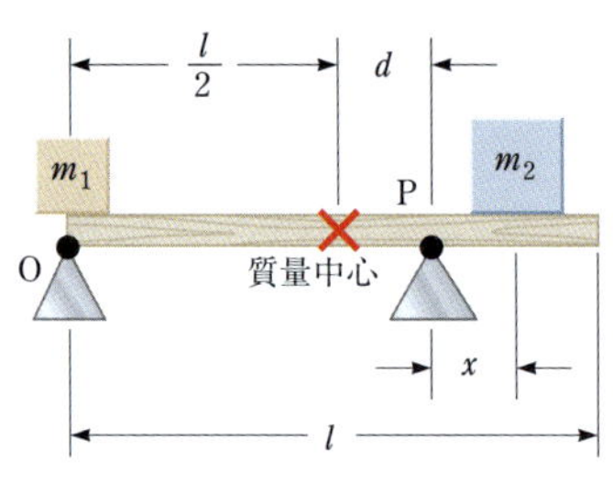

図 I・9・9

梁は2個の三角形のブロックに支えられ，P 点の位置は梁の質量中心から $d = 0.300$ m である．質量 m_2 の物体と P 点との距離 x を調整すると，O 点における垂直抗力が 0 になった．

25. S 壁に蝶番で付け，端をワイヤーで支えた水平な棒に，幅 $2L$，重さ F の一様な看板が，吊り下げられている（図 I・9・10）．次の量を F, d, L, θ を用いて表せ．(a) ワイヤーの張力，(b) 壁が棒に及ぼす力の各成分．

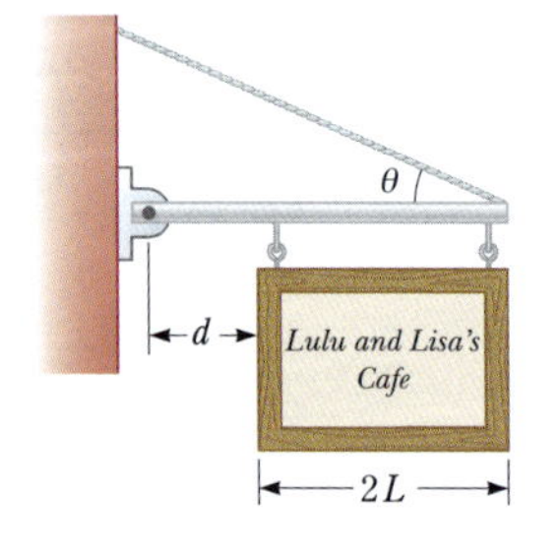

図 I・9・10

26. S 長さ L，質量 m_1 の一様なはしごが，摩擦のない壁面に立てかけられている．はしごが水平面となす角は θ である．(a) 質量 m_2 の消防士がはしごを距離 x だけ登るとき，地面がはしごの下端に及ぼす力の水平および鉛直成分を求めよ．(b) この消防士がはしごを距離 d まで登ると，はしごが地面を滑りそうになった．はしごと地面の間の静止摩擦係数を求めよ．

27. BIO 図 I・9・11 に示す腕に働く重力の大きさ $F_{重力}$ は 41.5 N であり，それは A 点に作用するとみなせる．腕を図の位置に保つための，三角筋の張力 $\vec{F}_1$ および肩が上

腕骨に及ぼす力 $\vec{F}_2$ の大きさを求めよ．

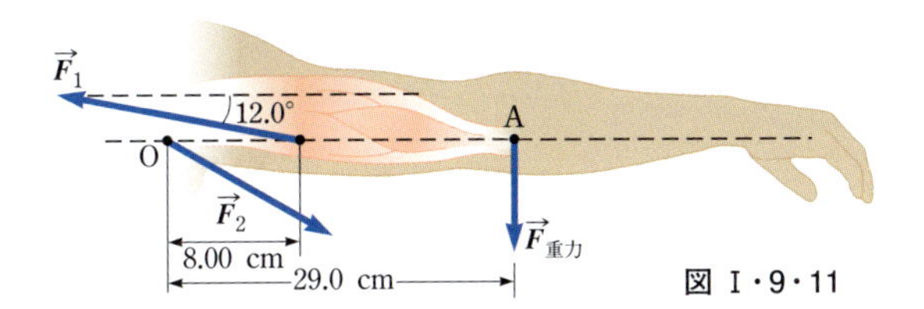

図 I・9・11

28. 図 I・9・12 のように，質量 $m_1 = 3000$ kg のクレーンが質量 $m_2 = 10\,000$ kg の荷物を吊り下げている．A 点にある摩擦のないピンがクレーンの傾きを変える軸であり，さらに，B 点で上下方向には滑る支持台で支えられている．(a) A 点と，(b) B 点における力を求めよ．

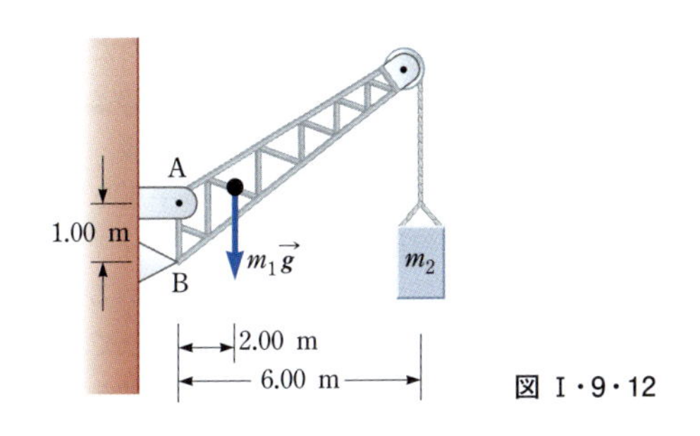

図 I・9・12

9・7 分析モデル：ゼロでない総トルクを受ける剛体

9・8 回転運動におけるエネルギーの考察

29. 図 I・9・13 に示すように，モーターの滑車とはずみ車の滑車をベルトがつなぎ，モーターがはずみ車を回転させている．はずみ車は質量 80.0 kg，半径 $R = 0.625$ m の円盤であり，摩擦のない軸のまわりに回転する．はずみ車の滑車の質量は十分軽く，その半径は $r = 0.230$ m である．ベルトの上側のぴんと張った部分の張力は $T_{上} = 135$ N であり，はずみ車は時計回りに角加速度 1.67 rad /s^2 で回転している．ベルトの下側の弛んだ部分の張力 $T_{下}$ を求めよ．

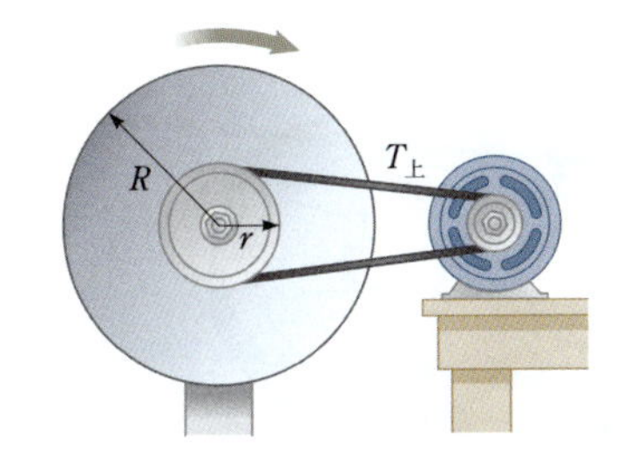

図 I・9・13

30. S この問題は，宇宙船の搭載機器のように，不規則な形をした物体の慣性モーメントを，実験的に求める一つの方法に関するものである．図 I・9・14 に示すように，測りたい物体を回転台に載せる．回転台には半径 r の巻き取り軸が付いており，それにロープを巻きつけて質量 m のおもりで引く．回転台は摩擦なく回転できるようになっている．おもりを静かに放すと，おもりが距離 h だけ落下したときの速さは v である．回転台とそれに載せた物体全体の慣性モーメントが，$mr^2(2gh/v^2 - 1)$ であることを示せ．

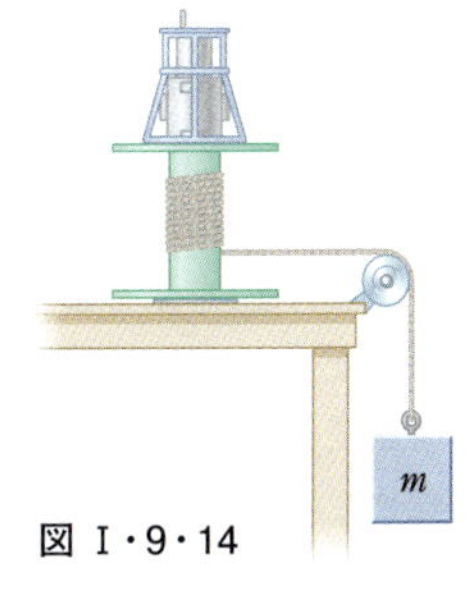

図 I・9・14

31. 固定軸のまわりに回転できる車輪に，外力と摩擦力の組合わせで 36.0 N·m の一定のトルクを加える．外力は 6.00 s の間作用して，車輪の角速度は 0 から 10.0 rad/s になった．そこで外力を取り去ると，60.0 s 後に車輪の回転が停止した．(a) 車輪の慣性モーメントを求めよ．(b) 摩擦によるトルクを求めよ．(c) この 66.0 s の間の，車輪の回転数を求めよ．

32. 図 I・9・15 において，吊り下げられている物体の質量は $m_1 = 0.420$ kg，滑っている物体の質量は $m_2 = 0.850$ kg，滑車の質量は $M = 0.350$ kg，内側の半径は $R_1 = 0.0200$ m，外側の半径は $R_2 = 0.0300$ m であり，スポークの部分の質量は無視できる．物体と水平なテーブル面との動摩擦係数は $\mu_{動} = 0.250$ である．滑車の回転軸の摩擦は無視できる．軽いひもは伸縮せず，滑車のまわりを滑ることはない．滑車に向かって滑る質量 m_2 の物体がテーブル上の目印を通過するときの速さは $v_i = 0.820$ m/s であった．(a) エネルギーを考察することによって，物体がそこから 0.700 m 離れた第二の目印を通過するときの速さを予測せよ．(b) そのときの滑車の角速度を求めよ．

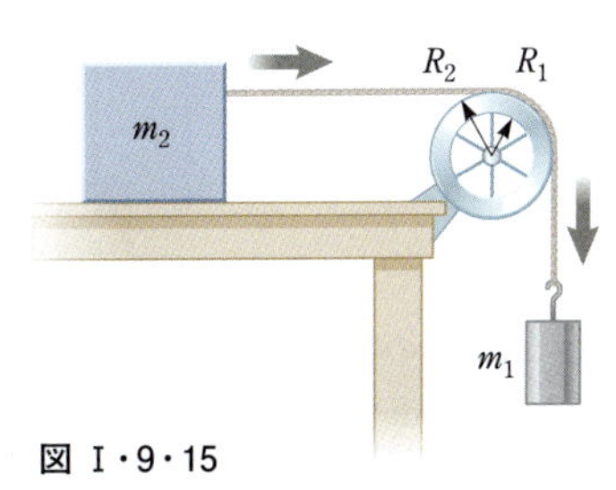

図 I・9・15

33. 半径が 0.500 m，質量が 100 kg の陶芸用のろくろが 50.0 回転 /min で自由に回転している．陶工は，ろくろの縁にぬれたぼろ布を押し付けて回転を止めることができる．ろくろの内向きに 70.0 N の力で押し付けると，ろくろは 6.00 s で回転を停止した．ろくろとぼろ布との動摩擦係数を求めよ．

34. GP 図 I・9・16 に示すように，2 個の物体を軽い糸で結び，半径 $r = 0.250$ m で慣性モーメント I の滑車に掛ける．摩擦のない斜面に置いた物体は，大きさ $a =$

$2.00\ \mathrm{m/s^2}$ の加速度で動く．このことから，滑車の慣性モーメントを求めたい．(a) 物体の運動を記述するために適切なモデルは何か？(58, 59 ページ参照) (b) 滑車の運動を記述するために適切なモデルは何か？(58, 59 ページ参照) (c) (a)のモデルを用いて張力 T_1 を求めよ．(d) 同じく，張力 T_2 を求めよ．(e) (b)のモデルを用いて，滑車の慣性モーメントを張力 T_1，張力 T_2，滑車の半径 r および加速度 a で表せ．(f) その滑車の慣性モーメントを数値で表せ．

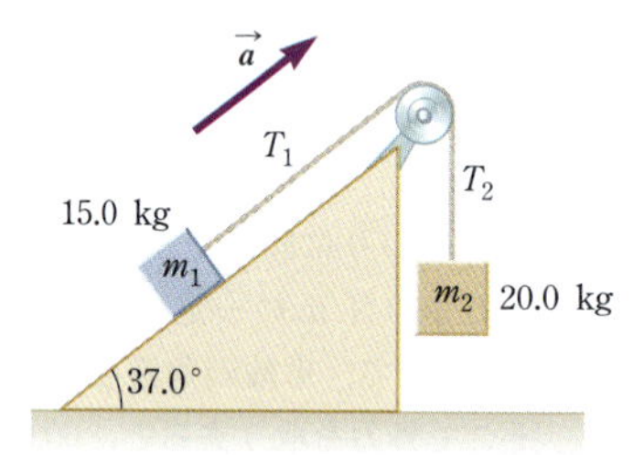

図 I・9・16

35. 図 I・9・17 のように，質量 $m_1 > m_2$ の 2 個の物体を軽いひもでつなぎ，ひもを慣性モーメント I の滑車に掛ける．ひもは滑車で滑ることはなく，また伸縮しない．滑車は摩擦なく回転する．2 個の物体の高さが $2h$ だけ違う状態で，2 個の物体を静かに放す．(a) エネルギー保存則を用いて，2 個の物体がすれ違うときの並進の速さを求めよ．(b) このときの滑車の角速度を求めよ．

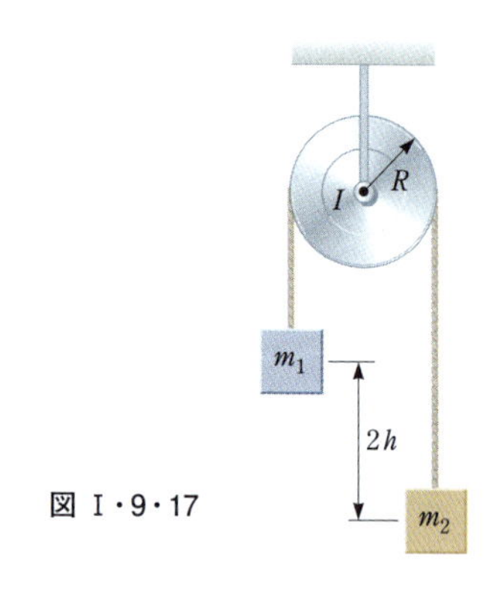

図 I・9・17

36. 質量 $m = 5.10\ \mathrm{kg}$ の物体が軽い糸で吊り下げられ，その糸は半径 $R = 0.250\ \mathrm{m}$ で質量 $M = 3.00\ \mathrm{kg}$ のリール(巻軸)に巻きつけられている．リールの内部は詰まっており，図 I・9・18 に示すように，リールの中心を通る水平な回転軸のまわりに鉛直面内で自由に回転できる．吊り下げられた物体を床から 6.00 m の位置で静かに放す．次の量を求めよ．(a) 糸の張力 (b) 物体の加速度 (c) 物体が床に衝突するときの速さ (d) (c)の答を孤立系のエネルギーの考察で示せ．

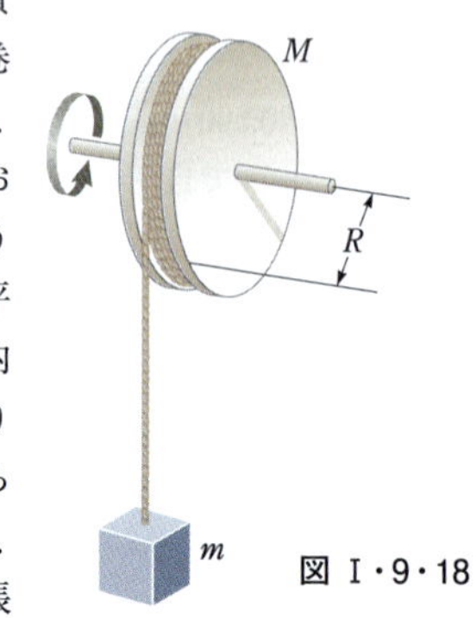

図 I・9・18

9・9　分析モデル: 非孤立系の角運動量

9・10　分析モデル: 孤立系の角運動量

37. 遊園地にメリーゴーランドがあり，その半径は $R = 2.00\ \mathrm{m}$，慣性モーメントは $I = 250\ \mathrm{kg \cdot m^2}$ で，摩擦のない回転軸のまわりに 10.0 回転 /min で回転している．回転軸に向かって，質量 $m = 25.0\ \mathrm{kg}$ の子どもがメリーゴーランドの縁に飛び乗り，なんとかして座った．メリーゴーランドの角速度はどうなるか？

38. 質量 2.00 kg の質点の位置ベクトルは，時間 t の関数として $\vec{r} = (6.00\hat{i} + 5.00t\hat{j})$ と表される．ただし，数値はメートルと秒の単位で示されている．原点のまわりのこの質点の角運動量を，時間の関数として求めよ．

39. 質量 12 000 kg の飛行機が，カンザス平原をほぼ一定の高度 4.30 km と一定の速度 175 m/s で，ロッキー山脈のパイクスピークを目指して西向きに飛行している．(a) 飛行機の真下にいる小麦農家の農民を基準として，飛行機の角運動量ベクトルを求めよ．(b) 飛行機がまっすぐに飛行を続けると，この角運動量の大きさは変化するか？ (c) この場合は？ パイクスピークを基準にすると，角運動量はどうなるか？

40. ロンドンの国会議事堂にある時計台のビッグベン(図 I・9・2)の短針と長針の長さと質量は，それぞれ，2.70 m と 4.50 m，60.0 kg と 100 kg である．回転軸を基準にして，これらの針の全角運動量を求めよ．(針は一様な細い棒で，その一端を軸にして回転するものとする．短針と長針は，それぞれ 12 hr および 60 min で 1 回転する．)

41. 質量 $5.00 \times 10^4\ \mathrm{kg}$ の中空円環状の宇宙ステーションを建設した(図 I・9・19)．円環の内部にいる搭乗員は，円環の外周の内壁を歩く．外周の半径は $r = 100\ \mathrm{m}$ である．ステーションは完成時には静止しているが，搭乗員が地上の g と実効的に同じ加速度を感じられるように，中心軸のまわりに回転させる．回転させるために，ステーションの円環の外周の相対する位置に 2 個の小型ロケットを取り付

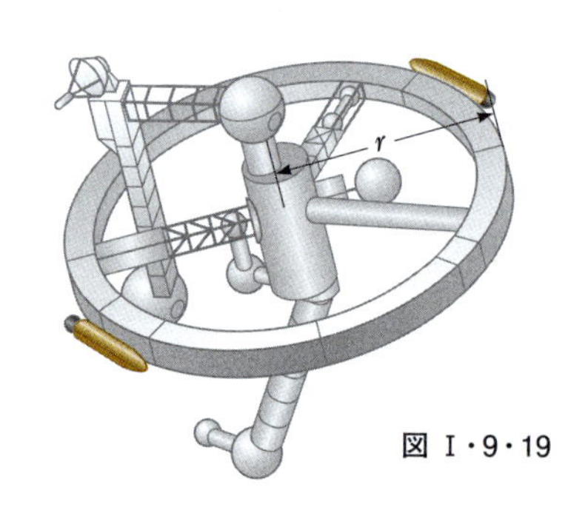

図 I・9・19

け，円環の接線方向に噴射させる．(a) 宇宙ステーションの角運動量を求めよ．(b) ロケットがそれぞれ 125 N の推力を与えるとして，所定の角速度に達するためにロケットを噴射させた時間を求めよ．

42. 図 I・9・20 のように，質量 $m_1 = 80.0$ g，半径 $r_1 = 4.00$ cm のパック（円板）が，速さ $v = 1.50$ m/s でエアテーブル上を滑る．半径 $r_2 = 6.00$ cm，質量 $m_2 = 120$ g で，静止していたもう一つのパックに，側面がちょうど接するように衝突した．側面に瞬間接着剤を塗ってあったので，衝突（接触）後の 2 個のパックは一体となり，回転を始めた（図 I・9・20）．(a) 質量中心を基準とする角運動量を求めよ．(b) 質量中心のまわりの角速度を求めよ．

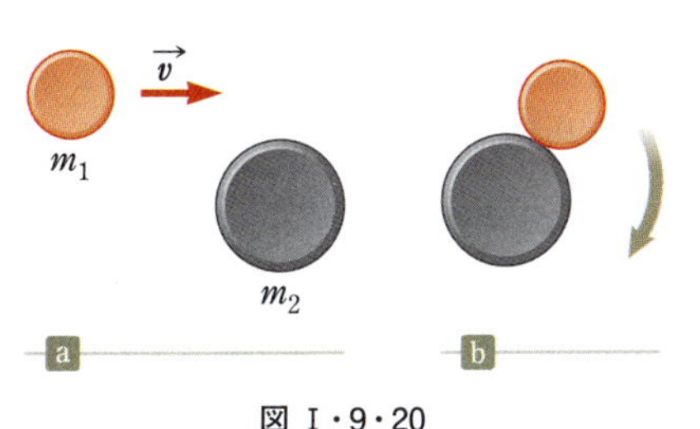

図 I・9・20

43. 学生が両手にダンベルを持って自由に回転できる椅子に座っている．ダンベルの質量はそれぞれ 3.00 kg である（図 I・9・21）．腕を水平に伸ばすと（図 I・9・21a）ダンベルは回転軸から 1.00 m の位置にあり，学生は角速度 0.750 rad/s で回転した．ダンベルを持っていないとき，学生と椅子の系の椅子の回転軸のまわりの慣性モーメントは 3.00 kg・m^2 で一定とする．学生はダンベルを回転軸から 0.300 m の位置まで水平に引きつけた（図 I・9・21b）(a) このときの学生の角速度を求めよ．(b) ダンベルを引きつける前後での，系の回転運動の運動エネルギーを求めよ．

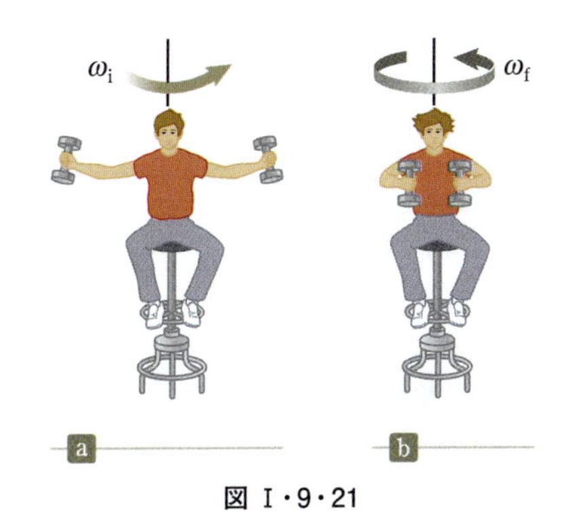

図 I・9・21

9・11 ジャイロスコープの歳差運動

44. 図 I・9・22 は，歳差運動をするジャイロスコープの角運動量ベクトルの動きを示す．角運動量ベクトルの先端が動く角速度は歳差振動数といい，$\omega = \tau / L$ で与えられる．ただし，τ はジャイロスコープが受けるトルクの大きさ，$\vec{L}$ は角運動量である．地球の地軸が公転面の法線のまわりで歳差運動をする運動は特に分点歳差というが，その周期は 2.58×10^4 yr である．地球を一様な球とみなし，この歳差運動のもととなっているトルクを求めよ．

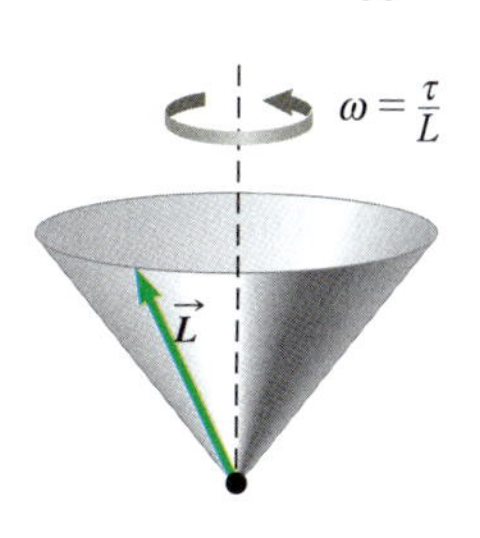

図 I・9・22 歳差運動をする角運動量ベクトルは円錐面をつくる．

9・12 剛体の転がり運動

45. 質量 10.0 kg の円柱が水平面上を滑ることなく転がる．ある瞬間において，その質量中心の速さは 10.0 m/s である．次の量を求めよ．(a) 質量中心の並進運動の運動エネルギー，(b) 質量中心のまわりの回転の運動エネルギー，(c) 全力学的エネルギー．

46. **S** 一様で内部の詰まった円板と，輪投げの輪のような円環を，高さ h の斜面の頂点に並べて置く．これらを同時に静かに放し，それらが滑らずに転がるなら，どちらが先に斜面の下に到達するか？

47. **QC** テニスボールは薄肉で中空の球である．図 I・9・23 に示す軌道の水平部分で，テニスボールが滑らないように 4.03 m/s の速さで転がした．ボールは，鉛直に立った半径 $r = 45.0$ cm のループ軌道の内側を転がっていく．ループ軌道の下部を完全な円形からずらせてあるので，最終的にはボールは最初の水平面から $h = 0.20$ m だけ低い位置に達した．(a) ループの頂点におけるボールの速さを求めよ．(b) ループの頂点においてボールが落ちることがないことを示せ．(c) ループの終点における速さを求めよ．**この場合は？** (d) ボールと軌道との静止摩擦を無視でき，ボールが転がらずに滑っていくとする．ループの頂点におけるボールの速さを，上の場合と比較せよ．(e) その理由を述べよ．

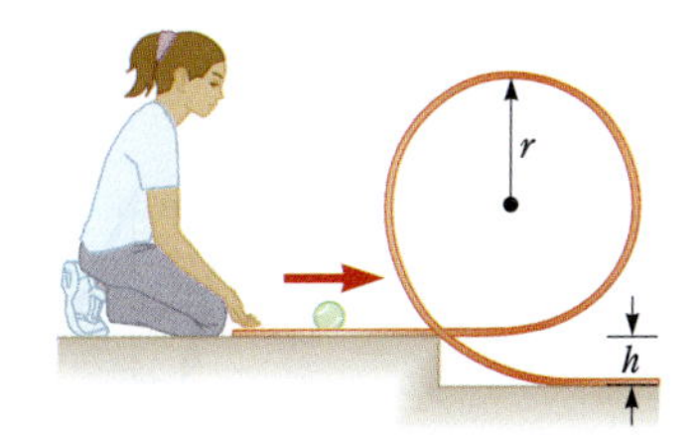

図 I・9・23

追加問題

48. **S** 図 I・9・24 に示すように，長さ L，質量 M で一端に水平な回転軸が付いた長い棒がある．回転軸の摩擦は無視する．この棒を鉛直の状態で静かに放す．棒が水平になった瞬間の次の量を求めよ．(a) 角速度，(b) 角加速度，(c) 質量中心の加速度の x 成分と y 成分，(d) 回転軸が棒に及ぼす力の各成分．

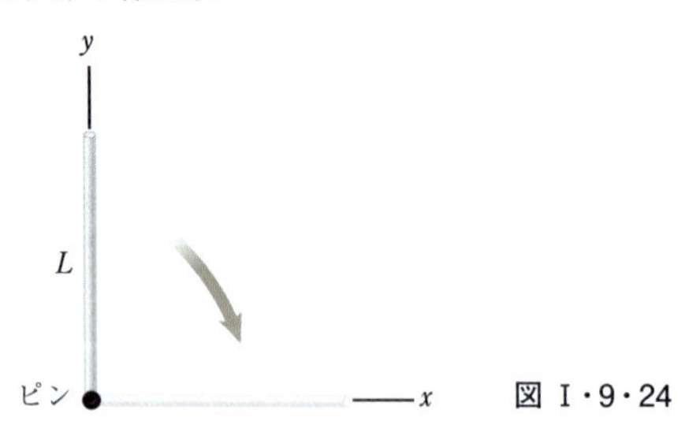

図 I・9・24

49. 図 I・9・25 のように，同じ質量 75.0 kg をもつ2人の宇宙飛行士が長さ 10.0 m で質量を無視できるロープで結ばれている．2人はその質量中心のまわりに 5.00 m/s の速さで回転している．宇宙飛行士を質点とみなして次の量を求めよ．(a) 2人の宇宙飛行士の系の角運動量，(b) 系の回転の運動エネルギー．次に，1人の宇宙飛行士がロープを引っ張ってその長さを 5.00 m にした．(c) 系の新たな角運動量を求めよ．(d) 2人の宇宙飛行士の新たな速さを求めよ．(e) 系の新たな回転の運動エネルギーを求めよ．(f) ロープを引っ張って長さを縮めたとき，その宇宙飛行士の身体の化学エネルギーが，ある変換効率で力学的エネルギーに変わった．その力学的エネルギーを求めよ．

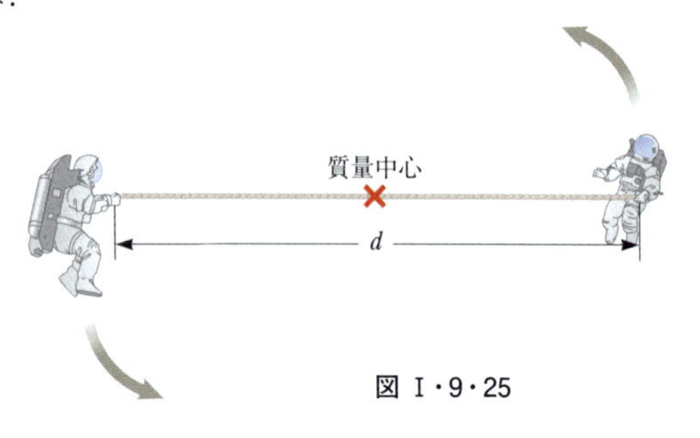

図 I・9・25

50. BIO 人が片足でつま先立ちするとき，足の位置は図 I・9・26a のようになる．身体に働く全重力 $\vec{F}_{重力}$ が，床から一方の足のつま先に働く垂直抗力 $\vec{n}$ で支えられる．図 I・9・26b はこの状態の機械的モデルを示す．ただし，$\vec{T}$ はアキレス腱が足に及ぼす力，$\vec{R}$ は脛骨が足に及ぼす力である．$F_{重力} = 700$ N のときの T，R，角度 θ を求めよ．

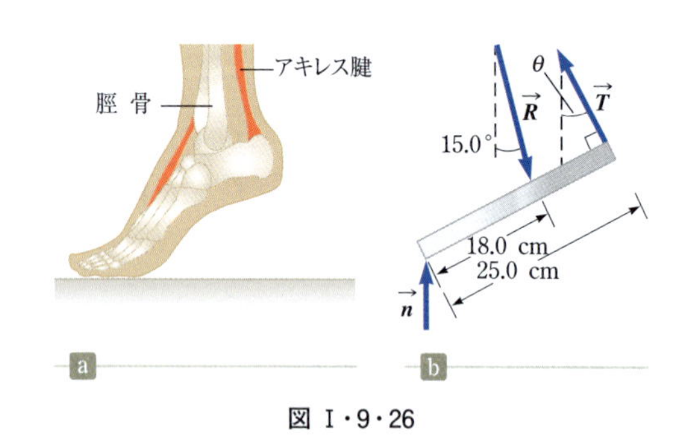

図 I・9・26

51. S 図 I・9・27 に示すように，質量が M で肉厚の円筒があり，その内径（内側の半径）は $R/2$，外径（外側の半径）は R である．この円筒は中心の孔に通した固定されて回転しない水平軸のまわりに回転できる．円筒のまわりに巻きつけたひもの端に質量 m のおもりを付ける．おもりは時刻 $t = 0$ に静止状態から落ち始め，時刻 t に y だけ下の位置まで落下した．円筒の内面とそこに通した回転軸の間の摩擦力によるトルクが次式で与えられることを示せ．

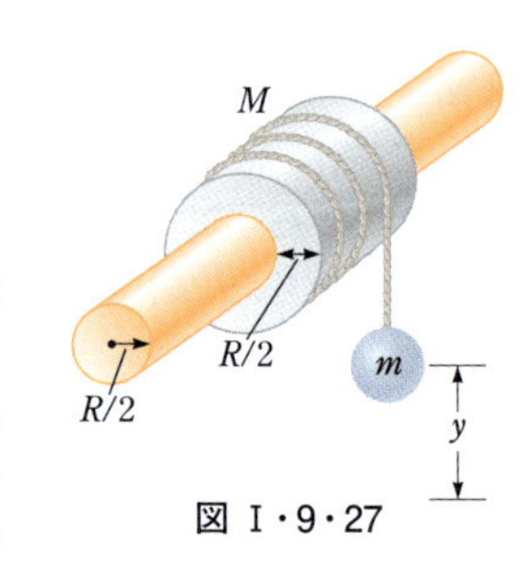

図 I・9・27

$$\tau_{摩擦} = R\left[m\left(g - \frac{2y}{t^2}\right) - M\frac{5y}{4t^2}\right]$$

52. 図 I・9・28 は塗装などの高所作業に使う脚立の構造を示す．AC = BC = l = 4.00 m で，脚立の重さは人の体重に比べて無視できるとする．質量 m = 70.0 kg の塗装工が，図のように脚立の下から d = 3.00 m のステップに立っている．床の摩擦は無視できるものとし，次の量を求めよ．(a) A と B における垂直抗力，(b) 左右のはしごをつなぐ水平棒 DE の張力，(c) 左右のはしごが力を及ぼしあうつなぎ部分 C に働く力の成分．〔ヒント：脚立全体を剛体とみてよい場合と，左右のはしごを，それぞれ別々の剛体とみなさなければならない場合がある．〕

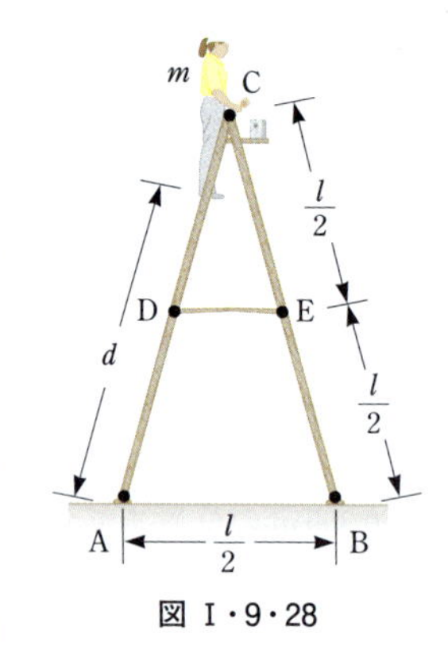

図 I・9・28

53. QC S 図 I・9・29 に示すように，粘着力の強い粘土の塊を内部の詰まった円柱に投げつける．粘土の質量は m，速度は v_i で，円柱の質量は M，半径は R である．円柱はその質量中心を通る水平軸で支えられ，最初は静止している．投げた粘土の軌道は円柱の軸に垂直で，軸からの距離 $d < R$ である．(a) 粘土が円柱の表面に固着した瞬間の系の角速度を求めよ．(b) この過程で粘土-円柱系の力学的エネルギーは一定か？ 説明せよ．(c) この過程で粘土-円柱系の運動量は一定か？ 説明せよ．

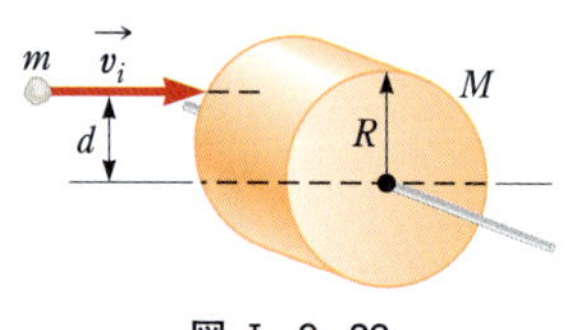

図 I・9・29

54. 図 I・9・30 に，よく知られた演示実験装置を示す．長さ l の一様な板の一端を支持棒で持ち上げて角度 θ で傾斜させる．板の右端にはボールを置く．棒と比べて十分に軽いカップを板の左端からの距離 r の位置に取り付け，支持棒をすばやく外したときにボールがカップの中に落下するようにしたい．(a) $\theta < 35.3°$ ならば，ボールは落ちる板の右端より遅れて落ちることを示せ．(b) 板の長さ $l = 1.00$ m で，傾斜の角度 $\theta = 35.3°$ ならば，カップの位置は $r = 81.6$ cm でなければならないことを示せ．

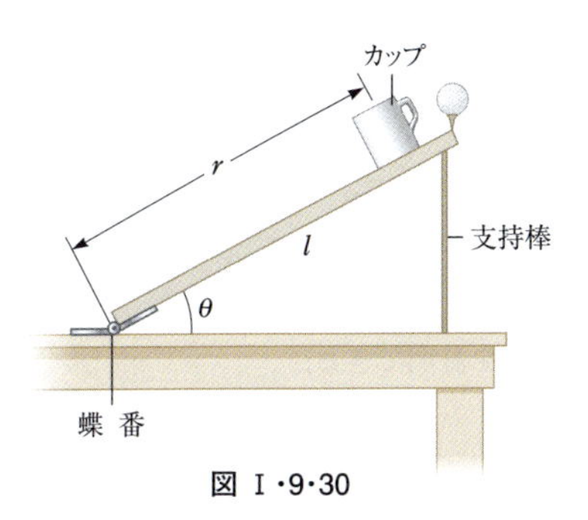

図 I・9・30

55. S 質量 M，半径 R の円板にひもが巻きつけられている．図 I・9・31 のように，固定した棒にひもの上端を取り付けてひもを鉛直にし，円板を静かに放す．次のことを示せ．(a) ひもの張力は円板に働く重力の 1/3，(b) 質量中心の加速度は $2g/3$，(c) 円板が距離 h だけ落下したときの質量中心の速度は $(4gh/3)^{1/2}$．(d) エネルギーの観点から (c) の答を証明せよ．

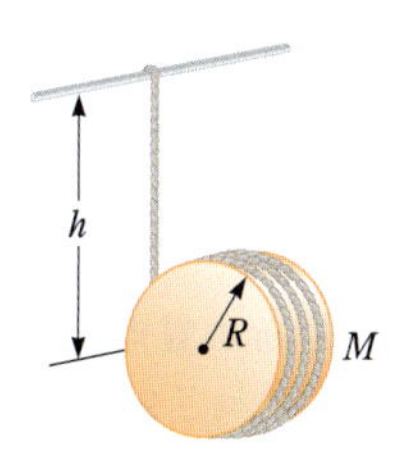

図 I・9・31

56. **次の状況がありえないのはなぜか．** 図 I・9・32a に示すように，工場の作業員がロープを使ってキャビネットを引いている．ロープはキャビネットの下から $h_1 = 10.0$ cm の位置に取り付けられ，床と $\theta = 37.0°$ の角度をなしている．一様な直方体のキャビネットの高さは $l = 100$ cm，幅 $w = 60.0$ cm，重さは 400 N である．力 $F = 300$ N で引くと，キャビネットは一定の速さで滑り動いた．作業員は後ろ向きに引くのに疲れたので，ロープをキャビネットの下から $h_2 = 65.0$ cm の位置に付け直し，ロープを肩に掛けて前向きに引いた．こうすると，ロープは今度も床と $\theta = 37.0°$ の角度をなし，張力は 300 N であった．この方法によって，作業員は疲れることなく長距離にわたってキャビネットを引いていくことができた．

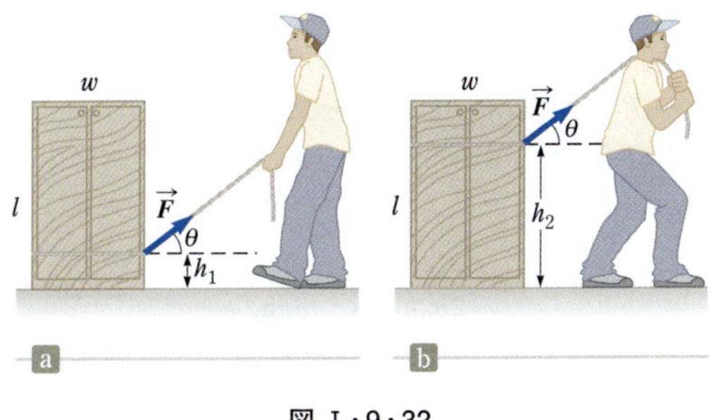

図 I・9・32

57. Q|C 図 I・9・33 に示すように，重力 F が働いている一様な円柱に対して，その側面の接線方向に力を加える．円柱と縦・横の壁面との静止摩擦係数は 0.500 である．円柱が回転し始めるまで，力を少しずつ増していく．円柱が回転しない最大限の力 $\vec{P}$ を F を用いて表せ．〔ヒント：円柱が滑る限界のときに摩擦力が最大になることを示せばよい．〕

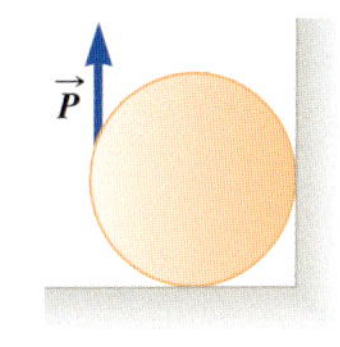

図 I・9・33

58. Q|C スケートボーダーを，しゃがんだ姿勢のときに地面からの高さ 0.500 m にある質点とみなす．質量は 76.0 kg である．図 I・9・34 に示すように，彼は，ハーフパイプの一方の上端（Ⓐ 点）にしゃがんだ姿勢で静かにスタートする．ハーフパイプは半径 6.80 m の半円筒形で，その軸は水平である．傾斜を下っていくとき，彼はしゃがんだ姿勢のまま摩擦なしに滑り，質量中心はちょうど 1/4 円周を描いた．(a) ハーフパイプの底部（Ⓑ 点）における速さを求めよ．(b) そのときの円の中心を基準とする角運動量を求めよ．(c) Ⓑ 点を通過した直後に，彼は立ち上がって両腕を上げ，質量中心は底部（Ⓒ 点）からの高さ 0.950 m となった．このとき角運動量はなぜ一定であるか，運動エネルギーはなぜ一定ではないか，理由を述べよ．(d) 立ち上がった直後の速さを求めよ．(e) 立ち上がったときに，彼の脚の化学エネルギーが，スケートボーダー－地球系の力学的エネルギーに変わった．その量を求めよ．

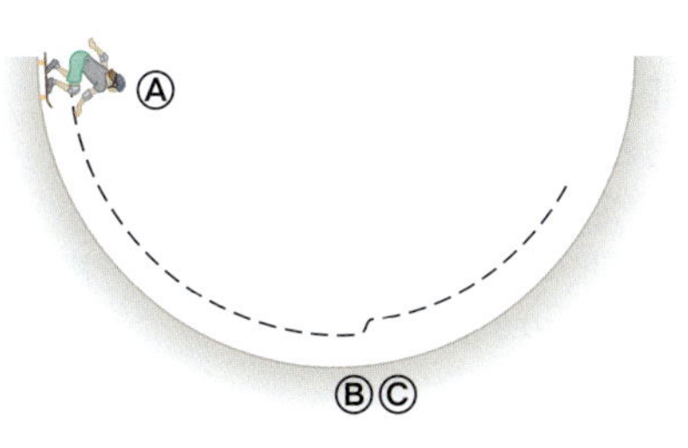

図 I・9・34

59. 宇宙空間にある宇宙船を考える．宇宙船には軸のまわりの慣性モーメントが $I_1 = 20.0\ \mathrm{kg \cdot m^2}$ のジャイロスコープが搭載されている．それと同じ軸のまわりの宇宙船の慣性モーメントは $I_2 = 5.00 \times 10^5\ \mathrm{kg \cdot m^2}$ である．最初は，ジャイロスコープも宇宙船も回転していないとする．ジャイロスコープはほぼ瞬間的に起動して角速度 100 rad/s で回転させることができる．宇宙船の向きを 30.0° 変えるためには，ジャイロスコープをどれだけの時間動作させる必要があるか？

10 重力，惑星の軌道および水素原子

まとめ

ニュートンの万有引力の法則(Newton's law of universal gravitation)によれば，距離 r だけ離れた質量 m_1 と m_2 の2質点の間に働く引力の大きさは，

$$F_{重力} = G\frac{m_1 m_2}{r^2} \qquad (10\cdot1)$$

ここで，G は**万有引力定数**(universal gravitational constant)で，その値は $6.674 \times 10^{-11}\,\mathrm{N\cdot m^2/kg^2}$.

重力を2物体間の直接相互作用と考えるのではなく，一つの物体が空間に**重力場**(gravitational field)をつくると考える.

$$\vec{g} \equiv \frac{\vec{F}_{重力}}{m} \qquad (10\cdot4)$$

この場に置かれた第二の物体は，力 $\vec{F}_{重力} = m\vec{g}$ を受ける.

惑星運動に関するケプラーの法則(Kepler's laws of planetary motion)によれば，

1. 太陽系のそれぞれの惑星は，太陽を一つの焦点とする楕円軌道を動く.
2. 太陽と任意の惑星を結ぶ半径ベクトルは，一定時間内に一定の面積を掃引する.
3. どの惑星でもその軌道周期の2乗は，楕円軌道の半長径の長さの3乗に比例する.

ケプラーの第一法則(Kepler's first law)は，万有引力が距離の2乗に反比例することの帰結である．楕円の**半長径**は a であり，$2a$ は楕円の長さである．楕円の**半短径**は b で，$2b$ は楕円の幅である．楕円の離心率は $e = c/a$ で，c は中心と焦点との距離であり，$a^2 = b^2 + c^2$ である.

ケプラーの第二法則(Kepler's second law)は，重力が中心力であることの帰結である．中心力のもとでは，惑星の角運動量は保存される.

ケプラーの第三法則(Kepler's third law)は，万有引力が距離の2乗に反比例することの帰結である．ニュートンの第二法則と，(10·1)式の万有引力の法則を組合わせて，太陽を回る惑星の周期 T と半長径 a は次の関係で結ばれることを証明できる.

$$T^2 = \left(\frac{4\pi^2}{GM_{太陽}}\right)a^3 \qquad (10\cdot7)$$

ここで，$M_{太陽}$ は太陽の質量である.

大きい質量 M の物体と小さい質量 m の質点とで構成される孤立系があり，質量 m の質点が質量 M の物体の近傍で速さ v で動くならば，系の全エネルギーは一定で，それは，

$$E = \tfrac{1}{2}mv^2 - \frac{GMm}{r} \qquad (10\cdot8)$$

質量 m の質点が，質量 M の物体 ($M \gg m$) のまわりで長軸の長さ $2a$ の楕円軌道を動くならば，系の全エネルギーは次のようになる.

$$E = -\frac{GMm}{2a} \qquad (10\cdot11)$$

どんな束縛系でも全エネルギーは負であり，束縛系は，円軌道や楕円軌道のような閉じた軌道をもつ.

ボーアの原子モデルは，水素原子と水素原子型イオンのスペクトルを見事に説明する．この構造モデルは次の基本仮定をおく．電子が存在できる軌道は，その角運動量 $m_{電子}vr$ が $\hbar \equiv h/2\pi$ の整数倍であるような軌道である．円軌道と電子-陽子間の単純な電気力を仮定すると，水素の量子状態のエネルギーは次式で与えられる.

$$E_n = -\frac{k_e e^2}{2a_0}\left(\frac{1}{n^2}\right) \qquad n = 1, 2, 3, \cdots \qquad (10\cdot24)$$

ここで，k_e はクーロン定数，e は素電荷，n は**量子数**(quantum number)とよばれ正の整数，$a_0 = 0.0529\,\mathrm{nm}$ は**ボーア半径**(Bohr radius)である.

もし，水素原子が量子数 n_i の状態から n_f の状態へ遷移($n_f < n_i$)すると，原子が放射する電磁波の振動数は，

$$f = \frac{k_e e^2}{2a_0 h}\left(\frac{1}{n_f^2} - \frac{1}{n_i^2}\right) \qquad (10\cdot26)$$

$E_i - E_f = hf = hc/\lambda$ を用いて，さまざまな遷移の放射波長を計算することができる．計算された波長は，観測された原子スペクトルと見事に一致する.

10・1 ニュートンの万有引力の法則 再訪

1. 2隻の40000トンの船が100 mの距離を隔てて並走している．一方の船が他方から重力相互作用で受ける加速度の大きさを求めよ．船を質点とみなしてよい．

2. QC 日食のときには，月を挟んで地球と太陽が一直線上に並ぶ．(a) 太陽が月に及ぼす力を求めよ．(b) 地球が月に及ぼす力を求めよ．(c) 太陽が地球に及ぼす力を求めよ．(d) 太陽が月を地球から引きはがさない理由を考察せよ．

3. 質量300 kgの人工衛星が地球のまわりを周回する．地表からの高度は地球の半径に等しい．次の量を求めよ．(a) 軌道を回る人工衛星の速さ，(b) 周回の周期，(c) 人工衛星に働く重力．

4. 基礎物理の実験室に，万有引力定数Gを測定するための典型的なキャベンディッシュ天秤がある．それは，質量1.50 kgと15.0 gの2個の鉛の球を，その中心間の距離を4.50 cmとして配置した装置である．2個の球の間に働く重力を求めよ．ただし，2個の球をそれぞれの質量中心に置いた2個の質点とみなす．

5. ある学生が次のような方法で万有引力を測定する方法を提案した．大聖堂の高い天井から吊るした2本のロープの下端に，質量100.0 kgの球体2個を取り付け，ロープの鉛直からの傾きを測定する．そのために，長さ45.00 mの2本のロープを1.000 m離して吊るした．まず，一つの球体をロープに吊るし，その位置を精密に測定する．次に，もう一つの球体を隣のロープに吊るすと，2つの球体は万有引力によって互いに引き合う．最初の球体が後で吊るした球体との万有引力によって，水平方向に移動する距離はどれくらいか?〔ヒント: この距離はきわめて小さいので，適切な近似を用いてよい．〕

6. 自由落下の加速度は，月面では地球表面の$\frac{1}{6}$である．月の半径は$0.273R_{地球}$($R_{地球}$ = 地球の半径)である．月と地球の平均密度の比$\rho_{月}/\rho_{地球}$を求めよ．

7. **次の状況がありえないのはなぜか．** 2個の一様な球が中心間の距離1.00 mを隔てて置かれる．それぞれの球は周期表の中の同一の元素から作られている．そのような2個の球の間の万有引力の大きさが1.00 Nであった．

8. 図I・10・1aは，天王星の衛星の一つであるミランダの写真である．これは半径242 kmで質量6.68×10^{19} kgの球体とみなすことができる．(a) その表面における自由落下の加速度を求めよ．(b) ミランダの表面には，高さが5.00 kmの崖がある．図I・10・1aの11時の方向に見えており，図I・10・1bはその拡大写真である．もし，スポーツの愛好家がこの崖の上から8.50 m/sの速さで水平に飛び出すなら，その人が宙を飛んでいられる時間を求めよ．(c) 飛び出した位置と，崖の下の着地点との距離を求めよ．(d) 崖の下の水平面に着地するときの速度ベクトルを求めよ．

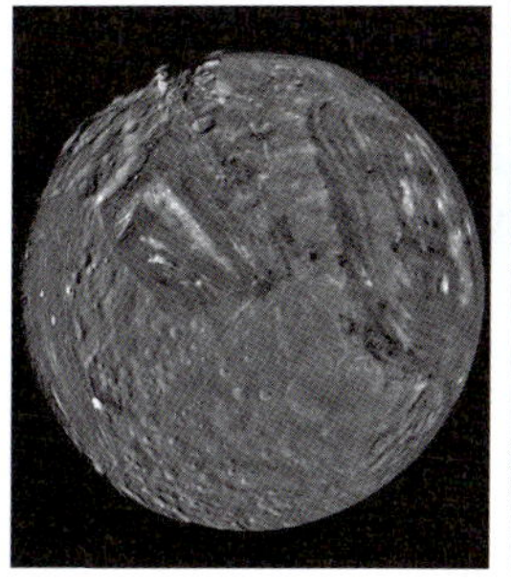

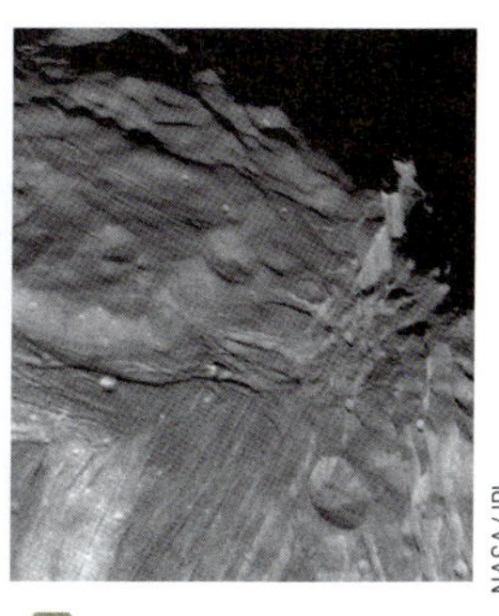

図 I・10・1

9. 長さ100 mで全質量が1000 kgの円柱形の宇宙船がある．この宇宙船が迷走し，太陽の100倍の質量のブラックホールに接近しすぎた(図I・10・2)．宇宙船の頭部はブラックホールに，尾部はブラックホールと逆の向きを向いている．頭部とブラックホールの中心との距離は10.0 kmであった．(a) 宇宙船全体に働く合力を求めよ．(b) 頭部と尾部に働く重力場の差を求めよ．(これによる加速度の差は，宇宙船がブラックホールに近づくとますます増大する．その結果，宇宙船の頭部と尾部の間の張力が増大し，宇宙船がちぎれることがありうる．)

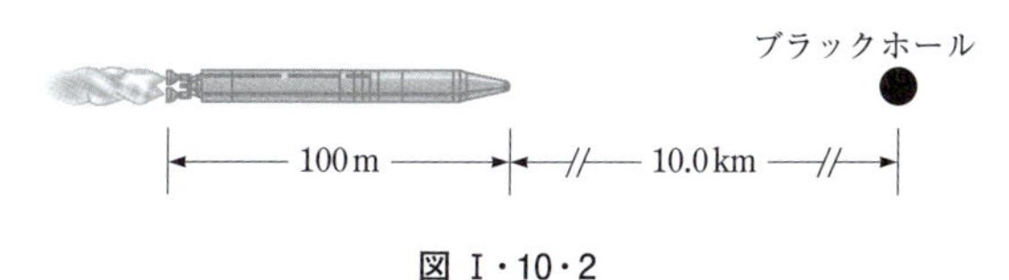

図 I・10・2

10. QC S (a) 図I・10・3に示すように，同じ質量Mの2個の物体を距離$2a$だけ隔てて置く．2物体を結ぶ線分の垂直二等分線上で，線分から距離rの位置にあるP点における重力場ベクトルを求めよ．(b) $r \to 0$のとき重力場は0に近づく．その理由を物理的に説明せよ．(c) $r \to 0$のとき重力場が0に近づくことを(a)の結果を用いて数学的に示せ．(d) $r \to \infty$のとき，重力場の大きさが$2GM/r^2$に近づくことを物理的に説明せよ．(e) $r \to \infty$のとき，重力場の大きさが$2GM/r^2$に近づくことを(a)の結果を用いて数学的に示せ．

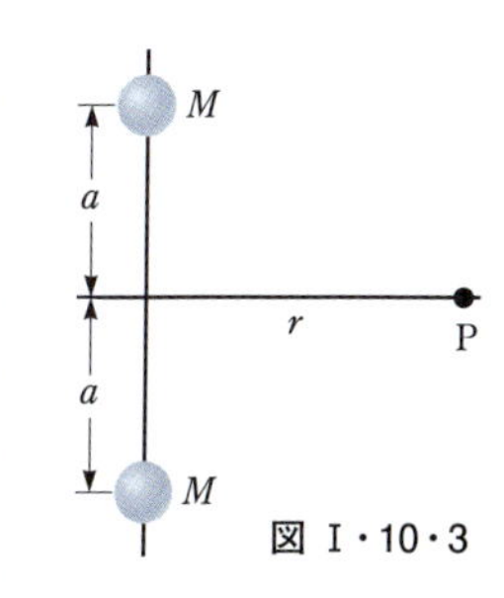

図 I・10・3

11. 落下する隕石の高度が地球の半径の3.00倍であるとき，地球の重力による加速度を求めよ．

10・3 ケプラーの法則

12. 図I・10・4に示すように，2つの惑星が恒星のまわりの円軌道を反時計回りに周回している．それぞれの軌道半径の比は3：1である．ある瞬間に，2つの惑星は図I・10・4aのように恒星を含む直線上にあった．それから5年の間に，惑星Xの角度の変位は，図I・10・4bのように，90.0°であった．この間の惑星Yの角度の変位を求めよ．

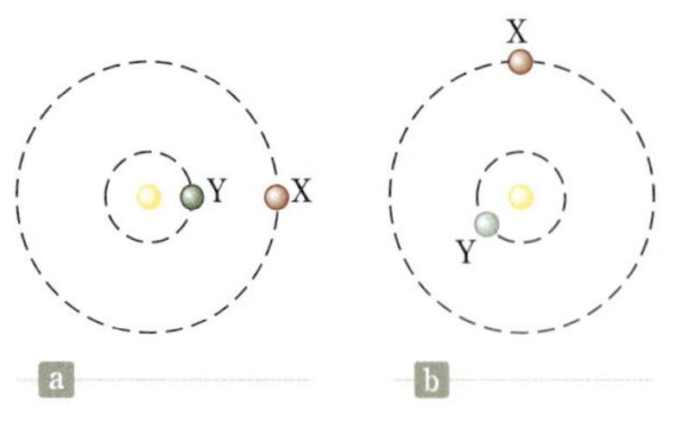

図 I・10・4

13. 地球は自転するが，通信衛星は赤道上の一地点の上空に静止して見える．(a) その軌道の半径を求めよ．(b) この衛星は北極付近の送信機からの電波信号を中継して，やはり北極付近の地表にある受信機に送る．光速で進む電波信号が，送信機から受信機まで到達するのに要する時間を求めよ．

14. QC 太陽の重力が突然消失したとする．惑星はそれまでの軌道を外れて，ニュートンの第一法則で表現されるように直線上を飛び去るであろう．(a) 太陽を基準として，水星が冥王星より遠くになることがあるか？ (b) もしあるなら，そうなるまでの時間を求めよ．ただし，水星の軌道半径は 5.79×10^{10} m，冥王星の軌道半径は 5.91×10^{12} m．（冥王星の軌道は円軌道から大きくずれているが，平均としてこの半径の円軌道とみなす．）

15. 木星の第一衛星であるイオの公転周期は1.77日，軌道半径は 4.22×10^5 km である．このことから，木星の質量を求めよ．

16. プラスケット連星とよばれる連星は，図I・10・5に示すように2個の恒星が質量中心のまわりの同じ円軌道を周回する系である．それはすなわち，2個の恒星の質量が等しいことを意味する．それぞれの恒星の周回の速さは $|\vec{v}| = 220$ km/s，周期は14.4日である．それぞれの恒星の質量を求めよ．（参考：われわれの太陽の質量は 1.99×10^{30} kg である．）

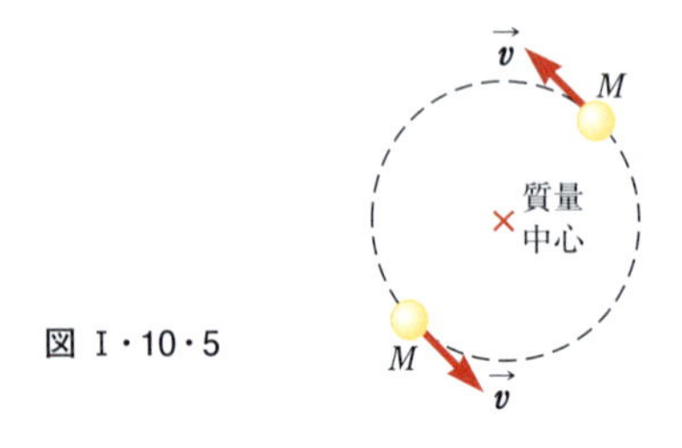

図 I・10・5

17. 図I・10・6に示すように，ハレー彗星は太陽までの距離0.570 AUにまで接近し，その周回の周期は75.6 yrである．ただし，AUは地球と太陽の平均距離を表す天文学の単位で，1 AU = 1.50×10^{11} m である．ハレー彗星が太陽から最も遠ざかる位置から太陽までの距離を求めよ．

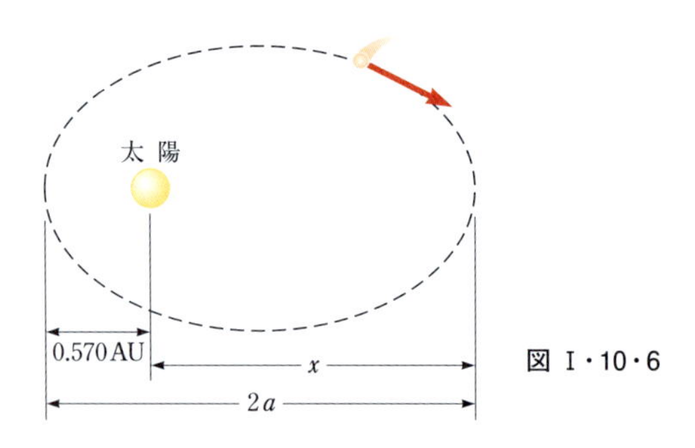

図 I・10・6

10・4　惑星と衛星の運動のエネルギー的考察

18. 太陽が核融合のエネルギー源を使い果たした後には，白色矮星になるという運命が待っている．この状態では，質量は現在とほぼ同じだが，その半径は地球と同程度になる．次の量を求めよ．(a) 白色矮星の平均密度，(b) 表面における自由落下の加速度，(c) 表面にある質量1 kgの物体に関する重力ポテンシャルエネルギー

19. S "樹上衛星(tree top satellite)"とよばれる衛星は，大気の抵抗がないとすれば，惑星の表面すれすれの円軌道を周回する．その速さ v はその惑星からの脱出速度と次の関係があることを示せ．$v_{脱出} = \sqrt{2}v$

20. 宇宙探査機を地表から初期速度 2.00×10^4 m/s で発射する．地球の重力が無視できるほど地球から遠く離れたときの探査機の速さを求めよ．大気の摩擦と地球の自転は無視する．

21. (a) 質量100 kgの装置を，地表から1000 kmの地点まで持ち上げるに要する仕事を求めよ．(b) その高度にあるこの装置を，地球を周回する円軌道に乗せるためには，さらにどれだけの仕事が必要になるか？

22. 質量200 kgの人工衛星が高度200 kmの地球周回軌道にある．(a) 軌道を円として，1周に要する時間を求めよ．(b) 人工衛星の速さを求めよ．(c) 地表にある人工衛星をこの周回軌道に乗せるために必要なエネルギーの最小値を求めよ．ただし，空気の抵抗は無視するが，地球の自転の効果は考慮に入れること．

23. S 半径 $2R_{地球}$ の円軌道で地球を周回する質量 m の人工衛星を，半径 $3R_{地球}$ の軌道に乗せるために必要なエネルギーを求めよ．

24. 質量 1.20×10^{10} kg の彗星が太陽を回る楕円軌道にある．太陽からの距離は最短0.500 AU，最長50.0 AUである．(a) 軌道の離心率を求めよ．(b) その周期を求めよ，(c) 遠日点における彗星−太陽系のポテンシャルエネルギーを求めよ．ただし，AUは天文学単位で，1 AU = 太陽−地球の平均距離 = 1.496×10^{11} m．また，太陽の質量

は $M_{太陽} = 1.99 \times 10^{30}$ kg（後ろ見返し参照）.

25. (a) 地球の軌道から宇宙船がスタートする場合，太陽系を脱出するのに必要な，太陽を基準とする最小の速さを求めよ．(b) ボイジャー1号が木星を撮影するための飛行中に，その最大の速さは 125 000 km/h であった．太陽からの距離がどれくらいであれば，この速度で太陽系を脱出できるか？

26. 空気の抵抗は無視して，次の問いに答えよ．(a) 宇宙船が地表から初期の速さ 8.76 km/s で鉛直上方に発進する．この速さは脱出速度 11.2 km/s には及ばないが，この宇宙船が到達できる最高の高さを求めよ．(b) ひとつの流星が地球に落下する．それが地表から高度 2.51×10^7 m の位置にあるときは，地球に対して静止していた．流星が地表に到達するときの速さを求めよ．

10・5 原子スペクトルとボーアの水素原子理論

27. 水素原子は $n = 3$ の状態から $n = 2$ の状態への遷移の際に光を放射する．次の量を求めよ．(a) 光のエネルギー，(b) 光の波長，(c) 光の振動数．ただし，$n = 1$ の状態のエネルギーは -13.6 eV である．

28. 基底状態の水素原子について，ボーアの原子モデルを用いて次の量を求めよ．(a) 電子の軌道運動の速さ，(b) 電子の運動エネルギー，(c) 原子の静電ポテンシャルエネルギー

追加問題

29. **S** 天文学者が地球から十分離れた位置に流星を発見した．それは直線軌道上を運動しており，その直線の延長は地球の中心からの距離 $3R_{地球}$ の地点を通る．ただし，$R_{地球}$ は地球の半径である．その流星が地球に衝突しないためには，最小限，どれだけの速さをもっていればよいか？

30. 月の重力による加速度 $g_{月}$ について，月に最も近い地球の表面と最も遠い地球の表面におけるその差を $\Delta g_{月}$ する．これと，地球の表面における地球の重力加速度 g との比 $\Delta g_{月} / g$ を求めよ．（この差が，海の潮の干満の一因である．）

31. **S** 同じ質量 m，半径 r の2個の剛体球を，その中心間の距離を R にして，何もない空間に静かに置く．互いの万有引力によって2個の球を衝突させる．
(a) 2個の球が接触する前にそれぞれが受ける力積が $[Gm^3 (1/2r - 1/R)]^{1/2}$ で与えられることを示せ．(b) **この場合は？** 2個の球が弾性衝突をするとして，それらが接触しているときに受け取る力積を求めよ．

32. **S** 図 I・10・7 のように，質量 m と M で，距離 d だけ離れている2つの恒星が，その質量中心のまわりの円軌道を周回している．それぞれの恒星の公転周期 T が次式で与えられることを示せ．

$$T^2 = \frac{4\pi^2 d^3}{G(M+m)}$$

〔ヒント：まずニュートンの第二法則をそれぞれの恒星に適用する．次に質量中心という条件は $Mr_2 = mr_1$，$r_1 + r_2 = d$ と表せる．〕

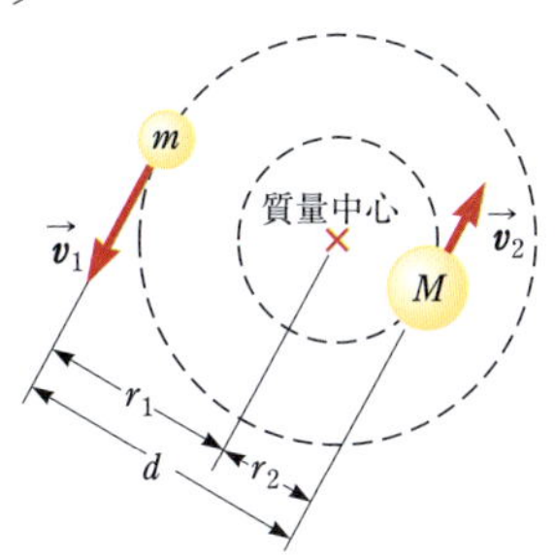

図 I・10・7

33. 恒星・惑星の天文学では物質が円環状になった構造がしばしば登場する．たとえば，土星の輪や環状星雲などである．質量 2.36×10^{20} kg，半径 1.00×10^8 m で一様な輪を考えよう．図 I・10・8 に示すように，質量 1000 kg の物体が輪の中心からの距離 2.00×10^8 m の A 点にあるとする．この物体を放すと，物体は輪の引力によってその中心の B 点に向かって動く．(a) 物体−輪の系に関して，物体が A 点にあるときの重力ポテンシャルエネルギーを求めよ．(b) 同様に，物体が B 点にあるときの重力ポテンシャルエネルギーを求めよ．(c) 物体が B 点を通過するときの速さを求めよ．

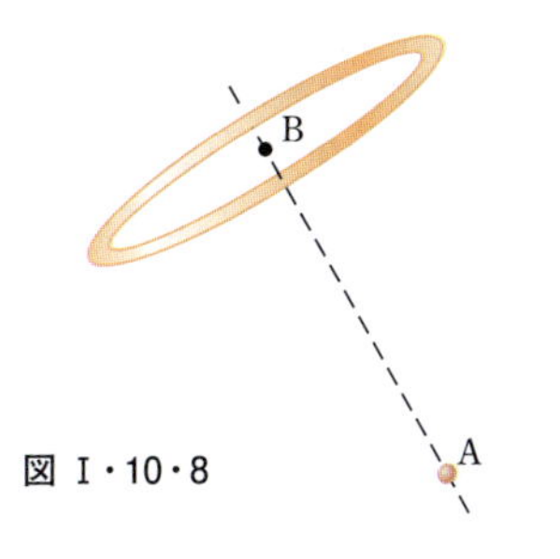

図 I・10・8

34. (a) 地表付近において，鉛直方向の自由落下の加速度の変化は次のように表されることを示せ．

$$\frac{dg}{dr} = -\frac{2GM_{地球}}{R_{地球}{}^3}$$

一般に，このような位置に関する変化率を勾配(gradient, グラジエント)という．(b) h が地球の半径より小さいものとして，距離 h だけ離れた2点間における自由落下の加速度の差が次式で表されることを示せ．

$$|\Delta g| = \frac{2GM_{\text{地球}}h}{R_{\text{地球}}{}^3}$$

(c) 2階建ての建物を想定し，$h = 6.00$ m の場合の差を求めよ．

35. 宇宙飛行士が，ある惑星を球形だと判断した．惑星に着陸後，宇宙船を降りてまっすぐに25.0 km 歩き続けたところ，乗ってきた宇宙船に反対側から戻りついた．ハンマーと羽毛を1.40 m の高さから静かに落とすと，29.2 s 後にどちらも同時に惑星表面に着いた．この惑星の質量を求めよ．

36. Q|C 多くの人は，空気の抵抗があると動く物体の速さが遅くなると考える．しかし，物体の速さが速くなることもありうる．高度200 km の円軌道で，地球を周回する100 kg の人工衛星を考える．空気抵抗によるわずかな力によって，人工衛星が高度100 km の円軌道にまで落ちるとする．(a) 人工衛星の初期の速さを求めよ．(b) 人工衛星の最終の速さを求めよ．(c) 人工衛星-地球系の初期のエネルギーを求めよ．(d) 人工衛星-地球系の最終のエネルギーを求めよ．(e) 系が力学的エネルギーを失ったことを示し，この空気の摩擦によって失われたエネルギーを求めよ．(f) 人工衛星の速さを増した力は何か？〔ヒント：軌道がらせん状になることに注意して，人工衛星に働く力の図を描いて考えよ.〕

37. 遠日点における地球と太陽の距離は 1.521×10^{11} m であり，近日点おける地球と太陽の距離は 1.471×10^{11} m である．近日点における地球の公転の速さは 3.027×10^4 m/s である．次の量を求めよ．(a) 遠日点における地球の公転の速さ，(b) 近日点における地球-太陽系の運動エネルギーとポテンシャルエネルギー，(c) 遠日点における地球-太陽系の運動エネルギーとポテンシャルエネルギー，(d) 系の全エネルギーは一定か？ 理由を付して答えよ．なお，月と他の惑星の影響は無視する．

38. GP S 質量 M で半径 R の球と，質量 $2M$ で半径 $3R$ の球を，中心間の距離を $12R$ にして静かに放す．2個の球は相手方とだけ相互作用をするものとし，それらが衝突するときの速さを求めたい．(a) この孤立系に適切なモデルを2つあげよ．(b) どちらかのモデルを用いた式を示し，放してから後の任意の時刻において，質量 M の球の速度 $\vec{\boldsymbol{v}}_1$ を質量 $2M$ の球の速度 $\vec{\boldsymbol{v}}_2$ を用いて表せ．(c) もう一方のモデルを用いた式を示し，2つの球が衝突するときの v_1 を v_2 によって表せ．(d) (b), (c) で示した2つの式を用い，2つの球が衝突するときの v_1 と v_2 を求めよ．

39. **次の状況がありえないのはなぜか．** 宇宙船が地球を周回する円軌道に乗り，エンジンを使うことなく1時間で地球を1周した．

40. Q|C 諸君は元気いっぱいで，重力の大きさとは無関係に8.50 m/s で平面上を走ることができるとする．空気のない球形の流星体の表面を走って，その流星体を周回する軌道に乗るための，(a) 流星体の半径　(b) 流星体の質量 を求めよ．ただし，流星体の密度を 1.10×10^3 kg/m^3 とする．(c) その周回運動の周期を求めよ．(d) 諸君が走ったことが流星体の運動に影響を与えるか？ 理由を付して述べよ．

41. 陽電子は電子の反粒子であり，その質量は電子の質量と等しく，電荷の電気量は等しくて符号は逆で正電荷をもつ．ポジトロニウムは1個の陽電子と1個の電子が互いに周回し合う水素原子型の複合粒子である．ボーア模型を用いて，次の量を求めよ．(a) 2個の粒子間の距離　(b) 系のエネルギー．

42. 太陽とそれが属する銀河系の関係を調べた結果，太陽は銀河系の中心から約30 000 ly (1 ly $= 9.46 \times 10^{15}$ m, ただし ly は光年を表す)離れた，銀河系の周辺部に位置することがわかっている．太陽は銀河系の中心のまわりを約250 km/s の速さで周回している．(a) 銀河系における太陽の周回運動の周期を求めよ．(b) 銀河系の全質量の概数を求めよ．(c) 銀河系は太陽を典型例とする多数の恒星の集まりとみなして，銀河系の恒星の数の概数を求めよ．

43. 質量 1.00×10^4 kg の宇宙船が地表から500 km の円軌道を周回する．この宇宙船を遠地点の距離が 2.00×10^4 km となる楕円軌道に移すためにエンジンを作動させたい．これを達成するためには燃料を噴射してどれだけのエネルギーを使えばよいか．(燃料のエネルギーはすべて軌道を変えるために使われるとする．これは最低限必要なエネルギーであり，実際には燃料のエネルギーの一部は，噴射ガスやエンジンの内部エネルギーに変わる．)

11 振 動

まとめ

ばねの端に取り付けた物体は**単振動**(simple harmonic motion)という運動をし，その系を**単振動子**(simple harmonic oscillator)という.

振動が完全に1回起こるための時間を運動の**周期**(period) T という．周期の逆数を運動の**振動数**(frequency) f といい，これは1秒当たりの振動の回数に等しい.

$$f = \frac{1}{T} = \frac{\omega}{2\pi} \qquad (11\cdot11)$$

単振動をする物体の速度と加速度は,

$$v = \frac{\mathrm{d}x}{\mathrm{d}t} = -\omega A \sin(\omega t + \phi) \qquad (11\cdot15)$$

$$a = \frac{\mathrm{d}^2 x}{\mathrm{d}t^2} = -\omega^2 A \cos(\omega t + \phi) \qquad (11\cdot16)$$

である．したがって，物体の最大の速さは ωA で，最大の加速度の大きさは $\omega^2 A$ である．運動の折り返し点 $x = \pm A$ では物体の速さはゼロで，つり合いの位置 $x = 0$ では速さは最大である．加速度の大きさは折り返し点で最大であり，つり合いの位置でゼロとなる.

単振動の運動エネルギーとポテンシャルエネルギーは時間とともに変化し，次式のように与えられる.

$$K = \frac{1}{2} mv^2 = \frac{1}{2} m\omega^2 A^2 \sin^2(\omega t + \phi) \qquad (11\cdot19)$$

$$U = \frac{1}{2} kx^2 = \frac{1}{2} kA^2 \cos^2(\omega t + \phi) \qquad (11\cdot20)$$

単振動の**全エネルギー**(total energy)は一定であり，次のように書ける.

$$E = \frac{1}{2} kA^2 \qquad (11\cdot21)$$

単振動のポテンシャルエネルギーは，質点が折り返し点(つり合いの位置からの変位が最大になる位置)にあるときに最大であり，つり合いの位置ではゼロである．運動エネルギーは折り返し点でゼロであり，つり合いの位置で最大となる.

長さ L の**単振り子**(simple pendulum)は，鉛直位置からの角度変位が小さいときには単振動モデルで書ける運動をし，その周期は,

$$T = 2\pi\sqrt{\frac{L}{g}} \qquad (11\cdot25)$$

単振り子の周期は吊り下げられた物体の質量には依存しない.

実体振り子(physical pendulum)は，物体の質量中心ではない位置を支点として吊り下げたとき，そのつり合いの位置から測った角度変位が小さいならば単振動モデルで書ける運動をする．この運動の周期は,

$$T = 2\pi\sqrt{\frac{I}{mgd}} \qquad (11\cdot27)$$

ここで，I は支点を通る軸に関する慣性モーメントであり，d は支点から質量中心までの距離である.

減衰振動(damped oscillation)は，振動物体の運動を妨げるような抵抗力が作用する系で起こる．もし，そのような系に運動を起こしてそのままにしておくと，抵抗力は保存力ではないから，系の力学的エネルギーは時間とともに減少する．周期的な外力で系を駆動すれば，この力学的エネルギーの変化を埋め合わせることができる．この場合の振動子は**強制振動**(forced oscillation)をする．駆動力の振動数が減衰がないときの振動子の固有振動数に合致するとき，エネルギーが効率的に振動子に移され，系の定常状態の振幅は最大となる．この状況は**共振**または**共鳴**(resonance)という.

解法のための分析モデル

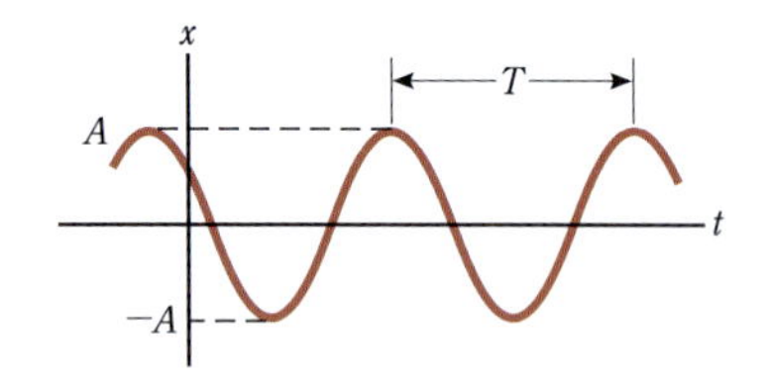

単振動をする質点　フックの法則に従う力 $F = -kx$ が質点に働くとき，質点は**単振動**をする．その位置は，

$$x(t) = A\cos(\omega t + \phi) \qquad (11\cdot 6)$$

ここで，A は運動の**振幅**，ω は**角振動数**，ϕ は**位相定数**である．A と ϕ の値は質点の初期位置と初速度で決まる．

振動の周期は，物体-ばね系のパラメーターを用いて次の関係式で与えられる．

$$T = \frac{2\pi}{\omega} = 2\pi\sqrt{\frac{m}{k}} \qquad (11\cdot 13)$$

11・1　ばねに取り付けられた物体の運動

1. ばね定数 130 N/m の ばね に質量 0.60 kg の物体を取り付け，摩擦のない水平面の上に置く．ばね の他端は壁に固定されている．ばね を 0.13 m 伸ばした状態で物体を静かに放す．物体を放した瞬間における次の量を求めよ．(a) 物体に働く力　(b) 物体の加速度

2. 鉛直に立てて置いた ばね の上に質量 4.25 kg の物体を載せると，ばね は 2.62 cm だけ縮んだ．このばねのばね定数を求めよ．

11・2　分析モデル：質点の単振動

3. QC ある物体を鉛直に吊るした ばね の下端に取り付ける．ばね が 18.3 cm 伸びた状態で物体が静止した．(a) この系の振動の周期を求めることができるか．(b) その理由を述べ，この系の振動の周期を考察せよ．

4. 天井から吊り下げた ばね の下端に質量 7.00 kg の物体を取り付ける．物体は鉛直方向に周期 2.60 s の振動運動をした．このばねのばね定数を求めよ．

5. S 単振動をする物体の初期の位置，速度，加速度がそれぞれ x_i，v_i，a_i で，単振動の角振動数は ω であった．(a) 時刻 t における物体の位置と速度は次のように表せることを示せ．

$$x(t) = x_i\cos\omega t + \left(\frac{v_i}{\omega}\right)\sin\omega t$$

$$v(t) = -x_i\omega\sin\omega t + v_i\cos\omega t$$

(b) 振動の振幅を P として，次の関係式を導け．

$$v^2 - ax = v_i^2 - a_i x_i = \omega^2 P^2$$

6. QC 地面から 4.00 m の高さから落としたボールが地面と弾性衝突をする．空気抵抗で力学的エネルギーが失われることはないとする．(a) ボールの運動が周期的であることを示し，(b) その周期を求めよ．(c) この運動は単振動か？ 理由を付して答えよ．

7. 原点をつり合いの位置とし，x 軸に沿って単振動をする質点がある，時刻 $t = 0$ に原点から右向きに運動を始める．運動の振幅は 2.00 cm，振動数は 1.50 Hz である．(a) 質点の位置を時間の関数として表せ．(b) 質点の最大の速さを求め，(c) $t > 0$ で，質点が初めてその速さをもつ時刻を求めよ．(d) 正で最大の質点の加速度を求め，(e) $t > 0$ で，質点が初めてその加速度をもつ時刻を求めよ．(f) $t = 0$ から $t = 1.00$ s の間に質点が動く全距離を求めよ．

8. x 軸に沿って動く質点がある．初期状態では 0.270 m の位置にあり，速さ 0.140 m/s，加速度 -0.320 m/s^2 であった．この質点が最初の 4.50 s の間，一定の加速度で運動するとしよう．時間 4.50 s が経過した後におけるこの質点の (a) 位置，および (b) 速度を求めよ．次に，この質点が最初の 4.50 s の間，$x = 0$ をつり合いの位置とする単振動をするとしよう．時間 4.50 s が経過した後におけるこの質点の (c) 位置，および (d) 速度を求めよ．

9. ばね定数 8.00 N/m のばねに取り付けた質量 0.500 kg の物体が，振幅 10.0 cm の単振動をする．次の量を求めよ．(a) 速さの最大値，(b) 加速度の最大値，および物体がつり合いの位置から 6.00 cm の位置にあるときの (c) 速度，(d) 加速度，(e) $x = 0$ から $x = 8.00$ cm まで動くのに要する時間．

10. 洗濯機の製造工程では，洗濯機本体の外側に振動検知器を取り付け，振動が大きすぎないかを検査する．振動検知器は，鉛直方向に細長い鋼板と，その下端に取り付けた一辺 1.50 cm のアルミニウムの立方体からできている．細長い鋼板の質量はアルミニウムの立方体の質量に比べて十分小さく，鋼板の長さはアルミニウムの立方体の大きさに比べて十分大きい．細長い鋼板の上端は洗濯機の枠に固定される．アルミニウムの立方体に水平方向に 1.43 N の

力を加えると，立方体は 2.75 cm だけ変位する．その状態で放すとき，この系の振動の振動数を求めよ．ただし，アルミニウムの密度は 2.70 g/cm^3 である．

11・3　単振動のエネルギー

11. 物体–ばね系が振幅 3.50 cm で単振動をする．ばね定数は 250 N/m で，物体の質量は 0.500 kg である．次の量を求めよ．(a) 系の力学的エネルギー　(b) 物体の最大の速さ　(c) 物体の最大の加速度

12. 質量が不明の物体をばね定数 6.50 N/m のばねに取り付けて振幅 10.0 cm の単振動をさせる．物体がつり合いの位置と最大変位の位置のちょうど中間の位置にあるとき，その速さは 30.0 cm/s である．次の量を求めよ．(a) 物体の質量　(b) 運動の周期　(c) 物体の最大の加速度

13. 自動車が低速で衝突するときのバンパーの弾性を試験するため，質量 1000 kg の自動車をレンガ壁に衝突させた．バンパーはばね定数 5.00×10^6 N/m のばねのように振舞い，自動車が停止したときにはバンパーは 3.16 cm だけ圧縮されていた．衝突時の自動車の速さを求めよ．ただし，自動車と壁との衝突において，力学的エネルギーの散逸や，他のエネルギーへの転換はないものとする．

14. 水平に置いたばねに取り付けた質量 200 g の物体が，周期 0.250 s の単振動をする．系の全エネルギーは 2.00 J である．次の量を求めよ．(a) ばね定数　(b) 運動の振幅

15. GP 質量 65.0 kg の人が，橋の上からバンジージャンプをする．体と橋を結ぶゴムロープの自然の長さは 11.0 m である．ジャンパーが最下点に達して上向きに戻り始めるときの位置は，橋から下に 36.0 m の位置であった．ジャンパーが橋から飛び降りて最下点に達するまでの時間を知りたい．運動は二つに分けることができ，最初の 11.0 m は自由落下，残りの 25.0 m は単振動の運動である．(a) 自由落下の運動を表す適切なモデルは何か．(b) 自由落下の運動の時間を求めよ．(c) 単振動の運動のとき，ジャンパー–ゴムロープ–地球系は孤立系か非孤立系か．(d) ゴムロープのばね定数を求めよ．(e) ジャンパーにゴムロープが及ぼす力と重力とがつり合う位置を求めよ．(f) 単振動の角振動数を求めよ．(g) ゴムロープが 25.0 m 伸びるのに要する時間を求めよ．(h) 飛び降りてから，橋から下に 36.0 m の最下点に達するまでの時間を求めよ．

16. 単振動系の振幅を 2 倍に変化させるとき，次の量の変化を求めよ．(a) 全エネルギー　(b) 最大の速さ　(c) 最大の加速度　(d) 周期

11・4　単振り子

11・5　実体振り子

17. 1 秒ごとにつり合いの位置を通過する振り子を "秒振り子" という．(振り子の振動周期は正確に 2 秒である．) 秒振り子の長さは，日本の東京では 0.9927 m，英国のケンブリッジでは 0.9942 m である．この 2 地点における自由落下の加速度の比を求めよ．

18. S 平板状の実体振り子が振動数 f の単振動をする．振り子の質量は m であり，回転軸と質量中心との距離は d である．回転軸のまわりの慣性モーメントを求めよ．

19. 小物体をひもの先に取り付けて単振り子を作り，角度の変位が小さい範囲で振動させる．3 通りのひもの長さ，1.000 m，0.750 m，0.500 m の場合について，振り子が 50 回振動する時間は，それぞれ 99.8 s，86.6 s，71.1 s であった．(a) それぞれの場合について振動の周期 T を求めよ．(b) 3 つの測定結果から得られる g の平均値を求め，通常用いられる数値と比較せよ．(c) T^2 と L の関係のグラフを描き，データ点の最適直線の勾配から g を求めよ．(d) (c)の結果と(b)の結果を比較せよ．

20. 1 メートルの物差しの端に，長さ 0.500 m の軽くて硬い棒を固定する．これを，図 I・11・1 のように棒の端を回転軸として吊り下げる．この振り子に小さい角度の変位を与えて放す．(a) この系の振動の周期を求めよ．(b) その周期は，長さ 1.00 m の単振り子の周期と何パーセント異なるか．

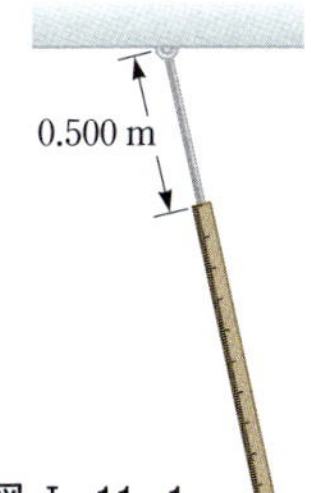

図 I・11・1

21. S 質量 m の質点を半径 R で上に開いた半球の内側に置く．摩擦はないものとする．つり合いの位置から少しずれた位置で静かに質点を放す．質点は単振動の運動をし，その角振動数は長さ R の単振り子の角振動数，$\omega = \sqrt{g/R}$ と等しいことを示せ．

22. 長さ 5.00 m の単振り子がある．この振り子が小角度の変位で振動するときの周期を，次の 2 つの場合について求めよ．(a) 上向きに 5.00 m/s^2 で加速しているエレベーターに載せたとき，(b) 下向きに 5.00 m/s^2 で加速しているエレベーターに載せたとき．(c) この振り子を 5.00 m/s^2 の加速度で走るトラックに載せたとき．

23. Q|C 質量 0.250 kg の質点を取り付けた長さ 1.00 m の単振り子がある．この振り子を 15.0° 変位させてから放す．単振動モデルを用いて次の量を求めよ．(a) 質点の速さの最大値，(b) 質点の角加速度の最大値，(c) 質点に働く復元力の最大値．(d) **この場合は？** エネルギー保存則とニュートンの運動の法則を用いて，(a)から(c)の問いに答えよ．(e) 2 通りの考え方で得た結果を比較せよ．

11・6　減衰振動

24. S 強制力のない減衰振動の力学的エネルギー E の減衰率は $dE/dt = -bv^2$ であり，必ず負であることを示せ．ただし，単振動の力学的エネルギーは $E = \frac{1}{2}mv^2 +$

$\frac{1}{2}kx^2$ で表され，m は単振動をする質点の質量，b は質点の速さ v に比例する減衰力の比例係数である．

25. 長さ 1.00 m の振り子を 15.0° だけ変位させて放す．1000 s 後には，摩擦によってその振幅が 5.50° に減衰した．$b/2m$ を求めよ．ただし，m は振り子の下端に付けた質点の質量，b は質点の速さに比例する減衰力の比例係数である．

11・7 強 制 振 動

26. ばねに取り付けた質量 2.00 kg の物体が摩擦のない($b = 0$)平面の上で，$F = 3.00\sin(2\pi t)$ の強制力を受けて運動する．ただし，F はニュートンで，t は秒で表されている．ばね定数は 20.0 N/m である．次の量を求めよ．(a) 系の共鳴角振動数 (b) 強制力のもとで運動する系の角振動数 (c) 運動の振幅

27. ある人がレストランに入ったとき，携帯電話と間違えてタイマーを持ってきてしまい，それにスイッチが入っていることに気づかぬまま，上着の脇ポケットに入れておいた．上着の脇の部分が椅子の肘掛で身体に押し付けられて固定され，そこからポケットの底のタイマーまでの長さが L であった．食事中にタイマーの設定時間がきたらしく，タイマーはブザー音と振動の発生・停止を，周期 1.50 Hz で繰返した．その結果，上着のポケットの部分が激しく振動し，まわりの客の注目を浴びた．長さ L を求めよ．

28. 幼児がベビーベッドで跳びはねている．幼児の質量は 12.5 kg であり，ベビーベッドのマットレスはばね定数 700 N/m の軽いばねとみなす．(a) 幼児はひざの屈伸を使って，最小限の努力で最大限に跳びはねることを覚えた．幼児の上下振動の振動数を求めよ．(b) トランポリンのように，1 周期の間にマットレスから浮いてしまうことがあるように跳ぶとき，その振動の振幅の最小値を求めよ．

11・8 構造物における共振

29. QIC オートバイや自転車に乗る人は道路の凹凸に気をつけるが，洗濯板形の周期的な凹凸をもつ道路には特に注意が必要である．洗濯板形だと何が不都合で，注意を要する周期の長さはどのくらいか．考察せよ．ただし，オートバイには衝撃を吸収するためのいくつかの ばね があるが，考察においては，オートバイを 1 つの ばね に支えられた物体とみなしてよい．また，ばね定数を見積もるには，人が乗ったときの ばね のおよその縮みを想像すればよい．

追 加 問 題

30. QIC (a) ばねに質量 450 g の物体を吊るすと，ばねは 35.0 cm 伸びて静止した．このときの物体の位置を $x = 0$ とする．物体をそこから 18.0 cm 引き下げて静かに放すと，摩擦なく振動した．84.4 s 後の物体の位置を求めよ．(b) その状況で，物体が運動した全距離を求めよ．(c) **この場合は？** 別のばねに質量 440 g の物体を吊るすと，ばねは 35.5 cm 伸びて静止した．このときの物体の位置を $x = 0$ とする．物体をそこから 18.0 cm 引き下げて静かに放すと，摩擦なく振動した．84.4 s 後の物体の位置を求めよ．(d) その状況で，物体が運動した全距離を求めよ．(e) (a)と(c)の問いの条件はよく似ており，(b)と(d)の問いの答が比較的近いにもかかわらず，(a)と(c)の問いの答は非常に異なっている．その理由を述べよ．また，このことは基本的に未来予測が困難なことを意味するのか．

31. 軽いばねに取り付けた大きい物体 P が摩擦のない平面上で水平方向に振動数 $f = 1.50$ Hz で単振動をする．その上に図 I・11・2 のように物体 B を乗せる．2 つの物体の間の静止摩擦係数は $\mu_{静} = 0.600$ である．物体 B が滑らないという条件を満たすために，許される振幅の最大値を求めよ．

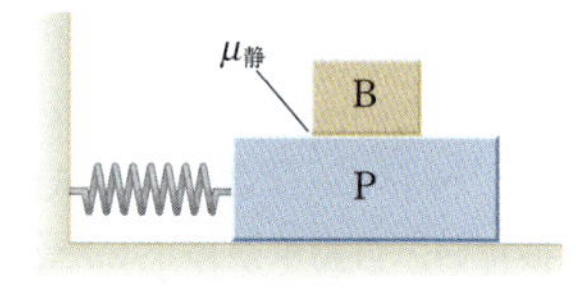

図 I・11・2

32. 質量 0.500 kg の質点を，力の定数(ばね定数) 50.0 N/m の ばね に取り付ける．時刻 $t = 0$ に質点は最大の速さ 20.0 m/s で左向きに動いている．(a) 質点の運動方程式を書き，質点の位置を時刻の関数として表せ．(b) 運動の過程において，ポテンシャルエネルギーが運動エネルギーの 3 倍になるときの質点の位置を求めよ．(c) 質点が $x = 0$ から $x = 1.00$ m まで動くのに要する最短の時間を求めよ．(d) これと同じ周期をもつ単振り子の長さを求めよ．

33. BIO 2 足動物と 4 足動物の歩行の速さを説明するために，地面から浮いている脚を，長さが l で一様な棒の実体振り子とみなす．この振り子としての脚は，振動周期の 1/2 だけ地面から浮いており，歩行のペースにマッチして，共振状態にあると考える．その振り子の振幅を θ_{max} とする．(a) θ_{max} が十分小さくて振動が単振動とみなせるとき，動物の歩行の速さ v は次式で表されることを示せ．

$$v = \frac{\sqrt{6gl}\,\sin\theta_{max}}{\pi}$$

次に，振幅が大きいときの v は，次の経験式で与えられる．

$$v = \frac{\sqrt{6gl\cos(\theta_{max}/2)}\,\sin\theta_{max}}{\pi}$$

これを用いて，(b) 脚の長さが 0.850 m で脚の振れの角度が 28.0° の人の歩行の速さを求めよ．(c) 脚の振れの角度が決まっているとき，歩行の速さが 2 倍になる脚の長さを求めよ．

34. 重水素分子(D_2)の質量は，水素分子(H_2)の質量の 2

倍である．H_2 の場合の2原子の振動の振動数を 1.30×10^{14} Hz として，D_2 の場合の振動数を求めよ．ただし，この振動は単振動であるとし，原子間の結合の力の定数(ばね定数に相当)は，どちらの分子でも同じだとする．

35. 図Ⅰ・11・3のように，質量 5.00 kg，長さ 2.00 m の厚板の一端を回転軸で支える．ばね定数 100 N/m の ばね を鉛直に立てて置き，その上に厚板の他端を取り付けると板は水平になってつり合った．板を水平方向から小さな角度 θ だけ傾けて静かに放す．この厚板の単振動の角振動数を求めよ．

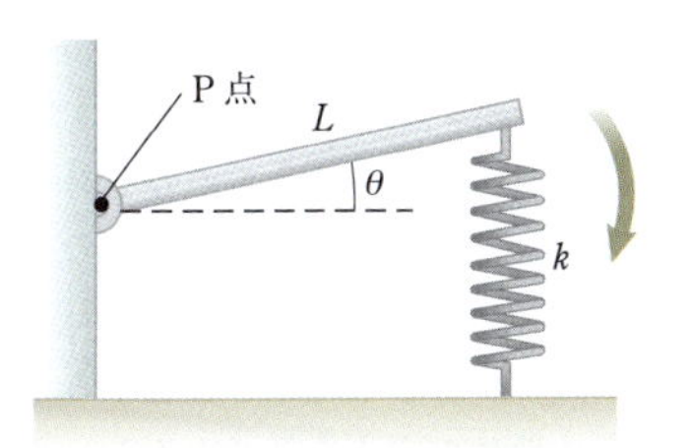

図 Ⅰ・11・3

36. **S** 図Ⅰ・11・4のように，質量 m の物体をばね定数 k_1 と k_2 の2個の ばね に，2通りの方法で取り付ける．どちらの場合も物体をつり合いの位置から変位させて放すと，物体は摩擦のないテーブル上で運動する．

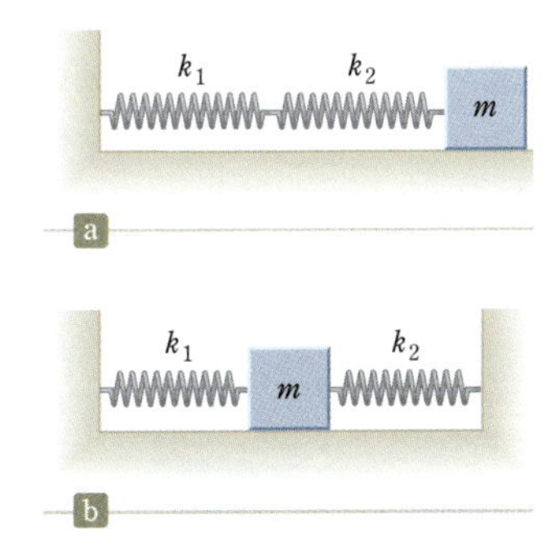

図 Ⅰ・11・4

図の (a)，(b)それぞれの場合について，物体が次の周期 T で単振動の運動をすることを示せ．

$$\text{(a)}\quad T = 2\pi\sqrt{\frac{m(k_1+k_2)}{k_1 k_2}} \qquad \text{(b)}\quad T = 2\pi\sqrt{\frac{m}{k_1+k_2}}$$

37. 図Ⅰ・11・5のように，質量 M の小さなボールを，同じ質量 M をもち長さが L で一様な棒の下端に取り付け，棒の上端を回転軸で支える．この系が静止しているときの(a) 棒の上端，および (b) P点における棒の張力を求めよ．(c) つり合いの位置から少し傾けて放すときの振動の周期を求め，(d) $L = 2.00$ m の場合の周期を計算せよ．

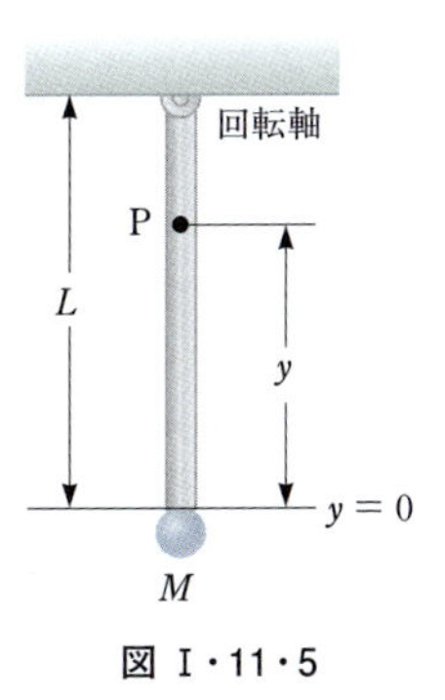

図 Ⅰ・11・5

38. **S** 手で皿を洗っているときや，体育館の床をスニーカーで歩くときに，キュッキュッと甲高い音が出ることがある．また，自動車を急発進・急停止するときも，やはり鋭い音が出る．チョークが黒板でキーキー音を出すとき，よく見ると黒板にはチョークの跡が破線のように切れ切れに残っている．これらの現象は，動く弾性体が摩擦を受けるときに共通するものだと思われる．これらの振動は単振動ではなく，スティック-スリップ(stick-and-slip)運動という．この運動をモデル化しよう．

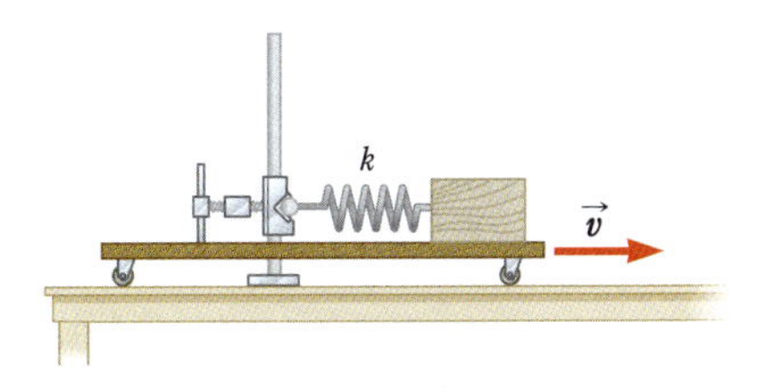

図 Ⅰ・11・6

図Ⅰ・11・6のように，質量 m の物体をばね定数 k で軽い ばね に取り付け，ばね の他端を固定する．この ばね の伸縮において，フックの法則が成り立つものとする．物体を静止摩擦係数を $\mu_{静}$，動摩擦係数 $\mu_{動}$ ($\mu_{動} < \mu_{静}$) の板の上に置く．板は右向きに一定の速さ v で動く．物体はほとんどの時間，板にくっついて同じ速さ v で動き，その速さは物体が左向きに滑って戻るときの平均の速さより小さいとする．(a) 自然長からの ばね の伸びの最大値は，ほぼ $\mu_{静} mg/k$ であることを示せ．(b) 物体は，ばねが $\mu_{動} mg/k$ だけ伸びた位置を中心として振動することを示せ．(c) 物体の位置と時間の関係の概略のグラフを描け．(d) 物体の運動の振幅 A は次式で与えられることを示せ．

$$A = \frac{(\mu_{静} - \mu_{動})mg}{k}$$

この振動で重要なのは，静止摩擦係数と動摩擦係数の相違であることがわかる．“キーキー音が出るときは油をさせ”というのは，油の膜が物体間の摩擦を減らし，したがって静止摩擦と動摩擦の差も小さくなるからである．

39. **S** 図Ⅰ・11・7のように，質量 m の小球を長さ L の2本のゴムひもに取り付ける．摩擦のない水平面上で小球に横向きのわずかな変位 y を与える．ゴムひもの張力は一定として，次のことを示せ．(a) 復元力は $-(2T/L)y$ であり，(b) この系は角振動数 $\omega = \sqrt{2T/mL}$ の単振動をする．

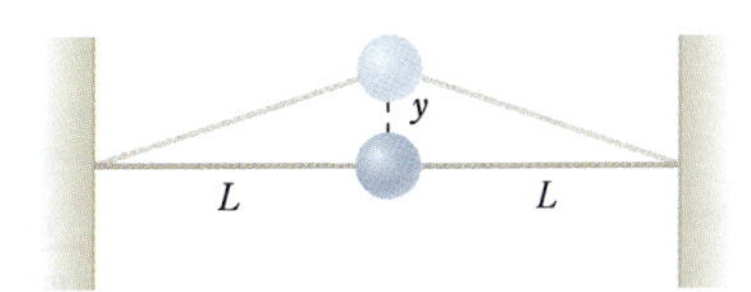

図 Ⅰ・11・7

40. **S** 図Ⅰ・11・8に示すように，長さ L の軽くて硬い棒の下に質量 M の物体を付けた振り子がある．その支点から下に距離 h の位置に，ばね定数 k の ばね が取り付けられている．この系の振動数を求めよ．ただし振幅（角度 θ）は小さいものとする．

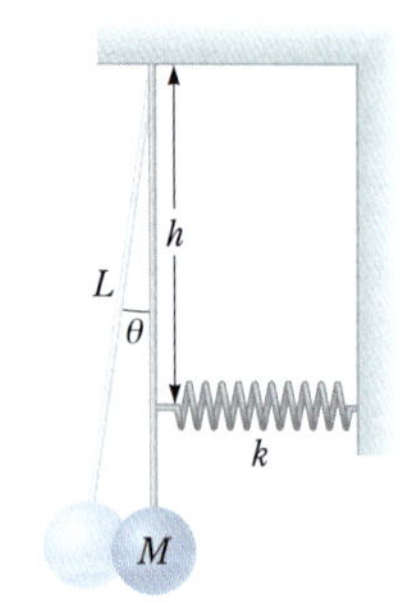

図 I・11・8

41. 図 I・11・9 に示す減衰振動子を考える．物体の質量は 375 g，ばね定数は 100 N/m，減衰係数 $b = 0.100$ N・s/m（減衰力 $= -b \times$ 速度）とする．(a) 振幅が 1/2 に落ちる時間を求めよ．(b) 力学的エネルギーが 1/2 に落ちる時間を求めよ．(c) 振幅がある割合まで落ちる時間は，力学的エネルギーがその割合まで落ちる時間の 1/2 であることを示せ．

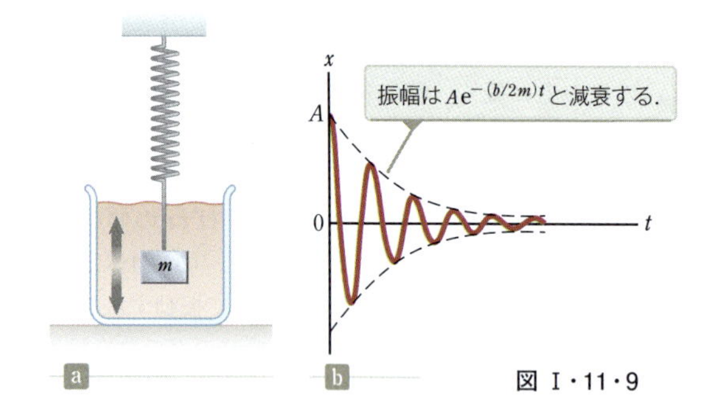

図 I・11・9

42. 図 I・11・10a のように，ばね定数 $k = 100$ N/m のばねに質量 $m_1 = 9.00$ kg の物体を取り付け，ばねの端を壁に固定する．図 I・11・10b のように，質量 $m_2 = 7.00$ kg の別の物体を質量 m_1 の物体に静かに押し付け，ばねを $A = 0.200$ m だけ縮ませる．これを静かに放すと 2 つの物体は摩擦のない面上で右向きに動き始める．(a) 質量 m_1 の物体がつり合いの位置に達したとき，質量 m_2 の物体は質量 m_1 の物体から離れて右向きに速さ v で進む．v を求めよ．(b) ばねが最初に最も伸びたときの，2 物体の間の距離（図に示した距離 D）を求めよ．

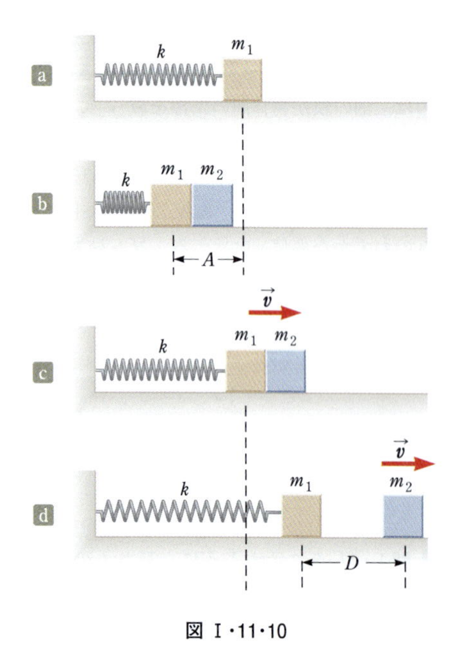

図 I・11・10

43. **S** **次の状況がありえないのはなぜか．** 諸君は速さを売り物にする運送会社にいる．隣のビルの競争相手の会社は，全地球の表面に真空トンネル網を張り巡らす優先権をもっている．荷物に適切な速さを与えてそのトンネルに投入することにより，競争会社は，地球周回軌道のトンネルを使って地球の反対側にまで短時間で荷物を配送できる．諸君は，地球を周回するよりも地球を貫通する方が距離が短いことに気づき，地球の中心を貫通するトンネルを掘る権利を獲得した．そのトンネルの中に単に荷物を落とすだけで，荷物は地球の中心を通って反対側のトンネルの出口に到達する．諸君が配送を請け負った荷物は，地球の反対側に競争会社よりも早く到着したので，諸君の会社は競争に勝ちビジネスは繁盛した．〔注：図 I・11・11 のように，地球の中心から距離 r の位置にある物体は，地球の半径 r の内部の質量だけから引力を受ける．地球は一様な密度をもつものとする．〕

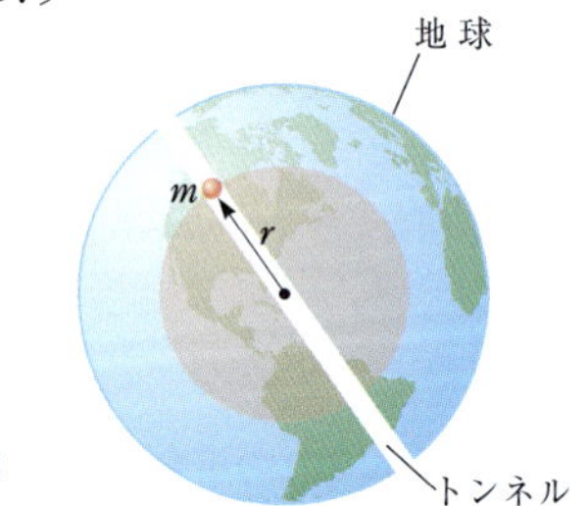

図 I・11・11

44. **S** 図 I・11・12 のように，質量 M の物体を質量 m，自然の長さ l，ばね定数 k のばねに取り付ける．この系は摩擦のない平面上で単振動をする．ばねのどの部分も同じ位相で振動し，物体の速さが v のときには，ばねの長さ dx の部分の速さが，ばねの固定端からの距離 x に比例して $v_x = (x/l)v$ と表せるものとする．また，その部分のばねの質量は d$m = (m/l)$dx である．次の量を求めよ．

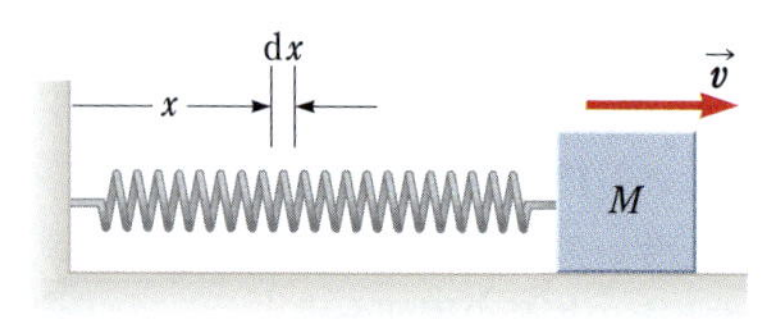

図 I・11・12

(a) 物体の速さが v であるときの，系の運動エネルギー，(b) 振動の周期

演　習

II. 電磁気学

1 電気力と電場

まとめ

電荷は次のような重要な性質をもつ．

1. 自然界には**正**と**負**の2種類の電荷があり，異符号の電荷は引きあい，同符号の電荷はしりぞけあうという性質をもつ．
2. 電荷をもつ2質点の間に働く力は，それらの間の距離の −2 乗で変化する．
3. 電荷は保存される．
4. 電荷は量子化されている．つまり，素電荷の整数倍である．

導体とは，その中で電荷が比較的自由に動ける物質である．**絶縁体**とは，その中で電荷が自由に動けない物質である．

クーロンの法則によれば，電荷をもつ2つの質点が距離 r だけ離れているとき，それらの間に働く静電気力は，

$$F_e = k_e \frac{|q_1||q_2|}{r^2} \qquad (1\cdot1)$$

であり，ここで，クーロン定数 $k_e = 8.99 \times 10^9\ \mathrm{N\cdot m^2/C^2}$ である．クーロンの法則をベクトル形式で書けば次のようである．

$$\vec{F}_{12} = k_e \frac{q_1 q_2}{r^2} \hat{r}_{12} \qquad (1\cdot2)$$

ある場所に置いた試験電荷 q_0 が力を受けるならば，その場所には**電場**が存在する．電場は次のように定義される．

$$\vec{E} \equiv \frac{\vec{F}_e}{q_0} \qquad (1\cdot3)$$

電場の中に置いた電荷 q に働く力は，次式で与えられる．

$$\vec{F}_e = q\vec{E} \qquad (1\cdot4)$$

点電荷 q から距離 r だけ離れた場所の電場は，

$$\vec{E} = k_e \frac{q}{r^2} \hat{r} \qquad (1\cdot5)$$

であり，ここで，$\hat{r}$ は電荷から問題の場所に向かう単位ベクトルである．電場は正電荷から外向きの放射状に生じ，負電荷ではその逆に電荷に向かう向きに生じる．

多数の電荷がつくる電場は，重ね合わせの原理を用いて求められる．つまり，全電場はそれぞれの場所にあるすべての電荷がつくる電場ベクトルの和に等しい．

$$\vec{E} = k_e \sum_i \frac{q_i}{r_i^2} \hat{r}_i \qquad (1\cdot6)$$

同様に，連続分布をする電荷がつくる電場は，

$$\vec{E} = k_e \int \frac{\mathrm{d}q}{r^2} \hat{r} \qquad (1\cdot7)$$

であり，ここで $\mathrm{d}q$ は電荷分布の電荷要素であり，r はその電荷要素と電場を求めたい場所との距離である．

電気力線は，空間の任意の場所の電場を表現するうえで便利である．電場ベクトル $\vec{E}$ は，どの場所でもそこにおける電気力線の接線の方向に平行である．さらに，電気力線に垂直な面の単位面積を貫く電気力線の数は，そこにおける $\vec{E}$ の大きさに比例する．

電束は，ひとつの面を貫く電気力線の数に比例する．もし，電場が一様で，面の法線と角 θ をなすなら，その面を貫く電束は次のようになる．

$$\Phi_E = EA\cos\theta \qquad (1\cdot13)$$

一般に，ある面を貫く電束は次式で与えられる．

$$\Phi_E \equiv \int_{\text{表面}} \vec{E} \cdot \mathrm{d}\vec{A} \qquad (1\cdot14)$$

ガウスの法則によれば，任意の閉じたガウス面を貫く全電束 Φ_E は，その面が囲む全電荷を ε_0 で割ったものに等しい．

$$\Phi_E = \oint \vec{E} \cdot \mathrm{d}\vec{A} = \frac{q_{\text{内}}}{\varepsilon_0} \qquad (1\cdot17)$$

ガウスの法則を用いて，さまざまな対称性をもつ電荷分布による電場を計算することができる．

電気的に静的な状態の導体は，次のような性質をもつ．

1. 導体が中空であるかどうかによらず，導体の内部の電場はどこでもゼロである．
2. 孤立した導体が電荷をもっているとき，電荷はその導体の表面に存在する．

3. 電荷をもつ導体の外部の電場は導体の表面に垂直で，そこにおける電荷の面密度を σ とすると，電場の大きさは σ/ε_0 である．

4. 不規則な形状の導体では，表面の曲率半径が極小の場所で電荷密度が極大である．

1・2 電荷の性質

1. (a) 質量 10.0 g の銀製のピンの中にある電子の個数を求めよ．ただし，銀は1原子当たり 47 個の電子をもち，そのモル質量は 107.87 g/mol である．(b) ピンに電子を加えてピンの全電荷が −1.00 mC になったとする．新たに加えられたの電子は，銀にもともとあった電子 10^9 個当たり何個か．

1・4 クーロンの法則

2. ノーベル賞受賞者のリチャード・ファインマン(1918–1988)は，かつて次のようなことを言った．2人の人が腕の長さだけ離れて立ち，それぞれの人が身体を構成する陽子の数より電子の数が 1% だけ多いとすると，2人の間に働く斥力は，地球全体の“重量”を持ち上げられるほど大きい．この説を実証するために，斥力の大きさのオーダーを見積もってみよ．

3. 原子核の中の2個の陽子の間の距離は 2×10^{-15} m 程度である．2個の陽子間の電気的斥力は巨大だが，核力の引力はさらに強く，原子核の分裂を抑えている．距離 2.00×10^{-15} m だけ離れた2個の陽子間の電気力を求めよ．

4. 電気伝導性をもつ同じ半径の小球2個を，中心間の距離 0.300 m だけ隔てて置く．1個の小球には 12.0 nC の電荷を与え，他方の小球には −18.0 nC の電荷を与える．(a) 1個の小球が他方の小球に及ぼす電気力を求めよ．(b) **この場合は？** 2個の小球を導線でつなぐ．平衡状態に達した後に，それぞれの小球が他方の小球に及ぼす電気力を求めよ．

5. **次の状況がありえないのはなぜか．** 2個の埃(ほこり)の粒子が空間に浮かんでいる．粒子1個の質量は 1.00 μg である．この空間には大きな重力場や電場の元となるものはなく，埃の粒子は互いに静止している．どちらの粒子も同符号で同量の電荷をもっており，粒子間の万有引力と電気力がたまたま同じ大きさであった．その結果，それぞれの粒子に働く合力はゼロとなり，粒子間の距離は変化しなかった．

6. QC S 2個のビーズがそれぞれ同符号の電気量 q_1 と q_2 をもつ．これらを水平に置いた長さ d の棒の両端に取り付ける．電気量 q_1 をもつビーズの位置を原点とする．図Ⅱ・1・1のように，棒の中ほどには，電荷をもち棒に沿って自由に動くことができる第三のビーズが入っている．(a) 第三のビーズがつり合う位置 x を求めよ．(b) このつり合いは安定か？

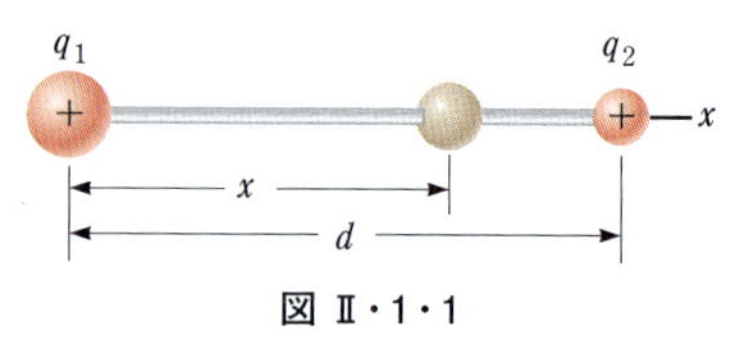

図 Ⅱ・1・1

7. 図Ⅱ・1・2のように，3個の点電荷が正三角形の頂点に置かれている．上側の 7.00 μC の電荷に働く電気力の合力を求めよ．

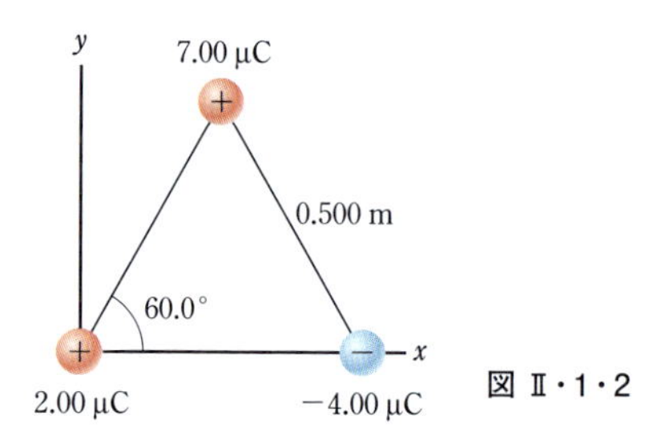

図 Ⅱ・1・2

8. ボーアの原子理論によれば，水素原子では1個の陽子のまわりの円軌道を1個の電子が周回する．円軌道の半径は 5.29×10^{-11} m である．(a) それぞれの粒子に働く電気力を求めよ．(b) この力が電子に向心加速度を与えるとして，電子の速さを求めよ．ただし，電子の質量は 9.11×10^{-31} kg である．

9. 荷電粒子Aと荷電粒子Bが 13.7 mm だけ離れているとき，AはBに 2.62 μN の力を右向きに及ぼす．荷電粒子Bはまっすぐに動いて荷電粒子Aから離れ，粒子間の距離が 17.7 mm になった．BがAに及ぼす力のベクトルを求めよ．

10. BIO DNA(デオキシリボ核酸)分子の長さは 2.17 μm である．分子の両端は1価にイオン化しており，一方は正に，他方は負に帯電している．らせん状の分子は ばね の性質をもち，両端のイオン化によって分子の長さが 1.00% だけ縮む．分子の実効的なばね定数を求めよ．

1・5 電 場

11. QC S x 軸上に2個の電荷がある．$x = -a$ にある第一の電荷の電気量は $+Q$，$x = +3a$ にある第二の電荷の電気量は未知である．これらの電荷が原点につくる電場の大きさは $2k_eQ/a^2$ である．未知の電気量として可能な値をすべて求めよ．

12. 一様に帯電した半径 10.0 cm の輪があり，その全電気量は 75.0 μC である．輪の軸上で輪の中心から次の距離の位置における電場を求めよ．(a) 1.00 cm，(b) 100 cm.

13. 図 II・1・3 において電場が 0 になる点(無限遠方を除く)を求めよ．

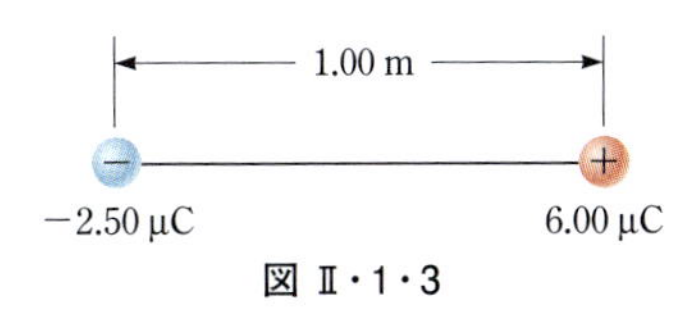

図 II・1・3

14. S 図 II・1・4 のように，長さが l で一様に帯電した細い棒が x 軸に平行に置かれている．単位長さあたりの電気量は λ である．

(a) この棒の垂直 2 等分線上で，棒からの距離が y の P 点における電場は x 成分をもたず，その大きさは $E = 2k_e\lambda\sin\theta_0/y$ で与えられることを示せ．

(b) (a) の答を用いて，棒が無限に長い場合の電場が $E = 2k_e\lambda/y$ で与えられることを示せ．

〔ヒント：まず，長さ dx の部分の電荷の電気量は λ dx だから，それが P 点につくる電場を求めよ．次に，$x = y\tan\theta$ だから $\mathrm{d}x = y\sec^2\theta\,\mathrm{d}\theta$ という関係式を用いて変数を x から θ に変換し，θ に関して積分せよ．〕

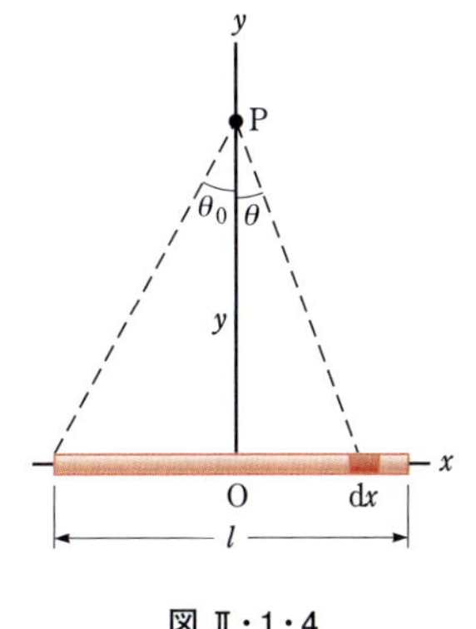

図 II・1・4

15. S 図 II・1・5 のような電気双極子の電場を考える．$+x$ 軸上の遠方における電場は $E_x \approx 4k_e qa/x^3$ であることを示せ．

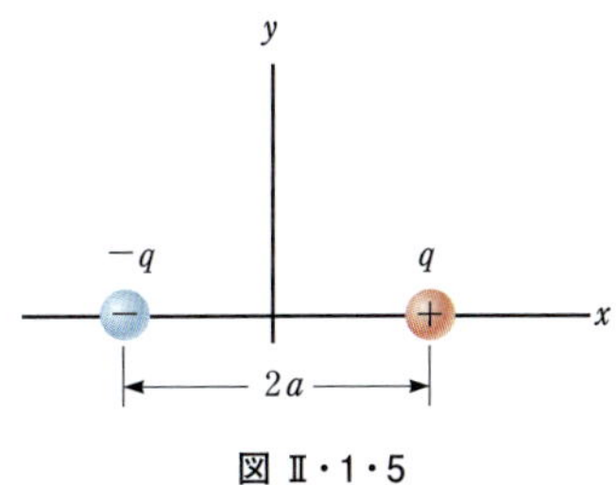

図 II・1・5

16. 長さ 14.0 cm の絶縁体の棒を一様に帯電させ，図 II・1・6 のように半円形に曲げた．棒の全電荷は −7.50 μC である．半円の中心 O における電場の (a) 大きさと，(b) 向きを求めよ．

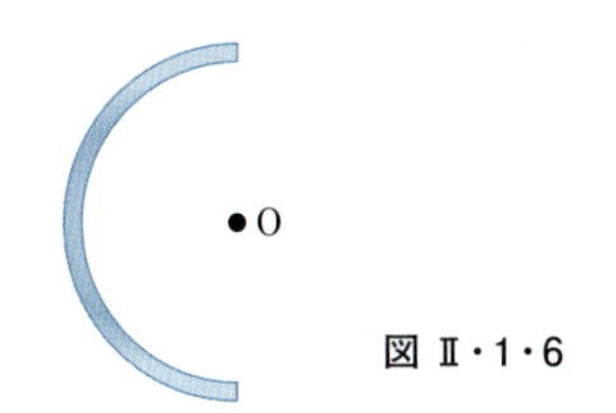

図 II・1・6

17. 長さ 14.0 cm の棒に電荷を一様に帯電させる．全電気量は −22.0 μC である．棒の軸方向に，棒の中心から 36.0 cm の位置における電場の (a) 大きさと，(b) 向きを求めよ．

18. S x 軸に沿って $x = +x_0$ から正の無限遠方まで，正電荷が一様な線状に分布している．電荷密度は λ_0 である．原点における電場の大きさとその向きを求めよ．

19. S 図 II・1・7 のように，一様に帯電した半径 a の細い円環がある．円環の軸を x 軸とし，円環がもつ全電気量を Q とする．x 軸上における電場は，$x = a/\sqrt{2}$ において最大値 $Q/(6\sqrt{3}\,\pi\varepsilon_0 a^2)$ をもつことを示せ．ただし，x は円環の中心から軸に沿って測った距離である．

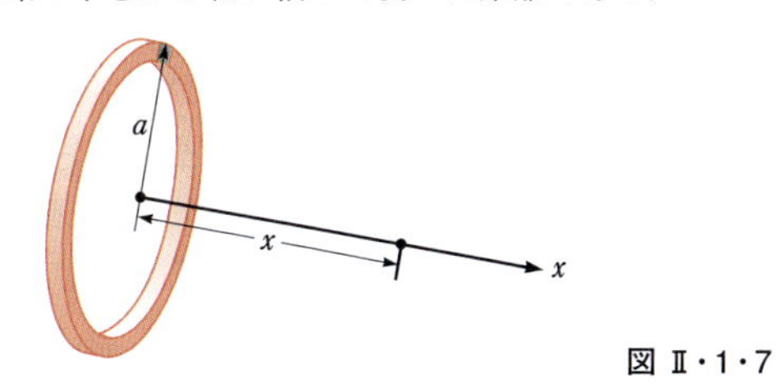

図 II・1・7

20. QC S 図 II・1・8 のように，一辺 a の正方形の頂点に 4 個の電荷がある．(a) 電荷 q の位置における電場を求め，(b) 電荷 q に働く電気力の合力を求めよ．

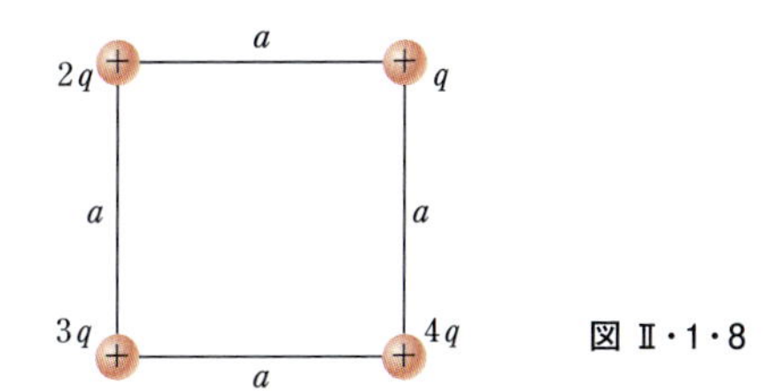

図 II・1・8

1・6 電気力線

21. S 図 II・1・9 のように，同じ電気量 q をもつ 3 つの電荷を辺の長さ a の正三角形の頂点に置く．(a) 電荷を置いた面上における電気力線を描け．(b) 電場がゼロである点を示せ(無限遠方を除く)．(c) 底辺に置いた 2 個の電荷が P 点につくる電場の大きさ，および (d) その向きを示せ．

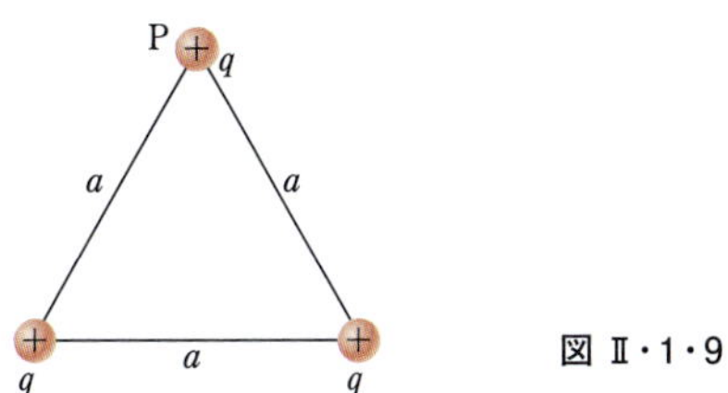

図 II・1・9

22. 有限の長さの棒が一様に正の電荷を帯びている．この棒を含む面内の電気力線の概略を描け．

23. 短い距離を隔てて置いた，2個の電荷による電気力線を図II・1・10に示す．(a) 電荷の電気量の比 q_1/q_2 を求めよ．(b) q_1, q_2 の符号を求めよ．

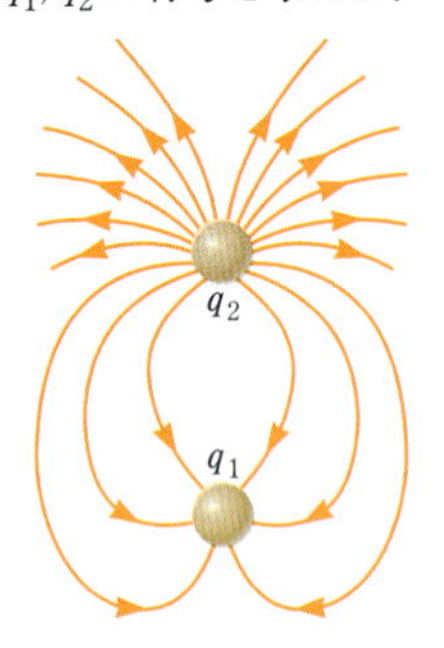

図 II・1・10

1・7　一様な電場における荷電粒子の運動

24. 一様な電場 $\vec{E} = (-6.00 \times 10^5)\,\hat{i}$ N/C がある空間に，時刻 $t = 0$ に陽子を1個入射した．陽子は 7.00 cm 進んで静止した．次の量を求めよ．(a) 陽子の加速度　(b) その初速　(c) 陽子が静止するまでの時間

25. GP 図II・1・11のように，平面を隔てて下側の空間には電場がなく，上側の空間には一様な電場 $\vec{E} = -720\,\hat{j}$ N/C がある．電場のない下側の空間で初期の速さ $v_i =$ 9.55 km/s をもつ陽子を，平面を通って上側の電場のある空間に入射する．陽子の初期速度ベクトルは平面と角 θ をなす．陽子が平面を通過した点から $R = 1.27$ mm 離れた平面上に標的を置く．入射した陽子をこの標的に当てるための角度 θ を知りたい．(a) 面の上側において，陽子の水平方向の運動を記述するモデルは何か？ (b) 面の上側において，陽子の鉛直方向の運動を記述するモデルは何か？ (c) この陽子の運動と，重力場における質点の放物運動との関係を考察せよ．(d) R を，v_i，E，陽子の電気量 e，陽子の質量 m_p，および θ を用いて表せ．(e) 角 θ には2つの値が可能である．それらを求めよ．(f) それぞれの θ について，陽子が電場のある空間を運動する時間を求めよ．

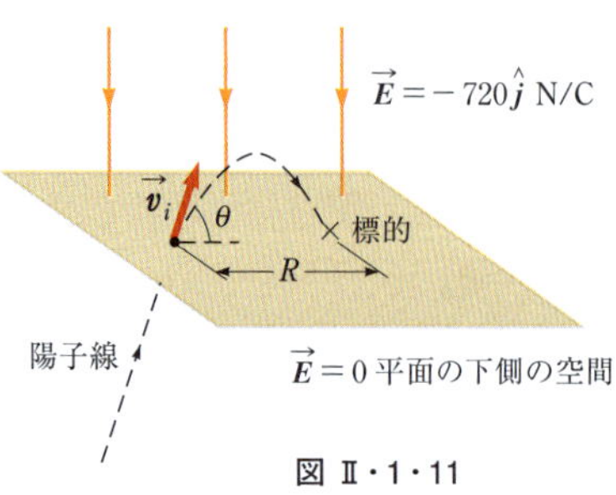

図 II・1・11

26. S 運動エネルギー K をもつ電子を，電子ビームとして発射する．これらの電子が距離 d だけ進んで止まるようにするための，電場の(a) 大きさと (b) 向きを求めよ．

27. 1個の陽子が水平方向に 4.50×10^5 m/s の速さで動き，大きさが 9.60×10^3 N/C で一様な電場が鉛直方向にかかっている空間に進入する．重力の効果は無視し，次の量を求めよ．(a) 陽子が水平方向に 5.00 cm 進むのに要する時間，(b) 陽子が水平方向に 5.00 cm 進む間の鉛直方向の変位，(c) 陽子が水平方向に 5.00 cm 進んだときの速度の水平成分と鉛直成分．

1・8　電　　束

28. 激しい雷のとき，地上には大きさが 2.00×10^4 N/C の電場が鉛直方向に生じる．長さ 6.00 m，幅 3.00 m の自動車が下り勾配 10.0° の乾いた砂利道を進むとき，自動車の底面を貫く電束を求めよ．

29. 一様な電場の中で，直径 40.0 cm の円環を電束の最大値が見つかるまで回転した．見つかった電束の最大値は 5.20×10^5 N・m²/C であった．電場の大きさを求めよ．

1・9　ガウスの法則

30. S 電荷 Q から微小な距離 δ だけ離れた位置に，図II・1・12のような半径 R の半球形を想定する（$\delta \ll R$）．次の面を貫く電束を求めよ．(a) 半球面 (b) 半球の上面の円

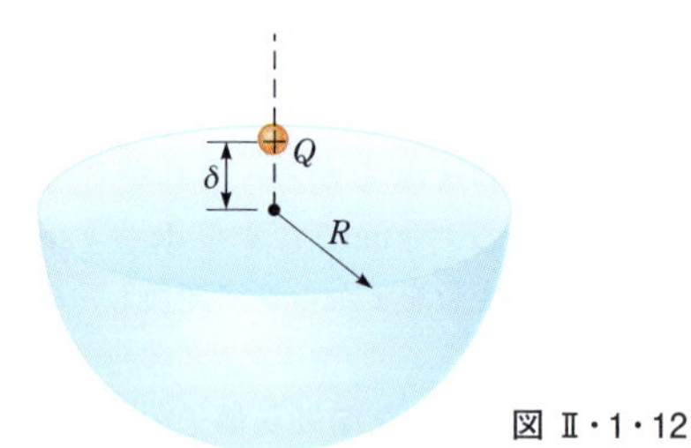

図 II・1・12

31. QC 半径 22.0 cm の球殻の中心に電気量 12.0 μC の点電荷を置く．次の量を求めよ．(a) 球殻の表面を貫く全電束，(b) 球殻の任意の半球面を貫く全電束．(c) それぞれの結果は球の半径に依存するか？ 理由を付して答えよ．

32. 辺の長さ $L = 0.100$ m の立方体の中心に $Q =$ 5.00 μC の点電荷を置く．さらに図II・1・13のように，$q = -1.00$ μC の6個の点電荷を点電荷 Q のまわりに対称的に置く．立方体の一つの側面を貫く電束を求めよ．

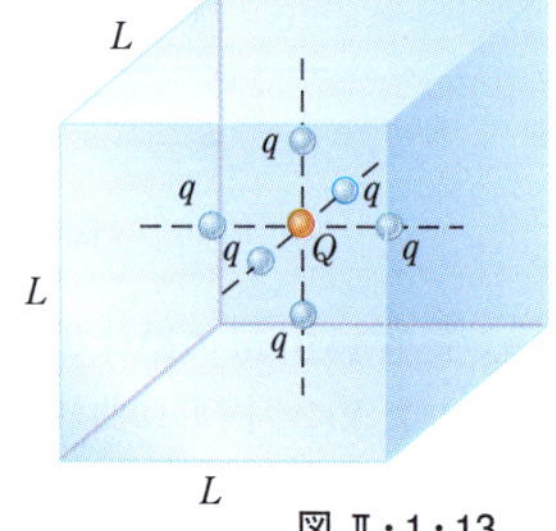

図 II・1・13

33. QC 辺の長さ 80.0 cm の立方体の中心に 170 μC の点電荷を置く．近くには他の電荷はない．(a) 立方体の各側面を貫く電束を求めよ．(b) 立方体の全側面を貫く電束を求めよ．(c) **この場合は？** 電荷が立方体の中心から少

しずれた位置にあるとき，(a)と(b)の答は変わるか？理由を付して答えよ．

1・10　さまざまな電荷分布へのガウスの法則の適用

34. Q|C 電気伝導性のない壁面に 8.60 μC/cm^2 の密度で電荷が一様に分布している．(a) 壁面から 7.00 cm 離れた位置における電場を求めよ．ただし，壁のサイズは 7.00 cm より十分大きいとする．(b) 壁面からの距離が増大すると，(a)の答は変わるか？ 理由を付して答えよ．

35. 核分裂において 92 個の陽子をもつ ^{238}U の原子核は，2 個の球形の原子核に分裂することが可能である．その 2 個の原子核は，それぞれ 46 個の陽子を含み半径が 5.90×10^{-15} m の球形になっているとする．この 2 個の原子核がくっ付いているとき，それらの間に働く電気的な斥力の大きさを求めよ．

36. S 半径 R で十分長い円柱の内部に，一様な密度 ρ の電荷がある．円柱の軸からの距離 r ($< R$)の位置における電場を求めよ．

37. $q = -0.700$ μC の電荷を帯びた質量 $m = 10.0$ g の発泡スチロール片がある．この発泡スチロール片が，一様な面密度で電荷が分布する広いプラスチックシートの上でつり合って浮いている．プラスチックシートの電荷の面密度 σ を求めよ．

38. S 半径 a の絶縁体の球の内部に一様な密度で正の電荷があり，全電気量は Q である．この球と同じ中心をもつ半径 r のガウス球面を考える．(a) $r < a$ のとき，このガウス面を貫く電束を r の関数として表せ．(b) $r > a$ のときの同様な関数を表せ．(c) 電束対 r のグラフを描け．

39. 半径 7.00 cm，長さ 2.40 m の円筒の表面に電荷が一様な密度で分布している．円筒の長さ方向の中央で，軸からの距離 19.0 cm の位置では電場の大きさは 36.0 kN/C である．(a) 円筒上の全電荷を求めよ．(b) 円筒の長さ方向の中央で，軸からの距離 4.00 cm の位置における電場の大きさを求めよ．

40. 半径 14.0 cm で薄い球殻に 32.0 μC の電荷が一様に分布している．球の中心から (a) 10.0 cm および (b) 20.0 cm の位置における電場を求めよ．

41. 長さ 7.00 m のまっすぐな細線に全電気量 2.00 μC の電荷が一様に分布している．その糸を中心軸とするように，長さ 2.00 cm，半径 10.0 cm の円筒を帯電していない紙でつくる．適当な近似を用いて，(a) 円筒面における電場を求めよ．(b) 円筒面を貫く全電束を求めよ．

1・11　電気的に静的な状態の導体

42. 半径 5.00 cm で直線状に長い導体棒が，棒の長さ方向に 30.0 nC/m の密度で電荷をもっている．棒の中心軸から次の距離だけ離れた位置における電場を求めよ．(a) 3.00 cm (b) 10.0 cm (c) 100 cm

43. 半径 2.00 cm の中身の詰まった導体の球が 8.00 μC の電荷をもっている．これと同じ中心をもつ導体の球殻があり，その内径は 4.00 cm，外径は 5.00 cm で，この球殻には −4.00 μC の電荷を与える．中心から次の距離 r の位置における電場 E を求めよ．(a) $r = 1.00$ cm (b) $r = 3.00$ cm (c) $r = 4.50$ cm (d) $r = 7.00$ cm

44. S 非常に広いアルミニウムの薄板に，全電気量 Q の電荷が一様に分布している．アルミニウム板と同じサイズで同じ形をしたガラス板の片面に，同じ全電気量 Q の電荷を一様に分布させる．2 つの板について，その中央部で板の上方にわずかに離れた位置における電場を比較せよ．

45. S 円筒状の導体の中心に長い針金を通す．針金には単位長さ当たり λ の電荷が分布しており，導体円筒には単位長さ当たり 2λ の電荷が分布している．ガウスの法則を用いて次の量を求めよ．(a) 導体円筒の内面において，単位長さ当たりの電気量，(b) 導体円筒の外面において，単位長さ当たりの電気量，(c) 円筒の外部で，中心軸からの距離 r の位置における電場．

追加問題

46. 図 II・1・14 のように，質量 2.00 g のプラスチックの小球を長さ 20.0 cm の糸で吊るす．糸が鉛直方向と 15.0° の角をなして，小球がつり合いの状態になった．小球の電荷を求めよ．

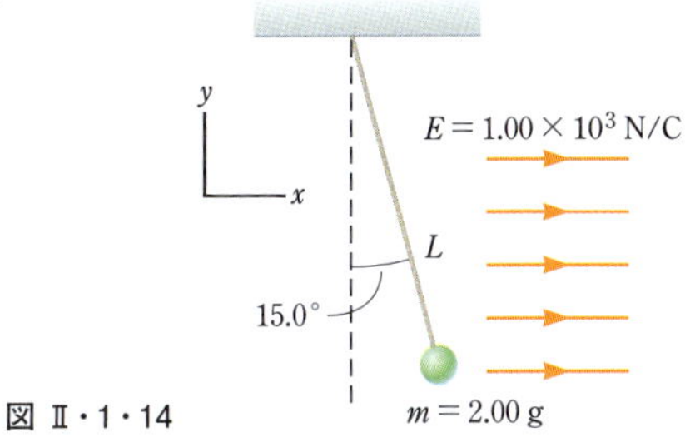

図 II・1・14

47. S 図 II・1・15a のように，2 つの同じ形の物体をばね定数 k，自然の長さ L_i のばねでつなぎ，摩擦のない水

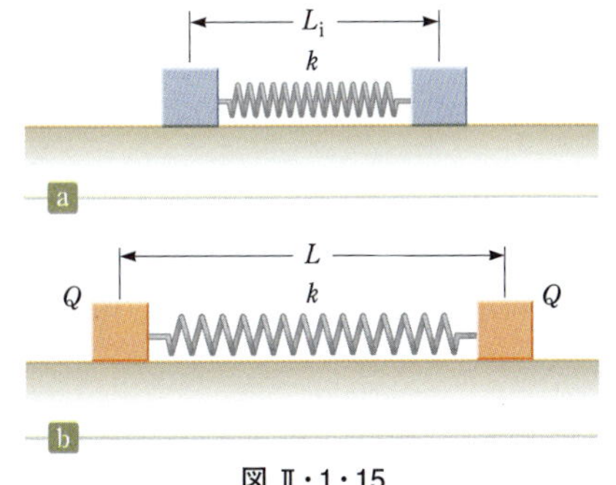

図 II・1・15

平面上に静かに置く．電荷 Q をそれぞれの物体に与えると，図Ⅱ・1・15b のように，つり合いの状態で ばね の長さは L になった．物体を荷電粒子とみなし，電荷の電気量 Q を求めよ．

48. $x = 0$ と $x = 40.0$ cm の間で，x 軸に平行に $y = -15.0$ cm の直線に沿って電荷が一様に分布している．その電荷密度は 35.0 nC/m である．原点における電場を求めよ．

49. S 図Ⅱ・1・16のように，2枚の無限に広く絶縁性のシートを平行に置く．左のシートには一様な面密度 σ の電荷が分布しており，右のシートには一様な面密度 $-\sigma$ の電荷が分布している．次の位置における電場を求めよ．(a) 2枚のシートの左側，(b) 2枚のシートの間，(c) 2枚のシートの右側．(d) **この場合は？** 2枚のシートの電荷の符号が同じである場合について，(a)〜(c)の位置における電場を求めよ．

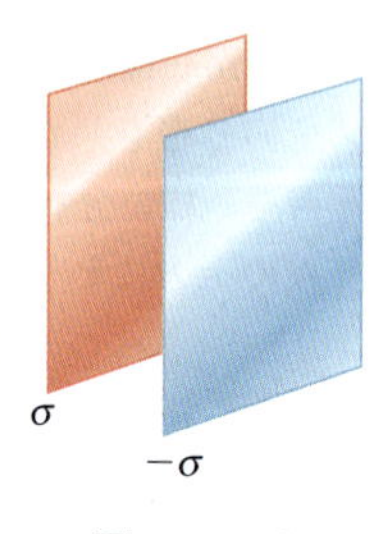

図Ⅱ・1・16

50. GP S 半径 a の絶縁体の球がある．その内部には全電気量 Q の電荷が一様に分布する．図Ⅱ・1・17のように，この球と同じ中心をもつ中空の導体の球殻があり，その内径は b で外径は c である．いくつかの位置における電場を知りたい．

図Ⅱ・1・17

(a) 半径 $r < a$ のガウス球の内部に含まれる電気量を求めよ．(b) その結果を用いて，$r < a$ の位置における電場の大きさを求めよ．(c) 半径 $a < r < b$ のガウス球の内部に含まれる電気量を求めよ．(d) その結果を用いて，$a < r < b$ の位置における電場の大きさを求めよ．(e) $b < r < c$ の場合を考える．電場の大きさを求めよ．(f) その結果を用いて，中空の球殻の内壁にある電荷の電気量を求めよ．(g) 中空の球殻の外壁にある電荷の電気量を求めよ．(h) 半径 a, b, c のガウス球面を考える．電荷の面密度が最大であるのはどの球面か？

51. S 図Ⅱ・1・18に示すように，円環が正電荷 Q をもち，その中心に負の電荷 $-q$ をもつ質点がある．この質点は x 軸に沿ってだけ動くことができる．これをつり合いの位置から微小距離 $x (\ll a)$ だけ動かして静かに放す．この質点が次の振動数で単振動をすることを示せ．

$$f = \frac{1}{2\pi}\left(\frac{k_e qQ}{ma^3}\right)^{1/2}$$

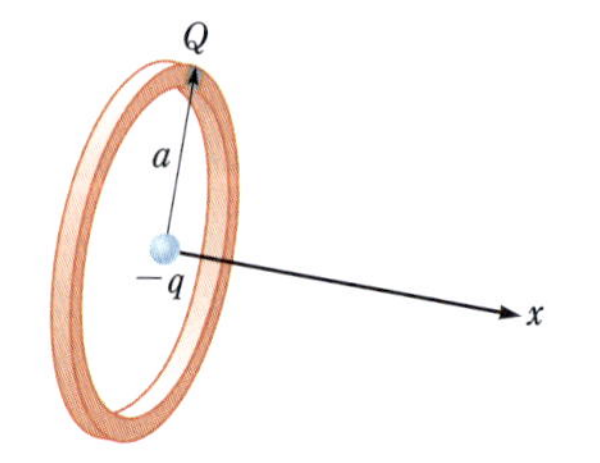

図Ⅱ・1・18

52. S 半径 $2a$ の絶縁性の球の内部に，一様な密度 ρ の電荷が詰まっている．（球体の物質は電場に影響を与えないとする．）図Ⅱ・1・19のように，この球の内部から，半径 a の球をそれが含む電荷とともに取り去る．その空洞の内部の電場は一様で，大きさが $E_x = 0$, $E_y = \rho a / 3\varepsilon_0$ であることを示せ．〔ヒント：電場は重ね合わせが成り立つ．電気的には，元の球に空洞をつくることは，そこに逆符号で同じ密度の電荷を詰めることに相当する．〕

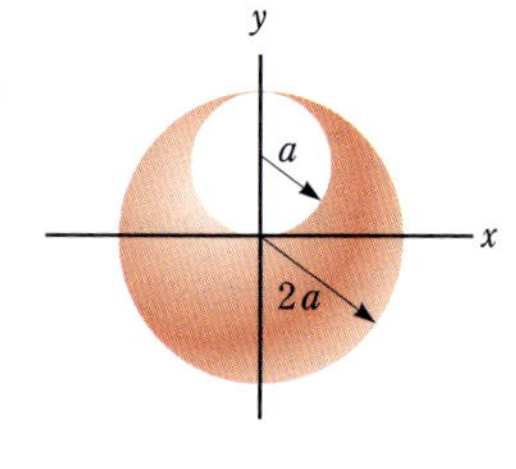

図Ⅱ・1・19

53. Q|C 晴天時の地表付近における大気中の電場は，120 N/C で下向きである．(a) 大地の面電荷密度を求めよ．それは正か負か？ (b) 地球の表面で面電荷密度が一様だとする．地球の全表面の電荷量を求めよ．(c) 月の全電気量は地球の全電気量の 27.3%，符号が同じだとする．このとき，地球が月に及ぼす電気力を求めよ．(d) (e)の答と，地球が月に及ぼす万有引力とを比較せよ．

54. ある地域の上空の，高度 500 m の位置では電場は 120 N/C で下向きであり，高度 600 m では電場は 100 N/C で下向きであった．これら2つの高度の間における大気中の電荷の体積密度とその符号を求めよ．

2 電位と電気容量

まとめ

正の試験電荷 q_0 を電場 $\vec{E}$ の中で Ⓐ 点から Ⓑ 点まで動かすと，電荷–電場系の**ポテンシャルエネルギーの変化**は次のようである．

$$\Delta U = -q_0 \int_{Ⓐ}^{Ⓑ} \vec{E} \cdot d\vec{s} \qquad (2\cdot1)$$

電場 $\vec{E}$ の中の Ⓐ 点と Ⓑ 点の間の電位差 ΔV は，ポテンシャルエネルギーの変化を試験電荷 q_0 で割ったもので与えられ，

$$\Delta V = \frac{\Delta U}{q_0} = -\int_{Ⓐ}^{Ⓑ} \vec{E} \cdot d\vec{s} \qquad (2\cdot3)$$

ここで，**電位** V はスカラーで，その単位は ジュール/クーロン であり，これをボルト(V)と定義する．

一様な電場 $\vec{E}$ の中の 2 点 Ⓐ と Ⓑ の電位差は次のようである．

$$\Delta V = -E \int_{Ⓐ}^{Ⓑ} ds = -Ed \qquad (2\cdot6)$$

ここで，d は Ⓐ 点と Ⓑ 点の間の変位ベクトルの大きさである．

等電位面は，その上では電位が不変な面である．等電位面は電気力線に垂直である．

点電荷 q から距離 r だけ離れた点における電位は，

$$V = k_e \frac{q}{r} \qquad (2\cdot11)$$

電荷の集合による電位は，おのおのの電荷による電位の和で与えられる．V はスカラーだから，この和は単純な代数和である．

距離 r_{12} だけ離れた**点電荷の対**(つい)**の電気的エネルギー**は，

$$U = k_e \frac{q_1 q_2}{r_{12}} \qquad (2\cdot13)$$

これは一方の電荷を無限遠方から距離 r_{12} までもってくるための仕事を表す．多数の点電荷のポテンシャルエネルギーは，(2･13)式のような項をすべての電荷の対について加えれば求められる．

電位が位置座標 x, y, z の関数としてわかれば，電場は電位を座標で微分して負号を付ければ求められる．たとえば，電場の x 成分は，次で与えられる．

$$E_x = -\frac{\partial V}{\partial x} \qquad (2\cdot17)$$

連続分布をする電荷の電位は，次のようである．

$$V = k_e \int \frac{dq}{r} \qquad (2\cdot19)$$

電荷をもち電気的に静的な状態にある導体において，あらゆる点は同電位である．さらに，導体の内部の電位はどこでも一定であり，それは表面の値に等しい．

コンデンサーは電荷を蓄える素子である．充電したコンデンサーは等量で符号が逆の 2 つの電荷でできており，その電位差は ΔV である．コンデンサーの**電気容量**(キャパシタンス) C は，2 つの導体それぞれにある電荷 Q の大きさと，電位差 ΔV の大きさの比で定義される．

$$C \equiv \frac{Q}{\Delta V} \qquad (2\cdot20)$$

電気容量(キャパシタンス)の SI 単位は，クーロン/ボルト，すなわち**ファラド**(F)であり，したがって，1 F = 1 C/V である．

2 個以上のコンデンサーを並列に接続すると，それらの電位差は同じである．**並列接続**のコンデンサーの**等価容量**は，

$$C_{等価} = C_1 + C_2 + C_3 + \cdots \qquad (2\cdot26)$$

2 個以上のコンデンサーを直列につなぐと，それぞれのコンデンサーの電荷は等しく，**直列接続**のコンデンサーの**等価容量**は次式で与えられる．

$$\frac{1}{C_{等価}} = \frac{1}{C_1} + \frac{1}{C_2} + \frac{1}{C_3} + \cdots \qquad (2\cdot28)$$

コンデンサーを充電するにはエネルギーが必要である．なぜなら充電過程は，電位が低い導体から高い導体へ電荷を移動することと同等だからである．コンデンサーに蓄えられる電気的エネルギー U は，

$$U = \frac{Q^2}{2C} = \frac{1}{2} Q \Delta V = \frac{1}{2} C (\Delta V)^2 \qquad (2\cdot29)$$

誘電性物質がコンデンサーの極板の間に挿入されると，電気容量は一般に**比誘電率**という無次元の因子 κ

だけ増加する．

$$C = \kappa C_0 \qquad (2\cdot32)$$

ここで，C_0 は，誘電体がないときの電気容量である．

2・1　電位と電位差

1. 図Ⅱ・2・1のように，大きさが 325 V/m の一様な電場が y 軸の負の方向に加えられている．Ⓐ 点の位置は $(-0.200, -0.300)$ m，Ⓑ 点の位置は $(0.400, 0.500)$ m である．図中の破線の経路を用いて，電位差 $V_{Ⓑ} - V_{Ⓐ}$ を求めよ．

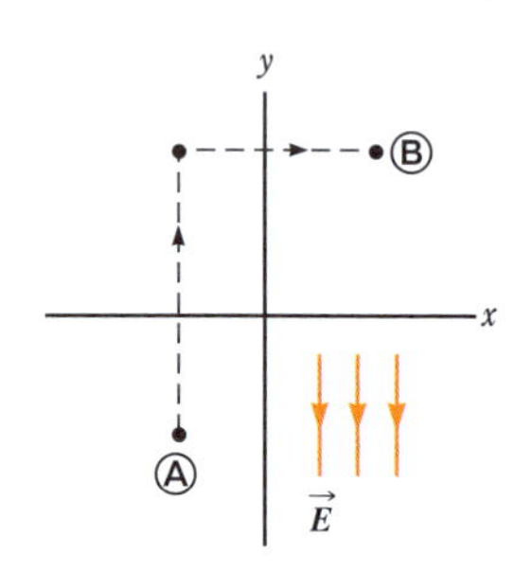

図 Ⅱ・2・1

2. 電位が 9.00 V の初期の位置から，電位が −5.00 V の最終の位置まで，アボガドロ数個の電子を動かすために，電池，発電機または何らかの電位差の源がすべき仕事量を求めよ．(電位は共通の基準点を用いて決められている．)

3. 静止している陽子を，電位差 120 V の電場で加速したときの陽子の速さを求めよ．

2・2　一様な電場の電位差

4. 大きさが 250 V/m の一様な電場が x 軸の正の方向に加えられている．電気量 +12.0 μC の電荷が原点から点$(x, y) = (20.0\text{ cm}, 50.0\text{ cm})$まで動く．(a) 電荷−電場系のポテンシャルエネルギーの変化を求めよ．(b) この電荷が動いた 2 点間の電位差を求めよ．

5. x 軸に平行に動く電子が，原点で 3.70×10^6 m/s の速さをもっている．$x = 2.00$ cm の点では速さが 1.40×10^5 m/s に減少した．(a) 原点とその点との電位差を求めよ．(b) 電位が高いのはどちらの点か？

6. GP QC 図Ⅱ・2・2 に示すように，質量 m，電荷 $+Q$ の物体をばね定数 k の絶縁体の ばね につなぐ．この物体を摩擦がなく水平な絶縁体の台に置く．この系全体に一様で大きさ E の電場を右向きに加える．ばねが自然の長さにある状態 $(x = 0)$ で，この物体を静かに放す．この物体が単振動をすることを示そう．(a) 物体−ばね−電場の系を考える．この系は孤立系か非孤立系か？ (b) この系にはどのような種類のポテンシャルエネルギーがあるか？ (c) 物体を静かに放した瞬間を初期状態とし，その後物体が再び静止した瞬間を最終状態とする．最終状態の物体の位置 x を求めよ．(d) 物体がある位置 $x = x_0$ にきたとき，物体に働く合力がゼロであった．この状態の質点を記述する分析モデルは何か？ (e) x_0 を求めよ．(f) 新たな座標 $x' = x - x_0$ を導入し，x' が単振動の運動方程式を満たすことを示せ．(g) 単振動の周期を求めよ．(h) その周期は電場にどのように依存するか？

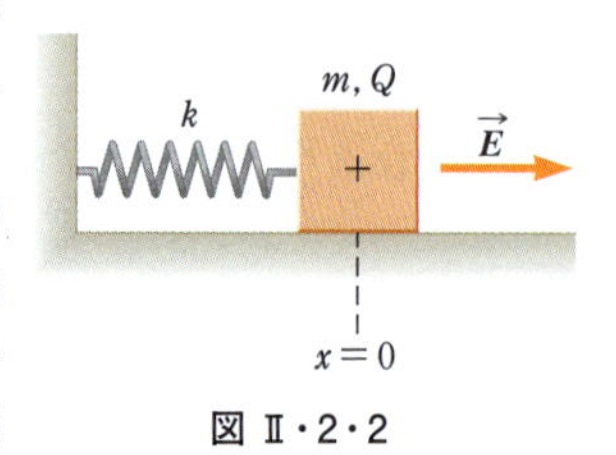

図 Ⅱ・2・2

2・3　点電荷による電位とポテンシャルエネルギー

以下では特に断らない限り，電位は無限遠方で 0 とする．

7. (a) 陽子から 1.00 cm 離れた点における電位を求めよ．(b) 陽子から 1.00 cm 離れた点と 2.00 cm 離れた点との電位差を求めよ．(c) (a), (b)の問いの陽子を電子に変えた場合について，それぞれの問いに答えよ．

8. 図Ⅱ・2・3 のように電気量 2.00 μC の 2 個の点電荷があり，原点には $q = 1.28 \times 10^{-18}$ C の電荷を置く．(a) 2.00 μC の 2 個の点電荷が電荷 q に及ぼす合力を求めよ．(b) 2.00 μC の 2 個の点電荷が原点につくる電場を求めよ．(c) 2.00 μC の 2 個の点電荷がつくる電場の，原点における電位を求めよ．

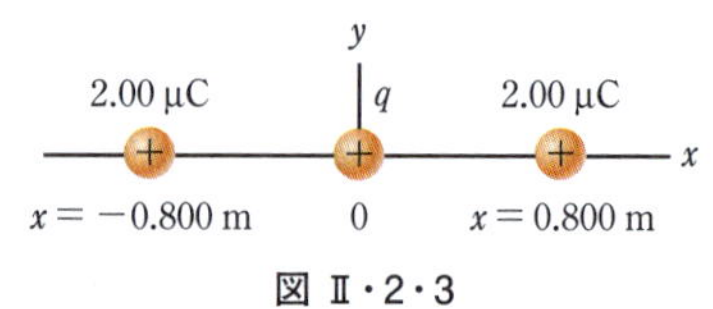

図 Ⅱ・2・3

9. 図Ⅱ・2・4 のように 3 個の電荷が二等辺三角形($d = 2.00$ cm)の頂点に置かれている．$q = 7.00$ μC として，底辺の中点 A における電位を求めよ．

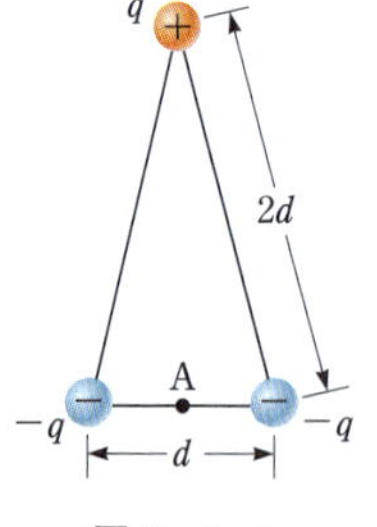

図 Ⅱ・2・4

10. 1911 年にラザフォード(Ernest Rutherford)は，彼の助手のガイガーとマースデンを指揮して，金の薄膜によるアルファ粒子(ヘリウムの原子核)の散乱を観測する実験を行った．アルファ粒子の質量は $+2e$ で，質量は 6.64×10^{-27} kg であり，ある原子核の放射崩壊で生じる．この実験の結果から，ラザフォードは次のような着想を得た．それは，原子の質量のほとんどは非常に小さい原子核に起因し，電子はそのまわりの軌道にあるということであった．(これを原子の惑星モデルという．) 静止している金の原子核(電荷は $+79e$)に向かって，遠方からアルファ粒子を 2.00×10^7 m/s の速さで正面衝突させるとする．アルファ粒子が跳ね返されるときの，金の原子核とアルファ粒子との距離を求めよ．金の原子核は動かないものとする．

11. 図Ⅱ・2・5に示すように，4つの同じ点電荷 ($q = +10.0\ \mu$C) が長方形の頂点に置かれている．長方形の寸法は $L = 60.0$ cm，$W = 15.0$ cm である．図の左下の電荷を無限の遠方からこの位置へもってくるときの，系のポテンシャルエネルギーの変化を求めよ．他の3つの点電荷は動かないものとする．

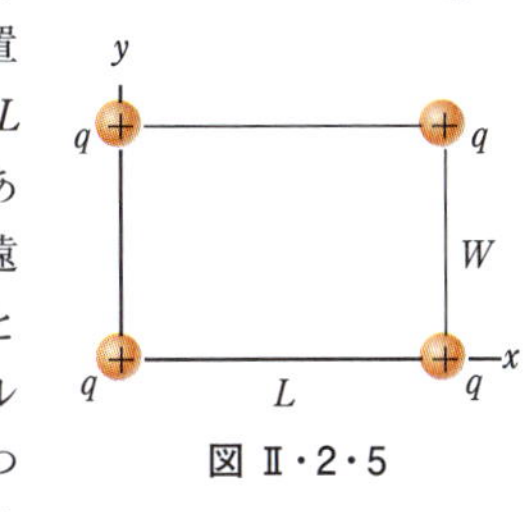

図Ⅱ・2・5

12. Q|C 半径 0.300 cm で質量 0.100 kg，および半径 0.500 cm で質量 0.700 kg の2個の絶縁体の球が一様な密度で電気量 $-2.00\ \mu$C および $3.00\ \mu$C の電荷をもつ．2個の球の中心が 1.00 m 離れた状態で静かに放す．(a) 2個の球が衝突するときのそれぞれの速さを求めよ．(b) **この場合は？** これらの球が導体であったなら，衝突のときのそれぞれの速さは (a) の場合に比べて大きいか小さいか？理由を付して答えよ．

13. 電気量 $+2.00\ \mu$C の2個の電荷が x 軸上にある．1個は $x = 1.00$ m に，もう1個は $x = -1.00$ m にある．(a) y 軸上で $y = 0.500$ m の位置における電位を求めよ．(b) 電気量 $-3.00\ \mu$C の第三の電荷を無限遠方から y 軸上の $y = 0.500$ m の位置までもち込む．このときの系の電気的ポテンシャルエネルギーの変化を求めよ．

14. 図Ⅱ・2・6のように，電気量 20.0 nC と -20.0 nC の電荷をもつ2個の点電荷が(0, 4.00 cm)と(0, -4.00 cm)の位置に置かれている．電気量 10.0 nC の電荷は原点に置かれている．(a) この3個の電荷の系の電気的ポテンシャルエネルギーを求めよ．(b) 質量 2.00×10^{-13} kg，電気量 40.0 nC の点電荷を(3.00 cm, 0)の位置で静かに放す．この電荷が自由に無限遠方に達したときの速さを求めよ．

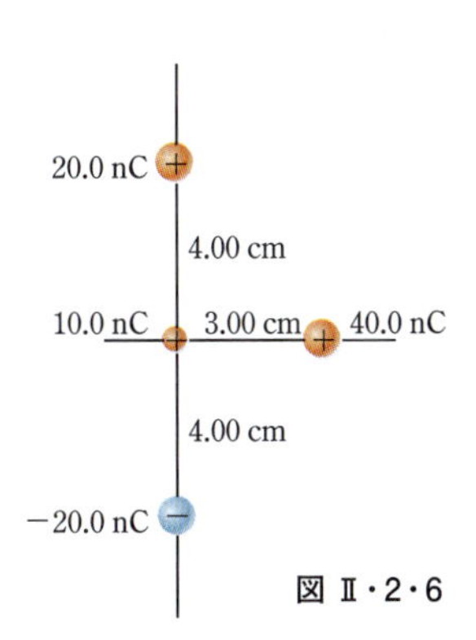

図Ⅱ・2・6

15. 電荷 $+q$ が原点にあり，電荷 $-2q$ の電荷が x 軸上の $x = 2.00$ m にある．(a) 電場が0になる点が x 軸上の有限の範囲にあるなら，その x 座標を求めよ．(b) 電位が0になる点が x 軸上の有限の範囲にあるなら，その x 座標を求めよ．

2・4　電位から電場を導出

16. S 半径 R の球形の電気伝導体が電荷をもつとき，その内部の電位は $V = k_e Q/R$，外部の電位は $V = k_e Q/r$ と表される．半径方向の電場を表す式 $E_{半径} = -dV/dr$ を用いて，(a) 内部の電場，(b) 外部の電場を求めよ．

17. 空間のある領域において，電位は $V = 5x - 3x^2y + 2yz^2$ と表される．ただし，x, y, z はメートル，V はジュール/クーロン で表されている(実用単位のボルトでも数値は同じ)．(a) この領域における電場の x, y, z 成分を求めよ．(b) 位置座標(1.00, 0, -2.00)m の P 点における電場の大きさを求めよ．

2・5　連続分布する電荷による電位

18. S 図Ⅱ・2・7のような長さ L の細い棒がある．棒の左端を原点とし，棒の長さ方向を x 軸とする．この棒には線密度が $\lambda = \alpha x$ で表される電荷が分布している．(a) α の単位を示せ．(b) A 点における電位を求めよ．(c) 棒の垂直二等分線上にある B 点における電位を求めよ．

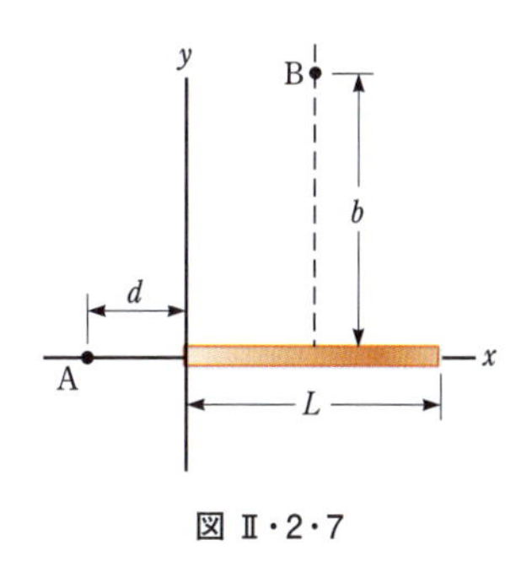

図Ⅱ・2・7

19. S 一様な線密度 λ の電荷をもつワイヤーを図Ⅱ・2・8のように折り曲げる．O 点における電位を求めよ．

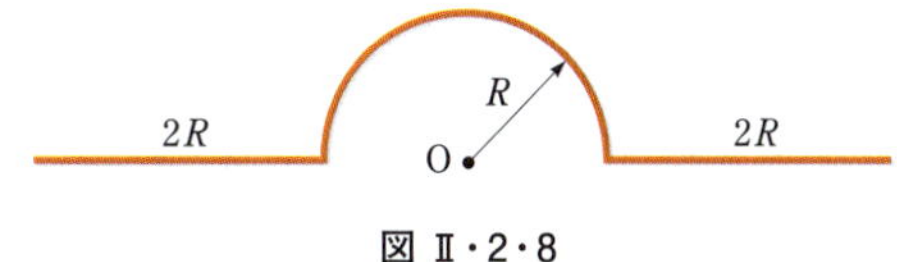

図Ⅱ・2・8

20. 長さ 14.0 cm の絶縁体の棒を一様に帯電させ，図Ⅱ・2・9のように半円形に曲げた．棒の全電荷は $-7.50\ \mu$C である．円の中心 O における電位を求めよ．

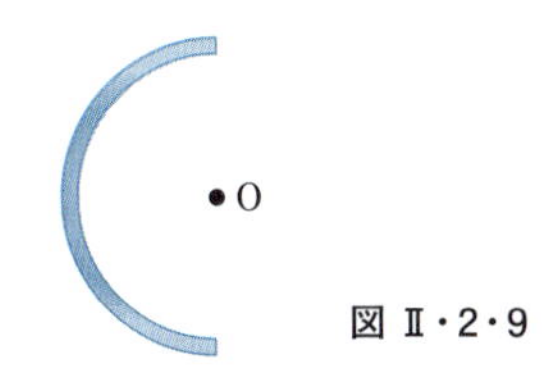

図Ⅱ・2・9

2・6 帯電した導体による電位

21. 半径 0.300 m の，帯電していない導体の球から電子を取り去ると，表面の電位が 7.50 kV となった．取り去った電子の個数を求めよ．

22. 航空機が飛行中に，機体に電荷がたまることがある．翼の端と気体の尾部に針状の導体棒が突き出ているのを見たことがあるかもしれない．その棒の目的は，電荷がたまり過ぎないうちに電荷を逃がすことである．針状の導体棒のまわりの電場は航空機の機体のまわりの電場に比べて非常に大きく，それが限界を超えると，空気の絶縁性が破れて電荷が機体から逃げてくれるのである．この過程をモデル化するために，長い針金の両端に 1 個ずつ導体の球を取り付け，この系に全電気量が 1.20 μC の電荷を与えるとしよう．一つの球の半径は 6.00 cm でこれは機体に相当するとし，他方の球の半径は 2.00 cm でこれが針状の導体棒を表すとする．(a) それぞれの球の電位を求めよ．(b) それぞれの球の表面における電場を求めよ．

23. 半径 14.0 cm の導体の球が 26.0 μC の電荷をもっている．球の中心からの距離が次のような位置における電場と電位を求めよ．(a) $r = 10.0$ cm (b) $r = 20.0$ cm (c) $r = 14.0$ cm.

2・7 電 気 容 量

24. 2 つの導体がそれぞれ +10.0 μC と −10.0 μC の電荷をもち，その間には 10.0 V の電位差がある．(a) この系の電気容量を求めよ．(b) それぞれの電荷を +100 μC, −100 μC とするときの電位差を求めよ．

25. 半径 12.0 cm の導体の球があり，その中心から 21.0 cm の位置には大きさが 4.90×10^4 N/C の電場があった．(a) 球の表面の電荷密度，および (b) 電気容量を求めよ．ただし，導体の球は孤立していて，まわりの空間には何もない．

26. **S** 球面コンデンサー (同心球コンデンサー，球形コンデンサーなどともいう) は，電荷 $-Q$ をもつ半径 b の導体の球殻と，これと中心を共通にして，電荷 $+Q$ をもつ小さな半径 a の導体の球とで構成される (図Ⅱ・2・10)．(a) その電気容量が次式で与えられることを示せ．

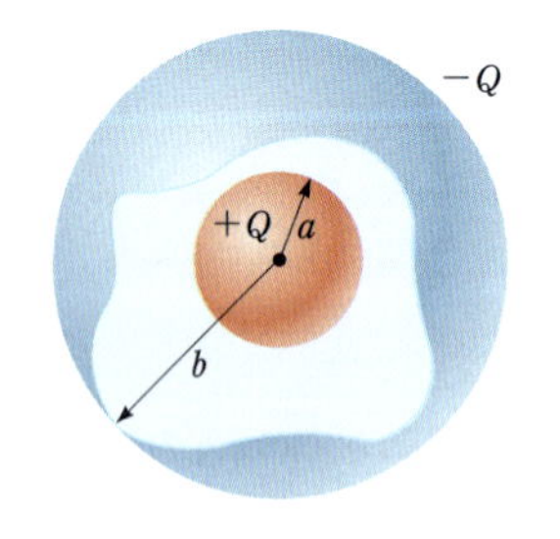

図 Ⅱ・2・10

$$C = \frac{ab}{k_e(b-a)}$$

(b) $b \to \infty$ では，電気容量が $a/k_e = 4\pi\varepsilon_0 a$ に漸近することを示せ．

27. 平行板コンデンサーの 2 枚の極板の間に 20.0 V の電位差を加えた．ただし，極板の面積はそれぞれ 7.60 cm², 極板の間の距離は 1.80 mm である．次の量を求めよ．(a) 極板の間の電場，(b) 極板の表面の電荷密度，(c) 電気容量，(d) それぞれの極板の上の電荷の電気量．

28. **S** 図Ⅱ・2・11 のように，ラジオの周波数同調回路に使われる可変コンデンサーは 2 組の極板のセットから成る．それぞれのセットは，半径 R の半円形の極板 N 枚を隣り合う間隔 d で平行に重ね，円の中心にあたる部分に導体の軸を通して作る．2 組のセットを互いに電気的に絶縁し，それぞれの極板が相手方の極板の中間に入るように組合わせる．一方のセットを固定し，他方のセット全体を軸のまわりに回転する．このコンデンサーの電気容量を，回転角 θ の関数として求めよ．ただし，電気容量が最大になるときを $\theta = 0$ とする．

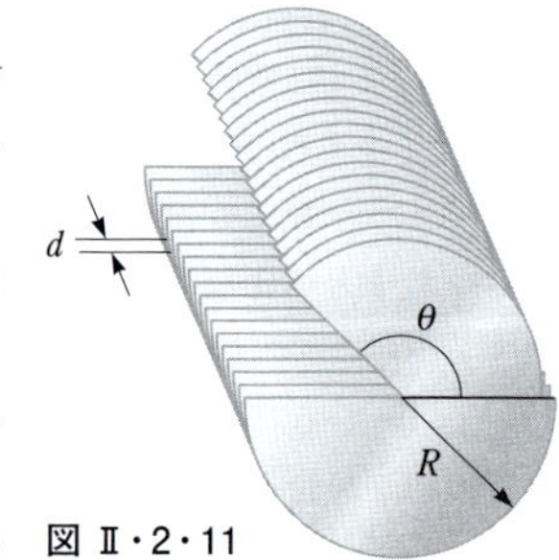

図 Ⅱ・2・11

29. 同軸ケーブルは，円筒状の導体(多くの場合，セーターの袖のように，細い導線で編んだ網が円筒状になったもの)の中心に細い導線を通したものである．長さ 50.0 m の同軸ケーブルを考え，中心の導線の直径は 2.58 mm で 8.10 μC の電荷をもち，外側の円筒状の導体は，その内側の直径が 7.27 mm で −8.10 μC の電荷をもつとする．外部と内部の導体の間の空間には空気だけがあるとする．(a) このケーブルの電気容量を求めよ．(b) 外部と内部の導体の間の電位差を求めよ．

30. **S** 垂直に立てた平行板コンデンサーの極板の間で，電荷 q をもつ質量 m の小物体を糸で吊り下げる．極板の間の距離は d である．糸が鉛直から θ の角をなすときの，極板間の電位差を求めよ．

31. (a) 地球と上空 800 m にある雲の層とをコンデンサーの 2 枚の "極板" とみなし，地球–雲系の電気容量を求めよ．ただし，雲の層の面積は 1.00 km² で，雲と地表の間には純粋な乾燥空気があるとする．

電荷が雲と地表にたまり，その間の一様な電場の強さが 3.00×10^6 N/C に達すると，空気の絶縁が破れて稲妻として電荷が流れるものとする．(b) 雲の層にたまる電荷の電気量の最大値を求めよ．

2・8 コンデンサーの組合わせ

32. 電気容量が $C_1 = 5.00$ μF と $C_2 = 12.0$ μF のコンデンサーを並列に接続し，これらに 9.00 V の電池をつなぐ．次の量を求めよ．(a) 並列接続したコンデンサーの等価容量，(b) それぞれのコンデンサーの電位差，(c) それぞれのコンデンサーに蓄えられる電気量

Ⅱ 電磁気学

33. 前問の2つのコンデンサーを直列に接続して，9.00 V の電池につなぐ．次の量を求めよ．(a) 直列接続したコンデンサーの等価容量，(b) それぞれのコンデンサーに蓄えられる電気量，(c) それぞれのコンデンサーの電位差．

34. 4個のコンデンサーを図Ⅱ・2・12のように接続する．(a) ab 間の等価容量を求めよ．(b) $\Delta V_{ab} = 15.0$ V のとき，それぞれのコンデンサーに蓄えられる電気量を求めよ．

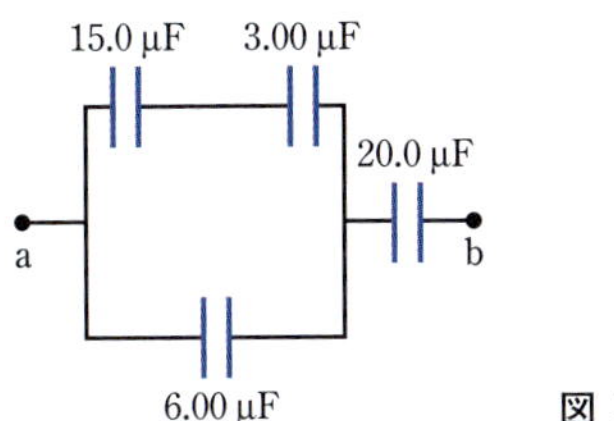

図 Ⅱ・2・12

35. エレベーターのドアが閉じるタイミングを遅らせるために，タイマーを使うとする．その回路の設計仕様によれば，回路の A 点と B 点の間に電気容量 32.0 μF のコンデンサーを使うことになっている．一つの回路を組立てているとき，安価で耐久性のあるコンデンサーを使う予定であったが，その電気容量が 34.8 μF であることがわかった．設計仕様を満たすために，もう一つのコンデンサーを AB 間に追加することができる．(a) 追加のコンデンサーは 34.8 μF のコンデンサーと並列にすべきか，直列にすべきか．(b) 追加のコンデンサーに必要な電気容量を求めよ．(c) **この場合は？** 組立てラインで次に来た回路では，AB 間に接続されているコンデンサーの電気容量は 29.8 μF であった．設計仕様を満たすために，AB 間に追加して使うべきコンデンサーの電気容量を求め，接続法(並列か直列か)を述べよ．

36. 2個のコンデンサーを並列に接続すると等価容量が $C_{並列}$，直列に接続すると $C_{直列}$ である．それぞれのコンデンサーの電気容量を求めよ．

37. 同じ電気容量の複数個のコンデンサーをまず直列に，次いで並列に接続した．並列接続のコンデンサーの等価容量は，直列のときの 100 倍であった．コンデンサーの個数を求めよ．

38. QC S 図Ⅱ・2・13のように，3個のコンデンサーを電池につなぐ．それぞれの電気容量は $C_1 = 3C$，$C_2 = C$，$C_3 = 5C$ である．(a) このコンデンサーの組合わせの等価容量を求めよ．(b) 蓄えられる電気量の大きいものから順に，3個のコンデンサーの順番を述べよ．(c) 電位差の大きいものから順に，3個のコンデンサーの順番を述べよ．(d) **この場合は？** C_3 を増すとき，それぞれのコンデンサーに蓄えられる電気量の変化を説明せよ．

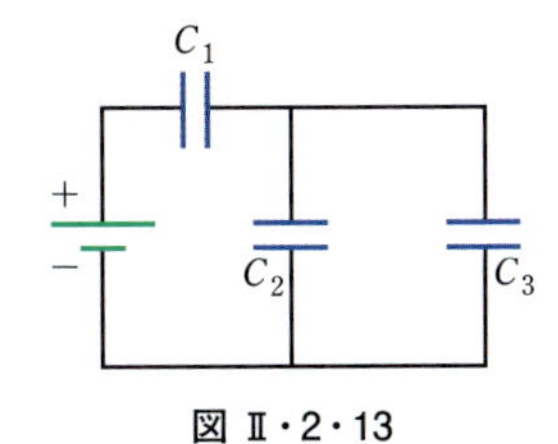

図 Ⅱ・2・13

39. 図Ⅱ・2・14に示すコンデンサー回路の，ab 間の等価容量を求めよ．

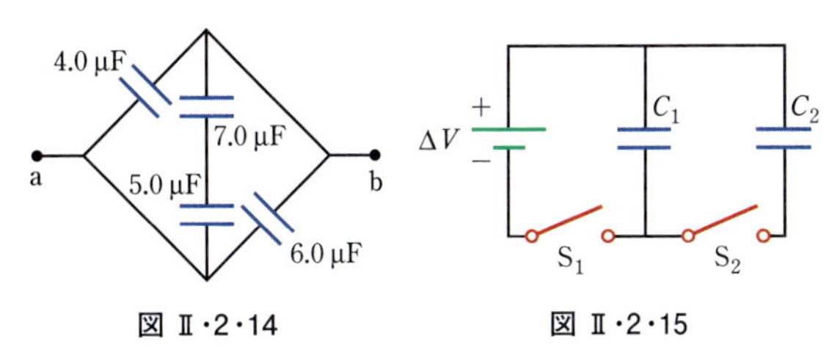

図 Ⅱ・2・14　　図 Ⅱ・2・15

40. 図Ⅱ・2・15に示す回路を考える．ただし，$C_1 = 6.00$ μF，$C_2 = 3.00$ μF，$\Delta V = 20.0$ V である．スイッチ S_1 を閉じてコンデンサー C_1 を充電する．次にスイッチ S_1 を開き，スイッチ S_2 を閉じて充電したコンデンサーを充電されていないコンデンサーにつなぐ．次の量を求めよ．(a) 最初に C_1 にたまる電荷の電気量，(b) 最後にそれぞれのコンデンサーにたまっている電荷の電気量．

2・9 充電したコンデンサーに蓄えられるエネルギー

41. BIO 人が乾燥した環境を歩きまわると，人の身体に電荷がたまる．正・負を問わず，人の身体と環境の間に大きい電位差が生じると，身体から火花を伴う放電が起こってショックを感じる．大地から絶縁された人の身体と大地とをコンデンサーの2枚の極板とみなし，その電気容量の典型値を 150 pF とする．(a) 10.0 kV の電位差が生じるときに，身体にたまる電荷の電気量を求めよ．(b) 鋭敏な電子機器は，人の身体からの静電気の放電で壊れることがある．ある電子機器は放電によって 250 μJ のエネルギーが放出されると壊れるとする．そうなるときの電位差を求めよ．

42. S 極板の面積 A の平行板コンデンサーに電荷 Q がたまっている．一方の極板から他方の極板に，どれくらいの引力が働くだろうか？ 極板間の電場 $E = Q/A\varepsilon_0$ だから，引力は $F = QE = Q^2/A\varepsilon_0$ だと考えるかもしれないが，それは間違っている．なぜなら，その電場は両極板からの寄与を含んでおり，正極板がつくる電場が正極板に力を及ぼすことはできないからである．実際には，それぞれの極板に働く力が $F = Q^2/2A\varepsilon_0$ であることを示せ．〔ヒント: 極板間の距離を x とすると $C = \varepsilon_0 A/x$ であり，2枚の極板を引き離すのに要する仕事は $W = \int F\,dx$ であることに注意せよ．〕

43. QC S 電気容量 C の2つの同等の平行板コンデンサーを，電位差 ΔV の電源にそれぞれつないでから，電源を切り離す．次に2つのコンデンサーの同符号の極板どうしを接続する．最後に，一方のコンデンサーの極板間の距離を2倍にする．(a) 極板間の距離を2倍にする前の，2

個のコンデンサーの系の全エネルギーを求めよ．(b) 極板間の距離を2倍にした後の極板間の電位差を求めよ．(c) 極板間の距離を2倍にした後の，2個のコンデンサーの系の全エネルギーを求めよ．(d) エネルギー保存則を用いて，(a)と(c)の答の相違を説明せよ．

44. 容量が $C_1 = 25.0\,\mu\mathrm{F}$，$C_2 = 5.00\,\mu\mathrm{F}$ の2個のコンデンサーを並列に接続し，100 V の電源で充電した．(a) 回路図を描き，(b) 2個のコンデンサーに蓄えられた全エネルギーを求めよ．(c) **この場合は？** この2個のコンデンサーを直列につないで(b)と同じエネルギーを蓄えたい．充電に使う電源の電位差を求めよ．(d) (c)の場合の回路図を描け．

45. GP S 半径 R_1 と R_2 の2個の導体の球が，それぞれの半径より非常に大きい距離を隔てて置かれている．全電荷 Q を2個の球に分け与える．2個の球の間の電位差が0であるとき，この系の電気的ポテンシャルエネルギーが最小になることを示したい．半径 R_1 の球の電荷を q_1，半径 R_2 の球の電荷を q_2 とすると，$Q = q_1 + q_2$ である．2個の球は遠く離れているので，それぞれの球の電荷は表面に一様に分布すると考えてよい．(a) 真空中で電荷 q をもつ半径 R の導体の球のポテンシャルエネルギーは $U = k_e q^2/2R$ であることを示せ．(b) q_1, Q, R_1, R_2 を用いて，2個の導体の球の系の全エネルギーを求めよ．(c) エネルギーの最小値を求めるため，(b)の結果を q_1 について微分したものが0に等しいとおき，Q, R_1, R_2 を用いて q_1 を表せ．(d) (c)の結果から，q_2 を求めよ．(e) それぞれの導体の球の電位を求めよ．(f) 2個の導体の球の間の電位差を求めよ．

46. BIO 人が急死する直接の原因は，心室細動という不規則な心臓の動作である．胸に電気ショックを与えて心臓の筋肉を麻痺させると，心臓が正常な動作を取り戻せることがある．ある除細動器(AED ということが多い．図Ⅱ・2・16)では，強い電気ショックを数ミリ秒のあいだ胸部に与える．この装置には，数 kV で充電した数 μF のコンデンサーが入っている．心臓を挟んで胸の2箇所にパドルという電極(パッドともいう)を当て，患者の胸を通してコンデンサーを放電する．30.0 μF のコンデンサーから 300 J のエネルギーを得なければならないとき，充電によってこのコンデンサーに与えるべき電位差を求めよ．

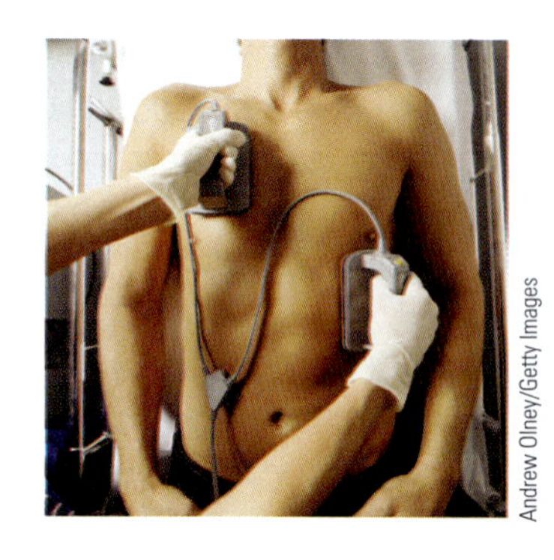

図Ⅱ・2・16

47. 空間のある領域の中に $E = 3000\,\mathrm{V/m}$ の一様な電場が存在する．$1.00 \times 10^{-7}\,\mathrm{J}$ のエネルギーを含む空間の体積を，立方メートルとリットルの単位で求めよ．

2・10 誘電体を挟んだコンデンサー

48. テフロンを挟んだ平行板コンデンサーについて，次の量を求めよ．(a) 電気容量，(b) 加えることができる最大電位差．ただし，極板の面積は $1.75\,\mathrm{cm}^2$ で極板の間の距離は 0.0400 mm であり，テフロンの比誘電率は 2.10，絶縁耐力(絶縁破壊を起こすことなく加えられる最大の電場)は $60 \times 10^6\,\mathrm{V/m}$ である．

49. 市販のコンデンサーにはさまざまな種類があるが，図Ⅱ・2・17 はその一例(紙コンデンサーという)である．2枚の細長いアルミホイルのシートの間に，これと同じ形状のパラフィン紙（パラフィンをしみ込ませた紙のシート）を挟む．シートの幅は 7.00 cm である．アルミホイルの厚さは 0.00400 mm，パラフィン紙の厚さは 0.0250 mm で，その比誘電率は 3.70 である．これを巻いて実際のコンデンサーを作るのであるが，巻く前の平板状のコンデンサーが $9.50 \times 10^{-8}\,\mathrm{F}$ の電気容量をもつための，シートの長さを求めよ．〔注：アルミホイル–パラフィン紙–アルミホイルのセットの上に，パラフィン紙をもう1枚重ねて全体を巻き上げて円柱状にしたものが，実際のコンデンサーの中身である．このときはアルミホイルの両面に電荷がたまるので，コンデンサーの電気容量は2倍になる．〕

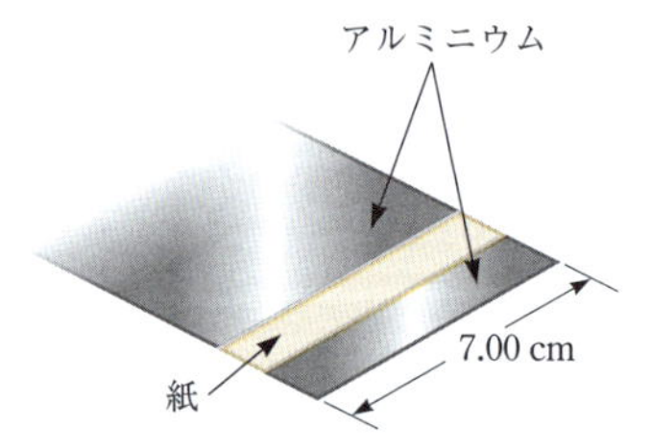

図Ⅱ・2・17

50. (a) 面積 $5.00\,\mathrm{cm}^2$ の極板の間に空気だけがあるコンデンサーが絶縁破壊を起こさずにためられる最大の電気量を求めよ．ただし，空気の絶縁耐力(絶縁破壊を起こすことなく加えられる最大の電場)は $3 \times 10^6\,\mathrm{V/m}$ である．(b) **この場合は？** 空気の代わりに，比誘電率が 2.56 で絶縁耐力が $24 \times 10^6\,\mathrm{V/m}$ のポリスチレンを挟むとき，蓄積可能な最大の電気量を求めよ．

追加問題

51. BIO 赤血球の細胞をモデル化すると，細胞を2つの球殻とみなすことができる．電気伝導性の液体の球が正に帯電し，これを厚さ t の絶縁性の膜が取り囲む．その外部には負に帯電した電気伝導性の流体がある．微小な電極を細胞に挿入して調べると，絶縁性の膜を隔てて 100 mV の電位差があることがわかった．膜の厚さを $t = 100$ nm，比誘電率を 5.00 とする．(a) 典型的な赤血球細胞の質量を 1.00×10^{-12} kg，密度を 1100 kg/m^3 として，細胞の体積と表面積を求めよ．(b) 細胞の電気容量を求めよ．(c) 膜の表面の電荷の電気量を求めよ．その電気量に相当する素電荷の個数を求めよ．

52. 原子核の液滴モデルによれば，原子核が高エネルギーで振動すると 1 個の原子核が 2 個の軽い原子核と数個の中性子に分裂する．このような核分裂の生成物の運動エネルギーは，互いのクーロン斥力に起因する．2 個の軽い原子核は球形で電荷がその内部に一様に分布すると仮定し，また，分裂の直前には，それぞれが接触して静止していたものと仮定する．原子核の外を囲む電子は無視してよい．ウランの原子核が分裂して生じる，球形で軽い 2 個の原子核の電気的ポテンシャルエネルギーを電子ボルトの単位で求めよ．ただし，それぞれの電荷の電気量と半径は，$38e$ で 5.50×10^{-15} m，および $54e$ で 6.20×10^{-15} m とする．

53. S 放射線の検出に使うガイガーミュラー管は，金属製で半径 r_a の円筒(陰極)と，これと軸が共通で半径 r_b の円柱状の導線(陽極)から成る(図Ⅱ・2・18a)．陽極と陰極の単位長さあたりの電気量は，それぞれ λ および $-\lambda$ である．2 つの電極の間の空間は気体で満たされる．これを図Ⅱ・2・18b のように用い，高エネルギーの粒子が 2 つの電極の間の気体を通過すると，その粒子は気体の分子をイオン化する．生じたイオンと電子は，電極間の強い電場のもとで互いに逆向きに加速される．高速になったイオンと電子は，さらに気体の他の分子に衝突してそれらをイオン化し，なだれ放電が生じる．電極間を流れる電流パルスは，外部電気回路によって計数される．(a) 陰極と陽極の間の電位差の大きさは，次式で与えられることを示せ．

$$\Delta V = 2k_e\lambda \ln\left(\frac{r_a}{r_b}\right)$$

(b) 陰極と陽極の間の電場の大きさは，次式で与えられることを示せ．

$$E = \frac{\Delta V}{\ln(r_a/r_b)}\left(\frac{1}{r}\right)$$

ただし，r は円柱状の導線の中心から測った距離である．

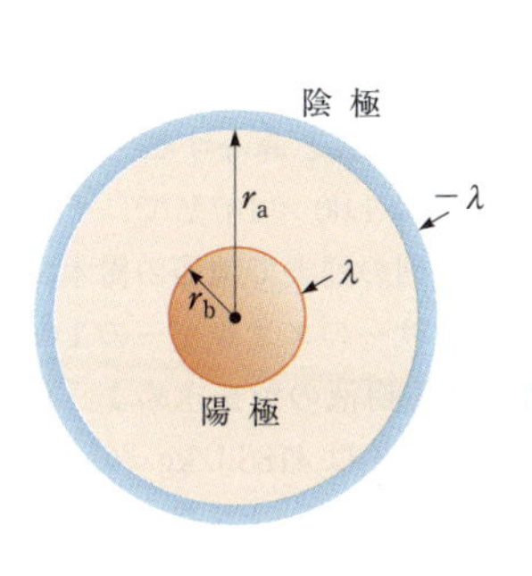

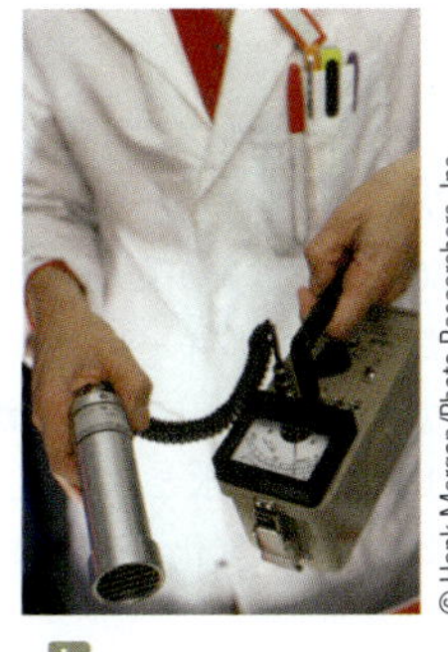

© Hank Morgan/Photo Researchers, Inc. amanaimages

図Ⅱ・2・18

54. S 導体でできた半径 R の球殻に，無限遠方から電荷を運び，球殻の全電荷を Q とするのに必要な仕事を求めよ．

55. 電気容量が 2.00 nF の平行板コンデンサーを初期の電位差 $\Delta V_i = 100$ V で充電してから電源から切り離す．極板の間の誘電物質は雲母(マイカともいう)で，その比誘電率は 5.00 である．(a) 雲母板を引抜くのに必要な仕事を求めよ．(b) 雲母板を引抜いた後の極板間の電位差を求めよ．

56. 比誘電率が 3.00，絶縁耐力が 2.00×10^8 V/m の誘電体を用いて平行板コンデンサーを作る．必要な電気容量は 0.250 μF で，加える最大の電位差は 4000 V としたい．最小限必要な極板の面積を求めよ．

57. S 図Ⅱ・2・19 のように，y 軸上に電気双極子を置く．双極子モーメントの大きさは $p = 2aq$ と定義される．(a) 双極子から遠く離れた P 点 ($r \gg a$) において，ポテンシャルは次のように表されることを示せ．

$$V = \frac{k_e \cos\theta}{r^2}$$

(b) P 点における電場の半径方向成分 E_r とそれに垂直な成分 E_θ を求めよ．$E_\theta = -\dfrac{1}{r}\dfrac{\partial V}{\partial\theta}$ であることに注意し，これらの結果は (c) $\theta = 90°$ と 0，および (d) $r = 0$ でも妥当か？ (e) 図Ⅱ・2・19 に示した電気双極子について，V をデカルト座標で表せ．ただし，$r = (x^2 + y^2)^{1/2}$，および

$$\cos\theta = \frac{y}{(x^2 + y^2)^{1/2}}$$

を用いよ．(f) その結果を用いて，$r \gg a$ の場合の電場の成分 E_x と E_y を求めよ．

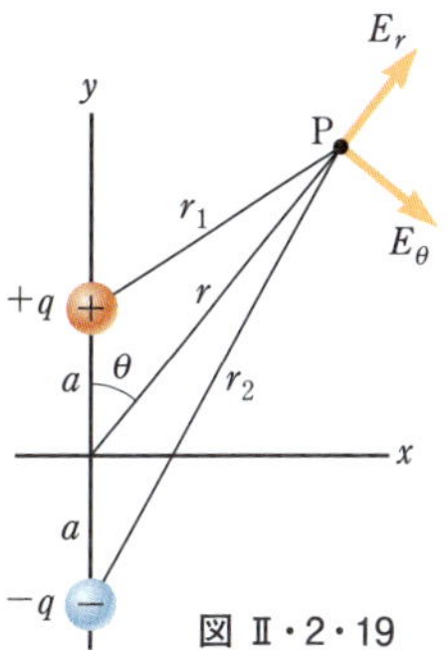

図Ⅱ・2・19

58. 電気容量が 10.0 μF のコンデンサーを 15.0 V の電源で充電する．図Ⅱ・2・20 のように，これを電荷のない 5.00 μF のコンデンサーに直列に接続し，それ全体に 50.0 V の電池を接続する．スイッチを閉じた後の，両コンデンサーの両端の電位差を求めよ．

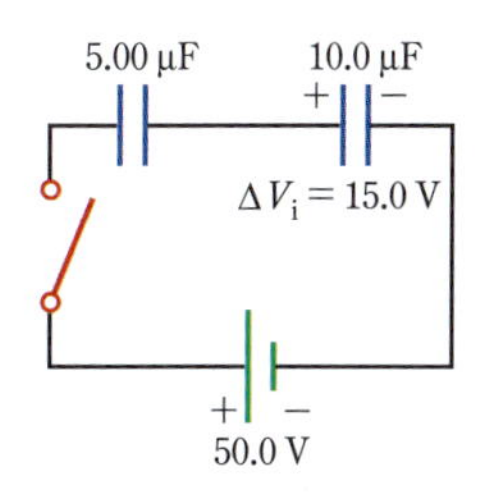

図Ⅱ・2・20

59. S 面積 A の 2 枚の広い金属板を，$3d$ の間隔で水平で平行に置く．それらを接地した導線につなぎ，初期状態では 2 枚の金属板は電荷をもたない．そこで図Ⅱ・2・21

のように，電荷 Q をもつ同形の第三の金属板を 2 枚の極板の間に平行に挿入する．上の金属板との距離は d で，下の金属板との距離は $2d$ である．(a) 最初の 2 枚の金属板に誘導される電荷の電気量を求めよ．(b) あとで挿入した

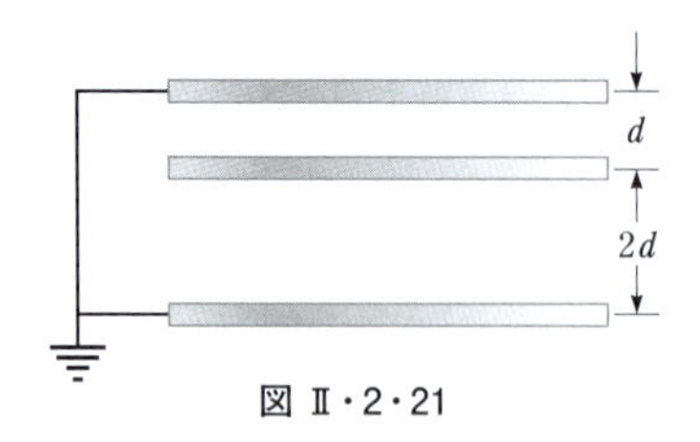

図 Ⅱ・2・21

金属板と，最初の 2 枚の金属板との電位差を求めよ．

60. あるコンデンサーは一辺が l の正方形の薄い金属板を間隔 d だけ隔てて置いて作られている．電源をつないで電荷 $+Q$ と $-Q$ をそれぞれの極板に与えてから，電源を切り離す．次に，図Ⅱ・2・22 のように比誘電率 κ の誘電体を極板の間に長さ x だけ挿入する．ただし，$d \ll x$ である．(a) 全体の電気容量を求めよ．(b) 蓄えられたエネルギーを求めよ．(c) 極板が誘電体に及ぼす力を求めよ．(d) $x = l/2$ のときの力を求めよ．ただし，$l = 5.00$ cm，$d = 2.00$ mm，誘電体はガラス($\kappa = 4.50$)とし，誘電体を挿入する前の充電に用いた電位差は 2.00×10^3 V とする．〔ヒント：これは 2 個のコンデンサーの並列接続とみなすことができる.〕

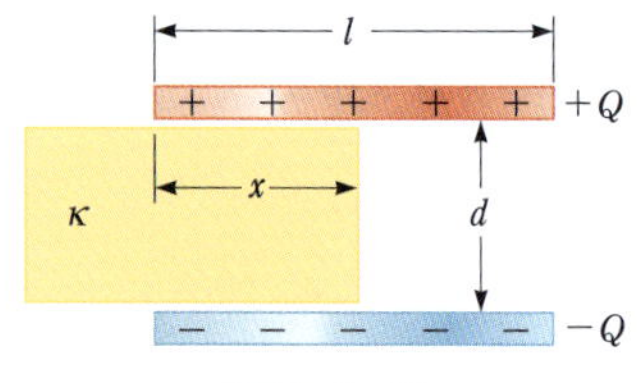

図 Ⅱ・2・22

61. QC S 図Ⅱ・2・23 のように，一辺の長さ l の正方形の 2 枚の薄い絶縁体の板を，間隔 d で平行に置く．$d \ll l$ である．2 枚の板には，それぞれ $+Q_0$ と $-Q_0$ の電荷を一様に分布させる．次に，一辺の長さ l の正方形で，厚さが d の金属板を，2 枚の絶縁体の板の間に長さ x だけ挿入する．金属板を挿入するときに，2 枚の絶縁体の板の上の電荷は，一様に分布したままで動かないものとする．最終

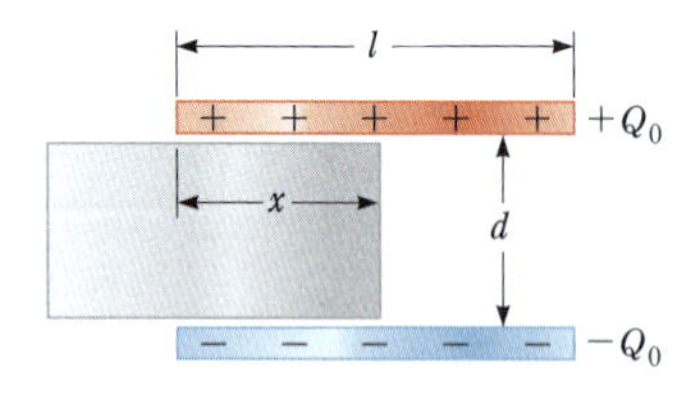

図 Ⅱ・2・23

的な状態で，金属は電場を内部に侵入させないので，金属は $\kappa \to \infty$ の誘電体とみなせる．(a) この系に蓄えられるエネルギーを x の関数として求めよ．(b) 金属板に働く力の向きと大きさを求めよ．(c) 挿入した金属板の前端の面積は ld である．金属板に働く力はこの面に作用すると考え，単位面積あたりの力(応力という)を求めよ．(d) 電荷をもつ 2 枚の絶縁体の板の間の電場のエネルギー密度を，Q_0, l, d, ε_0 を用いて表せ．(e) (c) と (d) の結果にはどんな関係があるか．

62. S 図Ⅱ・2・24 に示すコンデンサー回路の等価容量を求めよ．〔ヒント：系の対称性を考えよ.〕

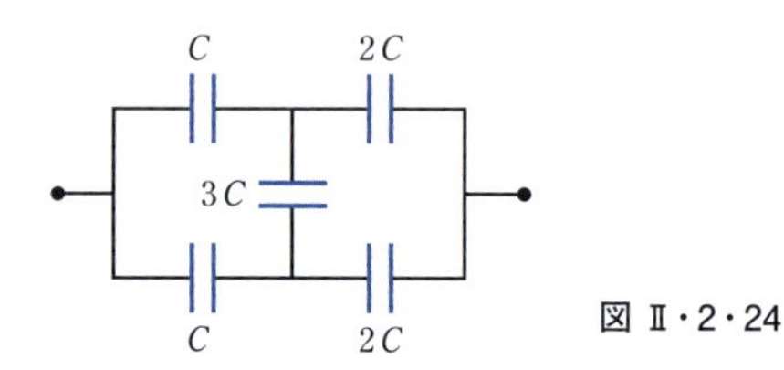

図 Ⅱ・2・24

63. 稲妻を調べるには，バン・デ・グラーフ起電機という一種の静電高圧発生装置を用いることができる．これは 2 つの滑車に掛けたベルトと，一方の滑車のまわりを囲む球形の金属製のドームで構成される．ベルトが動いて電荷を金属ドームにため続ける．ドームの表面の電場が空気の絶縁耐力(絶縁破壊を起こすことなく加えられる最大の電場)に達するまで，電荷をためることができる．さらに電荷を増すと，図Ⅱ・2・25 のように火花が発生して過剰の電荷が逃げ去る．ドームの直径が 30.0 cm で，まわりは絶縁耐力が 3.00×10^6 V/m の乾燥空気だとする．(a) ドームの最大電位を求めよ．(b) ドームにためられる最大の電気量を求めよ．

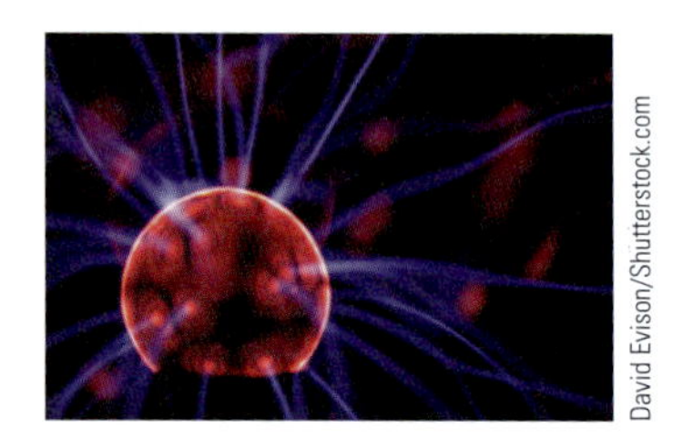

図 Ⅱ・2・25

64. 雷雲と大地をコンデンサーの極板とみなすことができる．雷のときの極板間の電位差は 1.00×10^8 V で，そこに 50.0 C の電荷がためられる．1 回の稲妻で地面の樹木に運ばれるエネルギーは，コンデンサーのエネルギーの 1.00 % である．これによって沸騰する樹液の量を求めよ．樹液は 30.0 ℃ の水とみなす．水の比熱は 4186 J/kg・℃，沸点は 100 ℃，気化の潜熱は 2.26×10^6 J/kg とする．

3 電流と直流回路

まとめ

導体の**電流** I は次のように定義される.

$$I \equiv \frac{\mathrm{d}Q}{\mathrm{d}t} \qquad (3\cdot2)$$

ただし, $\mathrm{d}Q$ は導体の断面を時間 $\mathrm{d}t$ の間に通過する電気量である. 電流の SI 単位はアンペア(A)である.

$$1\,\mathrm{A} = 1\,\mathrm{C/s}$$

導体の電流は, 電荷のキャリヤーの運動と次のように関係する.

$$I_{平均} = nqv_{\mathrm{d}}A \qquad (3\cdot4)$$

ただし, n は電荷のキャリヤーの密度, q はその電気量, v_{d} は**ドリフト速度**, A は導体の断面積である.

導体の**抵抗** R は導体の両端の電位差と電流の比として定義される.

$$R \equiv \frac{\Delta V}{I} \qquad (3\cdot6)$$

抵抗の SI 単位は ボルト/アンペア であり, これをオーム(Ω)という. $1\,\Omega = 1\,\mathrm{V/A}$

抵抗が加えた電圧に依存しないとき, その導体は**オームの法則**に従うという. 抵抗が幅広い電圧範囲で一定であることを**オーミック**であるという.

導体が一様な断面積 A と長さ l をもつなら, その抵抗は,

$$R = \rho\frac{l}{A} \qquad (3\cdot8)$$

であり, ここで, ρ は導体をつくっている物質の**抵抗率**という. **伝導率**は抵抗率の逆数として定義される($\sigma = 1/\rho$).

導体の抵抗率は, 近似的に温度とともに線形に変化する. つまり,

$$\rho = \rho_0\left[1 + \alpha(T - T_0)\right] \qquad (3\cdot10)$$

である. ここで ρ_0 はある基準温度 T_0 における抵抗率であり, α は**抵抗の温度係数**という.

金属の電子による電気伝導の古典論では, 電子は気体の分子のように扱う. 電場がないときは, 電子の平均速度はゼロである. 電場を加えると, 電子は(平均として)次式のドリフト速度 $\vec{v}_{\mathrm{d}}$ で運動する.

$$\vec{v}_{\mathrm{d}} = \frac{q\vec{E}}{m_{\mathrm{e}}}\tau \qquad (3\cdot15)$$

ただし, τ は電子が金属の原子と衝突する平均時間間隔である. このモデルによる物質の電気抵抗率は,

$$\rho = \frac{m_{\mathrm{e}}}{ne^2\tau} \qquad (3\cdot18)$$

であり, ここで n は単位体積あたりの自由電子の数である.

回路素子の両端に電位差 ΔV を加えると, **電力**, つまり回路素子へのエネルギーの移動の速さは次のとおりである.

$$P = I\Delta V \qquad (3\cdot20)$$

抵抗器の両端の電位差は $\Delta V = IR$ だから, 抵抗器に与えられる電力は次の形になる.

$$P = I^2R = \frac{(\Delta V)^2}{R} \qquad (3\cdot21)$$

電池の**起電力**(emf)は, 電流がゼロのときに電極の間に現れる電圧である. 電池の**内部抵抗**の分だけ電圧が落ちるので, 電流があるときは電池の**端子電圧**は起電力より少ない.

直列に接続した抵抗器の**等価抵抗**は, 次で与えられる.

$$R_{等価} = R_1 + R_2 + R_3 + \cdots \qquad (3\cdot26)$$

並列に接続した抵抗器の等価抵抗は, 次で与えられる.

$$\frac{1}{R_{等価}} = \frac{1}{R_1} + \frac{1}{R_2} + \frac{1}{R_3} + \cdots \qquad (3\cdot28)$$

2つ以上のループをもつ回路は**キルヒホフの法則**の2つの単純な規則で分析できる.

- 任意の節点で, 電流の和はゼロでなければならない.

$$\sum_{節点} I = 0 \qquad (3\cdot29)$$

- 任意のループをまわるとき，それぞれの素子の両端の電位差の和はゼロでなければならない．

$$\sum_{\text{ループ}} \Delta V = 0 \qquad (3\cdot30)$$

第一法則では，節点に入る向きの電流は $+I$，節点から出る向きの電流は $-I$ とする．

第二法則では，抵抗器を電流の向きに通ると，抵抗器の両端の電位差 ΔV は $-IR$ である．抵抗器を電流と逆の向きに通ると，抵抗器の両端の電位差は $\Delta V = +IR$ である．

起電力の源を起電力の向き（負から正に向かう）に通ると，電位の変化は $+\boldsymbol{\varepsilon}$ である．起電力の向きと逆に（正から負に向かう）に通ると，電位の変化は $-\boldsymbol{\varepsilon}$ である．

コンデンサーを起電力 $\boldsymbol{\varepsilon}$ の電池で抵抗器 R を通して充電すると，コンデンサーの電気量と回路の電流は時間的に次の関係式に従って変化する．

$$q(t) = Q(1 - \mathrm{e}^{-t/RC}) \qquad (3\cdot34)$$

$$I(t) = \frac{\boldsymbol{\varepsilon}}{R}\,\mathrm{e}^{-t/RC} \qquad (3\cdot35)$$

ただし，$Q = C\boldsymbol{\varepsilon}$ はコンデンサーの最大電気量である．積 RC は回路の**時定数**という．

充電したコンデンサーを抵抗器 R を通して放電すると，電気量と電流は時間とともに次のように指数関数的に減少する．

$$q(t) = Q\,\mathrm{e}^{-t/RC} \qquad (3\cdot38)$$

$$I(t) = -\frac{Q}{RC}\,\mathrm{e}^{-t/RC} \qquad (3\cdot39)$$

ただし，Q はコンデンサーの電気量の初期値である．

3・1 電　流

1. ある陰極線管（オシロスコープや TV 受像機に使われるブラウン管）において，電子ビームの電流値は 30.0 μA である．40.0 s のうちにスクリーンに衝突する電子の個数を求めよ．

2. S 導線を流れる電流が $I(t) = I_0\,\mathrm{e}^{-t/\tau}$ というように，時間とともに指数関数的に減少したとする．ただし，I_0 は電流の初期値（$t = 0$ における値）で τ は時間の次元をもつ定数である．導線に沿うある一か所で観測するとして，以下の問いに答えよ．(a) $t = 0$ から $t = \tau$ までにこの点を通過した電気量を求めよ．(b) $t = 0$ から $t = 10\tau$ までにこの点を通過した電気量を求めよ．(c) **この場合は？** $t = 0$ から $t = \infty$ までにこの点を通過した電気量を求めよ．

3. 時間を秒で，電気量をクーロンで表すと，時間 t のうちに面積 2.00 cm^2 の面を通過した電荷の電気量 q は，$q = 4t^3 + 5t + 6$ と表された．(a) $t = 1.00$ s における電流を求めよ．(b) そのときの電流密度を求めよ．

4. S 絶縁体のひもの先に電荷 q をもつ小球を付け，小球が円軌道を描くように振りまわす．回転の角速度は ω である．この電荷の回転による平均電流を求めよ．

5. ある高エネルギー電子加速器で得られる電子ビームは，半径 1.00 mm の円形の断面をもっている．(a) ビーム電流は 8.00 μA である．ビームの電流密度を求めよ．ただし，断面の電流密度は一定とする．(b) 電子の速さは光速に近いので，速さを 3.00×10^8 m/s とする．ビームの電子密度を求めよ．(c) ビームで得られる電子数がアボガドロ数に達するための時間を求めよ．

6. QC 図 II・3・1 は太さが一様でない導線を流れる電流を示す．電流は $I = 5.00$ A である．円形の断面 A_1 の半径は $r_1 = 0.400$ cm である．(a) A_1 を通過する電流の電流密度の大きさを求めよ．次に，円形の断面 A_2 の半径は r_1 より大きいとする．(b) A_2 を通過する電流は A_1 を通過する電流より大きいか，小さいか，同じか？ (c) A_2 を通過する電流の電流密度は A_1 の電流密度より大きいか，小さいか，同じか？

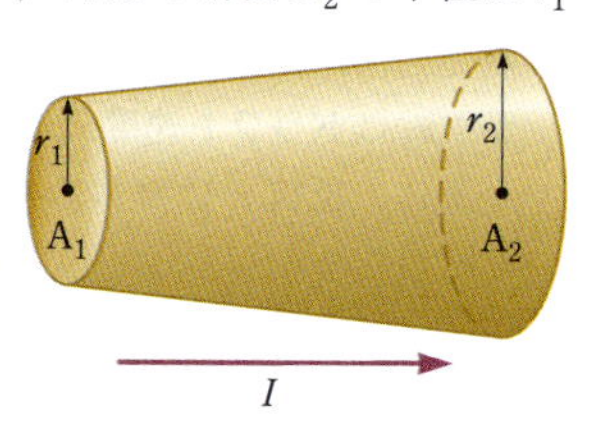

図 II・3・1

7. 5.00 A の電流が，断面積 4.00×10^{-6} m^2 のアルミニウムのワイヤーを流れる．アルミニウムのモル質量は 27.0 g/mol で，密度は 2.70 g/cm^3 である．アルミニウムの原子はそれぞれ 1 個の伝導電子を供給しているものとする．このアルミニウムのワイヤーを流れる電子のドリフト速度を求めよ．

3・2 電気抵抗とオームの法則

8. 断面積 0.600 mm^2，長さ 1.50 m のタングステン線の両端に 0.900 V の電位差を与える．タングステン線を流れる電流を求めよ．ただし，タングステンの電気抵抗率を 5.6×10^{-8} Ω·m とする．

9. 直径 0.100 mm のアルミニウムの導線の両端に 0.200 V/m の一様な電場を加えた．導線の温度は 50.0 ℃ である．1 原子あたり 1 個の自由電子があるとする．(a) この温度におけるアルミニウムの電気抵抗率を求めよ．ただし，20 ℃ における電気抵抗率は 2.82×10^{-8} Ω·m，温度係数は $\alpha = 3.9 \times 10^{-3}$ ℃$^{-1}$ である．(b) 導線の電流密度を求めよ．(c) 導線を流れる電流を求めよ．(d) 伝導電子のドリフト速度を求めよ．(e) この電場を加えるために，長さ 2.00 m の導線の両端に与えるべき電位差を求めよ．

10. 1.00 g の銅の塊から一様な導線をつくる．銅の塊をすべて使って，電気抵抗 $R = 0.500\ \Omega$ の導線にしたい．そのための，導線の(a)長さと(b)直径を求めよ．ただし，銅の電気抵抗率を $1.7 \times 10^{-8}\ \Omega\cdot\text{m}$，密度を $8.92 \times 10^3\ \text{kg/m}^3$ とする．

11. アルミニウムの棒の電気抵抗が，20 ℃ において 1.234 Ω であった．棒の寸法と電気抵抗率の両方の温度変化を考慮して，120 ℃ におけるこの棒の電気抵抗を求めよ．ただし，アルミニウムの電気抵抗率の温度係数(温度変化率)を $3.9 \times 10^{-3}\ ℃^{-1}$，線膨張率を $24.0 \times 10^{-6}\ ℃^{-1}$ とする．

3・4　電気伝導のモデル

12. 導体を流れる電流が 2 倍になると，次の量はどうなるか？ (a) 伝導電子密度，(b) 電流密度，(c) 伝導電子のドリフト速度，(d) 伝導電子の衝突から衝突までの平均時間．

13. GP Q|C 断面積が $5.00 \times 10^{-6}\ \text{m}^2$ の鉄の針金がある．この針金に 30.0 A の電流が流れるときの伝導電子のドリフト速度を求めたい．次のように順を追って考察せよ．(a) 1.00 mol の鉄の質量を求めよ．(b) 鉄の密度 $\rho_{\text{Fe}} = 7.86 \times 10^3\ \text{kg/m}^3$ と (a) の結果を用い，鉄のモル密度(1 m³ あたりの鉄のモル数)を求めよ．(c) アボガドロ数を用いて，鉄の原子の数密度を求めよ．(d) 鉄の原子 1 個あたりに 2 個の伝導電子があるとして，伝導電子の数密度を求めよ．(e) いまの場合の伝導電子のドリフト速度を求めよ．

3・5　電気回路のエネルギーと電力

14. BIO 人の体内のニューロン(神経細胞)は，休止状態で 75.0 mV の電位差をもち，約 0.200 mA の電流を流している．ニューロンが放出する電力を求めよ．

15. ある水力発電所ではタービンが 1500 hp の仕事率で発電機に仕事をし，発電機は力学的エネルギーの 80.0 % を送電で送り出す．このような条件で，この発電機が 2000 V の電位差で供給する電流を求めよ．

16. Q|C 住宅でコンセントまでの配線に使われる電線は，通常，12 番の銅線(直径 0.205 cm)である(米国規格．日本では直径 0.16 cm または 0.20 cm)．そのような配線で 20.0 A までの電流を流すことができる．これより細い銅線で 20 A もの電流を流すと，電線が熱くなって火災の原因となる．(a) 長さ 1 m の 12 番の銅線に 20.0 A の電流を流すときの，内部エネルギー発生の仕事率を求めよ．(b) **この場合は？** 上と同じ直径のアルミニウム線の場合はどうか？ (c) アルミニウム線の方が安全かどうか説明せよ．ただし，銅の電気抵抗率を $1.7 \times 10^{-8}\ \Omega\cdot\text{m}$，アルミニウムの電気抵抗率を $2.82 \times 10^{-8}\ \Omega\cdot\text{m}$ とする．

17. **次の状況がありえないのはなぜか．** ある政治家がエネルギーの無駄な消費を非難し，米国内の機器に組込まれた時計を動かすためのエネルギー(いわゆる待機電力の一部分)に注目することにした．このような時計が米国内では一人あたり 1 個あると推定して，総計で 2 億 7000 万個あると見積もった．このような時計は平均 2.50 W の電力を消費する．この政治家は，現在の電力料金で計算すると，年間 1 億ドルのお金を無駄にしていると主張した．ただし，電力料金は米国では $0.12/kWh 程度(日本では ¥20/kWh 程度)だとする．

18. 蛍光灯を使うと，11.0 W の蛍光管で 40.0 W の白熱電球と同じ明るさを得られる．電力料金を 15.0 円/kWh とすると，照明を 100 h 使うときに節約できる金額を求めよ．

19. 手で持って使うヘアドライヤーの場合，通常の使い方で 1 年間にかかる経費を見積もってみよ．もし，自分自身は使わないなら，使っている人に尋ねるか，観察するなどせよ．

20. 質量 15.0 g の再充電可能電池は，ポータブル DVD プレーヤーに平均 18.0 mA の電流を 1.60 V で供給することができ，フル充電から 2.40 h 経つと再充電が必要になる．充電器は 2.30 V の電位差で 13.5 mA の電流を電池に供給し，4.20 h で電池がフル充電の状態に戻る．(a) この電池の，エネルギー貯蔵器としての効率を求めよ．(b) 1 回の充電・放電サイクルの間に生じる，電池の内部エネルギーを求めよ．(c) 電池の比熱を 975 J/kg·℃ とすると，この電池を理想的な断熱材で囲んだときに充電・放電の 1 サイクルの間に起こる電池の温度上昇を求めよ．

21. ある電気自動車(ハイブリッド車ではなく)は，12.0 V の電池にためた 2.00×10^7 J のエネルギーを使うように設計されている．電気モーターが 8.00 kW で作動して，この自動車が 20.0 m/s の速さで動くとする．(a) 電気モーターに供給される電流を求めよ．(b) “燃料切れ” になるまでの走行距離を求めよ．

22. ある電気ケトル(湯沸かし器)は，100 V の電源につないで 0.8 L の水を 20 ℃ から 90 ℃ まで 3 分半で加熱することができる．ヒーターの電気抵抗を求めよ．ただし，水の密度は 1.00 kg/L，比熱は 4.186 J/g·℃ で，この温度範囲では一定とみなす．

3・6　起　電　力

23. 起電力が 15.0 V の電池がある．外部の負荷抵抗 R に 20.0 W の電力を供給しているとき，電池の電極間の電位差は 11.6 V となる．(a) R の値を求めよ．(b) この電池の内部抵抗を求めよ．

24. ある懐中電灯には，1.50 V の電池が 2 個，直列に入っている．電池の内部抵抗は，一つが 0.255 Ω，もう一つが

0.153 Ω である．スイッチを入れると，電球には 600 mA の電流が流れた．(a) 電球の電気抵抗を求めよ．(b) 電池が使った化学エネルギーのうち，電池の内部エネルギーに変わったエネルギーの割合を求めよ．

3・7　電気抵抗の直列と並列

25. BIO 米国規格協会(ANSI)は，靴底の絶縁性を調べるために図 II・3・2 に示すような電気回路を指定している．金属板の上に靴を履いて立つ人を，電気回路の一部とするのである．1.00 MΩ の電気抵抗の両端の電位差 ΔV を，理想的な電圧計で測定する．(a) 靴の電気抵抗が次式で得られることを示せ．

$$R_{靴} = \frac{1.00\,\mathrm{M\Omega} \times (50.0\,\mathrm{V} - \Delta V)}{\Delta V}$$

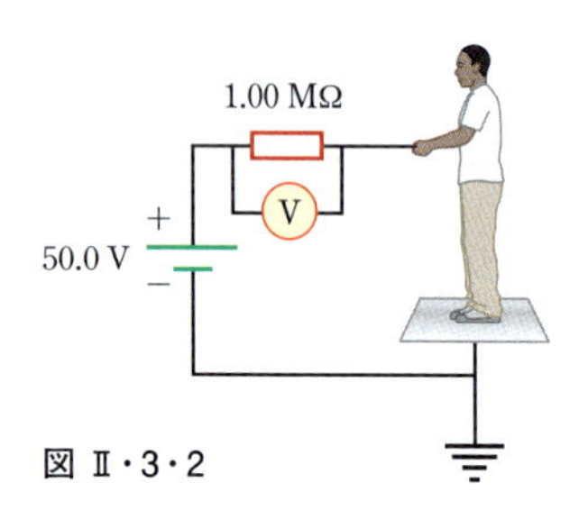

図 II・3・2

(b) 医療検査では人の身体を流れる電流が 150 μA を超えてはならないとされている．ANSI が指定する回路の場合，電流が 150 μA を超えることがあるか？〔ヒント：人が裸足で立つ場合を考えてみよ．〕

26. **次の状況がありえないのはなぜか．** ある技術者が，抵抗値 R の電気抵抗を含む電気回路をテストしていた．彼は，抵抗値を R ではなく $\frac{7}{3}R$ にすれば回路が改善されることに気づいた．手元には抵抗値 R の抵抗が 3 個あった．これらの組合わせを元の回路の抵抗に直列に挿入し，望みどおりの抵抗値を実現した．

27. 図 II・3・3 に示す回路について考える．次の量を求めよ．(a) 20.0 Ω の抵抗を通る電流，(b) ab 間の電位差．

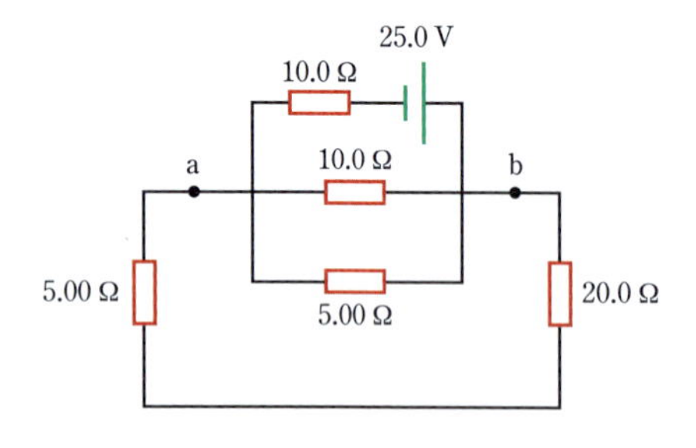

図 II・3・3

28. 3 個の 100 Ω の抵抗を図 II・3・4 のように接続する．どの抵抗も，安全に使える最大電力は 25.0 W である．(a) 端子 ab 間に加えてよい電位差の最大値を求めよ．(b) (a) で求めた電位差のとき，それぞれの抵抗で消費される電力を求めよ．(c) 組合わせた抵抗で消費される全電力を求めよ．

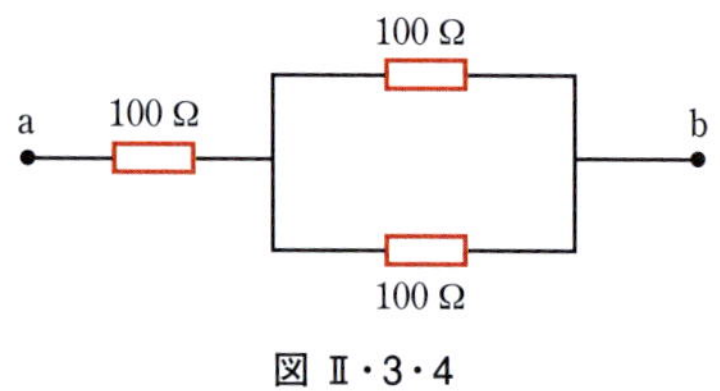

図 II・3・4

29. 若者が "500 W　100 V" と表記された箱型電気掃除機で，自分の自動車を掃除しようとしている．彼は自動車をアパートの駐車場に止め，15.0 m の安価な延長コードで建物のコンセントから電力を得る．(a) 延長コードは 2 本の平行導線であるが，それぞれの導線の電気抵抗が 0.900 Ω のとき，実際に掃除機に供給される電力を求めよ．(b) 掃除機が作動するために最低限必要な電力が 450 W であるなら，延長コードの導線の直径が(a)と比較してどうであるべきか？

30. QIC "60 W　100 V" と記された電球を，長い延長コードの端にあるソケットにねじ込んだ．延長コードの 2 本の電線の抵抗値は，それぞれ 0.800 Ω であった．延長コードの他端のプラグを 100 V のコンセントにさした．(a) 回路図を描け．(b) 電球で消費される電力は 60 W ではない．実際の電力値を求めよ．

3・8　キルヒホフの法則

注：以下の問題で，図に示した矢印は電流の向きを正しく指しているとは限らない．

31. 図 II・3・5 に示す回路の電流計の指示が 2.00 A であった．$I_1, I_2, \boldsymbol{\varepsilon}$ を求めよ．

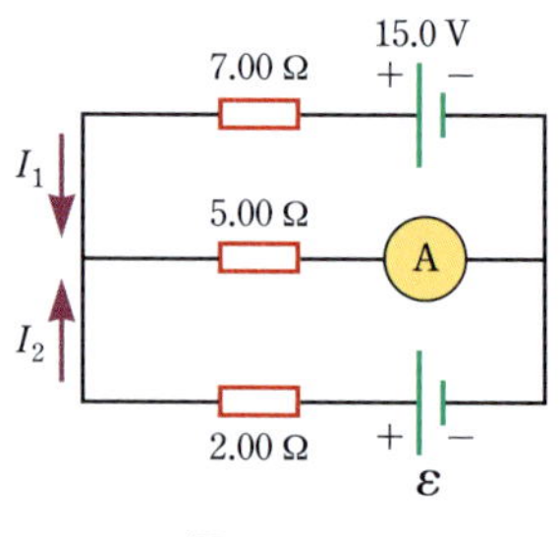

図 II・3・5

32. QIC 図 II・3・6 に示す回路を 20 分間動作させる．(a) 回路の各部分を流れる電流を求めよ．(b) それぞれの電池が供給するエネルギーを求めよ．(c) それぞれの抵抗が消費するエネルギーを求めよ．(d) この回路の動作によって生じる，エネルギー貯蔵のタイプの変化は何か？(e) 抵抗の内部エネルギーに変わったエネルギーを求めよ．

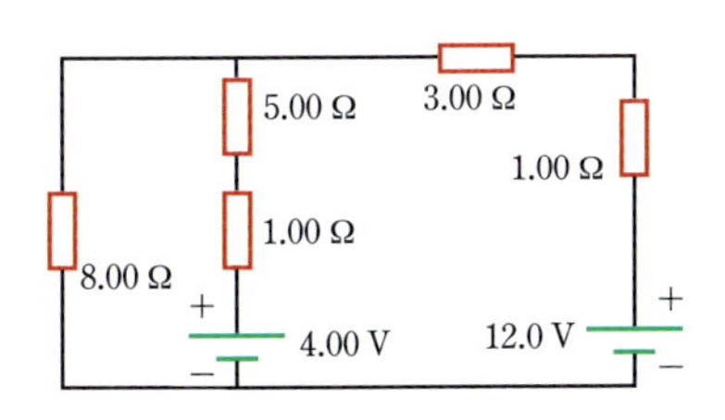

図 II・3・6

33. 図II・3・6において，それぞれの抵抗値と電池の起電力がすべて不明だとする．各所の電流を測定するために，適切な電流計の接続法を示せ．また，それぞれの抵抗の両端とそれぞれの電池の両極の電位差を測るために，適切な電圧計の接続法を示せ．

34. 図II・3・7において，$R = 1.00\ \mathrm{k\Omega}$，$\boldsymbol{\mathcal{E}} = 250\ \mathrm{V}$ とする．a と e を結ぶ導線を流れる電流の，向きと大きさを求めよ．

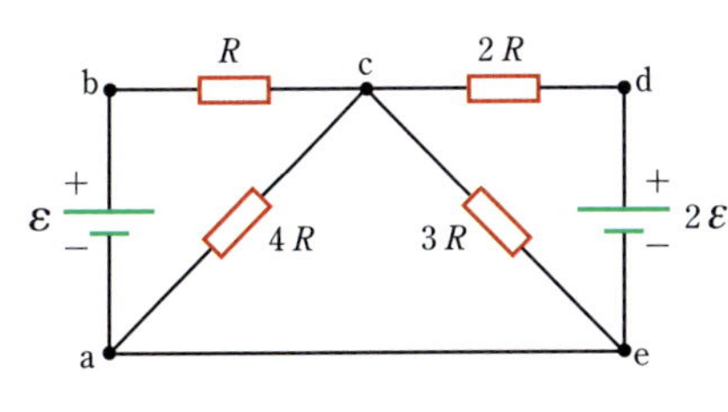

図 II・3・7

35. GP Q/C 図II・3・8に示す回路図において，電流 I_1，I_2，I_3 を求めたい．次の(a)〜(c)について，キルヒホフの法則の式を示せ．(a) 上側の回路，(b) 下側の回路，(c) 左側の節点．(d) (c)で得た式から I_3 を求めよ．(e) その I_3 の表式を(b)に代入せよ．(f) (a)と(e)の結果を用いて，I_1 と I_2 を求めよ．(g) (f)の結果を(d)の結果に代入して I_3 を求めよ．(h) I_2 が負である意味を述べよ．

$R_1 = 5.00\ \Omega$，$R_2 = 8.00\ \Omega$，$R_3 = 11.0\ \Omega$，$R_4 = 7.00\ \Omega$，$R_5 = 5.00\ \Omega$，$V_1 = 18.0\ \mathrm{V}$，$V_2 = 12.0\ \mathrm{V}$，$V_3 = 36.0\ \mathrm{V}$

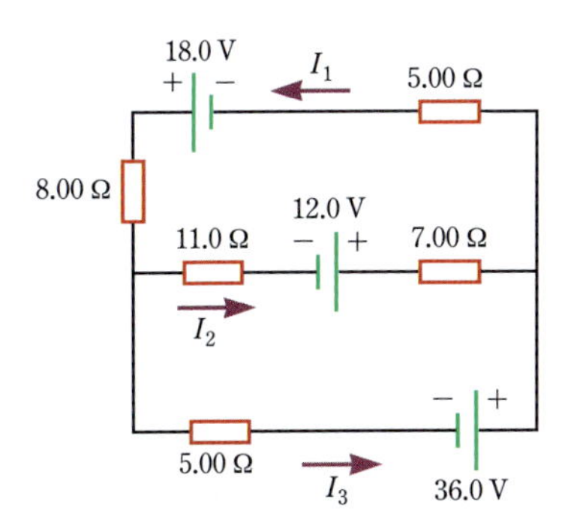

図 II・3・8

3・9 *RC* 回路

36. 図II・3・9に示す直列 *RC* 回路を考える．ただし，$R = 1.00\ \mathrm{M\Omega}$，$C = 5.00\ \mu\mathrm{F}$，$\boldsymbol{\mathcal{E}} = 30.0\ \mathrm{V}$ である．次の量を求めよ．(a) 回路の時定数，(b) スイッチを閉じた後に，コンデンサーにたまる電気量の最大値，(c) スイッチを閉じて 10 s 後に抵抗を通る電流．

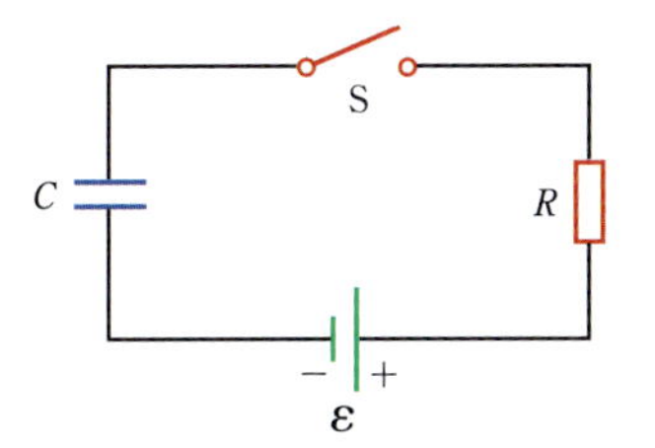

図 II・3・9

37. 病院や電子回路基板の工場のような場所では，放電によるスパークの発生を避けなければならない．何物にも触れずに地面に立っている人の身体は，大地との間に 150 pF 程度の電気容量をもつ．同時に，履いている靴の靴底の誘電体を挟んで，地面との間に 80.0 pF の電気容量が生じる．その人は環境との相互作用によって静電気を帯びる．その静電気は電気抵抗としての両足のゴムの靴底を通って地面に流れる．両足の靴底は並列抵抗であり，その等価抵抗は $5.00 \times 10^3\ \mathrm{M\Omega}$ である．静電気放出を考慮した靴ならば，この等価抵抗は $1.00\ \mathrm{M\Omega}$ である．人の身体と地面とは *RC* 回路を形成すると考える．(a) ゴム底の靴の場合，人の身体の電位が $3.00 \times 10^3\ \mathrm{V}$ から 100 V まで落ちるのに要する時間を求めよ．(b) 静電気放出を考慮した靴ならばどうか？

38. 電気容量 2.00 nF のコンデンサーに電気量 5.10 μC の電荷がたまっている．コンデンサーの2つの端子を，1.30 kΩ の抵抗の両端につないで放電した．(a) コンデンサーと抵抗を接続してから 9.00 μs 後に，抵抗を通る電流を求めよ．(b) コンデンサーと抵抗を接続してから 8.00 μs 後に，コンデンサーに残る電荷の電気量を求めよ．(c) 抵抗を通る電流の最大値を求めよ．

39. S 図II・3・10の回路において，スイッチSを長時間開放しておいてからスイッチを閉じる．(a) スイッチを閉じる前の回路の時定数を求めよ．(b) スイッチを閉じた後の回路の時定数を求めよ．(c) スイッチを閉じた時刻を $t = 0$ とする．スイッチを通る電流を時間の関数として表せ．

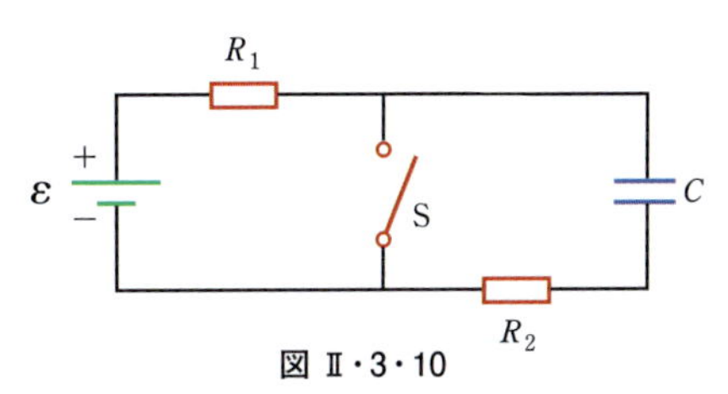

図 II・3・10

40. 図II・3・11に示す回路を組立てて長時間経った場合を考える．(a) コンデンサーに加わる電位差を求めよ．(b) 回路から電源を取り外すとき，コンデンサーが放電して，

II 電磁気学

その電位差が初期の値の $\frac{1}{10}$ になるまでの時間を求めよ.

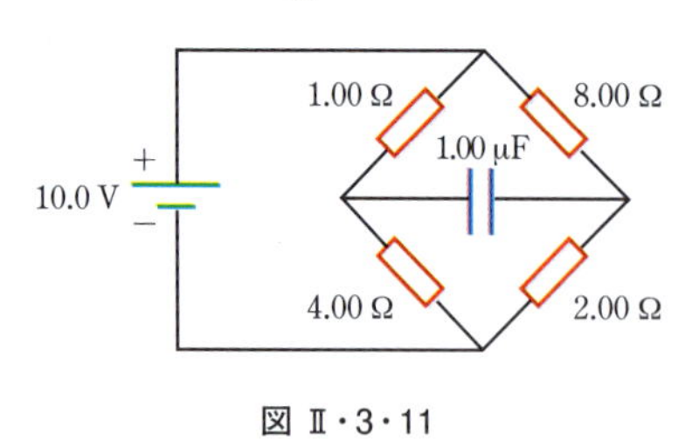

図 Ⅱ・3・11

追加問題

41. S 直径 d の円形の断面をもち, 長さが L のまっすぐな導線がある. その中心軸を x 軸とする. その電気抵抗はオームの法則に従い, 抵抗率を ρ とする. 導線の左端の $x=0$ で電位が V, $x=L$ では電位が 0 とする. L, d, V, ρ を用いて次の量を表せ. (a) 銅線の内部における電場 E の大きさと向き, (b) 導線の電気抵抗 R, (c) 銅線を流れる電流の大きさ I と向き, (d) 銅線を流れる電流の電流密度 J. (e) $E=\rho J$ であることを示せ.

42. ある小型ラジオでは 1.50 V の単 2 乾電池を 4 個直列で使う. この電池が 240 C の電荷を流せるとすると, ラジオの電気抵抗が 200 Ω のとき, 電池の使用可能な時間を求めよ.

43. S ある海洋学者は, 海水のイオン濃度が深さとともにどう変わるかを研究している. その方法は, 図 Ⅱ・3・12 のような同軸の 2 つの金属円筒をケーブルに吊るして海中に降ろし, 2 つの金属円筒間の電気抵抗を測定する. 2 つの金属円筒の間の海水を内径 r_a, 外径 r_b, 長さ L の円筒とみなす. 2 つの金属円筒に電位差 ΔV を加え, 電流 I が内側の円筒から外側の円筒に向かって海水中を流れる. 海水の電気抵抗率を ρ とする.

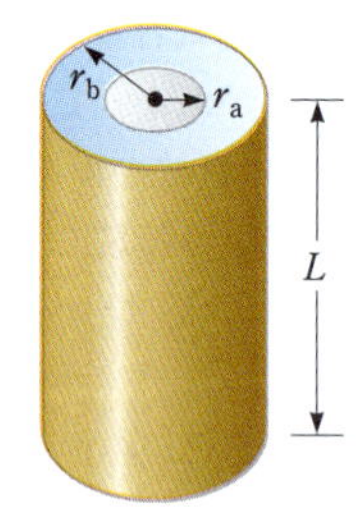

図 Ⅱ・3・12

(a) 2 つの円筒間の海水の電気抵抗を L, ρ, r_a, r_b で表せ.
(b) 海水の電気抵抗率を $L, r_a, r_b, \Delta V, I$ で表せ.

44. S 図 Ⅱ・3・9 のように, 抵抗を通して電池でコンデンサーを充電する. 電池が供給したエネルギーの半分は抵抗の内部エネルギーとなり, 半分がコンデンサーに蓄えられることを示せ.

45. 図 Ⅱ・3・13 の回路のスイッチ S を閉じ, 十分長い時間が経つと回路には一定の電流が流れる. $C_1 = 3.00\ \mu$F, $C_2 = 6.00\ \mu$F, $R_1 = 4.00$ kΩ, $R_2 = 7.00$ kΩ であり, R_2 における消費電力は 2.40 W である. (a) C_1 にたまる電荷の電気量を求めよ. (b) スイッチを開いて十分時間がたった後には, C_2 にたまった電荷はどれくらい変化するか?

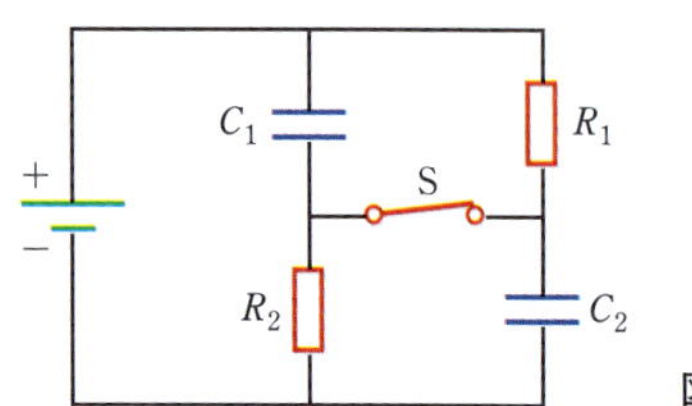

図 Ⅱ・3・13

46. 次の状況がありえないのはなぜか. 起電力 $\mathcal{E}$ = 9.20 V, 内部抵抗 r = 1.20 Ω の電池がある. 抵抗値 R の抵抗を電池の両極の間に入れたら, その抵抗で P = 21.2 W の電力が消費された.

47. コンデンサーの電気容量 C を測定するために, 図 Ⅱ・3・14 に示す回路をつくった. 抵抗は R = 10.0 MΩ, 電池の起電力は $\mathcal{E}$ = 6.19 V である. 表に示すデータは, 時刻 t においてコンデンサーの両端の電位差 ΔV を測定した結果である. ただし, スイッチを b の位置に切り替えた瞬間を $t=0$ とした. (a) $\ln(\mathcal{E}/\Delta V)$ 対 t のグラフを描き, データを最適に表す直線を示せ. (b) その直線の勾配から, 回路の時定数とコンデンサーの電気容量を求めよ.

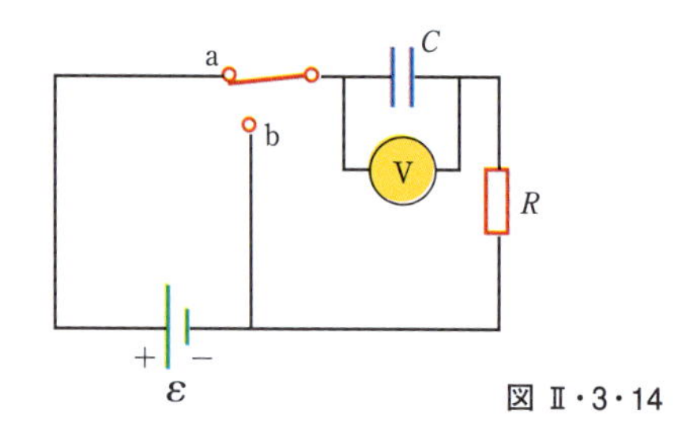

図 Ⅱ・3・14

ΔV(V)	t(s)	$\ln(\mathcal{E}/\Delta V)$
6.19	0	
5.55	4.87	
4.93	11.1	
4.34	19.4	
3.72	30.8	
3.09	46.6	
2.47	67.3	
1.83	102.2	

48. S 起電力 $\mathcal{E}$, 内部抵抗 r の電池の両極の間に可変の負荷抵抗を入れる. (a) 電池の両極の間の電位差を最大にする抵抗値 R を求めよ. (b) 回路の電流を最大にする抵抗値 R を求めよ. (c) 負荷抵抗の消費電力を最大にする抵抗値 R を求めよ.

負荷抵抗の消費電力を最大にするように負荷抵抗を選ぶことを, 一般にインピーダンス マッチングという. インピーダンスマッチングは, 自転車の変速ギアの切り替え, オーディオアンプとスピーカーの接続, 太陽電池発電器と電池充電器の接続など, 多くの場面で重要である.

49. QC 電気ストーブの消費電力は 1.20 kW，オーブントースターの消費電力は 1.00 kW，電子レンジの消費電力は 1.35 kW である．これらを家庭の 100 V のコンセントで使う．(a) それぞれの機器に流れる電流を求めよ．(b) 屋内配線のブレーカーが 30.0 A の規格であれば，ブレーカーが落ちるだろうか？ 理由を付して答えよ．

50. QC ニクロムの電気抵抗率を測定するため，長さと断面積が異なるニクロム線の電気抵抗を測る実験を行った．実験では断面積 $7.30 \times 10^{-8}\ \mathrm{m}^2$ の導線を用い，導線の両端の電位差と導線を流れる電流を，それぞれ電圧計と電流計で測定した．(a) 表に示した 3 つの異なる長さの導線について，それぞれの電気抵抗と電気抵抗率を計算せよ．(b) 電気抵抗率の平均値を求めよ．

L (m)	ΔV (V)	I (A)	R (Ω)	ρ (Ω·m)
0.540	5.22	0.72		
1.028	5.82	0.414		
1.543	5.94	0.281		

51. QC 4 つの抵抗を並列にして 9.20 V の電池につなぐ．それぞれの抵抗を流れる電流は 150 mA，45.0 mA，14.0 mA，4.00 mA である．抵抗値が最大の抵抗をその 2 倍の抵抗値のものに置き換える．(a) 後の場合に電池が流す電流は，最初の場合の電流の何倍か？ (b) **この場合は？** 抵抗値が最小の抵抗をその 2 倍の抵抗値のものに置き換えるとどうか？ (c) 寒い冬の夜に，家屋から外部にエネルギーが流出する．たとえば，天井を通って 1.50×10^3 W，窓の隙間の空気の流れで 450 W，基礎部分から上の壁面を通して 140 W，屋根裏部屋への合板のドアから 40.0 W．暖房費の節約のためには，これらのエネルギー移動のどれを最初に抑えるべきか？ 理由を付して答えよ．（この問題のアイデアは，Clifford Swartz から得た．）

52. 稲妻によって大地と大気の間で各時刻に流れている電流は地球全体を合計すると平均では 1.00 kA，大地を基準とする大気の電位は 300 kV である．(a) 地球全体の稲妻の電力を求めよ．(b) 比較のために，太陽光が地表にもたらす放射束（単位時間あたりのエネルギー）を求めよ．ただし，大気圏の上部における太陽光の入射強度は，太陽から見た地球の円形の断面の単位面積あたり，$1370\ \mathrm{W/m^2}$ である．

53. 地球の地表面全体を一方の極板とし，正電荷が分布している上空全体を他方の極板とすれば，地球を大気コンデンサーとみなすことができる．ある日の大気コンデンサーの電気容量を 0.800 F とする．2 つの極板の間の実効的な距離は 4.00 km で，その間の抵抗率は 2.00×10^{13} Ω·m である．稲妻が生じなければ，大気コンデンサーは抵抗を通して放電する．$t = 0$ に大気コンデンサーに電気量 4.00×10^4 C の電荷がたまっているとすると，電気量が次のようになる時刻を求めよ．(a) 2.00×10^4 C，(b) 5.00×10^3 C，(c) 0

磁気力と磁場

まとめ

磁場 $\vec{B}$ の中で速度 $\vec{v}$ で動く電荷 q に働く**磁気力**は，

$$\vec{F}_{\mathrm{B}} = q\vec{v} \times \vec{B} \tag{4·1}$$

この力は荷電粒子の速度にも磁場にも垂直であり，図4·4に示されている右手の規則によって決まる向きをもつ．磁気力の大きさは，

$$F_{\mathrm{B}} = |q|\,vB\sin\theta \tag{4·2}$$

ただし，θ は $\vec{v}$ と $\vec{B}$ がなす角度である．

一様な磁場 $\vec{B}$ に垂直な速度 $\vec{v}$ で動く，質量 m，電荷 q の粒子は円軌道を描き，その半径は，

$$r = \frac{mv}{qB} \tag{4·3}$$

である．

電流 I が流れている長さ L の直線状の導線が，一様な磁場 $\vec{B}$ の中に置かれている場合に受ける磁気力は，

$$\vec{F}_{\mathrm{B}} = I\vec{L} \times \vec{B} \tag{4·10}$$

ただし，ベクトル $\vec{L}$ は電流の方向を向き，その大きさ $|\vec{L}|$ は導線の長さ L である．

電流 I が流れる，任意の形状の導線が磁場の中に置かれた場合，その非常に短い要素 $\mathrm{d}\vec{s}$ に働く磁気力は，

$$\mathrm{d}\vec{F}_{\mathrm{B}} = I\,\mathrm{d}\vec{s} \times \vec{B} \tag{4·11}$$

導線に働く全磁気力を求めるには，(4·11)式を導線全体で積分しなければならない．

電流 I が流れるループの**磁気双極子モーメント** $\vec{\mu}$ は，

$$\vec{\mu} = I\vec{A} \tag{4·15}$$

ただし，ベクトル $\vec{A}$ の方向はループ面に垂直であり，その大きさ $|\vec{A}|$ はループの面積に等しい．磁気モーメントのSI単位は，アンペア·メートル2乗，すなわち $\mathrm{A \cdot m^2}$ である．

電流が流れるループが一様な磁場 $\vec{B}$ の中に置かれたときに，そのループが受けるトルク $\vec{\tau}$ は，

$$\vec{\tau} = \vec{\mu} \times \vec{B} \tag{4·16}$$

磁場の中に置かれた磁気双極子の系のポテンシャルエネルギーは，

$$U = -\vec{\mu} \cdot \vec{B} \tag{4·17}$$

ビオ－サバールの法則によれば，定常電流 I が流れる電流要素 $\mathrm{d}\vec{s}$ によって，P点に生じる磁場 $\mathrm{d}\vec{B}$ は，

$$\mathrm{d}\vec{B} = \frac{\mu_0}{4\pi}\,\frac{I\,\mathrm{d}\vec{s} \times \hat{r}}{r^2} \tag{4·20}$$

ただし，$\mu_0 = 4\pi \times 10^{-7}\,\mathrm{T \cdot m/A}$ は**真空の透磁率**であり，r はこの電流要素からP点までの距離である．電流分布全体によるP点での磁場を求めるには，電流分布全体に対して，この式をベクトル的に積分しなければならない．

電流 I が流れる長い直線状の導線から r だけ離れた点での磁場の大きさは，

$$B = \frac{\mu_0 I}{2\pi r} \tag{4·21}$$

磁力線は導線を中心とする同心円になる．

距離 a だけ離れ，それぞれに電流 I_1 と I_2 が流れている2本の平行な導線(少なくとも一方は非常に長い)の間に働く，単位長さあたりの磁気力は，

$$\frac{F}{l} = \frac{\mu_0 I_1 I_2}{2\pi a} \tag{4·27}$$

電流が同じ向きのときに力は引力となり，反対向きのときは斥力となる．

アンペールの法則は，閉曲線に沿っての $\vec{B}\cdot\mathrm{d}\vec{s}$ の線積分は $\mu_0 I$ に等しいといっている．ただし，I はこの閉曲線に囲まれる面を貫く定常電流の合計である．

$$\oint \vec{B}\cdot\mathrm{d}\vec{s} = \mu_0 I \tag{4·29}$$

アンペールの法則を使うと，トロイドとソレノイドの内部の磁場の大きさが得られる．

$$B = \frac{\mu_0 NI}{2\pi r} \quad (\text{トロイド}) \tag{4·31}$$

$$B = \mu_0 \frac{N}{l} I = \mu_0 nI \quad (\text{ソレノイド}) \tag{4·32}$$

ただし，N は全巻き数であり，n は単位長さあたりの巻き数である．

4・2 磁　　場

以下の問題で，素電荷は $e = 1.60 \times 10^{-19}$ C，陽子の質量は 1.67×10^{-27} kg，電子の質量は 9.11×10^{-31} kg とせよ．

1. 陽子が，$+y$ 方向を向く 0.300 T の磁場に対して 37.0° の方向に，速さ 3.00×10^6 m/s で動いている．(a) 陽子に働く磁気力の大きさ，(b) 加速度を求めよ．

2. 図Ⅱ・4・1 に描かれているような磁場に入ってきた荷電粒子の，最初の曲がりの方向を述べよ．

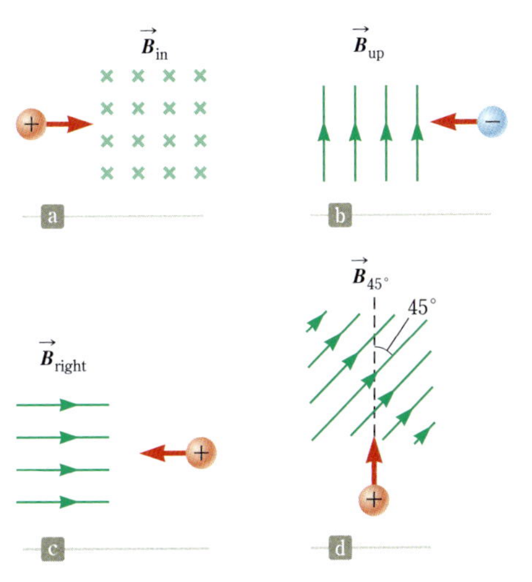

図Ⅱ・4・1

3. 電子が静止状態から電位差 2.40×10^3 V で加速され，大きさ 1.70 T の一様な磁場のある空間に入る．この電子が受けうる最大の力の大きさを求めよ．最小の力の大きさはどうか．

4. 1.70 T の磁場の中を速さ 4.00×10^6 m/s で動いている陽子に働いている磁気力が 8.20×10^{-13} N であった．陽子の速度と磁場の方向がなす角度を求めよ．

5. 地球の赤道付近で動いている電子を考える．電子の方向が次のとおりである場合に，地磁気による磁気力はどちらの方向を向くか．(a) 下方向 (b) 北方向(以下，水平方向とする) (c) 西方向 (d) 北東方向．

6. 赤道では，磁場は北向きで約 50.0 μT，電場は晴天のとき下向きで約 100 N/C である．電子が東向きに 6.00×10^6 m/s の瞬間速度で動いているとき，この電子に働く重力，電気力および磁気力を求めよ．

7. 陽子が一様な磁場の中を，磁場に垂直に一定の速さ 1.00×10^7 m/s で円運動している．$+z$ 方向に動いている瞬間の加速度は，$+x$ 方向に 2.00×10^{13} m/s^2 であった．磁場の大きさと方向を求めよ．

8. 磁場が $\vec{B} = (\hat{i} - 2\hat{j} - \hat{k})$ T の領域で，陽子が速度 $\vec{v} = (2\hat{i} - 4\hat{j} + \hat{k})$ m/s で動くとき，陽子に働く磁気力を求めよ．

4・3 一様な磁場の中での荷電粒子の運動

9. 大きさ 1.00 mT の一様な磁場内で，それに垂直な円軌道上を電子が動いている．円の中心に対する電子の角運動量は 4.00×10^{-25} kg·m^2/s である．(a) 円の半径を求めよ．(b) 電子の速さを求めよ．

10. 宇宙空間を飛んでいる陽子が，10.0 MeV の運動エネルギーをもっている．またその陽子は，水星の軌道と同じ大きさの円軌道を描いている(半径 $= 5.80 \times 10^{10}$ m)．その宇宙空間における磁場の大きさを求めよ．

11. **S** 電子が静止していた別の電子に衝突した．その後，この 2 つの電子はそれぞれ半径 r_1 と r_2 の円軌道上を動いた．これらの電子の軌道はすべて，空間に存在する一様な磁場 $\vec{B}$ に垂直だった．(a) 衝突した電子の最初のエネルギーを，r_1, r_2 および B で表せ．(b) $r_1 = 1.00$ cm，$r_2 = 2.40$ cm，$B = 0.0440$ T であるとき，電子の最初のエネルギーを keV で表せ．

4・4 磁場の中で動く荷電粒子を使った応用

12. z 方向に一様な電場 $\vec{E}$ があり，y 方向に一様な磁場 $\vec{B}$ がある．$B = 15.0$ mT であるとき，運動エネルギー 750 eV の電子が x 方向に直進した．E の値を求めよ．

13. 図Ⅱ・4・2 で磁場 0.450 T，半径 1.20 m のサイクロトロンで陽子を加速する．(a) サイクロトロン周波数，(b) 可能な最高の速さを求めよ．

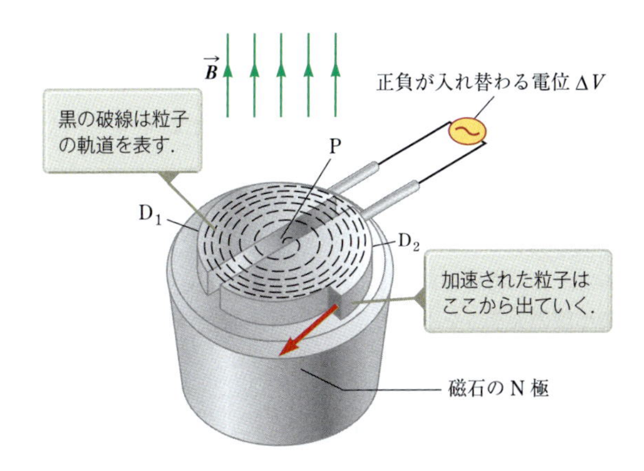

図Ⅱ・4・2

14. 陽子を加速するようにつくられた半径 0.350 m のサイクロトロン(図Ⅱ・4・2)がある．陽子はほぼ静止した状態で中央の発生源で放出され，ディー間のギャップを通るたびに 600 V の電位差で加速される．ディーには電磁石により 0.800 T の磁場がかけられている．(a) 陽子のサイクロトロン周波数，サイクロトロンを出たときの陽子の速さ，およびそのときの運動エネルギー(単位 eV で)を求めよ．(b) 陽子はサイクロトロン内で何回転するか．(c) それにかかった時間を求めよ．

4・5 電流が流れている物体に働く磁気力

15. 5.00 A の電流が流れている長さ 2.80 m の導線に，大きさ 0.390 T の一様な磁場がかかっている．磁場と電流の方向が次の場合に，この導線に働いている磁気力を求めよ．(a) 60.0° (b) 90.0° (c) 120.0°

16. S 強力な磁石が，半径 r の導線のリングの下に置かれている(図Ⅱ・4・3)．リングの位置では，磁場 $\vec{B}$ が鉛直方向に対して角度 θ の方向を向いており，リングには電流 I が流れている．リング全体に働く磁気力の大きさと方向を求めよ．

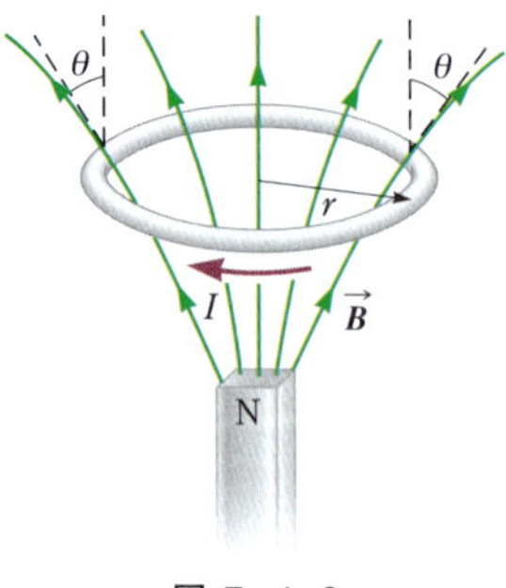

図Ⅱ・4・3

17. 導線に定常電流 2.40 A が流れている．導線の，長さ 0.750 m の直線部分は x 軸に平行で，z 方向の磁場 B = 160 T がかかっている．電流が $+x$ 方向に流れている場合，その部分の導線に働く磁気力を求めよ．

18. QC 図Ⅱ・4・4 は，一辺 40.0 cm の立方体である．図の ab, bc, cd および da からなる回路に，図に描かれている方向に電流 I = 5.00 A が流れている．一様な磁場 B = 0.0200 T が $+y$ 方向にかかっている．(a) ab, bc, cd, da に働いている磁気力の大きさと方向を求めよ．(b) 合力はどうなるか．その結果を(a)の計算を使わずに導けるか．

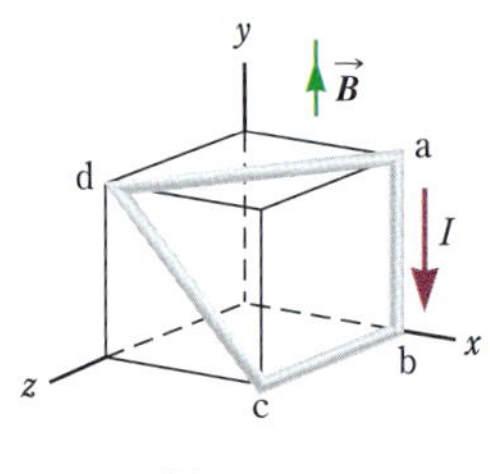

図Ⅱ・4・4

19. 単位長さあたりの質量が 0.500 g/cm である導線に，電流 2.00 A が流れている．導線は水平で電流は南向きである．この導線を真上に上げるのに必要な磁場の，方向と最小限の大きさを求めよ．

20. **次の状況がありえないのはなぜか．** 半径 1.00 mm の銅製の導線で，赤道を 1 周するループをつくる．このループには発電所から 100 MW の電力を与える．赤道なので磁場は水平方向を向き，したがって磁気力は上向きになる．この力により，導線は支えられなくても宙に浮いた．

4・6 一様な磁場の中のループ電流に働くトルク

21. S 磁気双極子モーメントが $\vec{\mu}$ である電流のループが，一様な磁場 $\vec{B}$ の中に置かれている．磁気モーメントの方向(ループ面に垂直な方向)と磁場の方向がなす角度を θ とする．磁場と $\vec{\mu}$ が平行な場合が $\theta = 0$，反平行な場合が $\theta = 180°$ である．$\theta = 90°$ のときを $U = 0$ とすると，この系の位置エネルギーは $U = -\vec{\mu} \cdot \vec{B}$ であることを証明せよ．〔ヒント: 回転体にトルク τ を掛けて，トルクの方向に $\Delta\theta$ だけ回転させたときにこの回転体が受けた仕事は $\tau\Delta\theta$ である．〕

22. 密に N = 100 回巻かれた長方形のコイルがある．大きさは a = 0.400 m，b = 0.300 m である．コイルは y 軸の部分が固定され，そこを軸として回転できるようになっている．図の状態では x 軸に対して θ = 30.0° の方向を向いている(図Ⅱ・4・5)．(a) 電流が I = 1.20 A，一様な磁場が $+x$ 方向を向き B = 0.800 T であるとき，このコイルが受けるトルクを求めよ．(b) コイルはどちらの方向に回転するか．

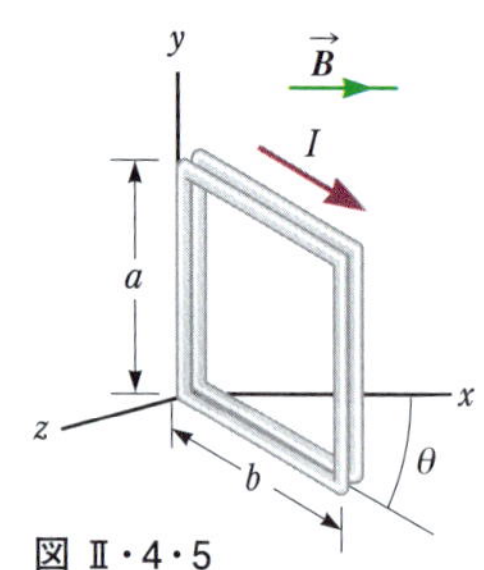

図Ⅱ・4・5

23. GP QC 導線でできた長方形のループを考える．辺の長さは 0.500 m と 0.300 m である．ループは x 軸のところが回転軸になっており，図の状態では xy 平面上にある(図Ⅱ・4・6)．大きさ 1.50 T の一様な磁場が，y 軸に対して 40.0° の方向を向いており，磁力線は yz 平面に平行である．ループには図に描かれている方向に 0.900 A の電流が流れている．以下では重力は無視する．ループが受けるトルクを計算したい．(a) 辺 ab に働く磁気力の方向はどちらか．(b) この力による，x 軸のまわりのトルクを求めよ．(c) 辺 cd に働く磁気力の方向はどちらか．(d) この力による，x 軸のまわりのトルクを求めよ． (e) 辺 bc に働く磁気力の方向はどちらか．(f) この力による，x 軸のまわりのトルクの方向を求めよ．(g) ループが図の位置から静かに放たれたとき，ループは x 軸のまわりを時計回りにまわるか，反時計回りにまわるか．(h) ループの磁気モーメントの大きさを計算せよ．(i) 磁気モーメントベクトルと磁場がなす角度を求めよ．(j) (h)と(i)の結果を使ってループにかかるトルクを計算せよ．

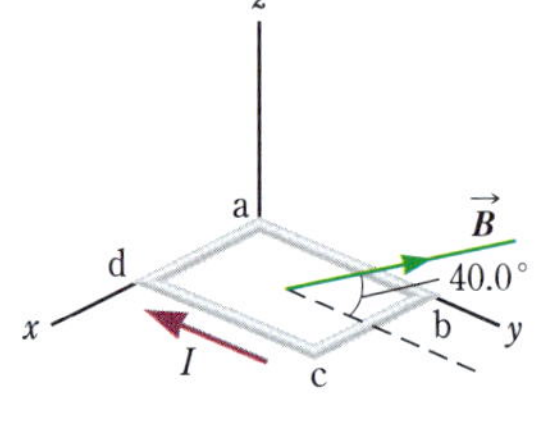

図Ⅱ・4・6

24. 周の長さが 2.00 m の円形のループに電流 17.0 mA が流れている．0.800 T の磁場がループ面に平行にかかっている．(a) このループの磁気モーメントを計算せよ．(b) このループに働いているトルクを計算せよ．

4・7 ビオ-サバールの法則

25. 電流 2.00 A が流れている，無限に長い導体から 25.0 cm 離れた位置での磁場の大きさを計算せよ．

26. S 図Ⅱ・4・7 に描かているように，電流 I が流れている無限に長い導線が直角に曲げられている．角からxだけ離れたP点での磁場を求めよ．

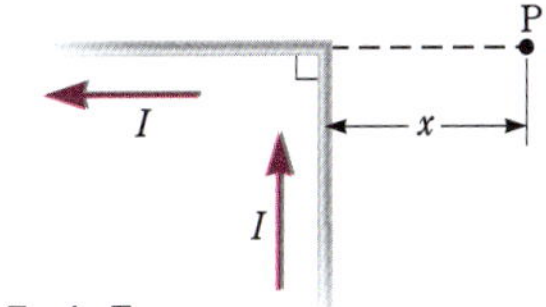

図 II・4・7

27. 図II・4・8に描かれているような，一カ所で円形のループをつくっている無限に長い直線電流がある．$R=15.0$ cm，$I=1.00$ A として，円の中心での磁場を求めよ．

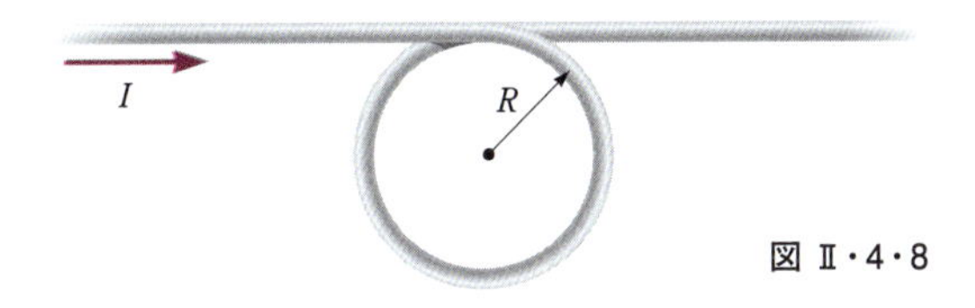

図 II・4・8

28. x軸上にある長い導線に，左向きに電流 30.0 A が流れている．それに平行な，$y=0.280$ m，$z=0$ の位置にある別の長い導線には，右向きに電流 50.0 A が流れている．(a) この2つの電流を含む平面上で磁場がゼロになる位置はどこか．(b) $y=0.100$ m，$z=0$ に沿って，電荷 -2.00 μC の電荷をもつ粒子が，x方向に速度 150 Mm/s で動いている．磁気力の大きさと方向を求めよ．(c) **この場合は？** 一様な電場がかけられ，この粒子は曲がらずにこの領域を動いた．必要な電場の大きさを求めよ．

29. **S** 紙面に垂直な，2本の長い直線状の平行な導線に電流が流れている(図II・4・9)．導線1に流れる電流は，紙面の裏向き($-z$方向)にI_1であり，x軸と$x=+a$で交差する．また導線2に流れる電流はI_2であり，x軸と$x=-2a$で交差する．ただし，I_2の向きも大きさも未知である．この2つの電流による，原点での全磁場の大きさは$\frac{\mu_0}{\pi}\frac{I_1}{a}$だとすると，$I_2$については2つの可能性がある．(a) そのうち大きさが小さいほうのケースでのI_2を，I_1で表せ．(b) I_2のもう一つの可能性も求めよ．

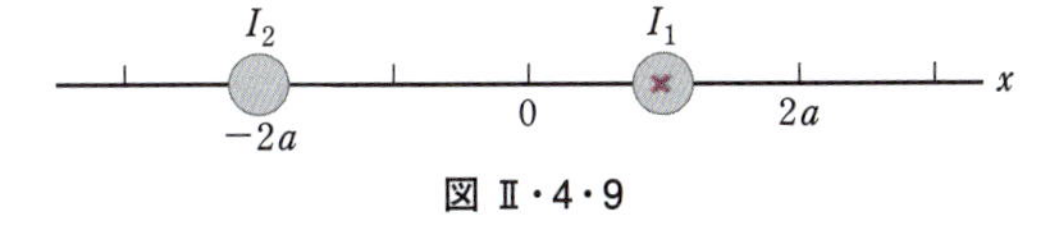

図 II・4・9

30. 図II・4・10に描かれている電流が，円弧の中心Pにもたらす磁場を考える．円弧の角度は$\theta=30.0°$だとし，半径は 0.600 m だとする．電流が 3.00 A であるとき，Pでの磁場の大きさと方向を求めよ．

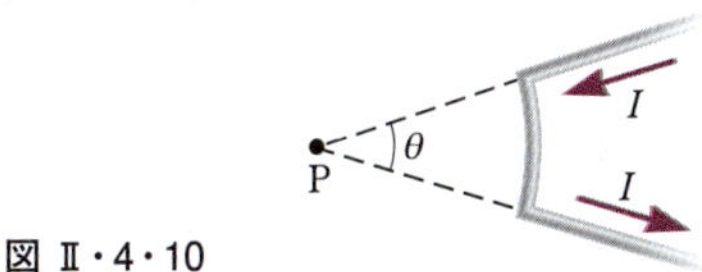

図 II・4・10

31. 半径Rの円周に沿って環状電流Iが流れている．その円の中心を通る，円に直交する軸をx軸とし，円の中心を$x=0$とすると，x軸上での磁場は，

$$B(x)=\frac{\mu_0 IR^2}{2(R^2+x^2)^{3/2}}$$

である．$x=0.1R$，$x=0.5R$，$x=R$，$x=2R$，$x=3R$での磁場の，円の中心での磁場に対する比率を求めよ．

32. 3本の長い平行な導線に，それぞれ$I=2.00$ A の電流が流れている．図II・4・11はその配置を表しており，電流はすべて，紙面表側に向いている．$a=1.00$ cm として，次の点における磁場の大きさと方向を求めよ．(a) A点 (b) B点 (c) C点

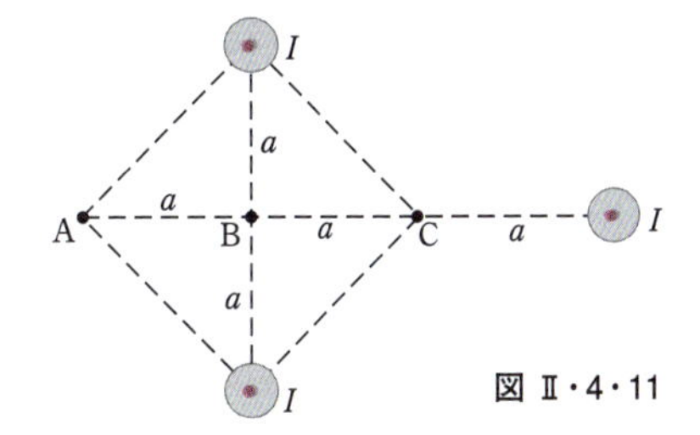

図 II・4・11

33. 渡り鳥がナビゲーションのために地球の磁場を使っている可能性を調べるため，図II・4・12に描かれているような，コイルでできた帽子と首輪を装着させる．(a) それぞれが半径 1.20 cm で 50 回巻き，2.20 cm 離れているとして，その中間での磁場が 4.50×10^{-5} T になるためには，それぞれにどれだけの電流が流れていなければならないか(ただし，上下のコイルの電流は同じであるとする)．(b) 各コイルの抵抗が 210 Ωである場合，それぞれのコイルにかけるべき電圧はどれだけか．(c) 各コイルに供給される電力はどれだけか．

図 II・4・12

〔ヒント：円形のコイルの中心軸上の磁場は問31を参照．〕

34. 稲妻の電流が 1.00×10^4 A だとする．これを非常に長い直線電流だとみなし，稲妻から 100 m 離れた位置での磁場を求めよ．

35. (a) 一片の長さが$l=0.400$ m の正方形の導線のループに，電流$I=10.0$ A が流れている(図II・4・13)．正方形の中心の磁場の大きさと方向を求めよ．(b) **この場合は？** この同じ導線を円形のループにしたとき，その中心の磁場の大きさと方向を求めよ．

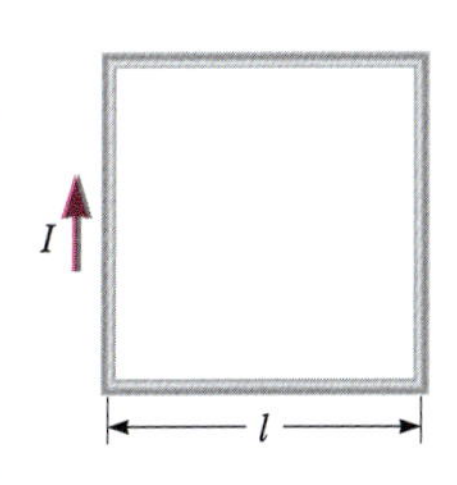

図 II・4・13

〔ヒント：解答の図を有限な長さの直線電流Iがつくる磁場の公式として，問題55で証明する式を

II 電磁気学

使ってよい．ただし，この式が使えるのは，この直線部分が，定常電流が流れている何らかの閉回路の一部である場合に限られる(そうでなければビオ-サバールの法則自体が使えない)．〕

4・8 平行電流間の磁気力

36. 距離 d だけ離れている2本の長い導線がある．導線1には電流 I_1 が流れ，導線2には電流 I_2 が流れている．(a) I_1 による，導線2の位置にできる磁場の大きさ B_1 を求めよ．(b) I_1 が I_2 に及ぼす単位長さあたりの力 F の大きさを求めよ．(c) I_2 による，導線1の位置にできる磁場 B_2 の大きさを求めよ．(d) I_2 が I_1 に及ぼす単位長さあたりの力 F の大きさを求めよ．

37. QC 2本の長い導線が，20.0 cm 離れて鉛直にぶらさがっている．導線1には 1.50 A の上向きの電流が流れ，導線2には 4.00 A の下向きの電流が流れている．第三の導線(導線3)もぶらさげて，各導線の合力をゼロにしたい．導線3の位置とそこに流れる電流を求めよ．

38. S 図II・4・14 で，長い直線状の導線には一定の電流 I_1 が流れており，またその導線は，電流 I_2 が流れている長方形のループと同一平面上にある．直線状の導線がループに及ぼす磁気力の大きさと方向を，図の記号を使って表せ．

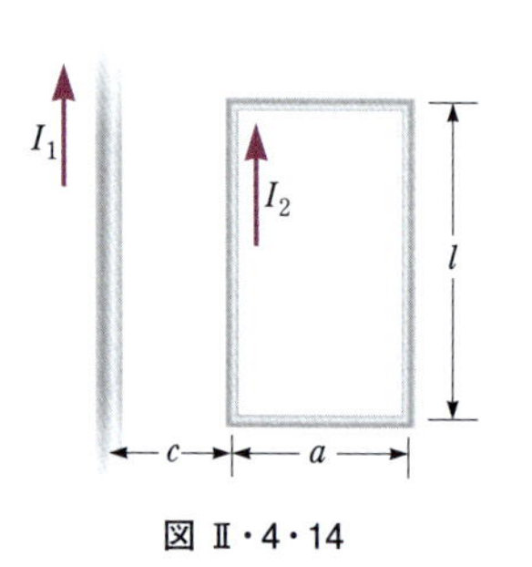

図 II・4・14

39. **次の状況がありえないのはなぜか．** 長さ $l = 0.500$ m，半径 $r = 250$ μm の2本の導線が平行に置かれている．それらに反対方向に電流 $I = 10.0$ A を流したところ，大きさ $F = 1.00$ N の磁気力で反発し合った．

4・9 アンペールの法則

40. 図II・4・15 は同軸ケーブルの断面である．中心の導体のまわりに，ゴムの層，その外側の導体の層，さらに外側のゴムの層が取り囲んでいる．中心の導体の電流が，手前向きに $I_1 = 1.00$ A であり，外側の導体層の電流が紙面裏向きに $I_2 = 3.00$ A だとする．$d = 1.00$ mm だとして，a と b における磁場の大きさと方向を求めよ．

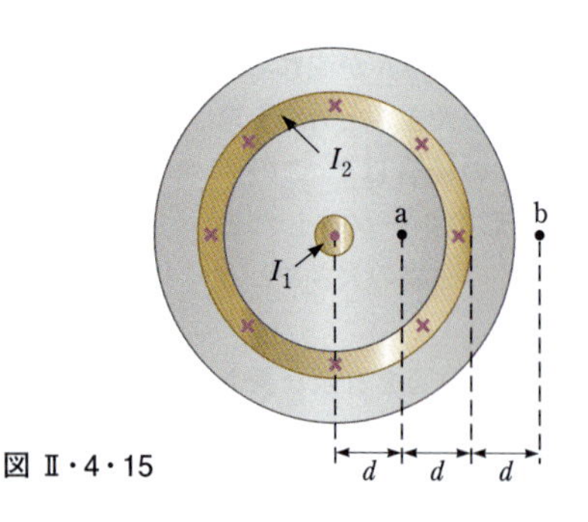

図 II・4・15

41. QC 表面が被覆された，長い直線状の導線を100本束ねて，半径 $R = 0.500$ cm の束を作る．各導線に 2.00 A の電流が流れるとき，(a) 束の中心から 0.200 cm の位置にある導線の単位長さあたりに働く磁気力の大きさと方向を求めよ．(b) **この場合は？** 束の一番外側の導線が受ける力は，(a) で求めた力よりも大きいか小さいか．定性的に説明せよ．

42. ニオブ(Nb)は 9 K 未満では超伝導体になる．しかし，表面の磁場が 0.100 T 以上になると超伝導性が失われる．外部からの磁場はないとすると，直径 2.00 mm のニオブの導線は，超伝導性を失わずにどれだけの電流を流せるか．

43. 2.00 A の長い直線電流から 40.0 cm 離れた位置での磁場は 1.00 μT である．(a) どの距離で 0.100 μT になるか．(b) **この場合は？** ある瞬間，家庭用の長い2本の平行コードに 2.00 A の電流が反対方向に流れた．2本の間の距離は 3.00 mm であった．この2本のコードを含む平面上の，その中間から 40.0 cm 離れた位置における磁場を求めよ．(c) この磁場が10分の1になるのはどの距離か．(d) 同軸ケーブルの中心の導線には 2.00 A の電流が，外側の導体には反対向きに 2.00 A の電流が流れている．ケーブルの外側の磁場はどうなっているか．

44. S 薄い導体でできた，半径 R の中空の円筒の長さの方向に電流 I が流れている．(a) 円筒のすぐ外側の磁場を求めよ．(b) 円筒のすぐ内側の磁場を求めよ．(c) 円筒の壁が受ける圧力を求めよ．(円筒の壁の厚さは無視してよい．)

45. 4本の長い平行な導線すべてに電流 $I = 5.00$ A が流れている．図II・4・16 はその断面である．導線AとBでは電流は紙面裏側に向いており，CとDでは紙面表側に向いている．P点での磁場の大きさと方向を求めよ．ただし4本の電流は，一辺 $l = 0.200$ m の正方形に配置されているとする．

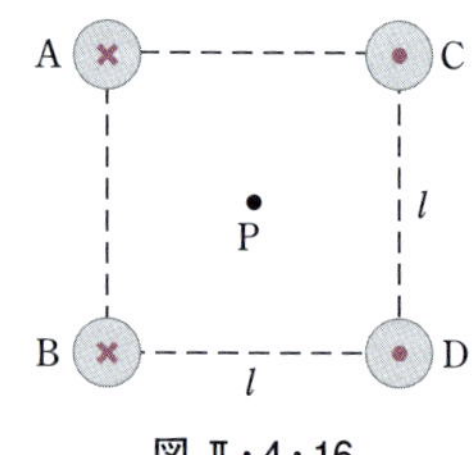

図 II・4・16

4・10 ソレノイドの磁場

46. 巻き数1000回，長さ 0.400 m の長いソレノイドの中心の磁場が 1.00×10^{-4} T であった．電流の大きさを求めよ．

47. 一辺 2.00 cm の，一巻きの正方形のループに時計回りに 0.200 A の電流が流れている．このループはソレノイド内にあり，ループの面はソレノイドの磁場に垂直である．

ソレノイドの巻き数は30.0回/cmであり，時計回りに電流15.0 Aが流れている．(a) 各辺に働く力を求めよ．(b) ループに働くトルクを求めよ．(ソレノイドを左右に延びるように置き右から見たとき，ソレノイドの電流もループの電流も時計回りであるとする．)

48. **S** 長さl，半径a，N巻のソレノイドに，一定の電流Iが流れている．(a) ソレノイドの軸上，端から外側にdだけ離れた位置での磁場を求めよ．(b) lが非常に大きくなったとき，端($d=0$)での磁場は$\mu_0 NI/2l$になることを示せ．(注：$N/l=n$(単位長さあたりの巻き数)とすれば$\mu_0 nI/2$なので，これは無限長のソレノイド内の磁場の半分である．)

49. 直径10.0 cm，長さ75.0 cmのソレノイドを，薄く被覆された直径0.100 cmの銅の導線で作る．導線は厚紙の筒に一層に巻かれ,互いに接触している．中心の磁場を8.00 mTにするには，どれだけの電力が必要か．銅の抵抗率は$1.7\times10^{-8}\,\Omega\cdot$mとする．

追加問題

50. $+3.20\times10^{-19}$ Cの電荷をもつ粒子が，一様な磁場と一様な電場が存在する領域を，速度$\vec{v}=(2\hat{i}+3\hat{j}-\hat{k})$ m/sで動いている．(a) $\vec{B}=(2\hat{i}+4\hat{j}+\hat{k})$ Tであり，また$\vec{E}=(4\hat{i}-\hat{j}-2\hat{k})$V/mであるとして，この粒子に働く合力を求めよ．(b) 力の方向と$+x$軸の方向がなす角度を求めよ．

51. **S** yz平面上にある無限に広いシートに，線密度J_sの面電流が流れている．この電流は$+z$方向を向いている．J_sは，y軸の単位長さにおける電流の大きさを示す．図Ⅱ・4・17はシートの断面図である．磁場はシートに平行で，電流の方向には直角であり，その大きさは$\mu_0 J_s/2$であることを示せ．

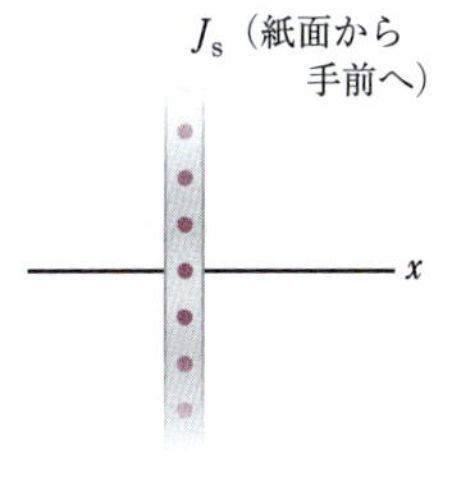

図Ⅱ・4・17

52. ホール効果には電子産業で重要な応用があり，半導体チップ内の電流のキャリア(電気の流れを担っている粒子)の符号と密度を測定するのに使われる．図Ⅱ・4・18にその原理が描かれている．厚さl，幅dの半導体のブロックに$+x$方向に電流が流れている．また，一様な磁場$\vec{B}$がy方向にかけられている．もしキャリアの電荷が正だったら，それは磁気力によりz方向に曲げられ，正電荷がブロックの上部にたまり下部には負電荷がたまって，下方向($-z$方向)を向く電場ができる．平衡状態になると，この電場による下向きの電気力と磁場による上向きの磁気力がつり合って，キャリアは曲がらずに直進するようになる．上下の電位差(ホール電圧という) $V_H=V_c-V_a$を測定すれば，キャリアの密度を計算することができる．(a) キャリアの電荷が負だったらホール電圧は負になることを示せ．つまりホール電圧の符号から，この半導体がp型(キャリアは正)かn型(キャリアは負)かが判別できる．(b) 単位体積あたりのキャリア粒子の数を，I, t, B, V_H，およびキャリア粒子の電荷の大きさ$q\,(>0)$を使って表せ．

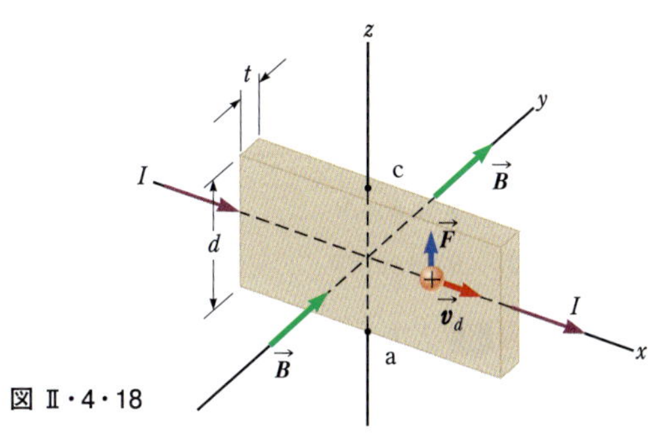

図Ⅱ・4・18

53. 10.0 Aの電流が流れている0.200 kgの金属棒が，0.500 m離れている2本の平行なレールの上を滑っている．棒とレールの間の動摩擦係数を0.100とすると，棒の速さを一定に保つには，垂直方向にどれだけの大きさの磁場が存在すればよいか．(電流はレールを通して棒に供給されるので，棒のうち電流が流れている部分は，2本のレールの間だけである．)

54. **QC** 2本の環状のループが平行，同軸，そしてほとんど接触するほど近接している．導線の中心間の距離は1.00 mmである(図Ⅱ・4・19)．各ループの半径は10.0 cmである．上のループには時計回りに$I=140$ Aの電流が流れており，下のループには反時計回りに$I=140$ Aの電流が流れている．(a) 下のループによって上のループが受ける磁気力を求めよ．(b) 上のループの質量は0.0210 kgであった．上のループの加速度を求めよ．

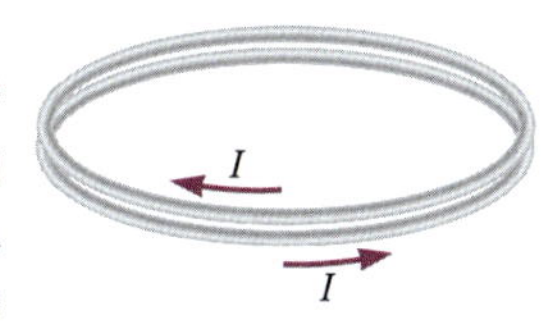

図Ⅱ・4・19

55. **S** 図Ⅱ・4・20の導線は，定常電流Iが流れる閉回路の，直線状になっている一部を表している．(a) そこからaだけ離れたP点での磁場の，この直線部分による寄与が次式で与えられることを，ビオ－サバールの法則を使って示せ．

$$B=\frac{\mu_0 I}{4\pi a}(\cos\theta_1-\cos\theta_2)$$

(b) この直線部分が無限に長いとすると，上式は無限の直線電流がつくる磁場の公式に一致することを示せ．

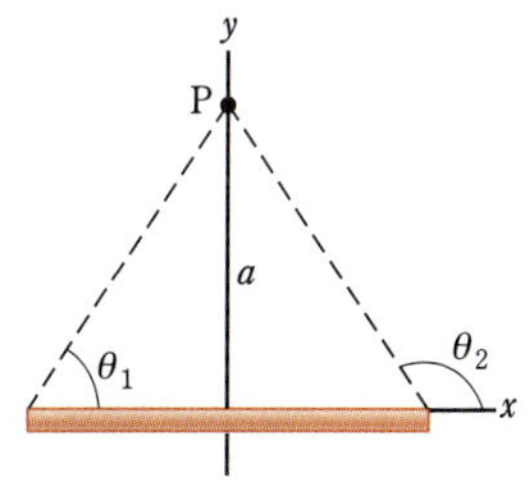

図Ⅱ・4・20

56. ある平面の右側には一様な磁場1.00 mTがあり，左側では磁場は0だとする(図Ⅱ・4・21)．境界面に垂直に動いてきた電子が，この面を通り抜ける．(a) 電子はその後，半円を描くということを考えて，電子がこの領域を抜けるまでの時間を求めよ．(b) この電子は境界面から 2.00 cm まで入り込んだ．電子の運動エネルギーを求めよ．

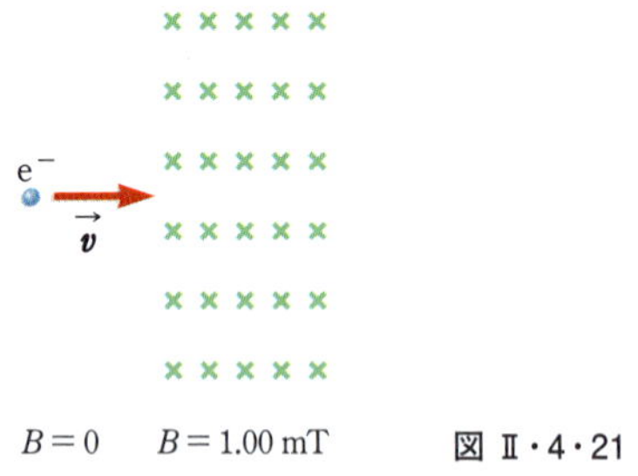

図 II・4・21

57. BIO QC S 人工心肺や人工腎臓は，電磁血液ポンプというものを使っている．血液は電気的に絶縁されたチューブに閉じ込められている．チューブは実際には円筒形だが，ここでは簡単のために，内側の幅が w，高さが h の直方体として描かれている．図 II・4・22 はチューブ内の血液の断面である．図 II・4・22 の赤の部分の上下に 2 つの電極が取り付けられており，その間の電位差により，長さ L の部分の血液の中を，密度 J の電流が流れる．それに直交して磁場がかけられている．(a) この配置により，チューブの長さの方向を向く力が血液にかかることを示せ．(b) 磁場内の血液の圧力は JLB だけ増えることを示せ．（この電磁ポンプは，原子炉内の溶融液体ナトリウムなど，電気を通すさまざまな液体に使うことができる．）

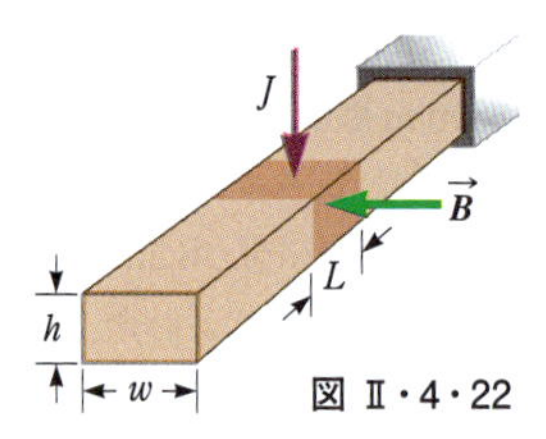

図 II・4・22

58. BIO QC 心臓外科医が電磁血流計を使って動脈を通る血流を測っている（図 II・4・23）．電極 A と B が血管の外壁と接触している，血管の直径は 3.00 mm である．(a) 電極 A が正である理由を説明せよ．(b) 磁場の大きさが 0.0400 T であるとき，電極間の電位差は 160 μV であった．血液の速さを求めよ．(c) 電位差の符号は，血液中を動くイオンの電荷が主として正であるか負であるかに依存するか．

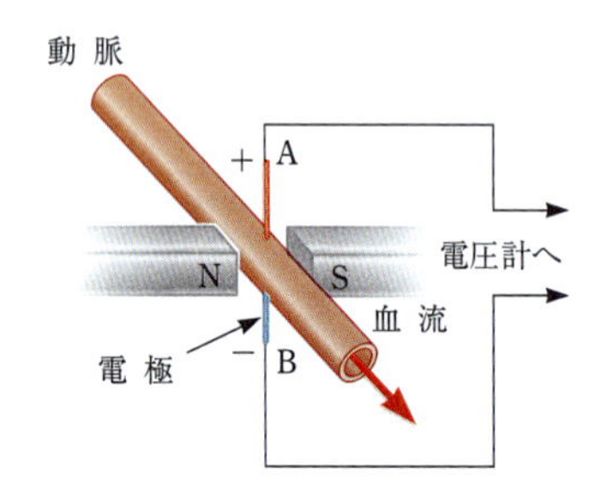

図 II・4・23

59. 北極あるいは南極での地磁気の大きさは，ほぼ，7.00×10^{-5} T である．地磁気の次の逆転が起こる前に，地磁気はいったん 0 になると思われる．そこで科学者たちは，地磁気の存在に依存している機器のために，銅線を赤道にめぐらせ，電流を流すことにした．これにより，両極で 7.00×10^{-5} T ほどの磁気を生み出すためにはどれだけの電流が必要か．

60. $+x$ の方向に動いている 5.00 MeV（1 eV $= 1.60 \times 10^{-19}$ J）の運動エネルギーをもつ陽子が，紙面の表側を向き，$0 < x < 1.00$ m の範囲に存在する，$\vec{B} = 0.0500\,\hat{k}$ T の大きさをもつ磁場の中に入る（図 II・4・24）．(a) 相対論的効果は無視して，陽子がこの領域に入ったときの方向と，出ていくときの方向とがなす角度を求めよ．(b) この領域から出ていくときの陽子の運動量の y 成分を求めよ．

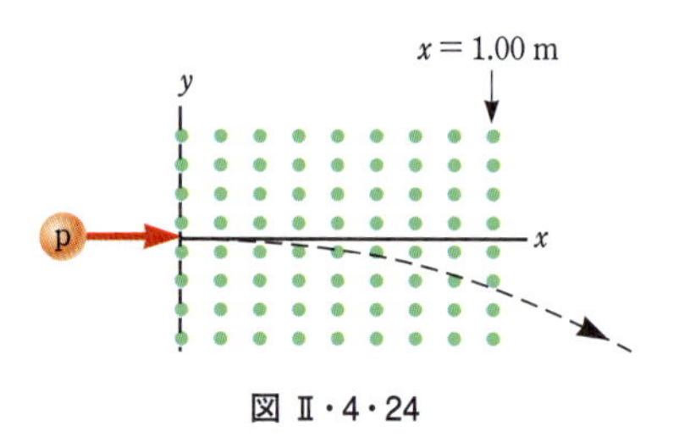

図 II・4・24

61. GP レールガンとよばれる化学燃料を使わない銃を考える．図 II・4・25 のように，テーブルの上に，$l = 3.50$ cm 離れた 2 本の長いレールがあり，その上に質量 3.00 g の導体棒が置かれている．棒とレールの間には摩擦力はほとんど働かず，またどちらの電気抵抗も小さい．電流は電源によって $I = 24.0$ A に保たれている．電源は図の左遠方にあり，電源による磁場は棒の位置では無視できるとする．図 II・4・25 は，電流が流れ始めたとき棒はレールの中央に静止していたという状態を表す．棒が動き始めてレールから飛び出すときの速さを求めたい．(a) 電流 24.0 A が流れている 1 本の長い直線電流から 1.75 cm 離れている位置での磁場の大きさを求めよ．(b) レールは無限に長いと近似して，棒の中心での磁場の大きさと方向を求めよ．(c) 次に，棒上での磁場の平均値は，中間点での値よりも 5 倍大きいと近似し，棒に働く磁気力の大きさと方向を求めよ．(d) この棒は，等加速度で動く質点としてモデル化できるか．(e) 棒が $d = 130$ cm 先のレールの端まで動いたときの速さを求めよ．

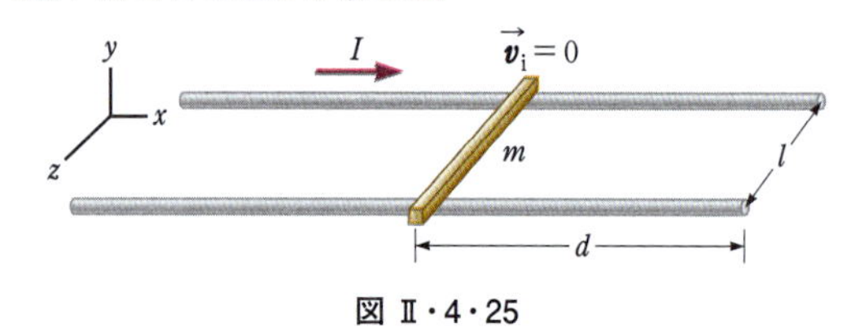

図 II・4・25

62. S 半径 R の，導電性のないリングが，一様に帯電している．全電荷は q である．このリングが，その中心軸を軸として一定の角速度 ω で回転する．この軸上，リングの中心から距離 $\frac{1}{2}R$ の位置の磁場の大きさを求めよ．

63. 次の状況がありえないのはなぜか． 図Ⅱ・4・26 は荷電粒子が進む方向を変えるテクニックを示している．$q = 1.00\ \mu C$，質量 $m = 2.00 \times 10^{-13}\ kg$ の粒子が，一様な磁場がある領域に，速さ $v = 2.00 \times 10^5\ m/s$ で，磁力線に対して垂直に入る．磁場は紙面表向きであり，大きさは $B = 0.400\ T$ である．磁場のある領域の幅は $h = 0.110\ m$ である．磁気力のため粒子の方向が変わり，図の上から出ていくときは，その方向は曲がっている．実験家がその角度 θ を測定したところ，まさに計算通りの値であった．

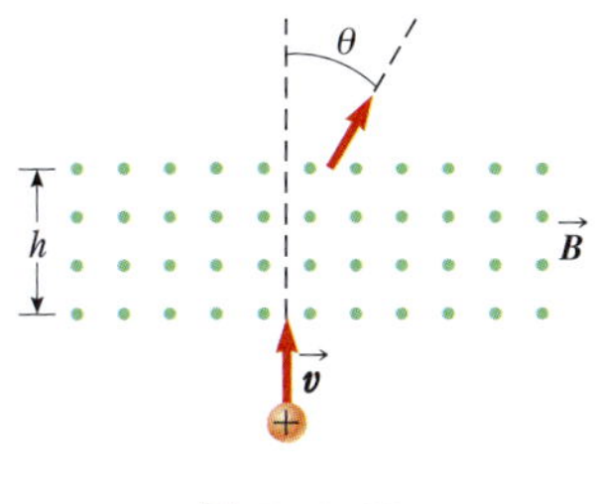

図Ⅱ・4・26

64. S 幅 w で非常に長く薄い金属の板に，図Ⅱ・4・27 に描かれているように電流 I が流れている．P 点での磁場を求めよ．P 点は板と同一平面内にあり，板の端からは b の距離にある．

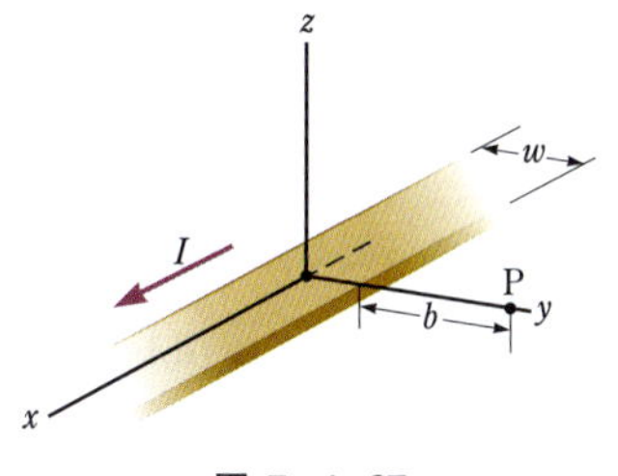

図Ⅱ・4・27

Ⅱ 電磁気学

5 ファラデーの法則とインダクタンス

まとめ

磁場 $\vec{B}$ による，ある面を貫く**磁束**は，

$$\Phi_B = \int \vec{B} \cdot d\vec{A} \qquad (5\cdot1)$$

積分範囲は，問題とする面全体である．

ファラデーの電磁誘導の法則によれば，回路に誘導される起電力は，回路を貫く磁束の変化率に比例する．

$$\mathcal{E} = -N\frac{d\Phi_B}{dt} \qquad (5\cdot3)$$

ただし，N は巻き数であり，Φ_B は各ループ(1 巻き)を貫く磁束である．

長さ l の導体棒が磁場 $\vec{B}$ の中を，それに垂直な速度 $\vec{v}$ で動いているとき，棒に誘導される起電力(**運動による起電力**)は，

$$\mathcal{E} = -Blv \qquad (5\cdot5)$$

レンツの法則によれば，導体内の誘導電流と誘導起電力の方向は，それの原因となった変化を妨げる方向である．

ファラデーの電磁誘導の法則の一般形は，

$$\oint \vec{E} \cdot d\vec{s} = -\frac{d\Phi_B}{dt} \qquad (5\cdot9)$$

ただし，$\vec{E}$ は，変化する磁束によって発生する非保存的な電場(誘導電場)である．

コイルの電流が時間とともに変化する場合，ファラデーの法則に基づきコイルに起電力が生じる(自己誘導)．これを**逆起電力**または**自己誘導起電力**といい，次の式で表される．

$$\mathcal{E}_L = -L\frac{dI}{dt} \qquad (5\cdot10)$$

ここで，L はコイルのインダクタンスである．インダクタンスは，その装置の，電流の変化を抑える効果の尺度である．

コイルの**インダクタンス**または**自己インダクタンス**は，

$$L = \frac{N\Phi_B}{I} \qquad (5\cdot11)$$

ここで，Φ_B はコイルを貫く磁束であり，N は全巻き数である．インダクタンスの SI 単位は**ヘンリー**(H)といい，1 H = 1 V·s/A である．

図 5·22 に描かれているように，抵抗器とコイルが，起電力 $\mathcal{E}$ の電池に直列でつながっており，スイッチ S_2 は a 側につながれ，$t=0$ でスイッチ S_1 が入れられた場合，回路の電流は次のように表される．

$$I(t) = \frac{\mathcal{E}}{R}(1 - e^{-t/\tau}) \qquad (5\cdot14)$$

$\tau = L/R$ はこの RL 回路の**時定数**とよばれる．

図 5·22 のスイッチ S_2 を切り替えて b 側につなげた場合，その時刻を $t=0$ とすると，電流は時間とともに指数関数的に減衰し，

$$I(t) = \frac{\mathcal{E}}{R}e^{-t/\tau} \qquad (5\cdot18)$$

となる．ただし，$\mathcal{E}/R$ は $t=0$ での回路の電流値である．

電流 I が流れるコイルの磁場に蓄えられるエネルギーは，

$$U = \frac{1}{2}LI^2 \qquad (5\cdot20)$$

磁場の大きさが B である位置での，単位体積あたりのエネルギー(エネルギー密度)は，

$$u_B = \frac{B^2}{2\mu_0} \qquad (5\cdot22)$$

5・1 ファラデーの電磁誘導の法則

1. 半径 4.00 cm，抵抗 1.00 Ω の 20 巻の環状コイルが，その面に垂直な磁場の中に置かれている．磁場の大きさは $B = 0.0100t + 0.040t^2$ という式で表されるように変化している．ただし t は秒，B はテスラ(T)で表されているとする．$t = 5.00$ s においてコイルに生じる誘導起電力を求めよ．

2. 断面積 8.00 cm² の一巻きのループがあり，その面に垂直に磁場がかけられている．磁場は時間 1.00 s で，0.500 T から 2.50 T に一様に増加した．ループの抵抗が

2.00 Ω であるとき，誘導電流の大きさを求めよ．

3. BIO 振動する弱い磁場が人間の健康に影響するかという問題について，現在，研究が行われている．ある調査によれば，電車の運転手は鉄道会社の他の従業員と比較して血液がんにかかる頻度が高い．運転室にある機械と長く接触しているためかもしれない．60.0 Hz で振動している，振幅 1.00×10^{-3} T の磁場を考えよう．赤血球の直径が 8.00 μm だとして，この磁場中にある赤血球の外周に発生する起電力の最大値を求めよ．

4. 半径 $r_1 = 5.00$ cm，抵抗 3.00×10^{-4} Ω のアルミニウムのリングが，半径 $r_2 = 3.00$ cm，1 m あたりの巻き数 1000 回の長い中空のソレノイドの端付近に置かれている（図 II・5・1）．ソレノイドの端付近の磁場の軸方向の成分は，中央付近の磁場の半分であるとする．また，ソレノイド外部の磁場は無視できるとする．ソレノイドの電流は，270 A/s の割合で増加している．(a) リングに流れる誘導電流の大きさを求めよ．(b) その誘導電流によって生じる，リング中央での磁場の大きさと方向を求めよ．

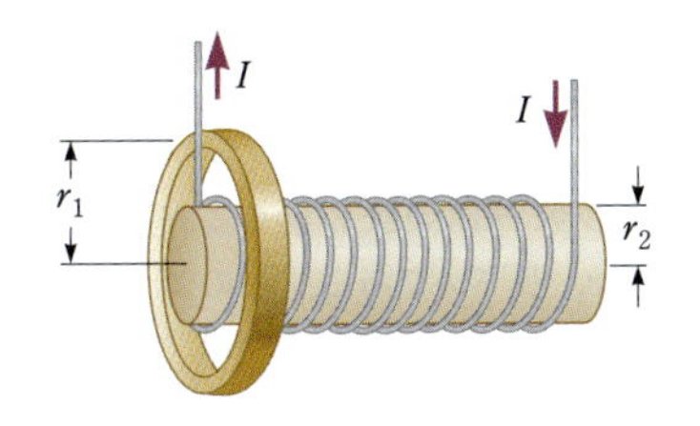

図 II・5・1

5. S 幅 w，長さ L の長方形をした導線のループと，電流 I が流れている直線状の導線がテーブルの上に置かれている（図 II・5・2）．(a) 電流 I によるループ内の磁束を求めよ．(b) 電流が $I = a + bt$ という式で表されるように変化しているとする（a と b は定数）．ループに生じる誘導起電力を求めよ．(c) $b > 0$ として，ループを流れる誘導電流の方向を述べよ．

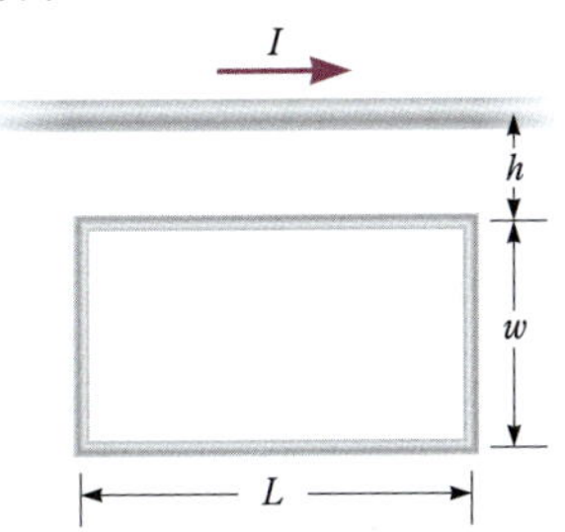

図 II・5・2

6. QC S 導体に，角振動数 ω の交流電流が流れている場合，ロゴスキーコイルというものを使えば（図 II・5・3），導体を切断して電流計を挿入しなくても，交流電流の振幅 I_{max} を測定することができる．図に描かれているように，ロゴスキーコイルは，環状のコードに巻いたトロイド型の導線（ドーナツ形のコイル）であり，測定対象の電流を囲むように置かれる．トロイドの単位長さあたりの巻き数を n とし，トロイドの断面積を A とする．また，測定対象の電流は $I(t) = I_{max} \sin \omega t$ と表されるとする．(a) ロゴスキーコイルに誘導される起電力の振幅は，$\mathcal{E}_{max} = \mu_0 n A \omega I_{max}$ と表されることを示せ．(b) 測定対象の電流はロゴスキーコイルの中心にある必要がない理由，およびコイルは周囲にある，コイルによって囲まれていない他の電流の影響は受けない理由を説明せよ．

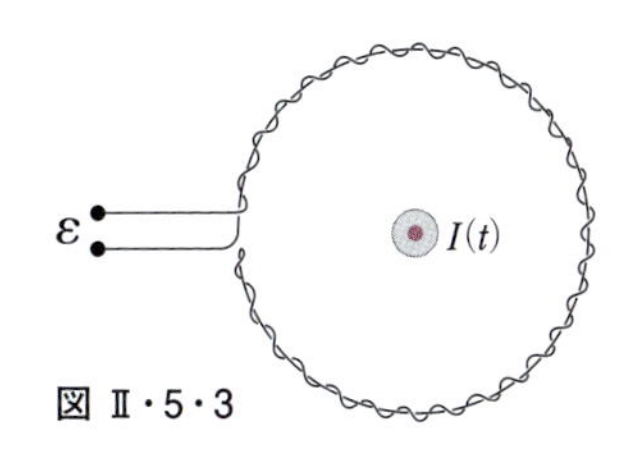

図 II・5・3

7. 直径 1.00 m の円形で，25 回巻の大きいコイルがある．その軸は地磁気の方向を向いていたが，0.200 s で逆方向に回された．地磁気を 50.0 μT として，その間の誘導起電力の平均値を求めよ．

8. 1 m あたりの巻き数が $n = 400$ 回 /m である長いソレノイドに，電流 $I = 30.0(1 - e^{-1.60t})$ が流れている（I の単位はアンペア，t の単位は秒とする）．ソレノイド内部には，半径 $R = 6.00$ cm，巻き数 $N = 250$ 回の導線のコイルが置かれている（図 II・5・4）．コイルに誘導される起電力を求めよ．

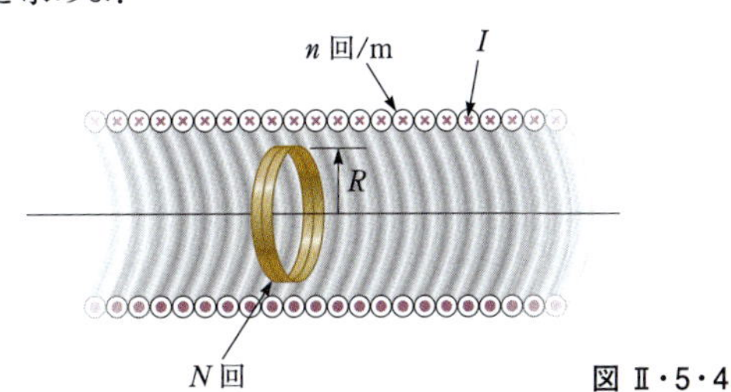

図 II・5・4

9. 被覆され絶縁された 8 の字形の導線が，一様な磁場の中に置かれている．8 の字は，上部が半径 5.00 cm の円，下部が半径 9.00 cm の円だとし，導線の抵抗は一様であり 3.00 Ω/m であるとする．磁場は 8 の字に垂直であり（図 II・5・5 の方向），2.00 T/s の割合で増加している．導線に流れる誘導電流の大きさと方向を求めよ．

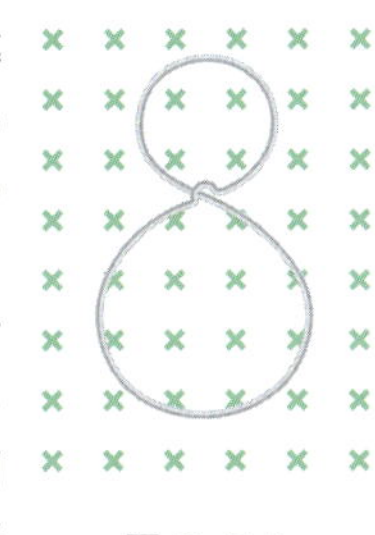
図 II・5・5

10. 巻き数 $N = 15$ 回，半径 10.0 cm のコイルを，半径 2.00 cm，単位長さあたりの巻き数 $n = 1.00 \times 10^3$ 回 /m の

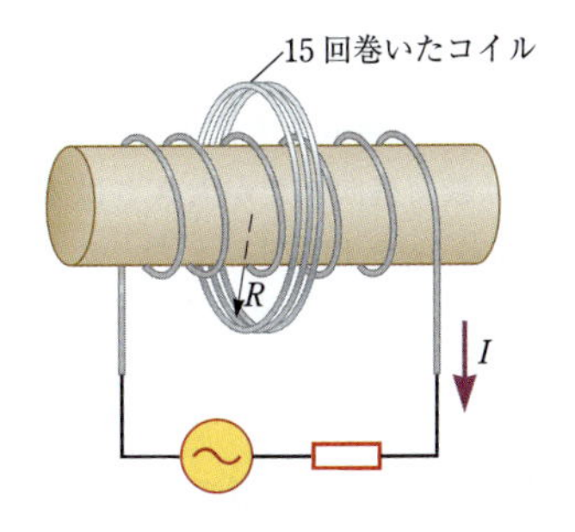

図 II・5・6

II 電磁気学

ソレノイドが貫いている(図II・5・6)．ソレノイドの電流は $I = 5.00 \sin 120t$ の式で表される(I はアンペア，t は秒を単位として表される)．コイル全体の誘導起電力を t の関数として求めよ．

5・2　運動による起電力
5・3　レンツの法則

11. 図II・5・7のヘリコプターのプロペラは全長 3.00 m であり，2.00 回転 /s の速さで回転する．地磁気の垂直成分が 50.0 μT であるとき，プロペラの先端と中心との間に誘導される起電力を求めよ．

図II・5・7

12. 図II・5・8は，摩擦のないレールの上を滑る棒を描いたものである．抵抗は $R = 6.00\ \Omega$ であり，$B = 2.50$ T の磁場が紙面裏向きにかかっている．$l = 1.20$ m である．(a) 棒を右に一定の速さ $v = 2.00$ m/s で動かし続けるのに必要な外力を求めよ．(b) 抵抗ではどの程度の割合でエネルギーが消費されるか(つまり，抵抗での熱エネルギーの発生率を求める)．

図II・5・8

13. 上問と同じ状況だが棒の速さは未知であるとする．流れる電流を測定したら 0.500 A であった．棒の速さを求めよ．

14. 図II・5・8に描かれている装置を考える．ただし，$R = 8.00\ \Omega$ とし，磁場 $\vec{B}$ は紙面裏向きだが大きさは未知だとする．棒を右に押す外力 $F_{外}$ を 1.00 N にしたとき，棒は 2.00 m/s で動き続けた．(a) 抵抗 R に流れる電流 I を求めよ．(b) 抵抗でのエネルギー発生率を求めよ．(c) $\vec{F}_{外}$ による仕事率を求めよ．

15. **S** 図II・5・8に描かれている装置で，棒の質量を m，距離を l，磁場を B，抵抗を R とする．外力が棒に一瞬だけ働き，棒は速さ v_0 で動き始めた．その後，棒が静止するまでに滑る距離を求めよ．

16. 単極発電機(ファラデーの円盤ともよばれる)は，低電圧，高電流の発電機である．回転する導電性のディスク，軸と接触するブラシ(滑り接点)，および外縁と接触するブラシから構成され(図II・5・9)，円盤に垂直に一様な磁場がかけられる．磁場は 0.900 T，回転する円盤の角速度は 3.20×10^3 回転 / 分，円盤の半径は 0.400 m とする．ブラシの間に誘導される起電力の大きさと方向を求めよ．

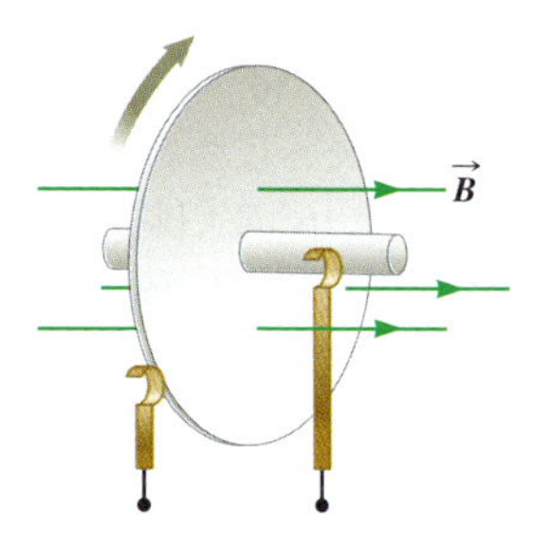

図II・5・9

〔注：超伝導のコイルによる大きな磁場を使うと，単極発電機は数メガワットの出力も出せる．この発電機は，たとえば，電解によって金属を精製するのに有用である．逆に，出力端子に外から電圧をかけるとこの装置は単極モーターとして働き，船舶の推進などで有用な大きなトルクを発生する．〕

17. **S** 抵抗 R，巻き数 N 回の長方形のコイルがある．長方形の大きさは幅 w，長さ l である．このコイルが一様な磁場内を一定の速度 $\vec{v}$ で動く(図II・5・10)．以下のそれぞれの場合にコイルに働く磁気力 $\vec{B}$ の大きさと方向を求めよ．(a) コイルが磁場のある領域に入るとき．(b) コイルが磁場内を動くとき．(c) コイルが磁場のある領域から出るとき．

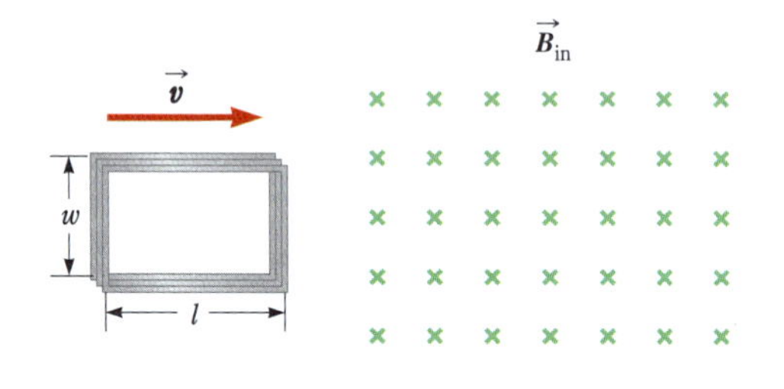

図II・5・10

18. 巻き数が 200 回 /m の，x 軸と軸が一致する長いソレノイドに，一定の電流 15.0 A が流れている．また，細い導線を，半径 8.00 cm の円筒に 30 回巻き付けて作ったコイルがある．このコイルをソレノイド内に入れ，コイルの中心を座標軸の原点に一致させる．コイルは一つの直径のまわりに回転するようになっており，その回転軸は y 軸と重なる．そしてコイルを 4.00π rad/s の角速度で回転させる．コイルの面は $t = 0$ では yz 平面に一致しているとする．コイルに発生する起電力を時間の関数として表せ．

19. **次の状況がありえないのはなぜか．** 質量 $M = 0.100$ kg，抵抗 $R = 1.00\ \Omega$，大きさが 50.0 cm × 90.0 cm

の長方形の導体のループを手にもって，$B = 1.00$ T の磁場のある領域のすぐ上にあるようにする(図Ⅱ・5・11).

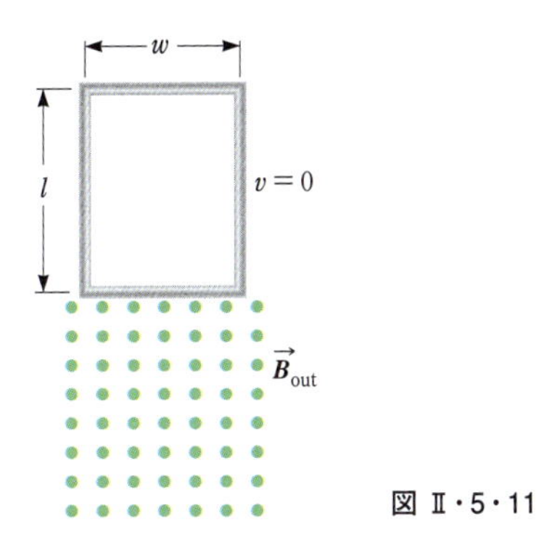

図 Ⅱ・5・11

そしてループから手を放して落下させる．ループの上辺が磁場のある領域に入ったとき，ループは 4.00 m/s の速さで落下していた．

20. レンツの法則を使って，誘導電流に関する下記の質問に答えよ．解答は，図Ⅱ・5・12 の各図に記されている記号 a および b によって表せ．(a) 図Ⅱ・5・12a で，磁石を左に動かしたときに，抵抗 R に流れる誘導電流の向き．(b) 図Ⅱ・5・12b で，スイッチ S が閉じられた直後に抵抗 R に流れる誘導電流の向き．(c) 図Ⅱ・5・12c の電流 I が急速に減少したときに抵抗 R に流れる誘導電流の向き．

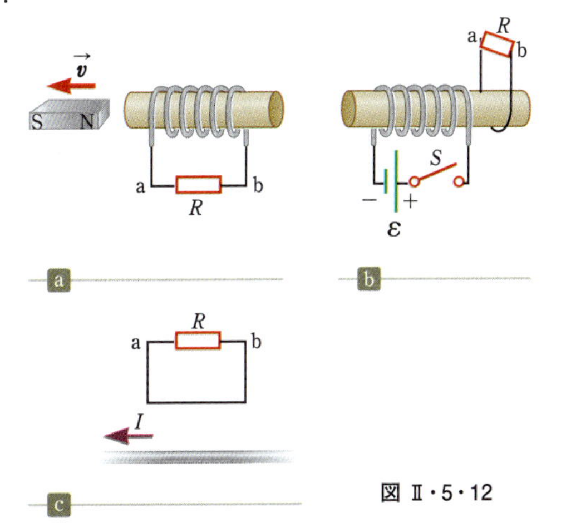

図 Ⅱ・5・12

21. 面積 0.100 m^2 のコイルが，0.200 T の磁場に垂直な方向を回転軸として，60.0 回転 /s で回転している．(a) このコイルの巻き数が 1000 回であるとき，発生する誘導起電力の最大値を求めよ．(b) 誘導起電力が最大になるのは，コイルの磁場に対する方向がどうなっているときか．

5・4 誘導起電力と電場

22. 紙面裏向きの磁場が，$B = 0.0300t^2 + 1.40$ という式で表されるように変化している．ただし，B はテスラ(T)，t は秒(s)を単位として表されている．磁場のある領域の断面は半径 $R = 2.50$ cm の円である(図Ⅱ・5・13)．$t = 3.00$ s，$r_2 = 0.0200$ m のとき，位置 P_2 における誘導電場の大きさと方向を求めよ．

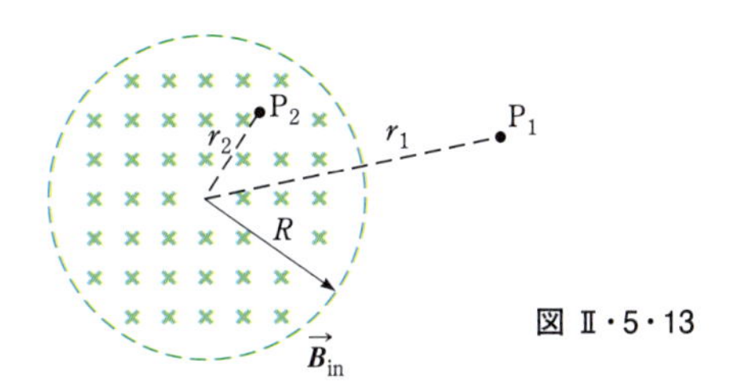

図 Ⅱ・5・13

23. 図Ⅱ・5・13 の緑の破線の円内で，磁場は $B = 2.00t^3 - 4.00t^2 + 0.800$ のように変化しているとする．(a) $t = 2.00$(s) のとき，P_1 点に位置する電子に働く力を求めよ．ただし，$r_1 = 5.00$ cm である．(b) また，この力が 0 になる時刻を求めよ．

5・5 インダクタンス

24. インダクタンスが 3.00 mH のコイルがある．電流が 0.200 s の間に 0.200 A から 1.50 A に変化した．その間に生じた誘導起電力の平均を求めよ．

25. **S** 図Ⅱ・5・14 は，トロイド(ドーナツ形のコイル)の半分を描いたものである．導線は中空の厚紙に N 回，密に巻かれている．$R \gg r$ の場合，トロイド内の磁場はソレノイド内の磁場とほぼ同じである．その近似のもとで，トロイドのインダクタンスが次の式で表されることを示せ．

$$L \approx \frac{1}{2}\mu_0 N^2 \frac{r^2}{R}$$

〔注: ソレノイドの自己インダクタンス: ソレノイド内の磁場は $B = \mu_0 In = \mu_0 IN/l$．したがって全磁束は $\Phi = BAN = (\mu_0 N^2 A/l)I$．右辺の係数(括弧の中)がインダクタンスである．(N: 全巻き数，n: 単位長さあたりの巻き数，A: 断面積，l: 全長)〕

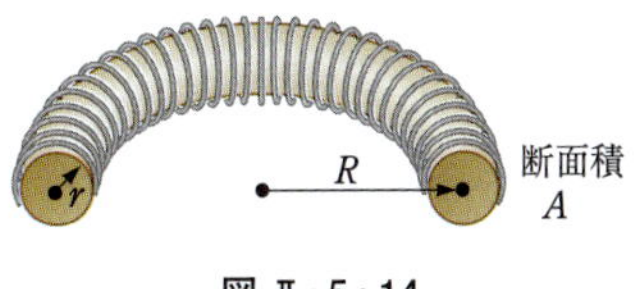

図 Ⅱ・5・14

26. 10.0 mH のインダクター(コイル)に電流，$I = I_{max} \sin \omega t$ が流れている．ただし，$I_{max} = 5.00$ A，$f = \omega/2\pi = 60.0$ Hz である．自己誘導の起電力を t の関数として求めよ．

27. 巻き数 500 回のコイルに流れる電流が 10.0 A/s の割合で変化しているとき，誘導起電力は 24.0 mV であった．電流が 4.00 A のときにコイル一巻きを貫く磁束を求めよ．

28. 自己インダクタンスが 90.0 mH のインダクター(コイル)を流れる電流が，$I = 1.00t^2 - 6.00t$ というように変化している．ただし，I はアンペア(A)，t は秒(s)で表されている．(a) $t = 1.00$ での誘導起電力を求めよ．(b) $t = 4.00$ での誘導起電力を求めよ．(c) 誘導起電力が 0 になる時刻 t を求めよ．

29. 全巻き数 420 回，全長 16.0 cm のソレノイドがある．流れている電流が 0.421 A/s の割合で減少しているときの誘導起電力が 175 μV であった．ソレノイドの半径を求めよ．

5・6 *RL* 回路

30. 12.0 V の電池が 10.0 Ω の抵抗と 2.00 H のコイルに直列につながっている．電流が最終値の(a) 50.0 % および (b) 90.0 %になるまでに，接続してからどれだけの時間がかかるか．

31. **S** S $I = I_{\mathrm{i}}\,\mathrm{e}^{-t/\tau}$ が，微分方程式，

$$IR + L\frac{\mathrm{d}I}{\mathrm{d}t} = 0$$

の解であることを示せ．ただし，I_{i} は $t = 0$ における I の値であり，$\tau = L/R$ である．

32. 図 II・5・15 に描かれている回路を考える．$\mathcal{E} = 6.00$ V，$L = 8.00$ mH，および $R = 4.00\ \Omega$ である．(a) この回路の時定数を求めよ．(b) 最終的な電流の大きさを求めよ．(c) スイッチを入れてから 250 μs 後の電流を求めよ．(d) その最終値の 80 % に達するまでにどれだけの時間がかかるか．

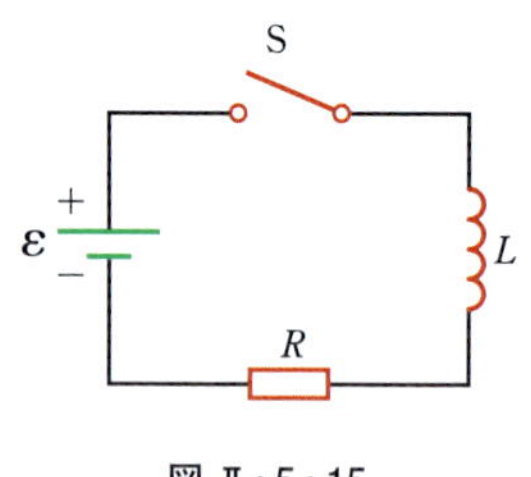

図 II・5・15

33. 図 II・5・15 に描かれている *RL* 回路で，インダクタンスは $L = 3.00$ H，抵抗は $R = 8.00\ \Omega$，電池の起電力は 36.0 V だとする．(a) スイッチを入れて電流が 2.00 A になった瞬間の，抵抗での電位差と，コイルでの起電力との比を求めよ．(b) 電流が 4.50 A であるときの，コイルでの起電力を求めよ．

34. コイルとスイッチと電池が直列に接続された回路がある．電池の内部抵抗は，コイルの内部抵抗に比べれば無視できるとする．スイッチは最初は開いていた．そしてスイッチを閉じて時間 Δt が経過したとき，回路には最終値の 80.0 % の電流が流れていた．さらに十分に長く電流を流した後，電池の両極を直接，導線で接続した(同時に，電池は回路から切り離した)．(a) それから時間がさらに Δt 経過したとき，電流は最大値の何 % になったか．(b) 短絡してから時間が $2\Delta t$ だけ経過したとき，電流は最大値の何 % になったか．

35. 図 II・5・15 のスイッチが閉じられたとき，電流はその最終値の 98.0 % に達するまで 3.00 ms かかった．$R = 10.0\ \Omega$ だとすると，インダクタンスの値はどれだけか．

36. **S** 図 II・5・16 の回路のスイッチは $t < 0$ では切れており，$t = 0$ でスイッチが閉じられた．(a) コイルに流れる電流を求めよ．(b) スイッチに流れる電流を求めよ．

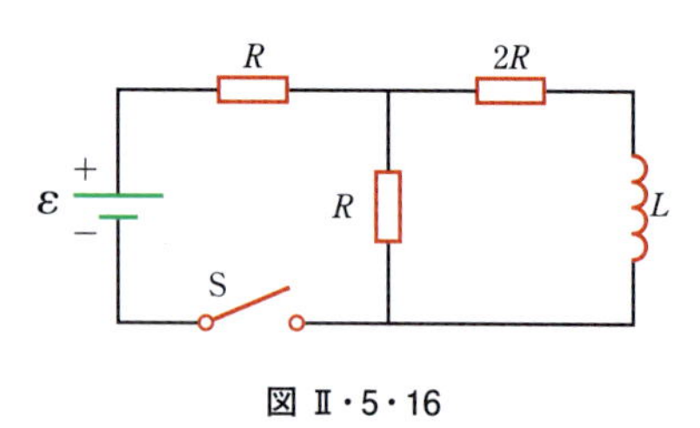

図 II・5・16

37. 図 II・5・15 に描かれている回路で，$L = 7.00$ H，$R = 9.00\ \Omega$，$\mathcal{E} = 120$ V とする．スイッチを入れてから 0.200 s 後の自己誘導起電力を求めよ．

38. *RL* 回路の応用例として，低電圧源から，変動する高電圧電流を発生させることを考える(図 II・5・17)．(a) スイッチが長い時間，a 側に入っていたときの，電流の大きさを求めよ．(b) スイッチが瞬間的に a から b に切り換えられた．各抵抗およびコイルの最初の電圧を求めよ．(c) コイルの電圧が 12.0 V に落ちるまで，どれだけの時間がかかるか．

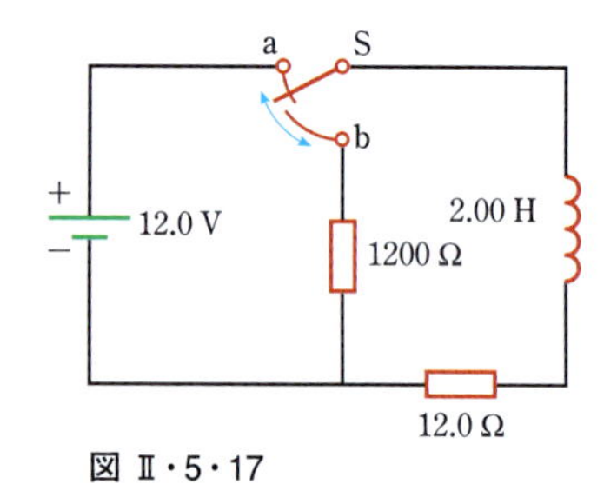

図 II・5・17

39. 140 mH のコイルと 4.90 Ω の抵抗が，スイッチを通して 6.00 V の電池とつながっている(図 II・5・18)．(a) スイッチが a 側に入れられてから電流が 220 mA になるまで，どれだけの時間がかかるか．(b) スイッチが a 側に入れられてから 10.0 s 後にコイルに流れている電流を求めよ．(c) この瞬間にスイッチが a から b に瞬間的に切り換えられた．コイルの電流が 160 mA になるまで，どれだけ時間がかかるか．

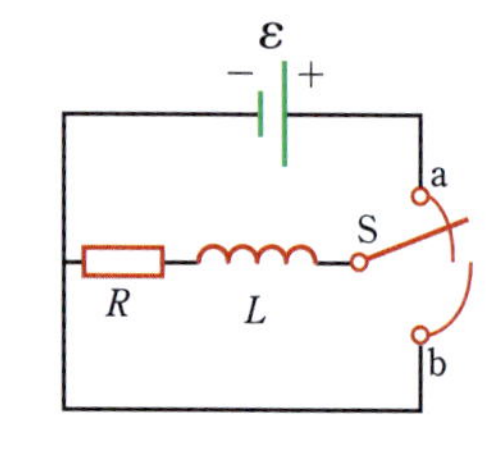

図 II・5・18

5・7 磁場に蓄えられるエネルギー

40. 内径 6.20 cm，長さ 26.0 cm の，ある超伝導のソレノ

イド内の磁場が 4.50 T であった．(a) 磁気エネルギー密度を求めよ．(b) ソレノイド内の磁場に蓄えられていたエネルギーを求めよ．

41. 長さ 8.00 cm，直径 1.20 cm，全巻き数 68 回の中空のソレノイドがある．0.770 A の電流が流れたとき，ソレノイド内にはどれだけの磁気エネルギーが蓄えられるか．

42. Q|C 導線で作られた平らなコイルがある．インダクタンスは 40.0 mH，抵抗は 5.00 Ω である．時刻 $t = 0$ に，22.0 V の電池につながれた．電流が 3.00 A になった時点を考える．(a) 電池によるエネルギー供給率を求めよ．(b) コイルの抵抗へのエネルギー供給率を求めよ．(c) コイルの磁場へのエネルギー供給率を求めよ．(d) これらの 3 つの値の間の関係を述べよ．(e) (d) で述べた関係は他の時間でも正しいか．

43. ある晴天の日，地表付近の電場は 100 V/m であった．また地磁気は 0.500×10^{-4} T であった．電場と磁場それぞれによるエネルギー密度を求めよ．

追加問題

44. GP 電球につながっている 2 本のレールに沿って導体棒が動く装置を考える(図 II・5・19)．装置全体は，紙面裏向きの，大きさ $B = 0.400$ T の磁場の中にある．レール間の距離は $l = 0.800$ m である．電球の抵抗は一定値 $R = 48.0$ Ω であると仮定する(注：実際には電球の抵抗は明るさに応じて変化する)．棒とレールの抵抗は無視できるとする．棒は大きさ一定の力($F = 0.600$ N)で，右に押されている．電球が受けられる最大の電力を求めたい．

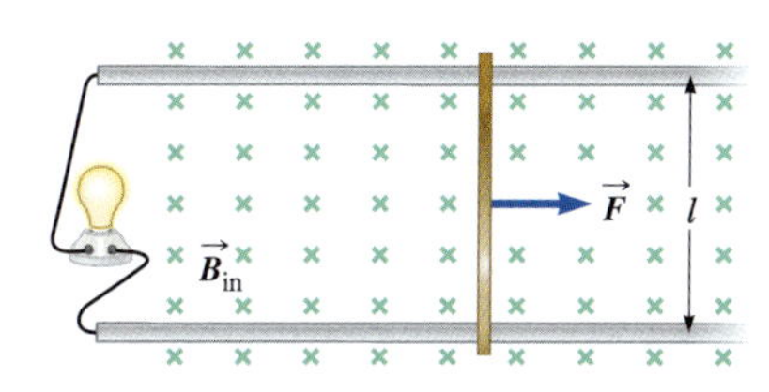

図 II・5・19

(a) 電球に流れる電流を，B, l, R, v(棒の速さ)の関数として表せ．(b) 電球に与えられる電力が最大になるのはどのような状況か．(c) 電力が最大のときの棒の速さ v の数値を求めよ．(d) 電力が最大のときに，電球を流れる電流を求めよ．(e) $P = I^2R$ という式を使って，電球に与えられる最大電力を求めよ．(f) 力 F によって棒に与えられる最大の力学的仕事率を求めよ．(g) 電球の抵抗は一定だと仮定した．しかし，実際には，電球に与えられる電力が増加するとフィラメントの温度が上昇し，抵抗が増大する．抵抗が増大し他の量は変わらないとすると，(c) で求めた速さは増えるか，減るか．(h) 電流が増えると電球の抵抗も増えると仮定すると，(f) で求めた電力は増えるか減るか．

45. BIO 磁気共鳴画像法(MRI)などの医療では，強い磁場が使われる．面積 0.005 00 m^2 の金属製のブレスレットを付けた技師が，磁場 5.00 T のソレノイドの中に手を入れた．ブレスレットの面は磁場に垂直だとする．ブレスレット 1 周の電気抵抗は 0.0200 Ω である．故障が起こり磁場が 20.0 ms の間に 1.50 T まで低下した．(a) ブレスレットに誘導された電流，および (b) ブレスレットに与えられた電力を求めよ．〔注：強い磁場がある領域では，金属を身体に付けてはいけないことがわかる．〕

46. 図 II・5・20 は，全巻き数 N の，一様な磁場内で角速度 ω で回転するコイルに生じた誘導起電力のグラフである．磁場はコイルが回転する軸に垂直である．(a) コイルの巻き数が 2 倍になったらこのグラフはどうなるか．(b) 回転の角速度が 2 倍になったらこのグラフはどうなるか．(c) 角速度が 2 倍になり巻き数が半分になったら，このグラフはどうなるか．

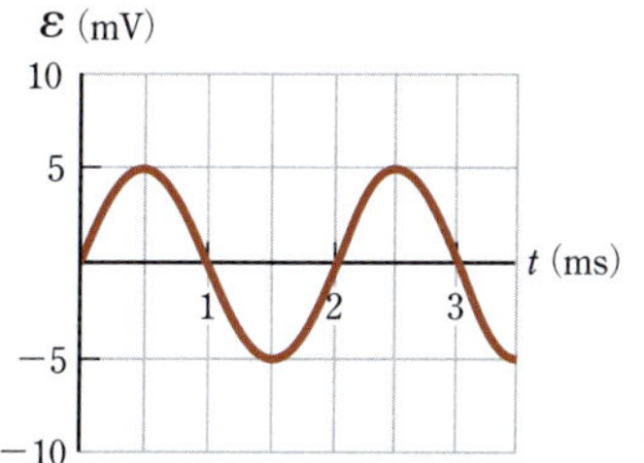

図 II・5・20

47. GP S 図 II・5・21 の回路で，時刻 $t = 0$ のとき，切れていたスイッチが入れられた．$t > 0$ でのコイルを流れる電流を記号で表したい．コイルを下向きに流れる電流を I とする．また，抵抗 R_1 を右向きに流れる電流を I_1，抵抗 R_2 を下向きに流れる電流を I_2 とする．(a) キルヒホフの法則より，この 3 つの電流の間の関係を求めよ．(b) 図の左側のループにキルヒホフの法則を適用した式を書け．(c) 外側のループにキルヒホフの法則を適用した式を書け．

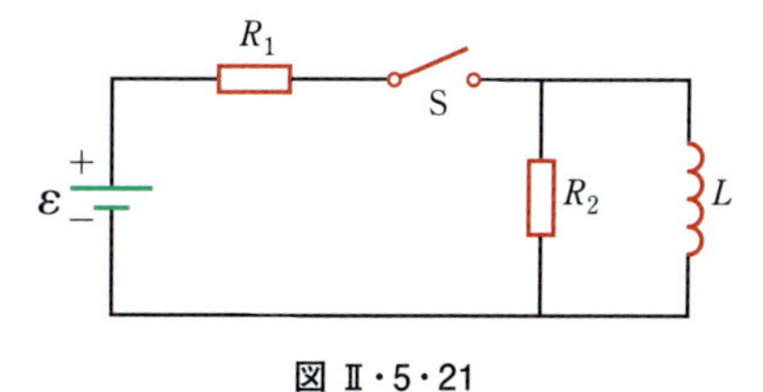

図 II・5・21

(d) I_1 と I_2 を消去して，I のみを含む式を導け．(e) この式の解が，

$$I(t) = \frac{\mathcal{E}}{R_1}[1 - e^{-(R'/L)t}] \quad ただし \quad R' = R_1R_2/(R_1 + R_2)$$

になることを示せ．ただし，抵抗 R_2 が存在せず $R_1 = R$ だったら(つまり，電池が付いた RL 回路)，解はまとめの (5・14) 式になることを使ってよい．

II 電磁気学

48. BIO 入院患者の呼吸をモニターするために，患者の胸に薄いベルトを巻き付ける．ベルトは身体の周りに巻いた全巻き数200回のコイルになっている．患者が息を吸うと，ベルトによって囲まれる面積が39.0 cm^2 増える．地磁気は50.0 μT で，コイルの面と28.0°の角度をなしているとする．患者が息を吸うのに1.80 s かかるとして，この時間内の平均誘導起電力を求めよ．

49. ベータトロンとは，電磁誘導を使って電子のエネルギーをMeVレベルにまで加速する装置である．真空内に，一方向を向く軸対称な磁場がある(磁場の大きさは軸からの距離に依存して変わる)．そして，この軸を中心として，電子が円運動をしている．円軌道の面は磁場に垂直である．軸対称性を保ったまた磁場を徐々に強めると，円軌道に沿った電場が誘導される．(a) 電場は電子を加速する方向にできることを示せ．(b) 加速されても電子の軌道は変わらなかったとする．円軌道に囲まれる円内の平均磁場は，円周上の磁場の2倍でなければならないことを示せ．ただし，加速開始時には電子は静止しており，磁場は全領域で0であったとする．

50. S 長い直線状の導線があり，電流 $I = I_{\max} \sin(\omega t + \phi)$ が流れている．この導線の下に，全巻き数 N 回の，長方形状のコイルが置かれている(図II・5・22)．$I_{\max}, \omega, \phi, N, h, w$, および L は何らかの定数だとする．直線電流による磁場の変化によってコイルに誘導される起電力を求めよ．

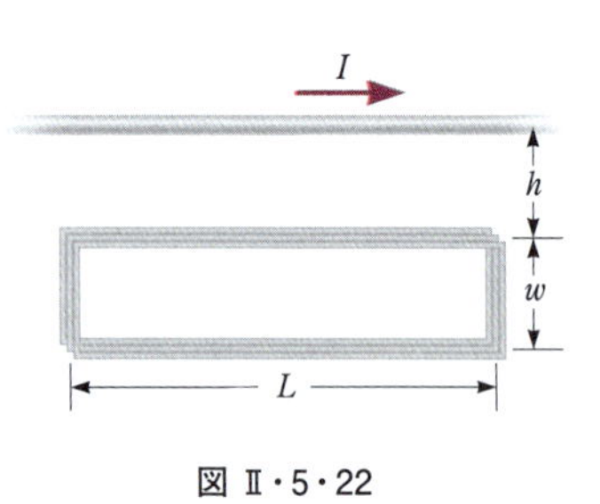

図II・5・22

51. 図II・5・23の茶色の部分は，文字eに似た形をした導体である．$a = 50.0$ cm であり，紙面表向きに一定の磁場0.500 T がかけられている．また，OP は長さ50.0 cm の導体棒であり，一定の角速度2.00 rad/s で，O を軸として回転している．(a) ループ POQ に生じる誘導起電力を求めよ．POQ の面積は $\theta a^2/2$ であることに注意せよ($\theta = 2\pi$ ならば πa^2)．(b) すべての導体の単位長さあたりの抵抗が5.00 Ω/m であるとき，P が Q を通過してから0.250 s 後の POQ に流れる誘導電流を求めよ．

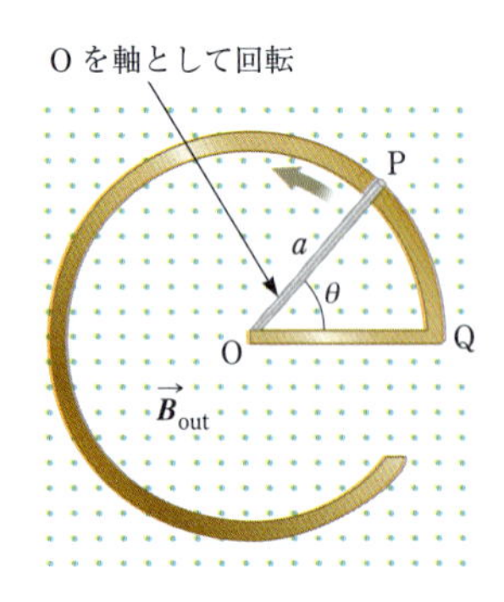

図II・5・23

52. S 図II・5・24のトロイドは，全巻き数 N 回，断面は長方形，内径と外径はそれぞれ a と b である．このトロイドのインダクタンスを求めよ．

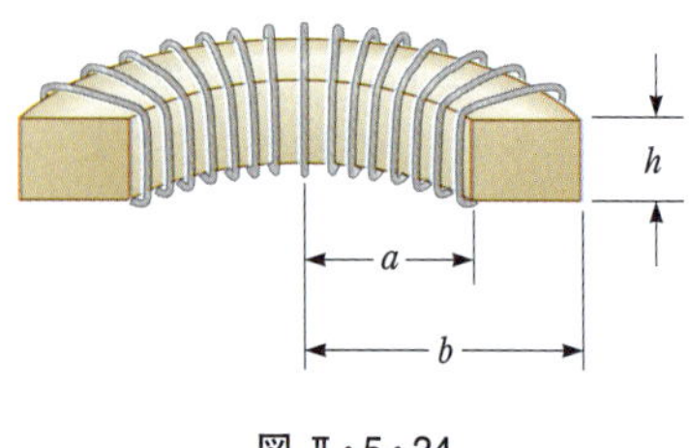

図II・5・24

53. (a) 円電流が生成する円内の磁場は一様ではないが，一様であると近似し，その値は円中心での磁場に等しいとして，半径 r の1回巻きのコイルのインダクタンスを求めよ．(b) 実験台の上で，1.50 V の電池，270 Ω の抵抗，およびスイッチを，それぞれが30.0 cm の3本の導線でつないで，円状の直列回路を作る．そのインダクタンスと時定数がどの程度の大きさになるか，推定せよ．

54. 1955年から1958年の間にS.C.コリンズが行った実験では，超伝導状態の導線のリングの電流のエネルギーに，2.50年間，損失が見られなかった．リングのインダクタンスは 3.14×10^{-8} H，測定の精度は 10^{-9} であった．リングの抵抗の上限を求めよ．リングを RL 回路とし，$x \ll 1$ のときは $e^{-x} \approx 1 - x$ であることを用いよ．

55. エネルギーを蓄積する新たな方法が提案された．地下に埋められた直径1.00 km の巨大な超伝導コイルを使う．全巻き数150回の Nb_3Sn 製のソレノイドに，最大，50.0 kA の電流を流す．(a) このコイルのインダクタンスを50.0 H としたとき，蓄積される最大エネルギーはどれだけか．(b) コイルの隣接する線の間隔が0.250 m のとき，2本の線の間に働く力の単位長さあたりの大きさを求めよ．

56. S 質量 m，抵抗 R の棒が，水平面上に置かれた2本のレールの上を摩擦なしで滑る(図II・5・25)．レール間には起電力 $\boldsymbol{\varepsilon}$ の電池がつながれ，一定の磁場 $\vec{B}$ が，紙面

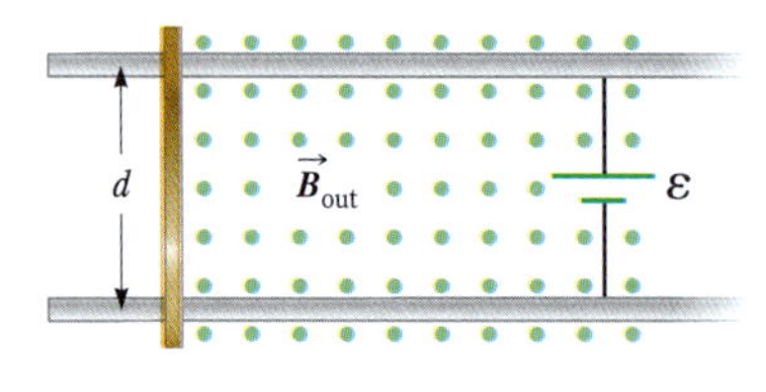

図II・5・25

の表向きにかけられている．棒は$t=0$では静止していたとして，その後の時刻tにおける速さが次の式で与えられることを示せ．

$$v = \frac{\mathcal{E}}{Bd}(1 - e^{-B^2d^2t/mR})$$

57. 送電線への超伝導の利用が提案されている．1本の同軸ケーブル（図Ⅱ･5･26）で1.00×10^3 kmの距離を，200 kV DC（直流），電力1.00×10^3 MW（大規模な発電所の出力レベル）を送電できる．半径$a=2.00$ cmの内側の導線は，超伝導物質Nb_3Snからなり，一方向に電流を流す．半径$b=5.00$ cmの外側の円筒も超伝導であり，戻りの電流が流れる．

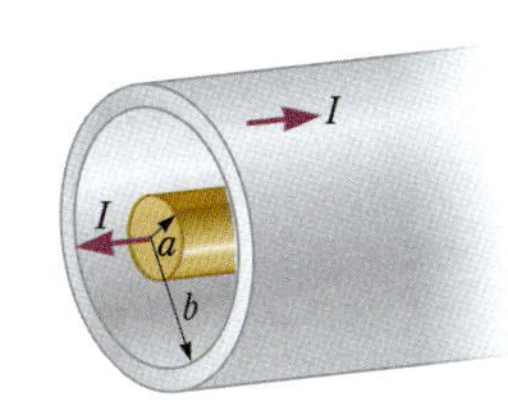

図Ⅱ･5･26

(a) 内部の導体表面と，外部の導体の内側の表面における磁場を求めよ．(b) 1.00×10^3 kmの送電線の導線間に蓄積されるエネルギーを求めよ．(c) 内側の導線の電流により，外側の導線はどれだけの圧力を受けるか．

58. 一辺$a=0.200$ mの正方形の導線のループが垂直に，面を東西に向けて置かれている（図Ⅱ･5･27）．この場所の地磁気は$B=35.0\ \mu$Tであり，北向き，水平方向から下に35.0°の方向を向いている．このループと，高感度の電流計と接続するための導線を合わせた全抵抗は0.500 Ωである．このループが，図に描かれているような水平方向の力によって東西に引っ張られ，瞬間的につぶされた．電流計の端子に流れ込んだ全電荷を求めよ．

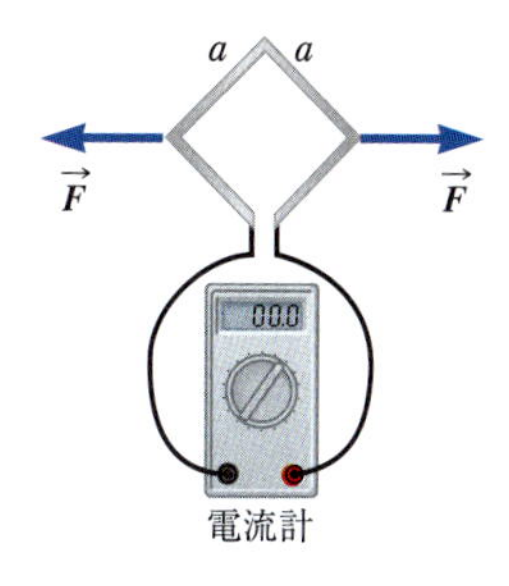

図Ⅱ･5･27

59. BIO 経頭蓋磁気刺激（TMS）は，人間の脳のある領域を刺激するために使われる，非侵襲的（身体に傷を付けず，体内に器具を入れることもない）技術である．TMSでは小さなコイルを頭皮の上に置き，コイルに電流を瞬間的に流す．急激に変化する磁場が脳内に生じ，それによる誘導起電力が神経の活動を刺激する．(a) コイルに電流が流れ始め，脳内の上向きの磁場が120 ms間に0から1.50 Tになった．半径1.60 mmの円状の脳内組織の周囲に生じる誘導起電力を求めよ．(b) 次に80.0 msで，磁場は下向き0.500 Tになった．そのときの誘導起電力を求めよ．

電　磁　波

まとめ

変位電流 $I_{変}$ は次のように定義され，

$$I_{変} \equiv \varepsilon_0 \frac{\mathrm{d}\Phi_\mathrm{E}}{\mathrm{d}t} \qquad (6\cdot1)$$

時間とともに変化する電場がもつ，磁場を生成する効果を表す．

ローレンツ力の法則（$\vec{F} = q\vec{E} + q\vec{v} \times \vec{B}$）と組合わせて，**マクスウェル方程式**はすべての電磁気の現象を表している．

$$\oint \vec{E} \cdot \mathrm{d}\vec{A} = \frac{q}{\varepsilon_0} \qquad (6\cdot4)$$

$$\oint \vec{B} \cdot \mathrm{d}\vec{A} = 0 \qquad (6\cdot5)$$

$$\oint \vec{E} \cdot \mathrm{d}\vec{s} = -\frac{\mathrm{d}\Phi_\mathrm{B}}{\mathrm{d}t} \qquad (6\cdot6)$$

$$\oint \vec{B} \cdot \mathrm{d}\vec{s} = \mu_0 I + \varepsilon_0 \mu_0 \frac{\mathrm{d}\Phi_\mathrm{E}}{\mathrm{d}t} \qquad (6\cdot7)$$

マクスウェル方程式によって予言された**電磁波**は次の性質をもつ．

- 電場と磁場は以下の波動方程式を満たす．これらは第三および第四のマクスウェル方程式から導かれる．

$$\frac{\partial^2 E}{\partial x^2} = \mu_0 \varepsilon_0 \frac{\partial^2 E}{\partial t^2} \qquad (6\cdot16)$$

$$\frac{\partial^2 B}{\partial x^2} = \mu_0 \varepsilon_0 \frac{\partial^2 B}{\partial t^2} \qquad (6\cdot17)$$

- 電磁波は真空中を光速 $c = 3.00 \times 10^8$ m/s で伝わる．ただし，c は次の式で与えられる．

$$c = \frac{1}{\sqrt{\mu_0 \varepsilon_0}} \qquad (6\cdot18)$$

- 電磁波の電場と磁場の方向は互いに垂直であり，電磁波の伝播方向とも直交する（電場と磁場が横方向に振動するという意味で横波である）．$+x$ 方向に動く，正弦波の形をした平面波の電磁波の電場と磁場は次の形に書ける．

$$E = E_{\max} \cos(kx - \omega t) \qquad (6\cdot19)$$

$$B = B_{\max} \cos(kx - \omega t) \qquad (6\cdot20)$$

ただし，ω は角振動数（あるいは角周波数），k は角波数（あるいは単に波数）という．これらの式は $\vec{E}$ と $\vec{B}$ の波動方程式の解の一つである．

- 各時刻，各位置での電磁波の電場 $\vec{E}$ と磁場 $\vec{B}$ の大きさは，次の関係を満たす．

$$\frac{E}{B} = c \qquad (6\cdot22)$$

- 電磁波はエネルギーを運ぶ．単位面積あたりのエネルギーの流れは**ポインティング・ベクトル** $\vec{S}$ で表される．

$$\vec{S} \equiv \frac{1}{\mu_0} \vec{E} \times \vec{B} \qquad (6\cdot24)$$

平面波の形をした電磁波のポインティング・ベクトルの平均値は，次の大きさをもつ．

$$I = S_{平均} = \frac{E_{\max} B_{\max}}{2\mu_0} = \frac{E_{\max}^2}{2\mu_0 c} = \frac{c B_{\max}^2}{2\mu_0} \qquad (6\cdot26)$$

正弦波の形をした平面波の，単位面積あたりのエネルギーの流れの平均の強さ（強度）は，ポインティング・ベクトルの1周期あたりの平均値に等しい．

- 電磁波は運動量をもっており，表面に圧力を及ぼす．強度 I の電磁波が表面に垂直に入射し全吸収された場合，表面が受ける放射圧は，

$$P = \frac{S}{c} \quad （全吸収） \qquad (6\cdot32)$$

全反射の場合には圧力は2倍になる．

電磁波のスペクトルは，幅広い周波数と波長の波を含む．

強度 $I_{\max}$ の偏光した光が偏光板に入射した場合，偏光板を透過した光の強度は $I_{\max} \cos^2\theta$ である．ただし，θ は偏光板の透過軸と，入射光の電場がなす角度である．

6・1　変位電流およびアンペールの法則の一般形

1. 図Ⅱ・6・1に描かれている状況を考える．300 V/m の電場が，直径 $d = 10.0$ cm の円状の領域内にのみ存在する．この電場が 20.0 V/m・s の割合で増しているとき，位置P(円の中心から $r = 15.0$ cm)に生じる磁場の大きさと方向を求めよ．

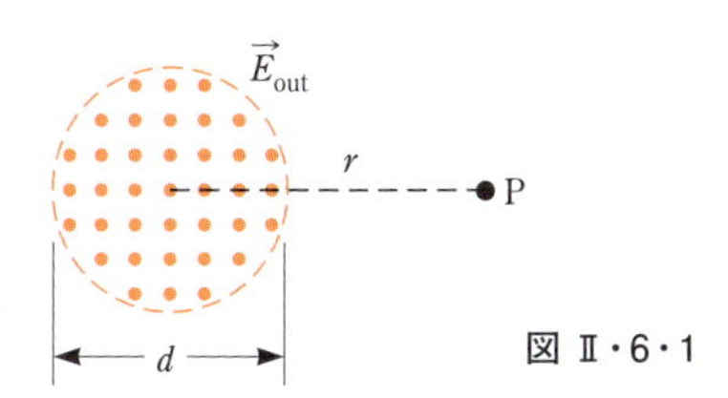

図Ⅱ・6・1

2. 半径 10.0 cm の2枚の円板からなるコンデンサーに，0.200 A の電流が流れ込んでいる．円板間の距離が 4.00 mm である場合，(a) 円板間の電場の増加率を求めよ．(b) 中心から 5.00 cm 離れた位置での，円板間の磁場を求めよ．

3. 一辺 5.00 cm の2枚の正方形の板からなるコンデンサーに，0.100 A の電流が流れ込んでいる．2枚の板の間の距離が 4.00 mm である場合，(a) 板の間の電束の変化率を求めよ．(b) 変位電流を求めよ．

6・2　マクスウェル方程式とヘルツの発見

4. 短波ラジオの同調回路で，1.05 μH のコイルが可変コンデンサーと直列につながれていた．周波数が 6.30 MHz の電波に同調させるためには，コンデンサーの容量をどうしなければならないか．

5. 一様な電場 $\vec{E} = 50.0\hat{j}$ V/m，一様な磁場 $\vec{B} = (0.200\hat{i} + 0.300\hat{j} + 0.400\hat{k})$ T がある領域で陽子が動く．速度が $\vec{v} = 200\hat{i}$ m/s であるときの陽子の加速度をベクトルとして求めよ．

〔注：$\hat{i}, \hat{j}, \hat{k}$ はそれぞれ，x, y, z 方向を向く単位ベクトルである．〕

6. 非常に長く細い棒に，線密度 35.0 nC/m で電荷が分布している．この棒は x 軸上に置かれており，$+x$ 方向に 1.50×10^7 m/s の速さで動いている．(a) ($x = 0$, $y = 20.0$ cm, $z = 0$)の位置での電場を求めよ．(b) 同じ位置での磁場を求めよ．(c) この位置で，$+x$ 方向に速さ $(2.40 \times 10^8)\hat{i}$ m/s で動いている電子が受ける力を求めよ．

7. 図Ⅱ・6・2のスイッチは，a側に長時間，接続されていた．そして，時刻 $t = 0$ にb側に切り替わった．その後の次の量を求めよ．(a) LC 回路の振動数．(b) コンデンサーに蓄積される電気量の最大値．(c) コイルに流れる電流の最大値．(d) $t = 3.00$ s において回路がもつ全エネルギー．

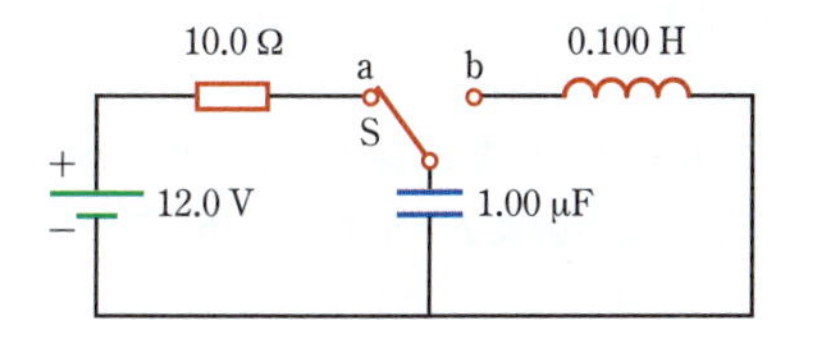

図Ⅱ・6・2

8. 電子が一様な電場 $\vec{E} = (2.50\hat{i} + 5.00\hat{j})$ V/m と，一様な磁場 $\vec{B} = 0.400\hat{k}$ T の中を動いている．電子の速度が $\vec{v} = 10.0\hat{i}$ m/s であるときの電子の加速度を求めよ．

6・3　電　磁　波

特に指定されていない場合には，空間は真空であるとする．また，c は真空中での光の速さとする($c = 1/\sqrt{\mu_0\varepsilon_0} = 2.997\,924\,58 \times 10^8$ m/s $\approx 3.00 \times 10^8$ m/s)．

9. 透明な磁性をもたない物質内を通る電磁波の速さは，その物質の比誘電率を κ とすると $v = 1/\sqrt{\kappa\mu_0\varepsilon_0}$ である．水の比誘電率は，可視光線に対しては $\kappa = 1.78$ であるとして，水中での光の速さを求めよ．

10. (a) 北極星(通称ポラリス)までの距離は 6.44×10^{18} m である．もし，北極星が今日，燃え尽きるとすれば，われわれは何年後に北極星が見えなくなるか．(b) 太陽光が地球に達するまでにどれだけの時間がかかるか．(c) マイクロ波のレーダー信号が地球と月の間を往復するのにどれだけ時間がかかるか．(d) 電波が地球の大円を1周するのにどれだけ時間がかかるか．(e) 10.0 km 遠方で発生した稲妻の光を見るまでにどれだけ時間がかかるか．

11. ある電波の定常波を2枚の金属板間につくるには，金属板間の距離が，最低 2.00 m 必要であった．この電波の周波数を求めよ．

12. ある電磁波の電場の振幅が 220 V/m であったとする．この電磁波の磁場の振幅を求めよ．

13. 図Ⅱ・6・3は，x 方向に進む電磁波(平面波かつ正弦波だとする)の，x 軸上でのある時刻での形を表している．波長は 50.0 m だとし，電場は xy 面内で，振幅 22.0 V/m であるとする．(a) 周波数を求めよ．(b) 磁場の振幅を求めよ．(c) 磁場を，

$$B = B_{max}\cos(kx - \omega t)$$

と表したとき，B_{max}，k および ω を求めよ．

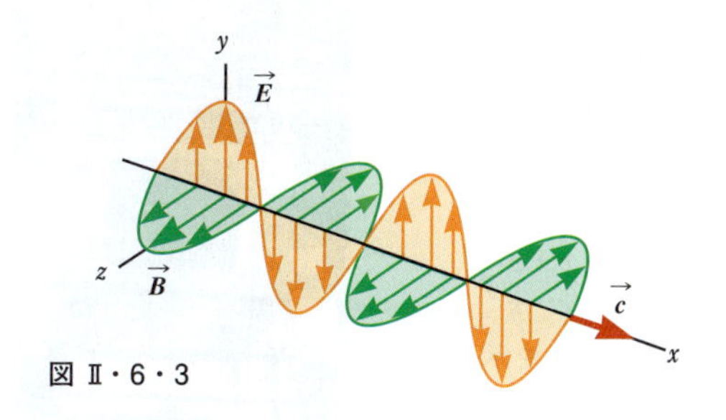

図Ⅱ・6・3

14. 次の式をそれぞれ，まとめの(6・16)式および(6・17)式に代入して，解になっている条件を求めよ．

$$E = E_{\max}\cos(kx - \omega t)$$

$$B = B_{\max}\cos(kx - \omega t)$$

15. 電子レンジはマグネトロンという，電磁波(マイクロ波)を発生する電子装置を使う．マイクロ波は電子レンジ内に定常波を生成するので，波の山に当たる部分では食品は特に加熱され，節にあたる部分では加熱が進まない．そこで，加熱にむらができないように，通常，食品をターンテーブルに乗せて回す．そのような電子レンジを，食品が回転しないようにして使ったところ，焼けた跡が 6 cm ± 5 % 間隔で並んだ．使われているマイクロ波の周波数は 2.45 GHz であった．これらの数値から，マイクロ波の速さを求めよ．

16. SI 単位系で，電磁波の電場が，

$$E_y = 100\sin(100 \times 10^7 x - \omega t)$$

という式で表されるとする．この電磁波の磁場の振幅，波長 λ，および周波数 f を求めよ．

17. 物理学者が交差点で赤信号を通り抜けた．警察官に止められて，彼は，波長が 650 nm の赤信号が，ドップラー効果のため 520 nm の緑色に見えたと主張した．警察官は，速度違反の反則切符を書いた．物理学者の証言を信用すれば，彼はどれだけの速さで走っていたのか．
〔ヒント: 電磁波のドップラー効果は，周波数で表せば(f が光源での周波数，f' は観測者が観測する周波数)

$$f' = \sqrt{\frac{c+v}{c-v}}\,f$$

波長で表せば，

$$\lambda' = \sqrt{\frac{c-v}{c+v}}\,\lambda$$

v は観測者と光源の相対速度であり，近づいている場合を正とする．〕

18. 警察のレーダーは次のようにして車の速さを測定する(図Ⅱ・6・4)．周波数が精密にわかっているマイクロ波を車に向けて発信する．車はそれを反射する．測定器は受信した反射波を，発信された波(を弱めたもの)と重ね合わせ，うなりの周波数を測定する．(a) 車がレーダーに速さ v で近づいている場合，反射波の振動数 f' は，

$$f' = \frac{c+v}{c-v}\,f$$

で表されることを示せ．ただし，f は発信された波の周波数である(上問の公式を使う)．(b) v は c に比べて非常に小さいことを考えると，うなりの周波数は，

$$f_{うなり} \approx \frac{2v}{\lambda}$$

であることを示せ．(c) 車の速度が $v = 30.0$ m/s であり，発信されたマイクロ波の周波数 f が 10.0 GHz であるとき，うなりの周波数を求めよ．(d) うなりの周波数が ± 5 Hz の精度で測定できるとき，車の速さはどの程度の精度で測定できるか．
〔ヒント: うなりとは，周波数がわずかに異なる 2 つの波を重ね合わせたときに生じる，周期の長い(周波数の小さい)波である．うなりの周波数は，重ね合わせた波の周波数の差である．〕

図 Ⅱ・6・4

19. ドップラー気象レーダー測候所は，周波数 2.85 GHz のパルス状の電波を発信する(パルスとは，ある短時間だけ続く波のこと)．北から東に 38.0° の方向にある，雨滴の比較的小さな集団からは，発信してから 180 μs 後に，周波数が 254 Hz 増えた反射波を受信した．また，北から東に 39.0° の方向にある雨滴の集団からは，やはり 180 μs 後に 254 Hz 減った反射波を受信した．この 2 つの反射波は，測候所が受信した，周波数が最大および最小の反射波だった．(a) この 2 つの雨滴の集団の速度の，測候所方向の成分を求めよ〔問 18(b)を参考にせよ〕．(b) この 2 つの集団は，一様に回転している渦の一部だとすると，この渦の回転の角速度はどれだけか．

20. **次の状況がありえないのはなぜか．** ある電磁波内の電場と磁場が次のように表された．

$$E = 9.00 \times 10^3 \cos[(9.00 \times 10^6)x - (3.00 \times 10^{15})t]$$

$$B = 3.00 \times 10^{-5} \cos[(9.00 \times 10^6)x - (3.00 \times 10^{15})t]$$

ただし，すべての数値は SI 単位系で表されている．

6・4　電磁波が運ぶエネルギー

21. 等方的に(= すべての方向に均等に)電波を発する，平均出力 250 kW の送信機から 5.00 km 離れた位置でのポインティング・ベクトルの平均の大きさを求めよ．

22. ある時刻，ある位置における電場が $\vec{E} = (80.0\hat{i} + 32.0\hat{j} - 64.0\hat{k})$ N/C，　磁場が $\vec{B} = (0.200\hat{i} + 0.080\hat{j} + 0.290\hat{k})$ μT であった．(a) この電場と磁場が直交していることを示せ．(b) ポインティング・ベクトルを計算せよ．

23. 晴天時の地表での日光の強度が 1000 W/m² だとすれば，1 m³ の中にどれだけの電磁エネルギーが含まれているか．

24. 夜空の明るい星を考える．地球からの距離が 20 光年であり，単位時間あたりに放射するエネルギー P_w(放射束という)は 4.00×10^{28} W(太陽の約 100 倍)だとする．(a) 地表でのこの星の光の強度 I を求めよ．(b) この星の光の放射束のうち，地球によって遮断される量を求めよ．

〔注 1: 1 光年とは，真空中で光が 1 年間に伝播する距離である．注 2: これまでは I という記号は電流に使ってきたが，この章では以下，強度(intensity)にも使うので混同しないように.〕

25. AM ラジオ放送局は，平均 4.00 kW の出力で等方的に(すべての方向に均等に)に電波を発信している．長さ 65.0 cm の受信アンテナが，発信機から 4.00 km の場所にある．受信アンテナの両端間で，この信号によって誘導される起電力の最大値を求めよ．

26. あるコミュニティでは，太陽光を電力に転換することを計画している．そのコミュニティは 1.00 MW の電力を必要としており，また装置の効率は 30.0 % である(地表に入射する太陽エネルギーの 30.0 % を有用なエネルギーに転換できる)．太陽光の強度を 1000 W/m^2 としたとき，面が太陽光を全吸収するならば，その面積は，どれだけなければならないか．

27. 出力 100 W の電磁波の点源がある．これが発生する電場が E_{max} = 15.0 V/m になるのは，どれだけの離れた地点か．〔ヒント: 点源なので，電磁波のエネルギーは等方的に出ていくと考える.〕

28. ある白熱灯のフィラメントは，抵抗 150 Ω で，1.00 A の直流電流が流れている．フィラメントの長さは 8.00 cm，半径は 0.900 mm である．(a) 電流を生み出している静電場と，その電流による静磁場から構成される，フィラメント表面のポインティング・ベクトルを計算せよ．(b) フィラメント表面から放出される熱の，単位面積あたり単位時間あたりの大きさを求めよ．

6・5 運動量と放射圧

29. 宇宙旅行をする一つの方法は，地球を周回する軌道に光を完全に反射するアルミ製シートを置き，太陽からの光で押してもらうことである(ソーラーセイル)．面積が $A = 6.00 \times 10^5$ m^2，質量が $m = 6.00 \times 10^3$ kg のシートが，太陽の方向を向いているとする．また，すべての重力は無視し，太陽光の強度を 1370 W/m^2 とする．(a) シートが受ける力を求めよ．(b) シートの加速度を計算せよ．(c) この加速度が一定であるとして，静止状態から 3.84×10^8 m (地球から月までの距離)だけ動く時間を求めよ．

30. **S** ヘリウム-ネオンレーザーが，断面が円形の光のビームを発している．ビームの半径を r，出力を P_w とする．(a) ビーム内の電場の最大値 E_{max} を求めよ．(b) ビームの長さ l あたりに含まれるエネルギーを求めよ．(c) ビームの長さ l あたりに含まれる運動量を求めよ．

6・6 電磁波のスペクトル

31. **BIO** 人間の目は可視光線の中でも 5.50×10^{-7} m の波長の光(緑色)を最も敏感に感じる．この光の周波数を求めよ．

32. 次の周波数をもつ電磁波の，自由空間(真空と同義)内での波長を求めよ． (a) 5.00×10^{19} Hz．(b) 4.00×10^9 Hz

33. 周波数がそれぞれ 2 Hz，2 kHz，2 MHz，2 GHz，2 THz，2 PHz，2 EHz，2 ZHz，2 YHz である電磁波は，どの分類に入れられるか．波長が 2 km，2 m，2 mm，2 μm，2 nm，2 pm，2 fm，2 am である電磁波は，どの分類に入れられるか．

34. 加速する荷電粒子は電磁波を放出する．半径 0.500 m，磁場 0.350 T のサイクロトロン内の陽子が放出する電磁波の波長を求めよ．
〔ヒント: 陽子の円運動の振動数が，放出される電磁波の周波数に等しいとして計算する.〕

35. **BIO** 理学療法に使われるジアテルミー機器(透熱療法機器)は，細胞組織に吸収されて“深部加温”という効果をもたらす電磁波を発生する．透熱療法で使われる周波数の一つは 27.33 MHz である．波長を求めよ．

36. レーダーのパルスが，発信されてから 4.00×10^{-4} s 後に送受信機に戻った．このパルスを反射した物体までの距離を求めよ．

6・7 偏　光

37. 直線偏光した光が，透過軸の方向が電場 $\vec{E}_0$ の方向と平行な 1 枚の偏光板に入射する．透過した光の強度を以下のようにするためには，偏光板をどれだけ回転しなければならないか．(a) 3.00 分の 1 (b) 5.00 分の 1 (c) 10.0 分の 1

38. **S** 図 II・6・5 において，左右の偏光板の透過軸は互いに垂直である．また中央の偏光板は，共通の軸のまわりを角速度 ω で回転している．左の偏光板に入射する光が無偏光であり強度が I_{max} であるとき，右の偏光板から出てくるビームの強度は次の式で表されることを示せ．

$$I = \frac{1}{16} I_{max} (1 - \cos 4\omega t)$$

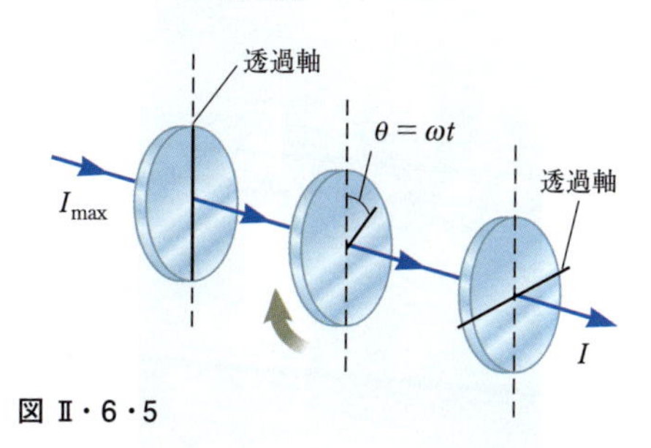

図 II・6・5

この結果は，最終的なビームの強度が，中央の偏光板の回転速度の 4 倍の速さで変調することを意味する．
〔ヒント: 次の三角関数の公式を用いよ．

$\cos^2\theta = \frac{1}{2}(1 + \cos 2\theta) \qquad \sin^2\theta = \frac{1}{2}(1 - \cos 2\theta)$〕

39. 無偏光の光が，2 枚の理想的なポラロイドを透過する．1 枚目の透過軸は鉛直であり，2 枚目の透過軸は，鉛直方向から 30.0° 傾いている．入射光のどれだけの割合が透過するか．

40. 何枚かの理想的な偏光板があり，それらを，透過軸がすべて同じ角度だけずれるようにして重ね，最後の偏光板の透過軸は，入射光の偏光方向が 45.0° ずれているようにする．直線偏光したビームが，すべてを透過した後に強度が 10 % 以上は減らないためには，何枚の偏光板が必要か．

〔ヒント：枚数が多いほど各透過軸の回転角が減るので，透過の割合が大きくなることに注意．ただし，現実の偏光板には吸収・散乱があるので，正しい方向に偏光している光も 100 % 透過するわけではない．したがって，実際には枚数を増やし過ぎると透過の割合は減るが，この問題ではそのことは考えない．〕

41. 2 枚の偏光板を，その透過軸が直交するようにして重ねれば，光はまったく透過しない．しかし，もう 1 枚の偏光板をその中間に挿入すると，一部の光は透過するようになる．たとえば 3 枚目の偏光板を，その透過軸が最初の 2 枚のどちらにも 45° 傾くようにして 2 枚の間に挿入すると，3 枚の偏光板を透過する割合はどうなるか．ただし，3 枚の偏光板は理想的なものとする(つまり，偏光方向が透過軸に平行な光は 100 % 透過すると仮定する)．

6・8 レーザー光の諸性質

42. 工場にある高出力のレーザーは，布や金属を切断するのに使われる(図 Ⅱ・6・6)．ある装置では，レーザーのビームは直径 1.00 mm で，電場は 0.700 MV/m の振幅をもっている．次の量を求めよ．(a) 磁場の振幅　(b) レーザーの強度　(c) レーザーの出力

図 Ⅱ・6・6　ロボットのアームに装着したレーザー切断装置が，金属板の切断に使われている．

43. 図 Ⅱ・6・7 は，ヘリウム He とネオン Ne の原子のエネルギー準位の図である．放電により He 原子が基底状態($E_1 = 0$ とする)から，20.61 eV の励起状態に励起される．励起された He 原子は原子間の衝突により，基底状態の Ne 原子を，20.66 eV の励起状態 $E_3{}^*$ に励起する．そしてレーザー発振が起こると，Ne 原子内の状態 $E_3{}^*$ の電子が E_2 に遷移する．図に記されているデータから，赤い He-Ne レーザー光の波長は，約 633 nm であることを示せ．

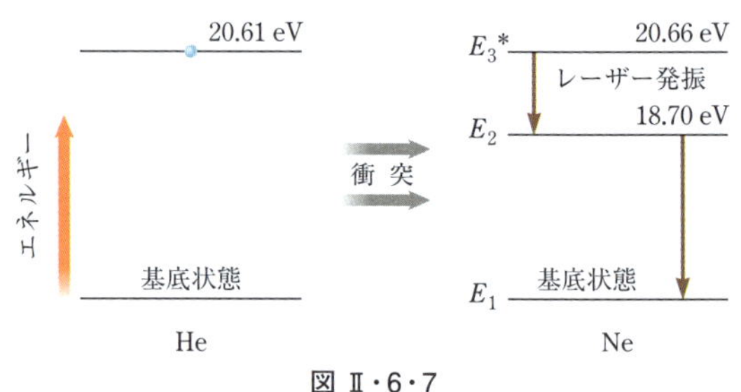

図 Ⅱ・6・7

〔注：$E_3{}^*$ の * 印は，この状態が準安定(安定ではないが寿命が長い)であることを示す．つまり，$E_3{}^*$ の状態になった電子はすぐには E_2 には遷移しない．問 47 も参照．〕

44. 眼科手術で使用されるネオジム YAG レーザー (YAG はヤグと読むことが多い)は，1.00 ns で 3.00 mJ のパルスを発生し，網膜の直径 30.0 μm のスポットに当てる．(a) 網膜の単位面積あたりの放射束(単位時間あたりのエネルギー)を求めよ(業界ではこの量は放射照度という)．(b) 分子サイズの範囲(直径 0.600 nm の円形とする)には，このパルスはどれだけのエネルギーを与えるか．

45. ルビー・レーザーは波長 694.3 nm の光を発する．エネルギー3.00 J を含む 14.0 ps 間継続するこの光(パルス)に対して，次の量を求めよ．(a) このパルスの空間的長さ．(b) このパルスに含まれる光子数．(c) ビームの断面が直径 0.600 cm の円であるときの，1 立方ミリメートルあたりの光子数．

46. CO_2 レーザーは非常に強力である．レーザー発振で使われる分子の 2 つのエネルギー準位の差は 0.117 eV である．(a) このレーザーが発生する電磁波の周波数と波長を求めよ．(b) この電磁波はスペクトルのどれに分類されるか．

47. QC 原子は，その内部の電子の振舞いによって，さまざまな状態になりうる．そして，原子の集団内で各状態にある原子の数は，その状態のエネルギーと周囲の温度に依存する．その集団が熱平衡になっているときは，エネルギー E_n をもつ状態にある原子の数 N は，ボルツマン分布関数とよばれる式で与えられる．

$$N = N_1 e^{-(E_n - E_1)/k_B T}$$

ただし，N_1 は基底状態にある原子の数，E_1 は基底状態の

エネルギー，Tは絶対温度，そしてk_Bはボルツマン定数とよばれる，ある数である．話を簡単にするため，すべての状態のエネルギーは互いに異なるものとする(縮退がないという)．(a) レーザーの電源を入れる前は，レーザー内のネオン原子は27.0 °Cの熱平衡になっていたとする．図Ⅱ･6･8に赤と記されている遷移間の，状態$E_4{}^*$と状態E_3にある原子数の比を求めよ($E_4{}^*$は準安定な状態なので＊という記号を付けてある)．

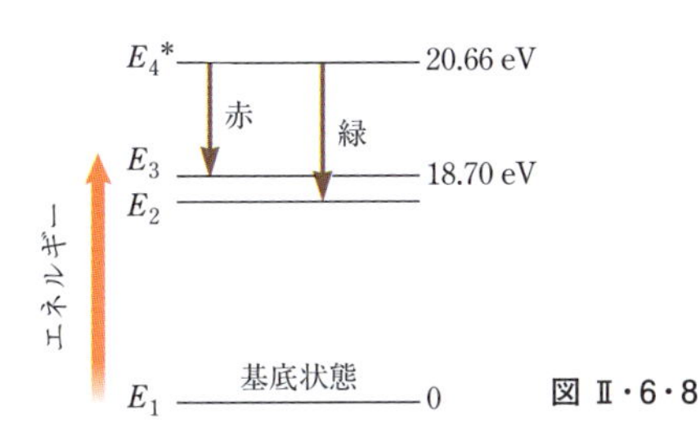

図 Ⅱ･6･8

レーザーでは巧妙な方法(たとえば問43に記されている方法)により，関係する高い準位と低い準位の間に，“反転分布”といわれる人工的な関係をつくり出す．これは，高い準位にある原子数のほうが，低い準位にある原子数よりも多い状態である．図Ⅱ･6･8の$E_4{}^*-E_3$遷移を考えよう．状態$E_4{}^*$にある原子数が，状態E_3にある原子数よりも2％多いとする．(b) この関係がボルツマン分布関数と合致するには，温度Tはどうなっていなければならないか．なぜ反転分布が不自然な関係なのか説明せよ．

追加問題

48. 雲の上での太陽光の強度は1370 W/m^{2}である．(a) 太陽と地球の平均距離を1.496×10^{11} mとして，太陽が単位時間に放射するエネルギー(放射束)を計算せよ．(b) 地球の位置における太陽光の電場と磁場の最大値(＝振幅)を求めよ．

49. ロシアには，暗い北方の都市を，直径200 mの鏡面で反射した太陽光で照らすという計画がある．小さな模型がすでに建設され打ち上げられている．(a) 強度1370 W/m^{2}の太陽光が，それにほぼ直交する鏡面に当たって反射し，晴れているときはそのエネルギーの74.6％が地表に届くと仮定して，単位時間に地表に届くエネルギーを求めよ．(b) 計画によれば，反射光は地表の直径8.00 kmの円内を照らす．反射光の強度はどれだけか．(c) この強度を，サンクトペテルブルグが1月の正午に受ける太陽光の垂直成分の強度と比較せよ．ただし，この時刻の太陽光の地表に対する角度は7.00°であり，太陽光については(a)と同じ仮定をせよ．

50. 地球の大気の上では太陽光の強度は1370 W/m^{2}である．その60％が地表に届き，諸君の身体がその50％を吸収すると仮定して，諸君が60分間日光浴をした場合に吸収するエネルギーを，大まかに推定せよ．

51. 直径20.0 mのパラボラアンテナ(皿型アンテナ)は，図Ⅱ･6･9に描かれているように，遠方からの電波を垂直に受け取る．電波は$E_{max}=0.200\ \mu$V/mの連続した正弦波だとし，アンテナは受けた電波をすべて吸収するとしよう．(a) このアンテナが受ける電波の強度を求めよ．(b) アンテナが受ける放射束(単位時間あたりのエネルギー)を求めよ．(c) アンテナが電波から受ける力を求めよ．

図 Ⅱ･6･9

52. GP QC 図Ⅱ･6･3に描かれている電磁波を考える．この波の強度を次のように計算してみよう．(a) $t=0$における電場のエネルギー密度u_Eを，xの関数として求めよ．(b) 同様に，磁場のエネルギー密度u_Bを，xの関数として求めよ．(c) 長さが波長λに等しく，前面の面積がAである部分のエネルギー，

$$U_\lambda = \int_0^\lambda (u_E + u_B)\, A\, dx$$

を計算し，結果をA, λ, E_{max}および必要な普遍定数を用いて表せ．(d) 単位時間に，面積Aの部分を通過するエネルギーを求めよ．(e) この波の強度を求めよ．

53. S 太陽(質量$M_{太陽}$)から距離Rの空間に位置する，半径r，質量密度ρの球状の小さな粒子を考える．この粒子の表面は光を全吸収する．粒子の位置での太陽光の強度をSとする．重力と，太陽光による放射圧がつり合うときのrの値を求めよ．

54. 直径1.00 mの円形の凹面鏡を用いて太陽光を上向きに反射し，太陽光を全吸収する半径2.00 cmの円板の裏側に集光する．円板の上側には，温度20.0 °Cの水1.00 Lが入った缶がのっている．(a) 太陽光の強度を1.00 kW/m^{2}とした場合，板での強度はどうなるか．(b) エネルギーの40％が水に吸収されるとすると，水を沸騰させるにはどれだけの時間がかかるか．

55. (a) 自宅の屋根に太陽熱温水器を付けた(図Ⅱ･6･10)．温水器は平らな閉じた箱であり，ほぼ完全に断熱されている．内部は黒く塗られており，上面は断熱ガラスでできてる．その可視光線に対する放射率(＝吸収率)は0.900であり，赤外線に対しては 0.700 である．真昼には太陽光は上面に垂直に，1000 W/m^2 の強度で入射する．箱からの水の出入りはない．真昼の箱内部の定常状態での温度を求めよ．(b) 早春に水を入れずにこの箱を家の前に置き，これを温室とみなして種をまいた小さな植木鉢を入れた．(a) と同じ条件で，密閉した箱の内部の温度はどうなるか．ただし，太陽光は地表に対して 50.0°の角度で入射するとする．

図 II・6・10

〔ヒント: 温度 T，面積 A の物体表面から単位時間に放射されるエネルギーは，

$$P_{\text{w出}} = e\sigma AT^4$$

という式で表される(シュテファン-ボルツマンの法則)．ただし，e はこの面の放射率，また，

$$\sigma = 5.67 \times 10^{-8}\ \mathrm{W/m^2 \cdot K^4}$$

はシュテファン-ボルツマン定数といわれる定数である(本シリーズではIII巻 参照)．〕

56. あるマイクロ波の発生源が 20.0 GHz の電磁波のパルスを放出している．各パルスの持続時間は 1.00 ns である．図 II・6・11 に描かれているように，そのマイクロ波は半径 6.00 cm のパラボラ型反射鏡を使って，平行光線のビームにされている．各パルスの平均放射束は 25.0 kW である．

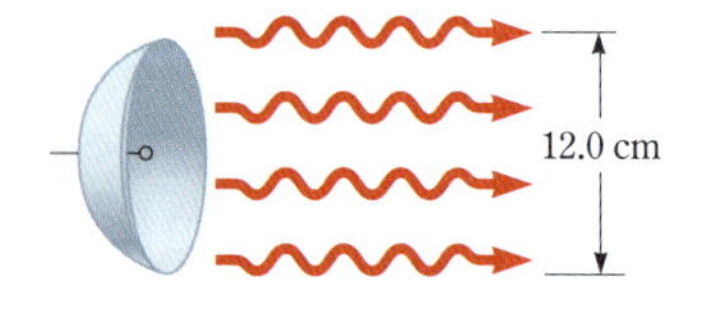

図 II・6・11

(a) このマイクロ波の波長を求めよ．(b) 各パルスが含むエネルギーを求めよ．(c) (平行光線になった)各パルス内での平均エネルギー密度を求めよ．(d) このマイクロ波内での電場と磁場の振幅を求めよ．(e) このパルスが全吸収の表面に当たった場合，その表面が受ける力を計算せよ．

57. 波長 1.50 cm の直線偏光したマイクロ波が $+x$ 方向に進んでいる．電場ベクトルの振幅(最大値)は 175 V/m であり xy 平面内で振動している．磁場の成分は $B = B_{\max}\sin(kx - \omega t)$ という形をしているとする．(a) $B_{\max}$，k および ω を求めよ．(b) 磁場ベクトルはどの方向を向いているか．(c) ポインティング・ベクトルの大きさの平均値を求めよ．(d) この波が垂直に入射した面が波を全反射するとき，面が受ける放射圧を求めよ．(e) この面が，大きさ 1.00 m × 0.750 m の 500 g の板だとする．板に生じる加速度を求めよ．

58. 電荷 q をもち加速度 a で動いている，非相対論的な粒子(光速度に比べて非常に小さな速さで動いている粒子)が単位時間に放射する電磁波のエネルギーは，

$$P_{\mathrm{w}} = \frac{q^2 a^2}{6\pi\varepsilon_0 c^2}$$

と表される．ただし，ε_0 は真空の誘電率，c は真空中の光速度である．(a) この式の右辺の量をすべて SI 単位系で表すと，全体は電力(放射束)の単位ワット(W)になることを示せ．(b) 電子が一様な電場 100 N/C の中に置かれているとする．この電子の加速度，および電子が放射する電磁波の出力を求めよ．(c) 半径 0.500 m，磁場が 0.350 T であるサイクロトロンの中に陽子を入れたとする．陽子がサイクロトロンから出ていく直前に放射する電磁波の出力を求めよ．

59. 宇宙飛行士が，宇宙船から 10.0 m の宇宙空間に取り残されている．彼女と宇宙船は相対的に静止している．また彼女の質量は宇宙服すべてを含めて 110 kg である．細いビームを発する出力 100 W の懐中電灯をもっていたので，それを光ロケットのように使って宇宙船の方向に進むことを考えた．(a) この方法で宇宙船に到達するのにどれだけの時間がかかるか．(b) この方法の代わりに，この 3.00 kg の懐中電灯を反対方向に投げて反動で進むことを考えた．懐中電灯を 12.0 m/s の速さで投げたとすると，宇宙船に到達するのにどれだけの時間がかかるか．

付　録

付録 A　単位および物理量の記号
付録 B　物理に必要な数学のまとめ
付録 C　元素の周期表
付録 D　SI 単 位

解答 I．力　学
解答 II．電磁気学

付　録 A

単位および物理量の記号

表 A・1　換算係数

長　さ

	m	cm	km
1 メートル	1	10^{2}	10^{-3}
1 センチメートル	10^{-2}	1	10^{-5}
1 キロメートル	10^{3}	10^{5}	1

質　量

	kg	g
1 キログラム	1	10^{3}
1 グラム	10^{-3}	1

時　間

	s	min	h	day	yr
1 秒	1	1.667×10^{-2}	2.778×10^{-4}	1.157×10^{-5}	3.169×10^{-8}
1 分	60	1	1.667×10^{-2}	6.994×10^{-4}	1.901×10^{-6}
1 時間	3 600	60	1	4.167×10^{-2}	1.141×10^{-4}
1 日	8.640×10^{4}	1 440	24	1	2.738×10^{-5}
1 年	3.156×10^{7}	5.259×10^{5}	8.766×10^{3}	365.2	1

速　さ

	m/s	cm/s
1 メートル毎秒	1	10^{2}
1 センチメートル毎秒	10^{-2}	1

エネルギー，エネルギー移動

	J	eV	cal	kWh
1 ジュール	1	6.242×10^{18}	0.238 9	2.778×10^{-7}
1 電子ボルト	1.602×10^{-19}	1	3.827×10^{-20}	4.450×10^{-26}
1 カロリー	4.186	2.613×10^{19}	1	1.163×10^{-6}
1 キロワット時	3.600×10^{6}	2.247×10^{25}	8.601×10^{5}	1

圧　力

	Pa	atm	cm Hg
1 パスカル	1	9.869×10^{-6}	7.501×10^{-4}
1 気圧	1.013×10^{5}	1	76
1 センチメートル水銀柱[a]	1.333×10^{3}	1.316×10^{-2}	1

a　0°C において，自由落下加速度が標準値 9.806 65 m/s^2 をもつとき．

表A・2 物理量の記号，次元および単位

量	記号	単位[a]	次元[b]	SI単位
圧　力	P	パスカル(Pa)(＝N/m²)	M/LT^2	$kg/m \cdot s^2$
運動量	$\vec{p}$	kg・m/s	ML/T	$kg \cdot m/s$
エネルギー	E, U, K	ジュール(J)	ML^2/T^2	$kg \cdot m^2/s^2$
エントロピー	S	J/K	ML^2/T^2K	$kg \cdot m^2/s^2 \cdot K$
温　度	T	ケルビン	K	K
角運動量	$\vec{L}$	$kg \cdot m^2/s$	ML^2/T	$kg \cdot m^2/s$
角加速度	$\vec{\alpha}$	rad/s^2	T^{-2}	s^{-2}
角振動数	ω	rad/s	T^{-1}	s^{-1}
角　度	θ, ϕ	ラジアン(rad)	1	
角速度	$\vec{\omega}$	rad/s	T^{-1}	s^{-1}
加速度	$\vec{a}$	m/s^2	L/T^2	m/s^2
慣性モーメント	I	$kg \cdot m^2$	ML^2	$kg \cdot m^2$
起電力	ε	ボルト(V)	ML^2/QT^2	$kg \cdot m^2/A \cdot s^3$
原子番号	Z			
時　間	t	秒	T	s
磁気双極子能率	$\vec{\mu}$	N・m/T	QL^2/T	$A \cdot m^2$
仕　事	W	ジュール(J)(＝N・m)	ML^2/T^2	$kg \cdot m^2/s^2$
仕事率	P	ワット(W)(＝J/s)	ML^2/T^3	$kg \cdot m^2/s^3$
磁　束	Φ_B	ウェーバー(Wb)	ML^2/QT	$kg \cdot m^2/A \cdot s^2$
質　量	m, M	キログラム	M	kg
磁　場(磁束密度)	$\vec{B}$	テスラ(T)(＝Wb/m²)	M/QT	$kg/A \cdot s^2$
周　期	T	s	T	s
真空の透磁率	μ_0	N/A²(＝H/m)	ML/Q^2	$kg \cdot m/A^2 \cdot s^2$
真空の誘電率	ε_0	C²/N・m²(＝F/m)	Q^2T^2/ML^3	$A^2 \cdot s^4/kg \cdot m^3$
振動数(周波数)	f	ヘルツ(Hz)	T^{-1}	s^{-1}
速　度	$\vec{v}$	m/s	L/T	m/s
体　積	V	m^3	L^3	m^3
力	$\vec{F}$	ニュートン(N)	ML/T^2	$kg \cdot m/s^2$
抵　抗	R	オーム(Ω)(＝V/A)	ML^2/Q^2T	$kg \cdot m^2/A^2 \cdot s^3$
電　位	V	ボルト(V)(＝J/C)	ML^2/QT^2	$kg \cdot m^2/A \cdot s^3$
電　荷	q, Q, e	クーロン(C)	Q	$A \cdot s$
電荷密度				
線電荷密度	λ	C/m	Q/L	$A \cdot s/m$
面電荷密度	σ	C/m^2	Q/L^2	$A \cdot s/m^2$
体積電荷密度	ρ	C/m^3	Q/L^3	$A \cdot s/m^3$
電気双極子能率	$\vec{p}$	C・m	QL	$A \cdot s \cdot m$
電気伝導率	σ	1/Ω・m	Q^2T/ML^3	$A^2 \cdot s^3/kg \cdot m^3$
電気容量(キャパシタンス)	C	ファラッド(F)	Q^2T^2/ML^2	$A^2 \cdot s^4/kg \cdot m^2$
電　束	Φ_E	V・m	ML^3/QT^2	$kg \cdot m^3/A \cdot s^3$
電　場	$\vec{E}$	V/m	ML/QT^2	$kg \cdot m/A \cdot s^3$

表 A・2　物理量の記号，次元および単位(つづき)

量	記　号	単　位[a]	次　元[b]	SI 単位
電　流	I	**アンペア**	Q/T	A
電流密度	J	A/m^2	Q/TL^2	A/m^2
トルク	$\vec{\tau}$	N・m	ML^2/T^2	$kg \cdot m^2/s^2$
長　さ	l, L	**メートル**	L	m
変　位	$\Delta x, \Delta\vec{r}$			
距　離	$d, h, \vec{r}$			
位　置	$x, y, z,$			
熱	Q	ジュール(J)	ML^2/T^2	$kg \cdot m^2/s^2$
波　長	λ	m	L	m
速　さ	v	m/s	L/T	m/s
比　熱	c	J/kg・K	L^2/T^2K	$m^2/s^2 \cdot K$
比誘電率	κ			
物質量	n	**モ　ル**		mol
密　度	ρ	kg/m^3	M/L^3	kg/m^3
面　積	A	m^2	L^2	m^2
モル比熱	C	J/mol・K		$kg \cdot m^2/s^2 \cdot mol \cdot K$
インダクタンス(誘導係数)	L	ヘンリー(H)	ML^2/Q^2	$kg \cdot m^2/A^2 \cdot s^2$

a　SI 基本単位は太字で示す．
b　記号 M, L, T, K, Q は，それぞれ質量，長さ，時間，温度，電荷を表す．

付　録 B

物理に必要な数学のまとめ

数学に関するこの付録では，計算の方法と演算の要点をまとめた．前半では，代数，解析幾何，三角法の要点をまとめ，後半では，数学の手法を使うことに苦手な諸君を念頭に置いて，微分・積分をやや詳しく取り上げる．

B・1 | 数値の科学的記法

科学では，莫大な数値や微小な数値を扱うことが珍しくない．たとえば，光速は 300 000 000 m/s であり，この本で・1つの印字に必要なインクの質量は，0.000 000 001 kg 程度である．このような数値を読み，書き，正しく追っていくことは，あきらかに厄介なことである．この問題を取り除くために，10 の累乗を使った方法を用いる．

$10^0 = 1$

$10^1 = 10$

$10^2 = 100$

⋮　　⋮

ゼロの数は，10 の右肩につけた**累乗指数**(exponent)に対応する．たとえば，光速 300 000 000 m/s は，3.00×10^8 m/s と書ける．

この方法では，1 未満の数値は，たとえば次のように表す．

$$10^{-1} = \frac{1}{10} = 0.1$$

$$10^{-2} = \frac{1}{100} = 0.01$$

このように表記するには，最初のゼロでない数字の左の方向に，小数点を指数(の絶対値)の回数だけ移動すればよい．1 以上 10 未満の数値に 10 の累乗を掛けて表すことを，数値の**科学的記法**(scientific notation)という．たとえば，5 943 000 000 は 5.943×10^9 と表し，0.000 083 2 は 8.32×10^{-5} である．

科学的記法による数値の掛け算をするとき，次の一般則が便利である．

$$10^n \times 10^m = 10^{n+m} \qquad \text{(B・1)}$$

ここで，n と m は任意の数である(整数とは限らない)．たとえば，$10^2 \times 10^5 = 10^7$ である．この規則は，負の指数に対しても成り立つ．$10^3 \times 10^{-8} = 10^{-5}$．

科学的記法で表された数値の割り算では，次のようになる．

$$\frac{10^n}{10^m} = 10^n \times 10^{-m} = 10^{n-m} \qquad \text{(B・2)}$$

B・2 代　　数

基本規則

累　乗

ある量 x の累乗どうしの掛け算では，次の規則が成り立つ．

$$x^n x^m = x^{n+m} \qquad \text{(B・3)}$$

たとえば，$x^2 x^4 = x^{2+4} = x^6$ である．

ある量 x の累乗どうしの割り算では，次の規則が成り立つ．

$$\frac{x^n}{x^m} = x^{n-m} \qquad \text{(B・4)}$$

たとえば，$x^8/x^2 = x^{8-2} = x^6$ である．

累乗指数が $\frac{1}{3}$ のような分数である数値は，“根”に相当する．

$$x^{1/n} = \sqrt[n]{x} \qquad \text{(B・5)}$$

たとえば，$4^{1/3} = \sqrt[3]{4}$ (このような計算には科学計算用電卓が便利)である．

最後に，x^n の m 乗は，

$$(x^n)^m = x^{nm} \qquad \text{(B・6)}$$

である．

指数関数と対数

ある量 x が別の量 a の累乗で表され，その累乗指数が y だとする．

$$x = a^y \qquad \text{(B・7)}$$

この x を，y の**指数関数**(exponential function)といい，a を**底**(てい)(base)という．この逆関数は，底 a に関する x の**対数**(logarithm)という．

$$y = \log_a x \qquad (B\cdot 8)$$

底としてよく使われるのは10で，これを常用対数の底という．$e = 2.718\,282$ を底とすることもあり，これは自然対数の底という．常用対数を使うと，

$$y = \log_{10} x \quad (逆関数としての指数関数は\ x = 10^y) \qquad (B\cdot 9)$$

自然対数を使うと，$\log_e$ を $\ln$ と書くことにして，

$$y = \ln x \quad (逆関数としての指数関数は\ x = e^y) \qquad (B\cdot 10)$$

たとえば，$\log_{10} 52 = 1.716$ であり，逆関数は $10^{1.716} = 52$ である．同様に，$\ln 52 = 3.951$ であり，逆関数は $e^{3.951} = 52$ である．

一般に，底10と底eの対数の値の変換は次式で与えられる．

$$\ln x = (2.302\,585) \log_{10} x \qquad (B\cdot 11)$$

最後に，対数の主要な性質を示す．

$$\left.\begin{aligned} \log(a\,b) &= \log a + \log b \\ \log(a/b) &= \log a - \log b \\ \log(a^n) &= n \log a \end{aligned}\right\} (底に依存しない)$$

$$\ln e = 1$$

$$\ln e^a = a$$

B・3　幾　何

位置座標 (x_1, y_1) と (x_2, y_2) の2点間の距離 d は，

$$d = \sqrt{(x_2 - x_1)^2 + (y_2 - y_1)^2} \qquad (B\cdot 12)$$

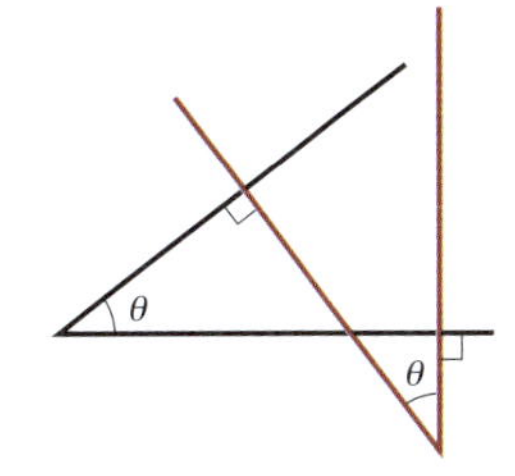

図B・1　2辺がそれぞれ直交するとき，2つの角は等しい．

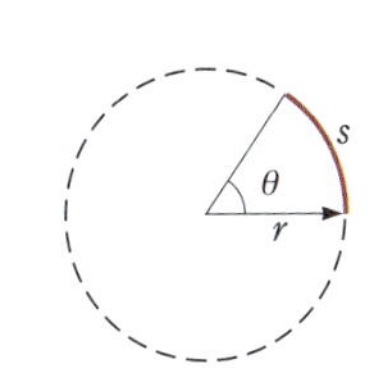

図B・2　ラジアンで表す角 θ は，円弧 s と半径 r の比である．

図B・1のように，2辺とそれが挟む角が2組あるとき，2組の2辺が右辺どうし，左辺どうし，互いに直交するなら，2つの角は等しい．

弧度法（ラジアン）（radian measure）：角 θ を与えると，円弧の長さ s は半径 r に比例する（図B・2）．

$$s = r\theta \qquad \theta = \frac{s}{r} \qquad (B\cdot 13)$$

表B・1は，本書で使用するいくつかの幾何図形について，その**面積**（area）と**体積**（volume）を示す．

直線（straight line）（図B・3）を表す方程式は，

$$y = mx + b \qquad (B\cdot 14)$$

表B・1　幾何図形とその面積・体積

形　状	面積または体積	形　状	面積または体積
長方形（w, l）	面　積 $= lw$	球（r）	表面積 $= 4\pi r^2$ 体　積 $= \dfrac{4\pi r^3}{3}$
円（r）	面　積 $= \pi r^2$ 円　周 $= 2\pi r$	円柱（l, r）	側面積 $= 2\pi rl$ 体　積 $= \pi r^2 l$
三角形（h, b）	面　積 $= \frac{1}{2}bh$	直方体（h, w, l）	表面積 $= 2(lh + lw + hw)$ 体積 $= lwh$

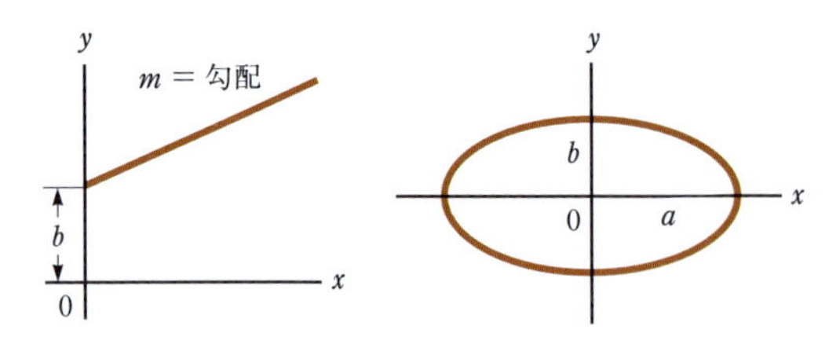

図 B·3　勾配 m, y 切片 b の直線.

図 B·4　半長径 a, 半短径 b の楕円.

ここで，b は y 切片，m は勾配である．

原点を中心とする半径 R の**円**(circle)の方程式は，

$$x^2 + y^2 = R^2 \qquad \text{(B·15)}$$

原点を中心とする**楕円**(ellipse)(図 B·4)の方程式は，

$$\frac{x^2}{a^2} + \frac{y^2}{b^2} = 1 \qquad \text{(B·16)}$$

ここで，a は半長径，b は半短径である．

$y = b$ を頂点とする**放物線**(parabola)(図 B·5)の方程式は，

$$y = ax^2 + b \qquad \text{(B·17)}$$

直角双曲線(rectangular hyperbola)(図 B·6)の方程式は，

$$xy = \text{一定} \qquad \text{(B·18)}$$

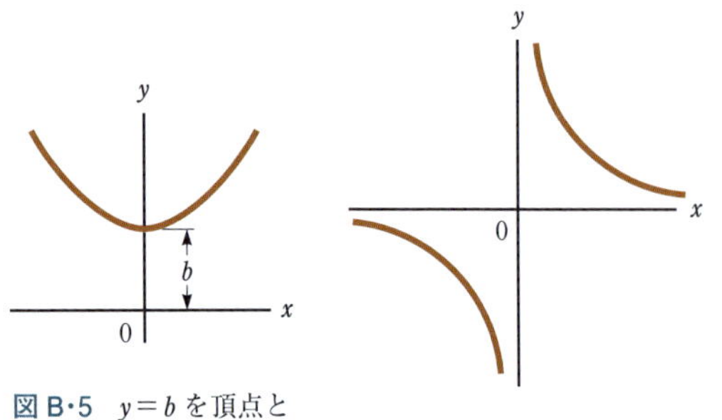

図 B·5　$y = b$ を頂点とする放物線.

図 B·6　双曲線.

B·4　三　角　法

直角三角形の性質に関する数学を三角法という．直角三角形では，一つの角が 90° である．図 B·7 のような直角三角形を考えよう．角 θ の対辺を a，隣辺を b，斜辺を c とする．このような三角形で定義される 3 つの基本三角関数は，サイン(正弦: sin)，コサイン(余弦: cos)，タンジェント(正接: tan)である．角 θ を用いてこれらの関数は次のように定義される．

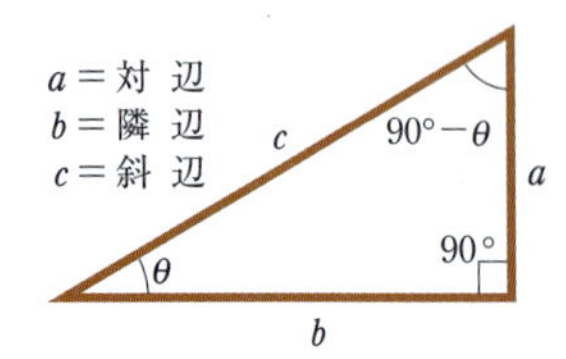

図 B·7　基本三角関数の定義に用いる直角三角形.

$$\sin\theta = \frac{\text{対辺}}{\text{斜辺}} = \frac{a}{c} \qquad \text{(B·19)}$$

$$\cos\theta = \frac{\text{隣辺}}{\text{斜辺}} = \frac{b}{c} \qquad \text{(B·20)}$$

$$\tan\theta = \frac{\text{対辺}}{\text{隣辺}} = \frac{a}{b} \qquad \text{(B·21)}$$

直角三角形に関するピタゴラスの定理により，次式が成り立つ．

$$c^2 = a^2 + b^2 \qquad \text{(B·22)}$$

三角関数の定義とピタゴラスの定理により，

$$\sin^2\theta + \cos^2\theta = 1$$

$$\tan\theta = \frac{\sin\theta}{\cos\theta}$$

コセカント，セカント，コタンジェント関数は次のように定義される．

$$\operatorname{cosec}\theta = \frac{1}{\sin\theta} \qquad \sec\theta = \frac{1}{\cos\theta} \qquad \cot\theta = \frac{1}{\tan\theta}$$

次の関係は，図 B·7 の直角三角形から直接導かれる．

$$\sin\theta = \cos(90° - \theta)$$

$$\cos\theta = \sin(90° - \theta)$$

$$\cot\theta = \tan(90° - \theta)$$

基本三角関数は次の性質をもつ．

$$\sin(-\theta) = -\sin\theta$$

$$\cos(-\theta) = \cos\theta$$

$$\tan(-\theta) = -\tan\theta$$

次の関係は，図 B·8 に示す任意の三角形に対して成り立つ．

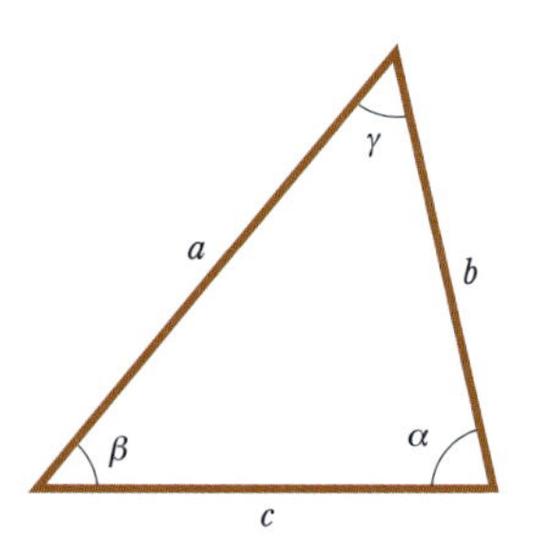

図 B·8　任意の非直角三角形.

表 B・2　よく使われる三角関数の恒等式

$\sin^2\theta + \cos^2\theta = 1$	$\mathrm{cosec}^2\theta = 1 + \cot^2\theta$
$\sec^2\theta = 1 + \tan^2\theta$	$\sin^2\dfrac{\theta}{2} = \frac{1}{2}(1 - \cos\theta)$
$\sin 2\theta = 2\sin\theta\cos\theta$	$\cos^2\dfrac{\theta}{2} = \frac{1}{2}(1 + \cos\theta)$
$\cos 2\theta = \cos^2\theta - \sin^2\theta$	$1 - \cos\theta = 2\sin^2\dfrac{\theta}{2}$
$\tan 2\theta = \dfrac{2\tan\theta}{1 - \tan^2\theta}$	$\tan\dfrac{\theta}{2} = \sqrt{\dfrac{1-\cos\theta}{1+\cos\theta}}$
$\sin(A \pm B) = \sin A\cos B \pm \cos A\sin B$	
$\cos(A \pm B) = \cos A\cos B \mp \sin A\sin B$	
$\sin A \pm \sin B = 2\sin\left[\frac{1}{2}(A \pm B)\right]\cos\left[\frac{1}{2}(A \mp B)\right]$	
$\cos A + \cos B = 2\cos\left[\frac{1}{2}(A + B)\right]\cos\left[\frac{1}{2}(A - B)\right]$	
$\cos A - \cos B = 2\sin\left[\frac{1}{2}(A + B)\right]\sin\left[\frac{1}{2}(B - A)\right]$	

$$\alpha + \beta + \gamma = 180^\circ$$

余弦定理
$$\begin{cases} a^2 = b^2 + c^2 - 2bc\cos\alpha \\ b^2 = a^2 + c^2 - 2ac\cos\beta \\ c^2 = a^2 + b^2 - 2ab\cos\gamma \end{cases}$$

正弦定理
$$\frac{a}{\sin\alpha} = \frac{b}{\sin\beta} = \frac{c}{\sin\gamma}$$

表 B・2 に，よく使われる三角関数の恒等式を示す．

B・5 | 級数展開

$$(a+b)^n = a^n + \frac{n}{1!}a^{n-1}b + \frac{n(n-1)}{2!}a^{n-2}b^2 + \cdots$$

$$(1+x)^n = 1 + nx + \frac{n(n-1)}{2!}x^2 + \cdots$$

$$e^x = 1 + x + \frac{x^2}{2!} + \frac{x^3}{3!} + \cdots$$

$$\ln(1 \pm x) = \pm x - \tfrac{1}{2}x^2 \pm \tfrac{1}{3}x^3 - \cdots$$

$$\left.\begin{aligned} \sin x &= x - \frac{x^3}{3!} + \frac{x^5}{5!} - \cdots \\ \cos x &= 1 - \frac{x^2}{2!} + \frac{x^4}{4!} - \cdots \\ \tan x &= x + \frac{x^3}{3} + \frac{2x^5}{15} + \cdots |x| < \frac{\pi}{2} \end{aligned}\right\} x \text{ の単位はラジアン}$$

$x \ll 1$ ならば次の近似がよい近似である．

$(1+x)^n \approx 1 + nx$	$\sin x \approx x$
$e^x \approx 1 + x$	$\cos x \approx 1$
$\ln(1 \pm x) \approx \pm x$	$\tan x \approx x$

B・6 | 微　分

科学のさまざまな分野で，物理現象を記述するために，ニュートンがつくった微積分という基本ツールを使うことが必要になることが多い．ニュートン力学と電磁気学の各種の問題を扱う上では微積分は必須である．本節では，基本的性質を述べ，実用上大事な公式を紹介する．

まず，**関数**(function)は一つの変数ともう一つの変数との関係を規定する(例: 時間の関数としての位置座標)．変数の一つを y(従属変数)，他を x(独立変数)とするとき，次の関数関係が成り立つとしよう．

$$y(x) = ax^3 + bx^2 + cx + d$$

もし，a, b, c, d が与えられた定数ならば，y は x の任意の値に対して求められる．ふつう，われわれは連続関数を扱う．つまり，y は x に関して滑らかに変化する．

y の x に関する**微分**(derivative)は，図 B・9 のように $y-x$ の曲線の 2 点を結ぶ線分について，Δx がゼロに漸近するときのその線分の勾配の極限値で定義される．数学的には，この定義を次のように書く．

$$\frac{dy}{dx} = \lim_{\Delta x \to 0}\frac{\Delta y}{\Delta x} = \lim_{\Delta x \to 0}\frac{y(x+\Delta x) - y(x)}{\Delta x} \qquad (B・23)$$

ここで，Δy，Δx は $\Delta x = x_2 - x_1$，$\Delta y = y_2 - y_1$ である．$\mathrm{d}y/\mathrm{d}x$ とは，$\mathrm{d}y$ を $\mathrm{d}x$ で割ることを意味するのではなく，(B·23)式で定義した極限操作を意味する記号である．

$y(x) = ax^n$ であるとき，次の式を覚えておくと便利である．ただし，a は定数，n は正・負の任意の数(整数である必要はない)である．

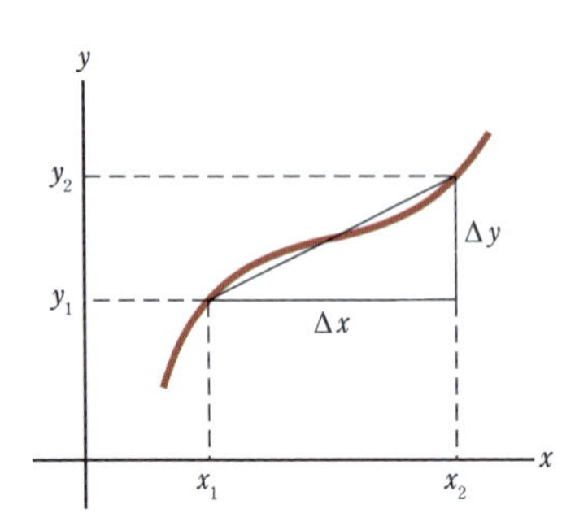

図 B·9 長さ Δx と Δy を用いて，この関数のある点における微分を定義する．

表 B・3 よく使われる関数の微分

$\dfrac{\mathrm{d}}{\mathrm{d}x}(a) = 0$
$\dfrac{\mathrm{d}}{\mathrm{d}x}(ax^n) = nax^{n-1}$
$\dfrac{\mathrm{d}}{\mathrm{d}x}(\mathrm{e}^{ax}) = a\mathrm{e}^{ax}$
$\dfrac{\mathrm{d}}{\mathrm{d}x}(\sin ax) = a\cos ax$
$\dfrac{\mathrm{d}}{\mathrm{d}x}(\cos ax) = -a\sin ax$
$\dfrac{\mathrm{d}}{\mathrm{d}x}(\tan ax) = a\sec^2 ax$
$\dfrac{\mathrm{d}}{\mathrm{d}x}(\cot ax) = -a\,\mathrm{cosec}^2 ax$
$\dfrac{\mathrm{d}}{\mathrm{d}x}(\sec x) = \tan x \sec x$
$\dfrac{\mathrm{d}}{\mathrm{d}x}(\mathrm{cosec}\, x) = -\cot x\, \mathrm{cosec}\, x$
$\dfrac{\mathrm{d}}{\mathrm{d}x}(\ln ax) = \dfrac{1}{x}$
$\dfrac{\mathrm{d}}{\mathrm{d}x}(\sin^{-1} ax) = \dfrac{a}{\sqrt{1-a^2x^2}}$
$\dfrac{\mathrm{d}}{\mathrm{d}x}(\cos^{-1} ax) = \dfrac{-a}{\sqrt{1-a^2x^2}}$
$\dfrac{\mathrm{d}}{\mathrm{d}x}(\tan^{-1} ax) = \dfrac{a}{\sqrt{1+a^2x^2}}$

a, b は定数．

$$\frac{\mathrm{d}y}{\mathrm{d}x} = nax^{n-1} \qquad \text{(B·24)}$$

もし，$y(x)$ が x の多項式であるなら，(B·24)式をその多項式の各項に適用し，定数項については d([定数])/dx = 0 とする．

微分の特別な性質

A. 2つの関数の積の微分 関数 $f(x)$ が2つの関数，たとえば $g(x)$ と $h(x)$ の積で与えられるなら，$f(x)$ の微分は次のように定義される．

$$\frac{\mathrm{d}}{\mathrm{d}x}f(x) = \frac{\mathrm{d}}{\mathrm{d}x}[g(x)\,h(x)] = g\frac{\mathrm{d}h}{\mathrm{d}x} + h\frac{\mathrm{d}g}{\mathrm{d}x} \qquad \text{(B·25)}$$

B. 2つの関数の和の微分 関数 $f(x)$ が2つの関数の和で与えられるなら，和の微分はそれぞれの関数の微分の和に等しい．

$$\frac{\mathrm{d}}{\mathrm{d}x}f(x) = \frac{\mathrm{d}}{\mathrm{d}x}[g(x) + h(x)] = \frac{\mathrm{d}g}{\mathrm{d}x} + \frac{\mathrm{d}h}{\mathrm{d}x} \qquad \text{(B·26)}$$

C. 合成関数の微分 もし $y = f(x)$，$x = g(z)$ ならば，$\mathrm{d}y/\mathrm{d}z$ は2つの微分の積で表される．

$$\frac{\mathrm{d}y}{\mathrm{d}z} = \frac{\mathrm{d}y}{\mathrm{d}x}\frac{\mathrm{d}x}{\mathrm{d}z} \qquad \text{(B·27)}$$

D. 2次微分(二階微分) y の x に関する2次微分は，$\mathrm{d}y/\mathrm{d}x$ の微分，つまり微分の微分として定義される．通常，次のように表記する．

$$\frac{\mathrm{d}^2y}{\mathrm{d}x^2} = \frac{\mathrm{d}}{\mathrm{d}x}\left(\frac{\mathrm{d}y}{\mathrm{d}x}\right) \qquad \text{(B·28)}$$

よく使われる関数の微分を表 B·3 に示す．

B・7 積 分

積分は微分の逆である．たとえば，次の式を考える．

$$f(x) = \frac{\mathrm{d}y}{\mathrm{d}x} = 3ax^2 + b \qquad \text{(B·29)}$$

$f(x)$ は，次の関数の微分である．

$$y(x) = ax^3 + bx + c$$

(B·29)式から $y(x)$ を得るには，$\mathrm{d}y = f(x)\,\mathrm{d}x$ と書き直し，すべての x の値について両辺の“和をとれば”よい．数学的には，この操作を次のように書く．

$$y(x) = \int f(x)\,\mathrm{d}x$$

(B·29)式の関数 $f(x)$ については，次のようになる．

$$y(x) = \int (3ax^2 + b)\,\mathrm{d}x = ax^3 + bx + c$$

ここで，c は積分定数である．この型の積分は値が未定の c に依存するので，これを不定積分という．

一般に，**不定積分**（indefinite integral）$I(x)$ は次式で定義される．

$$I(x) = \int f(x)\,\mathrm{d}x \qquad (\mathrm{B}\cdot 30)$$

ここで，$f(x)$ を被積分関数といい，$f(x) = \mathrm{d}I(x)/\mathrm{d}x$ である．

一般的な連続関数 $f(x)$ に対して，積分は x の 2 つの値 x_1, x_2 の範囲の，$f(x)$ の曲線と x 軸で囲まれる領域の面積として表すことができる（図 B・10）．

$$\text{面積} = \lim_{\Delta x_i \to 0} \sum_i f(x_i)\Delta x_i = \int_{x_1}^{x_2} f(x)\,\mathrm{d}x \qquad (\mathrm{B}\cdot 31)$$

（B・31）式の型の積分を**定積分**（definite integral）という．

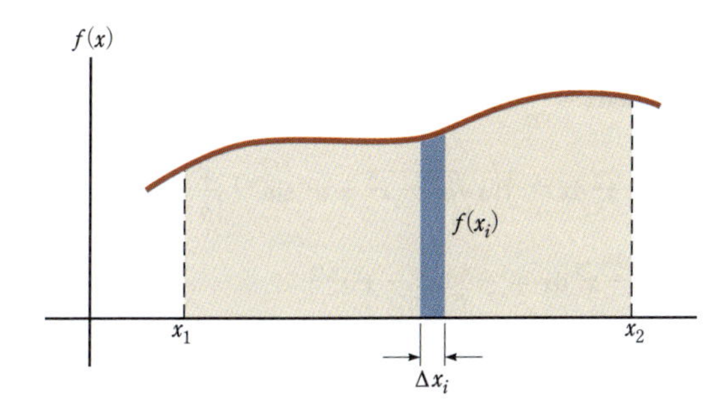

図 B・10　関数の定積分は，x_1 から x_2 までの領域における関数曲線の下の面積である．

実用上，よく登場する積分は次の形をもつ．

$$\int x^n\,\mathrm{d}x = \frac{x^{n+1}}{n+1} + c \quad (n \neq -1) \qquad (\mathrm{B}\cdot 32)$$

右辺を x で微分すれば $f(x) = x^n$ が直接得られるから，この結果は自明である．もし，積分領域がわかっているなら，この積分は定積分となり次のように書ける．

$$\int_{x_1}^{x_2} x^n\,\mathrm{d}x = \left.\frac{x^{n+1}}{n+1}\right|_{x_1}^{x_2} = \frac{{x_2}^{n+1} - {x_1}^{n+1}}{n+1} \quad (n \neq -1) \qquad (\mathrm{B}\cdot 33)$$

変数変換

知っていると便利な一つの計算方法は変数変換である．次の例のように，適当な変数変換を見つけて，被積分関数が新たな変数に関して簡単に積分できる形に変える．たとえば，次の積分を考えよう．

$$I(x) = \int \cos^2 x \sin x\,\mathrm{d}x$$

微分を $\mathrm{d}(\cos x) = -\sin x\,\mathrm{d}x$ と書き直せばこの積分が簡単になり，次のように書ける．

$$\int \cos^2 x \sin x\,\mathrm{d}x = -\int \cos^2 x\,\mathrm{d}(\cos x)$$

ここで，$y = \cos x$ と変数変換をすると，次の結果が得られる．

$$\int \cos^2 x \sin x\,\mathrm{d}x = -\int y^2\,\mathrm{d}y = -\frac{y^3}{3} + c = -\frac{\cos^3 x}{3} + c$$

部分積分

積分をするのに，部分積分の方法を用いると便利なことがある．この方法は，積分の次の性質を用いる．

$$\int u\,\mathrm{d}v = uv - \int v\,\mathrm{d}u \qquad (\mathrm{B}\cdot 34)$$

ここで，u, v は複雑な積分を簡単化できるように注意して選ぶ．多くの場合，何段階かの式変形をする必要がある．次の関数を考えてみよう．

$$I(x) = \int x^2 \mathrm{e}^x\,\mathrm{d}x$$

この積分は，部分積分を 2 回すれば結果を求めることができる．まず，$u = x^2$, $v = \mathrm{e}^x$ とすれば，次の結果が得られる．

$$\int x^2 \mathrm{e}^x\,\mathrm{d}x = \int x^2\,\mathrm{d}(\mathrm{e}^x) = x^2 \mathrm{e}^x - 2\int \mathrm{e}^x x\,\mathrm{d}x + c_1$$

そこで，第 2 項の積分で，$u = x$, $v = \mathrm{e}^x$ とすれば，次のように計算を進められる．

$$\int x^2 \mathrm{e}^x\,\mathrm{d}x = x^2 \mathrm{e}^x - 2x\mathrm{e}^x + 2\int \mathrm{e}^x\,\mathrm{d}x + c_1$$

したがって，

$$\int x^2 \mathrm{e}^x\,\mathrm{d}x = x^2 \mathrm{e}^x - 2x\mathrm{e}^x + 2\mathrm{e}^x + c_2$$

表 B・4 によく使われる不定積分をまとめた．表 B・5 はガウス積分および関連する定積分を示す．"The Handbook of Chemistry and Physics", Boca Raton, FL: CRC Press（毎年出ている）にもっと多くのリストがある．

B・8　誤差の伝播

実験室に共通する活動は，測定をして生（なま）データを得ることである．これらの測定には，長さ，時間，温度，電圧など，いくつかの種類があり，さまざまな測定機器が用いられる．測定の種類や機器の品質によらず，物理的測定にはいつでも誤差（つまり不確かさ）が伴う．この誤差は，機器に関する誤差と測定対象の系に関する誤差との組合わせとなる．前者の例は，長さ測定において物差しの隣接する 2 本の目盛線の間を，目分量で読みとる場合である．測定対

表B・4 よく使われる不定積分(これらに加えるべき積分定数は省略)

$$\int x^n\,\mathrm{d}x = \frac{x^{n+1}}{n+1} \quad (n \neq -1)$$

$$\int \frac{\mathrm{d}x}{x} = \int x^{-1}\,\mathrm{d}x = \ln x$$

$$\int \frac{\mathrm{d}x}{a+bx} = \frac{1}{b}\ln(a+bx)$$

$$\int \frac{x\,\mathrm{d}x}{a+bx} = \frac{x}{b} - \frac{a}{b^2}\ln(a+bx)$$

$$\int \frac{\mathrm{d}x}{x(x+a)} = -\frac{1}{a}\ln\frac{x+a}{x}$$

$$\int \frac{\mathrm{d}x}{(a+bx)^2} = -\frac{1}{b(a+bx)}$$

$$\int \frac{\mathrm{d}x}{a^2+x^2} = \frac{1}{a}\tan^{-1}\frac{x}{a}$$

$$\int \frac{\mathrm{d}x}{a^2-x^2} = \frac{1}{2a}\ln\frac{a+x}{a-x} \quad (a^2-x^2>0)$$

$$\int \frac{\mathrm{d}x}{x^2-a^2} = \frac{1}{2a}\ln\frac{x-a}{x+a} \quad (x^2-a^2>0)$$

$$\int \frac{x\,\mathrm{d}x}{a^2\pm x^2} = \pm\tfrac{1}{2}\ln(a^2\pm x^2)$$

$$\int \frac{\mathrm{d}x}{\sqrt{a^2-x^2}} = \sin^{-1}\frac{x}{a} = -\cos^{-1}\frac{x}{a} \quad (a^2-x^2>0)$$

$$\int \frac{\mathrm{d}x}{\sqrt{x^2\pm a^2}} = \ln(x+\sqrt{x^2\pm a^2})$$

$$\int \frac{x\,\mathrm{d}x}{\sqrt{a^2-x^2}} = -\sqrt{a^2-x^2}$$

$$\int \frac{x\,\mathrm{d}x}{\sqrt{x^2\pm a^2}} = \sqrt{x^2\pm a^2}$$

$$\int \ln ax\,\mathrm{d}x = (x\ln ax) - x$$

$$\int x\,\mathrm{e}^{ax}\,\mathrm{d}x = \frac{\mathrm{e}^{ax}}{a^2}(ax-1)$$

$$\int \frac{\mathrm{d}x}{a+b\,\mathrm{e}^{cx}} = \frac{x}{a} - \frac{1}{ac}\ln(a+b\,\mathrm{e}^{cx})$$

$$\int \sin ax\,\mathrm{d}x = -\frac{1}{a}\cos ax$$

$$\int \cos ax\,\mathrm{d}x = \frac{1}{a}\sin ax$$

$$\int \tan ax\,\mathrm{d}x = -\frac{1}{a}\ln(\cos ax) = \frac{1}{a}\ln(\sec ax)$$

$$\int \cot ax\,\mathrm{d}x = \frac{1}{a}\ln(\sin ax)$$

$$\int \sec ax\,\mathrm{d}x = \frac{1}{a}\ln(\sec ax + \tan ax) = \frac{1}{a}\ln\left[\tan\left(\frac{ax}{2}+\frac{\pi}{4}\right)\right]$$

$$\int \mathrm{cosec}\,ax\,\mathrm{d}x = \frac{1}{a}\ln(\mathrm{cosec}\,ax - \cot ax) = \frac{1}{a}\ln\left(\tan\frac{ax}{2}\right)$$

$$\int \sin^2 ax\,\mathrm{d}x = \frac{x}{2} - \frac{\sin 2ax}{4a}$$

$$\int \cos^2 ax\,\mathrm{d}x = \frac{x}{2} + \frac{\sin 2ax}{4a}$$

$$\int \frac{\mathrm{d}x}{\sin^2 ax} = -\frac{1}{a}\cot ax$$

$$\int \frac{\mathrm{d}x}{\cos^2 ax} = \frac{1}{a}\tan ax$$

$$\int \tan^2 ax\,\mathrm{d}x = \frac{1}{a}(\tan ax) - x$$

$$\int \sqrt{a^2-x^2}\,\mathrm{d}x = \tfrac{1}{2}\left(x\sqrt{a^2-x^2} + a^2\sin^{-1}\frac{x}{|a|}\right)$$

$$\int x\sqrt{a^2-x^2}\,\mathrm{d}x = -\tfrac{1}{3}(a^2-x^2)^{3/2}$$

$$\int \sqrt{x^2\pm a^2}\,\mathrm{d}x = \tfrac{1}{2}\left[x\sqrt{x^2\pm a^2} \pm a^2\ln(x+\sqrt{x^2\pm a^2})\right]$$

$$\int x(\sqrt{x^2\pm a^2})\,\mathrm{d}x = \tfrac{1}{3}(x^2\pm a^2)^{3/2}$$

$$\int \mathrm{e}^{ax}\,\mathrm{d}x = \frac{1}{a}\mathrm{e}^{ax}$$

$$\int \cot^2 ax\,\mathrm{d}x = -\frac{1}{a}(\cot ax) - x$$

$$\int \sin^{-1} ax\,\mathrm{d}x = x(\sin^{-1} ax) + \frac{\sqrt{1-a^2x^2}}{a}$$

$$\int \cos^{-1} ax\,\mathrm{d}x = x(\cos^{-1} ax) - \frac{\sqrt{1-a^2x^2}}{a}$$

$$\int \frac{\mathrm{d}x}{(x^2+a^2)^{3/2}} = \frac{x}{a^2\sqrt{x^2+a^2}}$$

$$\int \frac{x\,\mathrm{d}x}{(x^2+a^2)^{3/2}} = -\frac{1}{\sqrt{x^2+a^2}}$$

象の系に関係する例は，水が試料であるとき，水の内部に温度差があり，全体に対して一つの温度を決定するのが困難な場合である．

誤差は2つの方法で表すことができる．**絶対誤差**(absolute uncertainty)は測定値と同じ単位で表される誤差である．たとえば，CDラベルの長さが(5.5 ± 0.1)cmと表示されたとしよう．± 0.1 cmという誤差の数値だけを見たのでは，目的によっては誤差の程度が明示されたことにはならない．もし，測定値が1.0 cmならこの誤差は大きいが，測定値が100 mならばこれは小さい誤差であろう．誤差の程度をよりよく表すために，**相対誤差**(fractional uncertainty)または**誤差率**(percent uncertainty)を用いる．

表 B・5　ガウス積分および関連する定積分

$$\int_0^{\infty} x^n \mathrm{e}^{-ax}\,\mathrm{d}x = \frac{n!}{a^{n+1}}$$

$$I_0 = \int_0^{\infty} \mathrm{e}^{-ax^2}\,\mathrm{d}x = \frac{1}{2}\sqrt{\frac{\pi}{a}} \quad (\text{ガウス積分})$$

$$I_1 = \int_0^{\infty} x\mathrm{e}^{-ax^2}\,\mathrm{d}x = \frac{1}{2a}$$

$$I_2 = \int_0^{\infty} x^2\mathrm{e}^{-ax^2}\,\mathrm{d}x = -\frac{\mathrm{d}I_0}{\mathrm{d}a} = \frac{1}{4}\sqrt{\frac{\pi}{a^3}}$$

$$I_3 = \int_0^{\infty} x^3\mathrm{e}^{-ax^2}\,\mathrm{d}x = -\frac{\mathrm{d}I_1}{\mathrm{d}a} = \frac{1}{2a^2}$$

$$I_4 = \int_0^{\infty} x^4\mathrm{e}^{-ax^2}\,\mathrm{d}x = \frac{\mathrm{d}^2I_0}{\mathrm{d}a^2} = \frac{3}{8}\sqrt{\frac{\pi}{a^5}}$$

$$I_5 = \int_0^{\infty} x^5\mathrm{e}^{-ax^2}\,\mathrm{d}x = \frac{\mathrm{d}^2I_1}{\mathrm{d}a^2} = \frac{1}{a^3}$$

$$\vdots$$

$$I_{2n} = (-1)^n \frac{\mathrm{d}^n}{\mathrm{d}a^n} I_0$$

$$I_{2n+1} = (-1)^n \frac{\mathrm{d}^n}{\mathrm{d}a^n} I_1$$

これは，誤差を実測値で割って表す．したがって，CD ラベルの長さは次のように表すことができる．

$$l = 5.5\,\mathrm{cm} \pm \frac{0.1\,\mathrm{cm}}{5.5\,\mathrm{cm}} = 5.5\,\mathrm{cm} \pm 0.018 \quad (\text{相対誤差})$$

または，

$$l = 5.5\,\mathrm{cm} \pm 1.8\,\% \quad (\text{誤差率})$$

複数の測定値を用いて計算すると，最終的な誤差率は，一般に個々の測定の誤差率よりも大きい．これを**誤差の伝播**(propagation of uncertainty)といい，実験物理で腕を競う課題の一つである．

次に述べる簡単な規則を使えば，計算結果の誤差を合理的に見積もることができる．

掛け算，割り算：　誤差を含む測定値の掛け算や割り算をするとき，結果の誤差率は個々の測定値の誤差率の足し算で得られる．

例：　長方形の板の面積

$$A = lw = (5.5\,\mathrm{cm} \pm 1.8\,\%)\times(6.4\,\mathrm{cm} \pm 1.6\,\%)$$
$$= 35\,\mathrm{cm}^2 \pm 3.4\,\% = (35 \pm 1)\,\mathrm{cm}^2$$

足し算，引き算：　誤差を含む測定値の足し算や引き算をするとき，結果の絶対誤差は個々の測定値の絶対誤差の足し算で得られる．

例：　温度変化

$$\Delta T = T_2 - T_1 = (99.2 \pm 1.5)\,^\circ\mathrm{C} - (27.6 \pm 1.5)\,^\circ\mathrm{C}$$
$$= (71.6 \pm 3.0)\,^\circ\mathrm{C} = 71.6\,^\circ\mathrm{C} \pm 4.2\,\%$$

累乗：　誤差を含む測定値を累乗すると，結果の誤差率は測定値の誤差率に，累乗指数を掛けて得られる．

例：　球の体積

$$V = \frac{4}{3}\pi r^3 = \frac{4}{3}\pi(6.20\,\mathrm{cm} \pm 2.0\,\%)^3$$
$$= 998\,\mathrm{cm}^3 \pm 6.0\,\% = (998 \pm 60)\,\mathrm{cm}^3$$

複雑な計算では多くの誤差が加わり，最終結果の誤差が，望む程度よりも大きくなりすぎることがある．実験においては，計算ができるだけ簡単になるような計画を立てる必要がある．

計算をするといつでも誤差が増えていくことに注意しよう．実験ではできるだけ測定値の引き算を避けるべきである．特に，近い値の測定値どうしの引き算は避けなければならない．誤差は加算されるので，誤差が結果の数値そのものを超え，たとえば，0.1 ± 0.5 のようになることさえある！

付　録 C

元素の周期表

凡例：元素記号 Ca ／ 原子番号 20 ／ 原子量† 40.078 ／ 電子配置 $4s^2$

遷移金属（3～9族）

族	1	2	3	4	5	6	7	8	9
	H 1 1.007 9 1s								
	Li 3 6.941 $2s^1$	**Be** 4 9.0122 $2s^2$							
	Na 11 22.990 $3s^1$	**Mg** 12 24.305 $3s^2$							
	K 19 39.098 $4s^1$	**Ca** 20 40.078 $4s^2$	**Sc** 21 44.956 $3d^1 4s^2$	**Ti** 22 47.867 $3d^2 4s^2$	**V** 23 50.942 $3d^3 4s^2$	**Cr** 24 51.996 $3d^5 4s^1$	**Mn** 25 54.938 $3d^5 4s^2$	**Fe** 26 55.845 $3d^6 4s^2$	**Co** 27 58.933 $3d^7 4s^2$
	Rb 37 85.468 $5s^1$	**Sr** 38 87.62 $5s^2$	**Y** 39 88.906 $4d^1 5s^2$	**Zr** 40 91.224 $4d^2 5s^2$	**Nb** 41 92.906 $4d^4 5s^1$	**Mo** 42 95.96 $4d^5 5s^1$	**Tc** 43 (98) $4d^5 5s^2$	**Ru** 44 101.07 $4d^7 5s^1$	**Rh** 45 102.91 $4d^8 5s^1$
	Cs 55 132.91 $6s^1$	**Ba** 56 137.33 $6s^2$	57–71*	**Hf** 72 178.49 $5d^2 6s^2$	**Ta** 73 180.95 $5d^3 6s^2$	**W** 74 183.84 $5d^4 6s^2$	**Re** 75 186.21 $5d^5 6s^2$	**Os** 76 190.23 $5d^6 6s^2$	**Ir** 77 192.22 $5d^7 6s^2$
	Fr 87 (223) $7s^1$	**Ra** 88 (226) $7s^2$	89–103**	**Rf** 104 (265) $6d^2 7s^2$	**Db** 105 (268) $6d^3 7s^2$	**Sg** 106 (271) $6d^4 7s^2$	**Bh** 107 (272) $6d^5 7s^2$	**Hs** 108 (277) $6d^6 7s^2$	**Mt** 109 (276)

*ランタノイド	**La** 57 138.91 $5d^1 6s^2$	**Ce** 58 140.12 $4f^1 5d^1 6s^2$	**Pr** 59 140.91 $4f^3 6s^2$	**Nd** 60 144.24 $4f^4 6s^2$	**Pm** 61 (145) $4f^5 6s^2$	**Sm** 62 150.36 $4f^6 6s^2$
**アクチノイド	**Ac** 89 (227) $6d^1 7s^2$	**Th** 90 232.04 $6d^2 7s^2$	**Pa** 91 231.04 $5f^2 6d^1 7s^2$	**U** 92 238.03 $5f^3 6d^1 7s^2$	**Np** 93 (237) $5f^4 6d^1 7s^2$	**Pu** 94 (244) $5f^6 7s^2$

注：原子量の値は，天然に存在する同位元素の比率の重み付き平均値．
† 不安定元素については，よく知られた同位元素のうち，最も安定なものの値を（　）で示した．

脚注：原子のデータについては，*physics.nist.gov/PhysRefData/Elements/per_text.html.* を参照のこと．

10	11	12	13	14	15	16	17	18
							H 1 1.007 9 $1s^{1}$	**He** 2 4.002 6 $1s^{2}$
			B 5 10.811 $2p^{1}$	**C** 6 12.011 $2p^{2}$	**N** 7 14.007 $2p^{3}$	**O** 8 15.999 $2p^{4}$	**F** 9 18.998 $2p^{5}$	**Ne** 10 20.180 $2p^{6}$
			Al 13 26.982 $3p^{1}$	**Si** 14 28.086 $3p^{2}$	**P** 15 30.974 $3p^{3}$	**S** 16 32.066 $3p^{4}$	**Cl** 17 35.453 $3p^{5}$	**Ar** 18 39.948 $3p^{6}$
Ni 28 58.693 $3d^{8}4s^{2}$	**Cu** 29 63.546 $3d^{10}4s^{1}$	**Zn** 30 65.38 $3d^{10}4s^{2}$	**Ga** 31 69.723 $4p^{1}$	**Ge** 32 72.64 $4p^{2}$	**As** 33 74.922 $4p^{3}$	**Se** 34 78.96 $4p^{4}$	**Br** 35 79.904 $4p^{5}$	**Kr** 36 83.80 $4p^{6}$
Pd 46 106.42 $4d^{10}$	**Ag** 47 107.87 $4d^{10}5s^{1}$	**Cd** 48 112.41 $4d^{10}5s^{2}$	**In** 49 114.82 $5p^{1}$	**Sn** 50 118.71 $5p^{2}$	**Sb** 51 121.76 $5p^{3}$	**Te** 52 127.60 $5p^{4}$	**I** 53 126.90 $5p^{5}$	**Xe** 54 131.29 $5p^{6}$
Pt 78 195.08 $5d^{9}6s^{1}$	**Au** 79 196.97 $5d^{10}6s^{1}$	**Hg** 80 200.59 $5d^{10}6s^{2}$	**Tl** 81 204.38 $6p^{1}$	**Pb** 82 207.2 $6p^{2}$	**Bi** 83 208.98 $6p^{3}$	**Po** 84 (209) $6p^{4}$	**At** 85 (210) $6p^{5}$	**Rn** 86 (222) $6p^{6}$
Ds 110 (281)	**Rg** 111 (280)	**Cn** 112 (285)		**Fl** 114 (289)		**Lv** 116 (293)		

Eu 63 151.96 $4f^{7}6s^{2}$	**Gd** 64 157.25 $4f^{7}5d^{1}6s^{2}$	**Tb** 65 158.93 $4f^{9}6s^{2}$	**Dy** 66 162.50 $4f^{10}6s^{2}$	**Ho** 67 164.93 $4f^{11}6s^{2}$	**Er** 68 167.26 $4f^{12}6s^{2}$	**Tm** 69 168.93 $4f^{13}6s^{2}$	**Yb** 70 173.05 $4f^{14}6s^{2}$	**Lu** 71 174.97 $4f^{14}5d^{1}6s^{2}$
Am 95 (243) $5f^{7}7s^{2}$	**Cm** 96 (247) $5f^{7}6d^{1}7s^{2}$	**Bk** 97 (247) $5f^{9}7s^{2}$	**Cf** 98 (251) $5f^{10}7s^{2}$	**Es** 99 (252) $5f^{11}7s^{2}$	**Fm** 100 (257) $5f^{12}7s^{2}$	**Md** 101 (258) $5f^{13}7s^{2}$	**No** 102 (259) $5f^{14}7s^{2}$	**Lr** 103 (262) $5f^{14}7s^{2}7p$

付　録 D

SI 単位

表C・1　SI 基本単位

基本量	SI 基本単位 名　称	記　号
長　さ	メートル	m
質　量	キログラム	kg
時　間	秒	s
電　流	アンペア	A
温　度	ケルビン	K
物質量	モ　ル	mol
光　度	カンデラ	cd

表C・2　SI組立単位

量	名　称	記　号	SI 基本単位による表記	SI 組立単位を用いる表記
角　度	ラジアン	rad	m/m	
振動数(周波数)	ヘルツ	Hz	s^{-1}	
力	ニュートン	N	$kg \cdot m/s^2$	J/m
圧　力	パスカル	Pa	$kg/m \cdot s^2$	N/m^2
エネルギー	ジュール	J	$kg \cdot m^2/s^2$	N・m
仕事率	ワット	W	$kg \cdot m^2/s^3$	J/s
電　荷	クーロン	C	A・s	
電　位	ボルト	V	$kg \cdot m^2/A \cdot s^3$	W/A
電気容量(キャパシタンス)	ファラド	F	$A^2 \cdot s^4/kg \cdot m^2$	C/V
電気抵抗	オーム	Ω	$kg \cdot m^2/A^2 \cdot s^3$	V/A
磁　束	ウェーバー	Wb	$kg \cdot m^2/A \cdot s^2$	V・s
磁　場(磁束密度)	テスラ	T	$kg/A \cdot s^2$	
インダクタンス(誘導係数)	ヘンリー	H	$kg \cdot m^2/A^2 \cdot s^2$	$T \cdot m^2/A$

解答：I．力　　学

1章　序論とベクトル

1·1 質量は体積に比例するから半径の3乗に比例する．すなわち，$m_2/m_1 = r_2^3/r_1^3 = 5$　　これより，

$$r_2 = r_1\sqrt[3]{5} = 4.50\ \mathrm{cm} \times 1.71 = 7.69\ \mathrm{cm}$$

1·2 体積は，

$$\frac{4}{3}\pi r^3 = \frac{4}{3}\pi(6.37\times10^6\ \mathrm{m})^3 = 1.08\times10^{21}\ \mathrm{m}^3$$

したがって，密度は，

$$密度 = 質量 / 体積 = \frac{5.98\times10^{24}\ \mathrm{kg}}{1.08\times10^{21}\ \mathrm{m}^3} = 5.52\times10^3\ \mathrm{kg/m^3}$$

1·3 体積が同じならば質量は質量密度に比例する．

$$9.35\ \mathrm{kg}\times\frac{19.3\times10^3\ \mathrm{kg/m^3}}{7.86\times10^3\ \mathrm{kg/m^3}} = 22.9\ \mathrm{kg}$$

1·4 (a) a(加速度)の次元は$\mathrm{L/T^2}$だからaxの次元は$\mathrm{L^2/T^2}$．これは速度の次元$\mathrm{L/T}$ではない．(b) kxは無次元量になるので正しい．

1·5 (a) の次元は$\mathrm{L^2}$なので面積，(b) の次元はLなので円周の和，(c) の次元は$\mathrm{L^3}$なので体積．

1·6 aの次元は$\mathrm{L/T^2}$，tの次元はTなので，ka^mt^nの次元は$\mathrm{L}^m\mathrm{T}^{n-2m}$．これがLに等しいためには$m=1$，$n=2m=2$．また，$k$の値は次元に関係しないので，次元解析からは決まらない．

1·7 厚さ ＝ 体積 ÷ 面積 $= 3.78\times10^{-3}\ \mathrm{m^3} / 25.0\ \mathrm{m^2}$

$$= 0.151\times10^{-3}\ \mathrm{m}$$
$$= 0.151\ \mathrm{mm} = 151\ \mu\mathrm{m}$$

1·8 $0.8\ \mathrm{mm} = 8\times10^5\ \mathrm{nm}$，1日 $= 24\times3600\ \mathrm{s}$

したがって，

$0.8\ \mathrm{mm}/1$日 $= 8\times10^5\ \mathrm{nm}/(24\times3600\ \mathrm{s}) = 9\ \mathrm{nm/s}$

これは，毎秒，原子90個分延びるということである．

1·9 $\dfrac{1.99\times10^{30}\ \mathrm{kg}}{1.67\times10^{-27}\ \mathrm{kg}} = (1.99\div1.67)\times10^{30-(-27)}$

$$= 1.19\times10^{57}(個)$$

1·10 球の体積の公式を使ってそれぞれの球の質量を計算して等しいとすると，

$$\frac{4}{3}\pi r_{\mathrm{Al}}^3\times\rho_{\mathrm{Al}} = \frac{4}{3}\pi r_{\mathrm{Fe}}^3\times\rho_{\mathrm{Fe}}$$

$$\rightarrow\ r_{\mathrm{Al}}^3 = r_{\mathrm{Fe}}^3\times(\rho_{\mathrm{Fe}}/\rho_{\mathrm{Al}})\ \rightarrow\ r_{\mathrm{Al}} = r_{\mathrm{Fe}}\times(\rho_{\mathrm{Fe}}/\rho_{\mathrm{Al}})^{1/3}$$

1·11 (a) 毎分30.0/7ガロンの流れが，毎秒何ガロンであるかを計算する．

30.0ガロン/7分 ＝ 30.0ガロン/7分 × (1分/60 s)
　　＝ 7.14×10^{-2} ガロン/s

(b) 7.14×10^{-2} ガロン/s ＝ 7.14×10^{-2} ガロン/s ×($3.78\times10^{-3}\ \mathrm{m^3}$/1ガロン) ＝ $2.70\times10^{-4}\ \mathrm{m^3/s}$

(c) まず，1時間あたりの流れを計算する．

$$2.70\times10^{-4}\ \mathrm{m^3/s} = 2.70\times10^{-4}\ \mathrm{m^3/s}\times(3600\ \mathrm{s}/1\ \mathrm{h}) = 0.972\ \mathrm{m^3/h}$$

したがって，$1\ \mathrm{m^3}$ためるには，

$$1\ \mathrm{m^3}\div0.972\ \mathrm{m^3/h} = 1.03\ \mathrm{h}$$

1·12 $100\ \mathrm{m}\times2.40\ \mathrm{fm}/0.106\ \mathrm{nm} = 2.26\times10^{-3}\ \mathrm{m} = 2.26\ \mathrm{mm}$

1·13 部屋の大きさを $5\ \mathrm{m}\times5\ \mathrm{m}\times4\ \mathrm{m} = 100\ \mathrm{m^3}$ とする．また，卓球のボールは直径4 cmの球だが，これを1辺3.5 cmの立方体だとして体積は$43\ \mathrm{cm^3}$だとする．個数は，

$$100\ \mathrm{m^3}\div(43\times10^{-6}\ \mathrm{m^3})\approx2\times10^6$$

概数では100万個程度ということになる．

1·14 バスタブの大きさを仮に，$0.7\ \mathrm{m}\times0.6\ \mathrm{m}\times0.6\ \mathrm{m}\approx0.25\ \mathrm{m^3}$としよう．水は$1\ \mathrm{m^3}$が1トン ＝ 1000 kgだから，$0.25\ \mathrm{m^3}$では200 kg程度になる．

1·15 人口は800万人としよう．ピアノの数は100人当たり1台とし，それらが平均，1年に0.5回調律するとしよう．また調律師は，1日3回調律し，年間365日×5/7働くとする．

調律師の人数 ＝ (1年に調律される台数) ÷ (1人が1年に調律する台数)
＝ (8×10^6人 × 0.01台/人 × 0.5 回/台) ÷ (3回/人日 × 365日 × 5/7)
≈ 50人

最初の数字が5だということは桁としては100人レベルということになる(問45も参照)．

1·16 タイヤの直径を75 cmとすると，

$$1\times10^5\times10^3\ \mathrm{m}\div(3.14\times0.75\ \mathrm{m})\approx4.2\times10^7$$

$\sqrt{10}(\approx3.16)$以上ならば切り上げるという規則に従えば，概数では10^8回転(1億回転)したことになる．

1·17 9桁で数値が与えられているので，答も9桁で計算する．

1太陽年 ＝ 365.242 199日 × (24時/1日) × (60分/1時) × (60秒/1分)
＝ 31 556 926.0秒

1·18 (a) 単純に計算すれば796.03だが，最後の有効数字の位が最も高いのは2だから，それに合わせて答は796．(b) 最も小さい有効数字の数は0.0032の2つだから，それに合わせて答は1.1．(c) 5.620の有効数字の数は

0も含めて4．したがって $\pi = 3.142$ として，答は17.66．

1·19　(a) 3 (b) 4 (c) 3 (d) 2

1·20　$密度 = 質量/体積 = 1.85\ \mathrm{kg}/(\frac{4}{3}\pi(0.065\ \mathrm{m})^3)$

$$= 1.61 \times 10^3\ \mathrm{kg/m^3}$$

掛算，割算の場合は相対誤差(誤差率)を足せばよい．

$$半径の相対誤差率 = 0.20/6.50 = 0.03 \quad (3\,\%)$$

$$質量の相対誤差 = 0.02/1.85 = 0.01 \quad (1\,\%)$$

したがって，密度の相対誤差は，半径は3乗することも考えると，$0.03 \times 3 + 0.01 = 0.1$．これより，

$$密度の誤差 = 1.61 \times 10^3 \times 0.1 \approx 0.2 \times 10^3 (\mathrm{kg/m^3})$$

結局，

$$密度 = (1.6 \pm 0.2) \times 10^3\ \mathrm{kg/m^3}$$

1·21　通路部分の面積は，

$$(2 \times 10.0 + 2 \times 17.0 + 4 \times 1.00) \times 1.00\ \mathrm{m^2} = 58.0\ \mathrm{m^2}$$

コンクリートの体積は，それに0.09 mを掛けて5.22 m^{3}となる．誤差は，掛算では相対誤差の和，また足算，引算では絶対誤差の和で表される．したがって，

$$(2 \times 10.0 + 2 \times 17.0 + 4 \times 1.00)の絶対誤差$$
$$= 2 \times 0.1 + 2 \times 0.1 + 4 \times 0.1 = 0.8 (\mathrm{m})$$

$$その相対誤差 = 0.8/58 = 0.014$$
$$体積の相対誤差 = 0.014 + 0.1/9.0 = 0.025$$
$$体積の絶対誤差 = 5.22\ \mathrm{m^3} \times 0.025 = 0.13\ \mathrm{m^3}$$

結局，答は$(5.22 \pm 0.13)\ \mathrm{m^3}$

1·22　(a) ピタゴラスの定理(三平方の定理)より，

$$\sqrt{[2.00 - (-3.00)]^2 + (-4.00 - 3.00)^2} = 8.60$$

(b) $r_1 = \sqrt{(2.00)^2 + (-4.00)^2} = 4.47$

$\tan\theta_1 = -4.00/2.00 \ \rightarrow\ \theta_1 = -63.4°$

$r_2 = \sqrt{(-3.00)^2 + (3.00)^2} = 4.24$

$\tan\theta_2 = -3.00/3.00 \ \rightarrow\ \theta_2 = 135°$

1·23　$x = r\cos\theta = -2.75\ \mathrm{m}, \quad y = r\sin\theta = -4.76\ \mathrm{m}$

1·24　いずれも $x > 0$, $y > 0$(第1象限)だとして考えれば，そうでない場合にも正しい答が得られる．(a) (x, y) が第1象限であるとすればこの点は第2象限になり，$(r, \pi - \theta) = (r, 180° - \theta)$，(b) (x, y) が第1象限であるとすればこの点は第3象限になり，$(2r, \theta + \pi)$，(c) (x, y) が第1象限であるとすればこの点は第4象限になり，$(3r, -\theta)$

1·25　(a) $\sqrt{(2.00)^2 + (1.00)^2}\ \mathrm{m} = 2.24\ \mathrm{m}$,

(b) $\tan\theta = 1/2 \ \rightarrow\ \theta = 26.6°$

1·26　図参照(ただし少し小さめに描かれている)．(a) 5.2 cm，60°　(b) 3.0 cm，330°　(c) 3.0 cm，150°　(d) 5.2 cm，300°

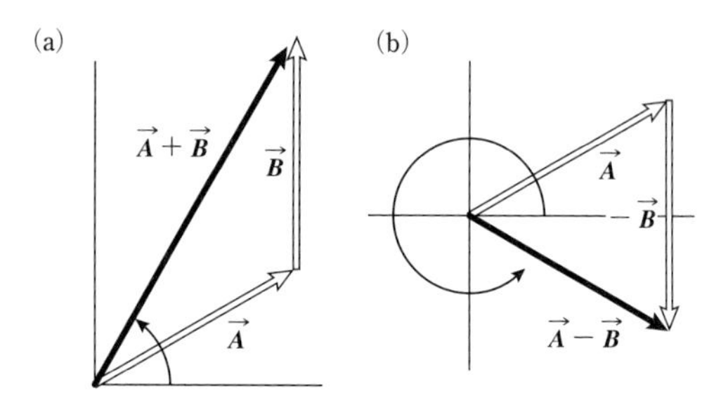

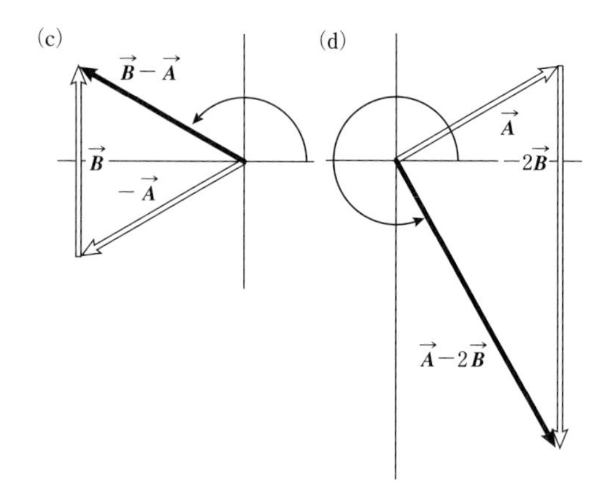

1·27　たとえば100 kmを1 cm，東方向を横方向だとして図に描くとよい．結果は，310 km，57°

1·28　(a) 図参照．

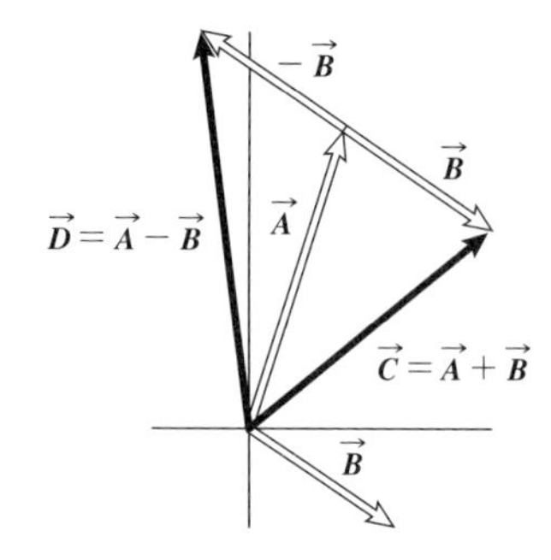

(b) $\vec{C} = 5.00\,\hat{i} + 4.00\,\hat{j}$, $\vec{D} = -1.00\,\hat{i} + 8.00\,\hat{j}$

(c) $\vec{C}$：$r = 6.40$, $\theta = 38.7°$，$\vec{D}$：$r = 8.06$, $\theta = 97.2°$

1·29　(a) $\hat{i}$ の係数が0より，$6.00a - 8.00b + 26.0 = 0$

$\hat{j}$ の係数が0より $-8.00a + 3.00b + 19.0 = 0$

これを解くと $a = 5.00$, $b = 7.00$

(b) ベクトルの式はそれぞれの成分について成り立たなければならないので，単なる一つの式以上の情報をもつ．

1·30　水平方向：$100\ \mathrm{m}\cos(-30.0°) = 86.6\ \mathrm{m}$

垂直方向：$100\ \mathrm{m}\sin(-30.0°) = -50.0\ \mathrm{m}$

1·31　$大きさ = \sqrt{(-25.0)^2 + (40.0)^2} = 47.2$

ベクトルは第2象限にあるので，x 軸方向からの角度は90°より大きい．x 軸の負の方向からの角度 θ' は，

$\tan\theta' = 40.0/25.0 = 1.6 \ \rightarrow\ \theta' = 58.0°$

したがって，x 軸の(正の)方向からの角度は，

$180° - 58.0° = 122°$

1·32　(a) $\vec{B}$ の大きさ $= \sqrt{4.00^2 + 6.00^2 + 3.00^2} = 7.81$

(b) たとえば，x 軸方向との角度を θ_x とすれば，

$\cos\theta_x = 4.00/7.81 = 0.512 \quad \rightarrow \quad \theta_x = 59.2°$

同様にして $\theta_y = 39.8°$，$\theta_z = 67.4°$

1·33　(a) $\vec{A} = 8.00\,\hat{i} + 12.0\,\hat{j} - 4.00\hat{k}$

(b) $\vec{B} = \vec{A}/4 = 2.00\,\hat{i} + 3.00\,\hat{j} - 1.00\hat{k}$

(c) $\vec{C} = -3\vec{A} = -24.0\,\hat{i} - 36.0\,\hat{j} + 12.0\hat{k}$

1·34　(a) $R_x = 40.0\cos 45.0° + 30.0\cos 45.0° = 49.5$

$R_y = 20.0 + 40.0\sin 45.0° - 30.0\sin 45.0° = 27.1$

$\vec{R} = 49.5\hat{i} + 27.1\hat{j}$

(b) $|\vec{R}| = 56.4$，$\tan\theta = 27.2/49.5 \quad \rightarrow \quad \theta = 28.7°$

1·35　(a) モップの動きをそれぞれ $\vec{A}$，$\vec{B}$ とし，$\vec{R} = \vec{A} + \vec{B}$ とする．

$A_x = 150\ \text{cm} \times \cos 120° = -75.0\ \text{cm}$，$A_y = 130\ \text{cm}$，

$R_x = 115\ \text{cm}$，$R_y = 80.3\ \text{cm}$

より，$\vec{B} = \vec{R} - \vec{A}$ は，

$B_x = 115\ \text{cm} - (-75.0\ \text{cm}) = 190\ \text{cm}$，

$B_y = 80.3\ \text{cm} - 130\ \text{cm} = -49.7\ \text{cm}$

$\rightarrow \quad \vec{B} = 190\hat{i} - 49.7\hat{j}$

(b) $|\vec{B}| = \sqrt{(190)^2 + (49.7)^2}\ \text{cm} = 196\ \text{cm}$

$\tan\theta = -49.7/190 \quad \rightarrow \quad \theta = -14.7°$

($\vec{B}$ は第 4 象限を向くベクトルなので $\theta < 0$ とした．x 軸から左回りに測って $\theta = -14.7° + 360° = 345°$ としてもよい．)

1·36　$3\vec{C} = -\vec{A} + \vec{B}$

$$= (8.70 + 13.2)\,\hat{i} + (-15.0 + (-6.60))\,\hat{j}$$

$$= 21.9\hat{i} - 21.6\,\hat{j}$$

$$\rightarrow \quad \vec{C} = 7.30\hat{i} - 7.20\,\hat{j} \quad \rightarrow \quad C_x = 7.30\ \text{cm}$$

$$C_y = -7.20\ \text{cm}$$

1·37　(a) $(\vec{A} + \vec{B}) = (3\,\hat{i} - 2\,\hat{j}) + (-\hat{i} - 4\,\hat{j}) = 2\,\hat{i} - 6\,\hat{j}$

(b) $(\vec{A} - \vec{B}) = (3\,\hat{i} - 2\,\hat{j}) - (-\hat{i} - 4\,\hat{j}) = 4\,\hat{i} + 2\hat{j}$

(c) $|\vec{A} + \vec{B}| = 6.32$　(d) $|\vec{A} - \vec{B}| = 4.47$

(e) $\vec{A} + \vec{B}$: $\tan\theta = -6/2 \quad \rightarrow \quad \theta = -71.6°$ (288°でもよい)

$\vec{A} - \vec{B}$: $\tan\theta = 2/4 \quad \rightarrow \quad \theta = 26.6°$

1·38　$A_x = 3.00\ \text{m} \times \cos 30.0° = 2.60\ \text{m}$

$A_y = 3.00\ \text{m} \times \sin 30.0° = 1.50\ \text{m}$

$B_x = 0 \qquad B_y = 3.00\ \text{m}$

したがって，$A_x + B_x = 2.60\ \text{m} \qquad A_y + B_y = 4.50\ \text{m}$

$\vec{A} + \vec{B} = (2.60\hat{i} + 4.50\hat{j})\ \text{m}$

1·39　(a) $\vec{D} = 6\hat{i} - 2\hat{j}$，$|\vec{D}| = 6.32$，$\theta = 342°$ (あるいは $-18°$)

(b) $\vec{E} = -2\hat{i} + 12\hat{j}$，$|\vec{E}| = 12.2$，$\theta = 99.5°$

1·40　最終的な変位ベクトルを $\vec{R}$ とすると，

$R_x = 100 + 0 + (-150)\cos 30° + (-200)\cos 60°$

$= -130\ (\text{m})$

$R_y = -300 + (-150)\sin 30° + 200\sin 60° = -202\ (\text{m})$

$|\vec{R}| = 240\ \text{m}$，$\theta = 237°$

($\vec{R}$ は第 3 象限にあり，x 軸の負の方向からの角度は 57° なので，$57° + 180° = 237°$)

1·41　(a) $\vec{E} = 15.1\hat{i} + 7.72\hat{j}$

(b) $\vec{F} = -7.72\hat{i} + 15.1\hat{j}$，(c) $\vec{G} = -7.72\hat{i} - 15.1\hat{j}$

1·42　(a) 図参照．

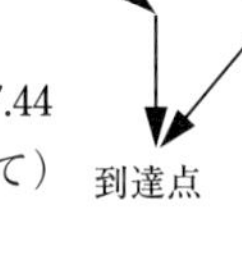

(b) $6.30b + 4.00b + 3.00b + 5.00b$

$= 18.3b$

(c) $\vec{R} = -7.44\hat{i} - 9.87\hat{j}$

$|\vec{R}| = 12.4b$，$\tan\theta = -9.87/-7.44$

$\rightarrow \quad \theta$(西から南向きに測って)

$= 53.0°$

1·43　川の幅を L とすると $\tan 35.0° = L/d \quad \rightarrow$

$L = 70.0\ \text{m}$

追加問題

1·44　星一つ分の領域の体積はほぼ，$(4 \times 10^{16}\ \text{m})^3$

銀河の体積は $\pi(10^{21}\ \text{m})^2\,(10^{19}\ \text{m})$

したがって，星の数 = 銀河の体積 / 星一つ分の体積 = 5×10^{11}

約 5 千億個となる(実際には約 2 千億と見積もられている)．

1·45　答を x とすると，比率が同じということから，$x/100\ \text{m} = 1000\ \text{m}/x$ でなければならない．したがって，$x = \sqrt{10^5}\ \text{m} = \sqrt{10} \times 10^2\ \text{m} = 316\ \text{m}$

1·46　$A_x + B_x = 0$，$A_y + B_y = 6.00$，

$\sqrt{A_x{}^2 + A_y{}^2} = \sqrt{B_x{}^2 + B_y{}^2} = 5.00$

である．これらより ($A_x > 0$ とすれば)，$A_y = B_y = 3.00$，$A_x = -B_x = 4.00$

$\vec{A}$ と y 軸がなす角度 θ は $\tan\theta = 4.00/3.00 \quad \rightarrow \quad \theta = 53.1°$

$\vec{B}$ と y 軸がなす角度は $-53.1°$ なので，$\vec{A}$ と $\vec{B}$ がなす角度は 106°

〔注：次のようにしてもよい．余弦定理より

$$|\vec{A} + \vec{B}|^2 = |\vec{A}|^2 + |\vec{B}|^2 + 2|\vec{A}||\vec{B}|\cos\theta$$

という公式が得られる．これより，

$\cos\theta = (36 - 25 - 25)/50 = -0.28 \quad \rightarrow \quad \theta = 106°$〕

1·47　(a) 左辺 $= \tan 10° = 0.1763$，右辺 $= 0.1744$．したがって，誤差 $/0.176 = 0.0108$

(b) ラジアンで考えると，$\tan\theta - \theta < 0.1\theta$．つまり $\tan\theta - 1.1\theta < 0$．

$f(\theta) = \tan\theta - 1.1\theta$ という関数をいくつかの値に対して計算すると，

$$f(0.520) = 0.5726 - 0.572 = 0.0006$$
$$f(0.515) = 0.5594 - 0.561 = -0.0006$$

なので，少なくとも $\theta < 0.515$ ならばよい．これを度になおすと，$0.515 \times 180°/\pi = 29.5°$

30°より小さければ誤差は10パーセント未満，と頭に入れておけばいいだろう．

1·48 ほぼ平行なので $\vec{A} - \vec{B}$ がほとんど0という状況である．$\vec{A}$ の大きさを A，方向を $\hat{i}$ 方向とする．$\vec{B}$ と $\vec{A}$ のなす角度を θ とすると，

$$\vec{B} = A\cos\theta\,\hat{i} + A\sin\theta\,\hat{j}$$

である．したがって，

$$|\vec{A} + \vec{B}|^2 = |\vec{A} + \vec{A}\cos\theta|^2 + |\vec{A}|^2\sin^2\theta \approx |2\vec{A}|^2$$

θ は非常に小さいので $\sin\theta$ は無視し，$\cos\theta \approx 1$ とした．また，

$$|\vec{A} - \vec{B}|^2 = |\vec{A} - \vec{A}\cos\theta|^2 + |\vec{A}|^2\sin^2\theta = |\vec{A}\sin\theta|^2$$

第1項は $(1 - \cos\theta)$ の2乗，つまり $\sin(\theta/2)$ の4乗に比例するので，θ が小さいとして無視した．結局，問題の条件は，

$$A\sin\theta/2A = 1/100 \quad \rightarrow \quad \sin\theta = 0.02$$

したがって $\theta \approx 0.02$ ラジアン $= 1.15°$

1·49 真の値は365.25日×24時/日×3600秒/時＝31 557 600秒

したがって，

$$誤差の割合 = |31\,415\,926 - 31\,557\,600|/31\,557\,600 = 0.004\,49 \approx 0.4\,\%$$

1·50 最初の飛行機の位置Aは，

$$\vec{A} = 19.2\cos 25°\,\hat{i} + 19.2\sin 25°\,\hat{j} + 0.8\hat{k} = 17.4\hat{i} + 8.11\hat{j} + 0.800\hat{k}$$

同様に2番目の飛行機の位置Bは，

$$\vec{B} = 16.5\hat{i} + 6.02\hat{j} + 1.10\hat{k}$$

したがって，

$$\vec{R} = \vec{B} - \vec{A} = -0.863\hat{i} - 2.09\hat{j} + 0.300\hat{k}$$
$$\rightarrow |\vec{R}| = 2.29\ (\mathrm{km})$$

1·51 (a) 密度は $1.00 \times 10^{-3}\ \mathrm{kg/cm^3}$．

$$質量 = 密度 \times 体積 = 1.00 \times 10^{-3}\ \mathrm{kg/cm^3} \times (100\ \mathrm{cm})^3 = 1000\ \mathrm{kg}$$

したがって，密度は $1000\ \mathrm{kg/m^3}$ とも書ける．

(b) すべて質量＝密度×体積の式から求める．細胞：5.24×10^{-16} kg，腎臓：0.268 kg，ハエ：1.26×10^{-5} kg．

1·52 (a) $F_x = 120\cos 60° - 80\sin 75° = 39.3\ (\mathrm{N})$

$F_y = 120\sin 60° + 80\sin 75° = 181\ (\mathrm{N})$

(b) (a)の答に負号を付けた力．

1·53 (a), (b) 底辺 x，高さ y，仰角12°の直角三角形と，底辺 $x - 100$ km，高さ y，仰角14°の直角三角形を描く．(c) $y = x\tan 12°$，$y = (x - 1.00\ \mathrm{km})\tan 14°$ (d) この2つの式より $y = 1.44$ km

1·54 (a) それぞれの木の位置をベクトルで $\vec{r}_A$，… というように表すと，最初の移動の結果 $\vec{r}_1$ は(AからBへの方向は $\vec{r}_B - \vec{r}_A$ で表されるので)，

$$\vec{r}_1 = \vec{r}_A + (\vec{r}_B - \vec{r}_A)/2 = (\vec{r}_B + \vec{r}_A)/2$$

になる．次の移動は $\vec{r}_C - \vec{r}_1$ の方向なので，その結果 $\vec{r}_2$ は，

$$\vec{r}_2 = \vec{r}_1 + (\vec{r}_C - \vec{r}_1)/3 = (\vec{r}_A + \vec{r}_B + \vec{r}_C)/3$$

このようにすると，最終的な位置は，

$$\vec{r}_4 = (\vec{r}_A + \vec{r}_B + \vec{r}_C + \vec{r}_D + \vec{r}_E)/5 = 10.0\hat{i} + 16.0\hat{j}$$

となる．

(b) 上記の $\vec{r}_4$ の式の形より，どの順番に進んでも答は変わらないことがわかる．

1·55 (a) 三角形の余弦定理によれば，

$$c^2 = a^2 + b^2 - 2ab\cos\theta$$

$a = 25.0$ m，$b = 15.0$ m，$\theta = 20.0°$ とすれば，$c = 12.1$ m．

(b) 牛Aから見た君と牛Bの方向の角度を θ_A とすれば，

$$a^2 = b^2 + c^2 - 2bc\cos\theta_A$$

これより $\cos\theta_A = -0.707 \quad \rightarrow \quad \theta_A = 135°$

(c) 同様にして $\theta_B = 25.2°$

1·56 (a) $\vec{R}_1 = a\hat{i} + b\hat{j}$

(b) $\vec{R}_1 = \sqrt{a^2 + b^2}$

(c) $\vec{R}_2 = \vec{R}_1 + c\hat{k} = a\hat{i} + b\hat{j} + c\hat{k}$

2 章　一次元の運動

2･1 (a) $v_{平均} = (10\,\mathrm{m} - 0\,\mathrm{m})/2\,\mathrm{s} = 5\,\mathrm{m/s}$
(b) $v_{平均} = (5\,\mathrm{m} - 0\,\mathrm{m})/4\,\mathrm{s} = 1.2\,\mathrm{m/s}$
(c) $v_{平均} = (5\,\mathrm{m} - 10\,\mathrm{m})/(4\,\mathrm{s} - 2\,\mathrm{s}) = -2.5\,\mathrm{m/s}$
(d) $v_{平均} = (-5\,\mathrm{m} - 5\,\mathrm{m})/(7\,\mathrm{s} - 4\,\mathrm{s}) = -3.3\,\mathrm{m/s}$
(e) $v_{平均} = (0\,\mathrm{m} - 0\,\mathrm{m})/(8\,\mathrm{s} - 0\,\mathrm{s}) = 0\,\mathrm{m/s}$

2･2 (a) $v_{平均} = (90\,\mathrm{m} - 40\,\mathrm{m})/1.00\,\mathrm{s} = 50\,\mathrm{m/s}$
(b) $v_{平均} = (44.1\,\mathrm{m} - 40.0\,\mathrm{m})/0.10\,\mathrm{s} = 41\,\mathrm{m/s}$

2･3 (a) 2.3 m/s (b) $(57.5\,\mathrm{m} - 9.2\,\mathrm{m})/3.0\,\mathrm{s} = 16\,\mathrm{m/s}$
(c) $57.5\,\mathrm{m}/5.0\,\mathrm{s} = 11\,\mathrm{m/s}$

2･4 (a) Ⓐ と Ⓑ の間の距離を d とし，また $v_1 = 5.00$ m/s，$v_2 = -3.00$ m/s とする．

$$平均の速さ = \frac{歩いた総距離}{歩いた総時間} = \frac{2d}{d/v_1 + d/v_2} = \frac{2v_1 \cdot v_2}{v_1 + v_2} = 3.75\,\mathrm{m/s}$$

(b) 元に戻るのだから全体の変位は 0．したがって平均速度は 0．

2･5 (a) $v_{平均} = (2.0\,\mathrm{m} - 8.0\,\mathrm{m})/(4.0\,\mathrm{s} - 1.5\,\mathrm{s}) = -2.4\,\mathrm{m/s}$
(b) たとえば，$t = 1.0\,\mathrm{s}$ で $x = 9.5\,\mathrm{m}$，$t = 3.5\,\mathrm{s}$ で $x = 0\,\mathrm{m}$ であることから $v = -3.8\,\mathrm{m/s}$
(c) 傾きが 0 になる時刻，つまり $t = 4.0\,\mathrm{s}$．

2･6 (a) 数値を代入して，$x = 27.0\,\mathrm{m}$　(b) t の値を代入して，

$$x = 27.0\,\mathrm{m} + (18.0\,\mathrm{m/s})\,\Delta t + (3.00\,\mathrm{m/s^2})\,(\Delta t)^2$$

(c) (a)と(b)の差より $\Delta x = 18.0\,\mathrm{m/s}\,\Delta t + 3.00\,\mathrm{m/s^2}\,(\Delta t)^2$ だから，

$$\Delta x/\Delta t = 18.0\,\mathrm{m/s} + 3.00\,\mathrm{m/s^2}\,\Delta t$$

したがって，$\Delta t \to 0$ の極限で 18.0 m/s

2･7 各時刻での線の傾きを求める．(a) 5 m/s
(b) $\dfrac{5\,\mathrm{m} - 10\,\mathrm{m}}{4\,\mathrm{s} - 2\,\mathrm{s}} = -2.5\,\mathrm{m/s}$　(c) 0
(d) $\dfrac{0\,\mathrm{m} - (-5\,\mathrm{m})}{8\,\mathrm{s} - 7\,\mathrm{s}} = 5\,\mathrm{m/s}$

2･8 (a) ウサギが残りの 0.200 km(＝200 m)を走った時間は，200 m ÷ 8.00 m/s ＝ 25 s　その間にカメが這(は)った距離は 0.200 m/s × 25 s ＝ 5.00 m
(b) カメが這った時間は 1.00 km ÷ 0.200 m/s ＝ 1000 m ÷ 0.200 m/s ＝ 5000 s　ウサギが走った時間は 1.00 km ÷ 8.00 m/s ＝ 125 s　したがって，ウサギが途中，止まっていた時間は 4875 s．

2･9 (a) t の値を代入すると，それぞれの時刻での位置は $x = 11.0\,\mathrm{m}$，$x = 24.0\,\mathrm{m}$．したがって，

$$v_{平均} = \frac{24.0\,\mathrm{m} - 11.0\,\mathrm{m}}{3.00\,\mathrm{s} - 2.00\,\mathrm{s}} = 13.0\,\mathrm{m/s}$$

(b) 与式を微分すると，$v = \mathrm{d}x/\mathrm{d}t = 6.00t - 2.00$　これに t の値を代入すれば，それぞれ $v = 10.0\,\mathrm{m/s}$，$v = 16.0\,\mathrm{m/s}$
(c) $a_{平均} = \dfrac{16.0\,\mathrm{m/s} - 10.0\,\mathrm{m/s}}{3.00\,\mathrm{s} - 2.00\,\mathrm{s}} = 6.00\,\mathrm{m/s^2}$
(d) (b)の式を微分すると，$a = \mathrm{d}v/\mathrm{d}t = 6.00\,\mathrm{m/s^2}$　これは時間に依存しない．
(e) $v = 6.00t - 2.00 = 0$ より，$t = 0.333\,\mathrm{s}$

2･10 $v = \mathrm{d}x/\mathrm{d}t = 3.00 - 2.00t$，$a = \mathrm{d}v/\mathrm{d}t = -2.00$ に $t = 3.00$ を代入して，(a) $x = 2.00\,\mathrm{m}$，(b) $v = -3.00\,\mathrm{m/s}$，(c) $a = -2.00\,\mathrm{m/s^2}$

2･11 (a) $t = 3\,\mathrm{s}$ までは(v は 1 次関数なので)x は 2 次関数，その後 $t = 5\,\mathrm{s}$ までは x は 1 次関数，その後は 2 次関数になる．また v–t 図の各部分の面積から，$t = 3\,\mathrm{s}$ では $x = 12\,\mathrm{m}$，$t = 5\,\mathrm{s}$ では $x = 12\,\mathrm{m} + 16\,\mathrm{m} = 28\,\mathrm{m}$，$t = 7\,\mathrm{s}$ (v が 0 になる，つまり x が最大になる時刻)では $x = 28\,\mathrm{m} + 8\,\mathrm{m} = 36\,\mathrm{m}$．$v$ は不連続には変わっていないので，x のグラフは滑らかになるように描く．

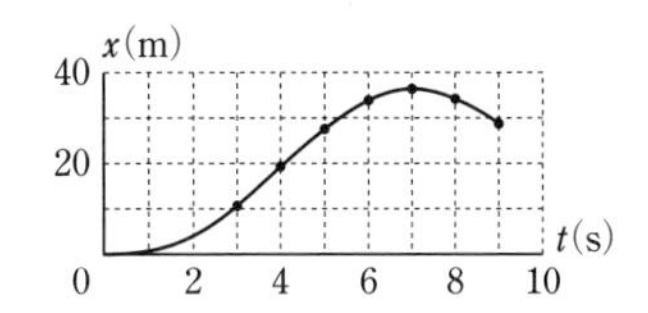

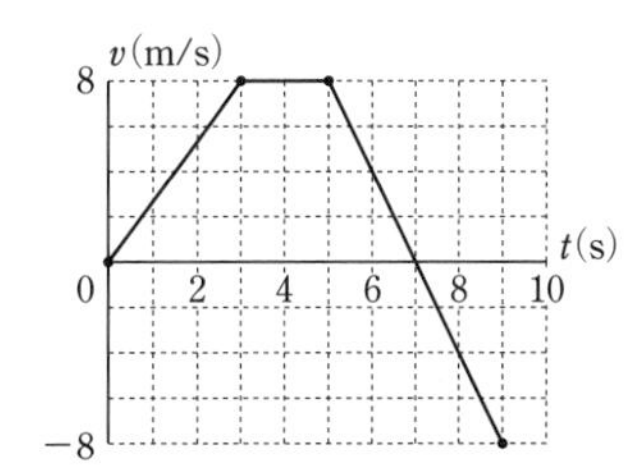

(b) $0 < t < 3$ では $a = \dfrac{8\,\mathrm{m/s}}{3\,\mathrm{s}} = 2.67\,\mathrm{m/s^2}$，$3 < t < 5$ では $a = 0$，$5 < t < 9$ では $a = \dfrac{-16\,\mathrm{m/s}}{4\,\mathrm{s}} = -4\,\mathrm{m/s^2}$．

速度の微分である加速度は，速度のグラフが曲がっている時刻では不連続に変わる．

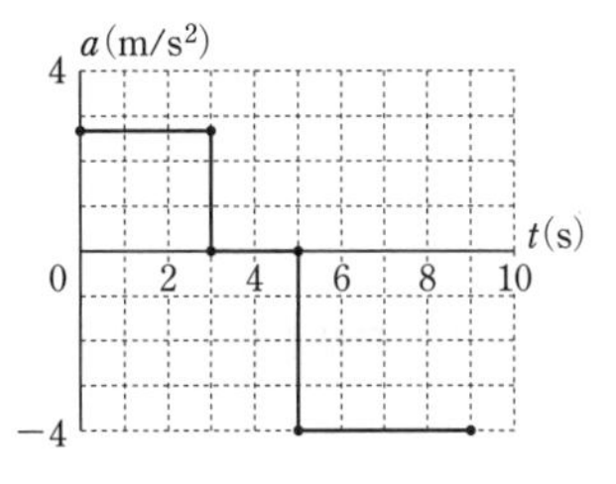

(c) $-4\,\mathrm{m/s^2}$　(d) 33.5 m　(e) 28 m

2·12　(a) $a-t$図の曲線の下の面積が速度の変化に等しい．0 s から 10 s の間の面積は $2\times10=20$ なので $t=10.0$ s での速さは 20 m/s．10 s から 15 s の間は速度は変化せず，15 s から 20 s では速度は 15 m/s だけ減少する．したがって，$t=20$ s での速さは 5 m/s．(b) 問(a)の結果から，$v-t$図は図のようになる．変位はこの曲線の下の面積から計算される．$0<t<10$ の間の面積は 100 m．$10<t<15$ の間の面積は 100 m．$15<t<20$ の間の面積は 62.5 m．したがって全移動距離は 263 m.

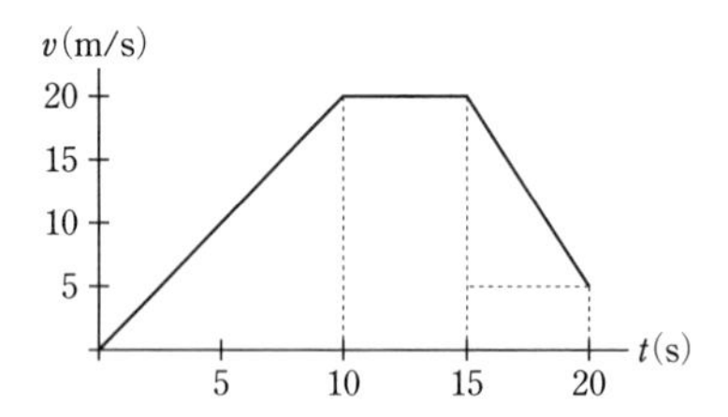

2·13

$$a_{平均}=\frac{22.0\ \mathrm{m/s}-(-25.0\ \mathrm{m/s})}{3.50\times10^{-3}\ \mathrm{s}}$$
$$=1.34\times10^{4}\ \mathrm{m/s^2}$$

2·14　(a) $\dfrac{8.0\ \mathrm{m/s}}{6.0\ \mathrm{s}}=1.3\ \mathrm{m/s^2}$，(b) グラフの傾きが最大になるのは $t=3.0$ s 頃であり，そのときの傾きは 2 m/s^2 と見積もれる．(c) グラフが平らになる時刻は，$t=6.0$ s と $t=10.0$ s 以降．(d) グラフが右下がりで，かつ最も傾いているのは $t=8.0$ s 頃であり，そのときの傾きは -1.5 m/s 程度.

2·15

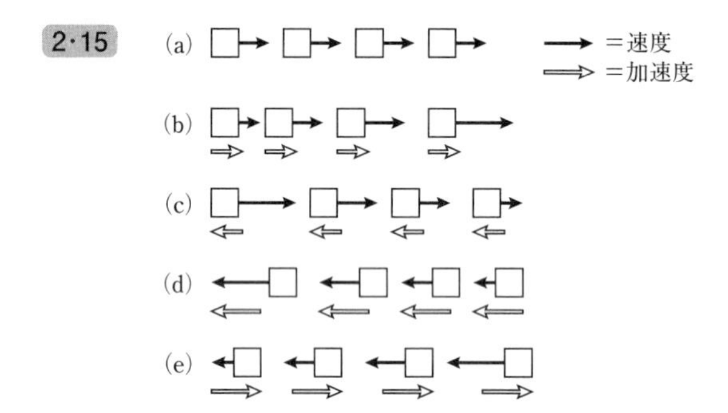

運動図とはストロボ写真の画像と考えればよい．したがって(d)，(e)では，時間の経過とともに物体が右から左に動いていることに注意.

2·16　$x_i=3.00$ cm（そのときを $t=0$ とする），$x_f=-5.00$ cm（そのときは $t=2.00$ s），$v_i=12.0$ cm/s とし，また求める加速度を a とすれば〔まとめ(2·13)式〕，

$$x_f=x_i+v_it+\frac{1}{2}at^2$$

長さの単位を cm として数値を代入すると，

$$-5.00=27.0+2.00a\ \rightarrow\ a=-16.0\ \mathrm{cm/s^2}$$

2·17　(a) まとめ(2·12)式より $x_f-x_i=\frac{1}{2}(v_f+v_i)t$．$x_f-x_i=40.0$ m，$v_f=2.80$ m/s，$t=8.50$ s を代入すると $v_i=6.61$ m/s.

(b) $a=\dfrac{2.80\ \mathrm{m/s}-6.61\ \mathrm{m/s}}{8.50\ \mathrm{s}}=-0.448\ \mathrm{m/s^2}$

2·18　(a) 加速度は負でなければならない．$v_f=v_i+at$．$v_f=0$，$v_i=100$ m/s，$a=-5.00$ m/s^2 を代入すると $t=20.0$ s.
(b) 止まるまでの距離を d とすると，$v_f^2-v_i^2=2ad$
数値を代入すると $d=1.00$ km．これは滑走路よりも長いので，ジェット機は無事には着陸できない.

2·19　(a) $x_f-x_i=\frac{1}{2}(v_f+v_i)t$ より，$t=4.98\times10^{-9}$ s
(b) $v_f^2-v_i^2=2ad$ より（d は移動距離），$a=1.20\times10^{15}$ m/s^2

2·20　(a) $x_f-x_i=v_it+\frac{1}{2}at^2$ を使う．数値を代入すると，$1.75t^2-30t+100=0$
2 次方程式を解くと $t=12.6$ s または 4.53 s．正解は 4.53 s である．(12.6 s とは，ボートがブイを通り過ぎ，減速して静止した後もさらに逆方向に加速してブイの位置まで戻ってくるまでの時間である.)
(b) $v_f=v_i+at=14.1$ m/s

2·21　時間，距離，加速度はわかっているが，初期速度はわかっていないので，すぐに最終速度を求められる公式は(I巻では)示していない．そこで，$v_f=v_i+at$ と $x_f-x_i=\frac{1}{2}(v_f+v_i)t$（あるいは $x_f-x_i=v_it+\frac{1}{2}at^2$）の 2 式から v_i を消去すると，$x_f-x_i=v_ft-\frac{1}{2}at^2$
ここに，$x_f-x_i=62.4$ m などを代入すれば，$v_f=3.10$ m/s

〔注意: 上記の式は，すでによく知られた式 $x_f-x_i=v_it+\frac{1}{2}at^2$ で，i と f の立場を入れ換えた関係式に相当する.〕

2·22　(a) $v_f=20.0$ m/s に達するまでにかかった時間 t は，$v_f=v_i+at$ より，

$$t=(20.0\ \mathrm{m}-0)/2.00\ \mathrm{m/s^2}=10.0\ \mathrm{s}$$

したがって全体では，

$$10.0\ \mathrm{s}+20.0\ \mathrm{s}+5.0\ \mathrm{s}=35.0\ \mathrm{s}$$

(b) 最初の 10.0 s に走った距離 x_1 は(その間の平均速度が 10.0 m/s だから)

$$x_1=10.0\ \mathrm{m/s}\times10.0\ \mathrm{s}=100\ \mathrm{m}$$

次の 20.0 s に走った距離 x_2 は，

$$x_2=vt=20.0\ \mathrm{m/s}\times20.0\ \mathrm{s}=400\ \mathrm{m}$$

最後の 5.00 s に走った距離 x_3 は(x_1 と同様にして)

$$x_3=10.0\ \mathrm{m/s}\times5.0\ \mathrm{s}=50\ \mathrm{m}$$

合計 550 m を 35 s で走ったのだから，

$$v_{平均}=550\ \mathrm{m}/35\ \mathrm{s}=15.7\ \mathrm{m/s}$$

2·23　(a) 微分することにより，$v=dx/dt=3-8t$
動きが変わるのは $v=0$ のときだから，$t=\frac{3}{8}$ s　これより $x=2.56$ m
(b) $x=2$ になる時刻は $t=\frac{3}{4}$ s　このとき $v=-3.00$ m/s

2·24　(a) 等加速度で動く質点というモデル.
(b) 速度と距離がわかっているので，$v_f^2-v_i^2=2a\Delta x$

(c) $a = v_f^2 - v_i^2 / 2\Delta x$
(d) 数値を代入すれば $a = 1.25\ \mathrm{m/s^2}$
(e) $v_f = v_i + at$ を解けば，$t = 8.00\ \mathrm{s}$
〔注意：問題 2·25～2·30 ではすべて，空気抵抗の効果は無視する.〕

2·25 0.20 s 間の紙幣の落下距離は，
落下距離 $= \frac{1}{2}gt^2 = \frac{1}{2}(9.80\ \mathrm{m/s^2})(0.20\ \mathrm{s})^2 = 0.20\ \mathrm{m}$
紙幣の中央から端までの長さは 8 cm なので，デビッドはこの紙幣をつかめない.

2·26 (a) $v_f = v_i - gt = 0$ なのだから，
$v_i = gt = (9.80\ \mathrm{m/s^2})(3.00\ \mathrm{s}) = 29.4\ \mathrm{m/s}$
(b) v_i と $v_f(=0)$ がわかっていることを使えば，
$y_f - y_i = \frac{1}{2}(v_i + v_f)t = 44.1\ \mathrm{m}$

2·27 (a) $3.00\ \mathrm{m} = \frac{1}{2}(9.80\ \mathrm{m/s^2})t^2$ より，$t = 0.782\ \mathrm{s}$
(b) この時間に馬が進む距離は $vt = 7.82\ \mathrm{m}$

2·28 (a) $v_f^2 - v_i^2 = -2g \times \Delta y$ であり，$v_f = 0$，$v_i = 100\ \mathrm{m/s}$ なので，$\Delta y = 510\ \mathrm{m}$
(b) $y_f = y_i + v_i t - \frac{1}{2}gt^2$ で，$y_f = y_i = 0$ なので，
$t = 2v_i/g = 20.4\ \mathrm{s}$

2·29 (a) $h = v_i t - \frac{1}{2}gt^2$ より $v_i = \dfrac{h + \frac{1}{2}gt^2}{t}$
$= \dfrac{h}{t} + \frac{1}{2}gt$
(b) $v_f = v_i - gt = \dfrac{h}{t} - \frac{1}{2}gt$

2·30 $\Delta y = v_i t - \frac{1}{2}gt^2$ で，$\Delta y = -30.0\ \mathrm{m}$，$v_i = -8.00\ \mathrm{m/s}$，$g = 9.80\ \mathrm{m/s^2}$ を代入して，t を求める（2 次方程式を解く）．解は 2 つあるが，$t > 0$ なので　$t = 1.79\ \mathrm{s}$

追加問題

2·31 (a) 加速度は 0. (b) $a = \dfrac{18\ \mathrm{m/s} - (-12\ \mathrm{m/s})}{5.0\ \mathrm{s}}$
$= 6.0\ \mathrm{m/s^2}$
(c) $a = \dfrac{0 - 18\ \mathrm{m/s}}{5.0\ \mathrm{s}} = -3.6\ \mathrm{m/s^2}$
(d) 6 s と 18 s のとき
(e) 左向きに動いた最後の時刻 6 s のときか，右向きに動いた最後の時刻 18 s のいずれかだが，どちらであるかは実際にそのときの位置を計算しなければわからない．その計算は(f)で行う.
(f) $t = 4\ \mathrm{s}$ での位置：$x = -12\ \mathrm{m/s} \times 4\ \mathrm{s} = -48\ \mathrm{m}$
$t = 6\ \mathrm{s}$ での位置：$x = -48\ \mathrm{m} + \frac{1}{2}(-12\ \mathrm{m/s})(2\ \mathrm{s})$
$= -60\ \mathrm{m}$
$t = 9\ \mathrm{s}$ での位置：$x = -60\ \mathrm{m} + \frac{1}{2}(18\ \mathrm{m/s})(3\ \mathrm{s})$
$= -33\ \mathrm{m}$
$t = 13\ \mathrm{s}$ での位置：$x = -33\ \mathrm{m} + (18\ \mathrm{m/s})(4\ \mathrm{s})$
$= 39\ \mathrm{m}$
$t = 18\ \mathrm{s}$ での位置：$x = 39\ \mathrm{m} + \frac{1}{2}(18\ \mathrm{m/s})(5\ \mathrm{s})$
$= 84\ \mathrm{m}$
(g) (f)の計算より，左に 60 m 動き，その後右に 144 m 動いたことがわかるので，全移動距離は 204 m.

2·32 (a) $1020\ \mathrm{km/h} = 1020 \times 1000 \div 3600\ \mathrm{m/s}$
$= 283\ \mathrm{m/s}$ なので，
$$a = \frac{0 - 283\ \mathrm{m/s}}{1.40\ \mathrm{s}} = -202\ \mathrm{m/s^2}$$
(b) $\Delta x = v_i t + \frac{1}{2}at^2$
$= 283 \times 1.40\ \mathrm{m} + \frac{1}{2}(-202)(1.40)^2\ \mathrm{m} = 198\ \mathrm{m}$
$\Delta x = \frac{1}{2}(v_i + v_f)t$ を使ってもよい.

〔注：人体は，自由落下の加速度 g の 15 倍程度までならば，短時間ならば傷付かずに，靱帯が緊張する程度で耐えられる．しかし長時間になると，血液の循環が妨げられるので傷害を受ける．さらに大きな加速度では，大動脈が心臓から断絶されるなどの傷害が生じる.〕

2·33 (a) $v^2 = 2g \times 45\ \mathrm{m}$ より，
$v = (90 \times 9.80)^{1/2}\ \mathrm{m/s} = 30\ \mathrm{m/s}$
(b) $v^2 = 2a \times 0.50\ \mathrm{m}$ より，
$a = g \times (45/0.50)\ \mathrm{m/s^2} = 880\ \mathrm{m/s^2}$
(c) $0.50\ \mathrm{m} = \frac{1}{2}at^2$ より，$t = 1/\sqrt{880}\ \mathrm{s} = 0.034\ \mathrm{s}$

2·34 ゲートに入ったときの速度を v_i，加速度を a とすると，$l = v_i \Delta t + \frac{1}{2}a(\Delta t)^2$
したがって，$l/\Delta t = v_i + \frac{1}{2}a\Delta t$
まず，(b)から考えると，$\Delta t/2$ だけ経過したときの瞬間速度は，$v = v_i + a(\Delta t/2)$
なのだから，上記の $l/\Delta t$ に等しい．つまり(b)は正しい．また，時間間隔での中間と，スライダーの中間点が通過する時刻は異なるのだから（速度は変化している），(b)が正しければ(a)は正しくない．等加速度運動では速度は時間の 1 次関数だが，位置の 1 次関数ではないことが，(b)は正しく(a)は正しくない理由である（1 次関数では平均値は中間点での値に等しい）.

2·35 蛇の両端間の距離 L は，
$$L^2 = (240)^2 + (180)^2 - 2 \times 240 \times 180 \cos 105° = (335)^2$$
したがって，
$$u = 12.0\ \mathrm{km/h} \times \frac{420}{335} = 15.0\ \mathrm{km/h}$$

2·36 1 両目が目の前を通り過ぎる間の平均速度は $8.60\ \mathrm{m}/1.50\ \mathrm{s} = 5.73\ \mathrm{m/s}$．これは 1.50 s の中間の時刻での瞬間速度である（問 34 参照）．同様に，2 両目が通り過ぎた 1.10 s の中間の時刻での瞬間速度は $8.60\ \mathrm{m}/1.10\ \mathrm{s} = 7.82\ \mathrm{m/s}$ である．この 2 つの時刻の間隔は $\frac{1}{2}(1.50\ \mathrm{s} + 1.10\ \mathrm{s}) = 1.30\ \mathrm{s}$ である．したがって，この間の速度の変化率，つまり加速度 a は，
$a = (7.82\ \mathrm{m/s} - 5.73\ \mathrm{m/s}) / 1.30\ \mathrm{s} = 1.60\ \mathrm{m/s^2}$

2·37 加速から減速に代わったときの速度を v，減速中の時間を t_2 とすると，$v = a_1 t_1 = -a_2 t_2$

これより，$t_2 = \dfrac{a_1 t_1}{-a_2}$

また，$x = 1000$ m とすれば，

$$x = \tfrac{1}{2}vt_1 + \tfrac{1}{2}vt_2 = \tfrac{1}{2}a_1\left(1 - \frac{a_1}{a_2}\right)t_1^2$$

これより，

$$t_1 = \sqrt{20\,000/1.20}\ \mathrm{s} = 129\ \mathrm{s}$$

また，$t_2 = \dfrac{a_1 t_1}{-a_2} = 26$ s だから，

$$t = t_1 + t_2 = 155\ \mathrm{s}$$

2·38 エンジンが停止したときの速度 v_1 は，

$$v_1^2 - (80.0\ \mathrm{m/s})^2 = 2\,(4.00\ \mathrm{m/s^2})\,(1000\ \mathrm{m})$$

より，$v_1 = 120$ m/s．そのときまでの時間を t_1 とすれば，$v_1 = v_i + at_1$ より，

$$t_1 = \frac{v_1 - v_i}{a} = \frac{40\ \mathrm{ms}}{4.00\ \mathrm{m/s^2}} = 10\ \mathrm{s}$$

次に，エンジンが停止してから最高高度 x までの運動を考えると，

$$0 - v_1^2 = -2 \times 9.80\ \mathrm{m/s^2} \times (x - 1000\ \mathrm{m})$$

これより，$x = 1735$ m．かかった時間 t_2 は，

$0 = v_1 - gt_2 \ \rightarrow\ t_2 = 120\ \mathrm{m/s} \div 9.80\ \mathrm{m/s^2} = 12.2\ \mathrm{s}$

最後に，地表に落下したときの速度 v_2 は，

$$0 - v_2^2 = -2g(x - 0) = -2 \times 9.80 \times 1735\ \mathrm{m}$$

より，$v_2 = -184$ m/s．また，最高点から地表までかかった時間 t_3 は，

$$v_2 = -gt_3 \ \rightarrow\ t_3 = 18.8\ \mathrm{s}$$

以上より，(a) $t_1 + t_2 + t_3 = 41.0$ s．(b) $x = 1730$ m．(c) $v_2 = -184$ m/s

2·39 (a) 白バイが停止していた位置から測った自動車の各時刻 t での位置は，$x = (15.0\ \mathrm{m/s})t$

白バイの位置は，$x = \frac{1}{2} \times 2.00\ \mathrm{m/s^2} \times t^2$

連立させて t を求めれば，　$t = 15.0$ s

(b) $v = 2.00\ \mathrm{m/s^2} \times 15.0\ \mathrm{s} = 30.0$ m/s

(c) $x = 225$ m

2·40 (a) 走った時間を t，走った距離を x と書き，加速度，加速している時間を（各走者に関して）それぞれ a, T とする．すると，$t > T$ のときは，

$$x = \tfrac{1}{2}aT^2 + aT(t - T) \quad\longrightarrow\quad a = \frac{X}{\frac{1}{2}T^2 + T(t - T)}$$

(a) ローラでは $T = 2.00$ s なので，$a_{\text{ロ}} = 5.32\ \mathrm{m/s^2}$

ヘレンでは $T = 3.00$ s なので，$a_{\text{ヘ}} = 3.75\ \mathrm{m/s^2}$

(b) ローラでは $v = a_{\text{ロ}}T = 10.6$ m/s．同様にヘレンでは $v = 11.2$ m/s．

(c) (a) の x の式で $t = 6.00$ s とすれば，ローラの位置は 53.19 m，ヘレンの位置は 50.56 m なので，差は 2.63 m．

(d) 2 秒まではローラが差を広げる．3 秒以降はヘレンが差を縮める．したがって，差が最も大きいのは 2 秒と 3 秒の間である．その間の時刻 t での距離の差は，

$$\text{距離の差} = \tfrac{1}{2}a_{\text{ロ}}T^2 + a_{\text{ロ}}T(t - T) - \tfrac{1}{2}a_{\text{ヘ}}t^2$$

（ただし $T = 2.00$ s.）これが最大になる時刻 t は，上式を t で微分して求めてもいいが，速度が等しくなる時刻なので，$10.6\ \mathrm{m/s} = 3.75\ \mathrm{m/s^2}\,T$

より $T = 2.84$ s となる．これを上式に代入すれば，距離の差 $= 4.47$ m.

2·41 (a) 下表．（変位については，たとえば高さの 1 行目と 2 行目の差を，変位の 1 行目に記した.）

時間 t (s)	高さ h (m)	変位 Δh(m)	平均 $\bar{v}$ (m/s)
0.00	5.00	0.75	3.00
0.25	5.75	0.65	2.60
0.50	6.40	0.54	2.16
0.75	6.94	0.44	1.76
1.00	7.38	0.34	1.36
1.25	7.72	0.24	0.96
1.50	7.96	0.14	0.56
1.75	8.10	0.03	0.12
2.00	8.13	−0.06	−0.24
2.25	8.07	−0.17	−0.68
2.50	7.90	−0.28	−1.12
2.75	7.62	−0.37	−1.48
3.00	7.25	−0.48	−1.92
3.25	6.77	−0.57	−2.28
3.50	6.20	−0.68	−2.72
3.75	5.52	−0.79	−3.16
4.00	4.73	−0.88	−3.52
4.25	3.85	−0.99	−3.96
4.50	2.86	−1.09	−4.36
4.75	1.77	−1.19	−4.76
5.00	0.58		

(b) グラフを参照.

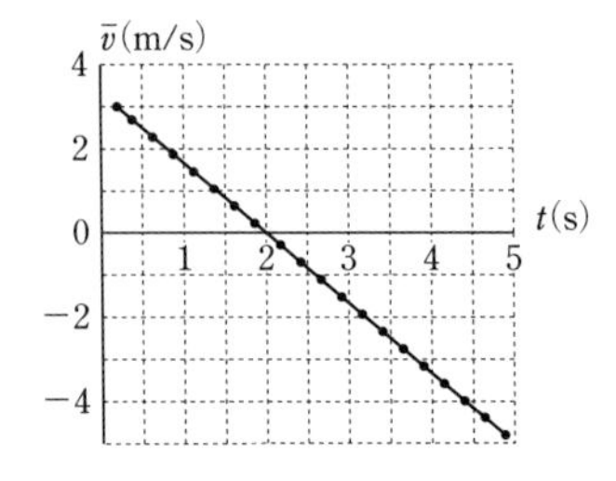

(c) v–t 図が直線とみなせるので等加速度運動だと思われる．傾きより，

$$\text{加速度} = \frac{-4.76 - 3.00}{4.75} = -1.63\ \mathrm{m/s^2}$$

2·42 (a) 水面からの高さを y で表し，投げたときから測った時間を t とする.

$$y = 50.0\text{ m} - (2.00\text{ m/s})\,t - \frac{1}{2}(9.80\text{ m/s}^2)t^2$$

$y = 0$ になる時刻は2次方程式を解いて，$t = 3.00$ s.

(b) 初速を v_i とすると，

$$y = 50.0\text{ m} + v_i t - \frac{1}{2}(9.80\text{ m/s}^2)t^2$$

$t = 2.00$ s のときに $y = 0$ なのだから，$v_i = -15.3$ m/s

(c) $v_f = v_i - gt$. 最初の石は $v_i = -2.00$ m/s，$t = 3.00$ s より $v_f = -31.4$ m/s.

2番目の石も同様にして，$v_f = 34.8$ m/s.

2·43 1.5 m の位置から落下したとすると，そのときの速さ v は，$v^2 = 2g \times 1.5\text{ m} \approx 30\text{ m}^2/\text{s}^2$

落下後，さらに1 cm だけ等速加速度運動をして1 cm 動いたときに瞬間的に静止したとする．そのときの加速度を a とすれば，

$$v^2 = 2a \times 0.01\text{ m} \quad\rightarrow\quad a = 1500\text{ m/s}^2$$

2·44 (a) 落下するまでの時間を t_1，水音が伝わる時間を t_2，井戸の深さを d とする．また，336 m/s $= v$，2.40 s $= T$ とすると，$d = \frac{1}{2}gt_1^2$，$\frac{d}{v} = t_2$，$t_1 + t_2 = T$ である．

これを整理すると，$\sqrt{2d/g} + d/v = T$

これを整理すると，$d^2 - 2(vT + v^2/g)d + v^2T^2 = 0$

この2次方程式を解くと，$d = 26.4$ m

(b) t_2 を無視すれば，$d = \frac{1}{2}gT^2 = 28.2$ m. つまり，ずれは約7％.

2·45 貨物列車から見ると旅客列車は 58.5 m の距離から速さ 24.0 m/s で近づいている．ブレーキをかけた後の時刻 t における距離 d の変化は(t は秒，d はメートルで表すと)，$d = 58.5 - 24.0\,t + \frac{1}{2}3.00\,t^2$

d が最小になる時刻は $\mathrm{d}d/\mathrm{d}t = 0$ より，$-24.0 + 3.00t = 0$，つまり $t = 8.00$(秒)．これを上式に代入すると $d < 0$ となる．つまり列車はその前に衝突する．

2·46 このとき，微小な時間 Δt の間に A は Δx，B は Δy だけ動いたとする．すると，次の関係式が成り立つ．

$$x^2 + y^2 = L^2 \qquad (x - \Delta x)^2 + (y + \Delta y)^2 = L^2$$

2番目の式を展開し，各辺から1番目の式の各辺を引く．また，時間は微小なので Δx も Δy も小さく，したがってそれらの2乗の項は無視できるとする．すると，

$$-2x\Delta x + 2y\Delta y = 0$$

これより，

$$v_B = \frac{\Delta y}{\Delta t} = \frac{x}{y}\frac{\Delta x}{\Delta t} = \frac{1}{\tan\alpha}v_A = \frac{1}{\sqrt{3}}v_A$$

2·47 (a) $a_{平均} = 42.0\text{ m/s} \div 8.00\text{ s} = 5.25\text{ m/s}^2$

(b) $\Delta x = \frac{1}{2}(v_i + v_f)\,t = 168$ m

(c) $v_f = v_i + at = 5.25\text{ m/s}^2 \times 10.00\text{ s} = 52.5\text{ m/s}$

2·48 (a) 自転車が最高速度まで達する時間 t_0 とそのときの走行距離 x_0 は，

$$t_0 = v/a = (20.0\text{ km/h})/(13.0\text{ km/h/s}) = 1.54\text{ s}$$

$$\begin{aligned} x_0 &= \frac{1}{2}at_0^2 \ (\text{あるいは } = v^2/2a) \\ &= \frac{1}{2} \times (13.0\text{ km/h/s} \times 1\text{ h}/3600\text{ s}) \times (1.54\text{ s})^2 \\ &= 0.004\,28\text{ km} = 4.28\text{ m} \end{aligned}$$

$t > t_0$ での自転車の位置 $x_{転}$ は(信号の位置を $x = 0$ とすると)

$$\begin{aligned} x_{転} &= x_0 + v_{転}(t - t_0) \\ &= 4.28 + (20.0 \times 1000 \div 3600)(t - 1.54) \\ &= 4.28 + 5.55\,(t - 1.54) \end{aligned}$$

ただし，x は m，t は秒を単位としたときの値である．

ここで，自動車がまだ加速中に追いつくとしよう．すると追いつく時刻は，

$$\begin{aligned} x_{転} = \frac{1}{2}a_{動}t^2 &= \frac{1}{2} \times (9.00 \times 1000 \div 3600)\,t^2 = 1.25t^2 \\ &\longrightarrow\quad 1.25t^2 - 5.55t + 4.27 = 0 \\ &\longrightarrow\quad t^2 - 4.44t + 3.42 = 0 \end{aligned}$$

これより $t = 3.45$ s となる．

この時刻では自動車の速さは，

$$9.00\text{ km/h/s} \times 3.45\text{ s} = 32.1\text{ km/h}$$

であり 50.0 km/h よりも遅いので，自動車は加速中であるとした仮定は正しかった．

(b) 自動車と自転車の速度が等しくなる時刻 t は，

$$20.0\text{ km/h} = 9.00\text{ km/h/s} \times t \quad\rightarrow\quad t = 2.22\text{ s}$$

このときの自転車の位置は上式より，$x_{転} = 8.05$ m

また，自動車の位置は，$x_{動} = \frac{1}{2}(9.00\text{ km/h/s}) \times (2.22\text{ s})^2 = 6.16$ m　したがって，その差は 1.89 m.

3章　二次元の運動

3·1　(a) x 方向の動き：
$0-25\times 2.00\times 60-30.0\times 1.00\times 60\times\cos 45°=-4270$(m)
y 方向の動き：
$-20.0\times 3.00\times 60+0+30.0\times 1.00\times 60\times\sin 45°=-2330$(m)
長さ：$\sqrt{4270^2+2330^2}=4870$(m)
方向：$\tan^{-1}\dfrac{2330}{4270}=28.6°$ なので西から南に 28.6°の方向
(b) $\dfrac{20.0\times 3.00+25.0\times 2.00+30.0\times 1.00}{6.00}=23.3$(m/s)
(c) 4870 m/360 s = 13.5 m/s．方向は(a)と同じ．

3·2　(a) $\Delta x=(1.00\times 4.00+1.00)-(1.00\times 2.00+1.00)=2.00$(m) $\rightarrow$ $v_x=2.00/2.00=1.00$(m/s)
$\Delta y=[0.125\times(4.00)^2+1.00]-[0.125\times(2.00)^2+1.00]=1.50$(m)
$\rightarrow$ $v_y=1.50/2.00=0.750$(m/s)
(b) $v_x=\mathrm{d}x/\mathrm{d}t=a=1.00$ m/s,
$v_y=\mathrm{d}y/\mathrm{d}t=2ct=0.500$ m/s
速さ $=\sqrt{v_x{}^2+v_y{}^2}=1.12$ m/s

3·3　(a) $x=0+5.00\text{ m/s}\,t+0$,
$y=0+0+\frac{1}{2}3.00\text{ m/s}^2\,t^2$
したがって，$\vec{r}=5.00\text{ m/s}\,t\hat{i}+1.50\text{ m/s}^2\,t^2\hat{j}$
(b) $\vec{v}=5.00\text{ m/s}\,\hat{i}+3.00\text{ m/s}^2\,t\hat{j}$
(c) (a)の式に t の値を代入して，$x=10.0$ m，$y=6.00$ m
(d) $v_x=5.00$ m/s，$v_y=6.00$ m/s だから，

$$v=\sqrt{v_x{}^2+v_y{}^2}=7.81\text{ m/s}$$

3·4　(a) まず，$x=d$ になったときの時刻 t（秒単位で表した数）を求める．$x_\mathrm{f}=x_i+v_it+\frac{1}{2}a_xt^2$ に数値を代入すると，

$$0.01=0+1.80\times 10^7\,t+\tfrac{1}{2}(8\times 10^{14})t^2$$

となり，この2次方程式を解くと $t=5.49\times 10^{-10}$ s とわかる（$t<0$ となる解はこの問題の答にはなりえない）．
$y_\mathrm{f}=0+0+\frac{1}{2}(1.60\times 10^{15})\,t^2=2.41\times 10^{-4}$(m)
(b) $v_x=v_\mathrm{i}+a_xt=1.80\times 10^7+8.00\times 10^{14}\times 5.49\times 10^{-10}=1.84\times 10^7$(m/s)
$v_y=a_y\,t=8.78\times 10^5$ m/s
(c) $v=\sqrt{v_x{}^2+v_y{}^2}=1.85\times 10^7$ m/s
(d) $\theta=\tan^{-1}\dfrac{v_y}{v_x}=2.73°$

3·5　(a) $a_x=(20.0-10.0)/20.0=0.800$(m/s^2)
$a_y=(-5.00-1.00)/20.0=-0.300$(m/s^2)
(b) $\theta=\tan^{-1}\dfrac{a_y}{a_x}=-20.6°$
（$+x$ 方向から下に 20.6°傾いた方向）
(c) $x=10.0+4\times 25.0+\frac{1}{2}\times 0.800\times 25.0^2=360$(m)
$y=-4.00+1.00\times 25.0+\frac{1}{2}\times(-0.300)\times 25.0^2=-72.7$(m)
$v_x=4.00+0.800\times 25.0=24.0$(m/s)
$v_y=1.00-0.300\times 25.0=-6.50$(m/s)
$\theta=\tan^{-1}\dfrac{v_y}{v_x}=-15.2°$

3·6　垂直方向の動きを考える．初期速度を v_y とし，3.5 m $=h$ とすれば，$y=h$ のときは y 方向の速度は 0 なのだから，

$$0-v_y{}^2=-2gh$$

45°で飛び上がった瞬間の速さを v とすれば，

$$v=\frac{v_y}{\sin 45°}=\sqrt{2gh}\times\sqrt{2}=12.0\text{ m/s}$$

3·7　重力により 3.00 cm 以上落下しないためには，十分に速く標的に着かなければならない．時間の限度を t とすれば，

$$\tfrac{1}{2}gt^2<3.00\text{ cm}\ \rightarrow\ t<\sqrt{\frac{0.06\text{ m}}{g}}=0.0782\text{ s}$$

30.0°の方向で 2.00 m 先の標的までの水平距離は，
水平距離 $=2.00\text{ m}\times\cos 30°=1.73$ m
この距離を 0.0782 s 以内に飛ぶためには，x 方向の速さ v_x は，

$$v_x>1.73/0.0782\text{ m/s}=22.1\text{ m/s}$$

したがって，速さは，

$$v=\frac{v_x}{\cos 30°}>\frac{22.1\text{ m/s}}{\cos 30°}=25.5\text{ m/s}$$

これは時速約 90 km である．

3·8　軌道が標的を通るという条件から角度を求める．大砲の位置を原点とする．最初の速さを v，打ち出す角度を θ（$0<\theta<90°$）とすると，砲弾の軌道は（x 方向と y 方向の運動の式から t を消去して求める．I巻(3·14)式）

$$y=\tan\theta\,x-\frac{gx^2}{2v^2\cos^2\theta}$$

$\cos^2\theta$ を掛け，$\cos^2\theta=X$ とすると

$$yX=\sqrt{X(1-X)}\,x-gx^2/2v^2$$

$gx^2/2v^2=A$（$=19.6$ m）と書いて整理すると，
$x^2X(1-X)=(yX+A)^2$
$\rightarrow$ $(x^2+y^2)X^2+(2yA-x^2)X+A^2=0$
$x=2000$ m，$y=800$ m，$g=9.80$ m/s^2，$v=1000$ m/s を代入すると，

$$4\,640\,000X^2-3\,968\,640X+384=0$$

すなわち，

$$X^2-0.855\,31X+0.000\,083=0$$

この2次方程式を解くと，

$$X=0.925^2\quad\text{または}\quad 0.0098^2$$

$\cos\theta = \sqrt{X}$ より,

$$\theta = 22.4° \quad \text{または} \quad 89.4°$$

〔注：2次方程式の公式通りに計算したが，X の2つ目の解は大きな数が打ち消し合って小さな数になるので数値計算が難しい．むしろ近似式を使ったほうがよい．x^2, y^2 に比べて A^2 が小さいことを考えて解の近似式を求めると ($\sqrt{1+\varepsilon} \approx 1 + \varepsilon/2$ を使う),

$$X \approx (x^2 - 2yA)/(x^2 + y^2) \quad \text{または} \quad A^2/(x^2 - 2yA)$$

いずれの場合も x^2 に比べて $2yA$ は無視してもよい．したがって後者は $\sqrt{X} \approx A/x = 0.0098$ とすぐに答が得られる．(さらに賢く計算するには，X が大きな解は2次方程式で A^2 の項を無視し，X が小さい解は X^2 の項を無視すれば，2次方程式の解を使わずに答が得られる．)〕

3·9 最初の速さを v，飛び出す角度を θ，落ちてくるまでの時間を t とすれば，最高点では $v_y = 0$ なので，

$$v\sin\theta - g(t/2) = 0$$

したがって，落ちてきたときに進んだ距離 d は，

$$d = v\cos\theta \times t = 2v^2 \sin\theta\cos\theta/g$$

(これはI巻(3·16)式である) $d = 15.0$ m, $v = 3.00$ m/s, $\theta = 45°$を代入すれば $g = 0.600\ \text{m/s}^2$

3·10 (a) 跳び出してから床に衝突するまでの時間を t とすると，垂直方向は自由落下だから，

$1.22\ \text{m} = \frac{1}{2}gt^2 \ \rightarrow\ t = (2.44\ \text{m}/9.80\ \text{m/s}^2)^{1/2} = 0.500\ \text{s}$

水平方向の速度を v_x とすると，

$$v_x t = 1.40\ \text{m} \ \rightarrow\ v_x = 1.40\ \text{m}/0.500\ \text{s} = 2.80\ \text{m/s}$$

(b) 水平方向の速さは(a)と同じであり，垂直方向の速さ v_y は，

$$v_y = gt = 9.80\ \text{m/s}^2 \times 0.500\ \text{s} = 4.90\ \text{m/s}$$

ジョッキの速度の水平方向に対する角度を θ とすれば，

$$\tan\theta = 4.90/2.80 = 1.75 \ \rightarrow\ \theta = 60.3°$$

3·11 (a) ボールの軌道の式は，蹴った位置を原点とすれば，

$$y = \tan\theta\, x - \frac{gx^2}{2v^2\cos^2\theta}$$

$\theta = 53.0°$, $v = 20.0$ m/s, $g = 9.80\ \text{m/s}^2$, $x = 36.0$ m を代入すれば，$y = 3.94$ m

これはバーよりも高い．

(b) ボールが落下する位置は，$y = 0$ から，$x = 2v^2\sin\theta\cos\theta/g$ (この式は問3·9でも求めた)．計算すると $x = 39.2$ m．これはゴールまでの距離の2倍よりは短い．つまりゴールの位置ではボールはすでに，最高点になる位置(19.6 m)を通りすぎている．

3·12 最高点の高さを h，初期速度を(v_x, v_y)とすると，

$$v_y^2 = 2gh$$

半分の高さのときの y 方向の速度を v_y' とすると，

$$v_y^2 - v_y'^2 = gh \ \rightarrow\ v_y'^2 = v_y^2 - gh = \frac{1}{2}v_y^2$$

v_x は一定なのだから，問題の条件(最高点の速度の2乗×4＝半分の高さでの速度の2乗)は，

$$4(v_x^2 + 0) = v_x^2 + v_y'^2 = v_x^2 + \frac{1}{2}v_y^2$$

これより，

$$\tan\theta = v_y/v_x = \sqrt{6} \ \rightarrow\ \theta = 67.8°$$

3·13 まず水平方向(x 方向)の動きから(等速運動)，水がビルに当たるまでの時間を求める．その時間を，垂直方向(y 方向)の動きの式(自由落下運動)に代入すれば，$x = d$ のときの高さ $y = h$ が得られる．あるいは，軌道の式(問3·8の解答参照)を知っていれば，$x = d$ を代入してすぐに答 $y = h$ が得られる．いずれにしろ，

$$h = \tan\theta\, d - \left(\frac{g}{2v_i^2\cos^2\theta}\right)d^2$$

となる．

3·14 垂直方向の動きは自由落下だから，落下するまでの時間 t は，

$$40.0\ \text{m} = \frac{1}{2}gt^2 \ \rightarrow\ t = \left(\frac{80.0\ \text{m}}{9.80\ \text{m/s}^2}\right)^{1/2} = 2.86\ \text{s}$$

したがって，音が伝わるのにかかった時間は 3.00 s − 2.86 s = 0.14 s であり，伝わった距離が計算できる．落下した位置の，崖の端からの距離を x とすると，

$$x^2 + (40.0\ \text{m})^2 = (0.14\ \text{s} \times 343\ \text{m/s})^2 \ \rightarrow\ x^2 = 706\ \text{m}^2 \ \rightarrow\ x = 27\ \text{m}$$

したがって，$vt = x$ の関係より，

$$v_\text{i} \times 2.86\ \text{s} = 27\ \text{m} \ \rightarrow\ v_\text{i} = 9.4\ \text{m/s}$$

3·15 (a) 速度の垂直方向の成分を，上向きを正として v_y とする．跳び出したときの $v_{y\text{i}}(>0)$ と降りたときの $v_{y\text{f}}(<0)$ がわかれば，加速度が $-g$ なので時間 t がわかる．実際，$v_{y\text{i}}^2 = g(1.85\ \text{m} - 1.02\ \text{m})$, $v_{y\text{f}}^2 = g(1.85\ \text{m} - 0.900\ \text{m})$, $v_{y\text{f}} - v_{y\text{i}} = -gt$ なので，

$$t = \frac{1}{\sqrt{g}}(\sqrt{0.95\ \text{m}} + \sqrt{0.83\ \text{m}}) = 0.852\ \text{s}$$

(b) この時間に 2.80 m 動いたのだから，

$$v_x = 2.80\ \text{m}/0.852\ \text{s} = 3.29\ \text{m/s}$$

(c) (a)で書いた式より，$v_{y\text{i}} = 4.03$ m/s

(d) $\tan\theta = 4.03/3.29$ より，$\theta = 50.8°$

(e) (a)と同様に考えると，

$$t = \frac{1}{\sqrt{g}}(\sqrt{1.30\ \text{m}} + \sqrt{1.80\ \text{m}}) = 1.12\ \text{s}$$

オジロジカの方が，宙を飛んでいる時間が長い．

3·16 (a) $x = 0.00$ m, $y = 50.0$ m (b) $v_x = 18.0$ m, $v_y = 0$ (c) 自由落下運動，あるいは一定の加速度 g で落下する質点(第2章まとめ参照) (d) 等速度で動く質点 (e) $v_x(t) = v_\text{i}$, $v_y(t) = -gt$ (f) $x(t) = v_\text{i}t$, $y(t) = h - \frac{1}{2}gt^2$ (g) $y = 0$ より $h - \frac{1}{2}gt^2 = 0$．したがって，$t = \sqrt{2h/g} = 3.19$ s (h) $v_x = v_\text{i} = 18.0$ m/s, $v_y = -gt = -31.3$ m/s．したがって，$v = \sqrt{v_x^2 + v_y^2} = 36.1$ m/s

水平方向から見た角度を θ とすれば，

$$\tan\theta = \frac{v_y}{v_x} = -1.738 \ \rightarrow\ \theta = -60.1°$$

つまり水平方向から下向きに60.1°の角度で水面に衝突するということである．

3·17 (a) 問題文の式はそれぞれ，$x_f = x_i + v_{xi}t$，$y_f = y_i + vy_it - \frac{1}{2}gt^2$ という式の，着地した時点での形だとみなせる．したがって，$(x_i, y_i) = (0, 0.840\ \mathrm{m})$．

(b) $(v_{xi}, v_{yi}) = (11.2\ \mathrm{m/s}\cos 18.5°,\ 11.2\ \mathrm{m/s}\sin 18.5°)$
$= (10.6\ \mathrm{m/s},\ 3.6\ \mathrm{m/s})$

(c) tが秒単位で表された数だとすれば，問題文の2番目の式は，

$$4.90t^2 - 3.55t - 0.480 = 0$$

これを解くと $t = 0.841\ \mathrm{s}$．これを第一式に代入すれば，
$x_f = 8.94\ \mathrm{m}$

3·18 (a) 求める速さをvとすると水平方向の初速は $v\cos 53°$．水平方向は等速運動であることから，

$$24.0\ \mathrm{m} = v\cos 53° \times 2.2\ \mathrm{s} \quad\rightarrow\quad v = 18.1\ \mathrm{m/s}$$

(b) 垂直方向(y方向とする)は自由落下運動なので，$t = 2.20\ \mathrm{s}$とすると，
$y = 0 + v\sin 53° \times 2.2\ \mathrm{s} - \frac{1}{2}9.80\ \mathrm{m/s^2}\times(2.2\ \mathrm{s})^2 = 8.13\ \mathrm{m}$
これは壁よりも1.13 m高い．

(c) 軌道の式は，

$$y = \tan\theta\, x - \frac{g}{2v^2\cos^2\theta}x^2$$

$y = 6$とすると，

$$0.0412x^2 - 1.33x + 6 = 0$$

これを解くと $x = 26.8$ または 5.44．xは24.0より大きくなければならないので $x = 26.8$ であり，壁からの距離は24.0を引いて2.8 mとなる．

3·19 $a = v^2/r = \dfrac{(20.0\ \mathrm{m/s})^2}{1.06\ \mathrm{m}} = 377\ \mathrm{m/s^2}$

質量が問題文に書いてあるが加速度には無関係であることに注意．力の大きさは 質量 × 加速度 なので質量が関係する．

3·20 赤道上の地表の速さvは，

v = 赤道の全長÷自転周期
$= 2\pi \times 6.37 \times 10^6\ \mathrm{m} \div (24 \times 3600$ 秒$) = 463\ \mathrm{m/s}$
加速度 $= v^2/$ 地球の半径 $= 0.0337\ \mathrm{m/s^2}$

赤道という円周の中心は地球の中心なので，加速度も地球の中心を向く．

3·21 求める回転率をnとすれば，速さvは $v = 2\pi rn$．加速度は v^2/r であることから，

$$v^2/r = 3.00\,g \quad\rightarrow\quad v = \sqrt{3.00gr}$$

したがって，

$$n = v/2\pi r = \sqrt{3.00\,g/r}\,/\,2\pi = 0.281\ \mathrm{s^{-1}}$$

1秒当たり0.281回転ということである．

3·22 回転率をf，円運動の半径をrとすれば，速さは v(= 円周 × 単位時間当たりの回転数) $= 2\pi rf$ だから，加速度は，

$$a = v^2/r = (2\pi)^2 rf^2$$

fは内側でも外側でも同じなので，rが小さい内側で $a = 100\,g$ になっていればよい．したがって，

$$f = \sqrt{\frac{100\,g}{2.10\ \mathrm{cm}}}\,/\,2\pi = 34.4\ \mathrm{s^{-1}} \times (60\ \mathrm{s/1min})$$
$$= 2.06 \times 10^3\ \mathrm{min^{-1}}$$

1分当たり2060回以上回転させなければならないということである．

3·23 円運動は重力によって生じているので，向心加速度がgに等しい．すなわち，
$v^2/r = g$ →
$v = \sqrt{gr} = (8.21\ \mathrm{m/s^2}\times 7000 \times 10^3\ \mathrm{m})^{1/2} = 7.58 \times 10^3\ \mathrm{m}$
また，人工衛星の周期をTとすれば，
$T = 2\pi r/v = 5.80 \times 10^3\ \mathrm{s}$　(= 96.7 分)

3·24 $50.0\ \mathrm{km/h} = \dfrac{50\ \mathrm{km}}{\mathrm{h}} \times \dfrac{1000\ \mathrm{m}}{1\ \mathrm{km}} \times \dfrac{1\ \mathrm{h}}{3600\ \mathrm{s}}$
$= 13.9\ \mathrm{m/s}$

$(90.0 - 50.0)\ \mathrm{km/h} = 11.1\ \mathrm{m/s}$
これらを使って計算すると，

$$a_{\text{半径}} = -a_{\text{向心}} = -v^2/r = -(13.9\ \mathrm{m/s})^2/150\ \mathrm{m}$$
$$= -1.29\ \mathrm{m/s^2}$$
$$a_{\text{接線}} = 11.1\ \mathrm{km}/15.0\ \mathrm{s} = 0.741\ \mathrm{m/s^2}$$

3·25 (a) $a_{\text{半径}} = -15.0\ \mathrm{m/s^2} \times \cos 30.0°$
$= -13.0\ \mathrm{m/s^2}$

(b) $a_{\text{半径}} = -v^2/r$ より，$v = \sqrt{2.50\ \mathrm{m} \times 13.0\ \mathrm{m/s^2}}$
$= 5.70\ \mathrm{m/s}$

(c) $a_{\text{接線}} = 15.0\ \mathrm{m/s^2} \times \sin 30.0° = 7.50\ \mathrm{m/s^2}$

3·26 (a) 向心加速度と接線加速度の和が問題文に与えられた加速度である．したがって，逆に問題文に与えられた加速度を，向心方向と接線方向に分けることを考えればよい．それは，x成分とy成分それぞれについて行い合計すればよい．すなわち，
向心方向の加速度 $= 22.5\ \mathrm{m/s^2}\sin 36.9°$
$+ 20.2\ \mathrm{m/s^2}\cos 36.9° = 29.7\ \mathrm{m/s^2}$

(b) 求める速さをvとすれば，$a_{\text{向心}} = v^2/r$ だから，
$v = \sqrt{ra_{\text{向心}}} = 6.67\ \mathrm{m/s^2}$

(c) (a)とは分け方が違うのだから，向心方向の加速度も(a)とは違うことに注意．それぞれを $a'_{\text{向心}}$，$a'_{\text{鉛直}}$(下向きを正とする)とすると，
$a'_{\text{向心}}\sin 36.9° = 22.5\ \mathrm{m/s^2}$
$a'_{\text{向心}}\cos 36.9° - a'_{\text{鉛直}} = 20.2\ \mathrm{m/s^2}$

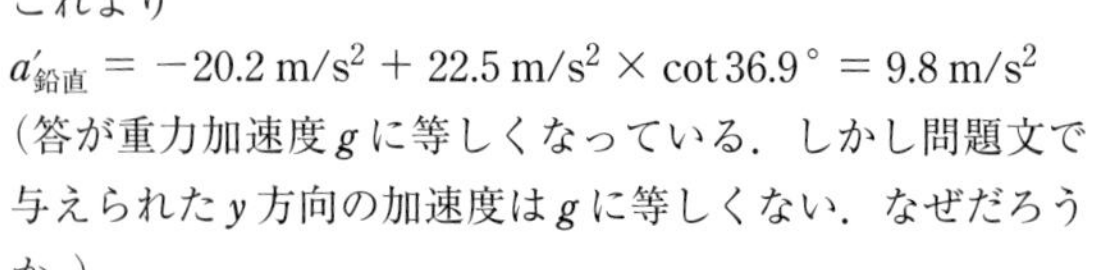

これより
$a'_{\text{鉛直}} = -20.2\ \mathrm{m/s^2} + 22.5\ \mathrm{m/s^2} \times \cot 36.9° = 9.8\ \mathrm{m/s^2}$
(答が重力加速度gに等しくなっている．しかし問題文で与えられたy方向の加速度はgに等しくない．なぜだろうか．)

3·27 速度の差は $20\ \mathrm{km/h} = 20 \times 1000 \div 3600\ \mathrm{m/s}$
$= 5.55\ \mathrm{m/s}$

したがって，100 m の差を追いつくのにかかる時間は，

$$100\ \mathrm{m} \div 5.55\ \mathrm{m/s} = 18.0\ \mathrm{s}$$

3·28 (a) 上流に向けて泳ぐときの速さは 0.70 m/s になるので，かかる時間 $t_{上}$ は，

$$t_{上} = 1000\ \mathrm{m} \div 0.70\ \mathrm{m/s} = 1.43 \times 10^3\ \mathrm{s}$$

同様に，下流に向けて泳ぐときの速さは 1.70 m/s になるので，かかる時間 $t_{下}$ は，

$$t_{下} = 1000\ \mathrm{m} \div 1.70\ \mathrm{m/s} = 588\ \mathrm{s}$$

合計すると，2.02×10^3 s

(b) 川の水が流れていなければ，すべて 1.20 m/s の速さで泳ぐことになるので，かかる時間は，

$$200\ \mathrm{m} \div 1.20\ \mathrm{m/s} = 1.67 \times 10^3\ \mathrm{s}$$

(c) 速さが遅くなる上流向きのときのほうが，長い時間をかけているので，その影響が(下流向きと比べて)大きくなるから．

3·29 (a) $t_{上} + t_{下} = \dfrac{d}{v_{人} - v_{川}} + \dfrac{d}{v_{人} + v_{川}}$

(b) $2d/v_{人}$

(c) (a)の答から(b)の答を引くと(式を簡単にするために共通の因子 d を省略して書くと)，

$$\frac{1}{v_{人} - v_{川}} + \frac{1}{v_{人} + v_{川}} - \frac{2}{v_{人}}$$

$$= \frac{2v_{人}}{{v_{人}}^2 - {v_{川}}^2} - \frac{2}{v_{人}} = \frac{2{v_{川}}^2}{v_{人}({v_{人}}^2 - {v_{川}}^2)}$$

$v_{人} > v_{川} > 0$ なのでこれは正である．つまり(a)のほうが所要時間が長い．

3·30 地面に対する自動車の速さを $v_{自}$，地面に対する雨粒の速さを $v_{雨}$，自動車に対する雨粒の速さを $v'_{雨}$ とする．

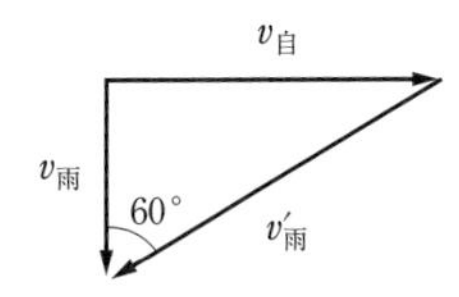

$v_{雨}' \sin 60° = v_{自} = 50.0\ \mathrm{km/h} \ \rightarrow\ v_{雨}' = 57.7\ \mathrm{km/h}$

$v_{雨} = v_{雨}' \cos 60° = 28.9\ \mathrm{km/h}$

3·31 高速艇の進むべき方向は北から東に θ だとする．高速艇の出発点と船の発見位置を結んだ線を基準線とする．基準線から見たときの船の進行方向は 40.0° − 15.0° = 25.0° であり，また高速艇の進行方向は θ − 15.0° である．

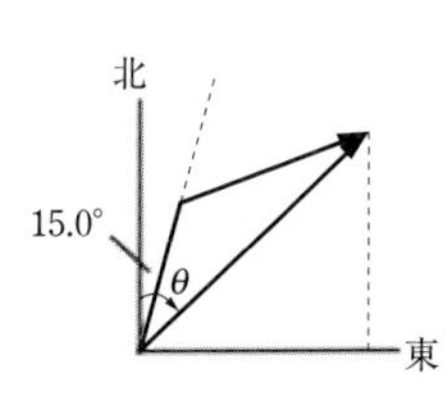

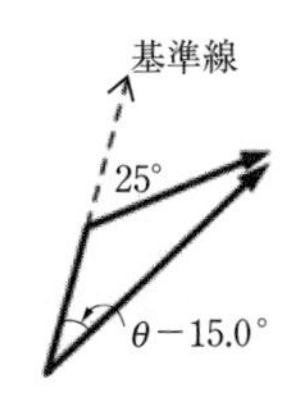

高速艇が船に追い付いた位置で，船と高速艇それぞれの基準線からの距離が等しいという式を書こう．かかった時間を t とすれば，

$26.0t \sin 25.0° = 50.0t \sin(\theta - 15.0°)$

$\rightarrow\ \sin(\theta - 15.0°) = 0.220 = \sin 12.7° \ \rightarrow\ \theta = 27.7°$

(追いつく時刻 t を計算するには，基準線方向の動きを計算しなければならない．基準線方向には最初は 20.0 km 離れているのだから，その間隔をゼロにするまでの時間を計算すればよい．θ がすでにわかっているので，基準線方向の船と高速艇の速さもわかる．)

3·32 まず，学生から見たボールの初期速度を (v_x, v_y) とする．ただし，トラックの進んでいる方向を $+x$ 方向とする．

$$v_y/v_x = \tan 60° = \sqrt{3}$$

先生から見たときはボールは x 方向には動いていないのだから，

$$v_x + 10.0\ \mathrm{m/s} = 0 \ \rightarrow\ v_y = \sqrt{3} \times 10\ \mathrm{m/s}$$

ボールが上がる高さを h とすれば $2gh = {v_y}^2$ だから，

$$h = {v_y}^2/2g = \frac{(\sqrt{3} \times 10.0\ \mathrm{m/s})^2}{2 \times 9.80\ \mathrm{m/s^2}} = 15.3\ \mathrm{m}$$

3·33 (a) クリスの泳ぐ速さは下流向きのときは $c + v$，上流向きのときは $c - v$ だから，かかった全時間は，

$$\frac{L}{c+v} + \frac{L}{c-v} = \frac{2cL}{c^2 - v^2}$$

(b) サラの泳力 c，川の流れ v，そして実際に直角方向に泳ぐ速さは直角三角形をつくる．したがって，実際の泳ぐ速さは $\sqrt{c^2 - v^2}$．これより，かかった全時間は，

$$\frac{2L}{\sqrt{c^2 - v^2}}$$

(c) $c > \sqrt{c^2 - v^2}$ だから，サラのほうが先に戻る．(クリスは速さが遅い返り道に時間をかけている．)

追加問題

3·34 半径 150 m，速さ 32.0 m/s のときの円運動の加速度(限界横加速度)は，

$$(32.0\ \mathrm{m/s})^2 \div 150\ \mathrm{m} = 6.83\ \mathrm{m/s^2}$$

したがって，問題で問われている速さ v は，$a = v^2/r$ より，

$$v = \sqrt{6.83\ \mathrm{m/s^2} \times 75.0\ \mathrm{m}} = 22.6\ \mathrm{m/s}$$

3·35 (a) 水が落ちる時間を t とすると，

$$\frac{1}{2}gt^2 = h \ \rightarrow\ t = \sqrt{2h/g}$$

その間に水が横方向に進む距離 x は(横方向は等速運動)，

$x = vt = v \times \sqrt{2h/g} = 1.18\ \mathrm{m}$

これならば人は歩けるだろうが，道の中央で水はすでに 25 % ほど落下しているので，特に背の高い人は，かなりかがまないと水しぶきを浴びそうである．

(b) 上の式を書き換えると，

$$v = x \times \sqrt{g/2h}$$

x も h も 1/12 倍にするには，v を $1/\sqrt{12} = 0.289$ 倍にすれ

ばよい．すなわち，

$$v = 1.70\ \mathrm{m/s} \times 0.289 = 0.491\ \mathrm{m/s}$$

(速さの縮尺は長さの縮尺の平方根であるというこの結果は，**フルードの法則**といい，1870年に発表されている．)

3·36 落下するまでの時間を t とすると $\frac{1}{2}gt^2 = h$ だから，$t = \sqrt{2h/g}$．彼の歩いている速さを v とすると，ボールはそれだけの水平方向の速さをもつので，落下するまでの水平方向の移動距離は $vt = v\sqrt{2h/g}$ となる．これが $7.00h$ に等しいためには，

$v\sqrt{2h/g} = 7.00\,h \ \rightarrow\ v = 7.00 \times \sqrt{g/2} \times \sqrt{h} = 15.5\sqrt{h}$

あるいは，$h = v^2/240$　である．ただし，v と h の単位はそれぞれ m/s，m であるとする．

たとえば，この人がかなり速く，たとえば 8 km/h で歩いていたとしても，v は約 2 m/s となり，h は約 0.02 m(2 cm)にしかならない．通常の身長ならば $h = 0.7$ m 程度であるが，その場合は v を 13 m/s(=47 km/h)まで増やさなければならない．これは自動車なみの速さである．

3·37 (a) 月面上の重力加速度を $g'(= g/6)$，月の半径を R，求める速さを v と記す．この装置は等速円運動をして元に戻ってくるのだから，

$v^2/R = g'$

$$\rightarrow\ v = \sqrt{g'R} = \sqrt{\frac{9.80}{6 \times 1.74 \times 10^6}} = 1.69 \times 10^3\ \mathrm{m/s}$$

(b) $T = 2\pi R/v = 6.47 \times 10^3\ \mathrm{s} = 1.80$ 時間

(c) $T \propto \sqrt{R/g'}$ であるが，地球では半径が3.7倍になり重力加速度は6倍になるので，地表上でのほうが時間は短くなる．

3·38 (a) この物体の軌道の式は，出発点を原点とすると，

$$y = (\tan\theta_i)x - \left(\frac{g}{2v_i^2\cos^2\theta_i}\right)x^2$$

である(I巻(3·14)式．x 方向と y 方向の運動の式から t を消去すれば得られる)．この軌道と斜面の式，

$y = x\tan\phi$

との交点が落下点であり，y を消去すると，

$$x\tan\phi = x\tan\theta_i - \left(\frac{g}{2v_i^2\cos^2\theta_i}\right)x^2$$

$$\rightarrow\ x = \left(\frac{2v_i^2\cos^2\theta_i}{g}\right) \times (\tan\theta_i - \tan\phi)$$

$x = d\cos\phi$ を使えば，

$$\begin{aligned} d &= 2v_i^2/g \times \cos^2\theta_i \times (\tan\theta_i - \tan\phi)/\cos\phi \\ &= 2v_i^2/g \times \cos\theta_i/\cos^2\phi \times (\sin\theta_i\cos\phi - \cos\theta_i\sin\phi) \\ &= 2v_i^2/g \times \cos\theta_i/\cos^2\phi \times \sin(\theta_i - \phi) \end{aligned}$$

(b) d の θ_i に依存する部分は $\cos\theta_i\sin(\theta_i - \phi)$．これを θ_i で微分して0とすれば，

$$-\sin\theta_i\sin(\theta_i - \phi) + \cos\theta_i\cos(\theta_i - \phi) = 0$$

$$\rightarrow\ \cos(2\theta_i - \phi) = 0\ \rightarrow\ 2\theta_i - \phi = \pi/2\ (90^\circ)$$

$$\rightarrow\ \theta_i = \pi/4 + \phi/2 = 45^\circ + \phi/2$$

このときは，$\cos\theta_i = \cos(45^\circ + \phi/2)$，$\sin(\theta_i - \phi) = \sin(45^\circ - \phi/2)$ なので，

$$\begin{aligned} d &= 2v_i^2/(g\cos^2\phi) \times \cos(45^\circ + \phi/2)\sin(45^\circ - \phi/2) \\ &= v_i^2/(g\cos^2\phi)(\sin 90^\circ - \sin\phi) = v_i^2/g(1 - \sin\phi)/\cos^2\phi \end{aligned}$$

3·39 スイカの運動の式

$$x = 10.0t \qquad y = -\tfrac{1}{2}gt^2$$

より，

$$y = -\tfrac{1}{2}g(x/10.0)^2 = (-g/200)x^2$$

$y^2 = 16x$ と連立させれば，

$(g/200)^2x^4 = 16x\ \rightarrow\ x = 16^{1/3} \times (200/g)^{2/3} = 18.8\ \mathrm{m}$

これより

$$y = -(g/200) \times 18.8^2 = -17.3\ \mathrm{m}$$

3·40 円運動しているときの速さを v とする．その後の運動は，水平方向を x，鉛直方向を y とすると，

$$x = vt \qquad y = -\tfrac{1}{2}gt^2 = -\tfrac{1}{2}g(x/v)^2$$

したがって，

$$v = x \times \sqrt{-g/2y}$$

$y = -1.20$ m，$x = 2.00$ m を代入すれば，$v = 4.04$ m/s

3·41 (a) 初速 v，角度 ϕ のときの飛距離 R は，

$$R = \frac{v^2\sin 2\theta}{g}$$

である(I巻(3·16)式)．これを使えば，緑の軌道では，

$$D = v^2/g$$

青の軌道では，

$$\begin{aligned} D &= \frac{v^2\sin 2\theta}{g} + \frac{v^2\sin 2\theta}{4g} \\ &= \left(\frac{5}{4}\sin 2\theta\right)\frac{v^2}{g} \end{aligned}$$

これが等しいことから，

$$\sin 2\theta = \tfrac{4}{5}\ \rightarrow\ 2\theta = 53.1^\circ\ \rightarrow\ \theta = 26.6^\circ$$

(b) 同様に飛行時間の公式は(I巻(3·15)式の上の式)

$$t = \frac{2v\sin\theta}{g}$$

したがって，緑の軌道の場合の飛行時間は，

$$\frac{2v\sin 45^\circ}{g} = \frac{\sqrt{2}\,v}{g}$$

また，青の軌道の場合の飛行時間は，

$$\frac{2v\sin\theta}{gt} + \frac{v\sin\theta}{g} = \frac{(3\sin\theta)v}{g} = \frac{1.34\,v}{g}$$

したがって，青の飛行時間の緑に対する割合は，

$$1.34/\sqrt{2} = 0.949$$

(どちらが速いか微妙なところである．)

3·42 (a) 飛び出す場所を原点として考える．落下地点の座標を(x, y)，飛距離を L とすると，

$$L\sin\phi = x \qquad L\cos\phi = -y$$

また，初期速度を $v_x = v\cos\theta$，$v_y = v\sin\theta$ とし，落下するまでの時間を t とすると，

$$x = v_xt \qquad y = v_yt - \tfrac{1}{2}gt^2$$

最後の２式から t を消去すると，
$y = v_y x/v_x - \frac{1}{2}g(x/v_y)^2$
ここで，最初の２式を使って x と y を消去すると，

$$-L\cos\phi = v_y/v_x L\sin\phi - \frac{1}{2}g(L\sin\phi/v_y)^2$$

さらに v_x と v_y を v と θ で表せば，

$$-L\cos\phi = L\sin\phi\tan\theta - \frac{1}{2}g(L\sin\phi/v\sin\theta)^2$$

これより，

$$\frac{g}{2}\left(\frac{\sin\phi}{v\sin\theta}\right)^2 L = \cos\phi + \sin\phi\tan\theta$$

$$L = \frac{2v^2}{g}\left(\frac{\sin\theta}{\sin\phi}\right)^2(\cos\phi + \sin\phi\tan\theta) = 43.2\ \mathrm{m}$$

(b) 落下時刻は，

$$t = \frac{x}{v_x} = \frac{L\cos\phi}{v\cos\theta} = 2.88\ \mathrm{s}$$

したがって，落下時刻での速度 $(v_{xf},\ v_{yf})$ は，

$$v_{xf} = v_x = v\cos\phi = 9.66\ \mathrm{m/s}$$
$$v_{yf} = v_y - gt = v\sin\phi - gt = -25.6\ \mathrm{m/s}$$

3·43 (a) 爆弾を落とした位置を原点とし，落下するまでの時間を t とすると，

$x = 275\ \mathrm{m/s}\ t \qquad \frac{1}{2}gt^2 = 3000\ \mathrm{m}$

$$x = 275\ \mathrm{m/s} \times \sqrt{\frac{6000\ \mathrm{m}}{g}} = 6.80 \times 10^3\ \mathrm{m} = 6.80\ \mathrm{km}$$

(b) 爆撃機も爆弾も水平方向の速さは同じなので，爆撃機は常に爆弾の真上にある．
(c) 答を θ とすると，$\tan\theta = 6.80/3.00 \rightarrow \theta = 66.2°$

3·44 (a) ボールの軌道は，$x = vt$，$y = R - \frac{1}{2}gt^2$ より，

$$y = R - \frac{g}{2}\left(\frac{x}{v}\right)^2$$

また球面の式は $x^2 + y^2 = R^2$ だから，

$$y = \sqrt{R^2 - x^2}$$

条件は $0 < x < R$ で，

$$R - \frac{g}{2}\left(\frac{x}{v}\right)^2 > \sqrt{R^2 - x^2}$$

であること．２乗して整理すれば，

$$\left(1 - \frac{gR}{v^2}\right)x^2 + \frac{g^2}{4}\left(\frac{x}{v}\right)^4 > 0$$

x が小さいときは第１項がきくが，それが正ならば x が大きくなっても左辺は常に正である．つまり x が０付近のときが問題であり，それが正になるためには，

$$1 - \frac{gR}{v^2} > 0 \rightarrow v > \sqrt{gR}$$

(b) $v = gR$ のときの着地点は，

$$0 = R - \frac{g}{2}\left(\frac{x}{v}\right)^2 = R - \frac{x^2}{2R} \rightarrow x = \sqrt{2}\,R$$

(水平方向に蹴る限り，球の端 $x = R$ には決してボールを落下させられない．)

3·45 (a) ミチバシリが崖の縁にたどりついた時刻 t に，コヨーテがまだ縁に着いていなければよい．すなわち，

$$70.0 > \frac{1}{2} \times 15.0 \times t^2$$

ミチバシリの速さを v とすれば，$t = 70.0/v$ なので，

$$70.0 > \frac{1}{2} \times 15.0 \times (70.0/v)^2$$
$$\rightarrow v > \sqrt{\frac{1}{2} \times 15.0 \times 70.0} = 22.9(\mathrm{m/s})$$

(b) 崖から飛び出したときの時刻 t は $(a = 15.0)$，

$$\frac{1}{2}at^2 = 70.0 \quad \rightarrow \quad t = \sqrt{\frac{140}{a}}$$

コヨーテが崖から飛び出したときの速さ(初速)は，

$$v_\mathrm{i} = at = \sqrt{140a} = 45.8$$

飛び出した位置を原点とし，そのときからの時間を改めて t とすると，

$$x = \frac{1}{2}at^2 + v_\mathrm{i}t$$
$$y = -\frac{1}{2}gt^2$$

着地したときは $y = -100$ なので，

$$t = \sqrt{200/g} = 4.52\ \mathrm{s}$$

これらを x の式に代入すれば，
$x = 360(\mathrm{m})$

3·46 腕の長さ r を 60 cm，１秒に１回転するとしよう(周期 $T = 1$ s)．速さ v は，

$$2\pi r/v = T \text{ より } v = 2\pi r/T$$

したがって，

$$\text{加速度} = \frac{v^2}{r} = \frac{4\pi^2 r}{T^2} \approx 24\ \mathrm{m/s^2}$$

これは g の２倍強．

3·47 (a) 真正面に向けて泳げばよい．
(b) かかる時間は $\dfrac{80.0\ \mathrm{m}}{1.50\ \mathrm{m/s}}$ その間に下流に流される距離は，

$$2.50\ \mathrm{m/s} \times \frac{80.0\ \mathrm{m}}{1.50\ \mathrm{m/s}} = 133\ \mathrm{m}$$

(c) 実際に進む方向が，できるだけ正面を向くようにする．上流方向から角度 θ の方向に泳ぐとすると，下流方向を $+x$ 方向，対岸方向を $+y$ 方向とすれば，

$$v_x = v_{川} - v_{人}\cos\theta$$
$$v_y = v_{人}\sin\theta$$

実際に進む方向の正面方向からのずれを ϕ とすれば，

$$\tan\phi = \frac{v_x}{v_y} = \frac{v_{川} - v_{人}\cos\theta}{v_{人}\sin\theta}$$

これを最小にする θ は，θ で微分してゼロとすれば得られる．実際，

$$\frac{\mathrm{d}\tan\phi}{\mathrm{d}\theta} \propto {v_{人}}^2 - v_{人}v_{川}\cos\theta = 0$$

とすれば，

$$\cos\theta = \frac{v_{人}}{v_{川}} = \frac{1.5}{2.5} \rightarrow \theta = 53.1°$$

このとき

$$\tan\phi = \frac{2.5 - 1.5\cos\theta}{1.5\sin\theta} = 1.333$$

したがって，流される距離は，

$$80.0\ \mathrm{m} \times \tan\phi = 107\ \mathrm{m}$$

3·48 (a) 落ちてから追いつくまでの時間 t は，

$$v_{川} t = 2.00\ \mathrm{km} \ \rightarrow\ t = 2.00\ \mathrm{km}/v_{川}$$

その間，舟は 15.0 min は上流に，残りの $t - 15.0$ min は下流に進んでいるので，

$$(v + v_{川}) \times (t - 15.0\ \mathrm{min}) - (v - v_{川}) \times 15.0\ \mathrm{min} = 2.00\ \mathrm{km}$$
$$\rightarrow\ (v + v_{川})\,t - (30.0\ \mathrm{min})\,v = 2.00\ \mathrm{km}$$

t を代入して整理すると，

$$2.00\ \mathrm{km} \times \frac{v}{v_{川}} - (30.0\ \mathrm{min})v = 0$$

$$\rightarrow\ v_{川} = \frac{2.00\ \mathrm{km}}{30.0\ \mathrm{min}} = \frac{2.00\ \mathrm{km}}{0.5\ \mathrm{h}} = 4.00\ \mathrm{km/h}$$

(b) アイスボックスが落下した時点から考えると，アイスボックスは(川に対して)静止しており，舟はその位置から v で遠ざかり $-v$ で戻ってくる．したがって，かかった時間は，15.0 min の 2 倍で 30.0 min．その間，アイスボックスは 2.00 km 流れたのだから，

$$v_{川} = 2.00\ \mathrm{km}/30.0\ \mathrm{min} = 4.00\ \mathrm{km/h}$$

3·49 軌道の式を使う．敵艦の位置を原点，発射角を θ とすると，

$$y = (\tan\theta)x - \left(\frac{g}{2v_i^2\cos^2\theta}\right)x^2$$

$x = 2500$ m，$y = 1800$ m，$v_i = 250$ m/s を代入すると，

$$1800 = 2500\tan\theta - \frac{490}{\cos^2\theta}$$

この式は，

$$\frac{1}{\cos^2\theta} = \tan^2\theta + 1$$

という関係を使うと $\tan\theta$ について 2 次方程式になり，

$$490\tan^2\theta - 2500\tan\theta + 2290 = 0$$

これを解くと，

$\tan\theta = 3.91$ または 1.19 → $\theta = 75.7°$ または 50.0°

となる(したがって，問題文の図は $\theta_L > 45°$ となるように描くべきであった)．どちらも飛距離が最長になる 45° よりも大きいことを考えると，小さい θ は最長飛距離，大きい θ は最短飛距離を与え，その間の角度だとその間の飛距離になることがわかる．(図で，角度を変えると軌道がどう変わるかを考えよう．) 飛距離は，

$$x = \frac{v_i^2\sin 2\theta}{g} = 6380\ \mathrm{m}\sin 2\theta$$

で計算できるので，上記の θ を代入すればそれぞれ

$x = 3050$ m または 6280 m

となる．東岸までの距離 2800 m を引けば，東岸から，

250 m 以上，3480 m 以下

の範囲にあると被弾の可能性があり，その範囲外ならば安全であることがわかる．

4章　運動の法則

4·1　(a) $F = ma$ より，F が同じならば m と a は反比例する．つまり，

$$\frac{m_1}{m_2} = \frac{\text{物体2の加速度}}{\text{物体1の加速度}} = \frac{1}{3}$$

(b) 物体1の質量を1とすれば，物体2の質量は3，そして合体した物体の質量は4．したがって，

$$\frac{\text{合体した物体の加速度}}{\text{物体1の加速度}} = \frac{1}{4}$$

$$\rightarrow \quad \text{合体した物体の加速度} = \frac{3}{4}\ \mathrm{m/s^2} = 0.75\ \mathrm{m/s^2}$$

4·2　(a) 一定方向に等速で動いているのならば加速度はゼロ．したがって，それに働いている合力もゼロである．(b) 同様にゼロである．

4·3　(a) 力が一定ならば加速度も一定のはずである．x 方向の加速度は，

$$\frac{8.00\ \mathrm{m/s} - 3.00\ \mathrm{m/s}}{8.00\ \mathrm{s}} = 0.625\ \mathrm{m/s^2}$$

それに質量を掛ければ，

$$x\text{ 方向の力} = 4.00\ \mathrm{kg} \times 0.625\ \mathrm{m/s^2} = 2.50\ \mathrm{kg\ m/s^2} = 2.50\ \mathrm{N}$$

同様に，

$$y\text{ 方向の力} = 4.00\ \mathrm{kg} \times 10.0\ \mathrm{m/s} \div 8.00\ \mathrm{s} = 5.00\ \mathrm{N}$$

(b) 力の大きさ $= \sqrt{(2.50\ \mathrm{N})^2 + (5.00\ \mathrm{N})^2} = 5.59\ \mathrm{N}$

4·4　(a) 質点の各方向の加速度は，

$$x\text{ 方向:}\quad \frac{-6.00 - 3.00}{2.00} = -4.50\,(\mathrm{m/s^2})$$

$$y\text{ 方向:}\quad \frac{-4.00 + 7.00}{2.00} = 1.50\,(\mathrm{m/s^2})$$

等加速度運動だから，速度はこれに時間 10.0 s を掛けて，

$$v = (-45.0\hat{i} + 15.0\hat{j})\,\mathrm{m/s}$$

(b) x 方向からの角度を θ とすれば($v_x < 0$，$v_y > 0$ だから $90° < \theta < 180°$ である)，

$$\tan\theta = \frac{15.0}{-45.0} = -0.333 \quad\rightarrow\quad \theta = 162°$$

(c) 各方向に等加速度運動だから(初速度は0)，

$$x\text{ 方向の変位:}\ \Delta x = \frac{1}{2}a_x t^2 = \frac{1}{2}(-4.50) \times 10.0^2 = -225\,(\mathrm{m})$$

$$y\text{ 方向の変位:}\ \Delta y = \frac{1}{2}a_y t^2 = \frac{1}{2} \times 1.50 \times 10.0^2 = 75.0\,(\mathrm{m})$$

(d) 最初の位置座標を加えれば，(−227 m, 79.0 m)

4·5　(a) 加速度ベクトルは力のベクトルに比例する．力を合計すると，$\vec{F} = (-42.0\hat{i} - 1.00\hat{j})\,\mathrm{N}$．$+x$ 方向から見た角度を θ とすると，$180° < \theta < 270°$ であり，

$$\tan\theta = \frac{-1.00}{-42.0} = 0.0238 \quad\rightarrow\quad \theta = 181°$$

(b) 力の大きさ $= \sqrt{(-42.0)^2 + (-1.00)^2} = 42.0\,(\mathrm{N})$

したがって，

$$\text{質量} = \frac{\text{力の大きさ}}{\text{加速度の大きさ}} = \frac{42.0}{3.75} = 11.2\,(\mathrm{kg})$$

(c) 等加速度運動の公式より，

速度 = 加速度 × 時間 $= 3.75\ \mathrm{m/s^2} \times 10\ \mathrm{s} = 37.5\ \mathrm{m/s}$

(d) 各方向の運動がそれぞれ等加速度運動なので，

$$x\text{ 方向の速度} = \frac{x\text{ 方向の力}}{\text{質量}} \times \text{時間} = \frac{-42.0}{11.2} \times 10.0 = -37.5\,(\mathrm{m/s})$$

$$y\text{ 方向の速度} = \frac{-1.00}{11.2} \times 10.0 = -0.893\,(\mathrm{m/s})$$

4·6　(a) $\vec{F} = (20.0\hat{i} + 15.0\hat{j})\,\mathrm{N}$ より，

$\vec{a} = \vec{F}/m = (4.00\hat{i} + 3.00\hat{j})\ \mathrm{m/s^2}$

加速度の大きさ $= \sqrt{4.00^2 + 3.00^2} = 5.00\ (\mathrm{m/s^2})$

方向　$\tan\theta = 3.00/4.00 \rightarrow \theta = 36.9°$

(b) $\vec{F} = ((20.0 + 15.0\cos 60.0°)\hat{i} + 15.0\sin 60.0°\,\hat{j})\,\mathrm{N} = (27.5\hat{i} + 13.0\hat{j})\,\mathrm{N}$　より，

$\vec{a} = \vec{F}/m = (5.50\hat{i} + 2.60\hat{j})\,\mathrm{m/s^2}$

加速度の大きさ $= \sqrt{5.50^2 + 2.60^2} = 6.08\,(\mathrm{m/s^2})$

方向　$\tan\theta = 2.60/5.50 \rightarrow \theta = 25.3°$

4·7　加速度は t での二階微分だから，$(10\hat{i} + 18t\hat{j})\,\mathrm{m/s^2}$ であり，$t = 2$ では $(10\hat{i} + 36\hat{j})\,\mathrm{m/s^2}$．加速度の大きさは $\sqrt{10^2 + 36^2} = 37.3\,(\mathrm{m/s^2})$．力はそれに質量を掛けて 112 N．

4·8　(a) 等加速度運動の公式　$2a\,\Delta x = v_\mathrm{f}^2 - v_\mathrm{i}^2$ より，

$$\text{加速度 } a = \frac{(7.00 \times 10^5\ \mathrm{m/s})^2 - (3.00 \times 10^5\ \mathrm{m/s})^2}{0.100\ \mathrm{m}} = 4.00 \times 10^{12}\ \mathrm{m/s^2}$$

したがって，

$$\text{力} = ma = 9.11 \times 10^{-31}\ \mathrm{kg} \times 4.00 \times 10^{12}\ \mathrm{m/s^2} = 3.64 \times 10^{-18}\ \mathrm{N}$$

(b) 重力 $= mg = 9.11 \times 10^{-31}\ \mathrm{kg} \times 9.8\ \mathrm{m/s^2}$　だが結局は2つの加速度 $4.00 \times 10^{12}\ \mathrm{m/s^2}$ と $9.8\ \mathrm{m/s^2}$ の比較であり，重力は無視できる．

4·9　木星表面での重さ = 質量 × $25.9\ \mathrm{m/s^2}$

$= (900\ \mathrm{N}/9.8\ \mathrm{m/s^2}) \times 25.9\ \mathrm{m/s^2} = 2.38 \times 10^3\ \mathrm{N}$

4·10　体重とは，その人の身体に働く重力のことなので g に比例する．したがって，カイエンヌでの体重の変化は，

$$90.0\ \mathrm{kg} \times (1 - 9.7808/9.8095) = 90.0\ \mathrm{kg} \times 0.00293 = 0.263\ \mathrm{kg} = 263\ \mathrm{g}$$

(これに $9.8\ \mathrm{m/s^2}$ を掛けたものが，この人にかかる重力の変化である．)

4·11　等加速度運動では 変位 $= \frac{1}{2}at^2$ だから，

水平方向の加速度：$2 \times 4.20 \div 1.20^2 = 16.3\,(\mathrm{m/s^2})$

垂直方向の加速度：$2 \times (-3.30) \div 1.20^2 = -4.58\,(\mathrm{m/s^2})$

重力加速度を引けば，この力による加速度は $(16.3\hat{i} +$

$5.22\hat{j}$) m/s^2 になるので，力自体はこれに質量 2.80 kg を掛けて，$(16.3\hat{i} + 14.6\hat{j})$ N となる．

4·12 (a) 加速度 × 時間 = 速度の変化 だから，

$$加速度 = \frac{2 \times 6.70 \times 10^2\ \mathrm{m/s}}{3.00 \times 10^{-13}\ \mathrm{s}} = 4.47 \times 10^{15}\ \mathrm{m/s^2}$$

(b) 分子が壁から受ける力は，

$$力 = 質量 \times 加速度 = 2.09 \times 10^{-10}\ \mathrm{N}$$

この反作用として，壁は分子から同じ大きさの力を受ける．

4·13 (a) この人の質量を m，地球の質量を M とする．この人は地球から下方向に力 mg を受けるので，その反作用として地球はこの人から上方向に力 mg を受ける．したがって，地球には mg/M の加速度が生じる．$m = 60$ kg，$M = 6 \times 10^{24}$ kg とすれば，

$$地球の加速度 = \frac{60 \times 9.8}{6 \times 10^{24}} \approx 10^{-22}\ (\mathrm{m/s^2})$$

(b) 椅子の高さを 0.5 m とすると，この人が落下するのにかかる時間 t は，

$$0.5\ \mathrm{m} = \frac{1}{2} g t^2 \ \rightarrow\ t^2 = 1.0\ \mathrm{m}/g$$

地球が動く距離は，

$$\frac{1}{2} \times 加速度 \times t^2 = \frac{1}{2} \times 10^{-22}\ \mathrm{m/s^2} \times 1.0\ \mathrm{m}/g \approx 10^{-23}\ \mathrm{m}$$

原子の大きさは 10^{-10} m 程度，原子核の大きさは 10^{-15} m 程度なので，この，地球が動く距離はゼロと見てよい．

4·14 (a) 鉛直方向に重力 mg が，斜面の垂直方向上向き（鉛直方向からの傾きは 15°）に垂直抗力が働いている．

(b) 垂直抗力は斜面に垂直なので，斜面方向の運動方程式には現れない．したがって，

$$ma = mg \sin 15° \ \rightarrow\ a = g \sin 15° = 9.80\ \mathrm{m/s^2} \times 0.259 = 2.54\ \mathrm{m/s^2}$$

(c) 等加速度運動の公式より，初速は 0 なのだから，

$$v_\mathrm{f}^2 = 2a\,\Delta x = 2 \times 2.54 \times 2.00 = 10.2 \ \rightarrow\ v_\mathrm{f} = 3.19\ \mathrm{m/s}$$

4·15 (a) ロープは静止しているのだから，それ自体に働く重力が無視できるとすれば張力はどこでも同じでなければならない（ロープのすべての部分で，その両側からの張力がつり合っている）．ロープの右側の先端での張力は，そこにぶら下がっている物体に働く重力とつり合っているので，

$$張力 = 8.00\ \mathrm{kg} \times 9.80\ \mathrm{m/s^2} = 78.4\ \mathrm{N}$$

これがロープの左端が脚を持ち上げている力に等しい．

(b) 脚が引っ張られる力は，脚がその右にある滑車を引っ張る力に等しい（第三法則）．その力は，ロープが滑車を右に引っ張る力とつり合っている．したがって，

$$脚が引っ張られる力 = 78.4\ \mathrm{N} + 78.4\ \mathrm{N} \cos 70° = 105\ \mathrm{N}$$

4·16 (a) ポールが舟を上に押す力は 240 N × cos 35.0° であり，それが舟に働く重力と水による浮力とつり合っている．つまり，

$$浮力 + 240\ \mathrm{N} \times \cos 35.0° = 370\ \mathrm{kg} \times 9.80\ \mathrm{m/s^2} \ \rightarrow\ 浮力 = 3626\ \mathrm{N} - 197\ \mathrm{N} = 3.43 \times 10^3\ \mathrm{N}$$

(b) 舟を水平方向に押す力は，

$$240\ \mathrm{N} \sin 35.0° - 47.5\ \mathrm{N} = 90.2\ \mathrm{N}$$

これを質量で割ったものが加速度 a であり，等加速度運動の式（2·10 式）より，

$$v_\mathrm{f} = v_\mathrm{i} + at = 0.857\ \mathrm{m/s} + 90.2\ \mathrm{N}/370\ \mathrm{kg} \times 0.450\ \mathrm{s} = 0.967\ \mathrm{m/s}$$

4·17 ばねは，両方から同じ力で引っ張られたとき，ある長さだけ延びて静止する（つり合い）．ばねばかりの目盛はそのうちの一つの力の大きさを表す．

(a) $5.00\ \mathrm{kg} \times 9.8\ \mathrm{m/s^2} = 49.0\ \mathrm{N}$　(b) (a) と同じ　(c) (a) の 2 倍

(d) おもりにかかる重力は (a) と同じだが，その斜面方向の成分は，

$$49.0\ \mathrm{N} \times \sin 30.0° = 24.5\ \mathrm{N}$$

4·18 袋のつり合いより，$T_3 = F_{重力}$

結び目のつり合いより（水平方向と鉛直方向）

$$T_1 \cos\theta_1 = T_2 \cos\theta_2$$

$$T_1 \sin\theta_1 + T_2 \sin\theta_2 = T_3 = F_{重力}$$

T_2 を消去すれば，

$$T_1 \sin\theta_1 + \frac{T_1 \sin\theta_2 \cos\theta_1}{\cos\theta_2} = F_{重力}$$

$$\rightarrow\ T_1 = \frac{F_{重力} \cos\theta_2}{\sin\theta_1 \cos\theta_2 + \sin\theta_2 \cos\theta_1} = \frac{F_{重力} \cos\theta_2}{\sin(\theta_1 + \theta_2)}$$

4·19 エレベーターが加速度 a で上向きに加速しているとする（下向きに加速しているときは $a < 0$ だと考える）．はかりから上向き F の力を受けるとすれば，運動方程式は，

$$ma = F - mg \ \rightarrow\ F = m(g + a)$$

この F の値が，はかりが指す目盛である．

(a) $a = 0$ なので $F = 72.0\ \mathrm{kg} \times g = 706\ \mathrm{N}$

(b) 加速度は，$1.20\ \mathrm{m/s} \div 0.800\ \mathrm{s} = 1.50\ \mathrm{m/s^2}$

したがって，$F = 72.0 \times (9.80 + 1.50) = 814\ (\mathrm{N})$

(c) $a = 0$ なので，$F = 706\ \mathrm{N}$

(d) 加速度は，$-1.20\ \mathrm{m/s} \div 1.5\ \mathrm{s} = -0.800\ \mathrm{m/s^2}$

したがって，$F = 72.0 \times (9.80 - 0.800) = 648\ (\mathrm{N})$

4·20 (a) 加速はしていないのだから，エレベーターが静止している場合と同じで，力はつり合っている．

おもりのつり合い：　$T_3 = 5.00\ \mathrm{kg}\ g = 49.0\ \mathrm{N}$

3 本のロープの継ぎ目のつり合い：

水平方向：　$T_1 \cos 40.0° = T_2 \cos 50.0°$

$$\rightarrow\ T_2 = T_1 \times \cos 40.0°/\cos 50° = 1.192\ T_1$$

鉛直方向：　$T_1 \sin 40.0° + T_2 \sin 50.0° = T_3$

最初の 2 式を第 3 式に代入すれば，

$$0.643\ T_1 + 0.766 \times 1.192\ T_1 = 49.0\ \mathrm{N} \ \rightarrow\ T_1 = 49.0\ \mathrm{N} \div 1.556 = 31.5\ \mathrm{N}$$

これより，$T_2 = 37.5\ \mathrm{N}$

(b) 上と同様に $T_3 = 10.0\,\mathrm{kg} \times g = 98.0\,\mathrm{N}$

$T_1 \cos 60° = T_2$

$T_1 \sin 60° = T_3 \quad \rightarrow \quad T_1 = 98.0\,\mathrm{N} \div 0.866 = 113\,\mathrm{N}$

したがって,

$$T_2 = 113\,\mathrm{N} \times \tfrac{1}{2} = 56.6\,\mathrm{N}$$

4·21 (a) 自動車の加速度を a とすると，物体は水平方向に a の加速度で動いている．ひもの張力を T とすれば,

水平方向の運動方程式　$ma = T \sin\theta$

鉛直方向のつり合い　$mg = T \cos\theta$

両式の各辺の比をとれば,

$$\frac{a}{g} = \frac{\sin\theta}{\cos\theta} \quad \rightarrow \quad a = g \tan\theta$$

(これは m にも L にも依存しない.)

(b) $a = 9.80\,\mathrm{m/s^2} \times \tan 23.0° = 4.16\,\mathrm{m/s^2}$

4·22 (a) 物体1に働く力: 鉛直方向に重力と台からの垂直抗力．水平方向に ひも の張力.

物体2に働く力: 鉛直方向に ひも の張力と重力.

(b) 張力の大きさを T とし，加速度の大きさを a とすると,

物体1の水平方向の運動方程式: $m_1 a = T$

物体2の鉛直方向の運動方程式: $m_2 a = m_2 g - T$

下の式から T を消去すれば,

$$m_2 a = m_2 g - m_1 a \quad \rightarrow \quad a = \frac{m_2 g}{m_1 + m_2} = 6.30\,\mathrm{m/s^2}$$

(c) $T = m_1 a = \dfrac{m_1 m_2 g}{m_1 + m_2} = 31.5\,\mathrm{N}$

4·23 物体に働いている合力はその加速度から計算でき,

北方向: $1.00\,\mathrm{kg} \times 10.0\,\mathrm{m/s^2} \times \cos 60° = 5.00\,\mathrm{N}$

東方向: $1.00\,\mathrm{kg} \times 10.0\,\mathrm{m/s^2} \times \sin 60° = 8.66\,\mathrm{N}$

北方向の力は F_2 に等しい．したがって，東方向の力が F_1 に等しくなければならない．つまり，問題の図の F_1 の方向は正しい.

4·24 (a) 物体1に働く力: 上下方向に重力と張力.

物体2に働く力: 鉛直方向に重力．斜面上方向に張力．斜面に垂直方向に垂直抗力.

(b) 張力を T, 加速度を a とする．物体1が上方向に加速される場合を正とする．ひもの質量が無視できるとすれば張力はどこでも等しい.

物体1の運動方程式:　$m_1 a = T - m_1 g$

物体2の運動方程式:　斜面方向　$m_2 a = m_2 g \sin\theta - T$

〔斜面に垂直方向の運動方程式(つり合いの方程式)は，垂直抗力を決めるためには必要だが本問では必要ない.〕

上式の各辺を足せば T が消去され,

$$m_1 a + m_2 a = m_2 g \sin\theta - m_1 g$$

$$\rightarrow \quad a = \frac{(m_2 \sin\theta - m_1) g}{m_1 + m_2} = \frac{2.91 \times 9.80}{8.00} = 3.57(\mathrm{m/s^2})$$

(c) $T = m_1(a + g) = 26.7\,\mathrm{N}$

(d) $v = at = 7.14\,\mathrm{m/s}$

4·25 加速度は斜面に沿って下向きに $a = g \sin 20.0° = 3.35\,\mathrm{m/s^2}$　等加速度運動の公式(2·14)より,

$$\Delta x = \frac{v^2}{2a} = \frac{5.00^2}{2 \times 3.35} = 3.73(\mathrm{m})$$

4·26 棒Aは押されていると考える．すると，棒Aがピンに及ぼす力は上向きになり，それを T_1 とする．また棒Bは引っ張られていると考えると，棒Bがピンに及ぼす力は右下向きになり，それを T_2 とする.

ピンのつり合いの式は,

水平方向　$2500\,\mathrm{N} \sin 60° = T_2 \cos 50°$

$\rightarrow \quad T_2 = 3.37 \times 10^3\,\mathrm{N}$

鉛直方向　$2500\,\mathrm{N} \cos 60° + T_2 \sin 50° = T_1$

$\rightarrow \quad T_1 = 3.83 \times 10^3\,\mathrm{N}$

どちらも正なので，推定通り，棒Aは押されており，棒Bは引っ張られている.

4·27 (a) 上の積み木の運動方程式:

$$ma = T_1 - T_2 - mg$$

下の積み木の運動方程式:　$ma = T_2 - mg$

第2式より，$T_2 = ma + mg = m(a + g)$

これを第1式に代入すれば,

$$T_1 = ma + (ma + mg) + mg = 2m(a + g)$$

(b) $T_1 > T_2$ だから，上のひもが先に切れる.

(c) $a = -g$ ということだから，$T_1 = T_2 = 0$．全体が重力により自由落下しているのだから，ひも には力は働かない.

4·28 張力が 950 N より大きければよい．張力は人がロープを引っ張る力に等しいので，人がロープを 950 N より大きな力で引っ張ればよい.

4·29 (a) 張力を T とする．加速度を a とすると(図の F_x の方向をプラスとする),

物体1の運動方程式:　$m_1 a = T - m_1 g$

物体2の運動方程式:　$m_2 a = -T + F_x$

両式各辺を足して T を消去すると,

$(m_1 + m_2) a = F_x - mg \rightarrow a = (F_x - m_1 g)/(m_1 + m_2)$

これが正であるためには，$F_x > m_1 g$

(b) $T = 0$ とすると $a = -g$ だから，$F_x = -m_2 g$

(つまり m_1 は加速度 g で落下するので，物体2も加速度 g で左に動くように押せばよい.)

4·30 (a) 加速度は，$g \sin 35.0° = 5.62\,\mathrm{m/s^2}$．したがって，登った距離 d は，(2·14)式より,

$$d = \frac{v^2}{2 \times 5.62\,\mathrm{m/s^2}} = 2.22\,\mathrm{m}$$

(b) 最初のそりが落下する時間 t は，初速が0なのだから，上の答を使うと,

$$2.22 = \tfrac{1}{2} \times 5.62 \times t^2 \quad \rightarrow \quad t = 0.890\,(\mathrm{s})$$

この時間で2番目のそりが 10.0 m 落下しなければならな

いのだから，

$$10.0 = \frac{1}{2} \times 5.62 \times t^2 + v_i t$$

$$\rightarrow\ 10.0 = 2.22 + 0.890\, v_i \ \rightarrow\ v_i = 8.74\,(\mathrm{m/s})$$

4·31 (a) m_1 が受ける力は重力と，ひもの張力 T の差なので，加速度は上向きを正とすると，

$$m_1 a = T - m_1 g = m_2(g - a) - m_1 g$$

$$\rightarrow\ a = \frac{(m_2 - m_1)g}{m_2 + m_1} = 5.44\ \mathrm{m/s^2}$$

したがって，最初は下向きに動く m_1 が止まるまでの距離 d は，(2·14)式より，

$$2da = v_i^2 \ \rightarrow\ d = \frac{2.40^2}{2 \times 5.44} = 0.529\,(\mathrm{m})$$

(b) $v_f = v_i + at = -2.40 + 5.44 \times 1.80 = 7.39\,(\mathrm{m/s})$
正なので上向きである．

4·32 (a) m_1 が下に Δx だけ動くと P_2 が右に Δx だけ動く．すると壁と P_2 間の距離が Δx だけ長くなるので，m_2 と P_2 間の距離は Δx だけ短くなる．これは m_2 が $2\Delta x$ だけ右に動いたことを意味する．つまり，$a_2 = 2a_1$
(b) 2本のひもの張力をそれぞれ T_1，T_2 とすれば，滑車 P_2 の質量をゼロとみなせば，

$$0 = T_1 - 2T_2$$

物体1の運動方程式：　$m_1 a_1 = m_1 g - T_1$
物体2の運動方程式(水平方向)：　$m_2 a_2 = T_2$
第3の式を2倍した上で第2の式の各辺に加えると，

$$m_1 a_1 + 2m_2 a_2 = mg \ \rightarrow\ (m_1 + 4m_2)a_1 = m_1 g$$

$$\rightarrow\ a_1 = \frac{m_1 g}{m_1 + 4m_2}$$

これを第2の式に代入すれば，

$$T_1 = m_1 g - m_1 a_1 = m_1 g\left(1 - \frac{m_1}{m_1 + 4m_2}\right) = \frac{4m_1 m_2 g}{m_1 + 4m_2}$$

追加問題

4·33 ロープには質量もなく滑車に摩擦もないので，ロープの方向のつり合いより，$T_1 = T_2 = T_3 = F$ である．これを T としよう．すると，
物体 M のつり合い：$Mg = T_5$
下の滑車のつり合い：$T_5 = T_2 + T_3 = 2T \ \rightarrow\ T = Mg/2$
上の滑車のつり合い：$T_4 = T_1 + T_2 + T_3 = 3T = 3Mg/2$

4·34 張力 T のロープ2方向の成分は $-T\sin 7°$ である．この2倍がひもの張力 F とつり合うので，

$$F = 2T\sin 7° \ \rightarrow\ T = F/2\sin 7° = 4.1F$$

つまり，ロープと直角方向に加えた力の約4倍の力で車を引っ張ることができる．

4·35 (a) ニックに働いている力：　張力，椅子の垂直抗力，重力
椅子に働いている力：　張力，ニックから受ける力(ニックの重さ)，自身が受ける重力
(b) ニックと椅子は一緒に動いているので，全体を一つの系として考えた方が簡単である．その系(質量を m とする)が受ける力(外力)は，張力(上向き)の2倍，そして重力である．張力はばねばかりの目盛に等しいので，

$$ma = 2 \times 250\ \mathrm{N} - 320\ \mathrm{N} - 160\ \mathrm{N} = 20\ \mathrm{N}$$

引算の結果，有効数字は2桁になる．また，

$$mg = 320\ \mathrm{N} + 160\ \mathrm{N} = 480\ \mathrm{N} \ \rightarrow\ m = 49.0\ \mathrm{kg}$$

これらより，

$$\text{加速度}\ a = 20\ \mathrm{N} \div 49.0\ \mathrm{kg} = 0.41\ \mathrm{m/s^2}$$

(c) 椅子の運動方程式は，椅子の質量が $160\ \mathrm{N}/g$ なので，

$$160\ \mathrm{N}/g \times a = 250\ \mathrm{N} - (\text{ニックから受ける力}) - 160\ \mathrm{N}$$

左辺は(b)の答を使えば 6.7 N なので，
ニックから受ける力 $= 250\ \mathrm{N} - 160\ \mathrm{N} - 6.7\ \mathrm{N} = 83\ \mathrm{N}$

4·36 (a) ニックと椅子の重さの合計は 480 N であり，この子どもよりも重い．つまり，ニックは落ち，子どもは持ち上がる．
具体的に計算しよう．加速度を a とすれば，
ニックと椅子の運動方程式：

$$49.0\ \mathrm{kg} \times a = 480\ \mathrm{N} - T$$

子どもの運動方程式：

$$\frac{440\ \mathrm{N}}{9.80\ \mathrm{m/s^2}} \times a = T - 440\ \mathrm{N}$$

両式の各辺を足せば，

$$a = \frac{480\ \mathrm{N} - 440\ \mathrm{N}}{49.0\ \mathrm{kg} + 44.9\ \mathrm{kg}} = 0.43\ \mathrm{m/s^2}$$

これより，
張力：　$T = 480\ \mathrm{N} - 49.0\ \mathrm{kg} \times 0.43\ \mathrm{m/s^2} = 459\ \mathrm{N}$
(b) 静止しているので，張力はニックと椅子を支えるのに必要な力に等しく，480 N である．(a)の場合より大きいのでロープが切れたと考えられる．

4·37 右の積み木のほうが重いので，全体は右方向に加速する．全体の運動を考えれば，

$$(3.50\ \mathrm{kg} + 8.00\ \mathrm{kg}) \times a = (8.00\ \mathrm{kg} - 3.50\ \mathrm{kg}) \times 9.80\ \mathrm{m/s^2} \times \sin 35.0° \ \rightarrow\ a = 2.20\ \mathrm{m/s^2}$$

右の積み木単独での運動方程式は，

$$8.00\ \mathrm{kg} \times a = 8.00\ \mathrm{kg} \times 9.80\ \mathrm{m/s^2} \times \sin 35.0° - T \ \rightarrow\ T = 27.4\ \mathrm{N}$$

4·38 (a) $z\cos\theta = x$ とすれば，

$$x = \sqrt{z^2 - h_0^2} \ \rightarrow\ \frac{\mathrm{d}x}{\mathrm{d}t} = \frac{\mathrm{d}z}{\mathrm{d}t} \times \frac{z}{\sqrt{z^2 - h_0^2}}$$

である．$\mathrm{d}x/\mathrm{d}t = v_x$，$\mathrm{d}z/\mathrm{d}t = v_y$ なので，問題の式が得られる．
(b) $v_x = uv_y$ を微分すると，

$$\frac{\mathrm{d}v_x}{\mathrm{d}t} = u\frac{\mathrm{d}v_y}{\mathrm{d}t} + \frac{\mathrm{d}u}{\mathrm{d}t}v_y$$

du/dt は 0 になることはないので(u のグラフ(単調減少)を考えればわかる), $v_y = 0$ でなければならない. $v_y = 0$ とは動き始めた時点である.

(c) 張力を T N とし, 加速度は m/s^2 単位で表されているとすれば,

木片の運動方程式: $1.00\,a_x = T\cos\theta = 0.866\,T$

おもりの運動方程式: $0.500\,a_y = 0.500 \times 9.80 - T$

$$\rightarrow \quad u a_y = 2u(4.90 - T)$$

$a_x = u a_y$ であり, また,

$$u = \frac{z}{\sqrt{z^2 - {h_0}^2}} = \frac{1}{\sqrt{1 - \sin^2\theta}} = 1.155$$

なので,

$$0.866\,T = 2 \times 1.155 \times (4.90 - T)$$

$$\rightarrow \quad T = \frac{11.31}{0.866 + 2.31} = 3.56\,(\mathrm{N})$$

4·39 (a) 全体を一体のものと考えれば, 全質量は 9.00 kg なので,

$$9.00\,\mathrm{kg}\; a = 18.0\,\mathrm{N} \rightarrow a = 2.00\,\mathrm{m/s^2}$$

(b) m_2 が m_1 に及ぼすの大きさを F_{21} とすると,

$$m_1 a = F - F_{21}$$

$$\rightarrow \quad F_{21} = 18.0\,\mathrm{N} - 2.00\,\mathrm{kg} \times 2.00\,\mathrm{m/s^2} = 14.0\,\mathrm{N}$$

F_{21} は m_1 が m_2 に及ぼす力の大きさにも等しい(作用反作用の法則). また, m_3 が m_2 に与える力 F_{32} は,

$$m_2 a = F_{21} - F_{32}$$

$$\rightarrow \quad F_{32} = 14.0\,\mathrm{N} - 3.00\,\mathrm{kg} \times 2.00\,\mathrm{m/s^2} = 8.00\,\mathrm{N}$$

これは, m_2 が m_3 に及ぼす力に等しい.

(c) 上の問題で, m_1 を仕切り板, m_2 をブロック, m_3 を君だと考えればよい. 君が受ける力 F_{32} は, F や F_{21} よりかなり小さくなっている.

4·40 (a) 両端のひもの張力を T_1, その内側のひもの張力を T_2, 中央のひもの張力を T_3 とする. 一番左の折れ目での力のつり合いは,

$$T_1\sin\theta_1 - T_2\sin\theta_2 - mg = 0$$

$$T_1\cos\theta_1 - T_2\cos\theta_2 = 0$$

左から 2 番目の折れ目での力のつり合いは,

$$T_2\sin\theta_2 - mg = 0$$

$$T_2\cos\theta_2 - T_3 = 0$$

第 3 式を第 1 式に代入すれば,

$$T_1\sin\theta_1 - mg - mg = 0 \rightarrow T_1 = \frac{2mg}{\sin\theta_1}$$

第 4 式を第 2 式に代入すれば,

$$T_1\cos\theta_1 - T_3 = 0 \rightarrow T_3 = \frac{2mg}{\tan\theta_1}$$

第 1 式と第 2 式より

$$\frac{T_2\sin\theta_2}{T_2\cos\theta_2} = \frac{T_1\sin\theta_1 - mg}{T_1\cos\theta_1}$$

$$\rightarrow \quad \tan\theta_2 = \tfrac{1}{2}\tan\theta_1 \rightarrow \theta_2 = \tan^{-1}\!\left(\tfrac{1}{2}\tan\theta_1\right)$$

また, θ_2 をこの角度だとして,

$$T_2 = \frac{mg}{\sin\theta_2}$$

(b) $D = 2l\cos\theta_1 + 2l\cos\theta_2 + l$

であり, $l = L/5$ なので, 問題の式を得る.

4·41 全体の水平方向の運動方程式:

$$(M + m_1 + m_2)\,a = F$$

ブロック m_1 の鉛直方向の運動方程式(T はひもの張力):

$$m_1 g = T$$

ブロック m_2 の水平方向の運動方程式: $m_2 a = T$

第 2 式を第 3 式に代入すると, $a = m_1 g/m_2$

これを第 1 式に代入すれば,

$$F = \frac{(M + m_1 + m_2)\,m_1 g}{m_2}$$

4·42 (a) $a = g\sin\theta = 9.80\,\mathrm{m/s^2}\sin 30.0^\circ = 4.90\,\mathrm{m/s^2}$

(b) $v^2 = 2a\dfrac{h}{\sin\theta} = 9.80\,\mathrm{m^2/s^2} \rightarrow v = 3.13\,\mathrm{m/s}$

(c) 斜面を離れてから落下するまでの時間を t s とすると, 鉛直方向の運動は,

$$H = \tfrac{1}{2}gt^2 + v_i t$$

ただし, $v_i = v\sin 30.0^\circ = 1.565\,\mathrm{m/s}$. したがって,

$$4.90\,t^2 + 1.565\,t - 2.00 = 0$$

これを解くと, $t = 0.499$ s

したがって,

$$R = v\cos 30.0^\circ \times 0.499 = 1.35\,\mathrm{m}$$

(d) 斜面から離れるまでの時間は, $v = at$ より, $t = v/a = 0.639$ s. これに(c)で求めた時間を加えると 1.14 s.

(e) 台がブロックから, 斜面に垂直方向の力を受ける(斜面に摩擦はないとしているので, 斜面方向の力は受けない). この力は, ブロックが斜面から受ける力の反作用であり, ブロックに対する斜面方向の力のつり合いより, $mg\cos\theta$ である.

台がテーブルから受ける水平方向(右向き)および垂直方向(上向き)の力をそれぞれ F_x, F_y とすると,

水平方向のつり合い: $F_x = mg\cos\theta \times \sin\theta$

垂直方向のつり合い: $F_y = Mg + mg\cos^2\theta$

4·43 減速し始める瞬間の速さを v とすると,

$$v^2 = 2g \times 1.00\,\mathrm{m} = 19.6\,\mathrm{m^2/s^2}$$

最小限の距離 d で停止したとすると, そのときの加速度は $F/60.0$ kg だから, 上と同じ公式を使って,

$$2 \times F/60.0\,\mathrm{kg} \times d = v^2$$

$$\rightarrow \quad d = v^2 \div (2 \times F/60.0\,\mathrm{kg}) = 0.0114\,\mathrm{m} \approx 1\,\mathrm{cm}$$

4·44 ロープのフェラーリの上の部分のほうが, 下よりも張力は大きくなっているはずである(上の部分は 2 つの自動車の両方を上に加速しなければならないので). したがってケーブルに問題がない限り, 下が先に切れることはない.

4·45 運動を，斜面下方向と，それに直角な方向にわけて考える．おもちゃは，斜面下方向には，自動車と同じ加速度で運動しており，それに対して直角方向には動いていない(その方向の力はつり合っている)．
まず，斜面下方向に関しては，加速度 a は，

$$a = 30.0\ \mathrm{m/s} \div 6.00\ \mathrm{s} = 5.00\ \mathrm{m/s^2}$$

であり，力は重力のそちら方向の成分 $mg\sin\theta$ なので，

$$ma = mg\sin\theta \rightarrow \sin\theta = a/g = 0.510 \rightarrow \theta = 30.7°$$

また，ひもの張力を T とすれば，力のつり合いより，

$$T = mg\cos\theta = 0.100\ \mathrm{kg} \times 9.80\ \mathrm{m/s^2} \times \cos 30.7° = 0.843\ \mathrm{N}$$

4·46 (a) $a = F/m$ なので，F を 1.24 倍にすると a も 1.24 倍になる．また，m を 0.76 倍にすると a は 1.32 倍になる．つまり，軽くするほうが有効である．(b) $1.24 \div 0.76 = 1.63$ 倍になる．

5 章　ニュートンの法則のさらなる応用

5·1　36.0°のときに重力と最大静止摩擦力がつり合うのだから，

$mg\sin 36.0° = \mu_{静} mg\cos 36.0°$ → $\mu_{静} = \tan 36.0° = 0.727$

30.0°のときに重力と動摩擦力がつり合うのだから，

$mg\sin 30.0° = \mu_{動} mg\cos 30.0°$ → $\mu_{動} = \tan 30.0° = 0.577$

5·2　(a) 車の全質量を m とし，それがすべて後部車輪にかかったとする．加速度を a とすれば，

$$ma = \mu_{静} mg \rightarrow a = \mu_{静} g$$

400 m 走るのにかかった時間を $t = 4.43$ s とすれば，

$\frac{1}{2}at^2 = 400\ \text{m}$ → $a = 800\ \text{m} \div (4.43\ \text{s})^2 = 40.8\ \text{m/s}^2$

→ $\mu_{静} = a/g = 4.16$

(b) 静止摩擦力よりもタイヤを回す力が強ければ，タイヤはスリップするので摩擦は動摩擦力になる．したがって，加速度は減り，時間は余計にかかる．

5·3　最大静止摩擦力 $\mu_{静} mg$ 以上で押す必要がある．

$75.0\ \text{N} = \mu_{静} \times 25.0\ \text{kg} \times g$ → $\mu_{静} = 0.306$

また，動いているときの摩擦力 $\mu_{動} mg$ とのつり合いより，

$60.0\ \text{N} = \mu_{動} \times 25.0\ \text{kg} \times g$ → $\mu_{動} = 0.245$

5·4　(a) タイヤがスリップしない範囲で最大限に強くブレーキを踏む．そのときの自動車にかかる水平方向の力は最大静止摩擦力であり，$\mu_{静} mg = ma$ という式が成り立つので，自動車の減速する加速度は $a = \mu_{静} g$ である．そのときの停止するまでの走行距離 x は，

$$2ax = v^2 \rightarrow x = v^2/(2\mu_{静} g)$$

これに，

$$v = 80\ \text{km/h} = 80 \times 10^3\ \text{m} \div (3600\ \text{s}) = 22.2\ \text{m/s}$$

を代入すれば，$x = 252$ m

(b) 6 分の 1 になるので，$x = 42.0$ m

5·5　杖が地面に及ぼす力を F とすると，その垂直成分(垂直抗力)は $F\cos 22°$．杖が地面に水平方向に及ぼす力は $F\sin 22°$．杖が滑らないためにはこれが最大静止摩擦力よりも小さくなければならないので，

$$F\sin 22° \leq \mu_{静} F\cos 22°$$

これより，

$$\mu_{静} \geq \tan 22° = 0.404$$

5·6　物体とブロックに共通の加速度の大きさを a，求める張力を T とすると，

物体の運動方程式: $m_2 a = m_2 g - T$ → $a = g - T/m_2$

ブロックの運動方程式: $m_1 a = T - \mu_{動} m_1 g$ →

$a = T/m_1 - \mu_{静} g$

したがって，

$$g - \frac{T}{m_2} = \frac{T}{m_1} - \mu_{静} g \rightarrow \left(\frac{1}{m_1} + \frac{1}{m_2}\right)T = (1 + \mu_{静})g$$

→ $T = 1.200 \times g \div (1/9.00\ \text{kg} + 1/5.00\ \text{kg}) = 37.8\ \text{N}$

5·7　(a) 停止するときのトラックの加速度を a とする．滑らないためには荷物の加速度も a でなければならず，それは静止摩擦力(≤ 最大静止摩擦力)によって生じている．つまり，

$$ma \leq \mu_{静} mg \rightarrow a \leq \mu_{静} g$$

また，速さ v で動いているトラックが加速度 a で停止するときに走る距離 d は，

$$2ad = v^2$$

これより，

$$d = \frac{v^2}{2a} \geq \frac{v^2}{2\mu_{静} g} = 14.7\ \text{m}$$

(b) どちらの質量も必要なかった．

5·8　(a) 初速は 0 なのだから，$x = \frac{1}{2}at^2$ という式が使える．

$$a = \frac{2x}{t^2} = \frac{2 \times 2.00\ \text{m}}{(1.50\ \text{s})^2} = 1.78\ \text{m/s}^2$$

(b) 運動方程式は，

$$ma = mg\sin 30° - \mu_{動} mg\cos 30°$$

→ $\mu_{動} = (g\sin 30° - a)/(g\cos 30°) = 0.368$

(c) 摩擦力 $= \mu_{動} mg\cos 30° = 9.37$ N

(d) $v^2 = 2ad = 2 \times 1.78\ \text{m/s}^2 \times 2.00\ \text{m} = 7.12\ \text{m}^2/\text{s}^2$

→ $v = 2.67$ m/s

5·9　(a) 重力，摩擦力，ストラップにより引っ張られる力

(b) スーツケースが一定の速さで動いているのならば，力はつり合っている．水平方向のつり合いは，ストラップの水平方向の力＝摩擦力，だから，

$35.0\ \text{N} \times \cos\theta = 20.0\ \text{N}$ → $\cos\theta = 0.571$

→ $\theta = 55.2°$

(c) 鉛直方向の力のつり合いは，ストラップの鉛直方向の力 ＋ 垂直抗力 ＝ 重力，だから，

$35.0\ \text{N} \times \sin 55.2° +$ 垂直抗力 $= 20.0\ \text{kg} \times g$

→ 垂直抗力 $= 196\ \text{N} - 29\ \text{N} = 167\ \text{N}$

5·10　(a) P が大きくてブロックが上にずれようとするときは，摩擦力は下向きに働いてそれを阻もうとする．したがって，上に動かない条件は，

$P\sin\theta <$ 最大静止摩擦力 $+ mg$

また，

最大静止摩擦力 $= \mu_{静} P\cos\theta$

すなわち，

$P\sin\theta < \mu_{静} P\cos\theta + mg$

→ $P(\sin\theta - \mu_{静}\cos\theta) < mg$

→ $0.605P < 29.4\ \text{N}$ → $P < 48.6\ \text{N}$

また，P が小さすぎて下に落ちようとするときは，摩擦力

は上向きに働いてそれを阻もうとする．したがって，下に動かない条件は，

$$P\sin\theta + \text{最大静止摩擦力} > mg$$
$$\rightarrow \quad P(\sin\theta + \mu_{静}\cos\theta) > mg$$
$$\rightarrow \quad 0.927\,P > 29.4\ \mathrm{N} \quad \rightarrow \quad P > 31.7\ \mathrm{N}$$

結局，

$$31.7\ \mathrm{N} < P < 48.6\ \mathrm{N}$$

であればよい．

(b) Pがこれよりも大きければブロックは上に滑り，小さければ下に滑る．

(c) $\theta = 13.0°$として同じ計算をすると，上に滑らないという条件は，

$$-0.0186P < 29.4\ \mathrm{N}$$

また，下に滑らないという条件は，

$$0.469P > 29.4\ \mathrm{N} \quad \rightarrow \quad P > 62.7\ \mathrm{N}$$

最初の条件は$P > 0$である限り自動的に満たされるので，Pをいくら増やしてもブロックが上に滑ることを心配する必要はない．角度が小さいので垂直抗力が増え，摩擦力が増えるからである．

5·11 (a) m_1に働いている力: 右向きに張力，左向きに摩擦力，上向きに台からの垂直抗力，下向きに重力

m_2に働いている力: 右向きに力F，左向きに張力，左向きに摩擦力，上向きに台からの垂直抗力，下向きに重力

(b) 系全体に対する，水平方向の外力は力Fと2つの摩擦力なので，右向きを正として，

$$(m_1+m_2)\,a = F - \mu_{動}(m_1 g + m_2 g)$$
$$\rightarrow \quad a = F/(m_1+m_2) - \mu_{動} g = (2.27 - 0.98)\ \mathrm{m/s^2} = 1.29\ \mathrm{m/s^2}$$

(c) 物体m_1の水平方向の運動方程式は，

$$m_1 a = T - \mu_{動} m_1 g \quad \rightarrow \quad T = m_1(a + \mu_{動} g) = 27.2\ \mathrm{N}$$

5·12 (a) m_1に働く力: 上向きの張力と下向きの重力

m_2に働く力: 両側の張力，摩擦力(動きと反対の方向)，上向きの垂直抗力，下向きの重力

m_3に働く力: 上向きの張力と下向きの重力

(b) $m_1 > m_3$なのだから，全体は動くのだとすれば，重力によりm_1側に加速される．しかしそのためには，重力が摩擦力よりも大きくなっていなければならない．

$$m_1 g - m_3 g - \mu_{動} m_2 g = (m_1 - m_3 - \mu_{動} m_2)\,g > 0$$

問題に与えられた数値を代入すればこの不等式が成り立っていることがわかるので，全体はm_1側に加速されているとする(静止摩擦力が非常に大きければ動かないが，ここではそうはなっていないとする)．

全体はひもでつながっているのだから，その加速度の大きさはすべての物体に対して同じである．運動方程式を考えよう．3つの物体全体に対する“外力”のうち，動きの方向への力だけを取り出すと，m_1への重力，m_2への摩擦力，そしてm_3への重力である．したがって，全体に対する運度方程式は，

$$(m_1 + m_2 + m_3)\,a = (m_1 - m_3 - \mu_{動} m_2)\,g$$
$$\rightarrow \quad a = \frac{m_1 - m_3 - \mu_{動} m_2 g}{m_1 + m_2 + m_3} = \frac{1.650\ \mathrm{g}}{7.00} = 2.31\ \mathrm{m/s^2}$$

(c) 左側のひもの張力をT_1，右側のひもの張力をT_2とする．

m_1の運動方程式: $m_1 a = m_1 g - T_1$

$$\rightarrow \quad T_1 = m_1(g - a) = 30.0\ \mathrm{N}$$

m_3の運動方程式: $m_3 a = -m_3 g + T_2$

$$\rightarrow \quad T_2 = m_3(g + a) = 24.2\ \mathrm{N}$$

(このときm_2の運動方程式が成り立っていることは，自分で確かめよ．)

(d) (b)で求めたaの式より，$\mu_{動} = 0$ならば加速度は増える(摩擦がなくなるのだから当然である)．aが増えれば，T_1は減りT_2は増える．これも，T_1はm_1を減速させる力であり，T_2はm_2を加速させる力であることを考えれば当然である．

5·13 加速度は$2ad = v^2$の式から計算できる〔aは加速度の大きさ(絶対値)であり最終速度はゼロ〕．

$v = 72.0\ \mathrm{km/h} \times (1000\ \mathrm{m}/1\ \mathrm{km}) \times (1\ \mathrm{h}/3600\ \mathrm{s}) = 20.0\ \mathrm{m/s}$

なので，

$$a = v^2/2d = -(20.0\ \mathrm{m/s})^2/(2 \times 30.0\ \mathrm{m}) = 6.67\ \mathrm{m/s^2}$$

(減速のときの)車の加速度がわかると，問題は最大静止摩擦力の大きさで，教科書を同じだけ減速させることが可能かという問題になる．

摩擦力によって可能な最大の(減速の)加速度

$$= \mu_{静} mg/m = \mu_{静} g = 6.37\ \mathrm{m/s^2}$$

これは上のaよりも小さいので，教科書は車と一緒に減速することはできず，座席を滑りだす．

では，動き出した教科書はどれだけ動くだろうか．動き出した後の教科書の加速度$a_{教}$は，運動方程式をmで割ると，

$$a_{教} = \mu_{動} g = 5.39\ \mathrm{m/s^2}$$

である．また，自動車が停止するまでの時間は，

$$\frac{1}{2}at^2 = d \quad \rightarrow \quad t^2 = \frac{2d}{a}$$

したがって，この時間に教科書が座席に対して動いた距離は，

$$\frac{1}{2}at^2 - \frac{1}{2}a_{教}t^2 = d - \frac{1}{2}a_{教}\frac{2d}{a} = d\left(1 - \frac{a_{教}}{a}\right) = 5.76\ \mathrm{m}$$

これは座席の長さよりもはるかに長い．つまり，教科書はすぐに座席から滑り落ちてしまうということである．

5·14 (a) $a = \dfrac{v^2}{r} = 9.13 \times 10^{22}\ \mathrm{m/s^2}$

(b) $F = ma = 8.32 \times 10^{-8}\ \mathrm{N}$

5·15 この円運動に必要なひもの張力Tが，切れる限度よりも小さくなければならない．つまり，

$$T = \frac{mv^2}{r} < 25.0\ \mathrm{kg} \times g$$

$\rightarrow\ v^2 < 25.0\ \mathrm{kg} \times g \times 0.800\ \mathrm{m} \div 3.00\ \mathrm{kg} = 65.3\ \mathrm{m^2/s^2}$

$\rightarrow\ v < 8.08\ \mathrm{m/s}$

5·16 ひもの張力を求める．特に，下のひもの張力が正になるか(物体を引っ張る方向になるか)を調べなければならない．もし負になったら，下はひもではなく棒のようなもの(曲がらないもの)と置き換えなければならない．

上のひもの張力を T_1，下のひもの張力を T_2 とする．また，ひもの水平方向に対する角度を θ とする．

$$\sin\theta = \frac{d/2}{l} = \frac{1.50}{2.00} = 0.750 \ \rightarrow\ \cos\theta = 0.661$$

である．

上下方向のつり合い：$T_1 \sin\theta = T_2 \sin\theta + mg$

$\rightarrow\ T_1 - T_2 = mg/\sin\theta = 13.1\ \mathrm{m/s^2} \times m$

水平方向の運動方程式：$m v^2/r = T_1 \cos\theta + T_2 \cos\theta$

$r = l\cos\theta$ なので，

$$T_1 + T_2 = \frac{m\,v^2}{l\cos^2\theta} = 10.3\ \mathrm{m/s^2} \times m$$

上の2式より $T_2 < 0$．ひもの張力が負になることはありえない(ひもは曲がってしまう)ので，この状況は不可能である．

$T_2 > 0$ になるには，$T_1 + T_2 > T_1 - T_2$ でなければならない．つまり，

$$\frac{v^2}{l\cos^2\theta} > \frac{g}{\sin\theta}$$

g が小さくてこの式が満たされていればよい($g < 7.72\ \mathrm{m/s^2}$)．たとえば，月面ならばよい(月面では g は地表の約6分の1になる)．

5·17 速さが v のときに必要な摩擦力は mv^2/r だから，

$$mv^2/r < \mu_{静} mg$$

が条件になる．つまり，

$$v < \sqrt{r\mu_{静} g} = 14.3\ \mathrm{m/s}$$

5·18 かかった時間を T，軌道の半径を r とすれば，$v = 2\pi r/T$ なので，

$$向心加速度 = \frac{v^2}{r} = \frac{4\pi^2 r}{T^2}$$

これが g に等しいのだから，

$$T^2 = \frac{4\pi^2 r}{g} = \frac{4\pi^2(1.80 \times 10^6\ \mathrm{m})}{1.52\ \mathrm{m/s^2}} = 46.7 \times 10^6\ \mathrm{m\ s^2}$$

$$\rightarrow\ T = 6.84 \times 10^3\ \mathrm{s} = 1.90\ \mathrm{h}$$

5·19 鉛直方向には動いていないのだから，鉛直方向の力はつり合っており，

$$T\cos\theta = mg \ \rightarrow\ T = mg/\cos\theta = 787\ \mathrm{N}$$

また，水平方向は円運動だから，

$$向心加速度 = T\sin\theta/m = g\tan\theta = 0.857\ \mathrm{m/s^2}$$

5·20 (a) $v^2/r = 2g$ より，

$$r = \frac{v^2}{2g} = 8.62\ \mathrm{m}$$

(b) 向心加速度はレールの垂直抗力と重力によってもたらされる．すなわち，

$$M \times 2g = 垂直抗力 + Mg \ \rightarrow\ 垂直抗力 = Mg$$

(c) 向心加速度 $= v^2/r = 8.45\ \mathrm{m/s^2}$

(d) この場合の垂直抗力は，

$$M \times 8.45\ \mathrm{m/s^2} = 垂直抗力 + Mg$$

$g > 8.45\ \mathrm{m/s^2}$ だから，垂直抗力 < 0 になってしまう．つまり，この垂直抗力は円の中心に向かう力でなく，外向きに働く力になってしまう．車両はレールに，また乗客は車両に，落ちないように結び付けておかなければならないということである．一般に，垂直抗力を正にするには向心加速度を g より大きくしなければならず，そのためには(最上部での)半径 r を小さくしなければならない．涙のしずく形にすれば，高さを変えずにそのようにできる．

5·21 (a) $30.0\ \mathrm{km/h} = 30.0\ \mathrm{km/h} \times (1\ \mathrm{h}/3600\ \mathrm{s}) \times (1000\ \mathrm{m}/1\ \mathrm{km}) = 8.33\ \mathrm{m/s}$

より，

$$向心加速度 = v^2/r = 3.40\ \mathrm{m/s^2}$$

重力による加速度は g だから，その差が道路の力による加速度(上向き)であり，

$$道路の力 = 1800\ \mathrm{kg} \times (9.80 - 3.40)\ \mathrm{m/s^2} = 1.15 \times 10^4\ \mathrm{N}$$

(b) 道路の力がゼロになるときが，飛び上がらない限度である．そのときの速さ v は，

$$v^2/r = g \ \rightarrow\ v = \sqrt{gr} = 14.1\ \mathrm{m/s} = 50.9\ \mathrm{km/h}$$

5·22 最下点での つる の張力 T は，

$$m\,v^2/r = T - mg \ \rightarrow\ T = m(g + v^2/r) = 1380\ \mathrm{N}$$

これは1000 Nより大きいので，つるは切れる．(ぶら下がっているだけならば $T = mg$ で切れないが，動くと危険ということである．ゆっくり動けば切れないが，それでは向こう岸までたどり着けないかもしれない．)

5·23 最高点で，円運動の加速度(向心加速度)よりも重力加速度のほうが大きければ，水は円軌道から離れて落下する．つまり，速さ v に対する条件は，

$$v^2/r \geq g \ \rightarrow\ v \geq \sqrt{rg} = 3.13\ \mathrm{m/s}$$

5·24 (a) 子ども + ブランコ の系の運動方程式は，

$$mv^2/r = 2T - mg$$

したがって，

$$v^2 = \left(\frac{2T}{m} - g\right)L = 23.1\ \mathrm{m^2/s^2} \ \rightarrow\ v = 4.81\ \mathrm{m/s}$$

(b) 子どもの運動方程式は $mv^2/r = F - mg$ だから(a)の式より $F = 2T = 700\ \mathrm{N}$．ブランコの質量を無視するのだから，ブランコに働く力はつり合うと考えてもよい．

5·25 (a) ヒントの $v(t)$ の式で，$t\rightarrow\infty$ では $v(t)\rightarrow v_{終端}$ になるので，$v_{終端}$ が終端速度である．したがって，

$$b = \frac{mg}{v_{終端}} = \frac{3.00\,\mathrm{g} \times g}{2.00\,\mathrm{cm/s}} = \frac{0.003\,\mathrm{kg} \times 9.80\,\mathrm{m/s^2}}{0.02\,\mathrm{m/s}}$$
$$= 1.47\,\mathrm{kg/s}$$

(b) $t = 0$ では $v = 0$ という条件から，$C = v_{終端}$ と決まり，
$$v(t) = v_{終端}\,(1 - \mathrm{e}^{-t/\tau})$$
である．問題の条件より，
$$1 - \mathrm{e}^{-t/\tau} = 0.632 \ \rightarrow\ \mathrm{e}^{-t/\tau} = 0.368$$
$$\rightarrow\ t = -\tau \log 0.368 = m/b \log 0.368$$
$$= 0.002\,04\,\mathrm{s} = 2.04 \times 10^{-3}\,\mathrm{s}$$

(c) 終端速度のときは等速運動なので力はつり合っている．したがって，
$$抵抗力 = 重力 = mg = 0.003\,\mathrm{kg} \times g$$
$$= 0.0294\,\mathrm{N} = 2.94 \times 10^{-2}\,\mathrm{N}$$

5･26 (a) 終端速度は抵抗力と重力のつり合いから決まる．つまり，
$$R = mg \ \rightarrow\ v^2 = \frac{2mg}{D\rho A}$$
空気の密度 ρ は後ろ見返しより $1.20\,\mathrm{kg/m^3}$ であるとする．また，
$$m = \tfrac{4}{3}\pi \times (0.08\,\mathrm{m})^3 \times (830\,\mathrm{kg/m^3}) = 1.78\,\mathrm{kg}$$
$$A = \pi \times (0.08\,\mathrm{m})^2 = 0.0201\,\mathrm{m^2}$$
を代入して，
$$v^2 = 2892\,\mathrm{m^2/s^2} \ \rightarrow\ v = 53.8\,\mathrm{m/s}$$
(b) $2gh = v^2$ という公式より，
$$h = \frac{v^2}{2g} = 148\,\mathrm{m}$$
この物体は 150 m ほど落下すれば，終端速度程度になると推定される．

5･27 (a) 残りの 1.500 m は等速運動だから，そのときの速度 v_{T} (終端速度)は，
$$v_{\mathrm{T}} = 1.500\,\mathrm{m}/5.00\,\mathrm{s} = 0.300\,\mathrm{m/s}$$
$v = v_{\mathrm{T}}$ のとき等速運動 ($a = 0$) になるのだから，
$$B = g/v_{\mathrm{T}} = 32.7\,\mathrm{s^{-1}}$$
(b) $t = 0$ では $v = 0$ だから，$a = g = 9.80\,\mathrm{m/s^2}$

(c) $v < v_{\mathrm{T}}$ だから，まだ終端速度には達していない．したがって，$a = g - Bv = 4.90\,\mathrm{m/s^2}$　向きは下．

5･28 微分方程式を解く問題である．運動方程式は，
$$m\frac{\mathrm{d}v}{\mathrm{d}t} = -kmv^2$$
変形すると，
$$\frac{1}{v^2}\frac{\mathrm{d}v}{\mathrm{d}t} = -k$$
t で両辺を積分すると (0 から t まで)，
$$左辺 = \int \frac{1}{v^2}\frac{\mathrm{d}v}{\mathrm{d}t}\,\mathrm{d}t = -\left(\frac{1}{v} - \frac{1}{v_{\mathrm{i}}}\right)$$
$$右辺 = \int(-k)\,\mathrm{d}t = -kt$$
これが等しいという式より，
$$\frac{1}{v} = \frac{1}{v_{\mathrm{i}}} + kt = \frac{1 + v_{\mathrm{i}}kt}{v_{\mathrm{i}}}$$
この式の逆数をとれば与式となる．

5･29 (a) $v(0) = v_{\mathrm{i}} = 10.0\,\mathrm{m/s}$

$v(20.0) = v_{\mathrm{i}}\,\mathrm{e}^{-20.0c} = 5.00\,\mathrm{m/s}$

これより，
$$\mathrm{e}^{-20.0c} = 0.500 \ \rightarrow\ -20.0c = \log(0.500) = -0.693$$
$$\rightarrow\ c = 0.0347\,\mathrm{s^{-1}}$$
20.0 の単位は s なので c の単位は $\mathrm{s^{-1}}$．

(b) $\mathrm{e}^{-40.0c} = (\mathrm{e}^{-20.0c})^2 = 0.250$ より $v(40.0) = 2.50\,\mathrm{m/s}$

(c) $a = \dfrac{\mathrm{d}v}{\mathrm{d}t} = -cv_{\mathrm{i}}\,\mathrm{e}^{-ct} = -cv(t)$

5･30 (a) 問題 5･25 と同じ式が使える(具体的な数値は異なるが)．すなわち，
$$v(t) = v_{終端}\,(1 - \mathrm{e}^{-t/\tau})$$
したがって，
$$\mathrm{e}^{-5.54/\tau} = \tfrac{1}{2} \ \rightarrow\ -5.54/\tau = -\log 2 \ \rightarrow\ \tau = 7.99\,\mathrm{s}$$
これより終端速度 $v_{終端}$ は，
$$v_{終端} = g\tau = 78.3\,\mathrm{m/s}$$
(b) 問題の条件より，
$$\mathrm{e}^{-t/\tau} = \tfrac{1}{4}$$
このようになる t は(a)の場合の 2 倍だから，
$$t = 5.54\,\mathrm{s} \times 2 = 11.1\,\mathrm{s}$$
(c) 変位は速度を積分しなければならない．$t = 5.54\,\mathrm{s}$ では $\mathrm{e}^{-t/\tau} = \frac{1}{2}$ だから，
$$x(t) - x(0) = \int_0^1 v(t')\,\mathrm{d}t' = v_{終端}\int(1 - \mathrm{e}^{-t'/\tau})\,\mathrm{d}t'$$
$$= v_{終端}\,(t + \tau(\mathrm{e}^{-t/\tau} - 1)) = v_{終端}\left(t - \frac{\tau}{2}\right)$$
$$= 78.3 \times (5.54 - 7.99/2) = 121\,(\mathrm{m})$$

5･31 重力は距離の 2 乗に反比例するので，地表に比べて 16 分の 1 になる(地球の中心からの距離が 4 倍なので)．すなわち，
$$\frac{g}{16} = 0.612\,\mathrm{m/s^2}$$

5･32 クーロンの法則より，
$$電気力 = (8.99 \times 10^9\,\mathrm{N\cdot m^2/C^2}) \times (40.0\,\mathrm{C})^2 \div (2000\,\mathrm{m})^2$$
$$= 3.60 \times 10^6\,\mathrm{N}$$

5･33
$$重力 = (6.674 \times 10^{-11}\,\mathrm{N\cdot m^2/kg^2}) \times (2.00\,\mathrm{kg})^2 \div (0.300\,\mathrm{m})^2$$
$$= 2.97 \times 10^{-9}\,\mathrm{N}$$

追加問題

5･34 壁からの垂直抗力がゼロになったときに衣類は壁から離れる．そのときは向心加速度が，重力加速度の中心方向の成分に等しくなっている．その条件を書くと，
$$\frac{v^2}{r} = g\sin\theta \ \rightarrow\ v = \sqrt{gr\sin\theta} = 1.73\,\mathrm{m/s}$$

I 解答（力学）

したがって,

$$\begin{aligned}\text{回転率} &= \text{単位時間当たりの回転数}\\ &= \text{単位時間当たりの移動距離 / 円周}\\ &= \frac{v}{2\pi r} = 0.835\ \text{回}/\text{s}\end{aligned}$$

1 秒に 1 回転よりもやや遅い速さである.

5·35 (a) 最大静止摩擦力 $= \mu_{静} \times$ 垂直抗力

$$= \mu_{静} \times (F_{重力} + P\sin\theta)$$

したがって, 動くためには, 水平方向に押す力がこれ以上でなければならない. すなわち,

$$P\cos\theta > \mu_{静} \times (F_{重力} + P\sin\theta)$$

$$\rightarrow\ P(\cos\theta - \mu_{静}\sin\theta) > \mu_{静}F_{重力}$$

$$\rightarrow\ P\cos\theta(1 - \mu_{静}\tan\theta) > \mu_{静}F_{重力}$$

右辺の( )の中が正ならば, それで両辺を割って与式が得られる.

(b) 左辺が負ならば上の不等式は成り立たない. その条件は,

$$1 - \mu_{静}\tan\theta < 0\ \ \rightarrow\ \ \tan\theta > 1/\mu_{静}$$

角度が大きいと, 木枠を上から押し付けることになって, 摩擦力が増えて動かなくなる.

5·36 (a) 左右の重力のつり合いより $M = 3m\sin\theta$

(b) 左側の物体 $2m$ のつり合いより $T_1 = 2mg\sin\theta$

系 "$m + 2m$" のつり合いより $T_2 = 3mg\sin\theta$

後者は, M のつり合いを考えてもよい($T_2 = Mg$).

(c) 加速度の大きさはどこでも同じ. それを a とすれば,

$$(m + 2m + M)\,a = Mg/2$$

(質量が増えた分 $M/2$ だけ力のつり合いがくずれる).

$M = 6m\sin\theta$ を代入すれば,

$$a = \frac{g\sin\theta}{1 + 2\sin\theta}$$

(d) 物体 $2m$ の運動方程式より,

$$2ma = T_1 - 2mg\sin\theta\ \ \rightarrow\ \ T_1 = 2m(a + g\sin\theta)$$

(ただし, a に上の答を入れる.)

同様にして, 系 "$2m + m$" の運動方程式より,

$$T_2 = 3m(a + g\sin\theta)$$

(e) 右側にずれようとするのを摩擦力で抑えるという状況である. 最大静止摩擦力は $\mu_{静} \times 3mg\cos\theta$. したがって, つり合いの条件は,

$$Mg = 3mg\sin\theta + \mu_{静} \times 3mg\cos\theta = 3mg(\sin\theta + \mu_{静}\cos\theta)$$

これを g で割れば M が得られる.

$$M = 3m(\sin\theta + \mu_{静}\cos\theta)$$

(f) 左側にずれようとするのを摩擦力で抑えるという状況である. 摩擦力の符号が逆転して,

$$M = 3m(\sin\theta - \mu_{静}\cos\theta)$$

(g) $T_2 = Mg$ なので, M の差を求めればよい.

$$T_2\ \text{の差} = M\ \text{の差} \times g = 6\mu_{静}mg\cos\theta$$

5·37 (a) まず, 速さが大きくて上にずれようとするが, 内向きの摩擦力 f によって抑えられるケースを考える. 垂直抗力の大きさを n, 最大静止摩擦力の大きさを f とする. (傾きの方向にはタイヤは動いていないので静止摩擦力であることに注意) 鉛直方向のつり合いより,

$$n\cos\theta - f\sin\theta - mg = 0$$

また, $f = \mu_{静}n$ なので,

$$n(\cos\theta - \mu_{静}\sin\theta) - mg = 0\ \rightarrow\ n = mg/(\cos\theta - \mu_{静}\sin\theta)$$

したがって, 最大の速さ v のときの水平方向の運動方程式は,

$$mv^2/R = n\sin\theta + f\cos\theta = n\sin\theta + \mu_{静}n\cos\theta$$

$$= n(\sin\theta + \mu_{静}\cos\theta) = mg\frac{\sin\theta + \mu_{静}\cos\theta}{\cos\theta - \mu_{静}\sin\theta}$$

$$\rightarrow\ \ v^2 \leq gR\frac{\sin\theta + \mu_{静}\cos\theta}{\cos\theta - \mu_{静}\sin\theta}$$

ただし, 分母 < 0, すなわち,

$$\tan\theta > \frac{1}{\mu_{静}}$$

の場合は, v の最大値は無限大である. つまり, 角度が十分に大きければ(あるいは摩擦係数が十分に大きければ), 決して車が外に飛び出すことはない.

同様にして, 速さが小さくて下にずれようとするが, 外向きの摩擦力 $f(>0)$ によって抑えられるケースを考えよう. 垂直抗力の大きさを n, 最大静止摩擦力の大きさを f とする. 鉛直方向のつり合いより,

$$n\cos\theta + f\sin\theta - mg = 0$$

また, $f = \mu_{静}n$ なので,

$$n(\cos\theta + \mu_{静}\sin\theta) - mg = 0\ \rightarrow\ n = mg/(\cos\theta + \mu_{静}\sin\theta)$$

したがって, 最小の速さ v のときの水平方向の運動方程式は,

$$mv^2/R = n\sin\theta - f\cos\theta = n\sin\theta - \mu_{静}n\cos\theta$$

$$= n(\sin\theta - \mu_{静}\cos\theta) = mg\frac{\sin\theta - \mu_{静}\cos\theta}{\cos\theta + \mu_{静}\sin\theta}$$

$$\rightarrow\ \ v^2 \geq gR\frac{\sin\theta - \mu_{静}\cos\theta}{\cos\theta + \mu_{静}\sin\theta}$$

ただし, 分子 < 0, すなわち,

$$\tan\theta < \mu_{静}$$

の場合は v の最小値は 0 である. つまり角度が十分に小さければ(あるいは摩擦係数が十分に大きければ), 止まっていても内側にはすべらない.

(b) 上の考察より, 最小値は $\mu_{静} = \tan\theta$ である.

5·38 (a) 全質量は 11.50 kg なのだから, 両方の垂直抗力を足すと,

$$11.50\ \text{kg} \times \cos 35.0° \times g = 92.3\ \text{N}$$

したがって, 全体の運動方程式は,

$$11.50\ \text{kg} \times a = (8.00\ \text{kg} - 3.50\ \text{kg})\,g\sin 35.0° - \mu_{動} \times 92.3\ \text{N}$$

$$\mu_{動} = \frac{(4.50\ \text{kg} \times g \times \sin 35.0° - 11.50\ \text{kg} \times 1.50\ \text{m/s}^2)}{92.3\ \text{N}}$$

$$= 0.0871$$

(b) 左側の物体の運動方程式を考えると，右に動いているのだから，

$$3.50\,\mathrm{kg} \times 1.50\,\mathrm{m/s^2} = -3.50\,\mathrm{kg} \times \sin 35.0^\circ \times g - 0.0871 \times 3.50\,\mathrm{kg} \times \cos 35.0^\circ \times g + T$$

$$T = 5.25\,\mathrm{N} + 19.7\,\mathrm{N} + 2.45\,\mathrm{N} = 27.4\,\mathrm{N}$$

5·39 (a) ずらそうとする重力の大きさは，

$$m_2 g \times \sin\theta = 29.4\,\mathrm{N}$$

それに対して最大静止摩擦力は，

$$(0.610 \times 2.00\,\mathrm{kg} + 0.530 \times 6.00\,\mathrm{kg} \times \cos 30.0^\circ) \times g = 38.9\,\mathrm{N}$$

摩擦力のほうが大きくなりうるので，ブロックは動き出さない．

(c) 動き出さないのだから，摩擦力は重力とつり合う．つまり 29.4 N．

5·40 (a) 鉛直方向の力のつり合い: $mg - T\cos\theta = 0$

水平方向の円運動の方程式: $mv^2/r = T\sin\theta$

ただし，r は円運動の半径であり，

$$r = D + d\sin\theta$$

T を消去すると，

$$v^2 = r/m \times mg/\cos\theta \times \sin\theta = (D + d\sin\theta) \times g \times \tan\theta = 27.0\,\mathrm{m^2/s^2}$$

$$\rightarrow \quad v = 5.19\,\mathrm{m/s}$$

(b) $T = mg/\cos\theta = 555\,\mathrm{N}$

子どもと座席の総質量に対する重力よりも 10％ ほど大きい力がかかっている．

5·41 斜め上方向に引っ張れば，トースターが受ける垂直抗力が減るので摩擦力は減る．しかし，引っ張る力の水平方向の成分も減る．どちらの効果が大きいか考えてみよう．

張力 T の，水平方向に対する角度を θ とする．

$$垂直抗力 = mg - T\sin\theta$$

したがって，最大静止摩擦力が，張力の水平成分よりも小さいという条件は，

$$T\cos\theta > \mu_{静}(mg - T\sin\theta)$$

$$\rightarrow \quad T > \frac{\mu_{静} mg}{\cos\theta + \mu_{静}\sin\theta} = \frac{4.46\,\mathrm{N}}{\cos\theta + \mu_{静}\sin\theta}$$

T を小さくするには，上式右辺の分母をできるだけ大きくしなければならない．

$$分母: \quad f(\theta) = \cos\theta + \mu_{静}\sin\theta$$

とすると，分母が最大になるのは，

$$\frac{\mathrm{d}f}{\mathrm{d}\theta} = -\sin\theta + \mu_{静}\cos\theta = 0 \quad \rightarrow \quad \tan\theta = \mu_{静} = 0.350$$

$$\rightarrow \quad \theta = 19.3^\circ \quad \rightarrow \quad f(19.3^\circ) = 1.06$$

このとき，

$$T > 4.46\,\mathrm{N}/1.06 = 4.21\,\mathrm{N}$$

つまり，T を 4.00 N 以下にすることはできない．

5·42 (a) 5 kg のブロック: 壁につながったロープからの張力 T(左向き)，下面での摩擦力 f_1(右向き)，下面での垂直抗力 n_1(上向き)，重力(下向き)

10 kg のブロック: 上面での摩擦力 f_1(左向き)，下面での摩擦力 f_2(左向き)，力 F(右向き)，上面での垂直抗力 n_1(下向き)，下面での垂直抗力 n_2(上向き)，重力(下向き)

ただし，作用反作用の法則によって関係する力は大きさが等しいので，同じ記号を与えている．力の記号はすべて，正の量を表すとする．

(b) $m_1 = 5\,\mathrm{kg}$，$m_2 = 10\,\mathrm{kg}$ とする．

5 kg のブロックの垂直方向のつり合い: $n_1 = m_1 g$

5 kg のブロックの水平方向のつり合い: $T = f_1$

10 kg のブロックの垂直方向のつり合い: $n_2 = m_2 g + n_1$

10 kg のブロックの水平方向の運動方程式:

$$m_2 a = F - f_1 - f_2$$

ただし，$f_1 = 0.200 n_1$，$f_2 = 0.200 n_2$ である．これらを使えば最後の式は，

$$m_2 a = F - 0.200\, m_1 g - 0.200(m_1 + m_2)g = 45.0\,\mathrm{N} - 9.8\,\mathrm{N} - 29.4\,\mathrm{N} = 5.8\,\mathrm{N}$$

$$\rightarrow \quad a = 5.8\,\mathrm{N}/10.0\,\mathrm{kg} = 0.58\,\mathrm{m/s^2}$$

また，

$$T = 0.200\, m_1 g = 9.80\,\mathrm{N}$$

5·43 (a) おもりをぶらさげているひもの張力を T とすると，

鉛直方向のつり合い: $T\cos\theta = mg$

水平面内の円運動の方程式: $\dfrac{mv^2}{r} = T\sin\theta$

T を消去すれば，

向心加速度: $\dfrac{v^2}{r} = g\tan\theta = 2.63\,\mathrm{m/s^2}$

(b) 半径: $r = \dfrac{v^2}{2.63\,\mathrm{m/s^2}} = 201\,\mathrm{m}$

(c) $\dfrac{v^2}{r} = g\tan\theta$ だから，　$v = \sqrt{gr\tan\theta} = 17.7\,\mathrm{m}$

5·44 (a) 2つのブロックに働く摩擦力はそれぞれ $\mu_1 m_1 g$ と $\mu_2 m_2 g$．したがって，全体の運動方程式は，

$$(m_1 + m_2)\,a = F - \mu_1 m_1 g - \mu_2 m_2 g$$

$$\rightarrow \quad a = \frac{F - \mu_1 m_1 g - \mu_2 m_2 g}{m_1 + m_2}$$

(b) $m_1 a = F - \mu_1 m_1 g - P$

$$\rightarrow P = F - \mu_1 m_1 g - m_1 a$$

$$= \frac{(m_1 + m_2)(F - \mu_1 m_1 g) - m_1(F - \mu_1 m_1 g - \mu_2 m_2 g)}{m_1 + m_2}$$

$$= \frac{m_2 F - (\mu_1 - \mu_2) m_1 m_2 g}{m_1 + m_2}$$

(c) $m_2 a = -\mu_2 m_2 g + P$

$$\rightarrow \quad P = \mu_2 m_2 g + m_2 a$$

$$= \frac{(m_1 + m_2)\mu_2 m_2 g + m_2(F - \mu_1 m_1 g - \mu_2 m_2 g)}{m_1 + m_2}$$

$$= \frac{m_2(F - \mu_1 m_1 g) + \mu_2 m_1 m_2 g}{m_1 + m_2} = \text{(b)の答}$$

($\mu_1 = \mu_2$ のとき，P は μ に依存しなくなる．なぜだろうか．そのときの P の F に対する割合に着目せよ．)

5·45 子どもが座ったままでいたとしら，テントと一緒に円運動することになる．仮にそうなるとして運動方程式を考え，その式が成り立ちうるかを考えてみよう．運動方程式は，(斜面方向ではなく)鉛直方向と水平方向に分けて考えるとよい．鉛直方向はつり合いの式，水平方向は円運動の式になる．

鉛直方向：$mg = n\cos\theta + f\sin\theta$

水平方向：$mv^2/r = f\cos\theta - n\sin\theta$

ただし，円運動の半径は $r = d\cos\theta$ である．上の式に $\sin\theta$，下の式に $\cos\theta$ を掛けて足すと(n を消去する)，$\sin^2\theta + \cos^2\theta = 1$ なので，

$$f = mg\sin\theta + mv^2/d = m \times (3.35 + 2.64)\ \mathrm{m/s^2}$$
$$= m \times 5.99\ \mathrm{m/s^2}$$

となる．一方，上の式に $\cos\theta$ を掛け，下の式に $\sin\theta$ を掛けたものを引くと(T を消去する)

$$n = mg\cos\theta - \frac{mv^2}{d} \times \tan\theta = m \times (9.21 - 0.96)\ \mathrm{m/s^2}$$
$$= m \times 8.25\ \mathrm{m/s^2}$$

f と n の値を見ると，

$$f \leq \text{最大静止摩擦力} = \mu_{\text{静}} n = m \times 5.77\ \mathrm{m/s^2}$$

という条件を，ぎりぎりの所だが満たしていない．彼はもう少しだけ滑りにくいズボンを履いておくべきだった．

5·46 (a) それぞれのブロックの加速度を a_1，a_2 とする．それぞれの運動方程式は，

$$ma_1 = F - \mu mg$$
$$Ma_2 = \mu mg$$

これより，加速度の差を a とすると，

$$a = a_1 - a_2 = \frac{F - \mu mg}{m} - \frac{\mu mg}{M} = \frac{F}{m} - \mu g\left(1 + \frac{m}{M}\right)$$
$$= (5.00 - 3.68)\ \mathrm{m/s^2} = 1.33\ \mathrm{m/s^2}$$

2つのブロックの先端の差がこの加速度で近づくのだから，求める時間 t は，

$$L = \frac{1}{2}at^2 \quad \rightarrow \quad t = \sqrt{2L/a} = 2.13\ \mathrm{s}$$

(b) $a_2 = \mu mg/M = 0.735\ \mathrm{m/s^2}$

この加速度で下のブロックが動く距離は，

$$x = \frac{1}{2}a_2 t^2 = 1.66\ \mathrm{m}$$

5·47 (a) m_1 の運動方程式は　$m_1 v^2/R = T$

m_2 の運動方程式(つり合い)の式　　$T = m_2 g$

パックに働く中心方向の力は $T = m_2 g$ であり，また，

$$v = \sqrt{\frac{RT}{m_1}} = \sqrt{\frac{Rgm_2}{m_1}}$$

(b) ひもの張力が増し，パックは渦巻くように内側に移動し，引っ張るので速さは増える．(速さの変化は厳密には角運動量保存則から証明できる… 9章)

(c) 逆に渦巻くように外側に移動し，速さは減る．

5·48 鉛直方向のつり合い：$mg = F\cos\theta - T\sin\theta$

水平方向の円運動の方程式：$\dfrac{mv^2}{r} = F\sin\theta + T\cos\theta$

上の式に $\sin\theta$ を掛け，それから下の式に $\cos\theta$ を掛けたものを引けば(F を消去する)，

$$mg\sin\theta - \frac{mv^2}{r}\cos\theta = -T$$

ワイヤーの長さを L とすれば，$r = L\cos\theta$ なので，

$$T = m \times \left(\frac{v^2}{L} - g\sin\theta\right) = 0.750\ \mathrm{kg} \times (20.4 - 3.35)\ \mathrm{m/s^2}$$
$$= 12.8\ \mathrm{N}$$

5·49 (a) θ が一定のときはビーズは水平面上を等速円運動している．ビーズが受ける力は，ワイヤーからの垂直抗力 n と重力 mg である．

鉛直方向のつり合い：$mg = n\cos\theta$

水平方向の円運動の方程式：$\dfrac{mv^2}{r} = n\sin\theta$

ただし，ループの半径を d とすると，$r = d\sin\theta$．周期を T とすれば，$v = \dfrac{2\pi r}{T}$

これらを第2式に代入し，またつり合いの式を使って n を消去すれば，

$$\frac{m(2\pi d\sin\theta)^2}{T^2 d\sin\theta} = mg\frac{\sin\theta}{\cos\theta}$$

$$\rightarrow \quad \sin\theta = 0 \quad \text{または} \quad \cos\theta = \frac{gT^2}{(2\pi)^2 d}$$

$\sin\theta = 0$ のときは $\theta = 0$ または $\theta = 180°$

また，第二の解のときは，$T = 0.450\ \mathrm{s}$，$d = 0.150\ \mathrm{m}$ なので，　$\cos\theta = 0.335 \rightarrow \theta = \pm 70.4°$

(b) $T = 0.850\ \mathrm{s}$ として同じ計算をすれば，第二の解については，$\cos\theta = 1.20$

これは1より大きいので，この式を満たす θ は存在しない．つまり第一の解，すなわち $\theta = 0$ または $180°$ が解となる．

(c) $\theta = 180°$ が不安定な位置であることは直観でわかるだろう．したがって，回転が遅ければ問(b)の状況(つまり $\cos\theta > 1$)になるので，解は $\theta = 0$ しかない．つまり，最下部に静止しているのが安定な位置である．最下部からずれると，ビーズは $\theta = 0$ を中心として振動する．

$\cos\theta < 1$ になるような速さまで回転を速くする(周期 T を減らす)と，$\theta = 180°$ を除き解は3つになる．回転が速ければビーズは最下部から浮き上がることは想像できるだ

ろう．系はθについて正負対称なので，$\theta \neq 0$の正負2つの解が安定な位置になり，$\theta = 0$と180°は不安定な位置になる．（一般に，このような解が複数求まったとき，安定な位置と不安定な位置は交互に並ぶ．曲線で極値が複数あるとき，極大値と極小値が交互に並ぶこととの類推で考えるとよい．）

5·50　(a) 摩擦力fが十分に大きいので人は落下しないとして式を立ててみよう．人と壁との間の垂直抗力をnとすれば，

$$\text{鉛直方向のつり合い：} f = mg$$

$$\text{水平方向の円運動の方程式：} \frac{mv^2}{r} = n$$

$v = \dfrac{2\pi R}{T}$，$r = R$なので，$n = m \times \dfrac{4\pi^2 R}{T^2}$

$f \leq \mu_{静} n$という条件より，

$$mg \leq \mu_{静} \times m \times \frac{4\pi^2 R}{T^2} \quad \rightarrow \quad T^2 \leq \frac{4\pi^2 R \mu_{静}}{g}$$

(b) 垂直抗力は大きくなるが静止摩擦力は変わらず，この人は動かない．

(c) 垂直抗力は小さくなるので(最大)静止摩擦力は減り，この人は下にずれて床に落ちる．

5·51　aとbrvを比較して，どちらかが圧倒的に大きければ大きい項だけを考えればよい．vを計算するまではこの比較はできないが，最初は推定で一方を無視して計算し，後でそれが正しかったか検証するという方法もある．

(b) 最初は中間のケースで，2項とも無視しないで計算してみよう．終端速度はつり合いの式($F = mg$)から得られるので，

$$br^2 v^2 + arv - \frac{4}{3}\pi r^3 \rho g = 0$$

ただし，ρは水の密度であり，$1.00\ \mathrm{g/cm^3}$とすれば，SI単位系では$\rho = 1.00 \times 10^3\ \mathrm{kg/m^3}$である．(b)では$r = 1.00 \times 10^{-4}$なので，上式は，

$$0.870 \times 10^{-8} \times v^2 + 3.10 \times 10^{-8} \times v - 4.10 \times 10^{-8} = 0$$

全体に10^8を掛ければ，

$$0.870v^2 + 3.10v - 4.10 = 0$$

これはどの項も無視できないので，このまま2次方程式として解けば，

$$v = \frac{-3.10 \pm \sqrt{3.10^2 + 4 \times 0.870 \times 4.10}}{2 \times 0.870} = \frac{-3.10 \pm 4.89}{1.74} = 1.03\ (\mathrm{m/s})$$

$v > 0$なので，最後はそうなる解だけを記した．

(a) (b)と比較してrが10分の1になる．そこで2次方程式の第1項(Fの第2項)が無視できると想定して式を書くと，

$$0.310v - 0.00410 = 0 \quad \rightarrow \quad v = 0.0132\ (\mathrm{m/s})$$

このvの値を使うと$\dfrac{a}{brv} \approx 3 \times 10^3$なので，$F$の第2項を無視したことが正当化される．

(c) (b)と比較してrが10倍になる．2次方程式の第2項(Fの第1項)が無視できると想定して式を書くと，

$$87.0v^2 - 4100 = 0 \quad \rightarrow \quad v = 6.87\ \mathrm{m/s}$$

このvの値を使うと$\dfrac{a}{brv} \approx 0.05$なので，$F$の第1項を無視したことが正当化される〔精度はそれほどいいとは思われない(正確に計算すると$v = 6.69$)が，問題の状況自体がそれほどの精度を必要としているとも思われない．〕

〔注：問題文で示されているように，抵抗力には速さに比例する部分と速さの2乗に比例する部分があるが，どちらの効果も同様に重要になる状況はかなり限られている．一般に2次方程式，

$$Ax^2 + Bx + C = 0$$

で，(複号±が＋の方の解に対して)第1項と第2項が同程度の寄与をするには，B^2と$4AC$が同程度の量でなければならない．この条件を$B^2 \approx 4AC$と書くと，この問題では，

$$(ar)^2 \approx 4br^2 \times \frac{4}{3}\pi r^3 \rho g$$

$$\rightarrow \quad r^3 \approx \frac{3a^2}{16\pi\rho g b} = 0.67 \times 10^{-12}$$

$$\rightarrow \quad r \approx 0.9 \times 10^{-4}\ \mathrm{m}$$

これはほぼ，問(b)の値である．〕

5·52　(a) 赤道上の点が自転により動く速さは，

$$v = \frac{2\pi R}{24 \times 3600\ \mathrm{s}}$$

したがって向心加速度は，

$$\frac{v^2}{R} = \frac{4\pi^2 \times 6.37 \times 10^6}{(24 \times 3600)^2} = 0.0337\ (\mathrm{m/s^2})$$

(b) 万有引力のみによる重力をmgとする．地球を球とすれば，それは北極でも赤道でも変わらない．赤道上のはかりに乗っている人は，下向きの重力mgと，上向きの垂直抗力nを受ける．その人は赤道と一緒に円運動しているのだから，運動方程式は，

$$\frac{mv^2}{r} = mg - n \quad \rightarrow \quad n = m\left(g - \frac{v^2}{r}\right)$$

つまり赤道上でのほうが体重は減り，その割合は，

$$0.0337/9.80 \approx 0.003$$

つまり約0.3パーセントである．

〔注：ただし地球は赤道方向に膨らんでいるため，赤道上での体重はさらに減る．北極と，赤道付近の山頂での重力は，0.7パーセント程度異なる．体重70 kgの人では500 g程度の違いになる．〕

5·53　力は加速度から計算でき，加速度は速度を微分すれば得られる．つまり，

$$力 = m\frac{\mathrm{d}v}{\mathrm{d}t} = m \times \left(-k\frac{\mathrm{d}x}{\mathrm{d}t}\right) = -kmv$$

すなわち，速度に比例する抵抗力が働いていることを意味する．（負号が付いているので力は動きとは逆方向，つま

り抵抗力である.)

5·54 速さは 100 km/h = 27.8 m/s なので抵抗力 R は,

$$R = \frac{1}{2}D\rho Av^2$$
$$= \frac{1}{2} \times 0.250 \times 1.20\ \mathrm{kg/m^3} \times 2.20\ \mathrm{m^2} \times (27.8\ \mathrm{m/s})^2$$
$$= 255\ \mathrm{N}$$

したがって加速度は,

$$a = -R/1200\ \mathrm{kg} = -0.212\ \mathrm{m/s^2}$$

5·55 (a) まず,速さ v のときに車が受ける空気抵抗は,

$$R = \frac{1}{2}D\rho Av^2 = \frac{1}{2} \times 0.340 \times 1.20\ \mathrm{kg/m^3} \times 2.60\ \mathrm{m^2} \times v^2$$
$$= 0.530\ \mathrm{kg/m} \times v^2$$

したがって,$v = 10$ m/s ならば,

$$R = 53.0\ \mathrm{N}$$

自動車が受けている合力は,進行方向に 1300 × 3.00 N = 3900 N だから,車が路面から受ける推進力(タイヤが受ける静止摩擦力)は,

$$路面から受ける力 = 3900\ \mathrm{N} + 53\ \mathrm{N} = 3.95 \times 10^3\ \mathrm{N}$$

(b) 空気抵抗が,

$$53.0\ \mathrm{N} \times \frac{0.200}{0.340} = 31.2\ \mathrm{N}$$

に減るので,車が受ける合力は,

$$3.95 \times 10^3\ \mathrm{N} - 31.2\ \mathrm{N} = 3.92\ \mathrm{N}$$

に増える.このときの加速度は,

$$3.92\ \mathrm{N} \div 1300\ \mathrm{kg} = 3.02\ \mathrm{m/s^2}$$

に(少し)増える.

(c) 等速で動いているときは,車が受ける推進力が空気抵抗とつり合っている.最大の推進力はすでに(a)で求めているので,最高の速さ v は,

$$0.530\ \mathrm{kg/m} \times v^2 = 3.95 \times 10^3\ \mathrm{N} \quad \rightarrow \quad v = 86.3\ \mathrm{m/s} = 310\ \mathrm{km/h}$$

(d) 空気抵抗の式は,

$$0.530\ \mathrm{kg/m} \times v^2 \times \frac{0.200}{0.340} = 0.312\ \mathrm{kg/m} \times v^2$$

になる.これが 3.95×10^3 N に等しいということから,
$v = 113$ m/s = 407 km/h

6章　系のエネルギー

6·1　(a) 一定の力 F で距離 d の変位を起こすときの仕事 W は，$W = Fd\cos\theta$ である．(θ は力のベクトルと変位ベクトルのなす角.) いまの場合，鉛直上向きを正とすると，$F = (281.5\ \mathrm{kg}) \times (9.80\ \mathrm{m/s^2})$，$d = 0.171\ \mathrm{m}$，$\theta = 0$．つまり，$W = (281.5\ \mathrm{kg}) \times (9.80\ \mathrm{m/s^2}) \times (0.171\ \mathrm{m}) \times 1 = 472\ \mathrm{J}$.
(b) 物体の速さは一定で加速度はないから，歯に加わる合力は物体に働く重力に等しい．つまり，$(281.5\ \mathrm{kg} \times 9.80\ \mathrm{m/s^2}) = 2.76 \times 10^3\ \mathrm{N}$.

6·2　(a) $W = mgh = (3.35 \times 10^{-5}\ \mathrm{kg})(9.80\ \mathrm{m/s^2})(100\ \mathrm{m}) = 3.28 \times 10^{-2}\ \mathrm{J}$
(b) 一定の速さで落ちるのだから，雨滴に働く空気の抵抗力は上向きで，その大きさは重力に等しく，変位は下向き．したがって，$W = -mgh = -3.28 \times 10^{-2}\ \mathrm{J}$.

6·3　(a) $W = F\Delta r\cos\theta = (16.0\ \mathrm{N})(2.20\ \mathrm{m})\cos 25.0^\circ = 31.9\ \mathrm{J}$
(b), (c) 垂直抗力と重力は，物体の変位方向に直交するから，仕事は 0.
(d) 合力がする仕事は(a)～(c)を加えたものであり，31.9 J.

6·4　ロープが揺れて質量 M のスパイダーマンの高さが Δh だけ変化すると，重力は $-Mg\Delta h$ の仕事をする．その揺れが元に戻るとき重力は $Mg\Delta h$ の仕事をし，仕事の和は 0 になる．何度も揺れても，結局，仕事の総和は最初と最後の高さの差だけで決まる．したがって，重力がした仕事は，$-(80.0\ \mathrm{kg}) \times (9.80\ \mathrm{m/s^2}) \times (12.0\ \mathrm{m}) \times (1-\cos 60^\circ) = -4.70 \times 10^3\ \mathrm{J}$.

6·5　(a) カートの変位は水平方向に 50.0 m．これに，客がカートに加えた力の水平成分を掛ければよい．$W = (35\ \mathrm{N}) \times \cos 25^\circ \times (50.0\ \mathrm{m}) = 1.6 \times 10^3\ \mathrm{J}$.
(b) カートの運動エネルギーと，重力によるポテンシャルエネルギーはいずれも不変．したがって，カートになされた仕事のうち，力学的エネルギーとなるものは 0．(a)で求めた仕事がすべて，カートと床の内部エネルギー(および一部は音などの波動のエネルギー)となる．
(c) 減る．力の鉛直成分，つまり客がカートを床に押し付ける力がゼロとなるから，床からカートに働く垂直抗力は減少する(カートの荷重につり合う分だけになる)．したがって，動摩擦係数が同じなら摩擦力は(a)のときに比べて減少する．客はこれにつり合う力を水平に加えればよい．(a)のときに比べて，力の鉛直成分がゼロとなり，水平成分も減少するから，力の大きさも減少する．
(d) 減る．力の水平成分が減少し，動く距離は不変だから．

6·6　$\vec{A} \cdot \vec{B} = AB\cos\theta = 5.00 \times 9.00 \times \cos 50.0^\circ = 28.9$

6·7　$\vec{A} \cdot \vec{B} = (A_x\hat{i} + A_y\hat{j} + A_z\hat{k})(B_x\hat{i} + B_y\hat{j} + B_z\hat{k})$ と書ける．

$$\begin{aligned}\vec{A} \cdot \vec{B} &= A_xB_x(\hat{i}\cdot\hat{i}) + A_xB_y(\hat{i}\cdot\hat{j}) + A_xB_z(\hat{i}\cdot\hat{k})\\ &+ A_yB_x(\hat{j}\cdot\hat{i}) + A_yB_y(\hat{j}\cdot\hat{j}) + A_yB_z(\hat{j}\cdot\hat{k})\\ &+ A_zB_x(\hat{k}\cdot\hat{i}) + A_zB_y(\hat{k}\cdot\hat{j}) + A_zB_z(\hat{k}\cdot\hat{k})\end{aligned}$$

であり，$\hat{i}\cdot\hat{i} = \hat{j}\cdot\hat{j} = \hat{k}\cdot\hat{k} = 1$，$\hat{i}\cdot\hat{j} = \hat{i}\cdot\hat{k} = \hat{j}\cdot\hat{k} = 0$　だから，
$\vec{A} \cdot \vec{B} = A_xB_x + A_yB_y + A_zB_z$

6·8　(a) 仕事 $W = \vec{F} \cdot \Delta\vec{r} = \{(6.00\hat{i} - 2.00\hat{j})\mathrm{N}\} \cdot \{(3.00\hat{i} + 1.00\hat{j})\ \mathrm{m}\} = (6.00 \times 3.00 - 2.00 \times 1.00)\ \mathrm{J} = 16.0\ \mathrm{J}$
(b) 角を θ として，$W = F \cdot \Delta r = F\Delta r\cos\theta$．(a)より $W = 16.0\ \mathrm{J}$．したがって，

$$\theta = \cos^{-1}(\vec{F} \cdot \Delta\vec{r}/F\Delta r)$$

$$= \cos^{-1}\frac{16.0\ \mathrm{J}}{\sqrt{(6.00\ \mathrm{N})^2 + (-2.00\ \mathrm{N})^2}\ \sqrt{(3.00\ \mathrm{m})^2 + (1.00\ \mathrm{m})^2}}$$

$$= 36.9^\circ$$

6·9　2つのベクトルが成す角は，$270 - 118 - 132^\circ = 20.0^\circ$．したがって，内積は $(32.8\ \mathrm{N}) \times (0.173\ \mathrm{m})\cos 20.0^\circ = 5.33\ \mathrm{J}$．別の方法として，2つのベクトルそれぞれの x 成分と y 成分を求め，x 成分どうしの積と y 成分どうしの積の和を計算してもよい．

6·10　$\vec{C} \cdot (\vec{A} - \vec{B}) = C_x(A_x - B_x) + C_y(A_y - B_y) + C_z(A_z - B_z) = 0 - 2 + 18 = 16$．あるいは先にかっこを外して $\vec{C} \cdot (\vec{A} - \vec{B}) = C_xA_x - C_xB_x + C_yA_y - C_yB_y + C_zA_z - C_zB_z$ としても同じ．数値が3桁の精度をもつとするなら，答は 16.0.

6·11　角を θ として，内積 $= \vec{A} \cdot \vec{B} = AB\cos\theta$ より，$\theta = \cos^{-1}(\vec{A} \cdot \vec{B}/AB)$.

(a) $\theta = \cos^{-1}\dfrac{(12 + 8)}{\sqrt{3^2 + 2^2}\sqrt{4^2 + 4^2}} = 11.3^\circ$

(b) $\theta = \cos^{-1}\dfrac{(-6 - 16 + 0)}{\sqrt{2^2 + 4^2 + 0^2}\sqrt{3^2 + 4^2 + 2^2}} = 15.6^\circ$

(c) $\theta = \cos^{-1}\dfrac{(0 - 6 + 8)}{\sqrt{1^2 + 2^2 + 2^2}\sqrt{0^2 + 3^2 + 4^2}} = 82.3^\circ$

6·12　$x = x_\mathrm{i}$ から x_f までにする仕事は，$W = \int_\mathrm{i}^\mathrm{f} F\,\mathrm{d}x =$ 線の下の面積　で求められる．
(a) 求める仕事は，$x = 0$ から $x = 8$ を底辺とする三角形の面積に等しい．$W = \frac{1}{2}(8.00\ \mathrm{m}) \times (6.00\ \mathrm{N}) = 24.0\ \mathrm{J}$
(b) 仕事の大きさは，$x = 8$ から $x = 10$ を底辺とする三角形の面積に等しいが，力は変位と逆方向なので負号を付けて，$W = \frac{1}{2}(2.00\ \mathrm{m}) \times (-3.00\ \mathrm{N}) = -3.00\ \mathrm{J}$
(c) (a)と(b)の結果を加えたものであり，21.0 J

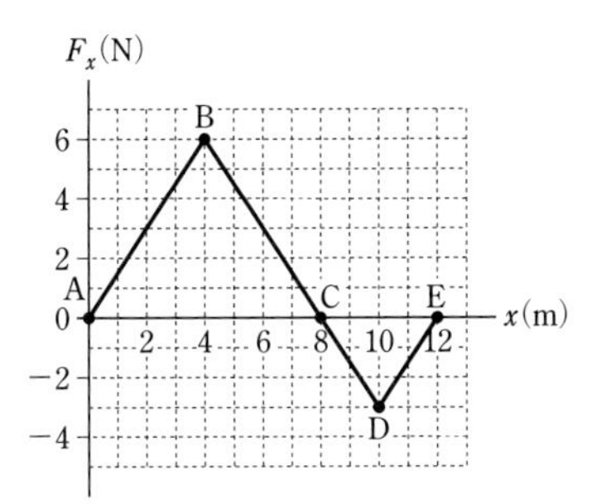

6・13 仕事は $W=\int F_x\,\mathrm{d}x$ で求められるが，これは図 I・6・4 より，図形の面積として幾何学的に求められる．

(a) 仕事は，$x=0$ から $x=5$ の線分を底辺とする三角形の面積に等しい．

$$W=\frac{(3.00\ \mathrm{N})\,(5.00\ \mathrm{m})}{2}=7.50\ \mathrm{J}$$

(b) 仕事は，$x=5$ から $x=10$ の線分を底辺とする長方形の面積に等しい．

$$W=(3.00\ \mathrm{N})\,(5.00\ \mathrm{m})=15.0\ \mathrm{J}$$

(c) 仕事は，$x=10$ から $x=15$ の線分を底辺とする三角形の面積に等しい．

$$W=\frac{(3.00\ \mathrm{N})\,(5.00\ \mathrm{m})}{2}=7.50\ \mathrm{J}$$

(d) 仕事の総量は，$x=0$ から $x=15$ の線分を底辺とする台形の面積に等しいが，それは(a)～(c)で求めた仕事の和である．

$$W=(7.50+7.50+15.0)\ \mathrm{J}=30.0\ \mathrm{J}$$

6・14 (a) 230 N の力で 0.400 m の変位が生じているから，ばね定数は，力 / 変位 = (230 N) / (0.400 m) = 575 N/m

(b) 変位は力に比例して生じるというモデルで考えているから，仕事は，平均の力 × 変位 = (230 N/2) × (0.400 m) = 46.0 J

6・15 (a) 接線方向の速さは一定だから，力はいつでも小物体に働く重力と釣り合う．角度 θ の位置まで引き上げたときは，$F=mg\cos\theta$

(b) 仕事は $W=\int_{\mathrm{i}}^{\mathrm{f}}\vec{F}\cdot\mathrm{d}\vec{r}$ で求められる．円周に沿う変位はいつでも F に平行だから $\vec{F}\cdot\mathrm{d}\vec{r}=F\,\mathrm{d}r$ と書け，$\mathrm{d}r=R\,\mathrm{d}\theta$ を用いて $W=\int_0^{\pi/2}mg\cos\theta R\,\mathrm{d}\theta=mgR$．これは重力によるポテンシャルエネルギーの増加に等しい．

6・16 (a) ばねの質量は無視できるから，どちらのばねにも質点に働く重力 mg が等しく加えられる．第一のばねの伸びは mg/k_1，第二のばねの伸びは mg/k_2 であり，全体の伸びは $mg\left(\dfrac{1}{k_1}+\dfrac{1}{k_2}\right)=mg\,\dfrac{k_1+k_2}{k_1k_2}$

(b) mg の力で $mg\left(\dfrac{1}{k_1}+\dfrac{1}{k_2}\right)$ だけ伸びるから，実効的ばね定数は $\dfrac{1}{1/k_1+1/k_2}=\dfrac{k_1k_2}{k_1+k_2}$

6・17 質量と加速度の積は，加速によって物体に働く力であり，これがばねによる力とつり合う．ばね定数を k とすると，$(4.70\times10^{-3}\ \mathrm{kg})\times0.800\times(9.80\ \mathrm{m/s^2})=k\times(0.500\times10^{-2}\ \mathrm{m})$．したがって，$k=7.37\ \mathrm{N/m}$

6・18 ばねを x だけ伸ばすと，ばねは伸びを戻す向きに力 F を生じ，この関係は $F=-kx$ と表される．つまり $k=-F/x$ であり，力 F の単位 N は，基本単位で表すと $\mathrm{kg\cdot m/s^2}$，伸び x の単位は基本単位で m．したがって，ばね定数 k の単位は $\mathrm{kg/s^2}$．（力の単位 N が $\mathrm{kg\cdot m/s^2}$ と基本単位で表されることを覚えておけばよいが，たとえば，より基本的なニュートンの第二法則から導かれる．つまり，質量 m の質点に力 F が働くときの質点の加速度 a に関して $F=ma$．m の単位は kg，a は位置座標 x を時間で二階微分したものだから $\mathrm{m/s^2}$．したがって，F の単位は $\mathrm{kg\cdot m/s^2}$.）

6・19 (a) このばねをフックの法則に従うばねとしてモデル化できるなら，トレー1枚の荷重によるばねの伸縮の大きさは一定である．適切なばね定数のばねを選び，トレー1枚の荷重によるばねの伸縮の大きさがトレーの厚さに等しくなるようにすれば，トレーを1枚増減しても全体の高さは変わらない．

(b) 1本のばねのばね定数を k とする．ばね1本にトレー1枚の質量の 1/4，つまり 580/4 g に働く重力が加えられたとき，ばねの伸縮の大きさが 0.45 cm となればよい．つまり，$k\times(0.45\times10^{-2}\ \mathrm{m})=\{(580\times10^{-3}\ \mathrm{kg})/4\}\times(9.80\ \mathrm{m/s^2})$．$k=\{(580\times10^{-3}\ \mathrm{kg})/4\}\times(9.80\ \mathrm{m/s^2})/(0.45\times10^{-2}\ \mathrm{m})=316\ \mathrm{N/m}$.

(c) トレーの縦横の寸法のデータは不要．

6・20 力のベクトルとこれによる微小変位ベクトルとの内積が，この微小変位を生じたときの仕事である．変位は x 成分だけだから力の x 成分だけが仕事に寄与する．
$W=\int_{\mathrm{i}}^{\mathrm{f}}F_x\,\mathrm{d}x=\int_0^5 4x\,\mathrm{d}x=[2x^2]_0^5=50.0\ \mathrm{J}$.

6・21 まず，ばねが2物体それぞれに及ぼす力の大きさは，$f_{\text{ばね}}=kx=(3.85\ \mathrm{N/m})\times(8.00\times10^{-2}\ \mathrm{m})=0.308\ \mathrm{N}$ である．次に，水平面から2物体に働く垂直抗力は，左端の物体では $(0.250\ \mathrm{kg})\times(9.80\ \mathrm{m/s^2})=2.45\ \mathrm{N}$，右端の物体では $(0.500\ \mathrm{kg})\times(9.80\ \mathrm{m/s^2})=4.90\ \mathrm{N}$ である．動摩擦力は，これらの垂直抗力と動摩擦係数の積で与えられる．物体の加速度は，(物体に働く合力)/(物体の質量) で得られる．力と加速度は右向きを正とする．

(a) 摩擦はないから，左端の物体の加速度 $=(-0.308\ \mathrm{N})/(0.250\ \mathrm{kg})=-1.23\ \mathrm{m/s^2}$，右端の物体の加速度 $=(0.308\ \mathrm{N})/(0.500\ \mathrm{kg})=0.616\ \mathrm{m/s^2}$

(b) 左端の物体の加速度 $=(-0.308\ \mathrm{N}+0.100\times2.45\ \mathrm{N})/(0.250\ \mathrm{kg})=0.252\ \mathrm{N}$．ただし，最大静止摩擦力の大きさがばねによる力の大きさ 0.308 N を越えると物体は動か

I 解答（力学）

ない．右端の物体が動くとすると，動摩擦力 $= -0.100 \times 4.90\ \mathrm{N} = -0.490\ \mathrm{N}$ であるが，これは，ばねによる力 0.308 N を打ち消すから物体は動かず，加速度は 0 である．（最大静止摩擦力の大きさは動摩擦力以上だから，この点から見ても物体は動かない．）

(c) 左端の物体が動くとすると，動摩擦力 $= 0.462 \times 2.45\ \mathrm{N} = 1.13\ \mathrm{N}$ であるが，これはばねによる力 0.308 N を打ち消すから，物体は動かず，加速度は 0 である．（最大静止摩擦力の大きさは動摩擦力以上だから，この点から見ても，物体は動かない．）右端の物体も (b) の考察と同様であり，加速度は 0 である．

6·22 初期状態では，貨車が運動エネルギーをもち，2つのばねの伸縮はなくポテンシャルエネルギーは 0 である．最終状態では，貨車は静止するから運動エネルギーは 0 で，2つのばねがポテンシャルエネルギーをもち，その大きさは最初に貨車がもっていた運動エネルギーに等しい．このことから，貨車の初期の速さを求めることができる．貨車の初期の速さを v_i とすれば，その運動エネルギーは $\frac{1}{2}\times(6000\ \mathrm{kg})\times v_\mathrm{i}^2$．最終状態では，ばね定数 k_1 のばねは全部で 50 cm 縮み，ばね定数 k_2 のばねは 20 cm 縮んでいる．これらの縮みによるポテンシャルエネルギーは，$\frac{1}{2}\times 1600\ \mathrm{N/m}\times(50\times 10^{-2}\ \mathrm{m})^2 + \frac{1}{2}\times 3400\ \mathrm{N/m}\times(20\times 10^{-2}\ \mathrm{m})^2 = 268\ \mathrm{J}$．したがって，$v_\mathrm{i} = \sqrt{268/3000}\ \mathrm{m/s} = 0.299\ \mathrm{m/s}$ である．

6·23 (a) ばねは物体に対して，その伸びに比例する上向きの力 $\vec{F}$ を及ぼし，これが物体に下向きに働く重力とつり合う．したがって，$F = -kx$ より，$k = -F/x = -(7.50\ \mathrm{kg})\times(9.80\ \mathrm{m/s^2})\ /\ (0.415\ \mathrm{m} - 0.350\ \mathrm{m}) = 1.13\times 10^3\ \mathrm{N/m}$.

(b) 引き伸ばされたばねの長さを L とすると，伸びは $x = L - 35.0\ \mathrm{cm}$ である．ばねは縮む向きの力を生じ，その大きさは $F = kx$．したがって，$x = F/k = (190\ \mathrm{N})/(1.13\times 10^3\ \mathrm{N/m}) = 0.168\ \mathrm{m}$．つまり，$L = 0.168\ \mathrm{m} + 0.350\ \mathrm{m} = 0.518\ \mathrm{m}$.

6·24 (a) 力の方向と荷物の移動方向は平行だから，力の大きさ × 移動距離 が仕事に等しい．$F = (350\ \mathrm{J})/(12\ \mathrm{m}) = 29.2\ \mathrm{N}$ である．

(b) 作業員が F の力でした仕事はさまざまな摩擦のメカニズムを通じて，荷物と床の内部エネルギーになったはずである．F を越える力でする余分の仕事は，荷物の運動エネルギーの増加になるであろう．つまり，荷物の速さは時間とともに増加する．

(c) F の力はちょうど摩擦力とつり合っている．これより小さい力では，摩擦力との差の力が運動方向の逆向きに働くから，物体は減速してやがて静止する．

6·25 力が変化するから加速度が変化し，ニュートンの運動方程式から運動を求めることは容易ではない．仕事とエネルギーの観点から解けば容易である．

(a) 力と位置の関係は，$F(x) = \frac{3}{5}x$ で表され，$x = 0$ から $x = 5.00\ \mathrm{m}$ までに力がした仕事は，$\int_\mathrm{i}^\mathrm{f} F(x)\,\mathrm{d}x = \int_0^5 \frac{3}{5}x\,\mathrm{d}x = 7.5\ \mathrm{J}$．これが質点の運動エネルギーに変わるのだから，求める速さを v とすると，$\frac{1}{2}\times(4.00\ \mathrm{kg})\times(v\ \mathrm{m/s})^2 = 7.5\ \mathrm{J}$ を解いて，$v = 1.94\ \mathrm{m/s}$ である．

(b) この区間では，さらに $(3\ \mathrm{N})\times(5\ \mathrm{m}) = 15\ \mathrm{J}$ の仕事がなされるから，初期状態からは $7.5\ \mathrm{J} + 15\ \mathrm{J} = 22.5\ \mathrm{J}$ の仕事がなされた．したがって，求める速さを v とすると，$\frac{1}{2}\times(4.00\ \mathrm{kg})\times v^2 = 22.5\ \mathrm{J}$ を解いて，$v = 3.35\ \mathrm{m/s}$ である．

(c) この区間での力と位置の関係は，$F(\mathrm{x}) = 9 - \frac{3}{5}x$ で表される．なされる仕事は，$\int_{10}^{15}(9 - \frac{3}{5}x)\mathrm{d}x = 7.5\ \mathrm{J}$ だから，初期状態からは $7.5\ \mathrm{J} + 15\ \mathrm{J} + 7.5\ \mathrm{J} = 30.0\ \mathrm{J}$ の仕事がなされた．したがって，求める速さを v とすると，$\frac{1}{2}\times(4.00\ \mathrm{kg})\times(v\ \mathrm{m/s})^2 = 30.0\ \mathrm{J}$ を解いて，$v = 3.87\ \mathrm{m/s}$ である．

6·26 (a) 電子の質量を m，速さを v，光速を c とすると，$v = 0.096\,c$ であり，運動エネルギーは $\frac{1}{2}mv^2$.
$m = 9.11\times 10^{-31}\ \mathrm{kg}$，$v = 0.096\times 3.00\times 10^8\ \mathrm{m/s}$ を用いて，運動エネルギー $= \frac{1}{2}\times(9.11\times 10^{-31}\ \mathrm{kg})\times(0.096\times 3.00\times 10^8\ \mathrm{m/s})^2 = 3.78\times 10^{-16}\ \mathrm{J}$.

(b) $$\text{力} = \frac{\text{エネルギー}}{\text{距離}} = \frac{3.78\times 10^{-16}\ \mathrm{J}}{2.80\times 10^{-2}\ \mathrm{m}} = 1.35\times 10^{-14}\ \mathrm{N}$$

(c) $$\text{加速度} = \frac{\text{力}}{\text{質量}} = \frac{1.35\times 10^{-14}\ \mathrm{N}}{9.11\times 10^{-31}\ \mathrm{kg}} = 1.48\times 10^{16}\ \mathrm{m/s^2}$$

(d) 電子銃から出るときの電子の速さ ＝ 加速度 × 時間 だから，$\text{時間} = \dfrac{0.096\times 3.00\times 10^8\ \mathrm{m/s}}{1.48\times 10^{16}\ \mathrm{m/s^2}} = 1.94\times 10^{-9}\ \mathrm{s}$.

6·27 ハンマーは最初も最後も静止している．したがって，ハンマーの最初と最後の重力ポテンシャルエネルギーの差が，鋼材を打ち込む仕事となる．その仕事は，ハンマーが鋼材に加える平均の力と，その力による鋼材の変位 12.0 cm の積に等しい．ハンマーの重力ポテンシャルエネルギーの差を変位で割って，

$$\frac{(2100\ \mathrm{kg})\times(9.80\ \mathrm{m/s^2})\times(5.00\ \mathrm{m} + 12.0\times 10^{-2}\ \mathrm{m})}{12.0\times 10^{-2}\ \mathrm{m}}$$

したがって，ハンマーが鋼材に加える平均の力は $8.78\times 10^5\ \mathrm{N}$．鋼材はこれに等しい力をハンマーに上向きに加えた．

6·28 (a) 質量 m の物体の速度が v であるとき，その運動エネルギー $K = \frac{1}{2}mv^2 = \frac{1}{2}m(v_x{}^2 + v_y{}^2)$．したがって，求める運動エネルギーは，$\frac{1}{2}\times(5.75\ \mathrm{kg})\times\{(5.00\ \mathrm{m/s})^2 + (-3.00\ \mathrm{m/s})^2\} = 97.8\ \mathrm{J}$.

(b) 一定の力を (F_x, F_y) とする．$t = 0$ における物体の位置座標を $(x_\mathrm{i}, y_\mathrm{i})$，速度を $(v_{x\mathrm{i}}, v_{y\mathrm{i}})$，$t = 2.00\ \mathrm{s}$ における物体の位置座標を $(x_\mathrm{f}, y_\mathrm{f})$，速度を $(v_{x\mathrm{f}}, v_{y\mathrm{f}})$ とすると，$x_\mathrm{i} = 0$，$y_\mathrm{i} = 0$,

$v_{xi} = 5.00$ m/s, $v_{yi} = -3.00$ m/s, $x_f = 8.50$ m, $y_f = 5.00$ m である．この間の加速度を (a_x, a_y) とするとニュートンの第二法則により，$F_x = ma_x$, $F_y = ma_y$. さらに，

$$x_f = x_i + v_{xi}t + \frac{1}{2}a_x t^2, \quad y_f = y_i + v_{yi}t + \frac{1}{2}a_y t^2$$

である．したがって，

$$a_x = \frac{2(x_f - x_i - v_{xi}t)}{t^2}$$

$$= \frac{2 \times \{8.50\ \text{m} - 0 - (5.00\ \text{m/s}) \times (2.00\ \text{s})\}}{(2.00\ \text{s})^2} = -0.75\ \text{m/s}^2$$

$$a_y = \frac{2(y_f - y_i - v_{yi}t)}{t^2}$$

$$= \frac{2 \times \{5.00\ \text{m} - 0 - (-3.00\ \text{m/s}) \times (2.00\ \text{s})\}}{(2.00\ \text{s})^2} = 5.50\ \text{m/s}^2$$

したがって，$F_x = (5.75\ \text{kg}) \times (-0.75\ \text{m/s}^2) = -4.31$ N,
$F_y = (5.75\ \text{kg}) \times (5.50\ \text{m/s}^2) = 31.6$ N. つまり，
$\vec{F} = (-4.31\hat{i} + 31.6\hat{j})$ N である．

(c) $v_{xf} = v_{xi} + a_x t = (5.00\ \text{m/s}) + (-0.75\ \text{m/s}^2)(2.00\ \text{s}) = 3.50\ \text{m/s}$

$v_{yf} = v_{yi} + a_y t = (-3.00\ \text{m/s}) + (5.50\ \text{m/s}^2)(2.00\ \text{s}) = 8.00\ \text{m/s}$

$v = \sqrt{v_{xf}^2 + v_{yf}^2} = \sqrt{(3.50\ \text{m/s})^2 + (8.00\ \text{m/s})^2} = 8.73$ m/s である．

6·29 (a) 運動エネルギーは $\frac{1}{2} \times (15.0 \times 10^{-3}\ \text{kg}) \times (780\ \text{m/s})^2 = 4.56 \times 10^3$ J.

(b) 最初は弾丸が静止していたから，(a)の答が弾丸になされた仕事に等しい．仕事は 4.56×10^3 J.

(c) 平均の力 = 仕事 / 変位 = 4.56×10^3 J / $(72.0 \times 10^{-2}$ m) = 6.34×10^3 N.

(d) 弾丸が銃を出るまでの弾丸の変位 S，その間の加速度を a，時間を t，質量中心から出るときの速さを v とする．初期の速さは 0 であるから，$S = \frac{1}{2}at^2$, $v = at$ となる．t を消去して，$a = \frac{1}{2}v^2/S$ が得られる．数値を代入して，$a = \frac{1}{2} \times (780\ \text{m/s})^2 / (72.0 \times 10^{-2}\ \text{m}) = 4.23 \times 10^5\ \text{m/s}^2$.

(e) 合力は(e)で求めた加速度と弾丸の質量の積に等しい．つまり，合力 = $(4.23 \times 10^5\ \text{m/s}^2) \times (15.0 \times 10^{-3}\ \text{kg}) = 6.34 \times 10^3$ N.

(f) 求める合力は一致した．2 つの法則は互いに合致する．

6·30 石の質量を m，基準点からの高さを y とすると，重力のポテンシャルエネルギー U は $U = mgy$ である．

(a) $y = 1.3$ m だから，$U = (0.20\ \text{kg}) \times (9.80\ \text{m/s}^2) \times (1.3\ \text{m}) = 2.5$ J.

(b) $y = -5.0$ m だから，$U = (0.20\ \text{kg}) \times (9.80\ \text{m/s}^2) \times (-5.0\ \text{m}) = -9.8$ J.

(c) 石を放す位置を基準点とすると，$y = -1.3\ \text{m} - 5.0\ \text{m} = -6.3$ m である．$U = (0.20\ \text{kg}) \times (9.80\ \text{m/s}^2) \times (-6.3\ \text{m}) = -12$ J.

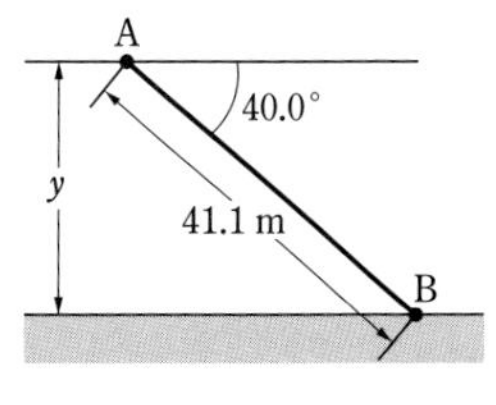

6·31 (a) B 点を基準とするのだから $U_B = 0$. B 点から測った A 点の高さは $y = (41.1\ \text{m}) \times \sin 40.0° = 26.4$ m. したがって，B 点を基準とする A 点のポテンシャルエネルギーは，
$U_A = (1000\ \text{kg})(9.80\ \text{m/s}^2)(26.4\ \text{m}) = 2.59 \times 10^5$ J. A 点から B 点に動いたときのポテンシャルエネルギーの変化は，$U_B - U_A = 0 - 2.59 \times 10^5\ \text{J} = -2.59 \times 10^5$ J.

(b) A 点が基準点であるなら，$U_A = 0$. A 点を基準とする B 点の高さは $y = -26.4$ m. したがって，A 点を基準とする B 点のポテンシャルエネルギーは $U_B = -2.59 \times 10^5$ J. A 点から B 点に動いたときのポテンシャルエネルギーの変化は，$U_B - U_A = -2.59 \times 10^5\ \text{J} - 0 = -2.59 \times 10^5$ J.
以上の結果から，ポテンシャルエネルギーの変化は，基準点の取り方によらないことがわかる．

6·32 質点になされる仕事は，力のベクトルと変位ベクトルとの内積で与えられる．

(a) 経路 ⓄⒶ については，

$$W_{ⓄⒶ} = \int_0^{5.00\ \text{m}} dx\hat{i} \cdot (2y\hat{i} + x^2\hat{j}) = \int_0^{5.00\ \text{m}} 2y\,dx$$

であるが，この積分路に沿っては $y = 0$ だから $W_{ⓄⒶ} = 0$.
経路 ⒶⒸ については，

$$W_{ⒶⒸ} = \int_0^{5.00\ \text{m}} dx\hat{j} \cdot (2y\hat{i} + x^2\hat{j}) = \int_0^{5.00\ \text{m}} x^2\,dy$$

であり，この積分路に沿っては $x = 5.00$ m だから，
$W_{ⒶⒸ} = 125$ J. したがって，$W_{ⓄⒶⒸ} = 125$ J.

(b) 経路 ⓄⒷ については，

$$W_{ⓄⒷ} = \int_0^{5.00\ \text{m}} dy\hat{j} \cdot (2y\hat{i} + x^2\hat{j}) = \int_0^{5.00\ \text{m}} x^2\,dy$$

であり，この積分路に沿っては $x = 0$ だから $W_{ⓄⒷ} = 0$.
経路 ⒷⒸ については，

$$W_{ⒷⒸ} = \int_0^{5.00\ \text{m}} dx\hat{i} \cdot (2y\hat{i} + x^2\hat{j}) = \int_0^{5.00\ \text{m}} 2y\,dx$$

であり，この積分路に沿っては $y = 5.00$ m だから，
$W_{ⒷⒸ} = 50$ J. したがって，$W_{ⓄⒷⒸ} = 50.0$ J.

(c) 経路 ⓄⒸ については，

$$W_{ⓄⒸ} = \int (dx\hat{i} + dy\hat{j}) \cdot (2y\hat{i} + x_2\hat{j}) = \int (2y\,dx + x^2\,dy)$$

であり，この積分路に沿っては $y = x$ だから，

$$W_{ⓄⒸ} = \int_0^{5.00\ \text{m}} (2x + x^2)\,dx = 66.7\ \text{J}.$$

(d) 非保存力である．

(e) この力が質点にする仕事は，質点が変位する経路によって異なる．そのような力は非保存力である．

6·33 (a) $\vec{F}$ は定ベクトルだから，

$$W = \int_i^f (F_x dx + F_y dy + F_z dz) = F_x\int_i^f dx + F_y\int_i^f dy + F_z\int_i^f dz$$

となる．積分は始点と終点の座標だけで決まり，積分路の詳細にはよらない．したがって，この力は保存力である．

(b) $F_x = 3\,\mathrm{N}, F_y = 4\,\mathrm{N}$ だから，

$$W_{\text{ⓄⒶⒸ}} = (3\,\mathrm{N})\times\int_0^{5.00\,\mathrm{m}} \mathrm{d}x + (4\,\mathrm{N})\int_0^{5.00\,\mathrm{m}} \mathrm{d}y$$

$$= 15.0\,\mathrm{J} + 20.0\,\mathrm{J} = 35.0\,\mathrm{J}$$

$$W_{\text{ⓄⒷⒸ}} = (4\,\mathrm{N})\times\int_0^{5.00\,\mathrm{m}} \mathrm{d}y + (3\,\mathrm{N})\times\int_0^{5.00\,\mathrm{m}} \mathrm{d}x$$

$$= 20.0\,\mathrm{J} + 15.0\,\mathrm{J} = 35.0\,\mathrm{J}$$

$$W_{\text{ⓄⒸ}} = (3\,\mathrm{N})\times\int_0^{5.00\,\mathrm{m}} \mathrm{d}x + (4\,\mathrm{N})\int_0^{5.00\,\mathrm{m}} \mathrm{d}y$$

$$= 15.0\,\mathrm{J} + 20.0\,\mathrm{J} = 35.0\,\mathrm{J}$$

3つの経路に沿ってなされる仕事は一致する．

6·34 微小変位を $\Delta\vec{r}$ とすると，摩擦力に抗して質点を動かすのに必要な力 $\vec{F}$ は $\Delta\vec{r}$ に平行で，その大きさは $F = 3.00\,\mathrm{N}$ で一定である．したがって，力がする物体にする仕事は，$W = F\int_\mathrm{i}^\mathrm{f} \mathrm{d}r$，つまり，$F$ と経路の全長 L との積で与えられる．

(a) $L = 10.0\,\mathrm{m}$ だから，$W = (3.00\,\mathrm{N})\times(10.0\,\mathrm{m}) = 30.0\,\mathrm{J}$

(b) $L = (10.0 + 5\sqrt{2})\,\mathrm{m}$ だから，

$W = (3.00\,\mathrm{N})\times(10.0 + 5\sqrt{2})\,\mathrm{m} = 51.2\,\mathrm{J}$

(c) $L = (2\times 5\sqrt{2})\,\mathrm{m}$ だから，

$W = (3.00\,\mathrm{N})\times(2\times 5\sqrt{2})\,\mathrm{m} = 42.4\,\mathrm{J}$

(d) 始点に戻っても全仕事がゼロにならないから，摩擦力は非保存力である．

6·35 力を表すには，ポテンシャルエネルギーを座標で微分して負号を付ければよい．

$$F_\mathrm{r} = -\frac{\partial U}{\partial r} = -\frac{\mathrm{d}}{\mathrm{d}r}\left(\frac{A}{r}\right) = \frac{A}{r^2}$$

A が正なら斥力で，その一例は同種符号の電荷の間のクーロン斥力である．A が負なら引力であり，その例は万有引力，および異種符号の電荷の間のクーロン引力である．

6·36 二次元(および三次元)力の場合は，ポテンシャルエネルギーを座標 x で微分すれば力の x 成分が得られる．y 成分(z 成分)も同様．

$$F_x = -\frac{\partial U}{\partial x} = -\frac{\partial(3x^3y - 7x)}{\partial x} = -(9x^2y - 7) = 7 - 9x^2y$$

$$F_y = -\frac{\partial U}{\partial y} = -\frac{\partial(3x^3y - 7x)}{\partial y} = -(3x^3 - 0) = -3x^3$$

これをベクトルで表せば，

$$\vec{F} = F_x\hat{i} + F_y\hat{j} = (7 - 9x^2y)\hat{i} - 3x^3\hat{j}$$

6·37 “仕事”を考えるとき，それが系の外部から系への仕事と系の内部での仕事とを明確に区別する必要がある．図書館員がした 20.0 J の仕事は外部から本–地球系にした仕事だから，その結果，本–地球系の全エネルギーは 20.0 J 増加したが，それはポテンシャルエネルギーとなった．本が落下したときは，本–地球系の内部で地球が本に 20.0 J の仕事をしたと言えるが，それは 20.0 J のポテンシャルエネルギーが同量の運動エネルギーに変わったことにすぎず，本に対して新たな仕事がなされたわけではない．銀行に1万円の普通預金をし，その1万円を定期預金に転換したからといって，その銀行での預金総額が2万円になったわけではない．

6·38 質量 M の質点からの距離 r の位置に質量 m の質点があるとき，万有引力定数を G とすると，重力のポテンシャルエネルギーは，$U = -G\dfrac{Mm}{r}$ であり，2質点を結ぶ方向の引力は $F = -\mathrm{d}U/\mathrm{d}r = -GMm/r^2$．したがって，地表，つまり地球の中心からの距離 $r = R_{地球}$ の位置において，この質点に働く加速度，すなわち重力加速度は，$g = \dfrac{GM_{地球}}{R_{地球}^2}$．ただし，$M_{地球}$ は地球の質量．だから，$G = gR_{地球}{}^2/M_{地球}$．$r = R_{地球}$ のときと $3R_{地球}$ のときの重力ポテンシャルエネルギーの差を ΔU とすると，

$$\Delta U = -GM_{地球}m\left(\frac{1}{3R_{地球}} - \frac{1}{R_{地球}}\right)$$

$$= \left(\frac{gR_{地球}{}^2}{M_{地球}}\right)M_{地球}m\left(\frac{2}{3R_{地球}}\right) = \frac{2}{3}mgR_{地球}$$

数値を代入して，

$$\Delta U = \frac{2}{3}(1000\,\mathrm{kg})(9.80\,\mathrm{m/s^2})(6.37\times10^6\,\mathrm{m}) = 4.17\times10^{10}\,\mathrm{J}$$

なお，上の計算では $g = \dfrac{GM_{地球}}{R_{地球}{}^2}$ を用いて G を消去したが，消去せずに G の値を用いれば，g の値は不要である．どちらの方法でもよい．

6·39 $U = -\dfrac{GM_{地球}m}{r}$

$$= -\frac{(6.67\times10^{-11}\,\mathrm{N\cdot m^2/kg^2})(5.98\times10^{24}\,\mathrm{kg})(100\,\mathrm{kg})}{(6.37 + 2.00)\times10^6\,\mathrm{m}}$$

$$= -4.77\times10^9\,\mathrm{J}$$

(b)，(c) 地球が人工衛星に及ぼす重力と，人工衛星が地球に及ぼす力は，その大きさが等しく互いに逆向きである．力は U を r で微分すれば求められる．

$$F = \frac{GM_{地球}m}{r^2}$$

$$= \frac{(6.67\times10^{-11}\,\mathrm{N\cdot m^2/kg^2})(5.98\times10^{24}\,\mathrm{kg})(100\,\mathrm{kg})}{(8.37\times10^6\,\mathrm{m})^2}$$

$$= 569\,\mathrm{N}$$

6·40 (a) 3個の質点の，2個ずつのポテンシャルエネルギーの和が全系のポテンシャルエネルギーである．

$$U_{全} = U_{12} + U_{13} + U_{23} = 3U_{12} = 3\left(-\frac{Gm^2}{r_{12}}\right)$$

(b) 正三角形の中心．

6·41 この初期の速さは脱出速度に近いから，物体はかなりの高度に達すると考えられ，高度によって重力が異

なることを考慮する必要がある．地表における物体の運動エネルギー K_i と物体-地球系の重力ポテンシャルエネルギー U_i の和が，最高高度における物体-地球系の重力ポテンシャルエネルギー U_f に等しい．（物体の運動エネルギーは最高高度ではゼロ）．つまり，$K_\mathrm{i}+U_\mathrm{i}=U_\mathrm{f}$．物体の初期の速さを v_i，到達する最高の高度を h，地球の半径を $R_{地球}$，物体の質量を m，地球の質量を $M_{地球}$，万有引力定数を G とすると，

$$\frac{1}{2}m\,v_\mathrm{i}^2-\frac{G\,m\,M_{地球}}{R_{地球}}=-\frac{G\,m\,M_{地球}}{R_{地球}+h}$$

つまり，

$$h=\frac{R_{地球}{}^2\,v_\mathrm{i}^2}{2GM_{地球}-R_{地球}v_\mathrm{i}^2}$$

数値を代入して，

$$h=\frac{(6.37\times10^6\,\mathrm{m})^2\times(10.0\times10^3\,\mathrm{km/s})^2}{\left[\begin{array}{l}2\times(6.67\times10^{-11}\,\mathrm{N\cdot m^2/kg^2})\times(5.98\times10^{24}\,\mathrm{kg})\\ \quad-(6.37\times10^6\,\mathrm{m})\times(10.0\times10^3\,\mathrm{km/s})^2\end{array}\right]}$$

$$=2.53\times10^7\,\mathrm{m}$$

これは地球の半径の 4 倍程度だから地球が物体に及ぼす力を一定とみなすことはできず，この考察の前提が正しいことがわかる．

なお，厳密には，物体を投射すると地球は逆向きに動き，10.0 km/s という初期速さは地球と物体との相対運動の速さと言うべきである．しかし，地球の逆向きの速さは物体の速さにくらべて $m/M_{地球}$ だけ小さく，またその運動エネルギーも物体の運動エネルギーに比べて $m/M_{地球}$ だけ小さい．したがって，$m\ll M_{地球}$ である限り，上の考察のように地球は動かないとみなしてよい．

6·42 (a) ある点における力を得るには，そこにおける微分係数に負号を付ければ得られる．A, C, E の各点では力は 0．B 点では正，D 点では負．

(b) ある点における一階微分が 0 のとき，二階微分が正ならば安定，負ならば不安定，0 ならば中立平衡である．安定平衡点は C 点，不安定平衡点は A と E．

(c)

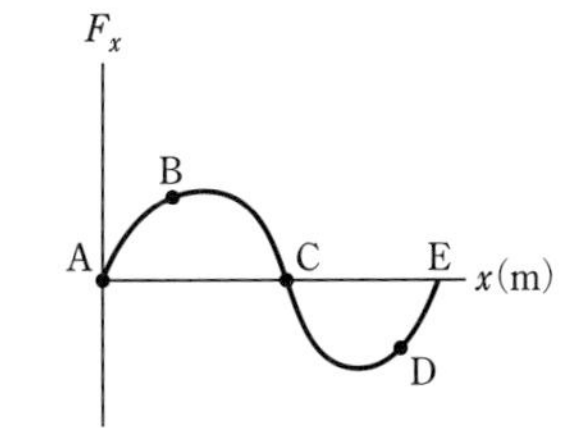

6·43

安定平衡

不安定平衡

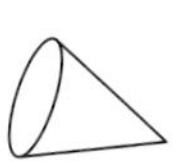
中立平衡

追加問題

6·44 加えた力が物体にする仕事は，加えた力のベクトル $\vec{F}_{加}$ とそれによる変位ベクトルとの内積を積分すれば求められる．

$$W=\int_\mathrm{i}^\mathrm{f}F_{加}\,\mathrm{d}x=\int_0^{x_\mathrm{max}}-[-(k_1x+k_2x^2)]\,\mathrm{d}x$$

$$=\int_0^{x_\mathrm{max}}k_1x\,\mathrm{d}x+\int_0^{x_\mathrm{max}}k_2x^2\,\mathrm{d}x=k_1\frac{x^2}{2}\bigg|_0^{x_\mathrm{max}}+k_2\frac{x^3}{3}\bigg|_0^{x_\mathrm{max}}$$

$$=k_1\frac{x^2{}_\mathrm{max}}{2}+k_2\frac{x^3{}_\mathrm{max}}{3}$$

6·45 軌道の最高点では，ボールの速度は水平成分だけをもつ．速度の水平成分は最初と変わらず，(40.0 m/s) × cos 30.0° である．したがって，ボールの運動エネルギー $K=\frac{1}{2}mv^2=\frac{1}{2}\times(0.150\,\mathrm{kg})\times\{(40.0\,\mathrm{m/s})\cos30.0°\}^2=$ 90.0 J．放物軌道の運動を詳しく調べる必要はないことに注意．

6·46 ばねの縮みの大きさを x とすると，物体が滑った距離は $d+x$ であり，高低差は $(d+x)\sin20.0°$ である．静止した位置を重力ポテンシャルエネルギーの基準点とすると，滑り始めの 地球-物体-ばね系の全エネルギー，つまり運動エネルギーとポテンシャルエネルギーの和は，$\frac{1}{2}mv^2+mg\,(d+x)\sin20.0°$．物体が静止したときの系の全エネルギーは，縮んだ ばね のポテンシャルエネルギー $\frac{1}{2}kx^2$ のみである．エネルギー保存則により，$\frac{1}{2}mv^2+mg(d+x)\sin20.0°=\frac{1}{2}kx^2$．この x に関する 2 次方程式を解き，数値を代入して $x=0.130$ m．

6·47 (a) 質点が $\Delta\vec{r}$ だけ変位すると，力 $\vec{F}$ は質点に $\vec{F}\cdot\Delta\vec{r}$ だけの仕事をするので，ポテンシャルエネルギーは $\vec{F}\cdot\Delta\vec{r}$ だけ減少，つまり $-\vec{F}\cdot\Delta r$ だけ増加する．
$\vec{F}=8\,\mathrm{e}^{-2x}\,\hat{i}$ で x 成分だけをもつから，$\Delta\vec{r}$ として x 成分だけを考えればよい．$\mathrm{d}U=-F\,\mathrm{d}x$ より，

$$U-U_0=-\int_0^x8\,\mathrm{e}^{-2x}\,\mathrm{d}x=-8[-\mathrm{e}^{-2x}/2]_0^x=4(\mathrm{e}^{-2x}-1)$$

ただし $U_0=5$．したがって，$U=1+4\,\mathrm{e}^{-2x}$．

(b) 保存力である．力が質点にした仕事は始点と終点だけで一意的に決まり，途中の経路によっていないから．

6·48 (a) $F_x=-\mathrm{d}\,U(x)/\mathrm{d}x=3x^2-4x-3$

(b) $F_x=3x^2-4x-3=0$ を解いて，$x=1.87$ または -0.535．

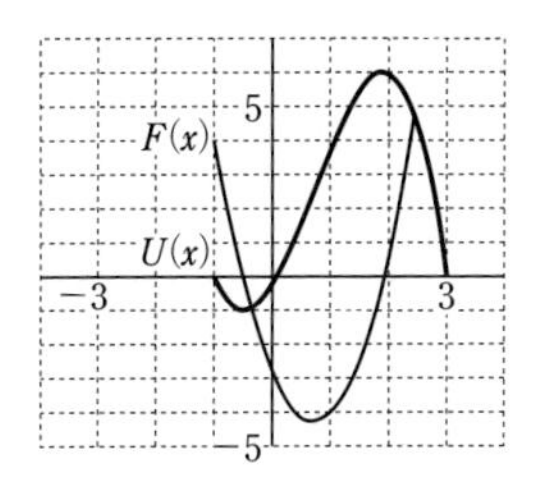

(c) 安定平衡点は $x=-0.535$，不安定平衡点は $x=1.87$．

I 解答（力　学）

6·49 (a) ばねの伸びを x とすると，円運動の半径は $r = L_0 + x$ ($L_0 = 0.155$ m). 円運動の周期は，$T = 1.30$ s. 円運動をする小物体の速さを v とすると，向心力 $F = mv^2/r = m\{(2\pi r)/T\}^2/r = m[\{2\pi(L_0 + x)\}/T]^2/(L_0 + x)$. これがばねの復元力 kx に等しい．したがって，
$x = 4\pi^2 m L_0/(kT^2 - 4\pi^2 m)$. 与えられた数値を用いて，

$$x = \frac{(3.62\ \mathrm{m})m}{4.30\ \mathrm{kg} - (23.4)m}$$

(b) $x = 0.0951$ m　(c) $x = 0.492$ m　(d) $x = 6.85$ m
(e) $m = 0.184$ kg で x の式の分母が 0 となるから，ばねの伸び x は無限大となる．これ以上の質量の物体では，問題に設定された運動が実現されない．
(f) (a) の答の式から次のことがわかる．$m \ll 0.184$ kg ならば分母は 4.30 kg という定数で近似できるから，x は分子の m に比例する．m が 0.184 kg に近づくと x は急速に増大し，$m = 0.184$ kg で発散する．

6·50 (a) $F = ax^b$ には未知数 a と b があるから，2 つの条件式があればこれらを決定できる．$1000 = a \times 0.129^b$, $5000 = a \times 0.315^b$. 第 2 式の両辺を第 1 式の両辺で割って，$5 = (0.315/0.129)^b$. 両辺の対数をとって，
$\log 5 = b \log(0.315/0.129)$ となるから，
$b = \log 5/\log(0.315/0.129) = 0.699/0.388 = 1.80$. これを第 1 式に代入して，$a = 1000/0.129^{1.80} = 3.99 \times 10^4$.
(b) ばねを x だけ縮めるときの仕事 W は，

$$W = \int_{\mathrm{i}}^{\mathrm{f}} F\,\mathrm{d}x = \int_0^x ax^b\,\mathrm{d}x = \left.\frac{ax^{b+1}}{b+1}\right|_0^x = \frac{ax^{b+1}}{b+1} - 0 = \frac{ax^{b+1}}{b+1}$$

数値を代入して，$W = (3.99 \times 10^4\ \mathrm{N/m}) \times (0.250\ \mathrm{m})^{2.8}/2.80 = 294$ J.

6·51 (a) $\vec{F}_1 = (25.0\ \mathrm{N})(\cos 35.0°\,\hat{i} + \sin 35.0°\,\hat{j}) = (20.5\hat{i} + 14.3\hat{j})$ N
$\vec{F}_2 = (42.0\ \mathrm{N})(\cos 150°\,\hat{i} + \sin 150°\,\hat{j}) = (-36.4\,\hat{i} + 21.0\hat{j})$ N
(b) $\sum\vec{F} = \vec{F}_1 + \vec{F}_2 = (-15.9\hat{i} + 35.3\hat{j})$ N

(c) $\vec{a} = \dfrac{\sum\vec{F}}{m} = (-3.18\hat{i} + 7.07\hat{j})\ \mathrm{m/s^2}$

(d) 加速度は一定だから，$\vec{v}_\mathrm{f} = \vec{v}_\mathrm{i} + \vec{a}t = (4.00\hat{i} + 2.50\hat{j})$ m/s $+ (-3.18\hat{i} + 7.07\hat{j})(\mathrm{m/s^2})(3.00\ \mathrm{s})$.
つまり，
$\vec{v}_\mathrm{f} = (-5.54\hat{i} + 23.7\hat{j})$ m/s
(e) 速度は一定だから，$\vec{r}_\mathrm{f} = \vec{r}_\mathrm{i} + \vec{r}_\mathrm{i}t + \frac{1}{2}\vec{a}t^2$

$$\vec{r}_\mathrm{f} = 0 + (4.00\hat{i} + 2.50\hat{j})(\mathrm{m/s})(3.00\ \mathrm{s}) + \tfrac{1}{2}(-3.18\hat{i} + 7.07\hat{j})(\mathrm{m/s^2})(3.00\ \mathrm{s})^2$$

(f) $K_\mathrm{f} = \frac{1}{2}mv_\mathrm{f}^2 = \frac{1}{2}(5.00\ \mathrm{kg})[(5.54)^2 + (23.7)^2](\mathrm{m/s^2}) = 1.48$ kJ
(g) $K_\mathrm{f} = \frac{1}{2}mv_\mathrm{i}^2 + \sum\vec{F}\cdot\Delta\vec{r}$　数値を代入して，

$$K_\mathrm{f} = \tfrac{1}{2}(5.00\ \mathrm{kg})[(4.00)^2 + (2.50)^2](\mathrm{m/s^2}) + [(-15.9\ \mathrm{N})(-2.30\ \mathrm{m}) + (35.3\ \mathrm{N})(39.3\ \mathrm{m})]$$

$K_\mathrm{f} = 55.6\ \mathrm{J} + 1426\ \mathrm{J} = 1.48$ kJ
(h) 仕事–エネルギーの定理から得た結果と，ニュートンの第二法則から得た結果は，確かに一致する．

6·52 (a) ばねの伸びは $\sqrt{x^2 + L^2} - L$ だから，1 本のばねが質点に及ぼす力(ばねの長さ方向の力)は $k(\sqrt{x^2 + L^2} - L)$. 力の y 方向成分は 2 本のばねが打ち消しあい，x 方向成分は 2 本のばねによる合力が働く．その力は，

$$\vec{F} = -2k(\sqrt{x^2 + L^2} - L)\frac{x}{\sqrt{x^2 + L^2}}\hat{i} = -2kx\left(1 - \frac{L}{\sqrt{x^2 + L^2}}\right)\hat{i}$$

(b) $x = 0$ をポテンシャルエネルギーの基準点として，

$$U(x) = -\int_0^x F_x\,\mathrm{d}x = -\int_0^x\left(-2kx + \frac{2kLx}{\sqrt{x^2 + L^2}}\right)\mathrm{d}x = 2k\int_0^x x\,\mathrm{d}x - 2kL\int_0^x \frac{x}{\sqrt{x^2 + L^2}}\,\mathrm{d}x$$

つまり，$U(x) = kx^2 + 2kL(L - \sqrt{x^2 + L^2})$

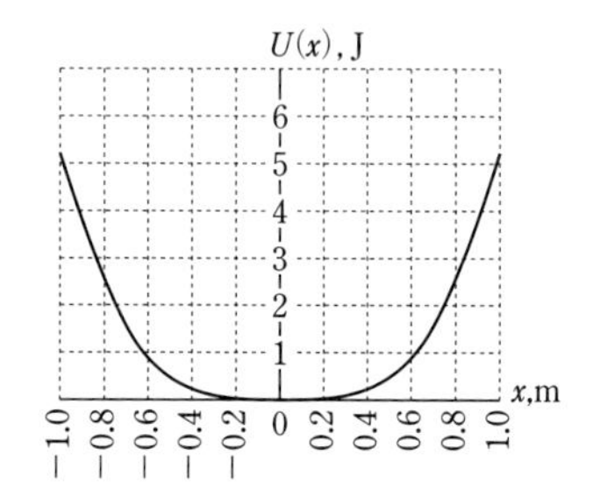

(c) $x = 0$ が安定平衡点である．
(d) 質点を放すときは質点の速さは 0 だから運動エネルギーは 0. 一方，$x = 0$ ではポテンシャルエネルギーは 0. したがって，位置 x におけるポテンシャルエネルギー ($x = 0$ が基準点) が，質点が $x = 0$ を通過するときの運動エネルギーとなる．そのときの速さを v とすると，
$U(x) = \frac{1}{2}mv^2$. $x = 0.500$ m では，

$$U = (40.0\ \mathrm{N/m})(0.500\mathrm{m})^2 + (96.0\ \mathrm{N})[1.20\ \mathrm{m} - \sqrt{(0.500\ \mathrm{m})^2 + 1.44\ \mathrm{m}^2}] = 0.400\ \mathrm{J}$$

であり，$v = 0.823$ m/s.

6·53
(a)

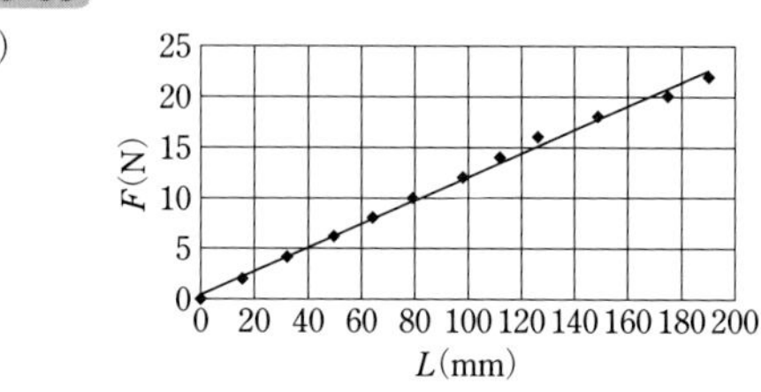

(b) 最小二乗法により，直線の勾配は 0.116 N/mm = 116 N/m.

(c) 基本的にはすべてのデータ点を使うべきである．また，直線が原点を通るという条件を付加してよい．ただし，原因が明確な系統誤差を含むデータ点は除いてよい．たとえば，ばね の伸びが大きいと，必ずフックの法則に従わない非線形が目立ってくる．また，コイルばねの場合は，自然長の状態では ばね の針金どうしが接触していることがある．このとき ばね の伸びが微小であると，多数回巻いてあるコイルのうちのごく一部だけが ばね の伸びをになう．この場合も非線形性が現れる．

(d) $k = 116\ \mathrm{N/m}$

(e) $F = kx = (116\ \mathrm{N/m})(0.105\ \mathrm{m}) = 12.2\ \mathrm{N}$

6·54 (a) この家族が時間 T の間に使うエネルギーを E，その仕事率を P とすると，$P = E/T$ であり，家の面積を A とすると，単位面積当たりでは $P = E/TA$ となる．
$T = 30\ \mathrm{d} \times (24\ \mathrm{h})$，$E = 600\ \mathrm{kWh}$，$A = 13.0\ \mathrm{m} \times 9.50\ \mathrm{m}$ だから，

$$P = \frac{(600 \times 10^3\ \mathrm{Wh})}{(30\ \mathrm{d})(24\ \mathrm{h/d})(13.0\ \mathrm{m})(9.50\ \mathrm{m})} = 6.75\ \mathrm{W/m^2}$$

(b) 自動車の仕事率 P を求め，それを自動車が占める面積 A で割ればよい．$P = \dfrac{(60\ \mathrm{km/h})}{(10\ \mathrm{km/L})} \times (0.670\ \mathrm{kg/L}) \times (44 \times 10^6\ \mathrm{J/kg}) \times (1\ \mathrm{h}/3600\ \mathrm{s}) = 4.91 \times 10^4\ \mathrm{W}$．したがって，単位面積当たりの仕事率は，

$$\frac{4.91 \times 10^4\ \mathrm{W}}{(2.10\ \mathrm{m}) \times (4.90\ \mathrm{m})} = 4.77 \times 10^3\ \mathrm{W/m^2}$$

(c) 問題文にあるように，太陽光の仕事率は $1000\ \mathrm{W/m^2}$ 程度だから，自動車が太陽光発電による電力を直接的に使いながら走行するには，車体が占める面積の 5 倍程度以上の太陽光発電パネルを必要とする．それは現実的ではない．

(d) 太陽エネルギー利用の現状と将来の可能性として，蓄電池の充電，食糧・燃料生産のための農林業，大小の建築物の暖房，水の加熱，熱による乾燥などがある．

7章　エネルギーの保存

7·1 (a) ボール–地球系は孤立系である．重力のポテンシャルエネルギーの変化と運動エネルギーの変化の和が保存される．つまり，$\Delta K+\Delta U=0$．したがって，

$$\left(\frac{1}{2}mv^2-0\right)+(-mgh-0)=0 \rightarrow \frac{1}{2}mv^2=mgh$$
$$v=\sqrt{2gh}$$

(b) ボールという系に対して地球は外界である．ボールが落ちる過程で地球という外界がボールに重力 mg による mgh だけの仕事をし，それがボールの運動エネルギーの増加をもたらす．地球の変位は無視できるほど小さいので，力が作用する距離として初期の高さ h を使ってよい．ボールという系に関して $\Delta K=W$．つまり，

$$\left(\frac{1}{2}mv^2-0\right)=mgh \rightarrow \frac{1}{2}mv^2=mgh \qquad v=\sqrt{2gh}$$

7·2 (a) 運動エネルギーとポテンシャルエネルギーの和が保存されることを使えばよい．質点の質量を m として，初期位置での運動エネルギー $K_\mathrm{i}=0$，ポテンシャルエネルギー $U_\mathrm{i}=mgh$．Ⓐ点での質点の速さを v_f として，運動エネルギー $K_\mathrm{f}=\frac{1}{2}mv_\mathrm{f}^2$，ポテンシャルエネルギー $U_\mathrm{f}=mg(2R)$．したがって，$v_\mathrm{f}=\sqrt{2g(h-2R)}=\sqrt{3.00gR}$．

(b) 垂直抗力を n とすると，円運動の向心力は n と重力の和に等しく，$mv^2/R=n+mg$．

$$n=m\left[\frac{v^2}{R}-g\right]=m\left[\frac{3.00gR}{R}-g\right]=2.00\,mg$$
$$n=2.00(5.00\times10^{-3}\,\mathrm{kg})(9.80\,\mathrm{m/s^2})$$
$$=0.0980\,\mathrm{N}\quad \text{下向き}$$

7·3 (a) 質量 m の1人の児童が1回跳躍するとき，身体の化学エネルギーが力学的エネルギーに変わる．跳躍して $h=25.0\,\mathrm{cm}$ まで飛び上がったときの速さは0だから運動エネルギーは0．このときの身体–地球系のポテンシャルエネルギーは，$U=mgh$．これが1人の児童の1回の跳躍で身体に蓄えられたエネルギーである．したがって，求めるエネルギーは，

$$(1\,050\,000\,\text{人})\times(36.0\,\mathrm{kg}/\text{人})\times(12\,\text{回})\times(9.80\,\mathrm{m/s^2})$$
$$\times(0.250\,\mathrm{m})=1.11\times10^9\,\mathrm{J}$$

(b) 人工地震波のエネルギーは全エネルギーの 0.01％ だから，$E=1.11\times10^9\,\mathrm{J}\times10^{-4}=1.11\times10^5\,\mathrm{J}$．したがって，

$$M=\frac{\log(1.11\times10^5)-4.8}{1.5}=0.2$$

7·4 物体–ばね–地球系に関するエネルギー保存則を考える．初期状態と最終状態では系の運動エネルギーは0である．したがって，ばねのポテンシャルエネルギーの変化と重力のポテンシャルエネルギーの変化の和が保存される．ばね のばね定数は $k=5000\,\mathrm{N/m}$ であり，ばね の縮みを x とすると，初期状態の ばね のポテンシャルエネルギーは，$U=\frac{1}{2}kx^2$．最終状態では ばね は自然の長さに戻っているから，ばね のポテンシャルエネルギーの変化は，$\Delta U_{ばね}=-\frac{1}{2}kx^2$．質量 $m=0.250\,\mathrm{kg}$ の物体は最終状態では初期状態より h だけ高い位置にある．したがって，重力のポテンシャルエネルギーの変化は，初期状態の位置を基準にして $\Delta U_{重力}=mgh$．$\Delta U_{ばね}+\Delta U_{重力}=0$，つまり，$mgh=\frac{1}{2}kx^2$ より，

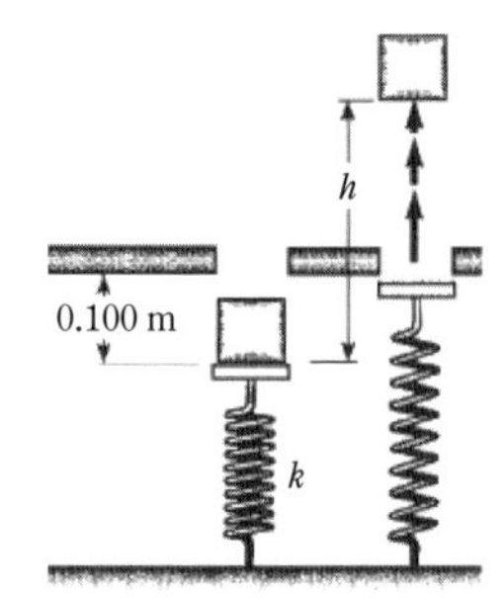

$$(0.250\,\mathrm{kg})(9.80\,\mathrm{m/s^2})h=\frac{1}{2}(5000\,\mathrm{N/m})(0.100\,\mathrm{m})^2$$

$h=10.2\,\mathrm{m}$ となる．

7·5 物体–地球系の力学的エネルギーの保存則を使えばよい．地面をポテンシャルエネルギーの基準点として各点の高さ h を測ると，各点における物体の運動エネルギー $K=\frac{1}{2}mv^2$ とポテンシャルエネルギー $U=mgh$ の和が保存される．Ⓐ点では物体を静かに放すから $v_Ⓐ=0$ である．

(a) $0+mgh_Ⓐ=\frac{1}{2}mv_Ⓑ{}^2+mgh_Ⓑ$　したがって，$v_Ⓑ=\sqrt{2g(h_Ⓐ-h_Ⓑ)}=\sqrt{2\times9.8\,\mathrm{m/s^2}\times(5.00\,\mathrm{m}-3.20\,\mathrm{m})}$

$=5.94\,\mathrm{m/s}$.　同様にして，$v_Ⓒ=7.67\,\mathrm{m/s}$.

(b) 重力が物体にした仕事とは，ポテンシャルエネルギーの減少の大きさのことであり，それはまた，運動エネルギーの増加に等しい．どちらで考えてもよいが，ポテンシャルエネルギーで計算すると，$mg(h_Ⓐ-h_Ⓒ)=5.00\,\mathrm{kg}\times9.8\,\mathrm{m/s^2}\times(5.00\,\mathrm{m}-2.00\,\mathrm{m})=147\,\mathrm{J}$.

7·6 地球–2物体系の力学的エネルギーの保存則を用いる．2物体が動いているときは，それらの速さは等しいことに注意．また，糸は弛むことができるから，質量 m_1 の物体が台とどんな衝突をしてその後どう運動するかは，質量 m_2 の物体の運動には無関係．

(a) 質量 m_1 の物体を，テーブルから高さ h の位置で静かに放したときの系の運動エネルギーは0，ポテンシャルエネルギーは m_1gh．m_1 がテーブルに衝突する瞬間には，2物体の速さは等しいからそれを v として，系の運動エネルギーは $\frac{1}{2}(m_1+m_2)v^2$，ポテンシャルエネルギーは m_2gh．したがって，$0+m_1gh=\frac{1}{2}(m_1+m_2)v^2+m_2gh$ となり，

$$v=\sqrt{\frac{2(m_1-m_2)gh}{(m_1+m_2)}}$$

(b) 求める高さを h' として，$\frac{1}{2}m_2v^2+m_2gh=0+m_2gh'$．したがって，

$$h'=h+\frac{v^2}{2g}=\frac{2m_1h}{m_1+m_2}$$

7·7 それぞれの物体の質量を m とする．手を放すときの2物体の配置をポテンシャルエネルギーの基準点とする．最初，運動エネルギーは0である．2物体間の距離が h であるときは，Aが $\frac{2}{3}h$ だけ下がってBが $\frac{1}{3}h$ だけ上がるか，または逆に，Aが $\frac{2}{3}h$ だけ上がってBが $\frac{1}{3}h$ だけ下がる．系のポテンシャルエネルギーは前者の場合は $mg\left(\frac{1}{3}h - \frac{2}{3}h\right) = -\frac{1}{3}mgh < 0$，後者の場合は $\frac{1}{3}mgh > 0$ である．したがって，手を放すと必ずAが下がりBは上がる．次に，物体Aの速さを v とすると，物体Bの速さは $\frac{1}{2}v$ である．最初の配置と2物体が h だけ離れた配置とを比較して，全エネルギーは保存されるから，$0 + 0 = -\frac{2}{3}hmg + \frac{1}{3}hmg + \frac{1}{2}mv^2 + \frac{1}{2}m\left(\frac{1}{2}v\right)^2$ である．したがって，$v = \sqrt{2 \times \frac{1}{3}hg \times \frac{4}{5}} = \sqrt{\frac{8}{15}gh}$

7·8 棒には張力や圧縮力が生じるが，その力の方向には何の変位も起こらないから，これらの力は仕事をしない．したがって，ボールの運動エネルギーと重力のポテンシャルエネルギーの和が保存される．棒の長さを L，ボールの質量を m，ボールの初期の速さを v とする．初期状態のポテンシャルエネルギーを0とする．初期状態の全エネルギー $= \frac{1}{2}mv^2 + 0$，ボールが頂点に達したときの速さは0だから，そのときの全エネルギー $= 0 + 2Lmg$．全エネルギーは保存されるから，$v = 2\sqrt{Lg} = 2\sqrt{(0.77\ \mathrm{m}) \times (9.80\ \mathrm{m/s^2})} = 5.49\ \mathrm{m/s}$．

7·9 荷物の質量を m，斜面の角度を θ，初期の速さを v_i，引き上げる力の大きさを F，動摩擦係数を $\mu_{動}$，引き上げる距離を L とする．

(a) 荷物の高さは $L\sin\theta$ だけ増したから，重力がした仕事は $-mgL\sin\theta = -(10.0\ \mathrm{kg}) \times (9.80\ \mathrm{m/s^2}) \times (5.00\ \mathrm{m}) \times \sin 20° = -168\ \mathrm{J}$．

(b) 斜面が物体に及ぼす垂直抗力は $mg\cos\theta$ だから，摩擦力は $\mu_{動}mg\cos\theta$．摩擦力による仕事，つまり荷物-斜面系の内部エネルギーの増加は，$\mu_{動}mgL\cos\theta = 0.400 \times (10.0\ \mathrm{kg}) \times (9.80\ \mathrm{m/s^2}) \times (5.00\ \mathrm{m}) = 184\ \mathrm{J}$．

(c) $F = 100\ \mathrm{N}$ の力で $L = 5.00\ \mathrm{m}$ 動かすのだから，仕事は $FL = (100\ \mathrm{N}) \times (5.00\ \mathrm{m}) = 500\ \mathrm{J}$．

(d) F の力がした仕事 FL は，3つの量の和すなわち，荷物のポテンシャルエネルギーの増加 $mgL\sin\theta$，荷物-斜面系の内部エネルギーの増加 $\mu_{動}mgL\cos\theta$，および荷物の運動エネルギーの増加 $\Delta K = \frac{1}{2}m(v_\mathrm{f}^2 - v_\mathrm{i}^2)$ の和に等しい．$FL = 500\ \mathrm{J}$，$mgL\sin\theta = 168\ \mathrm{J}$，$\mu_{動}mgL\cos\theta = 184\ \mathrm{J}$ が上で求められているから，$\Delta K = (500\ \mathrm{J}) - (168\ \mathrm{J}) - (184\ \mathrm{J}) = 148\ \mathrm{J}$ である．

(e) $\Delta K = \frac{1}{2}m(v_\mathrm{f}^2 - v_\mathrm{i}^2) = 148\ \mathrm{J}$，$v_\mathrm{i} = 1.50\ \mathrm{m/s}$ を用いて，$v_\mathrm{f} = 5.65\ \mathrm{m/s}$．

7·10 初期の速さ $v_\mathrm{i} = 2.00\ \mathrm{m/s}$，最終の速さ $v_\mathrm{f} = 0$，動摩擦係数 $\mu_{動} = 0.100$ である．求める距離を d とすると，初期の運動エネルギーは，そりが d だけ滑るときの摩擦力によって，そりと氷の内部エネルギーに変わる．摩擦力 $= \mu_{動}mg$ だから，$\mu_{動}mgd = \frac{1}{2}m(v_\mathrm{i}^2 - v_\mathrm{f}^2)$ であり，

$$d = \frac{\frac{1}{2}m(v_\mathrm{i}^2 - v_\mathrm{f}^2)}{\mu_{動}mg} = \frac{\frac{1}{2}(2.00\ \mathrm{m/s})^2}{0.100 \times (9.8\ \mathrm{m/s^2})} = 2.04\ \mathrm{m}$$

7·11 (a) 物体の質量を m とする．物体の初期の速さ $v_\mathrm{i} = 0$ だから，物体-ばね系の初期の全エネルギーは，ばねのポテンシャルエネルギー $\frac{1}{2}kx_\mathrm{i}^2$ である．物体がつり合いの位置を通過するときの速さを v_f とすると，系の全エネルギーは物体の運動エネルギー $\frac{1}{2}mv_\mathrm{f}^2$ であり，物体の運動に伴って系の全エネルギーは保存される．したがって，$\frac{1}{2}kx_\mathrm{i}^2 = \frac{1}{2}mv_\mathrm{f}^2$ より，

$$v = \sqrt{kx_\mathrm{i}^2/m} = \sqrt{(500\ \mathrm{N/m}) \times (0.05\ \mathrm{m})^2/2.00\ \mathrm{kg}}$$
$$= 0.791\ \mathrm{m/s}$$

(b) 動摩擦係数を $\mu_{動}$ とする．物体-ばね系の初期の全エネルギーは，(a) と同じで $\frac{1}{2}kx_\mathrm{i}^2$．これが動摩擦力によって物体-水平面系の内部エネルギーとして失われ，残ったエネルギーが，物体がつり合いの位置を速さ v_f で通過するときの運動エネルギー $\frac{1}{2}mv_\mathrm{f}^2$ となる．$\frac{1}{2}kx_\mathrm{i}^2 - \mu_{動}mg|x_\mathrm{i}| = \frac{1}{2}mv_\mathrm{f}^2$ より，

$$v_\mathrm{f} = \sqrt{\frac{2}{m}\left(\frac{1}{2}kx_\mathrm{i}^2 - \mu_{動}mg|x_\mathrm{i}|\right)}$$

$$= \sqrt{\frac{2}{2.00\ \mathrm{kg}}\left(\begin{array}{l}\frac{1}{2} \times 500\ \mathrm{N/m}) \times (0.05\ \mathrm{m})^2 \\ \quad - 0.350 \times 2.00\ \mathrm{kg} \times 9.80\ \mathrm{m/s^2} \times 0.05\ \mathrm{m}\end{array}\right)}$$

$$= 0.531\ \mathrm{m/s}$$

7·12 (a) 大きさ F の力で，力の向きに距離 d だけ変位させたのだから，仕事は $Fd = (130\ \mathrm{N}) \times (5.00\ \mathrm{m}) = 650\ \mathrm{J}$．

(b) 箱の質量を m とすると，箱に働く垂直抗力は mg，床の動摩擦係数を $\mu_{動}$ とすると摩擦力は $F_{摩擦} = \mu_{動}mg$．変位は d だから，生じた内部エネルギーは，

$$F_{摩擦}d = \mu_{動}mgd$$
$$= 0.300 \times (40.0\ \mathrm{kg}) \times (9.80\ \mathrm{m/s^2}) \times (5.00\ \mathrm{m}) = 588\ \mathrm{J}$$

(c) 箱に働く垂直抗力は変位に直交するから，垂直抗力がする仕事は0.

(d) 重力は変位に直交するから，重力がする仕事は0.

(e) (a)の仕事の一部が(b)の内部エネルギーとして失われた．残りが箱の運動エネルギーの増加となるから，$650\ \mathrm{J} - 588\ \mathrm{J} = 62.0\ \mathrm{J}$．

(f) (e)の運動エネルギーの増加とは，初期の速さ $v_\mathrm{i} = 0$ で静止していた箱の最終の運動エネルギーそのものだから，$\frac{1}{2}mv_\mathrm{f}^2 = 62.0\ \mathrm{J}$．$v_\mathrm{f} = \sqrt{2 \times 62.0\ \mathrm{J}/40.0\ \mathrm{kg}} = 1.76\ \mathrm{m/s}$．

7·13 (a) 内部エネルギーの変化 $\Delta E_{内部}$ と運動エネルギーの変化 ΔK の和は0である．質点の質量は $m = 0.400$

kg，質点の初期の速さ $v_i = 8.00$ m/s，最終の速さ $v_f = 0.600$ m だから，

$\Delta E_{内部} = -\Delta K = -\frac{1}{2}m(v_f^2 - v_i^2)$

$\Delta E_{内部} = -\frac{1}{2}(0.400\text{ kg})[(6.00)^2 - (8.00)^2](\text{m/s})^2 = 5.60\text{ J}$

(b) 動摩擦係数を $\mu_{動}$ として動摩擦力は $mg\mu_{動}$．円運動の周の長さを L とすると，摩擦によって運動エネルギーから内部エネルギーの変わるエネルギー量は，1回転あたり $Lmg\mu_{動}$．$L, m, g, \mu_{動}$ は運動の過程で一定だから，1回転ごとに失われる運動エネルギー $\Delta K_{1回転}$は，(a)で求めた 5.60 J である（質点の速さによらない）．したがって，初期の運動エネルギー $\frac{1}{2}mv_i^2$ が0になるまでの回転数は，

$$N = \frac{1}{2}mv_i^2/\Delta K_{1回転}$$

$$= \frac{1}{2}\times(0.400\text{ kg})\times(8.00\text{ m/s})^2/(5.60\text{ J}) = 2.29\text{ 回転}$$

7·14 (a) 保存力だけが働くとき，系の全力学的エネルギーは保存される．
時刻 t_f における系の全力学的エネルギー ＝ 初期の系の全力学的エネルギー ＝ 30.0 ＋ 10.0 ＝ 40.0 J．そのうちの 18.0 J は運動エネルギーだから，ポテンシャルエネルギー ＝ 40.0 J − 18.0 J ＝ 22.0 J.

(b) 働いた．

(c) 時刻 t_f における系の全力学的エネルギー ＝ 18.0 J ＋ 5.00 J ＝ 23.0 J．これは系の初期の全力学的エネルギー 40.0 J より少ない．したがって，系には何らかの非保存力が働き，系の力学的エネルギーが内部エネルギーなどの非力学的エネルギーに変化したといえる．

7·15 車いすの少年の全質量を m，坂の高低差を h，坂の全長を L，坂の上での初期の速さを v_i，坂の下での最終の速さを v_f とし，坂の下を重力のポテンシャルエネルギーの基準点とする．車いすの少年の初期の力学的エネルギー ＝ 運動エネルギー ＋ 重力のポテンシャルエネルギー ＝ $\frac{1}{2}mv_i^2 + mgh$．坂の下での最終の力学的エネルギー＝ $\frac{1}{2}mv_f^2 + 0$．動摩擦力を $F_{動}$とすると，坂を下る際に，少年は W の仕事をし，摩擦力がする仕事 $W_{摩擦} = F_{動}L$ が車いす，少年および坂の内部エネルギーとなって力学的エネルギーから失われた．したがって，

$$\frac{1}{2}mv_i^2 + mgh + W - W_{摩擦} = \frac{1}{2}mv_f^2 + 0$$

であり，

$$W = \frac{1}{2}mv_f^2 - \left(\frac{1}{2}mv_i^2 + mgh\right) + W_{摩擦}$$

$$= \frac{1}{2}\times(47.0\text{ kg})\times(6.20\text{ m/s})^2$$
$$-\{\frac{1}{2}\times(47.0\text{ kg})\times(1.40\text{ m/s})^2$$
$$+(47.0\text{ kg})\times(9.80\text{ m/s}^2)\times(2.60\text{ m})\}$$
$$+41.0\text{ N}\times 12.4\text{ m}$$
$$= 168\text{ J}$$

7·16 物体の質量を m とする．
(a) 初期の運動エネルギーは $\frac{1}{2}mv_i^2 = \frac{1}{2}(5.00\text{ kg})\times(8.00\text{ m/s})^2 = 160$ J．静止すると運動エネルギーは0．したがって，運動エネルギーの変化は −160 J．

(b) 初期の物体の高さをポテンシャルエネルギーの基準とすると，初期のポテンシャルエネルギーは0．静止したときは，$mgd\sin\theta = (5.00\text{ kg})\times(9.80\text{ m/s}^2)\times(3.00\text{ m})\times\sin 30.0° = 73.5$ J だけ増加した．

(c) (a)と(b)により，物体が静止するまでに，物体–地球系の力学的エネルギーは，−160 J ＋ 73.5 J ＝ −86.5 J だけ変化した．この減少分は，摩擦力とそれによる物体の変位 d の積に等しい．したがって，摩擦力は −86.5 J/(3.00 m) ＝ 28.8 N．

(d) 物体に働く垂直抗力と動摩擦係数の積が，(c)で求めた動摩擦力 28.8 N に等しい．垂直抗力は $mg\cos\theta = (5.00\text{ kg})\times(9.80\text{ m/s}^2)\times\cos 30.0° = 42.4$ N．したがって，動摩擦係数は (28.8 N)/(42.4 N) ＝ 0.679.

7·17 2物体の初期の速さは0．2物体は同じ速さで動くから，その最終値を v_f とする．2物体–地球系の力学的エネルギーの変化は，運動エネルギーの変化が $\Delta K = \frac{1}{2}(m_1 + m_2)v_f^2 - 0$．ポテンシャルエネルギーの変化が $\Delta U = -m_2gh$．両者の和は，動摩擦力による仕事で，テーブルとその上を滑る箱の内部エネルギーの増加になる．
箱が滑った距離は h に等しいから，動摩擦力による仕事は $W = \mu_{動}m_1gh$．したがって，$\frac{1}{2}(m_1 + m_2)v_f^2 - m_2gh = -\mu_{動}m_1gh$ より，

$$v_f = \sqrt{\frac{2(m_2 - \mu_{動}m_1)gh}{m_1 + m_2}}$$

$$= \sqrt{\frac{2\times\{5.00\text{ kg} - 0.400\times(3.00\text{ kg})\}\times 9.80\text{ m/s}^2\times(1.50\text{ m})}{(5.00\text{ kg} + 3.00\text{ kg})}}$$

$$= 3.74\text{ m/s}$$

なおこの式で，もし $m_2 - \mu_{動}m_1 < 0$ ならば，v_f が虚数になるが，このときは動摩擦力が大きすぎて2物体は動かない．

7·18 スカイダイバー–地球系の力学的エネルギーの一部が，空気抵抗力 f によってスカイダイバーと空気の内部エネルギーに変わる．距離 d だけ降下することによる運動エネルギー K と重力ポテンシャルエネルギー U の変化は，

$$\Delta K + \Delta U = -f_{空気}d \rightarrow K_i + U_i - f_{空気}d = K_f + U_f$$

鉛直方向を y 軸とし，地表面 $y = 0$ をポテンシャルエネルギーの基準点とする．

(a) パラシュートを開かずに降下する距離を d_1，開いて降下する距離を d_2 とすると，

$$0 + mgy_i - f_1d_1 - f_2d_2 = \frac{1}{2}mv_f^2 + 0$$

数値を代入して，

$$(80.0\text{ kg})(9.80\text{ m/s}^2)1000\text{ m} - (50.0\text{ N})(800\text{ m})$$
$$-(3600\text{ N})(200\text{ m}) = \frac{1}{2}(80.0\text{ kg})v_f^2$$
$$784\,000\text{ J} - 40\,000\text{ J} - 720\,000\text{ J} = \frac{1}{2}(80.0\text{ kg})v_f^2$$
$$v_f = \sqrt{\frac{2(24\,000\text{ J})}{80.0\text{ kg}}} = 24.5\text{ m/s}$$

(b) 秒速 24.5m/s は時速 88.2 km/h に相当し，負傷は免れないだろう．

(c) $d_1 + d_2 = 1000\text{m}$ だから，$d_1 = 1000\text{ m} - d_2$．(a) で $v_f = 5.00\text{ m/s}$ とおき，$d_1 = 1000\text{ m} - d_2$ を代入して d_2 を求めればよい．

$$784\,000\text{ J} - (50.0\text{ N})(1000\text{ m} - d_2) - (3600\text{ N})d_2 = \frac{1}{2}(80.0\text{ kg})(5.00\text{ m/s})^2$$

$$784\,000\text{ J} - 50\,000\text{ J} - (3550\text{ N})d_2 = 1000\text{ J}$$

$$d_2 = \frac{733\,000\text{ J}}{3550\text{ N}} = 206\text{ m}$$

(d) 非現実的である．空気による抵抗力は落下速度に依存する．問題文のように，パラシュートを開くと抵抗力が 3600 N で一定と仮定すると，これはスカイダイバーの体重 784 N を超えるから，落下速度がゼロになると，ついにはスカイダイバーが上向きに動き出すこととなり，全く非現実的である．

7·19 (a) ボール–ばね系の力学的エネルギー $K + U$ の一部が，砲身の動摩擦力 $f_{動}$ によって砲身とボールの内部エネルギーに変わる．ボールが砲身を進む距離を d とすると，

$$K_i + U_i - f_{動}d = K_f + U_f$$

$$0 + \frac{1}{2}kx^2 - f\Delta x = \frac{1}{2}mv^2 + 0$$

$$\frac{1}{2}(8.00\text{ N/m})(5.00\times10^{-2}\text{ m})^2 - (3.20\times10^{-2}\text{ N})(0.150\text{ m}) = \frac{1}{2}(5.30\times10^{-3}\text{ kg})v^2$$

$$v = \sqrt{\frac{2(5.20\times10^{-3}\text{ J})}{5.30\times10^{-3}\text{ kg}}} = 1.40\text{ m/s}$$

(b) 縮んだ ばね がボールを加速するが，縮みが x m であるときのばねの力 kx が摩擦力 0.0320 N に等しくなると，以後はボールの速さは減少する．したがって，速さが最大になるときは，$x = \dfrac{3.20\times10^{-2}\text{ N}}{8.00\text{ N/m}} = 0.400\text{ cm}$

したがって，ボールが $5.00\text{ cm} - 0.400\text{ cm} = 4.60\text{ cm}$ 進んだときに速さが最大．

(c) (a)の考え方で，ボールが進んだ距離を $\Delta x = 4.60\text{ cm}$，最終状態はボールの運動エネルギーと ばね のひずみのポテンシャルエネルギーがいずれもゼロでないとすればよい．

$$\frac{1}{2}kx_i^2 - f\Delta x = \frac{1}{2}mv^2 + \frac{1}{2}kx_f^2$$

$$\frac{1}{2}(8.00\text{ N/m})(5.00\times10^{-2}\text{ m})^2 - (3.20\times10^{-2}\text{ N})(4.60\times10^{-2}\text{ m})$$
$$= \frac{1}{2}(5.30\times10^{-3}\text{ kg})v^2 + \frac{1}{2}(8.00\text{ N/m})(4.00\times10^{-3}\text{ m})^2$$

$$v = 1.79\text{ m/s}$$

7·20 (a) 物体は $d = 1.20\text{ m}$ だけ自由に落下し，その後ばねを押し縮めながら x だけ進んで静止する．物体–ばね–地球系に関して，運動エネルギーの変化 ΔK とポテンシャルエネルギーの変化 ΔU の和が 0 である．初期状態と終状態を比べると，物体はいずれも静止しているから $\Delta K = 0$．したがって，ばね のポテンシャルエネルギーの変化 $\Delta U_{ばね}$ と重力のポテンシャルエネルギーの変化 $\Delta U_{重力}$ の和が 0 である．$\frac{1}{2}kx^2 - mg(d + x) = 0$

$\frac{1}{2}(320\text{ N/m})x^2 - (1.50\text{ kg})(9.80\text{ m/s}^2)(x + 1.20\text{ m}) = 0$

したがって，(単位を省略して)

$$160x^2 - 14.7x - 17.6 = 0$$

$$x = \frac{14.7 \pm \sqrt{(-14.7)^2 - 4(160)(-17.6)}}{2(160)}$$

$$x = \frac{14.7 \pm 107}{320}$$

$x > 0$ のはずだから負の値は捨てて，$x = 0.381\text{ m}$.

(b) 物体–ばね–地球系に，空気による抵抗力 $f_{動} = 0.700\text{N}$ が $-f_{動}(d + x)$ だけの仕事をする．したがって，

$$\frac{1}{2}kx^2 - mg(d + x) = -f_{動}(d + x)$$

数値を代入し，単位を省略して，

$$160x^2 - 14.0x - 16.8 = 0$$

$$x = \frac{14.0 \pm \sqrt{(-14.0)^2 - 4(160)(-16.8)}}{2(160)}$$

$$x = \frac{14.0 \pm 105}{320}$$

のうち正の値を選んで $x = 0.371\text{ m}$.

(c) 月面では，(a)の考察の重力の加速度 $g = 9.80\text{ m/s}^2$ の代わりに $g_{月} = 1.63\text{ m/s}^2$ を使えばよい．

$$\frac{1}{2}kx^2 - mg_{月}(x + d) = 0$$

$$\frac{1}{2}(320\text{ N/m})x^2 - (1.50\text{ kg})(1.63\text{ m/s}^2)(x + 1.20\text{ m}) = 0$$

単位を省略して，

$$160x^2 - 2.45x - 2.93 = 0$$

$$x = \frac{2.45 \pm \sqrt{(-2.45)^2 - 4(160)(-2.93)}}{2(160)}$$

$$x = \frac{2.45 \pm 43.3}{320}$$

$$x = 0.143\text{ m}$$

7·21 (a) 孤立系である．摩擦力は働かず，滑り台が子どもに及ぼす垂直抗力はいつも変位方向に直交するから，仕事をしない．

(b) 摩擦がないから非保存力はない．

(c) 運動エネルギーはゼロだから，重力のポテンシャルエネルギーだけであり $E = mgh$.

(d) 飛び出すときの速さを v_i とすると，

$$E = \frac{1}{2}mv_i^2 + mgh/5$$

(e) 最高点の高さを y_{max} とする．最高点では速度ベクトルは x 成分だけをもち，それは飛び出したときの速度ベクトルの x 成分 v_{xi} に等しい．

$$E = \frac{1}{2} m v_{xi}^2 + mgy_{max}$$

(f) 摩擦がないから系の全エネルギーは保存され，(c) と (d) の E は等しい．$mgh = \frac{1}{2} m v_i^2 + mgh/5$ を解いて，$v_i = \sqrt{8gh/5}$

(g) (e) の $v_{xi} = v_i \cos\theta$ である．(d) と (e) の E は等しいから，$\frac{1}{2} m v_i^2 + mgh/5 = \frac{1}{2} m v_i^2 \cos^2\theta + mgy_{max}$．これを解いて，最高点の高さ $y_{max} = h(1 - \frac{4}{5}\cos^2\theta)$．

(h) 変わる．摩擦があると系の全力学的エネルギーが保存されない．したがって，滑り台の下端を飛び出すときの速さ，最高点の高さ，着水のときの速さがそれぞれ減少する．

7·22 電車の質量を m，到達した速さを v，加速した時間を Δt とする．

(a) 送電による仕事がすべて電車の運動エネルギーとなった．時間 Δt の間にした仕事 W を Δt で割れば，仕事率 P が求められる．

$$\begin{aligned} P = W/\Delta t &= \frac{1}{2} mv^2/\Delta t \\ &= \frac{1}{2}(0.875\ \text{kg}) \times (0.620\ \text{m/s})^2/(21.0 \times 10^{-3}\ \text{s}) \\ &= 8.01\ \text{W} \end{aligned}$$

(b) 送電による仕事の一部は，回路の電気抵抗による発熱，摩擦によるレールや機械部品の発熱として部品の内部エネルギーとなる．また，音となって空気やまわりの壁などの内部エネルギーとなる．したがって，決まった速さ，つまり決まった運動エネルギーを実現するには余分の仕事が必要であり，その仕事を一定の時間内に行うのであれば仕事率も増大する．長時間を費やしてよいなら，(a) の答より小さい仕事率でもよい．

7·23 高さ $h = 1.75$ km にある質量 $m = 3.20 \times 10^7$ kg の水は，$U = mgh$ の重力ポテンシャルエネルギーをもつ．したがって，この水をこの高さに持ち上げるための仕事は，$W = U = mgh$ である．時間 Δt の間にこの仕事をすると，仕事率は $P = W/\Delta t$ である．したがって，

$$\begin{aligned} \Delta t = W/P &= mgh/P \\ &= \frac{(3.20 \times 10^7\ \text{kg}) \times (9.80\ \text{m/s}^2) \times (1.75 \times 10^3\ \text{m})}{(2.70 \times 10^3\ \text{W})} \\ &= 2.03 \times 10^8\ \text{s} = 6.44\ \text{yr} \end{aligned}$$

($1\ \text{yr} = 365 \times 24 \times 3600\ \text{s} = 3.15 \times 10^7\ \text{s}$ である)

7·24 毎日汲み上げる汚水の質量 m は，$m = (1\,890\,000 \times 10^{-3}\ \text{m}^3) \times (1050\ \text{kg/m}^3)$ である．大気圧で入って大気圧で出ていくから圧縮・膨張はない．

(a) ポンプがする仕事 W はこの質量を $h = 5.49$ m だけ持ち上げること，つまり $W = mgh$ であり，それを 1 日 ($\Delta t = 24\ \text{h} \times 3600\ \text{s/h}$) で行うのだから，仕事率は $P = W/\Delta t = mgh/\Delta t = (1\,890\,000 \times 10^{-3}\ \text{m}^3) \times (1050\ \text{kg/m}^3) \times (9.80\ \text{m/s}^2) \times (5.49\ \text{m})/(24\ \text{h} \times 3600\ \text{s/h}) = 1.24 \times 10^3$ W．

(b) 効率 =(有効になされた仕事)/(入力した仕事) だから，1 s 当たりの仕事で考えれば，効率 =(有効になされた仕事率)/(入力した仕事率) と言える．したがって，効率 = $1.24 \times 10^3\ \text{W}/(5.90 \times 10^3\ \text{W}) = 0.209$ つまり 20.9 %．

7·25 自動車の速さを v，空気と道路による摩擦力を f とする．Δt 時間に自動車が失う力学的エネルギー $\Delta E_{力学}$ は摩擦による内部エネルギーの増加 $\Delta E_{内部} = fv\Delta t$ に等しい．つまり，単位時間に自動車が失う力学的エネルギーの仕事率 $\Delta P_{力学} = \Delta E_{力学}/\Delta t = fv$．したがって，

$$\begin{aligned} f &= \Delta P_{力学}/v \\ &= \frac{(175\ \text{hp}) \times \{(746\ \text{W})/(1\ \text{hp})\}}{(29\ \text{m/s})} = 4.5 \times 10^5\ \text{N} \end{aligned}$$

7·26 有効に使えるエネルギー E は $E = 120\ \text{Wh} \times 0.400 = 120\ \text{J/s} \times 3600\ \text{s} \times 0.400$．このエネルギーで，$F$ の重量を高度を h まで持ち上げるから，$E = Fh$ より，

$$h = E/F = (120\ \text{J/s} \times 3600\ \text{s} \times 0.400)/(890\ \text{N}) = 194\ \text{m}$$

7·27 単位の W は単位時間当たりのエネルギーを表す．高効率の 28.0 W の照明ランプを寿命時間 10 000 h だけ使用するときの消費電力エネルギー = (28.0 W) (1.00×10^4 h) = 280 kWh．電気料金は 280 kWh × 20 円 = 5600 円．これにランプの価格を加えて，全経費 = 5600 円 + 450 円 = 6050 円．同じ時間だけ白熱電球を使うと，消費電力エネルギー = (100 W) × (1.00×10^4 h) = 1.00×10^3 kWh．電気料金は 1.00×10^3 kWh × 20 円 = 20 000 円．1 個の電球の寿命が 750 h だから，必要な電球の個数は 10000 h/750 h = 13.3 個．ランプの価格を加えた全経費 = 20 000 円 + 40 円 × 13.3 = 20 532 円．高効率ランプを使うと，20 532 円 − 5600 円 = 14 932 円の節約となる．なお，1 日 5 時間使用するなら，10 000 時間は 5 年半である．

7·28 加速の仕事率を求めるには，到達した速さでの運動エネルギーを加速に要した時間で割ればよい．旧式自動車の仕事率は $\frac{1}{2} mv^2/\Delta t$，旧式スポーツカーの仕事率は $\frac{1}{2} m(2v)^2/\Delta t$．したがって仕事率は，新式では旧式の 4 倍．

7·29 一定の速さで持ち上げるのだからピアノの運動エネルギー K の変化は 0 であり，仕事によって重力ポテンシャルエネルギー U を増加させればよい．ピアノの重量は $mg = 3.50$ kN だからその高さを y とすると，必要な仕事 W は，

$$\begin{aligned} W &= \Delta K + \Delta U = 0 + mg(y_f - y_i) \\ &= (3.50 \times 10^3\ \text{N})(25.0\ \text{m}) \\ &= 8.75 \times 10^4\ \text{J} \end{aligned}$$

3 人の作業員の仕事率の合計の 75 % が有効に使えるから，有効な仕事率は $P = 0.750 \times 3 \times 165\ \text{W} = 371\ \text{W} = 371\ \text{J/s}$．したがって，作業を終えるのに要する時間 Δt は，

$$\begin{aligned} \Delta t = \frac{W}{P} = \frac{8.75 \times 10^4\ \text{J}}{371\ \text{J/s}} &= 236\ \text{s} = (236\ \text{s})\left(\frac{1\ \text{min}}{60\ \text{s}}\right) \\ &= 3.93\ \text{min} \end{aligned}$$

7·30 (a) 1時間で4 km歩くのだから，1 km進むに要するエネルギー220 kcal/4 km＝(220 × 4186 J)/4 kmである．このエネルギーを得るためのガソリンの量は，

$\dfrac{220 \times 4186\,\mathrm{J}}{4\,\mathrm{km} \times (3.43 \times 10^7\,\mathrm{J/L})}$ である．したがって，ガソリン1 Lのエネルギーで進むことができる距離は，

$$\frac{4\,\mathrm{km} \times (3.43 \times 10^7\,\mathrm{J/L})}{220 \times 4186\,\mathrm{J}} = 143\,\mathrm{km/L}$$

(b) 1時間で15 km走るのだから，1 km進むに要するエネルギー400 kcal/15 km＝(400 × 4186 J)/15 kmである．このエネルギーを得るためのガソリンの量は，

$\dfrac{400 \times 4186\,\mathrm{J}}{15\,\mathrm{km} \times (3.43 \times 10^7\,\mathrm{J/L})}$ である．したがって，ガソリン1 Lのエネルギーで進むことができる距離は，

$$\frac{15\,\mathrm{km} \times (3.43 \times 10^7\,\mathrm{J/L})}{400 \times 4186\,\mathrm{J}} = 307\,\mathrm{km/L}$$

現在の自動車の20 km/L程度の燃費と比べると，徒歩や自転車はきわめて効率が高いことがわかる．

7·31 モーターがする仕事Wは，エレベーターに運動エネルギーを与えることと，重力ポテンシャルエネルギーを与えることに使われる．エレベーターの質量は$m = 650\,\mathrm{kg}$，$\Delta t = 3.00\,\mathrm{s}$後のエレベーターの速さは$v = 1.75\,\mathrm{m/s}$であり，そのときにエレベーターは高さ$\Delta h$だけ上昇している．3.00 s間の上昇の加速度を$a\,\mathrm{m/s^2}$とする．

(a) 3.00 s経過したときにエレベーターがもつ運動エネルギーは$K = \frac{1}{2}mv^2$．速さは$v = a\Delta t$，そのときの重力ポテンシャルエネルギーは$U = mg\Delta h$． $\Delta h = \frac{1}{2}a\Delta t^2 = \frac{1}{2}v\Delta t$である．したがって，

$$\begin{aligned} W = K + U &= \tfrac{1}{2}mv^2 + \tfrac{1}{2}mgv\Delta t = \tfrac{1}{2}mv(v + g\Delta t) \\ &= \tfrac{1}{2} \times (650\,\mathrm{kg}) \times (1.75\,\mathrm{m/s}) \\ &\quad \times \{(1.75\,\mathrm{m/s}) + (9.80\,\mathrm{m/s^2}) \times (3.00\,\mathrm{s})\} \\ &= 1.77 \times 10^4\,\mathrm{J} \end{aligned}$$

この仕事を3.00 sの間に行うのだから，平均の仕事率は$P = 1.77 \times 10^4\,\mathrm{J}/3.00\,\mathrm{s} = 5.92 \times 10^3\,\mathrm{J/s} = 5.92 \times 10^3\,\mathrm{W}$

(b) 一定の速さ$v = 1.75\,\mathrm{m/s}$に達した後は，エレベーターの運動エネルギーの変化はなく，重力ポテンシャルエネルギーだけが増加する．$\Delta t = 1\,\mathrm{s}$の間に高さは$\Delta h = v\Delta t$だけ増す．したがって，重力ポテンシャルエネルギーの増加率は，

$$\begin{aligned} P = mg\Delta h &= (650\,\mathrm{kg}) \times (9.80\,\mathrm{m/s^2}) \times (1.75\,\mathrm{m/s}) \times (1\,\mathrm{s}) \\ &= 1.11 \times 10^4\,\mathrm{J/s} = 1.11 \times 10^4\,\mathrm{W} \end{aligned}$$

7·32 初期状態を基準にすると，傾斜$\theta = 30°$の坑道をdだけ進んだときの鉱石運搬車-地球系の全エネルギーは，$E = \frac{1}{2}mv^2 + mgd\sin\theta$．その時間変化率が仕事率であり，

$$P = \frac{\mathrm{d}E}{\mathrm{d}t} = mv\frac{\mathrm{d}v}{\mathrm{d}t} + mgv\sin\theta$$

(a) 速さが一定だから，

$$\begin{aligned} P = mgv\sin\theta &= (950\,\mathrm{kg})(9.80\,\mathrm{m/s^2})(2.20\,\mathrm{m/s})\sin 30.0° \\ &= 1.02 \times 10^4\,\mathrm{W} \end{aligned}$$

(b) 最初の加速過程では，(a)で求めた仕事率に加速のための仕事率が加わる．maの力を加えてΔt時間に距離$v\Delta t$だけ動かすから仕事は$mav\Delta t$，仕事率はmavである．

$$\begin{aligned} P &= mva + mgv\sin\theta \\ &= (950\,\mathrm{kg})(2.2\,\mathrm{m/s})(0.183\,\mathrm{m/s^2}) + 1.02 \times 10^4\,\mathrm{W} \\ &= 1.06 \times 10^4\,\mathrm{W} \end{aligned}$$

(c) それまでにモーターの仕事がもたらした全エネルギーは，鉱石運搬車-地球系の全エネルギーに等しい．

$$\begin{aligned} &\tfrac{1}{2}mv^2 + mgd\sin\theta \\ &= 950\,\mathrm{kg}\left\{\tfrac{1}{2}(2.20\,\mathrm{m/s})^2 + (9.80\,\mathrm{m/s^2})(1250\,\mathrm{m})\sin 30°\right\} \\ &= 5.82 \times 10^6\,\mathrm{J} \end{aligned}$$

追加問題

7·33 (a) Ⓐ点におけるポテンシャルエネルギーをU_Aとすると，

$U_\mathrm{A} = mgR = (0.200\,\mathrm{kg})(9.80\,\mathrm{m/s^2})(0.300\,\mathrm{m}) = 0.588\,\mathrm{J}$

(b) 力学的エネルギーはⒶ点とⒷ点で等しいから，$K_\mathrm{A} + U_\mathrm{A} = K_\mathrm{B} + U_\mathrm{B}$． したがって，$K_\mathrm{B} = K_\mathrm{A} + U_\mathrm{A} - U_\mathrm{B} = mgR = 0.588\,\mathrm{J}$

(c) 小物体の質量をm，Ⓑ点における速さをv_Bとすると，(b)で求めた運動エネルギーは$\frac{1}{2}mv_\mathrm{B}{}^2$に等しいから，

$$v_\mathrm{B} = \sqrt{\frac{2K_\mathrm{B}}{m}} = \sqrt{\frac{2(0.588\,\mathrm{J})}{0.200\,\mathrm{kg}}} = 2.42\,\mathrm{m/s}$$

(d) ポテンシャルエネルギーはⒸ点の高さだけで決まる．

$U_\mathrm{C} = mgh_\mathrm{C} = (0.200\,\mathrm{kg})(9.80\,\mathrm{m/s^2})(0.200\,\mathrm{m}) = 0.392\,\mathrm{J}$

力学的エネルギーはⒶ点とⒸ点で等しいから，

$K_\mathrm{C} = K_\mathrm{A} + U_\mathrm{A} - U_\mathrm{C} = mg(h_\mathrm{A} - h_\mathrm{C})$

$K_\mathrm{C} = (0.200\,\mathrm{kg})(9.80\,\mathrm{m/s^2})(0.300 - 0.200)\mathrm{m} = 0.196\,\mathrm{J}$

7·34 (a) 小物体の質量をm，Ⓑ点における速さをv_Bとすると，運動エネルギーは，

$K_\mathrm{B} = \frac{1}{2}mv_\mathrm{B}{}^2 = \frac{1}{2}(0.200\,\mathrm{kg})(1.50\,\mathrm{m/s^2}) = 0.225\,\mathrm{J}$

(b) 内部エネルギーに変わった力学的エネルギーを$\Delta E_{力学}$とすると，

$$\begin{aligned} \Delta E_{力学} &= \Delta K + \Delta U = K_\mathrm{B} - K_\mathrm{A} + U_\mathrm{B} - U_\mathrm{A} \\ &= K_\mathrm{B} + mg(h_\mathrm{B} - h_\mathrm{A}) \\ &= 0.225\,\mathrm{J} + (0.200\,\mathrm{kg})(9.80\,\mathrm{m/s^2})(0 - 0.300\,\mathrm{m}) \\ &= 0.225\,\mathrm{J} - 0.588\,\mathrm{J} = -0.363\,\mathrm{J} \end{aligned}$$

(c) 簡単な方法では求められない．

(d) 小物体が動いた距離は$\pi R/2$だから，(b)の計算からわかった内部エネルギーをこの距離で割れば，摩擦力の平均値は求められる．しかし，垂直抗力は一定ではないから，動摩擦係数を簡単に導くことはできない．

7·35 ボールの質量をm，軌道に沿って加える力をF，ピッチャーの腕の回転半径をR，半円軌道の最下点で放すときのボールの速さをvとする．半円軌道の最下点を重力ポテンシャルエネルギーの基準点とする．真上で静止し

たときのボールの力学的エネルギーはポテンシャルエネルギー $mg2R$ だけである．これに手がする仕事 $F\pi R$ を加えたものが，最下点で手を離れるときのボールの力学的エネルギー $\frac{1}{2}mv^2$ に等しい．$mg2R + F\pi R = \frac{1}{2}mv^2$.
したがって，

$$R = \frac{1}{2}mv^2/(2mg + F\pi) = \frac{\frac{1}{2}\times(0.180\,\mathrm{kg})\times(25.0\,\mathrm{m/s})^2}{\{2\times(0.180\,\mathrm{kg})\times(9.80\,\mathrm{m/s^2}) + (12.0\,\mathrm{N})\times\pi\}} = 1.36\,\mathrm{m}$$

これほど長い腕のピッチャーはいないであろう．なお，実際にはソフトボールのピッチャーの球速は 30 m/s である．この球速を得るには，腕を 1 回転以上回して手がする仕事を増す，体，腕，手のしなりを使って実効的にボールにもっと大きい力を加える，などの方法が必要である．

7·36 まず，ロープのばね定数を求める．彼の質量を m とする．5 m のロープでは 1.5 m 伸びるのだから，長さ L のロープに彼が静かにぶら下がると，伸びは $\frac{1.5}{5}L = \frac{3}{10}L$.
したがって，ばね定数は，$mg = k\frac{3}{10}L$ より，$k = \frac{10}{3}\frac{mg}{L}$.

(a) 飛び降りる瞬間と飛び降りてロープが伸びきった瞬間には，彼の身体は静止する．したがって，重力ポテンシャルエネルギー $U_{重力}$ とロープのポテンシャルエネルギー $U_{ロープ}$ の和は，飛び降りる瞬間と飛び降りてロープが伸びきった瞬間とで等しい．地表を重力ポテンシャルエネルギーの基準点とすると，飛び降りる瞬間の高度は $h_i = 65.0\,\mathrm{m}$ であり $U_{重力i} = mgh_i$，ロープは伸びていないから $U_{ロープi} = 0$．飛び降りてロープが伸びきった瞬間の高度は $h_f = 10.0\,\mathrm{m}$．このとき，$U_{重力f} = mgh_f$．ロープの伸びは $x = h_i - h_f - L$ であり，$U_{ロープf} = \frac{1}{2}k(h_i - h_f - L)^2$．したがって，

$$U_{重力i} + U_{ロープi} = U_{重力f} + U_{ロープf}$$

つまり　$mgh_i = mgh_f + \frac{1}{2}k(h_i - h_f - L)^2$

最初に得た $k = \frac{10}{3}(mg/L)$ を用い，

$$mg(h_i - h_f) = \frac{5}{3}mgL(h_i - h_f - L)^2$$

両辺から mg を消去し，L について整理すると，

$$5L^2 - 13(h_i - h_f)L + 5(h_i - h_f)^2 = 0$$

これを解いて，

$$L = \frac{13 \pm \sqrt{69}}{10}(h_i - h_f).\quad h_i = 65.0\,\mathrm{m},\ h_f = 10.0\,\mathrm{m}$$

を代入し，$L = 117.2\,\mathrm{m}$ または $25.8\,\mathrm{m}$．$L < 65.0\,\mathrm{m}$ であるべきだから，$L = 25.8\,\mathrm{m}$．

(b) (a)の結果より，ロープの伸びの最大値は $h_i - h_f - L = (65.0 - 10.0 - 25.8)\mathrm{m} = 29.2\,\mathrm{m}$ である．
身体に加わる力を F，身体が受ける加速度を a とすると，$F = ma$ である．F はロープの伸びに比例する上向きの復元力と，下向きの重力 mg の代数和であり，その最大値は，上向きを正として $F = k(h_i - h_f - L) - mg = \frac{10}{3}(mg/L)\times(h_i - h_f - L) - mg$．したがって，加速度の最大値は，

$$a = \frac{10}{3}(g/L)(h_i - h_f - L) - g = (9.80\,\mathrm{m/s^2})\frac{10}{3}\left(\frac{65.0\,\mathrm{m} - 10.0\,\mathrm{m} - 25.8\,\mathrm{m}}{25.8\,\mathrm{m}} - 1\right) = 27.1\,\mathrm{m/s^2}$$

これは地表における重力の加速度の 3 倍弱である．（加速度の式 $a = \frac{10}{3}(g/L)(h_i - h_f - L) - g$ より，最終の高度 h_f が小さいほど a が大きいこと，つまり，ロープが伸びきった瞬間に最大の加速度が働くことがわかる．）

7·37 子どもの質量を m，滑り台の下端から飛び出すときの速さを v とし，地面を重力ポテンシャルエネルギー U の基準点とする．初期の力学的エネルギー E_i は重力ポテンシャルエネルギーだけであり，$E_i = mgH$．滑り台から飛び出すときの力学的エネルギー $E_f = \frac{1}{2}mv^2 + mgh$ である．滑り台の下端から飛び出してから地面に到達するまでの時間を t とすると，$h = \frac{1}{2}gt^2$，つまり $t = \sqrt{2h/g}$ である．水平方向には $d = vt$ が成り立つから，$v = d/t = d/\sqrt{2h/g}$．$E_i = E_f$ の表式にこの v を代入して，

$$mgH = \frac{1}{2}m\frac{d^2g}{2h} + mgh\quad つまり，H = d^2/4h + h$$

7·38 質点の質量は $m = 4.00\,\mathrm{kg}$ である．（以下，単位は省略する．）
(a) 速さ $v = \mathrm{d}x/\mathrm{d}t = 1 + 6.0t^2$ だから，運動エネルギーは $\frac{1}{2}mv^2 = \frac{1}{2}4.00\times(1 + 6.0t^2)^2 = 2 + 24t^2 + 72t^4$.
(b) 加速度 $a = \mathrm{d}v/\mathrm{d}t = 12t$　この加速度を生み出す力は，$F = ma = 4.00\times 12t = 48t\,(\mathrm{N})$
(c) 仕事率 $P = Fv = (48t)\times(1 + 6.0t^2) = (48t + 288t^3)\,(\mathrm{W})$
(d) $W = \int_0^{2.00}P\,\mathrm{d}t = \int_0^{2.00}(48t + 288t^3)\,\mathrm{d}t = 1250\,(\mathrm{J})$

7·39 ここで扱うエネルギーは，人–自転車系の運動エネルギーと人の体内の化学的エネルギー，人–自転車–地球系の重力ポテンシャルエネルギーである．
(a) 人–自転車系に外界からなされた仕事とは，重力が系にした仕事にほかならない．（ジョナサンがペダルをこぐのは内部でした仕事）．したがって，外界からなされた仕事は，$W = -mgh$
(b) 人の体内の内部エネルギーの増加を ΔE とし，増える場合を正とすると，$-\Delta E$ が自転車をこぐことに使われた．ただし，人間からの熱の発散は無視する．重力がした仕事 W と自転車をこぐことに使われた内部エネルギー $-\Delta E$ の和が，自転車の運動エネルギーの増加 ΔK に等しい．$W - \Delta E = \Delta K$ つまり，$-mgh - \Delta E = \frac{1}{2}mv_f^2 - \frac{1}{2}mv_i^2$ したがって，

$$\Delta E = -\frac{1}{2}mv_f^2 + \frac{1}{2}mv_i^2 - mgh$$

(c) (b)で考察したように，$-\Delta E$ が自転車をこぐことに使

われたのだから，その仕事は，

$$-\Delta U=\frac{1}{2}mv_f^{\,2}-\frac{1}{2}mv_i^{\,2}+mgh$$

7·40 物体の速さをv，運動エネルギーをK，ばねの弾性ポテンシャルエネルギーをUとする．

(a) 一般に，ばねがつり合いの位置からxだけ伸縮すると，$U=\frac{1}{2}kx^2$である．$x_i=6.00$ cmにおけるポテンシャルエネルギー$U_i=\frac{1}{2}\times(850\ \mathrm{N/m})\times(0.060\ \mathrm{m})^2=1.53$ J．つり合いの位置では$x=0$だから，つり合いの位置でのポテンシャルエネルギー$U_0=0$．

(b) 全力学的エネルギー$E=K+U$は一定である．$x_i=6.00$ cmでは物体は静止しているから，全エネルギー$E_i=0+U_i$，$x=0$では全エネルギー$E_0=K_0+U_0=\frac{1}{2}mv^2+0$．したがって，$v=\sqrt{2U_i/m}=\sqrt{2\times(1.53\ \mathrm{J})/(1\ \mathrm{kg})}=1.75$ m/s.

(c) $x_i/2=3.00$ cmにあるときの量を添え字2で表し，$x_2=x_i/2=3.00$ cm. $E_2=K_2+U_2=\frac{1}{2}mv_2^{\,2}+\frac{1}{2}kx_2^{\,2}$．これは$E_i=U_i$に等しいから，

$$v_2=\sqrt{\frac{2(U_i-\frac{1}{2}kx_2^{\,2})}{m}}$$

$$=\sqrt{\frac{2\{(1.53\ \mathrm{J})-\frac{1}{2}(850\ \mathrm{N/m})(0.03\ \mathrm{m})^2\}}{1.00\ \mathrm{kg}}}=1.51\ \mathrm{m/s}$$

(d) 上の(c)の結果より，

$$v_2=\sqrt{\frac{2(U_i-\frac{1}{2}kx_2^{\,2})}{m}}\quad であるが,$$

$$U_i=\frac{1}{2}kx_i^{\,2}\quad だから\quad v_2=\sqrt{\frac{2(\frac{1}{2}kx_i^{\,2}-\frac{1}{2}kx_2^{\,2})}{m}}$$

であり，v_2はx_2の1次式ではないから，(c)の答は(b)の答の半分にはならない．

7·41 エネルギー保存則により，半径$r=12.0$ mの円軌道の頂点において，コースターの速さは最小になる．安全具を付けない乗客には，円軌道の頂点において，鉛直下向きの重力および，コースターのシートと床からの垂直抗力(≥ 0)が働き，後者の力も鉛直下向きである．それらの合力が，半径$r=12.0$ mの円運動をするための向心力に等しいなら，乗客は落下することなく，高さ$h=2r=24.0$ mの頂点を通過できる．

乗客とコースターを合わせた質量をmとする．円軌道の最下点における速さは$v_i=22.0$ m/sだから，頂点における速さv_fは，エネルギー保存の関係式$\frac{1}{2}mv_i^{\,2}=\frac{1}{2}mv_f^{\,2}+mgh$より$v_f=\sqrt{v_i^{\,2}-2gh}$．この速さで半径$r$の円軌道の頂点を通過するときの向心力は，$F_{向心}=mv_f^{\,2}/r$．ここで$v_f^{\,2}/r$の値は$(v_i^{\,2}-2gh)/r=\{(22.0\ \mathrm{m/s})^2-2\times(9.80\ \mathrm{m/s^2})\times(24.0\ \mathrm{m})\}/(12.0\ \mathrm{m})=1.12\ \mathrm{m/s^2}$．したがって向心力は，$F_{向心}=(1.12\ \mathrm{m/s^2})m$であるが，下向きの重力が$mg=(9.80\ \mathrm{m/s^2})m$だから，これに，下向きに働くレールからの垂直抗力(≥ 0)を加えて$F_{向心}$に等しくなることはありえない．なお，頂点を安全に通過するためには，コースターが逆さまに静止してもレールからはずれないような装置と，乗客のためのシートベルトや安全バーなどによって頂点で上向きの力を加えればよい．

7·42 (a) 板の質量をmとする．板の前端が境界から距離xの位置に進んだとき，粗い面の上にある部分の質量はmx/Lであり，これに働く垂直抗力はmgx/L，動摩擦力$f_{動}=\mu_{動}mgx/L$である．加速度をaとすると，$ma=f_{動}=\mu_{動}mgx/L$より，$a=\mu_{動}gx/L$．

(b) 板が$\mathrm{d}x$だけ進むとき，動摩擦力がする仕事，

$$\mathrm{d}W=f_{動}\,\mathrm{d}x=(\mu_{動}mgx/L)\,\mathrm{d}x$$

板は$x=L$まで進むのだから，

$$W=\int_0^L(\mu_{動}mgx/L)\,\mathrm{d}x=(\mu_{動}mg/L)\frac{1}{2}x^2\Big|_0^L=\mu_{動}mgL/2$$

この仕事は板と粗い面の内部エネルギーとなって板は静止する．つまり，このWは初期の運動エネルギー$\frac{1}{2}mv_i^{\,2}$に等しい．$\frac{1}{2}mv_i^{\,2}=\mu_{動}mgL/2$より，$v_i=\sqrt{\mu_{動}gL}$

7·43 時間Δtの間に自動車が空気にする仕事をW，その仕事率をPとすると，

$$P\Delta t=W=\Delta K=\frac{(\Delta m)v^2}{2}$$

$$\Delta m=\rho Av\Delta t\ だから,\ P=\frac{\rho Av^3}{2}\ である.$$

自動車に働く抵抗力をFとすると，$Fv=P$だから$F=(\rho Av^2)/2$である．

$D=1$ならば，二つの結果は一致する．問題文のように空気の塊が一体となって動くのではなく，自動車の前面で車体に沿って滑らかに分かれるなら，自動車がすべき仕事は減少するはずだから$D<1$となり，車体の後尾や端などで渦が発生すれば，渦を作るための余分の仕事が必要になるはずだから，$D>1$となると考えられる．

7·44 身体の質量60.0 kgの人が，1歩ごとに変換する化学エネルギーは，(60.0 kg)×(0.600 J/kg・歩)．求める速さをv(m/s)とすると1歩の歩幅は1.50 mだから，1歩を進むに要する時間は$\Delta t=(1.50\ \mathrm{m/歩})/v(\mathrm{m/s})$．したがって，1 s当たりに変換する化学エネルギーは，

$$\frac{60.0\ \mathrm{kg}\times(0.600\ \mathrm{J/kg\cdot 歩})}{(1.50\ \mathrm{m/歩})/(v\ \mathrm{m/s})}=60.0\times0.600/(1.50/v)\mathrm{W}$$

(最後の式のvはm/s単位の数値を意味する.)これが70.0 Wなのだから，$v=70.0\times1.50/(60.0\times0.600)=2.91$(m/s)．なお，使われる化学エネルギーは，身体の発熱として内部エネルギーにもなるので，すべてが力学的エネルギーに変わるわけではない．

7·45 厚生労働省の調査統計によれば，20〜29歳の男性の体重は65 kg程度，女性の体重は50 kg程度なので，平均として58 kgとする．法規によれば，階段1段の高さは20 cm前後である．また，1秒間に2段程度昇ると推測する．これは通常の階段を昇る際に持続可能なペースであ

る．体の重力ポテンシャルエネルギーの増加率は，1秒間で(58 kg)×(9.80 m/s^2)×(0.20 m)×(2 s^{-1}) = 23 J/s = 23 W．条件によって数値は変動するが，およそ10 W程度と言える．なお，階段を急いで昇るときは1秒間の段数は数倍になり，仕事率も数倍になるが，それをどの程度の時間持続できるかは人によるであろう．

7·46 初期の速さ $v_i = 15.0$ m/s のとき，登りうる最高の高さ h_{max} は，$\frac{1}{2}mv_i^2 = mgh$ より $h_{max} = v_i^2/(2g) = (15.0\ \text{m/s})^2/\{2 \times (9.80\ \text{m/s}^2)\} = 11.5$ m．この高さに達したときの速さは0になるが，この高さは円軌道の半径より少し低いので，コースターは一瞬静止したのち，後ろ向きに走り始める．したがって，コースターの床面と乗客のシート面はほぼ鉛直になるが，背もたれはほぼ水平になる．乗客は，背もたれ部にあおむけに寝た形になるので，シートベルトなしで十分に安全とは言えないが，問題41のようにコースターが逆さまになることはないので，問題41の場合に比べて危険性は減ると考えられる．

7·47 カボチャの質量を m，半球ドームの半径を R，ドームの表面からカボチャに働く垂直抗力を $\vec{n}$ とする．図のように，表面から離れる前は，カボチャはドームの円周に沿う円運動をする．

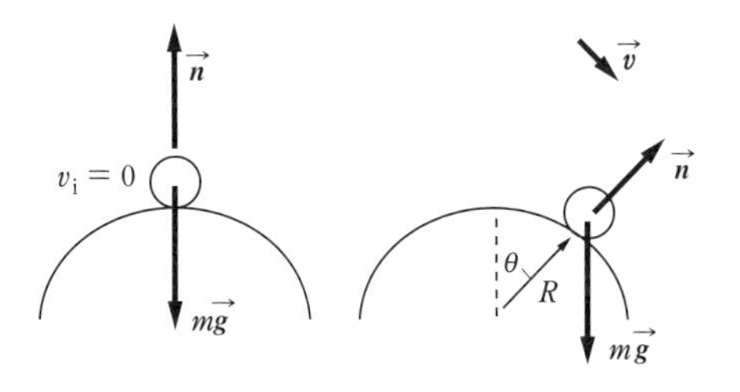

初期位置から角度 θ の位置におけるカボチャの速さを v とすると，向心加速度 $a = v^2/R$，したがって円運動の運動方程式は，$\sum F_r = ma_r \ \rightarrow \ n - mg\cos\theta = -m\dfrac{v^2}{R}$

n が0になるとカボチャはドームの表面から離れて放物運動をする．その位置は，$v^2 = Rg\cos\theta$．次にエネルギーを考察する．初期位置を重力ポテンシャルエネルギーの基準点とすると，エネルギー保存則によって，$0 + 0 = \frac{1}{2}mv^2 - mgR(1-\cos\theta)$．つまり，$v = \sqrt{2gR(1-\cos\theta)}$．これを上の式に代入して，$2gR(1-\cos\theta) = Rg\cos\theta$．したがって，$\cos\theta = \frac{2}{3}$　$\theta = 48.2°$ である．

7·48 求める仕事率 P は，重力ポテンシャルエネルギーを増すための仕事率と，抵抗力に抗して進むための仕事率の和である．自動車の質量は $m = 1500$ kg，速さは $v = 100$ km/h $= (1.0 \times 10^5/3600)$ m/s，正面から見た断面積は $A = 2.50$ m^2 で，坂道の傾斜角は $\theta = 3.20°$ である．時間 Δt の間に登る高さは $v\Delta t\sin\theta$，したがって，登るための仕事率は $mgv\Delta t\sin\theta/\Delta t = mgv\sin\theta$．抵抗力 $F = \frac{1}{2}D\rho Av^2$ だから，これに抗して速さ v で登り続けるための仕事率は，$Fv\Delta t/\Delta t = \frac{1}{2}D\rho Av^3$．2つの仕事率の和を求める．

$$P = mgv\sin\theta + \frac{1}{2}D\rho Av^3$$
$$= (1500\ \text{kg})(9.80\ \text{m/s}^2)(27.8\ \text{m/s})\sin 3.2° + \frac{1}{2}(0.330)(1.20\ \text{kg/m}^3)(2.50\ \text{m}^2)(27.8\ \text{m/s})^3$$
$$= 33.4\ \text{kW}$$

7·49 物体の質量を m，動摩擦係数を $\mu_{動}$，ばね定数を k とする．動摩擦力を $F_{動}$ とすると，$F_{動} = mg\mu_{動}$ である．

(a) ばねに接触する瞬間の物体の運動エネルギーは $K = \frac{1}{2}mv_i^2$．物体が静止したときの運動エネルギーは0であり，ばねのひずみのポテンシャルエネルギーは $U = \frac{1}{2}kd^2$．動摩擦力によって物体の運動エネルギーの一部が物体と面の内部エネルギーに変わる．その大きさは，$F_{動}d = mg\mu_{動}d$．エネルギー保存則により，

$\frac{1}{2}mv_i^2 = \frac{1}{2}kd^2 + mg\mu_{動}d$　つまり，

$$d = \frac{-mg\mu_{動} \pm \sqrt{(mg\mu_{動})^2 + kmv_i^2}}{k}$$

$$= \frac{\left[-(1.00\ \text{kg})(9.80\ \text{m/s}^2)\times 0.250 \pm \sqrt{[(1.00\ \text{kg})\times(9.80\ \text{m/s}^2)\times 0.250]^2 + (50.0\ \text{N/m})(1.00\ \text{kg})(3.00\ \text{m/s})^2}\right]}{50.0\ \text{N/m}}$$

$$= 0.378\ \text{m}$$

(b) 求める速さを v_f とする．図のbの状態とdの状態を比べると，ばねは無関係である．したがって，物体の初期の運動エネルギー $\frac{1}{2}mv_i^2$ が，最終の運動エネルギー $\frac{1}{2}mv_f^2$ と，物体がcの状態を往復する間に動摩擦力で内部エネルギーに変わるエネルギー $2mg\mu_{動}d$ の和に等しい．$\frac{1}{2}mv_i^2 = \frac{1}{2}mv_f^2 + 2mg\mu_{動}d$．つまり，

$$v_f = \sqrt{v_i^2 - 4g\mu_{動}d}$$
$$= \sqrt{(3.00\ \text{m/s})^2 - 4\times(9.80\ \text{m/s}^2)\times 0.250\times(0.378\ \text{m})}$$
$$= 2.30\ \text{m/s}$$

(c) 図のdの状態で物体がもっている運動エネルギー $\frac{1}{2}mv_f^2$ が，すべて，動摩擦力で内部エネルギー $mg\mu_{動}D$ に変わる．つまり，$\frac{1}{2}mv_f^2 = mg\mu_{動}D$．したがって，

$$D = \frac{1}{2}v_f^2/g\mu_{動} = \frac{1}{2}(2.30\ \text{m/s})^2/\{(9.80\ \text{m/s}^2)\times 0.250\}$$
$$= 1.08\ \text{m}$$

7·50 ばね定数は，$k = 2.50 \times 10^4$ N/m，質量は $m = 25.0$ kg である．$x = 0$ の位置は，重力とばねのポテンシャルエネルギーの基準点，$U_g|_{x=0} = U_{ばね}|_{x=0} = 0$ である．運動エネルギーを K とする．

(a) Ⓐ点では子ども−ポゴスティック−地球系の全力学的エネルギーは，$E = K_{Ⓐ} + U_{重Ⓐ} + U_{ばね} = 0 + mgx_{Ⓐ} + \frac{1}{2}kx_{Ⓐ}^2$

つまり，

$$E = (25.0\ \mathrm{kg})(9.80\ \mathrm{m/s^2})(-0.100\ \mathrm{m}) + \frac{1}{2}(2.50 \times 10^4\ \mathrm{N/m})(-0.100\ \mathrm{m})^2$$

$$E = -24.5\ \mathrm{J} + 125\ \mathrm{J} = 101\ \mathrm{J}$$

である．

(b) Ⓒ点における全力学的エネルギーは，$E = K_{Ⓒ} + U_{重Ⓒ} + U_{ばね} = 0 + mgx_{Ⓒ} + 0$ であり，これは(a)で求めたⒶ点における全力学的エネルギーに等しい．したがって，

$$x_{Ⓒ} = \frac{-24.5\ \mathrm{J} + 125\ \mathrm{J}}{(25.0\ \mathrm{kg}) \times (9.80\ \mathrm{m/s^2})} = 0.410\ \mathrm{m}$$

(c) $x = 0$ つまりⒷ点における全力学的エネルギーは，$E = K_{Ⓑ} + U_{重Ⓑ} + U_{ばね} = \frac{1}{2}mv_{Ⓑ}{}^2 + 0 + 0$ であり，これは(a)で求めたⒶ点における全力学的エネルギーに等しい．したがって，$v_{Ⓑ} = \sqrt{2E/m} = \sqrt{2 \times (-24.5\ \mathrm{J} + 125\ \mathrm{J})/(25.0\ \mathrm{kg})} = 2.84\ \mathrm{m/s}$

(d) ばねの縮みの大きさを x とすると，全力学的エネルギーは，一般に $E = K + \frac{1}{2}kx^2 - mgx$ と表せる．E は一定だから，x を変数として K が最大になる条件を求めればよい．

$$K = E - \frac{1}{2}kx^2 + mgx$$

$$\frac{\mathrm{d}K}{\mathrm{d}x} = 0 - kx + mg = 0 \quad \rightarrow \quad x = \frac{mg}{k}$$

つまり，$x = \dfrac{(25.0\ \mathrm{kg})(9.80\ \mathrm{m/s^2})}{2.50 \times 10^4\ \mathrm{N/m}} = 0.0098\ \mathrm{m} = 0.98\ \mathrm{cm}$

したがって，子どもの位置で言えば，$x = -0.98\ \mathrm{cm} = -0.0098\ \mathrm{m}$

(e) (d)で求めた $x = -0.0098\ \mathrm{m}$ の位置で速さが最大 v_{max} である．そのときの全力学的エネルギーの式は $E = K + \frac{1}{2}kx^2 - mgx$ であり，$K = \frac{1}{2}mv_{\mathrm{max}}{}^2$．$E$ は一定で(a)で求めてある．したがって，

$$v_{\mathrm{max}} = \sqrt{(2E - kx^2 + 2mgx)/m}$$

$$= \sqrt{\frac{2 \times (-24.5\ \mathrm{J} + 125\ \mathrm{J}) - (2.5 \times 10^4\ \mathrm{N/m})(0.0098\ \mathrm{m})^2 + 2 \times (25.0\ \mathrm{kg})(9.80\ \mathrm{m/s^2})(0.0098\ \mathrm{m})}{25.0\ \mathrm{kg}}}$$

$$= 2.85\ \mathrm{m/s}$$

7·51 質量 M の物体には，重力による下向きの力とばねによる力の合力が働く．M が十分大きいと合力は有限で下向きで，ばねが最大に伸びたときに合力が最小になる．M が減少してある大きさになれば，ばねが最大に伸びた瞬間に合力がゼロになる．そのための条件を求めればよい．このとき，ばねの自然長からの伸びは Mg/k である．次の瞬間にはばねは縮み始めるから，質量 m の物体の位置は，ばねが自然長の状態より Mg/k だけ上にある．ばねが自然長にある状態を，ばねのポテンシャルエネルギー $U_{ばね}$ の基準点，および質量 m の物体–地球系の重力ポテンシャルエネルギー $U_{重力}$ の基準点とする．質量 m の物体の運動エネルギーを K とすると，質量 m の物体–地球系の全力学的エネルギー $E = K + U_{ばね} + U_{重力}$ の初期値（ばねが $4mg/k$ だけ縮んでいる状態の値）と最終値が等しい．

$$0 + mg\left(-\frac{4mg}{k}\right) + \frac{1}{2}k\left(\frac{4mg}{k}\right)^2 = 0 + mg\left(\frac{Mg}{k}\right) + \frac{1}{2}k\left(\frac{Mg}{k}\right)^2$$

この M に関する2次方程式を解いて，

$$M = -m \pm \sqrt{9m^2}$$

つまり，$M = 2m$ である．（負の値は物理的に無意味）

7·52 求める動摩擦係数を μ とする．物体の質量は $m = 10.0\ \mathrm{kg}$，Ⓐ点の高さは水平な進路の部分から測って $h = 3.00\ \mathrm{m}$，摩擦のある区間の長さは $L = 6.00\ \mathrm{m}$，ばね定数は $k = 2250\ \mathrm{N/m}$，ばねの縮み量は $x = 0.300\ \mathrm{m}$ である．最初と最後の状態を比較すると，摩擦による内部エネルギーを含めたエネルギー保存則が成り立つ．物体–進路–ばね系の，初期の全エネルギー E_{i} は物体の重力ポテンシャルエネルギー $U_{重力} = mgh$ だけであり，$E_{\mathrm{i}} = U_{重力} = mgh$．最終状態の系の全エネルギー E_{f} は，ばねのポテンシャルエネルギー $U_{ばね} = \frac{1}{2}kx^2$ と摩擦で生じた内部エネルギー $E_{内部} = \mu mgL$ の和であり，$E_{\mathrm{f}} = U_{ばね} + E_{内部} = \frac{1}{2}kx^2 + \mu mgL$．エネルギー保存則 $E_{\mathrm{i}} = E_{\mathrm{f}}$ より，$mgh = \frac{1}{2}kx^2 + \mu mgL$．したがって，$\mu = h/L - \frac{1}{2}(kx^2/mgL)$．数値を代入して，$\mu = (3.00\ \mathrm{m})/(6.00\ \mathrm{m}) - \frac{1}{2}[(2250\ \mathrm{N/m}) \times (0.300\ \mathrm{m})^2/\{(10.0\ \mathrm{kg}) \times (9.80\ \mathrm{m/s^2}) \times (6.00\ \mathrm{m})\}] = 0.328$．

7·53 (a) 等しくはない．なぜなら，飛行機には空気による抵抗力が働くから，噴射ガスが飛行機にする仕事の一部は，機体と空気の内部エネルギーに変わり，残りが飛行機の運動エネルギーの増加をもたらすから．

(b) 飛行機の質量 $m = 1.50 \times 10^4\ \mathrm{kg}$，初期の速さ $v_{\mathrm{i}} = 60.0\ \mathrm{m/s}$，空気の抵抗力の大きさ $R = 4.0 \times 10^4\ \mathrm{N}$，推力の大きさ $F_{推} = 7.50 \times 10^4\ \mathrm{N}$，飛行距離 $L = 5.0 \times 10^2\ \mathrm{m}$ である．求める速さを v_{f} とする．飛行機は水平飛行を続けるのだから，$v_{\mathrm{i}}, R, F_{推}$ はすべて水平向きであり，大きさだけを考えればよい．推力が飛行機にした仕事 $W_{推} = F_{推}L$，空気抵抗が飛行機にした仕事 $W_{抵抗} = RL$，飛行機の運動エネルギーの変化 $\Delta K = \frac{1}{2}mv_{\mathrm{f}}{}^2 - \frac{1}{2}mv_{\mathrm{i}}{}^2$ である．内部エネルギーを含むエネルギー保存則により，$W_{推} - W_{抵抗} = \Delta K$，つまり，$F_{推}L - RL = \frac{1}{2}mv_{\mathrm{f}}{}^2 - \frac{1}{2}mv_{\mathrm{i}}{}^2$．したがって，

$v_{\mathrm{f}} = \sqrt{v_{\mathrm{i}}{}^2 + 2(F - R)L/m}$．数値を代入して，

$$v_{\mathrm{f}} = \sqrt{(60.0\ \mathrm{m/s})^2 + \frac{2\{(7.50 \times 10^4\ \mathrm{N}) - (4.0 \times 10^4\ \mathrm{N})\}(5.0 \times 10^2\ \mathrm{m})}{1.50 \times 10^4\ \mathrm{kg}}}$$

$$= 77.0\ \mathrm{m/s}$$

7·54 ひもの長さを R，ボールの質量を m，円周の最高位置におけるボールの速さを V，最低位置における速さを v とする．円周の最低位置を，ボール–地球系の重力ポ

テンシャルエネルギーの基準点とする．最高位置と最低位置における全力学的エネルギーは等しい．$\frac{1}{2}mV^2+2mgR=\frac{1}{2}mv^2+0$．したがって，$v^2-V^2=4gR$．最高位置でのひもの張力は $mV^2/R-mg$，最低位置でのひもの張力は $mv^2/R+mg$．これらの差は $mv^2/R-mV^2/R+2mg=m(v^2-V^2)/R=4mg+2mg=6mg$

7·55 (a) 人とそりを合わせた質量 $m=80.0\ \mathrm{kg}$，Ⓐ点における初期の速さは $v_Ⓐ=2.50\ \mathrm{m/s}$，Ⓒ点における速さを $v_Ⓒ$ とする．Ⓐ点とⒸ点の高低差は $h=9.76\ \mathrm{m}$ である．水面に出るまでは，人–そり–地球系の全力学的エネルギーは保存されるから，$\frac{1}{2}mv_Ⓐ{}^2+mgh=\frac{1}{2}mv_Ⓒ{}^2+0$．したがって，

$$v_Ⓒ=\sqrt{v_Ⓐ{}^2+2gh}$$
$$=\sqrt{(2.50\ \mathrm{m/s})^2+2(9.80\ \mathrm{m/s^2})(9.76\ \mathrm{m})}=14.1\ \mathrm{m/s}$$

(b) Ⓐ点における全力学的エネルギーはⒸ点まで保存されるが，やがて水面との摩擦で失われ，そりと水の内部エネルギーに変わった．それは，平均の摩擦力 F と進んだ距離 $d=50\ \mathrm{m}$ との積に等しい．$\frac{1}{2}mv_Ⓐ{}^2+mgh=Fd$．つまり，

$$F=\frac{\frac{1}{2}mv_Ⓐ{}^2+mgh}{d}$$
$$=\frac{\frac{1}{2}(80.0\ \mathrm{kg})(2.50\ \mathrm{m/s})^2+(80.0\ \mathrm{kg})(9.80\ \mathrm{m/s^2})(9.76\ \mathrm{m})}{50.0\ \mathrm{m}}$$
$$=158\ \mathrm{N}$$

(c) 滑り台の傾斜角は $\theta=\sin^{-1}\left(\frac{9.76\ \mathrm{m}}{54.3\ \mathrm{m}}\right)=10.4°$．人とそりを合わせた重力は鉛直下向き．この重力 mg の台に垂直な成分は，台がそりに及ぼす垂直抗力 $n_Ⓑ$ と打ち消し合う．つまり，

$$n_Ⓑ-mg\cos\theta=0,$$
$$n_Ⓑ=(80.0\ \mathrm{kg})(9.80\ \mathrm{m/s^2})\cos 10.4°=771\ \mathrm{N}$$

(d) Ⓒ点において，台がそりに及ぼす垂直抗力 $n_Ⓒ$ は，そりが台の表面にあるための力 mg と，人・そりが速さ $v_Ⓒ$ で半径 r の円運動をするための向心力 $mv_Ⓒ{}^2/r$ の合力となる．$n_Ⓒ=mg+mv_Ⓒ{}^2/r$．つまり，

$$n_Ⓒ=(80.0\ \mathrm{kg})(9.80\ \mathrm{m/s^2})+\frac{(80.0\ \mathrm{kg})(14.1\ \mathrm{m/s})^2}{20.0\ \mathrm{m}}$$
$$n_Ⓒ=1.57\times10^3\ \mathrm{N}$$

7·56 物体の質量 $m=0.500\ \mathrm{kg}$，ばね定数 $k=450\ \mathrm{N/m}$，円軌道の半径 $R=1.00\ \mathrm{m}$，平均の摩擦力 $F=7.00\ \mathrm{N}$ である．ばねのポテンシャルエネルギー $U_{ばね}$ は，Ⓐ点における物体の運動エネルギー $K_Ⓐ$ に等しい．それはまた，物体が登る最高の位置における物体–地球系の重力ポテンシャルエネルギー $U_{\max}$，そこにおける運動エネルギー $K_{高}$，および，そこに達するまでの摩擦力 $F=7.00\ \mathrm{N}$ で生じる内部エネルギー $U_{内}$ の和に等しい．

(a) $U_{ばね}=\frac{1}{2}kx^2$，$K_Ⓐ=\frac{1}{2}mv_Ⓐ{}^2$，$U_{ばね}=K_Ⓐ$ より，

$$x=v_Ⓐ\sqrt{m/k}$$
$$=(12.0\ \mathrm{m/s})\times\sqrt{(0.500\ \mathrm{kg})/(450\ \mathrm{N/m})}$$
$$=0.400\ \mathrm{m}$$

(b) $K_Ⓐ=U_{\max}+K_{高}+U_{内}$．最高の位置における速さを $v_{高}$ とすると，$K_Ⓐ=\frac{1}{2}mv_Ⓐ{}^2$，$U_{\max}=2mgR$，$K_{高}=\frac{1}{2}mv_{高}{}^2$，$U_{内}=\pi RF$ だから，$\frac{1}{2}mv_Ⓐ{}^2=2mgR+\frac{1}{2}mv_{高}{}^2+\pi RF$．したがって，

$$v_{高}=\sqrt{v_Ⓐ{}^2-4gR-2\pi RF/m}$$
$$=\sqrt{(12.0\ \mathrm{m/s})^2-4\times(9.80\ \mathrm{m/s^2})(1.00\ \mathrm{m})-\frac{2\pi(1.00\ \mathrm{m})(7.00\ \mathrm{N})}{0.500\ \mathrm{kg}}}$$
$$=4.10\ \mathrm{m/s}$$

(c) 最高点において円運動が続くための条件は，軌道からの垂直抗力 $n>0$ となることである．最高点での円運動の向心力 $mv_{高}{}^2/R$ は，軌道からの垂直抗力と重力の合力 $n+mg$ である．向心力は $mv_{高}{}^2/R=(0.500\ \mathrm{kg})(4.10\ \mathrm{m/s})^2/(1.00\ \mathrm{m})=8.41\ \mathrm{N}$ であるが，重力は $mg=0.500\ \mathrm{kg}\times(9.80\ \mathrm{m/s^2})=4.9\ \mathrm{N}$ だから，垂直抗力は $n=8.41\ \mathrm{N}-4.9\ \mathrm{N}>0$ である．したがって，物体は最高点に達して，なお円運動を続ける．

7·57 この系の全エネルギーは小球の運動エネルギーと，小球–地球系の重力ポテンシャルエネルギーの和であり，それ以外にはない．

(a) 最初と最後には小球の速さは 0 であり，系の全エネルギーは保存するから，最初の最後の重力ポテンシャルエネルギーは等しい．つまり，小球は最初と同じ高さにまで達する．

(b) $\theta=90°$ の位置，つまり振り子の支点の高さを重力ポテンシャルエネルギーの基準点とする．糸が留め釘に当たった後の小球は，半径 $L-d$ の円周に沿って動く．その円軌道の頂点における小球の速さを $v_{頂}$ とすると，そこにおける運動エネルギー $\frac{1}{2}mv_{頂}$ と重力ポテンシャルエネルギー $-mg\{d-(L-d)\}=-mg(2d-L)$ の和は，$\theta=90°$ の位置で静止している小球の運動エネルギー（$=0$）と重力ポテンシャルエネルギー(0)の和に等しい．つまり，$\frac{1}{2}mv_{頂}-mg(2d-L)=0$．したがって，$v_{頂}=\sqrt{2g(2d-L)}$（実数の $v_{頂}$ が求まるには $d\geq L/2$）．小球が留め釘のまわりに完全な円軌道を描くための条件は，円軌道の頂点において糸の張力が正または 0 になることである．そのためには，小球に働く向心力 $mv_{頂}{}^2/(L-d)$ が重力 mg 以上であればよい．$mv_{頂}{}^2/(L-d)\geq mg$ に上で求めた $v_{頂}$ を代入して，$2g(2d-L)/(L-d)\geq g$．したがって，$d\geq\frac{3}{5}L$．これは上で考察した，実数の $v_{頂}$ が求まるための条件 $d\geq L/2$ を満たしている．

7·58 問題にある図 I·7·20 を参照して，$D=L\sin\theta+L\sin\phi$．つまり，

$50.0\ \mathrm{m}=40.0\ \mathrm{m}(\sin 50°+\sin\phi)$ だから，$\phi=28.9°$ である．ジェーンの質量を m，ターザンの質量を M とする．

$\theta = 50.0° = 50.0 \times \pi/180\ \mathrm{rad}$ である．

(a) $\phi = 28.9°(= 28.9 \times \pi/180\ \mathrm{rad})$のときに，速さがちょうど0になればよい．木のつるの上端の高さを重力ポテンシャルエネルギーの基準点とし，初期の速さを v_i とする．最後の運動エネルギーは0だから，初期の運動エネルギー $\frac{1}{2}mv_i^2$ と重力ポテンシャルエネルギー $-mgL\cos\theta$ の和から，風の力がする仕事 FD を引いたものが，最後のポテンシャルエネルギー $-mgL\cos\phi$ に等しければよい．(風の力は水平方向であることに注意)．つまり，

$$\frac{1}{2}mv_i^2 - mgL\cos\theta - FD = -mgL\cos\phi$$

したがって，

$$v_i = \sqrt{\frac{2\{FD + mgL(\cos\theta - \cos\phi)\}}{m}}$$

$$= \sqrt{\frac{2\{(110\ \mathrm{N})(50.0\ \mathrm{m}) + (50.0\ \mathrm{kg})(9.80\ \mathrm{m/s^2})(40.0\ \mathrm{m})(\cos 50.0° - \cos 28.9°)\}}{50.0\ \mathrm{kg}}}$$

$= 6.13\ \mathrm{m/s}$

(b) (a)と同様であり，θ と ϕ を取り換えて考えればよい．ただし，運動方向に対して風向きが追い風であること，および質量が130.0 kgとなることが重要な相違点である．

$$\frac{1}{2}mv_i^2 - mgL\cos\phi + FD = -mgL\cos\theta$$

$$v_i = \sqrt{\frac{2\{-FD + mgL(\cos\phi - \cos\theta)\}}{m}}$$

$$= \sqrt{\frac{2\{-(110\ \mathrm{N})(50.0\ \mathrm{m}) + (130.0\ \mathrm{kg})(9.80\ \mathrm{m/s^2})(40.0\ \mathrm{m})(\cos 28.9° - \cos 50.0°)\}}{130.0\ \mathrm{kg}}}$$

$= 9.88\ \mathrm{m/s}$

なお，ここでは風による力は一定で右向きとした．したがって，この解は人の速さに比べて風の速さが十分大きいときの近似解である．実際，もし両方の速さが等しいと，戻るときには風の抵抗力は0となってしまう．

7·59 カートと人を合わせた質量を m とする．

(a) 頂点における速さを v とすると，初期位置と頂点における全力学的エネルギー保存則により，

$$mgh = \frac{1}{2}mv^2 + 2mgR$$

頂点における向心力は重力と軌道からカートへの垂直抗力の和である．かろうじて周回できるときは，軌道からの垂直抗力がゼロとなり，向心力が重力等しい．つまり，

$$mv^2/R = mg$$

これら2式より v を消去して，$h = 5R/2$

(b) 頂点に向心力は重力と軌道からカートへの垂直抗力 n の和であるから，

$$mv^2/R = mg + n$$

最下点においては，向心力は軌道からカートへの垂直抗力 n から重力を引いたものに等しい．最下点における速さを V，垂直抗力 N とすると，

$$mV^2/R = N - mg$$

頂点と最下点における全力学的エネルギー保存則より，

$$\frac{1}{2}mV^2 = \frac{1}{2}mv^2 + 2mgR$$

以上の3式から V^2/R と v^2/R を消去して，

$$N - n = 6mg$$

7·60 自動車の速さ $v = 27.0\ \mathrm{m/s}$ は一定だから，運動エネルギーは不変．自動車が水平走行をするならば，エンジンがする仕事 W はすべて抵抗力に抗して進むために使われる．時間 Δt の間に進む距離は $d = v\Delta t$ である．抵抗力を F とすると，$W = Fd = Fv\Delta t$．仕事率は $P = W/\Delta t = Fv = 2.24 \times 10^4\ \mathrm{W}$ である．したがって，$F = (2.24 \times 10^4\ \mathrm{W})/(27.0\ \mathrm{m/s}) = 8.30 \times 10^2\ \mathrm{N}$

8章　運動量と衝突

8·1　被験者と台を合わせた質量は $M = 54.0$ kg である．運動量の保存則により，血液が送り出された直後には $mv = MV$，つまり $V = mv/M$ となる．この速さで 0.160 s 間に 6.00×10^{-5} m だけ動いたのだから，$V = 6.00 \times 10^{-5}$ m/0.160 s である．したがって，$m = \dfrac{MV}{v} =$ $\dfrac{(54.0\ \text{kg}) \times (6.00 \times 10^{-5}\ \text{m})}{(0.160\ \text{s}) \times (0.5\ \text{m/s})} = 0.0405\ \text{kg} = 40.5\ \text{g}$

8·2　(a) 運動量 $\vec{p} = m\vec{v} = (9.00\hat{i} - 12.00\hat{j})\ \text{kg} \cdot \text{m/s}$．つまり $p_x = 9.00\ \text{kg} \cdot \text{m/s}$，$p_y = -12.00\ \text{kg} \cdot \text{m/s}$．
(b) $p = \sqrt{p_x{}^2 + p_y{}^2} = \sqrt{225}\ \text{kg} \cdot \text{m/s} = 15.0\ \text{kg} \cdot \text{m/s}$．運動量ベクトルの向きを x 軸から測った角度を θ とすると，

$$\tan\theta = -\frac{p_y}{p_x} = 307^\circ\ (-53.1^\circ \text{でもよい})$$

8·3　本書の著者の場合，体重は 85 kg 程度，垂直跳びは 25 cm 程度なので，質量 $m = 85.0$ kg と，飛び上がる高さ $h = 0.25$ m とする．地球の質量は $M = 5.97 \times 10^{24}$ kg（後ろ見返し参照）である．この高さは地球の半径に比べてきわめて微小だから，重力の加速度は一定で $g = 9.80\ \text{m/s}^2$ としてよい．人が跳び上がる初期の速さを v，地球の反跳の速さを V とすると，エネルギー保存則により $\frac{1}{2}mv^2 = mgh$ だから $v = \sqrt{2gh}$，運動量保存則により，$mv = MV$．したがって，

$$V = \frac{m}{M}v = \frac{m}{M}\sqrt{2gh}$$

$$= \frac{85.0\ \text{kg}}{5.97 \times 10^{24}\ \text{kg}} \times \sqrt{2 \times (9.80\ \text{m/s}^2) \times (0.25\ \text{m})}$$

$$= 3.15 \times 10^{-23}\ \text{m/s}$$

速さは 10^{-23} m/s 程度である．この場合，人は 0.2 s 程度で 0.25 m 程度動くが，このときに地球は 10^{-24} m 程度動くことになる．陽子の大きさは 10^{-15} m 程度で，これに比べても地球の変位は限りなくゼロである．また，人が浮いている間に地球は人に引き付けられるので，人が落下するときは地球は上向きに動いて元の位置に戻る．

8·4　少女と板をあわせた系に外力は働かないから，系の質量中心は動かず全運動量は 0 である．つまり，

$m\vec{v}_{\text{少女-氷}} + M\vec{v}_{\text{板-氷}} = 0$．また，$\vec{v}_{\text{少女-氷}} = \vec{v}_{\text{少女-板}} + \vec{v}_{\text{板-氷}}$

である．最初の式より，2つの速度ベクトルが平行だからこれは一次元問題であり，速度の大きさで考えてもよい．
(a) 2つの方程式を連立させて $\vec{v}_{\text{少女-氷}}$ を消去し，

$$\vec{v}_{\text{板-氷}} = -\left(\frac{m}{m+M}\right)\vec{v}_{\text{少女-板}}$$

(b) (a)の結果を第一式に代入して，

$$\vec{v}_{\text{少女-氷}} = -\frac{M}{m}\vec{v}_{\text{板-氷}} = \left(\frac{M}{m}\right)\left(\frac{m}{m+M}\right)\vec{v}_{\text{少女-板}}$$

$$= \frac{M}{m+M}\vec{v}_{\text{少女-板}}$$

8·5　(a) 2個の物体に ばね と ひも を合わせた系に，外力は働かない．したがって，系の運動量保存則が成り立つ．ひも を焼切った後の，質量 $3m$ の物体の速さは $v_{3m} = 2.00$ m/s である．求める速さを v_m とする．初期の全運動量 $= 0$ だから，2個の物体は互いに逆向きに動いて最終の全運動量 $3mv_{3m} - mv_m = 0$．したがって，$v_m = 3v_{3m} = 3 \times (2.00\ \text{m/s}) = 6.00\ \text{m/s}$，運動の向きは左向き．
(b) 摩擦がないので，系の全力学的エネルギーが保存される．初期の弾性ポテンシャルエネルギーを $U_{\text{弾性}}$ とすると，運動エネルギーはないから，初期の全力学的エネルギー $E_{\text{全i}} = U_{\text{弾性}}$．最終状態の全力学的エネルギー $E_{\text{全f}}$ は，2個の物体の運動エネルギーの和であり，

$$E_{\text{全f}} = \frac{1}{2}mv_m{}^2 + \frac{1}{2}3mv_{3m}{}^2.\quad E_{\text{全i}} = E_{\text{全f}}$$

つまり $U_{\text{弾性}} = \frac{1}{2}mv_m{}^2 + \frac{1}{2}3mv_{3m}{}^2$．数値を代入して，

$$U_{\text{弾性}} = \frac{1}{2} \times (0.350\ \text{kg}) \times (6.00\ \text{m/s})^2 + \frac{1}{2} \times 3 \times (0.350\ \text{kg}) \times (2.00\ \text{m/s})^2 = 8.40\ \text{J}$$

(c) 初期のエネルギーは，ばね に存在していた．
(d) ばね には力を加えて力の方向に押し縮めた．したがって，外界から ばね に仕事がなされており，ばね はそのエネルギーを蓄えている．ひも には張力が働くが，ひも が付いている間，張力の方向に何も変化していないから，張力が仕事をすることはなく，したがって，ひも にエネルギーが蓄えられることはない．
(e) 外界からの力は重力だけであり，それは物体の運動方向に直交するから，運動に何の影響も及ぼさない．したがって，系の運動量は 初期の運動量 $= 0$ が保存される．
(f) ばね が伸びる過程で ばね は2物体に力を及ぼして仕事をするが，この力は系の内力だから系の全運動量には影響を与えない．系は孤立系である．
(g) 内力がした仕事は全運動エネルギーの増加をもたらすが，(f)で述べたように，ばね の力は系の内力だから全運動量には無関係である．

8·6　(a) 子どもの質量 $m = 12.0$ kg，自動車の速さは $v = 80\ \text{km/h} = 8.00 \times 10^4\ \text{m}/(60\ \text{min} \times 60\ \text{s}) = 22.2\ \text{m/s}$，停止に要する時間 $\Delta t = 0.10$ s である．速度 $\vec{v}$ で動いている質量 m の子どもの運動量は $\vec{p} = m\vec{v}$．求める力を $\vec{F}$ とすると，その力積 $\vec{F}\Delta t$ による運動量の変化は $\Delta\vec{p} = 0 - p$．つまり $\vec{F}\Delta t = \Delta\vec{p} = -\vec{p}$．したがって $\vec{F} = -\vec{p}/\Delta t$．その大きさは，数値を代入して $\vec{F} = (12.0\ \text{kg}) \times (22.2\ \text{m/s})/(0.1\ \text{s}) = 2.66 \times 10^3\ \text{N}$．

(b) この人のいうことは，到底正しいとは思えない．なぜなら，(a)で求めた力は，$(2.66 \times 10^3\,\mathrm{N})/(9.80\,\mathrm{m/s^2}) = 2.71 \times 10^2\,\mathrm{kg} = 271\,\mathrm{kg}$ の質量の人の地表における体重程度であり，この力の向きは自動車の速度の逆向きである．つまり，シートベルトを締めて子どもを抱いているこの人は，自分はシートベルトによって自動車とともに急停止するが，前へ飛び出そうとする子どもをこれだけの力で引き止める必要がある．それは無理と考えられる．

(c) 大人用のシートベルトに加えて，チャイルドシートが必要．大人が子どもを安全に抱いていることは不可能．

8·7 ボールの質量 $m = 3.00\,\mathrm{kg}$，速さ $v = 10.0\,\mathrm{m/s}$，ボールと壁との接触の時間 $\Delta t = 0.200\,\mathrm{m}$ である．求める力を $\vec{F}$ とすると，力積 $\vec{F}\Delta t$ はボールの運動量の変化 $\Delta\vec{p}$ に等しい．衝突直前と直後のボールの運動量を，それぞれ $\vec{p}_\mathrm{i}$，$\vec{p}_\mathrm{f}$ とすると，$\Delta\vec{p} = \vec{p}_\mathrm{f} - \vec{p}_\mathrm{i}$．$\vec{p}_\mathrm{i}$ と $\vec{p}_\mathrm{f}$ の壁面に平行な成分(y 成分)は $p_\mathrm{i}\cos\theta$ と $p_\mathrm{f}\cos\theta$ であり，衝突前後でボールの速さは不変だから $p_\mathrm{i} = p_\mathrm{f} = mv$．つまり，壁面の平行成分は不変．壁面に垂直な成分(x 成分)は，衝突直前が $p_\mathrm{i}\sin\theta$，衝突直後が $-p_\mathrm{f}\sin\theta$ だから，$\Delta\vec{p}$ は x 成分だけをもち，それは $\Delta p = -p_\mathrm{f}\sin\theta - p_\mathrm{i}\sin\theta = -2mv\sin\theta$．

したがって，$F\Delta t = \Delta p = -2mv\sin\theta$．つまり，$F = -2mv\sin\theta/\Delta t$．数値を代入して，$F = -2 \times (3.00\,\mathrm{kg}) \times (10.0\,\mathrm{m/s}) \times \sin 60° / (0.200\,\mathrm{s}) = -260\,\mathrm{N}$．向きは壁面に垂直で左向き．

8·8 ボールの質量 $m = 0.0600\,\mathrm{kg}$，ボールの初期の速度 $\vec{v}_\mathrm{i} = 50.0\,\mathrm{m/s}$，打ち返した後のボールの速度 $\vec{v}_\mathrm{f} = 40.0\,\mathrm{m/s}$ であり，$\vec{v}_\mathrm{i}$ と $\vec{v}_\mathrm{f}$ は互いに逆向きである．

(a) 力積はボールの運動量の変化に等しく，$m\vec{v}_\mathrm{f} - m\vec{v}_\mathrm{i} = m(|\vec{v}_\mathrm{f}| + |\vec{v}_\mathrm{i}|) = 0.0600\,\mathrm{kg} \times (50.0\,\mathrm{m/s} + 40.0\,\mathrm{m/s}) = 5.40\,\mathrm{N \cdot s}$．

(b) ボールの運動エネルギーの増加は $\frac{1}{2}mv_\mathrm{f}^2 - \frac{1}{2}mv_\mathrm{i}^2$ であり，それはラケットがした仕事に等しい．つまり，$\frac{1}{2} \times (0.0600\,\mathrm{kg}) \times (40.0\,\mathrm{m/s})^2 - \frac{1}{2} \times (0.0600\,\mathrm{kg}) \times (50.0\,\mathrm{m/s})^2 = -27.0\,\mathrm{J}$．ボールがエネルギーを失うことになるが，速い球を緩く打ち返したのだから当然である．ボールが失ったエネルギーの一部は，ラケットに振動や音を生じさせ，残りの部分はテニスプレーヤーの内部エネルギーになる．ただし，この内部エネルギーは，ラケットを振るためにプレーヤーが筋肉を動かして生じた内部エネルギーに比べてきわめて少ないと思われる．なぜなら，ボールを打ってもラケットの素振りをしても，プレーヤーの疲労にほとんど差はないと思われるからである．

8·9 力を $\vec{F}$，時間を t とする．

(a) 一般に力積は $\vec{I} = \int \vec{F}\,\mathrm{d}t$ で与えられる．その大きさは図の三角形の面積に相当するから，$\frac{1}{2} \times 18000\,\mathrm{N} \times 1.5 \times 10^{-3}\,\mathrm{s} = 13.5\,\mathrm{N \cdot s}$．

(b) 力が加えられる時間は $1.5\,\mathrm{ms}$ だから，平均の力は $13.5\,\mathrm{N \cdot s}/1.5\,\mathrm{ms} = 9000\,\mathrm{N}$．

8·10 (a) 滑走体−ばね系は孤立系だから，エネルギー保存則が成り立つ．初期の全エネルギー E_i は，ばね のひずみのポテンシャルエネルギー $U_{\text{ばね}} = \frac{1}{2}kx^2$ だけだから，$E_\mathrm{i} = U_{\text{ばね}}$．最終の全エネルギー E_f は滑走体の運動エネルギー $K = \frac{1}{2}mv^2$ だけだから，$E_\mathrm{f} = K$．$E_\mathrm{i} = E_\mathrm{f}$，つまり $\frac{1}{2}kx^2 = \frac{1}{2}mv^2$．したがって，$v = x(k/m)^{1/2}$．

(b) 滑走体に与えられた力積の大きさ I は，滑走体の運動量の変化の大きさ $p = mv - 0$ に等しい．(a)の結果を用いて，$I = mv = mx(k/m)^{1/2} = x(km)^{1/2}$．

(c) 滑走体になされる仕事は ばね のひずみのポテンシャルエネルギーに等しい．それは ばね の ばね定数と押し縮める大きさで決まるから，滑走体の質量にはよらない．

8·11 ノズルとホースの水平部分を流れる水の運動を考える．時間 Δt の間にノズルから出る水の質量は $m = (0.600\,\mathrm{kg/s}) \times \Delta t$ であり，水の速さは $v = 25.0\,\mathrm{m/s}$ だから，その水には大きさ $F\Delta t = mv$ の力積が水平方向に与えられている．したがって，水平方向の力は $F = mv/\Delta t = (0.600\,\mathrm{kg/s}) \times (25.0\,\mathrm{m/s}) = 15.0\,\mathrm{N}$．

〔注：水をまき始める瞬間を考えると，問題は簡単ではない．まき始めにはホースの内部の大量の水が一斉に動き始めるからである．正確には，ホースの曲がり具合に依存するが，ノズルおよびその手前でノズルに平行な部分のホースの内部にある水の運動を考えればよい．さらに，流速が一定に達するまでの時間が短いと，力はさらに大きくなる．卵を柔らかいネットに落とせば割れないが，固い台に落とせば割れることと同じ．〕

8·12 ボールはホームベース−ピッチャー−センターを結ぶ直線の方向(x 軸方向とする)に，鉛直面内(上方を y 軸とする)で運動するから，xy 面内の二次元問題として考えればよい．ボールの運動量を $\vec{p}$，力積を $\vec{I}$ とする．

(a) $p_{x\mathrm{i}} + I_x = p_{x\mathrm{f}}$　　$p_{y\mathrm{i}} + I_y = p_{y\mathrm{f}}$

x 成分について，

$$(0.200\,\mathrm{kg})(15.0\,\mathrm{m/s})(-\cos 45.0°) + I_x = (0.200\,\mathrm{kg})(40.0\,\mathrm{m/s})\cos 30.0°$$

したがって，$I_x = 9.05\,\mathrm{N \cdot s}$

y 成分について，

$$(0.200\,\mathrm{kg})(15.0\,\mathrm{m/s})(-\sin 45.0°) + I_y = (0.200\,\mathrm{kg})(40.0\,\mathrm{m/s})\sin 30.0°$$

したがって，$I_y = 6.12\,\mathrm{N \cdot s}$

つまり，$\vec{I} = (9.05\hat{i} + 6.12\hat{j})\,\mathrm{N \cdot s}$

(b) 最大の力を F_max とする．最初の $4.00\,\mathrm{ms}$ と最後の $4.00\,\mathrm{ms}$ では力は時間に比例して変化するから，

$$\vec{I} = \frac{1}{2}\vec{F}_\mathrm{max}(4.00\,\mathrm{ms}) + \vec{F}_\mathrm{max}(20.0\,\mathrm{ms}) + \frac{1}{2}\vec{F}_\mathrm{max}(4.00\,\mathrm{ms})$$

(a)で求めた $\vec{I}$ を用いて，

$$\vec{F}_\mathrm{max} \times 24.0 \times 10^{-3}\,\mathrm{s} = (9.05\hat{i} + 6.12\hat{j})\,\mathrm{N \cdot s}$$

$$\vec{F}_\mathrm{max} = (377\hat{i} + 255\hat{j})\,\mathrm{N}$$

8·13 車両 1 両の質量 $m = 2.50 \times 10^4\,\mathrm{kg}$，1 両だけの

車両の速さ $v_1 = 4.00\ \mathrm{m/s}$，3両連結の列車の速さ $v_2 = 2.00\ \mathrm{m/s}$ である．衝突後の4両連結の列車の速さを v_f とする．

(a) 衝突前後の運動量保存則は，$mv_{1i} + 3\,mv_{2i} = 4\,mv_f$

したがって，$v_f = \dfrac{4.00\ \mathrm{m/s} + 3(2.00\ \mathrm{m/s})}{4} = 2.50\ \mathrm{m/s}$.

(b) 衝突前後の運動エネルギーの差は，

$$\begin{aligned} K_f - K_i &= \tfrac{1}{2}(4m)v_f^2 - [\tfrac{1}{2}mv_{1i}^2 + \tfrac{1}{2}(3m)v_{2i}^2] \\ &= \tfrac{1}{2}(2.50 \times 10^4\ \mathrm{kg})[4(2.50\ \mathrm{m/s})^2 \\ &\qquad - (4.00\ \mathrm{m/s})^2 - 3(2.00\ \mathrm{m/s})^2] \\ &= -3.75 \times 10^4\ \mathrm{J} \end{aligned}$$

8・14 1両の質量 $m = 2.50 \times 10^4\ \mathrm{kg}$，切り離し後の1両目の速さ $v_1 = 4.00\ \mathrm{m/s}$，残り3両の速さ $v_3 = 2.00\ \mathrm{m/s}$ である．運動は南向きだけなので，一次元の運動の問題である．

4両の車両と俳優を合わせた系を考える．ただし，俳優の質量は車両の質量の1％に満たないと考えられるから，これを無視する．この系には外力が働かず，俳優が加えた力は系の内力である．したがって，系の全運動量は保存される．

(a) 求める速さを v_i とする．切り離し前の系の全運動量は $p_i = 4mv_i$．切り離し後の系の全運動量は $p_f = mv_1 + 3mv_3$．運動量保存則により $p_i = p_f$，つまり $4mv_i = mv_1 + 3mv_3$．したがって，$v_i = \frac{1}{4}(v_1 + 3v_3)$．数値を代入して，$v_i = \frac{1}{4}(4.00\ \mathrm{m/s} + 3 \times 2.00\ \mathrm{m/s}) = 2.50\ \mathrm{m/s}$.

(b) 俳優のした仕事 W により，系の全運動エネルギーが増加した．初期の運動エネルギーは $K_i = \frac{1}{2}4mv_i^2$．切り離し後の全運動エネルギーは $K_f = \frac{1}{2}mv_1^2 + \frac{1}{2}3mv_3^2$．$W = K_f - K_i = \frac{1}{2}mv_1^2 + \frac{1}{2}3mv_3^2 - \frac{1}{2}4mv_i^2 = \frac{1}{2}m(v_1^2 + 3v_3^2 - 4v_i^2)$．数値を代入して，$W = \frac{1}{2}\times(2.50 \times 10^4\ \mathrm{kg}) \times \{(4.00\ \mathrm{m/s})^2 + 3 \times (2.00\ \mathrm{m/s})^2 - 4 \times (2.50\ \mathrm{m/s})^2\} = 3.75 \times 10^4\ \mathrm{J}$

(c) このプロセスは，問題13の状況を時間反転したものと言える．2つの問題で同じ運動量保存則が成り立ち，エネルギーに関しては，問題13では衝突によって力学的エネルギーが減少して内部エネルギーが増し，この問題では人の体内の化学エネルギーが減少して力学的エネルギーが増した．

8・15 粘土の質量は $m = 12.0\ \mathrm{g}$，動摩擦係数は $\mu_{動} = 0.650$，滑った距離は $d = 7.50\ \mathrm{m}$ である．粘土-木片の系に関して，衝突の前と直後で運動量保存則が成り立つ．衝突前の木片の運動量を p，衝突直後の系の運動量を P とすると，$p = P$ である．衝突後に粘土と木片が一体となった系の質量は $M = 100\ \mathrm{g} + 12.0\ \mathrm{g} = 112\ \mathrm{g}$ であるが，その速さを V とすると，運動エネルギーは $K = \frac{1}{2}MV^2 = P^2/(2M)$ と書ける．これはすべて，木片と水平面との動摩擦によって内部エネルギーに変わる．動摩擦力 $F = \mu_{動}Mg$ だから $Fd = \mu_{動}Mgd = K$．したがって，$\mu_{動}Mgd = P^2/(2M)$ となり，$P = \sqrt{2M^2\mu_{動}gd}$．$p = P$ により $p = \sqrt{2M^2\mu_{動}gd}$ であり，これを粘土の質量で割ったものが求める速さである．

$$\begin{aligned} &\sqrt{2M^2\mu_{動}gd}/m \\ &= \frac{\sqrt{2\times(0.112\ \mathrm{kg})^2 \times 0.650 \times (9.80\ \mathrm{m/s^2})\times(7.50\ \mathrm{m})}}{(0.012\ \mathrm{kg})} \\ &= 91.2\ \mathrm{m/s} \end{aligned}$$

〔注：このように，$K = \frac{1}{2}MV^2 = P^2/(2M)$ の関係式を使えば，考察の途中で“速さ”を意識しなくてすむことがある．また，現代物理の相対論や量子論に進むと，$\frac{1}{2}MV^2$ ではなく $P^2/(2M)$ の表現を使わなければならないことが多い．運動の変数として“質量”と“速さ”の代わりに“質量”と“運動量”を用いることに慣れるとよい．〕

8・16 曲がった斜面に沿う運動であるが，衝突の直前と直後の運動は水平方向だから，一次元の問題である．質量 m_1 の物体の初期の重力のポテンシャルエネルギーが，衝突直前の水平面における運動エネルギーに変わる．衝突直前の右向きの速さを v_{1i} とすると，$mgh = \frac{1}{2}mv_{1i}^2$．したがって，$v_{1i} = \sqrt{2gh}$．衝突の際の2個の物体の系は孤立系だから，全運動量は保存される．衝突直前の系の全運動量は右向きを正として $p_i = m_1v_{1i}$．衝突直後の全運動量は $p_f = m_1v_{1f} + m_2v_{2f}$．ただし，$v_{1f}, v_{2f}$ は，それぞれ質量 m_1，m_2 の物体の衝突直後の速さ（右向きを正）である．運動量保存則 $p_i = p_f$ により，$m_1v_{1i} = m_1v_{1f} + m_2v_{2f}$ ①　また，衝突は弾性衝突だから全運動エネルギーも保存され，$\frac{1}{2}m_1v_{1i}^2 = \frac{1}{2}m_1v_{1f}^2 + \frac{1}{2}m_2v_{2f}^2$ ②　①，②の式は v_{1f} と v_{2f} に関する連立方程式である．これを解いて，

$$v_{1f} = \left(\frac{m_1 - m_2}{m_1 + m_2}\right)v_{1i}, \qquad v_{2f} = \left(\frac{2m_2}{m_1 + m_2}\right)v_{1i}$$

または，$v_{1f} = v_{1i}$，$v_{2f} = 0$

後者の解は，2物体が衝突せずに通り抜けるという，現実には起こりえない現象だからこれを捨てる．したがって，

$$v_{1f} = \left(\frac{m_1 - m_2}{m_1 + m_2}\right)v_{1i} = \frac{m_1 - m_2}{m_1 + m_2}\sqrt{2gh}$$

数値を代入して，

$$\begin{aligned} v_{1f} &= \left(\frac{5.00\ \mathrm{kg} - 10.0\ \mathrm{kg}}{5.00\ \mathrm{kg} + 10.0\ \mathrm{kg}}\right)\sqrt{2\times(9.80\ \mathrm{m/s^2})\times(5.00\ \mathrm{m})} \\ &= -3.30\ \mathrm{m/s} \end{aligned}$$

したがって，弾性衝突後の質量 m_1 の物体は，左向きに $3.30\ \mathrm{m/s}$ の速さで戻り，その運動エネルギーが重力のポテンシャルエネルギーに等しくなる位置まで上る．求める高さを h_f とすると，$\frac{1}{2}m_1v_{1f}^2 = m_1gh_f$．したがって，

$$h_f = v_{1f}^2/(2g) = 0.556\ \mathrm{m}$$

8・17 弾丸が振り子を貫通する直前，直後には，弾丸と振り子の運動は水平方向．振り子に働く重力と，棒の張力は鉛直方向に働くから，水平方向の運動に関して，棒は無関係．したがって，弾丸-振り子の系は孤立系であり

運動量保存則が成り立つ．エネルギーに関しては，弾丸の貫通の際の相互作用により，力学的エネルギーの一部が内部エネルギーに変わると考えられる．したがって，この系の力学的エネルギー保存則は成り立たない．

弾丸が貫通した後に，右向きに動き始めた振り子は，重力と棒の張力を受ける．棒の張力は振り子の運動方向に直交するから振り子の運動エネルギーに影響を与えることはなく，振り子の運動に関して力学的エネルギー保存則が成り立つ．棒の張力は振り子に向心力を及ぼしてその運動を束縛するから，運動量保存則は成り立たない．（重力は一様に鉛直方向に働くから，角運動量保存則も成り立たない．）

弾丸の貫通の際の運動量保存則は，振り子の初期の速さを V_i として，$mv + 0 = m(v/2) + MV_i$．したがって，$V_i = mv/(2M)$．動き始めた振り子の力学的エネルギー保存則は，最も低い位置からの高さ h の位置で振り子の速さが0になるとして，$\frac{1}{2}MV_i^2 + 0 = 0 + Mgh$．したがって，$h = \frac{1}{2}gV_i^2 = \left(\frac{1}{8}g\right)\left(\frac{mv}{M}\right)^2$．$h = 2l$ となれば振り子は最高位置を通過でき，そのための最小の v は $v = (4M/m)\sqrt{gl}$．

8·18 中性子の質量を m，炭素の原子核の質量を $M = 12m$ とする．衝突前の中性子の運動量を p_i，衝突後の中性子の運動量を p_f，炭素の原子核の運動量を P_f とすると，運動量保存則により $p_i + 0 = p_f + P_f$，エネルギー保存則により $p_i^2/(2m) + 0 = p_f^2/(2m) + P_f^2/(2M)$ である．この2式から p_f を消去すると，$P_f = \left(\frac{2M}{M+m}\right)p_i$．また，

$p_f = -\left(\frac{M-m}{M+m}\right)p_i$．

(a) $\dfrac{P_f^2/2M}{p_i^2/2m}$ を計算すればよい．結果は $4M/(M+m)^2 = 48/169 = 0.284$ となる．

(b) $p_i^2/(2m) = 1.60 \times 10^{-13}$ J である．

$$\begin{pmatrix}\text{衝突後の中性子}\\ \text{の運動エネルギー}\end{pmatrix} = p_f^2/(2m) = \left(\frac{p_i^2}{2m}\right)\left(\frac{M-m}{M+m}\right)^2 = (1.60\times10^{-13}\ \text{J})\times(11/13)^2 = 1.15\times10^{-13}\ \text{J}$$

$$\begin{pmatrix}\text{炭素の原子核}\\ \text{の運動エネルギー}\end{pmatrix} = P_f^2/(2M) = \left(\frac{p_i^2}{2m}\right)\frac{(2M)^2}{12(M+m)^2} = (1.60\times10^{-13}\ \text{J})\times\{24^2/(12\times13^2)\} = 4.54\times10^{-14}\ \text{J}$$

8·19 運動は鉛直方向（上向きが正の z 方向とする．）に限られるから，以下では速度ベクトルと運動量ベクトルの z 成分だけを扱うことにする．テニスボールの速度（の z 成分）を v で，バスケットボールの速度（の z 成分）を V で表す．2つのボールはそれぞれ h だけ落下したから，エネルギー保存則により $\frac{1}{2}mv^2 = mgh$，$\frac{1}{2}MV^2 = Mgh$．床に衝突する直前の速さは互いに等しく，$|v| = |V| = \sqrt{2gh}$ だからこれを $V_0 = \sqrt{2gh}$ と表す．2つのボールの衝突前後での運動量保存則は，$mv_i + MV_i = mv_f + MV_f$．テニスボールの $v_i = -V_0$，バスケットボールは床と衝突して速度が反転するから $V_i = V_0$，したがって，

$$(-m + M)V_0 = mv_f + MV_f \qquad ①$$

である．弾性衝突だから，相対速度の比に負号を付けたもの，つまり反発係数は1であり，

$$-(v_i - V_i)/(v_f - V_f) = 1$$

つまり，
$$2V_0 = v_f - V_f \qquad ②$$

①, ② より，$v_f = \left(\frac{3M-m}{M+m}\right)V_0$，　$V_f = \left(\frac{M-3m}{M+m}\right)V_0$ となる．

(a) 衝突後のテニスボールが跳ね上がる高さを h_f とすると，エネルギー保存則により $\frac{1}{2}mv_f^2 = mgh_f$，上で求めた v_f を代入して，$h_f = \left(\frac{1}{2}g\right)\left(\frac{3M-m}{M+m}\right)^2 V_0^2 = \left(\frac{3M-m}{M+m}\right)^2 h$ となる．

(b) バスケットボールは $V_f < V_0$ だから，テニスボールと衝突しない場合に比べて上向きの速さが減少する．したがって，初期の高さ h より低い位置までしか上がらない．バスケットボール–地球系のエネルギーが減少した分だけテニスボール–地球系のエネルギーが増加し，テニスボールが h より高い位置まで上がるのは当然である．2つのボール–地球系の全エネルギーは保存している．

8·20 (a) 物体どうしが衝突すると一体となるからこの衝突は完全非弾性衝突であり，力学的エネルギー保存則は成り立たない．しかし，水平台上の運動に関しては3つの物体は孤立系だから，運動量保存則が成り立つ．

初期の物体間の距離は不明だが，3つの物体は最終状態で必ず一体となる．なぜなら，最初に第1と第2の物体の衝突が起こると，一体となった物体は右向きに動くから，その後必ず第3の物体と衝突する．最初に第2と第3の物体の衝突が起こる場合は，v_2 が右向きで v_3 が左向きだから，一体となった物体の右向きの速さは v_2 より小さく，その後，右向きに v_1 で運動してくる第1の物体と必ず衝突する．

3つの物体の系の初期の運動量は $P_i = m_1v_1 + m_2v_2 - m_3v_3$．3つの物体が一体となった最終状態の右向きの速さを V とすると，最終の運動量は $P_f = (m_1 + m_2 + m_3)V$．$P_i = P_f$ より，

$$V = \frac{(m_1v_1 + m_2v_2 - m_3v_3)}{(m_1 + m_2 + m_3)}$$

数値を代入して，

$$V=\frac{\left[\begin{array}{l}(4.00\,\mathrm{kg})\times(5.00\,\mathrm{m/s})+(10.0\,\mathrm{kg})\times(3.00\,\mathrm{m/s})\\ -(3.00\,\mathrm{kg})\times(4.00\,\mathrm{m/s})\end{array}\right]}{(4.00\,\mathrm{kg})+(10.0\,\mathrm{kg})+(3.00\,\mathrm{kg})}$$

$$=2.24\,\mathrm{m/s}$$

(b) 影響しない．(a)で考察したように，衝突が順次起こるケースには2通りあるが，どちらの場合も最終状態では3つが一体となる．また，それぞれの衝突でそのつど運動量が保存されるので，3つが孤立している初期状態と，3つが一体となった最終状態の運動量が等しいとして計算すれば十分である．

8·21 木片の質量 $M=1.00\,\mathrm{kg}$，弾丸の質量 $m=0.007\,\mathrm{kg}$ である．固定した木片に弾丸が食い込んだ深さ $d=0.08\,\mathrm{m}$ である．弾丸の速さを v とし，弾丸と木片の間に働く動摩擦力 F は一定だとする．木片を固定したとき，弾丸の運動エネルギー $\frac{1}{2}mv^2$ は動摩擦力による仕事 Fd によって弾丸と木片の内部エネルギーに変わるから，

$$\frac{1}{2}mv^2=Fd \qquad ①$$

である．木片が摩擦なく滑りうるとき，弾丸が食い込む深さ D，弾丸と木片が一体となって滑る速さを V とする．弾丸-木片系の運動量保存則により，

$$mv=(M+m)V \qquad ②$$

内部エネルギーを含む全エネルギー保存則により，

$$\frac{1}{2}mv^2=\frac{1}{2}(M+m)V^2+FD \qquad ③$$

である．①〜③の3元連立方程式に4つの未知数 v, V, F, D が含まれるから，このままでは解けない．しかし，②式より $V=mv/(M+m)$ を③式に代入してみると，③式は，

$$\frac{1}{2}mv^2\left(1-\frac{m}{M+m}\right)=FD \qquad ③'$$

となり，①と③′の2式は v^2/F と D に関する連立方程式となる．v^2/F と D を求めることができ，

$$D=d\left(1-\frac{m}{M+m}\right)=(0.08\,\mathrm{m})\times\left(1-\frac{0.007\,\mathrm{kg}}{1.007\,\mathrm{kg}}\right)$$

$$=0.0794\,\mathrm{m}=7.94\,\mathrm{cm}$$

である．(v と F それぞれの値は決まらない．)

8·22 物体の質量を m_1, m_2，それぞれの速度ベクトルを $\vec{v}_1, \vec{v}_2$ とし，くっついた2物体の速度ベクトルを $\vec{v}_\mathrm{f}$ とする．衝突における運動量保存則により，$m_1\vec{v}_{1\mathrm{i}}+m_2\vec{v}_{2\mathrm{i}}=(m_1+m_2)\vec{v}_\mathrm{f}$．したがって，

$$\vec{v}_\mathrm{f}=\frac{m_1\vec{v}_{1\mathrm{i}}+m_2\vec{v}_{2\mathrm{i}}}{m_1+m_2}$$

$$=\frac{(3.00\,\mathrm{kg})(5.00\,\hat{\boldsymbol{i}}\,\mathrm{m/s})+(2.00\,\mathrm{kg})(-3.00\,\hat{\boldsymbol{j}}\,\mathrm{m/s})}{3.00\,\mathrm{kg}+2.00\,\mathrm{kg}}$$

$$=(15.0\,\hat{\boldsymbol{i}}+6.00\,\hat{\boldsymbol{j}})/5.00\,\mathrm{m/s}=(3.00\,\hat{\boldsymbol{i}}+1.20\,\hat{\boldsymbol{j}})\,\mathrm{m/s}$$

8·23 円盤の質量を m，オレンジ色の円盤の速度ベクトルを $\vec{v}$，黄色の円盤の速度ベクトルを $\vec{V}$ とする(図参照)．

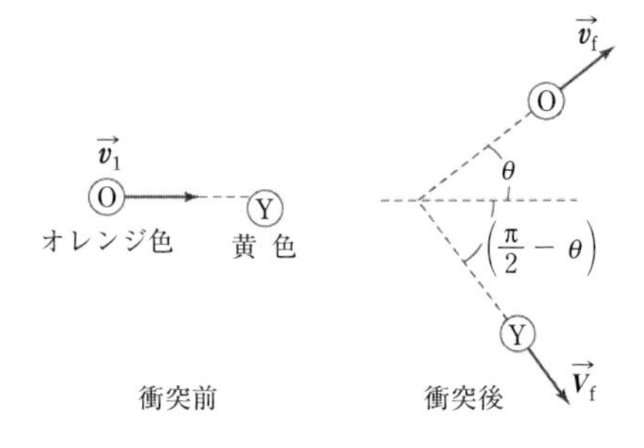

衝突における運動量保存則は，

$$m\vec{v}_\mathrm{i}+0=m\vec{v}_\mathrm{f}+m\vec{V}_\mathrm{f} \qquad ①$$

衝突後の2つの円盤の進む方向に関して，$\vec{v}_\mathrm{f}\cdot\vec{V}_\mathrm{f}=0$，$\vec{v}_\mathrm{f}\cdot\vec{v}_\mathrm{i}=v_\mathrm{f}v_\mathrm{i}\cos\theta$ である．①式の両辺と $\vec{v}_\mathrm{f}$ との内積をつくると，$m\vec{v}_\mathrm{i}\cdot\vec{v}_\mathrm{f}=mv_\mathrm{f}^2+0$，つまり $v_\mathrm{i}v_\mathrm{f}\cos\theta=v_\mathrm{f}^2$．したがって，$v_\mathrm{f}=v_\mathrm{i}\cos\theta$ である．次に①式の両辺と $\vec{v}_\mathrm{i}$ との内積をつくると，$mv_\mathrm{i}^2=mv_\mathrm{i}v_\mathrm{f}\cos\theta+mv_\mathrm{i}V_\mathrm{f}\cos\left(\frac{\pi}{2}-\theta\right)$．ただし，一般に $\vec{V}_\mathrm{f}$ と $\vec{v}_\mathrm{i}$ の成す角は $\left(\frac{\pi}{2}-\theta\right)$ であることを用いた．$\cos\left(\frac{\pi}{2}-\theta\right)=\sin\theta$ であることを用いて，

$$V_\mathrm{f}=v_\mathrm{i}(1-\cos^2\theta)/\sin\theta=v_\mathrm{i}\sin\theta$$

8·24 最初に動いていたボールの進行方向を x 軸，これに直交する方向を y 軸とする．ボールの質量を m，動いていたボールの初期の速度ベクトルを $\vec{v}_\mathrm{i}$，その x, y 成分を $v_{\mathrm{i}x}$，$v_{\mathrm{i}y}$ とし，衝突後の速度ベクトルを $\vec{v}_\mathrm{f}$，その x, y 成分を $v_{\mathrm{f}x}$，$v_{\mathrm{f}y}$ とする．衝突によって動き始めたボールの速度ベクトルを $\vec{V}$，その x, y 成分を V_x，V_y とする．$v_{\mathrm{i}x}=5.00\,\mathrm{m/s}$，$v_{\mathrm{i}y}=0$，$v_\mathrm{f}=4.33\,\mathrm{m/s}$，$v_{\mathrm{f}x}=v_\mathrm{f}\cos 30°$，$v_{\mathrm{f}y}=v_\mathrm{f}\sin 30°$ である．

x 方向に関する運動量保存則は，$v_{\mathrm{i}x}+0=v_{\mathrm{f}x}+V_x$ だから，$V_x=v_{\mathrm{i}x}-v_{\mathrm{f}x}=(5.00\,\mathrm{m/s})-(4.33\,\mathrm{m/s})(\sqrt{3})/2=1.25\,\mathrm{m/s}$ となる．y 方向に関する運動量保存則は，$0+0=v_{\mathrm{f}y}+V_y$ であり，$V_y=-v_{\mathrm{f}y}=-(4.33\,\mathrm{m/s})(1/2)=-2.16\,\mathrm{m/s}$ となる．したがって，$\vec{V}=(1.25\,\mathrm{m/s})\hat{\boldsymbol{i}}-(2.16\,\mathrm{m/s})\hat{\boldsymbol{j}}$，$|\vec{V}|=2.50\,\mathrm{m/s}$ である．弾性衝突という条件を使っていないように見えるが，そうではない．衝突後の1物体の進む方向と速さが与えられているが，これは弾性衝突を条件として設定されており，非弾性衝突ならば30°の方向に4.33 m/s の速さで進むことはできない．

8·25 (a) タックル直後に2人のプレーヤーは一体となって共通の速度で進む．これは完全非弾性衝突である．
(b) 文字変数を使わなくとも，簡単に解くことができる．運動量保存則が成り立ち，タックル直前の運動量の東向き成分は $90.0\,\mathrm{kg}\times 5.00\,\mathrm{m/s}+0=450\,\mathrm{kg\cdot m/s}$ であり，これが一体となったときの運動量の東向き成分となる．タックル直前の運動量の北向き成分は $0+95.0\,\mathrm{kg}\times 3.00\,\mathrm{m/s}$

$= 285\ \mathrm{kg \cdot m/s}$ であり，これが一体となったときの運動量の北向き成分となる．したがって，一体となったときの運動量の大きさは $\sqrt{(450\ \mathrm{kg \cdot m/s})^2 + (285\ \mathrm{kg \cdot m/s})^2} = 532\ \mathrm{kg \cdot m/s}$. 速度と運動量は平行だから，東方向から北方向に測る角度 θ でその向きを表すと $\tan\theta = 285/450$, つまり，$\theta = 32.3°$ である．運動量の大きさを2人の合計質量185 kgで割って，速さは2.88 m/sとなる．

8・26 不安定原子核の質量は $M = 17.0 \times 10^{-27}\ \mathrm{kg}$ である．1番目の粒子の質量は $m_1 = 5.00 \times 10^{-27}\ \mathrm{kg}$, その速度ベクトルを $\vec{v_1}$，2番目の粒子の質量は $m_2 = 8.40 \times 10^{-27}\ \mathrm{kg}$, その速度ベクトルを $\vec{v_2}$, 3番目の粒子の質量を m_3, その速度ベクトルを $\vec{v_3}$ とする．最初に不安定原子核は静止しているから，運動エネルギーと運動量はゼロである．不安定原子核の分裂後に，1番目と2番目の粒子は xy 面内で運動するから，z 方向の運動量保存則により，3番目の粒子の運動量，つまり速度ベクトルは z 成分をもたない．したがって，この問題は xy 面内の二次元運動で考えればよい．

(a) 運動量保存則は $0 = m_1\vec{v_1} + m_2\vec{v_2} + m_3\vec{v_3}$.

x 成分に関して，$0 = 0 + m_2 v_{2x} + m_3 v_{3x}$. したがって，

$v_{3x} = -m_2 v_{2x}/m_3$ である．

y 成分に関して，$0 = m_1 v_{1y} + 0 + m_3 v_{3y}$. したがって，

$v_{3y} = -m_1 v_{1y}/m_3$ である．

質量が保存するとすれば，$m_3 = M - (m_1 + m_2) = 17.0 - (5.00 + 8.40) \times 10^{-27}\ \mathrm{kg} = 3.60 \times 10^{-27}\ \mathrm{kg}$ だから，

$$v_{3x} = -m_2 v_{2x}/m_3 = \frac{-(8.40 \times 10^{-27}\ \mathrm{kg}) \times (4.00 \times 10^6\ \mathrm{m/s})}{(3.60 \times 10^{-27}\ \mathrm{kg})} = -9.33 \times 10^6\ \mathrm{m/s}$$

となり，

$$v_{3y} = -m_1 v_{1y}/m_3 = \frac{-(5.00 \times 10^{-27}\ \mathrm{kg}) \times (6.00 \times 10^6\ \mathrm{m/s})}{(3.60 \times 10^{-27}\ \mathrm{kg})} = -8.33 \times 10^6\ \mathrm{m/s}$$

となる．

(b) 最初の運動エネルギーは0，分裂後には $\frac{1}{2}(m_1 v_1{}^2 + m_2 v_2{}^2 + m_3 v_3{}^2) = \frac{1}{2}[(5.00 \times 10^{-27}\ \mathrm{kg}) \times (6.00 \times 10^6\ \mathrm{m/s})^2 + (8.40 \times 10^{-27}\ \mathrm{kg}) \times (4.00 \times 10^6\ \mathrm{m/s})^2 + (3.60 \times 10^{-27}\ \mathrm{kg}) \times \{(9.33 \times 10^6\ \mathrm{m/s})^2 + (8.33 \times 10^6\ \mathrm{m/s})^2\}] = 4.39 \times 10^{-13}\ \mathrm{J}$. 全運動エネルギーがこれだけ増加した．

〔注：全運動エネルギーの増加をもたらすのは，不安定原子核の内部の結合に関するポテンシャルエネルギーであるが，それは実は(a)の"質量が保存するとすれば"という仮定と関係している．特殊相対論によると，質量 Δm が消滅すると Δmc^2（c は真空中の光速）だけのネルギーが放出される．したがって，(b)で $4.39 \times 10^{-13}\ \mathrm{J}$ のエネルギーが生まれたことは，原子核の崩壊に伴って $\Delta m = 4.87 \times 10^{-30}\ \mathrm{kg}$ の質量が失われたことを意味する．厳密に言えば，質量保存の仮定を修正する必要があり，今の場合，修正は1000分の1程度となる．この"質量欠損"は，原子核や素粒子の世界では実験で証明されている．なお，化学結合についても同じことが言えるはずで，原理的には化学反応において質量保存則は成り立たず，エネルギーと質量を合わせた保存則が成り立つ．ただし，化学反応に関係するエネルギーは $10^{-19}\ \mathrm{J}$ 程度であり，このエネルギーに相当する Δm は $10^{-36}\ \mathrm{kg}$ 程度となる．関係する粒子の質量 m は $10^{-26}\ \mathrm{kg}$ 程度だから $\Delta m/m$ は 10^{-10} 程度となり，これを実験で検知することは今のところ不可能である．〕

8・27 2個の陽子の系の運動量は衝突の前後で保存する．最初に速度 $\vec{v_\mathrm{i}}$ で動いていた陽子の運動方向を x 軸，これと直交する方向を y 軸とし，衝突後の2個の陽子の速さを v，陽子の質量を m とする．衝突後の2個の陽子の速度が x 軸と成す角をそれぞれ θ, ϕ とする．

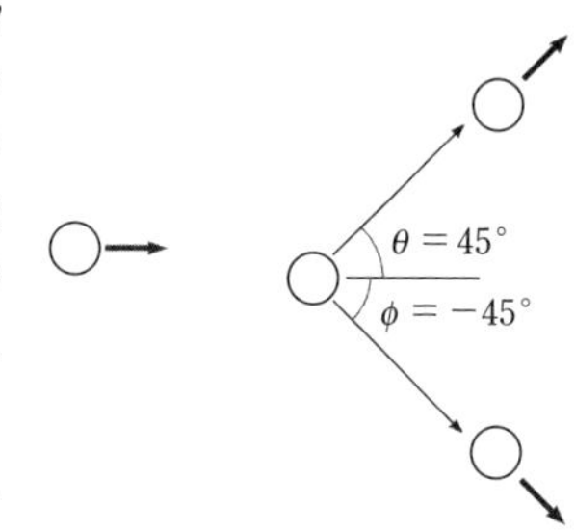

運動量の x 方向成分に関する保存則は $mv_\mathrm{i} = mv\cos\theta + mv\cos\phi$, y 方向成分に関する保存則は $0 = mv\sin\theta + mv\sin\phi$. 第2式より，$\theta = -\phi$. したがって，図のように2個の陽子は運動する．

(a) 運動エネルギーの保存則により，$\frac{1}{2}mv_\mathrm{i}{}^2 = \frac{1}{2}mv^2$

だから $v = \dfrac{v_\mathrm{i}}{\sqrt{2}}$

(b) 第1式に $\phi = -\theta$ を代入し，$\cos\theta = v_\mathrm{i}/2v$. したがって，$\cos\theta = 1/\sqrt{2}$，つまり $\theta = -\phi = \pi/4$.

8・28 摩擦のない水平面での運動に関しては，2個の物体は孤立系である．したがって，運動量保存則が成り立つ．第1の物体の質量は $m_1 = 0.300\ \mathrm{kg}$, 第2の物体の質量は $m_2 = 0.200\ \mathrm{kg}$ である．この系の初期の運動量は x 成分のみをもち，$P_{\mathrm{i}x} = (0.200\ \mathrm{kg}) \times (2.00\ \mathrm{m/s}) = 0.400\ \mathrm{kg \cdot m/s}$. 衝突後の第1の物体の速さを v_1，その方向と x 軸の正の方向の成す角を θ_1 とする．第2の物体の速さは $v_2 = 1.00\ \mathrm{m/s}$, その方向と x 軸の正の方向の成す角は $\theta = 53.0°$ である．最終の運動量の

x 成分は $P_{\mathrm{f}x} = m_1 v_1 \cos\theta_1 + m_2 v_2 \cos\theta$

y 成分は $P_{\mathrm{f}y} = m_1 v_1 \sin\theta_1 + m_2 v_2 \sin\theta$

運動量保存則は，

x 方向について　$P_{\mathrm{i}x} = P_{\mathrm{f}x} = m_1 v_1 \cos\theta_1 + m_2 v_2 \cos\theta$　①

y 方向について　$0 = P_{\mathrm{f}y} = m_1 v_1 \sin\theta_1 + m_2 v_2 \sin\theta$　②

①式より

$v_1 \cos\theta_1 = (P_{\mathrm{i}x} - m_2 v_2 \cos\theta)/m_1$　①′

②式より，

$$v_1 \sin\theta_1 = -(m_2/m_1)v_2 \sin\theta \qquad ②'$$

①′と②′の辺どうしの割り算により，

$$\tan\theta_1 = -m_2 v_2 \sin\theta (P_{ix} - m_2 v_2 \cos\theta)$$

数値を代入して，$\tan\theta_1 =$

$$\frac{-(0.200\ \mathrm{kg})\times(1.00\ \mathrm{m/s})\times \sin 53.0°}{(0.400\ \mathrm{kg\cdot m/s}) - (0.200\ \mathrm{kg})(1.00\ \mathrm{m/s})\cos 53.0°}$$

$= -0.571$．つまり，$\theta_1 = -29.7°$．これを②′に用いて，

$$v_1 = -\left(\frac{0.200\ \mathrm{kg}}{0.300\ \mathrm{kg}}\right)(1.00\ \mathrm{m/s})\left(\frac{\sin 53.0°}{\sin(-29.7°)}\right) = 1.07\ \mathrm{m/s}$$

(b) 初期の運動エネルギーは $K_i = \frac{1}{2}\times(0.200\ \mathrm{kg})\times(2.00\ \mathrm{m/s})^2 = 0.400\ \mathrm{J}$．最終の運動エネルギーは $K_f = \frac{1}{2}m_1v_1^2 + \frac{1}{2}m_2v_2^2 = \frac{1}{2}(0.300\ \mathrm{kg})(1.07\ \mathrm{m/s})^2 + \frac{1}{2}(0.200\ \mathrm{kg})(1.00\ \mathrm{m/s})^2 = 0.273\ \mathrm{J}$．したがって，失われた運動エネルギーの割合は $(0.400\ \mathrm{J} - 0.273\ \mathrm{J})/(0.400\ \mathrm{J}) = 0.318$ つまり 31.8％．

8·29　金属板を，図のように y 方向の幅がそれぞれ 10 cm で x 方向に細長い 3 枚の金属板が一体化したものとみなす．金属板の面積密度を σ として，それぞれの板の質量 m と質量中心の座標は，

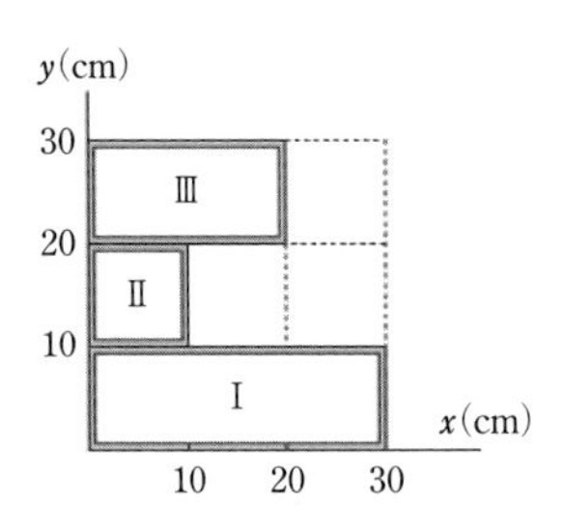

$m_{\mathrm{I}} = (30.0\ \mathrm{cm})(10.0\ \mathrm{cm})\sigma$,
　質量中心の座標 I ＝ (15.0 cm, 5.00 cm),

$m_{\mathrm{II}} = (10.0\ \mathrm{cm})(10.0\ \mathrm{cm})\sigma$,
　質量中心の座標 II ＝ (5.00 cm, 15.0 cm),

$m_{\mathrm{III}} = (20.0\ \mathrm{cm})(10.0\ \mathrm{cm})\sigma$,
　質量中心の座標 III ＝ (10.0 cm, 25.0 cm).

板全体の質量中心の位置ベクトル $\vec{r}_{中心}$ は，

$$\vec{r}_{中心} \equiv (\textstyle\sum m_i \vec{r}_i)/\sum m_i$$

で求められる．

$$\vec{r}_{中心} = \left(\frac{1}{\sigma(300\ \mathrm{cm}^2 + 100\ \mathrm{cm}^2 + 200\ \mathrm{cm}^2)}\right) \times \{\sigma[(300)(15.0\hat{i} + 5.00\hat{j}) + (100)(5.00\hat{i}+15.0\hat{j}) + (200)(10.0\hat{i}+25.0\hat{j})]\mathrm{cm}^3\}$$

つまり，$\vec{r}_{中心} = \dfrac{4500\hat{i}+1500\hat{j}+500\hat{i}+1500\hat{j}+2000\hat{i}+5000\hat{j}}{600}\ \mathrm{cm}$

したがって，$\vec{r}_{中心} = (11.7\hat{i} + 13.3\hat{j})\mathrm{cm}$ である．

別解：この板を 10 cm × 10 cm の正方形の板の集合系とみなせば，その質量中心の位置は正方形の中心であり，質量 m_i は互いに等しいから計算は簡単になる．つまり，$r_{\mathrm{CM}} = \sum_{i=1}^{N} r_i/N$．左上から右下に向かって番号を付けると，$r_{\mathrm{CM}_x} = (5\ \mathrm{cm} + 15\ \mathrm{cm} + 5\ \mathrm{cm} + 5\ \mathrm{cm} + 15\ \mathrm{cm} + 25\ \mathrm{cm})/6 = 11.7\ \mathrm{cm}$．$r_{\mathrm{CM}_y} = (25\ \mathrm{cm} + 25\ \mathrm{cm} + 15\ \mathrm{cm} + 5\ \mathrm{cm} + 5\ \mathrm{cm} + 5\ \mathrm{cm})/6 = 13.3\ \mathrm{cm}$.

8·30　図を参照し，酸素原子を座標の原点として図の上下方向に y 軸，左右方向に x 軸を定める．質量中心の位置座標は，$\vec{r}_{中心} \equiv (\sum m_i \vec{r}_i)/\sum m_i$ で求めればよい．$r_{中心}$ の y 座標が 0 であることは直ちにわかる．x 座標は $x_{中心} = \dfrac{\sum m_i x_i}{\sum m_i}$ により，

$$x_{\mathrm{CM}} = \left(\frac{1}{15.999\ \mathrm{u} + 1.008\ \mathrm{u} + 1.008\ \mathrm{u}}\right) \times [0 + 1.008\ \mathrm{u}(0.100\ \mathrm{nm})\cos 53.0° + 1.008\ \mathrm{u}(0.100\ \mathrm{nm})\cos 53.0°]$$

$$x_{\mathrm{CM}} = 0.006\,73\ \mathrm{nm}$$

つまり，$x_{中心}$ は酸素原子から測って 0.006 73 nm の位置．

8·31　(a) 質量中心の位置ベクトルは，

$$\vec{r}_{中心} = (\textstyle\sum m_i \vec{r}_i)/\sum m_i$$

であり，これを時間で微分すれば質量中心の速度となる．

$$\vec{v}_{中心} = \frac{\sum m_i \vec{v}_i}{M} = \frac{m_1\vec{v}_1 + m_2\vec{v}_2}{M}$$

$$= \left(\frac{1}{5.00\ \mathrm{kg}}\right)[(2.00\ \mathrm{kg})(2.00\hat{i}\ \mathrm{m/s} - 3.00\hat{j}\ \mathrm{m/s}) + (3.00\ \mathrm{kg})(1.00\hat{i}\ \mathrm{m/s} + 6.00\hat{j}\ \mathrm{m/s})]$$

$$\vec{v}_{中心} = (1.40\hat{i} + 2.40\hat{j})\mathrm{m/s}$$

(b) 質量が分布した系の質量中心とは，並進運動に関して，その位置に全質量が集中した“質点”とみなせる点のことである．したがって，

$$\vec{p} = M\vec{v}_{中心} = (5.00\ \mathrm{kg})(1.40\hat{i} + 2.40\hat{j})\mathrm{m/s}$$
$$= (7.00\hat{i} + 12.0\hat{j})\ \mathrm{kg\cdot m/s}$$

8·32　(a) 正面衝突をするのだから，2 個のボールの衝突前後の運動は一つの直線上にある．したがって，速度としては，その直線に沿う成分だけを考えればよい．2 個のボールの質量と初期の速度は，それぞれ $m_1 = 0.200\ \mathrm{kg}$, $v_{1i} = 1.50\ \mathrm{m/s}$, $m_2 = 0.300\ \mathrm{kg}$, $v_{2i} = -0.400\ \mathrm{m/s}$．衝突後の速度を v_{1f}, v_{2f} とする．運動量保存則は，$m_1v_{1i} + m_2v_{2i} = m_1v_{1f} + m_2v_{2f}$，つまり，

$$(0.200\ \mathrm{kg})(1.50\ \mathrm{m/s}) + (0.300\ \mathrm{kg})(-0.400\ \mathrm{m/s}) = (0.200\ \mathrm{kg})v_{1f} + (0.300\ \mathrm{kg})v_{2f} \qquad ①$$

弾性衝突だから反発係数は 1 であり，

$$-(v_{1i} - v_{2i})/(v_{1f} - v_{2f}) = 1$$

したがって，

$$v_{2f} - v_{1f} = 1.90\ \mathrm{m/s} \qquad ②$$

である．①,②式から，

$$v_{1f} = -0.780\ \mathrm{m/s} \qquad v_{2f} = 1.12\ \mathrm{m/s}$$

(b) 衝突前は，

$$v_{中心} = \frac{(0.200\ \mathrm{kg})(1.50\ \mathrm{m/s}) + (0.300\ \mathrm{kg})(-0.400\ \mathrm{m/s})}{0.500\ \mathrm{kg}}$$

$$v_{中心} = 0.360\ \mathrm{m/s}$$

衝突後は,

$$v_{\text{中心}} = \frac{(0.200\ \text{kg}) \times (-0.780\ \text{m/s}) + (0.300\ \text{kg}) \times (1.12\ \text{m/s})}{(0.500\ \text{kg})}$$
$$= 0.360\ \text{m/s}$$

衝突の前後で質量中心の速度は等しい．2 個のボールの系は外部からの力を受けない孤立系だから，そのような系での期待どおり，系の運動量つまり質量中心の速度が不変であることが確かめられた．

8·33 (a)

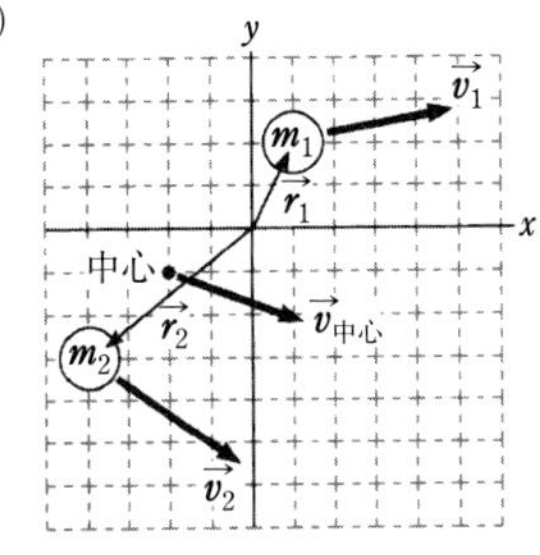

(b) N 個の物体の集合系において，i 番目の物体の質量 m_i と質量中心の位置 r_i がわかっているなら，集合系の質量中心 $r_{\text{中心}}$ は，$r_{\text{中心}} = \dfrac{\sum_{i=1}^{N} m_i r_i}{\sum_{i=1}^{N} m_i}$ で求められる．したがって，

$$\vec{r}_{\text{中心}} = \frac{m_1 \vec{r}_1 + m_2 \vec{r}_2}{m_1 + m_2}$$

$$\vec{r}_{\text{中心}} = \left(\frac{1}{2.00\ \text{kg} + 3.00\ \text{kg}}\right) \times [\,(2.00\ \text{kg})(1.00\ \text{m},\ 2.00\ \text{m}) + (3.00\ \text{kg})(-4.00\ \text{m},\ -3.00\ \text{m})\,]$$

$$\vec{r}_{\text{中心}} = (-2.00\hat{i} - 1.00\hat{j})\text{m}$$

(c) 系の全質量を M，全運動量を P として，

$$\vec{v}_{\text{中心}} = \frac{\vec{P}}{M} = \frac{m_1 \vec{v}_1 + m_2 \vec{v}_2}{m_1 + m_2}$$
$$= \left(\frac{1}{2.00\ \text{kg} + 3.00\ \text{kg}}\right) \times [\,(2.00\ \text{kg})(3.00\ \text{m/s},\ 0.50\ \text{m/s}) + (3.00\ \text{kg})(3.00\ \text{m/s},\ -2.00\ \text{m/s})\,]$$

$$\vec{v}_{\text{中心}} = (3.00\hat{i} - 1.00\hat{j})\text{m/s}$$

(d) $\vec{P} = M\vec{v}_{\text{中心}}$ であり，$M = m_1 + m_2 = 5\ \text{kg}$ だから，$\vec{P} = (15.0\hat{i} - 5.00\hat{j})\text{kg}\cdot\text{m/s}$

言うまでもなく，それぞれの質点の運動量の和 $\vec{P} = m_1\vec{v}_1 + m_2\vec{v}_2$ を計算しても同じ結果が得られる．

追加問題

8·34 (a) ばね が最も縮んだときは，2 つの滑走体は同じ速さ v で進む．この状態と衝突が起こる前の状態とに関する運動量保存則は，$(m_1 + m_2)v = m_1 v_1 + m_2 v_2$．したがって，$v = (m_1 v_1 + m_2 v_2)/(m_1 + m_2)$．

(b) ばね が最も縮んだときと衝突が起こる前に関する力学的エネルギー保存則（運動エネルギーと ばね のポテンシャルエネルギーの和に関する保存則）は，$\frac{1}{2}(m_1 + m_2)v^2 + \frac{1}{2}kx^2 = \frac{1}{2}m_1 v_1^2 + \frac{1}{2}m_2 v_2^2$．(a)で求めた v の式を代入して，

$$x_{\text{max}}^2 = \left(\frac{1}{k(m_1 + m_2)}\right) \times [\,(m_1 + m_2)m_1 v_1^2 + (m_1 + m_2)m_2 v_2^2 - (m_1 v_1)^2 - (m_2 v_2)^2 - 2m_1 m_2 v_1 v_2\,]$$

$$x_{\text{max}} = \sqrt{\frac{m_1 m_2 (v_1^2 + v_2^2 - 2v_1 v_2)}{k(m_1 + m_2)}}$$
$$= (v_1 - v_2)\sqrt{\frac{m_1 m_2}{k(m_1 + m_2)}}$$

(c) 2 つの滑走体の衝突前に離れている状態と，衝突後に再び離れた状態に関して，運動量保存則と運動エネルギー保存則が成り立つ．なぜなら，ばねは初期状態と最終状態のいずれでも自然の長さのままで伸縮はなく，ばねのひずみのポテンシャルエネルギーは無関係になるからである．衝突後に再び離れた状態での速さをそれぞれ $v_{1\text{f}}$, $v_{2\text{f}}$ とすると，$m_1 v_1 + m_2 v_2 = m_1 v_{1\text{f}} + m_2 v_{2\text{f}}$,

つまり　$m_1(v_1 - v_{1\text{f}}) = (v_{2\text{f}} - v_2)$　①

$$\frac{1}{2}m_1 v_1^2 + \frac{1}{2}m_2 v_2^2 = \frac{1}{2}m_1 v_{1\text{f}}^2 + \frac{1}{2}m_2 v_{2\text{f}}^2,$$

つまり　$m_1(v_1^2 - v_{1\text{f}}^2) = m_2(v_{2\text{f}}^2 - v_2^2)$

この 2 式を連立させて，2 つの未知数 $v_{1\text{f}}$, $v_{2\text{f}}$ を求めることができる．

後の式の両辺，前の式の両辺でそれぞれ割れば，

$(v_1 + v_{1\text{f}}) = (v_{2\text{f}} + v_2)$　②

となる．

②式と①式より，

$$v_{1\text{f}} = \frac{(m_1 - m_2)v_1 + 2m_2 v_2}{m_1 + m_2}$$

$$v_{2\text{f}} = \frac{2m_1 v_1 + (m_2 - m_1)v_2}{m_1 + m_2}$$

が得られる．

現実の物体の衝突では，2 物体には多かれ少なかれ必ず変形が生じる．しかし，それが弾性変形であれば，つまり力学的エネルギーが物体の内部エネルギーに変わることがなければ，物体の弾性変形は衝突の中間段階に現れるだけであり，衝突の前後の比較をする限り，変形のない“剛体”という理想化モデルは有効である．この問題の“ばね”は，そのような弾性変形をモデル化したものである．

8·35 これは完全非弾性衝突だから，運動量保存則は成り立つが，エネルギーについては内部エネルギーを含めた保存則が成り立つ．人の質量は $m = 60.0\ \text{kg}$，初期の速さは $v_\text{i} = 4.00\ \text{m/s}$，カートの質量は $M = 120\ \text{kg}$ である．

人とカートの最終の速さを v_f とする．動摩擦係数は $\mu_{動}$ = 0.400 である．動摩擦力を F とする．

(a) 最初と最後の運動量は等しい．$mv_i + 0 = (m+M)v_f$．つまり，$v_f = mv_i/(m+M) = (60.0\ \mathrm{kg}) \times (4.00\ \mathrm{m/s}) \times (60.0\ \mathrm{kg} + 120\ \mathrm{kg}) = 1.33\ \mathrm{m/s}$.

(b) $F = \mu_{動} mg = 0.400 \times (60.0\ \mathrm{kg}) \times (9.80\ \mathrm{m/s^2}) = 235\ \mathrm{N}$. 力の向きは，人の走る向きと逆.

(c) カートが人に及ぼす摩擦力による力積 I が，人の運動量の変化をもたらす．摩擦力の持続時間を t とすると，

$I = Ft = mv_f - mv_i$．つまり，

$$t = \frac{m(v_f - v_i)}{F} = m\left(\frac{mv_i}{m+M} - v_i\right)/\mu_{動} mg$$

$$= \frac{v_i\{-M/(m+M)\}}{-\mu_{動} g}$$

$$= \frac{4.00\ \mathrm{m/s}[120\ \mathrm{kg}/\{(60.0\ \mathrm{kg}) + (120\ \mathrm{kg})\}]}{0.400 \times 9.80\ \mathrm{m/s^2}}$$

$$= 0.680\ \mathrm{s}$$

(d) 人の運動量の変化は，$m(v_f - v_i) = m\{mv_i/(m+M) - v_i\} = mv_i\{-M/(m+M)\} = -(60.0\ \mathrm{kg}) \times (4.00\ \mathrm{m/s}) \times \{120\ \mathrm{kg}/(60.0\ \mathrm{kg} + 120\ \mathrm{kg})\} = -160\ \mathrm{N \cdot s}$．カートの運動量の変化は，$M(v_f - 0) = Mmv_i/(m+M) = (120\ \mathrm{kg}) \times (60.0\ \mathrm{kg}) \times (4.00\ \mathrm{m/s})/(60.0\ \mathrm{kg} + 120\ \mathrm{kg}) = 160\ \mathrm{N \cdot s}$. 確かに人の運動量の変化との合計はゼロであり，全運動量が保存していることがわかる.

(e) 人にはカートから一定の摩擦力が働く．したがって人は地面に対して等加速度運動(減速)をする．つまり，滑っている間に地面に対して移動する距離 $x_f - x_i$ は，滑っているときの平均の速さと時間の積で与えられる.

$$x_f - x_i = t(v_i + v_f)/2$$

$$= \frac{v_i\{-M/(m+M)\}}{-\mu_{動} g} \times \left(\frac{v_i + mv_i}{m+M}\right) \times \frac{1}{2}$$

$$= \frac{1}{2}\frac{v_i^2}{\mu_{動} g} \times \frac{M(2m+M)}{(m+M)^2}$$

$$= \frac{1}{2}\frac{(4.00\ \mathrm{m/s})^2}{(0.400 \times 9.80\ \mathrm{m/s^2})} \times \frac{120\ \mathrm{kg}(2 \times 60.0\ \mathrm{kg} + 120\ \mathrm{kg})}{(60.0\ \mathrm{kg} + 120\ \mathrm{kg})^2}$$

$$= 1.81\ \mathrm{m}$$

(f) (e)と同様に考えればよいが，平均の速さは $(0 + v_f)/2$ である((2·12)式).

$$\frac{tv_f}{2} = \frac{1}{2}\frac{v_i\{-M/(m+M)\}}{-\mu_{動} g} \times \frac{mv_i}{m+M}$$

$$= \frac{1}{2}\frac{mMv_i^2}{\mu_{動} g(m+M)^2}$$

$$= \frac{1}{2}\frac{60.0\ \mathrm{kg} \times 120\ \mathrm{kg} \times (4.00\ \mathrm{m/s})^2}{0.400 \times (9.80\ \mathrm{m/s^2}) \times (60.0\ \mathrm{kg} + 120\ \mathrm{kg})^2}$$

$$= 0.454\ \mathrm{m}$$

(g) $\frac{1}{2}mv_f^2 - \frac{1}{2}mv_i^2$

$$= \frac{1}{2}m\left[\left(\frac{mv_i}{m+M}\right)^2 - v_i^2\right]$$

$$= -\frac{1}{2}mMv_i^2\frac{2m+M}{(m+M)^2}$$

$$= -\frac{1}{2}(60.0\ \mathrm{kg}) \times (120\ \mathrm{kg}) \times (4.00\ \mathrm{m/s})^2 \times \frac{2 \times 60.0\ \mathrm{kg} + 120\ \mathrm{kg}}{(60.0\ \mathrm{kg} + 120\ \mathrm{kg})^2}$$

$$= -427\ \mathrm{J}$$

(h) $\frac{1}{2}Mv_f^2 - 0 = \frac{1}{2}M\left(\frac{mv_i}{m+M}\right)^2$

$$= \frac{1}{2}\frac{m^2Mv_i^2}{(m+M)^2}$$

$$= \frac{1}{2}\frac{(60.0\ \mathrm{kg})^2 \times (120\ \mathrm{kg}) \times (4.00\ \mathrm{m/s})^2}{(60.0\ \mathrm{kg} + 120\ \mathrm{kg})^2}$$

$$= 107\ \mathrm{J}$$

(i) 2通りの説明が可能．第一の説明はエネルギー保存則に基づく．摩擦力が働いたのだから，力学的エネルギーの一部が内部エネルギーに変わり，全エネルギーつまり運動エネルギーと内部エネルギーの和が保存する．したがって，人が失った運動エネルギーが，カートが得た運動エネルギーに等しくないのは当然であり，その差が内部エネルギーとなったのである．第二の説明は次のようである．人とカートには，大きさが等しく向きが逆の力が働いた．力と変位の積は運動エネルギーの変化に等しいが，人の変位はカートの変位より大きい．したがって，仕事が違うので，人が失った運動エネルギーはカートが得た運動エネルギーより大きいはずである.

8·36 運動量保存則が成り立つ．宇宙飛行士が装備品を宇宙船と逆の向きに投げ，その反作用を利用して宇宙船に戻る方向に十分な速度を得ようというわけである．宇宙飛行士を基準として考察する．装備を身に着けた宇宙飛行士の質量は $M = 150\ \mathrm{kg}$ で初期の速さは0，つまり全運動量は0である．宇宙飛行士が質量 m の装備品を，宇宙飛行士を基準として速度 $\vec{v}$ ($|\vec{v}| = 5.00\ \mathrm{m/s}$) で投げると，その運動量は $\vec{p} = m\vec{v}$ である．装備品を投げ終わった宇宙飛行士の質量は $M - m$ であり，その速度を $\vec{V}$ とすると，運動量は $\vec{P} = (M-m)\vec{V}$ となる．運動量保存則により，$0 = \vec{p} + \vec{P}$ だから，$\vec{V} = -m\vec{v}/(M-m)$ となる．宇宙飛行士が宇宙船から遠ざかり始めた初期の速さを $s = 20.0\ \mathrm{m/s}$ とすると，宇宙飛行士が宇宙船に戻るためには，$\vec{V}$ が宇宙船に向かう向きで大きさが $|\vec{V}| > s$ となればよい．大きさについて $|\vec{V}| = m|\vec{v}|/(M-m) > s$ であり，$M - m > 0$ は自明だから，$m > Ms/(|v| + s) = (20.0\ \mathrm{m/s}) \times (150\ \mathrm{kg})/(5.00\ \mathrm{m/s} + 20.0\ \mathrm{m/s}) = 120\ \mathrm{kg}$ で

ある．ということは，120 kg の装備品を投げた後で，最低限の装備として宇宙服は身に着けた宇宙飛行士の質量が 30 kg となり，そのようなことは考えられない．したがって，この問題の状況はありえないと言える．

8·37 弾丸の初期の速さを $v_{\rm i}$，弾丸と一体となった物体の初期の速さを $v_{\rm f}$ とする．運動量保存則により，$mv_{\rm i} = (M+m)v_{\rm f}$．物体がテーブルから床に距離 h だけ落下するに要する時間を t とすると，$h = \frac{1}{2}gt^2$．その間に水平方向には速さ $v_{\rm f}$ で進み，その距離が d だから $d = v_{\rm f}t$．この3つの式には3つの未知数 $v_{\rm i}, v_{\rm f}, t$ が含まれているから，それぞれを求めることができる．第2，第3の式から t を消去し，$v_{\rm f}$ を第1の式に代入して，

$$v_{\rm i} = \left(\frac{M+m}{m}\right)\sqrt{\frac{gd^2}{2h}}$$

8·38 (a) 斜面を滑り落ちて水平面を動く小物体の速度は $\vec{v}_1 = 4.00\ {\rm m/s}$ である．小物体が滑り落ちた後の台の速度を $\vec{v}_2$ とする．小物体と台を合わせた系の初期の運動量は0だから，運動量保存則により $m_1\vec{v}_1 + m_2\vec{v}_2 = 0$．したがって，$\vec{v}_2 = -m_1\vec{v}_1/m_2$ で左向き，その大きさは，

$$v_2 = (0.500\ {\rm kg})\times(4.00\ {\rm m/s})/(3.00\ {\rm kg}) = 0.667\ {\rm m/s}$$

(b) 小物体と台を合わせた系の力学的エネルギー保存則により，$m_1gh = \frac{1}{2}m_1v_1^2 + \frac{1}{2}m_2v_2^2$．(a)の結果を用いて，$m_1gh = \frac{1}{2}m_1v_1^2 + \frac{1}{2}m_2(m_1v_1/m_2)^2$．したがって，

$$h = \frac{1}{2}v_1^2\left[\frac{1+(m_1/m_2)}{g}\right]$$
$$= \frac{1}{2}\times(4.00\ {\rm m/s})^2\times\left(\frac{1+0.500\ {\rm kg}/3.00\ {\rm kg}}{9.80\ {\rm m/s^2}}\right)$$
$$= 0.952\ {\rm m}$$

8·39 質点の質量は $m = 3.00\ {\rm kg}$，速度は $\vec{v}_{\rm i} = 7.00\hat{j}\ {\rm m/s}$ である．質点には $\vec{F} = 12.0\hat{i}\ {\rm N}$ の合力が $\Delta t = 5.00\ {\rm s}$ の間作用する．

(a) 物体の最終速度を $\vec{v}_{\rm f}$ とする．力積 $\vec{I} = \vec{F}\Delta t = (12.0\hat{i}\ {\rm N})\times(5.00\ {\rm s}) = 60.0\hat{i}\ {\rm N\cdot s}$ であり，これが運動量の変化 $\Delta\vec{p} = m(\vec{v}_{\rm f} - \vec{v}_{\rm i})$ をもたらすから，$\vec{F}\Delta t = m(\vec{v}_{\rm f} - \vec{v}_{\rm i})$．したがって，$\vec{v}_{\rm f} = (\vec{F}\Delta t/m) + \vec{v}_{\rm i} = (12.0\hat{i}\ {\rm N})\times(5.00\ {\rm s})/(3.00\ {\rm kg}) + 7.00\hat{j}\ {\rm m/s} = (20.0\hat{i} + 7.00\hat{j})\ {\rm m/s}$ である．

(b) $\vec{a} = (\vec{v}_{\rm f} - \vec{v}_{\rm i})/\Delta t = \{(20.0\hat{i} + 7.00\hat{j})\ {\rm m/s} - 7.00\hat{j}\ {\rm m/s}\}/(5.00\ {\rm s}) = 4.00\hat{i}\ {\rm m/s^2}$

(c) $\vec{a} = \sum\vec{F}/m = (12.0\hat{i}\ {\rm N})/(3.00\ {\rm kg}) = 4.00\hat{i}\ {\rm m/s^2}$

(d) $\Delta\vec{r} = v_{\rm i}t + \frac{1}{2}\vec{a}t^2 = (7.00\hat{j}\ {\rm m/s})\times(5.00\ {\rm s}) + \frac{1}{2}(4.00\hat{i}\ {\rm m/s^2})(5.00\ {\rm s})^2 = (50.0\hat{i} + 35.0\hat{j})\ {\rm m}$

(e) $W = \vec{F}\cdot\Delta\vec{r} = (12.0\hat{i}\ {\rm N})\cdot(50.0\hat{i} + 35.0\hat{j})\ {\rm m} = 600\ {\rm J}$

(f) $\frac{1}{2}mv_{\rm f}^2 = \frac{1}{2}m\vec{v}_{\rm f}\cdot\vec{v}_{\rm f} = \frac{1}{2}\times 3.00\ {\rm kg}\times\{(20.0\hat{i} + 7.00\hat{j})\ {\rm m/s}\}\cdot\{(20.0\hat{i} + 7.00\hat{j})\ {\rm m/s}\}$
$= 600\ {\rm J} + 73.5\ {\rm J} = 673.5\ {\rm J}$

(g) $\frac{1}{2}mv_{\rm i}^2 + W = \frac{1}{2}\times 3.00\ {\rm kg}\times(7.00\ {\rm m/s})^2 + 600\ {\rm J} = 673.5\ {\rm J}$

(h) 異なる理論を用いて導いた(b)と(c)の結果は等しく，(f)と(g)の結果も等しい．3つの理論は等価だということがわかった．

8·40 ばね定数 $k = 3.85\ {\rm N/m}$，その縮みの大きさ $x = 8.00\ {\rm cm}$，左端につけた物体の質量 $m_1 = 0.250\ {\rm kg}$，右端につけた物体の質量 $m_2 = 0.500\ {\rm kg}$ であり，それぞれの速さを v_1, v_2 とすると，運動量保存則により v_1, v_2 の向きは互いに逆向きである．ばねが2物体を左右に押す力の大きさは，$F_{ばね} = kx_{\rm i} = (3.85\ {\rm N/m})\times(0.08\ {\rm m}) = 0.308\ {\rm N}$．これが最大静止摩擦力より大きいときに物体が動きうる．

(a) 摩擦がないとき，2物体–ばね系の運動量と力学的エネルギーが保存する．ばねは自然長に戻ると物体を押す力は0となり，物体の速さはそのときが最大である．その後は，2物体はばねから離れて互いに逆の向きに一定の速さで滑る．運動量保存則は，$0 + 0 = m_1v_{\rm 1max} - m_2v_{\rm 2max}$，力学的エネルギー保存則は，$\frac{1}{2}k_{\rm i}x^2 = \frac{1}{2}m_1v_{\rm 1max}{}^2 + \frac{1}{2}m_2v_{\rm 2max}{}^2$．前者の式より $v_{\rm 2max} = m_1v_{\rm 1max}/m_{\rm 2max}$ を後者の式に代入して，$\frac{1}{2}kx_{\rm i}{}^2 = \frac{1}{2}m_1v_{\rm 1max}{}^2\left(1 + \frac{m_1}{m_2}\right)$．これより，

$$v_{\rm 1max} = \sqrt{\frac{kx_{\rm i}{}^2m_2}{m_1(m_1+m_2)}}$$
$$= \sqrt{\frac{(3.85\ {\rm N/m})(0.08\ {\rm m})^2(0.500\ {\rm kg})}{0.250\ {\rm kg}\times(0.250\ {\rm kg} + 0.500\ {\rm kg})}} = 0.256\ {\rm m/s}$$

この速度は左向きである．この $v_{\rm 1max}$ を $v_{\rm 2max} = m_1v_{\rm 1max}/m_2$ に代入して，$v_{\rm 2max} = \frac{0.250\ {\rm kg}}{0.500\ {\rm kg}}\times(0.256\ {\rm m/s}) = 0.128\ {\rm m/s}$．これは右向きである．

(b) 動摩擦係数は $\mu_{動} = 0.100$ である．運動量保存則は孤立系で成り立つ．(自明な例としては，地面に落ちたボールが跳ね上がるとき，ボール–大地系で運動量が保存するがボールだけでは運動量保存則は成り立たない)．摩擦がある場合，水平面と2物体を合わせた系では運動量保存則が成り立つが，2物体だけでは成り立たない．たとえば，初期のばねの力が摩擦力より小さいとその物体は動きださない．エネルギーの考察では，ばねのポテンシャルエネルギーが，2物体の運動エネルギーおよび物体と面の内部エネルギーに変わるといえる．質量 $m_1 = 0.250\ {\rm kg}$ の物体に働く動摩擦力は，$F_{摩擦} = \mu_{動}m_1g = 0.100\times 0.250\ {\rm kg}\times(9.80\ {\rm m/s^2}) = 0.245\ {\rm N}$．ばねによる力は $F_{ばね} = 0.308\ {\rm N}$ だから，物体は動きだす．しかし，質量 $m_2 = 0.500\ {\rm kg}$ の物体に働く動摩擦力は，$F_{摩擦} = \mu_{動}m_2g = 0.490\ {\rm N}$．したがって，この物体は動かず，$v_{\rm 2max} = 0$ である．質量 m_1 の物体に左向きに作用する合力の大きさは，ばねが左向きに押す力の大きさから，動摩擦力を引いたもので与えられる．これが0になるまでは物体は加速され，0になったときに物体の速さは最大になる．このときのばねの縮みを $x_{\rm f}$ とすると，合力 $F_{合} = kx_{\rm f} - F_{摩擦}$．これが0になる $x_{\rm f}$

は，$x_f = F_{摩擦}/k = 0.245\ \text{N} / 3.85\ \text{N/m} = 0.0636\ \text{m}$．ばねのポテンシャルエネルギー，物体の運動エネルギー，摩擦による仕事の和は保存する．物体の移動距離は $x_i - x_f$ であることに注意して，$\frac{1}{2}kx_i^2 + 0 + 0 = \frac{1}{2}kx_f^2 + \frac{1}{2}m_1 v_{1max}^2 + F_{摩擦}(x_i - x_f)$．したがって，

$$v_{1max} = \sqrt{\frac{1}{m_1}(x_i - x_f)\{k(x_i + x_f) - 2\mu_{動} m_1 g\}}$$

$$= \sqrt{\frac{1}{0.250\ \text{kg}} \times (0.08\ \text{m} - 0.0636\ \text{m}) \times 3.85\ \text{N/m} \times (0.08\ \text{m} + 0.0636\ \text{m}) - 2 \times 0.100 \times (0.250\ \text{kg}) \times (9.80\ \text{m/s}^2)}$$

$= 0.0642\ \text{m/s}$．この速度は左向きである．

(c) 動摩擦係数が(b)の場合より大きいので，質量 m_2 の物体はやはり動かない．質量 m_1 の物体に働く動摩擦力は，$F_{摩擦} = \mu_{動} m_1 g = 0.462 \times 0.250\ \text{kg} \times (9.80\ \text{m/s}^2) = 1.132\ \text{N}$．これは $F_{ばね} = 0.308\ \text{N}$ より大きいから，この物体も動かない．したがって，全系は静止したままであり，

$$v_{1max} = v_{2max} = 0$$

8・41 (a) 2 質点系の全運動量は保存する．x 成分は $p_{1ix} + p_{2ix} = p_{1fx} + p_{2fx}$，つまり $-mv_i + 3mv_i = 0 + 3mv_{2x}$．これから $v_{2x} = \dfrac{2v_i}{3}$ が得られる．

y 成分は，$0 + 0 = -mv_{1y} + 3mv_{2y}$．これから $v_{1y} = 3v_{2y}$ が得られる．

力学的エネルギーが保存するから，$+\frac{1}{2}mv_i^2 + \frac{1}{2}3mv_i^2 = \frac{1}{2}mv_{1y}^2 + \frac{1}{2}3m(v_{2x}^2 + v_{2y}^2)$．

上で得た v_{2x} と v_{1y} の式を代入して，

$4v_i^2 = 9v_{2y}^2 + \dfrac{4v_i^2}{3} + 3v_{2y}^2$，　つまり　$v_{2y} = \dfrac{\sqrt{2}\,v_i}{3}$ となる．

(a) 上の考察より，$v_{1y} = 3v_{2y} = \sqrt{2}\,v_i$．$v_{1x} = 0$ だから，質量 m の質点の最終の速さは $v_{1f} = \sqrt{2}\,v_i$．また，$v_{2x} = \dfrac{2v_i}{3}$，$v_{2y} = \dfrac{\sqrt{2}\,v_i}{3}$ だから，質量 $3m$ の質点の最終の速さは，

$v_{2f} = \sqrt{v_{2x}^2 + v_{2y}^2} = \sqrt{\dfrac{2}{3}}\,v_i$．

(b) $\theta = \tan^{-1}\left(\dfrac{v_{2y}}{v_{2x}}\right)$ だから，　$\theta = \tan^{-1}\left(\dfrac{\sqrt{2}\,v_i}{3}\,\dfrac{3}{2v_i}\right)$

$$= 35.3°$$

8・42 ベルトに乗って動いている砂の山を想像すると，1 秒ごとに新たに 5 kg の砂が右向きの運動に加わることがわかる．時刻 t に動いている砂の全質量を m とする．水平に動く速さは $v = 0.750\ \text{m/s}$ であり，全運動量の大きさは $p = mv$ である．

(a) $\dfrac{dp}{dt} = \dfrac{d(mv)}{dt} = v\dfrac{dm}{dt} = (0.750\ \text{m/s})(5.00\ \text{kg/s})$

$$= 3.75\ \text{N}$$

(b) (a)で求めた運動量の変化は，摩擦力 F によって生じるのだから，$F = \dfrac{dp}{dt} = 3.75\ \text{N}$．

(c) 摩擦力の根源はモーターの力 $F_{外}$ だから，$F_{外} = F = 3.75\ \text{N}$．（すでに動いている砂を動かし続けるための力は不要．ベルトコンベアーシステムには摩擦がないとされているから，すでに動いている砂は運動量保存則によってそのまま動き続ける．）．別の考え方として，“力 = 質量 × 加速度”を使うと，Δt 時間に新たに運動を始める砂の質量は $5.00\ \text{kg/s} \times \Delta t$．その砂は Δt 時間の間に加速度 $v/\Delta t$ で加速される．したがって，$F_{外} = 5.00\ \text{kg/s} \times \Delta t \times v/\Delta t = 5.00\ \text{kg/s} \times 0.750\ \text{m/s} = 3.75\ \text{N}$．

(d) 時間 Δt の間に外力 $F_{外}$ は砂を乗せたベルトを $v\Delta t$ だけ動かす．したがって，時間 Δt の間に外力がする仕事は $\Delta W = F_{外}\Delta r = F_{外} v \Delta t$．1 秒あたりでは $\Delta t = 1\ \text{s}$ として，$\Delta W = 3.75\ \text{N} \times 0.750\ \text{m/s} \times 1\ \text{s} = 2.81\ \text{J}$．

(e) 時間 Δt の間に新たに速さ v の運動を始める砂の質量は $\Delta m = \Delta t \dfrac{dm}{dt} = 5.00\ \text{kg/s} \times \Delta t$．その運動エネルギーは $K = \frac{1}{2}\Delta m v^2 = \frac{1}{2} \times 5.00\ \text{kg/s} \times \Delta t \times (0.750\ \text{m/s})^2$．$\Delta t = 1\ \text{s}$ として，$K = 1.41\ \text{J}$．

(f) 砂はすぐに v で動き出すわけではなく，最初は摩擦力による等加速度運動をするので，その間の砂の移動距離はベルトの移動距離の半分になる．したがって，砂の運動エネルギーは，外力による仕事の半分にしかならない．

8・43 時刻 $t = 0$ に鎖が落ち始めるとする．時刻 $t(>0)$ に，まだテーブルに落ちていない部分の長さは $L-x$．その質量は $m = M\left(\dfrac{L-x}{L}\right)$ である．これが下向きに動く速さを v とすると，鎖の下向きの運動量は $p = M\left(\dfrac{L-x}{L}\right)v$．

この運動量の変化率は，

$$\frac{dp}{dt} = \frac{M}{L}\frac{d(L-x)v}{dt} = \frac{M}{L}\left[(L-x)\frac{dv}{dt} - \frac{dx}{dt}v\right]$$

第 1 項の運動量変化の起因は，まだテーブルに触れていない長さ $L - x$ の鎖の速さの時間変化 dv/dt である．これは長さ $L - x$ の鎖が，単に重力によって下向きに加速されていることを意味するだけであり，テーブルからの垂直抗力の原因とはならない．第 2 項の意味は，変化率 $\dfrac{M}{L}\dfrac{dx}{dt}$ の質量が，速さ v でテーブルに衝突することによる運動量の変化率であり，これが求める力の起因である．したがって，テーブルが鎖に及ぼす力の大きさを F とすると，$F = \dfrac{M}{L}\dfrac{dx}{dt}v$．$dx/dt = v$ だから，$F = (M/L)v^2$．v は重力による落下の速さだから $\frac{1}{2}gt^2 = x$，$v = gt$ より，$v^2 = 2gx$ となる．したがって，$F = (M/L)2gx$．さらに，すでに落ちている質量 $(M/L)x$ の鎖に対する垂直抗力 $(M/L)gx$ が加わ

るから，テーブルから鎖に働く合力は$(M/L)3gx$となる．これは鎖の落下とともに$x = L$となるまで増大し，最大値は$3Mg$である．その後は落下してくる鎖はなく，落ちてしまっている全部の鎖の質量Mによる垂直抗力Mgだけになる．

8·44 宇宙船の質量は時間とともに減少していく．ある瞬間の宇宙船の質量をM，速度をVとすると，宇宙船の運動量はMVである．そのときから時間Δtの間に，流体の噴出によって減少する宇宙船の質量は，

$$-\Delta M = (\mathrm{d}M/\mathrm{d}t)\Delta t$$

と書けるが，このΔMは噴出した流体の質量に等しい．流体の噴出速度をvとすると，噴出した流体の運動量は$\Delta Mv = (\mathrm{d}M/\mathrm{d}t)\Delta tv$である．

運動量保存則により，宇宙船の運動量は$\Delta p = -\Delta Mv = -(\mathrm{d}M/\mathrm{d}t)\,\Delta tv$だけ変化する．

この式は，$\mathrm{d}p/\mathrm{d}t = -(\mathrm{d}M/\mathrm{d}t)v$を意味するが，

$\mathrm{d}p/\mathrm{d}t = M\mathrm{d}v/\mathrm{d}t$　　だから，

加速度$\mathrm{d}v/\mathrm{d}t = -(\mathrm{d}M/\mathrm{d}t)(v/M)$となる．したがって，

$$-(\mathrm{d}M/\mathrm{d}t) = (M/v)(\mathrm{d}v/\mathrm{d}t) = \{(3500\ \mathrm{kg})/(70.0\ \mathrm{m/s})\} \times (2.45 \times 10^{-5}\ \mathrm{m/s^2})$$

1時間ではこれに3600 sを掛けて，1時間当たりに漏れ出す流体の質量は4.41 kg.

8·45 (a) ロケットの質量は時間とともに減少していく．時刻$t(>0)$におけるロケットの質量をM，速度をVとする．時間Δtの間に噴射する燃料の質量は$k\Delta t$，噴射の速さは$v_{噴射}$だから，噴射した燃料の運動量の大きさは$\Delta p = k\Delta t v_{噴射}$である．

運動量保存則により，ロケットは$\Delta P = \Delta p$だけの運動量を得るから，$\Delta P = M\Delta V = k\Delta t v_{噴射}$. $k = -\mathrm{d}M/\mathrm{d}t$だから，$M\Delta V = -\mathrm{d}M/\mathrm{d}t\,\Delta t v_{噴射}$となる．

この式より $\dfrac{\mathrm{d}V}{\mathrm{d}t} = -v_{噴射}\dfrac{\mathrm{d}M}{\mathrm{d}t}\dfrac{1}{M}$ が得られる．VもMもtとともに変化することに注意し，両辺をtに関して$t = 0$からある時刻$t(>0)$まで積分すれば，

$V = v_{噴射}\ln(M_\mathrm{i}/M_t)$となる．ただし，$M_t$は時刻$t$におけるロケットの質量で，$M_t = M_i - kt$である．

以上により，$V = v_{噴射}\ln(M_\mathrm{i}/M_t) = -v_{噴射}\ln\left(\dfrac{M_\mathrm{i} - kt}{M_\mathrm{i}}\right)$

$$= -v_{噴射}\ln\left(1 - \frac{kt}{M_\mathrm{i}}\right)$$

(b) $v_{噴射} = 1500\ \mathrm{m/s}$，$k = 2.50\ \mathrm{kg/s}$，$M_\mathrm{i} = 360\ \mathrm{kg}$を代入して，

$$V = -(1500\ \mathrm{m/s})\ln\left(1 - \frac{t}{144\ \mathrm{s}}\right)$$

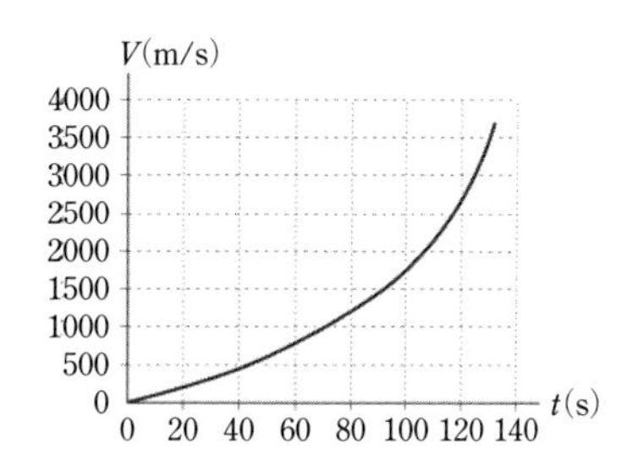

(c) 加速度は(a)で求めた速さVを時間tで微分して得られる．

$$a(t) = \mathrm{d}V(t)/\mathrm{d}t = \left(\frac{-v_{噴射}(-k/M_\mathrm{i})}{1-(kt/M_\mathrm{i})}\right) = kv_{噴射}/(M_\mathrm{i} - kt)$$

(d) $v_{噴射} = 1500\ \mathrm{m/s}$，$k = 2.50\ \mathrm{kg/s}$，$M_\mathrm{i} = 360\ \mathrm{kg}$を(c)で得た表式に代入して，

$$a(t) = \frac{(2.50\ \mathrm{kg/s}) \times (1500\ \mathrm{m/s})}{360\ \mathrm{kg} - 2.50\ \mathrm{kg/s} \times t}$$

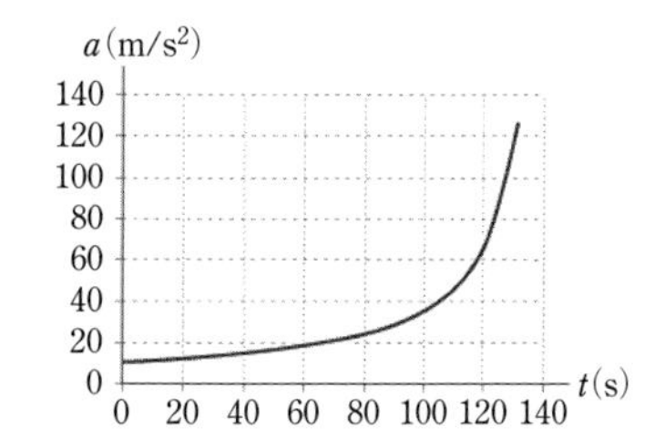

(e) (a)で得た速さVの表式を時間tについて，$t = 0$から任意の$t\ (0 < t < T = 132\ \mathrm{s})$まで積分すればよい．

$$x(t) = \int_0^t V\,\mathrm{d}t = -v_{噴射}\int_0^t \ln\left(1 - \frac{kt}{M_\mathrm{i}}\right)\mathrm{d}t$$

積分公式 $\int \ln ax\,\mathrm{d}x = (x\ln ax) - x$ （付録B参照）を用いて，

$x(t) = v_{噴射}(M_\mathrm{i}/k - t)\ln(1 - kt/M_\mathrm{i}) + v_{噴射}t$ となる．

(f) $v_{噴射} = 1500\ \mathrm{m/s}$，$k = 2.50\ \mathrm{kg/s}$，$M_\mathrm{i} = 360\ \mathrm{kg}$を(e)で得た表式に代入して，

$$x(t) = (1500\ \mathrm{m/s}) \times \left(\frac{360\ \mathrm{kg}}{2.50\ \mathrm{kg/s}} - t\right)\ln\left(1 - \frac{2.50\ \mathrm{kg/s} \times t}{360\ \mathrm{kg}}\right) + (1500\ \mathrm{m/s}) \times t$$

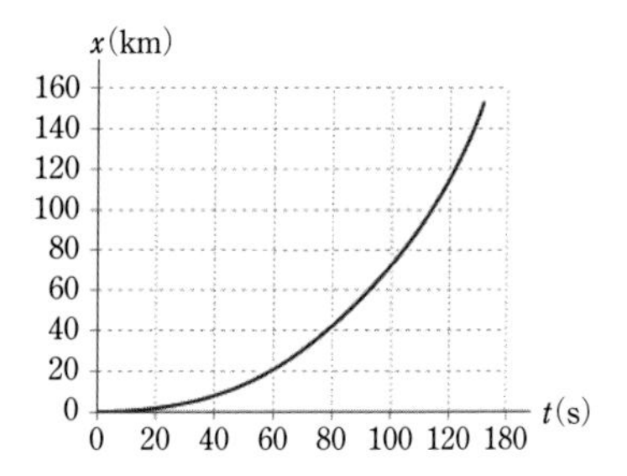

9章　回転運動

9·1　(a)　$\theta|_{t=0} = 5.00\ \text{rad}$

$$\omega|_{t=0} = \frac{d\theta}{dt}\bigg|_{t=0} = 10.0 + 4.00t|_{t=0} = 10.0\ \text{rad/s}$$

$$\alpha|_{t=0} = \frac{d\omega}{dt}\bigg|_{t=0} = 4.00\ \text{rad/s}^2$$

(b)　$\theta|_{t=3.00\,\text{s}} = 5.00 + 30.0 + 18.0 = 53.0\ \text{rad}$

$$\omega|_{t=3.00\,\text{s}} = \frac{d\theta}{dt}\bigg|_{t=3.00\,\text{s}} = 10.0 + 4.00t|_{t=3.00\,\text{s}} = 22.0\ \text{rad/s}$$

$$\alpha|_{t=3.00\,\text{s}} = \frac{d\omega}{dt}\bigg|_{t=3.00\,\text{s}} = 4.00\ \text{rad/s}^2$$

9·2　直線上の運動について，加速度を時間で積分して速度を求め，それを時間で積分して変位を求めるのと同じ手順を踏めばよい．

$$\alpha = \frac{d\omega}{dt} = 10 + 6t \rightarrow \int_0^{\omega} d\omega = \int_0^t (10 + 6t)\,dt$$

$$\rightarrow \omega - 0 = 10t + \frac{6}{2}t^2$$

$$\omega = \frac{d\theta}{dt} = 10t + 3t^2 \rightarrow \int_0^{\theta} d\theta = \int_0^t (10t + 3t^2)\,dt$$

$$\rightarrow \theta - 0 = \frac{10t^2}{2} + \frac{3t^3}{3}$$

$\theta = 5t^2 + t^3$　　$t = 4.00\ \text{s}$ のとき

$\theta = 5(4.00\ \text{s})^2 + (4.00\ \text{s})^3 = 144\ \text{rad}$

9·3　(a)　$\alpha = \dfrac{\Delta\omega}{\Delta t} = \dfrac{1.00\ \text{回転/s} - 0}{30.0\ \text{s}}$

$$= \left(3.33 \times 10^{-2}\ \frac{\text{回転}}{\text{s}^2}\right)\left(2\pi\frac{\text{rad}}{1\ \text{回転}}\right) = 0.209\ \text{rad/s}^2$$

(b) 2倍になる．角速度の変化率が角加速度だから，ある時間範囲の変化率を2倍にすれば，到達する角速度は2倍になる．

9·4　直線上の等加速度運動での加速度と変位の関係と同じである．

$$\omega_f = 2.51 \times 10^4\ \text{回転/min} = 2.63 \times 10^3\ \text{rad/s}$$

(a)　$\alpha = \dfrac{\omega_f - \omega_i}{t} = \dfrac{2.63 \times 10^3\ \text{rad/s} - 0}{3.20\ \text{s}} = 8.21 \times 10^2\ \text{rad/s}^2$

(b)　$\theta_f = \omega_i t + \frac{1}{2}\alpha t^2 = 0 + \frac{1}{2}(8.21 \times 10^2\ \text{rad/s}^2)(3.20\ \text{s})^2 = 4.21 \times 10^3\ \text{rad}$

9·5　角速度は，$\omega = 5.00\ \text{回転/s} = 5.00 \times 2\pi\ \text{rad/s} = 10.00\,\pi\ \text{rad/s}$ である．等角加速度かどうか指定されていないので，平均値で考察すればよい．回転数が増す段階の角加速度の平均値は，$\alpha_1 = \omega/t_1$．したがって，角度の変位は $\theta_1 = \frac{1}{2}\alpha_1 t_1^2 = \frac{1}{2}(\omega/t_1)t_1^2 = \frac{1}{2}\omega t_1 = \frac{1}{2} \times (10.00\pi\ \text{rad/s}) \times (8.00\ \text{s}) = 40.0\pi\ \text{rad}$．減速するときの角加速度は，$\alpha_2 = -\omega/t_2$．角度の変位は $\theta_2 = \omega t_2 + \frac{1}{2}\alpha_2 t_2^2 = \omega t_2 + \frac{1}{2}(-\omega/t_2)t_2^2 = \frac{1}{2}\omega t_2 = \frac{1}{2} \times (10.00\pi\ \text{rad/s}) \times (12.00\ \text{s}) = 60.0\pi\ \text{rad}$．角度の変位の和は，$40.0\pi\ \text{rad} + 60.0\pi\ \text{rad} = 100\pi\ \text{rad}$．これを1回転の角度 $2\pi\ \text{rad}$ で割って，50.0回転ということになる．

9·6　一定の角加速度 α で $t = 10.0\ \text{s}$ のあいだ加速し，到達した角速度は $\omega = \alpha t = 8.00\ \text{rad/s}$ である．したがって，この間の角度の変位は $\theta = \frac{1}{2}at^2 = \frac{1}{2}(\omega/t)t^2 = \frac{1}{2}\omega t = \frac{1}{2}(8.00\ \text{rad/s})(10.0\ \text{s}) = 40.0\ \text{rad}$．50.0 rad 回転したということと矛盾する．

9·7　$1.00 \times 10^2\ \text{回転/min} = 1.00 \times 10^2 \times (2\pi\ \text{rad})/(60\ \text{s}) = \frac{10}{3}\pi\ \text{rad/s}$ だから，初期の角速度 $w_i = \frac{10}{3}\pi\ \text{rad/s}$.

(a) 初期の角速度 ω_i が，一定で負の角加速度 $\alpha = -2.00\ \text{rad/s}^2$ で，時間 t の後に0になる．したがって，$0 = \omega_i + \alpha t$．つまり，

$$t = -\frac{\omega_i}{\alpha} = \frac{-\frac{10}{3}\pi\ \text{rad/s}}{-2.00\ \text{rad/s}^2} = 5.24\ \text{s}$$

(b) 回転した角度は，

$$\theta = \omega_i t + \frac{1}{2}\alpha t^2 = \omega_i\left(-\frac{\omega_i}{\alpha}\right) + \frac{1}{2}\alpha\left(-\frac{\omega_i}{\alpha}\right)^2$$

$$= -\frac{1}{2}\left(\frac{10}{3}\pi\ \text{rad/s}\right)^2 / (-2.00\ \text{rad/s}^2) = 27.4\ \text{rad}$$

9·8　初期の角速度は $\omega_i = 3600\ \text{回転/min} = 3.77 \times 10^2\ \text{rad/s}$ で，最終の角速度は0．角加速度を α，停止するまでの時間を t とすると，$0 = \omega_i + \alpha t$ だから $t = -\omega_i/\alpha$．回転角度は $\theta = 50.0\ \text{回転} = 3.14 \times 10^2\ \text{rad}$．$\theta = \omega_i t + \frac{1}{2}\alpha t^2 = \omega_i(-\omega_i/\alpha) + \frac{1}{2}\alpha(-\omega_i/\alpha)^2 = -\frac{1}{2}(\omega_i^2/\alpha)$．したがって，$\alpha = -\frac{1}{2}(\omega_i^2/\theta) = -\frac{1}{2}(3.77 \times 10^2\ \text{rad/s})^2/(3.14 \times 10^2\ \text{rad}) = -2.26 \times 10^2\ \text{rad/s}^2$.

9·9　半径 $r = 1.00\ \text{m}$, 角加速度 $\alpha = 4.00\ \text{rad/s}^2$，初期の角速度 $\omega_i = 0$，初期の角度 $\theta_i = 57.3° = 1.00\ \text{rad}$ である．

(a)　$\omega_f = \omega_i + \alpha t = 0 + (4.00\ \text{rad/s}^2) \times 2.00\ \text{s} = 8.00\ \text{rad/s}$.

(b)　$v = r\omega = (1.00\ \text{m})(8.00\ \text{rad/s}) = 8.00\ \text{m/s}$

(c)　半径方向の加速度は $|a_{\text{半径}}| = a_{\text{向心}} = r\omega^2 = (1.00\ \text{m})(8.00\ \text{rad/s})^2 = 64.0\ \text{m/s}^2$

接線方向の加速度は $a_{\text{接線}} = r\alpha = (1.00\ \text{m})(4.00\ \text{rad/s}^2) = 4.00\ \text{m/s}^2$．求める加速度はこれらをベクトル合成したものであり，大きさが，

$a = \sqrt{a_{半径}{}^2 + a_{接線}{}^2} = \sqrt{(64.0\ \mathrm{m/s^2})^2 + (4.00\ \mathrm{m/s^2})^2}$
$= 64.1\ \mathrm{m/s^2}$

(d)　その向きは，半径方向となす角を ϕ として，

$$\phi = \tan^{-1}\left(\frac{a_{接線}}{a_{向心}}\right) = \tan^{-1}\left(\frac{4.00}{64.0}\right) = 3.58^\circ$$

9・10 (a)　$\omega = 2\pi f = \dfrac{2\pi\ \mathrm{rad}}{1\ 回転}\left(\dfrac{1200\ 回転}{60.0\ \mathrm{s}}\right)$
$= 126\ \mathrm{rad/s}$

(b)　$v = \omega r = (126\ \mathrm{rad/s})(3.00 \times 10^{-2}\ \mathrm{m})$
$= 3.77\ \mathrm{m/s}$　向きは円周の接線方向.

(c)　$a_{向心} = \omega^2 r = (126\ \mathrm{rad/s})^2(8.00 \times 10^{-2}\ \mathrm{m})$
$= 1260\ \mathrm{m/s^2}$　円板の中心を向く.

(d)　$s = r\theta = \omega rt = (126\ \mathrm{rad/s})(8.00 \times 10^{-2}\ \mathrm{m})(2.00\ \mathrm{s})$
$= 20.1\ \mathrm{m}$

9・11 この自動車は接線方向に加速されるが，同時に，円運動をしているから円の中心方向にも加速される．加速の元となる外力は，走路が車輪に及ぼす静止摩擦力である．一般に，円運動は接線方向と半径方向の成分に分けて考えることができるが，静止摩擦に関しては要注意である．つまり，一つの方向に滑りが起こると，これに直交する方向にも滑りが起こる．なぜなら，どの方向にも滑りがないときにだけ，2 物体の接触が静的でありうるからである．

自動車の質量を m，静止摩擦係数を $\mu_{静}$ とする．接線加速度が a だから，接線方向の静止摩擦力の大きさ $f_{静//} = ma$．これは時間によらず一定である．円周の半径を r とすると，角加速度は $\alpha = a/r$．時刻 $t = 0$ に自動車がスタートし，時刻 t に滑り始めるとすると，そのときの角速度 $w = \alpha t$ で，それまでの角度の変位は，

$$\theta = \frac{1}{2}\alpha t^2 = \frac{1}{2}(a/r)t^2 = \pi/2$$

である．このとき，円の半径方向の向心力をもたらす静止摩擦の大きさは，

$$f_{静\perp} = Mrw^2 = Mr(a/r)^2 t^2$$

である．$f_{静//}$ と $f_{静\perp}$ を合成した力が最大静止摩擦力 $mg\mu_{静}$ に達して自動車が滑り始める．したがって，

$$\sqrt{(f_{静//}{}^2 + f_{静\perp}{}^2)} = ma\sqrt{1 + (at^2/r)^2} = mg\mu_{静}$$

と　$\dfrac{1}{2}(a/r)\,t^2 = \pi/2$

の 2 式から at^2/r を消去して，

$$\mu_{静} = (a/g)\sqrt{(1 + \pi^2)}$$

である.

9・12 (a)　$\omega_{\mathrm{i}} = \dfrac{v}{r} = \dfrac{1.30\ \mathrm{m/s}}{0.023\ \mathrm{m}} = 56.5\ \mathrm{rad/s}$

(b)　$\omega_{\mathrm{f}} = \dfrac{1.30\ \mathrm{m/s}}{0.058\ \mathrm{m}} = 22.4\ \mathrm{rad/s}$

(c)　$\omega_{\mathrm{f}} = \omega_{\mathrm{i}} + \alpha t$

$$\alpha = \frac{22.4\ \mathrm{rad/s} - 56.5\ \mathrm{rad/s}}{[74 \times 60 + 33]\mathrm{s}} = \frac{-34.1\ \mathrm{rad/s}}{4473\ \mathrm{s}}$$
$= -7.63 \times 10^{-3}\ \mathrm{rad/s^2}$

(d)　$\theta_{\mathrm{f}} - \theta_{\mathrm{i}} = \frac{1}{2}(\omega_{\mathrm{f}} + \omega_{\mathrm{i}})\,t = \frac{1}{2}[(56.5 + 22.4)\mathrm{rad/s}] \times (4473\ \mathrm{s})$
$= 1.77 \times 10^5\ \mathrm{rad}$

(e)　$x = vt = (1.30\ \mathrm{m/s})(4\,473\ \mathrm{s}) = 5.81 \times 10^3\ \mathrm{m}$

9・13 (a)　$v = r\omega$
$= \left(\dfrac{0.152\ \mathrm{m}}{2}\right)(76\ 回転/\mathrm{min})\left(\dfrac{2\pi\ \mathrm{rad}}{1\ 回転}\right)\left(\dfrac{1\ \mathrm{min}}{60\ \mathrm{s}}\right)$
$= 0.605\ \mathrm{m/s}$

(b) (a)で求めた速さでチェーンが後輪スプロケット(ギア)を回転させるのだから，

$$\omega = \frac{v}{r} = \frac{0.605\ \mathrm{m/s}}{(0.070\ \mathrm{m})/2} = 17.3\ \mathrm{rad/s}$$

(c) (b)で求めた角速度で後輪が回転する.

$$v = r\omega = \left(\frac{0.673\ \mathrm{m}}{2}\right)(17.3\ \mathrm{rad/s}) = 5.82\ \mathrm{m/s}$$

(d) ペダルクランクの長さは不要.

9・14 針を一様な棒とみなして，針の慣性モーメントを求める．長さ L，質量 M の一様な棒の慣性モーメントは $I = \frac{1}{3}ML^2$ であり，その回転の運動エネルギーは $K = \frac{1}{2}I\omega^2$．長針の $I_{長} = 100\ \mathrm{kg} \times (4.50\ \mathrm{m})^2/3 = 675\ \mathrm{kg \cdot m^2}$．短針の $I_{短} = 60.0\ \mathrm{kg} \times (2.70\ \mathrm{m})^2/3 = 146\ \mathrm{kg \cdot m^2}$．長針の角速度 $\omega_{長} = 2\pi/60\ \mathrm{min} = 2\pi/3600\ \mathrm{s} = 1.75 \times 10^{-3}\ \mathrm{rad/s}$．短針の角速度 $\omega_{短} = 2\pi/12\ \mathrm{h} = 2\pi/(12 \times 3600\ \mathrm{s}) = 1.45 \times 10^{-4}\ \mathrm{rad/s}$．以上より，

$K = \frac{1}{2}(146\ \mathrm{kg \cdot m^2})(1.45 \times 10^{-4}\ \mathrm{rad/s})^2$
$+ \frac{1}{2}(675\ \mathrm{kg \cdot m^2})(1.75 \times 10^{-3}\ \mathrm{rad/s})^2 = 1.04 \times 10^{-3}\ \mathrm{J}$

9・15 それぞれの質点の質量と，回転軸からの距離は，

$m_1 = 4.00\ \mathrm{kg}$　　$r_1 = |y_1| = 3.00\ \mathrm{m}$
$m_2 = 2.00\ \mathrm{kg}$　　$r_2 = |y_2| = 2.00\ \mathrm{m}$
$m_3 = 3.00\ \mathrm{kg}$　　$r_3 = |y_3| = 4.00\ \mathrm{m}$

回転軸(x 軸)のまわりの角速度は，$\omega = 2.00\ \mathrm{rad/s}$.

(a)　$I_x = m_1 r_1{}^2 + m_2 r_2{}^2 + m_3 r_3{}^2$
$I_x = (4.00\ \mathrm{kg})(3.00\ \mathrm{m})^2 + (2.00\ \mathrm{kg})(2.00\ \mathrm{m})^2 + (3.00\ \mathrm{kg})(4.00\ \mathrm{m})^2$
$= 92.0\ \mathrm{kg \cdot m^2}$

(b)　$K = \frac{1}{2}I_x\omega^2 = \frac{1}{2}(92.0\ \mathrm{kg \cdot m^2})(2.00\ \mathrm{m})^2$
$= 184\ \mathrm{J}$

(c)　$v_1 = r_1\omega = (3.00\ \mathrm{m})(2.00\ \mathrm{rad/s}) = 6.00\ \mathrm{m/s}$
$v_2 = r_2\omega = (2.00\ \mathrm{m})(2.00\ \mathrm{rad/s}) = 4.00\ \mathrm{m/s}$
$v_3 = r_3\omega = (4.00\ \mathrm{m})(2.00\ \mathrm{rad/s}) = 8.00\ \mathrm{m/s}$

(d)　$K_1 = \frac{1}{2}m_1 v_1{}^2 = \frac{1}{2}(4.00\ \mathrm{kg})(6.00\ \mathrm{m/s})^2 = 72.0\ \mathrm{J}$
$K_2 = \frac{1}{2}m_2 v_2{}^2 = \frac{1}{2}(2.00\ \mathrm{kg})(4.00\ \mathrm{m/s})^2 = 16.0\ \mathrm{J}$
$K_3 = \frac{1}{2}m_3 v_3{}^2 = \frac{1}{2}(3.00\ \mathrm{kg})(8.00\ \mathrm{m/s})^2 = 96.0\ \mathrm{J}$
$K = K_1 + K_2 + K_3 = 72.0\ \mathrm{J} + 16.0\ \mathrm{J} + 96.0\ \mathrm{J}$
$= 184\ \mathrm{J} = \frac{1}{2}I_x\omega^2$

(e) (b)の運動エネルギーと(d)の運動エネルギーは等しい．つまり，“回転の運動エネルギー”とは言っても，“回転”が特段の役割を演じるわけではなく，質点の一瞬一瞬の並進運動の運動エネルギーにほかならないことがわかる．

9·16 (a) 2個の物体を載せた投石器と地球を合わせた系は孤立系であり，摩擦はないので系の力学的エネルギーが保存される．回転軸からm_1までの長さは$r_1 = 3.00\ \mathrm{m} - 0.140\ \mathrm{m} = 2.86\ \mathrm{m}$，$m_2$までの長さは$r_2 = 0.140\ \mathrm{m}$である．質量$m_1$の物体がかごから飛び出さない限りでは，投石器の慣性モーメントは$I = m_1 r_1^2 + m_2 r_2^2$であり，その回転の運動エネルギーは，角速度を$\omega$として$K_\mathrm{i} = \frac{1}{2} I\omega^2$である．棒が水平状態にあるときの重力ポテンシャルエネルギーを$U_\mathrm{i} = 0$とすると，投石器を水平状態で静かに放す瞬間の系の全エネルギーは$E_\mathrm{i} = K_\mathrm{i} + U_\mathrm{i} = 0$である．棒が時計回りに$\theta$だけ傾いたときの$U = m_1 g\, r_1 \sin\theta - m_2 g\, r_2 \sin\theta = (m_1 r_1 - m_2 r_2) g \sin\theta$だが，$m_1 r_1 - m_2 r_2 = (0.120\ \mathrm{kg}) \times (2.86\ \mathrm{m}) - (60.0\ \mathrm{kg}) \times (0.14\ \mathrm{m}) < 0$だから，投石器を静かに放すと質量$m_2$の物体は下に向かって下がり，$\theta = \pi/2$で最下点に達してポテンシャルエネルギー$U_\mathrm{f} = (m_1 r_1 - m_2 r_2) g$は負で絶対値が最大になる．このとき系の運動エネルギー$K_\mathrm{f} = \frac{1}{2} I\omega_\mathrm{f}^2$は，全エネルギー$E_\mathrm{f} = K_\mathrm{f} + U_\mathrm{f} = E_\mathrm{i} = 0$より，$K_\mathrm{f}$は正で最大になり$K_\mathrm{f} = \frac{1}{2} I\omega_\mathrm{f}^2 = -U_\mathrm{f} = -(m_1 r_1 - m_2 r_2) g$．つまり，角速度の最大値は，

$$\omega_\mathrm{f} = \sqrt{\frac{-2(m_1 r_1 - m_2 r_2) g}{I}} = \sqrt{\frac{-2(m_1 r_1 - m_2 r_2)\, g}{m_1 r_1^2 + m_2 r_2^2}}$$

したがって，$\theta = \pi/2$のとき質量m_1の物体の速さが最大で，$v_{1\mathrm{f}} = r_1 \omega_\mathrm{f}$．数値を代入して，

$$v_{1\mathrm{f}} = (2.86\ \mathrm{m}) \times \sqrt{\frac{-2(0.120\ \mathrm{kg}) \times (2.86\ \mathrm{m}) - (60.0\ \mathrm{kg}) \times (0.14\,0\ \mathrm{m})(9.80\ \mathrm{m/s^2})}{(0.120\ \mathrm{kg})(2.86\ \mathrm{m})^2 + (60.0\ \mathrm{kg})(0.140\ \mathrm{m})^2}}$$

$$= 24.5\ \mathrm{m/s}$$

別解: 2物体と棒を合わせた慣性モーメントを考えず，次のように2物体のエネルギーを個別に考えてもよい．棒が水平のときの2物体の高さを重力ポテンシャルエネルギーの基準点とすると，系の初期のポテンシャルエネルギー$U_\mathrm{i} = 0$．初期状態では2物体は静止しているから初期の運動エネルギー$K_\mathrm{i} = 0$．したがって，系の初期の全力学的エネルギーは$E_\mathrm{i} = K_\mathrm{i} + U_\mathrm{i} = 0$．投石器が時計回りに角度$\theta$だけ回転したとき，2物体の全ポテンシャルエネルギーは$U = (m_1 r_1 - m_2 r_2)\, g \sin\theta$．$m_1 r_1 - m_2 r_2 < 0$だから，ポテンシャルエネルギーは$\theta = \pi/2$で最小値$U_\mathrm{f} = (m_1 r_1 - m_2 r_2)\, g\ (< 0)$をとる．全力学的エネルギーの保存則により，$E_\mathrm{f} = E_\mathrm{i} = 0$だから，$E_\mathrm{f} = K_\mathrm{f} + U_\mathrm{f} = 0$．$U_\mathrm{f} < 0$だから$K_\mathrm{f}$は$\theta = \pi/2$で最大になり，$K_\mathrm{f} = -U_\mathrm{f} = -(m_1 r_1 - m_2 r_2)\, g$．棒の回転の角速度を$\omega_\mathrm{f}$とすると，$m_1$の速さは$v_{1\mathrm{f}} = r_1 \omega_\mathrm{f}$，$m_2$の速さは$v_{2\mathrm{f}} = r_2 \omega_\mathrm{f}$．したがって，$K_\mathrm{f} = \frac{1}{2} m_1 v_{1\mathrm{f}}^2 + \frac{1}{2} m_2 v_{2\mathrm{f}}^2 = (\omega_\mathrm{f}^{\ 2}/2)(m_1 r_1^2 + m_2 r_2^2) = -U_\mathrm{f} = -(m_1 r_1 - m_2 r_2)\, g$．

これより，$\omega_\mathrm{f} = \sqrt{\dfrac{-2(m_1 r_1 - m_2 r_2)\, g}{m_1 r_1^2 + m_2 r_2^2}}$．このとき$m_1$の物体の速さも最大になり$v_{1\mathrm{f}} = r_1 \omega_\mathrm{f}$．あとは上と同様．

(b) 加速度は一定ではない．最初の速さが0だから向心加速度は0で，加速度は上向きの接線加速度のみ．円軌道を上っていくときには，軸方向を向く向心加速度が加わる．接線加速度との和が上向きになることはない．

(c) 接線加速度は一定ではない．接線加速度は角加速度と回転軸までの距離との積に等しく，角加速度が一定ではない．その理由は次の(d)で説明できる．

(d) 角加速度は一定ではない．角速度，回転軸までの距離，およびそこにある物体の質量の積は，角運動量を表す．(いまの場合，変化するのは角速度のみ．) 角運動量の変化率はトルクに等しいが，いまの場合トルクは一定ではない．なぜなら，トルクの起因は棒の端にある物体に下向きに働く一定の重力であり，回転とともにトルクの大きさが変化する．したがって，角運動量の変化率，つまり，いまの場合は角加速度は一定にはならない．

(e) 運動量も角運動量も一定ではない．なぜなら，m_1の物体は円軌道を描くから運動量は一定ではなく，また，(d)で考察したように角速度は一定ではないから．

(f) 力学的エネルギーは一定である．系は孤立系であり，また，運動に際して摩擦はないから．

9·17 回転のエネルギーは慣性モーメントに比例するから，慣性モーメントを大きくすればよい．慣性モーメントは，軸からの距離の2乗とその位置にある質量との積に比例する．したがって，質量が決まっているならば，軸からの距離を大きくすれば慣性モーメントが大きくなる．たとえば，図のように，はずみ車を円筒状にし，制限範囲で

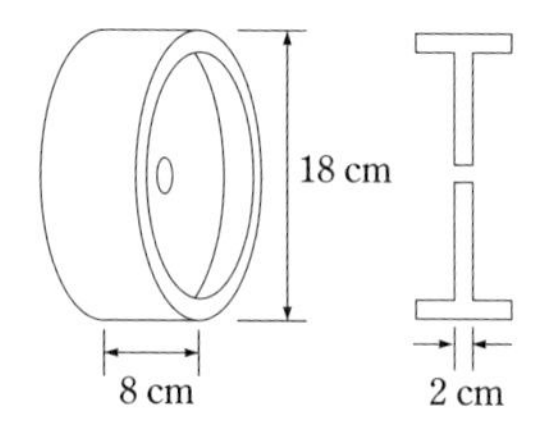

その直径を最大にする．質量をできるだけ軸から遠い位置に配するためには，長さも制限範囲で最大にして，円筒の肉の厚さを薄くすればよい．円筒の内側の半径を$R_{内}$，外側の半径を$R_{外} = 18\ \mathrm{cm}$，長さを$L = 8\ \mathrm{cm}$とする．回転軸を作るために，円筒の内部に適当な肉厚の円板を設け，それに軸を通せばよい．肉厚$t = 2\ \mathrm{cm}$の一枚の円板としよう．円筒の体積は$V_{筒} = \pi\,(R_{外}^2 - R_{内}^2)\, L$，内部の円板

I 解答(力　学)

の体積は$V_{板} = \pi R_{内}{}^2 t$である．(回転軸を通すための小孔の部分の体積は無視)鋼鉄の密度を$\rho = 7.85 \times 10^3$ kg /m^{3}とすると，円筒の質量は$M_{筒} = \rho V_{筒}$，円板の質量は$M_{板} = \rho V_{板}$である．円筒と円板の慣性モーメントの和は，I 巻(力学)表 9·2 の公式を参照して，

$$I = \frac{1}{2} M_{板} R_{内}{}^2 + \frac{1}{2} M_{筒}(R_{外}{}^2 + R_{内}{}^2)$$
$$= (\rho/2)\{\pi R_{内}{}^2 t R_{内}{}^2 + \pi(R_{外}{}^2 - R_{内}{}^2) L(R_{外}{}^2 + R_{内}{}^2)\}$$

となる．角速度がω_iからω_fに落ちるときに放出されるエネルギーは$E = \frac{1}{2} I(\omega_i^2 - \omega_f^2)$である．$E = 60.0$ J,
$\omega_i = 800$ 回転 /min $= 800 \times 2\pi$ rad/60 s $= 83.8$ rad/s,
$\omega_f = 600 \times 2\pi$ rad/60 s $= 62.8$ rad/s だから，
$I = 2E/(\omega_i^2 - \omega_f^2) = 0.0390$ kg·m^2．したがって，

$$I = \frac{\rho}{2}\{\pi R_{内}{}^2 t R_{内}{}^2 + \pi(R_{外}{}^2 - R_{内}{}^2) L(R_{外}{}^2 + R_{内}{}^2)\}$$
$$= 0.0390 \text{ kg·m}^2$$

であり，$R_{内}$以外の数値を代入して$R_{内}$を求めると，$R_{内} = 7.68$ cm．全質量Mは$M_{板} + M_{筒}$であり，上で導いた$M_{板}$と$M_{筒}$の表現を用いて計算すれば$M = 7.27$ kg となる．

9·18 $m_1 > m_2$だから，物体の運動と滑車の回転は加速度をもつ．だから，つり合いの問題のような，ひも のどこでも張力が等しいという前提をおくことはできない．図の左側の ひも と右側の ひも の張力は異なり，その差が滑車に角加速度を与える．左側の ひも の張力をT_1，右側の ひも の張力をT_2とする．2 物体の加速度の大きさは等しく，それをaとすると，滑車の角加速度は$\alpha = a/R$である．また，滑車を一様な厚さの円板とみなして，その慣性モーメントは$I = \frac{1}{2}MR^2$である(I 巻(力学)表 9·2 の公式を参照)．

(a) 加速度aがわかればよい．2 物体の運動方程式は$m_1 a = mg - T_1$，$m_2 a = T_2 - m_2 g$．滑車の回転の運動方程式は$I\alpha = (T_1 - T_2)R$，つまり$\frac{1}{2}MR^2(a/R) = (T_1 - T_2)R$．$a, T_1, T_2$を未知数とするこの 3 式から，$a$を求めて，

$$a = \frac{m_1 - m_2}{m_1 + m_2 + \frac{1}{2}M} g$$
$$= \frac{20.0 \text{ kg} - 12.5 \text{ kg}}{20.0 \text{ kg} + 12.5 \text{ kg} + \frac{1}{2}(5.00 \text{ kg})}(9.80 \text{ m/s}^2)$$
$$= 2.10 \text{ m/s}^2$$

となる．このaによって左側の物体が距離$x = 4.00$ m を移動する時間tは，

$$x = 0 + 0 + \frac{1}{2}at^2 \quad \rightarrow \quad t = \sqrt{\frac{2x}{a}} = \sqrt{\frac{2(4.00 \text{ m})}{2.10 \text{ m/s}^2}} = 1.95 \text{ s}$$

(b) 滑車の質量がなければ，(a) の式で$I = 0$，したがって$T_1 = T_2$となり，ひも の張力はどこでも同じである．(a) の運動方程式は破たんすることはなく，$M = 0$とおいて$a = g(m_1 - m_2)/(m_1 + m_2) = 2.26$ m/s^2，$t = 1.88$ s となる．

滑車の運動の元となるのは左右の物体に働く重力の差である．$M = 0$となれば滑車の回転運動のエネルギーはいつでも 0 なので，重力の差による仕事は 2 物体に運動エネルギーを与えることにだけ使われる．このことが，現象の進みを早めたと理解できる．

9·19 回転軸から力の作用点に向かうベクトルと，力のベクトルとの外積(ベクトル積)がトルクベクトルである．図にある 30.0° という角度は，計算には不要．

$$\sum \tau = (0.100 \text{ m})(12.0 \text{ N}) - (0.250 \text{ m})(9.00 \text{ N}) - (0.250 \text{ m})(10.0 \text{ N})$$
$$= -3.55 \text{ N·m}$$

9·20 まず，$\vec{A}\cdot\vec{B} = -3.00(6.00) + 7.00(-10.0) + (-4.00)(9.00)$
$= -124$

$$AB = \sqrt{(-3.00)^2 + (7.00)^2 + (-4.00)^2} \cdot \sqrt{(6.00)^2 + (-10.0)^2 + (9.00)^2}$$
$= 127$ である．

(a) 上の結果を用いて，

$$\cos^{-1}\left(\frac{\vec{A}\cdot\vec{B}}{AB}\right) = \cos^{-1}(-0.979) = 168°$$

(b)

$$\vec{A} \times \vec{B} = \begin{vmatrix} \hat{i} & \hat{j} & \hat{k} \\ -3.00 & 7.00 & -4.00 \\ 6.00 & -10.0 & 9.00 \end{vmatrix} = 23.0\hat{i} + 3.00\hat{j} - 12.0\hat{k}$$

$$|\vec{A} \times \vec{B}| = \sqrt{(23.0)^2 + (3.00)^2 + (-12.0)^2} = 26.1$$

$$\sin^{-1}\left(\frac{|\vec{A} \times \vec{B}|}{AB}\right) = \sin^{-1}(0.206) = 11.9° \text{ および } 168°$$

9·21 固定軸から力の作用点に向かうベクトルと，力のベクトルとの外積(ベクトル積)がトルクベクトルである．

(a) $\vec{\tau} = \vec{r} \times \vec{F} = (4.00\hat{i} + 5.00\hat{j})\text{m} \times (2.00\hat{i} + 3.00\hat{j})\text{N}$
$= (12.0 - 10.0)\hat{k}$ N·m $= 2.00\hat{k}$ N·m．

つまり，$|\tau| = 2.00$ N·m

(b) z 方向．

9·22 左端の支点と棒の質量中心との距離$L_1 = L/2 = 3.00$ m，左端の支点と右側の支点との距離$l = 4.00$ m である．

(a) つり合いの状態にある剛体のモデル．

(b)

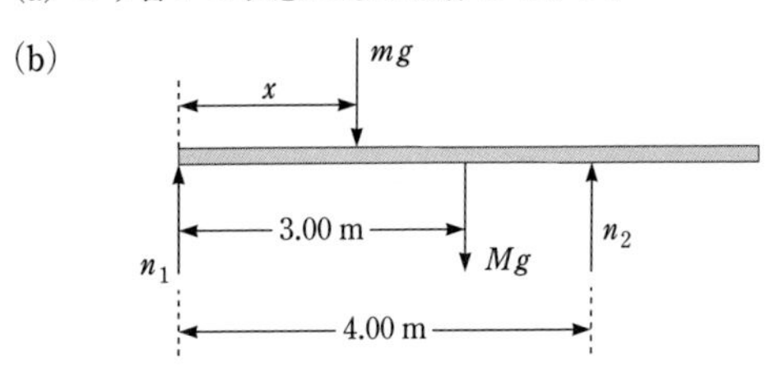

(c) つり合いの状態にあるときは，任意の軸(実際に軸や支点があるかどうかには無関係)のまわりの総トルクが 0 である．トルクベクトルは，固定軸から力の作用点に向かうベクトルと，力のベクトルとの外積(ベクトル積)で求め

られる．どれかの力の作用点を通るような軸を選べば，軸からその力の作用点に向かうベクトルが0だから，その力は総トルクの計算に入れる必要がない．

右側の支点のまわりのトルクには，垂直抗力n_2は寄与しない．このときの総トルクの大きさ$\tau_{右} = ln_1 - (l - x) \times mg - (l - L_1)Mg$で，ベクトルの向きは紙面の裏に向かう方向である．回転に関するつり合いの条件$\tau_{右} = 0$より，$n_1 = (m + M)g - (xm + L_1 M)g/l$．$n_1$と$x$以外は定数なので，$n_1$を最大にするのは$x = 0$である．

(d) 梁が傾き始めるときは$n_1 = 0$である．

(e) 鉛直方向の力のつり合いの条件により，

$$n_2 = Mg + mg = 882\,\mathrm{N} + 539\,\mathrm{N} = 1.42 \times 10^3\,\mathrm{N}$$

(f) (c)の計算より$n_1 = (m + M)g - (xm + L_1 M)g/l = 0$とおいて，$x = l + (M/m)(l - L_1) = 4.00\,\mathrm{m} + (90.0\,\mathrm{kg}/55.0\,\mathrm{kg})/(4.00\,\mathrm{m} - 3.00\,\mathrm{m}) = 5.64\,\mathrm{m}$

(g) 左側の支点のまわりのトルクの大きさは，$\tau_{左} = xmg + L_1 Mg - ln_2$．梁が傾き始めるときまでは$\tau_{左} = 0$であり，ちょうど傾き始めるときは，(f)の結果により$x = l + (M/m)(l - L_1)$．この2式より$n_2 = mg + Mg$．これは(e)の結果と一致する．

9・23 人の全長を$H = 1.65\,\mathrm{m}$，足先から質量中心までの距離をLとする．頭頂から質量中心までの距離は$H - L$である．つり合っているのだから，質量中心のまわりのトルクの大きさ$\tau = (H - L)F_1 - LF_2 = 0$である．したがって，$L = HF_1/(F_1 + F_2) = 1.65\,\mathrm{m} \times 380\,\mathrm{N}/(380\,\mathrm{N} + 320\,\mathrm{N}) = 0.896\,\mathrm{m}$となる．

9・24 つり合っているなら，P点のまわりのトルクの大きさ$\tau = \left(\dfrac{l}{2} + d\right)m_1 g + dMg - xm_2 g = 0$である．

（O点における垂直抗力は0だから，垂直抗力はトルクに寄与しないことに注意．）

$$x = \frac{\left(\frac{l}{2} + d\right)m_1 + dM}{m_2} = 0.327\,\mathrm{m}$$

しかし図より，xの最大値は$\frac{l}{2} - d = 0.200\,\mathrm{m}$．したがって，$x = 0.327\,\mathrm{m}$となる状況はありえない．

9・25 力のつり合いとトルクのつり合いの条件を調べればよい．水平な棒の右端には，どんな向きにもなるワイヤーが付いているから，ワイヤーが棒に及ぼす力の向きはワイヤーに平行．ワイヤーの張力の大きさを$\vec{T}$とする．壁面が蝶番を介して棒の左端に及ぼす力$\vec{R}$については要注意．棒の左端が壁面に沿って動くことはできないから，壁面は棒に垂直抗力だけでなく，上下方向に壁面に沿う力も及ぼすことができる．したがって，壁面が棒の左端に及ぼす力の向きは一般的には決まらない．水平右向きをx軸，鉛直上向きをy軸とする．

力のつり合いの条件は，x方向に$R_x - T\cos\theta = 0$，y方向に$R_y - F + T\sin\theta = 0$．

蝶番の位置のまわりのトルクのつり合いの条件は，$-(d + 2L)T\sin\theta + (d + L)F = 0$．（看板が及ぼすトルクについては，看板の左端と右端にそれぞれ下向き$F/2$ずつの力が働くと考え，$dF/2 + (d + 2L)F/2$としても結果は同じ．）

(a) トルクのつり合いの条件式より，$T = \dfrac{F(L + d)}{\sin\theta(2L + d)}$

(b) (a)の結果を力のつり合いの条件式に代入して，

$$R_x = \frac{F(L + d)\cot\theta}{2L + d}, \qquad R_y = \frac{FL}{2L + d}$$

9・26 壁面には摩擦がないから，壁面がはしごに及ぼす力は垂直抗力n_1だけである．はしごの下端には，地面からの垂直抗力n_2および水平方向の静止摩擦力fが働く．水平右向きをx軸，鉛直上向きをy軸とする．図を参照して，力のつり合いの条件は，x方向に$n_1 + f = 0$，y方向に$(m_1 + m_2)g = n_2$．

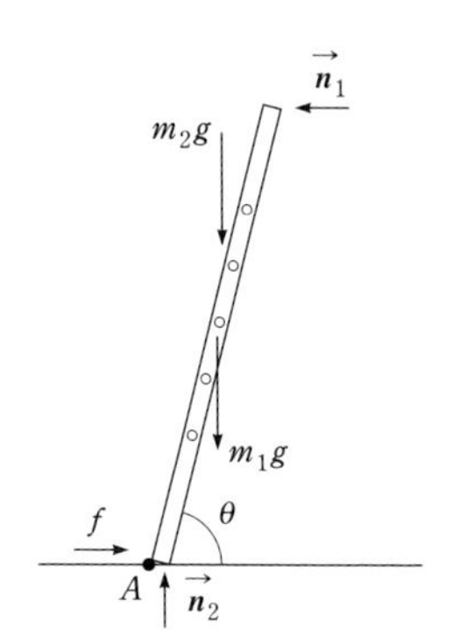

はしごの下端のまわりのトルクのつり合いの条件は，

$$-(L\cos\theta/2)m_1 g - (x\cos\theta)m_2 g + L\sin\theta\, n_1 = 0$$

(a) トルクのつり合いの条件式より，

$$n_1 = \left[\frac{1}{2}m_1 g + \left(\frac{x}{L}\right)m_2 g\right]\cot\theta$$

これをx方向の力のつり合いの式に代入して，

$$f = n_1 = \left[\frac{1}{2}m_1 g + \left(\frac{x}{L}\right)m_2 g\right]\cot\theta$$

y方向の力のつり合いの式より，

$$n_2 = (m_1 + m_2)g$$

(b) 静止摩擦係数を$\mu_{静}$とする．$x = d$のときに，$f = \mu_{静} n_2 g$となったのだから，

$$\mu_{静} = \frac{f|_{x=d}}{n_2} = \frac{(m_1/2 + m_2 d/L)\cot\theta}{m_1 + m_2}$$

9・27 水平方向(x方向)と鉛直方向(y方向)の力のつり合いの条件は，$\vec{F}_2$のx成分をF_{2x}，y成分をF_{2y}として，x方向に$-F_1\cos 12° + F_{2x} = 0$，$y$方向に$F_1\sin 12° + F_{2y} - F_{重力} = 0$．肩(図のO点)のまわりのトルクのつり合いの条件は，$-(0.08\,\mathrm{m})F_1\sin 12° + (0.290\,\mathrm{m})F_{重力} = 0$．トルクのつり合いの式より$F_1 = (0.290/0.08\sin 12°)F_{重力} = 724\,\mathrm{N}$．これを$y$方向の力のつり合いの式に代入して，$F_{2y} = -F_1\sin 12° + F_{重力} = 109\,\mathrm{N}$．これを$x$方向の力のつり合いの式に代入して，$F_{2x} = F_1\cos 12° = 708\,\mathrm{N}$．したがって，$F_2 = \sqrt{F_{2x}{}^2 + F_{2y}{}^2} = 716\,\mathrm{N}$．

9・28 水平右向きをx軸，鉛直上向きをy軸とする．A点では回転に関しては摩擦がないが，平行移動に関しては位置が固定されているので，A点でクレーンに働く力$\vec{F}_{\mathrm{A}}$は，水平方向成分$F_{\mathrm{A}x}$だけでなく鉛直方向成分$F_{\mathrm{A}y}$をもつことができ，力の向きは一般的には決まらない．B点は滑らかな支持台なので，クレーンには水平方向に大きさがF_Bの力が働くだけである．x方向の力のつり合いの条件は，$F_B + F_{Ax} = 0$，y方向の力のつり合いの条件は，$F_{Ay} - (m_1 + m_2)g = 0$．A点のまわりのトルクのつり合いの条件は，$-(1.00\ \mathrm{m})F_B + (2.00\ \mathrm{m})\,m_1 g + (6.00\ \mathrm{m})\,m_2 g = 0$．トルクの条件式より$F_B = 2.00 \times (3000\ \mathrm{kg}) \times 9.80\ \mathrm{m/s^2} + 3.00 \times (10\,000\ \mathrm{kg}) \times 9.80\ \mathrm{m/s^2} = 6.47 \times 10^5\ \mathrm{N}$．
これを用いて，x方向の力の条件式より$F_{Ax} = -F_B = -6.47 \times 10^5\ \mathrm{N}$．$y$方向の力の条件式より，$F_{Ay} = (m_1 + m_2)g = (3000\ \mathrm{kg} + 10\,000\ \mathrm{kg}) \times 9.80\ \mathrm{m/s^2} = 1.27 \times 10^5\ \mathrm{N}$.

(a) $F_A = -6.47 \times 10^5\ \mathrm{N}\,\hat{i} + 1.27 \times 10^5\ \mathrm{N}\,\hat{j}$

(b) $F_B = 6.47 \times 10^5\ \mathrm{N}\,\hat{i}$

9·29 はずみ車の質量$M = 80.0\ \mathrm{kg}$であり，その慣性モーメントは$I = \frac{1}{2}MR^2$（I巻 p.202，表9·2参照）．はずみ車の角加速度は時計回りに$\alpha = 1.67\ \mathrm{rad/s^2}$だから，はずみ車に働いている時計回りの向きのトルクτは$\tau = I\alpha$．このトルクははずみ車の滑車のベルトの張力によるものであり，$\tau = T_{上}r - T_{下}r$．したがって，$T_{下} = T_{上} - I\alpha/r$．数値を代入して，$T_{下} = 135\ \mathrm{N} - \frac{1}{2} \times 80.0\ \mathrm{kg} \times (0.625\ \mathrm{m})^2 \times (1.67\ \mathrm{rad/s^2})/(0.230\ \mathrm{m}) = 21.5\ \mathrm{N}$．

9·30 求める慣性モーメントをI，回転台の角速度をωとする．力学的エネルギーの保存則により，$mgh = \frac{1}{2}mv^2 + \frac{1}{2}I\omega^2$．$v = \omega r$という関係式を用いて$\omega$を消去し，

$$I = mr^2\left(\frac{2gh}{v^2} - 1\right) \qquad となる．$$

〔注：回転台の回転の角加速度，ロープの張力，回転台に働くトルク，おもりの下向きの加速度，およびおもりが落下を始めてからの時間を用い，おもりと回転台の運動方程式から解いても同じ結果が得られる．しかし，エネルギーの考察で解くと上のようにきわめて簡単である．〕

9·31 (a) 慣性モーメントをI，トルクをτ，そのトルクによる角加速度をα_1とすると，$\tau = I\alpha_1$．したがって，$I = \tau/\alpha_1$．α_1として，最初の6.00 sの間の平均角加速度(10.0 rad/s) / (6.00 s)を用いて，

$$I = \frac{36.0\ \mathrm{N\cdot m}}{(10.0\ \mathrm{rad/s})\,/\,(6.00\ \mathrm{s})} = 21.6\ \mathrm{kg\cdot m^2}$$

(b) 摩擦によるトルクを$\tau_{摩擦}$とすると，外力を取り去った後には$\tau_{摩擦}$だけが作用し，慣性モーメント$I = 21.6\ \mathrm{kg\cdot m^2}$の車輪の角速度が60.0 sの間に10.0 rad/sから0になった．その平均角加速度α_2は$\alpha_2 = -(10.0\ \mathrm{rad/s})/(60.0\ \mathrm{s})$．したがって，$\tau_{摩擦} = I\alpha_2$より，$\tau_{摩擦} = -(21.6\ \mathrm{kg\cdot m^2}) \times (10.0\ \mathrm{rad/s})\,/\,(60.0\ \mathrm{s}) = 3.60\ \mathrm{N\cdot m}$

(c) 角加速度は最初の6.00 sと，その後の60.0 sの間でそれぞれ一定である．最初の6.00 sの間の回転数，

$$N_1 = \tfrac{1}{2}\alpha_1 t^2/(2\pi)$$

数値を代入して$N_1 = \frac{1}{2} \times \dfrac{10.0\ \mathrm{rad/s}}{6.00\ \mathrm{s}} \times \dfrac{(6.00\ \mathrm{s})^2}{2\pi} = 4.77$

その後の60.0 sの間の回転数$N_2 = \frac{1}{2}\alpha_2 t^2/(2\pi)$.

数値を代入して$N_2 = \frac{1}{2} \times \dfrac{10.0\ \mathrm{rad/s}}{60.0\ \mathrm{s}} \times \dfrac{(60.0\ \mathrm{s})^2}{2\pi} = 47.7$

したがって，全回転数は4.77 + 47.7 = 52.5回転.

9·32 滑車の慣性モーメントは，I巻(力学)表9·2の公式を参照して$I = \frac{1}{2}M(R_1^2 + R_2^2)$．滑車の回転の角速度を$\omega$とする．

(a) 力学的エネルギーと内部エネルギーを合わせた，全エネルギーの保存則で考察する．添え字のiで質量m_2の物体がテーブル上の目印を通過するときの量を表し，fで第二の目印を通過する瞬間の量を表すことにする．系の全エネルギーは，$E = K_i + U_i + E_{内部,i} = K_f + U_f + E_{内部,f}$.
ここで，
$K_i = \frac{1}{2}(m_1 + m_2)v_i^2 + \frac{1}{2}I\omega_i^2$（ただし，$\omega_i = v_i/R_2$）.
$K_f = \frac{1}{2}(m_1 + m_2)v_f^2 + \frac{1}{2}I\omega_f^2$（ただし，$\omega_f = v_f/R_2$）.
物体が第二の目印に到達するときは，質量m_1の物体の位置が$\Delta h = 0.700\ \mathrm{m}$だけ下がっているから，$U_f = U_i - m_1 g\Delta h$．また，この間に質量$m_2$の物体は距離$\Delta h$だけ摩擦力を受けながら滑り，内部エネルギーが増加したから$E_{内部,f} = E_{内部,i} + \mu_{動} m_2 g\Delta h$．以上により，
$\frac{1}{2}(m_1 + m_2)v_i^2 + \frac{1}{2}I\omega_i^2 = \frac{1}{2}(m_1 + m_2)v_f^2 + \frac{1}{2}I\omega_f^2 - m_1 g\Delta h + \mu_{動} m_2 g\Delta h$．未知数は$v_f$だけであり，

$$v_f = \left\{ v_i^2 + \frac{4gd(m_1 - \mu_{動} m_2)}{2(m_1 + m_2) + M\left(1 + \dfrac{R_1^2}{R_2^2}\right)} \right\}^{1/2}$$

数値を代入して，$v_f = 1.59\ \mathrm{m/s}$.

(b) $\omega_f = \dfrac{v_f}{R_2} = \dfrac{1.59\ \mathrm{m/s}}{0.0300\ \mathrm{m}} = 53.1\ \mathrm{rad/s}$

9·33 ろくろを押し付ける力$F = 70.0\ \mathrm{N}$による動摩擦力でろくろの回転の速度が減少し，ついに回転が停止して運動エネルギーが0となる．（その分だけ内部エネルギーが増加する．）求める動摩擦係数を$\mu_{動}$とすると，動摩擦力は$f = \mu_{動}F$で一定である．ろくろの慣性モーメントは，I巻(力学)表9·2の公式を参照して，$I = \frac{1}{2}MR^2$，$M = 100\ \mathrm{kg}$，$R = 0.500\ \mathrm{m}$である．動摩擦力はろくろにトルクを及ぼし，

$$角加速度\ \alpha = \frac{-50\ 回転/\mathrm{min}}{6.00\ \mathrm{s}} = \frac{-50 \times 2\pi/60\ \mathrm{s}}{6.00\ \mathrm{s}}$$

で回転を止める．ろくろの回転の運動方程式は$I\alpha = -Rf$．つまり，$\frac{1}{2}MR^2\alpha = -R\mu_{動}F$だから，

$$\mu_{動} = -\tfrac{1}{2}MRa \times \frac{1}{F}$$
$$= \frac{\frac{1}{2} \times (100\ \mathrm{kg})(0.500\ \mathrm{m})(50 \times 2\pi/60\ \mathrm{s})}{6.00\ \mathrm{s}} \times \frac{1}{70.0\ \mathrm{N}}$$
$$= 0.312$$

9·34 (a) 等加速度で動く質点モデル.

(b) ゼロでない総トルクを受ける剛体モデル．

(c) 質量 m_1 の物体について，

$$T_1 - m_1 g \sin 37.0° = m_1 a$$
$$T_1 = (15.0\ \text{kg})(9.80 \sin 37.0° + 2.00)\ \text{m/s}^2 = 118\ \text{N}$$

(d) 質量 m_2 の物体について，

$$m_2 g - T_2 = m_2 a$$
$$T_2 = m_2(g - a) = 20.0\ \text{kg}(9.80\ \text{m/s}^2 - 2.00\ \text{m/s}^2) = 156\ \text{N}$$

(e)，(f) 滑車の回転の運動方程式は，$(T_2 - T_1)R = I\alpha = I\left(\dfrac{a}{r}\right)$　したがって，$I = (T_2 - T_1)\,r^2 / a$

$$I = \frac{(T_2 - T_1)r^2}{a} = \frac{(156\ \text{N} - 118\ \text{N})(0.250\ \text{m})^2}{2.00\ \text{m/s}^2} = 1.17\ \text{kg·m}^2$$

9·35 (a) 求める速さを v とすると，滑車の回転の角速度は $\omega = v / R$ である．2物体–滑車–地球の系の力学的エネルギーを考える．初期状態では運動はなく，また，この状態を重力ポテンシャルエネルギーの基準にとると，系の初期の全エネルギー $E_\text{i} = 0$．2物体がすれ違うとき，並進の運動エネルギーは $K_{並進} = \frac{1}{2} m_1 v^2 + \frac{1}{2} m_2 v^2$，回転の運動エネルギーは $K_{回転} = \frac{1}{2} I\omega^2 = \frac{1}{2} I(v / R)^2$．重力ポテンシャルエネルギーは，$U_\text{f} = -m_1 g h + m_2 g h = -(m_1 - m_2)gh$．系の最終の全エネルギー $E_\text{f} = K_{並進} + K_{回転} + U_\text{f}$ であるが，$E_\text{f} = E_\text{i} = 0$ だから $\frac{1}{2} m_1 v^2 + \frac{1}{2} m_2 v^2 + \frac{1}{2} I(v / R)^2 - (m_1 - m_2)\, g\, h = 0$．したがって，

$$v = \sqrt{\frac{2(m_1 - m_2)gh}{m_1 + m_2 + \dfrac{I}{R^2}}}$$

(b) 角速度は $\omega = v / R$ により，

$$\omega = \frac{v}{R} = \sqrt{\frac{2(m_1 - m_2)gh}{m_1 R^2 + m_2 R^2 + I}}$$

9·36 リールの慣性モーメントは，

$$I = \tfrac{1}{2} MR^2 = \tfrac{1}{2}(3.00\ \text{kg})(0.250\ \text{m})^2 = 0.0938\ \text{kg·m}^2$$

（I巻(力学)表9·2の公式を参照）である．

糸の張力を T，物体の加速度の大きさを a，物体の速さを v とする．

(a) 物体の下向きの運動について，$m a = m g - T$．

リールの回転運動については，角加速度を α として，$I\alpha = RT$．また，$\alpha R = a$ である．この3式で a と α を消去して，$T = mg I/(MR^2 + I) = (5.10\ \text{kg}) \times (9.80\ \text{m/s}^2) \times (0.0938\ \text{kg·m}^2)/\{(5.10\ \text{kg}) \times (0.250\ \text{m})^2 + (0.0938\ \text{kg·m}^2)\} = 11.4\ \text{N}$．

(b) (a)の結果より，$a = g - T/m = (9.80\ \text{m/s}^2) - (11.4\ \text{N}) / (5.10\ \text{kg}) = 7.57\ \text{m/s}^2$．

(c) 物体の初期の速さは0．(b)で求めた加速度で $h =$ 6.00 m の距離を落下する．その時間を t とすると，$v = a\,t$，$h = \frac{1}{2} at^2$．この2式で t を消去し，

$$v = \sqrt{2ah} = \sqrt{2 \times (7.57\ \text{m/s}^2)(6.00\ \text{m})} = 9.53\ \text{m/s}$$

(d) 物体–リール–地球系の力学的エネルギーの保存則を用いる．初期の全エネルギー E は物体のポテンシャルエネルギーだけであり，床面を基準として $E = mgh$．最終の全エネルギーは，物体の運動エネルギーと，リールの回転の運動エネルギーの和であり，$E = \frac{1}{2} m\, v^2 + \frac{1}{2} I\,(v/R)^2$．ただし，回転の角速度は $\omega = v/R$ であることを用いた．エネルギー保存の関係式 $mgh = \frac{1}{2} m\, v^2 + \frac{1}{2} I\,(v/R)^2$ より，

$$v = R\sqrt{\frac{2\,mgh}{mR^2 + I}} = 9.53\ \text{m/s}.$$ (c)の結果と一致する．

9·37 力学的エネルギーは保存されないことに注意．飛び乗った子どもが最終状態ではメリーゴーランドと一体となっているので，これは完全非弾性衝突であり，力学的エネルギーは保存されない．しかし，運動量と角運動量の保存則は成り立つ．子ども–メリーゴーランド系の初期の角運動量は，メリーゴーランドについて $I\omega$，子どもについては0だから，全角運動量は $I\omega$．最終状態では，子どもが乗ったことによって子ども–メリーゴーランド系の慣性モーメントが増加しており，その結果，角速度が変化する．運動量については，子どもは地面を蹴ってメリーゴーランドの回転軸に向かって飛び乗ったのだから，その方向の運動量は子ども–メリーゴーランド–地球という全系で保存されている．このことは回転には影響を与えない．

初期の回転の角速度 $\omega_\text{i} = 10.0$ 回転 /min である．最終の角速度を ω_f とする．子ども–メリーゴーランド系の角運動量の保存則により，$\frac{1}{2} I\,\omega_\text{i} = \frac{1}{2}(I + m\,R^2)\,\omega_\text{f}$．

$$\omega_\text{f} = \frac{\omega_\text{i} I}{I + m\,R^2} = \frac{10.0\ \text{回転 /min} \times (250\ \text{kg·m})}{250\ \text{kg·m} + (25.0\ \text{kg})(2.00\ \text{m})^2} = 7.14\ \text{回転 /min} = 0.748\ \text{rad/s}$$

9·38 角運動量は，位置ベクトルと運動量ベクトルの外積で与えられる．速度ベクトルは，

$\vec{v} = \dfrac{\text{d}\vec{r}}{\text{d}t} = 5.00\hat{j}\ \text{m/s}$　運動量ベクトルは，

$\vec{p} = m\vec{v} = (2.00\ \text{kg})(5.00\hat{j}\ \text{m/s}) = 10.0\hat{j}\ \text{kg·m/s}$　したがって，角運動量ベクトルは，

$$\vec{L} = \vec{r} \times \vec{p} = \begin{vmatrix} \hat{i} & \hat{j} & \hat{k} \\ 6.00 & 5.00t & 0 \\ 0 & 10.0 & 0 \end{vmatrix} = (60.0\ \text{kg·m}^2/\text{s})\hat{k}$$

9·39 (a) 角運動量は，位置ベクトルと運動量ベクトルの外積で与えられる．地表を平面とみなし，東方を x 軸，北方を y 軸，上方を z 軸とする．位置ベクトル，運動量ベクトル，角運動量ベクトルは，それぞれ $\vec{r} = (4.30\ \text{km})\hat{k} = (4.30 \times 10^3\ \text{m})\hat{k}$

$$\vec{p} = m\vec{v} = (12\,000\ \text{kg})(-175\,\hat{i}\ \text{m/s}) = -2.10 \times 10^6\,\hat{i}\ \text{kg·m/s}$$
$$\vec{L} = \vec{r} \times \vec{p} = (4.30 \times 10^3\,\hat{k}\ \text{m}) \times (-2.10 \times 10^6\,\hat{i}\ \text{kg·m/s}) = (-9.03 \times 10^9\ \text{kg·m}^2/\text{s})\hat{j}$$

(b) 変化しない．$L = |\vec{r}||\vec{p}|\sin\theta = mv(r\sin\theta)$であり，$r\sin\theta$は飛行機の高度を表すから，平面の上空を一定の高度と速度で飛行すると考えるなら，角運動量は不変．ただし，地表を球面の一部と考えると，地表からの高度が一定で飛行するならば，速度ベクトルは時々刻々向きが変化する．もし，速度ベクトルが一定で，宇宙空間において直線に沿う飛行をするならば，高度は時間とともに増加し，やがて地球を離れることになる．

(c) パイクスピークを原点とすると，飛行機の位置ベクトル$\vec{r}$と運動量ベクトル$\vec{p}$は平行．したがって，角運動量は$\vec{L} = \vec{r} \times \vec{p} = 0$.

9·40 短針と長針の角速度，慣性モーメント，角運動量を，それぞれ$\omega_{短}$，$I_{短}$，$L_{短}$，および$\omega_{長}$，$I_{長}$，$L_{長}$とする．全角運動量$L = L_{短} + L_{長}$，$L_{短} = I_{短}\omega_{短}$，$L_{長} = I_{長}\omega_{長}$である．棒状の物体の慣性モーメントは，I巻(力学)表9·2の公式を参照し，短針の長さを$l_{短}$，長針の長さを$l_{長}$として，

$$I_{短} = \frac{m_{短}l_{短}^2}{3} = \frac{60.0\,\text{kg}(2.70\,\text{m})^2}{3} = 146\,\text{kg}\cdot\text{m}^2$$

$$I_{長} = \frac{m_{長}l_{長}^2}{3} = \frac{100\,\text{kg}(4.50\,\text{m})^2}{3} = 675\,\text{kg}\cdot\text{m}^2$$

角速度は，$\omega_{短} = \dfrac{2\pi\,\text{rad}}{12\,\text{h}}\left(\dfrac{1\,\text{h}}{3600\,\text{s}}\right) = 1.45 \times 10^{-4}\,\text{rad/s}$

$$\omega_{長} = \frac{2\pi\,\text{rad}}{1\,\text{h}}\left(\frac{1\,\text{h}}{3600\,\text{s}}\right) = 1.75 \times 10^{-3}\,\text{rad/s}$$

したがって，角運動量の大きさは，

$$L = (146\,\text{kg}\cdot\text{m}^2)(1.45 \times 10^{-4}\,\text{rad/s}) + (675\,\text{kg}\cdot\text{m}^2)(1.75 \times 10^{-3}\,\text{rad/s})$$

$$L = 1.20\,\text{kg}\cdot\text{m}^2/\text{s}$$

角運動量ベクトルの向きは，文字盤の法線方向で時計の内部に向かう方向．

9·41 ステーションの角速度をω，外周部の回転による速さをvとする．回転によって円環の半径方向に加速度$a = v^2/r = \omega^2 r$が生まれる．このとき$a = g$である．したがって，$\omega = \sqrt{g/r} = \sqrt{(9.80\,\text{m/s}^2)/100\,\text{m}} = 0.313\,\text{rad/s}$.
ステーションの慣性モーメントは，I巻(力学)表9·2の薄肉の円筒に相当すると考えて，$I = Mr^2 = (5.00 \times 10^4\,\text{kg}) \times (100\,\text{m})^2 = 5.00 \times 10^8\,\text{kg}\cdot\text{m}^2$.

(a) $L = I\omega = (5 \times 10^8\,\text{kg}\cdot\text{m}^2)(0.313\,\text{rad/s}) = 1.57 \times 10^8\,\text{kg}\cdot\text{m}^2/\text{s}$

(b) ロケットの噴射によってステーションには一定のトルクτが与えられる．トルクは一般に$\tau = \mathrm{d}L/\mathrm{d}t$だから，噴射時間を$\Delta t$とすると，噴射による$L$の変化量は$\Delta t\,\mathrm{d}L/\mathrm{d}t$.
最初は回転していなかったのだから，この$\Delta t\,\mathrm{d}L/\mathrm{d}t$が(a)で求めた所定の角運動量に等しい．したがって，

$$\Delta t = \frac{L}{\tau} = \frac{1.57 \times 10^8\,\text{kg}\cdot\text{m}^2/\text{s}}{2 \times (125\,\text{N})(100\,\text{m})} = 6.26 \times 10^3\,\text{s} = 1.74\,\text{h}$$

9·42 質量m_1のパックの進行方向をx軸，それに垂直で紙面内の上向きの方向をy軸とする．2個のパックの系の衝突前の全運動量はx成分だけをもち$P_x = m_1 v$. 系の全質量は$m_1 + m_2$だから質量中心の速度はx成分だけをもち，

$$V_x = P_x/(m_1 + m_2) = m_1 v/(m_1 + m_2)$$
$$= \frac{(80.0 \times 10^{-3}\,\text{kg})(1.50\,\text{m/s})}{(80.0 \times 10^{-3}\,\text{kg}) + (120.0 \times 10^{-3}\,\text{kg})}$$
$$= 0.600\,\text{m/s}$$

系は孤立系だからこの運動量は衝突後も保存され，したがってV_xも不変．この質量中心を基準として，質量m_1とm_2のパックの速さは，それぞれ

$$v_1 = 1.50\,\text{m/s} - 0.600\,\text{m/s} = 0.90\,\text{m/s}$$
$$v_2 = 0 - 0.600\,\text{m/s} = -0.600\,\text{m/s}$$

2個のパックそれぞれの中心はy方向に$r_1 + r_2$だけ離れている．したがって，系の質量中心を基準にすると，質量m_1のパックのy座標は，

$$y_1 = (r_1 + r_2)m_2/(m_1 + m_2)$$
$$= \frac{(4.00 \times 10^{-2}\,\text{m} + 6.00 \times 10^{-2}\,\text{m})(120.0 \times 10^{-3}\,\text{kg})}{(80.0 \times 10^{-3}\,\text{kg}) + (120.0 \times 10^{-3}\,\text{kg})}$$
$$= 0.0600\,\text{m}$$

であり，質量m_2のパックのy方向の座標は，

$y_2 = y_1 - (r_1 + r_2) = -0.0400\,\text{m}$.

(a) 質量中心に関する2個のパックの系の角運動量は，

$$L = y_1 m_1 v_1 + y_2 m_2 v_2 = (0.0600\,\text{m})(80.0 \times 10^{-3}\,\text{kg})(0.90\,\text{m/s}) + (-0.0400\,\text{m})(120.0 \times 10^{-3}\,\text{kg})(-0.600\,\text{m/s})$$
$$= 7.2 \times 10^{-3}\,\text{kg}\cdot\text{m}^2/\text{s}$$

(b) (a)の角運動量を慣性モーメントで割れば，角速度が得られる．ただし，それぞれのパックの中心のまわりの慣性モーメントはI巻(力学)表9·2を参照して簡単に計算できるが，2個のパックの系の質量中心のまわりの慣性モーメントを求めるには，平行軸の定理〔I巻(力学) p.223 (9·49)式〕を使う必要がある．2個のパックの系の質量中心とそれぞれのパックの質量中心との距離は$d_1 = 4.00\,\text{cm}$，$d_2 = 6.00\,\text{cm}$だから，

$$I = \left(\tfrac{1}{2} m_2 r_1^2 + m_1 d_1^2\right) + \left(\tfrac{1}{2} m_2 r_2^2 + m_2 d_2^2\right)$$

$$I = \{\tfrac{1}{2}(80.0 \times 10^{-3}\,\text{kg})(4.00 \times 10^{-2}\,\text{m})^2 + (80.0 \times 10^{-3}\,\text{kg})(6.00 \times 10^{-2}\,\text{m})^2\} + \{\tfrac{1}{2}(0.120\,\text{kg}) \times (6.00 \times 10^{-2}\,\text{m})^2 + (0.120\,\text{kg})(4.00 \times 10^{-2})^2\}$$

$$I = 7.60 \times 10^{-4}\,\text{kg}\cdot\text{m}^2$$

この慣性モーメントIをもつ系が角速度ωで回転して(a)で求めた角運動量Lをもつから，$L = I\omega$. つまり，

$$\omega = \frac{L}{I} = \frac{7.2 \times 10^{-3}\,\text{kg}\cdot\text{m}^2/\text{s}}{7.60 \times 10^{-4}\,\text{kg}\cdot\text{m}^2} = 9.5\,\text{rad/s}$$

9·43 学生と椅子の慣性モーメントは$I_1 = 3.00\,\text{kg}\cdot\text{m}^2$であり，質量$m = 3.00\,\text{kg}$のダンベル2個が回転軸から$r_\text{i} = 1.00\,\text{m}$の位置にあるときの，2個のダンベルの慣性モー

メント$I_{2i} = 2\,mr_i^2 = 2 \times (3.00\ \text{kg}) \times (1.00\ \text{m})^2 = 6.00\ \text{kg·m}^2$である．したがって，ダンベルをもった学生と椅子の系の慣性モーメントは，$I_i = I_1 + I_{2i} = 9.00\ \text{kg·m}^2$．学生がダンベルを回転軸から$r_f = 0.300\ \text{m}$の位置まで水平に引きつけたときの2個のダンベルの慣性モーメント$I_{2f} = 2\,mr_f^2 = 2 \times (3.00\ \text{kg}) \times (0.300\ \text{m})^2 = 0.540\ \text{kg·m}^2$．したがって，ダンベルを引きつけた学生と椅子の系の慣性モーメントは$I_f = I_1 + I_{2f} = 6.54\ \text{kg·m}^2$．

(a) 初期の角運動量$\omega_i = 0.750\ \text{rad/s}$であり，ダンベルを引きつけた状態での角運動量を$\omega_f$とすると，角運動量保存則により，$I_i\omega_i = I_f\omega_f$．したがって，

$$\omega_f = \left(\frac{I_i}{I_f}\right)\omega_i = \left(\frac{9.00}{3.54}\right)(0.750\ \text{rad/s}) = 1.91\ \text{rad/s}$$

(b) 初期の回転の運動エネルギーは，

$$K_i = \frac{1}{2}I_i\omega_i^2 = \frac{1}{2}(9.00\ \text{kg·m}^2)(0.750\ \text{rad/s})^2 = 2.53\ \text{J}$$

ダンベルを引きつけた状態での回転の運動エネルギーは，

$$K_f = \frac{1}{2}I_f\omega_f^2 = \frac{1}{2}(3.54\ \text{kg·m}^2)(1.91\ \text{rad/s})^2 = 6.44\ \text{J}$$

腕を引きつけた人のした仕事が，運動エネルギーを増加させた．

9·44 地球の自転の角振動数は，$\omega = \dfrac{2\pi}{24\ \text{h} \times 3600\ \text{s/h}} = 7.27 \times 10^{-5}\ \text{rad/s}$，地軸のまわりの慣性モーメントを$I$とすると，自転の角運動量は$L = \omega I$である．歳差運動の角振動数$\omega_p = \tau/L$であるが，分点歳差の周期を$T_p$とすると$\omega_p = 2\pi/T_p$だから，求めるトルクは$\tau = \omega_p L = (2\pi/T_p)\omega I$．地球を球形とみなし，地球の質量$M = 5.98 \times 10^{24}\ \text{kg}$，地球の半径$R = 6.37 \times 10^6\ \text{m}$を用いて，$I = \frac{2}{5}MR^2 = \frac{2}{5}(5.98 \times 10^{24}\ \text{kg})(6.37 \times 10^6\ \text{m})^2 = 9.71 \times 10^{37}\ \text{kg·m}^2$である（裏表紙の見返し参照）．分点歳差の周期$T_p = 2.58 \times 10^4\ \text{yr}$だから，

$$\tau = \frac{2\pi}{(2.58 \times 10^4\ \text{yr})(365\ \text{日/yr})(24\ \text{h/日})(3600\ \text{s/h})} \times 7.27 \times 10^{-5}\ \text{rad/s} \times 9.71 \times 10^{37}\ \text{kg·m}^2 = 5.45 \times 10^{22}\ \text{N·m}$$

9·45 円柱の質量は$m = 10.0\ \text{kg}$，質量中心は水平な直線上を進み，その速さは$v_{中心} = 10.0\ \text{m/s}$である．

(a) 並進の運動エネルギーは，$K_{並進} = \frac{1}{2}mv_{中心}^2 = \frac{1}{2}(10.0\ \text{kg})(10.0\ \text{m/s})^2 = 500\ \text{J}$

(b) 円柱の半径をrとすると，慣性モーメントは，$I = \frac{1}{2}mr^2$（I巻，表9·2参照）．回転の角速度ωと質量中心の並進の速さ$v_{中心}$との関係は，

$$\omega = \frac{v_{中心}}{r} = \frac{10.0\ \text{m/s}}{r}$$

$$K_{回転} = \frac{1}{2}I\omega^2 = \frac{1}{2}\left(\frac{1}{2}mr^2\right)\left(\frac{v^2}{r^2}\right) = \frac{1}{4}(10.0\ \text{kg})(10.0\ \text{m/s})^2 = 250\ \text{J}$$

(c) 全運動エネルギーは並進と回転の運動エネルギーの和であり，750 J．

9·46 運動方程式を用いて解くよりも，以下のように，エネルギー保存則を用いる方がはるかに簡単である．

物体の質量をm，半径をR，質量中心の並進の速さをv，回転の角速度をωとする．物体が滑らずに転がるのだから，$\omega = \dfrac{v}{R}$である．回転と並進を合わせた運動エネルギーは，$K = \frac{1}{2}mv^2 + \frac{1}{2}I\omega^2 = \frac{1}{2}\left[m + \dfrac{I}{R^2}\right]v^2$．また，重力ポテンシャルエネルギーは，斜面の下の位置を基準にすると，初期の値が$U_i = mgh$，最終の値は$U_f = 0$である．力学的エネルギーの保存則により$\frac{1}{2}\left[m + \dfrac{I}{R^2}\right]v^2 = mgh$．したがって，$v^2 = \dfrac{2gh}{[1 + (I/mR^2)]}$

円板では$I = \frac{1}{2}mR^2$だから$v_{円板} = \sqrt{\dfrac{4gh}{3}}$，円環では$I = mR^2$だから$v_{円環} = \sqrt{gh}$（いずれも，I巻，p.203表9·2参照）．軸のまわりに回転対称性をもつ物体では慣性モーメントはmR^2に比例し，比例係数は物体の形状で決まる．したがって，vは形状だけで決まって質量や半径にはよらないことが興味深い．

以上により，一般に，高さhだけ転がり落ちたときの速さは円板の方が速い．したがって，斜面のどの位置に来たときも円板の方が速いのだから，斜面の下に到達するのは円板が先である．

9·47 ボールの質量をm，半径をRとすると，中空の球形のボールの慣性モーメントは$I = \frac{2}{3}mr^2$．（I巻，p.202，表9·2参照）初期状態のボールの速さは$v_1 = 4.03\ \text{m/s}$だから，転がりの角速度は$\omega_1 = v_1/R$．初期の状態を重力ポテンシャルエネルギーの基準とする．

(a) 初期状態の力学的エネルギーは並進と回転の運動エネルギーK_1だけであり，$E_1 = K_1 = \frac{1}{2}mv_1^2 + \frac{1}{2}I\omega_1^2 = \frac{1}{2}mv_1^2 + \frac{1}{2}\frac{2}{3}mR^2(v_1/R)^2 = \frac{5}{6}mv_1^2$．ループの頂点におけるボールの速さを$v_2$とすると，頂点における並進と回転の運動エネルギーの和は，$K_2 = \frac{5}{6}mv_2^2$．
重力ポテンシャルエネルギーは$U_2 = 2\,mgr$．したがって，全力学的エネルギーは，
$E_2 = K_2 + U_2 = \frac{5}{6}mv_2^2 + 2\,mgr$．$E_2 = E_1$，つまり，$\frac{5}{6}mv_2^2 + 2\,mgr = \frac{5}{6}mv_1^2$より，$v_2 = \sqrt{v_1^2 - \frac{12}{5}gr}$

数値を代入して，

$$v_2 = \sqrt{(4.03\ \text{m/s})^2 - \frac{12}{5}(9.80\ \text{m/s}^2)(0.45\ \text{m})} = 2.38\ \text{m/s}$$

(b) 頂点における向心力は，$\dfrac{v_2^2}{r} = \dfrac{(2.38\ \text{m/s})^2}{0.450\ \text{m}} = 12.6\ \text{m/s}^2 > g$．したがって，軌道からボールへの垂直抗力は$12.6\ \text{m/s}^2 - 9.80\ \text{m/s}^2 > 0$であり，ボールは軌道に“上向きに押し付けられている”ことになるので，ボールは落ちることはない．

(c) ループの終点におけるボールの速さを v_3 とすると，(a)と同様の考察により，終点における全力学的エネルギーは，$E_3 = \frac{5}{6}mv_3^2 - mgh$．$E_3 = E_1$ より，$\frac{5}{6}mv_3^2 - mgh = \frac{5}{6}mv_1^2$．つまり $v_3 = \sqrt{v_1^2 + \frac{6}{5}gh}$．数値を代入して，$v_3 = \sqrt{(4.03\ \mathrm{m/s})^2 + \frac{6}{5}(9.80\ \mathrm{m/s^2})(0.2\ \mathrm{m})} = 4.31\ \mathrm{m/s}$.

(d) 転がりがないときは，上の考察で回転の運動エネルギーを0とすればよい．$E_1 = K_1 = \frac{1}{2}mv_1^2$，$E_2 = K_2 + U_2 = \frac{1}{2}mv_2^2 + 2mgr$．$E_1 = E_2$ より，$v_2 = \sqrt{v_1^2 - 4gr}$．数値を代入すると，

$$v_2 = \sqrt{(4.03\ \mathrm{m/s})^2 - 4(9.80\ \mathrm{m/s^2})(0.45\ \mathrm{m})} = \sqrt{-1.40}\ \mathrm{m/s}$$

これは起こりえない速さである．ボールの上る高さが2×45 cmより低くて0.829 mになると$\sqrt{\ }$の中がゼロになる．つまり，ボールがループから落ちないとすると，0.829 mの高さまで上って一瞬静止することになる．実際にはもっと低い位置でループ軌道からの垂直抗力がゼロになり，ボールはループの円軌道から外れ，放物線軌道を描いて落下する．

(e) ボールが回転するとボールは回転の運動エネルギーをもち，それは上の考察のように並進の運動エネルギーに比例する．したがって，回転するボールは回転せずに滑るボールより大きい運動エネルギーをもち，その分だけ高い位置まで上ることができる．

追加問題

9·48 回転軸は棒に力を及ぼすがそれによる変位はなく，また，摩擦は無視できるので，運動エネルギーKと重力のポテンシャルエネルギーUの和が保存され，$K_\mathrm{i} + U_\mathrm{i} = K_\mathrm{f} + U_\mathrm{f}$．この棒の運動はピンの位置を基準点とすれば回転運動だけで，並進運動はない．

(a) ポテンシャルエネルギーは，質量中心の高さで決まり，$U_\mathrm{i} = MgL/2$，$U_\mathrm{f} = 0$．（棒の下端からの距離dの位置の微小質量ΔMのポテンシャルエネルギーはΔMgdだからdに比例する．したがって，棒全体のポテンシャルエネルギーは，質量中心に全質量が集中した場合と同じ.）棒の慣性モーメントをI，棒が水平になった瞬間の角速度をω_fとすると，回転の運動エネルギーは$K_\mathrm{i} = 0$，$K_\mathrm{f} = \frac{1}{2}I\omega_\mathrm{f}^2$．したがって，$\omega_\mathrm{f} = \sqrt{MgL/I}$．$I = ML^2/3$ だから（I巻，表9·2参照），

$$\omega_\mathrm{f} = \sqrt{\frac{MgL}{\frac{1}{3}ML^2}} = \sqrt{\frac{3g}{L}}$$

(b) 棒に働く総トルクは，質量中心に働く下向きの重力によるものとみなしてよいので，角加速度αは，$\sum\tau = I\alpha$

$$Mg\left(\frac{L}{2}\right) = \left(\tfrac{1}{3}ML^2\right)\alpha \qquad \alpha = \frac{3g}{2L}$$

(c) 質量中心は回転軸を中心とする円周上を動いているから，加速度のx成分（半径方向成分）は回転による中心力に対応するもの，y成分（接線方向成分）は角加速度で決まる．

$$\alpha_x = -\omega_\mathrm{f}^2 = -(L/2)(3g/L) = -3g/2$$
$$\alpha_y = -r\alpha = -(L/2)(3g/2L) = -3g/4$$

(d) (c)で求めた棒の質量中心の加速度をもたらしているのは，回転軸と重力が棒に及ぼす力である．ニュートンの第二法則により，水平方向（x方向）には，$F_x = M\alpha_x = -3Mg/2$，鉛直方向（y方向）には，$F_y - Mg = Ma_y = -3Mg/4$，つまり，$F_y = Mg/4$．ベクトルで書けば，

$$\vec{F} = (-3Mg/2)\,\hat{i} + (Mg/4)\,\hat{j}$$

9·49 宇宙飛行士の質量は$m = 75.0$ kg，最初の速さは$v_\mathrm{i} = 5.00$ m/s，ロープの最初の長さは$d_\mathrm{i} = 10.0$ m，縮めたときの長さは$d_\mathrm{f} = 5.00$ mである．

(a) 初期の角運動量は$L_\mathrm{i} = 2mv_\mathrm{i}(d_\mathrm{i}/2) = mv_\mathrm{i}d_\mathrm{i}$．数値を代入して，$L_\mathrm{i} = (75.0\ \mathrm{kg})\times(5.00\ \mathrm{m/s})\times(10.0\ \mathrm{m}) = 3.75\times10^3\ \mathrm{kg\,m^2/s}$

(b) 初期の回転の運動エネルギーは$K_\mathrm{i} = 2\times\frac{1}{2}mv_\mathrm{i}^2$．数値を代入して，$K_\mathrm{i} = mv_\mathrm{i}^2 = (75.0\ \mathrm{kg})\times(5.00\ \mathrm{m/s})^2 = 1.88\times10^3\ \mathrm{J}$

(c) 宇宙飛行士がしたことはこの系の内部の動作だから，系の全角運動量は不変で$3.75\times10^3\ \mathrm{kg\cdot m^2/s}$.

(d) 角運動量が不変で，回転半径が$\frac{1}{2}$になったのだから，速さは2倍．つまり10.0 m/s.

(e) 速さが2倍になったから，運動エネルギーは速さの2乗に比例して4倍．つまり7.50×10^3 J

(f) (e)の運動エネルギーの増加分5.64×10^3 Jは，宇宙飛行士の身体の化学エネルギーが力学的エネルギーに変わったことによる．つまり化学エネルギーから変換されて生じた力学的エネルギーは5.62×10^3 J

9·50 働く力の図は図のように描ける．身体に働く重力は，足に対して脛骨を経て作用するから，その作用点をOとし，力をx，y成分に分けて示している．回転については，点Oのまわりのつり合いを考えることにする．

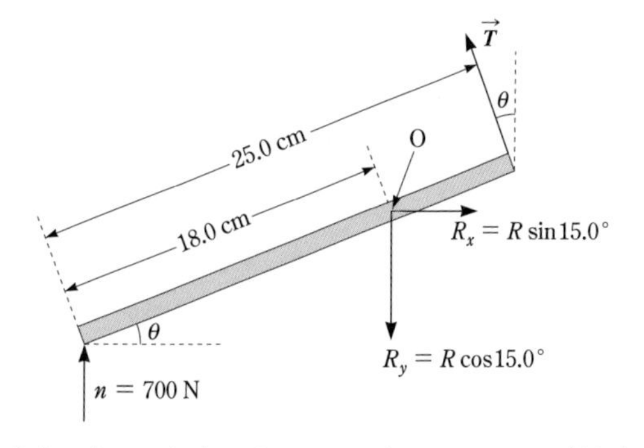

x方向の力のつり合いは，$R\sin15° + T\sin\theta = 0$ だから，

$$R = \frac{T\sin\theta}{\sin15.0°} \qquad ①$$

I 解答（力学）

y 方向の力のつり合いは，$n - R\cos 15° + T\cos\theta = 0$ だから，

$$T = n/(\cot 15° \sin\theta - \cos\theta) \qquad ②$$

点Oのまわりのトルクのつり合いは，$-n\cos\theta \times 18.0$ cm $+ T(25.0\text{ cm} - 18.0\text{ cm}) = 0$　だから，$T = n\cos\theta \times (18.0\text{ cm})/(7.00\text{ cm})$．$n = 700$ N だから，

$$T = (1800\text{ N})\cos\theta \qquad ③$$

③を②に代入して，$\sin\theta\cos\theta = (\tan 15.0°)\cos^2\theta + 0.1042$．これは $\cos^2\theta$ に関する2次方程式になり，解は，

$\cos\theta = 0.8693$ または $\cos\theta = 0.0117$

$\theta = \cos^{-1}(\sqrt{0.8693}) = 21.2°$,

$\theta = \cos^{-1}(\sqrt{0.0117}) = 83.8°$

$\theta = 83.8°$ は人の足ではほとんど不可能なので，$\theta = 21.2°$ を採用する．これを③式に代入して，

$$T = (1800\text{ N})\cos 21.2° = 1.68\text{ kN}$$

さらに，これを①式に代入して，

$$R = \frac{(1.68 \times 10^3\text{ N})\sin 21.2°}{\sin 15.0°} = 2.34\text{ kN}$$

9·51 円筒の慣性モーメントは，

$$I = \frac{1}{2}M(R^2 + (R/2)^2) = \frac{5}{8}MR^2 \qquad ①$$

ひもの張力を T とすると棒に働く全トルクは $\tau_{全} = TR - \tau_{摩擦}$ であり，円筒の回転の角加速度を α として $I\alpha = \tau_{全}$ だから，

$$\alpha = \tau_{全}/I = (TR - \tau_{摩擦})/I \qquad ②$$

おもりの鉛直下向きの運動の加速度 a は $ma = mg - T$ であるが，$a = R\alpha$ という関係があるから，

$$T = mg - ma = m(g - R\alpha) \qquad ③$$

②に③を代入して，

$$\alpha = (mgR - \tau_{摩擦})/(I + mR^2) \qquad ④$$

$t = 0$ の静止状態から時間 t の間におもりが距離 y だけ落ちたが，その間の円筒の回転角は $\theta = y/R$ だから，$\theta = \frac{1}{2}\alpha t^2$，つまり $y/R = (1/2)t^2$．この式に④を代入し，さらに①を用いて，

$$y/R = \frac{1}{2}(mgR - \tau_{摩擦})/(I + mR^2)t^2$$

これを解いて，問題で示された表式に到達する．

9·52 AB間の距離が $l/2$ だから，図において $\cos\theta = 1/4$．脚立全体を1つの剛体と考えるだけでは，問(b)と(c)に答えることはできない．なぜなら，水平棒DEの張力と，つなぎ部分のC点における力は剛体内部の力であり，剛体のつり合いの条件には顔を出さないからである．

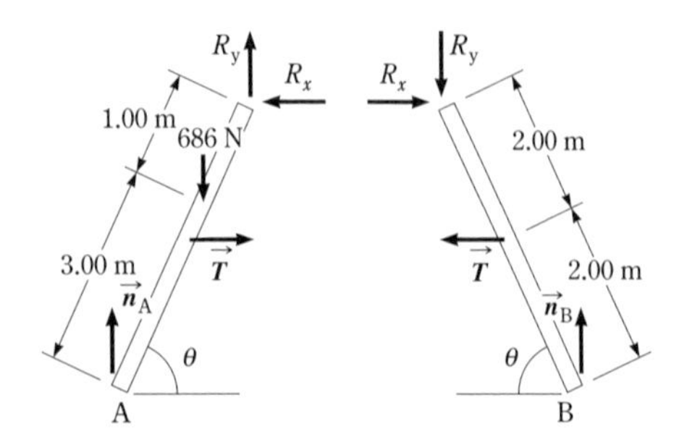

(a) A点，B点における垂直抗力は，脚立全体を1つの剛体と考えて求めることができる．まず，鉛直方向の力のつり合いより $n_A + n_B - mg = 0$ であるが，人は左側のはしごに乗っているから，$n_A \neq n_B$．A点のまわりのトルクのつり合いを考える．トルクの起因は人の体重による力 mg と，右側のB点の垂直抗力 n_B であり，$-mgd\cos\theta + n_B(l/2) = 0$．したがって，$n_B = 2mgd\cos\theta/l$．これより，

$$n_A = mg - n_B = mg\left(1 - \frac{2d\cos\theta}{l}\right)$$

〔$n_A + n_B - mg = 0$ の関係式を使わず，B点のまわりのトルクのつり合いを考えても同じ結果が得られる．〕

$$n_A = (70.0\text{ kg})(9.80\text{ m/s}^2)\left(1 - \frac{2(3.00\text{ m})(1/4)}{4.00\text{ m}}\right)$$

$$\rightarrow\quad n_A = 429\text{ N}$$

$$n_B = \frac{mgd}{2l} = \frac{(70.0\text{ kg})(9.80\text{ m/s}^2)(3.00\text{ m})}{2(4.00\text{ m})}$$

$$\rightarrow\quad n_B = 257\text{ N}$$

(b) 左右のはしごを別々の剛体とみなす．左右のはしごが互いに及ぼしあう力は，水平棒DE部分とつなぎのC点で生じる．DEの部分の張力は水平成分だけだからその大きさを T とし，つなぎ部分のC点で働く力を $\vec{R}$ とする．右側のはしごに働く力について，C点のまわりのトルクのつり合いの条件は，$T\sin\theta(l/2) - n_B(l/4) = 0$．つまり，$T = n_B/(2\sin\theta) = 257\text{ N}/(2 \times \sqrt{1 - \cos^2\theta} = 133\text{ N}$

(c) x 方向(水平方向)の力のつり合いの条件は $R_x - T = 0$　(b)の結果を用いて $R_x = T = 133$ N．y 方向(鉛直方向)の力のつり合いの条件は $n_B - R_y = 0$　(a)の結果を用いて $R_y = n_B = 257$ N．

9·53 粘土−円柱系に働く外力は，円柱の軸が円柱に及ぼす力だけであり，この力は円柱の軸のまわりにトルクを生み出さない．したがって，系の角運動量は保存される．

(a) 円柱は静止しているから，初期の角運動量は0であり，飛んできた粘土は円柱の軸のまわりの角運動量 mvd をもつから，系の角運動量の初期の値は $L_i = mvd$．円柱の慣性モーメントは $I_i = \frac{1}{2}MR^2$（I巻，表9·2参照）であるが，粘土は軸からの距離 R の位置に付くから，付着後の慣性モーメントは $I_f = \frac{1}{2}MR^2 + mR^2$．その角速度を ω として，角運動量の最終の値は $L_f = I_f\omega$．$L_i = L_f$ より，

$$\omega = \frac{mvd}{\frac{1}{2}MR^2 + mR^2} = \frac{2mvd}{(M + 2m)R^2}$$

(b) 粘土と円柱の衝突は完全非弾性衝突だから，力学的エネルギーは保存されない．

(c) 最初は粘土が並進運動をしているから系の運動量は有限($= mv$)だが，最終状態では粘土−円柱系は軸から力を受けるから，粘土−円柱系の運動量は保存されない．(粘土を投げた人−粘土−円柱−軸−地球系の運動量は保存さ

れる.)

9·54 板の質量を m とすると，慣性モーメントは $I=\frac{1}{3}ml^2$（I巻，表9·2参照）．支持棒を取り外したとき，板の質量中心に働く重力により，板には $\frac{1}{2}mgl\cos\theta$ のトルクが作用する．板の右端は，左端を中心とする円弧に沿って時計回りに運動する．

(a) 板の角加速度を α とすると，$\frac{1}{2}mgl=I\alpha$．つまり，$\alpha=\dfrac{3}{2}\dfrac{g}{l}\cos\theta$．板の右端は円弧に沿って落下するが，その接線加速度は $a_{接線}=l\alpha=\frac{3}{2}g\cos\theta$．その鉛直方向成分の大きさは $|a_y|=a_{接線}\cos\theta=\frac{3}{2}g\cos^2\theta$．$\theta<35.3°$ ならば $\cos^2\theta>2/3$ であり，$|a_y|>g$ となる．これは，板の右端に置いたボールの下向きの加速度 g より大きい．板がテーブル面に達するまで $\cos^2\theta>2/3$ は保たれるから，いつでも $|a_y|>g$ である．したがって，ボールは板の右端より遅れて落ちる．

(b) ボールは真下に落ちる．その位置は板の左端から $l\cos 35.3°=0.816\ \mathrm{m}$．したがって，カップは板の左端から $r=0.816\ \mathrm{m}$ の位置に置かねばならない．

9·55 便宜上，下向きを正の向きとし，円板の回転は時計回りを正の向きとする．ひもの張力を T，円板の質量中心の加速度を a，円板の角加速度を α とする．$a=\alpha R$ である．円板の慣性モーメント $I=\frac{1}{2}MR^2$ である（I巻，表9·2参照）．

(a) 下向きの並進運動の運動方程式は $Mg-T=Ma$．したがって，

$$a=g-(T/M) \qquad ①$$

回転運動の運動方程式は，$TR=Ia$．したがって，

$$a=\alpha R=TR^2/I=2T/M \qquad ②$$

①，②式より $T=Mg/3$

(b) (a)の結果を①または②に代入して，$a=2g/3$

(c) 距離 h だけ落下するのに要する時間を t とする．落下の初期の速さは $v_{\mathrm{i}}=0$，最終の速さは，(b)の結果を用いて $v_{\mathrm{f}}=at=2gt/3$ だから，$t=3v_{\mathrm{f}}/2g$．この間の落下の距離は $h=\frac{1}{2}at^2=gt^2/3=(g/3)(3v_{\mathrm{f}}/2g)^2$．したがって，$v_{\mathrm{f}}=(4gh/3)^{1/2}$．

(d) 初期の位置を重力ポテンシャルエネルギーの基準とする．力学的エネルギーの初期値は0．最終値は，並進運動の運動エネルギー $=\frac{1}{2}Mv_{\mathrm{f}}^2$，回転運動の運動エネルギー $=\frac{1}{2}I\omega^2=\frac{1}{2}\frac{1}{2}MR^2(v_{\mathrm{f}}/R)^2$，重力ポテンシャルエネルギー $=-Mgh$．したがって，力学的エネルギーの最終値はこれら3つのエネルギーの和であり，それが初期値の0に等しい．したがって，$v_{\mathrm{f}}=(4gh/3)^{1/2}$ が得られ，これは(c)の結果に一致する．

9·56 2つの場合で，垂直抗力の作用点が違うことに注意．キャビネットを引いていけるための条件は，(1) キャビネットの下部の前縁が回転軸となってキャビネットが前向きに倒れることがないこと，および (2) 水平に引く力が摩擦力を超えることである．

下部の前縁の回転軸に関するトルクを考える．まず，キャビネットの全重量によるトルクは図の反時計回りであり，

$$\tau_{\mathrm{G}}=Mg\frac{w}{2}$$
$$=(400\ \mathrm{N})(0.300\ \mathrm{m})=120\ \mathrm{N\cdot m}$$

次に，作業員の引く力によるトルクを考える．最初のケースでは，

$$\tau_{\mathrm{F}}=(F\cos 37.0°)h_1$$
$$=(300\ \mathrm{N}\cos 37.0°)(0.100\ \mathrm{m})$$
$$=24.0\ \mathrm{N\cdot m}$$

後のケースでは，

$$\tau_{\mathrm{F}}=(F\cos 37.0°)h_2$$
$$=(300\ \mathrm{N}\cos 37.0°)(0.650\ \mathrm{m})$$
$$=156\ \mathrm{N\cdot m}$$

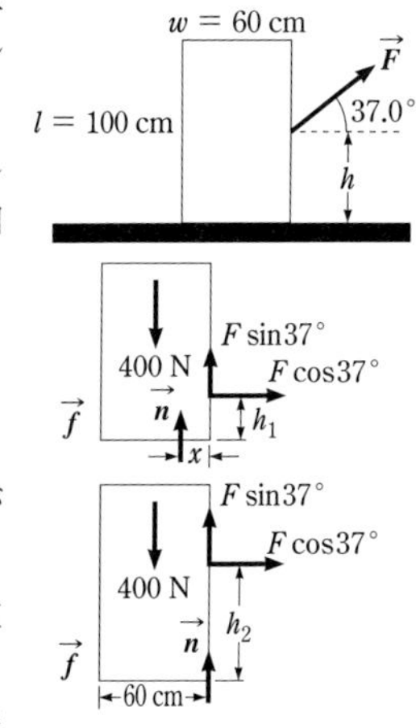

最初のケースでは，作業員が引くことによる時計回りのトルクが，キャビネットの全重量による反時計回りのトルクより小さい．したがって，床からの垂直抗力が図に示した x の位置で作用し，時計回りのトルクに寄与してトルクがつり合う．摩擦係数が大き過ぎなければ，キャビネットを引いていくことができる．

後のケースでは，作業員が引くことによる時計回りのトルクが，キャビネットの全重量による反時計回りのトルクより大きい．したがって，床からの垂直抗力が図のようにキャビネットの前縁に作用して時計回りのトルクに寄与しなくなっても，作業員が引くことによるトルクだけでキャビネットは前向きに転倒するはずであり，問題文のようなことは起こりえない．

9·57 図のように，円柱に働く重力を F，円柱の下端に下の壁面から働く垂直抗力を n_1，右端に右の壁面から働く垂直抗力を n_2 とする．また，円柱の半径を R，静止摩擦係数を $\mu_{静}$ とする．円柱の左端に上向きの力を加えていないときは，$n_1=F\neq 0$，$n_2=0$ であることに注意．

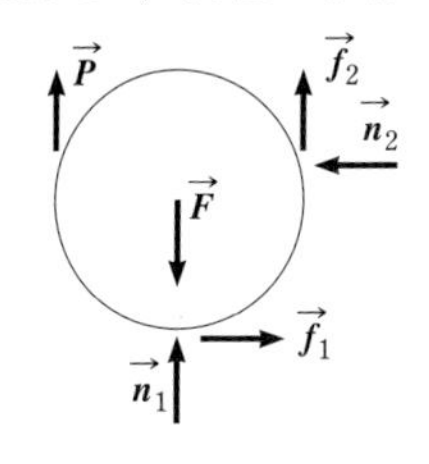

円柱の左端に上向きの力を加えると，円柱の下端に右向きの静止摩擦力 f_1 が働いて，円柱の軸のまわりの回転を妨げる．またこのとき，加えた力は円柱の下端を回転軸とするトルクを生じ，円柱の右端を壁面に押し付ける．その結果，$n_2\neq 0$ になる．これによって，円柱の右端には円

柱の軸のまわりの回転を妨げる向き(上向き)の静止摩擦力 f_2 が働く．一般に，静止摩擦力，静止摩擦係数，垂直抗力の間には，“静止摩擦力 ≤ 静止摩擦係数 × 垂直抗力”という関係がある．この関係式で等号が成り立つときの摩擦力が最大静止摩擦力である．

まず円柱は時計回りに回転するはずだが，その回転の始まり方を考察しよう．円柱の左端に上向きに加える力が P を超えると，円柱には下の壁と右の壁との 2 つの接点で同時に滑りが起こる．なぜなら，もし下端が下の壁に固着し，そこを軸として質量中心が右向きに動く回転が起こるとすると，それは右側の壁によって抑えられる．また，もし右端が右の壁に固着し，そこを軸として質量中心が上向きに動く(円柱は下の壁面から離れる)回転もありえない．なぜなら，このときは円柱を右側の壁に押し付ける力がなく，したがって垂直抗力と静止摩擦力が 0 であり，そこが固着して回転の軸となることはない．以上の考察により，円柱が回転を始めるときは，円柱の下と右の両方の接点で同時に滑りが始まるはずである．つまり，2 つの接点のどちらでも，このときの静止摩擦力 はそれぞれの最大静止摩擦力である．

上向きに限界の力 P を加えているときの，並進と回転のつり合いの条件を考察する．x 方向(水平右向き)の力のつり合いは，$f_1 = n_2$．y 方向(鉛直上向き)の力のつり合いは，$P + n_1 + f_2 = F$．また，上の考察により，垂直抗力と最大静止摩擦力の間には，$f_1 = \mu_{静} n_1$，$f_2 = \mu_{静} n_2$ という関係がある．円柱の軸のまわりのトルクのつり合いは，$P = f_1 + f_2$．この 5 つの式から f_1, f_2, n_1, n_2 を消去すると，$P\dfrac{1+(1+\mu_{静}{}^2)}{\mu_{静}(1+\mu_{静})} = F$ となる．$\mu_{静} = 0.500$ だから，$P = \frac{3}{8}F$ である．

9·58 質量 $m = 76.0\ \mathrm{kg}$ である．速さを v とする．

(a) 力学的エネルギー，つまり運動エネルギー K と重力ポテンシャルエネルギー U の和が保存される．Ⓐ点とⒷ点における物理量を添え字 A, B で表す．Ⓑ点におけるポテンシャルエネルギーを基準とし，鉛直上向きに y 軸をとり，

$$0 + mgy_{\mathrm{A}} = \frac{1}{2}mv_{\mathrm{B}}{}^2 + 0$$

$$v_{\mathrm{B}} = \sqrt{2gy_{\mathrm{A}}} = \sqrt{2(9.80\ \mathrm{m/s^2})(6.30\ \mathrm{m})} = 11.1\ \mathrm{m/s}$$

(b) 角運動量 $L = mv_{\mathrm{B}}\,y_{\mathrm{A}} = (76.0\ \mathrm{kg})\times(11.1\ \mathrm{m/s})\times(6.30\ \mathrm{m}) = 5.32\times10^3\ \mathrm{kg\cdot m^2/s}$

(c) 角運動量の変化率は系に働くトルクに等しい．立ち上がることによる力は，ハーフパイプの中心を通る鉛直方向だから，円運動の中心のまわりのトルクとはならない．したがって，角運動量は変化しない．スケートボーダーはⒸ点において重力と遠心力に抗して体の質量中心を持ち上げるから，体内の化学エネルギーを使って力学的仕事をしたことになる．重力に抗してした仕事は重力ポテンシャルエネルギーを増加させ，遠心力に抗してした仕事が運動エネルギーの増加をもたらす．

(d) 角運動量は変化せず，(b)で求めた値を維持する．しかし，回転半径は $6.80\ \mathrm{m} - 0.95\ \mathrm{m} = 5.85\ \mathrm{m}$ となるから，速さは，

$$v = \frac{5.32\times10^3\ \mathrm{kg\cdot m^2/s}}{(76.0\ \mathrm{kg})(5.85\ \mathrm{m})} = 12.0\ \mathrm{m/s}$$

(e) Ⓑ点における運動エネルギーと化学エネルギー $U_{化学}$ の和が，Ⓒ点における運動エネルギーと重力ポテンシャルエネルギーの和に等しい．

$$\frac{1}{2}(76.0\ \mathrm{kg})(11.1\ \mathrm{m/s})^2 + 0 + U_{化学}$$

$$= \frac{1}{2}(76.0\ \mathrm{kg})(12.0\ \mathrm{m/s})^2 + (76.0\ \mathrm{kg})(9.80\ \mathrm{m/s^2})(0.450\ \mathrm{m})$$

$$U_{化学} = 5.44\ \mathrm{kJ} - 4.69\ \mathrm{kJ} + 353\ \mathrm{J} = 1.08\ \mathrm{kJ}$$

9·59 ジャイロスコープと宇宙船の角速度をそれぞれ ω_1，ω_2 とする．ジャイロスコープと宇宙船を合わせた系では角運動量が保存されるから，

$$0 = I_1\omega_1 + I_2\omega_2$$

ジャイロスコープを動作させる時間を t とすると，その間の宇宙船の向きの変化量 $\theta = 30.0°$ だから角速度 $\omega_2 = \theta/t$ であり，上の式は次のように書ける．

$$-I_1\omega_1 = I_2\frac{\theta}{t}$$

数値を代入して，

$$(-20\ \mathrm{kg\cdot m^2})(-100\ \mathrm{rad/s}) = (5\times10^5\ \mathrm{kg\cdot m^2})\left(\frac{30°}{t}\right)\left(\frac{\pi\ \mathrm{rad}}{180°}\right)$$

$$t = \frac{2.62\times10^5\ \mathrm{s}}{2000} = 131\ \mathrm{s}$$

10 章　重力，惑星の軌道および水素原子

10・1　有効数字は3桁として計算する．船の質量 $M = 4.00 \times 10^7$ kg，距離 $r = 1.00 \times 10^2$ m，万有引力定数 $G = 6.67 \times 10^{-11}$ N·m²/kg² である．引力の大きさ $F = GM^2/r^2$ であり，この引力による船の加速度の大きさを a とすると，ニュートンの第二法則により $F = Ma$．したがって，$a = GM/r^2 = (6.67 \times 10^{-11}\ \mathrm{N \cdot m^2/kg^2}) \times (4.00 \times 10^7\ \mathrm{kg})/(1.00 \times 10^2\ \mathrm{m})^2 = 2.67 \times 10^{-7}\ \mathrm{m/s^2}$．これは地球の重力による加速度 9.80 m/s² に比べて8桁程度小さい．

10・2　太陽，地球，月の質量を，それぞれ，$M_{太陽} = 1.99 \times 10^{30}$ kg，$M_{地球} = 5.97 \times 10^{24}$ kg，$M_{月} = 7.36 \times 10^{22}$ kg とする．これらの間の距離を $r_{太陽-地球} = 1.496 \times 10^{11}$ m，$r_{地球-月} = 3.84 \times 10^8$ m とすると，日食のときは $r_{太陽-月} = r_{太陽-地球} - r_{地球-月} = 1.492 \times 10^{11}$ m である．万有引力定数は $G = 6.67 \times 10^{-11}$ N·m²/kg² とする．

(a) $F_{太陽-月} = GM_{太陽}M_{月}/r_{太陽-月}{}^2 = (6.67 \times 10^{-11}\ \mathrm{N \cdot m^2/kg^2}) \times (1.99 \times 10^{30}\ \mathrm{kg}) \times (7.36 \times 10^{22}\ \mathrm{kg})/(1.492 \times 10^{11}\ \mathrm{m})^2 = 4.39 \times 10^{20}\ \mathrm{N}$

(b) $F_{地球-月} = GM_{地球}M_{月}/r_{地球-月}{}^2 = (6.67 \times 10^{-11}\ \mathrm{N \cdot m^2/kg^2}) \times (5.97 \times 10^{24}\ \mathrm{kg}) \times (7.36 \times 10^{22}\ \mathrm{kg})/(3.84 \times 10^8\ \mathrm{m})^2 = 1.99 \times 10^{20}\ \mathrm{N}$

(c) $F_{太陽-地球} = GM_{太陽}M_{地球}/r_{太陽-地球}{}^2 = (6.67 \times 10^{-11}\ \mathrm{N \cdot m^2/kg^2}) \times (1.99 \times 10^{30}\ \mathrm{kg}) \times (5.97 \times 10^{24}\ \mathrm{kg})/(1.496 \times 10^{11}\ \mathrm{m})^2 = 3.55 \times 10^{22}\ \mathrm{N}$

(d) 太陽が月に及ぼす引力と，地球が月に及ぼす引力は 10^{20} N のオーダーであるが，太陽が地球に及ぼす力はこれらより2桁も大きい．“月を引きはがす”のかどうかの考察で，重要なのは力ではなく運動である．それぞれの力による地球と月の加速度を調べる必要がある．（太陽の質量は非常に大きいから，ほとんど動かないとみなしてよかろう）$F_{太陽-月}$ による月の加速度は ① $F_{太陽-月}/M_{月} = 5.96 \times 10^{-3}$ m/s²，$F_{太陽-地球}$ による地球の加速度は ② $F_{太陽-地球}/M_{地球} = 5.94 \times 10^{-3}$ m/s² である．$F_{地球-月}$ による月の加速度は ③ $F_{地球-月}/M_{月} = 2.70 \times 10^{-3}$ m/s² である．① と ② から，太陽の引力で月と地球がほぼ同じ加速度の大きさ（6×10^{-3} m/s² 程度）で運動（太陽のまわりを公転）するが，加速度の差は 10^{-5} m/s² 程度にすぎない．この差に比べて，③ の地球の引力で月が運動する加速度は2桁程度大きい．したがって，“月は地球のまわりを周回する”という見方は妥当であろう．月は地球と一体となって太陽のまわりを公転すると言ってよい．なお，$F_{地球-月}$ による地球の加速度は $F_{地球-月}/M_{地球} = 3.33 \times 10^{-5}$ m/s² にすぎず，地球の運動は，ほとんど太陽の引力に支配されているといえる．

10・3　万有引力定数を G，地球の質量を M，半径を $R = 6.37 \times 10^6$ m とする．人工衛星の質量 $m = 3.00 \times 10^2$ kg，地球の中心からの距離 $r = 2R$ である．

(a) 人工衛星の速さを v とすると，人工衛星の円運動の向心力 mv^2/r が地球による引力 GMm/r^2 に等しい．つまり，$v = \sqrt{GM/r} = \sqrt{GM/2R}$ である．ところで，地表における重力加速度を $g = 9.80$ m/s² とすると，質量 m' の質点に働く重力は $m'g$ であるが，これはまた GMm'/R^2 でもある．つまり，$GM/R^2 = g = 9.80$ m/s² と書ける．したがって，$v = \sqrt{GM/2R} = \sqrt{(GM/R^2) \times (R/2)} = \sqrt{(9.80\ \mathrm{m/s^2}) \times (6.37 \times 10^6\ \mathrm{m}/2)} = 5.59 \times 10^3\ \mathrm{m/s}$

(b) 周回軌道の長さは $2\pi r = 4\pi R = 4\pi \cdot 6.37 \times 10^6$ m．したがって，周期は $4\pi \cdot 6.37 \times 10^6\ \mathrm{m}/5.59 \times 10^3\ \mathrm{m/s} = 1.43 \times 10^4\ \mathrm{s} = 239\ \mathrm{min} = 3\ \mathrm{h}\ 59\ \mathrm{min}$．

(c) 重力は GMm/r^2 であるが，(a) の考察と同様に $GM/R^2 = g = 9.80$ m/s² を用いて，求める重力は $GMm/r^2 = GMm/(2R)^2 = \frac{1}{4}mg = (300\ \mathrm{kg}) \times (9.80\ \mathrm{m/s^2})/4 = 735\mathrm{N}$．

10・4　鉛の球の質量は $M = 1.50$ kg，$m = 15.0 \times 10^{-3}$ kg，2個の球の質量中心間の距離は $r = 4.50 \times 10^{-2}$ m である．万有引力定数 $G = 6.67 \times 10^{-11}$ N·m²/kg² とする．2個の球の間に働く重力の大きさは，

$$F = \frac{GMm}{r^2}$$
$$= (6.67 \times 10^{-11}\ \mathrm{N \cdot m^2/kg^2}) \frac{(1.50\ \mathrm{kg})(15.0 \times 10^{-3}\ \mathrm{kg})}{(4.50 \times 10^{-2}\ \mathrm{m})^2}$$
$$= 7.41 \times 10^{-10}\ \mathrm{N}$$

10・5　ロープの長さ $L = 45.0$ m，球体の質量 $m = 100.0$ kg，ロープの間隔 $d = 1.000$ m である．万有引力によるそれぞれの球体の移動距離を x とすると，つり合いの状態で2つの球体の中心間の距離は $r = d - 2x$ である．ロープの鉛直方向からの傾き角を θ とすると，$\sin\theta = x/L$ である．球体の場合，万有引力はその中心に全質量が集中した場合と同じである．

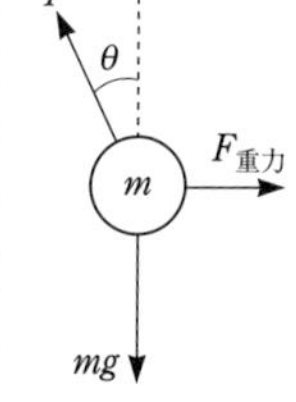

2つの球体の間の万有引力の大きさは $F_{重力} = Gm^2/r^2$ で，この力は水平方向に働く．ロープの張力を T とすると，図を参照して，それぞれの球の水平方向の力のつり合いを表す式は，$F_{重力} = T\sin\theta$．鉛直方向の力のつり合いを表す式は，$mg = T\cos\theta$．したがって，$\tan\theta = \dfrac{Gmm}{r^2mg} = \dfrac{Gm}{r^2g}$ ①．ここで，$\tan\theta$ の大きさを見積もる．$Gm/g = (6.67 \times 10^{-11}\ \mathrm{N \cdot m^2/kg^2}) \times (100.0\ \mathrm{kg})/(9.80\ \mathrm{m/s^2}) = 6.80 \times 10^{-10}\ \mathrm{m^2}$ だから，r が 10^{-5} m 程度以下であれば $\tan\theta$ は1程度のオーダーになりうるが，2個の球体の中心間の距離がそれほど接近することはありえない．したがって，$\tan\theta \ll 1$ であり，$\tan\theta \approx \sin\theta \approx \theta \ll 1$．$\sin\theta = x/L$ より $x \ll L$．d は L とオーダーでは大差ないから，$x \ll d$ といえる．したがって，

①式 $\tan\theta = Gm/(r^2g)$ の分母で $r = d - 2x \approx d$ と近似し，$\tan\theta \approx \theta \approx Gm/(d^2g)$．数値を代入して，$\theta \approx (6.67 \times 10^{-11}\ \mathrm{N\cdot m^2/kg^2}) \times (100.0\ \mathrm{kg})/(1.000\ \mathrm{m})^2(9.80\ \mathrm{m/s^2}) = 6.80 \times 10^{-10}\ \mathrm{rad}$．つまり，$x \approx L\theta = (45.0\ \mathrm{m}) \times (6.80 \times 10^{-10}\ \mathrm{rad}) = 3.06 \times 10^{-8}\ \mathrm{m}$．ウイルスの1/10程度の大きさにすぎない．

10·6 質量 M の質点から距離 R だけ離れた位置にある質量 m の質点に働く重力は GMm/R^2．この力が質量 m の質点に与える加速度 a は，ニュートンの第二法則により $ma = GMm/R^2$ を満たす．つまり $a = GM/R^2$ で，質量 m にはよらない．地球の表面の場合 $a_{地球} = GM_{地球}/R_{地球}{}^2$，月の表面の場合 $a_{月} = GM_{月}/R_{月}{}^2$ である．$a_{月}/a_{地球} = \frac{1}{6}$ なのだから，$(GM_{月}/R_{月}{}^2)/(GM_{地球}/R_{地球}{}^2) = (M_{月}/M_{地球})/(R_{地球}/R_{月})^2 = \frac{1}{6}$．地球と月の質量は，

$M_{地球} = \rho_{地球}(4\pi/3)R_{地球}{}^3$，

$M_{月} = \rho_{月}(4\pi/3)R_{月}{}^3$　だから，

$(\rho_{月}/\rho_{地球})(R_{月}/R_{地球})^3(R_{地球}/R_{月})^2$

$= (\rho_{月}/\rho_{地球})(R_{月}/R_{地球}) = \frac{1}{6}$．　$R_{月}/R_{地球} = 0.273$

だから，$(\rho_{地球}/\rho_{月}) = 1/(2.73 \times 6) = 0.611$ となる．

10·7 2個の球の質量を m_1, m_2 とする．球体の場合，万有引力はその中心に全質量が集中した場合と同じであり，いまの場合は中心間の距離 $r = 1.00\ \mathrm{m}$．万有引力の大きさは $F_{重力} = Gm_1m_2/r^2$．したがって，$m_1m_2 = F_{重力}r^2/G$．数値を代入して，$m_1m_2 = (1.00\ \mathrm{N}) \times (1.00\ \mathrm{m})^2/(6.67 \times 10^{-11}\ \mathrm{N\cdot m^2/kg^2}) = 1.50 \times 10^{10}\ \mathrm{kg^2}$．$m_1 = m_2$ としてみると，$m_1 = m_2 = 1.22 \times 10^5\ \mathrm{kg}$．2個の球の中心間の距離が1.00 m だから，球の半径は最大で0.50 m．そうすると，球の密度は $2.34 \times 10^5\ \mathrm{kg/m^3} = 234\ \mathrm{g/cm^3}$．これは，元素の中で最大級の密度をもつイリジウムとオスミウムより1桁も密度が高い．そのようなことはありえない．

10·8 万有引力定数 $G = 6.67 \times 10^{-11}\ \mathrm{N\cdot m^2/kg^2}$ とする．ミランダの質量 $M = 6.68 \times 10^{19}\ \mathrm{kg}$，半径 $R = 2.42 \times 10^5\ \mathrm{m}$．

(a) ミランダの表面にある質量 m の質点に働く重力は，GMm/R^2．これによる質量 m の質点の加速度 a は，$ma = GMm/R^2$ から求められ，$a = GM/R^2 = (6.67 \times 10^{-11}\ \mathrm{N\cdot m^2/kg^2}) \times (6.68 \times 10^{19}\ \mathrm{kg})/(2.42 \times 10^5\ \mathrm{m})^2 = 0.0761\ \mathrm{m/s^2}$．これは地球表面の値の1%に満たない．

(b) ミランダの表面における重力加速度 $a = 0.0761\ \mathrm{m/s^2}$ のもとで，高さ $h = 5.00 \times 10^3\ \mathrm{m}$ を上下方向の初期の速さ0で落下するのに要する時間を t とすると，$h = \frac{1}{2}at^2$ だから，$t = \sqrt{2h/a} = \sqrt{\dfrac{2 \times 5.00 \times 10^3\ \mathrm{m}}{0.0761\ \mathrm{m/s^2}}} = 363\ \mathrm{s}$．約6 min である．

(c) 水平方向に速さ $v_x = 8.50\ \mathrm{m/s}$ で飛ぶのだから，(b)で求めた時間 $t = 363\ \mathrm{s}$ の間に進む距離は $L = v_xt = (8.50\ \mathrm{m/s}) \times (363\ \mathrm{s}) = 3.08 \times 10^3\ \mathrm{m}$．約3 km 飛べる．ただし，ミランダは小さく，この距離の間の表面の曲がりが問題であるが，ここではそれを無視した．

(d) 表面に降りたときの鉛直方向の速さ v_y は，$v_y = at = (0.0761\ \mathrm{m/s^2}) \times (363\ \mathrm{s}) = 27.6\ \mathrm{m/s}$．水平方向の速さは $v_x = 8.50\ \mathrm{m/s}$ で一定のまま落下する．したがって，速度ベクトルは $\vec{v} = 8.50\ \mathrm{m/s}\,\hat{i} - 27.6\ \mathrm{m/s}\,\hat{j}$.

10·9 一様な重力であれば質量中心と重心は一致する．しかし，物体の部分によって重力場が異なる場合は，一般に両者は一致しない．

ブラックホールの質量を $M = 100\ M_{太陽} = 100 \times 1.99 \times 10^{30}\ \mathrm{kg} = 1.99 \times 10^{32}\ \mathrm{kg}$ とし，万有引力定数 $G = 6.67 \times 10^{-11}\ \mathrm{N\cdot m^2/kg^2}$ とする．ブラックホールの中心と宇宙船の質量中心の距離は $x_0 = (1.00 \times 10^4 + 50.0)\ \mathrm{m}$．宇宙船の質量 $m = 1.000 \times 10^3\ \mathrm{kg}$，全長 $L = 100\ \mathrm{m}$ である．宇宙船の頭部と尾部における重力加速度の大きさは，それぞれ $g_{頭部} = \dfrac{GM}{\left\{x_0 - \left(\dfrac{L}{2}\right)\right\}^2}$，$g_{尾部} = \dfrac{GM}{\left\{x_0 + \left(\dfrac{L}{2}\right)\right\}^2}$ これらの差は $\Delta g = g_{頭部} - g_{尾部} \approx \dfrac{GM}{(x_0)^2}\left(\dfrac{2L}{x_0}\right)$ である．Δg は $g_{頭部}$ や $g_{尾部}$ の大きさの

$$\frac{2L}{x_0} = \frac{2 \times 100\ \mathrm{m}}{(1.00 \times 10^4 + 50.0)\ \mathrm{m}} \approx 2 \times 10^{-2}\ 倍$$

である．

(a) 上で考察した Δg を無視するなら質量中心と重心は一致し，宇宙船を質量中心に質量が集中した質点とみなしてよい．働く重力の大きさは，

$$F = \frac{GMm}{x_0{}^2}$$
$$= \frac{(6.67 \times 10^{-11}\ \mathrm{N\cdot m^2/kg^2}) \times (1.99 \times 10^{32}\ \mathrm{kg})(1.000 \times 10^3\ \mathrm{kg})}{\{(1.00 \times 10^4 + 50.0)\ \mathrm{m}\}^2}$$
$$= 1.31 \times 10^{17}\ \mathrm{N}$$

Δg を無視しないなら，宇宙船の各部分に働く重力を積分しなければならない．宇宙船を密度が一様な円柱とみなすと，長さ方向の線密度は $\sigma\ \mathrm{kg/m} = m/L = 10.00\ \mathrm{kg/m}$．働く重力の大きさは，

$$F = \int_{x_0-(L/2)}^{x_0+(L/2)} GM\frac{\sigma}{x^2}\,\mathrm{d}x = GM\sigma\left[-\frac{1}{x}\right]_{x_0-(L/2)}^{x_0+(L/2)}$$
$$= GM\sigma\frac{\{x_0 + (L/2)\} - \{x_0 - (L/2)\}}{\{x_0 + (L/2)\}\{x_0 - (L/2)\}} = \frac{GM\sigma L}{x_0{}^2 - (L/2)^2}$$
$$= \frac{(6.67 \times 10^{-11}\ \mathrm{N\cdot m^2/kg^2})(1.99 \times 10^{32}\ \mathrm{kg})(10.00\ \mathrm{kg/m})(100\ \mathrm{m})}{\{(1.00 \times 10^4 + 50.0)\ \mathrm{m}\}^2 - (50.0\ \mathrm{m})^2}$$
$$= 1.31 \times 10^{17}\ \mathrm{N}$$

(b) すでに上で考察したように，頭部と尾部における重力加速度とその差は，

$$g_{頭部} = \frac{GM}{\{x_0 - (L/2)\}^2}$$

$$g_{尾部} = \frac{GM}{\{x_0 + (L/2)\}^2}$$

$$\Delta g = g_{頭部} - g_{尾部}$$

$$\approx \frac{GM}{{x_0}^2}\frac{2L}{x_0}$$

$$= \frac{(6.67\times10^{-11}\,\mathrm{N\cdot m^2/kg^2})(1.99\times10^{32}\,\mathrm{kg})}{\{(1.00\times10^4+50.0)\,\mathrm{m}\}^2} \times \frac{2\times(100\,\mathrm{m})}{(1.00\times10^4+50.0)\,\mathrm{m}}$$

$$= 2.62\times10^{12}\,\mathrm{m/s^2}$$

ただし，単位の $\mathrm{m/s^2}$ は N/kg と等価である．

10·10 (a) 上側の物体による重力場を g_1，下側の物体による重力場を g_2 とする．それぞれの大きさは，

$$g_1 = g_2 = \frac{MG}{r^2 + a^2}$$

図の右方向を x 軸，上方向を y 軸とすると，$g_{1y} = -g_{2y}$，したがって，

$$g_y = g_{1y} + g_{2y} = 0 \qquad g_{1x} = g_{2x} = g_2\cos\theta$$

ここで，

$$\cos\theta = \frac{r}{(a^2 + r^2)^{1/2}}$$

だから，$\vec{g} = 2g_{2x}(-\hat{i})$ と表せる．つまり，

$$g = \frac{2MGr}{(r^2 + a^2)^{3/2}}$$

で，2 物体を結ぶ線分の中点の方向を向く．

(b) 2 物体からの重力場の大きさは等しく，y 成分はいつでも打ち消しあって 0．$r\to0$ ではどちらの x 成分も 0 に近づくから，2 物体の重力場を合成した重力場は 0 に近づく．

(c) (a) で求めた $g = 2MGr/(r^2+a^2)^{3/2}$ は，$r\to0$ では分母が a^3，分子が $\to0$ だから，重力場は 0 に近づく．

(d) $r\to\infty$ では 2 物体と P 点を結ぶ直線は平行に近づく．したがって，重力場のベクトルはその向きの合成は不要であり，大きさの和をつくればよい．それは，$2GM/r^2$ である．

(e) (a) で求めた $g = 2MGr/(r^2+a^2)^{3/2}$ は，$r\to\infty$ では分母 $\to r^3$ だから，$g\to 2MG/r^2$ となる．

10·11 地球の半径を $R_{地球}$ とすると，隕石と地球の中心との距離は $r = R_{地球} + 3R_{地球} = 4R_{地球}$．地球の質量を M，隕石の質量を m とすると，隕石と地球との万有引力は $F = GMm/r^2$．$r = 4R_{地球}$ だから，加速度は地球の 1/16．つまり，$a = 9.80(\mathrm{m/s^2})/16 = 0.613(\mathrm{m/s^2})$．向きは地球の中心に向かう方向．

10·12 それぞれの惑星の角速度 ω_X, ω_Y を求めればよい．万有引力定数を G として，質量 M の恒星を軌道半径 r で周回する質量 m の惑星が受ける引力の大きさは，$F = GMm/r^2$．惑星はこれを向心力 $mr\omega^2$ とする円運動をするから，$\omega^2 = GM/r^3$．したがって，$\omega_Y/\omega_X = (r_X/r_Y)^{3/2} = 3^{3/2}$（ケプラーの第三法則）．惑星 X の角速度は，$90.0\,°/5\mathrm{y}$ だから，惑星 Y の角速度は $3^{3/2}\times 90.0\,°/5\mathrm{y} = 468\,°/5\mathrm{y}$．これは $468°/360° = 1.3$ 回転．

10·13 万有引力定数を $G = 6.67\times10^{-11}\,\mathrm{N\cdot m^2/kg^2}$，地球の質量を $M = 5.97\times10^{24}\,\mathrm{kg}$ とする．質量 m の通信衛星の軌道半径を r とする．通信衛星が受ける引力の大きさは，$F = GMm/r^2$．通信衛星はこれを向心力 $mv^2/r = mr\omega^2$ とする円運動をするから，$\omega^2 = GM/r^3$．通信衛星が赤道上の静止衛星であるためには，その角速度が地球の自転の角速度 $\omega_{地球} = 2\pi/24\,\mathrm{h}$ に等しければよい．

(a) $\omega^2 = GM/r^3 = {\omega_{地球}}^2$．つまり，

$$r = (GM/{\omega_{地球}}^2)^{1/3}$$

$$= \left[\frac{(6.67\times10^{-11}\,\mathrm{N\cdot m^2/kg^2})(5.97\times10^{24}\,\mathrm{kg})}{\{2\pi/(24\,\mathrm{h}\times3600\,\mathrm{s/h})\}^2}\right]^{1/3}$$

$$= 4.22\times10^7\,\mathrm{m} = 4.22\times10^4\,\mathrm{km}$$

これは地球の半径の 6.6 倍程度である．

(b) 地球の中心，北極点，通信衛星を結ぶ直角三角形の斜辺の長さ L を求めると，

$$L = \sqrt{(6.37\times10^3\,\mathrm{km})^2 + (4.22\times10^4\,\mathrm{km})^2}$$

$$= 4.27\times10^4\,\mathrm{km}$$

これの 2 倍が往復の距離であり，それを光速で割って，$2\times(4.27\times10^7\,\mathrm{m})/(3.00\times10^8\,\mathrm{m/s}) = 0.285\,\mathrm{s}$．

10·14 万有引力定数を $G = 6.67\times10^{-11}\,\mathrm{N\cdot m^2/kg^2}$，太陽の質量を $M = 1.99\times10^{30}\,\mathrm{kg}$ とする．質量 m の惑星の軌道半径を r とする．惑星が受ける引力の大きさは $F = GMm/r^2$．惑星はこれを向心力 mv^2/r とする円運動をするから，$v = \sqrt{GM/r}$．水星では $r = 5.79\times10^{10}\,\mathrm{m}$ なので，

$$v = \sqrt{\frac{(6.67\times10^{-11}\,\mathrm{N\cdot m^2/kg^2})(1.99\times10^{30}\,\mathrm{kg})}{5.79\times10^{10}\,\mathrm{m}}}$$

$$= 4.79\times10^4\,\mathrm{m/s}$$

冥王星では $5.91\times10^{12}\,\mathrm{m}$ なので，

$$v = \sqrt{\frac{(6.67\times10^{-11}\,\mathrm{N\cdot m^2/kg^2})(1.99\times10^{30}\,\mathrm{kg})}{5.91\times10^{12}\,\mathrm{m}}}$$

$$= 4.74\times10^3\,\mathrm{m/s}$$

(a) 水星の方が速いから，時間が経てば水星の方が冥王星よりも遠くになる．

(b) 周回軌道を離れてからの時間を t とする．そのときの太陽と惑星の距離 L は，太陽，軌道半径，軌道を離れたときの惑星の位置でつくる直角三角形の斜辺の長さに等しく，$L = \sqrt{r^2 + (vt)^2}$．水星と冥王星とでこれが等しくなる時間 t を求める．

$\sqrt{{r_{水星}}^2 + (v_{水星}t)^2} = \sqrt{{r_{冥王星}}^2 + (v_{冥王星}t)^2}$ より，

$$t = \sqrt{\frac{(5.91\times10^{12}\,\mathrm{m})^2 - (5.79\times10^{10}\,\mathrm{m})^2}{(4.79\times10^4\,\mathrm{m/s})^2 - (4.74\times10^3\,\mathrm{m/s})^2}}$$

$$= \sqrt{\frac{3.49\times10^{25}\,\mathrm{m^2}}{2.27\times10^9\,\mathrm{m^2/s^2}}} = 1.24\times10^8\,\mathrm{s} = 3.93\,\mathrm{yr}$$

10·15 木星の質量を M，イオの質量を m とする．イオの軌道半径は $r = 4.22 \times 10^8$ m，イオの公転周期は $T = 1.77 \times 24 \times 60 \times 60$ s $= 1.53 \times 10^5$ s．つまり，回転の角速度は $\omega = 2\pi/T = 4.1 \times 10^{-5}$ rad/s．イオの公転運動の向心力は $F = mr\omega^2$ と表せるが，その起因はイオに働く重力 GmM/r^2．したがって，$mr\omega^2 = GmM/r^2$．つまり，

$$M = r^3\omega^2/G = \frac{(4.22 \times 10^8 \text{ m})^3 (4.1 \times 10^{-5} \text{ rad/s})^2}{6.67 \times 10^{-11} \text{ N·m}^2/\text{kg}^2} = 1.89 \times 10^{27} \text{ kg}$$

10·16 万有引力定数を $G = 6.67 \times 10^{-11}$ N·m^2/kg^2，恒星の質量を m とし，質量中心のまわりを回る円軌道の半径を r とする．2つの連星の間の距離は $R = 2r$ である．恒星が互いに受ける引力の大きさは，$F = mm/R^2$．恒星はこれを向心力 $mv^2/r = mr\omega^2$ とする円運動をする．$Gm^2/R^2 = mv^2/r$ と $R = 2r$ により $m = 4v^2r/G$．また，一般に $v = \omega r$．この2式から r を消去して，

$$m = 4v^3/G\omega = \frac{4 \times (220 \text{ km/s})^3}{(6.67 \times 10^{-11} \text{ N·m}^2/\text{kg}^2) \dfrac{2\pi}{(14.4\,日 \times 24 \text{ h}/日 \times 3600 \text{ s/h})}} = 1.26 \times 10^{32} \text{ kg}$$

これは太陽の質量の100倍程度である．

10·17 一般に，原点からの距離の2乗に反比例する引力を受ける質点の周回運動は，原点を中心とする楕円軌道を描く(周回運動に限定しなければ，放物線軌道，双曲線軌道も可能)．その周回の周期 T と軌道の半長径 a の間には $T^2 = ka^3$ の関係が成り立つ．比例係数 k は原点にある引力源の強さ(万有引力では原点にある質量)で決まり，周回する質点の半長径と質量にはよらない．ケプラーの第三法則は，太陽の引力で周回する惑星についてこの関係を表したものである．$T^2 = ka^3$ と書くとき，周期 T の単位を "yr" で，半長径 a の単位を "地球の軌道の半長径 ≡ 1 AU" で表すと，地球の場合は $T = 1$ yr，$a = 1$ AU で，$k = 1$ となるから，太陽を回るすべての物体についてこの k の値が使える．ハレー彗星では，$T = 75.6$ yr だから，$a = (T^2/k)^{1/3} = 75.6^{2/3}$AU $= 17.9$ AU．近日点と太陽の距離は $L_{近} = 0.570$ AU であり，遠日点と太陽の距離を $L_{遠}$ とすると，$2a = L_{近} + L_{遠}$．したがって，$L_{遠} = 2a - L_{近} = 2 \times 17.9$ AU $- 0.570$ AU $= 35.2$ AU である．

10·18 (a) 太陽の質量 $M_{太陽} = 1.99 \times 10^{30}$ kg，地球の半径 $r_{地球} = 6.37 \times 10^6$ m だから，密度は，

$$\rho = \frac{M_{太陽}}{\frac{4}{3}\pi r_{地球}{}^2} = \frac{3(1.99 \times 10^{30} \text{ kg})}{4\pi(6.37 \times 10^6 \text{ m})^2} = 1.84 \times 10^9 \text{ kg/m}^3$$

(b) 表面にある質量 m の物体に働く重力は，$F = GmM_{太陽}/r_{地球}{}^2$．したがって，その物体が受ける加速度は，

$$a = F/m = GM_{太陽}/r_{地球}{}^2 = g = \frac{(6.67 \times 10^{-11} \text{ N·m}^2/\text{kg}^2)(1.99 \times 10^{30} \text{ kg})}{(6.37 \times 10^6 \text{ m})^2} = 3.27 \times 10^6 \text{ m/s}^2$$

これは地球上における重力加速度 9.80 m/s^2 の約30万倍である．

(c) 無限の遠方を重力ポテンシャルエネルギーの基準点として，

$$U_g = -\frac{GM_{太陽}m}{r_{地球}} = -\frac{(6.67 \times 10^{-11} \text{ N·m}^2/\text{kg}^2)(1.99 \times 10^{30} \text{ kg})(1.00 \text{ kg})}{6.37 \times 10^6 \text{ m}} = -2.08 \times 10^{13} \text{ J}$$

10·19 地球の質量を M，衛星の質量を m，周回軌道の半径を R(いまの場合，ほぼ地球の半径)，万有引力定数を G とする．万有引力が円運動の向心力となることを表す関係式は，

$$\frac{mMG}{R^2} = \frac{mv^2}{R} \quad つまり \quad v = \sqrt{\frac{MG}{R}}$$

運動エネルギーが万有引力のポテンシャルエネルギーに等しくなると，衛星は地球を脱出する．したがって，

$$\frac{1}{2} mv_{脱出}{}^2 = \frac{mMG}{R} \quad つまり \quad v_{脱出} = \sqrt{\frac{2MG}{R}} = \sqrt{2}\, v$$

10·20 力学的エネルギーが保存されるから，$K_i + U_i = K_f + U_f$

万有引力定数を G，地球の質量を $M_{地球}$，探査機の質量を m，その速さを v，地球の中心からの距離を r とすると，

$$\frac{1}{2} mv_i{}^2 + GM_{地球}m\left(\frac{1}{r_f} - \frac{1}{r_i}\right) = \frac{1}{2} mv_f{}^2$$

であり，$r_i = R_{地球}$，$r_f \to \infty$．したがって，

$$v_f = \left(v_i{}^2 - \frac{2GM_{地球}}{R_{地球}}\right)^{1/2}$$

$v_i = 2.00 \times 10^4$ m/s，$G = 6.67 \times 10^{-11}$ N·m^2/kg^2，$M_{地球} = 5.97 \times 10^{24}$ kg，$R_{地球} = 6.37 \times 10^6$ m を用いて，

$$v_f = [(2.00 \times 10^4)^2 - 1.25 \times 10^8]^{1/2} \text{ m/s} = 1.66 \times 10^4 \text{ m/s}$$

10·21 (a) 装置の質量 $m = 100$ kg である．地球の質量 $M_{地球} = 5.98 \times 10^{24}$ kg，地球の半径 $R_{地球} = 6.37 \times 10^6$ m とする．装置を持ち上げるべき地点の高度 $y = 1.000 \times 10^6$ m である．その地点は地球の中心から $R_{地球} + y$ の距離にある．地表にあるときの重力ポテンシャルエネルギーを U_i，高度 1000 km の地点にあるときの重力ポテンシャルエネルギーを U_f とすると，求める仕事は，

$$W = \Delta U_{重力} = U_f - U_f$$
$$= -\frac{GM_{地球}m}{r_f} + \frac{GM_{地球}m}{r_i}$$
$$= -\frac{GM_{地球}m}{R_{地球}+y} + \frac{GM_{地球}m}{R_{地球}}$$
$$= GM_{地球}m\left(\frac{1}{R_{地球}} - \frac{1}{R_{地球}+y}\right)$$
$$= (6.67\times10^{-11}\,\mathrm{N\cdot m^2/kg^2})(5.98\times10^{24}\,\mathrm{kg})(100\,\mathrm{kg}) \times\left(\frac{1}{6.37\times10^6\,\mathrm{m}} - \frac{1}{7.37\times10^6\,\mathrm{m}}\right)$$
$$W = 850\times10^8\,\mathrm{J}$$

(b) その地点で水平方向に与えるべき運動の速さ v を求めればよい．重力が向心力となるためには，

$$\frac{GM_{地球}m}{(R_{地球}+y)^2} = \frac{mv^2}{(R_{地球}+y)}$$

したがって，水平方向に進む運動エネルギーは，

$$\frac{1}{2}mv^2 = \frac{1}{2}\frac{GM_{地球}m}{(R_{地球}+y)}$$

つまり，さらに必要になる仕事は，

$$\Delta W = \frac{1}{2}\frac{(6.67\times10^{-11}\,\mathrm{N\cdot m^2/kg^2})(5.98\times10^{24}\,\mathrm{kg})(100\,\mathrm{kg})}{7.37\times10^6\,\mathrm{m}}$$
$$= 2.71\times10^9\,\mathrm{J}$$

10･22　万有引力定数 $G = 6.67\times10^{-11}\,\mathrm{N\cdot m^2/kg^2}$，地球の質量 $M_{地球} = 5.97\times10^{24}\,\mathrm{kg}$，地球の半径 $R_{地球} = 6.37\times10^6\,\mathrm{m}$，人工衛星の高度 $h = 2.00\times10^5\,\mathrm{m}$ だから，地球の中心と人工衛星の距離は $r = R_{地球} + h = 6.57\times10^6\,\mathrm{m}$．人工衛星の速さを v とすると，万有引力が円運動の向心力となることより，

$$\frac{mv^2}{r} = \frac{GmM_{地球}}{r^2} \quad つまり \quad v = \sqrt{\frac{GM_{地球}}{r}}$$

(a) 周回の周期は，

$$T = \frac{2\pi r}{v}$$
$$= 2\pi(6.57\times10^6\,\mathrm{m})\times\sqrt{\frac{6.57\times10^6\,\mathrm{m}}{(6.67\times10^{-11}\,\mathrm{N\cdot m^2/kg^2})(5.97\times10^{24}\,\mathrm{kg})}}$$
$$= 5.30\times10^3\,\mathrm{s} = 1.47\,\mathrm{h}$$

〔注：この種の問題では，G と $M_{地球}$ がその積 $GM_{地球}$ の形で登場することが多い．そこで，G と $M_{地球}$ それぞれの値を使う代わりに，地表における重力加速度 $g = 9.80\,\mathrm{m/s^2}$ を使う方法もある．次の(b)，(c)の解答も同様．（問題3ではその方法を用いている．）たとえば，一般に物体の質量を m とすると，$mg = GM_{地球}m/R_{地球}{}^2$ だから，$GM_{地球} = gR_{地球}{}^2$ と表せる．この方法ならば，

$$T = \frac{2\pi r}{v} = \frac{2\pi r}{\sqrt{gR_{地球}{}^2/r}} = \frac{2\pi r^{3/2}}{R_{地球}\sqrt{g}}$$
$$= \frac{2\pi(6.57\times10^6\,\mathrm{m})^{3/2}}{6.37\times10^6\,\mathrm{m}\times\sqrt{9.80\,\mathrm{m/s^2}}} = 5.30\times10^3\,\mathrm{s} = 1.47\,\mathrm{h}$$〕

(b) $v = \sqrt{\dfrac{GM_{地球}}{r}}$

$$= \sqrt{\frac{(6.67\times10^{-11}\,\mathrm{N\cdot m^2/kg^2})(5.98\times10^{24}\,\mathrm{kg})}{6.57\times10^6\,\mathrm{m}}}$$
$$= 7.79\,\mathrm{km/s}$$

(c) 地表に静止している人工衛星は，地球の自転による速さをもっている．そのときの力学的エネルギーに新たなエネルギーを加えたものが，上空を周回するときの力学的エネルギーに等しい．したがって，加えるべきエネルギーは，

$$\frac{1}{2}mv_f^2 - \frac{1}{2}mv_i^2 + \left(\frac{-GM_{地球}m}{r_f}\right) - \left(\frac{-GM_{地球}m}{r_i}\right)$$

初期条件は，

$$r_i = R_{地球} = 6.37\times10^6\,\mathrm{m}$$
$$v_i = \frac{2\pi R_{地球}}{86\,400\,\mathrm{s}} = 4.63\times10^2\,\mathrm{m/s}$$

だから，数値を代入して，加えるべきエネルギーは，
$6.43\times10^9\,\mathrm{J}$

10･23　万有引力定数を G，地球の質量を M とし，人工衛星の質量を m，円軌道の半径を r，速さを v とする．万有引力が向心力となって円運動をするのだから，$GMm/r^2 = mv^2/r$．両辺に $r/2$ を掛けると $\frac{1}{2}GMm/r = \frac{1}{2}mv^2$．これは引力のポテンシャルエネルギーの絶対値の $\frac{1}{2}$ が，運動エネルギーに等しいことを意味する．全エネルギーは，

$$E = -GMm/r + \frac{1}{2}mv^2 = -GMm/r + \frac{1}{2}GMm/r$$
$$= -\frac{1}{2}GMm/r$$

半径 $2R_{地球}$ の円軌道で地球を周回する，質量 m の人工衛星の全エネルギーは $E_2 = -\frac{1}{2}GMm/(2R_{地球})$．半径 $3R_{地球}$ の円軌道で地球を周回するときの全エネルギーは $E_3 = -\frac{1}{2}GMm/(3R_{地球})$．したがって，求めるエネルギーは，$E_3 - E_2 = \frac{1}{12}GMm/R_{地球}$．

10･24　(a) 離心率 e =（楕円の中心と焦点との距離 c）/（楕円の半長径 a）である．半長径 a =（遠日点の距離 + 近日点の距離）/2 だから，$a = \{(0.500\,\mathrm{AU}) + (50.0\,\mathrm{AU})\}/2 = 25.25\,\mathrm{AU}$．また，半長径 $a = c$ +（近日点の距離）だから，$c = 25.25\,\mathrm{AU} - 0.500\,\mathrm{AU} = 24.75\,\mathrm{AU}$．したがって，離心率 $e = c/a = (24.75\,\mathrm{AU})/(25.25\,\mathrm{AU}) = 0.980$．非常に細長い楕円軌道である．

(b) ケプラーの第三法則により，公転周期 T は楕円軌道の半長径 a の3乗に比例する．太陽系における比例係数を $K_{太陽}$ として $T^2 = K_{太陽}a^3$．$K_{太陽}$ を求めるために，地球の場合の T と a を用いて $K_{太陽} = T^2/a^3 = (1\,\mathrm{yr})^2/(1\,\mathrm{AU})^3$．したがって，この彗星については，(a)で求めた a を用いて，

$T^2 = K_{太陽} a^3 = \{(1\,\mathrm{yr})^2/(1\,\mathrm{AU})^3\} \times (25.25\,\mathrm{AU})^3$．つまり $T = 127\,\mathrm{yr}$.

(c) 遠日点と太陽の距離は，

$r = (50.0\,\mathrm{AU}) \times (1.496 \times 10^{11}\,\mathrm{m})$．水星の質量は $m = 1.20 \times 10^{10}\,\mathrm{kg}$.

したがって，重力ポテンシャルエネルギーは，

$$U = -\frac{GM_{太陽} m}{r}$$
$$= -\frac{(6.67 \times 10^{-11}\,\mathrm{N \cdot m^2/kg^2})(1.99 \times 10^{30}\,\mathrm{kg})(1.20 \times 10^{10}\,\mathrm{kg})}{50(1.496 \times 10^{11}\,\mathrm{m})}$$
$$= -2.13 \times 10^{17}\,\mathrm{J}$$

10·25 万有引力定数 $G = 6.67 \times 10^{-11}\,\mathrm{N \cdot m^2/kg^2}$，太陽の質量 $M_{太陽} = 1.99 \times 10^{30}\,\mathrm{kg}$，地球の軌道半径 $R_{地球-太陽} = 1.50 \times 10^{11}\,\mathrm{m}$ とする．地球の軌道の位置にある宇宙船の全エネルギーは，太陽の引力による負のポテンシャルエネルギーと宇宙船の運動エネルギーの和である．（地表からのスタートではないので，地球による引力ポテンシャルは無視する．）

(a) 全エネルギーが 0 以上になれば宇宙船は太陽系を脱出できる．宇宙船の質量を m，速さを v として，$\frac{1}{2}mv^2 - GM_{太陽} m/R_{地球-太陽} = 0$．つまり，

$$v = \sqrt{\frac{2GM_{太陽}}{R_{地球-太陽}}}$$
$$= \sqrt{\frac{2(6.67 \times 10^{-11}\,\mathrm{N \cdot m^2/kg^2})(1.99 \times 10^{30}\,\mathrm{kg})}{1.50 \times 10^{11}\,\mathrm{m}}}$$
$$= 4.21 \times 10^4\,\mathrm{m/s} = 42.1\,\mathrm{km/s}$$

(b) 最大の速さ $v_{max} = 125\,000\,\mathrm{km/h} = 125\,000\,\mathrm{km}/(3600\,\mathrm{s}) = 34.7\,\mathrm{km/s}$．この速さで太陽系を脱出できるための太陽からの距離 r は，(a) と同様の考察により $\frac{1}{2}mv_{max}{}^2 - GM_{太陽} m/r = 0$．したがって，

$$r = \frac{GM_{太陽}}{\frac{1}{2}v_{max}{}^2}$$
$$= \frac{(6.67 \times 10^{-11}\,\mathrm{N \cdot m^2/kg^2})(1.99 \times 10^{30}\,\mathrm{kg})}{0.5 \times (3.47 \times 10^4\,\mathrm{m/s})^2}$$
$$= 2.20 \times 10^{11}\,\mathrm{m}$$

〔注：問題 22(a) の解答にある注の方法を使ってもよい〕

10·26 万有引力定数 $G = 6.67 \times 10^{-11}\,\mathrm{N \cdot m^2/kg^2}$，地球の質量 $M_{地球} = 5.97 \times 10^{24}\,\mathrm{kg}$，地球の半径 $R_{地球} = 6.37 \times 10^6\,\mathrm{m}$ とする．脱出速度 $v_{脱出} = 11.2\,\mathrm{km/s}$ である．

(a) 宇宙船の質量を m，到達できる最高の高さを h とする．初期の速さ $v_i = 8.76 \times 10^3\,\mathrm{m/s}$ である．地表における力学的エネルギーが，最高位置における力学的エネルギーに等しい．速さが脱出速度であれば，

$$-GM_{地球} m/R_{地球} + \frac{1}{2}mv_{脱出}{}^2 = 0$$

したがって，

$$GM_{地球}/R_{地球} = \frac{1}{2}v_{脱出}{}^2 \qquad ①$$

速さが v_i では最高位置で静止するのだから，

$$-GM_{地球} m/R_{地球} + \frac{1}{2}mv_i{}^2 = -GM_{地球} m/(R_{地球}+h)$$

つまり

$$-GM_{地球}/R_{地球} + \frac{1}{2}v_i{}^2 = -GM_{地球}/(R_{地球}+h) \qquad ②$$

① と ② から $GM_{地球}$ を消去すると，

$$\frac{1}{2}v_i{}^2 - \frac{1}{2}v_{脱出}{}^2 = -\frac{1}{2}v_{脱出}{}^2 \frac{R_{地球}}{R_{地球}+h}$$
$$v_{脱出}{}^2 - v_i{}^2 = \frac{v_{脱出}{}^2 R_{地球}}{R_{地球}+h}$$

h を求める．

$$h = \frac{v_{脱出}{}^2 R_{地球}}{v_{脱出}{}^2 - v_i{}^2} - R_{地球}$$
$$= \frac{v_{脱出}{}^2 R_{地球} - v_{脱出}{}^2 R_{地球} + v_i{}^2 R_{地球}}{v_{脱出}{}^2 - v_i{}^2}$$
$$h = \frac{R_{地球} v_i{}^2}{v_{脱出}{}^2 - v_i{}^2}$$

数値を代入して，

$$h = \frac{(6.37 \times 10^6\mathrm{m})(8.76\,\mathrm{km/s})^2}{(11.2\,\mathrm{km/s})^2 - (8.76\,\mathrm{km/s})^2} = 1.00 \times 10^7\,\mathrm{m}$$

(b) この流星の運動は，(a) で考察した宇宙船の運動の時間を反転したものに相当する．したがって，(a) と同様にエネルギーを考察すればよい．

$$v_i{}^2 = v_{脱出}{}^2\left(1 - \frac{R_{地球}}{R_{地球}+h}\right)$$
$$= v_{脱出}{}^2\left(\frac{h}{R_{地球}+h}\right)$$
$$= (11.2 \times 10^3\,\mathrm{m/s})^2\left(\frac{2.51 \times 10^7\,\mathrm{m}}{6.37 \times 10^6\,\mathrm{m} + 2.51 \times 10^7\,\mathrm{m}}\right)$$
$$= 1.00 \times 10^8\,\mathrm{m^2/s^2}$$
$$v_i = 1.00 \times 10^4\,\mathrm{m/s}$$

10·27 量子数 n の状態のエネルギーは $E_n \propto -\frac{1}{n^2}$ であり，$n = 1$ では $E_1 = -13.6\,\mathrm{eV}$ だから $E_n = -13.6\,\mathrm{eV}/n^2$

(a) $E_3 - E_2 = -13.6\,\mathrm{eV}\left(\frac{1}{3^2} - \frac{1}{2^2}\right) = 1.89\,\mathrm{eV}$

(b) $E = hf = hc/\lambda$（ただし，h はプランク定数，f は光の振動数，c は光速，λ は光の波長）という関係式により，

$$\lambda = \frac{(6.626 \times 10^{-34}\,\mathrm{J \cdot s})(2.998 \times 10^8\,\mathrm{m/s})}{(1.89\,\mathrm{eV})(1.602 \times 10^{-19}\,\mathrm{J/eV})} = 656\,\mathrm{nm}$$

(c) $f = c/\lambda$ だから，

$$f = \frac{3 \times 10^8\,\mathrm{m/s}}{6.56 \times 10^{-7}\,\mathrm{m}} = 4.57 \times 10^{14}\,\mathrm{Hz}$$

10·28 素電荷を e，クーロン定数を k_e，電子と陽子との距離を r，電子の質量を $m_{電子}$，速さを v とする．電子の全エネルギーは，ポテンシャルエネルギー $U = -k_e e^2/r$ と運動エネルギー $K = \frac{1}{2}m_{電子}v^2$ の和 $E = U + K$ である．電子に働く電気的引力が電子の円運動の向心力になるから，

$$k_e e^2/r^2 = m_{電子} v^2/r \quad ①$$

したがって，$-U = 2K$ の関係があり，

$$E = \frac{1}{2} U = -\frac{1}{2} k_e e^2/r \quad ②$$

角運動量の量子化の条件は，

$$m_{電子} vr = n\hbar \quad ③$$

①〜③ から，v と r を消去すると全エネルギーが量子化され，

$$E = -\frac{1}{2}\frac{1}{n^2}\frac{(k_e e^2)^2 m_{電子}}{\hbar^2}$$

これを ② に代入して，$r_n = \hbar^2 n^2 / k_e e^2 m_{電子}$.

$n = 1$ の場合を扱えばよい．

(a) $r_1 = \hbar^2/k_e e^2 m_{電子} = 0.0529\,\mathrm{nm}$（ボーア半径）である．① を用いて，

$$v_1 = \sqrt{\frac{(8.99\times10^9\,\mathrm{N\cdot m^2/C^2})(1.60\times10^{-19}\,\mathrm{C})^2}{(9.11\times10^{-31}\,\mathrm{kg})(5.29\times10^{-11}\,\mathrm{m})}}$$
$$= 2.19\times10^6\,\mathrm{m/s}$$

(b) $K_1 = \frac{1}{2} m_{電子} v_1^2 = \frac{1}{2}(9.11\times10^{-31}\,\mathrm{kg})(2.19\times10^6\,\mathrm{m/s})^2$
$$= 2.18\times10^{-18}\,\mathrm{J}$$
$$= 13.6\,\mathrm{eV}$$

(c) 上で考察した $-U = 2K$ の関係により，$U_1 = -27.2\,\mathrm{eV}$

追加問題

10·29 流星が地球をかすめるとして，そのための遠方における速さを計算しよう．速さがそれ以上ならば衝突しない．万有引力定数を G，地球の半径を $R_{地球}$，地球の質量を $M_{地球}$ とする．流星の質量を m，遠方における速さを v_i，地球をかすめるときの速さを v_f とする．流星に働く力は地球の万有引力だけであり，それは地球の中心に向かう．したがって，流星にトルクは働かず，角運動量保存則が成り立つ．

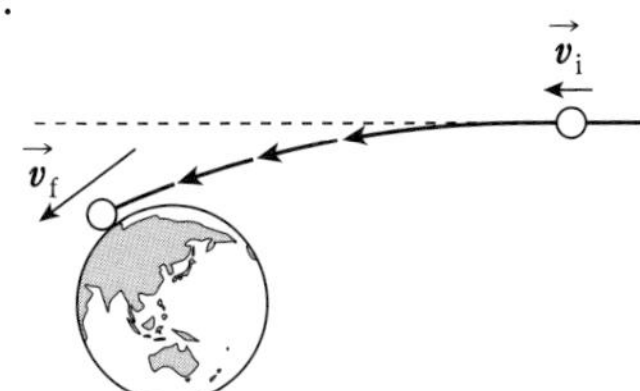

$$L_i = L_f \qquad m\vec{r}_i \times \vec{v}_i = m\vec{r}_f \times \vec{v}_f$$
$$m(3R_{地球} v_i) = mR_{地球} v_f$$
$$v_f = 3v_i$$

力学的エネルギーも保存される．無限遠方では 重力ポテンシャルエネルギー →0 である．

$(K+U)_i = (K+U)_f$：

$$\frac{1}{2} mv_i^2 + 0 = \frac{1}{2} mv_f^2 - \frac{GM_{地球} m}{R_{地球}}$$

$$\frac{1}{2} v_i^2 = \frac{1}{2}(9v_i^2) - \frac{GM_{地球}}{R_{地球}}$$

したがって，$v_i = \sqrt{\dfrac{GM_{地球}}{4R_{地球}}}$

10·30 万有引力定数 $G = 6.67\times10^{-11}\,\mathrm{N\cdot m^2/kg^2}$，地球の半径 $R_{地球} = 6.37\times10^6\,\mathrm{m}$，月の質量 $M_{月} = 7.35\times10^{22}\,\mathrm{kg}$，地球と月との（中心間）距離を $d = 3.84\times10^8\,\mathrm{m}$ とする．月に最も近い地球の表面と月の中心との距離は $d - R_{地球}$，最も遠い地球の表面と月の中心との距離は $d + R_{地球}$ である．月に最も近い地球の表面にある，質量 m の物体に働く月からの引力は $GM_{月}m/(d-R_{地球})^2$ だから，その物体に月から作用する重力加速度は $GM_{月}/(d-R_{地球})^2$. 月から最も遠い地球の表面にある質量 m の物体に働く，月からの引力は $GM_{月}m/(d+R_{地球})^2$ だから，その物体に月から作用する重力の加速度は $GM_{月}/(d+R_{地球})^2$. したがって，$\Delta g_{月} = GM_{月}\left[\dfrac{1}{(d-R_{地球})^2} - \dfrac{1}{(d+R_{地球})^2}\right]$

地球の表面における地球の重力加速度は $g = 9.80\,\mathrm{m/s^2}$ だから，

$$\frac{\Delta g_{月}}{g} = \frac{(6.67\times10^{-11}\,\mathrm{N\cdot m^2/kg^2})(7.36\times10^{22}\,\mathrm{kg})}{9.80\,\mathrm{m/s^2}}$$
$$\times\left[\frac{1}{(3.84\times10^8\,\mathrm{m} - 6.37\times10^6\,\mathrm{m})^2} - \frac{1}{(3.84\times10^8\,\mathrm{m} + 6.37\times10^6\,\mathrm{m})^2}\right]$$
$$= 2.25\times10^{-7}$$

10·31 接触する直前のそれぞれの球の速さを v とする．初期の状態の2つの球の中心間の距離は R，接触する直前の2つの球の中心間の距離は $2r$．全力学的エネルギーの保存則により，

$$-\frac{Gmm}{R} = -\frac{Gmm}{2r} + \frac{1}{2}mv^2 + \frac{1}{2}mv^2$$

$$Gm\left(\frac{1}{2r} - \frac{1}{R}\right) = v^2 \ \rightarrow\ v = \left(Gm\left[\frac{1}{2r} - \frac{1}{R}\right]\right)^{1/2}$$

(a) それぞれの球が衝突直前までに受け取った力積は，それぞれの球の運動量に等しい．したがって，

$$mv = m^{2/2}\left(Gm\left[\frac{1}{2r} - \frac{1}{R}\right]\right)^{1/2} = \left[Gm^3\left(\frac{1}{2r} - \frac{1}{R}\right)\right]^{1/2}$$

(b) 弾性衝突をすると運動エネルギーが保存され，速度ベクトルの向きが反転する．したがって，接触によって受け取る力積の大きさは運動量ベクトルの差の大きさに等しく，

$$mv - (-mv) = 2mv = 2\left[Gm^3\left(\frac{1}{2r} - \frac{1}{R}\right)\right]^{1/2}$$

10·32 質量中心とは，系に一様な外力が働いたときに，その点のまわりのトルクがゼロとなるような点である．したがって，距離 d だけ離れた2つの恒星系の質量中心は，図 I·10·7(問題にある図)のように，2つの恒星を結ぶ直線上の $Mr_2 = mr_1$ となる点である．恒星間に働く万有引力がそれぞれの恒星の円運動の向心力になるのだから，円運動の角速度を ω_1，ω_2 とすると，

$$mr_1\omega_1{}^2 = \frac{MGm}{d^2} \quad \text{および} \quad Mr_2\omega_2{}^2 = \frac{MGm}{d^2}$$

恒星は，いつでも質量中心の向こう側に相手方の恒星が見えるような円運動をするのだから，$\omega_1 = \omega_2 = \omega$ とする．したがって，この2式の辺どうしを加えて，

$$(r_1 + r_2)\,\omega^2 = \frac{(M+m)G}{d^2}$$

$d = r_1 + r_2$ および $T = 2\pi/\omega$ を用いて，

$$T^2 = \frac{4\pi^2 d^3}{G(M+m)}$$

10·33 (a) 輪の全質量 $M = 2.36 \times 10^{20}$ kg，その半径 $R = 1.00 \times 10^8$ m，輪の中心とA点との距離 $d = 2.00 \times 10^8$ m である．質量 $m = 1000$ kg の物体と輪の円環との距離は $r = \sqrt{R^2 + d^2}$ である．この物体と輪の一部の質量 ΔM の部分との重力によるポテンシャルエネルギーは $\Delta U = Gm\Delta M/r$．これは ΔM の部分が輪のどこにあるかによらない．したがって，物体と輪全体の質量との重力によるポテンシャルエネルギーは $U = -GmM/r$．数値を代入して，

$$-\frac{(6.67 \times 10^{-11}\,\mathrm{N\cdot m^2/kg^2})(1000\,\mathrm{kg})(2.36 \times 10^{20}\,\mathrm{kg})}{\sqrt{(1.00 \times 10^8\,\mathrm{m})^2 + (2.00 \times 10^8\,\mathrm{m})^2}}$$
$$= -7.04 \times 10^4\,\mathrm{J}$$

(b) (a)で $d = 0$ の場合に相当する．したがって，

$$-\frac{(6.67 \times 10^{-11}\,\mathrm{N\cdot m^2/kg^2})(1000\mathrm{kg})(2.36 \times 10^{20}\,\mathrm{kg})}{1.00 \times 10^8\,\mathrm{m}}$$
$$= -1.57 \times 10^5\,\mathrm{J}$$

(c) 求める速さを v とすると，A点とB点におけるポテンシャルエネルギーの差がB点における運動エネルギー $\frac{1}{2}mv^2$ に等しい．つまり，

$$\frac{1}{2}mv^2 = -7.04 \times 10^4\,\mathrm{J} - (-1.57 \times 10^5\,\mathrm{J}) = 8.66 \times 10^4\,\mathrm{J}$$

より，

$$v = \sqrt{2 \times (8.66 \times 10^4\,\mathrm{J})/(1000\,\mathrm{kg})} = 13.2\,\mathrm{m/s}$$

10·34 (a) 万有引力定数 $G = 6.67 \times 10^{-11}\,\mathrm{N\cdot m^2/kg^2}$，地球の半径 $R_{地球} = 6.37 \times 10^6$ m，地球の質量 $M_{地球} = 5.97 \times 10^{24}$ kg とする．地球の中心からの距離 r にある質量の質点に働く万有引力は，$-GM_{地球}m/r^2$(力の向きは地球の中心に向かう方向)．この力によって質点が運動する加速度の大きさを g とすると，$mg = GM_{地球}m/r^2$．つまり，$g = GM_{地球}/r^2$．

r に関する変化率は，$\mathrm{d}g/\mathrm{d}r = -2GM_{地球}/r^3$
地表においては，$\mathrm{d}g/\mathrm{d}r = -2GM_{地球}/R_{地球}{}^3$

(b) $\Delta g = \dfrac{\mathrm{d}g}{\mathrm{d}r}\Delta h$　つまり　$|\Delta g| = \dfrac{2GM_{地球}}{R_{地球}{}^3}\Delta h$

(c) $|\Delta g| = \dfrac{2(6.67 \times 10^{-11}\,\mathrm{N\cdot m^2/kg^2})(5.98 \times 10^{24}\,\mathrm{kg})(6.00\,\mathrm{m})}{(6.37 \times 10^6\,\mathrm{m})^3}$

$= 1.85 \times 10^{-5}\,\mathrm{m/s^2}$

10·35 万有引力定数 $G = 6.67 \times 10^{-11}\,\mathrm{N\cdot m^2/kg^2}$，惑星の半径 R，惑星の質量 M とする．惑星の周の長さは 25.0 km だから $R = 25.0\,\mathrm{km}/(2\pi) = 3.98 \times 10^3$ m．惑星の表面にある質量 m の物体に働く万有引力は $-GMm/R^2$．この力によって運動する質量 m の物体の加速度は，下向きを正とすると $a = (Mm/R^2)/m = GM/R^2$．つまり，$M = R^2a/G$．この加速度によって静止状態から高さ h を落下するのに要する時間を t とすると $h = \frac{1}{2}at^2$．$h = 1.40$ m，$t = 29.2$ s を用いて，

$$a = \frac{2h}{t^2}$$
$$= \frac{2 \times (1.40\,\mathrm{m})}{(29.2\,\mathrm{s})^2} = 3.28 \times 10^{-3}\,\mathrm{m/s^2}$$

したがって，

$$M = \frac{R^2 a}{G}$$
$$= \frac{(3.98 \times 10^3\,\mathrm{m})^2(3.28 \times 10^{-3}\,\mathrm{m/s^2})}{6.67 \times 10^{-11}\,\mathrm{N\cdot m^2/kg^2}} = 7.79 \times 10^{14}\,\mathrm{kg}$$

10·36 万有引力定数 $G = 6.67 \times 10^{-11}\,\mathrm{N\cdot m^2/kg^2}$，地球の半径 $R_{地球} = 6.37 \times 10^6$ m，地球の質量 $M_{地球} = 5.97 \times 10^{24}$ kg とする．人工衛星の質量 $m = 100$ kg である．初期の速さ v_i，最終の速さ v_f とする．初期の軌道半径 $r_\mathrm{i} = R_{地球} + 200\,\mathrm{km} = 6.57 \times 10^6$ m，最終の軌道半径 $r_\mathrm{f} = R_{地球} + 100\,\mathrm{km} = 6.47 \times 10^6$ m である．

(a) 万有引力が向心力となるから，$GM_{地球}m/r_\mathrm{i}{}^2 = mv_\mathrm{i}{}^2/r_\mathrm{i}$．したがって，

$$v_\mathrm{i} = \sqrt{GM_{地球}/r_\mathrm{i}}$$
$$= \sqrt{\frac{(6.67 \times 10^{-11}\,\mathrm{N\cdot m^2/kg^2})(5.97 \times 10^{24}\,\mathrm{kg})}{6.37 \times 10^6\,\mathrm{m} + 2.00 \times 10^5\,\mathrm{m}}}$$
$$= 7.79 \times 10^3\,\mathrm{m/s}$$

(b) (a)と同様に，

$$v_\mathrm{f} = \sqrt{\frac{(6.67 \times 10^{-11}\,\mathrm{N\cdot m^2/kg^2})(5.97 \times 10^{24}\,\mathrm{kg})}{6.47 \times 10^6\,\mathrm{m}}}$$
$$= 7.85 \times 10^3\,\mathrm{m/s}$$

I 解答（力学）

(c) 全エネルギーEは重力ポテンシャルエネルギーUと運動エネルギーKの和．$U = -GM_{地球}m/r_i$，$K = \frac{1}{2}mv_i^2$．(a) で導いた$v_i = \sqrt{GM_{地球}/r_i}$ の関係式より，$K = \frac{1}{2}mv_i^2 = \frac{1}{2}(GM_{地球}m/r_i)$だから，

$$E = -(1/2)(GM_{地球}m/r_i)$$

$$E_i = -\frac{(6.67 \times 10^{-11}\,\mathrm{N\cdot m^2/kg^2})(5.97 \times 10^{24}\,\mathrm{kg})(100\,\mathrm{kg})}{2(6.57 \times 10^6\,\mathrm{m})}$$

$$= -3.04 \times 10^9\,\mathrm{J}$$

(d) (c)と同様に，

$$E_f = -\frac{(6.67 \times 10^{-11}\,\mathrm{N\cdot m^2/kg^2})(5.97 \times 10^{24}\,\mathrm{kg})(100\,\mathrm{kg})}{2(6.47 \times 10^6\,\mathrm{m})}$$

$$= -3.08 \times 10^9\,\mathrm{J}$$

(e) $E_i > E_f$だから，系は力学的エネルギーを失った．その大きさは，

$E_i - E_f = -3.04 \times 10^9\,\mathrm{J} - (-3.08 \times 10^9\,\mathrm{J}) = 4.69 \times 10^7\,\mathrm{J}$

(f) 衛星に働く力は空気の抵抗力と重力だけである．空気の抵抗力は衛星軌道の接線方向の後ろ向きである．それにもかかわらず速さが増したのだから，軌道の接線方向に前向きの力が働いたはずである．徐々に高度が下がるのだから，軌道は厳密には円ではなく，らせんである．重力がらせん軌道の接線の前向きの方向に働いた．

10·37 (a) 遠日点と近日点における地球と太陽の距離は，それぞれ$r_{遠} = 1.521 \times 10^{11}\,\mathrm{m}$，$r_{近} = 1.471 \times 10^{11}\,\mathrm{m}$である．また，近日点における地球の公転の速さは$v_{近} = 3.027 \times 10^4\,\mathrm{m/s}$であり，遠日点における地球の公転の速さは$v_{遠}$とする．地球-太陽 の系に外力は働かないから系の角運動量は保存され，$mr_{遠}v_{遠} = mr_{近}v_{近}$

したがって，

$$v_{遠} = v_{近}\left(\frac{r_{近}}{r_{遠}}\right) = (3.027 \times 10^4\,\mathrm{m/s})\left(\frac{1.471}{1.521}\right) = 2.93 \times 10^4\,\mathrm{m/s}$$

(b) 近日点における運動エネルギーは，

$$K_{近} = \frac{1}{2}mv_{近}^2 = \frac{1}{2}(5.98 \times 10^{24}\,\mathrm{kg})(3.027 \times 10^4\,\mathrm{m/s})^2$$

$$= 2.74 \times 10^{33}\,\mathrm{J}$$

ポテンシャルエネルギーは，

$$U_{近} = -\frac{GmM}{r_{近}}$$

$$= -\frac{(6.67 \times 10^{-11}\,\mathrm{N\cdot m^2/kg^2})(5.98 \times 10^{24}\,\mathrm{kg})(1.99 \times 10^{30}\,\mathrm{kg})}{1.471 \times 10^{11}\,\mathrm{m}}$$

$$= -5.40 \times 10^{33}\,\mathrm{J}$$

(c) (b)と同様の計算により，$K_{遠} = 2.57 \times 10^{33}\,\mathrm{J}$，$U_{遠} = -5.22 \times 10^{33}\,\mathrm{J}$

(d) 一定である．実際，上の計算結果により$K_{近} + U_{近} = -2.66 \times 10^{33}\,\mathrm{J}$，$K_{遠} + U_{遠} = -2.65 \times 10^{33}\,\mathrm{J}$で2つの結果は一致すると言える．全力学的エネルギーが一定である理由は，地球-太陽系が孤立系で外界から何の影響も受けず，また内部エネルギーは関係していないから．

10·38 (a) 孤立した2個の球に関する運動量保存のモデル，およびエネルギー保存のモデル．

(b) 運動量保存のモデルを用いる．初期状態のそれぞれの球の運動量は0，任意の時刻におけるそれぞれの球の運動量は$M\vec{v}_1$，$2M\vec{v}_2$．運動量保存を表す式は$0 = M\vec{v}_1 + 2M\vec{v}_2$．したがって，$\vec{v}_1 = -2\vec{v}_2$．

(c) 初期のエネルギーは，それぞれの球の運動エネルギーが0．2個の球の重力相互作用によるポテンシャルエネルギーは$U_i = -GM \times 2M/12R = -GM^2/6R$．衝突するときの2つの球の運動エネルギーの和は$K_f = \frac{1}{2}Mv_1^2 + \frac{1}{2}2Mv_2^2$，ポテンシャルエネルギーは$U_f = -GM \times 2M/4R = -GM^2/2R$．したがって，エネルギー保存則を表す式は$0 + U_i = K_f + U_f$，すなわち$-GM^2/6R = -GM^2/2R + \frac{1}{2}Mv_1^2 + \frac{1}{2}2Mv_2^2$．

v_1を求める．

$$\frac{1}{2}Mv_1^2 = \frac{GM}{2R} - \frac{GM}{6R} - v_2^2$$

$$v_1 = \sqrt{\frac{2GM}{3R} - 2v_2^2}$$

(d) (b)の結果より，放してから衝突まではいつでも$\vec{v}_1 = -2\vec{v}_2$だから，これを(c)の結果に代入して，

$$v_1 = \frac{2}{3}\sqrt{G\frac{M}{R}} \qquad v_2 = \frac{1}{3}\sqrt{G\frac{M}{R}}$$

10·39 周期$T = 1\,\mathrm{h} = 3600\,\mathrm{s}$である．宇宙船の円運動の角速度は$\omega = 2\pi/T$．宇宙船の質量を$m$，円軌道の半径を$r$とすると，円運動に必要な向心力は$F_{向心} = mr\omega^2$．宇宙船に地球が及ぼす重力は，地球の質量を$M_{地球}$として$F_{重力} = GmM_{地球}/r^2$．$F_{向心} = F_{重力}$であるためには，$mr\omega^2 = GmM_{地球}/r^2$．つまり，

$$r = (GM_{地球}/\omega^2)^{1/3} = \{GM_{地球}T^2/(2\pi)^2\}^{1/3}$$

数値を代入して，

$$r = \left[\frac{(6.67 \times 10^{-11}\,\mathrm{N\cdot m^2/kg^2})(5.97 \times 10^{24}\,\mathrm{kg})(3600\,\mathrm{s})^2}{(2\pi)^2}\right]^{1/3}$$

$$= 5.07 \times 10^6\,\mathrm{m} = 5070\,\mathrm{km}$$

これは地球の半径6370 kmより小さいから，このような周回軌道はありえない．

10·40 流星体の密度は$\rho = 1.10 \times 10^3\,\mathrm{kg/m^3}$，諸君が走れる速さは$v = 8.50\,\mathrm{m/s}$である．流星体の半径を$R$とすると，その質量は$M = (4\pi/3)R^3\rho$．万有引力定数を$G = 6.67 \times 10^{-11}\,\mathrm{N\cdot m^2/kg^2}$，諸君の身体の質量を$m$とする．

(a) 身体に働く万有引力が半径Rの円軌道を周回する向心力になればよいから，$GMm/R^2 = mv^2/R$．

$M = (4\pi/3)R^3\rho$だから，$G(4\pi/3)R^3\rho m/R^2 = mv^2/R$．

したがって，

$$R=\left(\frac{3v^2}{G\rho 4\pi}\right)^{1/2}$$
$$=\left[\frac{3(8.50\ \mathrm{m\cdot s})^2}{(6.67\times10^{-11}\ \mathrm{N\cdot m^2/kg^2})(1100\ \mathrm{kg/m^3})4\pi}\right]^{1/2}$$
$$=1.53\times10^4\ \mathrm{m}$$

(b) $M=\rho\frac{4}{3}\pi R^3=(1100\ \mathrm{kg/m^3})\frac{4}{3}\pi(1.53\times10^4\mathrm{m})^3$
$=1.66\times10^{16}\ \mathrm{kg}$

(c) $v=\dfrac{2\pi R}{T}$

$$T=\frac{2\pi R}{v}=\frac{2\pi(1.53\times10^4\ \mathrm{m})}{8.50\ \mathrm{m/s}}=1.13\times10^4\ \mathrm{s}=3.15\ \mathrm{h}$$

(d) 流星体-人の系に働く外力がなければ，系の質量中心のまわりの角運動量は保存される．人が走ると，人は流星体をまわる円運動をして角運動量をもつ．しかし，走り初めに流星体の表面を人が逆向きに蹴るから，流星体にはトルクが働き，流星体は人と逆向きに回転して角運動量をもつ．走った人の角運動量と，人が走ったことによる流星体の角運動量は大きさが等しくて向きが逆であり，流星体-人の系の角運動量は保存される．

流星体の慣性モーメントをI，回転の角速度をωとすると，流星体の角運動量は$I\omega$．人が走ることによる角運動量はmvR．したがって，$I\omega=mvR$．球の慣性モーメントは$I=\frac{2}{5}MR^2$（I巻，表9·2参照）だから，

$$\omega=\frac{mvR}{I}=\frac{mvR}{\frac{2}{5}MR^2}=\frac{2}{5}\frac{mv}{MR}$$

一例として$m=65.0\ \mathrm{kg}$とすると，

$$\omega=\frac{5}{2}\frac{(65.0\ \mathrm{kg})(8.50\ \mathrm{m/s})}{(1.66\times10^{16}\ \mathrm{kg})(1.53\times10^4\ \mathrm{m})}=5.40\times10^{-18}\ \mathrm{rad/s}$$

回転の周期Tは，

$$T=\frac{2\pi}{\omega}=\frac{2\pi\ \mathrm{rad}}{5.40\times10^{-18}\ \mathrm{rad/s}}$$
$$=1.16\times10^{18}\ \mathrm{s}=3.67\times10^{10}\ \mathrm{y}$$

流星体の回転の周期は367億年である．

10·41 電子と陽電子の質量mは等しい．それぞれの電荷は，素電荷をeとして$-e, e$である．クーロン定数をk_eとする．2電子間の距離をdとすると，電子と陽電子は半径$r=d/2$で角速度ωの円運動をする．

(a) クーロン力が円運動の向心力となるから，$k_\mathrm{e}e^2/d^2=mr\omega^2$．系の角運動量は$L=2mr^2\omega$．この2式で$\omega$を消去して，$r=L^2/(k_\mathrm{e}me^2)$．つまり，$d=2r=L^2/(k_\mathrm{e}me^2)$．これが古典力学による結論であり，角運動量に比例して，電子-陽子間の距離は連続値をとる．量子力学では，量子化条件$L=n\hbar$が課されるので，$d=n^2\hbar^2/(k_\mathrm{e}me^2)\equiv n^2a_0$となり，$a_0$をボーア半径という．角運動量とともに電子-陽子間の距離も離散値をとる．

(b) 全エネルギーEは，電気的エネルギーUと運動エネルギーKの和である．$E=U+K=-\dfrac{k_\mathrm{e}e^2}{d}+mr^2\omega^2$．(a)より$r=L^2/(k_\mathrm{e}me^2)$，$\omega=L/(2mr^2)$を代入して，$E=-ke^2me^4/(4L^2)$．量子化条件$L=n\hbar$を適用すると，

$$E=-\frac{k^2me^4}{4\hbar^2}\frac{1}{n^2}=-\frac{k_\mathrm{e}e^2}{4a_0}\frac{1}{n^2}$$

エネルギーも離散値をとる．

10·42 (a) 銀河系の中心と太陽との距離をr，太陽の速さをvとすると，周期Tは，

$$T=\frac{2\pi r}{v}=\frac{2\pi(30\,000\times9.46\times10^{15}\ \mathrm{m})}{2.50\times10^5\ \mathrm{m/s}}$$
$$=7\times10^{15}\ \mathrm{s}=2\times10^8\ \mathrm{yr}$$

(b) 銀河系の全質量Mがその質量中心にあるとみなすと，それと質量mの太陽の間に働く万有引力が太陽の円運動の向心力になる．万有引力定数を$G=6.67\times10^{-11}\ \mathrm{N\cdot m^2/kg^2}$とすると，$GMm/r^2=mv^2/r$．つまり，

$$M=\frac{rv^2}{G}=\frac{(30\,000\times9.46\times10^{15}\ \mathrm{m})(2.50\times10^5\ \mathrm{m/s})}{6.67\times10^{-11}\ \mathrm{N\cdot m^2/kg^2}}$$
$$=3\times10^{41}\ \mathrm{kg}$$

(c) 太陽の質量は10^{30} kg程度だから，$10^{41}/10^{31}=10^{11}$．つまり，太陽程度の恒星の数は10^{11}個程度である．

10·43 万有引力定数$G=6.67\times10^{-11}\ \mathrm{N\cdot m^2/kg^2}$，地球の半径$R_{地球}=6.37\times10^6\ \mathrm{m}$，地球の質量$M_{地球}=5.97\times10^{24}\ \mathrm{kg}$とする．宇宙船の質量$m=1.00\times10^4\ \mathrm{kg}$である．軌道半径は$r_1=R_{地球}+(500\ \mathrm{km})=6.87\times10^6\ \mathrm{m}$である．

宇宙船の初期の速さをv_0とする．宇宙船の全力学的エネルギーは，ポテンシャルエネルギー$U=-GM_{地球}m/r_1$と運動エネルギー$K=\frac{1}{2}mv_0{}^2$の和$E=U+K$である．宇宙船に働く万有引力が宇宙船の円運動の向心力になるから$GM_{地球}m/r_1{}^2=mv_0{}^2/r_1$．したがって，$K=\dfrac{r_1}{2}\dfrac{GM_{地球}m}{r_1{}^2}=-\frac{1}{2}U$の関係が成り立ち，全エネルギーは$E=U/2=-K$だから，ポテンシャルエネルギーと運動エネルギーのどちらかがわかれば全エネルギーを表せる．

このことを用いて，初期の円運動の全エネルギーは，

$$E_\mathrm{i}=\frac{U_\mathrm{i}}{2}=-\frac{1}{2}\frac{GM_{地球}m}{r_1}$$
$$=-\frac{1}{2}\frac{(6.67\times10^{-11}\ \mathrm{N\cdot m^2/kg^2})(5.97\times10^{24}\ \mathrm{kg})(1.00\times10^4\ \mathrm{kg})}{6.87\times10^6\ \mathrm{m}}$$
$$=-2.90\times10^{11}\ \mathrm{J}$$

エネルギーを与えて楕円軌道に変えるとき，元の円軌道の$r_1=6.87\times10^6\ \mathrm{m}$が楕円軌道の近地点の距離となると考えられる．遠地点の距離が$r_2=2.00\times10^4\ \mathrm{km}=2.00\times10^7\ \mathrm{m}$だから，楕円の長径は$2a=(r_1+r_2)=2.69\times10^7\ \mathrm{m}$となる．楕円軌道についても，上で考察した$E=U/2=-K$

が成り立ち，円軌道の半径の代わりに楕円の半長径 a を用いて，

$$E_{\mathrm{f}} = U/2 = -\tfrac{1}{2}\, GM_{\text{地球}}\, m\,/\,a \qquad ①$$

と書ける〔(10·11)式〕．したがって，

$$\begin{aligned} E_{\mathrm{f}} &= -\frac{1}{2}\,\frac{GM_{\text{地球}}\,m}{a} \\ &= -\frac{1}{2}\,\frac{(6.67\times10^{-11}\,\mathrm{N\cdot m^2/kg^2})\,(5.97\times10^{24}\,\mathrm{kg})\,(1.00\times10^{4}\,\mathrm{kg})}{2.69\times10^{7}\,\mathrm{m}} \\ &= -1.48\times10^{-11}\,\mathrm{J} \end{aligned}$$

である．したがって，

$$\begin{aligned} E_{\mathrm{f}} - E_{\mathrm{i}} &= -1.48\times10^{11}\,\mathrm{J} - (-2.90\times10^{11}\,\mathrm{J}) \\ &= 1.42\times10^{11}\,\mathrm{J} \end{aligned}$$

となる．

なお，楕円軌道に関する①の関係式はI巻では証明されていないが，全エネルギー E の保存則と角運動量 L の保存則を用いて，次のように導くことができる．近地点 r_1 における速さを v_1，遠地点 r_2 における速さを v_2 とする．

$$E = \tfrac{1}{2}\, m{v_1}^2 - GM_{\text{地球}}\,m/r_1 = \tfrac{1}{2}\, m{v_2}^2 - GM_{\text{地球}}\,m/r_2 \qquad ②$$

$$L = m v_1 r_1 = m v_2 r_2 \qquad ③$$

③を用いて②で v_2 を消去すると，

$$\frac{1}{2}\, m{v_1}^2 = \frac{GM_{\text{地球}}\,m}{r_1}\,\frac{r_2}{r_1 + r_2}$$

したがって，

$$\begin{aligned} E &= \frac{1}{2}\, m{v_1}^2 - \frac{GM_{\text{地球}}\,m}{r_1} = \frac{-GM_{\text{地球}}\,m}{r_1 + r_2} \\ &= -\frac{1}{2}\,\frac{GM_{\text{地球}}\,m}{a} \end{aligned}$$

11章　振　　動

11・1　ばね定数$k = 130$ N/m，物体の質量$m = 0.60$ kg，ばねの伸び$x = 0.13$ mである．
(a) 物体に働く力はばねの伸びを元に戻す向きであり，その大きさは$F = kx = 130$ N/m × (0.13 m) = 17 N．
(b) ニュートンの第二法則により，加速度の大きさは$a = F/m = (17\ \mathrm{N})/(0.60\ \mathrm{kg}) = 28\ \mathrm{m/s^2}$．向きは力と同じ向きである．

11・2　物体の質量$m = 4.25$ kgだから，物体に働く力は上向きを正として$-mg$．ただし，gは重力の加速度．ばねの伸縮は，上向き(伸びる向き)を正として$y = -2.62 \times 10^{-2}$ m．したがって，ばね定数は，

$$k = -\frac{mg}{y} = \frac{-(4.25\ \mathrm{kg}) \times (9.80\ \mathrm{m/s^2})}{(-2.62 \times 10^{-2}\ \mathrm{m})} = 1.59 \times 10^3\ \mathrm{N}$$

11・3　物体の質量をm，ばね定数をk，重力の加速度を$g = 9.80\ \mathrm{m/s^2}$とする．初期の状態でのばねの伸びは$x_0 = 0.183$ mである．
(a) 鉛直上向きをy軸の正の方向とし，物体を吊るさない自然な状態の物体の位置をy軸の原点とする．物体を吊るしたときの物体の位置yに関する運動方程式は，$m\,\mathrm{d}^2y/\mathrm{d}t^2 = -ky - mg$．ここで，$y + (mg/k) = Y$とおくと，運動方程式は$m\,\mathrm{d}^2Y/\mathrm{d}t^2 = -kY$．この解は単振動を表し，$Y = Y_0 \cos(\omega t + \phi), w = \sqrt{k/m}$．振動の周期は$T = 2\pi\sqrt{m/k}$であり，$m$と$k$の比で決まる．最初に静止している状態では，時間変化がないから時間微分は0．つまり$m\,\mathrm{d}^2Y/\mathrm{d}t^2 = 0 = -kY$より$Y = 0$．したがって，$Y = y + (mg/k) = 0$により$y = -mg/k = -0.183$ mとなり，$m/k = 0.183\ \mathrm{m}/(9.80\ \mathrm{m/s^2})$で値が決まるから，振動の周期は決まる．
(b) (a)の考察により，

$$T = 2\pi\sqrt{m/k} = 2\pi\sqrt{\frac{0.183\ \mathrm{m}}{9.80\ \mathrm{m/s^2}}} = 0.859\ \mathrm{s}$$

11・4　ばね定数をkとする．重力の有無とは無関係に，ばねに取り付けた物体は単振動をし，その周期は$T = 2\pi\sqrt{m/k}$である．(問題3の答(a)を参照) したがって，

$$k = (2\pi/T)^2 m = (2\pi/2.60\ \mathrm{s})^2 \times 7.00\ \mathrm{kg} = 40.9\ \mathrm{N/m}$$

11・5　単振動をする物体の運動は，$x(t) = A\sin\omega t + B\cos\omega t$，または$x(t) = C\cos(\omega t + \phi)$と一般に表せる(この2つの式は等価である．)前者の式の形で考察する．$x(0) = B = x_i$　また，$v(t) = \mathrm{d}x/\mathrm{d}t = \omega A\cos\omega t - \omega B\sin\omega t$．$v(0) = \omega A = v_i$．　したがって，$x(t) = (v_i/\omega)\sin\omega t + x_i\cos\omega t$．$v(t) = v_i\cos\omega t - \omega x_i\sin\omega t$．
(b) 加速度は$a(t) = \mathrm{d}v/\mathrm{d}t = -\omega^2 A\sin\omega t - \omega^2 B\cos\omega t$．$v^2 - ax = (\omega A\cos\omega t - \omega B\sin\omega t)^2 - (-\omega^2 A\sin\omega t - \omega^2 B\cos\omega t)(A\sin\omega t + B\cos\omega t) = \omega^2 A^2 + \omega^2 B^2$．
さて，$x(t) = A\sin\omega t + B\cos\omega t = \sqrt{A^2 + B^2}\sin(\omega t + \phi)$　ただし$\tan\phi = B/A$．だから振幅は$\sqrt{A^2 + B^2} = P$．したがって，$v^2 - ax = \omega^2 P^2$．この関係式は$v(t)$，$x(t)$，$a(t)$の間で時間tによらずに成り立っているから，$v^2 - ax = v_i^2 - a_i x_i = \omega^2 P^2$．

11・6　(a) 弾性衝突だから力学的エネルギーは保存される．したがって，静止状態から落下したボールは，地面と弾性衝突をしたのち，元の位置まで跳ね上がって静止し，初期の状態に戻る．この現象が繰返し起こるから，ボールの運動は周期的である．
(b) ボールが下向きの加速度gのもとで，時間tの間に距離xだけ落ちる．これを表す関係式は，$x = \frac{1}{2}gt^2$．したがって，

$$t = \sqrt{\frac{2x}{g}} = \sqrt{\frac{2(4.00\ \mathrm{m})}{9.80\ \mathrm{m/s^2}}} = 0.904\ \mathrm{s}$$

元の位置に戻るのにこれと同じ時間を要するから，運動の周期は$T = 2t = 2 \times (0.9045) = 1.81$ s
(c) 周期運動ではあるが単振動ではない．なぜなら，ボールに働く力mgは一定で，ボールの変位に比例しない．また，地面との衝突による力積を受ける．どちらも単振動にはない性質である．

11・7　一般に，$x = 0$をつり合いの位置とする単振動は，$x = A\cos(\omega t + \phi)$，速度は$v = \mathrm{d}x/\mathrm{d}t = -\omega A\sin(\omega t + \phi)$と表せる．$t = 0$において$x = 0$，　$v > 0$だから，$x(0) = A\cos(0 + \phi) = 0$，つまり$\phi = \pm\pi/2$．$\phi = \pi/2$ならば$v(0) = -\omega A\sin(0 + \pi/2) = -\omega A > 0$，つまり$A < 0$．$\phi = -\pi/2$ならば$v(0) = -\omega A\sin(0 - \pi/2) = \omega A > 0$，つまり$A > 0$．　振幅$|A| = 2.00 \times 10^{-2}$ m，振動数$= \omega/(2\pi) = 1.50$ Hz，つまり$\omega = 3.00\pi$ rad/s．
(a) 上の考察により，$x = \pm(2.00 \times 10^{-2}\ \mathrm{m})\cos\{(3.00\pi\ \mathrm{rad/s})t \mp \pi/2\} = (2.00 \times 10^{-2}\ \mathrm{m})\sin\{(3.00\pi\ \mathrm{rad/s})t\}$．
(b) (a)の結果を微分して，$v = (2.00 \times 10^{-2}\ \mathrm{m}) \times (3.00\pi\ \mathrm{rad/s})\cos\{(3.00\pi\ \mathrm{rad/s})t\}$．最大値は，$(2.00 \times 10^{-2}\ \mathrm{m}) \times (3.00\pi\ \mathrm{rad/s}) = 6.00\pi \times 10^{-2}\ \mathrm{m/s} = 18.8\ \mathrm{cm/s}$．(radは無次元の単位だから，最後の結果に現れなくてよい．)
(c) (b)の結果を参照して，$(3.00\pi\ \mathrm{rad/s})t = \pi$．(“速さ”だから，速度が負の最大値をとるときでよい．) つまり，$t = 1/3.00\ \mathrm{s} = 0.333$ s．
(d) (b)で得た式を用いて，加速度$a = \mathrm{d}v/\mathrm{d}t = -(2.00 \times 10^{-2}\ \mathrm{m}) \times (3.00\pi\ \mathrm{rad/s})^2\sin\{(3.00\pi\ \mathrm{rad/s})t\}$．この最大値は，$(3.00\pi\ \mathrm{rad/s})^2 \times (2.00 \times 10^{-2}\ \mathrm{m}) = 18.0\pi^2\ \mathrm{m/s^2} = 1.78 \times 10^2\ \mathrm{m/s^2}$．
(e) (d)の式を用いて，$a = -(2.00 \times 10^{-2}\ \mathrm{m}) \times (3.00\pi\ \mathrm{rad/s})^2\sin\{(3.00\pi\ \mathrm{rad/s})t\}$だから，$(3.00\pi\ \mathrm{rad/s})t = 3\pi/2$より，$t = 0.5$ s．
(f) (a)の式を用いて，$x = (2.00 \times 10^{-2}\ \mathrm{m})\sin\{(3.00\pi\ \mathrm{rad/s})t\}$．$t = 0$から$t = 1$ sまでの間に，sin関数の位相は0か

ら 3.00π rad まで増加する．つまり，1 周期半だけの運動をするのだから，質点が動いた距離は $6 \times (2.00 \times 10^{-2}\,\mathrm{m}) = 1.20 \times 10^{-1}\,\mathrm{m} = 12.0\,\mathrm{cm}$

11·8 初期位置 $x_i = 0.270\,\mathrm{m}$，初期速度 $v_i = 0.140\,\mathrm{m/s}$，初期の加速度 $a_i = -0.320\,\mathrm{m/s^2}$ である．

(a) 等加速度運動だから，

$$x = x_i + v_{xi}t + \frac{1}{2}a_x t^2 = 0.270\,\mathrm{m} + (0.140\,\mathrm{m/s})(4.50\,\mathrm{s}) + \frac{1}{2}(-0.320\,\mathrm{m/s^2})(4.50\,\mathrm{s})^2 = -2.34\,\mathrm{m}$$

(b) $v_x = v_{xi} + a_x t = 0.140\,\mathrm{m/s} - (0.320\,\mathrm{m/s^2})(4.50\,\mathrm{s}) = -1.30\,\mathrm{m/s}$

一般に，振動をする質点の位置は $x = A\cos(\omega t + \phi)$，速度は $v = \mathrm{d}x/\mathrm{d}t = -A\omega\sin(\omega t + \phi)$，加速度は $a = \mathrm{d}v/\mathrm{d}t = -A\omega^2\cos(\omega t + \phi)$ と表せる．ただし，A は振幅，ω は角振動数，ϕ は位相定数であるが，初期条件によって，これらを決めることができる．$t = 0$ において $x_i = A\cos(0 + \phi) = 0.270\,\mathrm{m}$，$v_i = -A\omega\sin(0 + \phi) = 0.140\,\mathrm{m/s}$，$a_i = -A\omega^2\cos(0 + \phi) = -0.320\,\mathrm{m/s^2}$ である．a_i/x_i を計算すると，$\dfrac{-A\omega^2\cos(0+\phi)}{A\cos(0+\phi)} = -\omega^2 = \dfrac{-0.320\,\mathrm{m/s^2}}{0.270\,\mathrm{m}}$

したがって，$\omega = 1.09\,\mathrm{rad/s}$．$v_i/x_i$ を計算すると，

$$\frac{-A\omega\sin(0+\phi)}{A\cos(0+\phi)} = \frac{0.140\,\mathrm{m/s}}{0.270\,\mathrm{m}}$$

したがって，

$$\tan\phi = \frac{-0.140\,\mathrm{m/s}}{(0.270\,\mathrm{m}) \times 1.09\,\mathrm{rad/s}} = -0.476$$

つまり $\phi = -0.444\,\mathrm{rad}$．これらの値を $x_i = A\cos(0 + \phi) = 0.270\,\mathrm{m}$ に代入して，$A = 0.270\,\mathrm{m}/\cos(-0.444\,\mathrm{rad}) = 0.299\,\mathrm{m}$．

(c) 上の結果を用いて，$t = 4.50\,\mathrm{s}$ における位置は，

$$x = A\cos(\omega t + \phi) = (0.299\,\mathrm{m}) \times \cos\{(1.09\,\mathrm{rad/s}) \times (4.50\,\mathrm{s}) - 0.444\,\mathrm{rad}\} = -0.0743\,\mathrm{m}$$

(d) 同様に，$t = 4.50\,\mathrm{s}$ における速度は，

$$v = -A\omega\sin(\omega t + \phi) = -(0.299\,\mathrm{m}) \times (1.09\,\mathrm{rad/s}) \times \sin\{(1.09\,\mathrm{rad/s}) \times (4.50\,\mathrm{s}) - 0.444\,\mathrm{rad}\} = 0.315\,\mathrm{m/s}$$

11·9 ばね定数 $k = 8.00\,\mathrm{N/m}$，質量 $m = 0.500\,\mathrm{kg}$，振幅 $A = 0.100\,\mathrm{m}$ である．単振動の角振動数 $\omega = \sqrt{k/m}$ であり，物体の位置は $x = A\cos(\omega t + \phi)$ と表せる．速度は $v = \mathrm{d}x/\mathrm{d}t = -\omega A\sin(\omega t + \phi)$，加速度は $a = \mathrm{d}v/\mathrm{d}t = -\omega^2 A \times \cos(\omega t + \phi)$ である．

(a) 速さの最大値は $|-\omega A| = \sqrt{\dfrac{8.00\,\mathrm{N/m}}{0.500\,\mathrm{kg}}} \times 0.100\,\mathrm{m} = 0.400\,\mathrm{m/s}$

(b) 加速度の最大値は $|-\omega^2 A| = \dfrac{8.00\,\mathrm{N/m}}{0.500\,\mathrm{kg}} \times 0.100\,\mathrm{m} = 1.60\,\mathrm{m/s^2}$

(c) $x = 6.00\,\mathrm{cm} = 0.0600\,\mathrm{m}$ にあるときは，$x = A\cos(\omega t + \phi) = 0.0600\,\mathrm{m}$．したがって，

$$\cos(\omega t + \phi) = \frac{(0.0600\,\mathrm{m})}{(0.100\,\mathrm{m})} = 0.600$$

このとき，$\cos^2(\omega t + \phi) + \sin^2(\omega t + \phi) = 1$ より，

$$\sin(\omega t + \phi) = \pm\sqrt{1 - \cos^2(\omega t + \phi)} = \pm\sqrt{1 - 0.600^2} = \pm 0.800$$

したがって，速度は，

$$v = -\omega A\sin(\omega t + \phi) = -\sqrt{\frac{8.00\,\mathrm{N/m}}{0.500\,\mathrm{kg}}} \times (0.100\,\mathrm{m})(\pm 0.800) = \mp 0.320\,\mathrm{m/s}$$

(d) (c) で求めた $\cos(\omega t + \phi) = 0.600$ を用いて，加速度は

$$a = -\omega^2 A\cos(\omega t + \phi) = -\frac{8.00\,\mathrm{N/m}}{0.500\,\mathrm{kg}} \times (0.100\,\mathrm{m}) \times 0.600 = 0.960\,\mathrm{m/s^2}$$

(e) $x = A\cos(\omega t + \phi)$ を用いる．時刻 t_i に物体が $x = x_i = 0$ にあり，時刻 t_f に物体が $x = x_f = 8.00\,\mathrm{cm} = 8.00 \times 10^{-2}\,\mathrm{m}$ にあるとする．$x_i = A\cos(\omega t_i + \phi)$，$x_f = A\cos(\omega t_f + \phi)$ である．$x_i = 0 = A\cos(\omega t_i + \phi) = 0$ より，($A \neq 0$ だから) $\cos(\omega t_i + \phi) = 0$．つまり，$\omega t_i + \phi = \pi/2$．したがって，$t_i = (\pi/2 - \phi)/\omega$．次に $x_f = 0.800\,\mathrm{m} = A\cos(\omega t_f + \phi)$ より，

$t_f = \dfrac{\arccos(x_f/A) - \phi}{\omega}$．　以上より，求める時間は，

$$\Delta t = t_f - t_i = \frac{\arccos(x_f/A) - \phi}{\omega} - \frac{\pi/2 - \phi}{\omega} = \frac{\arccos(x_f/A) - \pi/2}{\omega}$$

数値を代入して $\Delta t =$

$$\frac{\arccos\{(8.00 \times 10^{-2}\,\mathrm{m})/(0.100\,\mathrm{m})\} - \pi/2}{\sqrt{(8.00\,\mathrm{N/m})/(0.500\,\mathrm{kg})}} = 0.232\,\mathrm{s}$$

11·10 アルミニウムの立方体の質量は，$m = (1.50\,\mathrm{cm})^3 \times (2.70\,\mathrm{g/cm^3}) = 9.11\,\mathrm{g} = 9.11 \times 10^{-3}\,\mathrm{kg}$．アルミニウム–鋼板系の水平方向の変位に関するばね定数は $k = (1.43\,\mathrm{N})/(2.75 \times 10^{-2}\,\mathrm{m}) = 52.0\,\mathrm{N/m}$．水平方向の変位 x によって復元力 $-kx$ が生じるから，アルミニウムの水平方向の位置は単振動をし，その振動数は，

$$f = \frac{1}{2\pi}\sqrt{k/m} = \frac{1}{2\pi}\sqrt{(52.0\,\mathrm{N/m})/(9.11 \times 10^{-3}\,\mathrm{kg})} = 12.0\,\mathrm{Hz}$$

11·11 物体の質量 $m = 0.500\,\mathrm{kg}$，ばね定数 $k = 250\,\mathrm{N/m}$，振幅 $A = 3.50 \times 10^{-2}\,\mathrm{m}$ である．角振動数を ω とすると，物体のつり合いの位置からの変位 x は次のように単振動で表せる．$x = A\cos(\omega t + \phi)$．ただし，$\omega = \sqrt{k/m} = \sqrt{(250\,\mathrm{N/m})/(0.500\,\mathrm{kg})} = 22.4\,\mathrm{s^{-1}}$

(a) 系の全力学的エネルギーは物体の運動エネルギーとばねのポテンシャルエネルギーの和であり，それは運動の保存量である．したがって，力学的エネルギーは，物体の運動エネルギーが 0 で ばね の変位が最大になるときの，ポ

テンシャルエネルギーを求めればよい．それは，ばねの伸縮が A であるときのポテンシャルエネルギーであり，$\frac{1}{2}kA^2 = \frac{1}{2}\times(250\ \mathrm{N/m})\times(3.50\times10^{-2}\ \mathrm{m})^2 = 0.153\ \mathrm{J}$.
(b) 速さは $v = \mathrm{d}x/\mathrm{d}t = -\omega A\sin(\omega t+\phi)$．その最大値は $\omega A = (22.4\ \mathrm{s^{-1}})\times(3.50\times10^{-2}\ \mathrm{m}) = 0.784\ \mathrm{m/s}$.
(c) 加速度は $a = \mathrm{d}v/\mathrm{d}t = -\omega^2 A\cos(\omega t+\phi)$．その最大値は $\omega^2 A = (22.4\ \mathrm{s^{-1}})^2\times(3.50\times10^{-2}\ \mathrm{m}) = 17.5\ \mathrm{m/s^2}$.

11·12 ばね定数 $k = 6.50\ \mathrm{N/m}$，振幅 $A = 10.0\ \mathrm{cm} = 0.100\ \mathrm{m}$ である．物体の質量を m とする．
(a) 力学的エネルギー保存則を用いて考える．物体が最大変位の位置にあるときの全エネルギーはポテンシャルエネルギー $U_{\max} = \frac{1}{2}kA^2$ に等しい．物体がつり合いの位置と最大変位の位置のちょうど中間の位置にあるときの全エネルギーは，ポテンシャルエネルギー $U_{中間} = \frac{1}{2}k(A/2)^2$ と，運動エネルギー $K_{中間} = \frac{1}{2}mv^2$ の和に等しい．エネルギー保存則により，$\frac{1}{2}kA^2 = \frac{1}{2}k(A/2)^2 + \frac{1}{2}mv^2$．したがって，$m = \frac{3}{4}kA^2/v^2 = \frac{3}{4}(6.50\ \mathrm{N/m})\times(0.100\ \mathrm{m})^2/(0.300\ \mathrm{m/s})^2 = 0.542\ \mathrm{kg}$.
(b) この物体の位置は $x = A\cos(\omega t+\phi)$ と表せ，$\omega = \sqrt{k/m}$ である．運動の周期は $T = 2\pi/\omega = 2\pi\sqrt{m/k}$．上で求めた m の数値を代入して，$T = 2\pi\sqrt{(0.542\ \mathrm{kg})/(6.50\ \mathrm{N/m})} = 1.81\ \mathrm{s}$.
(c) この物体の加速度は $a = \mathrm{d}^2x/\mathrm{d}t^2 = -\omega^2 A\cos(\omega t+\phi)$ と表せるから，最大加速度は $a_{\max} = \omega^2 A$ である．(b)の結果より $\omega = 2\pi/T = (2\pi/1.81)\ \mathrm{rad/s}$ だから，数値を代入して $a_{\max} = \{(2\pi/1.81)\ \mathrm{rad/s}\}^2\times(0.100\ \mathrm{m}) = 1.20\ \mathrm{m/s^2}$.

11·13 自動車の質量 $m = 1000\ \mathrm{kg}$，バンパーのばね定数 $k = 5.00\times10^6\ \mathrm{N/m}$，バンパーの圧縮の大きさ $x = 3.16\times10^{-2}\ \mathrm{m}$ である．衝突の瞬間の速さを v とすると，バンパーのひずみのエネルギー $U = \frac{1}{2}kx^2$ が，衝突の瞬間の自動車の運動エネルギー $K = \frac{1}{2}mv^2$ に等しい．したがって，$v = x\sqrt{k/m} = (3.16\times10^{-2}\ \mathrm{m})\times\sqrt{(5.00\times10^6\ \mathrm{N/m})\times(1000\ \mathrm{kg})} = 2.23\ \mathrm{m/s}$.

11·14 物体の質量 $m = 0.200\ \mathrm{kg}$，振動の周期 $T = 0.250\ \mathrm{s}$，系の全エネルギー $E = 2.00\ \mathrm{J}$ である．ばね定数を k，振動の振幅を A とする．つり合いの位置を原点とする物体の位置 x は，$x = A\cos(\omega t+\phi)$ と表せ，$\omega = 2\pi/T = 2\pi/0.250\ \mathrm{s} = 8\pi\ \mathrm{s^{-1}}$ である．
(a) $\omega = \sqrt{k/m}$ だから，$k = m\omega^2 = 0.200\ \mathrm{kg}\times(8\pi\ \mathrm{s^{-1}})^2 = 126\ \mathrm{N/m}$.
(b) 全エネルギー E は，運動エネルギーがゼロで変位が，$x = A$ のときのばねのポテンシャルエネルギー U に等しい．

$$E = 2.00\ \mathrm{J} = U = \frac{1}{2}kA^2 \qquad つまり,$$
$$A = \sqrt{2\times(2.00\ \mathrm{J})/(126\ \mathrm{N/m})} = 0.178\ \mathrm{m}$$

11·15 人の質量 $m = 65.0\ \mathrm{kg}$，ゴムロープの自然の長さ $L = 11.0\ \mathrm{m}$，ゴムロープが自然の長さから一杯に伸びるまでの距離 $D = 25.0\ \mathrm{m}$ である．ゴムロープの力の定数を k，単振動の角振動数を ω，振幅を A，重力加速度を $g = 9.80\ \mathrm{m/s^2}$ とする．
(a) 人が一定の重力を受けて運動する．したがって，等加速度で動く質点のモデル．
(b) 重力加速度 $g = 9.80\ \mathrm{m/s^2}$ によって自由に落下する距離は $y = L = 11.0\ \mathrm{m}$．その運動の時間を t とすると，$y = \frac{1}{2}gt^2$．したがって，

$$t = \sqrt{2y/g} = \sqrt{2\times(11.0\ \mathrm{m})/(9.80\ \mathrm{m/s^2})} = 1.50\ \mathrm{s}$$

(c) 孤立系である．関係する力は，地球と人の間に働く重力と，地球と一体の橋と人との間に働くゴムロープの張力だけであり，これらは系の内部の力である．
(d) 初期状態で橋の上で静止していた人が，最終状態では，ゴムロープがいっぱいに伸びた状態で再び静止する．この間に起こったことは，重力ポテンシャルエネルギーがゴムロープのポテンシャルエネルギーに変わったことである．初期状態と最終状態の重力のポテンシャルエネルギーの差は，$\Delta U_{重} = mg(D+L)$．ゴムロープの伸びによるポテンシャルエネルギーは，$\Delta U_{ゴム} = \frac{1}{2}kD^2$．$\Delta U_{重力} = \Delta U_{ゴム}$ より，$mg(D+L) = \frac{1}{2}kD^2$．つまり，

$$k = \frac{2mg(D+L)}{D^2} = \frac{2\times(65.0\ \mathrm{kg})(9.80\ \mathrm{m/s^2})(25.0\ \mathrm{m}+11.0\ \mathrm{m})}{(25.0\ \mathrm{m})^2} = 73.4\ \mathrm{N/m}$$

(e) つり合う状態でのゴムロープの伸びを y_0 とすると，$ky_0 = mg$．つまり，

$$y_0 = \frac{mg}{k} = \frac{(65.0\ \mathrm{kg})\times(9.80\ \mathrm{m/s^2})}{73.4\ \mathrm{N/m}} = 8.68\ \mathrm{m}$$

これは橋から下に $L + y_0 = 11.0\ \mathrm{m} + 8.68\ \mathrm{m} = 19.7\ \mathrm{m}$ の位置で，ゴムロープが最大に伸びる最下点から上に $36.0\ \mathrm{m} - 19.7\ \mathrm{m} = 16.3\ \mathrm{m}$ の位置．(つまり，単振動の振幅は 16.3 m)．
(f) 質量 m，ばね定数 k の単振動系の角振動数は $\omega = \sqrt{k/m} = \sqrt{(73.4\ \mathrm{N/m})/(65.0\ \mathrm{kg})} = 1.06\ \mathrm{rad/s}$.
(g) 運動は周期的であることに注意．つまり求める時間は，ゴムロープが最も伸びて人が一瞬静止し，その後上向きに運動を始めてゴムロープの自然の長さの位置に戻るまでの時間に等しい．(e)で求めた位置を原点とし，下向きを正として人の位置を y で表す．人は $y = 0$ を中心として単振動 $y = A\cos(\omega t+\phi)$ をする．ただし，ゴムロープが弛まない時間の範囲に限り，また，(e)で考察したように $A = 16.3\ \mathrm{m}$，$t = 0$ においてゴムロープが最も伸びたとすると，$\phi = 0$，$y(0) = A$．その後，時刻 t に初めてゴムロープが自然の長さに戻ったとすると，そのときの位置は $y = -8.68\ \mathrm{m}$．つまり，$y(t) = A\cos\omega t = -8.68$．したがって $\cos\omega t = (-8.68\ \mathrm{m})/(16.3\ \mathrm{m}) = -0.533$．つまり $\omega t = 2.13\ \mathrm{rad}$.

(f)で求めた結果 $\omega = 1.06$ rad/s を用いて，$t = (2.13 \text{ rad})/(1.06 \text{ rad/s}) = 2.01$ s.

(h) (b)と(g)の時間の和であり，1.50 s + 2.01 s = 3.51 s.

11·16 一般に単振動は $x = A\cos(\omega t + \phi)$ と表せる．今の場合は，時間の原点に関する条件はないので $\phi = 0$ とする．速さは $v = \mathrm{d}x/\mathrm{d}t = -\omega A \sin\omega t$. 加速度は $a = \mathrm{d}v/\mathrm{d}t = -\omega^2 A\cos\omega t$. 質量 m の質点が単振動をするモデルで考察する．

(a) 全エネルギーは運動エネルギーとポテンシャルエネルギーの和であり，一定に保たれる．$\omega t = \pi/2$ となる時刻においては $x = 0$ だから，ポテンシャルエネルギーは0であり，全エネルギーは運動エネルギー $\frac{1}{2}mv^2 = \frac{1}{2}m \times (\omega A \sin\pi/2)^2 = \frac{1}{2}m(\omega A)^2$. A が2倍になると，m と ω は A によらず一定だから，全エネルギーは4倍.

(b) A が2倍になると，ω は A によらず一定だから最大の速さ $|\omega A|$ は2倍.

(c) A が2倍になると，ω は A によらず一定だから最大の加速度 $|\omega^2 A|$ は2倍.

(d) 周期は $2\pi/\omega$ であり，ω は A によらず一定だから，周期は不変.

11·17 振り子の長さを L とすると，振り子の振れ角 θ は，$\theta \ll 1$ の条件のもとで $\theta = \cos(\omega t + \phi)$，$\omega = \sqrt{g/L}$ と表せる．東京における重力加速度を g_{T}，ロンドンにおける重力加速度を g_{L} とする．両地点で ω が等しいのだから g/L が等しい．$g_{\mathrm{T}}/g_{\mathrm{L}} = 0.9942 \text{ m}/0.9927 \text{ m} = 1.0015$.

11·18 慣性モーメントを I とする．振れ角 θ に関する運動方程式は，$I\,\mathrm{d}^2\theta/\mathrm{d}t^2 = -mgd\sin\theta$. $\theta \ll 1$ という近似で $I\,\mathrm{d}^2\theta/\mathrm{d}t^2 = -mgd\theta$. θ は単振動で表せ，

$\theta = A\cos(\omega t + \phi)$，$\omega = \sqrt{mgd/I}$. 振動数は $f = \omega/2\pi = \dfrac{1}{2\pi}\sqrt{\dfrac{mgd}{I}}$. したがって，$I = mgd/(2\pi f)^2$.

11·19 (a) 1.00 m のとき，周期 = 99.8 s/50 = 2.00 s. 0.750 m のとき，周期 T = 86.6 s/50 = 1.73 s. 0.500 m のとき，周期 = 71.1 s/50 = 1.42 s.

(b) ひもの長さを L，振れ角を θ とすると，$\theta = A\cos(\omega t + \phi)$，$\omega = g/L$ と表せる．周期は $T = 2\pi/\omega = 2\pi L/g$ だから，$g = L(2\pi/T)^2$. (a)の結果を用いて，$L = 1.00$ m のとき，$g = 1.00 \text{ m} \times \{2 \times \pi/(2.00 \text{ s})\}^2 = 9.87 \text{ m/s}^2$. $L = 0.750$ m のとき，$g = 0.750 \text{ m} \times \{2 \times \pi/(1.73 \text{ s})\}^2 = 9.89 \text{ m/s}^2$. $L = 0.500$ m のとき，$g = 0.500 \text{ m} \times \{2 \times \pi/(1.42 \text{ s})\}^2 = 9.79 \text{ m/s}^2$. これらの平均値は，$g = 9.85 \text{ m/s}^2$. これは，通常用いられる値 $g = 9.80 \text{ m/s}^2$ と 0.5 % の精度で一致する．

(c) グラフの例は，図のようである．(b)の考察より $g = L(2\pi/T)^2$ だから，$T^2 = (4\pi^2/g)L$ であり，グラフの勾配は $(4\pi^2/g)$ である．読み取ったグラフの勾配から g を求めると，たとえば 9.94 m/s^2 となり，これは通常用いられる値と 1.5 % の精度で一致する．読み取り方により，多少の

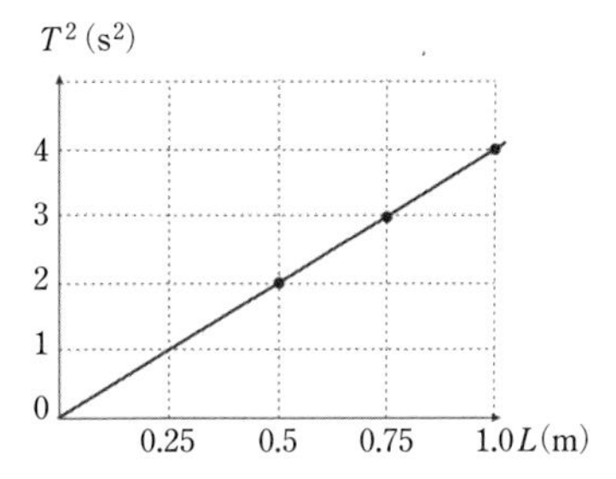

値の違いはあってよい．

11·20 物差しの長さは $L = 1$ m である．その質量を M，質量中心のまわりの慣性モーメントは，$I_{中心} = \frac{1}{12}ML^2$ である(I 巻，表 9·2 参照).

(a) 質量中心と回転軸との距離は $d = 1.00$ m だから，回転軸のまわりの慣性モーメント I と，この実体振り子の周期 T は，

$$I = I_{質量中心} + Md^2 = \frac{1}{12}ML^2 + Md^2$$
$$= \frac{1}{12}M(1.00 \text{ m})^2 + M(1.00 \text{ m})^2$$
$$= M\left(\frac{13}{12}\text{ m}^2\right)$$

回転軸　0.500 m　1.00 m　質量中心

$$T = 2\pi\sqrt{\frac{I}{Mgd}} = 2\pi\sqrt{\frac{M(13/12 \text{ m}^2)}{Mg(1.00 \text{ m})}}$$
$$= 2\pi\sqrt{\frac{13/12 \text{ m}}{9.80 \text{ m/s}^2}}$$
$$= 2.09 \text{ s}$$

(b) 長さ 1.00 m の単振り子の周期は，$T = 2\pi\sqrt{\dfrac{1.00 \text{ m}}{9.80 \text{ m/s}^2}} = 2.01$ s. 実体振り子で質量が分散することにより，周期は，$\dfrac{(2.09 \text{ s}) - (2.01 \text{ s})}{(2.01 \text{ s})} \times 100 = 4.08$ % 異なる．

11·21 図より，質点に働く復元力は $F = -mg\sin\theta$. 角 $\theta \ll 1$ の範囲では $\sin\theta \approx \theta$ だから，

$$F = -mg\theta = -k\theta$$

と表せる．

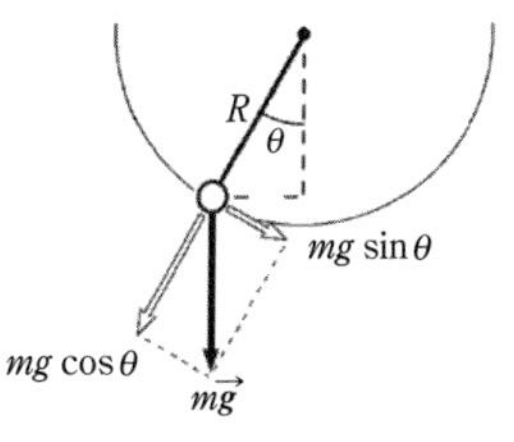

質点の運動方程式は，$mR\,\mathrm{d}^2\theta/\mathrm{d}t^2 = -k\theta$. この系の運動は単振動であり，その角振動数は $w = \sqrt{k/mR} = \sqrt{g/R}$

11·22 振り子の長さ $L = 5.00$ m，振り子の下端の質点の質量を m，重力の加速度を $g = 9.80 \text{ m/s}^2$，エレベーターおよびトラックの加速度の大きさを $g' = 5.00 \text{ m/s}^2$ とする．

(a) 質点をぶら下げる糸は，その張力によって質点を重力の元で支えるとともに，質点を上向きの加速度 g' で動かす．このための張力は $mg' + mg = m(g + g')$ である．エレベーターの加速度運動は，静止状態で重力の加速度 g が $g + g'$ となることに相当する．したがって，振り子の周期

I 解答（力学）

は，

$$T=2\pi\sqrt{\frac{L}{g+g'}}=2\pi\sqrt{\frac{5.00\ \mathrm{m}}{9.80\ \mathrm{m/s^2}+5.00\ \mathrm{m/s^2}}}=3.65\ \mathrm{s}$$

(b) (a)の考察において，$g+g'$ を $g-g'$ とすればよい．重力が小さくなったことに相当する．

$$T=2\pi\sqrt{\frac{L}{g-g'}}=2\pi\sqrt{\frac{5.00\ \mathrm{m}}{9.80\ \mathrm{m/s^2}-5.00\ \mathrm{m/s^2}}}=6.41\ \mathrm{s}$$

(c) 糸の張力が質点に及ぼす加速度は，重力に抗するための上向き成分と，トラックと一緒に加速するための前向き成分のベクトル和であり．その大きさは $\sqrt{g^2+g'^2}$ でトラックの前方上方向き．重力の向きがトラックの後方下向きになったことに相当する．

$$T=2\pi\sqrt{\frac{L}{\sqrt{g^2+g'^2}}}=2\pi\sqrt{\frac{5.00\ \mathrm{m}}{11.0\ \mathrm{m/s^2}}}=4.24\ \mathrm{s}$$

11·23 質点の質量 $m=0.250\ \mathrm{kg}$，振り子の長さ $L=1.00\ \mathrm{m}$ である．重力加速度を $g=9.80\ \mathrm{m/s^2}$ とする．振り子の振れ角を θ とすると，単振動は $\theta=\theta_0\cos(\omega t+\phi)$ と表せ，$\theta_0=(15°)\times(\pi\ \mathrm{rad})/(180°)=0.262\ \mathrm{rad}$，$\omega=\sqrt{g/L}=\sqrt{(9.80\ \mathrm{m/s^2})/(1.00\ \mathrm{m})}=3.13\ \mathrm{rad/s}$ である．

(a) 質点の速さ $=L\,\mathrm{d}\theta/\mathrm{d}t=-L\omega\theta_0\sin(\omega t+\phi)$．最大値は $L\omega\theta_0=(1.00\ \mathrm{m})\times(3.13\ \mathrm{rad/s})\times(0.262\ \mathrm{rad})=0.820\ \mathrm{m/s}$．(rad は無次元の単位であることに注意)．

(b) 質点の角加速度 $\alpha=\mathrm{d}^2\theta/dt^2=-\omega^2\theta_0\cos(\omega t+\phi)$．最大値は $\omega^2\theta_0=(3.13\ \mathrm{rad/s})^2\times(0.262\ \mathrm{rad})=2.57\ \mathrm{rad/s^2}$

(c) 復元力は，接線加速度つまり質点の軌道に沿う加速度の接線成分 $a_{接線}=L\alpha$ と質量の積．したがって，その最大値は $(0.250\ \mathrm{kg})\times(2.57\ \mathrm{rad/s^2})\times(1.00\ \mathrm{m})=0.641\ \mathrm{N}$

(d) (a) の解：振り子−地球系は孤立系であり，力学的エネルギーが保存される．ポテンシャルエネルギーは，最下点を基準として $U(\theta)=mgL(1-\cos\theta)$．初期状態の運動エネルギーは0，ポテンシャルエネルギーは，$U_\mathrm{i}=mgL(1-\cos 15°)$．速さが最大になるときは，ポテンシャルエネルギーが最小値0をとるとき，つまり，質点が最下点を通るときである．その運動エネルギーの大きさは U_i に等しく，

$K=\frac{1}{2}mv^2=mgL(1-\cos 15°)$．つまり，

$$v=\sqrt{2gL(1-\cos 15°)}$$
$$=\sqrt{2\times(9.80\ \mathrm{m/s^2})\times(1.00\ \mathrm{m})\times(1-0.966)}=0.817\ \mathrm{m/s}$$

(b) の解：角加速度 α が最大になるときは，質点の軌道の接線加速度 $a_{接線}=L\alpha$ が最大になるときであり，それは質点に働く重力の接線成分 $mg\sin\theta$ が最大になるときである．$ma_{接線}=mg\sin\theta$，つまり $L\alpha=g\sin 15°$ より，

$$\alpha=\frac{g}{L}\sin 15°=(9.80\ \mathrm{m/s^2})/(1.00\ \mathrm{m})\times 0.259=2.54$$

$\mathrm{rad/s^2}$.

(c) の解：復元力は質点に働く重力の接線成分 $mg\sin\theta$ である．その最大値は $\theta=15°$ のときに得られ，

$$mg\sin 15°=(0.250\ \mathrm{kg})\times(9.80\ \mathrm{m/s^2})\times 0.259=0.634\ \mathrm{N}$$

(e) (d)のそれぞれの答は，(a)〜(c)の答に近いが，わずかに違っている．(d)でそれぞれ得た結果は厳密に正しいが，(a)〜(c)ではこの系の運動を単振動と近似したので，それによる誤差が現れた．角度15°を0に向かって小さくすると，この誤差は0に向かうはずである．

11·24 運動方程式は $m\,\mathrm{d}v/\mathrm{d}v=-kx-bv$．力学的エネルギーは $E=\frac{1}{2}mv^2+\frac{1}{2}kx^2$ だから，

$$\frac{\mathrm{d}E}{\mathrm{d}t}=mv\frac{\mathrm{d}v}{\mathrm{d}t}+kx\frac{\mathrm{d}x}{\mathrm{d}t}=mv\frac{\mathrm{d}v}{\mathrm{d}t}+kxv$$
$$=v(-kx-bv)+kxv=-bv^2<0$$

(v を $\mathrm{d}x/\mathrm{d}t$ と表し，v を使わずに x と $\mathrm{d}x/\mathrm{d}t$，$\mathrm{d}^2x/\mathrm{d}t^2$ だけで表しても同じ結果が得られる．)

11·25 軌道の接線加速度は $L\,\mathrm{d}^2\theta/\mathrm{d}t^2$，接線速度は $L\,\mathrm{d}\theta/\mathrm{d}t$ だから，運動方程式は $mL\,\mathrm{d}^2\theta/\mathrm{d}t^2=-mg\sin\theta-bL\,\mathrm{d}\theta/\mathrm{d}t$．つまり，$\mathrm{d}^2\theta/\mathrm{d}t^2=-(g/L)\sin\theta-(b/m)\,\mathrm{d}\theta/\mathrm{d}t$．$\theta\ll 1$ と近似すると，$\mathrm{d}^2\theta/\mathrm{d}t^2=-(g/L)\theta-(b/m)\,\mathrm{d}\theta/\mathrm{d}t$．運動は減衰のある単振動である．$\omega_0=\sqrt{g/L}$ とし，解を $\theta=A\,\mathrm{e}^{-\gamma t}(\cos\omega t+\phi)$ とおいて運動方程式に代入する．

$$\{\gamma^2-(b/m)\gamma-(\omega^2-\omega_0{}^2)\}\cos(\omega t+\phi)$$
$$+\{2\gamma\omega-(b\omega/m)\}\sin(\omega t+\phi)=0$$

が得られる．任意の t においてこの等式が成り立つためには，cos と sin のそれぞれの係数部分が0でなければならない．したがって，$\gamma=b/(2m)$，$\omega=\sqrt{\omega_0{}^2-\{b/(2m)\}^2}$ となる．ただし $\omega_0{}^2-\{b/(2m)\}^2>0$，つまり減衰が小さくて $b/2m<\sqrt{g/L}$ が満たされることが必要．

さて，振幅の減衰は $\mathrm{e}^{-\gamma t}$ で表されるから，時間 Δt 後の振幅は $\mathrm{e}^{-\gamma\Delta t}=\exp\{-b/(2m)\Delta t\}$ に減衰する．したがって，$b/(2m)=-(1000\ \mathrm{s})\times\ln(5.50°/15.0°)=1.00\times 10^{-3}\ \mathrm{s^{-1}}$．これは $\sqrt{g/L}=\sqrt{(9.80\ \mathrm{m/s^2})/(1.00\ \mathrm{m})}=3.13$ より十分小さいから，上の計算は成り立つ．

11·26 強制力は $F=F_0\sin(\omega t)=3.00\sin(2\pi t)$，力の定数(ばね定数)は $k=20.0\ \mathrm{N/m}$，質量は $m=2.00\ \mathrm{kg}$ である．質点の変位を x として，運動方程式は $m\,\mathrm{d}^2x/\mathrm{d}t^2=-kx+F_0\sin(\omega t)$．強制力がないときの系の固有角振動数は $\omega_0=\sqrt{k/m}$ で，運動は $x=A\cos(\omega_0 t+\phi)$．強制力があると，振幅 A が時間とともに増大すると考えられる．

(a) 強制力の振動数が固有振動数に一致すると共鳴が起こる．つまり，共鳴角振動数は，

$$\omega_0=\sqrt{k/m}=\sqrt{(20.0\ \mathrm{N/m})/(2.00\ \mathrm{kg})}=3.16\ \mathrm{rad/s}$$

(b) 系は強制力の振動数で振動する．$\omega=2\pi=6.28\ \mathrm{rad/s}$

(c) 解を $x=A\cos(\omega t+\phi)$，$\omega=6.28\ \mathrm{rad/s}$ とおいて上の運動方程式に代入．

$$(\omega_0{}^2-\omega^2)A\cos\phi\cos\omega t$$
$$+\{(\omega^2-\omega_0{}^2)A\sin\phi-(F_0/m)\}\sin\omega t=0$$

これが時間 t によらずに成り立つためには，$\cos\omega t$ と $\sin\omega t$ のそれぞれの係数が0でなければならない．つまり，$\phi=\pi/2$

I 解答(力　学)

$$A = \frac{F_0/m}{\omega^2 - {\omega_0}^2} = \frac{(3.00\ \mathrm{N/m})/(2.00\ \mathrm{kg})}{(6.28\ \mathrm{s^{-1}})^2 - (3.16\ \mathrm{s^{-1}})^2} = 0.0509\ \mathrm{m}$$
$$= 5.09\ \mathrm{cm}$$

11·27 この現象は振り子の共振と考えられる．振り子の回転軸は肘掛に押し付けられた上着の部分であり，そこから長さLだけ下にあるタイマーが振り子と考えられる．この振り子がタイマーの 1.50 Hz の振動に共振して大きく振れたのである．振り子の長さと角振動数の関係式により，

$$\omega = 2\pi f = \sqrt{\frac{g}{L}} \ \rightarrow\ L = \frac{g}{(2\pi f)^2} = \frac{9.80\ \mathrm{m/s^2}}{[2\pi(1.50\ \mathrm{Hz})]^2}$$
$$= 0.11\ \mathrm{m} = 11.0\ \mathrm{cm}$$

11·28 (a) マットレスの固有振動数ωに一致するような振動数fで跳びはねればよい．したがって，

$$f = \omega/(2\pi) = \sqrt{(700\ \mathrm{N/m})/(12.5\ \mathrm{kg})}/(2\pi) = 1.19\ \mathrm{Hz}$$

(b) 上向きの変位をxとすると，$x = A\cos\omega t$，速度は$v = \dfrac{\mathrm{d}x}{\mathrm{d}t} = -A\omega\sin\omega t$，加速度は$a = \dfrac{\mathrm{d}v}{\mathrm{d}t} = -A\omega^2\cos\omega t$．

最大に変位したときの下向きの加速度が重力加速度を超えると，幼児はマットレスから浮いてしまう．なぜなら，その加速度はマットレスのばね作用によるものであり，それによってマットレスは最大変位の位置で一瞬静止した後に下向きに動き始める．しかし，幼児の足はマットレスに固着してはいないので，幼児の下向きの加速度は重力によってのみ得られる．もし，マットレスの下向きの動きが速く，下向きの加速度が重力の下向きの加速度を超えると，幼児はマットレスから浮く．加速度aの最大値$A\omega^2 \geq g$がその条件である．つまり，

$$A = \frac{(9.80\ \mathrm{m/s^2})(12.5\ \mathrm{kg})}{7.00 \times 10^2\ \mathrm{N/m}} = 17.5\ \mathrm{cm}$$

11·29 オートバイや自転車に人が乗った状態を，次のようにモデル化する．車体は摩擦のない地面を滑る台座とみなし，人は，その台座に上向きに取り付けたばねの先端の質点とみなす．質点の上下の動きを単振動のモデルで扱うことができる．走行中に地面の凸部に出会うと台座に上向きの外力が及ぼされ，激しい凹部に出会うと台座は重力を受けて落下する．これは，台座-ばね-質点系への強制力となる．道路の凹凸による強制力の振動数が，振動系の固有振動数に一致すると振動の振幅が増大し，やがて乗った人がサドルから跳ね上げられることになり危険である．

質量 100 kg の人が車体のばねを 2 cm 縮めるとすると，ばね定数は，

$$k = \frac{F}{x} = \frac{980\ \mathrm{N}}{2.00 \times 10^{-2}\ \mathrm{m}} = 4.90 \times 10^4\ \mathrm{N/m}$$

車体と人を合わせた質量を$m = 500$ kg とすると，固有振動数は，

$$f = \frac{1}{2\pi}\sqrt{\frac{k}{m}} = \frac{1}{2\pi}\sqrt{\frac{4.90 \times 10^4\ \mathrm{N/m}}{500\ \mathrm{kg}}} = 1.58\ \mathrm{Hz}$$

オートバイの走行の速さを 20.0 m/s とすると，道路の凹凸による強制力の振動数が固有振動数に一致する条件は，凹凸の周期が$\dfrac{20.0\ \mathrm{m/s}}{1.58\ \mathrm{s^{-1}}} = 12.7\ \mathrm{m} \sim 10^1\ \mathrm{m}$であること．自転車ならば，速さに比例してこの周期は短くなる．

追加問題

11·30 (a) 物体の質量$m = 450$ g，初期のばねの伸び$x = 35.0$ cm である．この位置を$x = 0$と定義して，ばねを新たに位置$x = 18.0$ cm まで伸ばす．ばね定数kは，

$$k = \frac{F}{x} = \frac{mg}{x} = \frac{(0.450\ \mathrm{kg})(9.80\ \mathrm{m/s^2})}{0.350\ \mathrm{m}} = 12.6\ \mathrm{N/m}$$

このときを時刻$t = 0$とし，x軸は下向きを正とすると，$t = 84.4$ s における物体の位置は次のように求められる．

$$x = A\cos\omega t = (18.0\ \mathrm{cm})\cos\left[\sqrt{\frac{12.6\ \mathrm{N/\ m}}{0.450\ \mathrm{kg}}}(84.4\ \mathrm{s})\right]$$
$$= (18.0\ \mathrm{cm})\cos(446.6\ \mathrm{rad}) = 15.8\ \mathrm{cm}$$

(b) $t = 0$から$t = 84.4$ s までに，cos の位相は 446.6 rad $= 71 \times 2\pi + 0.497$ rad だけ変化する．つまり，周期運動を 71 回繰返して $71 \times 4 \times 18.0$ cm だけ移動する．最後の周期では 0.497 rad の位相変化で終わっている．この 0.497 rad は 1 周期の位相 2π の 1/4 以下だから，cos 関数は 1 から 0 に単調に減少する途中である．つまり，物体の位置が 18.0 cm から $(18.0\ \mathrm{cm}) \times \cos(0.497) = 15.8$ cm に変位したのだから，この最後の周期での移動距離は 18.0 cm − 15.8 cm である．以上により，運動した全距離は，

$$(71 \times 4 \times 18.0)\ \mathrm{cm} + (18.0 - 15.8)\ \mathrm{cm} = 51.1\ \mathrm{m}$$

(c) 上の(a)と同様の考察により，ばね定数は，

$$k = \frac{(0.440\ \mathrm{kg})(9.80\ \mathrm{m/s^2})}{0.355\ \mathrm{m}} = 12.1\ \mathrm{N/m}$$

$t = 84.4$ s における物体の位置は次のように求められる．

$$x = A\cos\sqrt{k/m}\,t$$
$$= (18.0\ \mathrm{cm}) \times \cos\left[\sqrt{\frac{(0.440\ \mathrm{kg})(9.80\ \mathrm{m/s^2})}{(0.355\ \mathrm{m})(0.440\ \mathrm{kg})}} \times 84.4\ \mathrm{s}\right]$$
$$= (18.0\ \mathrm{cm}) \times \cos(443.4\ \mathrm{rad}) = -15.9\ \mathrm{cm}$$

(d) 上の(b)と同様の考察により，443.4 rad $= 70 \times 2\pi$ rad $+ 3.577$ rad．したがって，70 周期で $70 \times 4 \times 18.0$ cm $=$ 5040 cm だけ移動し，最後の周期は 3.577 rad つまり$\frac{1}{2}$周期での π rad を 0.435 rad だけ越えて終わっている．したがって，最後の周期では，$\frac{1}{2}$周期で 36.0 cm 移動して$x = 0$に戻り，そこから(c)で求めた −15.9 cm の位置まで 15.9 cm だけ上向きに移動した．したがって，全移動距離は，5040 cm + 36.0 cm + 15.9 cm = 5092 cm = 50.9 m．

(e) 周期運動だから，ある時間内における位相の全変化が類似していても，最終の状態は最後の周期の位相で決まる．したがって，最終状態が非常に異なることは不思議ではない．2 つの周期現象の周期と初期位相が正確にわかれば未来予測は数理的には可能であるが，周期の測定には必

ず有限の誤差を伴うから，長時間にわたる予測はできない．

11·31 単振動 $x = A\cos(\omega t + \phi)$ の最大の加速度は $d^2x/dt^2 = -A\omega^2\cos(\omega t + \phi)$ だから，その大きさの最大値は $A\omega^2$．物体Bはその静止摩擦力を介してこの加速度による力を受ける．物体Bの質量を m，重力加速度を g とすると，最大静止摩擦力は $\mu_{静} mg$．これが $A\omega^2$ に及ばなくなるとBは滑る．滑り始める条件は $\mu_{静} mg = mA\omega^2$．つまり，

$$A = \mu_{静} g/\omega^2 = 0.600 \times (9.80\ \mathrm{m/s^2})/(2\times\pi\times 1.50\ \mathrm{Hz})^2$$
$$= 6.62\ \mathrm{cm}$$

11·32 質点の質量 $m = 0.500$ kg，ばね定数 $k = 50.0$ N/m である．角振動数は $\omega = \sqrt{k/m} = \sqrt{(50.0\ \mathrm{N/m})/(0.500\ \mathrm{kg})} = 10$ rad/s．初期の速度は，右向きを正として $v_i = -20.0$ m/s．

(a) 運動方程式は $m\,d^2x/dt^2 = -kx$

一般解は $x = A\cos(\omega t + \phi)$，$\omega = \sqrt{k/m}$

速度は $v = dx/dt = -A\omega\sin(\omega t + \phi)$

いまの場合は，$t = 0$，$v = v_i$ で $-A\omega\sin\phi = v_i$．これが速さの最大値で速度は負だから $\phi = \pi/2$．したがって，

$$A = \frac{-v_i}{\omega} = \frac{20.0\ \mathrm{m/s}}{10\ \mathrm{rad/s}} = 2.00\ \mathrm{m}$$

つまり，

$$x = (2.00\ \mathrm{m}) \times \cos\left[(10.0\ \mathrm{rad/s})t + \frac{\pi}{2}\ \mathrm{rad}\right]$$
$$x = (2.00\ \mathrm{m}) \times \sin[(10.0\ \mathrm{rad/s})t]$$

ただし，t の単位は s，x の単位は m．

(b) ポテンシャルエネルギーは $U = \frac{1}{2}kx^2$．したがって，$U = 3K$ となる条件は $K = \frac{1}{3}U$．全エネルギーは $E = K + U = \frac{4}{3}U = \frac{2}{3}kx^2$．一方，全エネルギーは $K = 0$ のときの U に等しい．そのときは変位の大きさが最大であり $E = U = \frac{1}{2}kA^2$．したがって，$\frac{2}{3}kx^2 = \frac{1}{2}kA^2$ より，$x = \pm\sqrt{3/4}\,A = \pm 1.73$ m．

(c) $x = 0$ から $x = 1.00$ m まで達する最短時間 Δt は，$x = 0$ から $x = -1.00$ m まで達する最短時間 Δt に等しい．(a) の場合，$x = A\cos(\omega t + \pi/2)$ であり，$x(0) = 0$ で左向きに動いている．したがって，$x(\Delta t) = -1.00$ m を満たす最小の Δt は，$\cos(\omega\Delta t + \pi/2) = -\frac{1}{2}$ により，$\omega\Delta t + \pi/2 = 2\pi/3$．つまり $\omega\Delta t = \pi/6$ であり，

$$\Delta t = \frac{\pi\ \mathrm{rad}}{6\times(10.0\ \mathrm{rad/s})} = 0.052\ \mathrm{s}$$

別解：時間の基準点を選び直して，$x(0) = 0$ で右向きに動くとする．そうすると，質点の位置は $x = A\sin\omega t$，と表せる．最短の時間 Δt で質点が $x(\Delta t) = 1.00$ m にあるならば，$\sin\omega\Delta t = x(\Delta t)/A = \frac{1}{2}$．したがって，$\omega\Delta t = \pi/6$．つまり，

$$\Delta t = \frac{\pi\ \mathrm{rad}}{6\times(10.0\ \mathrm{rad/s})} = 0.052\ \mathrm{s}$$

(d) 周期は $T = 2\pi/\omega = 2\pi/(10.0\ \mathrm{rad/s}) = \pi/5$ s．単振子の長さを L，下端の質点の質量を m とすると，運動方程式は $mL\,d^2\theta/dt^2 = -mg\sin\theta \approx -mg\,\theta$．つまり，$d^2\theta/dt^2 = -(g/L)\theta$．したがって，角振動数は $\omega = \sqrt{g/L}$，周期は $T = 2\pi/\omega = 2\pi\sqrt{L/g}$．これが $\pi/5$ s であるためには，$2\pi\sqrt{L/g} = \pi/5$ より，$L = g/100 = 9.80 \times 10^{-2}$ m $= 9.80$ cm．

11·33 (a) 棒の慣性モーメントは $I = \frac{1}{3}ml^2$ である．質量中心は棒の中央にあるから，棒の上端の回転軸のまわりのトルクは mgd．ただし，$d = l/2$．棒の振れ角 θ に関する運動方程式は，$I\,d^2\theta/dt^2 = -mgd\sin\theta \approx -mgd\theta$．したがって，角振動数は $\omega = \sqrt{mgd/I}$，周期は，

$$T = 2\pi\sqrt{\frac{I}{mgd}} = 2\pi\sqrt{\frac{(1/3)ml^2}{mgl/2}}$$
$$= 2\pi\sqrt{\frac{2l}{3g}}$$

$t = (T/2)$ のうちに進む距離は，振幅を θ_{max} とすると，$2l\sin\theta_{max}$，したがって，進む速さは，

$$\frac{d}{t} = \frac{2l\sin\theta_{max}}{\pi\sqrt{2l/3g}} = \frac{\sqrt{2l3g}\sin\theta_{max}}{\pi} = \frac{\sqrt{6gl}\sin\theta_{max}}{\pi}$$

(b) 経験式を用いて，

$$\frac{\sqrt{6gl\cos(\theta_{max}/2)}\ \sin\theta_{max}}{\pi}$$
$$= \frac{\sqrt{6(9.80\ \mathrm{m/s^2})(0.850\ \mathrm{m})\cos 14.0°}\ \sin 28.0°}{\pi}$$
$$= 1.04\ \mathrm{m/s}$$

(c) 速さが2倍になるには，$\sqrt{l}$ が2倍になればよい．つまり，脚の長さが4倍になればよく，長さは 4×0.850 m $= 3.40$ m．

11·34 原子間の結合力はばねやゴムの復元力とは本質が異なるが，つり合いの位置のまわりの微小変位の振動はばねなどと同様に単振動とみなせる．重水素原子は陽子1個，中性子1個および電子1個でつくられ，水素原子は陽子1個と電子1個でつくられる．陽子と中性子の質量は3桁の精度では等しく，電子の質量は陽子の1/1000程度にすぎない．そこで，重水素原子の質量を M，水素原子の質量を m として $M = 2m$ とみなしてよい．ばねの単振動とみなしたときのばね定数を k とする．分子は孤立系だから運動量とエネルギーは保存され，質量中心を，静止した座標系の原点とすることができる．また，質量中心から見た2個の原子の運動は対称的である．つり合いの位置における2原子間の距離を x とすると，1個の原子の原点からの距離は $x/2$，それに働く力は $-kx$ だから，運動方程式は $M\dfrac{d^2(x/2)}{dt^2} = -kx$．つまり，$M\,d^2x/dt^2 = -2kx$．重水素分子の単振動の角振動数は $\omega_D = \sqrt{2k/M}$．水素分子では $\omega_H = \sqrt{2k/m}$．$\omega_D/\omega_H = \sqrt{1/2}$ である．したがって，$\omega_D = \omega_H\sqrt{1/2} = (1.30 \times 10^{14}\ \mathrm{Hz})/\sqrt{2} = 0.919 \times 10^{14}$ Hz．

11·35 板の向きの振動だから，板を質点ではなく慣性

モーメントをもつ物体として考察しなければならない．厚板を長さ $l = 2.00$ m，質量 $m = 5.00$ kg の細長い一様な棒とみなすと，その慣性モーメントは $I = \frac{1}{3}ml^2$（I 巻，表 9·2 参照）．角加速度は $\alpha = \mathrm{d}^2\theta/\mathrm{d}t^2$．板に働くトルクは，板の質量中心に働く重力による $-mg(l/2)$ と ばね による $-kl^2 \sin\theta \approx -kl^2\theta$ の和である（$\theta \ll 1$ の近似）．運動方程式は $I\alpha = -mg(l/2) - kl^2\theta$．つまり $\frac{1}{3}ml^2\,\mathrm{d}^2\theta/\mathrm{d}t^2 = -kl\left(l\theta + \frac{mg}{2k}\right)$．$l\left(l\theta + \frac{mg}{2k}\right) = x$ とおくと，$\frac{1}{3}m\frac{\mathrm{d}^2x}{\mathrm{d}t^2} = -kx$．角振動数は $\omega = \sqrt{3k/m} = \sqrt{3 \times (100\ \mathrm{N/m})/5.00\ \mathrm{kg}} = 7.75$ rad/s.

11·36 (a) つり合いの位置からの物体の変位を x とする．ばね定数 k_1 のばねの伸びを x_1，ばね定数 k_2 のばねの伸びを x_2 とすると，力のつり合いの条件は $x = x_1 + x_2$，$k_1x_1 = k_2x_2 = kx$．これらより $k = k_1k_2/(k_1 + k_2)$ が得られる．物体の運動方程式は $m\,\mathrm{d}^2x/\mathrm{d}t^2 = -\frac{k_1k_2}{(k_1 + k_2)}x$ となり，単振動の周期は，

$$T = 2\pi\sqrt{\frac{m(k_1 + k_2)}{k_1k_2}}$$

(b) つり合いの位置からの物体の変位を x とする．復元力は $-(k_1x + k_2x)$．物体の運動方程式は $m\,\mathrm{d}^2x/\mathrm{d}t^2 = -(k_1 + k_2)x$ となり，単振動の周期は，

$$T = 2\pi\sqrt{\frac{m}{k_1 + k_2}}$$

11·37 a) 棒の上端の張力は，その下にある全物体に働く重力とつり合う．つまり，$2Mg$.

(b) P 点における棒の張力は，その下にある全物体に働く重力とつり合う．つまり，

$$Mg + \frac{y}{L}Mg = Mg\left(1 + \frac{y}{L}\right)$$

(c) 回転軸のまわりの慣性モーメントは，ボールによる慣性モーメントと棒の慣性モーメント（I 巻，表 9·2 参照）の和であり，$I = ML^2 + \frac{1}{3}ML^2 = \frac{4}{3}ML^2$．傾き角を θ（$\ll 1$）とすると，トルクは $-\left(MgL\sin\theta + Mg\frac{L}{2}\sin\theta\right) \approx -\frac{3}{2}MgL\theta$．運動方程式は $I\,\mathrm{d}^2\theta/\mathrm{d}t^2 = -\frac{3}{2}MgL\theta$．つまり $\frac{4}{3}ML^2\frac{\mathrm{d}^2\theta}{\mathrm{d}t^2} = -\frac{3}{2}MgL\theta$ となり，$\frac{4}{3}L\frac{\mathrm{d}^2\theta}{\mathrm{d}t^2} = -\frac{3}{2}g\theta$.

単振動の周期は，

$$T = 2\pi\sqrt{\frac{8}{9}\frac{L}{g}} = \frac{4\pi}{3}\sqrt{\frac{2L}{g}}$$

(d)
$$T = \frac{4\pi}{3}\sqrt{\frac{2(2.00\ \mathrm{m})}{9.80\ \mathrm{m/s^2}}} = 2.68\ \mathrm{s}$$

11·38 (a) 最大の伸びを $x_{\max}$ とすると，ばねの復元力 $kx_{\max}$ が最大静止摩擦力 $\mu_{静}mg$ に等しくなると物体は滑る．$kx_{\max} = \mu_{静}mg$ より，$x_{\max} = \mu_{静}mg/k$.

(b) (a)で求めた位置に達すると，物体は滑って左向きに動く．動いているときに物体に働く力は $F = -kx + \mu_{動}mg = -k(x - \mu_{動}mg/k)$．この力は，$x - \mu_{動}mg/k = 0$ をつり合いの位置とするばね振動子の復元力に相当するから，物体は，$x = \mu_{動}mg/k$ を中心として振動すると考えられる．

(c) $x = x_{\max}$ からの戻り（左向き）の運動は(b)で求めた位置を中心とする単振動である．最も左に達して右向きに動き始め（板に対しては，物体はなお左向きに動き続けているから，動摩擦力の向きも右向きのままであることに注意.），右向きの速さが板の速さ v に等しくなると物体は板に対して静止し，板と同じ速さで右向きに動く．

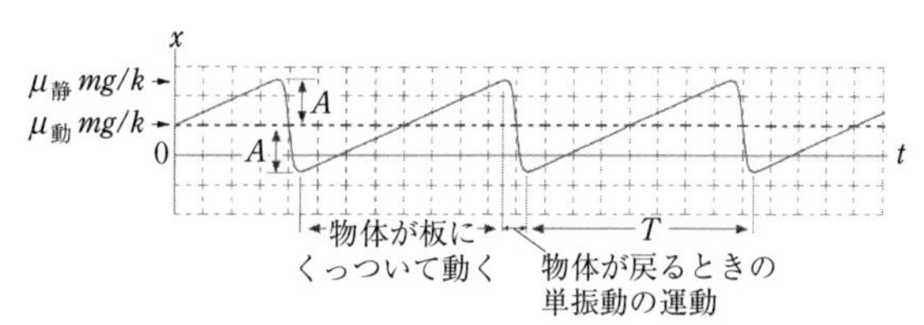

(d) 図に示すように，右向きの最大変位が $\mu_{静}mg/k$，単振動の中心が $\mu_{動}mg/k$ だから，振幅 $A = \mu_{静}mg/k - \mu_{動}mg/k = (\mu_{静} - \mu_{動})mg/k$.

11·39 (a) ゴムひもが，変位によって元のゴムひもの直線となす角を θ とする．$\tan\theta = y/L$ である．復元力は $-2T\sin\theta \approx -2T\tan\theta = -2Ty/L$．（$\theta \ll 1$）

(b) 小球の運動方程式は，$m\,\mathrm{d}^2y/\mathrm{d}t^2 = -2Ty/L$．これは単振動を表し，角振動数は $\omega = \sqrt{2T/mL}$.

11·40 この系の支点に関する慣性モーメントは $I = ML^2$ である．この系に働くトルクを τ とする．（角 θ は時計回りに定義しているから，トルクも時計回りを正とする）．角加速度は $\mathrm{d}^2\theta/\mathrm{d}t^2$ であり，振り子の運動方程式は $I\,\mathrm{d}^2\theta/\mathrm{d}t^2 = \tau$．$\theta \ll 1$ を考慮して，振り子の物体によるトルクは $-MgL\theta$．ばねの伸びは $h\theta$ だからばねが振り子の棒に加える力は $kh\theta$ であり，これによるトルクは $kh^2\theta$．したがって，全トルクは $\tau = -MgL\theta + kh^2\theta$ となり，系の運動方程式は $I\,\mathrm{d}^2\theta/\mathrm{d}t^2 = -(MgL + kh^2)\theta$．これは単振動の運動方程式であり，振動数は，

$$f = \frac{1}{2\pi}\sqrt{\frac{MgL + kh^2}{I}}$$

$I = ML^2$ を代入して，$f = \frac{1}{2\pi L}\sqrt{gL + \frac{kh^2}{M}}$

11·41 質量 m の質点の単振動に減衰が加わるとき，運動方程式は $m\,\mathrm{d}^2x/\mathrm{d}t^2 = -kx - b\,\mathrm{d}x/\mathrm{d}t$，その解は $b < \sqrt{4mk}$ ならば $x = A\exp\left[-\left(\frac{b}{2m}\right)t\right]\cos(\omega t + \phi)$ と書ける．

いまの場合，$\sqrt{4mk} = \sqrt{4 \times (0.375\ \mathrm{kg}) \times (100\ \mathrm{N/m})} = 12.2$ N·s/m であり，$b = 0.100$ N·s/m はこれより十分小さいから，この解を使うことができる．

(a) $\exp\left[-\left(\frac{b}{2m}\right)t\right] = 1/2$ より，$t = 2m\ln\frac{2}{b}$．数値を代入

して，

$$t = 2 \times (0.375\,\mathrm{kg}) \times \ln\left[\frac{2}{(0.100\,\mathrm{N\cdot s/m})}\right] = 5.20\,\mathrm{s}$$

(b) 単振動子の力学的エネルギーは，振幅の2乗に比例する．(たとえば，最大変位の位置では運動エネルギーが0で，位置エネルギーはそのときの変位，つまり振幅の2乗に比例する．) したがって，力学的エネルギーが1/2になるときは，振幅が$1/\sqrt{2}$になるときである．$\exp\left[-\left(\frac{b}{2m}\right)t\right] = 1/\sqrt{2}$より，$t = 2m\ln\frac{\sqrt{2}}{b} = m\ln\frac{2}{b}$．明らかに，これは(a)の1/2の時間，つまり2.60 s．

(c) 振幅は時間とともに$\exp\left[-\left(\frac{b}{2m}\right)t_1\right]$のように減衰する．力学的エネルギーはその2乗すなわち$\exp\left[-\left(\frac{b}{m}\right)t_2\right]$に比例する．したがって，この指数関数が同じ値をとる時間の関係は$t_1 = t_2/2$．つまり，振幅がある割合まで落ちる時間は，力学的エネルギーがその割合まで落ちる時間の1/2である．

11·42 (a) 2物体が接触したままつり合いの位置に達したとき，ばね は物体に左向きの力を加え始めるから，質量m_1の物体は減速され，質量m_2の物体はそれから離れて一定の速さで右向きに動く．力学的エネルギー保存則により初期の全エネルギーは ばね のポテンシャルエネルギー$\frac{1}{2}kA^2$であり，2物体が ばね のつり合いの位置に来たときの速さをvとすると，全エネルギーは運動エネルギー$\frac{1}{2}(m_1 + m_2)v^2$である．したがって，$\frac{1}{2}kA^2 = \frac{1}{2}(m_1 + m_2)v^2$より，

$$v = A\sqrt{\frac{k}{m_1 + m_2}}$$

$$= 0.200\,\mathrm{m}\sqrt{\frac{100\,\mathrm{N/m}}{9.00\,\mathrm{kg} + 7.00\,\mathrm{kg}}} = 0.5\,\mathrm{m/s}$$

(b) 2物体が離れた後は，ばね に付いた質量m_1の物体が単振動をする．運動方程式は$m_1\,\mathrm{d}^2x/\mathrm{d}t^2 = -kx$であり，単振動の周期は$T = 2\pi\sqrt{m_1/k}$．2物体が離れた瞬間の速さは$v$，力学的エネルギーは運動エネルギーだけであり，$\frac{1}{2}m_1v^2$．ばね が最初に最も伸びたときの質量$m_1$の物体の位置を$x_1$とすると，力学的エネルギー保存則により，$\frac{1}{2}m_1v^2 = \frac{1}{2}kx_1^2$．つまり$x_1 = v\sqrt{m_1/k}$．2物体が離れてから ばね が最初に最も伸びるまでの時間は$t = T/4 = (\pi/2)\sqrt{m_1/k}$．この時間の間に質量$m_2$の物体は，右に$x_2 = vt = (\pi/2)v\sqrt{m_1/k}$の位置にある．したがって，2物体間の距離は，

$$D = x_2 - x_1 = (\pi/2)v\sqrt{m_1/k} - v\sqrt{m_1/k}$$

$$= \left(\frac{\pi - 2}{2}\right)v\sqrt{m_1/k}$$

$$= \frac{\pi - 2}{2} \times (0.5\,\mathrm{m/s}) \times \sqrt{\frac{9.00\,\mathrm{kg}}{100\,\mathrm{N/m}}}$$

$$= 0.0856\,\mathrm{m} = 8.56\,\mathrm{cm}$$

11·43 質量mの荷物を送るものとする．競争相手の会社の最速の方法は，真空のトンネルの中で荷物を人工衛星と同様に，トンネルの壁に触れずに地球を周回させることである．そのための条件は，荷物が地球を周回する円運動の向心力が荷物に働く重力に等しいことである．荷物の速さをv，地球の質量を$M_{地球}$，半径を$R_{地球}$，万有引力定数をGとすると，$GmM_{地球}/R_{地球}{}^2 = mv^2/R_{地球}$．したがって，$v = \sqrt{GM_{地球}/R_{地球}}$．地球を半周する時間$T_{競争}$は，$T_{競争} = \pi R_{地球}/v = \pi\sqrt{R_{地球}{}^3/(GM_{地球})}$．

さて，地球を貫通するトンネルに荷物を落とし込むと，地球の中心からの距離rの位置において荷物に働く重力は$F = Gm(4\pi/3)r^3\rho/r^2 = Gm(4\pi/3)\rho r$，ただし，

$\rho = \dfrac{M_{地球}}{\frac{4\pi}{3}R_{地球}{}^3}$ は地球の密度.これはばね定数を$Gm(4\pi/3)\rho$とする単振動の復元力と同じ形だから，荷物が地球の反対側に達する時間$T_{自社}$は，単振動の周期の1/2．つまり，

$$T_{自社} = \pi\sqrt{\frac{m}{Gm\frac{4\pi}{3}\rho}} = \pi\sqrt{\frac{R_{地球}{}^3}{GM_{地球}}}$$

これは$T_{競争}$に等しい．したがって，自社が競争相手の会社より速く，荷物を地球の反対側に送れるはずはない．

11·44 (a) ばねの長さ$\mathrm{d}x$の部分の運動エネルギーは

$$\mathrm{d}K = \tfrac{1}{2}v_x{}^2\,\mathrm{d}m = \tfrac{1}{2}\frac{x}{l}2v^2\frac{m}{l}\,\mathrm{d}x$$

したがって，全運動エネルギーは，

$$K = \tfrac{1}{2}Mv^2 + \tfrac{1}{2}\int_0^1\left(\frac{x^2v^2}{l^2}\right)\frac{m}{l}\,\mathrm{d}x$$

$$= \tfrac{1}{2}\left(M + \frac{m}{3}\right)v^2$$

(b) (a)を参照すると，物体と ばね を合わせた振動系の実効的質量は$M + (m/3)$と考えられる．したがって，振動の周期は，

$$2\pi\sqrt{\frac{M + \frac{m}{3}}{k}}$$

解答：II．電磁気学

1章　電気力と電場

1･1 (a)　$N=$(銀 10 g のモル数)×(1モルあたりの原子数)×(1原子あたりの電子数)

$$=\left(\frac{10.0\,\mathrm{g}}{107.87\,\mathrm{g/mol}}\right)\left(6.02\times10^{23}\,\mathrm{mol^{-1}}\right)\times47$$
$$=2.62\times10^{24}$$

(b) 加えた電子の個数は，$Q/\mathrm{e}=1.00\times10^{-3}\,\mathrm{C}/(1.60\times10^{-19}\,\mathrm{C}/$電子$)=6.25\times10^{15}$ 個．もともとあった電子の個数は(a)により 2.62×10^{24}．したがって，加えた電子の個数は元の電子 10^9 個当たり $(6.25\times10^{15}/2.62\times10^{24})\times10^9=2.38$ 個．

1･2 人の質量を 70 kg とする．身体を構成する要素は，陽子およびそれとほぼ同数の中性子と電子である．陽子と中性子の質量はほぼ等しく 1.7×10^{-27} kg である．電子の質量はそれらより 3 桁小さい．したがって，身体の中にある陽子の個数は $\frac{1}{2}\times(70\,\mathrm{kg}/1.7\times10^{-27}\,\mathrm{kg})=2.1\times10^{28}$ 個．その 1％は 2.1×10^{26} 個となる．この個数の電子集団の電気量は $2.1\times10^{26}\times1.6\times10^{-19}\,\mathrm{C}=3.4\times10^7\,\mathrm{C}$．2人の距離を 0.5 m とすると，斥力の大きさは $k_eQ^2/r^2=8.99\times10^9\,\mathrm{N/m^2}\times(3.4\times10^7\,\mathrm{C})^2/(0.5\,\mathrm{m})^2=4.2\times10^{25}\,\mathrm{N}$．地球の質量は 6×10^{24} kg だから，地球の“重量”は $Mg=6\times10^{24}\,\mathrm{kg}\times9.8\,\mathrm{m/s^2}=6\times10^{25}\,\mathrm{N}$．確かに，クーロン斥力の大きさは地球の“重量”に匹敵する．

1･3 陽子の電気量は素電荷に等しく $q=1.60\times10^{-19}$ C であり，2個の陽子間の距離は $r=2.00\times10^{-15}$ m．2個の陽子間の電気的斥力の大きさは $F=k_eq^2/R$．つまり，

$$F=(8.99\times10^9\,\mathrm{N\cdot m/C^2})\left(\frac{1.60\times10^{-19}\,\mathrm{C}}{2\times10^{-15}\,\mathrm{m}}\right)^2=57.5\,\mathrm{N}$$

1･4 (a) 距離 $r=0.300$ m だけ隔てて置いた2個の電荷 $q_1=12.0$ nC，$q_2=-18.0$ nC の符号は異符号だから，その間にはクーロン引力が働く．その大きさは，

$$F=\frac{k_e\,q_1\,q_2}{r^2}$$
$$=(8.99\times10^9\,\mathrm{N\cdot m^2/C^2})\,\frac{(12.0\times10^{-9}\,\mathrm{C})(18.0\times10^{-9}\,\mathrm{C})}{(0.300\,\mathrm{m})^2}$$
$$=2.16\times10^{-5}\,\mathrm{N}$$

(b) 導線でつなぐと，この系の全電荷は $q_1+q_2=12.0\,\mathrm{nC}-18.0\,\mathrm{nC}=-6.0\,\mathrm{nC}$ となる．2個の球は同等だから，それぞれの球は同符号で -3.0 nC の電荷をもつ．その間にはクーロン斥力が働き，力の大きさは，

$$F=\frac{k_e\,q_1\,q_2}{r^2}$$
$$=(8.99\times10^9\,\mathrm{N\cdot m^2/C^2})\,\frac{(3.00\times10^{-9}\,\mathrm{C})(3.00\times10^{-9}\,\mathrm{C})}{(0.300\,\mathrm{m})^2}$$
$$=8.99\times10^{-7}\,\mathrm{N}$$

1･5 これらの粒子が同じ質量 $m=1.00\,\mu\mathrm{g}$ と電荷 q をもち，その間の距離が r であるなら，粒子間に働く万有引力の大きさは，万有引力定数を G として，Gm^2/r^2．粒子間に働くクーロン斥力の大きさは，クーロン定数を k_e として，k_eq^2/r^2．これら2つの力の大きさが等しいとすると，$q=m\sqrt{G/k_e}$．つまり，

$$q=\sqrt{\frac{6.673\times10^{-11}\,\mathrm{N\cdot m^2/kg^2}}{8.9876\times10^9\,\mathrm{N\cdot m^2/C^2}}}\,(1.00\times10^{-9}\,\mathrm{kg})$$
$$=8.61\times10^{-20}\,\mathrm{C}$$

これは素電荷 1.6×10^{-19} C より小さい．電気量は素電荷の整数倍に限られるから，このような微小な電荷はありえない．

1･6 (a) 第三のビーズの電気量を Q とする．これに働く電気力は，クーロン定数を k_e として，

$$\vec{F}=\frac{k_eq_1Q}{x^2}\,\hat{i}+\frac{k_eq_2Q}{(d-x)^2}\,(-\hat{i})$$

これが 0 となる条件は，$\dfrac{q_1}{x^2}=\dfrac{q_2}{(d-x)^2}$　$d>x$ だから，

$$d-x=x\sqrt{\frac{q_2}{q_1}}\;\rightarrow\;d=x+x\frac{\sqrt{q_2}}{\sqrt{q_1}}=x\left(\frac{\sqrt{q_1}+\sqrt{q_2}}{\sqrt{q_1}}\right)$$
$$\rightarrow\;x=\frac{\sqrt{q_1}}{\sqrt{q_1}+\sqrt{q_2}}\,d$$

(b) Q が q_1,q_2 と同符号なら，つり合いは安定，異符号なら不安定である．そのことは合力 $\vec{F}$ を調べればわかる．同符号の場合，(a) で求めたつり合いの位置より小さい領域では $\vec{F}$ は x 軸の右向き，大きい領域では左向きだから，つり合いの位置からはずれるとそれを戻す向きに力が働く．これは安定なつり合いを意味する．異符号の場合はその逆であり，つり合いからはずれると，そのはずれを増す向きに力が働くから不安定なつり合いである．

1･7 $q_2=2.00\,\mu\mathrm{C}$ の電荷から $q_1=7.00\,\mu\mathrm{C}$ の電荷に向かう位置ベクトルを $\vec{r}$ とすると，q_2 が q_1 に及ぼす力 $\vec{F}_1$ は斥力であり，

$$\vec{F}_1=k_e\frac{q_1q_2}{r^2}\,\hat{r}$$
$$=\frac{(8.99\times10^9\,\mathrm{N\cdot m^2/C^2})(7.00\times10^{-6}\,\mathrm{C})(2.00\times10^{-6}\,\mathrm{C})}{(0.500\,\mathrm{m})^2}\times(\cos60^\circ\,\hat{i}+\sin60^\circ\,\hat{j})$$
$$\vec{F}_1=(0.252\,\hat{i}+0.436\,\hat{j})\,\mathrm{N}$$

$q_3=-4.00\,\mu\mathrm{C}$ の電荷から $q_1=7.00\,\mu\mathrm{C}$ の電荷に向かう位置ベクトルを $\vec{r}$ とすると，q_3 が q_1 に及ぼす力 $\vec{F}_2$ は引力であり，

$$\vec{F}_2 = k_e \frac{q_1 q_2}{r^2}\hat{r}$$

$$= -\frac{(8.99\times10^9\ \mathrm{N\cdot m^2/C^2})(7.00\times10^{-6}\ \mathrm{C})(-4.00\times10^{-6}\ \mathrm{C})}{(0.500\ \mathrm{m})^2} \times(\cos 60°\,\hat{i}-\sin 60°\,\hat{j})$$

$\vec{F}_2 = (0.503\hat{i} - 0.872\hat{j})\,\mathrm{N}$

$\vec{F}_1$ と $\vec{F}_2$ を図に示す．

その合力は，

$$\vec{F} = \vec{F}_1 + \vec{F}_2 = (0.755\hat{i} - 0.436\hat{j})\,\mathrm{N}$$

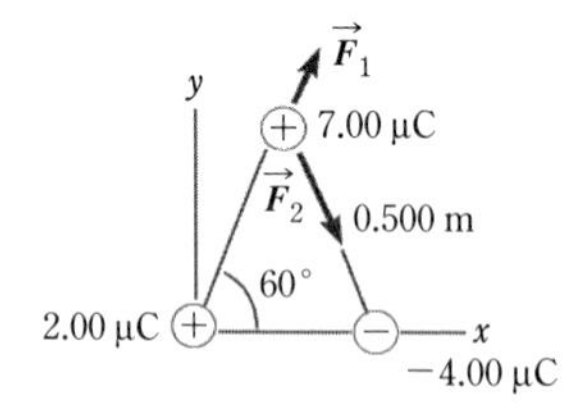

x 軸の正の方向から測ったこの合力ベクトルの角度は，$\tan\theta = -0.436/0.755$．つまり $\theta = -30°$ または $330°$

1·8 電子の質量を m，クーロン定数を k_e とする．軌道の半径は $r = 5.29\times10^{-11}$ m である．

(a) 電気力は，

$$F = \frac{k_e e^2}{r^2} = (8.99\times10^9\ \mathrm{N\cdot m^2/C^2})\frac{(1.60\times10^{-19}\ \mathrm{C})^2}{(0.529\times10^{-10}\ \mathrm{m})^2} = 8.22\times10^{-8}\ \mathrm{N}$$

(b) 電子の速さを v とする．向心力は mv^2/r である．したがって，

$$v = \sqrt{\frac{Fr}{m}} = \sqrt{\frac{(8.22\times10^{-8}\ \mathrm{N})(0.529\times10^{-10}\ \mathrm{m})}{9.11\times10^{-31}\ \mathrm{kg}}} = 2.19\times10^6\ \mathrm{m/s}$$

1·9 A と B の電荷の電気量をそれぞれ q_A, q_B とする．電荷の間の最初の距離は $r_1 = 1.37\times10^{-2}$ m，後者の場合の距離は $r_2 = 1.77\times10^{-2}$ m である．最初の力のベクトルは右向きで，その大きさは $F_1 = k_e|q_A q_B|/r_1^2$，$F_1 = 2.62\ \mu\mathrm{N}$ である．後者の場合の力のベクトルの大きさは $F_2 = k_e|q_A q_B|/r_2^2$，その大きさは $F_2 = F_1 r_1^2/r_2^2$，つまり $F_2 = (2.62\ \mu\mathrm{N})(1.37\times10^{-2}\ \mathrm{m})^2/(1.77\times10^{-2}\ \mathrm{m})^2 = 1.57\ \mu\mathrm{N}$．電荷の間の距離を変化させても，それぞれの電荷の符号は変化しないから，力の向きは元と変わらない．したがって，B が A に及ぼす力は A が B に及ぼす力の逆向きであり，$\vec{F}_2$ は左向き．

1·10 求めるばね定数を k とし，分子の縮みの大きさを x とする．分子の長さは $r = 2.17\ \mu\mathrm{m}$ である．クーロン定数を k_e として，ばねの復元力が電気力につり合う条件より，

$$kx = k_e\frac{e^2}{r^2} \rightarrow k = k_e\frac{e^2}{xr^2} = k_e\frac{e^2}{(0.0100\,r)r^2} = k_e\frac{e^2}{(0.0100)r^3}$$

$$k = (8.99\times10^9\ \mathrm{N\cdot m^2/C^2})\frac{(1.60\times10^{-19}\ \mathrm{C})^2}{(0.0100)(2.17\times10^{-6}\ \mathrm{m})^3} = 2.25\times10^{-9}\ \mathrm{N/m}$$

1·11 電荷は x 軸上にあるから，原点における電場は x 成分だけをもつ．第一の電荷は x 軸の負の領域にあるから，それが原点につくる電場は x 軸の正の向きで $\vec{E}_1 = k_e Q/a^2\,\hat{i}$．第二の電荷の電気量を q（符号も大きさも未知）とすると，これは x 軸の正の領域にあるから，原点につくる電場は $q>0$ なら x 軸の負の向き，$q<0$ なら x 軸の正の向きであり，$\vec{E}_2 = -k_e q/(3a)^2\,\hat{i}$．2つの電荷が原点につくる全電場は，

$$E = \vec{E}_1 + \vec{E}_2 = \frac{k_e}{a^2}\left(Q - \frac{q}{9}\right)\hat{i}$$

この電場の大きさは $\dfrac{k_e}{a^2}\left|Q-\dfrac{q}{9}\right|$ であるが，これが $2k_eQ/a^2$ に等しいことになる．(i) $Q > (q/9)$ のとき，$Q - (q/9) = 2Q$ より $q = -9Q$．全電場の向きは $+x$ 軸の方向．(ii) $Q < (q/9)$ のとき，$-Q + (q/9) = 2Q$ より $q = 27Q$．全電場の向きは $-x$ 軸の方向．

1·12 問題の対称性から，輪の軸上の電場は軸方向を向くことがわかる．輪の半径 $a = 0.100$ m，全電気量 $Q = 7.5\times10^{-5}$ C であり，輪の円周に沿う電荷密度は $\lambda = Q/2\pi a$．輪の軸上で輪の中心からの距離を z とする．電場の大きさは，輪の円周に沿う微小区間 $\lambda\,\mathrm{d}l$ による電場の z 成分を円周に沿って積分すれば求められる．

$$E = k_e\oint\frac{\lambda}{z^2+a^2}\frac{z}{\sqrt{z^2+a^2}}\,\mathrm{d}l$$

$$= k_e\lambda\frac{z}{(z^2+a^2)^{3/2}}\oint\mathrm{d}l$$

$$= 2\pi a k_e\lambda\frac{z}{(z^2+a^2)^{3/2}} = k_eQ\frac{z}{(z^2+a^2)^{3/2}}$$

$$= (8.99\times10^9\ \mathrm{N\cdot m^2/C^2})(7.5\times10^{-5}\ \mathrm{C}) \times\frac{z}{(z^2+0.0100\ \mathrm{m^2})^{3/2}}$$

(a) 6.64×10^6 N/C，(b) 6.64×10^5 N/C．いずれも，電場ベクトルは輪の軸に平行．

1·13 左側の電荷の電気量は $q_1 = -2.50\ \mu\mathrm{C}$，右側の電荷の電気量は $q_2 = 6.00\ \mu\mathrm{C}$ である．q_1 による電場 E_1 のベクトルは q_1 に向かう向きであり，q_2 による電場 E_2 のベクトルは q_2 から出ていく向きである．したがって，2個の電荷を結ぶ直線上以外では，E_1 と E_2 のベクトルがはさむ角は $0, 180°$ 以外であり，これらの合成ベクトルが 0 になることはない．

次に，直線上での電場を考える．直線を x 軸とし，2個の電荷の中点を原点とする．位置 x における電場 E_1 は $q_1 < 0$ だから，$x < -0.5$ なら $E_1 > 0$，$x > -0.5$ なら $E_1 < 0$ であり，その大きさは $E_1 = k_e|q_1|/(x+0.5)^2$．その位置における電場 E_2 は $q_2 < 0$ だから，$x < 0.5$ なら $E_2 < 0$，$x > 0.5$ なら $E_2 > 0$ であり，その大きさは $E_2 = k_e|q_2|/(x-0.5)^2$．

E_1, E_2 の符号を考えると，全電場が 0 になりうるのは $x < -0.5$ と $x > 0.5$ に限り，その領域で E_1 と E_2 の大きさが等しくなる点で全電場は 0 である．つまり，$k_e|q_1|/$

$(x+0.5)^2 = k_e|q_2|/(x-0.5)^2$ により，$|q_1|(x-0.5)^2 = |q_2|(x+0.5)^2$．$q_1, q_2$ に数値を代入して $3.50x^2+8.50x+0.875=0$．つまり $x=-2.32$ または -0.107．後者は上で考察した x の範囲に適合しないから，$x=-2.32$，すなわち左側の負電荷の左 1.82 m の点．

1·14 (a) 問題の対称性により，P 点における電場は y 軸に平行である．なぜなら，x 軸の正の側に分布する電荷が P 点につくる電場の x 成分は負であり，x 軸の負の側に分布する電荷が P 点につくる電場の x 成分は正．それらの大きさは等しいはずだから．

長さ $\mathrm{d}x$ の部分の電荷の電気量は $\lambda\,\mathrm{d}x$ だから，それが P 点につくる電場の大きさは，$\mathrm{d}E = k_e\dfrac{\lambda\,\mathrm{d}x}{x^2+y^2}$．その y 成分は，$\mathrm{d}E_y = \mathrm{d}E\cos\theta$．ただし，$\cos\theta = \dfrac{y}{\sqrt{x^2+y^2}}$．したがって，

$$\mathrm{d}E_y = k_e\frac{\lambda\,\mathrm{d}x\cos\theta}{x^2+y^2} = k_e\frac{\lambda\,\mathrm{d}x\cos^3\theta}{y^2}$$

ここで，$x = y\tan\theta$ だから $\mathrm{d}x = y\sec^2\theta\,\mathrm{d}\theta$ という関係を用いて，$\mathrm{d}E_y = k_e\lambda\cos\theta\,\mathrm{d}\theta/y$．これを $\theta=-\theta_0$ から $+\theta_0$ まで積分して，

$$E_y = \int_{-\theta_0}^{+\theta_0}\cos\theta\,\mathrm{d}\theta = 2\frac{k_e\lambda}{y}\sin\theta_0$$

E は y 成分だけをもつから，これが電場の大きさである．

(b) 棒が無限に長い極限では，$\theta_0 = \pi/2$ だから，$E = 2k_e\lambda/y$．

1·15 $E = \dfrac{k_e q}{(x-a)^2} - \dfrac{k_e q}{[x-(-a)]^2} = \dfrac{k_e q(4ax)}{(x^2-a^2)^2}$

$x \gg a$ ならば，分母は $\approx x^4$．したがって，$E \approx \dfrac{4a(k_e q)}{x^3}$

1·16 図のように座標軸を定める．対称性により，電場の y 成分が 0 であることは明らか．電場の x 成分は左向きであり，

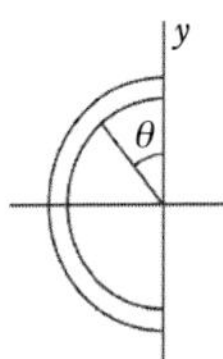

$$E_x = \int \mathrm{d}E\sin\theta = k_e\int\frac{\mathrm{d}q\sin\theta}{r^2}$$

ただし，全電荷 $q=-7.50\,\mu\mathrm{C}$ であり，棒の角度 θ の部分にある微小電荷 $\mathrm{d}q$ による電場を $\mathrm{d}E$ とした．棒の長さ $L=0.140$ m であり，棒の単位長さあたりの電気量(電荷密度)を $\lambda = q/L$，円周に沿う微小長さを $\mathrm{d}s$，円の半径を r とすると $\mathrm{d}q = \lambda\,\mathrm{d}s = \lambda r\,\mathrm{d}\theta$．したがって，

$$E_x = \frac{k_e\lambda}{r}\int_0^{\pi}\sin\theta\,\mathrm{d}\theta = \frac{k_e\lambda}{r}(-\cos\theta)\Big|_0^{\pi} = \frac{2k_e\lambda}{r}$$

$\lambda = q/L$，$r = L/\pi$ だから，

$$E_x = \frac{2k_e q\pi}{L^2} = \frac{-2(8.99\times10^9\,\mathrm{N\cdot m^2/C^2})(7.50\times10^{-6}\,\mathrm{C})\pi}{(0.140\,\mathrm{m})^2}$$

$E_x = -2.16\times10^7$ N/C

以上より，(a) 電場の大きさは 2.16×10^7 N/C，(b) 電場の向きは左向き．

1·17 棒の長さ $l=0.140$ m，全電気量 $q=-22.0\,\mu\mathrm{C}$，棒の中心から電場を求める点までの距離 $D=0.360$ m である．電荷密度は $\lambda = q/l$ である．棒の中心を原点とする x 軸を考える．位置 x にある微小区間 $\mathrm{d}x$ に含まれる電気量 $\mathrm{d}q = \lambda\,\mathrm{d}x$ である．

l = 14.0 cm
O
36.0 cm
x

(a) 求める電場の大きさは，

$$E = k_e\lambda\int_{-l/2}^{l/2}\frac{1}{(D-x)^2}\mathrm{d}x = k_e\lambda\left[\frac{1}{D-x}\right]_{-l/2}^{l/2}$$

$$= k_e\lambda\frac{l}{D^2-\left(\dfrac{l}{2}\right)^2} = \frac{k_e q}{D^2-\left(\dfrac{l}{2}\right)^2}$$

数値を代入して，

$$E = \frac{(8.99\times10^9\,\mathrm{N/m^2/C^2})(2.20\times10^{-5}\,\mathrm{C})}{(0.360\,\mathrm{m})^2-\left(\dfrac{0.140\,\mathrm{m}}{2}\right)^2}$$

$$= 1.59\times10^6\,\mathrm{N/C}$$

(b) 電荷の符号が負だから，電場の向きは，棒の中心に向う方向．

1·18 電場の大きさは，$|E| = \displaystyle\int\frac{k_e\,\mathrm{d}q}{x^2}$　ただし，$\mathrm{d}q = \lambda_0\,\mathrm{d}x$ である．これを x_0 から無限大まで積分して，

$$E = k_e\lambda_0\int_{x_0}^{\infty}\frac{\mathrm{d}x}{x^2} = k_e\lambda_0\left(-\frac{1}{x}\right)\Big|_{x_0}^{\infty} = \frac{k_e\lambda_0}{x_0}$$

電荷の符号は正だから，電場の向きは x 軸の負の方向．

1·19 対称性より，電場は x 軸に平行．円周に沿う微小区間にある電荷を Δq とすると，それがつくる電場の x 成分は $\Delta E_x = k_e\Delta q\dfrac{x}{(x^2+a^2)^{3/2}}$　これは円周上の微小区間の場所によらないから，それらの寄与を全部合わせて $E_x = k_e Q\dfrac{x}{(x^2+a^2)^{3/2}}$　これの最大値は，$\mathrm{d}E_x/\mathrm{d}x = 0$ より，$x = \dfrac{a}{\sqrt{2}}$ において $E = \dfrac{Q}{6\sqrt{3}\pi\varepsilon_0 a^2}$

1·20 $+2q$ の電荷が $+q$ の電荷の位置につくる電場の向きは右向きで，その大きさは $E_{x,2} = k_e 2q/a^2$．$+3q$ の電荷が $+q$ の電荷の位置につくる電場の

右向き成分は，$E_{x,3} = \dfrac{k_e 3q}{(\sqrt{2}a)^2}\times\dfrac{1}{\sqrt{2}}$

上向き成分は，$E_{y,3} = \dfrac{k_e 3q}{(\sqrt{2}a)^2}\times\dfrac{1}{\sqrt{2}}$

$+4q$ の電荷が $+q$ の電荷の位置につくる電場の右向き成分は 0．上向き成分は $E_{y,4} = k_e 4q/a^2$．これらを合成すればよい．$+q$ の電荷の位置における電場の

右向き成分は，$E_x = E_{x,2}+E_{x,3} = \dfrac{k_e q}{a^2}\dfrac{8+3\sqrt{2}}{4}$

上向き成分は，　$E_y = E_{y,3} + E_{y,4} = \dfrac{k_e q}{a^2}\,\dfrac{16+3\sqrt{2}}{4}$

(b) 合力の x 成分は qE_x，y 成分は qE_y．大きさは，

$$q\sqrt{E_x{}^2 + E_y{}^2} = \frac{k_e q}{a^2}\,\frac{\sqrt{89+36\sqrt{2}}}{2}$$

1·21 (a) 図(a)のように描ける．次のように考えればよい．1個の点電荷のごく近傍では，その電荷による電場が強いから支配的となり，あたかも他の電荷がないかのように，電荷から球対称で放射状の電気力線を描ける．また，この三角形から十分遠方では，3つの電荷の位置が違っていることの効果はごく小さく，三角形の中心に全電荷 $3q$ があるかのように，球対称で放射状の電気力線を描ける．三角形の辺の中点では，辺の両側の電荷による電場は打ち消しあい，辺に向かい合う電荷による電場だけがある．

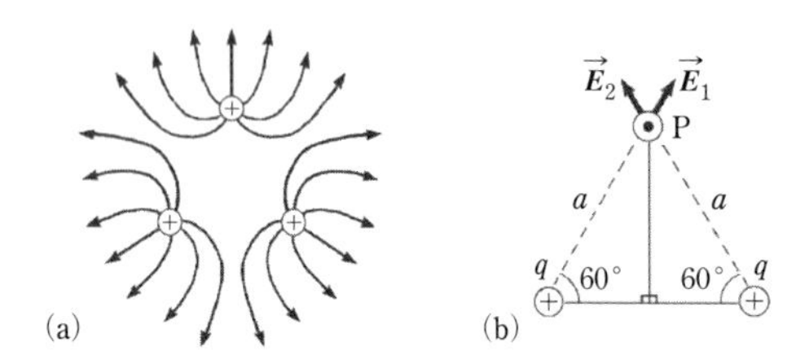

(b) 三角形の中心の点．3個の電荷による電場が完全に打ち消しあうから．

(c) 底辺の1個の電荷がつくる電場の大きさは $E_1 = k_e q/a^2$．向きは，その電荷からP点に向かう方向．したがって，底辺の2個の電荷による電場を合成して，P点における電場の大きさは $E = 2E_1 \sin 60° = \sqrt{3}\,k_e q/a^2$，その向きは底辺に直交する方向で上向き．

1·22

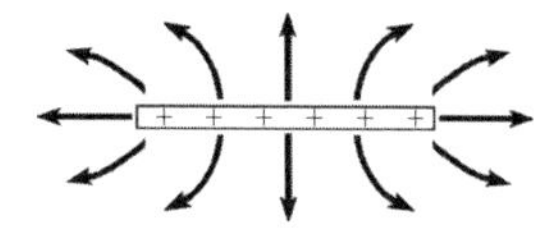

1·23 q_1 に向かう向きの電気力線の本数は6本，q_2 から外向きの電気力線の本数は18本．電気力線の描き方の規約によれば，正電荷からは外向き，負電荷には内向きに描き，その本数はその電荷の電気量に比例する．したがって，(a) $q_1/q_2 = -6/18 = -1/3$　(b) $q_1 < 0$，$q_2 > 0$．

もし，電気量の比が無理数(整数比でない)なら，両方の電荷の電気力線の本数を整数で表すことはできない．つまり描画はあくまで参考情報と考えるべきである．

1·24 陽子の質量は $m = 1.67 \times 10^{-27}$ kg，電荷の電気量は $q = e = 1.60 \times 10^{-19}$ C である．

(a) 陽子は電場による力 $\vec{F}$ を受けて加速度 $\vec{a}$ の運動をする．つまり $\vec{a} = e\vec{E}/m$．電荷が正で電場は x 軸の負の方向だから，加速度の向きは x 軸の負の方向．その大きさは，

$$|a| = \frac{qE}{m} = \frac{(1.602 \times 10^{-19}\,\mathrm{C})(6.00 \times 10^5\,\mathrm{N/C})}{1.67 \times 10^{-27}\,\mathrm{kg}}$$
$$= 5.76 \times 10^{13}\,\mathrm{m/s^2}$$

(b) 一定の加速度を受ける質点の運動と考えられる．時刻 $t=0$ の初期の速度を $\vec{v}_i$，時刻 t における速度を $\vec{v}_f$ とする．$\vec{v}_f = \vec{v}_i + \vec{a}t$．また，その間の変位 $\vec{d} = \vec{v}_i t + \frac{1}{2}\vec{a}t^2$．速度ベクトル，加速度ベクトル，変位ベクトルはすべて電場に平行だから，これらのベクトルは1成分しかもたない．したがって，これらの量に関して符号付きの数で考えてよい．第1式より $t = (v_f - v_i)/a$．これを第2式に代入して，$d = (v_f^2 - v_i^2)/2a$．(a) の結果より $a = -5.76 \times 10^{13}$ m/s^2 であり，$d = 7.00$ cm $= 0.0700$ m，$v_f = 0$ を代入して，$v_i = \sqrt{-2 \times (-5.76 \times 10^{13}\,\mathrm{m/s^2}) \times (0.0700\,\mathrm{m})} = 2.84 \times 10^6$ m/s.

(c) (b)の考察の $v_f = v_i + at$ より $t = (v_f - v_i)/a$．数値を代入して，

$$t = \frac{-2.84 \times 10^6\,\mathrm{m/s}}{-5.76 \times 10^{13}\,\mathrm{m/s^2}} = 4.93 \times 10^{-8}\,\mathrm{s} = 49.3\,\mathrm{ns}$$

1·25 (a) 等速運動をする質点のモデル．

(b) 等加速度運動をする質点のモデル．

(c) 電気力による加速度は一定で下向き．重力による質点の加速度も一定で下向き．したがって，陽子は重力場における運動と同様に，上に凸の放物線軌道をたどる．

(d) 電気力による下向きの加速度は，

$$a_y = \frac{eE}{m_p} = \frac{(1.60 \times 10^{-19}\,\mathrm{C})(720\,\mathrm{N/C})}{1.67 \times 10^{-27}\,\mathrm{kg}} = 6.90 \times 10^{10}\,\mathrm{m/s^2}$$

これは重力による加速度 9.8 m/s^2 に比べてきわめて大きいので，重力の影響は無視できる．陽子が上側の空間に入射してから標的に衝突するまでの時間を t とする．初期の水平方向の速さは $v_i \cos\theta$ だから，水平方向の移動距離は $v_i t \cos\theta = R$　①．上下方向の運動について，初期の速さは $v_i \sin\theta$ だから，これが下向きの加速度 a_y によって時間 $t/2$ で0になる条件は，$v_i \sin\theta - a_y(t/2) = 0$　②．② 式の t の表現を ① 式に代入して，

$$R = \frac{v_i^2 \sin 2\theta}{eE/m_p} = \frac{m_p v_i^2 \sin 2\theta}{eE}$$

(e) (d)の結果より，

$$\sin 2\theta = \frac{eER}{m_p v_i^2}$$
$$= \frac{(1.6 \times 10^{-19}\,\mathrm{C})(720\,\mathrm{N/C})(1.27 \times 10^{-3}\,\mathrm{m})}{(1.67 \times 10^{-27}\,\mathrm{kg})(9.55 \times 10^3\,\mathrm{m/s})^2}$$
$$= 0.961$$

したがって，$2\theta = 73.8°$ または $180 - 73.8 = 106.2°$．つまり $\theta = 36.9°$ または $53.1°$

(f) (d)で導いた①式より，$t = R/v_i \cos\theta$．$\theta = 36.9°$ のとき，

$$t = \frac{(1.27 \times 10^{-3}\,\mathrm{m})}{(9.55 \times 10^3\,\mathrm{m/s}) \times 0.800} = 1.66 \times 10^{-7}\,\mathrm{s} = 166\,\mathrm{ns}$$

$\theta = 53.1°$ のとき，

$$t = \frac{(1.27 \times 10^{-3}\,\mathrm{m})}{(9.55 \times 10^3\,\mathrm{m/s}) \times 0.600} = 2.21 \times 10^{-7}\,\mathrm{s} = 221\,\mathrm{ns}$$

1·26 エネルギーの視点から考える．電場は電子に対

してその運動方向と逆の向きに力Fを加え，電子は減速されつつ距離dだけ進んで静止する．したがって，電場は電子に仕事$W = -Fd$をし，電子が初期にもっていた運動エネルギーKが失われる．したがって，$W + K = 0$.（電子が初期にもっていた運動エネルギーは，電場のエネルギーになり，系の全エネルギーは保存される.）

(a) $Fd = |e|Ed = K$. したがって，$E = K/|e|d$

(b) 電子は負電荷をもつから，電場の向きは電子の運動の方向.

1·27 陽子の電荷は$q = e = 1.60 \times 10^{-19}$ C，質量は$m = 1.67 \times 10^{-27}$ kg，初期の速さは$v_{\mathrm{i}} = 4.50 \times 10^5$ m/s で水平方向．鉛直方向の電場の大きさは$E = 9.60 \times 10^3$ N/C である．陽子には電場による力が鉛直方向に働き，水平方向の運動はその影響を受けない．

(a) 陽子が$s = 5.00$ cm $= 5.00 \times 10^{-2}$ m 進むのに要する時間は$t = s/v_{\mathrm{i}}$. 数値を代入して，$t = (5.00 \times 10^{-2}\ \mathrm{m})/(4.50 \times 10^5\ \mathrm{m/s}) = 1.11 \times 10^{-7}\ \mathrm{s} = 111$ ns

(b) 陽子が受ける電気力は$\vec{F} = q\vec{E} = e\vec{E}$だから，加速度は$\vec{a} = \vec{F}/m = e\vec{E}/m$. したがって，時間$t = 1.11 \times 10^{-7}$ s の間の鉛直方向の変位は，$d = \frac{1}{2}at^2 = \frac{1}{2}\frac{eE}{m}t^2$.

数値を代入して，

$$d = \frac{1}{2}\frac{(1.60 \times 10^{-19}\ \mathrm{C})(9.60 \times 10^3\ \mathrm{N/C})}{(1.67 \times 10^{-27}\ \mathrm{kg})} \times (1.11 \times 10^{-7}\ \mathrm{s})^2 = 5.67 \times 10^{-3}\ \mathrm{m} = 5.67\ \mathrm{mm}$$

(c) 速度の水平成分$v_{水平}$はv_{i}と同じで$v_{水平} = 4.50 \times 10^5$ m/s．鉛直成分は$v_{鉛直} = at = (eE/m)t$. 数値を代入して，

$$v_{鉛直} = \frac{(1.60 \times 10^{-19}\ \mathrm{C})(9.60 \times 10^3\ \mathrm{N/C})}{1.67 \times 10^{-27}\ \mathrm{kg}} \times (1.11 \times 10^{-7}\ \mathrm{s}) = 1.02 \times 10^5\ \mathrm{m/s}$$

1·28 自動車は水平面から角度$\theta = 10.0°$だけ傾いているから，自動車の底面積Aを水平面に射影すると，面積は$A\cos\theta$. 電場はこの射影面に垂直.

$$\Phi_E = EA\cos\theta = (2.00 \times 10^4\ \mathrm{N/C})(18.0\ \mathrm{m^2})\cos 10.0° = 355\ \mathrm{kN \cdot m^2/C}$$

1·29 円環の半径$r = 20.0$ cm $= 0.200$ m であり，円環が囲む面積は$S = \pi r^2$である．電束をΦ，電場をEとすると，$\Phi = ES = \pi r^2 E$. したがって，$E = \Phi/\pi r^2$. 数値を代入して，

$$E = \frac{(5.20 \times 10^5\ \mathrm{N \cdot m^2/C})}{\pi(0.200\ \mathrm{m})^2} = 4.14 \times 10^6\ \mathrm{N/C}$$

1·30 (a) $\delta \ll R$だから，半球面上の点は電荷からほぼ等距離にあるとみなすことができ，半球面上の電場の大きさは$E \approx k_{\mathrm{e}}Q/R^2$. 電束は電場と面積との積で与えられ，

$$\Phi_{半球面} = k_{\mathrm{e}}\frac{Q}{R^2} \times 2\pi R^2 = \frac{Q}{2\varepsilon_0}$$

(b) 半球の内部には電荷はないから，上面を含む半球の全面を貫く全電束は0(ガウスの法則)．したがって，上面を貫く電束は，(a)で求めた電束の符号を反転したもの．つまり，$\Phi_{上面} = -\dfrac{Q}{2\varepsilon_0}$

1·31 球の半径$r = 0.220$ m，点電荷の電気量$q = 12.0$ μC である．クーロンの法則と電場の定義により，球殻の表面における電場Eは球面の法線に平行で，その大きさは球面上で一定で$E = (1/4\pi\varepsilon_0)q/r^2$. 電束は，電場すなわち電気力線の面密度と，それが貫く面の面積との積で定義される．

(a) 電束 $\Phi = \displaystyle\int \vec{E} \cdot \mathrm{d}\vec{A} = \frac{1}{4\pi\varepsilon_0}\frac{q}{r^2} \times 4\pi r^2 = q/\varepsilon_0$

数値を代入して，

$$\Phi = (12.0 \times 10^{-6}\ \mathrm{C})/(8.85 \times 10^{-12}\ \mathrm{C^2/N \cdot m^2}) = 1.36 \times 10^6\ \mathrm{N \cdot m^2/C}$$

(b) 電場Eは球面上の位置によらず，面法線に垂直で大きさは一定．したがって，(a) の答の$\frac{1}{2}$で$6.78 \times 10^5\ \mathrm{N \cdot m^2/C}$

(c) 依存しない．電荷以外の場所で電気力線が新たに生じることはなく，また，消滅することもない．したがって，点電荷を囲む球の半径によらず，その表面を貫く電気力線の本数，すなわち電束は一定．数学的な説明は次のとおり．(a)の計算が示すように，電場の大きさがr^{-2}に比例し，積分領域である球の表面積がr^2に比例して，これらは打ち消しあう．したがって，計算の結果に球の半径が関係することはない．

1·32 立方体の内部の全電荷は$Q + 6q$だから，立方体から外部に出る電束は$(Q + 6q)/\varepsilon_0$. この系は電荷の配置も含めて立方対称性をもつから，各面を貫く電束は互いに等しい．したがって，一つの面を貫く電束は，

$$\frac{Q + 6q}{6\varepsilon_0} = \frac{(5.00 \times 10^{-6}\ \mathrm{C}) + 6 \times (-1.00 \times 10^{-6}\ \mathrm{C})}{6 \times (8.85 \times 10^{-12}\ \mathrm{C^2/N \cdot m^2})} = -1.88 \times 10^4\ \mathrm{N \cdot m^2/C}$$

1·33 電荷の電気量$q = 1.70 \times 10^{-4}$ C である．点電荷から出る全電束は$\Phi_{全} = q/\varepsilon_0$. 電気力線は点電荷から等方的に描かれる．

(a) 点電荷が立方体の中心にあるなら，立方体の6つの面を貫く電束は互いに等しい．つまり，一つの側面を貫く電束は$\Phi_1 = \frac{1}{6}\Phi_{全} = q/6\varepsilon_0$. 数値を代入して，

$$\Phi_1 = \frac{1.70 \times 10^{-4}\ \mathrm{C}}{6 \times (8.85 \times 10^{-12}\ \mathrm{C^2/N \cdot m^2})} = 3.20 \times 10^6\ \mathrm{N \cdot m^2/C}$$

(b) 上の考察と計算により，$\Phi_{全} = q/\varepsilon_0 = 1.92 \times 10^7\ \mathrm{N \cdot m^2/C}$

(c) (a)の答は変わる．電気力線は点電荷から等方的に描かれるが，電荷から見て6つの側面が同等ではなくなり，各面を貫く電気力線の本数，すなわち電束はそれぞれ異なるから．(b)の答は変わらない．電荷が立方体の内部にある限り，そこから描かれる電気力線は立方体の6つの側面のどれかを必ず貫くから．

1·34 (a) 壁のサイズは十分大きく，壁面から7.00 cm

離れた位置における電場 $\vec{E}$ は壁面に垂直，つまり電気力線は壁面に垂直で互いに平行である．壁面の電荷密度は，

$$\sigma = (8.60 \times 10^{-6}\ \mathrm{C/cm^2})\left(\frac{100\ \mathrm{cm}}{\mathrm{m}}\right)^2 = 8.60 \times 10^{-2}\ \mathrm{C/m^2}$$

壁面を貫く小さい円筒を考える．その底面は壁面に平行で面積は S とする．この円筒に関してガウスの法則を適用する．電場は円筒の軸に平行だから，ガウスの法則により $2SE = \sigma S/\varepsilon_0$．したがって，

$$E = \frac{\sigma}{2\varepsilon_0} = \frac{8.60 \times 10^{-2}\ \mathrm{C/m^2}}{2(8.85 \times 10^{-2}\ \mathrm{C^2/N{\cdot}m^2})} = 4.86 \times 10^9\ \mathrm{N/C}$$

(b) 壁からの距離が，壁の幅と高さに比べて十分小さいなら，(a)の考察のように，電場の向きと強さは壁からの距離によらず一定である．ただし，壁から遠くなると，壁の端の効果が表れて(a)の結果から外れてくる．また，壁からの距離が無限大に向かうと，壁全体の電荷がごく小さい領域にあることになり，電場は点電荷または球対称に分布する電荷による電場と大差なくなる．

1·35 2 個の原子核の中心間の距離は $r = 2 \times 5.90 \times 10^{-15}$ m．陽子がもつ電荷は原子核の中で球対称に分布しているとみなすと，2 個の原子核の電荷のクーロン斥力は，電荷がそれぞれの原子核の中心に集中している場合と同じである．2 個の原子核の電荷の電気量は $q_1 = q_2 = 46e$．したがって，斥力の大きさは，

$$F = \frac{k_e q_1 q_2}{r^2}$$
$$= (8.99 \times 10^9\ \mathrm{N{\cdot}m^2/C^2})\frac{(46)^2(1.60 \times 10^{-19}\ \mathrm{C})^2}{(2 \times 5.90 \times 10^{-15}\ \mathrm{m})^2}$$
$$= 3.50 \times 10^3\ \mathrm{N} = 3.50\ \mathrm{kN}$$

1·36 円柱は十分に長いから，電場は円柱の軸に垂直で軸対称性をもち，円柱の長さ方向の位置にはよらないとみなしてよい．円柱の内部に円柱と共通の軸をもつ半径 r，長さ L の円筒を考え，これに関してガウスの法則を適用する．円筒の内部にある電荷の電気量は $\rho\pi r^2 L$．円筒の表面における電場の大きさを E とすると，ガウスの法則により $2\pi rLE = \rho\pi r^2 L/\varepsilon_0$．したがって $E = \rho r/2\varepsilon_0$．

1·37 問題 34 と同様に考えて，プラスチックシートの上面の電場の大きさは $E = \sigma/2\varepsilon_0$ で，向きはシート面に垂直．この電場によって負電荷をもつ発泡スチロール片が浮くためには，プラスチックシートの電荷の符号は負でなければならない．つまり $\sigma < 0$．次に，発砲スチロールに働く上向きの電気力と下向きの重力とがつり合う条件は，$Eq = mg$．したがって，

$$\sigma = \frac{2mg\varepsilon_0}{q}$$
$$= \frac{2 \times (0.010\ \mathrm{kg})(9.80\ \mathrm{m/s^2})(8.85 \times 10^{-12}\ \mathrm{C^2/N{\cdot}m^2})}{(-0.700 \times 10^{-6}\ \mathrm{C})}$$
$$= 2.48 \times 10^{-6}\ \mathrm{C/m^2}$$

なお，原理的に考えると，プラスチックシートが完全な水平面をつくっていても，シートの大きさが有限ならば，電場はほとんどの位置で厳密に鉛直とはいえない．したがって，発泡スチロール片は水平方向にもいくらかの電気力を受けて動き，やがてプラスチックシートの外に飛び出る．しかし，実際の“プラスチックシート”では厳密な水平面はありえないと考えてよかろう．シートの表面には多少の凹凸があり，発泡スチロールはその凹部で安定なつり合いを保つと考えられる．

1·38 電荷密度を ρ とすると，$Q = \frac{4}{3}\pi a^3\rho$，つまり，

$$\rho = \frac{3Q}{4\pi a^3}$$

(c)の解答

Φ　$\frac{Q}{\varepsilon_0}$　0　0　a　r

(a) ガウス面の内部の全電荷を $q_{内部}$ とすると，電束は，

$$\Phi = \frac{q_{内}}{\varepsilon_0} = \frac{4\pi r^3\rho}{3\varepsilon_0} = \frac{4\pi r^3\, 3Q}{3\varepsilon_0\, 4\pi a^3} = \frac{Qr^3}{\varepsilon_0 a^3}$$

(b) ガウス面の内部の全電荷は Q だから，$\Phi = \dfrac{Q}{\varepsilon_0}$　この結果は(a)で $r = a$ としたものに一致する．

1·39 円筒の半径は $R = 0.0700$ m，長さは $L = 2.40$ m である．円筒表面の電荷密度を σ とする．対称性より，円筒の長さ方向の中央付近では電場は軸に垂直とみなしてよい．

(a) 中央付近で長さ ΔL，半径 $r(> R)$ の円筒面をガウス面として考える．電場はこのガウス面の円筒側面に垂直で，どこでも大きさは等しい．その大きさを E とすると，ガウスの法則は $2\pi r\Delta LE = 2\pi R\Delta L\sigma/\varepsilon_0$．したがって，$E = \sigma R/\varepsilon_0 r$ であり $\sigma = \varepsilon_0 rE/R$．円筒上の全電荷は $Q = 2\pi RL\sigma = 2\pi\varepsilon_0 LrE$．問題文によれば $r = 1.90 \times 10^{-1}$ m で $E = 3.60 \times 10^4$ N/C だから，

$$Q = 2\pi(8.85 \times 10^{-12}\ \mathrm{C^2/N{\cdot}m^2}) \times (2.40\ \mathrm{m}) \times (1.90 \times 10^{-1}\ \mathrm{m}) \times (3.60 \times 10^4\ \mathrm{N/C}) = 9.13 \times 10^{-7}\ \mathrm{C}$$

(b) (a)と同様に半径 4.00 cm のガウス円筒面を考えると，その内部の電気量は 0．したがって，軸からの距離 4.00 cm の位置における電場は 0．

1·40 電荷分布が球対称だから電場も球対称で，任意の半径の球に関して電場ベクトルは半径方向でその大きさ E は球面上で一定である．

(a) 球面状の全電気量 $Q = 3.20 \times 10^{-5}$ C である．半径 $r = 10.0$ cm のガウス球面に関してガウスの法則を適用すると，$4\pi r^2 E =$ (内部の電気量)$/\varepsilon_0$．内部の電気量は 0 だから，電場は $E = 0$．

(b) (a)と同様に，半径 $r = 20.0$ cm のガウス球面に関してガウスの法則を適用すると，$4\pi r^2 E = Q/\varepsilon_0$．つまり，$E = Q/4\pi\varepsilon_0 r^2$．数値を代入して，

$$E = \frac{(8.99 \times 10^9\ \mathrm{N \cdot m^2/C^2})(32.0 \times 10^{-6}\ \mathrm{C})}{(0.200\ \mathrm{m})^2}$$
$$= 7.19 \times 10^6\ \mathrm{N/C}$$

1・41 糸の電荷密度(線密度)は$\lambda = (2.00 \times 10^{-6}/7.00)$ C/m．円筒の半径は$r = 0.100$ m である．円筒の長さ$L = 2.00 \times 10^{-2}$ m に比べて糸は十分に長いから，糸の電荷がつくる電場は円筒の表面に垂直とみなす．

(a) 円筒に関してガウスの法則を適用する．円筒の表面における電場の大きさをEとして，$2\pi rLE = \lambda L/\varepsilon_0$．したがって，

$$E = \frac{\lambda}{2\pi r\varepsilon_0}$$
$$= \frac{(2.00 \times 10^{-6}/7.00)\ \mathrm{C/m}}{2\pi(0.100\ \mathrm{m})(8.85 \times 10^{-12}\ \mathrm{C^2/N \cdot m^2})}$$
$$= 5.14 \times 10^4\ \mathrm{N/C}$$

(b)　$$\text{全電束} = 2\pi rLE = \frac{\lambda L}{\varepsilon_0}$$
$$= \frac{(2.00 \times 10^{-6}/7.00)\ \mathrm{C/m} \times (2 \times 10^{-2}\ \mathrm{m})}{(8.85 \times 10^{-12}\ \mathrm{C^2/N \cdot m^2})}$$
$$= 6.45 \times 10^2\ \mathrm{N \cdot m^2/C}$$

1・42 電荷は導体棒の表面にあるから，電場は導体棒の内部では0．電荷は円周方向には軸対称に分布し，長さ方向には一様な線密度$\lambda = 3.00 \times 10^{-8}$ C/m で分布する．対称性から，棒の外部の電場は軸に垂直で長さ方向には一定と考えられる．棒の外部で中心軸からrだけ離れた位置における電場の大きさをEとすると，導体棒を囲む半径r，長さLの円筒に関してガウスの法則を適用して，$2\pi rLE = \lambda L/\varepsilon_0$．つまり，$E = \lambda/2\pi r\varepsilon_0$．

(a) この位置は導体棒の内部だから，電場は0．

(b)　$$E = \frac{3.00 \times 10^{-8}\ \mathrm{C/m}}{2\pi(0.100\ \mathrm{m}) \times (8.85 \times 10^{-12}\ \mathrm{C^2/N \cdot m^2})}$$
$$= 5.40 \times 10^4\ \mathrm{N/C}$$

電荷は正だから電場の向きは軸に垂直で軸から外に向かう方向．

(c) Eはrに反比例するから，(b)の結果を用いて，

$$E = 5.40 \times 10^4\ \mathrm{N/C} \times \frac{10}{100} = 5.40 \times 10^3\ \mathrm{N/C}$$

1・43 導体の内部では電場は必ず0であり，電荷は導体の表面にだけ分布する．電荷分布は球対称だから電場も球対称．球の中心と共通の中心をもつ球面に関してガウスの法則を適用する．その球面上の電場は球面に垂直で，その大きさを積分すると内部にある全電荷を真空の誘電率で割ったものに等しい．

(a) この位置は導体球の内部にあるから$E = 0$．（また，半径1.00 cm の球の内部には電荷は存在しない．）

(b) 電場には，半径2.00 cm の導体球の表面の電荷$q = 8.00 \times 10^{-6}$ C だけが寄与する．$4\pi r^2 E = q/\varepsilon_0$．つまり，

$$E = \frac{8.00 \times 10^{-6}\ \mathrm{C}}{4\pi(3.00 \times 10^{-2}\ \mathrm{m})^2 \times (8.85 \times 10^{-12}\ \mathrm{C^2/N \cdot m^2})}$$
$$= 7.99 \times 10^7\ \mathrm{N/C}$$

電場の向きは外向き．

(c) この位置は導体球殻の内部にあるから$E = 0$．（半径4.50 cm のガウス球面の内部には正・負の電荷があるが，ガウス球面の内側の電荷の総量が0になるように，球殻の内面には$-8.00\ \mu$C の電荷が誘導され，外面には4.00 μC の電荷が誘導される．球殻全体としては総和が$-4.00\ \mu$C の電荷が保持される．）

(d) 電場には，導体球の表面の電荷8.00×10^{-6} C と，球殻の電荷-4.00×10^{-6} C の和$q = 4.00 \times 10^{-6}$ C が寄与する．$4\pi r^2 E = q/\varepsilon_0$．つまり，

$$E = \frac{4.00 \times 10^{-6}\ \mathrm{C}}{4\pi(7.00 \times 10^{-2}\ \mathrm{m})^2 \times (8.85 \times 10^{-12}\ \mathrm{C^2/N \cdot m^2})}$$
$$= 7.34 \times 10^6\ \mathrm{N/C}$$

電場の向きは外向き．

1・44 導体の電荷は表面に分布する．したがって，面積Sのアルミニウムの薄板の表裏の面に全電気量Qが分布するから，片面にある電気量の面密度は$\sigma_{アルミ} = (Q/2)/S$．ガラス板では電荷を乗せた片面にある全電気量はQだから，電気量の面密度は$\sigma_{ガラス} = Q/S$．いずれの場合も，電場は板の面に垂直で，その大きさは面上で一定とみなしてよいことは，対称性から明らか．薄い円筒を想定し，その底面(面積をAとする)はアルミニウムまたはガラスの板の面に平行で，底面の一つは板の表面より手前に，もう一つは裏面より向こうにあるとする．この薄い円筒に関してガウスの法則を適用する．薄い円筒の2つの底面における電場$\vec{E}$は底面に垂直である．

アルミニウム板の場合，　$2EA = 2\sigma_{アルミ}A/\varepsilon_0$

　つまり　$E = \sigma_{アルミ}/\varepsilon_0 = (Q/2)/\varepsilon_0 S$

ガラス板の場合，　$2EA = \sigma_{ガラス}A/\varepsilon_0$

　つまり　$E = \sigma_{ガラス}A/2\varepsilon_0 = Q/2\varepsilon_0 S$

したがって，どちらの板でもその中央部で板の上方にわずかに離れた位置における電場は等しい．（ガラス板の両面には分極電荷が生じるが，正・負が打ち消しあってその総量は0となり，計算には影響しない．）

1・45 導体円筒の内径をa，外径をbとする．中心軸の針金を軸とする半径r $(a < r < b)$，長さLの円筒を想定し，これに関してガウスの法則を適用する．この円筒の面は導体円筒の導体の内部にあるから，そこにおける電場は0．したがって，この円筒の内部に含まれる全電荷の電気量は0．

(a) 上の考察より，導体円筒の内面には円筒の単位長さあたり$-\lambda$の電荷が一様に分布する．

(b) 同様に，導体円筒の外面には3λの電荷が一様に分布する．

(c) 電場は中心軸に垂直であることは対称性から明らか．

上と同様で，ただし，半径 r $(r > b)$ の円筒を想定し，これに関してガウスの法則を適用する．内部に含まれる全電荷の電気量は，単位長さあたり $\lambda - \lambda + 3\lambda = 3\lambda$．電場の大きさを E とすると，$2\pi rLE = 3\lambda L/\varepsilon_0$．つまり，$E = 3\lambda/(2\pi r\varepsilon_0)$．全電荷が正だから，電場の向きは外向き．

追加問題

1·46 電場は $\vec{E} = 1.00 \times 10^3$ N/C で x 軸の正の方向を向いている．質量 $m = 2.00$ g の小球の電荷の電気量を q とすると，つり合いの条件は，小球に働く重力と電気力の合力が，角度 $\theta = 15.0°$ だけ傾いた糸に平行で下向きになること．つまり，$\tan\theta = qE/mg$．したがって，

$$q = \frac{mg\tan\theta}{E} = \frac{(2.00 \times 10^{-3}\,\mathrm{kg})(9.80\,\mathrm{m/s^2})\tan 15.0°}{(1.00 \times 10^3\,\mathrm{N/C})}$$
$$= 5.25 \times 10^{-6}\,\mathrm{C}$$

1·47 2つの物体の間の電気力は斥力で，それがばねの伸びによる引力につり合う条件は，

$$F = \frac{k_e Q^2}{L^2} = k(L - L_i) \qquad Q = L\sqrt{\frac{k(L - L_i)}{k_e}}$$

1·48 電荷密度は $\lambda = 3.50 \times 10^{-8}$ C/m，電荷は $y_0 = -0.150$ m の直線上に分布する．$x \sim x + \Delta x$ の区間にある電荷の電気量は $\Delta q = \lambda\,\Delta x$．これが原点につくる電場の大きさは，

$$\Delta E = \frac{k_e\lambda\,\Delta x}{x^2 + {y_0}^2}$$

その x 成分は，

$$\Delta E_x = \frac{-\Delta E x}{\sqrt{x^2 + {y_0}^2}} = \frac{-k_e\lambda x\,\Delta x}{(x^2 + {y_0}^2)^{3/2}}$$

y 成分は，

$$\Delta E_y = \frac{\Delta E y_0}{\sqrt{x^2 + {y_0}^2}} = \frac{k_e\lambda y_0\,\Delta x}{(x^2 + {y_0}^2)^{3/2}}$$

これらを $x = 0$ と $x = 0.400$ m の区間で積分すればよい．

$$E_x = -\int_0^{0.400} \frac{k_e\lambda x}{(x^2 + {y_0}^2)^{3/2}}\,\mathrm{d}x$$
$$= -k_e\lambda\int_0^{0.400} \frac{x}{(x^2 + {y_0}^2)^{3/2}}\,\mathrm{d}x$$
$$= -k_e\lambda\left[-\frac{1}{\sqrt{x^2 + {y_0}^2}}\right]_0^{0.400}$$
$$= -(8.99 \times 10^9\,\mathrm{N\cdot m^2/C^2})(3.50 \times 10^{-8}\,\mathrm{C/m})$$
$$\times\left[-\frac{1}{\sqrt{(0.400\,\mathrm{m})^2 + (-0.150\,\mathrm{m})^2}} + \frac{1}{\sqrt{(-0.150\,\mathrm{m})^2}}\right]$$
$$= 1.36 \times 10^3\,\mathrm{N/C}$$

$$E_y = \int_0^{0.400} \frac{k_e\lambda y_0}{(x^2 + {y_0}^2)^{3/2}}\,\mathrm{d}x = k_e\lambda y_0\int_0^{0.400} \frac{1}{(x^2 + {y_0}^2)^{3/2}}\,\mathrm{d}x$$
$$= k_e\lambda y_0\left[\frac{x}{\sqrt{{y_0}^2(x^2 + {y_0}^2)}}\right]_0^{0.400}$$
$$= \frac{(8.99 \times 10^9\,\mathrm{N\cdot m^2/C^2})(3.50 \times 10^{-8}\,\mathrm{C/m})(0.400\,\mathrm{m})}{(-0.150\,\mathrm{m})^2\{(0.400\,\mathrm{m})^2 + (-0.150\,\mathrm{m})^2\}}$$
$$= 1.96 \times 10^3\,\mathrm{N/C}$$

（積分公式）$\displaystyle\int \frac{1}{(x^2 + {y_0}^2)^{3/2}}\,\mathrm{d}x = \frac{x}{{y_0}^2(x^2 + {y_0}^2)^{1/2}}$ を用いた．この公式は $x = y_0\tan\theta$ と変数を変換して導くことができる．）

1·49 電荷は無限に広い平面に一様に分布しているから，対称性により，電場 $\vec{E}$ はこの平面に垂直で面からの距離によらず一定，また，正電荷なら $\vec{E}$ は面から遠ざかる向き，負電荷なら $\vec{E}$ は面に向かう向きである．左のシートを貫く円筒を想定し，これにガウスの法則を適用する．円筒の2つの底面の面積を A とすると，$2EA = \sigma A/\varepsilon_0$ したがって，$E = \sigma/2\varepsilon_0$．

(a) 2枚のシートの電荷による電場はその大きさが等しく，向きが逆だから，これを重ね合わせた電場は0．

(b) 左のシートによる電場は右向き，右のシートによる電場も右向きで，大きさは互いに等しい．したがって，2つの電場を重ね合わせて，$E = \sigma/\varepsilon_0$ で右向き．

(c) (a)と同様の考察により，電場は0．

(d) (a)の場合：2枚のシートの電荷による電場はその大きさが等しく，向きも同じだから，2つの電場を重ね合わせて，$E = \sigma/\varepsilon_0$ で左向き．

(b)の場合：　左のシートによる電場は右向き，右のシートによる電場は左向きで，大きさは互いに等しい．したがって，2つの電場を重ね合わせて0．

(c)の場合：　2枚のシートの電荷による電場はその大きさが等しく，向きも同じだから，2つの電場を重ね合わせて，$E = \sigma/\varepsilon_0$ で右向き．

1·50 半径 a の球の内部における電荷密度は $\rho = Q\dfrac{3}{4\pi a^3}$ である．

(a) 半径 r の球の内部の全電荷は $Q_r = \rho\dfrac{4\pi r^3}{3} = Q\left(\dfrac{r}{a}\right)^3$

(b) 半径 r の位置における電場 E_r は，半径 r の球にガウスの法則を適用して $4\pi r^2 E_r = Q_r/\varepsilon_0$．つまり，$E_r = \dfrac{Qr}{4\pi\varepsilon_0 a^3}$

(c) 半径 r の球の内部の全電荷は，半径 a の球の全電荷 Q．

(d) 半径 r の位置における電場 E_r は，半径 r の球にガウスの法則を適用して $4\pi r^2 E_r = Q/\varepsilon_0$．つまり，$E_r = Q/(4\pi\varepsilon_0 r^2)$

(e) $b < r < c$ の位置は導体の内部にあるから，電場は0．

(f) 半径 r $(b < r < c)$ の位置における電場 E_r は(e)により0．その半径 r の球にガウスの法則を適用すると，$4\pi r^2 E_r$ が内部の全電荷を ε_0 で割ったものに等しい．したがって，内部の全電荷は0．これは，中空の球殻の内壁にある電荷の電気量が，半径 a の球の全電荷 Q の符号を反転したもの，つまり $-Q$ に等しいことを意味する．

(g) 球殻の全電荷は0だから，外面にある電荷の電気量は(f)の結果の符号を反転したもの，つまり，Qに等しい．

(h) 半径bの球面である．半径aの球は体積電荷密度ρの電荷をもつが，その"表面"の体積は0だから，電荷の面密度は0．半径bの球面とcの球面には，全電気量の大きさが等しく逆符号の電荷がある．したがって，電気量の絶対値で言えば，半径の小さい球面の上の電荷の面密度が大きい．

1·51 円環の全電荷がx軸上の位置xにつくる電場を求める．円環の円周に沿う微小部分の電荷ΔQがつくる電場の大きさは$E_{\Delta Q} = \dfrac{k_e \Delta Q}{x^2 + a^2}$．その$x$成分$E_{\Delta Q, x} = \dfrac{E_{\Delta Q} x}{\sqrt{x^2 + a^2}} = \dfrac{k_e \Delta Q x}{(x^2 + a^2)^{3/2}}$．これを円環の全周についてすべて加えると，$E_x = \dfrac{k_e Q x}{(x^2 + a^2)^{3/2}}$．対称性により，全電荷がつくる電場は$x$成分だけをもち，$x$軸に垂直な成分は打ち消しあう．この$E_x$が負電荷$-q$に及ぼす電気力は，$F = -\dfrac{k_e q Q x}{(x^2 + a^2)^{3/2}}$

$x \ll a$の条件で近似すると，$F = -\left(\dfrac{k_e Q q}{a^3}\right) x$．これは，ばね定数$k = \dfrac{k_e Q q}{a^3}$でフックの法則に従う ばね が及ぼす力に等しい．したがって，この質点は近似的に単振動をし，その振動数は$f = \dfrac{1}{2\pi}\sqrt{\dfrac{k_e Q q}{m a^3}}$

1·52 ヒントに従って考えると，元の球の電荷がつくる電場E_+と，空洞部分に置いた逆符号の電荷の球がつくる電場E_-とを重ね合わせればよい．一様な密度ρの電荷が詰まった球の，中心からdの位置における電場は，半径dの球にガウスの法則を適用して，ガウスの法則により，$4\pi d^2 E = 4\pi d^3 \rho / 3\varepsilon_0$．つまり，$E = d\rho / 3\varepsilon_0$．

図の空洞の内部にあり，座標軸の原点から距離Rの位置$R(X, Y)$における電場を考える．上の考察により，半径$2a$で空洞ができる前の球の電荷による電場は，大きさが$E_R = R\rho / 3\varepsilon_0$で，

$$E_{R_x} = E_R(X/R) = X\rho/3\varepsilon_0$$
$$E_{R_y} = E_R(Y/R) = Y\rho/3\varepsilon_0$$

次に，図の半径aの球の内部に一様な密度$-\rho$の電荷が詰まっているときの電場を考える．上で考えた点$R(X, Y)$は，この球の中心からの距離が$r = \sqrt{X^2 + (Y - a)^2}$だから，その位置における電場の大きさは$E_r = -r\rho / 3\varepsilon_0$．

$$E_{r_x} = E_r(X/r) = -(X\rho/3\varepsilon_0)$$
$$E_{r_y} = E_r(a - Y/r) = -\rho(Y - a)/3\varepsilon_0$$

したがって，求める電場は，

$$E_x = E_{R_x} + E_{r_x} = 0 \qquad E_y = E_{R_y} + E_{r_y} = \rho a / 3\varepsilon_0$$

1·53 (a) 地表面付近の大気中の電場の大きさは$E = 120\ \mathrm{N/C}$．地表面の面電荷密度をσとする．地表面を貫く円筒状のガウス面を考え，その上下の円形の面の断面積をSとする．電場は地表面に垂直で下向き．また地球の内部は導体とみなせるから，その内部の電場は0．ガウスの法則の積分は円筒の上の面に関してだけ値をもち$-ES = \sigma S/\varepsilon_0$．したがって，$\sigma = -\varepsilon_0 E$．数値を代入して，$\sigma = -(8.85 \times 10^{-12}\ \mathrm{C^2/N \cdot m^2}) \times (120\ \mathrm{N/C}) = -1.06 \times 10^{-9}\ \mathrm{C/m^2}$．負電荷である．

(b) 地球の半径$r = 6.37 \times 10^6\ \mathrm{m}$であり，表面積は$A = 4\pi r^2$．全電気量は，

$$\begin{aligned} Q &= \sigma A = \sigma 4\pi r^2 \\ &= (-1.06 \times 10^{-9}\ \mathrm{C/m^2})(4\pi)(6.37 \times 10^6\ \mathrm{m})^2 \\ &= -542\ \mathrm{kC} \end{aligned}$$

(c) 地球の電気量$q_1 = -5.42 \times 10^5\ \mathrm{C}$，月の電気量$q_2 = -5.42 \times 10^5\ \mathrm{C} \times 0.273$の間に働く力は斥力であり，電気力の大きさ$F_{電気}$は，

$$\begin{aligned} F_{電気} &= \frac{k_e q_1 q_2}{r^2} \\ &= \frac{(8.99 \times 10^9\ \mathrm{N \cdot m^2/C^2})(5.42 \times 10^5\ \mathrm{C})^2(0.273)}{(3.84 \times 10^8\ \mathrm{m})^2} \\ &= 4.88 \times 10^3\ \mathrm{N} \end{aligned}$$

(d) 質量$M_{地球} = 5.98 \times 10^{24}\ \mathrm{kg}$の地球と，質量$M_{月} = 7.36 \times 10^{22}\ \mathrm{kg}$の月の間に働く万有引力の大きさ$F_{重力}$は，

$$\begin{aligned} F_{重力} &= \frac{G M_{地球} M_{月}}{r^2} \\ &= \frac{(6.67 \times 10^{-11}\ \mathrm{N \cdot m^2/kg^2})(5.98 \times 10^{24}\ \mathrm{kg})(7.36 \times 10^{22}\ \mathrm{kg})}{(3.84 \times 10^8\ \mathrm{m})^2} \\ &= 1.99 \times 10^{20}\ \mathrm{N} \end{aligned}$$

大きさの比は，

$$\frac{F_{重力}}{F_{地球}} = \frac{1.99 \times 10^{20}\ \mathrm{N}}{4.88 \times 10^3\ \mathrm{N}} = 4.08 \times 10^{16}$$

電気力はきわめて小さい．

1·54 電荷密度をρとする．上向きの電場を正とすると，高度$H_{下} = 500\ \mathrm{m}$の電場は$E_{下} = -120\ \mathrm{N/C}$，高度$H_{上} = 600\ \mathrm{m}$の電場は$E_{上} = -100\ \mathrm{N/C}$．大気中に底面の面積$A$の円筒を想定し，その軸が鉛直で上側の底面が高度$H_{上}$に，下側の底面が高度$H_{下}$にあるとする．この円筒に関してガウスの法則を適用する．上側の底面の外向きの法線ベクトルは上向き，下側の底面の外向きの法線ベクトルは下向きであることに注意して，

$$(E_{上} - E_{下})A = \frac{(H_{上} - H_{下})A\rho}{\varepsilon_0}$$

したがって，

$$\begin{aligned} \rho &= \varepsilon_0 \frac{E_{上} - E_{下}}{H_{上} - H_{下}} \\ &= \frac{(8.85 \times 10^{-12}\ \mathrm{C^2/N \cdot m^2})(120\ \mathrm{N/C} - 100\ \mathrm{N/C})}{(600\ \mathrm{m} - 500\ \mathrm{m})} \\ &= 1.77 \times 10^{-12}\ \mathrm{C/m^3} \end{aligned}$$

符号は正．

2 章　電位と電気容量

2·1 電場は$\vec{E}=(E_x, E_y)=(0, -325\ \mathrm{V/m})$，Ⓐ点の位置は$(x_{Ⓐ}, y_{Ⓐ})=(-0.200, -0.300)\mathrm{m}$，Ⓑ点の位置は$(x_{Ⓑ}, y_{Ⓑ})=(0.400, 0.500)\mathrm{m}$である．ある点の電位とは，試験電荷を基準点からその点まで動かすために必要な仕事，つまりポテンシャルエネルギーの増加を，試験電荷の電気量で割ったものである．

Ⓐ点からⒷ点まで，破線の経路に沿って動かすときの電位差は，

$$-E_y(y_{Ⓑ}-y_{Ⓐ})-E_x(x_{Ⓑ}-x_{Ⓐ})$$
$$=-(-325\ \mathrm{V/m})\times(0.500\ \mathrm{m}+0.300\ \mathrm{m})=260\ \mathrm{V}$$

2·2 電子1個の電気量は$q=-e=-1.60\times10^{-19}\ \mathrm{C}$．最終の位置と初期の位置との電位差$\Delta V=-5.00\ \mathrm{V}-9.00\ \mathrm{V}=-14.00\ \mathrm{V}$．電子1個を動かす仕事量は$w=q\Delta V$．アボガドロ数個の電子を動かすための仕事量は，

$$W=Nw=Nq\Delta V$$
$$=(6.02\times10^{23})\times(-1.60\times10^{-19}\ \mathrm{C})\times(-14.00\ \mathrm{V})$$
$$=1.35\times10^{6}\ \mathrm{J}$$

2·3 陽子の質量は$m_{\mathrm{p}}=1.67\times10^{-27}\ \mathrm{kg}$，電荷は$Q=1.60\times10^{-19}\ \mathrm{C}$．電位差$V=120\ \mathrm{V}$だから，陽子が得る運動エネルギーは$QV$．速さを$v$とすると，$\frac{1}{2}m_{\mathrm{p}}v^2=QV$．したがって，

$$v=\sqrt{2QV/m_{\mathrm{p}}}$$
$$=\sqrt{2\times(1.60\times10^{-19}\ \mathrm{C})\times(120\ \mathrm{V})/(1.67\times10^{-27}\ \mathrm{kg})}$$
$$=1.52\times10^{5}\ \mathrm{m/s}$$

2·4 電荷の電気量は$Q=1.20\times10^{-5}\ \mathrm{C}$．電場は$\vec{E}=(E_x, E_y)=(250\ \mathrm{V/m}, 0)$，電荷を動かす始点は$(x_0, y_0)=(0, 0)$，終点は$(x, y)=(0.200\ \mathrm{m}, 0.500\ \mathrm{m})$．

(a)
$$-Q\left[E_x(x-x_0)-E_y(y-y_0)\right]$$
$$=-(1.20\times10^{-5}\ \mathrm{C})\times(250\ \mathrm{V/m})\times(0.200\ \mathrm{m})$$
$$=-6.00\times10^{-4}\ \mathrm{J}$$

(b) 電位差はポテンシャルエネルギーを電荷の電気量で割ったもの，つまり，

$$-(6.00\times10^{-4}\ \mathrm{J})/(1.20\times10^{-5}\ \mathrm{C})=-50.0\ \mathrm{V}$$

2·5 原点における電位をV_{i}，電子の速さをv_{i}，最終点における電位をV_{f}，電子の速さをv_{f}とする．電子の質量$m=9.11\times10^{-31}\ \mathrm{kg}$，電荷$q=1.60\times10^{-19}\ \mathrm{C}$である．電荷–電場の系の，力学的エネルギーと電気的エネルギーの総和が保存されるから，

$$\frac{1}{2}mv_{\mathrm{i}}^2+qV_{\mathrm{i}}=\frac{1}{2}mv_{\mathrm{f}}^2+qV_{\mathrm{f}}$$

つまり，$V_{\mathrm{f}}-V_{\mathrm{i}}=\Delta V=\dfrac{m(v_{\mathrm{i}}^2-v_{\mathrm{f}}^2)}{2q}$

(a) $$\Delta V=\frac{(9.11\times10^{-31}\ \mathrm{kg})\left[(3.70\times10^{6}\ \mathrm{m/s})^2-(1.40\times10^{5}\mathrm{m/s})^2\right]}{2(-1.60\times10^{-19}\ \mathrm{C})}$$
$$=-38.9\ \mathrm{V}$$

(b) (a)の結果により，原点の電位が高い．(電位の高い点から低い点に電子が動いて，運動エネルギーが減少している．これは，電子の電荷が負であることに対応している．)

2·6 (a) 孤立系．物体は摩擦のない水平の台の上にあるから，重力はまったく影響を与えないから．

(b) 電気ポテンシャルエネルギーと ばね の弾性ポテンシャルエネルギー．

(c) $x=0$の位置を電気ポテンシャルエネルギーの基準点とする．物体が位置xにあるときの電気ポテンシャルエネルギーは$U_{\text{電気}}=-QEx$．このときの ばね の弾性ポテンシャルエネルギーは$U_{\text{ばね}}=\frac{1}{2}kx^2$．エネルギー保存則を適用しよう．初期状態の運動エネルギーと電気，弾性ポテンシャルエネルギーはそれぞれ0．だから終状態の全エネルギーも0でなければならない．終状態で物体は静止しているから運動エネルギーは0．したがって，電気，弾性ポテンシャルエネルギーの和$U_{\text{電気}}+U_{\text{ばね}}=0$．つまり，$-QEx+\frac{1}{2}kx^2=0$より$x=2QE/k$．

(d) つり合いの状態にある質点

(e) ばね による力$-kx_0$＋ 電場 による力$QE=0$．つまり，$x_0=QE/k$．

(f) まず，xを用いて運動方程式を書く．

$$m\,\mathrm{d}^2x/\mathrm{d}t^2=-kx+QE$$

右辺は$-k(x-QE/k)=-k(x-x_0)=-kx'$

左辺は$m\,\mathrm{d}^2x/\mathrm{d}t^2=m\,\mathrm{d}^2(x-x_0)/\mathrm{d}t^2=m\,\mathrm{d}^2x'/\mathrm{d}t^2$

したがって，$m\,\mathrm{d}^2x'/\mathrm{d}t^2=-kx'$であり，$x'$は単振動の運動方程式を満たす．

(g) 単振動は$x'=A\sin(\omega t+\theta)$と表せ，これを運動方程式に代入すると$\omega=\sqrt{k/m}$．単振動の周期$T=2\pi/\omega$だから，$T=2\pi\sqrt{m/k}$．

(h) 電場には依存しない．なぜなら，電場は物体の位置によらず物体に右向きの一定の力を加えるだけであり，単につり合いの位置を変えるにすぎないから．重力のもとで吊り下げた ばね振動子の運動と同様．

2·7 陽子の電荷の電気量は$q_{\mathrm{p}}=1.60\times10^{-19}\ \mathrm{C}$，電子の電荷の電気量は$q_{\mathrm{e}}=-1.60\times10^{-19}\ \mathrm{C}$である．

(a) 陽子から距離$r=1.00\times10^{-2}\ \mathrm{m}$だけ離れた点における電位は，

$$V_1=\frac{1}{4\pi\varepsilon_0}\frac{q_{\mathrm{p}}}{r}=(8.99\times10^{9}\ \mathrm{N\cdot m^2/C^2})\times\frac{1.60\times10^{-19}\ \mathrm{C}}{1.00\times10^{-2}\ \mathrm{m}}$$
$$=1.44\times10^{-7}\ \mathrm{V}$$

(b) 2 cmだけ離れた点における電位は，

$$V_2=(8.99\times10^{9}\ \mathrm{N\cdot m^2/C^2})\times\frac{1.60\times10^{-19}\ \mathrm{C}}{2.00\times10^{-2}\ \mathrm{m}}$$
$$=7.19\times10^{-8}\ \mathrm{V}$$

したがって，電位差は，

$$V_2 - V_1 = (7.19\times10^{-8}\,\mathrm{V}) - (1.44\times10^{-7}\,\mathrm{V}) = -7.19\times10^{-8}\,\mathrm{V}$$

(c) 陽子を電子に変えると，電気量の符号が反転するだけだから，電位も電位差も，陽子の場合の値の符号を反転したものになる．

2·8 (a) 原点にある電荷には，左右の電荷がそれぞれ同じ大きさの斥力を及ぼすから，その合力は 0．

(b) 電場の定義は，試験電荷に働く力を試験電荷の電気量で割ったものであり，いまの場合，力が 0 だから電場も 0．

(c) 電気量 Q の電荷が，そこから距離 r だけ離れた位置につくる電場の電位は，$V = k_e Q/r$ である．複数の電荷による電位はスカラー量として重ね合わせができる．したがって，原点から等距離にある 2 個の同量の電荷 q による電場の電位は，

$V = 2\times(8.99\times10^9\,\mathrm{N\cdot m^2/C^2})\times(2.00\times10^{-6}\,\mathrm{C})/(0.800\,\mathrm{m}) = 4.50\times10^4\,\mathrm{V} = 45.0\,\mathrm{kV}$

2·9 複数の電荷による電場の電位は，それぞれの電荷による電位の重ね合わせ(符号付きの和)で与えられる．したがって，電位は，

$$V = k_e\left[\frac{q}{\sqrt{(2^2-0.5^2)}\,d} - \frac{2q}{0.5d}\right]$$

$$= k_e\frac{q}{d}\left[\frac{1}{\sqrt{2^2-0.5^2}} - \frac{2}{0.5}\right]$$

$$= (8.99\times10^9\,\mathrm{N\cdot m^2/C^2})\times\frac{7.00\times10^{-6}\,\mathrm{C}}{2.00\times10^{-2}\,\mathrm{m}}\times\left(\frac{1}{1.94} - \frac{2}{0.5}\right)$$

$$= -1.09\times10^7\,\mathrm{V}$$

2·10 アルファ粒子の電気量 $q = 2e = 2\times1.60\times10^{-19}\,\mathrm{C}$，質量 $m = 6.64\times10^{-27}\,\mathrm{kg}$ であり，初期の速さ $v_i = 2.00\times10^7\,\mathrm{m/s}$．金の原子核の電気量 $Q_{Au} = 79e = 2\times1.60\times10^{-19}\,\mathrm{C}$ である．金の原子核は動かないので，金の原子核がつくる電場-アルファ粒子の系は孤立系であり，この系にエネルギー保存則を適用する．

初期状態の系の運動エネルギーはアルファ粒子の運動エネルギーであり $K_i = \frac{1}{2}mv_i^2$．アルファ粒子は遠方にあるので，金の原子核による電気ポテンシャルエネルギーは $U_i = 0$ とみなせる．したがって，初期の全エネルギーは $E_i = K_i = \frac{1}{2}mv_i^2$．

終状態はアルファ粒子が一瞬静止して跳ね返されるときであり，運動エネルギー $K_f = 0$．このときの金の原子核とアルファ粒子との距離を d とすると，電気ポテンシャルエネルギーは $U_f = k_e q Q_{Au}/d$．したがって，終状態の全エネルギーは $E_f = U_f = k_e q Q_{Au}/d$．エネルギー保存則 $E_i = E_f$ により，$\frac{1}{2}mv_i^2 = k_e q Q_{Au}/d$．つまり，$d = k_e\dfrac{qQ_{Au}}{\frac{1}{2}mv_i^2}$

数値を代入して，

$$d = (8.99\times10^9\,\mathrm{N\cdot m^2/C^2})\times\frac{(2\times1.60\times10^{-19}\,\mathrm{C})(2\times1.60\times10^{-19}\,\mathrm{C})}{\frac{1}{2}(6.64\times10^{-27}\,\mathrm{kg})(2.00\times10^7\,\mathrm{m/s})^2} = 2.74\times10^{-14}\,\mathrm{m}$$

2·11 左上の電荷の電気量 $q_1 = q$，右下の電荷の電気量 $q_2 = q$，右上の電荷の電気量 $q_3 = q$，左下の電荷の電気量 $q_4 = q$ である．電荷 q_4 が無限の遠方にあるとき，他の 3 つの電荷との相互作用によるポテンシャルエネルギーは 0．q_4 が図の位置にあるとき，他の 3 つの電荷との相互作用によるポテンシャルエネルギーは，

$$U = q_4V_1 + q_4V_2 + q_4V_3 = q_4\left(\frac{1}{4\pi\varepsilon_0}\right)\left(\frac{q_1}{r_1} + \frac{q_2}{r_2} + \frac{q_3}{r_3}\right)$$

$$U = (10.0\times10^{-6}\,\mathrm{C})^2(8.99\times10^9\,\mathrm{N\cdot m^2/C^2})\times\left(\frac{1}{0.600\,\mathrm{m}} + \frac{1}{0.150\,\mathrm{m}} + \frac{1}{\sqrt{(0.600\,\mathrm{m})^2 + (0.150\,\mathrm{m})^2)}}\right)$$

数値を代入して，$U = 8.95\,\mathrm{J}$．

2·12 球が一様な密度(正確に言えば，球対称の分布をもてばよく，半径方向には密度が一様でなくてよい．万有引力の場合と同じ．)の電荷をもつとき，外部の電場は球の中心に全電荷が集中している場合の電場に等しい．2 個の球が電気量の Q_1 と Q_2 の電荷をもち，中心間の距離が r であるとき，2 個の球の電荷のクーロン相互作用によるポテンシャルエネルギーは，$U = k_e Q_1 Q_2/r$．$r_i = 1.00\,\mathrm{m}$ とすれば初期の値 U_i が得られ，$r_f = 0.800\,\mathrm{cm}$ とすれば，衝突するときの値 U_f が得られる．その差は，

$$\Delta U = U_f - U_i$$

$$= k_e Q_1 Q_2\left(\frac{1}{r_f} - \frac{1}{r_i}\right)$$

$$= (8.99\times10^9\,\mathrm{N\cdot m^2/C^2})\times(-2.00\times10^{-6}\,\mathrm{C})\times(3.00\times10^{-6}\,\mathrm{C})\times\left[\frac{1}{(0.800\times10^{-2}\,\mathrm{m})} - \frac{1}{(1.00\,\mathrm{m})}\right]$$

$$= -6.69\,\mathrm{J}$$

(a) 2 個の球の系の初期の全運動量は 0．したがって，2 個の球が引力相互作用によって互いに逆向きに運動を始めた後も，全運動量は 0．質量 $m_1 = 0.100\,\mathrm{kg}$ の球の速さを v_1，質量 $m_2 = 0.700\,\mathrm{kg}$ の球の速さを v_2 とすると $m_1v_1 = m_2v_2$．全運動エネルギー K は初期状態で 0 だから，衝突のときは，

$$\Delta K = \frac{1}{2}m_1v_1^2 + \frac{1}{2}m_2v_2^2 = \frac{1}{2}m_1v_1^2\left(1 + \frac{m_1}{m_2}\right)$$

全エネルギーも保存され，$\Delta K + \Delta U = 0$ だから，$\Delta K = -\Delta U = 6.69\,\mathrm{J}$．したがって，

$$v_1 = \sqrt{2(-\Delta U)\frac{m_2}{m_1}\left(\frac{1}{m_1+m_2}\right)}$$

$$= \sqrt{2\times(6.69\,\mathrm{J})\left(\frac{0.700\,\mathrm{kg}}{0.100\,\mathrm{kg}}\right)\left(\frac{1}{0.100\,\mathrm{kg} + 0.700\,\mathrm{kg}}\right)}$$

$$= 10.8\,\mathrm{m/s}$$

$$v_2 = \left(\frac{m_1}{m_2}\right) \times v_1$$
$$= \left(\frac{0.100\ \mathrm{kg}}{0.700\ \mathrm{kg}}\right) \times (10.8\ \mathrm{m/s}) = 1.55\ \mathrm{m/s}$$

(b) 速さは大きい．なぜなら，導体球の電荷は自由に動くことができ，2個の球が遠く離れている場合に比べて，衝突する瞬間にはそれぞれの電荷が相手方の球に近い側に集中する．実効的な電荷分布の中心が(a)の場合より接近して，ポテンシャルエネルギーが負の側に増大し，上の計算の $|\Delta U|$ が増大するから．なお，初期状態で2個の球の距離は1mで有限だから，原理的に電荷分布は一様ではなく，それぞれの電荷は相手方の方に向かっていくらか移動している．しかし，それを考慮してもなお，衝突する瞬間の電荷の集中の効果が大きいと考えられる．

2·13 図を参照し，(1.00 m, 0)にある電荷 $q_1 = 2.00 \times 10^{-6}$ C と電位を求めるP点(0, 0.500 m)との距離を r とする．(−1.00 m, 0)にある電荷 $q_2 = 2.00 \times 10^{-6}$ C と電位を求めるP点(0, 0.500 m)との距離も r である．(a) P点における電位は，

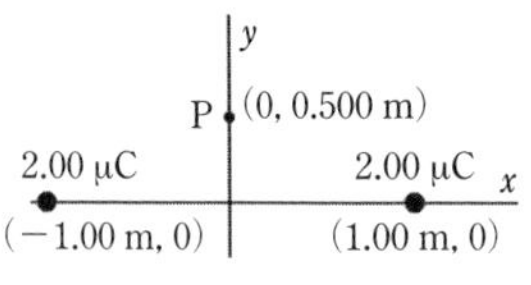

$$V = k_e \frac{q_1}{r} + k_e \frac{q_2}{r}$$
$$= \frac{2 \times (8.99 \times 10^9\ \mathrm{N \cdot m^2/C^2}) \times (2.00 \times 10^{-6}\ \mathrm{C})}{\sqrt{(1.00\ \mathrm{m})^2 + (0.500\ \mathrm{m})^2}}$$
$$= 3.22 \times 10^4\ \mathrm{V} = 32.2\ \mathrm{kV}$$

(b) (a)で求めた電位は無限遠方を基準点としているから，P点に電荷 $Q = -3.00 \times 10^{-6}$ C をもち込むときは，系の電気的ポテンシャルエネルギーは $QV = (-3.00 \times 10^{-6}\ \mathrm{C}) \times (3.22 \times 10^4\ \mathrm{V}) = -9.66 \times 10^{-2}$ J だけ変化する．

2·14 電気量 $q_1 = 2.00 \times 10^{-8}$ C が(0, 4.00×10^{-2} m)に，電気量 $q_2 = -2.00 \times 10^{-8}$ C が(0, -4.00×10^{-2} m)に，電気量 $q_3 = 1.00 \times 10^{-8}$ C が(0, 0)にある．

(a) 2個の電荷 $q_1 q_2$ が距離 r_{12} だけ離れて置かれ，2個の電荷 $q_2 q_3$ が距離 r_{23} だけ離れて置かれ，2個の電荷 $q_3 q_1$ が距離 r_{31} だけ離れて置かれている．全ポテンシャルエネルギー U は，これらの電荷の組それぞれのポテンシャルエネルギーの和である．つまり，

$$U = k_e \left(\frac{q_1 q_2}{r_{12}} + \frac{q_2 q_3}{r_{23}} + \frac{q_3 q_1}{r_{31}}\right)$$
$$= (8.99 \times 10^9\ \mathrm{N \cdot m^2/C^2})$$
$$\times \left[\frac{(2.00 \times 10^{-8}\ \mathrm{C})(-2.00 \times 10^{-8}\ \mathrm{C})}{(8.00 \times 10^{-2}\ \mathrm{m})} + \frac{(-2.00 \times 10^{-8}\ \mathrm{C})(1.00 \times 10^{-8}\ \mathrm{C})}{(4.00 \times 10^{-2}\ \mathrm{m})} + \frac{(1.00 \times 10^{-8}\ \mathrm{C})(2.00 \times 10^{-8}\ \mathrm{C})}{(4.00 \times 10^{-2}\ \mathrm{m})}\right]$$
$$= 4.50 \times 10^{-5}\ \mathrm{J}$$

(b) 質量 $m = 2.00 \times 10^{-13}$ kg，電気量 $Q = 40.0$ nC がP点(3.00×10^{-3} m, 0)に置かれる．P点と q_1, q_2, q_3 の位置との距離をそれぞれ r_1, r_2, r_3 とすると，P点におけるポテンシャルは，

$$V = k_e \left(\frac{q_1}{r_1} + \frac{q_2}{r_2} + \frac{q_3}{r_3}\right)$$
$$= (8.99 \times 10^9\ \mathrm{N \cdot m^2/C^2})$$
$$\times \left[\frac{(2.00 \times 10^{-8}\ \mathrm{C})}{\sqrt{(4.00 \times 10^{-2}\ \mathrm{m})^2 + (3.00 \times 10^{-2}\ \mathrm{m})^2}} + \frac{(-2.00 \times 10^{-8}\ \mathrm{C})}{\sqrt{(4.00 \times 10^{-2}\ \mathrm{m})^2 + (3.00 \times 10^{-2}\ \mathrm{m})^2}} + \frac{(1.00 \times 10^{-8}\ \mathrm{C})}{(3.00 \times 10^{-2}\ \mathrm{m})}\right]$$
$$= 3.00 \times 10^3\ \mathrm{V}$$

ここに電気量 $Q = 40.0$ nC の電荷を置くと，電気的ポテンシャルエネルギー $U = QV > 0$ だから，電荷 Q は電気的ポテンシャルエネルギーがゼロとなる無限遠方に向かって力を受ける．無限遠方では電気的ポテンシャルエネルギーが0になるから，ここで求めた U はすべて電荷 Q の運動エネルギーに変わる．電荷 Q の速さを v として，$\frac{1}{2}mv^2 = QV$ より，

$$v = \sqrt{\frac{2QV}{m}} = \sqrt{\frac{2 \times (4.00 \times 10^{-8}\ \mathrm{C}) \times (3.00 \times 10^3\ \mathrm{V})}{(2.00 \times 10^{-13}\ \mathrm{kg})}}$$
$$= 3.46 \times 10^4\ \mathrm{m/s}$$

2·15 (a) 求める点の x 座標を x とする．求める点に原点の電荷 q がつくる電場の大きさは $E_1 = k_e q/x^2$．位置 $x_2 = 2.00$ m にある電荷 $-2q$ が求める点につくる電場の大きさは $E_2 = 2k_e q/(x - x_2)^2$．$x > x_2$ においては E_1 は x 軸の正の向き，E_2 は x 軸の負の向きである．$x_2 > 0$ だから必ず $x^2 > (x - x_2)^2$ であり，また $k_e q < 2k_e q$ だから E_1 と E_2 を重ね合わせた電場はかならず負の向きで，電場が0となることはない．$0 < x < x_2$ では，E_1 は x 軸の正の向き，E_2 も x 軸の正の向きだから，全電場が0となることはない．$x < 0$ では，E_1 は x 軸の負の向き，E_2 は x 軸の正の向きだから，それを重ね合わせた全電場が0となる条件は，$E_1 = E_2$ である．$k_e q/x^2 = 2k_e q/(x - x_2)^2$ より，$x^2 + 2x_2 x - x_2^2 = 0$．したがって，$x = (-1 \pm \sqrt{2})x_2$．複号の＋は $x < 0$ という条件に合わない．したがって，$x = (-1 - \sqrt{2})x_2$．$x_2 = 2.00$ m を代入して $x = -4.83$ m．

(b) 求める点の x 座標を x とする．求める点に原点の電荷 q がつくる電場の電位は $E_1 = k_e q/|x|$．位置 x_2 にある電荷 $-2q$ が求める点につくる電場の電位は $E_2 = -2k_e q/\sqrt{(x - x_2)^2}$．全電場の電位は $E_1 + E_2 = k_e q/|x| - 2k_e q/\sqrt{(x - x_2)^2}$．これが0となる条件は，$1/|x| - 2/\sqrt{(x - x_2)^2} = 0$．第2項を移行して両辺を2乗すると，$1/x^2 = 4/(x - x_2)^2$．つまり，$3x^2 + 2x_2 x - x_2^2 = 0$．$x = -x_2 \pm \sqrt{(x_2^2 + 3x_2^2)}$．$x_2 = 2.00$ m を代入して $x = 2/3$ m $= 0.667$ m または $x = -2.00$ m

2·16 (a) $r < R$ では，$V = k_e Q/R$ は一定．したがって，$E_{半径} = -\mathrm{d}V/\mathrm{d}r = 0$

(b) $r > R$ では，$E_r = -\dfrac{\mathrm{d}V}{\mathrm{d}r} = -\left(-\dfrac{k_e Q}{r^2}\right) = \dfrac{k_e Q}{r^2}$

全電荷が球の中心に集中しているときの電場と同じであることに注意．

2·17 (a)

$$E_x = \frac{\partial V}{\partial x} = -5 + 6xy$$

$$E_y = \frac{\partial V}{\partial y} = -3x^2 - 2z^2$$

$$E_z = \frac{\partial V}{\partial z} = -4yz$$

(b) 電場の x, y, z 成分の値を求めると，

$$E_x = -5 + 6(1.00)(0) = -5.00\,(\mathrm{N/C})$$

$$E_y = 3(1.00)^2 - 2(-2.00)^2 = -5.00\,(\mathrm{N/C})$$

$$E_z = -4(0)(-2.00) = 0$$

したがって，

$$E = \sqrt{E_x^{\,2} + E_y^{\,2} + E_z^{\,2}} = \sqrt{(-5.00)^2 + (-5.00)^2 + 0^2} = 7.07\,(\mathrm{N/C})$$

2·18 (a) $\lambda = \alpha x$ で，λ の単位は [電気量]/[長さ] で，x の単位は [長さ]．したがって，α の単位は [電気量]/[長さ]^2，SI 単位系では $\mathrm{C/m^2}$.

(b) 位置 x と $x + \mathrm{d}x$ の間にある電荷の電気量は，$\mathrm{d}q = \alpha x\,\mathrm{d}x$．これによる A 点の電位 $\mathrm{d}V$ は，

$$\mathrm{d}V = k_e \frac{\mathrm{d}q}{r} = k_e \frac{\alpha x\,\mathrm{d}x}{d + x}$$

電場，電位は重ね合わせが可能だから，$x = 0$ から $x = L$ までに分布する全電荷による電位は，

$$V = \int_{すべての\,q} \mathrm{d}V = \int_0^L \frac{k_e \alpha x}{d + x}\,\mathrm{d}x$$

積分を行うには，変数変換をすればよい．$u = d + x$ とおくと，$\mathrm{d}u = \mathrm{d}x$ であり，$x = 0$ は $u = d$ に相当し，$x = L$ は $u = d + L$ に相当する．したがって，

$$V = \int_d^{d+L} \frac{k_e \alpha (u - d)}{u}\,\mathrm{d}u = k_e \alpha \int_d^{d+L} \mathrm{d}u - k_e \alpha d \int_d^{d+L} \left(\frac{1}{u}\right) \mathrm{d}u$$

つまり，

$$V = k_e \alpha u \Big|_d^{d+L} - k_e \alpha d \ln u \Big|_d^{d+L} = k_e \alpha (d + L - d) - k_e \alpha d\,[\ln(d + L) - \ln d]$$

各項を整理して，

$$V = k_e \alpha \left[L - d \ln\left(1 + \frac{L}{d}\right)\right]$$

(c) (b)と同様の計算で求める．

$$V = \int \frac{k_e\,\mathrm{d}q}{r} = k_e \int_0^L \frac{\alpha x\,\mathrm{d}x}{\sqrt{b^2 + (L/2 - x)^2}}$$

変数変換 $z = \dfrac{L}{2} - x$ を行うと，$x = \dfrac{L}{2} - z$ および $\mathrm{d}x = -\mathrm{d}z$.

積分は付録の表 B·4 の公式を参照して，

$$V = k_e \alpha \int_{-L/2}^{L/2} \frac{(L/2 - z)(-\mathrm{d}z)}{\sqrt{b^2 + z^2}}$$

$$= -\frac{k_e \alpha L}{2} \int_{-L/2}^{L/2} \frac{\mathrm{d}z}{\sqrt{b^2 + z^2}} + k_e \alpha \int_{-L/2}^{L/2} \frac{z\,\mathrm{d}z}{\sqrt{b^2 + z^2}}$$

$$= -\frac{k_e \alpha L}{2} \ln\left(z + \sqrt{z^2 + b^2}\right) + k_e \alpha \sqrt{z^2 + b^2}$$

$$V = -\frac{k_e \alpha L}{2} \ln\left[\left(\frac{L}{2} - x\right) + \sqrt{\left(\frac{L}{2} - x\right)^2 + b^2}\right]\Bigg|_0^L + k_e \alpha \sqrt{\left(\frac{L}{2} - x\right)^2 + b^2}\,\Bigg|_0^L$$

つまり，

$$V = -\frac{k_e \alpha L}{2} \ln\left[\frac{L/2 - L + \sqrt{(L/2)^2 + b^2}}{L/2 + \sqrt{(L/2)^2 + b^2}}\right] + k_e \alpha \left[\sqrt{\left(\frac{L}{2} - L\right)^2 + b^2} - \sqrt{\left(\frac{L}{2}\right)^2 + b^2}\right]$$

$$V = -\frac{k_e \alpha L}{2} \ln\left[\frac{\sqrt{b^2 + (L^2/4)} - L/2}{\sqrt{b^2 + (L^2/4)} + L/2}\right]$$

2·19 全電荷による電位は，部分ごとの電荷による電位の重ね合わせで求められる．

$$V = k_e \int_{全電荷} \frac{\mathrm{d}q}{r} = k_e \int_{-3R}^{-R} \frac{\lambda\,\mathrm{d}x}{-x} + k_e \int_{半円周} \frac{\lambda\,\mathrm{d}s}{R} + k_e \int_R^{3R} \frac{\lambda\,\mathrm{d}x}{x}$$

各項ごとに積分して総和を求める．

$$V = -k_e \lambda \ln(-x)\Big|_{-3R}^{-R} + \frac{k_e \lambda}{R} \pi R + k_e \lambda \ln x \Big|_R^{3R}$$

$$V = k_e \lambda \ln \frac{3R}{R} + k_e \lambda \pi + k_e \lambda \ln 3 = k_e \lambda (\pi + 2 \ln 3)$$

2·20 円環に沿う微小部分の電荷を $\mathrm{d}q$ とし，その電荷と円の中心との距離を r とする．無限の遠方を電位の基準とすると，円の中心における電位は，

$$V = \int \mathrm{d}V = \frac{1}{4\pi\varepsilon_0} \int \frac{\mathrm{d}q}{r}$$

円周に沿って，すべての $\mathrm{d}q$ に関する r は一定で，円の半径 $R = 0.140\,\mathrm{m}$ に等しいから，

$$V = \frac{1}{4\pi\varepsilon_0} \frac{Q}{R} = (8.99 \times 10^9\,\mathrm{N \cdot m^2/C^2}) \times \frac{(-7.50 \times 10^{-6}\,\mathrm{C})}{(0.140\,\mathrm{m})} = -4.82 \times 10^5\,\mathrm{V}$$

2·21 電子を取り去ると，導体球は正に帯電し，正電荷は導体球の表面に一様に分布する．そのときの外部における電位は，全電荷が球の中心に集中したときと同じであ

る．つまり，球の中心からの距離 r の位置における電位は，

$$V = \frac{k_e q}{r}$$

この式で $r = 0.300\ \mathrm{m}$ とおけば，導体球の表面の電位が得られる．したがって，次の関係式が得られる．

$$7.50 \times 10^3\ \mathrm{V} = \frac{(8.99 \times 10^9\ \mathrm{N \cdot m^2/C^2})q}{0.300\ \mathrm{m}}$$

これより，$q = 2.50 \times 10^{-7}\ \mathrm{C}$ となり，取り去られた電気量は $-q = -2.50 \times 10^{-7}\ \mathrm{C}$．電子1個の電気量は $-1.60 \times 10^{-19}\ \mathrm{C}$ だから，取り去られた電子の個数は，
$N = -(2.50 \times 10^{-7}\ \mathrm{C})/(-1.60 \times 10^{-19}\ \mathrm{C}/\text{個}) = 1.56 \times 10^{12}$ 個 （「個」には次元がないことに注意．）

2・22 (a) 半径 $r_1 = 6.00\ \mathrm{cm}$ の球には q_1 の電気量が，半径 $r_2 = 2.00\ \mathrm{cm}$ の球には q_2 の電気量があるとする．$q_1 + q_2 = 1.20\ \mu\mathrm{C}$ である．2個の球とそれを結ぶ針金は導体だからそれらの電位は等しく，この系に与えた電荷は等電位の条件，つまり導体系の内部の電場が0になり，互いの斥力のつり合いが保たれるように導体系の表面に分布する．その結果，電荷のほとんどは両端の球に集中し，中間の針金に分布する電気量は小さいと考えられるから，これを無視する．また，針金を十分に長くすると，一方の球の電荷が他方の球の電荷に及ぼす電場は0に向かうはずだから，近似として，2個の球の電荷はそれぞれの球の表面に一様に分布するとしてよい．導体球の表面に電荷が一様に分布するとき，球の表面および外部の電位は，全電荷が球の中心に集中したときと同じである．以上の考察により，2個の導体球の電位は等しく，次のように表すことができる．

$$\frac{k_e q_1}{r_1} = \frac{k_e q_2}{r_2}$$

$q_1 = q_2 r_1/r_2$ となるから，全電気量とそれぞれの球の電気量，および電位が次のように求められる．

$$\frac{q_2 r_1}{r_2} + q_2 = 1.20 \times 10^{-6}\ \mathrm{C}$$

$$q_2 = \frac{1.20 \times 10^{-6}\ \mathrm{C}}{1 + 6.00\ \mathrm{cm}/2.00\ \mathrm{cm}} = 0.300 \times 10^{-6}\ \mathrm{C}$$

$$q_1 = 1.20 \times 10^{-6}\ \mathrm{C} - 0.300 \times 10^{-6}\ \mathrm{C} = 0.900 \times 10^{-6}\ \mathrm{C}$$

$$V = \frac{k_e q_1}{r_1} = \frac{(8.99 \times 10^9\ \mathrm{N \cdot m^2/C^2})(0.900 \times 10^{-6}\ \mathrm{C})}{6.00 \times 10^{-2}\ \mathrm{m}}$$
$$= 1.35 \times 10^5\ \mathrm{V}$$

(b) (a)で求めたそれぞれの球の電位の表現を利用して，大きい球の表面では，

$$\vec{E}_1 = \frac{k_e q_1}{{r_1}^2}\hat{r} = \frac{V_1}{r_1}\hat{r} = \frac{1.35 \times 10^5\ \mathrm{V}}{0.0600\ \mathrm{m}}\hat{r} = 2.25 \times 10^6\ \mathrm{V/m}$$

向きは半径方向の外向き

小さい球の表面では，

$$\vec{E}_2 = \frac{1.35 \times 10^5\ \mathrm{V}}{0.0200\ \mathrm{m}}\hat{r} = 6.74 \times 10^6\ \mathrm{V/m}$$

向きは半径方向の外向き

2・23 無限の遠方を電位の基準とする．
(a) 電流がないなら，導体の内部の電場は $E = 0$ で電位は一定．その電位は後の(c)で求める表面の電位に等しく，全電荷が球の中心に集中した場合と同じ．つまり，

$$V = \frac{k_e q}{R} = \frac{(8.99 \times 10^9\ \mathrm{N \cdot m^2/C^2})(26.0 \times 10^{-6}\ \mathrm{C})}{0.140\ \mathrm{m}}$$
$$= 1.67\ \mathrm{MV}$$

(b) 球対称の電荷分布による電場と電位は，全電荷が球の中心に集中した場合と同じ．電場は，

$$E = \frac{k_e q}{r^2} = \frac{(8.99 \times 10^9\ \mathrm{N \cdot m^2/C^2})(26.0 \times 10^{-6}\ \mathrm{C})}{(0.200\ \mathrm{m})^2}$$
$$= 5.84\ \mathrm{MN/C} \quad \text{外向き}$$

電位は，

$$V = \frac{k_e q}{R} = \frac{(8.99 \times 10^9\ \mathrm{N \cdot m^2/C^2})(26.0 \times 10^{-6}\ \mathrm{C})}{0.200\ \mathrm{m}}$$
$$= 1.17\ \mathrm{MV}$$

(c) 電場は，中心から14.0 cmの点が球の表面のすぐ内側なら電場 $E = 0$．すぐ外側なら，

$$E = \frac{k_e q}{R^2} = \frac{(8.99 \times 10^9\ \mathrm{N \cdot m^2/C^2})(26.0 \times 10^{-6}\ \mathrm{C})}{(0.140\ \mathrm{m})^2}$$
$$= 11.9\ \mathrm{MN/C} \quad \text{外向き}$$

したがって，導体の球の表面は電場の不連続点である．

電位は $V = \dfrac{k_e q}{R} = 1.67\ \mathrm{MV}$．電位は球の内部と表面では一定，$r \geq$ 球の半径 ならその一定値から減少していくので，表面で連続．

2・24 (a) 電気容量とは，それぞれにためられた電気量の絶対値を電位差で割ったものである．

$$C = \frac{Q}{\Delta V} = \frac{10.0 \times 10^{-6}\ \mathrm{C}}{10.0\ \mathrm{V}} = 1.00 \times 10^{-6}\ \mathrm{F} = 1.00\ \mu\mathrm{F}$$

(b) 電位差は，電気容量とそれぞれにためられた電気量の絶対値の積で与えられる．

$$\Delta V = \frac{Q}{C} = \frac{100 \times 10^{-6}\ \mathrm{C}}{1.00 \times 10^{-6}\ \mathrm{F}} = 100\ \mathrm{V}$$

2・25 (a) 導体の球の電荷はその表面に一様に分布する．球の表面と外部の電場および電位は，全電荷が球の中心に集中したときと同じである．全電荷を q とすると，球の中心からの距離が r ($> 12.0\ \mathrm{cm}$) の位置における電場は，$E = k_e q/r^2$ と表される．したがって，全電荷は，

$$q = \frac{Er^2}{k_e} = \frac{(4.90 \times 10^4\ \mathrm{N/C})(0.210\ \mathrm{m})^2}{8.99 \times 10^9\ \mathrm{N \cdot m^2/C^2}} = 0.240\ \mu\mathrm{C}$$

球の表面における電荷密度は，

$$\sigma = \frac{q}{A} = \frac{0.240 \times 10^{-6}\ \mathrm{C}}{4\pi(0.120\ \mathrm{m})^2} = 1.33\ \mu\mathrm{C/m^2}$$

(b) 球の中心からの距離が r ($\geq 12.0\ \mathrm{cm}$) の位置における電位は $V = k_e q/r$ と表される．ただし，無限遠方で $V = 0$ である．したがって，電気容量は $C = q/V = r/k_e = (0.120\ \mathrm{m})/(8.99 \times 10^9\ \mathrm{N \cdot m^2/C^2}) = 13.3\ \mathrm{pF}$．

2·26 電気容量は，電気量と電位差の比例係数だから電位差を求めればよい．この系は球対称だから，電荷分布，電位，電場はすべて球対称をもつと考えられる．

(a) 半径 $r\,(a < r < b)$ の球面をガウス面とし，ガウスの法則を適用する．表面における電場は表面に垂直で外向き．その大きさを E とすると，$4\pi r^2 E = Q/\varepsilon_0$．つまり，$E = \dfrac{1}{4\pi\varepsilon_0}\dfrac{Q}{r^2}$．2つの球の間の電位差は，この電場を半径方向に積分して得られる．

$$V_b - V_a = -\int_a^b \frac{k_e Q}{r^2}(\cos 0)\,\mathrm{d}r = -k_e Q\left.\frac{r^{-1}}{-1}\right|_a^b$$

$$= k_e Q\left(\frac{1}{b} - \frac{1}{a}\right)$$

$$= -k_e Q\left(\frac{1}{a} - \frac{1}{b}\right) = -k_e Q\left(\frac{b-a}{ab}\right)$$

$$V_a - V_b = +k_e Q\left(\frac{b-a}{ab}\right)$$

したがって，電気容量は，

$$C = \frac{Q}{V_a - V_b} = \frac{ab}{k_e(b-a)}$$

(b) $b \to \infty$ では，(a) で求めた C の表式の分母 $b - a \to b$ だから，$C = \dfrac{a}{k_e} = 4\pi\varepsilon_0 a$

2·27 極板の長さと幅は数 cm と考えられる．これに比べて極板の間の距離 $d = 1.80$ mm は十分短いから，極板の間の電場は一様で，電荷は極板の表面に一様に分布するとみなす．

(a) 電場と距離の積が電位差だから，

$$E = \frac{20.0\ \mathrm{V}}{1.80 \times 10^{-3}\ \mathrm{m}} = 11.1\ \mathrm{kV/m}$$

電場ベクトルは電位の高い側から低い側に向かう．

(b) 極板を垂直に貫く，底面積 A の円筒に関してガウスの法則を適用すると，$EA = Q/\varepsilon_0$．ただし，Q は円筒の内部の全電気量である．表面の電荷密度は，$\sigma = Q/A = \varepsilon_0 E$．つまり，

$$\sigma = (1.11 \times 10^4\ \mathrm{N/C})(8.85 \times 10^{-12}\ \mathrm{C^2/N\cdot m^2})$$

$$= 98.3\ \mathrm{nC/m^2}$$

(c) 電気容量は，極板にたまる電気量を電位差で割れば得られる．つまり，$C = Q/Ed$．Q/E に対して (b) の考察の表式を用い，

$$C = \frac{\varepsilon_0 A}{d}$$

$$= \frac{(8.85 \times 10^{-12}\ \mathrm{C^2/N\cdot m^2})(7.60\ \mathrm{cm^2})(1.00\ \mathrm{m/100\ cm})^2}{1.80 \times 10^{-3}\ \mathrm{m}}$$

$$= 3.74\ \mathrm{pF}$$

(d) 極板にたまる全電気量は，(b) で求めた σ を用いて

$$Q = \sigma A = (9.83 \times 10^{-8}\ \mathrm{C/m^2}) \times (7.60 \times 10^{-4}\ \mathrm{m^2})$$

$$= 74.7\ \mathrm{pC}$$

これは電位差と電気容量の積で求めることもできる．

$$Q = (20.0\ \mathrm{V})(3.74 \times 10^{-12}\ \mathrm{F}) = 74.7\ \mathrm{pC}$$

2·28 極板の面積 A で極板の間の距離が d の平行板コンデンサーの電気容量 C は，問題 27 の問 (b) で考察したように，$C = \varepsilon_0 A/d$ で与えられる．1組の極板のセットの極板が2枚であるとき，2組の極板のセットが完全に重なり合う $\theta = 0$ のときの電荷分布は，図のようになる．このときの電気容量は，極板が重なり合った空間が3つあるから実効的な極板の面積は $3A$ となり，

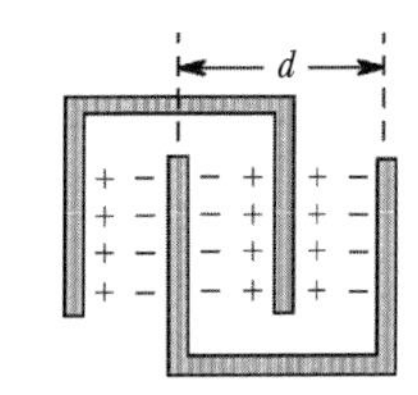

$C = \dfrac{\varepsilon_0(3A)}{\frac{d}{2}}$．極板の枚数が N であれば，

$$C = \frac{\varepsilon_0(2N-1)A}{\frac{d}{2}}$$

$\theta \neq 0$ のとき，実効的な重なりの面積は $A = (\pi - \theta)R^2/2$．したがって，

$$C = \frac{\varepsilon_0(2N-1)(\pi-\theta)R^2/2}{\frac{d}{2}}$$

$$= \frac{\varepsilon_0(2N-1)(\pi-\theta)R^2}{d}$$

2·29 それぞれの導体がもつ電気量の絶対値を Q とし，外部と内部の導体の間の空間における電場 E を求める．同軸ケーブルと同じ軸をもち，半径 $r\,(2.58\ \mathrm{mm} \le r \le 7.27\ \mathrm{mm})$，長さ $L = 50.0$ m の円筒を考え，これに関してガウスの法則を適用する．$2\pi rLE = Q/\varepsilon_0$．したがって，$E = Q/(2\pi rL\varepsilon_0)$．内外の導体の間の電位差は，この電場を r に関して積分して，

$$V = \int_{2.58\,\mathrm{mm}}^{7.27\,\mathrm{mm}} \frac{Q}{2\pi rL\varepsilon_0}\,\mathrm{d}r$$

$$= \frac{Q}{2\pi L\varepsilon_0}\ln\left(\frac{7.27}{2.58}\right) \qquad ①$$

(a) ためられた電気量をこの電位差で割れば電気容量 C が求められる．つまり，

$$C = \frac{2\pi L\varepsilon_0}{\ln\left(\frac{7.27}{2.58}\right)} = \frac{2\pi \times (50.0\ \mathrm{m})(8.85 \times 10^{-12}\ \mathrm{C^2/N\cdot m^2})}{\ln\left(\frac{7.27}{2.58}\right)}$$

$$= 2.68 \times 10^{-9}\ \mathrm{F} = 2.68\ \mathrm{nF}$$

(b) 電位差は，

$$V = \frac{Q}{C} = \frac{8.10 \times 10^{-6}\ \mathrm{C}}{2.68 \times 10^{-9}\ \mathrm{F}} = 3.02 \times 10^3\ \mathrm{V} = 3.02\ \mathrm{kV}$$

(a) で導いた ① 式から計算しても同じ結果が得られる．

2·30 極板間の電場 $\vec{E}$ は一様で水平向きとみなしてよい．糸の張力を T とする．小物体に働く力のつり合いは，水平方向には $T\sin\theta = qE$．鉛直方向には $T\cos\theta = mg$．

この2式の辺どうしの比をつくると $\tan\theta = qE/mg$．したがって，$E = \dfrac{mg\tan\theta}{q}$ であり，電位差は，

$$V = dE = \frac{mgd\tan\theta}{q}$$

2・31 (a) 極板の面積 A で極板の間の距離が d の平行板コンデンサーの電気容量 C は，問題27の問(c)で考察したように，$C = \varepsilon_0 A/d$ で与えられる．真空の誘電率 ε_0 は空気の誘電率 $\varepsilon = \kappa\varepsilon_0$（$\kappa$ は比誘電率）で置き換えるべきだが，乾燥空気の κ は4桁の精度で1だから，

$$C = \frac{\kappa\varepsilon_0 A}{d}$$
$$= \frac{(1.00)(8.85\times10^{-12}\ \mathrm{C^2/N\cdot m^2})(1.00\times10^3\ \mathrm{m})^2}{800\ \mathrm{m}}$$
$$= 11.1\ \mathrm{nF}$$

(b) 電位差 ΔV と電場 E の関係から電位差を求め，それと電気容量の積で電気量を得る．

$\Delta V = Ed = (3.00\times10^6\ \mathrm{N/C})(800\ \mathrm{m}) = 2.40\times10^9\ \mathrm{V}$

$Q = C(\Delta V) = (11.1\times10^{-9}\ \mathrm{C/V})(2.40\times10^9\ \mathrm{V}) = 26.6\ \mathrm{C}$

2・32 (a) 決まった電位差につなぐとき，並列接続の系に蓄えられる電気量は，それぞれのコンデンサーにたまる電気量の和になるから，電気容量は，$C = C_1 + C_2 = 17.0\ \mu\mathrm{F}$.

(b) それぞれのコンデンサーの電位差は等しく，$\Delta V = 9.00\ \mathrm{V}$

(c) 電気容量 C_1, C_2 のコンデンサーにたまる電気量を，それぞれ Q_1, Q_2 とすると，

$$Q_1 = C\Delta V = (5.00\ \mu\mathrm{F})(9.00\ \mathrm{V}) = 45.0\ \mu\mathrm{C}$$
$$Q_2 = C\Delta V = (12.0\ \mu\mathrm{F})(9.00\ \mathrm{V}) = 108\ \mu\mathrm{C}$$

2・33 直列接続をすると，それぞれのコンデンサーには同量の電荷がたまり，系に加えられる電位差はそれぞれのコンデンサーの電位差の和になる．

(a)　$$\frac{1}{C_{等価}} = \frac{1}{C_1} + \frac{1}{C_2} = \frac{1}{5.00\ \mu\mathrm{F}} + \frac{1}{12.0\ \mu\mathrm{F}}$$

つまり　$C_{等価} = 3.53\ \mu\mathrm{F}$

(b) 等価コンデンサーにたまる電気量は，

$$Q_{等価} = C_{等価}\Delta V = (3.53\ \mu\mathrm{F})(9.00\ \mathrm{V}) = 31.8\ \mu\mathrm{C}$$

これはそれぞれのコンデンサーにたまる電気量に等しいから，$Q_1 = Q_2 = 31.8\ \mu\mathrm{C}$

(c) たまる電気量を電気容量で割って，

$$\Delta V_1 = \frac{Q_1}{C_1} = \frac{31.8\ \mu\mathrm{C}}{5.00\ \mu\mathrm{F}} = 6.35\ \mathrm{V}$$
$$\Delta V_2 = \frac{Q_2}{C_2} = \frac{31.8\ \mu\mathrm{C}}{12.0\ \mu\mathrm{F}} = 2.65\ \mathrm{V}$$

2・34 (a) 段階的に，複数のコンデンサーの集合を等価容量をもつ1個のコンデンサーで置き換え，回路を簡単化すればよい．まず，直列になった $C_1 = 15.0\ \mu\mathrm{F}$ のコンデンサーと $C_2 = 3.00\ \mu\mathrm{F}$ のコンデンサーの等価容量 $C_{等価}$ は，$1/C_{等価} = 1/C_1 + 1/C_2$ より，$C_{等価} = 2.5\ \mu\mathrm{F}$ となるから，図①のように，電気容量 $2.50\ \mu\mathrm{F}$ の1個のコンデンサーで置き換える．次に，その回路で並列になった $C_3 = 2.50\ \mu\mathrm{F}$ のコンデンサーと $C_4 = 6.00\ \mu\mathrm{F}$ のコンデンサーの等価容量 $C_{等価}$ は，$C_{等価} = C_3 + C_4$ より，$C_{等価} = 8.50\ \mu\mathrm{F}$ となる．そこで，C_3 と C_4 の並列接続を，図②のように電気容量 $8.50\ \mu\mathrm{F}$ の1個のコンデンサーで置き換える．最後に，その回路で直列になった $C_5 = 8.50\ \mu\mathrm{F}$ のコンデンサーと $C_6 = 20.0\ \mu\mathrm{F}$ のコンデンサーの等価容量 $C_{等価}$ は，$1/C_{等価} = 1/C_5 + 1/C_6$ より $C_{等価} = 5.96\ \mu\mathrm{F}$ となり，最終的な回路は，図③のように，$C_{等価} = 5.96\ \mu\mathrm{F}$ の1個のコンデンサーで置き換えられる．

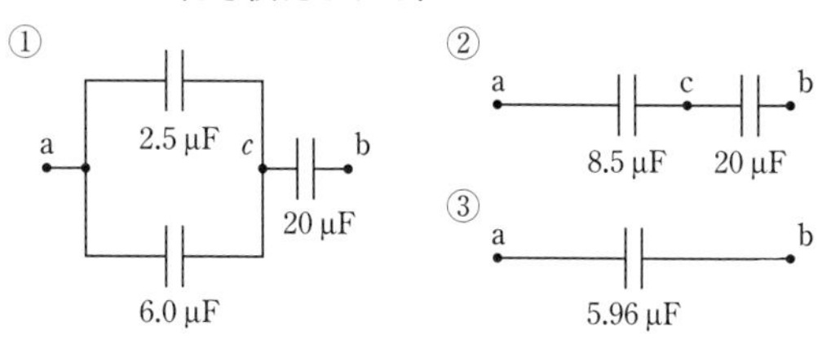

(b) (a)で求めた最終的な等価回路により，この4個のコンデンサーの組合わせにたまる電気量は，最終的に図(c)の $C = 5.96\ \mu\mathrm{F}$ の1個のコンデンサーにたまる電気量に等しい．したがって，たまる電気量は，

$$Q = C\Delta V = (5.96\ \mu\mathrm{F})(15.0\ \mathrm{V})$$
$$= 89.5\ \mu\mathrm{C}$$

このことから，図②の左側のコンデンサーの左側の極板には $\pm Q$ の電荷（複号は電源の極性で決まる）が，右側のコンデンサーの右側の極板には $\mp Q$ の電荷がたまる．コンデンサーの2枚の極板にたまる電荷は同量で異符号でなければならない．だから，左側のコンデンサーの右側の極板には $\mp Q$ の電荷が，右側のコンデンサーの右側の極板には $\pm Q$ の電荷がたまる．これで，元の回路の $C = 20.0\ \mu\mathrm{F}$ のコンデンサーにたまる電気量が $89.5\ \mu\mathrm{C}$ であることがわかった．また，図①に戻って，$2.5\ \mu\mathrm{F}$ と $6.00\ \mu\mathrm{F}$ のコンデンサーの並列の組合わせにたまる電気量も $89.5\ \mu\mathrm{C}$ であることがわかる．この2個のコンデンサーに加わる電位差は等しいから，たまる電気量の比は電気容量の比に等しい．したがって，

$2.5\ \mu\mathrm{F}$ のコンデンサーの電気量

$$= 89.5\ \mu\mathrm{C}\times\frac{2.50}{(2.50+6.00)} = 26.3\ \mu\mathrm{C}$$

これは元の回路図の $15.0\ \mu\mathrm{F}$ と $3.00\ \mu\mathrm{F}$ のコンデンサーにそれぞれたまる電気量に等しい．次に，

$6.00\ \mu\mathrm{F}$ のコンデンサーの電気量

$$= 89.5\ \mu\mathrm{C}\times\frac{6.00}{(2.50+6.00)} = 63.2\ \mu\mathrm{C}$$

つまり，元の回路の $6.00\ \mu\mathrm{F}$ のコンデンサーにたまる電気量 $= 63.2\ \mu\mathrm{C}$.

2·35 (a) いまあるコンデンサーの電気容量は 34.8 μF. これより小さい等価容量 = 32.0 μF が必要. そのためには, 追加のコンデンサーを直列に接続すべきである.
(b) 追加のコンデンサーの電気容量を C μF とすると, (1/C μF) + (1/34.8 μF) = 32.0 μF. したがって, C = 398 μF.
(c) 等価容量を増す必要があるから, 追加のコンデンサーを並列に接続すべきである. その電気容量を C μF とすると, (C μF) + (29.8 μF) = 32.0 μF. つまり, C = 2.20 μF.

2·36 2個のコンデンサーの電気容量を C_1, C_2 とする.

$$C_1 + C_2 = C_{並列}, \qquad \frac{1}{C_1} + \frac{1}{C_2} = \frac{1}{C_{直列}}$$

第1式より $C_2 = C_{並列} - C_1$ を第2式に代入して,

$$\frac{1}{C_{直列}} = \frac{1}{C_1} + \frac{1}{C_{並列} - C_1} = \frac{C_{並列} - C_1 + C_1}{C_1(C_{並列} - C_1)}$$

したがって, $C_1{}^2 - C_1 C_{並列} + C_{並列} C_{直列} = 0$
これを解いて,

$$C_1 = \frac{C_{並列} \pm \sqrt{C_{並列}{}^2 - 4C_{並列}C_{直列}}}{2} = \frac{1}{2}C_{並列} + \sqrt{\frac{1}{4}C_{並列}{}^2 - C_{並列}C_{直列}}$$

(複号の一方を選んだ. 他方を選ぶと C_1 と C_2 の値が入れ替わるだけ)

$$C_2 = \frac{1}{2}C_{並列} - \sqrt{\frac{1}{4}C_{並列}{}^2 - C_{並列}C_{直列}}$$

2·37 コンデンサーの1個の容量を C, コンデンサーの個数を n とする. 並列接続のときの等価容量は $C_{並列} = nC$. 直列のときの等価容量は $C_{直列} = \dfrac{1}{\frac{1}{C} \times n} = \dfrac{C}{n}$.

$C_{並列}/C_{直列} = n^2$. これが 100 なのだから $n = 10$. コンデンサーの個数は10個.

2·38 (a) C_2 と C_3 は並列だから, その並列接続の等価容量は $C_2 + C_3$. これと直列に C_1 があるから, その直列接続の等価容量は $\left(\dfrac{1}{C_1} + \dfrac{1}{C_2 + C_3}\right)^{-1} = \left(\dfrac{1}{3C} + \dfrac{1}{6C}\right)^{-1} = 2C$. これが電池から見たこの回路の等価容量である.
(b) ある電位差を加えると, コンデンサーにたまる電気量はその電気容量に比例する. C_2 と C_3 には同じ電位差が加わるから, たまる電気量は電気容量に比例する. C_2 にたまる電気量を Q とすると, C_3 には C_2 の5倍の $5Q$ の電気量がたまる. それらの電荷は C_2 と C_3 の上側の極板にたまるから, その電荷と逆符号の電荷が C_1 の右側の極板にたまる. つまり, C_1 には C_3 と C_2 の電気量の和 $6Q$ がたまる. したがって, C_1 にたまる電気量が最大, 2番目は C_3 にたまる電気量, 最小が C_2 にたまる電気量である.
(c) たまる電気量を電気容量で割れば電位差 V が求められる. C_1 では $V_1 = 6Q/3C = 2Q/C$. C_2 では $V_2 = Q/C$. C_3 では $V_3 = 5Q/5C = Q/C$. つまり, $V_1 > V_2 = V_3$.
　別の考え方は次のとおり. ある電位差を直列接続のコンデンサーに加えると, それぞれのコンデンサーには同じ電気量がたまるから, それらの電位差はその電気容量に反比例する. (a) の考察より, C_1 の電位差と, C_2, C_3 の並列接続全体の電位差の比は, 6 : 3 = 2 : 1. 次に, C_2 と C_3 に加わる電位差は等しく, それは C_2, C_3 の並列接続全体の電位差に等しい. したがって, $V_1 > V_2 = V_3$.
(d) C_3 を増すと, C_2, C_3 の並列接続の等価容量が増すから, この並列接続に加わる電位差は減少し, C_1 の電位差が増す. したがって, C_1 の電気量は増し, それと同量の電気量が C_2, C_3 の並列接続にたまらなければならない. ところが, C_2, C_3 の並列接続の電位差は減少するから, C_2 の電気量は減少する. したがって, その減少をしのいで, C_3 の電気量が増さなければならない.

2·39 この回路は図のように書き直すとわかりやすい. 中央の 5.0 μF と 7.0 μF のコンデンサーの直列接続の等価容量は $\left(\dfrac{1}{5.0\ \mu\text{F}} + \dfrac{1}{7.0\ \mu\text{F}}\right)^{-1} = \frac{35}{12}$ μF. 上, 中央, 下のコンデンサーは並列だから, その等価容量は 4.0 μF + $\frac{35}{12}$ μF + 6.0 μF = 12.9 μF.

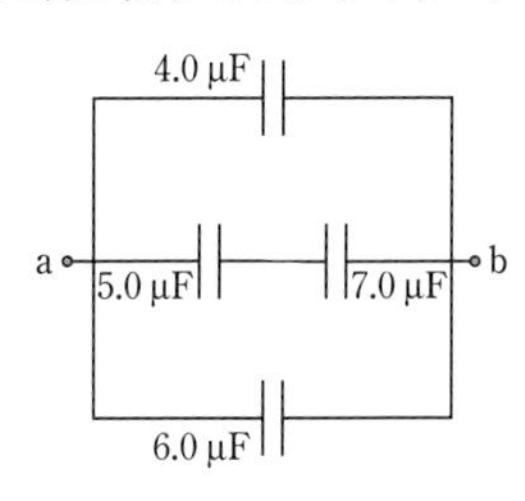

2·40 (a) 最初に C_1 にたまる電荷の電気量は,

$$Q = C\Delta V = (6.00\ \mu\text{F})(20.0\ \text{V}) = 120\ \mu\text{C}$$

(b) 電池は無関係になり, 2個のコンデンサーには等しい電位差が生じるから, それぞれにたまる電荷の電気量の比は電気容量の比に等しい. また, その電気量の和は 120 μC である. したがって,

$$C_1 \text{には} \quad 120\ \mu\text{C} \times \frac{6.00}{6.00 + 3.00} = 80.0\ \mu\text{C}$$

$$C_2 \text{には} \quad 120\ \mu\text{C} \times \frac{3.00}{6.00 + 3.00} = 40.0\ \mu\text{C}$$

2·41 (a) コンデンサーにたまる電気量 Q は, 電気容量 C と電位差 V の積で与えられる. つまり,

$$Q = CV = 1.50 \times 10^{-10}\ \text{F} \times 1.00 \times 10^4\ \text{V} = 1.50 \times 10^{-6}\ \text{C} = 1.50\ \mu\text{C}$$

(b) コンデンサーに蓄えられる電気的エネルギー $U = \frac{1}{2}CV^2$. つまり,

$$V = \sqrt{\frac{2U}{C}} = \sqrt{\frac{2 \times (2.50 \times 10^{-4}\ \text{J})}{1.50 \times 10^{-10}\ \text{F}}} = 1.83 \times 10^3\ \text{V} = 1.83\ \text{kV}$$

2·42 電荷 Q を蓄えたコンデンサーの電気的エネルギー U は, その電荷 Q を一定にして, 極板間の距離を0から実際の値にまで引き離すための力学的仕事に等しいと考えられる. つまり,

$$U = \frac{1}{2}\frac{Q^2}{C} = \int F\,dx$$

したがって, U は力学的ポテンシャルエネルギーに相当すると考えられ, 極板を引き離すための力の大きさ F は,

$$F=\frac{\mathrm{d}}{\mathrm{d}x}U=\frac{\mathrm{d}}{\mathrm{d}x}\left(\frac{Q^2}{2C}\right)=\frac{1}{2}\frac{\mathrm{d}}{\mathrm{d}x}\left(\frac{Q^2}{A\varepsilon_0/x}\right)$$

すなわち，

$$F=\frac{1}{2}\frac{\mathrm{d}}{\mathrm{d}x}\left(\frac{Q^2x}{A\varepsilon_0}\right)=\frac{Q^2}{2\varepsilon_0 A}$$

2・43 (a) それぞれのコンデンサーの状態は，電源につないでいたときと同じである．1個のコンデンサーのエネルギー $=\frac{1}{2}C(\Delta V)^2$．つまり，2個のコンデンサーの系の全エネルギー $=C(\Delta V)^2$．

(b) 極板間の距離を2倍にする前に，2個のコンデンサーの系にためられた全電荷の電気量は $Q=2C\Delta V$．1個のコンデンサーの極板間の距離を2倍にすると，その電気容量は $\frac{1}{2}C$ となる．したがって，2個のコンデンサーの系の電気容量は，$C+\frac{1}{2}C=\frac{3}{2}C$ となり，ここに $Q=2C\Delta V$ の電気量が蓄えられているのだから，このときの電位差は，

$$\Delta V'=\frac{2C\Delta V}{\frac{3}{2}C}=\frac{4}{3}\Delta V$$

(c) 電位差 $\frac{4}{3}\Delta V$ で電気量 $2C\Delta V$ がためられているから，電気的エネルギー $=\frac{1}{2}2C\Delta V\times\frac{4}{3}\Delta V=\frac{4}{3}C(\Delta V)^2$．

(d) (c)で求めたエネルギーと(a)で求めたエネルギーとの差は，1個のコンデンサーの極板間の距離を2倍にしたときの仕事に等しい．

2・44 (a)

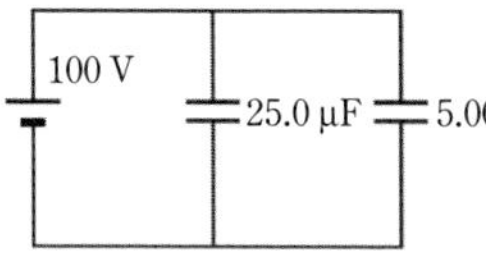

100 V
25.0 μF
5.00 μF

(b) それぞれのコンデンサーは 100 V の電位差で充電されており，求めるものは，それぞれに蓄えられたエネルギーの和である．つまり，

$$\frac{1}{2}\times(25.0\times10^{-6}\,\mathrm{F})\times(100\,\mathrm{V})^2+\frac{1}{2}\times(5.0\times10^{-6}\,\mathrm{F})\times(100\,\mathrm{V})^2=0.150\,\mathrm{J}$$

(c) 直列接続のときに等価容量は，

$$C_{\text{直列}}=\left(\frac{1}{25.0\times10^{-6}\,\mathrm{F}}+\frac{1}{5.0\times10^{-6}\,\mathrm{F}}\right)^{-1}=4.17\times10^{-6}\,\mathrm{F}$$

加えるべき電位差を V とすると，$\frac{1}{2}C_{\text{直列}}V^2=0.150\,\mathrm{J}$．したがって，

$$V=\sqrt{\frac{2\times(0.150\,\mathrm{J})}{4.17\times10^{-6}\,\mathrm{F}}}=268\,\mathrm{V}$$

(d)

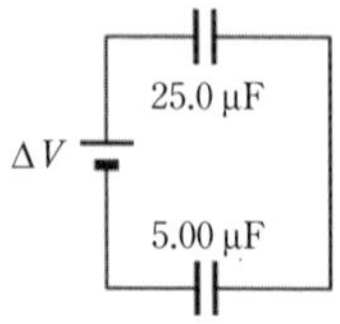

25.0 μF
ΔV
5.00 μF

2・45 (a) 電荷 q を半径 R の導体球にためると，球の表面の電位は，無限の遠方を基準点として $V=k_\mathrm{e}q/R$．この球をコンデンサーとみなすと，蓄えられた電気的エネルギーは，$U=\frac{1}{2}qV=k_\mathrm{e}q^2/2R$．

(b) (a)の結果を用いて，2個の導体の球の系の全エネルギー

$$U_{\text{全}}=k_\mathrm{e}\frac{{q_1}^2}{2R_1}+k_\mathrm{e}\frac{{q_2}^2}{2R_2}$$

$q_2=Q-q_1$ を代入して，

$$U_{\text{全}}=\frac{k_\mathrm{e}{q_1}^2}{2R_1}+\frac{k_\mathrm{e}(Q-q_1)^2}{2R_2}$$

(c) (b)で求めた表式を q_1 について微分し，

$$\frac{2k_\mathrm{e}q_1}{2R_1}+\frac{2k_\mathrm{e}(Q-q_1)}{2R_2}(-1)=0 \quad \text{つまり} \quad q_1=\frac{R_1Q}{R_1+R_2}$$

(d) $q_2=Q-q_1=\dfrac{R_2Q}{R_1+R_2}$

(e)

$$V_1=\frac{k_\mathrm{e}q_1}{R_1}=\frac{k_\mathrm{e}R_1Q}{R_1(R_1+R_2)}\ \rightarrow\ V_1=\frac{k_\mathrm{e}Q}{R_1+R_2}$$

$$V_2=\frac{k_\mathrm{e}q_2}{R_2}=\frac{k_\mathrm{e}R_2Q}{R_2(R_1+R_2)}\ \rightarrow\ V_2=\frac{k_\mathrm{e}Q}{R_1+R_2}$$

(f) 確かに $V_1=V_2$ で電位差は0である．

2・46 コンデンサーの電気容量，電位差および電気的エネルギーの関係は，$U=\frac{1}{2}C\Delta V^2$．
したがって，

$$\Delta V=\sqrt{\frac{2U}{C}}=\sqrt{\frac{2(300\,\mathrm{J})}{30.0\times10^{-6}\,\mathrm{F}}}=4.47\times10^3\,\mathrm{V}$$

2・47 電場のエネルギー密度は $u=\dfrac{U}{V}=\frac{1}{2}\varepsilon_0E^2$．

つまり，

$$u=\frac{1}{2}\times(8.85\times10^{-12}\,\mathrm{C^2/N\cdot m^2})\times(3000\,\mathrm{V/m})^2=3.98\times10^{-5}\,\mathrm{J/m^3}$$

求める体積を V とすると，$uV=1.00\times10^{27}\,\mathrm{J}$．したがって，

$$V=1.00\times10^{-7}\,\mathrm{J}/(3.98\times10^{-5}\,\mathrm{J/m^3})=2.51\times10^{-3}\,\mathrm{m^3}=2.51\,\mathrm{L}$$

2・48 (a) 極板の面積 $A=1.75\times10^{-4}\,\mathrm{m^2}$，極板の間の距離 $d=4.00\times10^{-5}\,\mathrm{m}$ だから，

$$C=\frac{\kappa\varepsilon_0A}{d}=\frac{2.10(8.85\times10^{-12}\,\mathrm{F/m})(1.75\times10^{-4}\,\mathrm{m^2})}{4.00\times10^{-5}\,\mathrm{m}}=8.13\times10^{-11}\,\mathrm{F}=81.3\,\mathrm{pF}$$

(b) 絶縁耐力 $E_{\max}$ と極板の間の距離 d の積が，最大電位差 $\Delta V_{\max}$ を与える．

$$\Delta V_{\max}=E_{\max}d=(60.0\times10^6\,\mathrm{V/m})(4.00\times10^{-5}\,\mathrm{m})=2.40\,\mathrm{kV}$$

2・49 シートの幅は $w=7.00\times10^{-2}\,\mathrm{m}$ であり，長さを l とすると極板の面積は $A=lw$．極板の間の距離はパラフィン紙の厚さに等しく，$d=2.50\times10^{-7}\,\mathrm{m}$．パラフィン紙の比誘電率 $\kappa=3.70$ だから，この平行板コンデンサーの電気容量 $C=\kappa\varepsilon_0A/d=\kappa\varepsilon_0lwA/d=9.50\times10^{-8}\,\mathrm{F}$ としたい．したがって，

$$l = \frac{Cd}{\kappa\varepsilon_0 w} = \frac{(9.50 \times 10^{-8}\,\mathrm{F})(2.50 \times 10^{-5}\,\mathrm{m})}{3.70(8.85 \times 10^{-12}\,\mathrm{C^2/N\cdot m^2})(0.0700\,\mathrm{m})} = 1.04\,\mathrm{m}$$

2·50 (a) コンデンサーの極板の面積 $A = 5.00 \times 10^{-4}$ m^2 である．極板の間の距離が d で，比誘電率 κ の物質が挟まれているとき，平行板コンデンサーの電気容量は $C = \frac{\kappa\varepsilon_0 A}{d}$．絶縁耐力 $E_{\max} = 3 \times 10^6$ V/m だから，このコンデンサーに加えられる最大の電位差は，$\Delta V_{\max} = E_{\max} d$．したがって，ためられる最大の電気量は $Q_{\max} = C\Delta V_{\max} = \frac{\kappa\varepsilon_0 A}{d}(E_{\max} d)$．空気の場合は $\kappa = 1$ だから，

$$\begin{aligned} Q_{\max} &= \kappa\varepsilon_0 A E_{\max} \\ &= (8.85 \times 10^{-12}\,\mathrm{F/m})(5.00 \times 10^{-4}\,\mathrm{m^2}) \times (3.00 \times 10^6\,\mathrm{V/m}) \\ &= 13.3\,\mathrm{nC} \end{aligned}$$

(b) $\kappa = 2.56$，$E_{\max} = 24 \times 10^6$ V/m として，

$$\begin{aligned} Q_{\max} &= \kappa\varepsilon_0 A E_{\max} \\ &= 2.56(8.85 \times 10^{-12}\,\mathrm{F/m})(5.00 \times 10^{-4}\,\mathrm{m^2}) \times (24.0 \times 10^6\,\mathrm{V/m}) \\ &= 272\,\mathrm{nC} \end{aligned}$$

追加問題

2·51 (a) 質量 m を密度 ρ で割れば体積 V が得られる．

$$V = \frac{m}{\rho} = \frac{1.00 \times 10^{-12}\,\mathrm{kg}}{1100\,\mathrm{kg/m^3}} = 9.09 \times 10^{-16}\,\mathrm{m^3}$$

細胞を球形とみなして，その半径を r とすると，$V = 4\pi r^3/3$．つまり，$r = (3V/4\pi)^{1/3}$．したがって，表面積は，

$$A = 4\pi r^2 = 4\pi\left[\frac{3V}{4\pi}\right]^{2/3} = 4\pi\left[\frac{3(9.09 \times 10^{-16}\,\mathrm{m^3})}{4\pi}\right]^{2/3} = 4.54 \times 10^{-10}\,\mathrm{m^2}$$

(b) 絶縁性の薄い球殻を挟んで，内外が導体であれば，それは平行板コンデンサーと同等である．極板の面積は球の表面積に対応し，極板の間の距離は球殻の厚さに対応する．したがって，電気容量は，

$$\begin{aligned} C &= \frac{\kappa\varepsilon_0 A}{d} \\ &= \frac{(5.00)(8.85 \times 10^{-12}\,\mathrm{C^2/N\cdot m^2})(4.54 \times 10^{-10}\,\mathrm{m^2})}{100 \times 10^{-9}\,\mathrm{m}} \\ &= 2.01 \times 10^{-13}\,\mathrm{F} \end{aligned}$$

(c) 極板の間の電位差が $\Delta V = 100 \times 10^{-3}$ V だから，

$$Q = C(\Delta V) = (2.01 \times 10^{-13}\,\mathrm{F})(100 \times 10^{-3}\,\mathrm{V}) = 2.01 \times 10^{-14}\,\mathrm{C}$$

これを素電荷で割って個数が求まる．

$$n = \frac{Q}{e} = \frac{2.01 \times 10^{-14}\,\mathrm{C}}{1.60 \times 10^{-19}\,\mathrm{C}} = 1.26 \times 10^5$$

2·52 電気量 q_1 と q_2 の原子核が距離 r_{12} だけ離れているときの，電気的ポテンシャルエネルギーは，

$$\begin{aligned} U &= k_e \frac{q_1 q_2}{r_{12}} \\ &= (8.99 \times 10^9\,\mathrm{N\cdot m^2/C^2})\frac{(38)(54)(1.60 \times 10^{-19}\,\mathrm{C})^2}{(5.50 + 6.20) \times 10^{-15}\,\mathrm{m}} \\ &= 4.04 \times 10^{-11}\,\mathrm{J} \\ &= 253\,\mathrm{MeV} \end{aligned}$$

2·53 対称性の考察により，次のことがわかる．電場は円筒の半径方向を向き，軸のまわりの回転対称性があって軸に沿う方向には一定である．そこで，半径 r ($r_b < r < r_a$) で長さ L の円筒に関してガウスの法則を適用する．円筒表面における電場を E とすると，

$$2\pi rLE = \lambda L/\varepsilon_0 \quad \text{つまり} \quad E = \frac{\lambda}{2\pi\varepsilon_0 r} = \frac{2k_e\lambda}{r}$$

(a) 陽極と陰極の間の電位差 $V_B - V_A$ は，

$$\Delta V = V_B - V_A = -\int_{r_a}^{r_b} \frac{2k_e\lambda}{r}\,dr = 2k_e\lambda \ln\left(\frac{r_a}{r_b}\right)$$

(b) (a)の結果から $\lambda = \Delta V/\{2k_e \ln(r_a/r_b)\}$．これを最初の考察で導いた電場の表式に代入して，

$$E = \frac{\Delta V}{\ln(r_a/r_b)}\left(\frac{1}{r}\right)$$

2·54 無限の遠方から電位 V の球殻に微小電荷 Δq を運ぶための仕事は，$\Delta W = V\Delta q$．
したがって，全電荷が Q になるまでの全仕事 W は，

$$W = \int_0^Q V\,dq$$

ところで，電荷 q をもつ半径 R の導体の球殻の表面における電位は，$V = \frac{k_e q}{R}$ これを上の積分に用いて，$W = \frac{k_e Q^2}{2R}$

2·55 (a) 電気容量 C_i のコンデンサーを電位差 ΔV_i で充電すると電気量 $Q = C_i \Delta V_i$ の電荷がたまり，コンデンサーに蓄えられる電気的エネルギー U_i は，

$$U_i = \frac{Q^2}{2C_i}$$

比誘電率 $\kappa = 5.00$ の雲母板を引き抜くと，コンデンサーの電気容量は $C_f = C_i/\kappa$ になるが，ためられている電気量 Q は不変である．したがって，このときにコンデンサーに蓄えられている電気的エネルギー U_f は，

$$U_f = \kappa\frac{Q^2}{2C_i} = \kappa U_i$$

雲母板を引き抜く仕事によって，コンデンサーの電気的エネルギーが変化したと考えられる．つまり，

$$W = U_f - U_i = \kappa U_i - U_i = (\kappa - 1)U_i = (\kappa - 1)\frac{Q^2}{2C_i}$$

ここで，上の考察より $Q = C_i \Delta V_i$ を代入して，

$$\begin{aligned} W &= \tfrac{1}{2} C_i (\Delta V_i)^2 (\kappa - 1) \\ &= \tfrac{1}{2}(2.00 \times 10^{-9}\,\mathrm{F})(100\,\mathrm{V})^2(5.00 - 1.00) \\ &= 4.00 \times 10^{-5}\,\mathrm{J} = 40.0\,\mu\mathrm{J} \end{aligned}$$

(b) 求める電位差をΔV_fとする．(a)の考察より$Q = C_i \Delta V_i$であるが，雲母板を引き抜いても電気量Qは不変だから，$Q = C_i \Delta V_i = C_f \Delta V_f$．$C_f = C_i/\kappa$だから，$\Delta V_f = (C_i/C_f)\Delta V_i = \kappa \Delta V_i = 5.00 \times 100\ \text{V} = 500\ \text{V}$．

2·56 比誘電率$\kappa = 3.00$，絶縁耐力$E_{max} = 2.00 \times 10^8\ \text{V/m}$，必要な電気容量$C = 0.250\ \mu\text{F}$，最大の電位差$V_{max} = 4000\ \text{V}$である．極板の面積を$A$，極板間の距離を$d$とする．コンデンサーの電気容量は$C = \kappa\varepsilon_0 A/d$．つまり$d = \kappa\varepsilon_0 A/C$．これに電位差$V_{max}$を加えるときの極板間の電場$E$は，$E = V_{max}/d$．これが絶縁耐力以下である条件は$V_{max}/d \leq E_{max}$．したがって，$d \geq V_{max}/E_{max}$．
$d = \kappa\varepsilon_0 A/C$を代入して$\kappa\varepsilon_0 A/C \geq V_{max}/E_{max}$．つまり$A \geq CV_{max}/\kappa\varepsilon_0 E_{max}$．数値を代入して，

$$A \geq \frac{(0.250 \times 10^{-6}\ \text{F})(4000\ \text{V})}{3.00 \times (8.85 \times 10^{-12}\ \text{C}^2/\text{N}\cdot\text{m}^2)(2.00 \times 10^8\ \text{V/m})} = 0.188\ \text{m}^2$$

2·57 (a) ポテンシャルは次のように書ける．

$$V = \frac{k_e q}{r_1} \frac{k_e q}{r_2} = \frac{k_e q}{r_1 r_2}(r_2 - r_1)$$

ここで，$r \gg a$では$r_2 - r_1 \approx 2a\cos\theta$と近似できるから，

$$V \approx \frac{k_e q}{r_1 r_2} 2a\cos\theta \approx \frac{k_e p\cos\theta}{r^2}$$

(b)
$$E_r = -\frac{\partial V}{\partial r} = \frac{2k_e p\cos\theta}{r^3}$$

球座標(三次元の極座標)では，θ方向の微分は$-\frac{1}{r}\left(\frac{\partial}{\partial\theta}\right)$と表せるから，

$$E_\theta = -\frac{1}{r}\left(\frac{\partial V}{\partial\theta}\right) = \frac{k_e p\sin\theta}{r^3}$$

(c) $r \gg a$のときの近似を用いているが，それは角度に対しては制限を与えないから，(b)で求めた結果は成り立つ．つまり，

$$E_r(90^\circ) = 0 \qquad E_\theta(90^\circ) = \frac{k_e p}{r^3}$$

$$E_r(0^\circ) = \frac{2k_e p}{r^3}\ E_\theta(0^\circ) = 0$$

$\theta = 0$では電場はr方向，$\theta = 90^\circ$ではθ方向になるのは，図から見てももっともらしい．

(d) $r \gg a$のときの近似で得た結果は使えない．実際，$r \to 0$では(b)で求めた結果は発散する．しかし，図の原点における電場はあきらかに有限で，明確に定まる．

(e) $V = \frac{k_e py}{(x^2 + y^2)^{3/2}}$

(f) $E_x = -\frac{\partial V}{\partial x} = \frac{3k_e pxy}{(x^2 + y^2)^{5/2}}$

$$E_y = -\frac{\partial V}{\partial y} = \frac{k_e p(2y^2 - x^2)}{(x^2 + y^2)^{5/2}}$$

2·58 電気容量$C = 10.0\ \mu\text{F}$のコンデンサーに電位差$\Delta V = 15.0\ \text{V}$を加えてためられる電気量は，

$$Q = C\Delta V = (10.0\ \mu\text{F})(15.0\ \text{V}) = 150\ \mu\text{C}$$

電源につないで，左側のコンデンサーに電気量qがためられるとすると，右側のコンデンサーには$150\ \mu\text{C} + q$の電気量がためられる．それぞれのコンデンサーの電位差の和は電源の電位差50.0 Vに等しいから，

$$50.0\ \text{V} = \frac{q}{5.00\ \mu\text{F}} + \frac{150\ \mu\text{C} + q}{10.0\ \mu\text{F}}$$

つまり$q = 117\ \mu\text{C}$．したがって，左側のコンデンサーの電位差は，

$$\Delta V = \frac{q}{C} = \frac{117\ \mu\text{C}}{5.00\ \mu\text{F}} = 23.3\ \text{V}$$

右側のコンデンサーの電位差は，

$$\Delta V = \frac{150\ \mu\text{C} + 117\ \mu\text{C}}{10.0\ \mu\text{F}} = 26.7\ \text{V}$$

2·59 この系の回路図は図のようになる．問題文の第三の金属板は，回路図の上下2個のコンデンサーをつなぐ導線と，これにつながるそれぞれの電極に相当する．第三の金属板の電位をΔVとすると，2個のコンデンサーは電位ΔVと電位0に挟まれた並列コンデンサーだといえる．

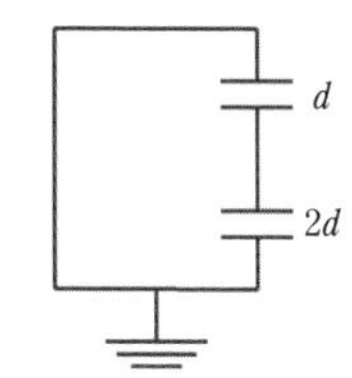

上側のコンデンサーの電気容量は$C_1 = \frac{\varepsilon_0 A}{d}$，下側のコンデンサーの電気容量は$C_2 = \frac{\varepsilon_0 A}{2d}$それぞれにたまる電気量を$Q_1, Q_2$とすると$Q_1 + Q_2 = Q$，$Q_1 = C_1\Delta V$，$Q_2 = C_2\Delta V$である．これを連立方程式として解いて，次の結果が得られる．

(a)
$$Q_1 = \frac{QC_1}{(C_1 + C_2)} = \frac{2Q}{3}$$

$$Q_2 = \frac{QC_2}{C_1 + C_2} = \frac{Q}{3}$$

(b)
$$\Delta V = \frac{Q}{C_1 + C_2} = \frac{2Qd}{3\varepsilon_0 A}$$

2·60 ヒントに基づいて，極板の間に誘電体があるコンデンサーと，それのないコンデンサーの並列接続と考え，それぞれの電気容量を求める．誘電体を挟んだコンデンサーの極板の面積は$A_1 = xl$，極板の間の距離d，誘電体の比誘電率κだから，電気容量は$C_1 = \kappa\varepsilon_0 xl/d$．誘電体のないコンデンサーの極板の面積は$A_1 = (l - x)l$，極板の間の距離$d$だから，電気容量は$C_2 = \varepsilon_0(l - x)l/d$．

(a) 全体の電気容量は，$C = C_1 + C_2 = \frac{\varepsilon_0 l}{d}[l + x(\kappa - 1)]$

(b)
$$U = \frac{1}{2}\frac{Q^2}{C} = \frac{Q^2 d}{2\varepsilon_0 l[l + x(\kappa - 1)]}$$

(c) (b)の結果より，xを増すとポテンシャルエネルギーU

が減少するから，誘電体に働く力は，

$$\vec{F} = -\left(\frac{\mathrm{d}U}{\mathrm{d}x}\right)\hat{i} = \frac{Q^2 d(\kappa-1)}{2\varepsilon_0 l[l+x(\kappa-1)]^2}$$

F が x に依存している，つまり U が x の一次式になっていないのは誘電体を挿入することによって極板の上で電荷が再配置するからである．誘電体が挿入された部分の電気量(の密度)が増大する．

(d) (c)の結果に数値を代入すればよいが，最初の充電でためられた電気量 Q の値を求める必要がある．

誘電体を入れる前のコンデンサーの電気容量は $C_0 = \varepsilon_0 l^2/d$ だから，

$$Q = C_0 \Delta V = \frac{\varepsilon_0 l^2 \Delta V}{d}$$

これを(c)で得た力の表式に代入し，さらに数値を代入すると，

$$\vec{F} = \frac{2(8.85\times10^{-12}\,\mathrm{C^2/N\cdot m^2})(0.0500\,\mathrm{m})(2.00\times10^3\,\mathrm{V})^2(4.50-1)}{(0.002\,00\,\mathrm{m})(4.50+1)^2}\hat{i}$$

$$= 205\hat{i}\,\mu\mathrm{N}$$

2·61 金属板が挿入された部分では，金属板の上面に負電荷が，下面に正電荷が誘導され，金属板の内部の電場は0になる．つまり，この部分の絶縁体板の電荷の効果は，金属板に誘導された電荷の効果と打ち消しあい，この部分は電気的には何もない空間と同等になる．絶縁体板の残りの部分は，平行板コンデンサーと同様の状態である．

(a) 上の考察により，コンデンサーの極板とみなせる部分の面積は $A=(l-x)l$．極板の間の距離に相当する距離は d．したがって，コンデンサーの電気容量に相当する量 $C=\varepsilon_0 A/d = \varepsilon_0(l-x)l/d$．そこにためられている電気量は $Q=Q_0(l-x)l$ だから，蓄えられている電気的エネルギーは，

$$U = \frac{Q^2}{2C} = \frac{[(l-x)Q_0/l]^2}{2\varepsilon_0 l(l-x)/d} = \frac{{Q_0}^2 d(l-x)}{2\varepsilon_0 l^3}$$

(b) x を増すと(a)で求めたエネルギーが減少するから，金属板には右向きの力が働くはずであり，

$$F = -\frac{\mathrm{d}U}{\mathrm{d}x} = -\frac{\mathrm{d}}{\mathrm{d}x}\left(\frac{{Q_0}^2(l-x)d}{2\varepsilon_0 l^3}\right) = +\frac{{Q_0}^2 d}{2\varepsilon_0 l^3}$$

(c) 応力 $= \dfrac{F}{ld} = \dfrac{{Q_0}^2}{2\varepsilon_0 l^4}$

(d) (a)で求めたエネルギーを，その部分の空間の体積で割って，エネルギー密度，

$$u = \frac{U}{l(l-x)d} = \frac{{Q_0}^2}{2\varepsilon_0 l^4}$$

(e) (c)の結果と(d)の結果は正確に等しい．

2·62

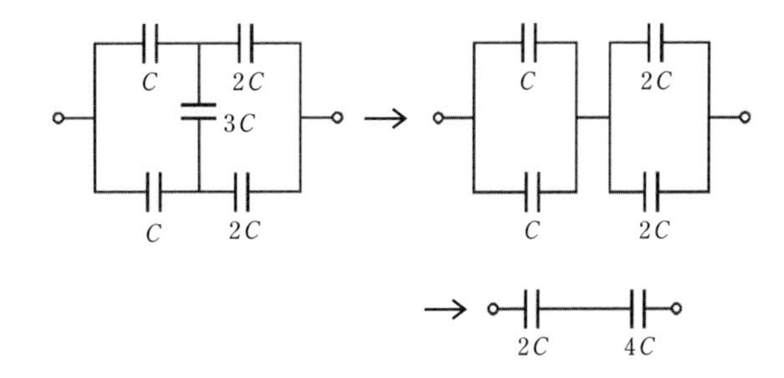

図の上下対称だから，上側のある点の電位と下側の対応する点の電位は等しい．したがって，中央の電気容量 $3C$ のコンデンサーの電位差は0．つまり，$3C$ のコンデンサーの両極を短絡してよい．その結果，回路の左側は容量 C の2つのコンデンサーの並列，右側は容量 $2C$ の2つのコンデンサーの並列となり，全回路はそれらの直列である．

$$\text{等価容量} = \left(\frac{1}{2C}+\frac{1}{4C}\right)^{-1} = \frac{4}{3}C$$

2·63 (a) 求める最大電位を $V_{\max}$ とする．半径 r のドームに電気量 Q がたまるとき，ドームの表面の電場が絶縁耐力に等しくなる条件は，

$$E_{\max} = 3.00\times10^6\,\mathrm{V/m} = \frac{k_e Q}{r^2} = \frac{k_e Q}{r}\left(\frac{1}{r}\right) = V_{\max}\left(\frac{1}{r}\right)$$

したがって，

$$V_{\max} = E_{\max} r = (3.00\times10^6\,\mathrm{V/m})(0.150\,\mathrm{m}) = 450\,\mathrm{kV}$$

(b) (a)の結果を用いて，

$$Q_{\max} = \frac{E_{\max} r^2}{k_e} = \frac{(3.00\times10^6\,\mathrm{V/m})(0.150\,\mathrm{m})^2}{8.99\times10^9\,\mathrm{N\cdot m^2/C^2}} = 7.51\,\mu\mathrm{C}$$

2·64 コンデンサーのエネルギーは，

$$U = \tfrac{1}{2}Q\Delta V = \tfrac{1}{2}(50.0\,\mathrm{C})(1.00\times10^8\,\mathrm{V}) = 2.50\times10^9\,\mathrm{J}$$

これの1%，つまり 2.50×10^7 J が樹液を気化させる．気化する樹液の質量を m とすると，気化の内部エネルギーは，

$$\Delta E_{\mathrm{int}} = m(4186\,\mathrm{J/kg\cdot{}^\circ C})(100\,^\circ\mathrm{C}-30.0\,^\circ\mathrm{C}) + m(2.26\times10^6\,\mathrm{J/kg}) = 2.50\times10^7\,\mathrm{J}$$

したがって，$m = 9.79$ kg

3章　電流と直流回路

3·1 電流の定義により，40.0 s の間に流れる電気量を求める．

$$I=\frac{\Delta Q}{\Delta t}\ \rightarrow\ \Delta Q=I\Delta t=(30.0\times10^{-6}\,\text{A})(40.0\,\text{s})=1.20\times10^{-3}\,\text{C}$$

これを素電荷で割って電子数が求められる．

$$N=\frac{Q}{e}=\frac{1.20\times10^{-3}\,\text{C}}{1.60\times10^{-19}\,\text{C/個}}=7.50\times10^{15}\,\text{個}$$

3·2 ある場所の電流は，そこを通過する電気量の時間率であり $I=\frac{\mathrm{d}Q}{\mathrm{d}t}$，つまり $\mathrm{d}Q=I\mathrm{d}t$．したがって，一般に $Q=\int\mathrm{d}Q=\int I\mathrm{d}t$．いまの場合，$t=0$ から $t=T$ までに通過する全電気量は，

$$Q=\int_0^T I_0\,\mathrm{e}^{-t/\tau}\,\mathrm{d}t=I_0(-\tau)[\mathrm{e}^{-t/\tau}]_0^T=I_0\tau(1-\mathrm{e}^{-T/\tau})$$

(a) 上の考察の $T=\tau$ として，

$$Q=I_0\tau(1-\mathrm{e}^{-1})=0.632\,I_0\tau$$

(b) 上の考察の $T=10\tau$ として，

$$Q=I_0\tau(1-\mathrm{e}^{-10})=0.999\,95\,I_0\tau$$

(c) 上の考察の $T=\infty$ として，$Q=I_0\tau(1-\mathrm{e}^{-1})=I_0\tau$

3·3 (a) $I(1.00\,\text{s})=\left.\frac{\mathrm{d}q}{\mathrm{d}t}\right|_{t=1.00\,\text{s}}=(12t^2+5)|_{t=1.00\,\text{s}}=17.0\,\text{A}$

(b) 電荷が通過する面の面積は $A=2.00\times10^{-4}\,\text{m}^2$ だから，電流密度は，

$$J=\frac{I}{A}=\frac{17.0\,\text{A}}{2.00\times10^{-4}\,\text{m}^2}=85.0\,\text{kA/m}^2$$

3·4 回転の周期は $T=\frac{2\pi}{\omega}$

したがって，平均電流は $I=\frac{q}{T}=\frac{q\omega}{2\pi}$

(電流は一定ではない．円軌道のある点で観測すると，時間 T ごとに，電荷 q が瞬間的に通過する．その瞬間の電流は非常に大きいが，残りの時間には電流は0である．ここでは，その時間的平均値を求めたのである．)

3·5 (a) 電流 $I=8.00\,\mu\text{A}$，　ビームの断面積 $A=\pi(1.00\times10^{-3}\,\text{m})^2$ だから，電流密度 J は，

$$J=\frac{I}{A}=\frac{8.00\times10^{-6}\,\text{A}}{\pi(1.00\times10^{-3}\,\text{m})^2}=2.55\,\text{A/m}^2$$

(b) 電流密度は，電子密度 n，電荷の電気量 e，電荷のドリフト速度 v_d と $J=nev_\text{d}$ の関係式で結ばれるから，

$$n=\frac{J}{ev_\text{d}}=\frac{2.55\,\text{A/m}^2}{(1.60\times10^{-19}\,\text{C})(3.00\times10^8\,\text{m/s})}=5.31\times10^{10}\,\text{m}^{-3}$$

(c) 電流は通過する電気量の時間率に等しい．$I=\frac{\Delta Q}{\Delta t}$ つまり，

$$\Delta t=\frac{\Delta Q}{I}=\frac{N_\text{A}e}{I}=\frac{(6.02\times10^{23})(1.60\times10^{-19}\,\text{C})}{8.00\times10^{-6}\,\text{A}}=1.20\times10^{10}\,\text{s}$$

これは約382年である．

3·6 (a) $J=\frac{I}{A}=\frac{5.00\,\text{A}}{\pi(4.00\times10^{-3}\,\text{m})^2}=99.5\,\text{kA/m}^2$

(b) 等しい．定常状態では，電流つまり単位時間に A_1 を通過する電気量が，A_2 を通過する電気量に等しくなければならない．さもなければ，中間で電荷が蓄積，または枯渇することになり，それは定常状態ではありえない．

(c) 小さい．電流値は等しいが，断面積が大きいから．

3·7 電気量 q をもつ電荷の密度が n で，それがドリフト速度 v_d で面積 A の面を通過するとき，電流は $I=nqAv_\text{d}$ と表される．まず n を求める．アルミニウムのモル質量が 27.0 g/mol で密度は 2.70 g/cm³ だから，1 cm³ のアルミニウムの中には $0.10\,\text{mol}=0.10\times6.02\times10^{23}$ 個 $=6.02\times10^{22}$ 個のアルミニウム原子があるから，伝導電子の密度は，

$$n=(6.02\times10^{22}\,\text{個})/(1\,\text{cm}^3)=\left(\frac{6.02\times10^{22}}{1\times10^{-6}}\right)\text{m}^{-3}=6.02\times10^{28}\,\text{m}^{-3}$$

したがって，

$$v_\text{d}=\frac{I}{nqA}=\frac{5.00\,\text{A}}{(6.02\times10^{28}\,\text{m}^{-3})(1.60\times10^{-19}\,\text{C})(4.00\times10^{-6}\,\text{m}^2)}=1.30\times10^{-4}\,\text{m/s}$$

ドリフト速度は 0.13 mm/s であり，驚くべき遅さである．この問題の設定条件は身近な電気器具に当てはまる．

3·8 断面積 A，長さ l，電気抵抗率 ρ の導体の電気抵抗は，$R=\frac{\rho l}{A}$　この導体の両端の電位差 ΔV と，導体を流れる電流 I の間には $\Delta V=IR$ というオームの法則が成り立つ．したがって，

$$\Delta V=\frac{I\rho l}{A}\ \rightarrow\ I=\frac{\Delta VA}{\rho l}=\frac{(0.900\,\text{V})(6.00\times10^{-7}\,\text{m}^2)}{(5.60\times10^{-8}\,\Omega\cdot\text{m})(1.50\,\text{m})}=6.43\,\text{A}$$

3·9 (a) $T_0=20\,^\circ\text{C}$ における電気抵抗率は $\rho_0=2.82\times10^{-8}\,\Omega\cdot\text{m}$ だから，

$$\rho=\rho_0[1+\alpha(T-T_0)]$$

$$\rho=(2.82\times10^{-8}\,\Omega\cdot\text{m})[1+(3.9\times10^{-3}\,^\circ\text{C}^{-1})(30.0\,^\circ\text{C})]=3.15\times10^{-8}\,\Omega\cdot\text{m}=31.5\,\text{n}\Omega\cdot\text{m}$$

(b) 電流密度Jは電場Eと電気抵抗率ρの比で与えられるから,

$$J=\frac{E}{\rho}=\frac{0.200\ \mathrm{V/m}}{3.15\times10^{-8}\ \Omega\cdot\mathrm{m}}$$
$$=6.35\times10^{6}\ \mathrm{A/m^2}=6.35\ \mathrm{MA/m^2}$$

(c) 電流は電流密度と断面積の積で与えられるから,

$$I=JA=J\left(\frac{\pi d^2}{4}\right)$$
$$=(6.35\times10^{6}\ \mathrm{A/m^2})\left[\frac{\pi(1.00\times10^{-4}\ \mathrm{m})^2}{4}\right]=49.9\ \mathrm{mA}$$

(d) アルミニウムの中の伝導電子の密度は,

$$n=\frac{6.02\times10^{23}\ \text{electrons}}{[26.98\ \mathrm{g}/(2.70\times10^{6}\ \mathrm{g/m^3})]}$$
$$=6.02\times10^{28}\ \text{electrons/m}^3$$

電流密度Jは,伝導電子密度n,1個の伝導電子の電気量e,ドリフト速度v_dの積で与えられる.したがって,

$$v_d=\frac{J}{ne}=\frac{6.35\times10^{6}\ \mathrm{A/m^2}}{(6.02\times10^{28}\ \text{electrons/m}^3)(1.60\times10^{-19}\ \mathrm{C})}$$
$$=659\ \mu\mathrm{m/s}$$

(e) 電位差は電場と長さの積で与えられるから,

$$\Delta V=El=(0.200\ \mathrm{V/m})(2.00\ \mathrm{m})=0.400\ \mathrm{V}$$

3·10 銅の密度$\rho_m=8.92\times10^3\ \mathrm{kg/m^3}$で,その塊の質量$m=1.00\times10^{-3}\ \mathrm{kg}$であり,体積は$m/\rho_m$.導線の長さを$L$,断面積を$A$とすると体積は$AL$だから,

$$m/\rho_m=AL \qquad ①$$

が得られる.銅の電気抵抗率$\rho=1.7\times10^{-8}\ \Omega\cdot\mathrm{m}$であり,この導線の電気抵抗は

$$R=\rho L/A \qquad ②$$

①,②の連立方程式よりLとAを求める.

$$L=\sqrt{\frac{mR}{\rho_m\rho}} \qquad A=\sqrt{\frac{m\rho}{\rho_m R}}$$

(a) 数値を代入する.

$$L=\sqrt{\frac{(1.00\times10^{-3}\ \mathrm{kg})(0.500\ \Omega)}{(8.92\times10^{3}\ \mathrm{kg/m^3})(1.7\times10^{-8}\ \Omega\cdot\mathrm{m})}}=1.82\ \mathrm{m}$$

(b) 銅線の直径をdとすると,

$$A=\pi\left(\frac{d}{2}\right)^2=\sqrt{\frac{m\rho}{\rho_m R}}$$

したがって,

$$d=\left(\frac{4}{\pi}\right)^{1/2}\left(\frac{m\rho}{\rho_m R}\right)^{1/4}$$
$$=\left(\frac{4}{\pi}\right)^{1/2}\left[\frac{(1.00\times10^{-3}\ \mathrm{kg})(1.7\times10^{-8}\ \Omega\cdot\mathrm{m})}{(8.92\times10^{3}\ \mathrm{kg/m^3})(0.500\ \Omega)}\right]^{1/4}$$
$$=2.80\times10^{-4}\ \mathrm{m}=0.280\ \mathrm{mm}$$

3·11 電気抵抗率の温度係数$\alpha_E=3.9\times10^{-3}\ ℃^{-1}$,線膨張率$\alpha=24.0\times10^{-6}\ ℃^{-1}$である.20℃における電気抵抗率を$\rho_0$,棒の長さを$l$,断面積を$A$とすると,20℃における電気抵抗は$R_0=\rho_0 l/A$と表される.20℃ + ΔTにおける電気抵抗は,

$$R=\frac{\rho_0(1+\alpha_E\Delta T)l(1+\alpha\Delta T)}{A(1+\alpha\Delta T)^2}=R_0\frac{(1+\alpha_E\Delta T)}{(1+\alpha\Delta T)}$$
$$=(1.23\ \Omega)\left[\frac{1+(3.90\times10^{-3}\ (℃)^{-1})(120\ ℃-20.0\ ℃)}{1+(24.0\times10^{-6}\ (℃)^{-1})(120\ ℃-20.0\ ℃)}\right]$$
$$=1.71\ \Omega$$

3·12 伝導電子密度をn,伝導電子の電気量をq,ドリフト速度をv_dとすると,電流密度$j=nqv_d$.

(a) 伝導電子密度nは物質固有の量であり,不変.

(b) 導体の断面積は変わらないから,電流が2倍になると電流密度も2倍になる.

(c) $j=nqv_d$が2倍になるが,nは物質固有で不変,qは素電荷だから不変.したがって,ドリフト速度v_dが2倍になる.

(d) 伝導電子の衝突から衝突までの平均時間は,平均自由行程(電子を散乱する不純物の濃度と原子の熱運動の激しさで決まる)に比例し,電子の平均の速さに反比例すると考えられる.平均の速さは電場がなくても光速に近い値をもっており,電場によるドリフト速度に比べて圧倒的に大きい.したがって,衝突の平均時間はほとんど平均の速さで決まり,電場の影響は無視できる.つまり電場で電流を変えても平均時間は不変.

3·13 (a) 鉄は単原子物質でそのモル質量は55.84 g/mol.つまり,1.00 molの鉄の質量は$M_{Fe}=5.58\times10^{-2}$ kg/mol.

(b) 鉄のモル密度 $=\rho_{Fe}/M_{Fe}=(7.86\times10^3\ \mathrm{kg/m^3})/(5.58\times10^{-2}\ \mathrm{kg/mol})=1.41\times10^5\ \mathrm{mol/m^3}$.

(c) 鉄の原子の数密度 = 鉄のモル密度 × アボガドロ数 = $(1.41\times10^5\ \mathrm{mol/m^3})\times(6.02\times10^{23}$ 個/mol$)=8.48\times10^{28}$ 個/m^3.

(d) 伝導電子の数密度n_e = 鉄の原子の数密度 × 2 = 2 × 8.48×10^{28} 個/m^3 = 1.70×10^{29} 個/m^3.

(e) 伝導電子のドリフト速度をv_dとすると,鉄の針金の断面積$A=5.00\times10^{-6}\ \mathrm{m^2}$だから,$\Delta t$時間にこの針金のある断面を通過する伝導電子の個数$N=v_d\Delta tA n_e$.これが運ぶ電気量は$Q=Ne=e v_d\Delta tA n_e$.したがって,電流は$I=Q/\Delta t=ev_dA n_e$.これより,

$$v_d=I/eAn_e$$
$$=\frac{(30.0\ \mathrm{A})}{(1.60\times10^{-19}\ \mathrm{C})(5.00\times10^{-6}\ \mathrm{m^2})(1.70\times10^{29}\ 個)}$$
$$=2.21\times10^{-4}\ \mathrm{m/s}=0.221\ \mathrm{mm/s}$$

3·14 電位差ΔVの電源が電流Iを流しているとき,電源の電力(仕事率)は$I\Delta V$である.

$$P=I\Delta V=(0.200\times10^{-3}\ \mathrm{A})(75.0\times10^{-3}\ \mathrm{V})$$
$$=15.0\times10^{-6}\ \mathrm{W}=15.0\ \mu\mathrm{W}$$

3·15 発電機から得られるエネルギーの仕事率は,

$$P=0.800(1500\ \mathrm{hp})(746\ \mathrm{W/hp})=8.95\times10^{5}\ \mathrm{W}$$

電位差ΔVで送り出す電流をIとすると,$P=I\Delta V$だから

$$I = \frac{P}{\Delta V} = \frac{8.95 \times 10^5\ \mathrm{W}}{2000\ \mathrm{V}} = 448\ \mathrm{A}$$

3·16 (a) 電気抵抗率ρ，長さl，断面積A(直径d)の導線の電気抵抗は，

$$R = \frac{\rho l}{A} = \frac{\rho l}{\pi (d/2)^2} = \frac{4\rho l}{\pi d^2} = \frac{4(1.7 \times 10^{-8}\ \Omega\cdot\mathrm{m})(1.00\ \mathrm{m})}{\pi(0.205 \times 10^{-2}\ \mathrm{m})^2}$$
$$= 5.2 \times 10^{-3}\ \Omega$$

内部エネルギー発生の仕事率は，

$$P = I\Delta V = I^2 R = (20.0\ \mathrm{A})^2 (5.2 \times 10^{-3}\ \Omega) = 2.1\ \mathrm{W}$$

(b) (a)と同様に，

$$R = \frac{4\rho l}{\pi d^2} = \frac{4(2.82 \times 10^{-8}\ \Omega\cdot\mathrm{m})(1.00\ \mathrm{m})}{\pi(0.205 \times 10^{-2}\ \mathrm{m})^2} = 8.54 \times 10^{-3}\ \Omega$$

$$P = I\Delta V = I^2 R = (20.0\ \mathrm{A})^2 (8.54 \times 10^{-3}\ \Omega) = 3.42\ \mathrm{W}$$

(c) 銅線よりアルミニウム線の方が発熱が大きい．安全のためには銅線を使うのがよい．(アルミニウムでも，太い導線を使えば発熱は減少することは言うまでもない．)

3·17 組込み時計の個数をN，1個の時計の消費電力をP，1年間の作動時間をΔtとすると，すべての組込み時計が1年間に消費する電力量は，

$$N P \Delta t$$
$$= (270 \times 10^6\ 個)(2.50\ \mathrm{W/}個)$$
$$\times (365\ \mathrm{d/yr})(24\ \mathrm{h/d})(1\ \mathrm{kW}/1000\ \mathrm{W})$$
$$= 5.91 \times 10^9\ \mathrm{kWh}$$

組込み時計の電力料金は$5.91 \times 10^9\ \mathrm{kWh} \times \$0.12/\mathrm{kWh} = \$7.0 \times 10^8$，つまり7億ドル程度であり，政治家の見積もりは低すぎる．

3·18 電力Pの機器をΔt時間使うときの消費エネルギーは$P\Delta t$．Pの単位がW，Δtの単位がsならば，このエネルギーの単位はJ．電気料金の場合，Pの単位をkW，Δtの単位をhとして，エネルギーをkWhで表示している．したがって，白熱電球を100 h使うときの消費エネルギーは，40.0 W × 100 h = 4.00 kWh．蛍光灯を100 h使うときの消費エネルギーは，11.0 W × 100 h = 1.10 kWh．したがって，蛍光灯を使って節約できるエネルギーは4.00 kWh − 1.10 kWh = 2.90 kWh．その料金は2.90 kWh × 15.0円/kWh = 43.5円．

3·19 ドライヤーの電力を400 W，1日の使用時間を10 minとする．1年間の消費エネルギーは，J単位とkWh単位で表すと，

$$P\Delta t = (400\ \mathrm{J/s})(600\ \mathrm{s/d})(365\ \mathrm{d}) \approx 9 \times 10^7\ \mathrm{J}\left(\frac{1\ \mathrm{kWh}}{3.6 \times 10^6\ \mathrm{J}}\right)$$
$$\approx 20\ \mathrm{kWh}$$

電力料金を¥15.0/kWhとすると，20 kWh × ¥15.0/kWh = ¥300.

3·20 充電で受け取るエネルギーは，充電器の電力と充電時間の積で与えられ，

$$P\Delta t = (\Delta V) I (\Delta t)$$
$$= 2.3\ \mathrm{J/C}\ (13.5 \times 10^{-3}\ \mathrm{C/s})\ 4.2\ \mathrm{h}\left(\frac{3600\ \mathrm{s}}{1\ \mathrm{h}}\right) = 469\ \mathrm{J}$$

放電でDVDプレーヤーを動かすときに放出するエネルギーは，電池の電力と放電時間の積で与えられ，

$$(\Delta V) I (\Delta t) = 1.6\ \mathrm{J/C}\ (18 \times 10^{-3}\ \mathrm{C/s})\ 2.4\ \mathrm{h}\left(\frac{3600\ \mathrm{s}}{1\ \mathrm{h}}\right)$$
$$= 249\ \mathrm{J}$$

(a) 効率は，受け入れたエネルギーに対する，利用可能なエネルギーの割合だから，249 J/469 J = 0.530.

(b) エネルギー保存則により，受け入れたエネルギーと利用可能なエネルギーの差は，電池の内部エネルギーになったはずである．469 J − 249 J = 220 J.

(c) (b)の内部エネルギーが電池の温度を高める．質量15.0 gの電池の熱容量は975 J/kg·℃ × 0.0150 kg．したがって，温度上昇をΔTとするとΔT = 220 J/(975 J/kg·℃ × 0.0150 kg) = 15.1 ℃.

3·21 (a) 電位差ΔVの電源が電流Iを流しているとき，電源の電力(仕事率)は$P = I\Delta V$である．したがって，$I = P/\Delta V = (8.00 \times 10^3\ \mathrm{W})/(12.0\ \mathrm{V}) = 667\ \mathrm{A}$.

(b) 電力(仕事率)Pの機器が時間Δtの間に消費するエネルギーは$U = P\Delta t$．したがって，電池にためたエネルギーを使い尽くすまでの時間は，$\Delta t = U/P = (2.00 \times 10^7\ \mathrm{J})/(8.00 \times 10^3\ \mathrm{W}) = 2.5 \times 10^3\ \mathrm{s}$．自動車の速さは20.0 m/sだから，走行距離は，$(20.0\ \mathrm{m/s})(2.5 \times 10^3\ \mathrm{s}) = 5.00 \times 10^4\ \mathrm{m}$ = 50.0 km.

3·22 質量mの水を温度をΔTだけ上げるのに必要なエネルギーは，水の比熱をCとすると$U = mC\Delta T$．いまの場合，m = 0.8 L × 1.00 kg/L = 0.800 kg．C = 4.186 J/g·℃ = 4.186×10^3 J/kg·℃．ΔT = 90 ℃ − 20 ℃ = 70 ℃である．したがって，U = (0.800 kg) × (4.186×10^3 J/kg·℃) × (70 ℃) = 2.34×10^5 J．これを時間Δt = 3分半 = 210 sで加熱できるヒーターの電力は$P = U/\Delta t = 1.12 \times 10^3\ \mathrm{W}$．これが，電位差$\Delta V$の電源につないだ抵抗$R$によって供給されるのだから，$P = (\Delta V)^2/R$．つまり，$R = (\Delta V)^2/P = (100\ \mathrm{V})^2/(1.12 \times 10^3\ \mathrm{W}) = 8.93\ \Omega$.

3·23 (a) 電池の内部抵抗をrとすると，この回路は図のようである．電力Pと電流I，電位差ΔVとの関係は$P = I\Delta V$であり，抵抗Rと電流との関係は$\Delta V = IR$である．したがって，

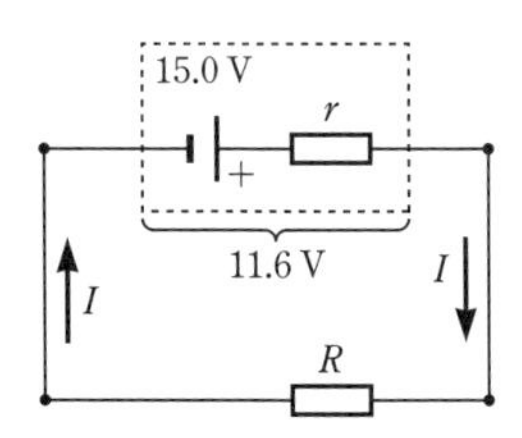

$$R = \frac{(\Delta V)^2}{P} = \frac{(11.6\ \mathrm{V})^2}{20.0\ \mathrm{W}} = 6.73\ \Omega$$

(b) 起電力$\boldsymbol{\mathcal{E}}$は，抵抗による電位降下に等しいから$\boldsymbol{\mathcal{E}} = IR + Ir$．$I = \Delta V/R$だから，

$$r = \frac{(\boldsymbol{\mathcal{E}} - IR)}{I} = \frac{(\boldsymbol{\mathcal{E}} - \Delta V)R}{\Delta V}$$
$$= \frac{(15.0\ \mathrm{V} - 11.6\ \mathrm{V})(6.73\ \Omega)}{11.6\ \mathrm{V}} = 1.97\ \Omega$$

3·24 この回路は図のようである．電池は直列だから，全起電力は $\mathcal{E} = 2 \times 1.50\ \text{V} = 3.00\ \text{V}$．電球の抵抗と，電池の内部抵抗 $r_1 = 0.255\ \Omega$，$r_2 = 0.153\ \Omega$ とは直列だから，この回路の全抵抗を $R_全$とすると，$R_全 = R + r_1 + r_2$．電球に流れる電流 $I = 0.600\ \text{A}$ は回路を流れる電流にほかならない．したがって，$R_全 = \mathcal{E}/I = (3.00\ \text{V})/(0.600\ \text{A}) = 5.00\ \Omega$．

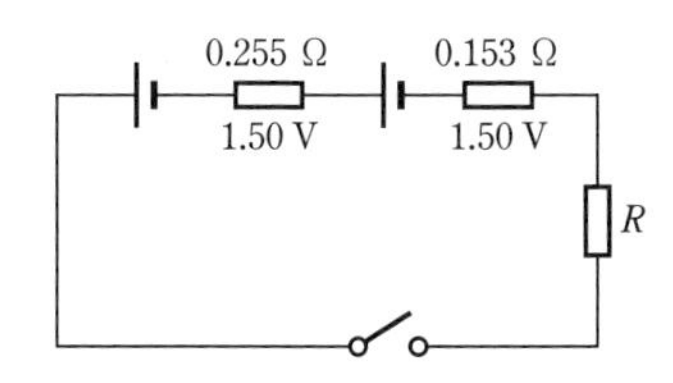

(a) 上の考察により，$R = R_全 - (r_1 + r_2) = 5.00\ \Omega - (0.255\ \Omega + 0.153\ \Omega) = 4.59\ \Omega$

(b) 電力は電流の 2 乗と抵抗との積で与えられる．回路全体での電力は $P_全 = I^2 R_全$ であり，これは電池が使った化学エネルギーに等しい．電池の内部抵抗の電力は $P_内 = I^2(r_1 + r_2)$ であり，これが電池の内部エネルギーとなった．したがって，その比は $P_内/P_全 = (r_1 + r_2)/R_全 = (0.255\ \Omega + 0.153\ \Omega)/(5.00\ \Omega) = 0.0816$．つまり 8.16％．

3·25 人の身体の電気抵抗，および人がつかむ金属製のハンドルと手との接触面の電気抵抗は，それらと直列になっている $R = 1.00\ \text{M}\Omega$ の抵抗に比べて無視できるとする．（このことは別の測定で確認できる．）

(a) 靴の電気抵抗を $R_靴$ とすると，回路の全抵抗は $R_靴 + R$．これに $V = 50.0\ \text{V}$ の電位差を加えると，流れる電流は $I = V/(R_靴 + R)$．したがって，抵抗 R の両端の電位差は $\Delta V = IR = VR/(R_靴 + R)$．つまり，$R_靴 = R(V - \Delta V)/\Delta V = 1.00\ \text{M}\Omega \times (50.0\ \text{V} - \Delta V)/\Delta V$

(b) 裸足の場合は，上の $R_靴 = 0$ に相当する．このときの電流は，(a)により，$I = V/(R_靴 + R) = V/R = 50\ \mu\text{A}$．電流が 150 μA という医学的限度を超えることはない．

3·26 3 個の抵抗の組合わせを元の抵抗 R に直列に入れて全体を $\frac{7}{3}R$ にするのだから，3 個の抵抗の組合わせによる抵抗が $\frac{4}{3}R$ になる必要がある．3 個の抵抗の可能な組合わせの可能性は次のとおり．① 2 個だけを使う．直列では $2R$，並列では $R/2$．② 3 個を同等に使う．全抵抗は直列なら $3R$，並列なら $R/3$．③ 2 個を同等に使い，残りの 1 個は 2 個の組合わせと直列または並列に使う．2 個を直列，これに残りの 1 個を並列にすると全抵抗は $\left(\dfrac{1}{2R} + \dfrac{1}{R}\right)^{-1} = \frac{2}{3}R$．2 個を直列，これに残りの 1 個を直列にする組合わせは ① で検討済み．2 個を並列，これに残りの 1 個を直列にすると全抵抗は $R/2 + R = \frac{3}{2}R$．2 個を並列，これに残りの 1 個を並列にする組合わせは ② で検討済み．以上がすべての可能な組合わせであり，どれも $\frac{4}{3}R$ とはならないから，問題文のような状況はありえない．

3·27 キルヒホフの法則を用いてもよいが，回路図を，図のように (a) から (d) まで順次簡単化して考察すればよい．まず，問題にある回路で回路素子と導線の配置を変えて図(a)のようになる．その右端の 20.0 Ω と 5.00 Ω の抵抗は直列だから，(b) のように 25.0 Ω の抵抗に置き換えられる．(b)の 10.0 Ω の抵抗，5.00 Ω の抵抗，および 25.0 Ω の抵抗は，3 個が並列だから(c)のように $\{(1/10.0\ \Omega) + (1/5.00\ \Omega) + 1/(25.0\ \Omega)\}^{-1} = 2.94\ \Omega$ の抵抗に置き換えられる．(c)の 10.0 Ω の抵抗と 2.94 Ω の抵抗は直列だから，(d)のように $10\ \Omega + 2.94\ \Omega = 12.94\ \Omega$ の抵抗に置き換えられる．以上の考察により，電池から供給される電流は $I = 25.0\ \text{V}/12.94\ \Omega = 1.93\ \text{A}$ である．

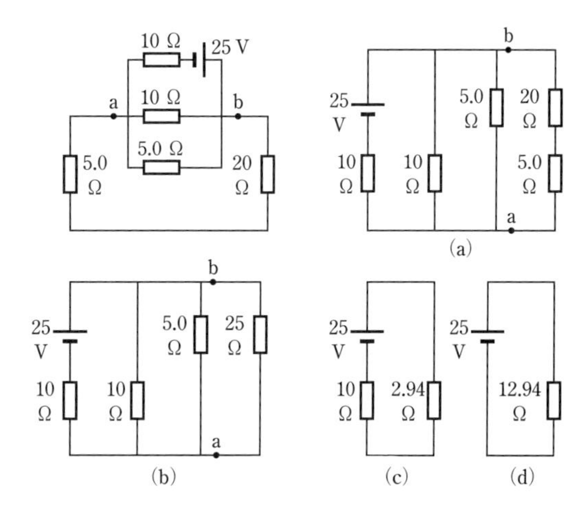

(a) 図(a)と(b)を比較すると，(a)の 20.0 Ω の抵抗を通る電流は，(b)の 25.0 Ω の抵抗を通る電流に等しい．電池からは上で考察した電流 $I = 1.93\ \text{A}$ が流れ，それは (b)の左端の 10.0 Ω の抵抗を通る．したがって，(b) の ab 間の電位差は $V_{ab} = 25.0\ \text{V} - (1.93\ \text{A}) \times (10.0\ \Omega) = 5.70\ \text{V}$．これが(b)の 25.0 Ω の抵抗に加わるから，25.0 Ω の抵抗を通る電流は $(5.70\ \text{V})/(25.0\ \Omega) = 0.228\ \text{A}$．したがって，20.0 Ω の抵抗を通る電流は 0.228 A．

(b) すでに(a)で求められており，$V_{ab} = 5.70\ \text{V}$

3·28 電流 I が流れる抵抗 R における電力は $P = I^2 R$．図の左端の抵抗を通る電流は，並列の 2 個の抵抗に 1/2 ずつ分割される．したがって，ab 間の電位差を増していくと，$P_{max} = 25.0\ \text{W}$ という電力値の制限は，左端の抵抗に関して生じる．左端の抵抗の電力が P_{max} であるときの電流は，

$$I_{max} = \sqrt{\frac{P_{max}}{R}} = \sqrt{\frac{25.0\ \text{W}}{100\ \Omega}} = 0.500\ \text{A}$$

(a) ab 間の電位差 $V_{ab} = I_{max}R + I_{max}(R/2) = I_{max}(3R/2) = \frac{3}{2}\sqrt{P_{max}R} = \frac{3}{2}\sqrt{(25.0\ \text{W})(100\ \Omega)} = 75.0\ \text{V}$

(b) 左端の抵抗には電流 I_{max} が流れ，そこで消費される電力は，言うまでもなく 25.0 W．2 個の並列の抵抗に流れる電流は $I_{max}/2$ であり，電力は電流の 2 乗に比例するか

ら，これらの抵抗それぞれで消費される電力は，左端の抵抗の消費電力の 1/4，つまり 25.0 W/4 = 6.25 W.

(c) 抵抗の直列，並列には関係なく，全電力はそれぞれの抵抗で消費される電力の単純な和で与えられる．つまり，25.0 W + 2 × 6.25 W = 37.5 W.

3·29 まず箱型掃除機の電気抵抗 R を求める．掃除機に $\Delta V = 100$ V の電位差を加えると，消費電力が $P = 500$ W だから，流れる電流 I は $P = I\Delta V$ より $I = P/\Delta V$. また，$I = \Delta V/R$ とも書けるから，これらの 2 式より $R = \Delta V^2/P$. つまり，$R = (100\ \text{V})^2/(500\ \text{W}) = 20.0\ \Omega$.

(a) 延長コードの往復の導線の抵抗 $2 \times 0.900\ \Omega$ と掃除機の抵抗 $20.0\ \Omega$ の直列回路に $\Delta V = 100$ V の電位差が加わるから，流れる電流は $I = 100\ \text{V}/(2 \times 0.900\ \Omega + 20.0\ \Omega) = 4.59$ A．この電流が流れる掃除機の消費電力は，$P = I^2R = (4.59\ \text{A})^2 \times (20.0\ \Omega) = 421$ W.

(b) $P = I^2R$ で，掃除機の $R = 20.0\ \Omega$ は一定だから，電力 P が $(450\ \text{W})/(421\ \text{W}) = 1.07$ 倍になるためには，I が $\sqrt{1.07} = 1.03$ 倍にならねばならない．そのためには，往復の導線と掃除機を合わせた全抵抗が $1/1.03 = 0.971$ 倍になればよい．新たな導線 1 本の抵抗を r とすると，$2r + 20.0\ \Omega = (2 \times 0.900\ \Omega + 20.0\ \Omega) \times 0.971$．$r = 0.583\ \Omega$．最初の導線の抵抗 $0.900\ \Omega$ を $0.583\ \Omega$ にするには，断面積を 1.54 倍にする必要があり，直径を 1.24 倍にすればよい．

3·30 (a) 電球を等価な抵抗で表さねばならない．"60 W　100 V" ということは，電球に $\Delta V = 100$ V の電位差を与えると，抵抗 $R_{電球}$ の電球に電流 I が流れ，消費電力が $P = I\Delta V = \Delta V^2/R_{電球} = 60$ W となることである．したがって，電球の抵抗は $R_{電球} = \Delta V^2/P = (100\ \text{V})^2/(60\ \text{W}) = 167\ \Omega$．回路図は図のとおり．

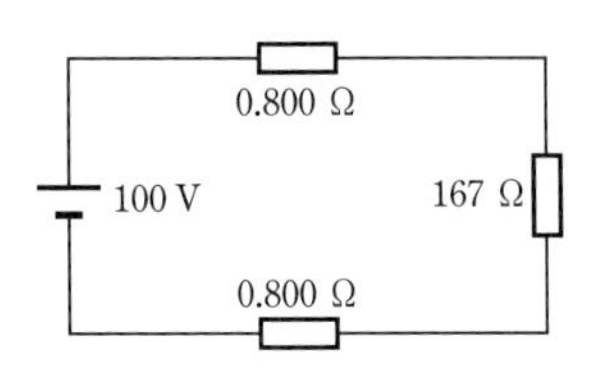

(b) 回路の全抵抗は $R_{全} = 2 \times 0.800\ \Omega + 167\ \Omega = 167.6$ W. したがって，電流 $I = \Delta V/R_{全}$．電球の消費電力は，

$$P = I^2R = (\Delta V/R_{全})^2 R_{電球} = (100\ \text{V}/167.6\ \Omega)^2 \times 167\ \Omega = 59.5\ \text{W}$$

3·31 以下の計算では原則として A, V, Ω という単位の表記を省略する．

電流計の指示 $I_3 = 2.00$ である．

左の節点に関して，$I_3 = I_1 + I_2 = 2.00$　①

上側のループに関して，反時計回りに電位差を見ていくと，

$+15.0 - (7.00)\,I_1 - (2.00)(5.00) = 0$　②

つまり $5.00 = 7.00I_1$ であり，$I_1 = 0.714$ となる．これを①に代入して $0.714 + I_2 = 2.00$．したがって，$I_2 = 1.29$ (A).

下側のループに関して，時計回りに電位差を見ていくと，

$+\boldsymbol{\mathcal{E}} - (2.00)(1.29) - (5.00)(2.00) = 0$　③

したがって，$\boldsymbol{\mathcal{E}} = 12.6$(V).

3·32 図のように電流を定める．

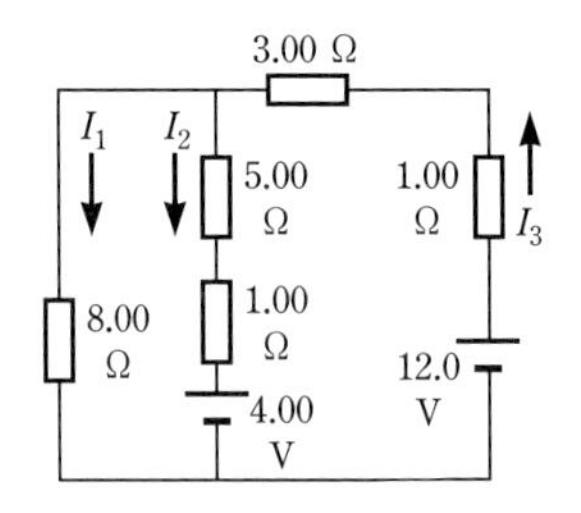

(a) 以下の計算では原則として A, V, Ω という単位の表記を省略する．

キルヒホフの第一法則により，$I_3 = I_1 + I_2$　①

キルヒホフの第二法則を右側のループに適用して，

$12.0 - (4.00)\,I_3 - (6.00)I_2 - 4.00 = 0$　②

$8.00 = (4.00)\,I_3 + (6.00)\,I_2$

キルヒホフの第二法則を左側のループに適用して，

$-(6.00)\,I_2 - 4.00 + (8.00)\,I_1 = 0$　③

①を②に代入した式と，③との連立方程式を解いて，

$$8 = 4I_1 + 10\left(\frac{4}{3}I_1 - \frac{2}{3}\right) = \frac{52}{3}I_1 - \frac{20}{3}$$

$$\rightarrow\quad I_1 = \frac{3}{52}\left(8 + \frac{20}{3}\right) = 0.846(\text{A})$$

これを③に代入して，$I_2 = \frac{4}{3}(0.846) - \frac{2}{3} = 0.462$(A)

これらを①に代入して，$I_3 = I_1 + I_2 = 1.31$(A)

(b) 4.00 V の電池では，

$$\Delta U = P\Delta t = (\Delta V)I\Delta t = (4.00\ \text{V})(-0.462\ \text{A})(120\ \text{s}) = -222\ \text{J}$$

12.0 V の電池では，

$$\Delta U = (12.0\ \text{V})(1.31\ \text{A})(120\ \text{s}) = 1.88\ \text{kJ}$$

(c) 8.00 Ω の抵抗では，

$$\Delta U = I^2R\Delta t = (0.846\ \text{A})^2(8.00\ \Omega)(120\ \text{s}) = 687\ \text{J}$$

5.00 Ω の抵抗では，

$$\Delta U = (0.462\ \text{A})^2(5.00\ \Omega)(120\ \text{s}) = 128\ \text{J}$$

中央の 1.00 Ω の抵抗では，

$$(0.462\ \text{A})^2(1.00\ \Omega)(120\ \text{s}) = 25.6\ \text{J}$$

3.00 Ω の抵抗では，

$$(1.31\ \text{A})^2(3.00\ \Omega)(120\ \text{s}) = 616\ \text{J}$$

右側の 1.00 Ω の抵抗では，

$$(1.31\ \text{A})^2(1.00\ \Omega)(120\ \text{s}) = 205\ \text{J}$$

(d) 12.0 V の電池の化学エネルギーが，各抵抗の内部エネルギーと 4.00 V の電池の内部エネルギーに変わった．

(e) (d)の理解により，$-222\ \text{J} + 1.88\ \text{kJ} = 1.66\ \text{kJ}$

または (c)の結果の和として，

$$687\ \text{J} + 128\ \text{J} + 25.6\ \text{J} + 616\ \text{J} + 205\ \text{J} = 1.66\ \text{kJ}$$

3·33 図のとおり．

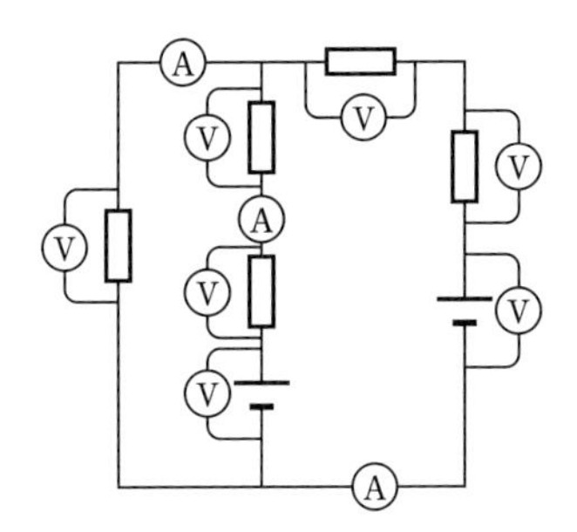

3·34 電流の大きさと向きを図(a)のように定める．$4R$ と $3R$ の抵抗はその下端が導線で結ばれているから，2 個の抵抗の並列接続にほかならず，回路図は図(b)にように描き直すことができる．回路図の"導線"には抵抗がないと取り決められていることに注意．実際の配線に使うワイヤー(超伝導線を除く)を回路図で表現するには，このように取り決めた，抵抗のない"導線"とそれに直列に入れた"抵抗"を使う．

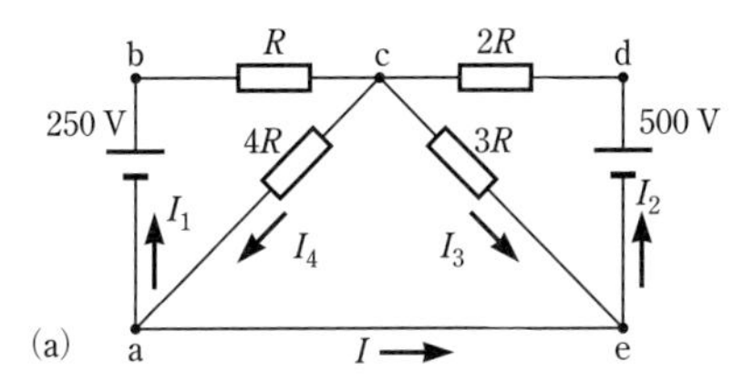

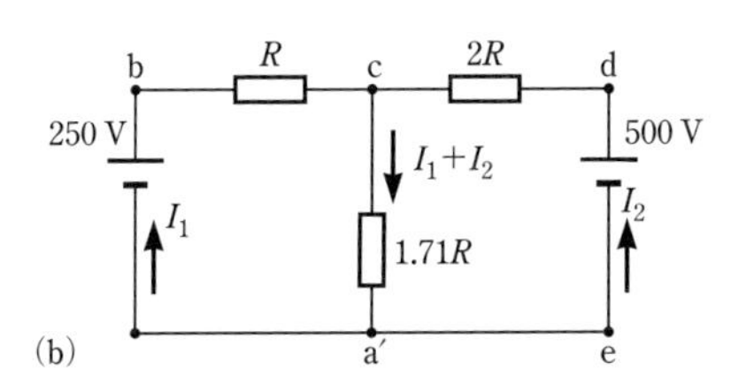

図(b)の左側と右側それぞれのループに関して，

$$(2.71R)\,I_1 + (1.71R)\,I_2 = 250\ \text{V}$$
$$(1.71R)\,I_1 + (3.71R)\,I_2 = 500\ \text{V}$$

この 2 式より I_1, I_2 を求め，$R = 1.00\ \text{k}\Omega$ を代入して，$I_1 = 10.0\ \text{mA}$，$I_2 = 130.0\ \text{mA}$ となる．

図(b)より，$V_c - V_a = (I_1 + I_2)(1.71R) = 240\ \text{V}$

したがって，図(a)より，

$$I_4 = \frac{V_c - V_a}{4R} = \frac{240\ \text{V}}{4000\ \Omega} = 60.0\ \text{mA}$$

図(a)の節点 a に関して，

$$I = I_4 - I_1 = 60.0\ \text{mA} - 10.0\ \text{mA} = +50.0\ \text{mA}$$

3·35 以下では，単位の記載を省略する．

(a) 回路を反時計回りに見たときに電位が上昇するときを正として，

$-11.0I_2 + 12.0 - 7.00I_2 - 5.00I_1 + 18.0 - 8.00I_1 = 0$

つまり　$13.0I_1 + 18.0I_2 = 30.0$

(b) 回路を反時計回りに見たときに電位が上昇するときを正として，

$-5.00I_3 + 36.0 + 7.00I_2 - 12.0 + 11.0I_2 = 0$　つまり

$18.0I_2 - 5.00I_3 = -24.0$

(c) 回路の左側の節点に関して，$I_1 - I_2 - I_3 = 0$

(d) (c)の結果より，$I_3 = I_1 - I_2$

(e) 代入して，$5.00(I_1 - I_2) - 18.0I_2 = 24.0$　つまり

$5.00I_1 - 23.0I_2 = 24.0$

(f) (e)の結果より $I_1 = (24.0 + 23.0I_2)/5$．これを(a)の結果に代入して，

$389I_2 = -162$　つまり　$I_2 = -0.416\ \text{A}$　したがって，

$I_1 = 2.88\ \text{A}$

(g) (f)の結果を(d)の表式に代入して，

$I_3 = I_1 - I_2 = 2.88\ \text{A} - (-0.416\ \text{A})$　→　$I_3 = 3.30\ \text{A}$

(h) 電流 I_2 の向きが図に示した向きの逆であること，つまり，この電流は左向きに流れることを意味する．

3·36 (a) RC 回路の時定数は R と C の積で与えられるから，

$$RC = (1.00 \times 10^6\ \Omega)(5.00 \times 10^{-6}\ \text{F}) = 5.00\ \text{s}$$

(b) 十分時間が経てば電流は 0 となり，単に，コンデンサーに起電力が加わることになる．

$$Q = C\mathcal{E} = (5.00 \times 10^{-6}\ \text{C})(30.0\ \text{V}) = 150\ \mu\text{C}$$

(c) 電流はこの回路を反時計回りに流れ，コンデンサーの上側の極板に正の電荷がたまっていくはずである．時刻 t においてコンデンサーにたまっている電荷を Q とすると，電流は $I = \mathrm{d}Q/\mathrm{d}t$．また，コンデンサーの上側の極板は下側の極板より Q/C だけ電位が高い．したがって，回路を反時計回りに見たときに電位が上昇するときを正として計算すると，$-Q/C + \mathcal{E} - \mathrm{d}Q/\mathrm{d}t\,R = 0$．この微分方程式を解くために $Q - C\mathcal{E} = q$ とおくと，微分方程式は $-q - (\mathrm{d}q/\mathrm{d}t)RC = 0$ と書ける．解は $q = q_0 \mathrm{e}^{-t/RC}$，つまり $Q = q_0 \mathrm{e}^{-t/RC} + C\mathcal{E}$．ただし q_0 は定数である．$t = 0$ では $Q = q_0 + C\mathcal{E}$ となるが，$t = 0$ ではコンデンサーの電荷の電気量は 0 だから，$0 = q_0 + C\mathcal{E}$ より $q_0 = -C\mathcal{E} = -150\ \mu\text{C}$．電流は $I = \mathrm{d}Q/\mathrm{d}t = -(q_0/RC)\,\mathrm{e}^{-t/RC}$．$q_0 = -150\ \mu\text{C}$，$1/RC = 1/(5.00\ \text{s})$ を用い，$t = 10\ \text{s}$ では $I = -(q_0/RC) \times \mathrm{e}^{-t/RC} = -(-150\ \mu\text{C})/(5.00\ \text{s})\ \mathrm{e}^{-(10.0\ \text{s})/(5.00\ \text{s})} = 4.06 \times 10^{-6}\ \text{C/s} = 4.06\ \mu\text{A}$.

3·37 この場合の回路は図のようである．

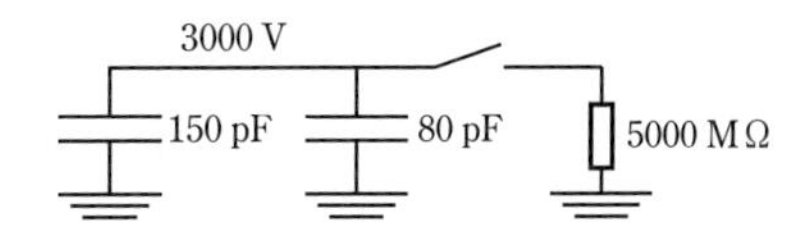

2 つのコンデンサーは並列だから，その等価容量は $150\ \text{pF} + 80.0\ \text{pF} = 230\ \text{pF}$．したがって，この回路は $C = 230\ \text{pF}$ と $R = 5.00 \times 10^9\ \Omega$(ゴム底靴)または $R = 1.00 \times 10^6\ \Omega$(静電気放出を考慮した靴)との並列回路である．

人の身体にたまる電気量を q，その初期値を Q，身体と地

面との電位差を ΔV とすると，
$q(t) = Q\,\mathrm{e}^{-t/RC} = C\Delta V(t) = C\Delta V\,\mathrm{e}^{-t/RC}$　つまり

$$\rightarrow \frac{t}{RC} = \ln\left(\frac{\Delta V_0}{\Delta V}\right)$$

(a) $t = RC\ln\left(\frac{\Delta V_0}{\Delta V}\right)$

$$= (5000\times10^6\,\Omega)(230\times10^{-12}\,\mathrm{F})\ln\left(\frac{3000\,\mathrm{V}}{100\,\mathrm{V}}\right)$$

$$= 3.91\,\mathrm{s}$$

(b) $t = RC\ln\left(\frac{\Delta V_0}{\Delta V}\right)$

$$= (1.00\times10^6\,\Omega)(230\times10^{-12}\,\mathrm{F})\ln\left(\frac{3000\,\mathrm{V}}{100\,\mathrm{V}}\right)$$

$$= 7.82\times10^{-4}\,\mathrm{s} = 782\,\mu\mathrm{s}$$

3·38 コンデンサーの電位差が，抵抗を流れる電流に比例するはずである．電気量 Q が電気容量 $C = 2.00\times10^{-9}\,\mathrm{F}$ のコンデンサーにたまると電位差は $\Delta V = Q/C$．この電位差で，コンデンサーの正極から負極に向かって抵抗 $R = 1.30\times10^3\,\Omega$ を流れる電流は，$I = -\mathrm{d}Q/\mathrm{d}t = \Delta V/R = Q/CR$．これは Q に関する微分方程式であり，その解は $Q = Q_0\,\mathrm{e}^{-t/(RC)}$．電流は，$I = -\mathrm{d}Q/\mathrm{d}t = (Q_0/CR)\,\mathrm{e}^{-t/(RC)}$．

(a) $I = \frac{Q_0}{CR}\mathrm{e}^{-t/(RC)}$

$$= \frac{(5.10\times10^{-6}\,\mathrm{C})}{(2.00\times10^{-9}\,\mathrm{F})(1.30\times10^3\,\Omega)} \times \exp\left[\frac{-(9.00\times10^{-6}\,\mathrm{s})}{(1.30\times10^3\,\Omega)(2.00\times10^{-9}\,\mathrm{F})}\right]$$

$$= 0.0616\,\mathrm{A} = 61.6\,\mathrm{mA}$$

(b) $Q = Q_0\,\mathrm{e}^{-t/(RC)}$

$$= (5.10\times10^{-6}\,\mathrm{C}) \times \exp\left[\frac{-(8.00\times10^{-6}\,\mathrm{s})}{(1.30\times10^3\,\Omega)(2.00\times10^{-9}\,\mathrm{F})}\right]$$

$$= 2.35\times10^{-7}\,\mathrm{C} = 0.235\,\mu\mathrm{C}$$

(c) $I = (Q_0/CR)\mathrm{e}^{-t/(RC)}$ は時間 t とともに単調に減少するから，$t = 0$ で電流が最大であり，そのとき，

$$I = \frac{Q_0}{CR} = \frac{(5.10\times10^{-6}\,\mathrm{C})}{(2.00\times10^{-9}\,\mathrm{F})(1.30\times10^3\,\Omega)} = 1.96\,\mathrm{A}$$

3·39 (a) スイッチを閉じる前の回路は，起電力 $\boldsymbol{\mathcal{E}}$ の電池，電気容量 C のコンデンサーおよび抵抗 $R_1 + R_2$ が一つのループをつくっている．したがって，時定数は，$(R_1 + R_2)C$．

(b) スイッチを閉じると，左側では電池と抵抗 R_1 が一つのループ回路をつくり，右側ではコンデンサーと抵抗 R_2 がもう一つのループ回路をつくる．これら2つの回路は閉じたスイッチの部分で接しているだけであり，互いに電流が行き来することはない．(なぜなら，電池を通る電流は，その全量が抵抗 R_1 を通り，コンデンサーに関係する電流は，その全量が抵抗 R_2 を通るから．) また，電池の起電力が右側の回路に影響を及ぼすことはなく，右側のコンデンサーの電荷による電位差が左側の回路に影響を及ぼすこともない．したがって，左右の回路はスイッチの部分で電位を共通にするだけで，互いに独立な回路である．したがって，右側の回路の時定数は R_2C．

(c) 左側の回路を時計回りに流れる電流は $I_1 = \boldsymbol{\mathcal{E}}/R_1$ で一定．右側の回路の電流はコンデンサーの放電によるもので，反時計回りに流れて時間変化をする．時刻 t におけるコンデンサーの電気量を Q とすると，電流は $I_2 = -\mathrm{d}Q/\mathrm{d}t$．回路を反時計回りに見たときに電位が上昇するときを正として，$Q/C - I_2R_2 = 0$．つまり，$Q/C + R\,\mathrm{d}Q/\mathrm{d}t = 0$．この微分方程式の解は，$Q = Q_0\exp(-t/R_2C)$．$t = 0$ では，電気容量 C のコンデンサーが $\boldsymbol{\mathcal{E}}$ の電位差で充電されているから $Q = C\boldsymbol{\mathcal{E}}$．つまり $Q_0 = C\boldsymbol{\mathcal{E}}$ であり，微分方程式の解は $Q = C\boldsymbol{\mathcal{E}}\exp(-t/R_2C)$ と表せる．したがって，右側の回路による電流は，

$$I_2 = -\mathrm{d}Q/\mathrm{d}t = (\boldsymbol{\mathcal{E}}/R_2)\exp(-t/R_2C)$$

スイッチの部分を流れる電流は，I_1 と I_2 の和であり，

$$I = I_1 + I_2 = \boldsymbol{\mathcal{E}}\left(\frac{1}{R_1} + \frac{\exp(-t/R_2C)}{R_2}\right)$$

3·40 定常状態では，電池からの電流が左側の $1.00\,\Omega$ と $4.00\,\Omega$ の抵抗が直列になった経路と，右側の $8.00\,\Omega$ と $2.00\,\Omega$ の抵抗が直列になった経路とに分かれて流れる．コンデンサーは抵抗が無限大の素子と同等で，電流には無関係である．

(a) 左側の経路を流れる電流を I_1 とすると，$1.00\,\Omega\cdot I_1 + 4.00\,\Omega\cdot I_1 = 10.0\,\mathrm{V}$．したがって，$I_1 = 2.00\,\mathrm{A}$ であり，$1.00\,\Omega$ と $4.00\,\Omega$ の抵抗の接続点の電位，つまりコンデンサーの左側の電極の電位は，電池の負極側を基準として，$4.00\,\Omega\cdot I_1 = 8.00\,\mathrm{V}$．同様に右側の経路を考察し，コンデンサーの右側の電極の電位は，$2.00\,\mathrm{V}$．したがって，コンデンサーに加わる電位差は $6.00\,\mathrm{V}$ であり，左側の電極の電位が高い．

(b) コンデンサーの左側の電極には正電荷が，右側の電極には負電荷がたまっている．その電気量を Q，電位差を ΔV とすると，コンデンサーの放電による電流は，上側の $1.00\,\Omega$ と $8.00\,\Omega$ の抵抗が直列になった経路と，下側の $4.00\,\Omega$ と $2.00\,\Omega$ の抵抗が直列になった経路との並列回路を流れる．並列回路の等価抵抗は，

$$R = \left[\frac{1}{(1.00\,\Omega + 8.00\,\Omega)} + \frac{1}{(4.00\,\Omega + 2.00\,\Omega)}\right]^{-1}$$

$$= 3.60\,\Omega$$

したがって，$I = \mathrm{d}Q/\mathrm{d}t$，$\Delta V = IR$，$Q = C\Delta V$ である．第2式と第3式を用いて第1式を書き直すと，
$\Delta V/R = C\,\mathrm{d}\Delta V/\mathrm{d}t$．
この微分方程式の解は，$\Delta V = \Delta V_0\,\mathrm{e}^{-t/RC}$．

$t=0$ における電位差が時刻 t に 1/10 になるとすると，$e^{-t/RC}=1/10$．したがって，

$$t=-RC\ln(1/10)=-(3.60\ \Omega)(1.00\ \mu F)\times\ln 0.1$$
$$=8.29\times 10^{-6}\ s=8.29\ \mu s$$

追加問題

3･41 (a) 一様な細長い導線ならば，導線の両端付近を除いて，電場 $\vec{E}$ と電位 V は位置座標の x 成分にだけ依存し，$E_x=-dV/dx=V/L$．$E_y=E_z=0$．$\vec{E}$ の向きは x 軸の正の方向．

(b) $$R=\frac{\rho l}{A}=\frac{\rho L}{\pi d^2/4}=4\rho L/\pi d^2$$

(c) $$I=\Delta V/R=V\pi d^2/4\rho L$$

電位の高い方から低い方へ，つまり x 軸の正の方向に流れる．

(d) 電流密度は単位断面積を流れる電流だから，

$$J=\frac{I}{A}=\frac{V\pi d^2/4\rho L}{\pi d^2/4}=V/\rho L$$

(e) $V=EL$ を (d) の最右辺に代入すると，$E=\rho J$

$\Delta V=IR$ の関係式は，2 点間の距離に依存する ΔV，距離や導体の太さに依存する R，やはり太さに依存する I に関して成り立つが，$E=\rho J$ は空間の一点一点において成り立つ関係式であることに注意．

3･42 ラジオに流れる電流は，

$$I=\frac{\Delta V}{R}=\frac{6.00\ V}{200\ \Omega}=0.0300\ A$$

電流と電荷の関係は，$I=\dfrac{Q}{\Delta t}$

したがって，電荷 $Q=240$ C が $I=0.0300$ A の電流として流れる持続時間は，

$$\Delta t=\frac{Q}{I}=\frac{240\ C}{0.0300\ A}=8.00\times 10^3\ s=2.22\ h$$

3･43 (a) 円筒形の海水の電気抵抗を，電気抵抗率を用いて表そう．半径 r，厚さ dr，長さ L の薄肉円筒の電気抵抗は，面積 $2prL$，厚さ dr の板の，厚さ方向の電気抵抗とみなせるから，$dR=\dfrac{\rho\, dr}{(2\pi r)L}=\left(\dfrac{\rho}{2\pi L}\right)\dfrac{dr}{r}$

この薄板を多数重ねたときの電気抵抗が，いまの円筒形の海水の電気抵抗に相当するから，

その抵抗は，$R=\dfrac{\rho}{2\pi L}\displaystyle\int_{r_c}^{r_b}\frac{dr}{r}=\frac{\rho}{2\pi L}\ln\left(\frac{r_b}{r_a}\right)$

(b) いまの場合，$\dfrac{\Delta V}{I}=\dfrac{\rho}{2\pi L}\ln\left(\dfrac{r_b}{r_a}\right)$　したがって，

$$\rho=\frac{2\pi L\Delta V}{I\ln(r_b/r_a)}$$

なお，電流は，この装置のまわりの大量の海水中にも流れる．しかし，大部分の電流はここで想定した円筒形の海水を通るのでこの問題で求めた抵抗率は海水の真の抵抗率の近似値である．

3･44 反時計回りの向きの電流を I，コンデンサーの電荷の電気量を Q とすると，$I=dQ/dt$．回路を反時計回りに見たときに電位が上昇するときを正として，$\boldsymbol{\mathcal{E}}-IR-Q/C=0$．第 1 式を第 2 式に代入して整理すると，$dQ/dt=-Q/(RC)+\boldsymbol{\mathcal{E}}/R$．解を $Q=Q_0e^{-t/(RC)}+Q_1$ と書けるが，$t=0$ にスイッチを閉じるとすると，$t=0$ では $Q=0$ だから $Q_1=-Q_0$，$t\to\infty$ では $Q=C\boldsymbol{\mathcal{E}}$ だから $Q_1=C\boldsymbol{\mathcal{E}}$．したがって，$Q=C\boldsymbol{\mathcal{E}}(1-e^{-t/(RC)})$ が得られる．電流は $I=dQ/dt=\boldsymbol{\mathcal{E}}/R\,e^{-t/(RC)}$．電池の仕事率は $I\boldsymbol{\mathcal{E}}$ だから，電池が供給したエネルギーは，

$$U_{電池}=\int_0^\infty I\boldsymbol{\mathcal{E}}\,dt=(\boldsymbol{\mathcal{E}}^2/R)\left[-RC\,e^{-t/(RC)}\right]_0^\infty=C\boldsymbol{\mathcal{E}}^2$$

抵抗で内部エネルギーとなる仕事率は I^2R だから，内部エネルギーは，

$$U_{抵抗}=\int_0^\infty I^2R\,dt=(\boldsymbol{\mathcal{E}}/R^2)\left[-RC\,e^{-2t/(RC)}\right]_0^\infty=\frac{1}{2}C\boldsymbol{\mathcal{E}}^2$$

コンデンサーに蓄えられたエネルギーは，

$$U_{コンデンサー}=\frac{1}{2}Q\boldsymbol{\mathcal{E}}=\frac{1}{2}C\boldsymbol{\mathcal{E}}^2$$

したがって，$U_{抵抗}=U_{コンデンサー}=\dfrac{1}{2}U_{電池}$

3･45 スイッチを閉じたときの回路は，図のように描き直すとわかりやすい．

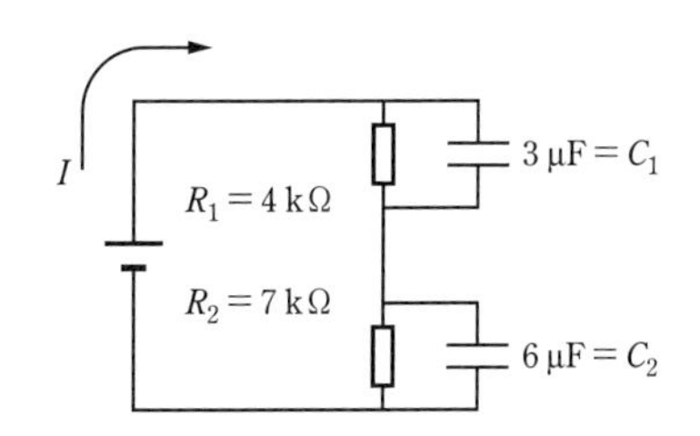

十分長い時間が経ったときの時計回りの電流を I とすると，R_2 における消費電力が 2.40 W だから，

$$P=I^2R_2\qquad I=\sqrt{\frac{P}{R_2}}=\sqrt{\frac{2.40\ V\cdot A}{7000\ V/A}}=18.5\ mA$$

(a) コンデンサー C_1 の電位差は抵抗 R_1 の電位差に等しいから，

$$\Delta V=IR_1=(1.85\times 10^{-2}\ A)(4000\ V/A)=74.1\ V$$

したがって，コンデンサー C_1 の電気量は，

$$Q=C_1\Delta V=(3.00\times 10^{-6}\ C/V)(74.1\ V)=222\ \mu C$$

(b) スイッチを閉じたままの状態では，(a) の考察と同様にコンデンサー C_2 と抵抗 R_2 について，

$$\Delta V=IR_2=(1.85\times 10^{-2}\ A)(7000\ \Omega)=130\ V$$
$$Q=C_2\Delta V=(6.00\times 10^{-6}\ C/V)(130\ V)=778\ \mu C$$

また，電池の起電力は，

$$I(R_1+R_2)=(1.85\times 10^{-2}\ A)(4000\ \Omega+7000\ \Omega)=204\ V$$

スイッチを開いて十分時間が経つと，回路には電流が流れ

ず，2つのコンデンサーは電池の起電力 204 V でいっぱいに充電されるから，コンデンサー C_2 の電気量は，

$$Q = C_2\Delta V = (6.00\times10^{-6}\,\mathrm{C/V})(204\,\mathrm{V}) = 1222\,\mu\mathrm{C}$$

したがって，C_2 にたまった電荷の変化量は，

$$1222\,\mu\mathrm{C} - 778\,\mu\mathrm{C} = 444\,\mu\mathrm{C}$$

3·46 問題文の状況になる R を求めてみる．電池の内部抵抗 r と外部の R とは直列になるから，回路の電流は $I = \mathcal{E}/(R+r)$．この電流によって R で消費される電力 P は 21.2 W であるが，$P = I^2R = \left(\dfrac{\mathcal{E}}{R+r}\right)^2 R$．したがって，

$\left(\dfrac{\mathcal{E}}{R+r}\right)^2 R = P$．ここで $P/\mathcal{E}^2 = a$ とおくと，

$$r^2 + 2rR + R^2 = aR$$
$$\rightarrow\ R^2 + (2r-a)R + r^2 = 0$$
$$\rightarrow\ R^2 + bR + r^2 = 0$$

ただし，$b = 2r - a = 2r - \dfrac{\mathcal{E}^2}{P}$ である．

解は $R = \dfrac{-b\pm\sqrt{b^2-4r^2}}{2}$ である．

$b = 2(1.20\,\Omega) - \dfrac{(9.20\,\mathrm{V})^2}{21.2\,\mathrm{W}} = -1.59\,\Omega$ だから，

根号の中の $b^2 - 4r^2 = (-1.59\,\Omega)^2 - 4\times(1.20\,\Omega)^2 = -(3.22\,\Omega)^2$．したがって，実数の R は存在せず．問題文の状況はありえない．

この結果は，電池の内部抵抗が大きすぎて，抵抗 R で 21.2 W の電力消費が起こるだけの電流が流れることはできないことを意味する．$r \leq 0.795\,\Omega$ であれば $b^2 - 4r^2 \geq 0$ となるから，問題文の状況が実現される．

3·47 スイッチが a の位置に入った定常状態では回路に電流は流れない．コンデンサーには $\Delta V = \mathcal{E}$ の電位差（左側が高電位）が生じて，コンデンサーには $Q = C\Delta V = C\mathcal{E}$ の電気量がたまっている．スイッチを b につなぐと，コンデンサーが放電し，反時計回りの電流 I が抵抗 R を通る．これらの量の間には，次の関係式が成り立つ．$I = -\mathrm{d}Q/\mathrm{d}t$，$Q = C\Delta V$，$\Delta V = IR$．これらから I と Q を消去すると，$\mathrm{d}\Delta V/\mathrm{d}t = -(1/RC)\Delta V$．解は $\Delta V = \Delta V_0\,\mathrm{e}^{-t/RC}$．$t = 0$ では $\Delta V = \Delta V_0 = \mathcal{E}$ だから，$\Delta V = \mathcal{E}\,\mathrm{e}^{-t/RC}$．したがって，$\ln\mathcal{E}/\Delta V = t/(RC)$．つまり，$\ln\mathcal{E}/\Delta V$ 対 t のグラフは原点を通る直線となり，その勾配は $1/(RC)$ となるから，グラフの勾配からコンデンサーの電気容量が求められる．

(a)

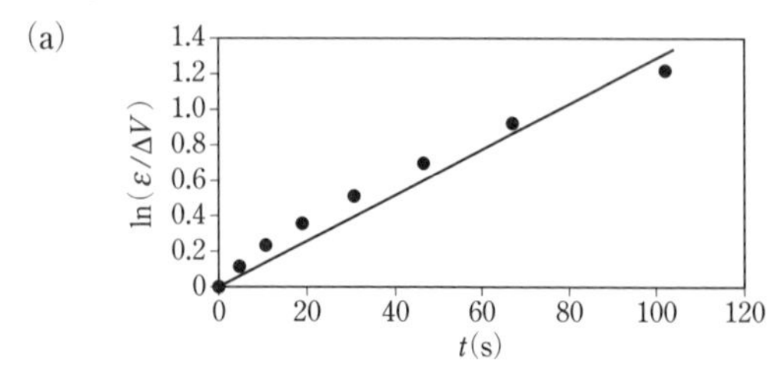

(b) グラフの勾配は約 0.013 となる．したがって，
$1/(RC) = 0.012\,\mathrm{s}^{-1}$，$RC = 1/0.012\,\mathrm{s} = 83\,\mathrm{s}$，
$C = (1/0.012\,\mathrm{s})/(1.00\times10^7\,\Omega) = 8.3\times10^{-6}\,\mathrm{F} = 8.3\,\mu\mathrm{F}$

3·48 (a) 電位差を ΔV，回路を流れる電流を I とすると $I = \mathcal{E}/(r+R)$．また，$IR = \Delta V$．したがって，$\Delta V = \mathcal{E}R/(r+R)$．これを最大にする R は ∞．

(b) 回路を流れる電流を I とすると，$I = \mathcal{E}/(r+R)$．これを最大にするのは $R = 0$．

(c) 回路を流れる電流を I とすると，$I = \mathcal{E}/(r+R)$．
負荷抵抗の消費電力は $P = I^2R = \mathcal{E}^2R/(r+R)^2$．これを最大にする条件は，

$$\frac{\mathrm{d}P}{\mathrm{d}R} = \frac{-2\mathcal{E}^2R}{(R+r)^3} + \frac{\mathcal{E}^2}{(R+r)^2} = 0 \quad \text{つまり} \quad R = r$$

3·49 (a) 電気ストーブに流れる電流は，$(1.20\,\mathrm{kW})/(100\,\mathrm{V}) = 12.0\,\mathrm{A}$．オーブントースターに流れる電流は，$(1.00\,\mathrm{kW})/(100\,\mathrm{V}) = 10.0\,\mathrm{A}$，電子レンジに流れる電流は，$(1.35\,\mathrm{kW})/(100\,\mathrm{V}) = 13.5\,\mathrm{A}$．

(b) それぞれの機器に流れる電流の合計は，$12.0\,\mathrm{A} + 10.0\,\mathrm{A} + 13.5\,\mathrm{A} = 35.5\,\mathrm{A}$．これはブレーカーの作動電流の 30 A を超えるから，ブレーカーは落ちる．なお，合計電流がこれ以下であっても，機器のスイッチを入れた瞬間には機器の表示以上の電流が流れてブレーカーが落ちることがある．機器の電気回路にコンデンサーが入っていると，スイッチを入れた瞬間にコンデンサーを充電する過大な電流が流れるからである．

3·50 断面積 A，長さ L，電気抵抗率 ρ の導線の電気抵抗 R は，$R = \rho L/A$．この導線の両端の電位差 ΔV，導線を流れる電流を I とすると $\Delta V = IR$．したがって，$R = \Delta V/I$，$\rho = \Delta VA/IL$．計算結果は次のとおり．

L(m)	R(Ω)	ρ(Ω·m)
0.540	7.3	9.8×10^{-7}
1.028	14.1	9.98×10^{-7}
1.543	21.1	1.00×10^{-6}

(b) $\rho = 9.9\times10^{-7}\,\Omega\cdot\mathrm{m}$

3·51 (a) 最初の場合に電池が流す電流は，$(150 + 45.0 + 14.0 + 4.00)\,\mathrm{mA} = 213\,\mathrm{mA}$．抵抗値最大の抵抗を流れる電流は 4.00 mA だから，その抵抗値を2倍にすると電流は 2.00 mA となる．つまり，後の場合の電流は，$(150 + 45 + 14 + 2)\,\mathrm{mA} = 211\,\mathrm{mA}$．これは最初の場合の電流の $(211\,\mathrm{mA})/(213\,\mathrm{mA}) = 0.991$ 倍．

(b) 抵抗値最小の抵抗を流れる電流は 150 mA だから，その抵抗値を2倍にすると電流は 75.0 mA．流れる電流は $(75 + 45 + 14 + 4)\,\mathrm{mA} = 138\,\mathrm{mA}$．これは最初の電流の $(138\,\mathrm{mA})/(213\,\mathrm{mA}) = 0.648$ 倍．

(c) エネルギーの流れは電流つまり電荷の流れ同様だから，最大の節約効果を得るには，抵抗が最小の要因の抵抗を高

めればよい．つまり，天井を通ってのエネルギー流出の抵抗(熱抵抗)を高めるように，断熱の工夫をすればよい．

3･52 (a) 電位差 300 kV で電流 1.00 kA が流れるのだから，電力は(300 kV)×(1.00 kA) = 3.00×10^8 W = 300 MW.

(b) 地球の半径は $R = 6370$ km = 6.37×10^7 m．太陽から見た地球の円形の断面積 $S = \pi R^2 = \pi(6.37 \times 10^7\ \mathrm{m})^2$．したがって，太陽光が地表にもたらす放射束は 1370 W/m^2 $\times \pi(6.37 \times 10^7\ \mathrm{m})^2 = 1.75 \times 10^{17}$ W．つまり，太陽による入射エネルギーの 10^{-9} 程度の割合のエネルギーが，稲妻のエネルギーとなることがわかる．

3･53 大気コンデンサーの電気容量 $C = 0.800$ F，たまっている電荷の電気量 Q の初期値は $Q_0 = 4.00 \times 10^4$ C である．極板間の電位差 ΔV の初期値は $\Delta V_0 = Q_0/C = (4.00 \times 10^4\ \mathrm{C})/(0.800\ \mathrm{F}) = 5.00 \times 10^4$ V である．大気コンデンサーの両極板間を結ぶ導体は大気であり，その電気抵抗率 $\rho = 2.00 \times 10^{13}\ \Omega\cdot\mathrm{m}$，導体の長さは極板間の距離であり，$L = 4.00 \times 10^3$ m．導体の断面積は地球の表面積であり，地球の半径 $r = 6.37 \times 10^6$ m を用いて $S = 4\pi r^2$ と表せる．導体の電気抵抗は $R = \rho L/S = \rho L/4\pi r^2$.

大気コンデンサーの放電による電流を I とすると，$I = -\mathrm{d}Q/\mathrm{d}t$，また，$\Delta V = IR$ および $Q = C\Delta V$．この3式から ΔV と I を消去して，$\mathrm{d}Q/\mathrm{d}t + (1/RC)Q = 0$．この微分方程式の解は $Q = Q_0\,\mathrm{e}^{-t/RC}$．$t = 0$ における値は $Q = Q_0 = 4.00 \times 10^4$ C.

(a) 求める時刻を t とすると，$Q_0\,\mathrm{e}^{-t/RC} = 2.00 \times 10^4$ C．したがって，$-t/RC = \ln(2.00 \times 10^4\ \mathrm{C})/(4.00 \times 10^4\ \mathrm{C}) = \ln\frac{1}{2}$．つまり，

$$t = RC\ln 2 = (\rho LC/4\pi r^2)\ln 2$$

$$= \frac{(2.00 \times 10^{13}\ \Omega\cdot\mathrm{m})(4.00 \times 10^3\ \mathrm{m})(0.800\ \mathrm{F})}{4\pi(6.37 \times 10^6\ \mathrm{m})^2} \times \ln 2$$

$= 1.25 \times 10^2$ s．約 2 min である．

(b) (a)と同様に考えて，

$$-t/RC = \ln(5.00 \times 10^3\ \mathrm{C})/(4.00 \times 10^4\ \mathrm{C}) = \ln\frac{1}{8}$$

つまり，

$$t = RC\ln 8 = (\rho LC/4\pi r^2)\ln 8$$

$$= \frac{(2.00 \times 10^{13}\ \Omega\cdot\mathrm{m})(4.00 \times 10^3\ \mathrm{m})(0.800\ \mathrm{F})}{4\pi(6.37 \times 10^6\ \mathrm{m})^2} \times \ln 8$$

$= 3.75 \times 10^2$ s．約 6 min である．

(c) $Q = Q_0\,\mathrm{e}^{-t/RC}$ が 0 となる時刻は $t \to \infty$．どんなコンデンサーでも，両極を有限値の抵抗でつないで電荷が原理的に 0 になるには，無限に長い時間を要する．

4 章　磁気力と磁場

4·1 (a) $F = qvB\sin\theta$
$= (1.60\times10^{-19}\,\mathrm{C})\times(3.00\times10^{6}\,\mathrm{m/s})\times(0.300\,\mathrm{T})\times\sin 37.0^\circ$
$= 8.67\times10^{-14}\,\mathrm{N}$

(b) $a = F/m = 5.19\times10^{13}\,\mathrm{m/s^2}$

4·2 たとえば，右ねじの法則で考える．電荷の符号に注意．(a) 上 (b) 紙面の表向き（手前） (c) 曲がらない（速度と磁場が平行） (d) 紙面の裏向き

4·3 電子が得る速さ v は，

$\frac{1}{2}mv^2 = qV$

$\rightarrow\quad v^2 = \dfrac{2qV}{m} = \dfrac{2\times(1.60\times10^{-19}\,\mathrm{C})(2.40\times10^{3}\,\mathrm{V})}{9.11\times10^{-31}\,\mathrm{kg}}$
$= 8.43\times10^{14}\,\mathrm{m^2/s^2}$

$\rightarrow\quad v = 2.90\times10^{7}\,\mathrm{m/s}$

速度が磁場と直交しているときに力は最大になり，

$F = qvB = (1.60\times10^{-19}\,\mathrm{C})(2.90\times10^{7}\,\mathrm{m/s})\times1.70\,\mathrm{T}$
$= 7.90\times10^{-12}\,\mathrm{N}$

磁場が速度に平行（$\sin\theta = 0$）なときに力の大きさは最小になり，$F = 0$

4·4 陽子は磁場の方向を軸としてらせん状に運動するので，速度と磁場がなす角度は一定である．それを θ とすると，

$F = qvB\sin\theta$

$\rightarrow\quad \sin\theta = \dfrac{F}{qvB}$

$= \dfrac{8.20\times10^{-15}\,\mathrm{N}}{(1.60\times10^{-19}\,\mathrm{C})(4.00\times10^{6}\,\mathrm{m/s})\times1.70\,\mathrm{T}}$

$= 0.754$

$\rightarrow\quad \theta = 48.9^\circ$　または　131.1°

4·5 地磁気は南から北を向いている（方位磁石の N が北を向くのだから地球の N 極は南極付近にある）．また，電子の電荷は負なので，電荷の流れは電流の速度の反対方向であることにも注意．(a) 西方向　(b) 磁場と速度が平行なので力は働かない　(c) 上方向　(d) 下方向

4·6 重力 $= mg = (9.11\times10^{-31}\,\mathrm{kg})\times(9.80\,\mathrm{m/s^2})$
$\approx 9\times10^{-30}\,\mathrm{N}$

電気力 $= qE = (1.60\times10^{-19}\,\mathrm{C})\times(100\,\mathrm{N/C})$
$= 1.6\times10^{-17}\,\mathrm{N}$

磁気力 $= qvB = (1.60\times10^{-19}\,\mathrm{C})\times(6.00\times10^{6}\,\mathrm{m/s})\times(5.0\times10^{-5}\,\mathrm{T})$
$= 5\times10^{-17}\,\mathrm{N}$

4·7 磁場は，陽子のこの瞬間の運動方向である $+z$ 方向に垂直なのだから xy 平面に平行だが，力（加速度）の方向（$+x$ 方向）にも垂直なのだから $\pm y$ 方向でなければならない．さらに右ねじの法則（あるいはフレミングの左手の法則）により，$-y$ 方向であることがわかる．磁場の大きさは，

$ma = qvB$

$\rightarrow\quad B = \dfrac{ma}{qv} = \dfrac{(1.67\times10^{-27}\,\mathrm{kg})(2.00\times10^{13}\,\mathrm{m/s^2})}{(1.60\times10^{-19}\,\mathrm{C})(1.00\times10^{7}\,\mathrm{m/s})}$
$= 2.09\times10^{-2}\,\mathrm{T}$

4·8 外積の公式より，$\vec{v}\times\vec{B}$ の各成分を計算すると，（SI 単位系での数値で計算する）

$(\vec{v}\times\vec{B})_x = v_yB_z - v_zB_y = (-4)(-1) - (1)(-2) = 6$

$(\vec{v}\times\vec{B})_y = v_zB_x - v_xB_z = (1)(1) - (2)(-1) = 3$

$(\vec{v}\times\vec{B})_z = v_xB_y - v_yB_x = (2)(-2) - (-4)(1) = 2$

このベクトルの大きさは，

$$|\vec{v}\times\vec{B}| = \sqrt{6^2+3^2+2^2} = 7$$

したがって，

磁気力の大きさ $= q|\vec{v}\times\vec{B}| = 1.60\times10^{-19}\times7$
$= 1.12\times10^{-18}\,(\mathrm{N})$

方向は $(6, 3, 2)$ の方向である．

4·9 角運動量を L，半径を r，速さを v とすれば，

$$L = mrv$$

である．また円運動の方程式は，

$$mv^2/r = qvB \quad\rightarrow\quad qB = mv/r$$

上辺の各辺の比をとれば（v を消去する），

$L/qB = r^2$

$\rightarrow\quad r^2 = \dfrac{4.00\times10^{-25}\,\mathrm{kg\cdot m^2/s}}{(1.60\times10^{-19}\,\mathrm{C})\times0.001\,\mathrm{T}} = 2.50\times10^{-3}\,\mathrm{m^2}$

$\rightarrow\quad r = 5.00\times10^{-2}\,\mathrm{m} = 5.00\,\mathrm{cm}$

また，上式の各辺を掛け合わせれば（r を消去する），

$qBL = m^2v^2$

$\rightarrow\quad v^2 = \dfrac{(1.60\times10^{-19}\,\mathrm{C})\times(0.001\,\mathrm{T})\times(4.00\times10^{-25}\,\mathrm{kg\cdot m^2/s})}{(9.11\times10^{-31}\,\mathrm{kg})^2}$

$= 7.71\times10^{13}\,\mathrm{m^2/s^2} \quad\rightarrow\quad v = 8.78\times10^{6}\,\mathrm{m/s}$

（あるいは上の r の値を使って $v = L/mr$ としてもよい．）

4·10 10.0 MeV のエネルギーとは SI 単位系では，素電荷の大きさを掛けて，

$$10.0\,\mathrm{MeV} = \frac{10.0\times10^{6}\,\mathrm{eV}\times1.60\times10^{-19}\,\mathrm{J}}{1\,\mathrm{eV}}$$
$$= 1.60\times10^{-12}\,\mathrm{J}$$

のエネルギーを意味する．これを E と書けば，

$$\frac{1}{2}mv^2 = E \quad\rightarrow\quad v = \sqrt{2E/m}$$

また，円運動の運動方程式は，

$$mv^2/r = qvB$$

（一定の円周上を運動しているのだから，陽子の運動方向と磁場の方向は直角である．）したがって，

$$B = \frac{mv}{qr} = \frac{m}{qr}\sqrt{\frac{2E}{m}} = \frac{1}{qr}\sqrt{2mE}$$

$$= \frac{1}{(1.60\times10^{-19}\,\mathrm{C})(5.80\times10^{10}\,\mathrm{m})} \times \sqrt{2\times(1.67\times10^{-27}\,\mathrm{kg})(1.60\times10^{-12}\,\mathrm{J})}$$

$$= \frac{1}{9.28\times10^{-9}}\sqrt{5.34\times10^{-39}}\ \mathrm{T} = 7.88\times10^{-12}\,\mathrm{T}$$

4·11 (a) まず，円軌道の半径から，各電子の(運動)エネルギーを求める．円運動の方程式は $mv^2/r = qvB$ だから，

$$v = qBr/m \ \rightarrow\ \frac{1}{2}mv^2 = \frac{1}{2m}\times(qBr)^2$$

したがって，電子の最初のエネルギー K はエネルギー保存則より，

$$K = \frac{(qB)^2(r_1{}^2 + r_2{}^2)}{2m}$$

(b) $K = \dfrac{\{(1.60\times10^{-19}\,\mathrm{C})\times0.0440\,\mathrm{T}\}^2\,(0.01^2\,\mathrm{m}^2 + 0.0240^2\,\mathrm{m}^2)}{2\times9.11\times10^{-31}\,\mathrm{kg}} \times \dfrac{1\,\mathrm{eV}}{1.60\times10^{-19}\,\mathrm{J}}$

$= 1.15\times10^5\,\mathrm{eV} = 115\,\mathrm{keV}$

4·12 運動エネルギーを K とすれば，$v = \sqrt{2K/m}$．したがって，力のつり合いは，

$$E = vB = \sqrt{\frac{2K}{m}}B = \sqrt{\frac{2\times750\times1.60\times10^{-19}\,\mathrm{J}}{9.11\times10^{-31}\,\mathrm{kg}}} \times 0.015\,\mathrm{T}$$

$= 16.2\times10^6\times0.015\,\mathrm{V/m} = 0.243\times10^6\,\mathrm{V/m}$

$= 243\,\mathrm{kV/m}$

4·13 (a) 円運動の式 $mv^2/r = qvB$ より，サイクロトロン周波数 ω は，

$$\omega = v/r = qB/m = \frac{(1.60\times10^{-19}\,\mathrm{C})\times0.450\,\mathrm{T}}{1.67\times10^{-27}\,\mathrm{kg}}$$

$= 4.31\times10^7\,\mathrm{s}^{-1}$

(b) $r = v/\omega < 1.20\,\mathrm{m}$ より，

$v < 1.20\,\mathrm{m}\times4.31\times10^7\,\mathrm{s}^{-1} = 5.17\times10^7\,\mathrm{m/s}$

4·14 (a) $\omega = \dfrac{qB}{m} = \dfrac{(1.60\times10^{-19}\,\mathrm{C})\times0.800\,\mathrm{T}}{1.67\times10^{-27}\,\mathrm{kg}}$

$= 7.66\times10^7\,\mathrm{s}^{-1}$

$v = \omega r = (7.66\times10^7\,\mathrm{s}^{-1})\times0.350\,\mathrm{m} = 2.68\times10^7\,\mathrm{m/s}$

$K = \frac{1}{2}mv^2 = \frac{1}{2}(1.67\times10^{-27}\,\mathrm{kg})(2.68\times10^7\,\mathrm{m/s})^2 \times \dfrac{1\,\mathrm{eV}}{1.60\times10^{-19}\,\mathrm{J}} = 3.75\times10^6\,\mathrm{eV}$

(b) 1 周ごとに 1200 eV だけエネルギーが増えるのだから，

$$\text{回転の回数} = \frac{3.75\times10^6\,\mathrm{eV}}{1200\,\mathrm{eV}} = 3.13\times10^3\ \text{回}$$

(c) 1 周にかかる時間は $2\pi/\omega$ だから，

$2\pi/\omega\times3.13\times10^3 = 2.57\times10^{-4}\,\mathrm{s}$

4·15 (a) $F = 5.00\,\mathrm{A}\times2.80\,\mathrm{m}\times0.390\,\mathrm{T}\times\sin60^\circ = 4.73\,\mathrm{N}$

(b) $F = 5.00\,\mathrm{A}\times2.80\,\mathrm{m}\times0.390\,\mathrm{T}\times\sin90^\circ = 5.46\,\mathrm{N}$

(c) $F = 5.00\,\mathrm{A}\times2.80\,\mathrm{m}\times0.390\,\mathrm{T}\times\sin120^\circ = 4.73\,\mathrm{N}$

4·16 各点で磁場と電流は直交しているので，微小な長さ Δs の部分に働く磁気力の大きさ

$$F = (I\Delta s)\times B$$

向きは，電流と磁場の両方に直角な方向だから，鉛直上方向から内側に $90^\circ-\theta$ だけ傾いた方向．(磁場と力の方向がなす角度が $\theta + (90^\circ - \theta) = 90^\circ$ となる．)

水平方向の力はリングの向かい側どうしで打ち消し合うので，鉛直方向だけを足せばよい．

$$\text{合力} = I\times2\pi r\times B\times\cos(90^\circ-\theta) = 2\pi rIB\sin\theta$$

4·17 $F = 2.40\,\mathrm{A}\times0.750\,\mathrm{m}\times160\,\mathrm{T} = 288\,\mathrm{N}$

方向は導線に垂直($\pm y$ 方向)．(たとえば，右ねじの法則を使えば)電流から磁場の方向に右ねじを回したときの ねじ の進む方向だから，(右手系ならば)$-y$ 方向になる．

4·18 (a) 立方体の一辺の長さを $L(=0.400\,\mathrm{m})$ と記す．

ab：磁場と平行なので，磁気力はゼロ．

bc：$-x$ 方向，$F = I\times L\times B = 0.0400\,\mathrm{N}$

cd：$-z$ 方向，$F = I\times(L/\sin45^\circ)\times B\times\sin45^\circ = 0.0400\,\mathrm{N}$

da：x 軸と z 軸の中間の方向．$F = I\times(L/\sin45^\circ)\times B = 0.0400\,\mathrm{N}\times\sqrt{2} = 0.0566\,\mathrm{N}$

(b) da に働く力の x 成分も z 成分も $+0.0400\,\mathrm{N}$ である．したがって合力はゼロ．

一般に，一様な磁場中の閉回路に働く磁気力の合力は常にゼロである．($\vec{F} = I\Delta\vec{s}\times\vec{B}$ の式で，I と B は常に一定．また $\Delta\vec{s}$ を足し合わせると，閉回路ならば元に戻るのでゼロになるから．)

4·19 磁場は真東を向いているときが一番効率が良い($\sin\theta = 1$ になるので)．

$0.500\,\mathrm{g/cm} = 0.500\times10^{-3}\times10^2\,\mathrm{kg/m} = 5.00\times10^{-2}\,\mathrm{kg/m}$

なので，重力とのつり合いの式は，

$$IB = 5.00\times10^{-2}\,\mathrm{kg/m}\times g$$

$$\rightarrow\ B = \left(\frac{5.00\times10^{-2}\times9.8}{2.00}\right)\mathrm{T} = 0.245\,\mathrm{T}$$

これよりも磁場が大きければ導線は上に上がる．

4·20 まず，このループの抵抗 R を計算しよう．銅の抵抗率を $\rho(=1.7\times10^{-8}\,\Omega\cdot\mathrm{m})$ とすると，地球の半径を r として，

$$R = \frac{\text{ループの長さ}}{\text{ループの断面積}}\times\rho$$

$$= \frac{2\times\pi\times6.37\times10^6}{\pi\times(0.001)^2}\times1.7\times10^{-8}\,\Omega = 2.17\times10^5\,\Omega$$

電流 I は，電力 W が I^2R であることから，

$$I = \sqrt{\frac{W}{R}} = 21.5\,\mathrm{A}$$

したがって，導線の単位長さあたりに働く磁気力は（地磁気を 5×10^{-5} T とすれば），

$$磁気力 = BI = 1.07 \times 10^{-3}\ \mathrm{N/m}$$

一方，この導線の 1 m あたりに働く重力は，銅の質量密度を $9 \times 10^3\ \mathrm{kg/m^3}$ とすれば，

$$重力 = \pi \times (0.001)^2 \times 9 \times 10^3 \times 9.8\ \mathrm{N/m} \approx 3 \times 10^{-1}\ \mathrm{N/m}$$

重力のほうが 100 倍以上大きい．

4・21 磁場がこのループに及ぼすトルクは，$\mu B \sin\theta$ であり，θ を減らす方向に働く．したがって，それにさからって θ を増やすには，逆方向にトルク $\mu B \sin\theta$ を掛ける必要がある．90° から，ある θ（> 90°）まで角度を増やすのに必要な仕事は，

$$仕事 = \int_{90.0^\circ}^{\theta} \mu B \sin\theta\, d\theta = -\mu B \cos\theta\ (= U(\theta) - U(90^\circ))$$

$U(90^\circ) = 0$ とすれば，これが $\theta > 90^\circ$ での位置エネルギーに等しい．

また，θ（< 90°）から 90° まで角度を増やすのに必要な仕事は，

$$仕事 = \int_{\theta}^{90.0^\circ} \mu B \sin\theta\, d\theta = \mu B \cos\theta\ (= U(90^\circ) - U(\theta))$$

$U(90^\circ) = 0$ とすれば，これに負号を付けたものが $\theta < 90^\circ$ での位置エネルギーに等しい．いずれにしろ，

$$U(\theta) = -\mu B \cos\theta = -\vec{\mu} \cdot \vec{B}$$

となる．

4・22 (a) 磁気モーメントの大きさは，SI 単位系で，

$$\mu = 1.20 \times 0.400 \times 0.300 \times 100 = 14.4\ (\mathrm{J/T})$$

したがってトルクは，

$$\tau = \mu B \sin(90^\circ - \theta) = 9.98\ \mathrm{N \cdot m}$$

(b) このコイルの磁気モーメントの方向は，（電流の方向に右ねじを回せばわかるように）コイルに垂直で向こう向きである．磁気モーメントが磁場の方向を向くように回転するのだから，θ が増えるように回転する．これは，こちら側の縦の辺に働く力の方向を考えてもわかる．

4・23 (a) 電流の方向（$+y$ 方向）から磁場の方向に右ねじを回せば，$+x$ 方向．

(b) 力は x 軸に平行なので，x 軸を回転させるトルクにはならない．つまり答は 0．

(c) 電流の方向から磁場の方向に向けて右ねじを回せば，$-x$ 方向．

(d) (b) と同様に，0．

(e) bc の方向から磁場の方向に右ねじを回すと，それが進む方向は $+z$ 方向から y 軸の負の側に 40.0° 傾いた方向．

(f) $+x$ 方向．つまり ad を回転軸として，原点から見て右回りに回す方向．

(g) 結局，辺 bc に働く磁気力のみが働いて，（原点から見て）時計回りに回る．

(h) $\mu = 電流 \times 面積 = 0.135\ \mathrm{m^2 \cdot A}$

(i) 磁気モーメントの方向はループ面に対して垂直下方向（電流が回るように右ねじを回したときのねじが進む方向）だから，130°

(j) $\tau = \mu B \sin\theta = 0.135\ \mathrm{m^2 \cdot A} \times 1.50\ \mathrm{T} \times \sin 130^\circ$
$= 0.155\ \mathrm{N \cdot m}$

〔注：磁気モーメントという考え方を使わずに力学的にトルクを計算すると，まず辺 bc に働いている磁気力が

$$F = IB \times (\mathrm{bc}\ の長さ)$$

なので，

$$\tau = F \times (\mathrm{ab}\ の長さ) \times \sin 40^\circ$$

になり，結局同じ結果が得られる．〕

4・24 (a) ループの半径は，$2.00\ \mathrm{m}/2\pi = 0.318\ \mathrm{m}$ したがって，

$$\mu = 電流 \times 面積 = 17.0\ \mathrm{mA} \times \pi \times (0.318\ \mathrm{m})^2 = 5.41\ \mathrm{mA \cdot m^2}$$

(b) 磁気モーメントと磁場が直角な状況なので，

$$\tau = \mu B = 4.33\ \mathrm{mN \cdot m}$$

4・25 $\dfrac{\mu_0}{4\pi} = 1 \times 10^{-7}$ だから，

$$B = \frac{\mu_0}{2\pi} \times \frac{I}{r} = \left(\frac{2 \times 10^{-7} \times 2.00}{0.25}\right) \mathrm{T} = 1.60 \times 10^{-6}\ \mathrm{T}$$

4・26 左に伸びている部分からは，$d\vec{s} \times \vec{r} = 0$（$d\vec{s}$ と r が平行なので）だから磁場への寄与はない．下に延びている部分については，すべての $d\vec{s}$ の部分が，P 点では紙面裏向きの磁場をつくるので，それを単純に足せばよい．しかし，それは真っすぐ上に無限に伸びる電流の寄与の合計の半分なので，無限の直線電流がつくる磁場の公式より，

$$B = \frac{1}{2} \times \frac{\mu_0}{2\pi} \times \frac{I}{x} = \frac{\mu_0}{4\pi} \times \frac{I}{x}$$

4・27 直線部分も円の部分も紙面に垂直裏向きの磁場をつくるので，単純に足せばよい．すでに知られている公式より（円部分による磁場は問 31 の式の $x = 0$ の場合），

$$磁場 = \frac{\mu_0}{2\pi} \times \frac{I}{R} + \frac{\mu_0}{2} \times \frac{I}{R}$$
$$= \left\{(2 + 2\pi) \times 10^{-7} \times \frac{1.00}{0.150}\right\} \mathrm{T}$$
$$= 5.52 \times 10^{-6}\ \mathrm{T} = 5.52\ \mu\mathrm{T}$$

方向は紙面裏向き．

4・28 (a) 両方の電流がつくる磁場が逆方向を向くのは，2 本の電流の外側である．そして，それが打ち消し合うためには，$y = 0$ の電流の外側，つまり $y < 0$ の領域になければならない．答を y_0(m)（< 0）とすると，

$$\frac{30.0\ \mathrm{A}}{0 - y_0} = \frac{50.0\ \mathrm{A}}{0.280 - y_0}$$
$$\rightarrow\ 30.0(0.280 - y_0) = -50.0 y_0$$
$$\rightarrow\ y_0 = \frac{-30.0 \times 0.280}{20.0} = -0.420\ (\mathrm{m})$$

(b) $y = 0.100$ m での磁場は，

$$\frac{\mu_0}{2\pi}\times\left(\frac{30.0\ \mathrm{A}}{0.100\ \mathrm{m}}+\frac{50.0\ \mathrm{A}}{0.180\ \mathrm{m}}\right)=1.155\times10^{-4}\ \mathrm{T}$$

この磁場により，

磁気力 $= (2.00\times10^{-6}\ \mathrm{C})(150\times10^{6}\ \mathrm{m/s})(1.155\times10^{-4}\ \mathrm{T})$
$= 3.47\times10^{-2}\ \mathrm{N}$

電荷の流れは $-x$ 方向(電荷が負なので)，磁場は $+z$ 方向なので，磁気力は $+y$ 方向.

(c) 電気力が $-y$ 方向になるように，電場は $+y$ 方向でなければならない．その大きさを E とすれば，

$$(2.00\times10^{-6}\ \mathrm{C})\times E=3.47\times10^{-2}\ \mathrm{N}$$
$$\rightarrow\quad E=1.74\times10^{4}\ \mathrm{N/C}$$

4·29 (a) I_2 による磁場が I_1 による磁場と同方向の場合に，I_2 の大きさが小さくなれる．それは I_2 がこちら向き(紙面の表向き)の場合であり，

$$\frac{\mu_0}{\pi}\frac{I_1}{a}=\frac{\mu_0}{2\pi}\frac{I_1}{a}+\frac{\mu_0}{2\pi}\frac{I_2}{2a}$$

より，$I_2=2I_1$

(b) I_2 による磁場が逆向きである場合，I_2 は紙面の裏向きであり，

$$\frac{\mu_0}{\pi}\frac{I_1}{a}=-\frac{\mu_0}{2\pi}\frac{I_1}{a}+\frac{\mu_0}{2\pi}\frac{I_2}{2a}$$

したがって，$I_2=6I_1$

4·30 ビオ-サバールの法則を使うことにすれば，直線部分は寄与しない($d\vec{s}\times\vec{r}=0$ なので)．円弧部分はどの微小部分 ds を考えても，紙面裏向きの磁場をつくる．全磁場は，角度が 360° の場合の 12 分の 1 だから，

$$B=\frac{1}{12}\times\frac{\mu_0}{2}\frac{I}{r}=\left(\frac{1}{12}2\pi\times10^{-7}\times\frac{3.00}{0.600}\right)\mathrm{T}$$
$$=2.62\times10^{-7}\ \mathrm{T}$$

4·31 一般に $B(x)$ の $B(0)$ に対する割合は，

$$\frac{B(x)}{B(0)}=\frac{1}{\left(1+\left(\frac{x}{R}\right)^2\right)^{3/2}}$$

である．したがって，x/R にそれぞれの値を代入すれば，

$B(0.1)/B(0)=0.985$　　$B(0.5)/B(0)=0.716$
$B(1)/B(0)=0.354$　　$B(2)/B(0)=0.089$
$B(3)/B(0)=0.032$

(これらを使って $B(x)$ のグラフの概形を描いてみよ.)

4·32 (a) 右の電流による磁場は真下を向く．上の電流による磁場は右下向き，下の電流による磁場は左下向きなので，そのうちの真下を向く成分のみが寄与する．それらを加えると，

$$B=\frac{\mu_0}{2\pi}\left(\frac{I}{3a}+\frac{2I}{a/\cos45^\circ}\times\cos45^\circ\right)$$
$$=2\times10^{-7}\times2.00\times\left(\frac{1}{0.03}+\frac{1}{0.01}\right)\mathrm{T}=5.33\times10^{-5}\ \mathrm{T}$$

(b) 上下の電流による磁場は B 点では逆方向になるので打ち消し合う．磁場は下方向を向き，

$$B=\frac{\mu_0}{2\pi}\frac{I}{2a}=2.00\times10^{-5}\ \mathrm{T}$$

(c) C は A と似ているが，上下の電流による寄与が上向きになる．下向きを正とすれば，

$$B=\frac{\mu_0}{2\pi}\left(\frac{I}{a}-\frac{2I}{a/\cos45^\circ}\times\cos45^\circ\right)=0$$

4·33 (a) 2 つのコイルの寄与を合わせると，磁場は，

$$\frac{2\times\frac{\mu_0}{2}NIR^2}{(R^2+x^2)^{3/2}}=\frac{4\pi\times10^{-7}\times50\times I\times(0.012)^2}{[(0.012)^2+(0.011)^2]^{3/2}}$$
$$=2.10\times10^{-3}\times I$$

これが 4.50×10^{-5} になるということだから，

$I=2.14\times10^{-2}$ (A)　すなわち　$I=21.4$ mA

(b)　電圧 $=IR=21.4\ \mathrm{mA}\times210\ \Omega=4.49\ \mathrm{V}$

(c)　電力 $=VI=0.0961\ \mathrm{W}$

4·34 $$B=\frac{\mu_0}{2\pi}\frac{I}{r}=\frac{2\times10^{-7}\times1.00\times10^{4}}{100}$$
$$=2\times10^{-5}(\mathrm{T})$$

地磁気と同程度である．

4·35 (a) ヒントの式を正方形の一辺に適用すると，$a=0.200$ m，$\theta_1=45^\circ$，$\theta_2=135^\circ$ になるので ($\cos45^\circ=-\cos135^\circ=1/\sqrt{2}$)，

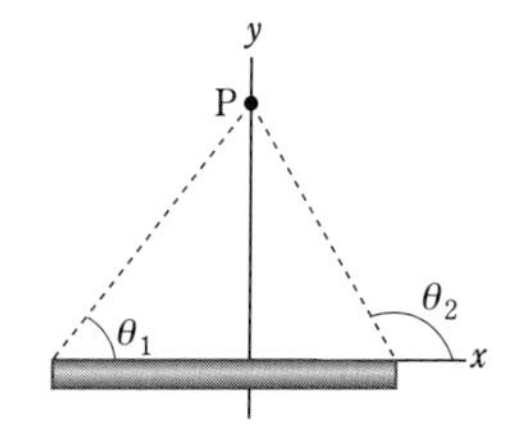

$$一辺による磁場=\left(\frac{1\times10^{-7}\times10.0}{0.200}\times\sqrt{2}\right)\mathrm{T}$$
$$=7.07\times10^{-6}\ \mathrm{T}$$

4 辺の寄与を合計すれば，

$7.07\times10^{-6}\ \mathrm{T}\times4=2.83\times10^{-5}\ \mathrm{T}$

方向は紙面の裏向き．

(b) 円の場合は，問 31 の式で $x=0$ に相当する．半径 r は，

$2\pi r=4\times0.400\ \rightarrow\ r=0.255(\mathrm{m})$

だから，

$$中心の磁場=\frac{\mu_0}{2}\frac{I}{r}=\left(\frac{2\pi\times10^{-7}\times10.0}{0.255}\right)(\mathrm{T})$$
$$=2.46\times10^{-5}(\mathrm{T})$$

正方形の場合と比べてやや小さい．

4·36

(a)　$B_1=\dfrac{\mu_0}{2\pi}\dfrac{I_1}{d}$　　(b)　$F=\dfrac{\mu_0}{2\pi}\dfrac{I_1I_2}{d}$

(c)　$B_2=\dfrac{\mu_0}{2\pi}\dfrac{I_2}{d}$　　(d)　$F=\dfrac{\mu_0}{2\pi}\dfrac{I_1I_2}{d}$

4·37 3本の導線は一直線上にならんでいなければならない．それをx軸とし，導線1の位置を$x=0$，導線2の位置を$x_2(=20.0\,\mathrm{cm})$，導線3の位置をx_3，そこに流れる電流を，上向きにIAとする．

導線1に働く合力が0である条件：

$$\frac{1.50I}{x_3}-\frac{1.50\times4.00}{x_2}=0$$

導線2に働く合力が0である条件：

$$\frac{-4.00I}{x_3-x_2}-\frac{1.50\times4.00}{0-x_2}=0$$

（各辺の符号は，たとえば$x_3>x_2>0$のケースで力の向きを考えればよい．そうすれば，そうでない場合でも自動的に正しい式になる．）両式の各辺を足せば，

$$\frac{1.50I}{x_3}-\frac{4.00I}{x_3-x_2}=0$$

全体をIで割って分母を払えば，

$$1.50(x_3-x_2)-4.00x_3=0\ \rightarrow\ -2.50x_3=1.50x_2$$
$$\rightarrow\ x_3=-\frac{3}{5}x_2=-12.0\,\mathrm{cm}$$

導線3は導線1の，導線2とは逆側12.0 cmの位置にあることになる．また，これを第1式に使えば，

$$I=\frac{6.00}{x_2}\times\frac{x_3}{1.50}=-2.40(\mathrm{A})$$

$I<0$だから，電流は下向き．（導線1と2に働く合力がゼロなのだから，作用反作用の法則より，導線3に働く合力も自動的に0になる．）

4·38 ループの上辺と下辺に働く力（それぞれ上向きと下向き）は打ち消し合う．左辺に働く力は引力であり，その大きさは，

$$F(\text{左辺})=\frac{\mu_0}{2\pi}\frac{I_1I_2l}{c}$$

右辺に働く力は斥力であり，その大きさは，

$$F(\text{右辺})=\frac{\mu_0}{2\pi}\frac{I_1I_2l}{a+c}$$

したがって，合力は引力であり，

$$F(\text{合力})=\frac{\mu_0}{2\pi}I_1I_2l\left(\frac{1}{c}-\frac{1}{a+c}\right)=\frac{\mu_0}{2\pi}\frac{I_1I_2la}{c(a+c)}$$

4·39 この力はかなり大きいので，2本の導線はかなり近いはずである．したがって，それぞれが相手の位置につくる磁場は，無限長の導線による磁場と考えてよい．そう考えて磁気力を計算しよう．導線間の距離をdとすれば，

$$F=\frac{\mu_0}{2\pi}I^2\times\frac{l}{d}$$

これが1.00 Nに等しいという条件からdが決まる．

$$d=\frac{\mu_0}{2\pi}I^2\times\frac{l}{F}=\left(2\times10^{-7}\times10.0^2\times\frac{0.500}{1.00}\right)(\mathrm{m})$$
$$=1\times10^{-5}(\mathrm{m})$$

これは，10 μmということであり，導線の半径よりも短い．つまり，この状況は実現不能である．（磁気力はかなり小さな力だということがわかる．）

4·40 磁場はこのケーブルの軸を中心として渦巻く．系の対称性から，その大きさは中心からの距離のみで決まる．aとbでの磁場をそれぞれB_a，B_bと記す．図を上から見て左回りの場合を正とする．電流の向きとしては，手前向きを正とすることを意味する．

aを通る同心円にアンペールの法則を適用すると，

$$2\pi d\times B_a=\mu_0\times I_1$$
$$\rightarrow\ B_a=\frac{\mu_0\times I_1}{2\pi d}=\frac{2\times10^{-7}\times1.00}{0.001}=2.00\times10^{-4}\,\mathrm{T}$$

$B_a>0$より磁場は左回りだからaでは上向き．

同様にbを通る同心円にアンペールの法則を適用すると，

$$2\pi(3d)\times B_b=\mu_0\times(I_1-I_2)$$
$$\rightarrow\ B_b=\frac{\mu_0(I_1-I_2)}{6\pi d}$$
$$=\frac{\frac{2}{3}\times10^{-7}\times(-2.00)}{0.001}=-1.33\times10^{-4}\,\mathrm{T}$$

$B_b<0$より磁場は右回りだからbでは下向き．

4·41 (a) 問題とする位置を通る半径0.200 cmの円にアンペールの法則を適用する．その円を貫く電流は，

$$2.00\,\mathrm{A}\times99\times\frac{\pi\cdot0.200^2}{\pi\cdot0.500^2}=31.7\,\mathrm{A}$$

（受ける力を知りたい導線自体による電流は含まないので，99本とした．）磁場はこの円に沿う方向に生じるだろう．その大きさをBとすれば，

$$2\pi r\times B=\mu_0\times31.7\,\mathrm{A}$$
$$\rightarrow\ B=\frac{\mu_0}{2\pi}\times\frac{31.7\,\mathrm{A}}{0.002\,00\,\mathrm{m}}=31.7\times10^{-4}\,\mathrm{A}$$

したがって，単位長さあたりの磁気力Fは，

$$F=2.00\times31.7\times10^{-4}=6.34\times10^{-3}(\mathrm{N/m})$$

力の方向は，導線の方向にも，磁場の方向（円方向…電流の方向から見て反時計回り）にも垂直であり，（右ねじの法則より）束の中心方向を向く．

(b) 円を通る電流は半径の2乗に比例する．したがって，

磁場 ∝ 電流/円周

は半径に比例する．したがって磁気力も半径に比例する．つまり束の一番外側で最大になる．

4·42 導線表面での磁場Bは，半径をrとすれば，

$$B=\frac{\mu_0}{2\pi}\frac{I}{r}=\frac{2\times10^{-7}\times I}{0.001}=2I\times10^{-4}$$

これが0.100 Tに等しいという条件より，

$$I=\frac{0.100}{2\times10^{-4}}=5.00\times10^2(\mathrm{A})$$

4·43 (a) 直線電流による磁場は距離に反比例するので，磁場を10分の1にするためには，距離を10倍の4.00 mにすればよい．

(b) その点の一方の導体からの距離は(40.0 − 0.15) cm，他

II 解答（電磁気学）

方の導体からの距離は(40.0 + 0.15) cm であり，

$$\frac{40.0}{40.0 \pm 0.150} = \frac{1}{1 \pm \frac{0.150}{40.0}} = 1 \mp \frac{0.150}{40.0}$$

という近似式を使えば，磁場は逆方向になるので，

$$\text{磁場} = 1.00\,\mu\text{T} \times \left(\frac{40.0}{40.0 - 0.150} - \frac{40.0}{40.0 + 0.150}\right)$$
$$= 1.00\,\mu\text{T} \times 2 \times 0.150/40.0 = 0.00750\,\mu\text{T} = 7.50\,\text{nT}$$

(c) 上の式で距離(40.0 cm)を k 倍すると 1.00 μT が $1/k$ 倍になり，また分数 0.150/40.0 も $1/k$ 倍になるので，全体としては $1/k^2$ 倍になる．これを 1/10 倍にするには $k = \sqrt{10}$．したがって距離は，

$$40.0\,\text{cm} \times \sqrt{10} = 126\,\text{cm}$$

(d) 磁場は 0 になる．同軸ケーブルを囲む円にアンペールの法則を使えばよい．

4·44 (a) すべての電流が円筒の中心軸を通っていると考えてよいので，直線電流による磁場と同じであり，

$$B = \frac{\mu_0}{2\pi}\frac{I}{R}$$

(b) 円筒のすぐ内側をめぐる円を考えれば，それを貫く電流はないので，

$$B = 0$$

(c) 円筒の壁のうち，微小な幅 ds の細長い部分を取り出して考える．そこには，

$$\mathrm{d}I = I \times \frac{\mathrm{d}s}{2\pi R}$$

の電流が流れている．またその電流は，そこを除くすべての電流による磁場を受ける．それは(a)と(b)の平均の磁場，つまり(a)の半分の磁場を受ける(下の注 1 参照)．したがって，長さ dl あたり受ける力 dF は，

$$\mathrm{d}F = B \times \mathrm{d}I \times \mathrm{d}l = \frac{\mu_0}{4\pi}\frac{I}{R} \times \frac{I\,\mathrm{d}s}{2\pi R} \times \mathrm{d}l$$

圧力とは，これを面積 ds dl で割ったものだから，

$$\text{圧力} = \frac{\mu_0}{8\pi^2}\frac{I^2}{R^2}$$

力の向きは，(たとえば右ねじの法則より) 内向き，すなわち中心軸の方向を向く．

〔注 1: このことは次のように説明される．微小部分 ds がつくる磁場は，そのすぐ内側と外側では大きさは同じで反対向きである．それを $\pm B_1$ とし，また ds 部分以外の電流がその部分につくる磁場を B_2 とすれば(B_2 には ds の内側と外側で不連続性はない)，

(a) の磁場 $= B_1 + B_2$

(b) の磁場 $= -B_1 + B_2 = 0$

この 2 式より，B_2 は(a)の答の半分であることがわかる．

注 2: 圧力が内向きであることは，平行電流は引き付け合うということからも当然である．平行な電流が多数あると，それらは互いに近付いて収縮しようとする．〕

4·45 導線 A と D による P 点での磁場は，左下方向(45°の方向)．B と C による磁場は右下方向である．したがって，合成磁場は下方向になる．磁場の大きさはすべて等しいので，合成磁場の大きさは，

$$B = 4 \times \frac{\mu_0}{2\pi} \times \frac{I}{l \sin 45^\circ} \times \sin 45^\circ$$
$$= 8 \times 10^{-7} \times \frac{5}{0.200} = 2.00 \times 10^{-5}\,(\text{T})$$

4·46 $B = \mu_0 nI$ の公式より，

$$I = \frac{B}{\mu_0 n} = \frac{1.00 \times 10^{-4}}{4\pi \times 10^{-7} \times \frac{1000}{0.400}} = 0.0318\,(\text{A}) = 31.8\,\text{mA}$$

4·47 (a) ソレノイド内の磁場は，

$B = \mu_0 nI = 4\pi \times 10^{-7} \times 30.0 \times 10^2 \times 15.0 = 5.65 \times 10^{-2}$ (T)

ソレノイドを左右に延びるように置いて，右から見て電流が時計回りだとすれば，磁場は左向きである．各辺に働く力 F は外向きになり，その大きさは，

$$F = IB\Delta l = 0.200\,\text{A} \times 5.65 \times 10^{-2}\,\text{T} \times 0.0200\,\text{m}$$
$$= 2.26 \times 10^{-4}\,\text{N}$$

(b) 各辺に働く力が外向きなのだからループを回転させる力にはならない．つまりトルクは 0 である．あるいは，磁気モーメント $\vec{\mu}$ の方向はループ面に垂直な方向であり，磁場 $\vec{B}$ の方向と平行なので，トルク τ は，

$$\vec{\tau} = \vec{\mu} \times \vec{B} = 0$$

と考えてもよい．

4·48 (a) ソレノイドの軸を x 軸とし，ソレノイドは $-l < x < 0$ の位置にあるとする．x (< 0) の位置にあるループが $x = d$ につくる磁場は，問 31 でも示した公式より，

$$B(x) = \frac{\mu_0}{2}\frac{Ia^2}{[a^2 + (d - x)^2]^{3/2}}$$

幅 dx の間にソレノイドのループは $N/l\,\mathrm{d}x$ 回巻いてあるので，合計すれば，

$$B = \int_{-l}^{0} B(x)\frac{N}{l}\mathrm{d}x = \frac{\mu_0}{2}Ia^2\frac{N}{l} \times \int \frac{1}{[a^2 + (d - x)^2]^{3/2}}\mathrm{d}x$$

積分公式(付録 B，表 B・4)を使って計算すると，

$$B = \frac{\mu_0}{2}Ia^2\frac{N}{l} \times \frac{1}{a^2} \times \left.\frac{x - d}{[a^2 + (d - x)^2]^{1/2}}\right|_{-l}^{0}$$
$$= \frac{\mu_0}{2}\frac{NI}{l} \times \left\{\frac{d + l}{\sqrt{a^2 + (d + l)^2}} - \frac{d}{\sqrt{a^2 + d^2}}\right\}$$

(b) $d = 0$ では，

$$B = \frac{\mu_0}{2}\frac{NI}{l} \times \frac{1}{\sqrt{a^2 + l^2}} = \frac{\mu_0}{2}\frac{NI}{l} \times \frac{1}{\sqrt{1 + \left(\frac{a}{l}\right)^2}}$$

$l \gg a$ とすれば最後の分母は 1 になるので，$B = \dfrac{\mu_0}{2}\dfrac{NI}{l}$ となる．

〔注: この結果は直観的に理解できる．$0 < x < l$ の部分に

II 解答(電磁気学)

も同じソレノイドを付けて，2倍のソレノイドにしたとしよう$(-l<x<l)$．lが大きければ$x=0$での磁場は無限長のソレノイドの磁場とほぼ同じになるだろう．したがって，半分のソレノイド$(-l<x<0)$による磁場は，その半分になるのは当然である．〕

4·49 1 m あたりの巻き数nは，

$$n=\frac{1\ \text{m}}{0.100\ \text{cm}}=1000$$

したがって，与えられた磁場をつくるの必要な電流は，

$$I=\frac{B}{\mu_0 n}=\frac{8.00\times10^{-3}}{4\pi\times10^{-7}\times1000}=6.37(\text{A})$$

導線の全長は，

$$全長=円周\times巻き数=(\pi\times0.100)\times\left(1000\times\frac{0.750}{1.00}\right)$$
$$=2.36\times10^2\ \text{m}$$

したがって，導線の抵抗は，

$$R=\frac{\rho\times全長}{断面積}=\frac{1.7\times10^{-8}\times2.36\times10^2}{\pi\times0.000\,50^2}$$
$$=5.10(\Omega)$$

したがって，必要な電力は，

$$P=RI^2=207\ \text{W}$$

追加問題

4·50 (a) 外積の成分を計算する公式を使うと，

$$\vec{v}\times\vec{B}=(3+4)\hat{i}+(-2-2)\hat{j}+(8-6)\hat{k}=7\hat{i}-4\hat{j}+2\hat{k}$$
$$\to\ \vec{E}+\vec{v}\times\vec{B}=11\hat{i}-5\hat{j}+0\hat{k}$$
$$\to\ \vec{F}=q(\vec{E}+\vec{v}\times\vec{B})=3.20\times10^{-19}\times(11\hat{i}-5\hat{j})\text{N}$$
$$=(3.52\hat{i}-1.60\hat{j})\times10^{-18}\ \text{N}$$

(b) $$\cos\theta=\frac{F_x}{|F|}=\frac{3.52}{\sqrt{3.52^2+1.60^2}}=0.910$$
$$\to\ \theta=-24.4^\circ$$

$F_y<0$なので$\theta<0$であることに注意．

4·51 この面電流を，図に点で描かれているような線電流の集合とみなす．たとえば，シートよりも右側にある点を考えると，そこから見て角度θの方向にある線電流と，$-\theta$の方向にある線電流のその点での磁場の合計は，図の真上を向く．これはすべてのθに対して言えるので，全磁場も図の真上を向く（$+y$方向）ことがわかる．これはシートの右側のすべての点に共通の結果である．同様に，シートよりも左側のすべての点で磁場は真下を向く（$-y$方向）．

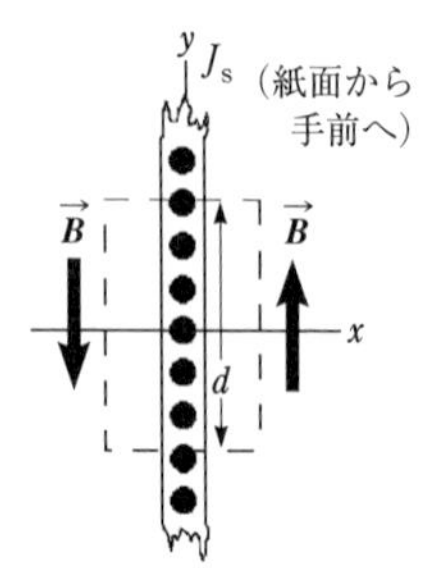

次に図に破線で描かれている長方形にアンペールの法則を適用する．上下の辺では磁場と辺は垂直なので，アンペールの法則には寄与しない．左右の辺では磁場と辺は平行なので，磁場の辺に沿った成分は磁場そのものである．この辺の長さをdとすれば，

$$\int B\,\text{d}s=\mu_0 I\ \to\ B\times2d=\mu_0 J_s d\ \to\ B=\frac{\mu_0 J_s}{2}$$

Bは面からの距離に依存しないことに注意．シートが無限に広いとした結果である．

4·52 (a) キャリアが負ならば，それは$-x$方向に動いているので$\vec{v}\times\vec{B}$は$-z$方向になるが，それに電荷を掛ければ力は$+z$方向になる．つまり上部に負電荷がたまり，ホール電圧は負になる．

(b) 電場は$E=V_H/d$なので，キャリアの速度をvとすれば（ドリフト速度），電気力と磁気力のつり合い条件は，

$$V_H/d=vB\ \to\ vd=V_H/B$$

また，電流Iは，キャリアの密度をnとすると，

$$I=nqv\times dt$$

結局，

$$n=\frac{I}{qt}\frac{1}{vd}=\frac{I}{qt}\frac{B}{V_H}=\frac{IB}{qtV_H}$$

4·53 摩擦力fは，

$$f=0.100\times0.200\ \text{kg}\times g=0.196\ \text{N}$$

これが磁気力に等しい．つまり，

$$BId=f\ \to\ B=\frac{0.196\ \text{N}}{10.0\ \text{A}\times0.500\ \text{m}}=0.0392\ \text{T}=39.2\ \text{mT}$$

4·54 (a) 距離 1.00 mm 程度のスケールでは，直線電流間の相互作用とみなせる．つまり2本の平行電流の，$2\pi r$の長さに働く力を計算すればよい．それは，

$$F=\frac{\mu_0}{2\pi}\frac{I^2}{0.001\,00\ \text{m}}\times(2\pi\times0.100\ \text{m})=2.46\ \text{N}$$

電流は逆方向だから力は上向きである．

(b) 上の磁気力によって生じる上向きの加速度は，

$$加速度=\frac{2.46\ \text{N}}{0.0210\ \text{kg}}=117\ \text{m/s}^2$$

これから重力による加速度gを引いた 107 m/s^2 が答になる．

4·55 (a) P点からこの直線（またはその延長上）に垂線を下ろす．垂線の長さがaである．（以下の証明で，垂線の足がこの直線部分の上にある必要はない．たとえば，右への延長部分にある場合には$\theta_2<90^\circ$となる．）直線上にx座標をとり，垂線の足を$x=0$，直線の両端の座標をx_1，x_2とする．この問題のように角度を定義した場合には，左方向を$+x$方向としたほうがわかりやすい．

この直線上の位置xにおいて，直線と，P点への方向がなす角度をθとすると，

$$\sin\theta=\frac{a}{\sqrt{x^2+a^2}}$$

P点での磁場は，直線のすべての部分が同じ方向の磁場をつくるので，ビオ-サバールの式の結果を単純に足し合わせればよく，

$$B = \frac{\mu_0}{4\pi}\int_{x_2}^{x_1}\frac{I\sin\theta}{x^2+a^2}\,dx$$
$$= \frac{\mu_0}{4\pi}\times Ia\int_{x_2}^{x_1}\frac{1}{(x^2+a^2)^{3/2}}\,dx$$
$$= \frac{\mu_0}{4\pi}\times Ia\times\frac{1}{a^2}\times\left(\frac{x_1}{\sqrt{x_1^2+a^2}}-\frac{x_2}{\sqrt{x_2^2+a^2}}\right)$$

ただし，積分公式，

$$\int\frac{1}{(x^2+a^2)^{3/2}}\,dx = \frac{1}{a^2}\frac{x}{\sqrt{x^2+a^2}}$$

を使った(付録 B).

$$\cos\theta = \frac{x}{\sqrt{x^2+a^2}}$$

より，与式を得る.

(b) 直線が無限のときは $\theta_1 = 0$，$\theta_2 = 180°$ なので，

$$\cos\theta_1 - \cos\theta_2 = 2$$

だから，$B = \frac{\mu_0}{2\pi}\frac{I}{a}$ というよく知られた式になる.

4·56 (a) 運動方程式は(円軌道の半径を r として)，

$$mv^2/r = qvB \ \rightarrow\ v/r = qB/m$$

したがって，かかる時間 T は，

$$T = \pi r/v = \pi m/qB = \frac{\pi\times 9.11\times10^{-31}\,\mathrm{kg}}{(1.60\times10^{-19}\,\mathrm{C})(0.001\,\mathrm{T})}$$
$$= 1.79\times10^{-8}\,\mathrm{s}$$

(b) $v = \pi r/T = 3.51\times10^6\,\mathrm{m/s}$

したがって，

$$運動エネルギー = \tfrac{1}{2}mv^2$$
$$= \tfrac{1}{2}\times(9.11\times10^{-31}\,\mathrm{kg})(3.51\times10^6\,\mathrm{m/s})^2$$
$$= 5.61\times10^{-18}\,\mathrm{J} = \frac{5.61\times10^{-18}\,\mathrm{J}}{1.60\times10^{-19}\,\mathrm{J/eV}}$$
$$= 35.1\,\mathrm{eV}$$

(1 電子ボルト (1 eV) は素電荷 × 1 V)

4·57 (a) 電流には紙面の向こう側を向く磁気力がかかる.

(b) 赤い部分の全電流は JLw である．この電流の長さは h だから，$(JLw)\times h\times B$ だけの磁気力を受ける．この力を面積で割って，

$$圧力 = 力 \div 断面積(wh) = JLB$$

4·58 (a) 血液中を流れる正の電荷は上向き，負の電荷は下向きの磁気力を受ける．電荷が上下に分離するので，A から B に向く電場ができる.

(b) 平衡状態ではこの電場による電気力と磁気力がつり合う．イオンの速さを v とすると，

$$qE = qvB$$

電位差を V とすれば，$V = E\times 3.00\,\mathrm{mm}$ だから，

$$v = \frac{1.60\times10^{-4}\,\mathrm{V}}{(3.00\times10^{-3}\,\mathrm{m})(0.0400\,\mathrm{T})} = 1.33\,\mathrm{m/s}$$

(c) 依存しない.

4·59 問 31 で与えた公式によれば，半径 R の円電流の軸上の，中心から x だけ離れた位置の磁場は，

$$B(x) = \frac{\mu_0}{2}\frac{IR^2}{(R^2+x^2)^{3/2}}$$

である．$R = x$ を地球の半径 $6.37\times10^6\,\mathrm{m}$ だとすれば，

$$B = \frac{\mu_0}{2}\frac{I}{2\sqrt{2}R}$$
$$\rightarrow\ I = \frac{4\sqrt{2}RB}{\mu_0} = \left(\frac{4\sqrt{2}\times6.37\times10^6\times7.00\times10^{-5}}{4\pi\times10^{-7}}\right)\mathrm{A}$$
$$= 2\times10^9\,\mathrm{A}$$

こんな大電流を流したら銅線はあっというまに溶けてしまうだろう.

4·60 (a) この領域内では円運動をする．その半径を r とすれば，

$$mv^2/r = qvB$$

等速円運動なので v は一定であり，入射したときの運動エネルギー K から得られる.

$$v^2 = \frac{2K}{m} = \frac{2\times(5.00\times10^6)\times(1.60\times10^{-19})}{1.67\times10^{-27}}\ \mathrm{m^2/s^2}$$
$$= 9.58\times10^{14}\,\mathrm{m^2/s^2}$$
$$\rightarrow\ v = 3.10\times10^7\,\mathrm{m/s}$$

以上より，

$$r = \frac{mv}{qB} = \frac{(1.67\times10^{-27}\,\mathrm{kg})(3.10\times10^7\,\mathrm{m/s})}{(1.60\times10^{-19}\,\mathrm{C})(0.0500\,\mathrm{N\cdot S/C\cdot m})} = 6.47\,\mathrm{m}$$

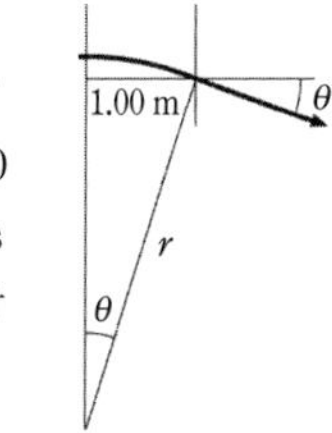

したがって，図より，

$\sin\theta = 1.00/6.47 = 0.154\ \rightarrow\ \theta = 8.89°$

(b) $mv\sin\theta = (1.67\times10^{-27}\,\mathrm{kg})(3.10\times10^7\,\mathrm{m/s})\,0.154 = 8.00\times10^{-21}\,\mathrm{kg\cdot m/s}$

ただし，下方向なので，これに負号を付けたものが答になる.

4·61 (a)
$$B = \frac{\mu_0}{2\pi}\frac{I}{r}$$
$$= \left(\frac{2\times10^{-7}\times24.0}{0.0175}\right)\mathrm{T} = 2.74\times10^{-4}\,\mathrm{T}$$

(b) レールの電流は棒を超えては流れないので，1 本あたりの磁場は(a)の半分になる．しかし，両方のレールが同じ寄与をするので，結局，$2.74\times10^{-4}\,\mathrm{T}$ となる．方向は下向き.

(c) 棒上の電流は手前向き，磁場は下向きなので，磁気力は右向きになる．その大きさは，

$$F = 24.0\,\mathrm{A}\times5\times(2.74\times10^{-4}\,\mathrm{T})\times0.0350\,\mathrm{m} = 1.15\times10^{-3}\,\mathrm{N}$$

(d) 棒は向きを変えずに一定の力を受けて一方向に動くので，質点の等加速度運動の式が使える.

(e) $加速度 = \frac{1.15\times10^{-3}\,\mathrm{N}}{3.00\times10^{-3}\,\mathrm{kg}} = 0.383\,\mathrm{m/s^2}$

したがって，等加速度運動の公式より，

$$v^2 = 2\times0.383\,\mathrm{m/s^2}\times1.30\,\mathrm{m} = 0.996\,\mathrm{m^2/s^2}$$
$$\rightarrow\ v = 0.998\,\mathrm{m/s}$$

4·62 リングは速さ ωR で回転する．したがって，固定

された点を単位時間に通過する電荷量は,

$$q \times \omega R/(2\pi R) = q\omega/(2\pi)$$

これが電流の大きさである. したがって, 問題とする点の磁場は, 問 31 の公式より,

$$B = \frac{\mu_0}{2} \times \frac{q\omega}{2\pi} \times \frac{R^2}{(R^2 + x^2)^{3/2}}$$

$$= \frac{\mu_0}{4\pi} \times \left(\frac{4}{5}\right)^{3/2} \times \frac{q\omega}{R} = \frac{2\mu_0}{5\sqrt{5}\,\pi} \frac{q\omega}{R}$$

4·63 粒子は磁場内では円軌道を描く. その半径を r とすると,

$$mv^2/r = qvB \quad \rightarrow \quad r = mv/qB$$

具体的に r の値を計算すると,

$$r = \frac{(2.00 \times 10^{-13}\ \mathrm{kg})\,(2.00 \times 10^{5}\ \mathrm{m/s})}{(1.00 \times 10^{-6}\ \mathrm{C})\,(0.400\ \mathrm{T})}$$

$$= 0.100\ \mathrm{m}$$

これは磁場がある領域の幅 h よりも小さい. つまり, この粒子は上からは出ていかず, 半円形の軌道を通って下に戻っていく.

4·64 板を微小な幅 $\mathrm{d}x$ の直線電流の集合とみなす. この電流は $-\frac{w}{2} < x < \frac{w}{2}$ の範囲にある. そのうち x に位置する電流が P につくる磁場 $\mathrm{d}B$ は,

$$\mathrm{d}B = \frac{\frac{\mu_0}{2\pi} \times I \times \frac{\mathrm{d}x}{w}}{b + \frac{w}{2} - x} = \frac{\mu_0}{2\pi} \frac{I}{w} \frac{1}{b + \frac{w}{2} - x\,\mathrm{d}x}$$

これを $-\frac{w}{2} < x < \frac{w}{2}$ の範囲で積分すれば,

$$B = \int \mathrm{d}B = \frac{\mu_0}{2\pi} \frac{I}{w} \times \log\left(\frac{b + w}{b}\right)$$

〔注: $w \rightarrow 0$ の極限では $\log\left(\frac{b + w}{b}\right) \rightarrow \frac{w}{b}$ だから, よく知られた直線電流の磁場の公式になる.〕

5 章　ファラデーの法則とインダクタンス

5･1 コイルの面積を A とすると，磁束は，$\Phi = AB$．したがって，$t = 5.00$(s) での誘導起電力は，

$$\begin{aligned}\mathcal{E} &= 20A\,\mathrm{d}B/\mathrm{d}t\\ &= 20\pi(0.0400)^2\times(0.0100+2\times0.040\times5.00)\\ &= 0.0618(\mathrm{V})\end{aligned}$$

61.8 mV である．

5･2 磁束の変化率，すなわち誘導起電力は，

$$\frac{(2.50\,\mathrm{T}-0.500\,\mathrm{T})}{1.00\,\mathrm{s}}\times(8.00\times10^{-4}\,\mathrm{m}^2) = 16.0\times10^{-4}\,\mathrm{V}$$

したがって電流は，

$$\frac{16.0\times10^{-4}\,\mathrm{V}}{2.00\,\Omega} = 8.00\times10^{-4}\,\mathrm{A} = 0.800\,\mathrm{mA}$$

5･3 磁場を $B = B_0\sin\omega t$，赤血球の面積を A とし，磁場が赤血球の面に直交する場合を考えると，

$$\begin{aligned}\text{外周に発生する起電力} &= \mathrm{d}\Phi/\mathrm{d}t = \mathrm{d}/\mathrm{d}t(AB_0\sin\omega t)\\ &= AB_0\omega\cos\omega t\end{aligned}$$

したがって，

$$\begin{aligned}\text{起電力の最大値} &= AB_0\omega\\ &= \pi\times(4.00\times10^{-6})^2\times(1.00\times10^{-3})\times(2\pi\times60.0)\\ &= 1.89\times10^{-11}\ (\mathrm{V})\end{aligned}$$

18.9 pV になる．

5･4 リングを貫く磁束 Φ は，ソレノイドに流れる電流を $I(t)$ とすると，

$$\Phi = \tfrac{1}{2}\mu_0 I\times1000\times\pi r_2{}^2$$

したがって，リングに生じる誘導起電力の大きさは，

$$\begin{aligned}\text{誘導起電力の大きさ} &= \mu_0\times\frac{\mathrm{d}I}{\mathrm{d}t}\times1000\times\pi r_2{}^2\\ &= \tfrac{1}{2}\times4\pi\times10^{-7}\times270\times1000\times\pi\times(3.00\times10^{-2})^2\\ &= 4.80\times10^{-4}\ (\mathrm{V})\end{aligned}$$

したがって，流れる電流は，

$$\text{電流} = \frac{4.80\times10^{-4}\,\mathrm{V}}{3.00\times10^{-4}\,\Omega} = 1.60\,\mathrm{A}$$

(b) 磁束の増加は右向きである．したがって，リングの電流による磁場は左向きである．(電流は左から見て反時計回り)．その磁場のリング中央での大きさは，環状電流の中心での磁場の公式より，

$$B = \frac{\mu_0 I}{2r_1} = \frac{4\pi\times10^{-7}\times1.60}{2\times0.0500} = 2.01\times10^{-5}(\mathrm{T})$$

20.1 μT である．

5･5 (a) 電流から x だけ離れている位置での磁場は，

$$B(x) = \frac{\mu_0}{2\pi}\frac{I}{x}$$

したがって，磁束は，

$$\Phi = \frac{\mu_0 I}{2\pi}\times L\times\int_h^{h+w}\frac{1}{x}\,\mathrm{d}x = \frac{\mu_0 IL}{2\pi}\times\log\left(\frac{h+w}{h}\right)$$

(b) $\text{誘導起電力の大きさ} = \dfrac{\mu_0 bL}{2\pi}\times\log\left(\dfrac{h+w}{h}\right)$

(c) 長方形内では下向きの磁場が増えるのだから，上向きの磁場ができるように電流が流れる．反時計回りの電流である．

あるいは誘導起電力の方向から考えると，面の上を表とすれば磁束は減っているのだから，誘導起電力は正．すなわち，反時計回りであり，したがって電流も反時計回りに流れる．

5･6 (a) 電流が無限の直線であり，それがコイルの中心を垂直に通っている場合には計算はすぐできるが，そうである必要はない．ただし，説明を簡単にするために，トロイドを等間隔で密に並んだループの集合とみなす．それぞれを貫く磁束の合計は，

$$\Phi = \sum B_\perp A = \left(\sum B_\perp\right)\cdot A$$

と書ける．和はすべてのループについての合計であり，$B_\perp$ は，ループに対して垂直な成分を意味する．$B_\perp$ は各ループ内で一定であると近似しているが(その必要はないのだが)，その大きさは一般にループごとに異なる．コイル内の円 C を 1 周する積分を考えると，

$\oint B_\perp\,\mathrm{d}l = (B_\perp\text{の平均値})\times L = \left(\sum B_\perp\right)\times L/N = \left(\sum B_\perp\right)/n$

であり(L は C の全長，N は全巻き数)，また左辺はアンペールの法則より $\mu_0 I$ なので，

$$\Phi = \mu_0 nIA$$

誘導起電力はこの時間微分なので，与式が得られる．

(b) 上の一般的な証明を見れば，どちらも明らかである．アンペールの法則により，$\oint B_\perp\mathrm{d}l$ が，C を貫く電流のみの大きさによって決まるからである．たとえば，電流がコイルの一方に偏っていると，近い側では起電力は大きくなるが，遠い側では小さくなり，その変化は打ち消し合う．また，電流が外側にあると，コイルの場所によって $B_\perp$ の符号が変わり起電力の方向が変わるので，全起電力はゼロになる．

5･7

$$\begin{aligned}\text{誘導起電力の平均値} &= \text{磁束の変化} \div 0.200\,\mathrm{s}\\ &= \frac{(50.0\times10^{-6}\,\mathrm{T})\times\pi\times(0.5\,\mathrm{m})^2\times2\times25}{0.200\,\mathrm{s}}\\ &= 9.82\times10^{-3}\,\mathrm{V} = 9.82\,\mathrm{mV}\end{aligned}$$

5･8 ソレノイド内の磁場は，$B = \mu_0 nI$．

コイルを貫く磁束は $\Phi = BA\times250$．したがって，誘導起電力は，

$$\begin{aligned}\mathcal{E} &= (4\pi\times10^{-7})\times400\times30.0\times1.60\times\mathrm{e}^{-1.60t}\times\pi\\ &\qquad\times(0.0600)^2\times250\\ &= (6.82\times10^{-2})\,\mathrm{e}^{-1.60t}\ (\mathrm{V})\end{aligned}$$

5･9 上部と下部の誘導起電力は逆向きになる．

誘導電流 ＝ 全誘導起電力 ÷ 全抵抗

＝（上下の円の面積の差）×（磁場の変化率）÷ 全抵抗

$$= \frac{\pi \times (0.0900^2 - 0.0500^2) \times 2.00}{3.00 \times 2\pi \times (0.0900 + 0.0500)}$$

＝ 0.0133（A）

13.3 mA である．

電流の向きは，下の円（大きなほう）の誘導起電力の方向で決まるので，下の円で反時計回り（下の円では，表をプラス側とすると磁束は減っているから，誘導起電力は正，つまり反時計回り）．上の円では時計回り．

5·10 コイルを貫く全磁束は，

$$\Phi = \mu_0 In \times (\text{ソレノイドの断面積}) \times N$$
$$= (4\pi \times 10^{-7}) \times 5.00 \sin 120t \times 1.00 \times 10^3 \times (\pi \times 0.0200^2) \times 15$$
$$= 1.184 \times 10^{-4} \sin 120t\,(\text{Wb})$$

したがって誘導起電力は，

$$\mathcal{E} = 1.42 \times 10^{-2} \cos 120t \qquad (\text{単位は V})$$

5·11 長さ l の棒が角速度 ω で，磁場 B に垂直な面で回転しているときに生じる誘導起電力は，

$$\mathcal{E} = \tfrac{1}{2}B\omega l^2$$

である．回転軸から距離 r の位置における速さは $r\omega$ なので，微小部分 $\mathrm{d}r$ における起電力は $Br\omega\,\mathrm{d}r$．これを $0 < r < l$ で積分すれば上式が得られる．（II 巻，p.160）

$$\omega = 2.00 \times 2\pi\ \mathrm{s}^{-1}$$

なので，

$$\mathcal{E} = \tfrac{1}{2}(50.0 \times 10^{-6})(2.00 \times 2\pi) \times (3.00)^2 = 2.83 \times 10^{-3}\,(\text{V})$$

2.83 mV である．

5·12 (a) 棒が右に動くと運動による起電力が生じるので電流が流れる．電流が流れると棒の動きにブレーキをかける方向に磁気力がかかる．一定の速さで動かし続けるには，この磁気力に対抗する外力を掛け続けなければならない．この説明の順番に計算をすると，

運動による起電力　$\mathcal{E} = Blv$

それによる電流　$I = \mathcal{E}/R = Blv/R$

この電流にかかる磁気力　$F = BIl = (Bl)^2 v/R$

$$= \frac{(2.50 \times 1.20)^2 \times 2.00}{6.00} = 3.00\,(\text{N})$$

これと等しい外力 $\vec{F}_{外}$ を右向きにかけなければならない．

(b) 電流 I がわかっているのだから，抵抗でのエネルギー発生率は，

$$I^2 R = (Blv)^2/R = \frac{(2.50 \times 1.20 \times 2.00)^2}{6.00} = 6.00\,(\text{W})$$

あるいは，エネルギー保存則より，抵抗でのエネルギー発生率は，棒にかける外力による仕事率に等しい．

$$\text{仕事率} = F_{外} v = 3.00 \times 2.00 = 6.00\,(\text{W})$$

5·13 $I = Blv/R$ より，

$$v = IR/Bl = \frac{0.500 \times 6.00}{2.50 \times 1.20} = 1.00\,(\text{m/s})$$

5·14 (a) 押す外力と磁気力がつり合っていることから，

$$F_{外} = BIl$$

また，起電力 $\mathcal{E}$ と抵抗との関係から，

$$I = \mathcal{E}/R = Blv/R$$

この 2 式から B を消去して I を求める．たとえば下式に I を掛け，上式を使って BI を消去すれば，

$$I^2 = BIlv/R = (F_{外}/l) \times lv/R = F_{外} v/R$$
$$\rightarrow\ I = \sqrt{F_{外} v/R} = 0.500\,(\text{A})$$

(b)　$I^2 R = 2.00\ \text{W}$

(c) エネルギー保存則より上の答に等しいはずだが，実際に計算すると，

$$\text{仕事率} = F_{外} v = 1.00\ \text{N} \times 2.00\ \text{m/s} = 2.00\ \text{W}$$

5·15 棒の動きに対するブレーキとなる磁気力は，問 12 の解答より $(Bl)^2 v/R$ である（v は各時刻での速度）．つまり，速さに比例する抵抗力が働く物体の運動の問題になる．

式を簡単にするために，この抵抗力を $-\gamma v$ と書こう．$\gamma = (Bl)^2/R$．運動方程式は，

$$m\,\mathrm{d}v/\mathrm{d}t = -\gamma v$$

この式の解は，

$$v(t) = v_0\,\mathrm{e}^{-\gamma/mt}$$

（ただし，$t = 0$ で $v = v_0$ になるように右辺の係数を決めた）．静止するまでには無限の時間がかかることがわかる（$t \to \infty$ で $v = 0$）．しかし，以下で計算するように，動く距離は有限である．実際，$\mathrm{d}x/\mathrm{d}t = v(t)$ なのだから，さらに積分すれば，

$$x(\infty) - x(0) = \int_0^\infty \mathrm{d}t\, v_0\,\mathrm{e}^{-\gamma/mt} = v_0 m/\gamma$$
$$= \frac{v_0 m}{(Bl)^2/R} = \frac{v_0 mR}{(Bl)^2}$$

（現実には摩擦が必ずあるので，有限の時間で静止するだろう．）

5·16 角速度を ω とすると，中心から距離 r の部分は $v = \omega r$ の速さで回転する．したがって，長さ $\mathrm{d}r$ の幅に生じる起電力は $vB\,\mathrm{d}r = B\omega r\,\mathrm{d}r$ である．これを円盤の半径 a まで積分すると（中心軸の半径は無視する），

$$\text{起電力} = B\omega \int_0^a r\,\mathrm{d}r = \tfrac{1}{2}B\omega a^2$$

角速度は，

$$\omega = 3.20 \times 10^3\ \text{回転 / 分} \times \frac{1\ \text{分}}{60\ \text{s}} \times 2\pi = 335\ \text{s}^{-1}$$

なので，起電力は，

$$\text{起電力} = \tfrac{1}{2} \times 0.900\ \text{T} \times (335\ \text{s}^{-1}) \times (0.400\ \text{m})^2 = 24.1\ \text{V}$$

起電力は内向き．つまり内側のブラシが正極の直流電源となる．

5·17 (a) 回路に沿った起電力は右辺のみに生じ，

$$\text{起電力} = vBwN \quad \rightarrow \quad \text{電流} = vBwN/R$$

この電流(反時計回り)に働く磁気力は，上辺と下辺では打ち消し合い，右辺では，

$$\text{磁気力} = \text{電流} \times \text{磁場} \times \text{長さ}(Nw) = \frac{vB^2w^2N^2}{R}$$

右辺での電流は上向きなので，磁気力は左向きである．
(b) 起電力は左辺と右辺で打ち消し合う．したがって電流は流れず，磁気力も 0.
(c) 起電力は左辺に生じる．磁気力の大きさは(a)と同じ．左辺での電流は上向きなので，磁気力は左向き．

5・18 ソレノイド内の磁場は，

$$B = \mu_0 nI = 4\pi \times 10^{-7} \times 200 \times 15.0 = 3.77 \times 10^{-3}\,(\mathrm{T})$$

磁束は，コイルの面積を A とすると，

$$\Phi = 30BA\cos\omega t$$

したがって，

$$\text{起電力} = 30BA\omega\sin\omega t$$

ただし，$\omega = 4.00\pi$ rad/s であり，

$$\text{起電力の振幅} = 30 \times (3.77 \times 10^{-3}) \times (\pi \times 0.0800^2) \times 4.00\pi = 0.0286\ (\mathrm{V})$$

28.6 mV である．

5・19 下辺に起電力が生じてループに電流が流れるので，磁気力によるブレーキがかかる(問 17 と同じ)．落下の速さが v であるとき，起電力は Bvw．したがって，流れる電流は Bvw/R．したがって磁気力は上向きに，

$$\text{磁気力} = \text{電流} \times B \times w = B^2vw^2/R$$

これは速さに比例する抵抗力であり，下向きの重力 Mg よりも大きくはなれない(ループは下向きに次第に加速するが，抵抗力も増えて重力と大きさが一致すると等速運動になり，それ以上抵抗力が増えることはない．したがって，$B^2vw^2/R < Mg$

$$\rightarrow \quad v < MgR/B^2w^2 = \frac{0.100 \times 9.80 \times 1.00}{(1.00)^2 \times (0.500)^2} = 3.92\,(\mathrm{m/s})$$

したがって 4.00 m/s になることはない．ただし，上辺も磁場のある領域に入れば磁気力は 0 になるので(問 17)，加速度 g で加速する．

5・20 (a) ソレノイド内の右向きの磁束が減るので，右向きの磁束が生じるような誘導電流が流れる．それは抵抗を a から b に流れる電流である．(b) スイッチを入れるとソレノイド内に左向きの磁束ができるので，右向きの磁束が生じるような誘導電流が流れる．それは抵抗を a から b に流れる電流である．(c) 長方形のループ内の上から下に向かう磁束が減るのだから，上から下に向かう磁束が生じるような誘導電流が流れる．それは抵抗を a から b に流れる電流である．

5・21 (a) $\Phi = 1000BA\sin\omega t$ と書けるので，

$$\text{誘導起電力の最大値} = \mathrm{d}\Phi/\mathrm{d}t \text{ の最大値} = 1000BA\omega = 1000 \times 0.200 \times 0.100 \times (2\pi \times 60.0) = 7.54 \times 10^3\,(\mathrm{V})$$

7.54 mV である．
(b) $\cos\omega t = 1$，つまり $\sin\omega t = 0$ になるとき．すなわち，磁束が 0 になっているときだから，コイルの面が磁場と平行なときである．

5・22 P_2 を通る半径 r_2 の円を考える．この円を貫く磁束 Φ の変化率が，この円上の誘導起電力 $\mathcal{E}$ に等しい．そして，この誘導起電力は，円周に沿って生じる誘導電場 E の合計(積分)である．このことを式に書くと(ただし，紙面表向きを正とし，したがって磁場は負だと考える)，

$$\mathcal{E} = -\mathrm{d}\Phi/\mathrm{d}t = -A\,\mathrm{d}(-B)/\mathrm{d}t = \pi r_2^{\,2}\,\mathrm{d}B/\mathrm{d}t$$

そして，$\mathcal{E} = 2\pi r_2 E$ なのだから，

$$E = \frac{\mathcal{E}}{2\pi r_2} = \frac{1}{2} r_2 \frac{\mathrm{d}B}{\mathrm{d}t} = \frac{1}{2} \times 0.0200 \times (2 \times 0.0300 \times 3.00) = 1.80 \times 10^{-3}\,(\mathrm{N/C})$$

表方向を正方向としたときに $E > 0$ なのだから，誘導電場は紙面表から見て反時計回り．

5・23 (a) 上問と同様に，半径 r_1 の円で考えると，磁場は半径 R の円内にのみ存在するので，

$$\mathcal{E} = -\mathrm{d}\Phi/\mathrm{d}t = -A\,\mathrm{d}(-B)/\mathrm{d}t = \pi R^2\,\mathrm{d}B/\mathrm{d}t$$

ただし，

$$\mathrm{d}B/\mathrm{d}t = 6.00t^2 - 8.00t = 8.00\ (\mathrm{T/s})$$

したがって誘導電場は，

$$E = \frac{\mathcal{E}}{2\pi r_1} = \frac{1}{2}\,\frac{0.0250^2 \times 8.00}{0.0500} = 5.00 \times 10^{-2}\ (\mathrm{N/C})$$

これに電子の電荷を掛けて，

$$F = 1.60 \times 10^{-19} \times 5.00 \times 10^{-2} = 8.00 \times 10^{-21}\,(\mathrm{N})$$

電場は反時計回りなので，電荷は負だから力は時計回り．
(b) $\mathrm{d}B/\mathrm{d}t = 0$ のときに力は 0 になる．
$\mathrm{d}B/\mathrm{d}t = 6.00t^2 - 8.00t = 0 \;\rightarrow\; t = 0$ または $t = 1.33$ s

5・24

$$\mathcal{E} = L\frac{\Delta I}{\Delta t} = (3.00 \times 10^{-3})\left(\frac{1.50 - 0.200}{0.200}\right) = 0.0195\ (\mathrm{V})$$

19.5 mV である．

5・25 ソレノイドのインダクタンスの公式(問題注を参照)より，

$$L = \frac{\mu_0 N^2 A}{l} \approx \frac{\mu_0 N^2(\pi r^2)}{2\pi R} = \text{与式}$$

5・26

$$\mathcal{E} = -L\,\mathrm{d}I/\mathrm{d}t = -LI_{\max}\omega\cos\omega t = -10.0 \times 10^{-3} \times 5.00 \times 2\pi \times 60.0 \times \cos\omega t = -18.8\cos\omega t\ (\mathrm{V})$$

5・27 自己インダクタンス L は，

$$L = \frac{\text{誘導起電力}}{\text{電流の変化率}} = \frac{24.0 \times 10^{-3}}{10.0} = 24.0 \times 10^{-4}\,(\mathrm{H})$$

したがって，

$$\text{一巻きあたりの磁束} = \frac{LI}{\text{全巻き数}} = \frac{24.0 \times 10^{-4} \times 4.00}{500} = 1.92 \times 10^{-5}\,(\mathrm{Wb})$$

19.2 μWb である($1\ \mathrm{Wb} = 1\ \mathrm{T \cdot m^2}$).

5·28 (a) $\mathcal{E} = -L\,\mathrm{d}I/\mathrm{d}t$

$$= -90.0\times10^{-3}\times(2.00t-6.00)$$

$t=1.00$ とすれば，$\mathcal{E}=0.360$ (V)

(b) 上式で $t=4.00$ とすれば，$\mathcal{E}=0.180$ (V)

(c) $\mathrm{d}I/\mathrm{d}t=0$ より $t=3.00$ (s)

5·29 $\mathcal{E} = -\dfrac{\mathrm{d}\Phi}{\mathrm{d}t} = -\dfrac{\mathrm{d}}{\mathrm{d}t}\left(\dfrac{\mu_0 I\,N}{l}\times NA\right)$

時間に依存するのは I だけなので，

$$A(\text{断面積}) = \frac{-\mathcal{E}l}{\mu_0(\mathrm{d}I/\mathrm{d}t)N^2} = \frac{(175\times10^{-6})\times0.160}{(4\pi\times10^{-7})\times0.421\times420^2}$$
$$= 0.000\,300\ (\mathrm{m}^2)$$

したがって，

$$\text{半径} = \sqrt{A/\pi} = 0.009\,77\ (\mathrm{m})$$

9.77 mm である．

5·30 RL 回路の公式を使う．接続した時刻を $t=0$ とすれば，電流は，

$$I(t) = \frac{\mathcal{E}}{R}(1-\mathrm{e}^{-t/\tau}) \qquad \text{ただし}\quad \tau=\frac{L}{R}=0.200\ \mathrm{s}$$

である．I が最終値 $(\mathcal{E}/R)$ の r 倍 $(0<r<1)$ になる時刻 t は，

$$1-\mathrm{e}^{-t/\tau}=r \ \rightarrow\ t=-\tau\ln(1-r)$$

となる．

(a) $r=0.500$ のときは，$t=0.139$ s

(b) $r=0.900$ のときは，$t=0.461$ s

5·31 $I=I_\mathrm{i}\,\mathrm{e}^{-t/\tau}$ を微分方程式に代入すれば，

$$I_\mathrm{i}R\,\mathrm{e}^{-t/\tau} + LI_\mathrm{i}\frac{-1}{\tau}\mathrm{e}^{-t/\tau}=0$$

したがって，$\tau=L/R$ ならば上式が満たされることがわかる．I_i が $t=0$ での I の値であることは，$\mathrm{e}^0=1$ であることから明らか．

以上の説明は解の形の予想がついていた場合の解法である．実際，この微分方程式は，I の微分が I 自体に比例しているという式なので，答が指数関数になることは想像はできる．しかし，そのような想像をせずに，形自体を計算で導こうとすれば次のように考えればよい．まず与式を，

$$\frac{1}{I}\frac{\mathrm{d}I}{\mathrm{d}t} = -\frac{R}{L}$$

と書き換え，両辺を t で積分する．

$$\int\frac{1}{I}\frac{\mathrm{d}I}{\mathrm{d}t}\mathrm{d}t = -\int\frac{R}{L}\mathrm{d}t$$

各辺は次のようになる．

$$\text{左辺} = \int\frac{1}{I}\mathrm{d}I = \ln I + \text{定数}$$

$$\text{右辺} = -\frac{R}{L}t + \text{定数}$$

したがって，

$$\ln I = -\frac{R}{L}t + \text{定数}$$

両辺の指数をとれば，$R/L=1/\tau$ として，

$$I = \text{定数}\times\mathrm{e}^{-t/\tau}$$

となる．定数は，たとえば $t=0$ での条件から決める．

5·32 (a) $\tau = \dfrac{L}{R} = \dfrac{8.00\times10^{-3}}{4.00} = 2.00\times10^{-3}$ (s)

(b) $I=\dfrac{\mathcal{E}}{R}=1.50$ A

(c) $I=\dfrac{\mathcal{E}}{R}(1-\mathrm{e}^{-t/\tau}) = 1.50\,(1-\mathrm{e}^{-0.250/2.00}) = 0.176$ (A)

(d) $\mathrm{e}^{-t/\tau}=1-0.8=0.2$ ということだから，

$$t=-\tau\ln0.2=0.003\,21\ \mathrm{s}=3.21\ \mathrm{ms}$$

5·33 (a) 抵抗での電位差 $=IR=16.0$ V．また，コイルの起電力（逆起電力）と電池の起電力をそれぞれ $\mathcal{E}_\mathrm{c}$，$\mathcal{E}_\mathrm{b}$ と記すと，

$$\mathcal{E}_\mathrm{b}-\mathcal{E}_\mathrm{c}-RI=0 \ \rightarrow\ \mathcal{E}_\mathrm{c}=36.0\ \mathrm{V}-16.0\ \mathrm{V}=20.0\ \mathrm{V}$$

したがって，

$$\frac{RI}{\mathcal{E}_\mathrm{c}}=0.800$$

(b) 抵抗での電位差 $=IR=36.0$ V

これは電池の起電力に等しいので，コイルでの起電力は 0．

5·34 (a) この回路の時定数を τ とすると，スイッチを入れてからの電流は，

$$I=I_\mathrm{max}(1-\mathrm{e}^{-t/\tau})$$

問題の条件より，

$$1-\mathrm{e}^{-\Delta t/\tau}=0.800 \ \rightarrow\ \mathrm{e}^{-\Delta t/\tau}=0.200$$

短絡後の電流は $I=I_\mathrm{max}\,\mathrm{e}^{-t/\tau}$．したがって，$t=\Delta t$ のときは，電流 I は I_max の 20.0 % になる．

(b) $\mathrm{e}^{-2\Delta t/\tau}=(\mathrm{e}^{-\Delta t/\tau})^2=0.0400$

つまり，4.00 % になった．

5·35 $t=3.00\times10^{-3}$ s のとき，

$$\mathrm{e}^{-t/\tau}=1-0.980=0.020$$

である．つまり，

$$\tau=\frac{-t}{\ln0.020}=\frac{-3.00\times10^{-3}\ \mathrm{s}}{\ln0.020}=0.767\times10^{-3}\ \mathrm{s}$$

$\tau=L/R$ なのだから，

$$L=R\tau=7.67\times10^{-3}\ \mathrm{H}$$

7.67 mH である．

5·36 スイッチを流れる電流を I_1（左向きを正），コイルを流れる電流を I_2（下向きを正）とする．中央の抵抗を流れる電流は，下向きに I_1-I_2 となる．

左右の四角形の回路それぞれに対してキルヒホフの法則を適用すると，

$$\mathcal{E}-RI_1-R(I_1-I_2)=0$$

$$-2RI_2-L\frac{\mathrm{d}I_2}{\mathrm{d}t}+R(I_1-I_2)=0$$

最初の式より，

$$2R(I_1-I_2)=\mathcal{E}-RI_2$$

これを第 2 式に代入すれば，

$$-2RI_2 - L\frac{dI_2}{dt} + \tfrac{1}{2}(\boldsymbol{\varepsilon} - RI_2) = 0$$

$$\rightarrow\ L\frac{dI_2}{dt} = -\frac{5}{2}RI_2 + \frac{1}{2}\boldsymbol{\varepsilon} = -\frac{5}{2}R\left(I_2 - \frac{\boldsymbol{\varepsilon}}{5R}\right)$$

$x = I_2 - \dfrac{\boldsymbol{\varepsilon}}{5R}$とすると，

$$L\frac{dx}{dt} = -\frac{5}{2}Rx \ \rightarrow\ \frac{dx}{dt} = -\frac{1}{\tau}x \quad ただし\quad \tau = \frac{2}{5}\frac{L}{R}$$

$t=0$ では $I_2 = 0$ つまり $x = -\dfrac{\boldsymbol{\varepsilon}}{5R}$ なので，

$$x(t) = -\frac{\boldsymbol{\varepsilon}}{5R}e^{-t/\tau}$$

したがって，

コイルを流れる電流 $\quad I_2 = x + \dfrac{\boldsymbol{\varepsilon}}{5R} = \dfrac{\boldsymbol{\varepsilon}}{5R}(1 - e^{-t/\tau})$

また，スイッチを流れる電流は，

$$I_1 = \tfrac{1}{2}\frac{\boldsymbol{\varepsilon}}{R} + \tfrac{1}{2}I_2 = \frac{3\boldsymbol{\varepsilon}}{5R} - \frac{\boldsymbol{\varepsilon}}{10R}e^{-t/\tau}$$

〔注：I_2 はコイルを流れるのでスイッチを入れた瞬間($t=0$)には流れないが，I_1 はコイルを通らないで流れる部分があるので，スイッチを入れた瞬間に流れ始める．といっても，回路にはコイル以外の部分にも微小なインダクタンスがあるので，厳密に瞬間的に流れ始めるわけではない．〕

5・37 電流の最終値は$\boldsymbol{\varepsilon}/R$なので($\boldsymbol{\varepsilon}$は電池の起電力)，$\tau = L/R$として，

$$I(t) = \frac{\boldsymbol{\varepsilon}}{R}(1 - e^{-t/\tau})$$

コイルに生じる誘導起電力を$\boldsymbol{\varepsilon}_L$とすれば，キルヒホフの法則より，

$$\boldsymbol{\varepsilon}_L = \boldsymbol{\varepsilon} - RI = \boldsymbol{\varepsilon}e^{-t/\tau}$$

あるいはLの定義式より，

$$\boldsymbol{\varepsilon}_L = -L\frac{dI}{dt} = L\frac{\boldsymbol{\varepsilon}}{R}\frac{1}{\tau}e^{-t/\tau}$$

数値を入れれば，

$$\boldsymbol{\varepsilon}_L = 120\ \text{V} \times \exp\left(\frac{-0.200}{7.00/9.00}\right) = 92.8\ \text{V}$$

5・38 (a) $I = 12.0\ \text{V} \div 12.0\ \Omega = 1.00\ \text{A}$

(b) スイッチを切り換えたとき，コイルがあるので電流1.00 Aは瞬間的には変われない(dI/dtが有限でなければならない)．したがって，12.0 Ωの抵抗の電圧は12.0 Vで変わらない．1200 Ωの抵抗にも同じ電流が流れるので1200 Vになる．したがって，コイルの電圧は，

$$1200\ \text{V} + 12\ \text{V} = 1.21 \times 10^3\ \text{V} = 1.21\ \text{kV}$$

(c) 電流が $12.0/1210 = 1/101$ になるまでの時間は，

$$e^{-t/\tau} = 1/101$$

$$\rightarrow\ t = \tau\ln(101) = 2.00\ \text{H}/1212\ \Omega \times \ln(101) = 0.007\,62\ \text{s} = 7.62\ \text{ms}$$

5・39 (a) $I(t) = \dfrac{\boldsymbol{\varepsilon}}{R}(1 - e^{-t/\tau}) \ \rightarrow\ e^{-t/\tau} = 1 - \dfrac{IR}{\boldsymbol{\varepsilon}}$

$$\rightarrow\ t = -\tau\ln\left(1 - \frac{IR}{\boldsymbol{\varepsilon}}\right) = -\frac{0.140\ \text{H}}{4.90\ \Omega}\ln\left(1 - \frac{0.220 \times 4.90}{6.00}\right) = 0.005\,66\ \text{s} = 5.66\ \text{ms}$$

(b) $I = \dfrac{6.00\ \text{V}}{4.90\ \Omega}\left(1 - e^{\frac{-10.0}{0.140/4.90}}\right) = 1.22\ \text{A}$

(c) $I(t) = 1.22\ \text{A} \times e^{-t/\tau}$ より，

$$t = -\tau\ln\left(\frac{0.160}{1.22}\right) = -\frac{0.140\ \text{H}}{4.90\ \Omega} \times \ln\left(\frac{0.160}{1.22}\right) = 0.0580\ \text{s} = 58.0\ \text{ms}$$

5・40 (a) $\dfrac{B^2}{2\mu_0} = \dfrac{4.50^2}{2(4\pi \times 10^{-7})} = 8.06 \times 10^6(\text{J/m}^3)$

(b) $8.06 \times 10^6 \times (\pi(0.0310)^2 \times 0.260) = 6.32 \times 10^3(\text{J})$

5・41 全エネルギー $= \dfrac{B^2}{2\mu_0} \times$ 体積

$$= \left(\frac{\mu_0 IN}{l}\right)^2/2\mu_0 \times Al = \frac{\mu_0 I^2 N^2 A}{2l}$$

（ソレノイドの自己インダクタンスは $L = \dfrac{\mu_0 N^2 A}{l}$ なので，エネルギー $= \frac{1}{2}LI^2$ という式からも同じ結果が得られる．）

$$全エネルギー = (4\pi \times 10^{-7}) \times (0.770)^2 \times 68^2 \times (\pi \times 0.0060^2) \div 0.160 = 2.44 \times 10^{-6}\ (\text{J})$$

5・42 (a) 電力 $= \boldsymbol{\varepsilon}I = 22.0\ \text{V} \times 3.00\ \text{A} = 66.0\ \text{W}$

(b) $I^2R = (3.00\ \text{A})^2 \times 5.00\ \Omega = 45.0\ \text{W}$

(c) 磁場のエネルギーUは $\frac{1}{2}LI^2$ なので，エネルギー供給率は，

$$dU/dt = LI\,dI/dt$$

dI/dtを求めるために，一般の時刻での電流$I(t)$を考えると，

$$I(t) = \frac{\boldsymbol{\varepsilon}}{R}(1 - e^{-t/\tau})$$

だから($\tau = L/R$)，

$$\frac{dI}{dt} = \frac{\boldsymbol{\varepsilon}}{R}\frac{1}{\tau}e^{-t/\tau} = \frac{\boldsymbol{\varepsilon}}{R}\frac{1}{\tau}\left(1 - \frac{IR}{\boldsymbol{\varepsilon}}\right) = \frac{\boldsymbol{\varepsilon}}{L}\left(1 - \frac{IR}{\boldsymbol{\varepsilon}}\right)$$

したがって，

$$\frac{dU}{dt} = \frac{LI\boldsymbol{\varepsilon}}{L}\left(1 - \frac{IR}{\boldsymbol{\varepsilon}}\right) = I\boldsymbol{\varepsilon}\left(1 - \frac{IR}{\boldsymbol{\varepsilon}}\right) = I\boldsymbol{\varepsilon} - I^2R = 66.0\ \text{W} - 45.0\ \text{W} = 21.0\ \text{W}$$

別解：もっと簡単に求める方法を紹介しよう．この抵抗付きコイルを，純粋のコイルと純粋の抵抗が直列に接続しているものとして考える．抵抗部分の電位差は，

$$IR = 3.00\ \text{A} \times 5.00\ \Omega = 15.0\ \text{V}$$

なので，(純粋の)コイル部分の電位差は，

$$22.0\,\mathrm{V} - 15.0\,\mathrm{V} = 7.0\,\mathrm{V}$$

したがって，その部分で吸収される電力(誘導起電力が行う負の仕事)は，

コイルに吸収される電力 $= 7.0\,\mathrm{V} \times 3.00\,\mathrm{A} = 21.0\,\mathrm{W}$

(d) (b)と(c)の答を加えれば(a)に等しい．単位時間に電池が供給するエネルギーが，コイルでの発熱と磁気エネルギーの増加に等しい(エネルギー保存則)．

(e) 正しい．

5·43 電場のエネルギー密度 $= \dfrac{\varepsilon_0 E^2}{2}$

$$= \frac{8.85 \times 10^{-12} \times 100^2}{2} = 4.43 \times 10^{-8}\,(\mathrm{J/m^3})$$

磁場のエネルギー密度 $= \dfrac{B^2}{2\mu_0} = \dfrac{0.5 \times 0.500^2 \times 10^{-8}}{4\pi \times 10^{-7}}$

$$= 9.95 \times 10^{-4}\ (\mathrm{J/m^3})$$

追加問題

5·44 (a) 運動による起電力が vBl だから，

$$\text{電流} = vBl/R$$

(b) 電球における電位差は(a)の起電力に等しいので，

$$\text{電力} = (vBl)^2/R$$

これを最大にするには v を最大にすればよい．F によって棒を加速すると，磁気力によるブレーキも強くなるので，F と磁気力がつり合った状況が v 最大になる．

(c) 左向きの磁気力は 電流×磁場×長さ だから，つり合いの条件は，

$$F = (vBl/R) \times Bl$$

$$\rightarrow \quad v = RF/(Bl)^2 = \frac{48.0 \times 0.600}{(0.400 \times 0.800)^2} = 281\,(\mathrm{m/s})$$

(d) (a)の答より，

$$\text{電流} = \frac{281 \times 0.400 \times 0.800}{48.0} = 1.87\,(\mathrm{A})$$

(e) $P = I^2R = (1.87\,\mathrm{A})^2 \times 48.0\,\Omega = 168\,\mathrm{W}$

(f) 仕事率 $= Fv = 0.600 \times 281 = 169\,(\mathrm{W})$

エネルギー保存則より，これは(e)の答と同じにならなければならない．3桁目が違うのは，計算の途中で4桁目を四捨五入しているからである．

(g) R が増えれば，(c)の答より速さは増える．(電流は v/R に比例するので，R が増えても変わらないことに注意.)

(h) v が増えるのだから仕事率($= P$)も増える．

5·45 (a) 電流 $= \dfrac{\text{起電力}}{\text{抵抗}} = \dfrac{\text{磁束の変化率}}{\text{抵抗}}$

$$= \frac{(5.00\,\mathrm{T} - 1.50\,\mathrm{T}) \times 0.005\,00\,\mathrm{m^2}}{0.0200\,\mathrm{s} \times 0.0200\,\Omega} = 43.8\,\mathrm{A}$$

(b) $P = I^2R = 38.3\,\mathrm{W}$

5·46 (a) 振幅は2倍になる．周期は変わらない．

(b) 振幅は2倍になり周期は半分になる．(c) 振幅は変わらず，周期は半分になる．

5·47 (a) $I_2 = I_1 - I$

(b) $\boldsymbol{\varepsilon} - R_1 I_1 - R_2 I_2 = 0$

(c) $\boldsymbol{\varepsilon} - R_1 I_1 - L\dfrac{\mathrm{d}I}{\mathrm{d}t} = 0$

(d) (a)の I_2 を(b)に代入すると，

$$\boldsymbol{\varepsilon} - R_1 I_1 - R_2(I_1 - I) = 0 \quad \rightarrow \quad I_1 = \frac{\boldsymbol{\varepsilon} + R_2 I}{R_1 + R_2}$$

これを(c)に代入すれば，

$$\boldsymbol{\varepsilon} - \frac{R_1}{R_1 + R_2}(\boldsymbol{\varepsilon} + R_2 I) - L\frac{\mathrm{d}I}{\mathrm{d}t} = 0$$

$$\rightarrow \left(\frac{R_2}{R_1 + R_2}\right)\boldsymbol{\varepsilon} - \left(\frac{R_1 R_2}{R_1 + R_2}\right)I - L\frac{\mathrm{d}I}{\mathrm{d}t} = 0$$

これは，電池付きの LR 回路で，

$$\boldsymbol{\varepsilon} \rightarrow \left(\frac{R_2}{R_1 + R_2}\right)\boldsymbol{\varepsilon}$$

$$R \rightarrow \frac{R_1 R_2}{R_1 + R_2}$$

と置き換えた式に等しい．この置き換えをすれば与式が得られる．

5·48 誘導起電力 = 全磁束の変化率

$$= 200 \times (50.0 \times 10^{-6} \times \sin 28.0^\circ) \times 0.0039 \div 1.80$$

$$= 1.02 \times 10^{-5}\ (\mathrm{V})$$

5·49 (a) 磁場は上方向に向いているとする．電子は負電荷なので，上から見て反時計回りに回る．また，上向きの磁束が大きくなれば誘導起電力は時計回りにできるので，電子には反時計回り方向の電気力が生じる．つまり電子は加速する．

(b) 円周上の磁場を B とする(B は時間 t の関数)．円軌道の半径を r，電子の質量を m，電荷を $-e$ とすると，

$$\frac{mv^2}{r} = eBv \quad \rightarrow \quad mv = erB$$

r が一定であるとすれば，

$$m\frac{\mathrm{d}v}{\mathrm{d}t} = er\frac{\mathrm{d}B}{\mathrm{d}t}$$

また，円軌道を貫く磁場の平均を B' とすると(これも時間の関数)，磁束は $\pi r^2 B'$ なので，誘導電場を E とすると，

$$\text{誘導起電力} = 2\pi rE = \pi r^2\frac{\mathrm{d}B'}{\mathrm{d}t}$$

ただし，r は一定であるとした．これより，

$$E = \frac{r}{2}\frac{\mathrm{d}B'}{\mathrm{d}t}$$

この電場が電子を加速させるのだから，

$$m\frac{\mathrm{d}v}{\mathrm{d}t} = eE = e\frac{r}{2}\frac{\mathrm{d}B'}{\mathrm{d}t}$$

上の式と組合わせれば，

$$\frac{\mathrm{d}}{\mathrm{d}t}B = \frac{1}{2}\frac{\mathrm{d}B'}{\mathrm{d}t}$$

これより，

$$B = \tfrac{1}{2}B' + 定数$$

となるが，加速開始時には $B = B' = 0$ なのだから，上式の定数は0である．

5·50 直線電流 I による，そこから r だけ離れている位置での磁場は，

$$B = \frac{\mu_0}{2\pi}\frac{I}{r}$$

である．方向は，この問題のコイルの面に垂直である．したがって，コイルを貫く全磁束は，

$$\Phi = \frac{\mu_0}{2\pi} \times NL \times \int_h^{h+w} \mathrm{d}r\,\frac{I}{r} = \frac{\mu_0}{2\pi}NLI\ln\left(\frac{h+w}{h}\right)$$

したがって，誘導起電力は，紙面上から見て反時計回りが正になるように考えると，

$$\mathcal{E} = \frac{\mathrm{d}\Phi}{\mathrm{d}t} = \frac{\mu_0}{2\pi}NL\frac{\mathrm{d}I}{\mathrm{d}t}\ln\left(\frac{h+w}{h}\right)$$
$$= \frac{\mu_0}{2\pi}NLI_{\max}\omega\ln\left(\frac{h+w}{h}\right)\cos(\omega t + \phi)$$

5·51 (a) 面積 A の変化率は，

$$\frac{\mathrm{d}A}{\mathrm{d}t} = \frac{a^2}{2}\frac{\mathrm{d}\theta}{\mathrm{d}t} = \frac{a^2}{2}\,\omega$$

だから，

$$誘導起電力の大きさ = \frac{\mathrm{d}\Phi}{\mathrm{d}t} = \frac{\mathrm{d}}{\mathrm{d}t}AB = \frac{a^2}{2}\omega B$$
$$= \frac{(0.500)^2}{2} \times 2.00 \times 0.500 = 0.125\,(\mathrm{V})$$

方向は時計回り（表向きを正とすると $-\mathrm{d}\Phi/\mathrm{d}t < 0$ だから）．

〔注：これは電磁誘導ではなく運動による起電力の問題だが，磁束と起電力の関係は変わらない．〕

(b) この時刻における角度は $\theta = \omega t$．したがって回路の長さは，

$$a\theta + 2a = a(\omega t + 2) = 0.500 \times (2.00 \times 0.250 + 2) = 1.25\,(\mathrm{m})$$
$$I = 0.125\ \mathrm{V} \div (5.00\ \Omega/\mathrm{m} \times 1.25\ \mathrm{m}) = 0.0200\ \mathrm{A} = 20.0\ \mathrm{mA}$$

5·52 電流 I が流れているとする．トロイド内部を通る半径 r の円（$a < r < b$）にアンペールの法則を適用すると，その円に沿った磁場 B は，

$$2\pi rB = \mu_0 NI \ \rightarrow\ B = \frac{\mu_0}{2\pi}\frac{NI}{r}$$

したがって，トロイド内の全磁束は，

$$\Phi = N \times h \times \int_a^b \frac{\mu_0}{2\pi}\frac{NI}{r}\mathrm{d}r = \frac{\mu_0}{2\pi}N^2hI \times \int_a^b \frac{1}{r}\mathrm{d}r$$
$$= \frac{\mu_0}{2\pi}N^2hI\ln\frac{b}{a}$$

右辺の，I の係数がインダクタンスだから，

$$L = \frac{\mu_0}{2\pi}N^2h\ln\frac{b}{a}$$

〔注：長さ l のソレノイドのインダクタンス μ_0N^2A/l と比較せよ．$a \gg b - a$ では，

$$\ln\frac{b}{a} = \ln\left(1 + \frac{b-a}{a}\right) \approx \frac{b-a}{a}$$

であることを考える.〕

5·53 (a) 円電流の中心の磁場は，

$$B = \frac{\mu_0 I}{2r}$$

したがって，問題で指定された近似では磁束は，

$$\Phi = \frac{\mu_0 I}{2r} \times \pi r^2 = \frac{\mu_0 \pi r I}{2}$$

したがって，インダクタンスは，$\Phi = LI$ より，

$$L = \frac{\mu_0 \pi r}{2}$$

(b) $L = \dfrac{(4\pi \times 10^{-7}) \times \pi(3 \times 0.300)/2\pi}{2} \approx 3 \times 10^{-7}\,(\mathrm{H})$

時定数 $= L/R = 3 \times 10^{-7}\ \mathrm{H} \div 270\ \Omega \approx 1 \times 10^{-9}\ \mathrm{s} = 1\ \mathrm{ns}$

スイッチを入れてからこの程度の時間で，回路には V/R 程度の電流が流れるようになる．

5·54 RI 回路の電流は $\mathrm{e}^{-t/\tau} \approx 1 - \dfrac{t}{\tau}$ の率で減少する．

$\tau = L/R$ なので，$t = 2.50\ \mathrm{y}$，$t/\tau < 10^{-9}$（すなわち $1/\tau < 10^{-9}/t$）より，

$$R = \frac{L}{\tau} < \frac{L \times 10^{-9}}{t} = \frac{3.14 \times 10^{-8}\ \mathrm{H} \times 10^{-9}}{2.50 \times 365 \times 24 \times 3600\ \mathrm{s}}$$
$$\approx 4 \times 10^{-25}\ \Omega$$

5·55 (a) $U = \frac{1}{2}LI^2 = \frac{1}{2}(50.0\ \mathrm{H})(50.0 \times 10^3\ \mathrm{A})^2 = 6.25 \times 10^{10}\ \mathrm{J}$

(b) 平行電流間の力の公式より，

$$単位長さあたりの力 = \frac{\mu_0}{2\pi}\frac{I^2}{a} = \frac{(2 \times 10^{-7})(50.0 \times 10^3)^2}{0.250}$$
$$= 2 \times 10^3\ (\mathrm{N/m})$$

5·56 電流は棒の上から下に流れるので，棒は左に動き出す．棒が受ける力は，

$$F = IBd = m\frac{\mathrm{d}v}{\mathrm{d}t}$$

また，棒の速さが v のとき，その運動による起電力は vBd で，上方向．したがって，電流は，

$$I = (\mathcal{E} - vBd)/R$$

結局，運動方程式は，

$$m\frac{\mathrm{d}v}{\mathrm{d}t} = \frac{Bd}{R}(\mathcal{E} - vBd) = -(Bd)^2\left(v - \frac{\mathcal{E}}{Bd}\right)$$

ここで v' を

$$v' = v - \frac{\mathcal{E}}{Bd}$$

と定義すると，

$$\frac{dv'}{dt} = -\frac{(Bd)^2}{m}v' = -kv'$$

$k = \dfrac{(Bd)^2}{m}$ とした．この式の解は，

$$v' = Ce^{-kt} \quad \rightarrow \quad v = \frac{\mathcal{E}}{Bd} + Ce^{-kt}$$

$t = 0$ のとき $v = 0$ だとすれば，$C = -\mathcal{E}/Bd$．すなわち，与式が得られる．

5・57 (a) 円筒状の電流は円筒内には磁場をつくらないので，内側の導線の電流による磁場を計算すればよい．電流は，

$$I = \frac{P}{V} = \frac{1.00 \times 10^9\ \mathrm{W}}{200 \times 10^3\ \mathrm{V}} = 5 \times 10^3\ \mathrm{A}$$

なので，

内部の導体表面： $B = \dfrac{\mu_0}{2\pi}\dfrac{I}{a} = \dfrac{(2 \times 10^{-7}) \times (5 \times 10^3)}{0.0200}$

$= 5 \times 10^{-2}\,(\mathrm{T})$

外側の円筒内面： $B = \dfrac{\mu_0}{2\pi}\dfrac{I}{b} = \dfrac{(2 \times 10^{-7}) \times (5 \times 10^3)}{0.0500}$

$= 2 \times 10^{-2}\,(\mathrm{T})$

(b) 中心軸から距離 r の位置でのエネルギー密度 u は，

$$u = \frac{B^2}{2\mu_0} = \left(\frac{\mu_0}{2\pi}\frac{I}{r}\right)^2 \Big/ 2\mu_0 = \frac{\mu_0}{8\pi^2}\frac{I^2}{r^2}$$

したがって，全エネルギー U は，

$$U = \int u\,dV = l \times \int_a^b \frac{2\pi r \mu_0}{8\pi^2}\frac{I^2}{r^2}\,dr$$

$$= \frac{\mu_0}{4\pi} I^2 l \ln\frac{b}{a}$$

$$= 10^{-7} \times (5 \times 10^3)^2 \times (1.00 \times 10^6) \times \ln\left(\frac{5}{2}\right)$$

$$= 2.29 \times 10^6\,(\mathrm{J})$$

2.29 MJ である．

(c) 円筒内面の円周の単位長さあたりの電流 i は，

$i = 5 \times 10^3\ \mathrm{A} \div (2\pi b) = 15.9 \times 10^3\ \mathrm{A/m}$

したがって，圧力 P は，

$$P = iB = 15.9 \times 10^3\ \mathrm{A/m} \times 2 \times 10^{-2}\ \mathrm{T} = 319\ \mathrm{N/m^2}$$
$$= 319\ \mathrm{Pa}$$

5・58 つぶれたときにはインダクタンスはなくなっている（と考える）ので，電流は流れていない．つまり，それまでに流れる電流を積分すればよい．

電流は，

$$I = \mathcal{E}/R = -\frac{1}{R}\frac{d\Phi}{dt}$$

だから，

流れた電荷 $= \displaystyle\int I\,dt = -\frac{1}{R}\int\frac{d\Phi}{dt}\,dt = \frac{1}{R}\int d\Phi$

$= \dfrac{1}{R} \times$（Φ の変化）

$= (35.0 \times 10^{-6} \times \cos 35.0°) \times (0.200)^2 \div 0.500$

$= 2.29 \times 10^{-6}\,(\mathrm{C})$

2.29 μC である．

〔注：ゆっくりつぶしても計算は変わらないので，流れる電荷も変わらない．ただし，流れる電流は微小になる．〕

5・59 (a) 誘導起電力 = 磁束の変化率

= 磁場の変化 × 面積 ÷ 時間

$= 1.50 \times \pi \times (0.00160)^2 \div 0.120 = 1.01 \times 10^{-4}$ (V)

10.1 mV である．

(b) 磁場は 1.50 T から −0.500 T になったのだから，磁場の変化は 2.00 T，つまり $\frac{4}{3}$ 倍になった．また，かかった時間は $\frac{2}{3}$ 倍になったのだから，誘導起電力は，

$$\frac{4}{3} \times \frac{3}{2} = 2 \text{ 倍}$$

になる．磁場の変化の方向が逆なので，向きは反対．

6章 電 磁 波

6·1 電場が変化するので変位電流が生じ，その周囲に磁場が円状に渦巻く．変位電流は紙面表向き（電場は表向きに増えている）．したがって，（右ねじの法則により）磁場は反時計回りに生じる．そして，Pを通る円に沿って磁場を1周積分すると，それはそれを貫く変位電流（$=\varepsilon_0\times$電束の変化率）に比例する．

電束$\varPhi_E$は，$\varPhi_E=EA$なので（Aは電場のある領域の面積），結局，

$$2\pi r\times B=\mu_0\varepsilon_0\frac{\mathrm{d}\varPhi}{\mathrm{d}t}=\mu_0\varepsilon_0 A\frac{\mathrm{d}E}{\mathrm{d}t}$$

ここで，$\mu_0=4\pi\times10^{-7}\,\mathrm{Tm/A}$，$\varepsilon_0=8.85\times10^{-12}\,\mathrm{C^2/N\cdot m^2}$を代入してもよいが，

$$\varepsilon_0\mu_0=1/c^2\qquad(c=3.00\times10^8\,\mathrm{m/s}\text{は光速度})$$

の関係を使うこともできる．そうすると，

$$B=\frac{1}{c^2}\pi d^2\frac{\mathrm{d}E}{\mathrm{d}t}\times\frac{1}{2\pi r}$$
$$=\left(\frac{0.100}{2}\right)^2\times20.0\times\frac{1}{(3.00\times10^8)^2}\times\left(\frac{1}{2\times0.150}\right)$$
$$=1.85\times10^{-18}\,(\mathrm{T})$$

6·2 (a) 円板間の電場は一様であり，

$$E=\frac{\sigma}{\varepsilon_0}=\frac{Q}{\varepsilon_0 A}$$

である（σは円板上の電荷密度，Qは各円板上の全電荷，Aは円板の面積）．したがって，電場の変化率は（$\mathrm{d}Q/\mathrm{d}t=I$なので），

$$\frac{\mathrm{d}E}{\mathrm{d}t}=\frac{I}{\varepsilon_0 A}=\frac{0.200}{(8.85\times10^{-12})[\pi(10.0\times10^{-2})]}$$
$$=7.19\times10^{11}\,(\mathrm{V/m\cdot s})$$

(b) 変位電流は円板に垂直方向であり全体が軸対称なので，磁場はこの軸のまわりを渦巻く．$r=0.0500\,(\mathrm{m})$とし，半径rの円に対してアンペール‐マクスウェルの法則を適用する．電束の変化率は，$A'=\pi r^2$として，

$$\text{電束の変化率}=A'\times\frac{\mathrm{d}E}{\mathrm{d}t}$$

なので，磁場は，

$$B=\frac{A'}{c^2}\frac{\mathrm{d}E}{\mathrm{d}t}\times\frac{1}{2\pi r}$$
$$=\frac{0.0500^2\times(7.20\times10^{-11})}{(3.00\times10^8)^2(2\times0.500)}$$
$$=2.00\times10^{-7}\,(\mathrm{T})$$

別解：(a)にとらわれずに(b)を解こうとすれば，次のように考えることもできる．

A'を貫く変位電流 $=(A'/A)\times(A$を貫く変位電流$)$

である（変位電流は一様だとみなせるので面積比で大きさが得られる）．Aを貫く変位電流は，問題の条件から（そして電流の連続性から…次の解答6·3の注も参照）0.200 Aなので，

A'を貫く変位電流 $=(5.00/10.0)^2\times0.200\,\mathrm{A}=0.0500\,\mathrm{A}$

これより，アンペール‐マクスウェルの関係を使えば，

$$2\pi rB=\mu_0\times0.0500\,\mathrm{A}$$

によって，すぐに磁場Bが得られる．

6·3 (a) 板の面積をAとすれば，電場は，

$$E=\frac{\sigma}{\varepsilon_0}=\frac{Q}{\varepsilon_0 A}$$

したがって，

$$\text{電束の変化率}=A\times\frac{\mathrm{d}E}{\mathrm{d}t}=A\times\frac{\mathrm{d}Q}{\mathrm{d}t}\times\frac{1}{\varepsilon_0 A}=\frac{I}{\varepsilon_0}$$
$$=0.100\div(8.85\times10^{-12})=1.13\times10^{10}\,(\mathrm{V\cdot m/s})$$

(b) 変位電流 $=\varepsilon_0\times$ 電束の変化率
$$=(8.85\times10^{-12})\times(1.13\times10^{10})=0.100\,(\mathrm{A})$$

〔注：これは流れ込む電流と同じ大きさだが，そもそも変位電流とは“実際の電流 + 変位電流”が途切れないように定義されたものなので，当然の結果である．電束の変化率はI/ε_0なのだから，これにε_0を掛ければ，数値を入れて計算するまでもなくIになる．〕

6·4 同調の条件は，

$$f=\frac{\omega}{2\pi}=\frac{1}{2\pi\sqrt{LC}}$$

である．したがって，

$$C=\frac{1}{L(2\pi f)^2}=\frac{1}{(1.05\times10^{-6})(2\pi\times6.30\times10^6)^2}$$
$$=\frac{1}{1.645\times10^9}=6.08\times10^{-10}\,(\mathrm{F})$$

$0.608\,\mu\mathrm{F}$すなわち608 pFである．

6·5 運動方程式は，

$$m\vec{a}=q(\vec{E}+\vec{v}\times\vec{B})$$

となる．外積に対する$\hat{\boldsymbol{i}}\times\hat{\boldsymbol{i}}=0$，$\hat{\boldsymbol{i}}\times\hat{\boldsymbol{j}}=\hat{\boldsymbol{k}}$，$\hat{\boldsymbol{i}}\times\hat{\boldsymbol{k}}=-\hat{\boldsymbol{j}}$という関係より，

$$\vec{E}+\vec{v}\times\vec{B}=50.0\hat{\boldsymbol{j}}+200\times0.300\hat{\boldsymbol{k}}-200\times0.400\hat{\boldsymbol{j}}$$
$$=-30.0\hat{\boldsymbol{j}}+60.0\hat{\boldsymbol{k}}\,(\mathrm{V/m})$$

これに，

$$q/m=(1.60\times10^{-19}\,\mathrm{C})\div(1.67\times10^{-27}\,\mathrm{kg})$$
$$=9.58\times10^7\,\mathrm{C/kg}$$

を掛けると，

$$\vec{a}=(-2.87\hat{\boldsymbol{j}}+5.75\hat{\boldsymbol{k}})\times10^9\,\mathrm{m/s^2}$$

6·6 (a) 電場は棒から放射状に出ているので，この位置ではy方向．大きさは$r=20.0\,\mathrm{cm}=0.200\,\mathrm{m}$とすれば，

$$E=\frac{1}{2\pi\varepsilon_0}\frac{\lambda}{r}=\frac{35.0\times10^{-9}}{2\pi(8.85\times10^{-12})\times0.200}$$
$$=3.15\times10^3\,(\mathrm{V/m})$$

(b) 磁場は電流（$+x$ 方向）のまわりに渦巻くので，$+y$ 軸上では $+z$ 方向を向く．その大きさは，

$$B=\frac{\mu_0}{2\pi}\frac{I}{r}=\frac{(2\times10^{-7})(35.0\times10^{-9}\times1.50\times10^{7})}{0.200}$$
$$=5.25\times10^{-7}\ (\mathrm{T})$$

(c) $+y$ 方向の単位ベクトルを $\hat{j}$ と記すと，

$$\vec{E}+\vec{v}\times\vec{B}=3.15\times10^{3}\hat{j}-2.40\times10^{8}\times5.25\times10^{-7}\hat{j}$$
$$=3.02\times10^{3}\hat{j}\ (\mathrm{V/m})$$

したがって力は，

$$F=q(\vec{E}+\vec{v}\times\vec{B})=-1.60\times10^{-19}\times3.02\times10^{3}\hat{j}$$
$$=-4.84\times10^{-16}\hat{j}\ (\mathrm{N})$$

6·7 (a) $f=\dfrac{1}{2\pi\sqrt{LC}}=\dfrac{1}{2\pi\sqrt{(0.100)(1.00\times10^{-6})}}$
$=503\ (\mathrm{Hz})$

(b) スイッチが切り替わる直前の電気量に等しい．

$$Q=\mathcal{E}C=12.0\ \mathrm{V}\times(1.00\times10^{-6}\ \mathrm{F})=1.20\times10^{-5}\ \mathrm{C}$$
$$=12.0\ \mu\mathrm{C}$$

(c) すべてのエネルギーがコイル側に移ったときに電流が最大になる．そのエネルギーはコンデンサーが最初にもっていたエネルギーに等しい．

$$\frac{1}{2}LI_{\max}^2=\frac{1}{2}C\mathcal{E}^2$$
$$\rightarrow\quad I_{\max}=\mathcal{E}\sqrt{\frac{C}{L}}=(12.0\ \mathrm{V})\sqrt{\frac{1.00\times10^{-6}\ \mathrm{F}}{0.100\ \mathrm{H}}}$$
$$=3.79\times10^{-2}\ \mathrm{A}$$
$$=37.9\ \mathrm{mA}$$

(d) この LC 回路には抵抗がなくエネルギーは保存するので，どの時刻で計算してもよい．$t=0$ で計算すれば，まだコイルには電流は流れていないので，

$$U=\frac{1}{2}C\mathcal{E}^2=\frac{1}{2}(1.00\times10^{-6}\ \mathrm{F})(12.0\ \mathrm{V})^2=72.0\times10^{-6}\ \mathrm{J}$$
$$=72.0\ \mu\mathrm{J}$$

6·8 $\hat{i}\times\hat{k}=-\hat{j}$ より，

$$\vec{E}+\vec{v}\times\vec{B}=2.50\hat{i}+5.00\hat{j}-10.0\times0.400\hat{j}$$
$$=2.50\hat{i}+1.00\hat{j}\ (\mathrm{V/m})$$

これに

$$\frac{q}{m}=\frac{-1.60\times10^{-19}\ \mathrm{C}}{9.11\times10^{-31}\ \mathrm{kg}}=-1.76\times10^{12}\ \mathrm{C/kg}$$

を掛ければよい．

6·9 $v=\dfrac{c}{\sqrt{\kappa}}=\dfrac{3.00\times10^{8}\ \mathrm{m/s}}{\sqrt{1.78}}=2.24\times10^{8}\ \mathrm{m/s}$

6·10 (a) 到達時間 $=\dfrac{6.44\times10^{18}\ \mathrm{m}}{3.00\times10^{8}\ \mathrm{m/s}}=2.15\times10^{10}\ \mathrm{s}$
$=6.80\times10^{2}\ \mathrm{y}$

(b) 後ろ見返しのデータを使うと，

$$\text{到達時間}=\frac{1.496\times10^{11}\ \mathrm{m}}{3.00\times10^{8}\ \mathrm{m/s}}=4.99\times10^{2}\ \mathrm{s}=8.31\ \mathrm{min}$$

(c) 後ろ見返しのデータを使うと，

$$\text{往復時間}=\frac{2(3.84\times10^{8}\ \mathrm{m})}{3.00\times10^{8}\ \mathrm{m/s}}=2.56\ \mathrm{s}$$

(d) 地球の半径を 6.37×10^{3} km とすると，

$$1\text{周の時間}=\frac{2\pi(6.37\times10^{6}\ \mathrm{m})}{3.00\times10^{8}\ \mathrm{m/s}}=1.33\times10^{-1}\ \mathrm{s}$$

（1 秒では地球を 7.52 周することになる．）

(e) 到達時間 $=\dfrac{1.00\times10^{4}\ \mathrm{m}}{3.00\times10^{8}\ \mathrm{m/s}}=3.33\times10^{-5}\ \mathrm{s}$

6·11 2.00 m がこの電波の半波長にあたる．したがって，

$$f=\frac{c}{\lambda}=\frac{3.00\times10^{8}\ \mathrm{m/s}}{4.00\ \mathrm{m}}=7.50\times10^{7}\ \mathrm{s^{-1}}=75.0\ \mathrm{MHz}$$

6·12 $E/B=c$ より，

$$\text{磁場の振幅}=\frac{220\ \mathrm{V/m}}{3.00\times10^{8}\ \mathrm{m/s}}=7.33\times10^{-7}\ \mathrm{T}=733\ \mathrm{nT}$$

6·13 (a) $f=c/\lambda=\dfrac{3.00\times10^{8}\ \mathrm{m/s}}{50.0\ \mathrm{m}}=6.00\times10^{6}\ \mathrm{s^{-1}}$
$=6.00\ \mathrm{MHz}$

(b) $B=E/c=\dfrac{22.0\ \mathrm{V/m}}{3.00\times10^{8}\ \mathrm{m/s}}=7.33\times10^{-8}\ \mathrm{T}=73.3\ \mathrm{nT}$

(c) $B_{\max}=73.3\ \mathrm{nT}$

$$k=\frac{2\pi}{\lambda}=\frac{2\pi}{50.0\ \mathrm{m}}=0.126\ \mathrm{m^{-1}}$$
$$\omega=2\pi f=2\pi(6.00\times10^{6}\ \mathrm{s^{-1}})=3.77\times10^{7}\ \mathrm{s^{-1}}$$

ω の単位は rad/s としてもよい（rad は無次元の組立単位）．

6·14 E の場合，

$$\text{左辺}=\frac{\partial^2E}{\partial x^2}=-k^2E_{\max}\cos(kx-\omega t)$$
$$\text{右辺}=\mu_0\varepsilon_0\frac{\partial^2E}{\partial t^2}=-\mu_0\varepsilon_0\omega^2E_{\max}\cos(kx-\omega t)$$

したがって，

$$k^2=\mu_0\varepsilon_0\omega^2\quad\rightarrow\quad c(=f\lambda)=\omega/k=\frac{1}{\sqrt{\mu_0\varepsilon_0}}$$

B の場合も同じ．

6·15 定常波の腹，つまり山と波の間隔が 6 cm ということだから，波長は 12 cm になる．したがって，

マイクロ波の速さ ＝ 波長 × 周波数
$=0.12\ \mathrm{m}\times2.45\times10^{9}\ \mathrm{s^{-1}}=2.9\times10^{8}\ \mathrm{m/s}$

5 % の誤差は，この値に $\pm0.15\times10^{8}$ m/s の誤差がありうることを意味する．

6·16 振幅：$B=\dfrac{E}{c}=\dfrac{100}{3.00\times10^{8}}=3.33\times10^{-7}(\mathrm{T})$

波長：$\lambda=\dfrac{2\pi}{k}=\dfrac{2\pi}{1.00\times10^{7}}=6.28\times10^{-7}(\mathrm{m})$

周波数：$f=\dfrac{c}{\lambda}=\dfrac{3.00\times10^{8}\ \mathrm{m/s}}{6.28\times10^{-7}\ \mathrm{m}}$
$=4.77\times10^{14}\ \mathrm{Hz}$

6·17 ヒントの波長の式を v について解けば$(r=\lambda^{2\prime}/\lambda^2=0.640)$,

$$v=\frac{\lambda^2-\lambda^{2\prime}}{\lambda^2+\lambda^{2\prime}}c=\frac{1-r}{1+r}c=6.59\times10^7\ \mathrm{m/s}$$

6·18 (a) 車が感じる周波数は，発信されたマイクロ波の周波数の $\sqrt{\dfrac{c+v}{c-v}}$ 倍である．したがって，その周波数の電磁波を反射する．それを装置は，さらにその $\sqrt{\dfrac{c+v}{c-v}}$ 倍の周波数の電磁波として受信するのだから，与式が得られる．

(b) $\dfrac{c+v}{c-v}=\dfrac{1+v/c}{1-v/c}\approx(1+v/c)\times(1+v/c)\approx1+2v/c$

したがって，うなりの周波数は $f\dfrac{2v}{c}=\dfrac{2vf}{c}=\dfrac{2v}{\lambda}$となる．

(c) $\dfrac{2vf}{c}=\dfrac{2\times30.0\ \mathrm{m/s}(10.0\times10^9\ \mathrm{s^{-1}})}{3.00\times10^8\ \mathrm{m/s}}=2.00\times10^3\ \mathrm{s^{-1}}$
$=2.00\ \mathrm{kHz}$

(d) $\dfrac{5\ \mathrm{Hz}}{2.00\ \mathrm{kHz}}=2.5\times10^{-3}$

0.25 % の精度で測定できる．

6·19 (a) 問 18(b)の解答より，$v\ll c$ のときは，反射波の周波数のずれ Δf は,

$$\Delta f=\frac{2vf}{c}$$

したがって,

$$v=\frac{c\Delta f}{2f}=\frac{(3.00\times10^8\ \mathrm{m/s})\times254\ \mathrm{s^{-1}}}{2\times2.85\times10^9\ \mathrm{s^{-1}}}=13.4\ \mathrm{m/s}$$

一つ目の集団はこの速さで測候所に近づいており，二つ目の集団はこの速さで遠ざかっている．

(b) この二つの集団でドップラーシフトが最大ということから，この二つは(測候所から見て)渦の左端と右端に相当することがわかる．したがって,

渦の直径 = 渦までの距離 × 左端と右端の角度差(ラジアン)

$$=(3.00\times10^8\ \mathrm{m/s}\times90\times10^{-6}\ \mathrm{s})\times\frac{1.0^\circ\times2\pi\ \mathrm{rad}}{360^\circ}$$
$$=471\ \mathrm{m}$$

したがって角速度は,

ω = 速さ ÷ 半径 $=13.4\ \mathrm{m/s}\div(471\ \mathrm{m}/2)=0.0569\ \mathrm{rad/s}$

6·20 $E/B=3.00\times10^8$

これがこの電磁波の速度を表す(このケースでは真空中の速度に等しい)．一方，ω/k もこの速度に等しくなければならないが(k は x の係数，ω は t の係数),

$$\frac{\omega}{k}=\frac{3.00\times10^{15}}{9.00\times10^6}=3.33\times10^8$$

これは E/B に等しくない．

〔注: $\cos(kx-\omega t)=\cos\left[k\left(x-\dfrac{\omega}{k}t\right)\right]$ なので，ω/k が波の速さになる．〕

6·21 出力を P_w とすると(P_w は Power の略．後で出てくる放射圧 P と区別するために，添え字 w を付ける)．このエネルギーが半径 5.00 km の球面全体に広がるのだから，そこでの強度は,

$$S=\frac{P_\mathrm{w}}{4\pi r^2}=\frac{250\times10^3}{4\pi(5.00\times10^3)^2}=7.95\times10^{-4}(\mathrm{W/m^2})$$

795 $\mu\mathrm{W/m^2}$ である．

6·22 (a) 内積を計算すると,

$$\vec{E}\cdot\vec{B}=80.0\times0.200+32.0\times0.080-64.0\times0.290$$
$$=16.00+2.56-18.56=0$$

したがって，$\vec{E}$ と $\vec{B}$ は直交している．

(b) 外積を計算する．$\hat{i}\times\hat{i}=0$, $\hat{i}\times\hat{j}=-\hat{j}\times\hat{i}=\hat{k}$ などを使うと,

$$(\vec{E}\times\vec{B})\times10^6=(80.0\hat{i}+32.0\hat{j}-64.0\hat{k})\times(0.200\hat{i}+0.080\hat{j}+0.290\hat{k})$$
$$=(32.0\times0.290-(-)64.0\times0.080)\hat{i}+(-64.0\times0.200-80.0\times0.290)\hat{j}+(80.0\times0.080-32.0\times0.200)\hat{k}$$
$$=14.4\hat{i}-36.0\hat{j}+0\hat{k}$$

したがって，ポインティング・ベクトルは,

$$\vec{S}=\frac{1}{\mu_0}\vec{E}\times\vec{B}=\frac{1}{4\pi\times10^{-7}}(14.4\hat{i}-36.0\hat{j})\times10^{-6}$$
$$=(11.5\hat{i}-28.6\hat{j})(\mathrm{W/m^2})$$

6·23 1 秒間に注ぐエネルギーが 1000 J/m^2 であり，エネルギーの移動速度は光速度なのだから,

$$\frac{1000\ \mathrm{J/m^2}}{3.00\times10^8\ \mathrm{m}}=3.33\times10^{-6}\ \mathrm{J/m^3}$$

6·24 (a) 全放射束 P_w を半径 20 光年の球面の面積 A で割れば強度 I が得られる．

$$20\ 光年=20\times365\times24\times3600\times3.00\times10^8\ \mathrm{m}$$
$$=1.89\times10^{17}\ \mathrm{m}$$

を使えば,

$$I=\frac{P_\mathrm{w}}{4\pi r^2}=\frac{4.00\times10^{28}\ \mathrm{W}}{4\pi(1.89\times10^{17}\ \mathrm{m})^2}=8.91\times10^{-8}\ \mathrm{W/m^2}$$
$$=89.1\ \mathrm{nW/m^2}$$

(b) 1 m^2 あたり上の I が入射するのだから，これに地球の断面積を掛ければ，遮断される放射束がわかる．地球の半径を 6.37×10^6 m とすると,

$89.1\ \mathrm{nW/m^2}\times\pi\times(6.37\times10^6\ \mathrm{m})^2=1.13\times10^7\ \mathrm{W}=11.3\ \mathrm{MW}$

6·25 この位置でのポインティング・ベクトル S (の時間的平均値)を求め，それから電場の大きさ E を得る．起電力は，この電場にアンテナの長さを掛けたものである．

$$S=\frac{P_\mathrm{w}}{4\pi r^2}$$

また,

$$S = \frac{1}{2\mu_0} E_{\max} B_{\max} = \frac{1}{2c\mu_0} \times E_{\max}^2$$

2番目の式の1/2は，左辺のSが平均値であるのに対して，$E_{\max}$や$B_{\max}$が最大値(振幅)を表しているからである．上の2式より，

$$E_{\max}^2 = \frac{c\mu_0 P}{2\pi r^2} = \frac{(3.00\times10^8)(4\pi\times10^{-7})(4.00\times10^3)}{2\pi\times(4.00\times10^3)^2}$$
$$= 1.5\times10^{-2}\ (\mathrm{V^2/m^2})$$
$$\rightarrow\ E_{\max} = 0.122\ \mathrm{V/m}$$
$$\rightarrow\ \text{起電力の最大値} = 0.122\ \mathrm{V/m}\times0.650\ \mathrm{m} = 0.0796\ \mathrm{V} = 79.6\ \mathrm{mV}$$

6·26 $1\ \mathrm{m^2}$あたり300 Wのエネルギーが得られるのだから，

$$\text{必要な面積} = \frac{1.00\ \mathrm{MW}}{300\ \mathrm{W/m^2}} = \frac{1.00\times10^6}{300}\ \mathrm{m^2} = 3.33\times10^3\ \mathrm{m^2}$$

6·27 求める距離をr，その位置でのポインティング・ベクトルの大きさをSとすると，Sと出力P_{w}との関係は，

$$S = \frac{P_{\mathrm{w}}}{4\pi r^2}$$

また，Sと電場との関係は，

$$S = \frac{E_{\max}^2}{2\mu_0 c}$$

したがって，

$$\frac{P_{\mathrm{w}}}{4\pi r^2} = \frac{E_{\max}^2}{2\mu_0 c}\ \rightarrow\ r^2 = \frac{P_{\mathrm{w}}}{4\pi}(2\mu_0 c)\frac{1}{E_{\max}^2}$$
$$\rightarrow\ r = \sqrt{2P_{\mathrm{w}}c\times\frac{\mu_0}{4\pi}}\times\frac{1}{E_{\max}} = \frac{\sqrt{6000}}{15.0}\ (\mathrm{m}) = 5.16(\mathrm{m})$$

6·28 (a) 電位差は$V = IR$だから，電場は$E = IR/l$．ただし，lはフィラメントの全長．また，磁場は線電流の磁場の公式より$B = \frac{\mu_0}{2\pi}\frac{I}{r}$なので($r$はフィラメントの半径)，表面でのポインティング・ベクトルの大きさは，

$$S = \frac{1}{\mu_0}EB = \frac{1}{\mu_0}\times\frac{IR}{l}\times\frac{\mu_0}{2\pi}\frac{I}{r} = \frac{1}{2\pi}\frac{I^2R}{lr}$$
$$= \frac{1}{2\pi}\times\frac{1.00^2\times150}{0.0800\times0.000\,900}$$
$$= 0.332\times10^6\ (\mathrm{W/m^2})$$

Sの方向は，フィラメント内向きである．

(b) 単位時間あたりの熱の全発生量はI^2Rだから，それを全表面積で割ると，$\frac{I^2R}{2\pi rl}$

これは(a)のポインティング・ベクトルの大きさと同じである．

〔注: この一致はエネルギー保存則の結果である．電磁場のエネルギーが周囲の空間からフィラメントに入り，それがフィラメント内で転換して熱として出ていくと考えればよい．電磁場のエネルギーは電源付近で発生し，導線周囲の空間を伝播してフィラメントまで伝わってきて熱となる．この見方によれば，エネルギーは導線内部を通ってフィラメントまで伝わるのではない．しかし，実際にどのようにエネルギーが空間を伝わるのかを知るのは非常に難しい(一般に導線は曲がっているので).〕

6·29 (a) 全反射する場合，光から受ける圧力Pは，光の強度をIとして，$P = \frac{2I}{c}$

受ける力Fはこれに面積を掛ければよい．

$$F = PA = \frac{2AI}{c} = \frac{2\times6.00\times10^5\ \mathrm{m^2}\times1370\ \mathrm{W/m^2}}{3.00\times10^8\ \mathrm{m/s}} = 5.48\ \mathrm{N}$$

(b)　$a = F/m = 9.13\times10^{-4}\ \mathrm{m/s^2} = 913\ \mathrm{\mu m/s^2}$

(c)　距離 $= \frac{1}{2}at^2$ だから，

$$t = \sqrt{\frac{2\times3.84\times10^8\ \mathrm{m}}{9.13\times10^{-4}\ \mathrm{m/s^2}}} = 0.917\times10^6\ \mathrm{s} = 10.6\ \text{日}$$

6·30 (a) P_{w}と$E_{\max}$との関係は，ビームの断面積をAとすると，

$$P_{\mathrm{w}} = AS = \frac{A}{2\mu_0}E_{\max}B_{\max} = \frac{\pi r^2}{2\mu_0 c}E_{\max}^2$$

したがって，

$$E_{\max} = \sqrt{\frac{2\mu_0 c P_{\mathrm{w}}}{\pi r^2}}$$

(b) 単位時間あたりに，ある部分を光速度cで通過するエネルギーがP_{w}なのだから，

$$\text{長さ}\,l\,\text{に含まれるエネルギー} = \frac{P_{\mathrm{w}}l}{c}$$

(c) 電磁波では常に，

エネルギー = 運動量の大きさ × c

という関係があるので，

$$\text{長さ}\,l\,\text{に含まれる運動量} = \frac{P_{\mathrm{w}}l}{c^2}$$

6·31 $$f = \frac{c}{\lambda} = \frac{3.00\times10^8\ \mathrm{m/s}}{5.50\times10^{-7}\ \mathrm{m}} = 5.45\times10^{14}\ \mathrm{Hz} = 545\ \mathrm{THz}$$

6·32 (a) $$\lambda = \frac{c}{f} = \frac{3.00\times10^8\ \mathrm{m/s}}{5.00\times10^{19}\ \mathrm{s^{-1}}} = 0.600\times10^{-11}\ \mathrm{m} = 6.00\ \mathrm{pm}$$

(b) $$\lambda = \frac{c}{f} = \frac{3.00\times10^8\ \mathrm{m/s}}{4.00\times10^9\ \mathrm{s^{-1}}} = 0.750\times10^{-1}\ \mathrm{m} = 7.50\ \mathrm{cm}$$

6·33 教科書の表を参照して答えよ(たとえば本シリーズⅡ巻 p.197)．詳しい分類の名称がある場合にはそれも添えて記すと，2 Hz(電波)，2 kHz(電波)，2 MHz(電波，中波)，2 GHz(マイクロ波(広い意味での電波に入る)，極超短波)，2 THz(赤外線，遠赤外線)，2 PHz(紫外線)，2 EHz(X線)，2 ZHz(γ線)，2 YHz(γ線)．また，2 km(電

波，中波)，2 m(電波，超短波)，2 mm(マイクロ波，ミリ波)，2 μm(赤外線，近赤外線)，2 nm(紫外線またはX線)，2 pm(X線またはγ線)，2 fm(γ線)，2 am(γ線).

6·34 円運動の運動方程式は,

$$mv^2/r = qvB \quad \rightarrow \quad v = qBr/m$$

したがって周期は,

$$T = 2\pi r/v = 2\pi m/qB$$

この逆数が振動数だから，それが放出される電磁波の周波数に等しく,

$$f = \frac{qB}{2\pi m} = \frac{1.60 \times 10^{-19} \times 0.350}{2\pi \times (1.67 \times 10^{-27})} = 5.34 \times 10^6 \text{ Hz}$$

5.34 MHz になる．これより波長は,

$$\lambda = c/f = 0.562 \times 10^2 \text{ m} = 56.2 \text{ m}$$

6·35 $\lambda = \dfrac{c}{f} = \dfrac{3.00 \times 10^8 \text{ m/s}}{27.33 \times 10^6 \text{ s}^{-1}} = 11.0 \text{ m}$

6·36 物体に到達するまでの時間は 2.00×10^{-4} s なので,

$$\text{距離} = 3.00 \times 10^8 \text{ m/s} \times 2.00 \times 10^{-4} \text{ s} = 6.00 \times 10^4 \text{ m} = 60.0 \text{ km}$$

6·37 回転する角度をθとすれば，強度は$\cos^2\theta$倍になる．したがって,

(a)　$\cos^2\theta = 1/3.00 \rightarrow \theta = 54.7°$
(b)　$\cos^2\theta = 1/5.00 \rightarrow \theta = 63.4°$
(c)　$\cos^2\theta = 1/10.00 \rightarrow \theta = 71.6°$

6·38 最初の偏光板を透過した時点で，強度は

$I = \frac{1}{2} I_{\max}$ となる．

中央の偏光板を透過した時点では，その透過軸の方向を(最初の偏光板の透過軸に対して)θとした場合，強度は $I = \frac{1}{2} I_{\max}\cos^2\theta$ となる．
2枚目の偏光板の透過軸から3枚目の偏光板の透過軸への角度をθ'とすれば($\theta + \theta' = 90°$)，3枚目の偏光板を透過した時点での強度は,

$$\begin{aligned} I &= \tfrac{1}{2} I_{\max}\cos^2\theta\cos^2\theta' \\ &= \tfrac{1}{8} I_{\max}(1+\cos^2\theta)(1+\cos(180°-2\theta)) \\ &= \tfrac{1}{8} I_{\max}(1+\cos 2\theta)(1-\cos 2\theta) \\ &= \tfrac{1}{8} I_{\max}(1-\cos^2 2\theta) \\ &= \tfrac{1}{16} I_{\max}(2-(1+\cos 4\theta)) \\ &= \tfrac{1}{16} I_{\max}(1-\cos 4\theta) \end{aligned}$$

$\theta = \omega t$ と書けるので，与式が得られる．

6·39 1枚目を透過した時点で強度は$\frac{1}{2}$になる．2枚目を透過した時点では,

$$\tfrac{1}{2} \times \cos^2 30.0° = 0.375$$

6·40 全部でN枚使うとしよう．すると，隣り合った偏光板の透過軸がなす角度は$45°/N$とする．1枚目の偏光板の透過軸も入射光の偏光方向から$45°/N$だけ傾ければ，最後の偏光板の透過軸は45°傾くことになる．そしてそれぞれの偏光板を通るとき，強度は$\cos^2 45°/N$倍になるので,

$$\text{最終的な強度の割合} = \left[\cos^2\left(\frac{45°}{N}\right)\right]^N$$

これを0.9よりも大きくするにはNをどうしたらよいかという問題である．

$\cos^2\left(\dfrac{45°}{N}\right) < 1$ なので，Nが何であっても上式は1未満である．しかし，(ここでは天下り的に述べるが)Nを大きくするほど上式は1に近づき，$N \to \infty$ の極限では1になる．つまり，Nをどこまで大きくすれば上式が0.9を超えるかということを考えればよい．これはNに具体的に値を代入して調べるほかはないが，対数を考えて,

$$2N \ln\cos\left(\frac{45°}{N}\right) > \ln 0.9 = -0.1054$$

という式を計算すると少し簡単になる(左辺は常に負だが，$N \to \infty$ で0になる．下記注を参照)．たとえば,

$$N = 5 \text{ とすると} \quad 2N\ln\cos\left(\frac{45°}{N}\right) = -0.1239$$

$$N = 6 \text{ とすると} \quad 2N\ln\cos\left(\frac{45°}{N}\right) = -0.1031$$

なので，Nを6以上とすればよいことがわかる．

〔注：$\displaystyle\lim_{N\to\infty} N\ln\cos\left(\frac{a}{N}\right) = 0$

を証明しておこう．ただし，cos の中はラジアンで表されているとする(そうでないと係数が変わるが結論は変わらない)．aは何らかの定数である．$|x|$が非常に小さいときは(xがラジアンで表されていれば),

$$\cos x \approx 1 - \tfrac{1}{2}x^2 \qquad \ln(1-x) \approx -x$$

である．したがってNが非常に大きければ,

$$\ln\cos\left(\frac{a}{N}\right) \approx \ln\left(1 - \frac{1}{2}\left(\frac{a}{N}\right)^2\right) \approx -\frac{1}{2}\left(\frac{a}{N}\right)^2$$

右辺はN^2に反比例するので，N倍しても$N \to \infty$ の極限では0になる．〕

6·41 1枚目で強度は1/2になる．1枚目を透過した光の偏光方向に対して2枚目の透過軸は45°傾いているので，2枚目を透過すると強度は$\cos^2 45°$倍になる．

2枚目を透過した光の偏光方向に対して3枚目の透過軸は45°傾いているので，3枚目を透過すると強度はさらに$\cos^2 45°$倍になる．結局，全体としては強度は,

$$\tfrac{1}{2} \times \cos^2 45° \times \cos^2 45° = \tfrac{1}{8}$$

になる．

6·42 (a) $B_{\max} = \dfrac{E_{\max}}{c} = \dfrac{0.700 \times 10^6}{3.00 \times 10^8} = 2.33 \times 10^{-3}$ (T)

2.33 mT である．

(b) $I = \dfrac{E_{max}B_{max}}{2\mu_0} = \dfrac{(0.700 \times 10^6)(2.33 \times 10^{-3})}{8\pi \times 10^{-7}}$

$= 6.49 \times 10^8 (W/m^2)$

$649\ MW/m^2$ である.

(c) $P_w = IA = (6.49 \times 10^8\ W/m^2) \times (\pi \times 0.0005^2\ m^2)$
$= 5.10 \times 10^2\ W$

6·43 $E_3{}^*$ から E_2 への遷移において放出される光子のエネルギーは，この光子を波と見たときの周波数を f とすれば hf である（h はプランク定数）．すなわち，

$hf = E_3{}^* - E_2 = (20.66 - 18.70)\,eV$
$= 1.96\ eV \times 1.602 \times 10^{-19}\ J/eV = 3.14 \times 10^{-19}\ J$

これより波長は，

$$\lambda = \frac{c}{f} = \frac{ch}{E_3{}^* - E_2} = \frac{(3.00 \times 10^8\ m/s)(6.63 \times 10^{-34}\ J \cdot s)}{3.14 \times 10^{-19}\ J}$$

$= 6.33 \times 10^{-7}\ m = 633\ nm$

6·44 (a) 3.00 mJ というエネルギーを単位面積（$1\ m^2$），単位時間（1 s）あたりに換算する．

$$放射照度 = \frac{3.00\ mJ}{\pi \times (15.0\ \mu m)^2 \times 1.00\ ns}$$

$$= \frac{3.00 \times 10^{-3}}{\pi \times (15.0 \times 10^{-6})^2 \times (1.00 \times 10^{-9})}\ W/m^2$$

$= 4.24 \times 10^{15}\ W/m^2$

(b) 面積は直径の 2 乗に比例するので，

$$3.00\ mJ \times \left(\frac{0.600\ nm}{30.0\ \mu m}\right)^2 = 3.00 \times 10^{-3} \times \left(\frac{0.600}{30000}\right)^2 J$$

$$= 1.20 \times 10^{-12}\ J = \frac{1.20 \times 10^{-12}}{1.602 \times 10^{-19}}\ eV = 7.49 \times 10^6\ eV$$

6·45 (a) 長さ $= ct$
$= (3.00 \times 10^8\ m/s) \times (14.0 \times 10^{-12}\ s)$
$= 4.20 \times 10^{-3}\ m = 4.20\ mm$

(b) 光子 1 つのエネルギー $= hf = hc/\lambda$

$$= \frac{(6.63 \times 10^{-34}\ J \cdot s) \times (3.00 \times 10^8\ m/s)}{694.3 \times 10^{-9}\ m}$$

$= 2.86 \times 10^{-19}\ J$

したがって，

$$光子数 = \frac{3.00\ J}{2.86 \times 10^{-19}\ J} = 1.05 \times 10^{19}\ 個$$

(c) $\dfrac{1.05 \times 10^{19}\ 個}{\pi \times (3.00\ mm)^2 \times 4.20\ mm} = 8.84 \times 10^{16}\ 個/mm^3$

6·46 (a) $\Delta E = hf$ なので，

$$f = \frac{\Delta E}{h} = \frac{0.117\ eV \times (1.602 \times 10^{-19}\ J/eV)}{6.63 \times 10^{-34}\ J \cdot s}$$

$= 2.83 \times 10^{13}\ Hz$
$= 28.3\ THz$

$$\lambda = \frac{c}{f} = \frac{3.00 \times 10^8\ m/s}{2.83 \times 10^{13}\ s^{-1}} = 1.06 \times 10^{-5}\ m = 10.6\ \mu m$$

(b) 赤外線

6·47 (a) 2 つの状態にある原子数をそれぞれ，N_3，N_4 と記すと，

$N_3 = N_1 e^{-(E_3-E_1)/k_BT}$　　$N_4 = N_1 e^{-(E_4-E_1)/k_BT}$

したがって，その比は，

$$\frac{N_4}{N_3} = \frac{e^{-(E_4-E_1)/k_BT}}{e^{-(E_3-E_1)/k_BT}} = e^{-(E_4-E_3)/k_BT}$$

ここで，

$E_4 - E_3 = 20.66\ eV - 18.70\ eV = 3.14 \times 10^{-19}\ J$

（問 43 解答 参照）

$k_BT = 1.381 \times 10^{-23}\ J/K \times (273.15 + 27.0)\,K$
$= 4.145 \times 10^{-21}\ J$

なので，

$$\frac{N_4}{N_3} = e^{-\frac{3.14 \times 10^{-19}}{4.145 \times 10^{-21}}} = e^{-75.75}$$

$\log e^{-75.75} = -75.75 \log e = -32.89$ なので，

$$\frac{N_4}{N_3} = 10^{-32.89} = 10^{-0.89} \times 10^{-32} = 1.3 \times 10^{-33}$$

(b) ボルツマン分布関数が正しいとすれば，

$$\frac{N_4}{N_3} = e^{-(E_4-E_3)/k_BT} = 1.02$$

右辺が 1 以上なのだから，指数関数の指数の部分の符号は，

$$-(E_4 - E_3)/k_BT > 0$$

でなければならない．しかし，$E_4 - E_3 > 0$ なのだから，$T < 0$ となる．絶対温度が負になるというのは不自然である．つまり，反転分布は熱平衡では実現できず，人工的な操作を加えなければならない．

〔注：仮想上のモデルならば温度が負の状況を考えることも可能だが，現実のものではない.〕

追加問題

6·48 (a) 太陽を中心とした半径 $1.496 \times 10^{11}\ m$ の球面上では，単位時間に単位面積あたり 1370 W のエネルギー I を受けるのだから，それを球面全体で合計すれば，太陽全体が単位時間に放出するエネルギー（太陽の放射束）P_w が得られる．つまり，

太陽の放射束 $= I \times$ 全面積
$= 1370\ W/m^2 \times 4\pi \times (1.496 \times 10^{11}\ m)^2$
$= 3.85 \times 10^{26}\ W$

(b) $I = \dfrac{E_{max}^2}{2\mu_0 c}$ より，

$E_{max} = \sqrt{2\mu_0 cI} = \sqrt{(8\pi \times 10^{-7})(3.00 \times 10^8)1370}$
$= 1.02 \times 10^3 (V/m)$

$B_{max} = E_{max}/c = 3.39 \times 10^{-6}\ T = 3.39\ \mu T$

6·49 (a) 鏡の面積を掛ければよい．

$1370\ W/m^2 \times (\pi \times 100^2\ m^2) \times 0.746 = 3.21 \times 10^7\ W$

(b) このエネルギーを照射される面積で割れば強度になる．

$$強度 = \frac{3.21\times10^{7}\,\mathrm{W}}{\pi\times4000^{2}\,\mathrm{m^{2}}} = 0.639\,\mathrm{W/m^{2}}$$

(c) 地表が太陽光に対して傾いているので，（傾いていない場合と比べて）照射する面積が 1/sin 7°倍になる．したがって強度は sin 7°倍になる．つまり，

$$太陽光の強度 = 1370\,\mathrm{W/m^{2}}\times0.746\times\sin 7^\circ = 125\,\mathrm{W/m^{2}}$$

したがって，(b) との比率は，

$$0.639/125 = 0.0051$$

約 0.5 % である．

6·50 太陽光を受ける身体の面積を 0.5 m^2 とする．また，太陽光の地表に対する角度を 55°としよう．

受けるエネルギー

$= 1370\,\mathrm{W/m^{2}}\times0.60\times0.50\times\sin 55^\circ\times0.5\,\mathrm{m^{2}}\times3600\,\mathrm{s}$

$= 0.606\times10^{6}\,\mathrm{J}$

約 10^6 J である．

6·51 (a) $I = \dfrac{E_{\max}^{2}}{2\mu_0 c} = 5.31\times10^{-17}\,\mathrm{W/m^{2}}$

(b) $IA = (5.31\times10^{-17}\,\mathrm{W/m^{2}})\times(\pi\times10.0^{2}\,\mathrm{m^{2}})$

$\quad = 1.67\times10^{-14}\,\mathrm{W}$

(c) 電磁波の圧力（放射圧）は強度から I/c と得られる．これに面積を掛ければ，全体が受ける力が得られる．

$$力 = \frac{I}{c}\times A = \frac{1.67\times10^{-14}\,\mathrm{W}}{3.00\times10^{8}\,\mathrm{m/s}} = 5.57\times10^{-23}\,\mathrm{N}$$

6·52 (a) $u_E = \frac{1}{2}\varepsilon_0 E^2 = \frac{1}{2}\varepsilon_0 E_{\max}^{2}\cos^2(kx)$

(b) $u_B = \dfrac{1}{2\mu_0}B^2 = \dfrac{1}{2\mu_0}B_{\max}^{2}\cos^2(kx)$

$\quad = \dfrac{1}{2\mu_0}\left(\dfrac{E_{\max}}{c}\right)^2\cos^2(kx) = \frac{1}{2}\varepsilon_0 E_{\max}^{2}\cos^2(kx)$

最後に $c^2 = \dfrac{1}{\varepsilon_0\mu_0}$ を使った．

(c) $U_\lambda = \displaystyle\int_0^\lambda \varepsilon_0 E_{\max}^{2}\cos^2(kx)A\,\mathrm{d}x$

$\quad = \varepsilon_0 E_{\max}^{2}A\times\dfrac{\lambda}{2}$

(d) 単位時間にある場所を通過する波の数は周波数 f に等しいので，上式に f を掛ければよい．

(e) 強度とは単位時間あたり，単位面積を通過するエネルギーだから，上の結果を面積 A で割り，また $\varepsilon_0 = \dfrac{1}{\mu_0 c^2}$ であることも使えば，

$$I = \varepsilon_0 E_{\max}^{2}\times\frac{\lambda}{2}\times f = \frac{c\varepsilon_0 E_{\max}^{2}}{2} = \frac{E_{\max}^{2}}{2\mu_0 c}$$

これは，いままでポインティング・ベクトルから計算して得ていた式と一致する．

6·53 粒子の全質量は $\left(\frac{4}{3}\pi r^3\right)\rho$ なので，重力は，

$$F_{重力} = \frac{GM_{太陽}}{R^2}\left(\frac{4}{3}\pi r^3\right)\rho$$

である．また，放射圧は S/c なので，太陽光から受ける力はそれに断面積を掛けて，

$$F_{光} = S/c\times\pi r^2$$

$F_{重力} = F_{光}$ という条件より，

$$\frac{GM_{太陽}}{R^2}\left(\frac{4}{3}\pi r^3\right)\rho = \frac{S}{c}\times\pi r^2 \;\rightarrow\; r = \frac{3SR^2}{4cGM_{太陽}\rho}$$

〔注：S は太陽からの距離 R の 2 乗に反比例するので r は R に依存しない．たとえば，$\rho = 1.50\,\mathrm{g/cm^3}$ とすると，$r = 400\,\mathrm{nm}$ 程度になる．これより r が小さいと，放射圧が優って，粒子は太陽から遠ざかる．球ではなく平面にし，面を太陽のほうに向ければ，大きな物体でも放射圧が優るようになる．〕

6·54 (a) 照らす面積が減れば，強度はそれに反比例して大きくなる．

$$板上での強度 = 1.00\,\mathrm{kW/m^{2}}\times(1.00/0.0400)^2 = 625\,\mathrm{kW/m^{2}}$$

(b) 水の比熱を 4.2 J/g·°C とすると，必要なエネルギーは，

$$4.2\,\mathrm{J/g\cdot{}^\circ C}\times1000\,\mathrm{g}\times80\,^\circ\mathrm{C} = 3.36\times10^{5}\,\mathrm{J}$$

したがって，必要な時間を T とすれば，

$625\,\mathrm{kW/m^{2}}\times\pi\times(0.0200\,\mathrm{m})^2\times0.40\times T = 3.36\times10^{5}\,\mathrm{J}$

$\quad\rightarrow\; 314\,\mathrm{W}\times T = 3.36\times10^{5}\,\mathrm{J}$

$\quad\rightarrow\; T = 1070\,\mathrm{s} = 18\,\mathrm{min}$

6·55 (a) 単位時間に入射するエネルギー（可視光線による）は，

$$P_{w入} = 0.900\times1000\,\mathrm{W/m^{2}}\times A$$

また，放射されるエネルギー（赤外線による）は，問題のヒントより，

$$P_{w出} = 0.700\sigma AT^4$$

これが等しいという条件から，

$$T = \left(\frac{0.900\times1000\,\mathrm{W/m^{2}}}{0.700\,\sigma}\right)^{1/4}$$

$$= (0.226\times10^{11})^{1/4}\,\mathrm{K} = 388\,\mathrm{K} = 115\,^\circ\mathrm{C}$$

(b) (a) と異なるのは，入射するエネルギーが sin 50°倍になることだけである．したがって，

$T = (\mathrm{a})の答\times(\sin 50^\circ)^{1/4} = 388\,\mathrm{K}\times0.936 = 363\,\mathrm{K}$

$\quad = 90\,^\circ\mathrm{C}$

6·56 (a) $波長 = \dfrac{c}{f} = \dfrac{3.00\times10^{8}\,\mathrm{m/s}}{20.0\times10^{9}\,\mathrm{s^{-1}}}$

$$= 1.50\times10^{-2}\,\mathrm{m} = 1.50\,\mathrm{cm}$$

(b) パルスのエネルギー $= 25.0\,\mathrm{kW}\times1.00\,\mathrm{ns}$

$\quad = 25.0\times10^{3}\times10^{-9}\,\mathrm{J} = 2.50\times10^{-5}\,\mathrm{J} = 25.0\,\mu\mathrm{J}$

(c) (b) で求めたエネルギーをパルスの体積で割る．

$$u(エネルギー密度) = \frac{2.50\times10^{-5}\,\mathrm{J}}{面積\times長さ}$$

$$= \frac{2.50\times10^{-5}\,\mathrm{J}}{\pi\times(0.0600\,\mathrm{m})^2\times(3.00\times10^{8}\,\mathrm{m/s}\times1.00\,\mathrm{ns})}$$

$$= \frac{2.50\times10^{-5}\,\mathrm{J}}{1.13\times10^{-2}\,\mathrm{m^{2}}\times(3.00\times10^{-1}\,\mathrm{m})} = 7.37\times10^{-3}\,\mathrm{J/m^{3}}$$

$$= 7.37\,\mathrm{mJ/m^{3}}$$

(d) $\dfrac{\varepsilon_0}{2}\dfrac{E_{\max}^2}{2}=\dfrac{u}{2}$ より,

$$E_{\max}=\sqrt{\frac{2u}{\varepsilon_0}}=\sqrt{\frac{2\times 7.37\times 10^{-3}}{8.85\times 10^{-12}}}=4.08\times 10^4\ (\mathrm{V/m})$$

同様に磁場は $\dfrac{1}{2\mu_0}\dfrac{B_{\max}^2}{2}=\dfrac{u}{2}$ から計算できるが, すでに $E_{\max}$ を計算してあるので,

$$B_{\max}=\frac{E_{\max}}{c}=1.36\times 10^{-4}\,\mathrm{T}=136\,\mu\mathrm{T}$$

(e) 放射圧 P は,

$$P=\frac{I}{c}=\frac{E_{\max}^2}{2\mu_0 c}\times\frac{1}{c}=\left(\frac{\varepsilon_0}{2}E_{\max}^2\right)\Big/(\mu_0\varepsilon_0 c^2)=u$$

から得られるので, これに面積を掛ければ力が得られる.

$$F=PA=uA=7.37\times 10^{-3}\,\mathrm{J/m^3}\times(\pi\times(0.0600\,\mathrm{m})^2)$$
$$=8.34\times 10^{-5}\,\mathrm{N}=83.4\,\mu\mathrm{N}$$

〔注: $P=u$ すなわち, 放射圧 = エネルギー密度 という関係は, 電磁波一般に成り立つ関係である. したがって, エネルギー密度 = S/c(S = ポインティング・ベクトルの大きさ = エネルギーの流れの密度)という関係も成り立つ.〕

6·57 (a) $B_{\max}=\dfrac{E_{\max}}{c}=58.3\times 10^{-8}\,\mathrm{T}=583\,\mathrm{nT}$

k(波数) $=2\pi/\lambda=2\pi/(0.0150\,\mathrm{m})=419\,\mathrm{m^{-1}}$

ω(角振動数) $=ck=1.26\times 10^{11}\,\mathrm{s^{-1}}$

(b) 電場は y 方向を向いており, 波の進行方向は x 方向なのだから, 磁場はどちらにも垂直で, z 方向を向く.

(c) $S=\dfrac{E_{\max}B_{\max}}{2\mu_0}=40.6\,\mathrm{W/m^2}$

(d) 全反射のときは, 放射圧は全吸収の場合の 2 倍になる.

$$P=2S/c=2.71\times 10^{-7}\,\mathrm{Pa}=271\,\mathrm{nPa}$$

(e) 加速度 = 圧力×面積 / 質量

$$=\frac{(2.71\times 10^{-7}\,\mathrm{Pa})\times(1.00\,\mathrm{m}\times 0.750\,\mathrm{m})}{0.5\,\mathrm{kg}}$$
$$=4.07\times 10^{-7}\,\mathrm{m/s^2}=407\,\mathrm{nm/s^2}$$

6·58 (a) 右辺の単位を書くと, ε_0 の単位はクーロンの法則から $\dfrac{\mathrm{C^2}}{\mathrm{N\cdot m^2}}$ なので(N は力の単位ニュートン),

$$\frac{\mathrm{C^2(m/s^2)^2}}{\dfrac{\mathrm{C^2}}{\mathrm{N\cdot m^2}}\mathrm{(m/s)^3}}=\frac{\mathrm{C^2\cdot m^2\cdot N\cdot m^2\cdot s^3}}{\mathrm{s^4\cdot C^2\cdot m^3}}=\mathrm{m\cdot N/s}=\mathrm{J/s}=\mathrm{W}$$

m·N とは 長さ×力 なので, 仕事あるいはエネルギーの単位 J で表される. また, W とは単位時間あたりのエネルギーを表すときに使う単位である.

(b) $a=F/m=qE/m=\dfrac{1.60\times 10^{-19}\times 100}{9.11\times 10^{-31}}\ \mathrm{m/s^2}$

$$=1.756\times 10^{13}\,\mathrm{m/s^2}$$

これを与式に代入すれば,

$$P_{\mathrm{w}}=\frac{(1.60\times 10^{-19})^2\times(1.756\times 10^{13})^2}{(6\pi\times 8.85\times 10^{-12})\times(3.00\times 10^8)^3}$$
$$=1.76\times 10^{-27}\,(\mathrm{W})$$

(c) 円運動の加速度は $a=\dfrac{v^2}{r}$ だが, これを r で表さなければならない. 運動方程式より,

$$m\left(\frac{v^2}{r}\right)=qBv\ \rightarrow\ v=qBr/m$$
$$\rightarrow\ a=\frac{v^2}{r}=\left(\frac{qB}{m}\right)^2 r$$
$$=\left(\frac{1.60\times 10^{-19}\times 0.350}{1.67\times 10^{-27}}\right)^2\times 0.500$$
$$=5.62\times 10^{14}\,(\mathrm{m/s^2})$$

これを与式に代入すれば,

$$P_{\mathrm{w}}=\frac{(1.60\times 10^{-19})^2\times(5.62\times 10^{14})^2}{(6\pi\times 8.85\times 10^{-12})\times(3.00\times 10^8)^3}$$
$$=1.80\times 10^{-24}\,(\mathrm{W})$$

〔注: この電磁波の放射を遮断するために, 加速器はトンネルの中につくらなければならない. また P_{w} は質量の 4 乗に反比例するので, 電子で計算すると陽子よりも 13 桁, 答が増えることにも注意.〕

6·59 (a) 懐中電灯は光を出し続けるのだから等加速度運動の問題である.

$$x=\frac{1}{2}at^2\ \rightarrow\ t=\sqrt{2x/a}=\sqrt{2mx/F}$$

彼女が受ける力 F は 出力 /c なので,

$$t=\sqrt{2\times 110\times 10.0\times 3.00\times 10^8\div 100}\ \mathrm{s}=8.12\times 10^4\,\mathrm{s}$$
$$=22.6\,\mathrm{h}$$

(b) 彼女は投げた直後に得た速さで動き続けるのだから等速運動の問題である. 彼女の速さ v は運動量保存則から得られる.

$$110\,\mathrm{kg}\times v=3.00\,\mathrm{kg}\times 12.0\,\mathrm{m/s}\ \rightarrow\ v=0.327\,\mathrm{m/s}$$

したがって, かかる時間 t は,

$$t=x/v=\left(\frac{10.0}{0.327}\right)s=30.6\,s$$

鹿児島誠一（かごしま せいいち）
1945年 大阪府に生まれる
1968年 東京大学理学部 卒
1973年 東京大学大学院理学系研究科博士課程 修了
現 明治大学理工学部 特任教授
東京大学名誉教授
専攻 物性物理学
理学博士

和田純夫（わだ すみお）
1949年 千葉県に生まれる
1972年 東京大学理学部 卒
1977年 東京大学大学院理学系研究科博士課程 修了
現 東京大学大学院総合文化研究科 専任講師
専攻 素粒子論 量子論
理学博士

第1版 第1刷 2015年3月30日 発行

サーウェイ 基礎物理学
IV. 力学・電磁気学演習（原著第5版）

訳者 鹿児島誠一
和田純夫
発行者 小澤美奈子
発行 株式会社 東京化学同人
東京都文京区千石3丁目36-7（〒112-0011）
電話 03-3946-5311 ・ FAX 03-3946-5316
URL: http://www.tkd-pbl.com/

印刷 大日本印刷株式会社
製本 株式会社 松岳社

ISBN978-4-8079-0833-2
Printed in Japan

サーウェイ
基礎物理学
全4巻

R. A. Serway, J. W. Jewett, Jr. 著
鹿児島誠一・和田純夫 訳

Ⅰ. 力学
Ⅱ. 電磁気学
Ⅲ. 熱力学
Ⅳ. 力学・電磁気学 演習

単位の記号・略号

記号・略号	単　位	記号・略号	単　位
A	アンペア	kg	キログラム
u	統一原子質量	kmol	キロモル
atm	気　圧	L	リットル
C	クーロン	ly	光　年
°C	摂　氏	m	メートル
cal	カロリー	min	分
d	日	mol	モ　ル
eV	電子ボルト	N	ニュートン
°F	華　氏	Pa	パスカル
F	ファラド	rad	ラジアン
G	ガウス	s	秒
g	グラム	T	テスラ
H	ヘンリー	V	ボルト
h	時　間	W	ワット
hp	馬　力	Wb	ウェーバー
Hz	ヘルツ	yr	年
J	ジュール	Ω	オーム
K	ケルビン		

しばしば用いられる物理量

地球–月の平均距離	3.84×10^8 m
地球–太陽の平均距離	1.496×10^{11} m
地球の平均半径	6.37×10^6 m
空気の密度(20 °C，1 気圧)	1.20 kg/m^3
空気の密度(0 °C，1 気圧)	1.29 kg/m^3
水の密度(20 °C，1 気圧)	1.00×10^3 kg/m^3
自由落下の加速度	9.80 m/s^2
地球の質量	5.97×10^{24} kg
月の質量	7.35×10^{22} kg
太陽の質量	1.99×10^{30} kg
標準大気圧(1 気圧)	1.013×10^5 Pa

注：これらは本書で用いる値．

本書で用いる数学記号とその意味

記　号	意　味	記　号	意　味
$=$	等　号	$\sum_{i=1}^{N} x_i$	x_i の $i=1$ から $i=N$ までの和
$\equiv$	恒等記号または定義記号	$\lvert x \rvert$	x の絶対値(負になることはない)
$\neq$	不等号	$\Delta x \to 0$	Δx がゼロに漸近
$\propto$	比例記号	$\frac{dx}{dt}$	x の t に関する微分
$\sim$	両辺が同じオーダー	$\frac{\partial x}{\partial t}$	x の t に関する偏微分
$>$	不等号(左辺が大)	$\int$	積　分
$<$	不等号((左辺が小)		
$\gg(\ll)$	不等号(左辺が右辺より非常に大(小))		
$\approx$	両辺が近似的に等しい		
Δx	x の変化分		

数値の換算

長さ

1 μm = 10^{-6} m = 10^3 nm = 10^4 Å

1 光年 = 9.461×10^{15} m

質量

1000 kg = 1 t

1 u = 1.66×10^{-27} kg = 931.5 MeV/c^2

圧力

1 bar = 10^5 N/m^2

1 atm = 760mm Hg = 76.0 cm Hg

1 atm = 1.013×10^5 N/m^2

1 Pa = 1 N/m^2

時間

1 yr = 365 days = 3.16×10^7 s

1 day = 24 h = 1.44×10^3 min = 8.64×10^4 s

エネルギー

1 cal = 4.186 J

1 eV = 1.602×10^{-19} J

1 kWh = 3.60×10^6 J

仕事率

1 馬力 = 0.746 kW

1W = 1 J/s

ギリシャ文字

アルファ	Α	α	イオタ	Ι	ι	ロー	Ρ	ρ
ベータ	Β	β	カッパ	Κ	κ	シグマ	Σ	σ
ガンマ	Γ	γ	ラムダ	Λ	λ	タウ	Τ	τ
デルタ	Δ	δ	ミュー	Μ	μ	ウプシロン	Υ	υ
イプシロン	Ε	ε	ニュー	Ν	ν	ファイ	Φ	φ
ゼータ	Ζ	ζ	グザイ(クサイ, クシー)	Ξ	ξ	カイ	Χ	χ
イータ(エータ)	Η	η	オミクロン	Ο	ο	プサイ(プシー)	Ψ	ψ
シータ(テータ)	Θ	θ	パイ	Π	π	オメガ	Ω	ω

10の累乗の接頭語

累乗	接頭語	省略形	累乗	接頭語	省略形
10^{-24}	ヨクト	y	10^1	デカ	da
10^{-21}	ゼプト	z	10^2	ヘクト	h
10^{-18}	アト	a	10^3	キロ	k
10^{-15}	フェムト	f	10^6	メガ	M
10^{-12}	ピコ	p	10^9	ギガ	G
10^{-9}	ナノ	n	10^{12}	テラ	T
10^{-6}	マイクロ	μ	10^{15}	ペタ	P
10^{-3}	ミリ	m	10^{18}	エクサ	E
10^{-2}	センチ	c	10^{21}	ゼタ	Z
10^{-1}	デシ	d	10^{24}	ヨタ	Y